Elekronische Schaltungstechnik

Harald Hartl
Edwin Krasser
Wolfgang Pribyl
Peter Söser
Gunter Winkler

Elekronische Schaltungstechnik

Mit Beispielen in PSpice

ein Imprint von Pearson Education
München • Boston • San Francisco • Harlow, England
Don Mills, Ontario • Sydney • Mexico City
Madrid • Amsterdam

Bibliografische Information Der Deutschen Bibliothek

Die Deutsche Bibliothek verzeichnet diese Publikation in der Deutschen Nationalbibliografie;
detaillierte bibliografische Daten sind im Internet über <http://dnb.ddb.de> abrufbar.

Die Informationen in diesem Buch werden ohne Rücksicht auf einen eventuellen Patentschutz
veröffentlicht. Warennamen werden ohne Gewährleistung der freien Verwendbarkeit benutzt.

Bei der Zusammenstellung von Texten und Abbildungen wurde mit größter Sorgfalt
vorgegangen. Trotzdem können Fehler nicht ausgeschlossen werden. Verlag, Herausgeber und
Autoren können für fehlerhafte Angaben und deren Folgen weder eine juristische
Verantwortung noch irgendeine Haftung übernehmen. Für Verbesserungsvorschläge und
Hinweise auf Fehler sind Verlag und Herausgeber dankbar.

Alle Rechte vorbehalten, auch die der fotomechanischen Wiedergabe und der Speicherung in
elektronischen Medien. Die gewerbliche Nutzung der in diesem Produkt gezeigten Modelle
und Arbeiten ist nicht zulässig.

Fast alle Hardware- und Softwarebezeichnungen und weitere Stichworte
und sonstige Angaben, die in diesem Buch verwendet werden,
sind als eingetragene Marken geschützt.
Da es nicht möglich ist, in allen Fällen zeitnah zu ermitteln,
ob ein Markenschutz besteht, wird das ® Symbol in diesem Buch nicht verwendet.

Umwelthinweis: Dieses Produkt wurde auf chlorfrei gebleichtem Papier gedruckt. Die
Einschrumpffolie – zum Schutz vor Verschmutzung – ist aus umweltverträglichem und
recyclingfähigem PE-Material.

10 9 8 7 6 5 4 3 2 1

10   09   08

ISBN 978-3-8273-7321-2

© 2008 by Pearson Studium
ein Imprint der Pearson Education Deutschland GmbH,
Martin-Kollar-Straße 10–12, D-81829 München/Germany
Alle Rechte vorbehalten
www.pearson-studium.de

Lektorat: Birger Peil, bpeil@pearson.de
Korrektorat: Brigitta Keul, München
Umschlaggestaltung: Thomas Arlt, tarlt@adesso21.net
Herstellung: Philipp Burkart, pburkart@pearson.de
Satz: le-tex publishing services oHG, Leipzig
Druck und Verarbeitung: Kösel, Krugzell (www.KoeselBuch.de)

Printed in Germany

Inhaltsverzeichnis

Gastvorwort   17

Vorwort   19

Einleitung   23

Kapitel 1   Grundlagen   27

1.1   Einführung 28
- 1.1.1   Elektrostatisches Feld 29
- 1.1.2   Elektrisches Strömungsfeld 30
- 1.1.3   Definition der Einheiten 30
- 1.1.4   Rechnen mit Gleichgrößen 31
- 1.1.5   Rechnen mit Wechselgrößen 48
- 1.1.6   Betrachtung von Vierpolen 63

1.2   Passive Netzwerke 66
- 1.2.1   Tiefpass 66
- 1.2.2   Hochpass 75
- 1.2.3   Bandpass 80
- 1.2.4   Bandsperre 83
- 1.2.5   Schwingkreise 88
- 1.2.6   Computerunterstützte Betrachtung passiver Netzwerke 92

Zusammenfassung 93

Kapitel 2   Halbleiter   95

2.1   Einführung 96

2.2   Aufbau von Halbleitermaterialien 98
- 2.2.1   Atommodell – Bändermodell 98

INHALTSVERZEICHNIS

	2.2.2	Undotierte Halbleiter – Eigenleitung	101
	2.2.3	Dotierte Halbleiter – Störstellenleitung	104
2.3	pn-Übergang		107
	2.3.1	pn-Übergang ohne äußere Spannung	107
	2.3.2	pn-Übergang mit äußerer Spannung	110
	2.3.3	Durchbruchsmechanismen	111

Zusammenfassung 113

Kapitel 3   Halbleiterdioden   115

3.1	Siliziumdiode		116
3.2	Arten von Halbleiterdioden		121
	3.2.1	Schaltdioden	121
	3.2.2	Z-Dioden	122
	3.2.3	Kapazitätsdioden	124
	3.2.4	Leuchtdioden und Fotodioden	124
3.3	Schaltungsbeispiele mit Halbleiterdioden		126
	3.3.1	Gleichrichterschaltungen	129
	3.3.2	Kleinstnetzgeräte für 230 V ~	142
	3.3.3	Spannungsverdoppler	146

Zusammenfassung 149

Kapitel 4   Transistoren   151

4.1	Einführung		152
4.2	Bipolartransistor		155
	4.2.1	Aufbau und Funktion	155
	4.2.2	Betriebszustände des bipolaren Transistors	160
	4.2.3	Modell und Kennlinien	162
	4.2.4	Temperaturverhalten	173
4.3	Sperrschicht-Feldeffekttransistor		173

	4.3.1	Kennlinien 177
	4.3.2	Temperaturverhalten 179
4.4	MOS-Feldeffekttransistoren 180	
4.5	Einstufige Transistorverstärker 188	
	4.5.1	Einstellung und Stabilisierung des Arbeitspunktes 188
	4.5.2	Transistorgrundschaltungen im Vergleich 200
4.6	Stromquellen und Stromsenken 211	
	4.6.1	Stromsenke mit Bipolartransistor 211
	4.6.2	Stromsenke mit MOSFET 215
4.7	Stromspiegel 219	
	4.7.1	Einfacher Stromspiegel 219
	4.7.2	Stromspiegel mit Kaskode 221
	4.7.3	Wilson-Stromspiegel 222
4.8	Differenzverstärker 224	
	4.8.1	Gleichtaktaussteuerung 225
	4.8.2	Gegentaktaussteuerung 227
	4.8.3	Gleichtaktunterdrückung 228
	4.8.4	Weitere Kennwerte 228
Zusammenfassung 230		

Kapitel 5   Operationsverstärker   231

5.1	Idealer Operationsverstärker 233	
	5.1.1	Prinzip der Gegenkopplung 235
5.2	Realer Operationsverstärker 237	
	5.2.1	Aufbau 237
	5.2.2	Frequenzgang 240
	5.2.3	Frequenzgangkorrektur 241
	5.2.4	Spezifikationen 243

5.3 Grundschaltungen mit Operationsverstärkern 248

    5.3.1 Nicht invertierender Verstärker 248

    5.3.2 Invertierender Verstärker 249

    5.3.3 Subtrahierverstärker 254

    5.3.4 Instrumentierungsverstärker 256

    5.3.5 Stabilität von Operationsverstärkerschaltungen 257

    5.3.6 Differenzierer 262

    5.3.7 Integrator 263

    5.3.8 Differenzintegrator 265

    5.3.9 Stromsenke 266

5.4 Komparatoren 271

Zusammenfassung 272

Kapitel 6   Spannungsversorgung   273

6.1 Einführung 275

6.2 Referenzspannungsquellen 276

    6.2.1 Spannungsstabilisierung mit Dioden 277

    6.2.2 Bandgap-Referenz 278

    6.2.3 Buried-Zener-Referenz 280

6.3 Lineare Spannungsregler 280

    6.3.1 Festspannungsregler 282

    6.3.2 Festspannungsregler mit geringer Drop Out Voltage 283

    6.3.3 Spannungsregler mit einstellbarer Ausgangsspannung 284

6.4 Schaltregler 285

    6.4.1 Abwärtswandler 285

    6.4.2 Aufwärtswandler 288

    6.4.3 Invertierender Wandler 289

Zusammenfassung 291

Kapitel 7	Allgemeine Digitaltechnik	293
7.1	Einführung	295
7.2	Kontinuierliche und diskrete Signale	295
7.3	Elektrische Darstellung von zweiwertigen Variablen	297
	7.3.1 Signalpegel, Schwellspannung und Störabstände	299
	7.3.2 Störbeeinflussung der Signalpegel	301
	7.3.3 Schalter	303
	7.3.4 Dynamisches Verhalten von zweiwertigen Signalen	305
Zusammenfassung		307

Kapitel 8	Kombinatorische Logik	309
8.1	Einführung	310
8.2	Logische Grundfunktionen	312
8.3	Abgeleitete Funktionen	314
8.4	Schaltalgebra und Rechenregeln	316
8.5	NAND-NOR-Technik	318
	8.5.1 Logische Grundfunktionen mit NAND bzw. NOR	318
	8.5.2 Umwandlung einer logischen Funktion in NAND- bzw. NOR-Verknüpfungen	320
Zusammenfassung		321

Kapitel 9	Logische Funktionen mit MOS-Transistoren: CMOS	323
9.1	Einführung	325
9.2	CMOS	327
	9.2.1 Inverter	327
	9.2.2 Logische Funktionen	332
	9.2.3 Leistungsaufnahme	340
9.3	Physikalischer Aufbau von CMOS-Schaltungen	343

		9.3.1	Latch-Up	344

      9.3.1   Latch-Up 344

      9.3.2   Schutzstruktur 345

9.4   Transmissionsgatter 347

      9.4.1   Logikschaltungen mit Transmissionsgattern 350

Zusammenfassung 352

Kapitel 10 Logische Funktionen mit bipolaren Elementen   353

10.1   Logik mit Dioden und Bipolartransistoren 354

10.2   Transistor Transistor Logic (TTL) 357

10.3   Andere Logikfamilien mit bipolaren Elementen.......................... 360

Zusammenfassung 360

Kapitel 11 Kippstufen   361

11.1   Bistabile Kippstufen 363

      11.1.1   Flip-Flops 363

      11.1.2   Schmitt-Trigger 373

11.2   Monostabile Kippstufen.. 378

      11.2.1   Monoflops mit sehr kurzer Eigenzeit 379

      11.2.2   Monoflops mit langer Eigenzeit.............................. 381

11.3   Astabile Kippstufen 382

      11.3.1   Ringoszillator 383

      11.3.2   Relaxationsoszillator 384

Zusammenfassung 386

Kapitel 12 Oszillatorschaltungen   387

12.1   Einführung.. 388

      12.1.1   Amplituden- und Phasenbedingung 389

12.2   RC-Oszillatoren 390

      12.2.1   Wien-Robinson-Oszillator 390

12.3	LC-Oszillatoren	393
	12.3.1 CMOS-Inverter als Oszillator	393
	12.3.2 Emittergekoppelter Oszillator	394
12.4	Quarzoszillatoren	396
	12.4.1 Schwingquarz	396
	12.4.2 Pierce-Oszillator	399
12.5	Phase Locked Loop (PLL)	400
	Zusammenfassung	404

Kapitel 13 Digitale Schnittstellen — 405

13.1	Einführung	407
13.2	Kommunikation zwischen Geräten	408
	13.2.1 RS-232 oder EIA/TIA-232	408
	13.2.2 Standards bei Schnittstellen (Hardware)	414
	13.2.3 CAN	415
	13.2.4 Ethernet	417
	13.2.5 USB	418
13.3	Kommunikation zwischen Modulen	418
	13.3.1 Synchrone Serielle Schnittstelle	419
	13.3.2 Inter Integrated Circuit Bus (I^2C-Bus)	420
	13.3.3 UART und CAN-Bus	422
13.4	Potentialtrennung	423
	13.4.1 Optokoppler	424
	13.4.2 Magnetkoppler	426
	Zusammenfassung	427

Kapitel 14 Analog/Digital- und Digital/Analog-Umsetzung — 429

14.1	Einführung	431
14.2	Kennlinien	432

	14.2.1	Der ideale ADC	432
	14.2.2	Der ideale DAC	433
14.3	Statische Fehler		434
	14.3.1	Offset-Fehler	434
	14.3.2	Verstärkungsfehler	436
	14.3.3	Differentielle Nichtlinearität	437
	14.3.4	Integrale Nichtlinearität	439
14.4	Eigenschaften und Fehler bei dynamischen Signalen		442
	14.4.1	Aperturfehler	442
	14.4.2	Aliasing	444
	14.4.3	Spurious Free Dynamic Range	448
14.5	Lineares Modell der Quantisierung		448
	14.5.1	Signal-Rausch-Verhältnis	450
Zusammenfassung			451

Kapitel 15 Digital/Analog-Umsetzer 453

15.1	Einführung		455
15.2	Addition gleicher Größen		456
	15.2.1	Addition gleicher Ströme	456
	15.2.2	Addition gleicher Spannungen	458
	15.2.3	Digitales Potenziometer	460
15.3	Addition dual gewichteter Größen		461
	15.3.1	Spannungssummierung	461
	15.3.2	Stromsummierung	462
15.4	R-2R-Leiternetzwerk		462
	15.4.1	R-2R-Leiternetzwerk als Stromteiler	463
	15.4.2	R-2R-Leiternetzwerk als Spannungsteiler	464
15.5	Tastverhältnisumsetzung		466

	15.5.1	Digitale Pulsweitenmodulation	466
	15.5.2	Tiefpassfilter	468
15.6	Multiplizierender DAC		470
15.7	Auswahl von DACs		470

Zusammenfassung 471

Kapitel 16 Analog/Digital-Umsetzer   473

16.1	Einführung		475
16.2	Parallelverfahren und Kaskadenumsetzer		477
	16.2.1	Parallelumsetzer	478
	16.2.2	Kaskadenumsetzer	479
	16.2.3	Kaskadenumsetzer mit Fehlerkorrektur	481
	16.2.4	Pipelined ADC	483
16.3	Wägeverfahren		485
	16.3.1	Prinzip des Wägeverfahrens	485
	16.3.2	Wägeverfahren mit SC-Prinzip	488
16.4	Integrierende Verfahren und Zählverfahren		490
	16.4.1	Eigenschaften der Mittelwertbildung bei integrierenden Verfahren	490
	16.4.2	Zweirampenverfahren	492
	16.4.3	Spannungs/Frequenz-Umsetzer	495
	16.4.4	Ladungsausgleichsintegrator	497
	16.4.5	$\Sigma\Delta$-ADCs (Sigma-Delta-ADCs)	500
16.5	Auswahl von ADCs		504

Zusammenfassung 506

Kapitel 17 Beschaltung von A/D- und D/A-Umsetzern   507

17.1	Analoge Pegelumsetzung		509
	17.1.1	Ausgänge von DACs	511

	17.1.2	Eingänge von ADCs	512
17.2	Tiefpassfilter		514
	17.2.1	Übertragungsfunktion eines Tiefpassfilters	515
	17.2.2	Passive RC-Filter	516
	17.2.3	Filter mit Einfachmitkopplung (Sallen-Key)	517
	17.2.4	Filter mit Mehrfachgegenkopplung	522
	17.2.5	Filtercharakteristika	524
	17.2.6	Filterkoeffizienten	528
17.3	Sample&Hold-Eingänge		529
17.4	Differentielle ADC-Eingänge		532
	17.4.1	Erweiterung zu einem Tiefpassfilter	535
Zusammenfassung			537

Kapitel 18 Anwendungsspezifische mikroelektronische Schaltungen 539

18.1	Einführung		541
18.2	Grundlagen der Mikroelektronik		543
	18.2.1	Herstellungstechnologien	544
	18.2.2	Integrierte passive Bauelemente	549
	18.2.3	Integrierte aktive Bauelemente	554
	18.2.4	Matching von Bauelementen	567
	18.2.5	MEMS (Micro Electro Mechanical Systems)	569
	18.2.6	Chipfertigung und Chipgehäuse	570
18.3	ASIC-Topologien		574
18.4	Entwurfsablauf		581
18.5	Entwurfsschritte		584
18.6	Entwurfswerkzeuge		586
	18.6.1	Schaltplaneingabe	586
	18.6.2	Hardware-Beschreibungssprachen	587

	18.6.3	Simulation	590
	18.6.4	Schaltungssynthese	596
	18.6.5	Layout-Erstellung	599
	18.6.6	Backannotation, Fertigungsüberleitung	600
	18.6.7	Test und Design for Test	602
18.7		Thermometerdesign unter Verwendung von ASICs	606

Zusammenfassung 607

Kapitel 19 Elektromagnetische Verträglichkeit elektronischer Systeme 609

19.1		Einführung	610
	19.1.1	Begriffsdefinitionen	611
	19.1.2	Störquellen	614
	19.1.3	Betrachtung der Störgrößen im Frequenz- und Zeitbereich	615
	19.1.4	Störkopplung	619
19.2		Prüf- und Messtechnik	639
	19.2.1	Prüfung der Störfestigkeit	640
	19.2.2	Messung der Störaussendung	656
19.3		EMV-gerechtes Gerätedesign	663
	19.3.1	Filter-Maßnahmen	664
	19.3.2	Schaltungstechnische Maßnahmen	677
	19.3.3	Layout-Maßnahmen	688
19.4		CE-Kennzeichnung und relevante Normen	692
	19.4.1	Grundlagen der CE-Kennzeichnung	692

Zusammenfassung 699

Kapitel 20 Thermometer 701

20.1		Sensor	703
	20.1.1	Sensorauswahl	703

	20.1.2	Signalgröße und benötigte Auflösung	705
20.2	Sensorinterface		709
	20.2.1	Zweileiter-Anschluss	709
	20.2.2	Vierleiter-Anschluss	710
	20.2.3	Dreileiter-Anschluss	714
	20.2.4	Realisierung des Sensorinterfaces	715
20.3	Analog/Digital-Umsetzung		717
	20.3.1	Realisierung des A/D-Umsetzers	721
	20.3.2	Überlegungen zur Dimensionierung	725
	20.3.3	Berechnung der Temperatur	730
Zusammenfassung			732

Literatur   **733**

Index   **737**

Gastvorwort

Elektronische Schaltungen steuern und regeln, erzeugen, konvertieren und übertragen Information, generieren und wandeln elektrische Energie, übernehmen die Automatisierung von Prozessen usw. Praktisch alle technischen Geräte enthalten elektronische Schaltungen, von der Auto-Rückleuchte über die Spülmaschine bis hin zu den Mikroprozessoren in unseren Handys und PCs. Die preiswerte Verfügbarkeit selbst kompliziertester elektronischer Schaltungen ist eine der Grundlagen des Informationszeitalters und damit auch unseres Lebensstandards. Für Studierende der Elektrotechnik, aber auch verwandter Ingenieurs- und Naturwissenschaften ist die Kenntnis der Vielfalt und der Möglichkeiten elektronischer Schaltungen heutzutage unabdingbar.

Das vorliegende Buch gibt dem Leser eine Einführung in die Schaltungstechnik, von der Beschreibung einzelner elektronischer Bauelemente bis hin zur Herstellung von „Application Specific Integrated Circuits" (ASICs). Dabei wird der Leser bei den Grundlagen der Elektrotechnik abgeholt und fachlich sowie didaktisch hervorragend aufbereitet in die faszinierende Welt der Schaltungstechnik mitgenommen. Die Auswahl der behandelten Themen ist sehr gelungen. Auf die komplexe physikalische Beschreibung der Arbeitsweise von Halbleiterbauelementen wird zu Gunsten des Anwendungsaspektes verzichtet. Alle grundlegenden Schaltungen werden ausführlich behandelt. Das Buch fügt sich damit ideal ein in die Grundlagenausbildung von Studierenden der Elektrotechnik und verwandter Fächer wie Maschinenbau oder Physik. Ausgehend von diesem Buch können dann im Anschluss vertiefend die physikalischen Grundlagen von Halbleiter-Bauelementen sowie das Design, der Aufbau und die Funktion von Integrierten Schaltungen (ICs) studiert werden, um so einen umfassenden Einblick in das spannende und überaus wichtige Gebiet der Mikroelektronik zu bekommen.

Prof. Andreas Waag
Institut für Halbleitertechnik
TU Braunschweig

Vorwort

Elektronische Schaltungen sind nach wie vor die notwendige und wesentliche Basis aller modernen Geräte des täglichen Lebens im privaten und professionellen Bereich. Man denke nur an die nahezu unglaublichen Entwicklungen, die beispielsweise im Bereich der Kommunikationstechnik durch die Miniaturisierung der elektronischen Schaltungen möglich geworden sind. Anstelle des „Fräuleins vom Amt", das früher durch Stöpseln von Kabeln Fernmeldeverbindungen hergestellt hat, sind komplexe, rechnergesteuerte Funksysteme der heutigen Mobilkommunikation getreten. Zusätzlich zum Sprachkanal werden viele weitere Dienste wie Internetzugang, Textnachrichten und sogar mobiles Fernsehen angeboten.

Für all diese Systeme werden elektronische Schaltungen benötigt, die teilweise rein digitaler Natur sind, aber zunehmend auch analoge Funktionen hoher Präzision umfassen. Die Schnittstelle zum Menschen und zur Umwelt ist nach wie vor analog und wird dies auch bleiben (Ton- und Bildsignale, Helligkeit, Temperatur, andere Sensordaten). Aus diesem Grund wird das Feld der elektronischen und mikroelektronischen Schaltungstechnik noch lange Zeit ein interessantes Betätigungsfeld für Forschung und Entwicklung darstellen.

Dieses Buch soll für Interessierte einen Einstieg in dieses weite Gebiet ermöglichen und begleiten. Es entstand unter Nutzung der Erfahrungen in mehrjährig abgehaltenen Vorlesungen und Übungen am Institut für Elektronik der TU Graz. Im Sinne des Ziels „Forschungsgeleitete Lehre" flossen auch wesentliche Erkenntnisse ein, die in Forschungs- und Entwicklungsprojekten der letzten Jahre auf dem Gebiet elektronischer Systeme erzielt wurden. So ist ein Text entstanden, der sich an den Bedürfnissen bei der Entwicklung elektronischer Geräte orientiert.

Um das Verständnis der Materie zu vertiefen und mit praktischen Erlebnissen anzureichern, wird die im Text dargestellte Theorie durch Simulationsbeispiele auf der Companion Website zum Buch ergänzt. Simulationsprogramme sind nunmehr kostengünstig verfügbar, die Rechenleistung gängiger PCs genügt für diese Beispiele. Die Interaktivität der virtuellen Experimente ermöglicht bei geringem Aufwand einen großen Lerneffekt.

Wir hoffen, dass die für diesen Text gewählte praxisnahe Herangehensweise den Einstieg in das Gebiet der elektronischen Schaltungstechnik interessant und attraktiv macht. Es ist uns bewusst, dass das weite Themenfeld der elektronischen Schaltungstechnik im Rahmen des vorliegenden Buchs nicht erschöpfend behandelt werden kann. Hinweise und Anregungen zum Text und zur Companion Website werden von den Autoren gerne entgegengenommen.

Des Weiteren bedanken sich die Autoren bei Frau Brigitta Keul für die wertvolle Unterstützung bei der Korrektur des Textes und bei unserem Lektor, Herrn Birger Peil, für die hervorragende Zusammenarbeit und so manche innovative Idee.

Graz, im Juni 2008   Wolfgang PRIBYL

Zum Inhalt des Buches

Anfänglich werden die wichtigsten Grundlagen praxisnah vorgestellt, daran anschließend folgt die Betrachtung der benötigten passiven und aktiven Bauelemente sowie deren Verknüpfung zu einfachen Schaltungen für digitale und analoge Anwendungen. Beispielsweise werden analoge Verstärkerschaltungen und Grundbausteine digitaler Rechenwerke betrachtet.

Als roter Faden durch das Buch wurde ein elektronisches Thermometer als typische Anwendung ausgewählt. Die innerhalb dieses Gerätes auftretenden Funktionen werden als Motivation für die Betrachtung bestimmter Teilaspekte der elektronischen Schaltungstechnik verwendet und sind mit einem Thermometersymbol gekennzeichnet.

Typische Geräte weisen analoge und digitale Ein- und Ausgänge sowie Anzeige-Elemente auf und benötigen eine Stromversorgung. Innerhalb des Gerätes erfolgt häufig eine Transformation der analogen Größen in die digitale Welt und umgekehrt. Demzufolge finden sich im vorliegenden Buch Abschnitte über Analog/Digital- und Digital/Analog-Umsetzer, Stromversorgungsmodule, Schnittstellen und Anzeige-Elemente.

Ein wesentlicher Aspekt in der Geräte-Entwicklung ist die Berücksichtigung gängiger Normen, insbesondere hinsichtlich der elektromagnetischen Verträglichkeit (EMV), diesen Fragestellungen ist ein eigener Abschnitt gewidmet.

Im Zuge der Miniaturisierung elektronischer Schaltungen wurde es möglich, eine immer höhere Komplexität auf einer einzigen integrierten Schaltung unterzubringen. Letztendlich werden heute komplette, gemischt analog/digitale Systeme auf einem Chip realisiert (SoC ... *System on Chip*). Wenngleich die allgemeinen Prinzipien der Schaltungsentwicklung auch im Falle der integrierten Realisierung gültig sind, gibt es doch aufgrund der kleinen Strukturen und Abstände auf dem Halbleitersubstrat spezielle Randbedingungen, die zu berücksichtigen sind. Eine Einführung in die mikroelektronische Welt soll dazu die Grundlagen schaffen und ein Studium der weiterführenden Literatur vereinfachen.

Zur Handhabung des Buches

Dozent Das vorliegende Buch umfasst den Stoff, der im Rahmen des Bachelor-Studiums in den ersten beiden zweistündigen Vorlesungen zur elektronischen Schaltungstechnik gebracht wird. Zusätzlich sind je ein Kapitel als Überleitung zu weiterführenden Vorlesungen im Bereich der Elektromagnetischen Verträglichkeit und der Mikroelektronik im Buch enthalten.

Student Jedes Kapitel startet mit einer kurzen Beschreibung des kommenden Themenkreises. Die Lernziele werden in einem Kasten explizit genannt und sollen helfen, das Wesentliche im Auge zu behalten. Der Abschluss eines Kapitels erfolgt immer mit einer Wiederholung der wesentlichen Inhalte in Form einer kurzen Zusammenfassung.

Bei einigen Abschnitten sind als Beispiele markierte Fragestellungen gegeben, deren Beantwortung zur Festigung des theoretischen Wissens nachvollzogen werden sollte.

Das Zusatzmaterial auf der Website soll den Bezug zu modernen Bauteilen und praxisnahen Werkzeugen herstellen. Das Ausprobieren fertiger Simulationsbeispiele, zusammen mit „Was wäre, wenn ich diesen Bauteilwert veränderte?" ermöglicht die Entwicklung von ein wenig Fingerspitzengefühl im Umgang mit elektronischen Schaltungen ohne den Aufwand eines Laboraufbaues.

Damit soll dem interessierten Leser die Möglichkeit geboten werden, eigene Dimensionierungen zu überprüfen und sich optimal auf kommende Laborübungen vorzubereiten. In Kombination mit dem echten Laborbetrieb im Rahmen eines Studiums kann so die kritische Interpretation von Simulationsergebnissen im Vergleich mit der Wirklichkeit erlernt werden.

Website

Alle Inhalte, die Änderungen unterworfen sind, werden über die *Companion Website* angeboten. Die Webseite des Buches steht unter www.pearson-studium.de. Am schnellsten gelangen Sie von dort zur Buchseite, wenn Sie in das Feld „Schnellsuche" die Buchnummer **7321** eingeben. Dadurch ergibt sich die Möglichkeit, das Zusatzmaterial unabhängig von den Grundlagen im gedruckten Buch aktuell zu halten und damit der raschen Entwicklung der Technik gerecht zu werden.

Im Buch werden die folgenden drei Symbole als Hinweis auf die Website verwendet:

Weblink

Dieses Symbol kennzeichnet einen Verweis auf einen Inhalt aus dem Internet. Typische Beispiele sind aktuelle Datenblätter interessanter Bauteile, Links auf frei verfügbare Normen oder Standards sowie Links auf weiterführende Websites.

Berechnungs-
beispiel

weist auf eine Unterstützung durch ein Werkzeug zum analytischen oder numerischen Lösen von mathematischen Problemen wie zum Beispiel eines Gleichungssystems höherer Ordnung auf der Website hin.

Simulation

Das Vorkommen dieses Symbols im Text bedeutet, dass auf der Website ein Simulationsbeispiel angeboten wird. Diese Simulationsbeispiele können mit geringfügigen Anpassungen mit allen Simulatoren, die auf einem SPICE-Kern beruhen, simuliert werden. Der bei jedem Beispiel verwendete Simulator ist angegeben. Typische Simulatoren sind die Evaluierungsversion von Microsim PSpice 8.0, LTspice oder Tina-Ti. Jeder dieser Simulatoren ist zum Erscheinungszeitpunkt des Buches frei verfügbar und verfügt über spezifische Stärken und Schwächen. Es steht dem Leser frei, die für einen bestimmten Simulator angebotenen Beispiele an andere Simulatoren anzupassen und mit diesen die Berechnungen nachzuvollziehen.

Einleitung

Erinnert man sich als Lehrender an sein Studium zurück, so fällt auf, dass das Grundwissen, dessen Anwendung anhand von Beispielen klar gezeigt wurde, leichter erlernbar war als jenes, das für sich allein stehend gebracht wurde. Im Rahmen des vorliegenden Buches werden wir – von dieser Überlegung ausgehend – immer auch einen Blick auf die Anwendung werfen. Des Weiteren werden wir bewusst auf sehr umfassende theoretische Betrachtungen verzichten, da diese besonders dem Einsteiger oft den Blick für die wesentlichen Zusammenhänge nehmen. Stattdessen wird des Öfteren ein Verweis auf die aktuelle (spezialisierte) Fachliteratur zu lesen sein. Viele aus der Sicht der Autoren wichtige Aspekte der elektronischen Schaltungstechnik können am Beispiel eines typischen elektronischen Messgerätes gezeigt und erklärt werden. Ein Blockschaltbild eines solchen Gerätes ist in ▶ Abbildung E.1 dargestellt.

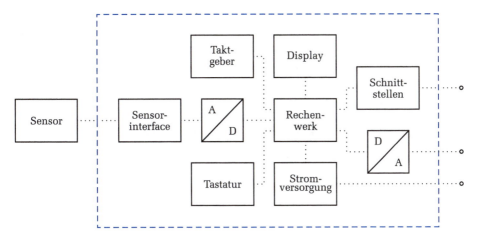

Abbildung E.1: Ein typisches elektronisches Gerät

Durch einen Sensor wird eine nicht elektrische Größe wie zum Beispiel Druck, Temperatur, Länge, Kraft, Lichtstärke oder Drehzahl in ein elektrisches Signal umgewandelt. Im Fall der Messung einer elektrischen Größe entfällt häufig der Sensor, da bereits ein elektrisches Signal vorliegt.

Die von Sensoren gelieferten Signale müssen meist durch ein so genanntes Sensorinterface verstärkt und an die nachfolgende Auswerte-Elektronik angepasst werden. Zu diesem Zweck werden im Allgemeinen Operationsverstärker verwendet, deren Aufbau und Grundschaltungen im Kapitel 5 vorgestellt werden.

Um die Funktion von Operationsverstärkern verstehen zu können, wird Wissen über typische Halbleiterbauelemente wie Dioden und Transistoren sowie deren Anwendung benötigt. Wir beginnen daher mit einer kurzen Einführung in die Physik der Halbleiter in **Kapitel 2** und werden in weiterer Folge in **Kapitel 3** die verschiedenen Halbleiterdioden und typische Anwendungen wie Gleichrichterschaltung und Spannungsverdoppler kennen lernen.

In **Kapitel 4** werden die wesentlichen Transistortypen vorgestellt und ihre Funktion erklärt. Davon ausgehend erfolgt eine Betrachtung von einstufigen Transistorverstärkern, Stromquellen, Stromspiegeln und des Differenzverstärkers. All diese Lernschritte bilden die Basis zum Verständnis der Elemente des schon erwähnten Operationsverstärkers (**Kapitel 5**).

In einem modernen elektronischen Gerät wird das vom Sensorinterface gelieferte analoge Signal von einem Analog/Digital-Umsetzer in ein für digitale Rechenwerke (Mikrocontroller) verarbeitbares digitales Signal umgesetzt. Die Grundlagen der Analog/Digital- beziehungsweise Digital/Analog-Umsetzung werden in **Kapitel 14** besprochen. In **Kapitel 15** folgt eine Vorstellung der wichtigsten Analog/Digital-Umsetzer-Topologien. Die dabei verwendete digitale Darstellung von Signalen wird in **Kapitel 7** erklärt.

Die Berechnung eines Messwertes aus dem gemessenen Sensorsignal wird über das digitale Rechenwerk durchgeführt. Im Rahmen unseres Buches werden wir uns nicht mit dem Entwurf von Rechenwerken beschäftigen, hier sei auf weitere Grundlagenwerke wie zum Beispiel [46] verwiesen. Ein Rechenwerk besteht aus logischen Grundfunktionen und so genannter zeitsequenzieller Logik. Unter diesem Begriff versteht man logische Funktionen, bei denen die Vorgeschichte eine Rolle spielt.

Im **Kapitel 8** werden die wesentlichen logischen Grundfunktionen vorgestellt und die Schaltalgebra erklärt. In weiterer Folge wird die praktische Umsetzung von logischen Funktionen mit MOSFETs und bipolaren Transistoren in den **Kapiteln 9** und **10** besprochen.

Zur Realisierung zeitsequenzieller Logik werden die in **Kapitel 11** vorgestellten Kippstufen verwendet. Sie benötigen einen Takt in Form eines Rechteck-Signals. Diese und andere Signalformen können mit den in **Kapitel 12** vorgestellten Signalgeneratoren erzeugt werden.

Der berechnete Messwert wird über eine oder mehrere Schnittstellen zur Verfügung gestellt. Eine wichtige Schnittstelle ist jene zum Menschen (*Human Interface*). Sie wird üblicherweise über eine Anzeige und eine Tastatur realisiert. Weitere Möglichkeiten sind die in **Kapitel 13** besprochenen digitalen Schnittstellen wie zum Beispiel USB, Ethernet oder die serielle Schnittstelle.

Auch eine Ausgabe eines analogen Wertes ist in bestimmten Fällen sinnvoll. Dazu muss das digital vorliegende Ergebnis in ein analoges Signal umgesetzt werden. Wir werden die dazu verwendeten Digital/Analog-Umsetzer in **Kapitel 14** kennen lernen.

Der Beschaltung von Umsetzern ist mit **Kapitel 17** ein eigener Abschnitt gewidmet. Hier werden die in der praktischen Anwendung auftretenden Fragen zur Pegelumsetzung und zur Filterung von Signalen behandelt.

In Abbildung E.1 ist ein weiterer Block, die so genannte Strom- beziehungsweise Spannungsversorgung gezeigt. Im **Kapitel 6** werden die wichtigsten Spannungsregler-Topologien vorgestellt und ein kurzer Überblick über die drei grundlegenden Schaltreglerarten gegeben.

Den Abschluss des Buches bilden drei Kapitel, die eine Sonderstellung einnehmen. In **Kapitel 18** werden wir anwendungsspezifische mikroelektronische Schaltungen kennen lernen. Es bildet die Brücke zum im Rahmen der Miniaturisierung sehr wichtigen Bereich der Mikroelektronik.

Kapitel 19 bietet einen Einstieg in den für die Geräte-Entwicklung wesentlichen Bereich der elektromagnetischen Verträglichkeit. Hier wird der Entwurf störsicherer Geräte besprochen, die wenig Störungen an die Umgebung abgeben. Da sowohl die Mikroelektronik als auch die elektromagnetische Verträglichkeit große eigenständige Fachgebiete darstellen, können die beiden genannten Abschnitte nur einen Überblick bieten und eine Brücke zur spezialisierten Fachliteratur darstellen.

Das letzte Kapitel ist einer realen Geräte-Entwicklung gewidmet. Es wird die schrittweise Entwicklung eines elektronischen Thermometers gezeigt. Dabei werden wir das in den verschiedenen Kapiteln gelernte Wissen anwenden und erweitern.

Nach dieser „Wegbeschreibung" aus der Sicht der Autoren werden wir im ersten Kapitel mit einer Begriffsbestimmung starten und einige Beispiele typischer passiver Netzwerke kennen lernen.

Grundlagen

1.1	Einführung	28
1.2	Passive Netzwerke	66
	Zusammenfassung	93

GRUNDLAGEN

Einleitung

> Am Beginn der Beschäftigung mit der elektronischen Schaltungstechnik ist es notwendig, die verwendeten Begriffe zu klären. Im einführenden Kapitel beschäftigen wir uns mit Fragen wie: Was ist eine elektrische Spannung, was ist ein elektrischer Strom? Wie passen diese Begriffe zu meiner physikalischen Grundausbildung? In weiterer Folge werden ein minimaler Satz an Formeln und die grundsätzliche Vorgehensweise so weit vorgestellt, dass die Anwendung an den in den weiteren Kapiteln zu besprechenden Schaltungen möglich ist. Diese Konzepte werden wir anhand von zeitlich nicht veränderlichen Größen, so genannten Gleichgrößen, kennen lernen. Danach werden Methoden gezeigt, die dieses Wissen auch für zeitlich veränderliche Größen (Wechselgrößen) anwendbar machen.
>
> Da das eigentliche Thema des vorliegenden Buches die elektronische Schaltungstechnik ist, kann das einleitende Kapitel keinesfalls die Grundlagen vollständig darstellen. Für eine weitergehende Beschäftigung mit den Grundlagen sei dem interessierten Leser das im selben Verlag erschienene dreibändige Werk [1], [2], [34] zu den Grundlagen der Elektrotechnik empfohlen.

LERNZIELE

- Verstehen der Begriffe: Strom, Spannung, elektrischer Widerstand und Leitfähigkeit
- Kennenlernen der wichtigsten Gesetze und Methoden zur Berechnung von Gleichstromkreisen
- Darstellung von Wechselgrößen, Kennenlernen der symbolischen Methode
- Grundsätzliches zur Betrachtung von Zweitoren

1.1 Einführung

Beschäftigt man sich mit elektrischen Phänomenen, so ist man recht bald mit dem Begriff Feld konfrontiert. Die Physik versteht unter einem Feld einen physikalischen Zustand im Raum, der durch seine Wirkung auf Teilchen definiert ist. In der Elektrotechnik wird zwischen magnetischen und elektrischen Feldern unterschieden. Eine weitere Unterscheidungsmöglichkeit gibt es zwischen statischen Feldern und Strömungsfeldern.

1.1.1 Elektrostatisches Feld

Für einfache Überlegungen zu elektrischen Phänomenen reicht es aus, die Materie mit dem Bohr'schen[1] Atommodell zu beschreiben. In diesem Modell gibt es einen positiv geladenen Atomkern, der von negativ geladenen Elektronen umkreist wird. Zwischen diesen unterschiedlich geladenen Teilchen besteht eine Kraftwirkung, sie ziehen sich an.

Betrachtet man nun den Einfluss des Feldes auf das Elektron, so erkennt man eine Kraftwirkung $\vec{F}$, die durch ein elektrostatisches Feld (das von einer positiven Ladung erzeugt wurde) beschrieben werden kann. Jedem Punkt im Raum wird eine elektrische Feldstärke $\vec{E}$ zugeordnet, aus der mithilfe der Ladung Q des Teilchens der Kraftvektor $\vec{F}$ (Betrag und Richtung der Kraftwirkung) bestimmt werden kann. Das elektrische Feld wird daher als **Vektorfeld** bezeichnet. Zum Unterschied davon kennt man auch skalare Felder. Hier wird jedem Punkt im Raum eine skalare Größe zugeordnet, ein Beispiel wäre eine Temperaturverteilung.

$$\vec{F} = Q \cdot \vec{E} \tag{1.1}$$

Bewegt man die elektrische Ladung innerhalb dieses Kraftfeldes entlang eines Weges $\mathrm{d}\vec{s}$, so wird dabei eine Arbeit W im physikalischen Sinne verrichtet.

$$W = \vec{F} \cdot \mathrm{d}\vec{s} \tag{1.2}$$

Die verrichtete Arbeit hängt im Fall des elektrostatischen Feldes nicht von der Form des Weges, sondern nur vom Anfangs- und Endpunkt ab. Anders formuliert ist die Arbeit auf einem geschlossenen Weg innerhalb des Feldes gleich Null.

$$\oint \vec{E} \cdot \mathrm{d}\vec{s} = 0 \tag{1.3}$$

Ein Feld mit dieser Eigenschaft wird in der Physik wirbelfrei genannt. Jedem Punkt eines wirbelfreien Feldes kann ein Potential φ zugeordnet werden. Dieses Potential ist die Fähigkeit des Feldes, Arbeit zu verrichten. Den Potentialunterschied zwischen zwei Punkten des Feldes bezeichnet man als elektrische **Spannung** V[2].

$$V_{xy} = \varphi(X) - \varphi(Y) = \int_X^Y \vec{E} \cdot \mathrm{d}\vec{s} \tag{1.4}$$

Tauscht man den Anfangs- und den Endpunkt unserer Betrachtung aus, so ändert sich nur das Vorzeichen: $V_{XY} = -V_{YX}$.

---

[1] Niels Henrik David Bohr, * 7. Oktober 1885 in Kopenhagen, † 18. November 1962 in Kopenhagen, dänischer Physiker, Nobelpreis für Physik im Jahr 1922
[2] In der deutschsprachigen Literatur wird die Spannung üblicherweise mit U bezeichnet. Wir haben, um mit der dominierenden englischen Fachliteratur konform zu sein, die Bezeichnung V (*Voltage*) gewählt.

1.1.2 Elektrisches Strömungsfeld

Bringt man ein leitfähiges Material in ein elektrostatisches Feld, so beginnt ein Strom zu fließen, wir gelangen zum elektrischen Strömungsfeld. Legt man eine Fläche durch das entstehende Strömungsfeld, so kann man auf dieser Fläche das Integral über die Stromdichte J bilden und damit den durch die Fläche fließenden Strom I bestimmen.

$$I = \int \vec{J} \cdot \vec{dA} \tag{1.5}$$

Der elektrische **Strom** I ist die Anzahl der (Elementar-)Ladungen, die pro Zeiteinheit durch eine Fläche fließen.

$$I = \frac{dQ}{dt} \tag{1.6}$$

Auch das elektrische Strömungsfeld hat eine besondere Eigenschaft. Es wird als quellenfrei bezeichnet. Mathematisch kann die Quellenfreiheit durch folgende Beziehung beschrieben werden:

$$\oint \vec{J} \cdot \vec{dA} = 0 \, . \tag{1.7}$$

Legt man um einen beliebigen Punkt im Raum eine geschlossene Fläche, zum Beispiel eine Kugel, und integriert auf dieser Fläche die Stromdichten, so ist das Ergebnis Null. Der Strom, der aus dem Inneren der Kugel kommt, muss an einer anderen Stelle wieder in die Kugel zurückfließen. (Ein Stromfluss ist nur in geschlossenen Schleifen möglich.)

1.1.3 Definition der Einheiten

Zu Bezeichnung von Messergebnissen wurde bereits im 19. Jahrhundert ein Einheitensystem aus Meter, Kilogramm und Sekunden eingeführt. Dieses MKS-System wurde im 20. Jahrhundert um die Einheit des Stromes, das Ampere[3], erweitert.

Weitere Basiseinheiten sind das Kelvin[4] für die thermodynamische Temperatur (absolute Temperatur) sowie das Candela für die Lichtstärke und das Mol für die Stoffmenge. Das aus diesen Grundeinheiten bestehende System wird SI-System[5] genannt.

---

3 André-Marie Ampère, ∗ 20. Januar 1775 in Poleymieux-au-Mont-d'Or bei Lyon (Frankreich), † 10. Juni 1836 in Marseille, französischer Physiker und Mathematiker
4 William Thomson, ∗ 26. Juni 1824 in Belfast (Nordirland), † 17. Dezember 1907 in Netherhall bei Largs (Schottland), britischer Physiker; Wiliam Thomson wurde 1892 Baron Kelvin of Largs, er wird daher meist Lord Kelvin genannt.
5 Internationales Einheitensystem oder SI-System: Système International d'Unités

Im Rahmen der Schaltungstechnik werden wir mit folgenden physikalischen und ihren von den Grundeinheiten abgeleiteten Größen konfrontiert sein:

- Kraft in Newton[6] $\quad \frac{\text{kg m}}{\text{s}^2}$
- Arbeit bzw. Energie in Joule[7] $\quad \frac{\text{kg m}^2}{\text{s}^2}$
- Leistung in Watt[8] $\quad \frac{\text{kg m}^2}{\text{s}^3}$
- Spannung in Volt[9] $\quad \frac{\text{kg m}^2}{\text{s}^3 \text{A}}$
- Ladung in Coulomb[10] $\quad$ A s

Abschließend seien noch zwei Definitionen erwähnt:

> *Ein Strom von einem Ampere ruft in zwei unendlich langen Leitern, die im Vakuum im Abstand von einem Meter verlegt sind, eine Kraftwirkung von $2 \cdot 10^{-7}$ N/m hervor.*
>
> *Eine Spannung von einem Volt fällt an einem auf konstanter Temperatur gehaltenen Leiter dann ab, wenn ein Strom von einem Ampere fließt und eine Leistung von einem Watt umgesetzt wird.*

Nach diesen eher theoretischen Betrachtungen und Begriffsbestimmungen wenden wir uns einfachen Gesetzen und Rechenregeln zu, die uns die Analyse von elektronischen Schaltungen ermöglichen.

1.1.4 Rechnen mit Gleichgrößen

Die einfachste Form von elektronischen Schaltungen arbeitet nur mit zeitlich nicht veränderlichen Strömen und Spannungen. Man spricht in diesem Fall von Gleichgrößen. Der Zusammenhang zwischen der Spannung und dem Strom wird durch das Ohm'sche[11] Gesetz beschrieben:

$$V = R \cdot I \qquad (1.8)$$

---

6 Sir Isaac Newton, ∗ 25. Dezember 1642 in Woolsthorpe-by-Colsterworth in Lincolnshire, † 20. März 1727 in Kensington, englischer Physiker, Mathematiker
7 James Prescott Joule, ∗ 24. Dezember 1818 in Salford bei Manchester, † 11. Oktober 1889 in Sale bei London, britischer Physiker
8 James Watt, ∗ 19. Januar 1736 in Greenock, † 19. August 1819 in Handsworth, schottischer Erfinder
9 Alessandro Giuseppe Antonio Anastasio Graf von Volta, ∗ 18. Februar 1745 in Como (Italien), † 5. März 1827 in Camnago bei Como, italienischer Physiker
10 Charles Augustin Coulomb, ∗ 14. Juni 1736 in Angoulême, † 23. August 1806 in Paris, französischer Physiker
11 Georg Simon Ohm, ∗ 16. März 1789 in Erlangen, † 6. Juli 1854 in München, deutscher Physiker

Der Proportionalitätsfaktor R hängt von der Geometrie und vom verwendeten Material ab. Er wird allgemein als elektrischer Widerstand bezeichnet. Die Einheit des elektrischen Widerstandes ist das Ohm Ω. Fällt bei einem Strom von einem Ampere an einem Widerstand eine Spannung von einem Volt ab, so besitzt der Widerstand einen Wert von einem Ohm.

Meint man die Materialeigenschaft eines bestimmten Leitermaterials, so spricht man vom spezifischen Widerstand. Er wird meist mit ρ bezeichnet. Der Zusammenhang zwischen R und ρ wird im Kapitel 2 genauer betrachtet.

Oft ist der Widerstand eines Leiters eine unerwünschte Eigenschaft, da er zur Erwärmung des Leiters und somit zu Verlusten führt. Wird die Eigenschaft des elektrischen Widerstandes gezielt für die Schaltungstechnik benötigt, so kommt ein Bauteil zum Einsatz, welches als ohmscher Widerstand bezeichnet wird.

Widerstände:
Der Widerstand ist das einfachste aller Bauteile. Mit einem Festwiderstand kann aus einer Spannung ein bestimmter Strom oder aus einem Strom eine bestimmte Spannung gewonnen werden. Festwiderstände haben einen bei der Herstellung genau definierten elektrischen Widerstand, der idealerweise nur wenig von der Temperatur abhängt und sich durch Alterung kaum ändert. Sie werden im Bereich von $1/100\,\Omega$ bis $10^7\,\Omega$ gebaut. Die Toleranzen des Ausgangswertes liegen zwischen 0,01 % und 5 %. Die Temperaturkoeffizienten stabiler Widerstände sind kleiner als $1/1\,000\,000$ pro Grad Temperaturänderung.

Widerstände werden als Normwerte gebaut und in Reihen eingeteilt. E24 bedeutet zum Beispiel, dass pro Dekade 24 verschiedene Widerstandswerte zur Verfügung stehen. Bei E12 sind es nur 12 Werte. Die Abstufung der Widerstände innerhalb der Dekade wird entsprechend einer geometrischen Reihe durchgeführt. Der Abstufungsfaktor k wird aus der Anzahl der Widerstände N pro Dekade nach folgender Beziehung errechnet.

$$k_N = \sqrt[N]{10} \tag{1.9}$$

Für E12 erhält man $k_{12} = \sqrt[12]{10} = 1{,}21$. Die einzelnen Widerstandswerte sind das Produkt aus dem Startwert s der Dekade und den Potenzen von k. Als Beispiel sind in ▶Tabelle 1.1 die Widerstandswerte von 10 bis 100 Ω für eine E12-Reihe angegeben.

Die Toleranzen der Widerstandswerte werden entsprechend der jeweiligen E-Reihe so gewählt, dass keine Lücken entstehen und jeder produzierte Widerstand einem Normwert mit einer zulässigen Toleranz zugeordnet werden kann. Die zur jeweiligen E-Reihe gehörenden Toleranzbänder sind der ▶Tabelle 1.2 zu entnehmen.

Tabelle 1.1
Normwerte der E12-Reihe von 10 bis 100 Ω

sk^0	sk^1	sk^2	sk^3	sk^4	sk^5	sk^6	sk^7	sk^8	sk^9	sk^{10}	sk^{11}
10	12	15	18	22	27	33	39	47	56	68	82

Tabelle 1.2
Toleranzbänder der wichtigsten E-Reihen

Reihe	E6	E12	E24	E96
Toleranzband	±20 %	±10 %	±5 %	±1 %

Eine weitere wesentliche Eigenschaft bei der Spezifikation dieses Bauteiles ist die elektrische Belastbarkeit. Sie reicht von weniger als 100 mW bei kleinen SMD-Widerständen (*SMD...Surface Mounted Device*) bis zu Sonderbauformen mit 150 Watt. Natürlich gibt es Widerstände, die mit wesentlich größeren Leistungen auch noch zurecht kommen. Diese werden jedoch eher als Heizkörper und weniger als elektronisches Bauteil betrachtet.

Weblink

Die Kennzeichnung der Widerstände erfolgt durch einen Farbcode oder bei SMD-Bauteilen durch Aufdruck eines Wertes. Typisch sind Bezeichnungen wie gelb-lila-rot oder der Aufdruck 472, beides bedeutet 4700 Ω. Wenn Zweifel an der Bezeichnung bzw. den Kenndaten eines Bauteiles bestehen, sollte man immer auf die Website des Herstellers zurückgreifen, da die Daten aller aktuellen Bauteile im Internet verfügbar sind. Kritisch sind lediglich obsolete Bauteile, die nicht mehr produziert wurden. Solche Datenblätter verschwinden meist sehr rasch, daher sollte der Geräte-Entwickler die Datenblätter der verwendeten Bauteile unbedingt mit den Projektdaten archivieren.

Abbildung 1.1: Schaltsymbole: v.l.n.r. Festwiderstand, Trimmer, Potenziometer, LDR, PTC, NTC, VDR

In ▶Abbildung 1.1 sind die Schaltsymbole üblicher Widerstände dargestellt. Zusätzlich zu den Festwiderständen gibt es einstellbare Widerstände, wobei zwischen Trimmern und Potenziometern unterschieden wird. Trimmer werden nur selten, üblicherweise bei der ersten Inbetriebnahme beim Abgleich des Gerätes, verstellt, während Potenziometer eine Achse besitzen und häufig bedient werden. Ein typisches Beispiel für ein Potenziometer ist der Lautstärkeregler eines Radios.

Eine weitere Gruppe von Widerständen werden als Sensoren verwendet. Beispiele sind der lichtempfindliche Widerstand (*LDR ...Light dependent Resistor*) oder der temperaturabhängige Widerstand. Bei temperaturabhängigen Widerständen unterscheidet man zwischen Heißleitern (*NTC ...Negative Temperature Coefficient*) und Kaltleitern (*PTC ...Positive Temperature Coefficient*). Im Schaltsymbol sind temperaturabhängige Widerstände durch das Formelzeichen für die Temperatur ϑ gekennzeichet. Zeigen zwei Pfeile in dieselbe Richtung, so ist eine Widerstandserhöhung bei Temperatursteigerung (PTC) gemeint, anderenfalls meint man einen NTC. Ein weiterer Widerstandstyp wird als **spannungsabhängiger Widerstand** (*VDR ...Voltage Dependent Resistor*) oder **Varistor** bezeichnet. Er wird als Bauelement zur Spannungsbegrenzung in Schutzschaltungen eingesetzt.

Thermometer

Zur Temperaturmessung werden temperaturabhängige Spannungsteiler verwendet. Steht bei der Entwicklung des Thermometers der Preis im Vordergrund bzw. sind die angestrebten Messunsicherheiten im Bereich von $\pm 1\,°C$, so kommt man mit NTCs aus. Sie haben einen großen Temperaturkoeffizienten, wodurch ein großes temperaturabhängiges Signal gewonnen werden kann. Der Schaltungsaufwand zur Auswertung ist dadurch vergleichsweise gering.

Werden hingegen ein großer Messbereich und kleine Messfehler sowie eine hohe Stabilität und Wiederholgenauigkeit benötigt, so verwendet man Widerstände aus Platin. Diese Widerstände gibt es mit verschiedenen Ausgangswerten bei $0\,°C$. Dieser Bezugswiderstand wird als Zahl hinter der Bezeichnung *PT* angegeben. Typisch sind der *PT*25, der *PT*100 und der *PT*1000. Das in Kapitel 20 beschriebene Beispielthermometer verwendet einen *PT*1000.

Nachdem wir jetzt ohmsche Widerstände kennen gelernt haben, beschäftigen wir uns im nächsten Schritt mit einfachen Schaltungen, die aus diesen Bauteilen bestehen.

Serien- und Parallelschaltung:
In ▶Abbildung 1.2 ist links die Serienschaltung zweier Widerstände gezeigt. Der Strom I ist für beide Widerstände gleich, während sich die Gesamtspannung V in die beiden Spannungsabfälle V_1 und V_2 aufteilt. Diese Aufteilung erfolgt im Verhältnis der beiden Widerstände.

$$V_1/V_2 = R_1/R_2 \tag{1.10}$$

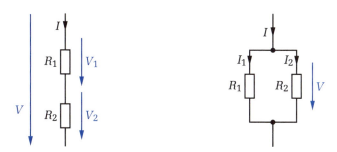

Abbildung 1.2: Serienschaltung und Parallelschaltung von Widerständen

Der Strom kann aus der Gesamtspannung V und dem Gesamtwiderstand R_{Ges} berechnet werden. Als Gesamt- oder Ersatzwiderstand bezeichnet man jenen gedachten Einzelwiderstand, der denselben ohmschen Widerstand wie die betrachtete Schaltung besitzt. Der Gesamtwiderstand ist im Fall der Serienschaltung immer größer als der größte Einzelwiderstand.

$$I = \frac{V}{R_{Ges}} = \frac{V}{R_1 + R_2} \tag{1.11}$$

Die Spannungsabfälle an den einzelnen Widerständen können mit der **Spannungsteilerregel** sofort angegeben werden. Der gesuchte Spannungsabfall ist die Gesamtspannung multipliziert mit dem Teilerverhältnis. Das Teilerverhältnis enthält im Zähler den beteiligten Widerstand (an dem der Spannungsabfall berechnet werden soll) und im Nenner die Summe aus beiden Widerständen.

$$V = V_1 + V_2, \quad V_1 = V\frac{R_1}{R_1 + R_2}, \quad V_2 = V\frac{R_2}{R_1 + R_2} \tag{1.12}$$

Für die Parallelschaltung von zwei Widerständen können duale Gesetzmäßigkeiten angegeben werden. In diesem Fall ist die Spannung an beiden Widerständen gleich groß. Der zufließende Strom teilt sich auf die beiden Widerstände auf. Die Aufteilung erfolgt umgekehrt proportional zur Größe der Widerstände.

$$I_1/I_2 = R_2/R_1 \tag{1.13}$$

Der Gesamtwiderstand ist im Fall der Parallelschaltung sicher kleiner als der kleinste Einzelwiderstand. Für zwei Widerstände kann der Gesamtwiderstand einer Parallelschaltung leicht angegeben werden:

$$R_{Ges} = \frac{R_1 \cdot R_2}{R_1 + R_2}. \tag{1.14}$$

Für eine Parallelschaltung mit mehr als zwei Widerständen rechnet man zweckmäßigerweise mit den Kehrwerten der Widerstände, den so genannten Leitwerten. Leitwerte werden im Normalfall mit G bezeichnet. Die Aufteilung der Ströme ist proportional zu den Leitwerten, der Gesamtleitwert ist die Summe der Einzelleitwerte.

$$I_1/I_2 = G_1/G_2 \,, \quad G_{Ges} = G_1 + G_2 + \ldots G_N \tag{1.15}$$

$$1/R_{Ges} = 1/R_1 + 1/R_2 + \cdots + 1/R_N \tag{1.16}$$

Der Gesamtstrom I berechnet sich auch in diesem Fall aus der Spannung V und dem Gesamtwiderstand der Parallelschaltung R_{Ges}.

Es kann natürlich auch mit dem Leitwert G_{Ges} gerechnet werden.

$$I = \frac{V}{R_{Ges}} = V(G_1 + G_2) = V \cdot G_{Ges} \tag{1.17}$$

Die Einzelströme werden aus dem Gesamtstrom mit der **Stromteilerregel** berechnet. Man multipliziert den Gesamtstrom mit einem Teilerverhältnis, wobei im Zähler der unbeteiligte Widerstand (dessen Strom nicht berechnet wird) und im Nenner die Summe der beiden Widerstände steht.

$$I = I_1 + I_2 \,, \quad I_1 = I \cdot \frac{R_2}{R_1 + R_2} \,, \quad I_2 = I \cdot \frac{R_1}{R_1 + R_2} \tag{1.18}$$

Kirchhoff'sche Gesetze:
Das erste Kirchhoff'sche[12] Gesetz, die Knotenregel (KCL ... *Kirchhoff Current Law*) besagt, dass die Summe der Ströme in einem Knoten gleich 0 ist.

$$\sum_{k=1}^{n} I_n = 0 \tag{1.19}$$

In der Einleitung haben wir eine etwas allgemeinere Formulierung dieses Sachverhaltes als Bedingung für die Quellenfreiheit des elektrischen Stömungsfeldes kennen gelernt. Das Integral der Stromdichte über eine geschlossene Hülle im Raum ist gleich 0. Befinden sich innerhalb des Raumes nur einzelne Leiter mit konstanten Stromdichten, so muss nur die Stromdichte im Leiter mit der Leiterfläche multipliziert werden und man erhält den Strom im jeweiligen Leiter. Aus dem Hüllenintegral wird die Summe der Leiterströme. Zum Vergleich sehen Sie hier nochmals die allgemeinere Formulierung, die verwendet werden muss, wenn die Stromdichte im Leiter nicht konstant ist:

$$\oint \vec{J} \cdot \vec{dA} = 0 \,.$$

In der Praxis werden die zufließenden Ströme üblicherweise positiv gezählt, während man die abfließenden Ströme negativ zählt. Ein Beispiel für die Anwendung

---

[12] Gustav Robert Kirchhoff, ∗ 12. März 1824 in Königsberg, † 17. Oktober 1887 in Berlin, deutscher Physiker

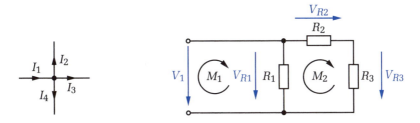

Abbildung 1.3: Knoten- und Maschenregel

der Knotenregel ist links in ▶Abbildung 1.3 zu sehen. Die Knotenregel liefert für diesen Beispielknoten:

$$I_1 - I_2 - I_3 - I_4 = 0 \Rightarrow I_1 = I_2 + I_3 + I_4 \ .$$

Das zweite Kirchhoff'sche Gesetz, die Maschenregel (KVL ... *Kirchhoff Voltage Law*), besagt, dass die Summe der Spannungen in einer geschlossenen Masche Null ist.

$$\sum_{k=1}^{n} V_n = 0 \tag{1.20}$$

Auch dieses Gesetz kennen wir schon. Es entspricht der Bedingung für Wirbelfreiheit des elektrostatischen Feldes. Das Integral der Feldstärke entlang eines geschlossenen Weges ist gleich 0. Zur Wiederholung nochmals als Formel angeschrieben:

$$\oint \vec{E} \cdot \mathrm{d}\vec{s} = 0 \ .$$

Will man mit der Maschenregel arbeiten, so nimmt man, wie in Abbildung 1.3 rechts gezeigt, einen Umlaufsinn innerhalb der Masche an. Spannungsabfälle, die in Richtung des Umlaufsinnes zeigen, werden positiv gezählt, die anderen negativ. Die Masche M_1 zeigt, dass die Spannungen an allen Elementen einer Parallelschaltung gleich sind.

$$M1: \ -V_1 + V_{R1} = 0 \Rightarrow V_1 = V_{R1}$$

Die Gleichung für die Masche M_2 lautet:

$$M2: \ -V_{R1} + V_{R2} + V_{R3} = 0 \Rightarrow V_{R1} = V_{R2} + V_{R3} \ .$$

Strom- und Spannungsquellen:
Bis jetzt haben wir über die Herkunft der Ströme und Spannungen nicht nachgedacht. Sobald man diesen Aspekt in die Überlegungen einbezieht, werden so genannte Quellen benötigt. Die einfachste Form ist die unabhängige Quelle, die je nach Typ entweder einen genau definierten Strom oder eine genau definierte Spannung liefert. Sobald man sich mit aktiven Bauelementen beschäftigt, kommt ein weiterer Typ, die gesteuerte Quelle, hinzu. Hier hängt die Ausgangsgröße entweder von einer Steuerspannung oder von einem Steuerstrom ab. Vorerst beschäftigen wir uns nur mit unabhängigen Quellen.

■ Spannungsquellen:
Eine ideale Spannungsquelle liefert unabhängig vom entnommenen Strom immer die gleiche Spannung. Da die von der Quelle gelieferte Leistung dem Produkt aus Strom und Spannung entspricht, ist leicht erklärbar, warum es keine idealen Spannungsquellen gibt. Würde bei konstanter Ausgangsspannung der Lastwiderstand immer weiter verkleinert, so würde die abgegebene Leistung einer idealen Quelle beliebig groß werden. Das ist natürlich nur theoretisch möglich. Reale Spannungsquellen bestehen aus einer idealen Spannungsquelle mit der Quellenspannung V_0 und einem Innenwiderstand R_{is}. In ▶Abbildung 1.4 ist zusätzlich noch ein Lastwiderstand eingezeichnet.

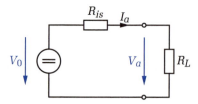

Abbildung 1.4: Reale Spannungsquelle

Die Zählpfeile für Ströme und Spannungen sind entsprechend dem **Verbraucherzählpfeilsystem** eingezeichnet. In diesem System zeigen die Pfeile für Strom und Spannung am Verbraucher in dieselbe Richtung, während sie am Erzeuger in die entgegengesetzten Richtungen weisen. Eine andere Möglichkeit zur Annahme der Zählpfeile bietet das Erzeugerzählpfeilsystem. Hier zeigen Strom und Spannung an der Quelle in dieselbe Richtung.

Zur Beurteilung der Eigenschaften der realen Spannungsquelle betrachten wir die beiden Extremfälle für den Lastwiderstand:

Im so genannten **Leerlauf** ist der Lastwiderstand unendlich groß (oder es ist kein Lastwiderstand angeschlossen). Da kein Strom entnommen wird, ist es für die Spannungsquelle einfach, ihre Nennspannung zu liefern. Die Klemmenspannung V_a ist gleich groß wie die Quellenspannung der idealen Spannungsquelle V_0, da am Innenwiderstand keine Spannung abfällt.

Im anderen Extremfall, dem so genannten **Kurzschluss**, ist der Lastwiderstand sehr klein. Der Spannungsabfall am Kurzschluss kann vernachlässigt werden. Die Quellenspannung fällt praktisch komplett am Innenwiderstand der Quelle ab. Der Strom hängt in diesem Fall von der Quellenspannung und vom Innenwiderstand ab.

$$I_a = V_0/R_{is}$$

Zwischen diesen beiden Extremen existiert ein Punkt, bei dem das Produkt aus Klemmenspannung und abgegebenem Strom maximal ist. In diesem Fall wird von der Quelle die maximale Leistung geliefert, man spricht von Leistungsanpassung. Bei welchem Lastwiderstand wird von einer realen Quelle die maximale Leistung an den Lastwiderstand abgegeben?

$$P_L = V_a \cdot I_a = (V_0 - I_a \cdot R_{is}) \cdot I_a = V_0 \cdot I_a - I_a^2 \cdot R_{is}$$

Ein Maximum der Leistung tritt genau dann auf, wenn die erste Ableitung gleich 0 wird.

$$\frac{dP_L}{dI_a} = V_0 - 2I_a \cdot R_{is} \stackrel{!}{=} 0 \rightarrow V_0 = 2I_a \cdot R_{is}$$

Der Spannungsabfall am Innenwiderstand V_i ist im Fall der maximalen Leistung gleich der halben Quellenspannung.

$$V_i = V_0/2 = I_a \cdot R_{is} \rightarrow V_a = \frac{V_0}{2}$$

Die zweite Hälfte der Quellenspannung fällt an R_L ab. Da sich die Spannungsabfälle wie die Widerstände verhalten, tritt das nur bei einer Gleichheit von Last- und Innenwiderstand auf. Für Leistungsanpassung gilt $R_L = R_{is}$. Die Leistung am Lastwiderstand ist:

$$P = \frac{V_a^2}{R_L} = \frac{V_0^2}{4R_L} \ . \tag{1.21}$$

- **Stromquellen:**
  Eine ideale Stromquelle liefert unabhängig vom angeschlossenen Lastwiderstand immer einen konstanten Ausgangsstrom. Erhöht man den Lastwiderstand, der an eine ideale Stromquelle angeschlossen ist, so steigt die Ausgangsspannung der Quelle beliebig an, da der Ausgangsstrom der Quelle konstant bleibt. Auch das ist bei realen Stromquellen nicht erreichbar. Ähnlich wie im Fall der realen Spannungsquelle wird auch die reale Stromquelle durch eine ideale Stromquelle und einen Innenwiderstand, der jedoch hier parallel zur Quelle liegt, dargestellt ▶Abbildung 1.5.

1 GRUNDLAGEN

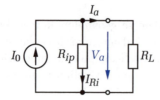

Abbildung 1.5: Reale Stromquelle

Im Kurzschlussfall liefert die Stromquelle ihren Nennstrom in den Kurzschluss. Da der Innenwiderstand verschieden von 0 ist, fließt durch diesen praktisch kein Strom. Im Leerlauf treibt die Stromquelle ihren Nennstrom durch ihren Innenwiderstand, an den Klemmen tritt folgende Leerlaufspannung V_a auf.

$$V_a = I_0 \cdot R_{ip}$$

Je kleiner der Innenwiderstand einer in der Praxis zu modellierenden Quelle ist umso näher ist ihr Verhalten dem einer Spannungsquelle ($R_{is} \ll$). Ist die Quelle sehr hochohmig, so wird man sie eher durch eine Stromquelle ($R_{ip} \gg$) darstellen.

Die Anwendung der bis jetzt bekannten Regeln sei an folgendem einfachen Netzwerk nochmals im Detail gezeigt.

Beispiel: Ein einfaches Netzwerk

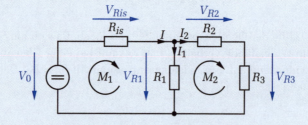

gegeben: $V_0 = 10\,\text{V}$, $R_{is} = 10\,\Omega$, $R_1 = 20\,\Omega$, $R_2 = 15\,\Omega$, $R_3 = 5\,\Omega$
gesucht: V_{Ris}, V_{R1}, V_{R2}, V_{R3}, I, I_1, I_2

Der am nächsten liegende Weg ist die Anwendung der Kirchhoff'schen Regeln, um das lineare Gleichungssystem mit sieben Gleichungen zu erhalten. Dabei treten folgende Gleichungen auf:

$$K_1: I = I_1 + I_2 \; .$$

Man könnte auch die Gleichung für den anderen Knoten aufstellen, erhält aber dadurch keine zusätzliche Information.

$$M_1: V_0 = V_{Ris} + V_{R1}$$
$$M_2: V_{R1} = V_{R2} + V_{R3}$$

Es gibt auch eine weitere Maschengleichung, die keine zusätzliche Information enthält:

$$M_3: V_0 = V_{Ris} + V_{R2} + V_{R3}\ .$$

Wie viele Maschen- beziehungsweise Knotengleichungen linear unabhängig sind, kann durch entsprechendes Wissen aus der Graphentheorie sofort festgestellt werden. Die Erklärungen dazu seien aber der Fachliteratur über Netzwerkanalyse überlassen. Eine sehr schöne Darstellung zu diesem Thema ist auch in Kapitel 3.9 des im selben Verlag erschienen Werkes zu den Grundlagen der Elektrotechnik [1] zu finden.

Für ein eindeutig lösbares Gleichungssystem fehlen uns noch vier Gleichungen. Diese können durch Anwendung des Ohm'schen Gesetzes für die einzelnen Widerstände gewonnen werden:

$$V_{Ris} = I \cdot R_{is}$$
$$V_{R1} = I_1 \cdot R_1$$
$$V_{R2} = I_2 \cdot R_2$$
$$V_{R3} = I_3 \cdot R_3\ .$$

Jetzt kann das Gleichungssystem zum Beispiel durch Einsetzen der Gleichungen ineinander gelöst werden. Diese Vorgangsweise setzt jedoch eine gewisse Rechenfertigkeit voraus und ist für die Handrechnung etwas unbequem. Auch für die Lösung mittels eines symbolischen Rechenprogrammes gibt es Methoden zum Ansetzen der Gleichungen, die eine Auswertung vereinfachen. Wir werden bei der Analyse von Filterschaltungen im zweiten Teil dieses Kapitels das Knotenspannungsverfahren kennen lernen.

Soll mit der Hand gerechnet werden, sind Vorgangsweisen, bei denen in jedem Schritt der Bezug zur Schaltung hergestellt werden kann, zu bevorzugen, da jederzeit eine Überprüfung der Sinnhaftigkeit der Berechnungen möglich ist. Ein möglicher Weg für das gegebene Beispiel sei im Folgenden skizziert.

1. Berechnung des Quellenstromes:
Dazu berechnen wir den Gesamt- oder Ersatzwiderstand der Schaltung, die Strom aus der Spannungsquelle entnimmt.

$$R_{ges} = R_{is} + R_1 \| (R_2 + R_3)$$

Die Summe von R_2 und R_3 ergibt $20\,\Omega$. Der Widerstand der Parallelschaltung $R_1 \| (R_2 + R_3)$ kann über die Leitwerte oder die folgende schon bekannte Formel berechnet werden:

$$R_P = \frac{R_1 \cdot (R_2 + R_3)}{R_1 + R_2 + R_3}\,.$$

Bei der Betrachtung der Werte fällt jedoch auf, dass es sich um eine Parallelschaltung gleicher Widerständen handelt. In diesem Fall ist der resultierende Widerstand die Hälfte der Einzelwiderstände, also $10\,\Omega$. Damit ergibt sich für den Gesamtwiderstand ein Wert von $20\,\Omega$.

Für den Quellenstrom erhält man daher $I = V_0/R_{Ges} = 10\,\text{V}/20\,\Omega = 500\,\text{mA}$.

2. Berechnung der Einzelströme:

Aus dem Quellenstrom kann mit der Stromteilerregel einer der Teilströme, zum Beispiel der Strom I_1, berechnet werden.

$$I_1 = I \cdot \frac{R_2 + R_3}{R_1 + R_2 + R_3} = \frac{15\,\Omega + 5\,\Omega}{20\,\Omega + 15\,\Omega + 5\,\Omega} = 250\,\text{mA}$$

Auch dieses Ergebnis hätte man sofort ablesen können. Da die Widerstände in beiden Zweigen gleich sind, teilt sich der Strom zu gleichen Teilen auf.

3. Berechnung der Teilspannungen an den Widerständen:

Da nun alle Ströme bekannt sind, können mit den gegebenen Widerstandswerten die Spannungsabfälle berechnet werden. Eine Betrachtung der gegebenen Werte erspart jedoch den größten Teil der Berechnung.

Das Netzwerk kann als Serienschaltung zweier Widerstände gesehen werden. Für den ersten Widerstand ist ein Wert von $10\,\Omega$ gegeben, für die Parallelschaltung haben wir im ersten Schritt ebenfalls diesen Wert erhalten. Die Spannung der Quelle teilt sich daher zu gleichen Teilen auf die Elemente der Serienschaltung auf: $V_{Ris} = 5\,\text{V}$ und $V_{R1} = 5\,\text{V}$.

Die Masche M_2 liefert uns $V_{R1} = V_{R2} + V_{R3}$. Mit anderen Worten, die Spannung an beiden Zweigen der Parallelschaltung ist gleich. Diese Spannung teilt sich entsprechend dem Verhältnis der Widerstände auf:

$$V_{R2}/V_{R3} = R_2/R_3\,.$$

Nun kann mit dem Ohm'schen Gesetz zum Beispiel die Spannung V_{R3} berechnet werden.

$$V_{R3} = I_2 \cdot R_3 = 0{,}25\,\text{A} \cdot 5\,\Omega = 1{,}25\,\text{V}$$

Die Spannung am Widerstand R_2 ist dann:

$$V_{R2} = R_2/R_3 \cdot V_{R3} = 3 \cdot 1{,}25\,\text{V} = 3{,}75\,\text{V}\,.$$

Alternativ kann natürlich auch die Spannungsteilerregel verwendet werden.

Bei der Analyse von Netzwerken in der elektronischen Schaltungstechnik treten auch Netzwerke mit mehreren Quellen auf. Ein typisches Beispiel ist das Laden von Batterien. Wenn das Netzwerk linear ist, können die verschiedenen Quellen nacheinander betrachtet werden, wodurch sich eine wesentliche Vereinfachung in der Berechnung ergibt.

Überlagerungssatz nach Helmholtz:
Das Helmholtz'sche[13] Überlagerungsprinzip besagt, dass im Fall eines linearen Netzwerkes (lineare Zusammenhänge zwischen dem Strom durch das Bauteil und der am Bauteil anliegenden Spannung) die Wirkung einzelner Quellen nacheinander berechnet werden kann und das Zusammenwirken aller Quellen sich aus der Summation der einzelnen Wirkungen ergibt.

In jedem Schritt der Berechnung werden alle Quellen bis auf eine außer Betrieb gesetzt und die Wirkung errechnet. Aufgrund des Innenwiderstandes werden Spannungsquellen kurzgeschlossen und Stromquellen unterbrochen. Wir erinnern uns: Ideale Spannungsquellen besitzen einen Innenwiderstand von $0\,\Omega$, während der Innenwiderstand einer idealen Stromquelle unendlich ist.

Die Anwendung des Überlagerungsprinzips sei an einem einfachen Netzwerk mit mehreren idealen Quellen erklärt.

Beispiel: Netzwerk mit zwei Quellen

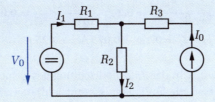

gegeben: $V_0 = 10\,\text{V}$, $I_0 = 100\,\text{mA}$, $R_1 = 10\,\Omega$, $R_2 = 30\,\Omega$, $R_3 = 50\,\Omega$
gesucht: I_1, I_2

Im ersten Schritt betrachten wir nur die Wirkung der Spannungsquelle. Die Stromquelle wird entsprechend unserer Rechenvorschrift unterbrochen.

---

[13] Hermann Ludwig Ferdinand von Helmholtz, ∗ 31. August 1821 in Potsdam, † 8. September 1894 in Charlottenburg, deutscher Mediziner und Physiker

Es ergibt sich folgendes Schaltbild:

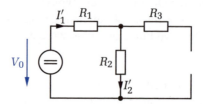

Der Strom I'_1 für diesen Fall kann direkt mit dem Ohm'schen Gesetz berechnet werden, da der zweite Zweig unterbrochen ist.

$$I'_1 = I'_2 = \frac{V_0}{R_1 + R_2} = \frac{10\,\text{V}}{10\,\Omega + 30\,\Omega} = 0{,}25\,\text{A}$$

Im zweiten Schritt berechnen wir die Wirkung der Stromquelle. Die Spannungsquelle wird zu diesem Zweck kurzgeschlossen. Wir erhalten folgendes Bild:

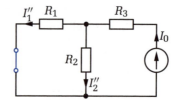

Einer der Teilströme, zum Beispiel I''_1, wird mit der Stromteilerregel berechnet, der zweite Teilstrom ergibt sich aus der Knotenregel.

$$I''_1 = I_0 \cdot \frac{R_2}{R_1 + R_2} = 0{,}1\,\text{A} \cdot \frac{30\,\Omega}{10\,\Omega + 30\,\Omega} = 0{,}075\,\text{A}$$

$$I''_2 = I_0 - I''_1 = 0{,}1\,\text{A} - 0{,}075\,\text{A} = 0{,}025\,\text{A}$$

Da die Teilströme I'_2 und I''_2 in der Zählpfeilrichtung des gesuchten Stromes I_2 angenommen wurden, müssen die Teilergebnisse nur addiert werden. Nimmt man die Ströme wie im Fall von I_1, I'_1 und I''_1 unterschiedlich an, so muss man vorzeichenrichtig addieren. Allgemein kann gesagt werden, dass die Annahme der Zählpfeile unkritisch ist. Sie muss nur während der Rechnung beibehalten oder durch eine Änderung des Vorzeichens berücksichtigt werden. Ein negatives Ergebnis zeigt einen Strom an, der gegen die angenommene Richtung fließt.

Die gesuchten Ströme sind damit:

$$I_1 = I'_1 - I''_1 = 0{,}25\,\text{A} - 0{,}075\,\text{A} = 0{,}175\,\text{A}$$

$$I_2 = I'_2 + I''_2 = 0{,}25\,\text{A} + 0{,}025\,\text{A} = 0{,}275\,\text{A}\,.$$

Als Abschluss der Methoden zur Berechnung von Netzwerken in Zusammenhang mit Gleichgrößen sei das Konzept der Ersatzstrom- und Ersatzspannungsquellen erwähnt.

Berechnung von Ersatzquellen und Quellenumwandlung:

In vielen Anwendungsfällen ist es wünschenswert, ein gegebenes Netzwerk durch eine einzelne Quelle mit Innenwiderstand darzustellen. Die Berechnung dieser Ersatzquellen folgt einer genauen Rechenvorschrift und ist mit den bis jetzt vorgestellten Methoden leicht durchführbar. Der Berechnungsvorgang wird an folgendem Beispiel gezeigt.

Beispiel: Ersatzquellen

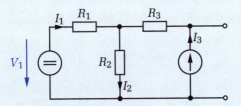

gegeben: $V_1 = 10\,\text{V}$, $I_3 = 100\,\text{mA}$, $R_1 = 10\,\Omega$, $R_2 = 30\,\Omega$, $R_3 = 50\,\Omega$
gesucht: Innenwiderstand der Ersatzquelle R_i, Quellenspannung einer Ersatzspannungsquelle V_0, Quellenstrom einer Ersatzstromquelle I_k

Die Berechnung erfolgt in zwei Schritten. Im ersten Schritt bestimmen wir den Innenwiderstand der Ersatzquelle. Er gilt für beide Quellenvarianten. Dazu werden genauso wie beim Überlagerungssatz Stromquellen unterbrochen, Spannungsquellen kurzgeschlossen und der Widerstand des verbleibenden Netzwerkes berechnet. Die folgende Abbildung zeigt das Schaltbild für die Bestimmung des Innenwiderstandes.

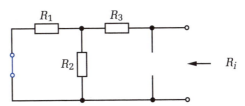

$$R_i = R_3 + (R_1 \| R_2) = R_3 + \frac{R_1 \cdot R_2}{R_1 + R_2} = 50\,\Omega + \frac{10\,\Omega \cdot 30\,\Omega}{10\,\Omega + 30\,\Omega} = 57{,}5\,\Omega$$

Soll eine Ersatzspannungsquelle verwendet werden, so wird in einem zweiten Schritt die Leerlaufspannung des Netzwerkes berechnet. Die verwendete Schaltung ist in der folgenden Abbildung nochmals gezeigt. Zur Berechnung könnte man Maschen- und Knotenregel verwenden, da jedoch mehrere Quellen vorliegen, empfiehlt sich die Verwendung des Überlagerungssatzes.

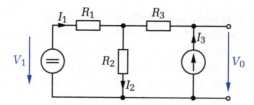

Wir berechnen zuerst V_0' durch die Wirkung der Spannungsquelle. Danach wird die Spannung V_0'', verursacht durch den Einfluss der Stromquelle, berechnet[14].

$$V_0' = V_1 \frac{R_2}{R_1 + R_2} = 10\,\text{V} \frac{30\,\Omega}{10\,\Omega + 30\,\Omega} = 7{,}5\,\text{V}$$
$$V_0'' = I_3 \cdot R_i = 0{,}1\,\text{A} \cdot 57{,}5\,\Omega = 5{,}75\,\text{V}$$

Die Quellenspannung der Ersatzspannungsquelle V_0 ist die Überlagerung dieser beiden Fälle:

$$V_0 = V_0' + V_0'' = 7{,}5\,\text{V} + 5{,}75\,\text{V} = 13{,}25\,\text{V}\,.$$

Die berechnete Ersatzspannungsquelle mit einer Quellenspannung $V_0 = 13{,}25\,\text{V}$ und einem Innenwiderstand $R_i = 57{,}5\,\Omega$ ist in der folgenden Abbildung dargestellt.

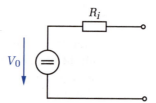

Wird hingegen eine Ersatzstromquelle berechnet, so verbindet man die Klemmen mit einem idealen Leiter (Kurzschluss) und berechnet den durch diesen Leiter fließenden Strom. Er entspricht dem Quellenstrom I_k der gesuchten Ersatzstromquelle. Die der Berechnung zugrunde liegende Schaltung ist in folgender Abbildung gezeigt.

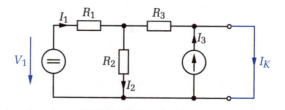

---

[14] Zu Übungszwecken wird dem Leser empfohlen, sich die Schaltbilder der beiden Fälle getrennt aufzuzeichnen. Die Vorgehensweise wurde bei der Erklärung des Überlagerungsprinzips schon an einem Beispiel gezeigt.

Zuerst wird der Ausgangsstrom I'_k, verursacht durch die Spannungsquelle, berechnet. Der Strom für den zweiten Fall I''_k entspricht dem Strom I_3, da das Netzwerk durch den Kurzschluss an den Klemmen überbrückt wird und der Strom nur durch den Kurzschluss fließt.

Durch die Spannungsquelle wird der Strom I'_1 in das Netzwerk getrieben.

$$I'_1 = \frac{V_1}{R_1 + \dfrac{R_2 \cdot R_3}{R_2 + R_3}} = \frac{10\,\text{V}}{10\,\Omega + \dfrac{30\,\Omega \cdot 50\,\Omega}{30\,\Omega + 50\,\Omega}} = 0{,}348\,\text{A}$$

Der Strom I'_k kann durch die Stromteilerregel aus dem Strom I'_1 bestimmt werden.

$$I'_k = I'_1 \cdot \frac{R_2}{R_2 + R_3} = 0{,}348\,\text{A} \cdot \frac{30\,\Omega}{30\,\Omega + 50\,\Omega} = 0{,}130\,\text{A}$$

Damit erhält man für den Quellenstrom:

$$I_k = I'_k + I''_k = I'_k + I_3 = 0{,}130\,\text{A} + 0{,}1\,\text{A} = 0{,}23\,\text{A}\,.$$

Die Ersatzstromquelle mit $I_k = 0{,}23\,\text{A}$ und $R_i = 57{,}5\,\Omega$ ist in der folgenden Abbildung gezeigt.

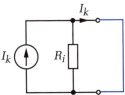

Da beide Ersatzquellen dasselbe Netzwerk symbolisieren, kann der Strom der Ersatzstromquelle auch aus der Quellenspannung der Ersatzspannungsquelle und dem Innenwiderstand berechnet werden. Diese Vorgehensweise bezeichnet man als **Quellenumwandlung**.

$$I_k = \frac{V_0}{R_i} = \frac{13{,}25\,\text{V}}{57{,}5\,\Omega} = 0{,}23\,\text{A}$$

Simulation

1.1.5 Rechnen mit Wechselgrößen

Nach der Betrachtung einiger für das Verständnis der Schaltungstechnik wichtiger Zusammenhänge bei Gleichstromkreisen wenden wir uns nun den zeitlich veränderlichen Größen zu. Man spricht in diesem Zusammenhang auch von Wechselgrößen, wobei zwischen periodischen und nicht periodischen Vorgängen unterschieden wird. Des Weiteren unterscheidet man auch zwischen sinusförmigen und nicht sinusförmigen Wechselgrößen.

Da eine umfassende Behandlung der Wechselgrößen wiederum ein eigenes Buch füllen würde, werden wir nur einige, im Zusammenhang mit der Schaltungstechnik wichtige Grundlagen genauer besprechen. Der an einer umfassenderen Darstellung interessierte Leser sei wiederum auf die Grundlagen der Elektrotechnik [2] verwiesen. Zu Beginn werden wir uns mit den sinusförmigen Wechselgrößen beschäftigen, wie sie in der Schaltungstechnik zum Beispiel als Eingangsspannungen bei Netzgeräten vorkommen.

Sinusförmige Wechselgrößen:
Zur Beschreibung eines sinusförmigen Signals, wie zum Beispiel des in ▶Abbildung 1.6 gezeigten Stromes werden folgende Kenngrößen verwendet:

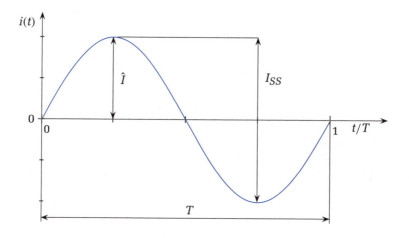

Abbildung 1.6: Zeitlicher Verlauf eines Wechselstromes

- Scheitelwert:
  Unter dem Scheitelwert, Spitzenwert oder der Amplitude des Wechselsignals versteht man die maximale Auslenkung aus der Ruhelage. Will man herausstreichen, dass es sich um einen Scheitelwert handelt, verwendet man üblicherweise die Schreibweise $\hat{V}, \hat{I}$.

- **Spitze-Spitze-Wert:**
  Der Spitze-Spitze-Wert entspricht dem doppelten Scheitelwert und wird mit I_{SS} oder V_{SS} bezeichnet.

- **Periodendauer:**
  Als Periodendauer wird die Zeit zwischen zwei Punkten des Signals mit demselben Schwingungszustand bezeichnet.

- **Frequenz:**
  Die Frequenz des Signals gibt an, wie viele Schwingungen das Signal pro Sekunde macht. Sie ist der Kehrwert der Periodendauer.

- **Phasenlage:**
  Die Phasenlage oder Phase eines Signals bezeichnet ihre zeitliche Lage relativ zu einem Bezugssignal. Sobald ein Netzwerk frequenzabhängige Bauteile enthält, ist das Ausgangssignal bezogen auf das Eingangssignal verschoben. Man spricht von einer Phasenverschiebung oder einer Phasenlage des Ausgangssignals.

Zusätzlich zu diesen Grundbegriffen bei der Beschreibung von elektrischen Schwingungen gibt es weitere Begriffe, die mit den physikalischen Wirkungen der elektrischen Wechselgrößen zusammenhängen.

- **Mittelwert:**
  Der Mittelwert eines elektrischen Wechselsignals entspricht dem enthaltenen Gleichanteil. Er ist für rein sinusförmige Größen, die symmetrisch bezogen auf die Nulllinie liegen, gleich 0. Jede Verschiebung des Wechselsignals, bezogen auf die Nulllinie, führt zu unterschiedlichen Flächen unter den positiven und negativen Kurvenanteilen und ist gleichbedeutend mit einem aus Gleichanteil und Wechselanteil zusammengesetzten Signal.

$$\bar{I} = \frac{1}{T} \int_{t=t_0}^{t_0+T} i(t)\, dt \tag{1.22}$$

- **Gleichrichtwert:**
  Unter dem Gleichrichtwert versteht man jenen gedachten Gleichstrom, der dieselbe Ladung transportiert wie der gleichgerichtete Wechselstrom.

$$|\bar{I}| = \frac{1}{T} \int_{t=t_0}^{t_0+T} |i(t)|\, dt \tag{1.23}$$

Für sinusförmige Größen gilt:

$$|\bar{I}| = \hat{I} \cdot \frac{2}{\pi}\,. \tag{1.24}$$

- **Effektivwert:**
Als Effektivwert eines Wechselstromes wird jener gedachte Gleichstrom bezeichnet, der im Mittel die gleichen Verluste an einem ohmschen Widerstand erzeugt wie der Wechselstrom.

$$I_{eff} = \sqrt{\frac{1}{T} \int_{t=t_0}^{t_0+T} i^2(t)\,dt}\,. \tag{1.25}$$

Für sinusförmige Größen gilt:

$$I_{eff} = \frac{\hat{I}}{\sqrt{2}}\,. \tag{1.26}$$

Die Definitionen wurden am Beispiel eines Stromes gezeigt. Sie werden auch für Spannungen in der gleichen Form verwendet. Bei allen Überlegungen, die Wirkleistungen betreffen, wird mit Effektivwerten gerechnet. Vorsicht ist bei den Lade- und Entladeprozessen von Batterien geboten, da hier die transportierte Ladung ausschlaggebend ist. In diesem Fall muss der Gleichrichtwert bzw. der Mittelwert der Ströme beachtet werden.

Da wir in weiterer Folge bei Wechselgrößen hauptsächlich mit Effektivwerten arbeiten, wird der Index $_{eff}$ weggelassen, Mittelwerte oder Scheitelwerte werden zur Unterscheidung gekennzeichnet.

Zeigerdarstellung und Zeigerdiagramm:
Sinusförmige Wechselgrößen werden oft als Funktion eines Winkels dargestellt. Am Beispiel einer Spannung würde das folgendermaßen aussehen:

$$v(t) = \hat{V} \cdot \sin(2\pi f t + \varphi_v)\,. \tag{1.27}$$

Der Winkel hängt von der Frequenz der Schwingung f, von der Zeit t und vom so genannten Nullphasenwinkel φ_v ab. Alternativ kann man mit der Kreisfrequenz $\omega = 2\pi f$ rechnen.

$$v(t) = \hat{V} \cdot \sin(\omega t + \varphi_v) \tag{1.28}$$

Statt der Darstellung des Signals als Funktion der Zeit bzw. des Winkels ist es in vielen Fällen günstiger, mit einer Darstellung als rotierender Zeiger zu operieren. Legt man die Zeiger so, dass ein Nullphasenwinkel von 0 einem waagerechten Zeiger entspricht, und wählt man die Zeigerlänge entsprechend dem Spitzenwert des Signals, so kann der Momentanwert des Wechselsignals durch Projektion des Zeigers auf eine senkrechte Achse bestimmt werden. Die Zusammenhänge sind in ▶Abbildung 1.7 gezeigt.

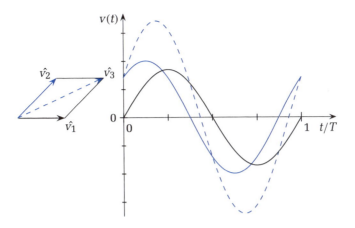

Abbildung 1.7: Zeigerdiagramm und zeitlicher Verlauf, Addition zweier Spannungen

Liegen mehrere Signale mit derselben Frequenz vor, so können diese in einem Zeigerdiagramm dargestellt werden. Da alle Zeiger gleich schnell rotieren, bleibt ihre Lage zueinander gleich und man kann die Rotation gedanklich weglassen. Jetzt ist es möglich, Wechselsignale einfach grafisch zu addieren oder zu subtrahieren. Will man die Operationen rechnerisch durchführen, so muss mit Additionstheoremen für Winkelfunktionen gearbeitet werden. Dieser Weg wird in der Praxis selten beschritten, da es ein viel eleganteres Verfahren, die so genannte **symbolische Methode**, gibt.

Durch die Verwendung der Euler'schen Identität kann jede sinusförmige Größe zu einer komplexen Exponentialfunktion erweitert werden.

$$e^{j\alpha} = \cos(\alpha) + j\sin(\alpha) \tag{1.29}$$

Betrachten wir die Vorgangsweise anhand einer physikalisch vorliegenden sinusförmigen Spannung, die wir als Imaginärteil der folgenden komplexen Exponentialfunktion betrachten.

$$\underline{V} = \hat{V} \cdot \cos(\omega t + \varphi_V) + j\hat{V} \cdot \sin(\omega t + \varphi_V) = \hat{V} \cdot e^{j(\omega t + \varphi_V)} \tag{1.30}$$

Durch diese Erweiterung entsteht eine symbolische Darstellung, die einem rotierenden Zeiger in der komplexen Ebene entspricht. Dadurch ist die grafische Addition und Subtraktion dieser komplexen Zeiger wiederum leicht möglich, allerdings können durch Verwendung der Gesetze für komplexe Zahlen viele Rechenoperationen einfach durchgeführt werden. Als Beispiel sollen einige Rechenoperationen durchgeführt werden.

Für das Beispiel verwenden wir zwei Spannungen:

$$v_1(t) = \hat{V}_1 \cdot \sin(\omega t + \varphi_{v1}) \tag{1.31}$$
$$v_2(t) = \hat{V}_2 \cdot \sin(\omega t + \varphi_{v2}) \,. \tag{1.32}$$

Die symbolische Darstellung als rotierende Zeiger in der komplexen Ebene lautet:

$$\underline{V_1} = \hat{V}_1 \cdot e^{j\varphi_{V1}} = \hat{V}_1 \angle \varphi_{V1} \tag{1.33}$$
$$\underline{V_2} = \hat{V}_2 \cdot e^{j\varphi_{V2}} = \hat{V}_2 \angle \varphi_{V2} \,. \tag{1.34}$$

Die Darstellung als komplexe Exponentialfunktion kann auch als Darstellung in Polarkoordinaten, als Betrag der Zeigerlänge $\hat{V}_1$ und Winkel des Zeigers φ_{V1} betrachtet werden. Alternativ dazu kann man die komplexen Zeiger auch durch rechtwinkelige Koordinaten, als Real- und Imaginärteil beschreiben.

$$\underline{V_1} = \hat{V}_1 \cos(\varphi_{V1}) + j\hat{V}_1 \sin(\varphi_{V1}) \tag{1.35}$$
$$\underline{V_2} = \hat{V}_2 \cos(\varphi_{V2}) + j\hat{V}_2 \sin(\varphi_{V2}) \,. \tag{1.36}$$

- **Addition, Subtraktion:**
Man bestimmt Real- und Imaginärteil der komplexen Zeiger, danach kann komponentenweise addiert oder subtrahiert werden. Durch Zusammensetzen der Komponenten erhält man den komplexen Zeiger der (das physikalische) Ergebnis enthält.

$$\underline{V_3} = \hat{V}_1 \cos(\varphi_{V1}) + \hat{V}_2 \cos(\varphi_{V2}) + j\left(\hat{V}_1 \sin(\varphi_{V1}) + \hat{V}_2 \sin(\varphi_{V2})\right) \tag{1.37}$$
$$\underline{V_4} = \hat{V}_1 \cos(\varphi_{V1}) - \hat{V}_2 \cos(\varphi_{V2}) + j\left(\hat{V}_1 \sin(\varphi_{V1}) - \hat{V}_2 \sin(\varphi_{V2})\right) \tag{1.38}$$

- **Multiplikation, Division:**
Im Fall dieser Operationen wird die Zeigerlänge der beiden Ausgangszeiger miteinander multipliziert oder es wird der Quotient der Zeigerlängen gebildet. Dadurch erhält man die Länge des Ergebniszeigers. Die Zeigerlänge entspricht dem Betrag des komplexen Zeigers in der Polarkoordinaten-Darstellung. Die Phasenlage des Ergebnisses wird durch Addition beziehungsweise Subtraktion der Ausgangsphasenlagen berechnet.

$$\underline{V_5} = \hat{V}_1 \cdot \hat{V}_2 \cdot e^{j(\varphi_{V1} + \varphi_{V2})} = \hat{V}_1 \cdot \hat{V}_2 \angle \varphi_{V1} + \varphi_{V2} \tag{1.39}$$
$$\underline{V_6} = \frac{\hat{V}_1}{\hat{V}_2} \cdot e^{j(\varphi_{V1} - \varphi_{V2})} = \frac{\hat{V}_1}{\hat{V}_2} \angle \varphi_{V1} - \varphi_{V2} \tag{1.40}$$

- **Potenzieren, Wurzelziehen:**
Hier wird wieder die Darstellung in Polarkoordinaten verwendet. Man potenziert den Betrag beziehungsweise zieht die Wurzel aus diesem. Die Phase des Ergebnis-

ses erhält man im Fall des Potenzierenes durch Multiplikation der Ausgangsphase mit der Hochzahl, während man im Fall des Wurzelziehens durch die Hochzahl dividiert.

$$\underline{V_7} = \hat{V}_1^n \cdot e^{j(n \cdot \varphi_{V1})} = \hat{V}_1^n \angle n \cdot \varphi_{V1} \tag{1.41}$$

$$\underline{V_8} = \sqrt[n]{\hat{V}_1} \cdot e^{j(\varphi_{V1}/n)} = \sqrt[n]{\hat{V}_1} \angle \varphi_{V1}/n \tag{1.42}$$

Nach der Durchführung der Berechnung im symbolischen Bereich soll nun das physikalische Ergebnis bestimmt werden. Dazu erinnern wir uns an den Übergang zur symbolischen Methode. Da beim Übergang zur symbolischen Rechnung die physikalische Größe durch den Imaginärteil eines komplexen Zeigers dargestellt wurde, erhält man das physikalische Ergebnis, indem man vom komplexen Ergebniszeiger nur den Imaginärteil verwendet. Bei der Addition und Subtraktion liegt das Ergebnis bereits als Real- und Imaginärteil vor. In allen anderen Fällen kann der Imaginärteil bestimmt werden, indem man den Betrag des komplexen Zeigers mit dem Sinus des Phasenwinkels multipliziert.

Der Übergang zur symbolischen Methode kann ebenso gut mit dem Realteil erfolgen; in diesem Fall müsste man den Realteil des Ergebnisses verwenden.

Mithilfe der symbolischen Methode können lineare Netzwerke im Fall von sinusförmigen Wechselgrößen wie Gleichstromnetzwerke behandelt werden. Die Gesetzmäßigkeiten, die wir bei den Gleichgrößen kennen gelernt haben, gelten hier ebenso.

Bezüglich der Frequenz dieser sinusförmigen Wechselgrößen muss allerdings die Einschränkung gelten, dass die Leitungen zwischen den Bauelementen zu keinen Laufzeiten führen und die Schaltungselemente als konzentriert betrachtet werden können. Diese Einschränkung bedeutet, dass alle Änderungen in der Schaltung gleichzeitig stattfinden. Man spricht in diesem Fall von quasistationären Verhältnissen.

Bei der Betrachtung elektrischer Netzwerke in Zusammenhang mit sinusförmigen Wechselgrößen gelten die schon bekannten Gesetzmäßigkeiten. Allerdings kann der Zusammenhang zwischen Strom und Spannung nicht wie bei Gleichstrom durch einen Multiplikator, den ohmschen Widerstand oder Wirkwiderstand, allein beschrieben werden, da im allgemeinen Fall auch eine Phasenverschiebung auftritt. An die Stelle des Wirkwiderstandes tritt im Fall der Wechselgrößen die Impedanz Z.

$$\underline{Z} = \frac{\underline{V}}{\underline{I}} = \frac{\hat{V} \angle \varphi_V}{\hat{I} \angle \varphi_I} = \frac{\hat{V}}{\hat{I}} \angle \varphi_V - \varphi_I = \frac{V_{eff}}{I_{eff}} \angle \varphi_V - \varphi_I = Z \angle \varphi_V - \varphi_I \tag{1.43}$$

Die Impedanz kann, wie in der letzten Gleichung formal gezeigt wurde, entweder aus den Spitzenwerten oder den Effektivwerten berechnet werden. Ein positiver Phasenwinkel der Impedanz bedeutet, dass die Spannung dem Strom vorauseilt.

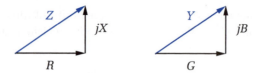

Abbildung 1.8: Impedanz Z, Admittanz Y und ihre Komponenten

Die Impedanz wird durch die symbolische Methode ebenfalls als Zeiger in der komplexen Ebene dargestellt. Man spricht oft auch einfach von einem komplexen Widerstand[15]. Die Komponenten der Impedanz werden mit eigenen Namen bezeichnet. Der Realteil wird als Wirkwiderstand (Resistanz) R, der Imaginärteil als Blindwiderstand (Reaktanz) X bezeichnet ▶Abbildung 1.8.

Der Kehrwert der Impedanz wird als Admittanz bezeichnet. Auch die Komponenten der Admittanz haben eigene Namen. Man spricht von Wirkleitwert (Konduktanz) G und Blindleitwert (Suszeptanz) B.

Praktische Realisierung frequenzabhängiger Widerstände:
Zur Realisierung frequenzabhängiger Widerstände werden in der elektronischen Schaltungstechnik Kondensatoren und Spulen eingesetzt. Die Eigenschaften dieser beiden Bauelemente sind zueinander dual und sollen im Folgenden kurz besprochen werden.

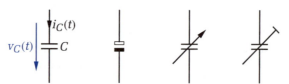

Abbildung 1.9: Schaltsymbole für Kondensatoren: v.l.n.r. Kondensator, Elektrolytkondensator, Drehkondensator, Trimmkondensator

Kondensator:
Ein Kondensator (▶Abbildung 1.9) ist eine Anordnung von zwei elektrisch leitfähigen Platten, die durch einen Isolator voneinander getrennt sind. Für Gleichstrom wirkt ein Kondensator wie ein Isolator. Der Widerstand und die Spannungsfestigkeit dieses Isolators hängen vom Material zwischen den Platten, dem so genannten Dielektrikum ab.

Ein Kondensator kann Ladung speichern. Der Proportionalitätsfaktor zwischen angelegter Spannung V und gespeicherter Ladung Q wird Kapazität C genannt.

$$Q = C \cdot V \qquad (1.44)$$

---

15 Wir wissen jedoch, dass damit nur die Beschreibung durch die symbolische Methode gemeint ist.

Sie hängt von der Plattengröße, dem Plattenabstand und dem Dielektrikum ab. Wird eine Gleichspannung an einen ungeladenen Kondensator gelegt so fließt Ladung in den Kondensator, er lädt sich auf. Wie viel Ladung pro Zeiteinheit in den Kondensator fließt, wie groß also der Ladestrom ist, hängt vom Innenwiderstand der Quelle und den anderen Widerständen im Kreis (Zuleitungswiderstand, Widerstand des Plattenmaterials) ab. Ein ungeladener idealer Kondensator kann im ersten Augenblick als Kurzschluss betrachtet werden. Sobald der Kondensator auf die anliegende Spannung geladen ist, kann kein Strom mehr fließen.

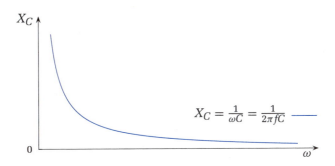

Abbildung 1.10: Blindwiderstand eines Kondensators als Funktion der Kreisfrequenz

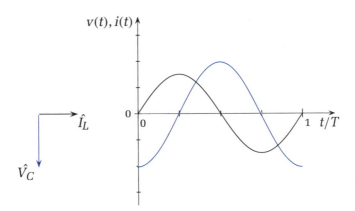

Abbildung 1.11: Zeigerdiagramm und zeitlicher Zusammenhang von Strom und Spannung an einem Kondensator

Anders sind die Verhältnisse beim Anlegen einer Wechselspannung. Durch die fortlaufende Änderung der angelegten Spannung fließt ständig ein Strom, der den Kondensator umlädt. Von außen sieht es so aus, als ob ein Strom durch den Kondensator fließen würde. Die Größe dieses Stromes nimmt mit steigender Frequenz zu oder der Widerstand des Kondensators nimmt umgekehrt mit steigender Frequenz ab ▶Abbildung 1.10. Strom und Spannung stehen an einem Kondensator in einer fixen Phasenbeziehung[16], der Strom eilt der Spannung um 90° vor ▶Abbildung 1.11. Die Impedanz des idealen Kondensators Z_C ist daher ein Sonderfall. Sie besitzt keinen Wirkanteil, sondern nur einen Blindanteil.

$$\underline{Z}_C = \frac{1}{j\omega C} = -jX_C \tag{1.45}$$

Man nennt X_C den kapazitiven Blindwiderstand oder die Reaktanz des Kondensators. Der Zusammenhang zwischen Strom und Spannung am Kondensator kann in einer zum Induktionsgesetz der Spule, das wir etwas später kennen lernen, dualen Form angegeben werden:

$$i_C(t) = C \cdot \frac{dv_C(t)}{dt} . \tag{1.46}$$

Daraus folgt für die Spannung am Kondensator folgende Integralgleichung:

$$v_C(t) = \frac{1}{C} \int i_C(t)\,dt . \tag{1.47}$$

Mit der symbolischen Methode kann der Zusammenhang als

$$\underline{V}_C = -\frac{j}{\omega C} \cdot \underline{I}_C \tag{1.48}$$

geschrieben werden.

Spule:

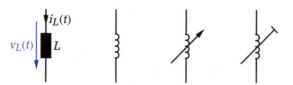

Abbildung 1.12: Verschiedene Schaltsymbole für Spulen

Fließt ein Strom durch eine Leiterschleife, so ist mit diesem Strom ein magnetisches Feld verknüpft. Eine Anordnung, bei der durch Aufwickeln eines Leiters ein stärkeres Magnetfeld erzeugt werden kann, wird als Spule bezeichnet. Ein Maß für die Stärke des erzeugten Magnetfeldes ist der magnetische Fluss Φ. Der Proportionalitätsfaktor zwischen dem magnetischen Fluss und dem Strom in der Leiterschleife wird als Induktivität L bezeichnet.

$$\Phi = L \cdot I \tag{1.49}$$

---

[16] Weststeirische Bauernregel: Am Kondensator eilt der Strom vor.

Die Induktivität ist abhängig von der Geometrie des Aufbaues und vom Material, in dem sich das Magnetfeld bildet. Legt man eine Gleichspannung an eine Spule an, so fließt im ersten Moment kein Strom, da über die Induktivität eine fixe Beziehung zwischen Strom und Magnetfeld besteht. Erst mit dem Aufbau des Magnetfeldes steigt der Strom an. Sobald das Magnetfeld vollständig aufgebaut ist, wird der Strom nur mehr durch den ohmschen Widerstand der Wicklung begrenzt. Eine Spule leitet, abgesehen von ihrem Wicklungswiderstand, Gleichströme ideal.

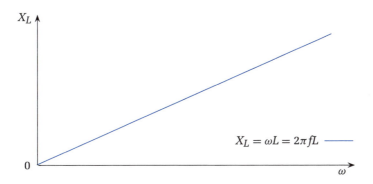

Abbildung 1.13: Blindwiderstand einer Spule als Funktion der Kreisfrequenz

Legt man eine Wechselspannung an das Bauelement, so nimmt der Strom mit steigender Frequenz ab, da das mit dem Strom verkettete Magnetfeld versucht, Stromänderungen zu verhindern ▶ Abbildung 1.13.

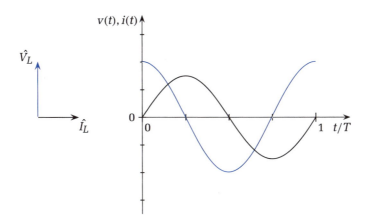

Abbildung 1.14: Zeigerdiagramm und zeitlicher Zusammenhang von Strom und Spannung an einer Spule

Zwischen Strom und Spannung besteht an einer Spule ebenso eine fixe Phasenbeziehung[17], die Spannung eilt dem Strom vor ▶Abbildung 1.14. Die Impedanz Z_L der idealen Spule besteht wiederum nur aus einem Imaginärteil, dem so genannten induktiven Blindwiderstand X_L.

$$\underline{Z}_L = j\omega L = jX_L \tag{1.50}$$

Der Zusammenhang zwischen dem Spannungsabfall an einer Spule $v_L(t)$ und dem Strom $i_L(t)$, der durch die Spule fließt, wird Induktionsgesetz genannt:

$$v_L(t) = L \cdot \frac{di_L(t)}{dt} \,. \tag{1.51}$$

Mit der symbolischen Methode kann der Zusammenhang als

$$\underline{V}_L = j\omega L \cdot \underline{I}_L \tag{1.52}$$

geschrieben werden.

Sowohl Spule als auch Kondensator können als Energiespeicher aufgefasst werden. Der Kondensator speichert seine Energie im elektrischen Feld, während die Energie im Fall der Spule mit dem magnetischen Feld verknüpft ist.

$$W_C = \frac{C \cdot V^2}{2} \;;\quad W_L = \frac{L \cdot I^2}{2} \tag{1.53}$$

Des Weiteren sei angemerkt, dass sich an einer Spule der Strom niemals schlagartig ändern kann. Beim Kondensator hingegen gilt dasselbe für die Spannung.

Als Abschluss unserer kurzen Betrachtung der Wechselstromwiderstände und der symbolischen Methode sind in der Folge die Zusammenhänge für einen ohmschen Widerstand, den wir schon von den Überlegungen bei Gleichstrom kennen, angegeben.

Abbildung 1.15: Strom und Spannung an einem Wirkwiderstand

An einem Wirkwiderstand gilt das Ohm'sche Gesetz (▶Abbildung 1.16), das nachfolgend in der Nomenklatur für die Wechselgrößen geschrieben ist:

$$v_R(t) = R \cdot i_R(t) \,. \tag{1.54}$$

---

17 Weststeirische Bauernregel: An der Induktivität kommt der Strom zu spät. – Im etwas schlampigen Sprachgebrauch wird die Spule als Bauelement oft auch entsprechend ihrer elektrischen Eigenschaft als Induktivität bezeichnet.

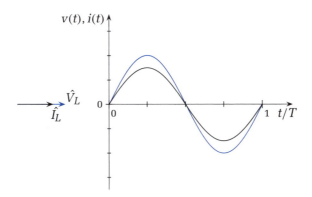

Abbildung 1.16: Zeigerdiagramm und zeitlicher Zusammenhang von Strom und Spannung an einem Wirkwiderstand

Abbildung 1.17: Wirkwiderstand als Funktion der Frequenz

Mit der symbolischen Methode kann der Zusammenhang als

$$\underline{V}_R = \underline{Z}_r \cdot \underline{I}_R = R \cdot \underline{I}_R \tag{1.55}$$

geschrieben werden. An einem Widerstand tritt, wie in ▶Abbildung 1.16 gezeigt, keine Phasenverschiebung auf. Der Wirkwiderstand ist, wenn man von idealen Bauteilen ausgeht, unabhängig von der Frequenz.

Periodische Signale mit anderen Kurvenformen:
Besonders bei Schaltvorgängen ist man mit periodischen, aber nicht sinusförmigen Strom- und Spannungsverläufen konfrontiert. Es ist allerdings möglich, solche Kurvenformen auf eine Summe von Sinusschwingungen mit Vielfachen einer Grundfrequenz zurückzuführen. Diese Vorgehensweise wird nach ihrem Erfinder J. B. Fourier[18] als Fourier-Reihenzerlegung oder harmonische Analyse bezeichnet. Die Darstellung erfolgt in Form folgender Reihe:

$$v(t) = a_0 + \sum_{n=1}^{n=\infty} \left[\hat{a}_n \cos\left(n \cdot 2\pi \frac{t}{T}\right) + \hat{b}_n \sin\left(n \cdot 2\pi \frac{t}{T}\right) \right] . \tag{1.56}$$

---

[18] Jean Baptiste Joseph Fourier, ∗ 21. März 1768 bei Auxerre, † 16. Mai 1830 in Paris, französischer Mathematiker und Physiker

Der Koeffizient a_0 gibt die Amplitude des Gleichanteiles an, der in der untersuchten Kurvenform enthalten ist. Die Koeffizienten $a_1, a_2, \cdots a_n$ geben die Amplituden der Cosinusschwingungen mit der Grundfrequenz und deren Vielfachen an, während $b_1, b_2, \cdots b_n$ die Koeffizienten der entsprechenden Sinusschwingungen sind. Ob Sinus- und Cosinusanteile vorhanden sind, hängt von der Lage der Periode bezüglich des gewählten Koordinatensystems ab. In der Praxis kann durch geeignete Wahl des zeitlichen Bezugspunktes sehr häufig einer der Anteile unterdrückt werden. Die Berechnung der Fourier-Koeffizienten kann für endliche und stückweise stetige Kurvenverläufe durch Berechnung der folgenden Integrale erfolgen:

$$a_0 = \frac{1}{T} \int_0^T v(t)\,dt \qquad (1.57)$$

$$a_n = \frac{2}{T} \int_0^T v(t) \cos(n\omega t)\,dt \qquad (1.58)$$

$$b_n = \frac{2}{T} \int_0^T v(t) \sin(n\omega t)\,dt \,. \qquad (1.59)$$

Die Ergebnisse der Fourier-Zerlegung und deren Folge für die schaltungstechnische Praxis seien an zwei einfachen Kurvenformen gezeigt. Beide Kurvenformen wurden so angenommen, dass die Fläche unter der Kurve bei den positiven Halbwellen der Fläche bei den negativen Halbwellen entspricht. Dadurch ist der Gleichanteil a_0 gleich Null. Des Weiteren liegen beide Funktionen so, dass $v(t) = -v(-t)$ gilt. Solche Funktionen werden ungerade Funktionen genannt. Ihre Fourier-Zerlegung besitzt nur Sinusanteile, die Koeffizienten der Cosinusanteile a_n sind 0.

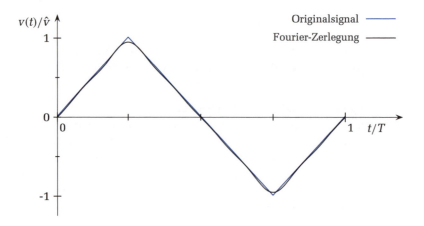

Abbildung 1.18: Dreiecksfunktion

Die Zerlegung der in ▶Abbildung 1.18 gezeigten Dreiecksfunktion liefert folgendes Ergebnis für die Koeffizienten:

$$\hat{b}_n = \frac{8\hat{v}}{\pi^2} \frac{1}{n^2} (-1)^{\frac{n+3}{s}}, \quad n = 1, 3, 5, \cdots. \tag{1.60}$$

Die ersten Glieder der Fourier-Reihe besitzen somit folgende Form:

$$v(t) = \frac{8\hat{v}}{\pi^2} \left[\sin\left(2\pi \frac{t}{T}\right) - \frac{1}{3^2} \sin\left(3 \cdot 2\pi \frac{t}{T}\right) + \frac{1}{5^2} \sin\left(5 \cdot 2\pi \frac{t}{T}\right) - \cdots \right]. \tag{1.61}$$

Der in Abbildung 1.18 schwarz gezeichnete Kurvenverlauf zeigt die Summe über die ersten Glieder der Fourier-Zerlegung bis zur siebenfachen Grundschwingung. Die Dreiecksschwingung ist damit schon recht gut nachgebildet. Die einzelnen Anteile der Zerlegung sind in ▶Abbildung 1.19 dargestellt.

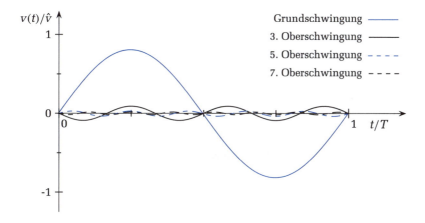

Abbildung 1.19: Dreiecksfunktion: Grund- und Oberschwingungen

Zum Vergleich soll die in ▶Abbildung 1.20 gezeigte einfache rechtecksförmige Kurvenform untersucht werden. Sie besitzt die folgenden Fourier-Koeffizienten:

$$\hat{b}_n = \frac{4\hat{v}}{\pi} \frac{1}{n}, \quad n = 1, 3, 5, \cdots. \tag{1.62}$$

Die ersten Glieder der Fourier-Reihe besitzen somit folgende Form:

$$v(t) = \frac{4\hat{v}}{\pi} \left[\sin\left(2\pi \frac{t}{T}\right) + \frac{1}{3} \sin\left(3 \cdot 2\pi \frac{t}{T}\right) + \frac{1}{5} \sin\left(5 \cdot 2\pi \frac{t}{T}\right) + \cdots \right]. \tag{1.63}$$

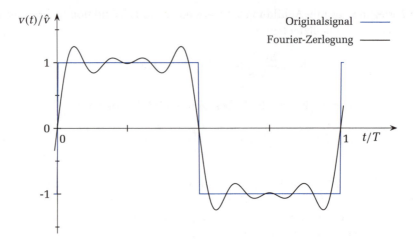

Abbildung 1.20: Rechtecksfunktion

In Abbildung 1.20 ist genauso wie in 1.18 die Summe der durch die Zerlegung ermittelten Sinusanteile bis zur siebenfachen Grundfrequenz im Vergleich mit dem Originalsignal dargestellt. Man erkennt deutlich, dass die Näherung der Rechtecksschwingung durch die ersten vier Reihenglieder wesentlich mehr vom Original abweicht als bei der Dreiecksfunktion.

Die Darstellung der einzelnen Reihenglieder in ▶Abbildung 1.21 zeigt wesentlich größere Amplituden als im Fall des dreiecksförmigen Verlaufes.

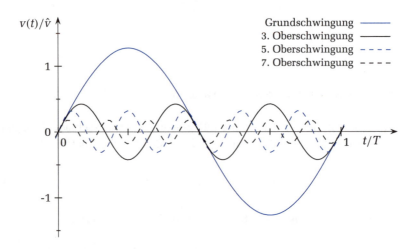

Abbildung 1.21: Rechtecksfunktion: Grund- und Oberschwingungen

Vergleicht man die Entwicklung der Koeffizienten, so erkennt man, dass bei einer Dreiecksfunktion die Amplitude mit der Frequenz quadratisch abfällt, während die Abnahme bei einem Rechteckssignal nur linear mit der Frequenz erfolgt. Allgemein kann gesagt werden:

> Je schneller die Änderungen in einem Signal erfolgen, umso höher sind auch die Amplituden der Signalanteile bei höheren Frequenzen.

Diese Tatsache wird uns noch bei den Überlegungen zur elektromagnetischen Verträglichkeit in Abschnitt 19.1.3 beschäftigen.

Die Reihenentwicklungen schaltungstechnisch relevanter Signalformen können mathematischen Tabellenbüchern [6] entnommen werden. Eine umfassende Erklärung ist auch im schon öfter zitierten Werk zu den Grundlagen der Elektrotechnik [2] nachzulesen.

1.1.6 Betrachtung von Vierpolen

Netzwerke, die vier Anschlussklemmen (Pole) besitzen, werden Vierpole genannt. Ein in der Schaltungstechnik häufig vorkommender Sonderfall des Vierpols ist das so genannte Zweitor. Beim Zweitor werden zwei Anschlussklemmen als Eingang und die beiden anderen als Ausgang verwendet. Das Verhalten eines solchen Netzwerkes kann entweder im Zeitbereich oder im Frequenzbereich beschrieben werden.

Will man das Netzwerk im Zeitbereich untersuchen, so legt man eine periodische Wechselgröße an den Eingang und misst den Verlauf der Ausgangsgröße an den beiden Ausgangsklemmen. Man erhält die Antwort des Zweitores als zeitlichen Verlauf des Ausgangssignals bei gegebenem Eingangssignal.

Eine andere Möglichkeit ist es, die Kurvenform der Eingangsgröße in eine Fourier-Reihe zu entwickeln. Das Ergebnis der Reihenentwicklung kann auch in der so genannten Spektralform angegeben werden:

$$v(t) = a_0 + \sum_{n=1}^{\infty} \hat{c}_n \cos\left(n \cdot 2\pi \frac{t}{T} - \varphi_n\right). \tag{1.64}$$

Der Koeffizient a_0 entspricht dem schon berechneten Wert, die Amplituden der Oberschwingungen $\hat{c}_n$ und die dazugehörenden Phasenlagen φ_n können entsprechend der folgenden Gleichungen berechnet werden:

$$\hat{c}_n = \sqrt{\hat{a}_n^2 + \hat{b}_n^2} \tag{1.65}$$

$$\varphi_n = \arctan \frac{\hat{b}_n}{\hat{a}_n}. \tag{1.66}$$

Diese Reihenentwicklung kann als Übergang in den Frequenzbereich betrachtet werden, da eine beliebige Kurvenform durch eine Summe aus einem Gleichanteil, einer Grundschwingung und Schwingungen mit Vielfachen, so genannten Harmonischen, der Grundfrequenz, dargestellt wird. Die Darstellung im Frequenzbereich erfolgt durch ein Amplitudenspektrum, das die Amplituden der einzelnen Schwingungen als Linien über einer Frequenzachse zeigt, und durch ein Phasenspektrum, das die Phasenverschiebungen der Harmonischen als Funktion der Frequenz zeigt.

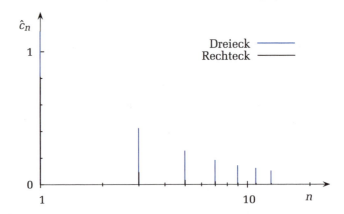

Abbildung 1.22: Amplitudenspektrum

Auch in ▶Abbildung 1.22 ist der wesentlich schnellere Abfall der Amplituden der Fourier-Koeffizienten der Dreiecksschwingung im Vergleich zur Rechtecksschwingung erkennbar. Auf die Darstellung eines Phasenspektrums wurde verzichtet, da die Anteile der Rechtecksfunktion eine konstante Phase und die der Dreiecksfunktion nur ein wechselndes Vorzeichen, also eine Phasenverschiebung von $\pm\pi$, aufweisen.

Das Zweitor kann im Frequenzbereich durch einen Frequenzgang, der ebenfalls aus einem Amplitudengang und einem Phasengang besteht, beschrieben werden. Der Amplitudengang zeigt das Verhältnis von Ausgangsamplitude zur Eingangsamplitude als Funktion der Frequenz. Der Phasengang gibt die Phasenlage des Ausgangssignals bezogen auf das Eingangssignal als Funktion der Frequenz an.

Aus dem Spektrum des Eingangssignals und dem Frequenzgang kann im Fall eines linearen, zeitinvarianten Netzwerkes das Spektrum des Ausgangssignals berechnet werden. Ein lineares Netzwerk liefert am Ausgang wieder ein Signal mit der Frequenz des Eingangssignals, dessen Amplitude und Phasenlage beeinflusst wurde. Ein nicht lineares Netzwerk würde zusätzliche Frequenzen liefern.

Messtechnisch kann der Frequenzgang eines Zweitores mithilfe von Sinussignalen bestimmt werden. Man verwendet Signale mit einer bestimmten Amplitude. Die Frequenz wird von 0 beginnend schrittweise erhöht und die Amplitude und Phasenlage des Ausgangssignals gemessen. Zeichnet man diese beiden Werte als Funktion der Frequenz, so erhält man Amplituden- und Phasengang.

Der Frequenzgang ist das Verhältnis von Ausgangssignal zu Eingangssignal als Funktion der Frequenz. Eine mathematische Formulierung sieht folgendermaßen aus:

$$\underline{A}(j\omega) = \frac{\underline{V_a}}{\underline{V_e}} = \frac{V_a \angle \varphi_a}{V_e \angle \varphi_a} = \underbrace{\frac{V_a}{V_e}}_{Amplitudengang} \overbrace{\angle \varphi_a - \varphi_e}^{Phasengang} \quad . \tag{1.67}$$

Statt der Effektivwerte kann der Frequenzgang auch mit Scheitelwerten geschrieben werden, da sich der Faktor zwischen Effektiv- und Scheitelwert herauskürzt. Das Amplitudenverhältnis kann sich über viele Zehnerpotenzen ändern. Ein typisches Beispiel ist ein Eingangsverstärker für Rundfunkempfang. Dieser muss Signale, die im Verhältnis von 1 : 1000 stehen, einwandfrei verarbeiten können. Um große Variationen darstellen zu können, ist es üblich, in solchen Fällen einen logarithmischen Maßstab zu wählen. Man bildet den Logarithmus zur Basis 10, multipliziert diesen Wert im Fall von Leistungen mit 10, im Fall von Spannungen mit 20 und bezeichnet das Ergebnis als Dezibel (dB).

$$A_{dB} = 20 \cdot \log_{10}(A) = 20 \cdot \log_{10}\left(\frac{V_a}{V_e}\right) \tag{1.68}$$

Eine Gegenüberstellung des Amplitudenverhältnisses zwischen Ausgangs- und Eingangsspannung und der zugehörigen Angabe in Dezibel ist in der ▶Tabelle 1.3 angegeben.

Tabelle 1.3

Spannungsverhältnisse und zugehörige Angaben in dB

$\frac{V_a}{V_e}$	$\frac{1}{1000}$	$\frac{1}{100}$	$\frac{1}{10}$	$\frac{1}{\sqrt{2}}$	$\frac{1}{1000}$	1	$\sqrt{2}$	2	10	100	1000
A_{dB}	−60	−40	−20	−6	−3	0	3	6	20	40	60

Abschließend haben wir noch eine Bemerkung zu den Begriffen: Allgemein wird das Verhältnis von Ausgangssignal zu Eingangssignal als **Übertragungsfunktion** bezeichnet. Beschränkt man sich auf sinusförmige Größen, spricht man oft vom Frequenzgang. Dieser besteht aus einem Amplituden- und einem Phasengang. Ist das Ausgangssignal eines Netzwerkes größer als das Eingangssignal, bezeichnet man das Amplitudenverhältnis A dieser beiden Größen als Verstärkung. Ist das Ausgangssignal jedoch kleiner als das Signal am Eingang, spricht man von einer Dämpfung.

Nach diesem Überblick über die für das Verständnis der folgenden Kapitel hilfreichen Grundlagen wenden wir uns im nächsten Abschnitt der Betrachtung von einfachen passiven Netzwerken zu.

1.2 Passive Netzwerke

Mit den bis jetzt bekannten passiven Bauelementen können einige in der elektronischen Schaltungstechnik wichtige Netzwerke aufgebaut werden. Die Analyse dieser Netzwerke soll das Verständnis für die zu Beginn dieses Kapitels gelernten Grundlagen vertiefen, und mit praktischen Erfahrungen verknüpfen.

1.2.1 Tiefpass

Der Tiefpass ist im einfachsten Fall ein Spannungsteiler, bestehend aus einem ohmschen und einem frequenzabhängigen Widerstand, der mit einem Kondensator oder einer Spule realisiert werden kann. Seine Aufgabe ist es, tiefe Frequenzen ungehindert passieren zu lassen und hohe Frequenzen zu dämpfen. In dieser Eigenschaft wird er als Filter zum Beispiel beim Unterdrücken von höherfrequenten Störungen verwendet. Solche Störungen entstehen, wie wir schon durch die Fourier-Zerlegung gesehen haben, beim schnellen Ein- oder Ausschalten eines Stromes.

Filteranwendungen werden meist im Frequenzbereich beschrieben. Denkt man an Anwendungen, die eher im Zeitbereich dargestellt werden, so ist eine typische Anwendung die Mittelwertbildung eines pulsweitenmodulierten Signals. Im Frequenzbereich entspricht eine solche Mittelwertbildung dem Entfernen aller Oberschwingungen. Werden die Oberschwingungen nur teilweise entfernt, so kann eine Kurvenformung vorgenommen werden.

In ▶Abbildung 1.23 sind beide Varianten eines Tiefpasses erster Ordnung gezeigt. Wobei für tiefe Frequenzen die links gezeigte RC-Variante üblicher ist, hingegen bei der Filterung von Störungen in der EMV auch RL-Varianten eingesetzt werden. Die Ordnung eines Netzwerkes hängt von der Anzahl der Energiespeicher ab. Sie hängt mit der Ordnung der zur Beschreibung notwendigen Differentialgleichung zusammen, des Weiteren gibt sie an, wie stark sich die Dämpfung mit der Frequenz ändert.

Um die Ausgangsspannung der in Abbildung 1.23 gezeigten Netzwerke zu berechnen, wird die Spannungsteilerregel verwendet. Die frequenzabhängigen Widerstände werden entsprechend der symbolischen Methode eingesetzt und die Dämpfung A als Verhältnis der Ausgangsspannung zur Eingangsspannung für beide Netzwerke wird berechnet:

$$\underline{A}_{RC}(j\omega) = \frac{\underline{V_a}}{\underline{V_e}} = \frac{\frac{1}{j\omega C}}{R + \frac{1}{j\omega C}} = \frac{1}{1 + j\omega RC} \; ; \quad \underline{A}_{RL}(j\omega) = \frac{\underline{V_a}}{\underline{V_e}} = \frac{R}{R + j\omega L} = \frac{1}{1 + j\omega \frac{L}{R}} \tag{1.69}$$

Setzt man in der linken Gleichung für $RC = 1/\omega_g$ und in der rechten Gleichung $L/R = 1/\omega_g$, so erhält man die allgemeine Form für einen Tiefpass erster Ordnung:

$$\underline{A}_{TP}(j\omega) = \frac{V_a}{V_e} = \frac{1}{1 + j\frac{\omega}{\omega_g}} \; . \tag{1.70}$$

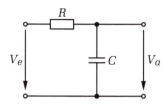 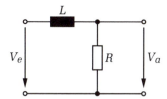

Abbildung 1.23: RC- und RL-Tiefpass 1. Ordnung

Vor der Berechnung soll eine qualitative Überlegung zum Verhalten der Netzwerke durchgeführt werden:

- RC-Tiefpass:
  Legt man eine Gleichspannung an, so wird der Kondensator auf die Eingangsspannung aufgeladen. Danach fließt kein Strom mehr, daher tritt am Widerstand kein Spannungsabfall auf und die Ausgangsspannung entspricht der Eingangsspannung. Für tiefe Frequenzen wirkt der Tiefpass nicht. Steigert man die Frequenz, so beginnen Ströme zur Umladung des Kondensators zu fließen. Der Spannungsabfall am Widerstand steigt, der Spannungsabfall am Kondensator sinkt. Es gibt eine Frequenz, bei der die Spannungsabfälle am Widerstand und am Kondensator gleich sind, man nennt sie die **Grenzfrequenz** des Tiefpasses. Wird die Frequenz des Eingangssignals weiter erhöht, so überwiegt der Spannungsabfall am Widerstand. Ist die Frequenz sehr groß gegenüber der Grenzfrequenz, so bildet der Kondensator einen Kurzschluss, die Spannung fällt zur Gänze am Widerstand ab. Die Summe der Spannungsabfälle entspricht immer der Eingangsspannung (Maschenregel).

- RL-Tiefpass:
  Die Spule leitet bei der Frequenz Null abgesehen von ihrem ohmschen Widerstand ideal. Es fließt ein Strom, der am Widerstand einen Spannungsabfall mit der Größe der Eingangsspannung erzeugt. Mit steigender Frequenz steigt auch der Spannungsabfall am induktiven Blindwiderstand der Spule, wodurch die Ausgangsspannung sinkt. Es liegt wiederum Tiefpassverhalten vor. Bei der Grenzfrequenz ist der Spannungsabfall an beiden Elementen gleich groß. Für Frequenzen die wesentlich größer als die Grenzfrequenz sind, fällt die ganze Spannung an der Spule ab, die Ausgangsspannung wird 0.

In ▶ Abbildung 1.24 ist links das Zeigerdiagramm bei der Grenzfrequenz für den RC- und rechts für den RL-Tiefpass gezeigt.

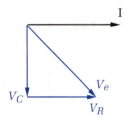 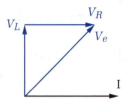

Abbildung 1.24: Spannungsverhältnisse bei der Grenzfrequenz

Aus den Zeigerdiagrammen kann das Verhältnis zwischen Ausgangs- und Eingangsspannung und die Phasenlage abgelesen werden. Für den RC-Tiefpass entspricht die Ausgangsspannung der Spannung am Kondensator. Es gilt:

$$V_e^2 = V_C^2 + V_R^2 \quad \text{mit} \quad V_C = V_R = V_a \quad \text{erhält man:}$$

$$\left.\frac{V_a}{V_e}\right|_{\omega=\omega_g} = \frac{1}{\sqrt{2}} \; ; \quad \varphi = \varphi_a - \varphi_e = -45° \; . \tag{1.71}$$

Dieselben Zusammenhänge können aus dem Zeigerdiagramm des RL-Tiefpasses abgelesen werden. Hier entspricht die Ausgangsspannung jedoch der Spannung am Widerstand.

Im nächsten Schritt sollen Betrag und Phase der Übertragungsfunktion berechnet werden. Dazu multipliziert man Zähler und Nenner mit dem konjugiert komplexen Nenner $1 - j\frac{\omega}{\omega_g}$. Man erhält folgenden Ausdruck und kann Real- und Imaginärteil trennen. (Zur Erinnerung an die komplexe Rechnung: Das j kennzeichnet den Imaginärteil, es gehört formal nicht zum Imaginärteil, das Vorzeichen vor dem j aber sehr wohl. $j = \sqrt{-1}$)

$$\underline{A}(j\omega) = \frac{1 - j\frac{\omega}{\omega_g}}{1 + \left(\frac{\omega}{\omega_g}\right)^2} = \underbrace{\frac{1}{1 + \left(\frac{\omega}{\omega_g}\right)^2}}_{\text{Re}\{\underline{A}\}} - j\underbrace{\frac{\frac{\omega}{\omega_g}}{1 + \left(\frac{\omega}{\omega_g}\right)^2}}_{\text{Im}\{\underline{A}\}} \tag{1.72}$$

Jetzt können Betrag und Phase nach den schon bekannten Regeln berechnet werden:

$$|\underline{A}| = \sqrt{(\text{Re}\{\underline{A}\})^2 + (\text{Im}\{\underline{A}\})^2} = \frac{1}{\sqrt{1 + \left(\frac{\omega}{\omega_g}\right)^2}} \tag{1.73}$$

$$\varphi = \arctan\left(\frac{\text{Im}\{\underline{A}\}}{\text{Re}\{\underline{A}\}}\right) = \arctan\left(-\frac{\omega}{\omega_g}\right) = -\arctan\left(\frac{\omega}{\omega_g}\right)^{19} \tag{1.74}$$

---

[19] Der Arkustangens ist eine ungerade Funktion, es gilt: $\arctan(-x) = -\arctan(x)$.

Eine grafische Darstellung des Frequenzganges ist in ▶Abbildung 1.25 gezeigt. Sie besteht aus einer Darstellung des Amplitudenverhältnisses und der Phasenverschiebung zwischen Ausgangs- und Eingangssignal als Funktion der Frequenz. Man spricht auch von einem Amplituden- und Phasengang. Die verwendete, doppelt logarithmische Darstellung wird auch als Bode[20]-Diagramm bezeichnet.

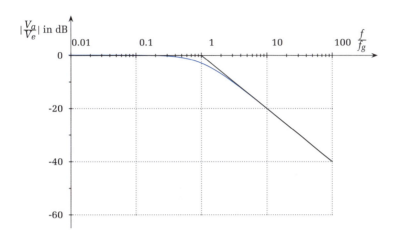

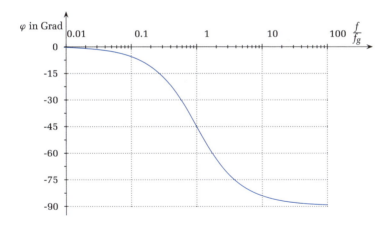

Abbildung 1.25: Bode-Diagramm eines Tiefpasses 1. Ordnung

Betrachtung im Zeitbereich:
Kennt man den Frequenzgang, so kann für jede sinusförmige Eingangsgröße die Amplitude und die Phasenverschiebung der durch das Netzwerk erzeugten Ausgangsgröße bestimmt werden. Für eine nicht sinusförmige Eingangsgröße könnte

---

20 Hendrik Wade Bode, ★ 24. Dezember 1905 in Madison, Wisconsin; † 21. Juni 1982 in Cambridge, Massachusetts, amerikanischer Elektrotechniker

man eine Fourier-Zerlegung durchführen und für jede Teilschwingung die Ausgangsgröße bestimmen. Das Zusammensetzen der einzelnen Ausgangssignale ergibt die Kurvenform des zu berechnenden Ausgangssignals.

Eine solche Vorgehensweise wird im Allgemeinen als Lösung im Frequenzbereich bezeichnet. Zuerst erfolgt die Transformation in den Frequenzbereich, sie liefert ein Spektrum des Eingangssignals. Danach wird im Frequenzbereich das Eingangsspektrum mit der Übertragungsfunktion multipliziert. Man erhält das Spektrum des Ausgangssignals. Abschließend erfolgt eine Rücktransformation in den Zeitbereich durch Zusammensetzen der spektralen Anteile zu einer Zeitfunktion.

Einfache Netzwerke können auch durch direkte Lösung der zugehörigen Differentialgleichungen im Zeitbereich analysiert werden. Als Beispiel soll ein Einschaltvorgang an einem Tiefpass (▶Abbildung 1.26) berechnet werden.

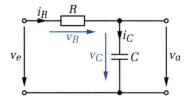

Abbildung 1.26: RC-Tiefpass 1. Ordnung

Wenn am Ausgang des Tiefpasses keine Last angeschlossen wird, ist der Strom durch den Widerstand identisch mit dem Strom durch den Kondensator. Die Ausgangsspannung entspricht der Spannung am Kondensator. Wir beschreiben das Netzwerk durch eine Knotengleichung, eine Maschengleichung und den Zusammenhang zwischen Strom und Spannung am Kondensator.

$$i_R(t) = i_C(t) \; ; \quad v_e(t) = v_R(t) + v_C(t) = v_R(t) + v_a(t) \; ; \quad i_C(t) = C\frac{dv_C(t)}{dt} = C\frac{dv_a(t)}{dt}$$

Durch Einsetzen gewinnen wir eine Gleichung, in der nur die Eingangs- und die Ausgangsspannung vorkommen.

$$\frac{v_e(t) - v_a(t)}{R} = C\frac{dv_a(t)}{dt}$$

Eine kritische Betrachtung zeigt, dass diese Gleichung der Knotengleichung entspricht. Links steht der Quotient aus der Spannung am Widerstand und dem Widerstand, also der Strom i_R, rechts steht der Kondensatorstrom. Es handelt sich um eine Differentialgleichung erster Ordnung, die durch Trennung der Variablen gelöst werden kann. Man bringt dazu alle Spannungen auf eine Seite und integriert danach beide Seiten der Gleichung.

$$\int \frac{1}{RC} \, dt = \int \frac{1}{v_e(t) - v_a(t)} \, dv_a$$

Nach den Regeln der Integralrechnung[21] erhält man folgendes Ergebnis. Die Integrationskonstante wurde als $\tilde{k} = \ln(k)$ angenommen, um die weitere Rechnung zu vereinfachen.

$$\frac{t}{RC} = -\ln\left(v_e(t) - v_a(t)\right) + \ln(k)$$

Fasst man die beiden Logarithmen zusammen, erhält man folgende Form

$$\frac{t}{RC} = \ln\frac{k}{v_e(t) - v_a(t)},$$

aus der die folgende Lösung der homogenen Gleichung berechnet werden kann

$$v_a(t) = v_e(t) - k \cdot e^{-\frac{t}{RC}}.$$

Zur Bestimmung der Konstanten muss eine zusätzliche Bedingung aus dem Verhalten der Schaltung bekannt sein. Wir verwenden unser Wissen über Kondensatoren und über die Kurvenform der Eingangsspannung.

Bei einem Einschaltvorgang gilt für die Eingangsspannung $v_e(t) = 0$ für alle Zeitpunkte kleiner 0 ▶Abbildung 1.27. Zum Zeitpunkt $t_0 = 0$ springt die Eingangsspannung auf den Wert v_1. Es gilt $v_e(t) = v_1$ für $t > 0$. Die Spannung am Kondensator kann sich nicht sprunghaft ändern, damit ist auch die Ausgangsspannung zum Zeitpunkt t_0 gleich 0. Sie steigt erst danach durch den Ladevorgang an. Durch Einsetzen dieser Anfangsbedingung in die homogene Lösung kann die Konstante k bestimmt werden.

$$t = 0 \rightarrow v_a(0) = 0 \; ; \quad 0 = v_1 - k \cdot e^{-\frac{0}{RC}} \rightarrow k = v_1 \tag{1.75}$$

$$v_a(t) = v_1(1 - e^{-\frac{t}{RC}})$$

Andere Verhältnisse bestehen bei einem Ausschaltvorgang ▶Abbildung 1.28. Hier liegt für sehr lange Zeit eine Eingangsspannung v_1 an, sie lädt den Kondensator auf diesen Wert auf. Zum Zeitpunkt t_0 gleich 0 wird die Eingangsspannung abgeschaltet. Es gilt daher $v_e(t) = 0$ für alle Zeitpunkte $t > 0$. Die Ausgangsspannung entspricht der Spannung am Kondensator und kann sich nicht sprunghaft ändern. Es gilt die Anfangsbedingung $v_a(0) = v_1$. Durch Einsetzen in die homogene Lösung erhält man die Integrationskonstante.

$$v_1 = 0 - k \cdot e^{-\frac{0}{RC}} \rightarrow v_1 = -k$$

$$v_a(t) = v_1 \cdot e^{-\frac{t}{RC}} \tag{1.76}$$

---

21 Grundintegrale:

$$\int dx = x + k \; ; \quad \int \frac{1}{x} dx = \ln(x) + k \; ; \quad \int \frac{1}{a-x} dx = -\ln(a-x) + k$$

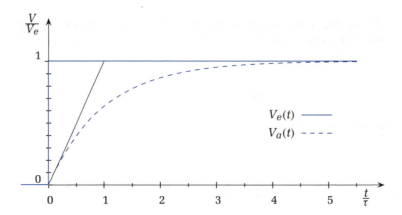

Abbildung 1.27: Einschaltvorgang bei einem Tiefpass 1. Ordnung

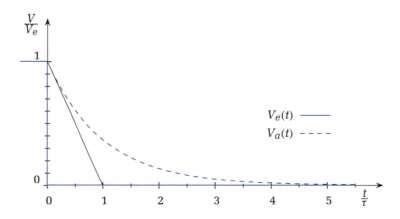

Abbildung 1.28: Ausschaltvorgang bei einem Tiefpass 1. Ordnung

Das Produkt aus R und C wird als **Zeitkonstante** τ bezeichnet. Die ▶Tabelle 1.4 zeigt die Abweichung vom Endwert bei verschiedenen Zeitpunkten. Stört in einer gegebenen Anwendung eine Abweichung vom Endwert von 1 % nicht mehr, so kann der Auf- oder Entladeprozess, man spricht auch von einem Einstellvorgang oder einem Angleich an einen Endwert, nach 5τ als abgeschlossen betrachtet werden.

$$\tau = RC \tag{1.77}$$

Ein Rechtecksignal kann im Zeitbereich modelliert werden, indem man die soeben berechneten Ein- und Ausschaltvorgänge zeitlich aneinanderreiht. Abhängig von der Zeitkonstante des Tiefpasses kommt es zu einer unterschiedlich starken Beeinflussung der Kurvenform. Ist die Periodendauer groß gegenüber der Zeitkonstante des Tiefpasses, so wird das Signal nur wenig verformt. Sind beide Parameter in derselben Größenordnung, kann man die Lade- und Entladevorgänge deutlich erkennen.

Tabelle 1.4
Abweichung vom Endwert

Abweichung	37 %	10 %	1 %	0,1 %	0,0001 %
Einstellzeit	τ	$2{,}3\,\tau$	$4{,}6\,\tau$	$6{,}9\,\tau$	$13{,}8\,\tau$

Wird die Zeitkonstante groß gegenüber der Periodendauer gewählt, bildet der Tiefpass den Mittelwert des Eingangssignals. Die ▶Abbildung 1.29 zeigt ein rechteckförmiges Eingangssignal und drei typische Fälle für das Ausgangssignal bei unterschiedlich gewählten Zeitkonstanten beziehungsweise Grenzfrequenzen. Zwischen Zeitkonstante τ und der Grenzfrequenz besteht folgender Zusammenhang.

$$\omega_g = \frac{1}{\tau}\,; \quad f_g = \frac{1}{2\pi\tau} \tag{1.78}$$

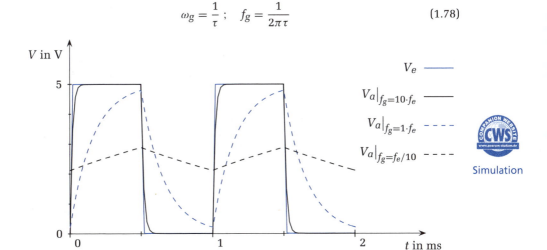

Abbildung 1.29: Ausgangssignal verschiedener Tiefpässe bei einem Eingangssignal $f_e = 1$ kHz

Viele Systeme in der Elektrotechnik haben Tiefpass-Charakter. Ein typisches Beispiel sind Leitungen, die abhängig von der Geschwindigkeit des Signals und den Eigenschaften der Leitungen, Veränderungen der Kurvenform wie in Abbildung 1.29 gezeigt hervorrufen. Zur Abschätzung der Grenzfrequenz eines elektronischen Systems kann eine Messung der Anstiegszeit verwendet werden.

Anstiegszeit und Grenzfrequenz beim Tiefpass 1. Ordnung

Zur Messung der Anstiegszeit (t_r... *Rise Time*) verwenden wir folgende Definition: Wir bestimmen den Zeitpunkt, bei dem das Signal 10 % des Endwertes erreicht hat und messen die Zeit bis zum Erreichen der 90 %-Marke. Diese Zeit bezeichnen wir als Anstiegszeit (Achtung: Es gibt auch andere Definitionen!). Aus der Gleichung der Sprungantwort kann die Zeit bis zu einem bestimmten Spannungswert berechnet werden:

$$v_a(t) = v_1(1 - e^{-\frac{t}{RC}}) \rightarrow t = -\tau \cdot \ln\left(1 - \frac{v_a}{v_e}\right).$$

Setzt man nun für die Spannungsverhältnisse bei 90 % und bei 10 % ein, so kann die Anstiegszeit t_r berechnet werden.

$$t_r = t_{90\%} - t_{10\%} = \tau(\ln(0{,}9) - \ln(0{,}1)) \approx 2{,}2\,\tau$$

$$\text{Mit}\quad f_g = \frac{1}{2\pi\tau} \quad \text{folgt für die Anstiegszeit}\quad t_r \approx \frac{1}{3 f_g}. \tag{1.79}$$

Dieser Zusammenhang kann näherungsweise auch für Tiefpässe höherer Ordnung verwendet werden. Bei der Kaskadierung mehrerer Tiefpässe ist die Gesamtanstiegszeit näherungsweise die Wurzel aus der Summe der Quadrate der Einzelanstiegszeiten t_{ri}.

$$t_r \approx \sqrt{\sum_i t_{ri}^2} \tag{1.80}$$

Damit sind unsere grundlegenden Überlegungen zum Tiefpass erster Ordnung abgeschlossen. Anwendungen von Tiefpässen im Zusammenhang mit Analog/Digital- und Digital/Analog-Umsetzung sowie Tiefpässe höherer Ordnung werden wir in Abschnitt 17.2 besprechen.

Beispiel: RL-Tiefpass

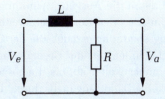

Verwenden Sie einen RL-Tiefpass, um Ihr Wissen zu überprüfen:

- Geben Sie die Dämpfung $\underline{A}$ für einen RL-Tiefpass an.

- Berechnen Sie $|\underline{A}|$ und φ, zeichnen Sie Amplituden- und Phasengang.

- Berechnen Sie die Sprungantwort eines RL-Tiefpasses durch Lösen der Differentialgleichung.

- Zeichnen Sie den Verlauf der Ausgangsspannung beim Ausschalten der Eingangsspannung.

1.2.2 Hochpass

Vertauscht man ausgehend von einem Tiefpass den ohmschen Widerstand mit dem frequenzabhängigen Widerstand, so erhält man einen Hochpass. Diese Schaltung lässt Frequenzen über ihrer Grenzfrequenz ungehindert passieren, während sie unter ihrer Grenzfrequenz dämpft. In ▶Abbildung 1.30 ist links ein RC- und rechts ein RL-Hochpass gezeichnet. Mögliche Anwendungen sind die Filterung von Störsignalen mit Frequenzen kleiner als das Nutzsignal. Ein typisches Beispiel sind Störungen durch Einkopplung der Netzwechselspannung. Des Weiteren kann der Hochpass zur Pulsformung eingesetzt werden, da er schnelle Signaländerungen ungehindert durchlässt, den Gleichanteil jedoch entfernt.

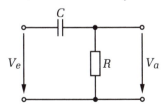 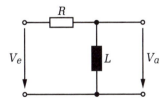

Abbildung 1.30: RC- und RL-Hochpass 1. Ordnung

Vor der Berechnung erfolgt wieder eine kurze Überlegung zum Verhalten der beiden Schaltungen. Beginnen wir mit dem RC-Hochpass.

- **RC-Hochpass:**
Bei Gleichspannung lädt sich der Kondensator auf den Wert der Eingangsspannung auf. Nach Abschluss der Aufladung fließt kein Strom, der Spannungsabfall am Widerstand und damit die Ausgangsspannung ist 0. Steigt die Frequenz, so beginnt durch das Umladen des Kondensators ein Strom zu fließen, der am Widerstand eine Ausgangsspannung erzeugt. Bei der Grenzfrequenz sind die beiden Spannungsabfälle gleich. Jenseits der Grenzfrequenz nimmt der Spannungsabfall am Kondensator immer weiter ab, bis die gesamte Eingangsspannung am Widerstand abfällt und keine Dämpfung mehr durch den Hochpass stattfindet.

- **RL-Hochpass:**
Für den RL-Hochpass gilt eine ähnliche Überlegung. Die Ausgangsspannung entspricht in diesem Fall der Spannung an der Spule. Wir wissen, dass diese Spannung mit der Frequenz zunimmt. Bei Gleichspannung ist die Ausgangsspannung im Fall einer idealen Spule ohne ohmschen Wicklungswiderstand gleich 0. Mit steigender Frequenz steigt die Ausgangsspannung. Bei der Grenzfrequenz sind beide Spannungsabfälle betragsmäßig gleich groß. Jenseits der Grenzfrequenz steigt der Blindwiderstand der Spule, bis kein Strom mehr fließt und dadurch keine Spannung am ohmschen Widerstand abfällt.

Die Analyse der Schaltung verläuft sehr ähnlich zu den beim RC-Tiefpass gezeigten Überlegungen. Schreibt man das Verhältnis von Ausgangsspannung zu Eingangsspannung entsprechend der Spannungsteilerregel an, so erhält man:

$$\underline{A}_{RC}(j\omega) = \frac{\underline{V_a}}{\underline{V_e}} = \frac{R}{R + \frac{1}{j\omega C}} = \frac{1}{1 + \frac{1}{j\omega RC}} \;;\; \underline{A}_{RL}(j\omega) = \frac{\underline{V_a}}{\underline{V_e}} = \frac{j\omega L}{R + j\omega L} = \frac{1}{1 + \frac{R}{j\omega L}}\;.$$

Setzt man in der linken Gleichung für $RC = 1/\omega_g$ und in der rechten Gleichung $L/R = 1/\omega_g$, so erhält man die allgemeine Form für einen Hochpass 1. Ordnung:

$$\underline{A}_{HP}(j\omega) = \frac{\underline{V_a}}{\underline{V_e}} = \frac{1}{1 + \frac{\omega_g}{j\omega}} = \frac{1}{1 - j\frac{\omega_g}{\omega}}\;. \qquad (1.81)$$

Ein Vergleich dieses Ergebnisses mit dem Ergebnis für den Tiefpass zeigt folgenden Zusammenhang: Von der allgemeinen Form eines Tiefpasses kommt man zu einem Hochpass, indem man in der Übertragungsfunktion

$$\frac{j\omega}{\omega_g} \quad \text{durch} \quad \frac{\omega_g}{j\omega} \qquad (1.82)$$

ersetzt. Diese Vorgehensweise wird Tiefpass-Hochpass-Transformation genannt. Es existieren weitere Transformationen, doch sei an dieser Stelle auf die weiterführende Literatur zum Thema Filter verwiesen.

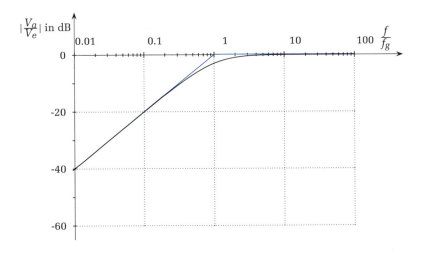

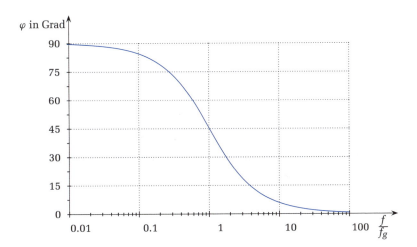

Abbildung 1.31: Bode-Diagramm eines Hochpasses 1. Ordnung

Trennt man, wie beim Tiefpass gezeigt, Real- und Imaginärteil, so kann man Betrag und Phase der Übertragungsfunktion berechnen. Man erhält die folgenden Zusammenhänge:

$$|\underline{A}| = \frac{V_a}{V_e} = \frac{1}{\sqrt{1 + \left(\frac{\omega_g}{\omega}\right)^2}} \;; \quad \varphi = \arctan\frac{\omega_g}{\omega} \;. \tag{1.83}$$

Amplituden- und Phasengang sind in ▶Abbildung 1.31 als Bode-Diagramm dargestellt.

Ein- und Ausschaltvorgang bei einem Hochpass

Als Abschluss unserer Betrachtung des Hochpasses wenden wir uns wieder der Berechnung der Sprungantwort im Zeitbereich zu. Dazu ist der Hochpass in ▶Abbildung 1.32 nochmals mit allen Strömen und Spannungen dargestellt.

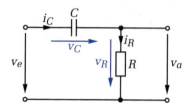

Abbildung 1.32: RC-Hochpass 1. Ordnung

Wir gehen wie beim Tiefpass von einem unbelasteten Spannungsteiler aus. In diesem Fall ist der Strom durch den Kondensator identisch mit dem Strom durch den Widerstand.

$$i_C(t) = i_R(t) \; ; \quad i_C(t) = C\frac{dv_C(t)}{dt} \; ; \quad i_R(t) = \frac{v_e(t) - v_C(t)}{R}$$

Damit erhält man die Differentialgleichung:

$$v_e(t) - v_C(t) = RC\frac{dv_C(t)}{dt} \; .$$

Trennt man die Variablen, so kann die Integration durchgeführt werden:

$$\int \frac{1}{RC} dt = \int \frac{1}{v_e(t) - v_C(t)} dv_C$$
$$\frac{t}{RC} = -\ln(v_e(t) - v_C(t)) + \ln(k)$$
$$\frac{t}{RC} = -\ln\left(\frac{k}{v_e(t) - v_C(t)}\right) \; .$$

Daraus kann die homogene Lösung für die Ausgangsspannung, die der Differenz von Eingangs- und Kondensatorspannung entspricht, berechnet werden.

$$v_a(t) = v_e(t) - v_C(t) = k \cdot e^{-\frac{t}{RC}}$$

Zur Bestimmung der Integrationskonstanten wird wieder eine Anfangsbedingung verwendet.

- **Einschaltvorgang:**
  Im Fall des Einschaltvorganges ist zum Zeitpunkt $t_0 = 0$ der Kondensator ungeladen $v_C(0) = 0$. Die Ausgangsspannung entspricht daher der Eingangsspannung.

Da die Eingangsspannung jedoch bei t_0 auf einen Wert v_1 springt und die Spannung am Kondensator sich nicht plötzlich ändern kann, springt auch die Ausgangsspannung auf den Wert v_1. Danach wird der Kondensator geladen und die Ausgangsspannung fällt entsprechend einer Exponentialfunktion.

$$v_a(0) = v_e(0) = v_1 \to v_1 = k \cdot e^{-\frac{0}{RC}} \to k = v_1$$

Die Lösung der Differentialgleichung für den Einschaltvorgang ist:

$$v_a(t) = v_1 \cdot e^{-\frac{t}{RC}} . \tag{1.84}$$

Sie ist in ▶Abbildung 1.33 dargestellt.

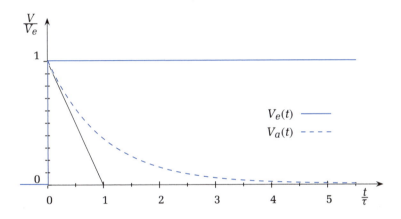

Abbildung 1.33: Einschaltvorgang bei einem Hochpass 1. Ordnung

- Ausschaltvorgang:
Bei einem Ausschaltvorgang wurde der Kondensator zuvor auf die Eingangsspannung v_1 geladen. Es gilt $v_C(0) = v_1$. Für alle Zeitpunkte größer gleich 0 ist die Eingangsspannung v_e gleich 0. Für $t = 0$ gilt:

$$v_a(0) = v_e(0) - v_C(0) \to v_a(0) = -v_1 .$$

In die homogene Lösung eingesetzt, bedeutet das:

$$-v_1 = k \cdot e^{-\frac{0}{RC}} \to k = -v_1 .$$

Die Lösung für den Ausschaltvorgang lautet daher:

$$v_a(t) = -v_1 \cdot e^{-\frac{t}{RC}} . \tag{1.85}$$

Sie ist in ▶Abbildung 1.34 dargestellt.

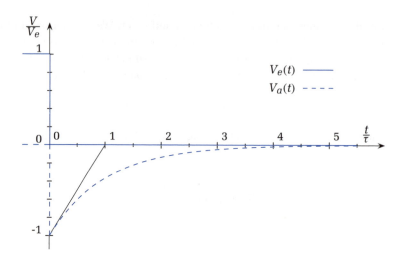

Abbildung 1.34: Ausschaltvorgang bei einem Hochpass 1. Ordnung

Durch Kombination mehrerer frequenzabhängiger Bauteile können auch Filternetzwerke mit anderen Charakteristika gebaut werden. In der Folge werden wir den Bandpass und die Bandsperre kennen lernen.

1.2.3 Bandpass

Unter einem Bandpass versteht man eine Kombination aus einem Tiefpass und einem Hochpass. Dadurch wird es möglich, ein Frequenzband aus einem breiteren Spektrum für eine Weiterverarbeitung herauszufiltern. Ein klassisches Beispiel wäre ein bestimmter Rundfunksender aus einer Auswahl von vielen Stationen, die auf verschiedenen Frequenzen senden. Ein einfacher RC-Bandpass würde hier nur dann genügen, wenn immer nur der gleiche Sender empfangen werden soll.

Der in ▶Abbildung 1.35 gezeigte Bandpass ist ein Filter zweiter Ordnung, das wieder als frequenzabhängiger Spannungsteiler betrachtet werden kann. Die Serienschaltung von C_1 und R_1 leitet keine Gleichströme, der kapazitive Blindwiderstand nimmt mit zunehmender Frequenz ab.

Der zweite Widerstand unseres Spannungsteilers besteht aus einer RC-Parallelschaltung. Der Widerstand der Parallelschaltung entspricht bei der Frequenz 0 dem Widerstand R_2, während bei sehr großen Frequenzen der Widerstand der Parallelschaltung sehr klein wird, da der Blindwiderstand des Kondensators C_2 immer geringer wird und damit den Gesamtwiderstand der Parallelschaltung vorgibt. Sehr vereinfachend kann gesagt werden, dass der Kondensator C_1 das Auftreten eines Ausgangssignals bei Gleichspannung verhindert, während C_2 die gleiche Funktion für hohe Frequen-

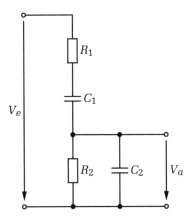

Abbildung 1.35: RC-Bandpass

zen erfüllt. Um mehr Klarheit über das Verhalten der Schaltung zu gewinnen, berechnen wir wie gewohnt das Verhältnis von Ausgangsspannung zur Eingangsspannung.

Zur Vereinfachung der Berechnung wählen wir $R = R_1 = R_2$ und $C = C_1 = C_2$. Wenn die RC-Serienschaltung als $\underline{Z_s}$ und die RC-Parallelschaltung als $\underline{Z_p}$ abgekürzt wird, kann entsprechend der Spannungsteilerregel folgende Gleichung angeschrieben werden:

$$\underline{A} = \frac{\underline{V_a}}{\underline{V_e}} = \frac{\underline{Z_p}}{\underline{Z_s} + \underline{Z_p}} = \frac{\frac{1}{1/R + j\omega C}}{R + \frac{1}{j\omega C} + \frac{1}{1/R + j\omega C}} \, .$$

Wenn man Zähler und Nenner zuerst mit $j\omega C$ und anschließend mit $1 + j\omega RC$ multipliziert und zusammenfasst erhält man folgende Form:

$$\underline{A} = \frac{j\omega RC}{1 + 3j\omega RC - (\omega RC)^2} \, .$$

Definiert man ähnlich zur Grenzfrequenz bei Hochpass oder Tiefpass eine Mittenfrequenz $\omega_0 = \frac{1}{RC}$, so kann die Übertragungsfunktion auch folgendermaßen angeschrieben werden:

$$\underline{A} = \frac{j\frac{\omega}{\omega_0}}{1 + 3j\frac{\omega}{\omega_0} - \left(\frac{\omega}{\omega_0}\right)^2} = \frac{1}{3 + j\left(\frac{\omega}{\omega_0} - \frac{\omega_0}{\omega}\right)} \, .$$

Führt man die normierte Frequenz $\Omega = \frac{\omega}{\omega_0}$ ein, so erhält man die folgende Übertragungsfunktion für den Bandpass.

$$\underline{A} = \frac{j\Omega}{1 + 3j\Omega - \Omega^2} \qquad (1.86)$$

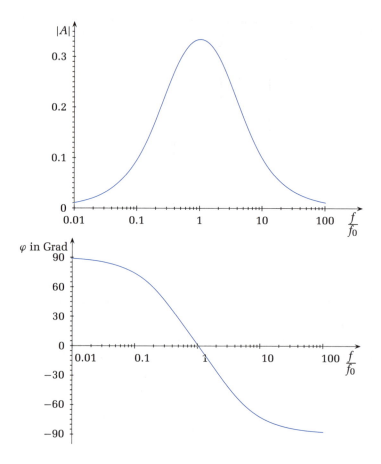

Abbildung 1.36: Amplituden und Phasengang eines RC-Bandpasses

Die schon bekannte Trennung in Real- und Imaginärteil ermöglicht eine Berechnung des Betragsverhältnisses und der Phase und liefert folgendes Ergebnis:

$$|\underline{A}| = \frac{1}{\sqrt{(1/\Omega - \Omega)^2 + 9}} \; ; \quad \varphi = \arctan \frac{1 - \Omega^2}{3\Omega} \; . \tag{1.87}$$

Der RC-Bandpass liefert bei seiner Mittenfrequenz ($\Omega = 1$, $f_0 = \frac{1}{2\pi RC}$) das größte Ausgangssignal. Das Amplitudenverhältnis ist in diesem Fall $A_0 = 1/3$ und die Phasenverschiebung $\varphi_0 = 0°$.

Der Amplituden- und Phasengang des RC-Bandpasses ist in ▶Abbildung 1.36 gezeigt. Zu beachten ist, dass in diesem Diagramm die Amplitude nicht logarithmisch aufgetragen ist.

1.2.4 Bandsperre

Das Gegenteil eines Bandpassfilters ist eine Bandsperre. Sie unterdrückt Frequenzen um ihre Mittenfrequenz. Bandsperren werden auch als **Kerbfilter** oder **Notch** bezeichnet. Die Bezeichnung Kerbfilter beschreibt die Wirkung sehr gut – es wird eine Kerbe in den zu filternden Frequenzbereich geschlagen. Bandsperren werden zur Unterdrückung von festen Störfrequenzen in einem Nutzfrequenzband verwendet.

Wir werden zwei Varianten der Bandsperren kennen lernen, die erste Variante ist die in ▶Abbildung 1.37 gezeigte Wien-Robinson-Brücke.

■ Wien-Robinson-Brücke:

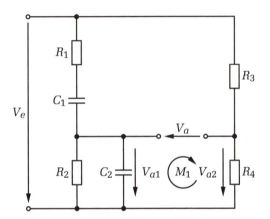

Abbildung 1.37: Wien-Robinson-Brücke

Die Wien-Robinson-Brücke entsteht durch die Erweiterung eines RC-Bandpasses um einen Spannungsteiler. Der RC-Bandpass liefert bei seiner Mittenfrequenz ein Drittel der Eingangsspannung an seinem Ausgang. Über und unter der Mittenfrequenz ist das Ausgangssignal, wie in Abbildung 1.36 dargestellt, kleiner.

Kombiniert man diese Schaltung mit einem Widerstandsteiler ($R_3 = 2 \cdot R_4$), der frequenzunabhängig immer ein Drittel der Eingangsspannung liefert, und verwendet man als Ausgangssignal die Differenzspannung dieser beiden Spannungsteiler, so erhält man die Wien-Robinson-Brücke.[22] Diese Differenzspannung ist bei der Mittenfrequenz gleich 0, da beide Brückenzweige dieselbe Spannung liefern. Bei allen anderen Frequenzen überwiegt die Spannung am Widerstandsteiler. Zur Vereinfachung wird $R_1 = R_2 = R$, $C_1 = C_2 = C$ gewählt.

---

22 Als Brückenschaltung bezeichnet man allgemein jede Anordnung von zwei Spannungsteilern, deren Differenzspannung als Ausgangsspannung genutzt wird.

Die Ausgangsspannung kann mit der Maschenregel für die Masche M_1 berechnet werden.

$$\underline{V_a} = \underline{V_{a2}} - \underline{V_{a1}}$$

Die Ausgangsspannung des Spannungsteilers ergibt sich aus der Eingangsspannung nach der Spannungsteilerregel:

$$\underline{V_{a2}} = \underline{V_e}\frac{R_4}{2R_4 + R_4} = \frac{\underline{V_e}}{3}.$$

Die Ausgangsspannung des RC-Bandpasses kennen wir aus Abschnitt 1.2.3.

$$\underline{V_{a2}} = \underline{V_e}\frac{j\Omega}{1 + 3j\Omega - \Omega^2}$$

Damit kann die Brückenspannung angeschrieben werden:

$$\underline{V_a} = \underline{V_e}\left(\frac{1}{3} - \frac{j\Omega}{1 + 3j\Omega - \Omega^2}\right).$$

Als Komponenten geschrieben erhalten wir folgenden Ausdruck:

$$\underline{V_a} = \frac{\underline{V_e}}{3} - \underline{V_e}\left(\frac{3}{9 + (\Omega - 1/\Omega)^2} - j\frac{\Omega - 1/\Omega}{9 + (\Omega - 1/\Omega)^2}\right).$$

Jetzt muss der Ausdruck auf einen gemeinsamen Nenner gebracht werden, dann kann man mit dem konjugiert komplexen Nenner multiplizieren und nach Real- und Imaginärteil trennen. Dadurch wird eine Berechnung des Amplitudenverhältnisses und der Phasenverschiebung möglich. Als Ergebnis ergibt sich:

$$|A| = \frac{V_a}{V_e} = \frac{|\Omega - 1/\Omega|}{3\sqrt{9 + (\Omega - 1/\Omega)^2}} \; ; \quad \varphi = \arctan\frac{3}{\Omega - 1/\Omega}. \qquad (1.88)$$

In ▶Abbildung 1.38 ist der Amplituden- und der Phasengang dargestellt.

Ein wesentlicher Nachteil einer Brückenschaltung ist das Fehlen eines gemeinsamen Bezugspotentials für Eingang und Ausgang. Dieses Problem kann durch Wahl einer Doppel-T-Struktur vermieden werden.

- **Doppel-T-Filter:**

Das Twin-T-Notch, wie dieses Filter auch genannt wird, hat eine Bandsperren-Charakteristik, weist aber ein gemeinsames Bezugspotential[23] für die Eingangs- und Ausgangsspannung auf.

---

23 Zur Vereinfachung, aber auch um die Lesbarkeit von Schaltbildern zu verbessern, werden häufig Symbole für das Bezugspotential verwendet. In ▶Abbildung 1.39 ist diese Vorgangsweise gezeigt. Gedanklich kann man alle diese Symbole genauso wie in den vorhergehenden Abbildungen mit einer Leitung (Linie) verbinden.

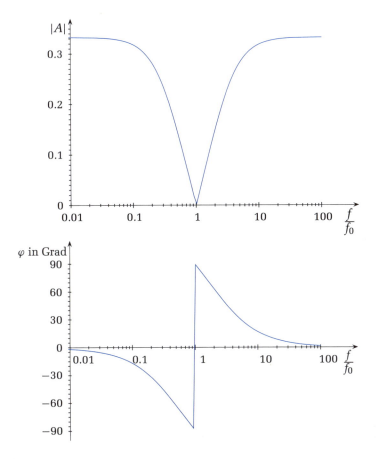

Abbildung 1.38: Amplituden- und Phasengang der Wien-Robinson-Brücke

Für Gleichsignale ist der kapazitive Blindwiderstand der Kondensatoren so groß, dass man sie gedanklich weglassen kann. Der Ausgang ist in diesem Fall direkt über eine Serienschaltung von zwei Widerständen (R_1, R_2) mit dem Eingang verbunden. Die Ausgangsspannung entspricht im unbelasteten Fall ($R_L = \infty$) der Eingangsspannung. Mit steigender Frequenz nimmt der Blindwiderstand der Kondensatoren ab. Sobald er wesentlich kleiner als der Wert der ohmschen Widerstände ist, kann von einer direkten Verbindung vom Eingang zum Ausgang über die Blindwiderstände der beiden Kondensatoren C_2 und C_3 gesprochen werden. Bei Frequenzen zwischen diesen beiden Extremen wird die Eingangsspannung durch die Wirkung der frequenzabhängigen Spannungsteiler gedämpft.

Damit das Netzwerk einfach dimensioniert werden kann, wählt man gleiche Werte für die Längselemente: $C_2 = C_3 = C$, $R_1 = R_2 = R$, und doppelte Werte für die Querelemente: $C_1 = 2 \cdot C$ und $R_3 = R/2$.

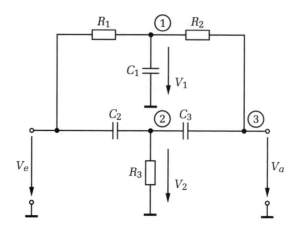

Abbildung 1.39: Doppel-T-Filter

Der Ansatz der Gleichungen für die Berechnung der Ausgangsspannung soll nach einem Verfahren vorgenommen werden, das man als **Knotenpotentialverfahren** bezeichnet. Eine weitergehende Beschreibung dieses Verfahrens ist in [34] nachzulesen.

Man wählt im ersten Schritt einen Bezugsknoten (0) und benennt alle anderen Knoten. Danach kann jedem Knoten eine Spannung relativ zum Bezugsknoten zugeschrieben werden. In unserem Netzwerk gibt es eine bekannte Knotenspannung am Eingang V_e und drei unbekannte Knotenspannungen V_1, V_2 und V_a. Wir benötigen daher drei Gleichungen zur Berechnung dieser unbekannten Spannungen, diese können durch Anschreiben der Knotenregel für die Knoten (1), (2) und für den Ausgangsknoten (3) gewonnen werden.

$$\text{Knoten (1):} \quad \frac{V_e - V_1}{R} + \frac{V_a - V_1}{R} + \frac{0 - V_1}{\frac{1}{j\omega 2C}} = 0$$

$$\text{Knoten (2):} \quad \frac{V_e - V_2}{\frac{1}{j\omega C}} + \frac{V_a - V_2}{\frac{1}{j\omega C}} + \frac{0 - V_2}{\frac{R}{2}} = 0$$

$$\text{Knoten (3):} \quad \frac{V_1 - V_a}{R} + \frac{V_2 - V_a}{\frac{1}{j\omega C}} = 0$$

Die Gleichungen können formal geschrieben werden, indem man für jeden Zweig, der an einem Knoten angeschlossen ist, die Differenz aus der Knotenspannung des Nachbarknotens und des eigenen Knotens berechnet und durch den Widerstand im Zweig dividiert. Summiert man die Ergebnisse für alle Zweige, erhält man die Knotengleichung für den betrachteten Knoten. Für den Bezugsknoten ist die Knotenspannung natürlich 0.

Mit einem Programm zum analytischen Lösen von Gleichungssystemen kann aus diesen Gleichungen die Übertragungsfunktion bestimmt werden. Stehen nur numerische Programme zur Unterstützung zur Verfügung, kann das Knotenpotentialverfahren auch zum Aufstellen einer Matrix, mit der alle Ströme und Spannungen berechnet werden können, benutzt werden, doch sei hier auf die Literatur verwiesen.

Berechnungsbeispiel

Als Ergebnis erhält man die Übertragungsfunktion des Doppel-T-Filters:

$$\underline{A}(j\Omega) = \frac{1 - \Omega^2}{1 + 4j\Omega - \Omega^2} \ . \tag{1.89}$$

Aus der Übertragungsfunktion kann mit der schon besprochenen Vorgehensweise Betrag und Phase des Frequenzganges berechnet werden:

$$|\underline{A}| = \frac{|1 - \Omega^2|}{\sqrt{(1 - \Omega^2)^2 + 16\Omega^2}} \ , \quad \varphi = \arctan\frac{4\Omega}{\Omega^2 - 1} \ . \tag{1.90}$$

Eine Darstellung von Amplituden- und Phasengang ist in ▶ Abbildung 1.40 gezeigt.

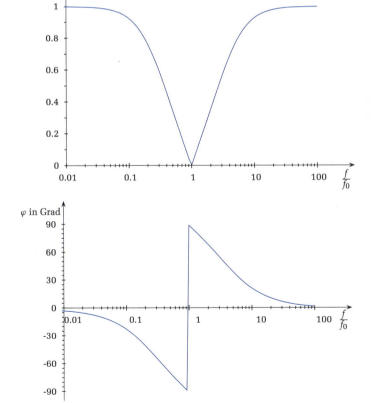

Abbildung 1.40: Amplituden- und Phasengang des Doppel-T-Filters

1.2.5 Schwingkreise

Alle bis jetzt behandelten Schaltungen mit frequenzbestimmenden Bauelementen enthielten nur Energiespeicher eines Typs, also entweder Spulen oder Kondensatoren. Kombiniert man beide Typen von Bauelementen in einer Schaltung, so können sich die Wirkungen der induktiven und kapazitiven Blindwiderstände aufheben. Man spricht in diesem Fall von Resonanzerscheinungen, die Schaltungen werden auch Resonanzkreise genannt. Eine Beschreibung im Zeitbereich ist durch Differentialgleichungen möglich – man erhält die Schwingungsgleichung, wie sie aus der Mechanik oder Physik bei der Beschreibung von Masse-Feder-Systemen bekannt ist.

Im Rahmen der von uns behandelten Schaltungstechnik werden Schwingkreise als frequenzbestimmendes Rückkoppelnetzwerk in Oszillatoren, als frequenzabhängiger Arbeitswiderstand bei selektiven Verstärkern oder als Filter höherer Ordnung verwendet. Während man in den ersten beiden Fällen die Resonanzerscheinungen gezielt nutzt, können sie im Fall der Filter problematisch sein, da im Fall des Serienschwingkreises bei Resonanz größere Spannungen an den Blindelementen auftreten können, als sie von außen angelegt wurden. Beim Parallelschwingkreis kann es zu größeren Strömen in den Blindelementen kommen.

Eine vollständige Betrachtung aller Aspekte der Schwingkreise geht über den Rahmen dieses Buches hinaus. Wir werden nur die wichtigsten Kenngrößen und Zusammenhänge erfassen, um eine Verwendung in den Schaltungsbeispielen zu ermöglichen. Eine umfassende Besprechung dieses Themas kann in [2] nachgelesen werden.

In ▶Abbildung 1.41 ist links ein Serienschwingkreis und rechts ein Parallelschwingkreis gezeigt. Zu Beginn erfolgt wie gewohnt eine qualitative Überlegung zum Verhalten dieser Schaltungen. Beginnen wir mit dem Parallelschwingkreis.

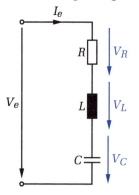 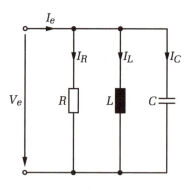

Abbildung 1.41: Serien- und Parallelschwingkreis

- Parallelschwingkreis:
  Für Gleichströme wirkt die Spule als Kurzschluss, für sehr hohe Frequenzen bildet der Kondensator einen Kurzschluss. Bei Frequenzen zwischen diesen beiden

Grenzfällen fließt Strom durch alle drei Bauelemente, wobei der Gesamtstrom sich proportional zu den Leitwerten in den einzelnen Zweigen aufteilt. An allen Elementen der Parallelschaltung liegt die gleiche Spannung. Wir verwenden diese Spannung als Bezugszeiger für unsere Überlegung. Der Strom durch den Widerstand besitzt dieselbe Phasenlage, der Strom in der Spule eilt der Bezugsspannung um 90° nach, während der Kondensatorstrom um 90° voreilt. Der Leitwert des Kondensators nimmt mit der Frequenz zu, während der der Spule mit der Frequenz abnimmt. Es existiert daher sicher eine Frequenz, bei der die Beträge der Leitwerte und daher auch die Beträge der Bauteilströme gleich sind. Sie wird Resonanzfrequenz f_r genannt. Wegen der genau entgegengesetzten Phasenlagen ergibt eine geometrische Addition der beiden Ströme den Wert 0. An den Klemmen des Schwingkreises ist nur mehr der Strom durch den Widerstand messbar, man spricht von Resonanz. Lässt man den ohmschen Widerstand als Teil der Parallelschaltung weg, so wird der Parallelschwingkreis bei idealen Bauteilen, bei Resonanz, einen unendlichen Widerstand zeigen. Mit realen Bauteilen hängt die Höhe dieses Resonanzwiderstandes von der Güte der Bauteile beziehungsweise des Schwingkreises ab. Da die Impedanz des Parallelschwingkreises bei Resonanz ihr Maximum besitzt, nennt man diesen Kreis auch Sperrkreis ▶ Abbildung 1.42.

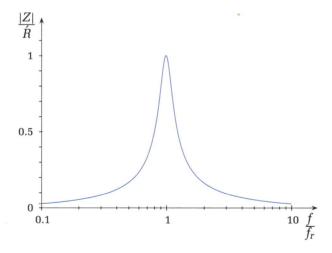

Abbildung 1.42: Impedanzverlauf bei einem Parallelschwingkreis

Es soll nochmals betont werden, dass im Resonanzfall sowohl der Kondensator als auch die Spule einen Strom führen. Beide Bauteile besitzen im Resonanzfall eine Impedanz X_r, die Wirkung nach außen hebt sich aber wegen der entgegengesetzten Phasenlagen auf.

Für die Admittanz des Parallelschwingkreises gilt folgender Zusammenhang:

$$\underline{Y} = \frac{1}{\underline{Z}} = G + j\left(\omega C - \frac{1}{\omega L}\right) . \tag{1.91}$$

- Serienschwingkreis:
Für den Serienschwingkreis gelten ähnliche Überlegungen. Hier ist der Strom für alle Elemente der Schaltung gleich und wird als Bezug verwendet. Die Spannung am Widerstand ist in Phase, die Spannung am Kondensator eilt nach, während die Spannung an der Spule voreilt. Bei Resonanz ist die Summe der Spannungsabfälle an den beiden Blindelementen gleich 0, von außen ist nur der Spannungsabfall am Wirkwiderstand messbar. Die Impedanz besitzt bei Resonanz ein Minimum, man spricht auch von einem Saugkreis ▶Abbildung 1.43.

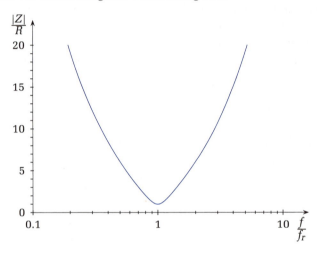

Abbildung 1.43: Impedanzverlauf bei einem Serienschwingkreis

Für die Impedanz des Serienschwingkreises kann aus der Schaltung folgender Zusammenhang abgelesen werden:

$$\underline{Z} = R + j\left(\omega L - \frac{1}{\omega C}\right) . \tag{1.92}$$

Bei Resonanz heben sich die Imaginärteile der Impedanzen beziehungsweise der Admittanzen auf. Die Beträge des kapazitiven und des induktiven Blindwiderstandes sind gleich groß. Es gilt folgender Zusammenhang:

$$X_r = \omega_r L = \frac{1}{\omega_r C} \quad \text{beziehungsweise} \quad B_r = \omega_r C = \frac{1}{\omega_r L} . \tag{1.93}$$

Aus diesen Gleichungen kann die Resonanzkreisfrequenz ω_r und die Resonanzfrequenz f_r berechnet werden.

$$\omega_r^2 = \frac{1}{LC} \quad f_r = \frac{1}{2\pi\sqrt{LC}} \tag{1.94}$$

Bandbreite:
Ein weiterer wichtiger Begriff im Zusammenhang mit dem Schwingkreis ist die Bandbreite. Wir werden die nächsten Überlegungen am Beispiel des Serienschwingkreises durchführen.

In ►Abbildung 1.44 sind links die Verhältnisse für eine Frequenz unter der Resonanzfrequenz gezeichnet. Die Spannung am Kondensator ist größer als die Spannung an der Spule. Die geometrische Addition der drei Spannungsabfälle ergibt eine Summenspannung, die gegenüber dem Strom nacheilt. Der Serienschwingkreis zeigt für Frequenzen unter seiner Resonanzfrequenz kapazitives Verhalten. Das gezeigte Zeigerdiagramm gilt für einen Sonderfall, hier ist der Imaginärteil genauso groß wie der Realteil. Es entsteht ein Phasenwinkel von $-45°$. Die Eingangsspannung ist um $\sqrt{2}$ größer als der Spannungsabfall am ohmschen Widerstand. Man kann auch sagen, dass der Betrag der Impedanz bezogen auf den Betrag der Impedanz im Resonanzfall um $\sqrt{2}$ größer ist. Dieser Punkt wird untere Eckfrequenz ω' genannt.

Rechts in Abbildung 1.44 ist die obere Eckfrequenz ω'' gezeichnet. Hier überwiegt der Spannungsabfall an der Spule, der Schwingkreis zeigt induktives Verhalten. Die Impedanz ist wieder um $\sqrt{2}$ gegenüber dem Resonanzfall angestiegen, der Phasenwinkel ist jetzt $+45°$. Der Frequenzunterschied zwischen der oberen und der unteren Eckfrequenz wird als Bandbreite B des Schwingkreises bezeichnet.

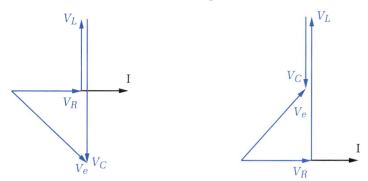

Abbildung 1.44: Spannungen am Serienschwingkreis bei der unteren Eckfrequenz ω' (links) und bei der oberen Eckfrequenz ω'' (rechts)

Güte und Verstimmung:
Abschließend sollen noch die beiden Begriffe Güte und Verstimmung am Beispiel des Serienschwingkreises erklärt werden. Dazu gehen wir von der Impedanz des Serienschwingkreises aus und multiplizieren Zähler und Nenner mit der Resonanzkreisfrequenz ω_r.

$$\underline{Z} = R + j\left(\frac{\omega}{\omega_r}\underbrace{\omega_r L}_{X_r} - \frac{\omega_r}{\omega}\underbrace{\frac{1}{\omega_r C}}_{X_r}\right)$$

Hebt man in einem weiteren Schritt den Betrag des Blindwiderstandes X_r der Spule beziehungsweise des Kondensators bei Resonanz und anschließend den Widerstand R heraus, so ergibt sich folgende normierte Form der Impedanz:

$$\underline{Z} = R \left(1 + j \underbrace{\frac{X_r}{R}}_{\text{Güte}} \overbrace{\left(\frac{\omega}{\omega_r} - \frac{\omega_r}{\omega} \right)}^{\text{Verstimmung}} \right). \quad (1.95)$$

Die Güte Q_s des Serienschwingkreises gibt an, um wie viel die Spannung an der Spule und am Kondensator im Resonanzfall größer wird als die angelegte Eingangsspannung. Man spricht in diesem Zusammenhang auch von einer Spannungsüberhöhung oder Spannungsresonanz.

$$Q_s = \frac{X_r}{R} = \frac{\omega_r L}{R} = \frac{1}{R}\sqrt{\frac{L}{C}} = \frac{f_r}{B} \quad (1.96)$$

Im Fall des Parallelschwingkreises tritt eine Stromüberhöhung proportional zur Güte auf. Man spricht auch von einer Stromresonanz. Die Güte des Parallelschwingkreises ist:

$$Q_p = \frac{R'}{X_r} = \frac{R'}{\omega_r L} = R'\sqrt{\frac{C}{L}} = \frac{f_r}{B}. \quad (1.97)$$

Für beide Schwingkreise gilt: Je größer die Güte eines Resonanzkreises wird, umso geringer ist seine Bandbreite.

1.2.6 Computerunterstützte Betrachtung passiver Netzwerke

Als Abschluss unserer Beschäftigung mit passiven Netzwerken sollen einige Worte zur Computerunterstützung beziehungsweise zur Verwendung von Standardwerkzeugen in der elektronischen Schaltungstechnik gesagt werden. Für das Erlernen der Schaltungstechnik sollten zwei Typen von Programmen unterstützend eingesetzt werden.

Der erste Typ sind Mathematikprogramme, die zum Beispiel das Lösen von Gleichungssystemen unterstützen. Wir haben bis jetzt ein Beispiel beim Knotenspannungsverfahren gesehen. Natürlich können so einfache Beispiele leicht von Hand gerechnet werden. Allerdings sollte mit genau diesen einfachen Dingen der Einsatz der Werkzeuge trainiert werden, da hier noch eine Kontrolle der Ergebnisse in beide Richtungen möglich ist. Muss ein Netzwerk für ein Filter neunter Ordnung berechnet werden und soll eine Dimensionierung erfolgen, so ist eine Kontrolle durch eine Handrechnung sehr mühsam.

Der zweite Typ sind Schaltungssimulatoren, die mehr oder weniger auf dem in Berkeley entwickelten Simulator *SPICE* beruhen. Mit diesen Simulatoren kann das Ergebnis einer Handrechnung leicht numerisch überprüft werden. Allerdings sollte man die erhaltenen Ergebnisse immer kritisch hinterfragen. Es ist zum Beispiel mit einem Simulator problemlos möglich, einen Strom von 50 A durch einen Widerstand fließen zu lassen. Im Labor sollte man außer bei ganz speziellen Widerständen auf solche Versuche verzichten. Überlegen Sie daher bei den simulierten Ergebnissen immer, ob die erhaltenen Werte technisch sinnvoll sind. Die Datenblätter der Bauteile liefern hierbei wichtige Hinweise.

Für Simulationsbeispiele zu unseren bis jetzt sehr einfachen Schaltungen und zum Kennenlernen der verschiedenen Analysearten (Gleichstrom, Zeitbereich, Frequenzbereich) sei an dieser Stelle auf die Companion Website zu diesem Buch verwiesen.

Simulation

ZUSAMMENFASSUNG

Im ersten Teil dieses Kapitels haben wir die Begriffe **Strom** und **Spannung** definiert, es folgten die wichtigsten Rechenregeln und Methoden zur Analyse von Netzwerken bei Gleichstrom. Danach wurde die **symbolische Methode** vorgestellt und die Methoden für die Arbeit mit Wechselgrößen gezeigt. Ein kurzer Einblick in die Fourier-Zerlegung und die Arbeit im Frequenzbereich sowie zahlreiche Verweise auf wesentlich ausführlichere Grundlagenwerke zu diesen Themen runden unseren Einstieg ab.

Wir haben im **ersten Teil** verschiedene Widerstände, Kondensatoren und Spulen als weitgehend ideale Bauelemente mit ihren wesentlichen Eigenschaften kennen gelernt.

Im **zweiten Teil** des Grundlagenkapitels wurden einfache Filterschaltungen aus den bisher bekannten Bauelementen im Zeit- und im Frequenzbereich analysiert und die Verwendung der gelernten Methoden gezeigt. Ein kurzer Einstieg in die computerunterstützte Analyse schließt unseren Einstieg und das Kennenlernen der Grundlagen ab.

Halbleiter

2.1	**Einführung**	96
2.2	**Aufbau von Halbleitermaterialien**	98
2.3	**pn-Übergang**	107
	Zusammenfassung	113

2 HALBLEITER

Einleitung

> Nach der Betrachtung von passiven Bauelementen und den damit verbundenen schaltungstechnischen Anwendungen in den passiven Netzwerken wenden wir uns den aktiven Netzwerken zu. Diese Netzwerke enthalten als Erweiterung zu den bekannten Bauelementen zusätzliche gesteuerte Strom- bzw. Spannungsquellen.

Die Realisierung von gesteuerten Quellen, Schaltern, spannungsabhängigen Kondensatoren und Anzeige-Elementen, um nur einige Anwendungen zu nennen, ist mit Halbleiterbauelementen möglich. Das folgende Kapitel beschäftigt sich zu Beginn mit den möglichen Halbleitermaterialen, deren Aufbau und physikalischen Eigenschaften, danach mit der Erhöhung der Leitfähigkeit durch Einbringen von Fremdatomen. In weiterer Folge werden die Vorgänge am Übergang unterschiedlich behandelter Halbleitermaterialien betrachtet.

LERNZIELE

- Aufbau und physikalische Eigenschaften von Halbleitermaterialien
- Veränderung der Eigenschaften durch Dotierung
- Vorgänge am Übergang unterschiedlich dotierter Materialien
- Verhalten des pn-Überganges beim Anlegen einer äußeren Spannung

2.1 Einführung

Betrachtet man das elektrische Verhalten technisch genutzter Materialien, so kann man eine Einteilung in Leiter, Halbleiter und Isolatoren vornehmen. Die Eigenschaften des Materials werden durch den spezifischen Widerstand ρ bzw. die spezifische Leitfähigkeit κ beschrieben. Kennt man die Länge l und den Querschnitt A des Leiters, so kann der ohmsche Widerstand des Materials wie folgt berechnet werden:

$$R = \rho \cdot \frac{l}{A} = \frac{l}{\kappa \cdot A} \qquad (2.1)$$

Die spezifische Leitfähigkeit ist proportional zur Elementarladung[1] $q = 1{,}6 \cdot 10^{-19}$ A s, zur Ladungsträgerdichte n und zur Beweglichkeit der Ladungsträger μ. Dabei sind die beiden Letztgenannten vom verwendeten Material und der Temperatur abhängig.

$$\kappa = 1/\rho = n \cdot q \cdot \mu \qquad (2.2)$$

Diese Temperaturabhängigkeit wird häufig durch eine Reihenentwicklung beschrieben. Es gilt der folgende vereinfachte Zusammenhang.

$$\rho(T) = \rho(T_0) \cdot (1 + \alpha(T - T_0)) \qquad (2.3)$$

Wobei mit T_0 die Ausgangstemperatur bezeichnet wird, bei der man den spezifische Widerstand kennt. α ist der Temperaturkoeffizient des Materials. ▶Tabelle 2.1 zeigt den spezifischen Widerstand und den Temperaturkoeffizienten für die typischen Leitermaterialien Silber, Kupfer, Gold und Aluminium, für das Widerstandsmaterial Konstantan, für die beiden reinen Halbleitermaterialien Silizium und Germanium sowie für den Isolator Porzellan.

Tabelle 2.1

Elektrische Eigenschaften typischer Materialien

Typ	Material	$\rho(20)$ in $\Omega\,\text{mm}^2/\text{m}$	$\alpha(20)$ in $1/\text{K}$
Leiter	Silber	0,016	$3{,}8 \cdot 10^{-3}$
	Kupfer	0,0178	$3{,}92 \cdot 10^{-3}$
	Gold	0,023	$4 \cdot 10^{-3}$
	Aluminium	0,028	$3{,}77 \cdot 10^{-3}$
	Konstantan	0,43	$\pm 40 \cdot 10^{-6}$
Halbleiter	Silizium	$6{,}25 \cdot 10^6$	$-1 \cdot 10^{-3}$
	Germanium	$0{,}454 \cdot 10^6$	$-5 \cdot 10^{-3}$
Isolator	Porzellan	$5 \cdot 10^{18}$	

---

[1] Als Elementarladung wird die kleinste frei existierende Ladung bezeichnet. Sie wurde von R. A. Millikan erstmals genau bestimmt. Sie beträgt entsprechend der aktuellen Empfehlung des NIST (*National Institute of Standards and Technology*) $1{,}602176487 \cdot 10^{-19}$ A s.

Während der spezifische Widerstand der Metalle relativ gering ist und mit steigender Temperatur zunimmt, ist der spezifische Widerstand der Halbleiter wesentlich größer und verringert sich bei Erhöhung der Temperatur. Wodurch diese unterschiedlichen Eigenschaften entstehen, wird bei einer genaueren Betrachtung des Aufbaues der Materialien erkennbar.

2.2 Aufbau von Halbleitermaterialien

Nach der Zusammensetzung des Halbleiters kann man zwischen Elementhalbleitern und Verbindungshalbleitern unterscheiden. Elementhalbleiter bestehen aus einem einzigen chemischen Element der vierten Hauptgruppe. Typische Elementhalbleiter sind Silizium und Germanium. Verbindungshalbleiter entstehen entweder durch Kombination von Elementen aus der dritten und fünften Hauptgruppe wie zum Beispiel Galliumarsenid, Galliumphosphid, Indiumarsenid, Indiumphosphid oder Galliumantimonid oder sie werden durch Kombination von Elementen der zweiten und der sechsten Hauptgruppe wie zum Beispiel Cadmiumselenid, Cadmiumtellurid oder Zinksulfid gebildet.

Das wichtigste Halbleitermaterial ist Silizium, es hat eine hohe Beweglichkeit beider Ladungsträgerarten und ermöglicht kleine Leckströme. Mit Siliziumdioxid steht ein eigenes Oxid mit ausgezeichneten dielektrischen Eigenschaften zur Verfügung. Es besitzt den gleichen Ausdehnungskoeffizienten wie Silizium und haftet dadurch ausgezeichnet auf demselben. Die Herstellung von großen Einkristallen ist ebenfalls leicht möglich, des Weiteren ist Silizium in beliebigen Mengen verfügbar.

Für spezielle Anwendungen werden aber auch Verbindungshalbleiter verwendet, zum Beispiel Galliumarsenid als Ausgangsmaterial für sehr schnelle Schaltkreise, Galliumphosphid für die Erzeugung von Leuchtdioden, Cadmiumtellurid für die Verwendung als Solarzelle oder Zinksufid für den Aufbau von Elektrolumineszenzfolien, um nur einige Beispiele zu nennen.

Beschreibt man den Aufbau eines Halbleitermaterials, so reicht für die grundlegenden Überlegungen das Bohr'sche Atommodell aus, zur Betrachtung bestimmter Effekte bieten sich jedoch komplexere Modelle wie zum Beispiel das Bändermodell an.

2.2.1 Atommodell – Bändermodell

Im Bohr'schen Atommodell geht man von einem Atomkern aus, um den die Elektronen auf diskreten Schalen kreisen. Für die chemischen Eigenschaften ist die äußerste Schale, deren Elektronen noch an den Kern gebunden sind, entscheidend. Elemente der 4. Hauptgruppe (▶ Tabelle 2.2) besitzen auf dieser Schale vier so genannte Valenzelektronen. Bei diesen Materialien kommt es zur Bildung kovalenter Bindungen, bei denen sich die benachbarten Atome ihre Elektronen teilen, um eine scheinbar voll

Tabelle 2.2

Lage der Halbleitermaterialien im Periodensystem

II	III	IV	V	VI
	5 B Bor	6 C Kohlenstoff	7 N Stickstoff	8 O Sauerstoff
	13 Al Aluminium	14 Si Silizium	15 P Phosphor	16 S Schwefel
30 Zn Zink	31 Ga Gallium	32 Ge Germanium	33 As Arsen	34 Se Selen
48 Cd Cadmium	49 In Indium	50 Sn Zinn	51 Sb Antimon	52 Te Tellur
80 Hg Quecksilber	81 Ti Thallium	82 Pb Blei	83 Bi Bismut	84 Po Polonium

besetzte äußerste Schale mit acht Elektronen zu erreichen. Als Struktur entsteht ein Kristall mit einem kubisch-flächenzentrierten Gitter. Es besteht aus kleinen Würfeln, wobei sich an jeder Ecke des Würfels und zusätzlich am Schnittpunkt der Flächendiagonalen ein Atom befindet.

Die Schalen im Bohr'schen Atommodell und die dazugehörenden Elektronen besitzen diskrete Energiemengen, man spricht auch von Energieniveaus. Zeichnet man ein Diagramm, in dem senkrecht die Energie und waagerecht der Ort aufgetragen werden, so sieht man einzelne Linien. Betrachtet man jedoch einen Kristall, der ja aus vielen Atomen besteht, so kommt es durch die gegenseitige Beeinflussung zu einer Aufweitung der einzelnen Linien, zu so genannten Energiebändern.

Diese Art der Darstellung wird als Bändermodell oder Bandschema bezeichnet, es ermöglicht einige Effekte wie zum Beispiel das Entstehen der Diffusionsspannung von Dioden oder die Abgabe von Licht leichter zu erklären. Im Bändermodell findet man für jede Schale ein Band mit den zugehörigen Energieniveaus, diese sind durch Bereiche voneinander getrennt, deren Energie von den Elektronen nicht angenommen werden kann ▶Abbildung 2.1.

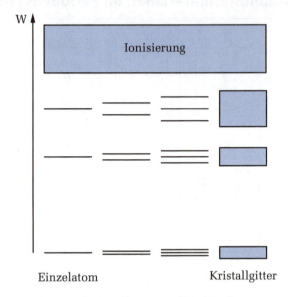

Abbildung 2.1: Energieniveaus beim Einzelatom und bei einem Halbleiterkristall

Für die Erklärung der Stromleitung im Halbleiter reicht jedoch eine Betrachtung der beiden äußersten Bänder und ihres Bandabstandes aus. Man nennt diese Bänder das Valenzband und das Leitungsband ▶Abbildung 2.2.

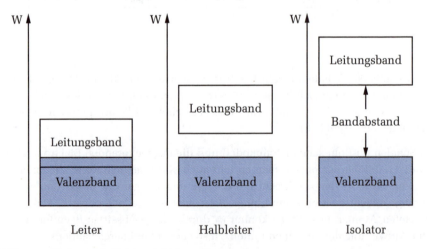

Abbildung 2.2: Bändermodelle für Leiter, Halbleiter und Isolator

Elektronen auf der äußersten Schale entsprechen im Bändermodell den Energieniveaus im Valenzband. Je größer die kinetische Energie des Elektrons ist, umso höher ist sein Energieniveau innerhalb des Bandes. Durch Aufnahme von ausreichend Energie, zum Beispiel in Form von Licht oder Wärme, können Elektronen über den Bandabstand ins so genannte Leitungsband wechseln. Elektronen im Leitungsband sind nicht mehr an den Atomkern gebunden und können sich im Material frei bewegen, man nennt sie freie Elektronen oder auch Leitungselektronen. Nur diese Elektronen stehen für den Stromtransport zur Verfügung. Der Abstand zwischen Valenzband und Leitungsband ist spezifisch für das jeweilige Material und bestimmt seine elektrischen Eigenschaften.

Bei Metallen oder anderen gut leitenden Materialien überlagern sich Valenzband und Leitungsband oder die verbotene Zone zwischen ihnen ist sehr schmal. Das bedeutet, dass Elektronen durch die aufgenommene thermische Energie bei Raumtemperatur in das Leitungsband wechseln können und eine sehr gute Stromleitung ermöglichen. Bei Halbleitern ist der Bandabstand wesentlich größer, sie leiten bei Raumtemperatur daher wesentlich schlechter als Metalle. Isolatoren haben einen so großen Bandabstand, dass eine ausreichende Energieaufnahme zum Überwinden der verbotenen Zone nicht möglich ist, sie sind nicht leitend.

2.2.2 Undotierte Halbleiter – Eigenleitung

Ein reiner Halbleiterkristall mit ungestörter Kristallstruktur ohne störende Fremdatome besitzt bei Raumtemparatur eine geringe Leitfähigkeit. Sie wird als intrinsische Leitfähigkeit oder Eigenleitfähigkeit bezeichnet. Mit zunehmender Temperatur führen die Gitteratome des Kristallgitters immer stärkere Schwingungen aus, wodurch bei Raumtemperatur immer eine bestimmte Anzahl kovalenter Bindungen aufgebrochen ist. Am Atom bleibt eine Fehlstelle (Loch) in der Bindung zurück, während sich das Elektron als Leitungselektron frei durch den Halbleiter bewegen kann. Die Bildung eines Elektron-Loch-Paares wird als **Generation** bezeichnet ▶Abbildung 2.3. Der umgekehrte Vorgang, das Entstehen einer neuen kovalenten Bindung durch „Hineinfallen" eines freien Elektrons in ein Loch, wird **Rekombination** genannt. Beide Prozesse laufen im Halbleiter gleichzeitig ab, sie stehen in einem dynamischen Gleichgewicht.

Mit dem Bändermodell kann man diese Vorgänge genauer beschreiben. Hier kann mithilfe der Fermi-Dirac-Statistik jedem Energieniveau W innerhalb eines Bandes eine Besetzungswahrscheinlichkeit mit Elektronen $f(W)$ zugeordnet werden. Diese Beschreibungsform ist nach den Physikern Enrico Fermi[2] und Paul Dirac[3] benannt.

$$f(W) = \left(1 + e^{\frac{W-W_F}{k\cdot T}}\right)^{-1} \tag{2.4}$$

---

2 Enrico Fermi, ★29. September 1901 in Rom (Italien), † 28. November 1954 in Chicago (USA). Fermi gilt als einer der bedeutendsten Kernphysiker des 20. Jahrhunderts.
3 Paul Adrien Maurice Dirac, ★ 8. August 1902 in Bristol, † 20. Oktober 1984 in Tallahassee. Dirac war ein britischer Physiker, Mitbegründer der Quantenphysik und zusammen mit Erwin Schrödinger Nobelpreisträger für Physik 1933.

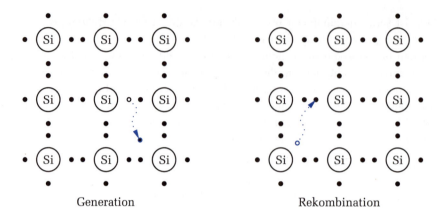

Abbildung 2.3: Generation und Rekombination im Strukturbild

W_F wird als Fermi-Niveau bezeichnet. Es beschreibt die mittlere effektive thermodynamische Energie der freien Elektronen und liegt beim reinen Halbleiter in der Mitte der verbotenen Zone. Des Weiteren hängt die Besetzungswahrscheinlichkeit noch vom Produkt aus der Boltzmann-Konstanten[4] $k = 1{,}38 \cdot 10^{-23}$ J/K und der absoluten Temperatur T ab.

Bei sehr geringen Temperaturen ist das Valenzband voll besetzt und das Leitungsband leer. Das Entstehen eines Stromflusses bedeutet eine Bewegung der Elektronen. Dazu müssen die Elektronen kinetische Energie aufnehmen können. Im Fall eines vollbesetzten Energiebandes ist eine solche Energieaufnahme nicht möglich und es gibt keine Bewegung im Sinne eines Stromflusses. Erhöht man die Temperatur, können die Elektronen ausreichend Energie zum Überwinden des Bandabstandes aufnehmen und damit in das Leitungsband gelangen, sie lassen unbesetzte Energieniveaus im Valenzband zurück. Damit wird die Aufnahme kleinerer Energiemengen durch die freien Elektronen im Leitungsband möglich und es gibt bereits beim Anlegen kleiner Feldstärken einen Stromfluss – man beobachtet eine intrinsische Leitfähigkeit.

Stark vereinfachend kann gesagt werden, dass die Anzahl der verfügbaren Ladungsträger proportional zur Fläche unter der Fermi-Dirac-Statistik ist. In ▶Abbildung 2.4 sind diese Flächen blau eingezeichnet, sie entsprechen den besetzten Energieniveaus im jeweiligen Band. Bei Eigenleitung gibt es genauso viele unbesetzte Energieniveaus im Valenzband (Löcher) wie besetzte Energieniveaus im Leitungsband (Leitungselektronen).

---

[4] Die Boltzmann-Konstante ist mit $k = 1{,}3806504 \cdot 10^{-23}$ J/K festgelegt. Sie ist nach dem österreichischen Physiker Ludwig Boltzmann, ⋆ 20.Februar 1844 in Wien (Österreich); † 5.September 1906 in Triest (Italien), benannt. Er gilt als einer der Begründer der statistischen Mechanik.

2.2 Aufbau von Halbleitermaterialien

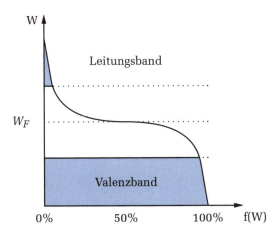

Abbildung 2.4: Fermi-Dirac-Statistik

Eine genaue Betrachtung, wie viele Ladungsträger für die Stromleitung zur Verfügung stehen, würde den Rahmen unserer kurzen Einführung sprengen. Das Ergebnis einer solchen Berechnung ist die Eigenleitungsdichte n_i des Halbleitermaterials. Sie ist abhängig von der Elektronendichte n_0 und der Löcherdichte p_0.

$$n_i^2 = n_0 \cdot p_0 \tag{2.5}$$

Mithilfe der Eigenleitungsdichte und der Beweglichkeiten der Elektronen μ_n und der Löcher μ_n kann die Leitfähigkeit κ des undotierten Halbleiters berechnet werden.

$$\kappa = q\left(n\mu_n + p\mu_p\right) \tag{2.6}$$

Für den reinen Halbleiter (Eigenleitung) ist die Löcheranzahl p immer gleich der Elektronenanzahl n und es gilt:

$$\kappa = q \cdot n_i \left(\mu_n + \mu_p\right) . \tag{2.7}$$

In ▶Tabelle 2.3 sind die Beweglichkeiten und die Eigenleitungsdichten für Silizium und Germanium gezeigt.

Tabelle 2.3

Beweglichkeit und intrinsische Ladungsträgerdichte bei $T = 300\,\text{K}$

Material	n_i	μ_n	μ_p
Silizium	$1{,}02 \cdot 10^{10}\,\text{cm}^{-1}$	$1350\,\text{cm}^2/\text{Vs}$	$480\,\text{cm}^2/\text{Vs}$
Germanium	$2{,}33 \cdot 10^{13}\,\text{cm}^{-1}$	$3900\,\text{cm}^2/\text{Vs}$	$1900\,\text{cm}^2/\text{Vs}$

Beispiel: Widerstand von reinem Silizium

Wie groß ist der Widerstand eines Siliziumstücks mit 1 cm Länge und einem Querschnitt von 1 mm² bei einer Temperatur von 300 Kelvin?

Die Leitfähigkeit für Silizium kann mit den Angaben aus Tabelle 2.3 berechnet werden:

$$\kappa = q \cdot n_i (\mu_n + \mu_p) = 1{,}6 \cdot 10^{-19} \cdot 1{,}02 \cdot 10^{10} \cdot (1350 + 480) = 3 \cdot 10^{-6}\,\Omega^{-1}\,\text{cm}^{-1}$$

Das Siliziumstück hat damit folgenden Widerstand:

$$R = \frac{l}{\kappa \cdot A} = \frac{1}{3 \cdot 10^{-6} \cdot 0{,}01} = 33 \cdot 10^6\,\Omega\,.$$

Ein Widerstand von 33 MΩ für ein Bauteil mit einem Zentimeter Länge ist für die technische Anwendung zu groß. Man verwendet daher sehr häufig Halbleiter mit einer durch Dotierung mit Fremdatomen künstlich erhöhten Leitfähigkeit, so genannte dotierte Halbleiter.

2.2.3 Dotierte Halbleiter – Störstellenleitung

Unter Dotierung versteht man das gezielte Einbringen von Fremdatomen in einen Halbleiter. Dazu wird zuerst ein Einkristall erzeugt, der möglichst wenig Verunreinigungen und Störungen seiner idealen Kristallstruktur aufweist. (Jede Verunreinigung oder Störung des Kristallgitters führt zu einer Erhöhung der Leitfähigkeit.) Silizium besitzt eine Atommasse M von 28 und eine Dichte ρ von 2,33 g/cm³. Damit kann die Anzahl n der Atome pro Kubikzentimeter des Einkristalles berechnet werden, indem man den Quotienten aus Masse und Atommasse bildet und mit der Avogadro-Konstante[5] N_A multipliziert.

$$n = N_A \cdot \frac{m}{M} = N_A \cdot \frac{\rho \cdot V}{M} = 6 \cdot 10^{23} \cdot \frac{2{,}33 \cdot 1}{28} \approx 5 \cdot 10^{22}\,\text{Atome/cm}^3$$

Danach wird die Leitfähigkeit durch Einbringen von 10^{14} bis 10^{18} Fremdatomen pro Kubikzentimeter gezielt beeinflusst. Man unterscheidet je nach Anzahl der Fremdatome zwischen starker und schwacher Dotierung. Typische Verhältnisse und die sich daraus ergebenden spezifischen Widerstände finden wir in folgendem Beispiel:

---

[5] Die Avogadro-Konstante $N_A = 6{,}0221354 \cdot 10^{23}\,\text{mol}^{-1}$ gibt die Anzahl der Atome pro Mol eines Stoffes an. Sie ist nach dem italienischen Physiker und Chemiker Amedeo Avogadro (∗ 9. 8. 1776 in Turin (Italien); † 9. 7. 1856 in Turin) benannt.

Beispiel

n	auf 10^7 Si-Atome ein Donator	schwache n-Dotierung	$\rho \approx 5\,\Omega\,\text{cm}$
n^+	auf 10^4 Si-Atome ein Donator	starke n-Dotierung	$\rho \approx 0{,}03\,\Omega\,\text{cm}$
p	auf 10^6 Si-Atome ein Akzeptor	schwache p-Dotierung	$\rho \approx 2\,\Omega\,\text{cm}$
p^+	auf 10^4 Si-Atome ein Akzeptor	starke p-Dotierung	$\rho \approx 0{,}05\,\Omega\,\text{cm}$

Als Beispiel für das Ausgangsmaterial wird in den folgenden Erklärungen Silizium verwendet, die Zusammenhänge gelten jedoch sinngemäß für alle Halbleiter aus der vierten Hauptgruppe des Periodensystems.

- n-Dotierung:
  Im Fall der n-Dotierung werden fünfwertige Atome wie zum Beispiel Phosphor in den Einkristall eingebracht. Diese Fremdatome besitzen auf ihrer äußeren Schale ein Elektron mehr, das nicht für die benachbarten Valenzbindungen benötigt wird und relativ leicht für die Stromleitung zur Verfügung steht. Die Phosphoratome wirken im Bezug auf das Silizium als Elektronenspender oder Donatoren. Ein n-dotiertes Material besitzt bei Raumtemperatur einen Elektronenüberschuss, man bezeichnet die Elektronen im n-Material auch als **Majoritätsträger**. Zum Unterschied werden die in geringer Zahl vorkommenden Ladungsträger, in diesem Fall die Löcher im n-Material, als **Minoritätsträger** bezeichnet.

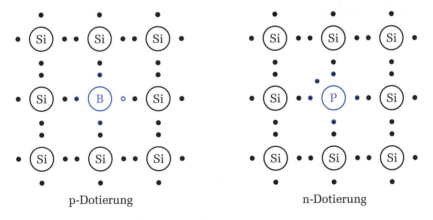

Abbildung 2.5: Kristallaufbau eines Halbleiters mit Dotierung

- p-Dotierung:
  Im Fall der p-Dotierung werden Atome aus der dritten Hauptgruppe des Periodensystems wie zum Beispiel Bor verwendet. Diese Atome besitzen auf der äußersten Schale ein Elektron weniger als das Silizium. Sie stellen dem Silizium daher eine

zusätzliche Fehlstelle (Loch) zur Verfügung, man nennt die Fremdatome daher auch Akzeptoren. Im p-Material werden die Löcher als Majoritätsträger und die Elektronen als Minoritätsträger bezeichnet.

Bei einer Betrachtung der Verhältnisse im dotierten Halbleiter mithilfe des Bändermodelles kann man die Erhöhung der Leitfähigkeit noch besser erkennen. Die Elektronen der Störatome können zum Unterschied von den Siliziumatomen auch Energieniveaus innerhalb der verbotenen Zone von Silizium einnehmen. Elektronen eines Donator-Atoms befinden sich auf einem Energieniveau W_D nahe an der Bandkante des Leitungsbandes ▶Abbildung 2.6. Das bedeutet, dass sie durch Aufnahme von sehr wenig Energie in das Leitungsband wechseln können. Die Energie der Gitterschwingungen bei Raumtemperatur reicht aus, um diese Ionisation einzuleiten. Es entsteht ein frei bewegliches Leitungselektron und ein positiv geladenes ortsfestes Ion. Wegen der negativen Polarität der freien Ladungsträger spricht man von n-Dotierung.

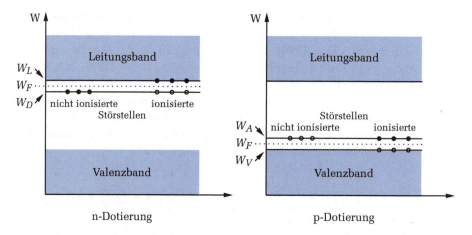

Abbildung 2.6: Bändermodell eines Halbleiters bei unterschiedlicher Dotierung

Zum Unterschied davon befinden sich die Fehlstellen der Akzeptor-Atome nahe an der Bandkante des Valenzbandes auf einem Energieniveau W_A. Die Valenzelektronen des Siliziums benötigen nur sehr wenig Energie, um diese Fehlstellen aufzufüllen. Jedes Elektron, das ein Loch auffüllt, erzeugt dort ein negativ geladenes stationäres Ion und hinterlässt im Valenzband eine scheinbar bewegliche Fehlstelle, wegen der positiven Ladung dieser Löcher spricht man von p-Dotierung.

Durch Dotierung wurden zusätzliche besetzte Energieniveaus im Leitungsband bzw. zusätzliche freie Energieniveaus im Valenzband geschaffen. Die Elektronen im Leitungsband können kinetische Energie aufnehmen und damit ihren Beitrag zum Stromtransport liefern. Aber auch die Elektronen im Valenzband können beschleunigt werden. Das Valenzelektron wandert in diesem Fall in die eine Richtung, während die Fehlstelle in die entgegengesetzte Richtung wandert. Man kann also genauso von einer (scheinbaren) Bewegung positiver Ladungsträger durch den Halbleiter sprechen. Bezieht man sich auf die Richtung der positiven Ladungsträger, so nennt man das die technische Stromrichtung, meint man die Elektronenbewegung, so spricht man von der physikalischen Stromrichtung.

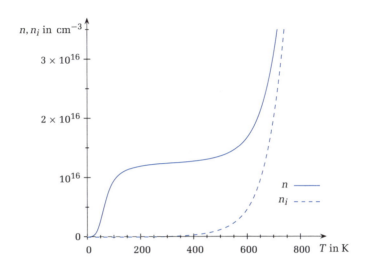

Abbildung 2.7: Eigenleitungsdichte und Ladungsträgerdichte bei Dotierung als Funktion der Temperatur

Da im technisch relevanten Temperaturbereich die Ladungsträger der Störstellen im Vergleich zu den Ladungsträgern des undotierten Siliziums überwiegen (▶Abbildung 2.7), spricht man beim dotierten Halbleiter von Störstellenleitung.

2.3 pn-Übergang

Nach unserer Beschäftigung mit der Dotierung von Halbleitern und den sich daraus ergebenden Eigenschaften werden wir uns im folgenden Abschnitt mit den Effekten am Übergang zwischen einer p- und einer n-dotierten Schicht beschäftigen. Durch solche pn-Übergänge ist es möglich, Ströme in einer Richtung zu leiten, in der anderen Richtung jedoch zu sperren.

2.3.1 pn-Übergang ohne äußere Spannung

Erweitert man die Bändermodelle der dotierten Halbleiter in Abbildung 2.6 durch Einzeichnen der Fermi-Dirac-Statistik, so erhält man die ▶Abbildung 2.8.

Durch die Dotierung entspricht die Anzahl der besetzten Energieniveaus im Leitungsband nicht mehr der Anzahl der freien Energieniveaus im Valenzband, es sind durch die Störatome zusätzliche Ladungsträger hinzugekommen. Im Bändermodell erkennt man, dass die Fläche zwischen der Bandkante des Leitungsbandes und der Fermi-Dirac-Statistik (blau gezeichnet) nicht mehr gleich groß ist wie die Fläche, die im Valenzband fehlt. Die erstere Fläche ist proportional zur Anzahl der freien Elektronen im Leitungsband, während die letztere proportional zu den Löchern im Valenzband ist. Im Fall der n-Dotierung liefern die Störatome in der verbotenen Zone zusätzliche Elektronen, welche die Besetzungswahrscheinlichkeit im Leitungsband erhöhen, ohne jedoch freie Energieniveaus im Valenzband zu hinterlassen. Bei der p-Dotierung stellen die Störatome freie Energieniveaus in der verbotenen Zone zur Verfügung, die von Elektronen des Valenzbandes gefüllt werden. Dadurch erhält man freie Energieniveaus im Valenzband, ohne Elektronen ins Leitungsband zu bringen.

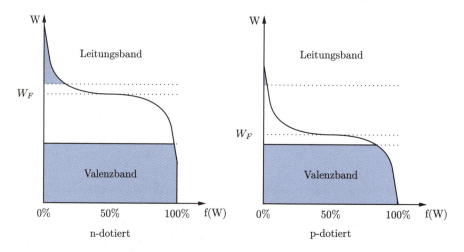

Abbildung 2.8: Fermi-Dirac-Statistik eines Halbleiters bei unterschiedlicher Dotierung

Das Fermi-Niveau (W_F), dessen Besetzungswahrscheinlichkeit 50 % ist, verschiebt sich gegenüber dem reinen Halbleiter. Es liegt im Fall der n-Dotierung zwischen dem Energieniveau der Donatoren W_D und der Bandkante des Leitungsbandes bzw. im Fall der p-Dotierung zwischen dem Energieniveau der Akzeptoren W_A und der Bandkante des Valenzbandes. Diese Verschiebung ist sowohl in Abbildung 2.6 als auch in Abbildung 2.8 erkennbar.

Bringt man nun gedanklich ein p-Material und ein n-Material in elektrischen Kontakt, so stehen sich unterschiedliche Besetzungswahrscheinlichkeiten und damit unterschiedliche Ladungsträgerdichten gegenüber. In Kombination mit der thermischen Bewegung der Ladungsträger kommt es zu einer **Diffusion** der Ladungsträger, die diesen Dichteunterschied auszugleichen versucht.

Die Elektronen fließen vom n-Material ins p-Material, wo sie mit den dort vorhandenen Löchern rekombinieren, dadurch bleiben im n-Gebiet positive Ionen zurück, es lädt sich positiv auf, während das p-Gebiet durch die hinzukommenden Elektronen negativ geladen wird. Man spricht von einer **Raumladungszone** (RLZ).

Zwischen den Raumladungen entsteht ein elektrisches Feld E, das die Elektronen wieder zurück ins n-Gebiet bringt. Diese vom Feld der Raumladungszone erzeugte Ladungsträgerbewegung wird als **Drift** bezeichnet. In ▶Abbildung 2.9 ist das elektrische Feld eingezeichnet. Wir erinnern uns: Ein Feld ist ein physikalischer Zustand im Raum, der durch seine Wirkung auf Teilchen definiert ist. Bei der Definition des elektrischen Feldes wurden positive Ladungsträger verwendet, da die Elektronen jedoch negativ geladen sind, werden sie gegen die Richtung des Feldvektors bewegt.

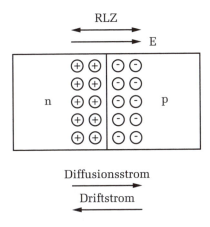

Abbildung 2.9: Verhältnisse bei der Bildung einer Raumladungszone

Unser Gedankenexperiment erreicht einen stabilen Zustand, sobald die beiden Prozesse in einem dynamischen Gleichgewicht stehen. Das bedeutet, im Mittel sind der Diffusionsstrom und der Driftstrom gleich groß. Im Bändermodell ist dieser Gleichgewichtszustand erreicht, wenn sich gleiche Besetzungswahrscheinlichkeiten gegenüberstehen, es gibt wieder ein einheitliches Fermi-Niveau.

Die Bandkanten im n-Gebiet und im p-Gebiet in ▶Abbildung 2.10 weisen unterschiedliche Energieniveaus auf. Elektronen, die vom n-Gebiet in das p-Gebiet gehen möchten, müssen zuerst die fehlende Energie in Form kinetischer Energie aufnehmen. Elektronen aus dem p-Gebiet können ohne Problem in das n-Gebiet, sie können sogar noch Energie abgeben. Mit anderen Worten kann man sagen: Majoritätsträger müssen Energie aufnehmen, um ins benachbarte Gebiet gelangen zu können, während Minoritätsträger durch die Raumladungszone nicht behindert werden.

Die Aufnahme kinetischer Energie kann zum Beispiel durch eine von außen angelegte elektrische Spannung erreicht werden. Um den Elektronen die in Abbildung 2.10 mit ΔW bezeichnete Energie zuzuführen, muss eine Spannung V_D angelegt werden. Diese Spannung wird als **Diffusionsspannung** bezeichnet, sie hängt von der Dichte der Akzeptoren n_A, von der Dichte der Donatoren n_D, der Eigenleitungsdichte n_i und der absoluten Temperatur T ab. Des Weiteren kommen noch

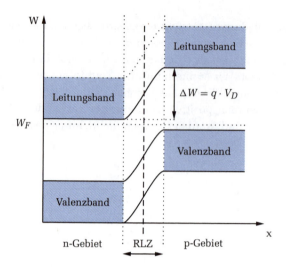

Abbildung 2.10: Bändermodell eines pn-Überganges ohne äußere Spannung

die Boltzmann-Konstante k und die Elementarladung q vor.

$$V_D = \underbrace{\frac{k \cdot T}{q}}_{V_T} \ln \frac{n_A \cdot n_D}{n_i^2} \tag{2.8}$$

Der erste Ausdruck wird als **Temperaturspannung** V_T bezeichnet, bei Raumtemperatur (300 K) ist $V_T = 25{,}9\,\text{mV}$.

2.3.2 pn-Übergang mit äußerer Spannung

Durch das Anlegen einer äußeren Spannung kann die Wirkung der Diffusionsspannung aufgehoben oder verstärkt werden.

Legt man den positiven Pol der Spannungsquelle an das n-Gebiet an, so werden weitere Ladungsträger aus dem n-Gebiet zum positiven Pol der Quelle gezogen, das n-Gebiet lädt sich positiv auf, die Raumladungszone wird breiter. Das p-Gebiet wird durch die zusätzlichen Elektronen der Quelle negativ aufgeladen, auch diese Seite der Raumladungszone wird breiter.

Im Bändermodell (▶Abbildung 2.11) sieht man eine Vergrößerung der Verschiebung der Bandkanten um den Wert der äußeren Spannung V_R. In diesem Fall fließt kein Majoritätsträgerstrom, man spricht daher von Polung in Sperrrichtung.

Legt man den negativen Pol an das n-Gebiet und den positiven Pol an das p-Gebiet, so liefert die äußere Spannung die Elektronen, die durch Diffusion ins p-Gebiet verschwinden nach und nach und wirkt damit der Bildung einer Raumladung entgegen. Ist die

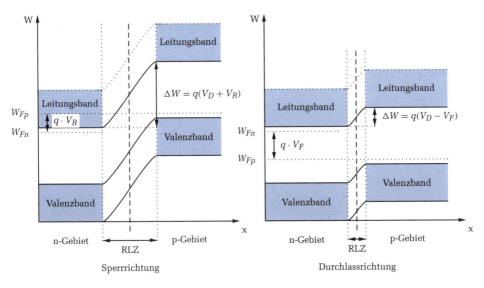

Abbildung 2.11: Bändermodell eines pn-Überganges mit äußerer Spannung

angelegte Spannung größer als die Diffusionsspannung, kann ein Majoritätsträgerstrom fließen, man spricht von Polung in Durchlassrichtung oder Flussrichtung.

Im Bändermodell (Abbildung 2.11) sind die Verhältnisse für eine Spannung V_F in Durchlassrichtung gezeichnet, die kleiner als die Diffusionsspannung V_D ist. Die Verschiebung der Bandkanten ΔW ist um die Größe der angelegten Spannung verkleinert.

2.3.3 Durchbruchsmechanismen

Legt man eine Spannung in Sperrrichtung an einen pn-Übergang, so fließt – wie soeben besprochen – kein Majoritätsträgerstrom. Minoritätsträger, die durch das Aufbrechen von Valenzbrücken immer in geringer Anzahl entstehen, werden aber vom Feld der Raumladungszone beschleunigt. Sie können die Raumladungszone ungehindert passieren und bilden den Sperrstrom, dessen Größe nur von der Anzahl der vorhandenen Minoritätsträger und damit von der Temperatur abhängt.

Erhöht man die Sperrspannung, so kommt es zu einem plötzlichen Anstieg des Sperrstromes, die Diode wird in Sperrrichtung leitend, man spricht vom Durchbruch. Nach der Spannung, bei der der Durchbruch auftritt, können zwei unterschiedliche Durchbruchsmechanismen unterschieden werden.

- Lawineneffekt:
  Durchbrüche über 5,7 V laufen nach dem Lawineneffekt ab. Die Minoritätsträger im p-Gebiet werden durch die angelegte Sperrspannung so stark beschleunigt, dass sie bei einem Stoß mit einem Gitteratom ionisierend wirken können. Durch den Stoßprozess wird ein weiterer Ladungsträger frei. Nach dem Stoß bewegen sich zwei Elektronen durch die Raumladungszone. In der Folge kommt es zu einer

lawinenartigen Vervielfachung der Ladungsträger ►Abbildung 2.12. Ob ein Elektron ionisierend wirkt, hängt von der aufgenommenen Energie ab. Diese ist umso größer, je weiter das Elektron beschleunigen kann und je größer die Spannung ist. Man bezeichnet diese Strecke zwischen den Stößen als freie Weglänge.

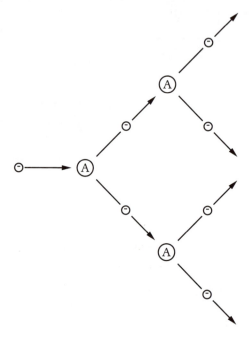

Abbildung 2.12: Erzeugung freier Ladungsträger durch Stoßionisation beim Lawineneffekt

Bei einer Erhöhung der Temperatur wird die Schwingung der Atome größer und die Wahrscheinlichkeit für einen Stoß steigt, die freie Weglänge und damit auch die aufgenommene kinetische Energie sinkt. Bei Steigerung der Temperatur steigt daher auch die Durchbruchspannung der Diode, der Lawinendurchbruch hat einen positiven Temperaturkoeffizienten von $\approx 1\,\mathrm{mV/K}$.

- Zener-Effekt:
  Tritt der Durchbruch herstellungsbedingt schon bei Spannungen unter 5,7 V auf, so spricht man von einem Zener-Durchbruch. Hierbei handelt es sich um einen von C. M. Zener[6] erstmals beschriebenen quantenmechanischen Effekt, der bei stark dotierten Halbleitern auftritt.

  Starke Dotierungen führen zu sehr schmalen Raumladungszonen mit hoher Feldstärke. Ein zusätzlich angelegtes Feld kann Elektronen ins Leitungsband heben. Eine Erhöhung der Temperatur unterstützt diesen Prozess, der Zener-Durchbruch zeigt einen negativen Temperaturkoeffizienten von $\approx 0{,}5\,\mathrm{mV/K}$.

---

[6] Clarence Melvin Zener, ∗ 1. Dezember 1905 in Indianapolis (Indiana, USA), † 15. Juli 1993 in Pittsburgh (Pennsylvania, USA), amerikanischer Physiker und Elektrotechniker

ZUSAMMENFASSUNG

In diesem Kapitel wurden die **elektrischen Eigenschaften der Halbleiter** im Vergleich zu Leitern und Isolatoren erörtert. Anhand von **Strukturbildern** und dem **Bändermodell** wurde die Eigenleitung erklärt. Da die Leitfähigkeit des reinen Halbleiters für die meisten technischen Anwendungen zu gering ist, wurden ihre Erhöhung durch **Dotierung** besprochen und die wesentlichen Grundbegriffe erklärt.

Anschließend wurden die Vorgänge an der Grenze unterschiedlich dotierter Materialien genauer betrachtet und das Verhalten für eine Polung in Durchlassrichtung und in Sperrrichtung erklärt. Damit sind die notwendigen Grundlagen für die Anwendungen von Halbleiterbauelementen verfügbar.

Halbleiterdioden

3.1 Siliziumdiode 116

3.2 Arten von Halbleiterdioden 121

3.3 Schaltungsbeispiele mit Halbleiterdioden 126

Zusammenfassung 149

3

ÜBERBLICK

Einleitung

» Nach der Beschäftigung mit den grundlegenden Vorgängen an einem pn-Übergang wenden wir uns nun den möglichen Anwendungen in der Schaltungstechnik zu. Eine Möglichkeit, einen einzelnen pn-Übergang zu verwenden, ist die Diode. Hierbei handelt es sich um ein Bauteil mit zwei Anschlüssen, das abhängig von der Polarität der angelegten Spannung entweder wie ein geschlossener oder wie ein geöffneter Schalter wirkt.

Nach der Vorstellung der verschiedenen Diodenarten anhand einfacher Beispiele werden wir uns in diesem Kapitel mit der Erzeugung von Gleichspannungen durch klassische Gleichrichterschaltungen beschäftigen. Die Nachteile dieser Schaltungen führen uns zur Betrachtung eines modernen Konzeptes mit sinusförmiger Stromaufnahme. Abschließend beschäftigen wir uns mit Schaltungen für geringe Ausgangsleistungen und Spannungsvervielfachern. Als Abrundung des kommenden Kapitels dient ein Rückblick in die Geschichte der Energieversorgung und ein kurzer Abschnitt über die Eigenschaften realer Kondensatoren, wobei besonderes Augenmerk auf die für die Erzeugung von Gleichspannung wichtigen Elektrolytkondensatoren gelegt wird. «

LERNZIELE

- Kennenlernen der wichtigsten Diodenarten und einfacher Anwendungen
- Energieübertragung mit Wechselspannung und Erzeugung von Gleichspannungen
- Verhalten klassischer Gleichrichterschaltungen – Kennenlernen eines modernen Ansatzes
- Gleichrichterschaltungen für geringe Ausgangsleistungen
- Erzeugung großer Gleichspannungen aus einer Eingangswechselspannung

3.1 Siliziumdiode

Um den Zusammenhang mit den Erklärungen zum pn-Übergang herzustellen, sind in der ▶Abbildung 3.1 der schematische Aufbau und das entsprechende Schaltsymbol einer Diode gezeigt; des Weiteren sind die Polaritäten einer äußeren Spannung für die Polung in Sperrrichtung und die Polung in Durchlassrichtung eingezeichnet.

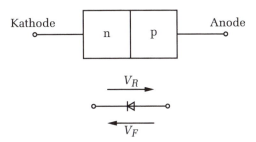

Abbildung 3.1: Schematischer Aufbau und Schaltsymbol einer Diode

Der Anschluss des n-dotierten Materials wird als **Kathode** bezeichnet und im Schaltsymbol durch eine senkrechte Linie gekennzeichnet. Ebenso findet man auf den Bauteilen einen Ring zur Kennzeichnung der Kathode. Der zweite Anschluss wird **Anode** genannt. Der Pfeil des Schaltsymboles zeigt in die Durchlassrichtung.

Das Verhalten einer Diode in Durchlassrichtung kann mathematisch durch die Diodengleichung beschrieben werden.

$$I = I_S(T)\left(e^{\frac{V}{mV_T}} - 1\right)$$

In der Diodengleichung steht I_S für den Sättigungssperrstrom. Er entsteht durch die Eigenleitung und liegt in der Größenordnung von einigen Picoampere.

Der Faktor m wird Emissionskoeffizient genannt. Er ist ein Korrekturfaktor, der den ohmschen Anteil der Bahngebiete berücksichtigt ($1 < m < 2$). Als Bahngebiet bezeichnet man das dotierte Halbleitermaterial, welches als Zuleitung zur Sperrschicht dient. Für kleine Siliziumdioden neuerer Bauart gilt $m \approx 1$.

Die Temperaturspannung des Elektrons V_T kann wie folgt berechnet werden:

$$V_T = \frac{kT}{q} = \frac{1{,}38 \cdot 10^{-23}\,\text{J/K} \cdot 296{,}15\,\text{K}}{1{,}6 \cdot 10^{-19}\,\text{C}} = 25{,}5\,\text{mV}$$

Als Temperatur wurden 23 °C verwendet, das entspricht einer absoluten Temperatur von $T = 273{,}15 + 23 = 296{,}15\,\text{K}$.

Eine andere in der Praxis sehr übliche Beschreibungsform für das nicht lineare Verhalten der Diode ist die in ▶Abbildung 3.2 gezeigte Kennlinie. Sie beschreibt die Abhängigkeit des Diodenstromes von der angelegten Spannung zwischen Anode und Kathode.

Im Durchlassbereich erkennt man einen exponentiellen Anstieg des Stromes, sobald die Diffusionsspannung der Diode, hier 0,6 V für eine Siliziumdiode, überschritten wird. Im Sperrbereich ist der Strom bis zum Erreichen der Durchbruchsspannung sehr gering. Es handelt sich hierbei um einen Minoritätsträgerstrom, dessen Größe von der Anzahl der Ladungsträger, die durch thermische Paarbildung entstehen, abhängt. Je höher die Temperatur ist, umso größer wird auch der Sperrstrom der

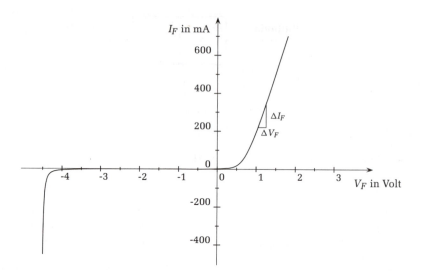

Abbildung 3.2: Kennlinie einer Siliziumdiode

Diode. Beim Erreichen der Durchbruchsspannung wird der pn-Übergang entweder durch den Zener- oder den Lawineneffekt niederohmig und der Strom steigt stark an.

Die Kennlinie der Diode beschreibt ihr Verhalten über den gesamten Spannungsbereich, man spricht auch vom Großsignalverhalten. Dieses Verhalten kann vereinfacht durch eine Serienschaltung einer Spannungsquelle mit dem Bahnwiderstand modelliert werden. Diese einfache Ersatzschaltung für den Durchlassbereich einer Diode ist in ▶Abbildung 3.3 gezeigt.

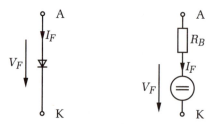

Abbildung 3.3: Großsignalersatzschaltbild einer Diode im Durchlassbereich

Will man die Diode nur mit kleinem Signal um einen definierten Arbeitspunkt verwenden, so kann man die Kennlinie durch ihre Tangente im Arbeitspunkt ersetzen und in einem kleinen Bereich um den Arbeitspunkt mit dem linearisierten Verhalten arbeiten. In diesem Fall spricht man vom Kleinsignalverhalten oder von differentiellen Größen.

Zur Berechnung des differentiellen Widerstandes der Diode im Durchlassbereich kann man für die Diodengleichung folgende Näherung verwenden, da die Exponentialfunktion für Spannungen über der Diffusionsspannung sehr viel größer als 1 wird. Elektronisch gesehen vernachlässigt man dadurch den Sättigungssperrstrom gegenüber dem Strom in Durchlassrichtung.

$$I = I_s \cdot e^{\frac{V}{mV_T}}$$

Der differentielle Leitwert g der Diode kann durch Ableitung dieser vereinfachten Diodengleichung berechnet werden:

$$g = \frac{dI}{dV} = \frac{1}{m \cdot V_T} I_s \cdot e^{\frac{V}{mV_T}} = \frac{I}{m \cdot V_T}$$

Der differentielle Widerstand der Diode ist die Steigung der Tangente im Arbeitspunkt, er hängt nur von der Temperatur und dem Strom im gewählten Arbeitspunkt ab.

> **Beispiel: Differentieller Widerstand einer Siliziumdiode**
>
> Berechnen Sie den differentiellen Widerstand einer Siliziumdiode $m = 1$ bei einem Strom von 1 mA und einer Temperatur von 23 °C.
>
> $$r = \frac{m \cdot V_T}{I} = \frac{25{,}5\,\text{mV}}{1\,\text{mA}} = 25{,}5\,\Omega$$

Die Kennlinie für eine bestimmte Diode kann durch die in ▶Abbildungen 3.4 und ▶ 3.5 gezeigten Messanordnungen bestimmt werden.

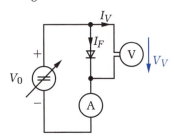

Simulation

Abbildung 3.4: Messung der Diodenkennlinie in Durchlassrichtung

Für die Durchlassrichtung verwendet man eine regelbare Spannungsquelle, deren Spannung von 0 bis maximal 1 Volt verstellbar ist. Spannungen über der Diffusionsspannung führen, wie wir aus der Diodengleichung wissen, zu einem exponentiell ansteigenden Strom, der das Bauteil rasch thermisch zerstören kann.

Die Spannung wird direkt an der Diode mit einem Voltmeter gemessen, während das Amperemeter den Strom durch die Parallelschaltung von Diode und Voltmeter misst. In diesem Fall zeigt das Voltmeter die echte Spannung an der Diode, während das Amperemeter zusätzlich zum Diodenstrom den kleinen Strom I_V durch das Voltmeter anzeigt. Man spricht in diesem Fall von einer spannungsrichtigen Messung.

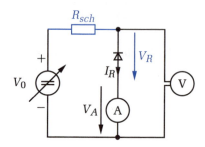

Abbildung 3.5: Messung der Diodenkennlinie in Sperrrichtung

Die Kennlinie des Durchlassbereiches erhält man durch Steigerung der Diodenspannung von Null weg und Messung des Stromes, der sich bei jeder eingestellten Spannung ergibt.

Für die Sperrrichtung benötigt man eine Spannungsquelle, die wesentlich größere Spannungen liefern kann, da Schalterdioden erst bei Spannungen jenseits von 50 V durchbrechen. Die Ströme bis zum Durchbruch sind sehr klein, steigen aber mit dem Durchbruch stark an.

Wir verwenden eine stromrichtige Messung. Das Amperemeter wird in Serie zur Diode geschaltet, während das Voltmeter parallel zur Serienschaltung aus Diode und Amperemeter liegt. Es zeigt daher die kleine Spannung, die am Innenwiderstand des Amperemeters abfällt, zusätzlich zur Diodenspannung an. Nun wird die Spannung von Null beginnend erhöht und der Strom, der zu jedem Spannungspunkt gehört, gemessen. Zu beachten ist, dass für diese Messung die Diode mit der Kathode zum positiven Pol der Spannungsquelle eingebaut sein muss (Sperrrichtung).

Befürchtet man eine Zerstörung durch Ansteigen des Stromes auf zu große Werte für die Diode, so kann man ihn durch den Einbau eines zusätzlichen Widerstandes R_{sch} in Serie zur Spannungsquelle begrenzen.

Der maximale Strom I_{max} ergibt sich in diesem Fall aus der maximalen Spannung der Quelle V_{0max} entsprechend dem Ohm'schen Gesetz.

$$I_{max} = V_{0max}/R_{sch}$$

Der Schutzwiderstand ist in Abbildung 3.5 blau eingezeichnet. Jede zusätzliche Schutzmaßnahme bedeutet natürlich eine Beeinflussung der Messschaltung. In diesem Fall muss die Quellenspannung um den Spannungsabfall an R_{sch} größer sein als die Spannung an der Diode.

In der Praxis ist es oft zweckmäßiger, ohne zusätzliche Schutzmaßnahmen, aber mit entsprechend erhöhter Aufmerksamkeit zu arbeiten.

3.2 Arten von Halbleiterdioden

Nach der zulässigen Verlustleistung kann zwischen Kleinsignaldioden und Leistungsdioden unterschieden werden ▶Abbildung 3.6. Kleinsignaldioden dienen zum Beispiel als schnelle Schalter für analoge Signale, während man Leistungsdioden als Schutzelemente oder als Bauteile in Stromversorgungen findet.

Abbildung 3.6: Diodenbauformen v.l.n.r. SOD80, SOT23, DO35, DO41, TO220

Man kann die Dioden aber auch nach ihrem Einsatzgebiet oder nach besonderen genutzten Effekten unterscheiden. Als Beispiele seien die Schaltdioden, die Z-Dioden oder aber speziellere Anwendungen wie Leuchtdioden, Fotodioden oder auch Kapazitätsdioden genannt.

3.2.1 Schaltdioden

Gleichrichterdioden werden als ungesteuerte Schalter in Gleichrichterschaltungen eingesetzt und ermöglichen die Erzeugung einer Gleichspannung aus einer Wechselspannung. In diesem Fall sind der maximal zulässige Strom in Durchlassrichtung I_F, der dabei auftretende Spannungsabfall V_F sowie die minimale Spannung, bei der ein Durchbruch in Sperrrichtung erfolgen kann, entscheidend für die Auswahl einer passenden Diode.

Verwendet man moderne Konzepte zur Erzeugung von Gleichspannungen, wie sie noch in Kapitel 6.4 gezeigt werden, so kommen Anforderungen an das dynamische Verhalten hinzu. Im Regelfall verwendet man als Schalter Siliziumdioden, in speziellen Fällen werden Halbleiter-Metall-Übergänge, so genannte Schottky-Dioden verwendet, da sie eine kleinere Spannung in Durchlassrichtung und höhere Schaltgeschwindigkeiten aufweisen. Für das Schalten von hochfrequenten Signalen wie zum Beispiel die Umschaltung einer Antenne von einem Sender auf einen Empfänger oder die Auswahl einer bestimmten Antenne soll die Kapazität der Diode im gesperrten Zustand minimal sein. In solchen Fällen werden häufig so genannte PIN-Dioden eingesetzt, ihre Besonderheit ist eine eigenleitende Schicht, die das p-Gebiet vom n-Gebiet trennt. Der Name PIN weist auf diese Schichtfolge (p-dotiert, intrinsic, n-dotiert) hin.

Weblink

3.2.2 Z-Dioden

Bei Z-Dioden wird zum Unterschied von den bisher besprochenen Dioden der Sperrbereich genutzt. Sie werden für den Durchbruch bei einer bestimmten, genau spezifizierten Spannung gefertigt. Daraus ergeben sich die beiden wichtigsten Anwendungsmöglichkeiten:

- Erzeugung einer Vergleichsspannung:
  Bildet man einen Spannungsteiler aus einem Widerstand und einer Z-Diode in Sperrrichtung, so fällt an der Z-Diode ihre Durchbruchsspannung ab. Durch den Widerstand wird der Strom durch die Serienschaltung eingestellt. Die Spannung an der Z-Diode kann bei einfachen Schaltungen, an die man geringe Anforderungen stellt, als Referenzspannung verwendet werden ▶Abbildung 3.7.

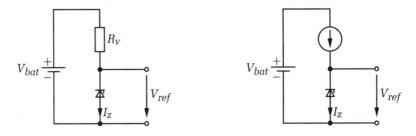

Abbildung 3.7: Gewinnung einer Referenzspannung mit einer Z-Diode

Dabei muss beachtet werden, dass durch das Abnehmen der Referenzspannung an der Diode der Strom durch die Diode nur unwesentlich verändert werden darf, da sich ansonsten die Referenzspannung ändert. Ein weiterer Nachteil ist, dass sich bei Änderung der Betriebsspannung der Strom durch die Serienschaltung und damit auch die Spannung an der Z-Diode ändert.

Ersetzt man den Vorwiderstand durch eine Stromquelle so kann der Einfluss der Eingangsspannung wesentlich vermindert werden. Möchte man die Schaltung bei höheren Anforderungen an die Präzision verwenden, so stört die vom Exemplar abhängige Streuung der Durchbruchsspannung und die Veränderung der Durchbruchsspannung mit der Temperatur und der Zeit. Für das erstere Problem gibt es so genannte Referenzdioden, die enger spezifiziert sind.

Können damit die gestellten Anforderungen nicht erreicht werden, so greift man auf spezielle Bauelemente oder Schaltungen zurück, die in Kapitel 6 genauer besprochen werden.

- Begrenzung einer Spannung:
  Ganz andere Anforderungen treten bei der Verwendung als Schutzelement auf ▶Abbildung 3.8. Hier soll eine Eingangsspannung auf einen für die Schaltung verträglichen Wert begrenzt werden. Solche Überspannungen können durch eine

Fehlbedienung des Benutzers oder durch Einkoppelung von äußeren Störungen, im extremsten Fall zum Beispiel durch einen indirekten Blitzschlag[1], erfolgen.

Eine Variante, unsere Schaltung zu schützen, ist eine Sicherung als Längselement und eine Suppressordiode als Querelement zum Schutz am Eingang unserer Schaltung zu verwenden (Abbildung 3.8).

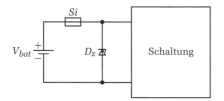 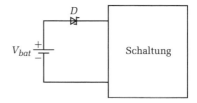

Abbildung 3.8: Schutzschaltung mit Suppressordiode (links) und Schottky-Diode (rechts)

Unter einer Suppressordiode versteht man eine speziell gebaute Z-Diode, die durch ihre Bauform für Zeiten im Millisekundenbereich Ströme in der Größenordnung von 100 A ableiten kann. Die Durchbruchsspannung der Diode wird so weit über der Nennspannung der Schaltung gewählt, dass der Strom, der bei Nennspannung durch die Diode fließt, vernachlässigt werden kann. Steigt die Eingangsspannung über die Nennspannung an, fließt ein großer Strom durch die Diode und löst die vorgeschaltete Sicherung aus. Um den Benutzereingriff beim Wechseln der Sicherung nach dem Fehlerfall zu vermeiden, können statt Glasrohrsicherungen spezielle thermische Sicherungen (Polyfuse, Little Fuse) verwendet werden, die bei Erwärmung den Stromkreis unterbrechen und sich nach Wegfall des Fehlers selbst rücksetzen. Der Nachteil dieser Sicherungen ist eine starke Temperaturabhängigkeit des Auslösestromes.

Vorteil der Schutzschaltung mit der Suppressordiode als Querelement ist ein geringer Spannungsabfall an der Sicherung und ein mitgelieferter Verpolungsschutz durch das Leiten der Suppressordiode im Durchlassbereich und damit der Bergrenzung einer verpolt angelegten Spannung auf 0,6 V. Der Nachteil ist die zusätzliche Sicherung.

Spielt der Spannungsabfall an der Schutzschaltung eine untergeordnete Rolle, so kann man zum Schutz gegen Verpolung eine Schalterdiode in Durchlassrichtung verwenden. Im Fall einer Siliziumdiode fällt eine Spannung von 0,7 V ab, durch Verwendung einer Schottky-Diode kann man einen Spannungsabfall an der Schutzschaltung von 0,4 V erreichen.

Dies sind spezielle Dioden, die statt einem pn-Übergang einen Halbleiter-Metall-Übergang benutzen, wodurch ein geringerer Spannungsabfall in Flussrichtung und eine höhere Schaltgeschwindigkeit erreicht werden können. Sie sind nach

---

[1] Unter einem indirekten Blitzschlag versteht man einen Blitzschlag, der in einen benachbarten Leiter erfolgt, was durch kapazitive oder induktive Kopplung eine Beeinflussung des betrachteten Gerätes zur Folge hat.

3 HALBLEITERDIODEN

Weblink

Walter Schottky[2] benannt, der sich mit elektrischen Rauschmechanismen und Raumladungen in Elektronenröhren bzw. den Vorgängen an Sperrschichten von Halbleitern beschäftigte.

3.2.3 Kapazitätsdioden

Aus den Betrachtungen des pn-Überganges wissen wir, dass sich bereits ohne eine äußere Spannung eine Raumladungszone bildet, in der keine freien Ladungsträger vorhanden sind. In erster Näherung kann man sich die Raumladungszone als Plattenkondensator mit konstanter Fläche vorstellen, dessen Plattenabstand abhängig von der Breite der Raumladungszone ist.

Weblink

Durch Polung in Sperrrichtung kann die Raumladungszone verbreitert werden. Da die Kapazität eines Plattenkondensators mit dem Plattenabstand abnimmt, ist ein Einsatz als spannungsgesteuerter Kondensator möglich. Die Kapazität der Diode ist umgekehrt proportional zur Spannung in Sperrrichtung. Eine typische Anwendung ist die Abstimmung eines Parallelschwingkreises durch eine Kapazitätsdiode ▶Abbildung 3.9.

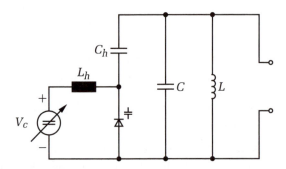

Abbildung 3.9: Schwingkreisabstimmung mit Kapazitätsdiode, Spannungsabhängigkeit der Kapazität

3.2.4 Leuchtdioden und Fotodioden

Durch Energiezufuhr können Elektronen vom Valenzband in das Leitungsband gelangen und damit die Leitfähigkeit des Materials erhöhen. Diesen Effekt kann man nutzen, indem man eine Diode in Sperrrichtung betreibt und den Sperrstrom misst. Durch die Bestrahlung mit Licht wird genauso wie durch eine Temperaturerhöhung eine Vergrößerung des Sperrstromes hervorgerufen. Dieser Effekt kann ein störender Effekt bei präzisen Schaltungen mit Dioden in Glasgehäusen oder bei modernen Flüssigkristall-Displays (COG ... *Chip on Glass*) sein, oder aber man nutzt ihn ganz gezielt zum Messen auftreffender Strahlung. Für diesen Fall werden spezielle Dioden

---

[2] Walter Schottky, ∗ 23. Juli 1886 in Zürich, † 4. März 1976 in Pretzfeld (Bayern) Physiker und Elektrotechniker

mit durchsichtigem Gehäuse und höherer Empfindlichkeit angeboten, die man als Fotodioden bezeichnet ▶ Abbildung 3.10, rechts.

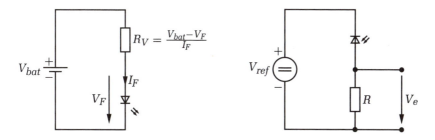

Abbildung 3.10: Leuchtdiode (links) und Fotodiode (rechts)

Der umgekehrte Mechanismus wird bei Leuchtdioden (LED ... *Light Emitting Diode*) verwendet Abbildung 3.10, links. Bei den Halbleitermaterialien Silizium und Germanium wird die überschüssige Energie des Elektrons bei der Rekombination in Form von Wärmestrahlung frei. Bei anderen Halbleitern, typische Beispiele sind Galliumarsenid und Indiumphosphid, kann der Energieunterschied zwischen Leitungsband und Valenzband bei der Rekombination als Licht abgestrahlt werden. Die Wellenlänge des Lichts hängt vom Bandabstand des Materials ab; durch die Verwendung von Mischkristallen, zum Beispiel aus Galliumarsenid und Galliumphosphid, kann der Bandabstand und damit die Farbe des abgegebenen Lichtes je nach Mischungsverhältnis von infrarot bis grün verstellt werden.

Tabelle 3.1

Kennwerte typischer Leuchtdioden

Lichtfarbe		infrarot	rot	hellrot	gelb	grün	blau
Substrat		GaAs		GaAsP		GaP	InGaN
Flussspannung bei 10 mA	V	1,0–1,5		1,6–2,2		2,0–2,4	3,2–4
Wellenlänge	nm	900	655	635	583	565	490

Durch die Polung in Durchlassrichtung wird der Rekombinationsprozess aufrecht erhalten, moderne Leuchtdioden leuchten ab einer Spannung von 1,5 V im Fall von roten LEDs bzw. ab 2,3 V bei grünen LEDs, bei Strömen ab 2 mA.

Blaue LEDs waren lange Zeit nicht verfügbar und an der Realisierung dieser Lichtfarbe wurde intensiv geforscht. Die ersten im Handel verfügbaren blauen LEDs bestanden aus Siliziumcarbid, ihre Lichtausbeute war jedoch gering. Erst durch die Verwendung von Indiumgalliumnitrid gelingt es, blaue Leuchtdioden mit einer hohen Lichtausbeute zu bauen. Weiße LEDs bestehen aus einer LED, die blaues oder ultraviolettes Licht abgibt, und einem fotolumineszierenden Material, das diese Strahlung in weißes Licht umwandelt.

Die einfachste Art der Ansteuerung ist eine Strombegrenzung durch einen Vorwiderstand, eine Stromquelle wie in Kapitel 4.6.2 ist jedoch zu bevorzugen.

3.3 Schaltungsbeispiele mit Halbleiterdioden

Nach der Vorstellung spezieller Diodentypen und ihrer Anwendung, wenden wir uns nun der Gleichrichtung von Wechselspannungen mithilfe von Dioden zu. Diese Anwendung existiert in der klassischen Nachrichtentechnik bei der Demodulation eines amplitudenmodulierten Signales oder bei der Erzeugung einer Gleichspannung für die Versorgung elektronischer Schaltungen aus der vom Versorgungsnetz gelieferten Wechselspannung.

Da viele elektronische Systeme Gleichspannungen zu ihrer Versorgung benötigen, drängt sich die Frage auf, warum sich in der Energieversorgung Wechselspannungssyteme durchgesetzt haben.

Versorgungssysteme haben die Aufgabe, elektrische Energie über große Entfernungen zu übertragen. Die übertragene Leistung ist proportional zur verwendeten Spannung und zum fließenden Strom: $P = V \cdot I$.

Eine Erhöhung des Stromes I_L bei konstantem Leiterdurchmesser führt zu einem Anstieg des Spannungsabfalles V_L an der Leitung und damit zu einer Erhöhung der ohmschen Verluste: $P_{Verlust} = V_L \cdot I_L$.

Daher müssen dickere und damit teurere Leitungen verwendet werden. Im Gegensatz dazu muss für eine Erhöhung der Spannung die Isolation zwischen den Leitern verbessert werden. Da Freileitungen durch die dazwischen liegende Luft isoliert werden, vergrößert man die Abstände zwischen den Leitungen, wozu nur ein geringer Mehraufwand nötig ist. Allgemein kann gesagt werden, je weiter die Energie übertragen werden soll, umso höher wird man das Spannungsniveau für die Übertragung wählen.

Die Erzeugung hoher Spannungen ist jedoch schwierig, da in den Generatoren nur begrenzter Platz für die Isolation vorhanden ist. Bei der Energie-Erzeugung im Kraftwerk verwendet man deshalb relativ geringe Spannungen und dementsprechend große Ströme. Es folgt eine Transformation auf ein höheres Spannungsniveau bei geringeren Strömen und danach die Übertragung über die Leitungen. Bei der Verteilung zum Endverbraucher wird die Energie dann wieder auf das im Haushalt übliche Spannungsniveau 230/400 V heruntergesetzt. Der Wechsel des Spannungsniveaus ist bei Wechselspannungen mithilfe so genannter Transformatoren einfach möglich und hat zur Durchsetzung der Wechselstromsysteme gegenüber den Gleichstromsystemen geführt.

Zur Geschichte des Wechselstromes

Ein Blick zurück in die Geschichte der Energieversorgung zeigt uns einen spannenden Wettlauf der verschiedenen Systeme: Gleichstrom oder Wechselstrom? Das war Ende des 19. Jahrhunderts eine die Welt bewegende Fragestellung.

Im Januar 1880 hat Thomas Alva Edison[3] ein US-Patent für eine Kohlefadenlampe erhalten. Diese Lampen wurden von Edison damals mit Gleichstrom betrieben. Auch die erste Energieübertragung wurde mit Gleichstrom durchgeführt und zwar von Oskar von Miller[4] und Marcel Depréz[5] im Jahr 1882 von Miesbach nach München. Da eine relativ hochohmige Telegrafenleitung verwendet wurde, war der Wirkungsgrad nur gering.

1881 wurde von Lucien Gaulard[6] und John Gibbs in London ein Vorläufer des heutigen Transformators ausgestellt. 1884 demonstrierte Gaulard mit einer Übertragung von Wechselspannung über eine Entfernung von 80 km (von Turin nach Lanzo), dass eine Energieübertragung mit Wechselspannungen von 2000 V möglich ist.

Die erste Drehstromübertragung mit Hochspannung (25 kV) wurde anlässlich der internationalen elektrotechnischen Ausstellung 1891 in Frankfurt am Main gezeigt. Oskar von Miller leitete ein Team, das mit einem Drehstromgenerator am Neckar eine Spannung von 50 V erzeugte, diese auf 25000 V transformierte und über 175 km nach Frankfurt am Main leitete. Es gelang, die Verluste bei der Übertragung auf $\approx 25\,\%$ zu senken.

Zu jener Zeit wurde George Westinghouse[7] auf die Entwicklungen in Europa aufmerksam. William Stanley arbeitete als Ingenieur für Westinghouse und entwickelte den von Gaulard und Gibbs entworfenen Transformator weiter, indem er einen geschlossenen Eisenkern einführte. Ebenfalls für Westinghouse entwickelte Nikola Tesla[8] einen Generator. (Er hatte bereits 1882 zweiphasige Systeme erfunden.) Mit der von Walther Herman Nernst[9] erfundenen Lampe gelang Westinghouse die

---

3 Thomas Alva Edison, ⋆ 11. Februar 1847 in Milan (Ohio, USA), † 18. Oktober 1931 in West Orange (New Jersey) amerikanischer Erfinder
4 Oskar von Miller, ⋆ 7. Mai 1855 in München, † 9. April 1934 in München, deutscher Bauingenieur, Wasserkraftpionier
5 Marcel Depréz, ⋆ 12. Dezember 1843 in Aillant-sur-Milleron (Loiret, Frankreich), † 13. Oktober 1918 in Vincennes, französischer Physiker und Elektrotechniker
6 Lucien Gaulard, ⋆ 16.Juli 1850 in Paris, † 26. November 1888 in Paris, französischer Elektrotechniker
7 George Westinghouse, ⋆ 6. Oktober 1846 in Central Bridge, New York, † 12. März 1914 in New York, amerikanischer Erfinder (Druckluftbremse), Ingenieur, Großindustrieller
8 Nikola Tesla, ⋆ 10. Juli 1856 in Smiljan, heutiges Kroatien, † 7. Januar 1943 in New York, Erfinder und Elektroingenieur
9 Walther Herman Nernst, ⋆ 25. Juni 1864 in Briesen (Brandenburg), † 18. November 1941 in Zibelle (heute Polen), deutscher Physiker und Chemiker

Beleuchtung von Chicago anlässlich der Weltausstellung 1893 (400 Jahre Kolumbus). Er konnte sich damit gegen das Gleichstromsystem von Edison durchsetzen.

Weblink

Nicht unerwähnt bleiben sollten die Erfindung des Asynchronmotors durch Michail Ossipowitsch Doliwo-Dobrowolski[10] im Jahr 1888 – ihm wird auch die Einführung des Begriffes Drehstrom zugeschrieben – sowie die Erfindung des Drehstromgenerators durch Friedrich August Haselwander[11] im Jahre 1887.

Nach diesem Ausflug in die Geschichte des Wechselstromes und der Energieübertragung wenden wir uns der Funktionsweise eines Transformators zu.

Transformator

Bei einem Transformator handelt es sich im einfachsten Fall um ein System von zwei Wicklungen auf einem gemeinsamen Eisenkern. Durch den Aufbau ergibt sich eine induktive Kopplung der beiden elektrischen Kreise ▶Abbildung 3.11.

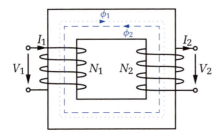 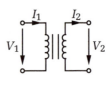

Abbildung 3.11: Transformator und Schaltsymbol

Legen wir an die eine Wicklung, wir nennen sie Primärwicklung, eine Wechselspannung V_1, so beginnt ein Strom I_1 zu fließen, dessen Größe durch den Spannungsabfall an der Wicklung begrenzt wird.

Dieser Spannungsabfall setzt sich aus dem ohmschen Anteil (Widerstand der Wicklung) und der Selbstinduktionsspannung zusammen. Ein Strom in einer Leitung ist immer mit einem Magnetfeld gekoppelt. Soll sich der Strom in der Leitung ändern, so muss sich auch das Magnetfeld um die Leitung ändern. Die im Magnetfeld gespeicherte Energie wirkt jedoch einer solchen Änderung entgegen, es tritt eine Spannung auf, die der Änderung entgegenwirkt. Wir nennen sie Selbstinduktionsspannung.

Das Magnetfeld kann genauer beschrieben werden durch eine magnetische Feldstärke H, die vom Strom in der Wicklung I_1 und der Windungszahl N_1 der Wicklung abhängt. Diese magnetische Feldstärke führt abhängig vom Material zu einer magnetischen Flussdichte B und über die Querschnittsfläche des Eisenkernes zu einem magnetischen Fluss Φ_1. Dieser magnetische Fluss schließt sich über den Eisenkern

---

10 Michail von Dolivo-Dobrowolsky, ∗ 2. Januar 1862 in Gatschina bei Sankt Petersburg, † 15. November 1919 in Heidelberg, russischer Ingenieur
11 Friedrich August Haselwander, ∗ 18. Oktober 1859 in Offenburg, † 14. März 1932 in Offenburg, deutscher Ingenieur

und erzeugt in der zweiten Wicklung, der so genannten Sekundärwicklung, eine Gegeninduktionsspannung V_2. Schließt man an diese Wicklung einen Lastwiderstand an, so fließt ein Strom I_2 durch diesen Lastwiderstand.

Dadurch wird aber auch von der Sekundärseite ein magnetischer Fluss Φ_2 erzeugt, der dem ursprünglichen Fluss der Primärwicklung entgegenwirkt. Er schwächt das Magnetfeld der Primärwicklung, im Fall einer konstanten Netzspannung steigt damit der aufgenommene Primärstrom I_1.

Man erkennt, dass durch eine Änderung des Laststromes eine Änderung des Eingangsstromes erfolgt, der Transformator überträgt Energie von der Primär- auf die Sekundärseite. Abgesehen von den Verlusten ist die Primärleistung gleich der Sekundärleistung. Der Wirkungsgrad eines Transformators hängt im Wesentlichen von der Baugröße ab, sehr kleine Transformatoren haben meist Wirkungsgrade um die 60 % während große Trafos über 90 % erreichen können.

Wählt man für die beiden Wicklungen unterschiedliche Windungszahlen so kann das Spannungsniveau geändert werden, wobei die Spannungen proportional zu den Windungszahlen sind. Die Ströme sind aufgrund der konstanten Leistung umgekehrt proportional den Windungszahlen. Das bedeutet, dass der Anschluss mit dem größeren Leiterquerschnitt (Dimensionierung für einen großen Strom) immer zur Wicklung mit der kleineren Spannung gehört.

Im Bereich der Elektronik werden Transformatoren entweder zur galvanischen Trennung zweier Systeme, man spricht auch von Übertragern, oder zur Erzeugung kleiner Betriebsspannungen aus der Netzwechselspannung, man spricht von Netztransformatoren, verwendet.

3.3.1 Gleichrichterschaltungen

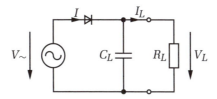

Abbildung 3.12: Einweggleichrichter

Die einfachste Gleichrichterschaltung erhält man durch Verwendung einer Diode an der Sekundärseite eines Transformators. Die Diode leitet nur die positiven Halbwellen der Eingangswechselspannung und sperrt die negativen Halbwellen. Durch einen nachgeschalteten Kondensator wird auch in den Zeiten, in denen die Diode sperrt und damit kein Strom vom Eingang kommt, ein Laststrom geliefert. Man nennt diese Schaltung Einweggleichrichter und bezeichnet den Kondensator auch als **Ladekondensator** oder **Glättungskondensator** ▶ Abbildung 3.12.

Der wesentliche Nachteil dieser Schaltung wird klar, wenn man den aufgenommenen Strom betrachtet. Beim ersten Einschalten ist der Ladekondensator leer. Es fließt ein Strom, bis die Eingangsspannung ihren Scheitelwert erreicht, der Kondensator wird auf den Scheitelwert minus eine Diodenspannung aufgeladen. Sobald die Eingangsspannung unter die Kondensatorspannung (plus eine Diodenspannung) gesunken ist, sperrt die Diode. Ohne Belastung bleibt die Kondensatorspannung konstant. Ein angeschlossener Lastwiderstand entlädt den Kondensator, bis die Spannung der nächsten positiven Halbwelle einen Wert größer als die Kondensatorspannung (plus Diodenspannung) erreicht ▶Abbildung 3.13.

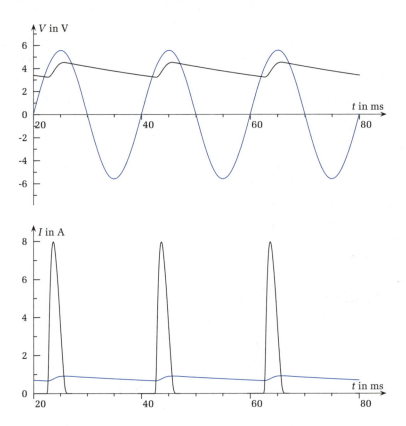

Abbildung 3.13: Spannungs- und Stromverlauf beim Einweggleichrichter

Den Unterschied ΔV zwischen dem Maximalwert und dem Minimalwert der Ausgangsspannung bezeichnet man als **Restwelligkeit** oder *voltage ripple*. Der wesentliche Nachteil der Schaltung ist, dass die Auflagung des Kondensators nur während kurzer Zeit bei den positiven Halbwellen erfolgt, während die Entladung durch den Laststrom durchgehend stattfindet. Aus diesem Grund werden große Ladekondesatoren benötigt, man verwendet die Einweggleichrichtung deshalb nur bei sehr kleinen Lastströmen.

Wird durch eine Verbesserung der Schaltung auch die negative Halbwelle zum Laden des Kondensators verwendet, so kann die Kapazität bei gleicher Restwelligkeit und damit die Baugröße des Kondensators halbiert werden.

Schaltungen, die beide Halbwellen ausnutzen, werden Vollweg- oder Vollwellengleichrichter genannt. Es gibt zwei Varianten:

- Mittelpunktschaltung:
  Um die Funktion der Schaltung (▶Abbildung 3.14) zu verstehen, kann man zuerst nur die positiven und negativen Maximalwerte der Eingangswechselspannung betrachten.

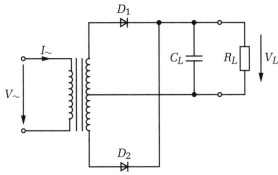

Abbildung 3.14: Mittelpunktschaltung

Verwendet man die Anode von D_2 als Bezugspunkt, so liegt an der Anode von D_1 die volle Ausgangsspannung, während an der Mittelanzapfung die halbe Ausgangsspannung anliegt.

Gedanklich kann man aber auch die Mittelanzapfung zum Bezugspunkt erklären und behaupten, die Anode von D_1 sei um die halbe Ausgangsspannung positiver, während die Anode von D_2 um die halbe Ausgangsspannung negativer als der Bezugspunkt sei.

Das bedeutet, in diesem Zustand leitet D_1, ein Strom fließt von der oberen Klemme des Trafos über D_1 und C_L zurück zur Mittelanzapfung. Der Ladekondensator C_L wird auf $V_2/2$ aufgeladen. Die Diode D_2 sperrt, da ihre Anode negativer als ihre Kathode ist.

Beim negativen Scheitelwert ist die Anode von D_2 positiv, während an der Anode von D_1 0 V liegen. Jetzt leitet D_2, der Strom fließt von der unteren Klemme des Trafos über D_2 und C_L zur Mittelanzapfung zurück. Der Kondensator C_L wird wieder auf $V_2/2$ aufgeladen. Durch die Verwendung eines Transformators mit Mittelanzapfung und einer zweiten Diode wird eine Ausnützung beider Halbwellen möglich, wobei in jeder Phase nur eine Diode leitend ist. Der Verlauf der Ströme und Spannungen ist in ▶Abbildung 3.19 gezeigt.

- Brückengleichrichter:
  Im Falle der Brückengleichrichtung kommt man ohne eine Mittelanzapfung aus, benötigt jedoch vier Dioden ▶ Abbildung 3.15.

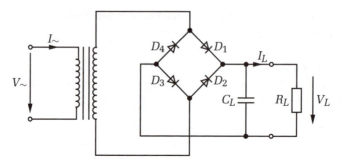

Abbildung 3.15: Brückengleichrichter

Zum Zeitpunkt des positiven Maximalwertes liegt am gemeinsamen Punkt von D_1 und D_4 die Ausgangsspannung des Transformators, während am gemeinsamen Punkt von D_2 und D_3 0 V anliegen. Das bedeutet, dass D_1 und D_3 leiten, während D_2 und D_4 sperren. Der Strom fließt von der oberen Klemme des Trafos über D_1, C_L und dann über D_3 zur unteren Klemme zurück. Beim negativen Scheitelwert leiten die anderen beiden Dioden. Der Strom fließt von der unteren Klemme des Trafos über D_2, C_L und dann über D_4 zur oberen Klemme zurück.

In beiden Halbwellen wird der Kondensator C_L positiv geladen, zum Unterschied von der Mittelpunktschaltung fließt der Strom aber immer über zwei Dioden, wodurch in Summe die Verlustleistung durch Diodenspannungsabfälle verdoppelt wird. Will man große Ausgangsspannungen erzeugen, wirkt sich dieser Spannungsabfall weniger aus, man kann sich den aufwändigeren Transformator mit Mittelanzapfung sparen und eine Brückenschaltung verwenden. Geht es jedoch um kleine Ausgangsspannungen und größere Ströme, ist die Mittelpunktschaltung die bessere Wahl.

Gleichrichterschaltung für erdsymmetrische Spannungen

Zur Versorgung von Schaltungen, die Signale symmetrisch zum Bezugspotential liefern und verarbeiten können, benötigt man oft eine symmetrische Versorgung. Das bedeutet, man verwendet bezogen auf das Nullpotential eine positive V_+ und eine negative Betriebsspannung V_-. Eine Messung vom positiven zum negativen Pol der Spannungsversorgung zeigt natürlich die doppelte Spannung $V = V_+ + V_-$. Man könnte die Verhältnisse auch als eine doppelt so große Betriebsspannung mit einer Mittelanzapfung, die das Bezugspotential bildet, sehen.

Eine typische Schaltung, die solche Spannungen liefert, erhält man, wenn man die Mittelpunktschaltung um einen Kondensator C_2 und die Dioden D_3 und D_4 erweitert ▶ Abbildung 3.16. Der Schaltungsteil mit D_1, D_2 und C_1 funktioniert wie bei der Mittelpunktschaltung. Der andere Schaltungsteil mit D_3, D_4 und C_2 funktioniert ebenso. Im Fall des positiven Scheitelwertes fließt der Strom von der Mittelanzapfung über C_2 und D_4 zur unteren Klemme des Transformators, er lädt den Kondensator so auf, dass der positive Pol am Bezugspotential (der Mittenanzapfung) liegt und der andere Anschluss des Kondensators im Bezug dazu um die halbe Ausgangsspannung des Transformators negativer ist.

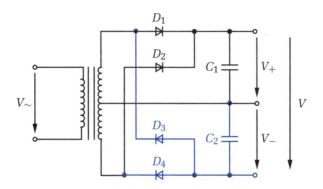

Abbildung 3.16: Gleichrichterschaltung für erdsymmetrische Spannungen

Interessant an dieser Schaltung ist, dass durch Weglassen von D_2 und D_4 zwei Einweggleichrichter entstehen, von denen jeweils einer pro Halbwelle Strom aufnimmt. In Summe entsteht dadurch eine Stromaufnahme wie bei einem Vollweggleichrichter.

Nach der Betrachtung der verschiedenen Möglichkeiten, um einfache Gleichrichterschaltungen aufzubauen, wenden wir uns praktischen Aspekten dieser Schaltungen zu:

Abgesehen von der Bemerkung, dass Vollweggleichrichter kleinere Ladekondensatoren benötigen, wurde über die Dimensionierung der Schaltungen wenig gesagt. Zu beachten ist, dass die Ausgangsspannungen der Transformatoren üblicherweise als Effektivwerte angegeben werden. Ein Gleichrichter lädt aber den Ladekondensator auf den Scheitelwert der Eingangsspannung auf. Aus der Einführung in Abschnitt 1.1.5 wissen wir, dass der Spitzenwert bei sinusförmigen Größen um das $\sqrt{2}$-Fache größer als der Effektivwert ist. Hinzu kommt, dass vor allem kleine Transformatoren im Leerlauf eine Spannung liefern, die wesentlich über ihrer Nennspannung liegt.

Eine Überspannung am Netz würde die Ausgangsspannung ebenfalls noch erhöhen. Die eingebauten Dioden müssen für diese maximale Ausgangsspannung des Transformators ausgelegt werden, damit in Sperrrichtung kein Durchbruch auftritt. Für Gleichrichterdioden ist das jedoch üblicherweise kein Problem. Als minimaler Strom in Durchlassrichtung kann der Laststrom angenommen werden. Eine genauere Betrachtung wird noch zeigen, dass wegen Nachladung der Ladekondensatoren in einer sehr kurzen Zeit ein wesentlich größerer Spitzenstrom durch die Dioden fließt.

Die Dimensionierung des Ladekondensators kann über folgende Abschätzung durchgeführt werden:

Die dem Kondensator jeweils entnommene Ladung ΔQ entspricht dem Laststrom I_L multipliziert mit der Zeit Δt zwischen den Aufladungen. Die Spannungsänderung am Kondensator ΔV ist gleich der entnommenen Ladung ΔQ, dividiert durch die Kapazität des Ladekondensators C_L. Da die Spannungsänderung der gewünschten maximalen Restwelligkeit entspricht, kann man damit die minimale Kapazität des Ladekondensators berechnen.

Aus dem Ladekondesator wird folgende Ladung entnommen:

$$\Delta Q = \Delta t \cdot I_L \, .$$

Dabei darf die Spannung um die Restwelligkeit ΔV absinken:

$$C_L = \frac{\Delta Q}{\Delta V} \, .$$

Da in einer technisch sinnvollen Dimensionierung die Restwelligkeit ΔV klein gegenüber der Ausgangsspannung des Gleichrichters ist, wird die Ladezeit des Kondensators sehr kurz gegenüber der Entladezeit und kann vernachlässigt werden. Man rechnet näherungsweise mit der Periodendauer (im Fall der Einweggleichrichtung) oder mit der halben Periodendauer (bei Vollweggleichrichtung).

Beispiel: Dimensionierung des Ladekondensators

Wie groß ist der minimale Ladekondensator für eine Restwelligkeit von 0,1 V bei einem Laststrom von 100 mA im Fall einer Einweg- und einer Vollweggleichrichtung?

- Einweggleichrichter:

$$C_L = \frac{I_L \cdot T}{\Delta V} = \frac{0{,}1\,\text{A} \cdot 20\,\text{mS}}{0{,}1\,\text{V}} = 20\,\text{mF}$$

- Vollweggleichrichter:

$$C_L = \frac{I_L \cdot T/2}{\Delta V} = \frac{0{,}1\,\text{A} \cdot 10\,\text{mS}}{0{,}1\,\text{V}} = 10\,\text{mF}$$

Das Ergebnis zeigt, dass auch bei Vollweggleichrichtung und relativ geringen Strömen ein großer Ladekondensator von 10 000 µF benötigt wird.

Wie werden solche Kondensatoren mit großer Kapazität technisch realisiert und welche Randbedingungen ergeben sich daraus?

Diese Fragen sollen in einem kurzen Einschub über Kondensatoren erörtert werden, bevor wir uns weiteren Gleichrichterschaltungen zuwenden.

Kondensatoren:

Im einführenden Kapitel wurden Kondensatoren als frequenzabhängige Widerstände bereits vorgestellt. Sie werden im einfachsten Fall durch eine Anordnung von zwei parallelen Platten realisiert.

Die Kapazität eines Kondensators hängt von der Fläche der Platten A, dem Abstand der Platten d und vom Material zwischen den Platten ab. Dieses Material wird Dielektrikum genannt, sein Einfluss auf die Kapazität wird durch die Dielektrizitätskonstante ε spezifiziert. Dieser Koeffizient setzt sich aus der Dielektrizitätskonstante des Vakuums ε_0[12] und einem Faktor ε_r, der vom Material abhängt, zusammen.

$$C = \varepsilon_0 \cdot \varepsilon_r \cdot \frac{A}{d}$$

Kondensatoren mit festen Kapazitätswerten können durch die Kombination von Metallfolien mit Kunststofffolien realisiert werden. Weitere Möglichkeiten sind die Verwendung metallisierter Kunststofffolien oder Sinterkeramik. Folienkondensatoren können als geschnittene Folienpakete oder als gewickelte Kondensatoren aufgebaut werden. Die Eigenschaften des Bauteiles hängen wesentlich vom Aufbau und vom verwendeten Dielektrikum ab und werden in der Praxis durch ein Ersatzschaltbild für den realen Kondensator dargestellt ▶Abbildung 3.17.

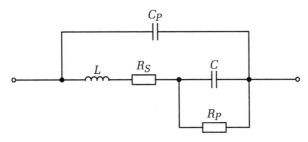

Abbildung 3.17: Ersatzschaltbild eines Kondensators

---

[12] Die Dielektrizitätskonstante des Vakuums beträgt $\varepsilon_0 = 8{,}85418782 \cdot 10^{-12}$ A s/V m. Statt von der Dielektrizitätskonstante des Vakuums spricht man heute auch von der Permetivität des Vakuums ε_0 und nennt ε_r die relative Permetivität. Unter Permetivität wird die Durchlässigkeit eines Materials für elektrische Felder verstanden. Dieser Ausdruck wird den heute noch in der Elektrotechnik üblichen Begriff Dielektrizitätskonstante in der Zukunft ablösen. Ein ähnlicher Begriff wird im Zusammenhang mit magnetischen Feldern verwendet: Unter Permeabilität versteht man die Durchlässigkeit des Materials für magnetische Felder.

Der ideale Kondensator ist im Ersatzschaltbild in Abbildung 3.17 durch C symbolisiert. Der Widerstand R_P modelliert den endlichen Isolationswiderstand des Dielektrikums. Durch einen Serienwiderstand R_S wird nicht nur der Widerstand der Zuleitung und der Platten dargestellt, er modelliert auch andere Wirkverluste des Kondensators. R_S wird oft auch als **äquivalenter Serienwiderstand** (ESR ... *Equivalent Series Resistance*) bezeichnet. Zu beachten ist, dass es auch Ansätze gibt, diese zusätzlichen Verluste über den Widerstand R_P darzustellen. Die Ersatzschaltung ist daher immer in Bezug auf die anderen Angaben des Herstellers der Kondensatoren zu sehen.

Die Induktivität der Zuleitung und des Aufbaues wird durch eine Serieninduktivität L_S modelliert, sie ist für gewickelte Typen wesentlich höher. Für sehr hohe Frequenzen gibt es parallel zu dieser Serienschaltung eine Parallelkapazität C_P, die die Kapazität zwischen den Anschlüssen des Kondensators darstellt.

Da die Eigenschaften der Kondensatoren stark vom verwendeten Material abhängen, muss abgesehen von Standardanwendungen immer geklärt werden, welches Dielektrikum für die Anwendung geeignet ist. Die folgenden Punkte mögen als Beispiele für die zu klärenden Fragen dienen:

- Welche Baugröße darf das Bauteil haben? Welche Kapazitätswerte sind in welcher Technologie verfügbar?
- Wie eng muss die Kapazität toleriert sein? Darf sie sich mit der angelegten Spannung ändern?
- Welcher Temperaturkoeffizient ist für die Anwendung zulässig?
- Wie groß soll die Spannungsfestigkeit des Kondensators sein?
- In welchem Temperaturbereich soll die Schaltung arbeiten?
- Welche Lebensdauer ist geplant?
- Wie groß darf der Gleichstrom durch den Kondensator sein, ohne die Anwendung zu beeinträchtigen?
- Gibt es Sicherheitsanforderungen an das Bauteil?
- Darf der Kondensator Ladung verstecken? (Dielektrische Absorption)

Weblink

Diese und ähnliche Fragen können durch Detailwissen über die Anwendung und die Datenblätter des Herstellers geklärt werden. Eine eingehende Besprechung all dieser Fragen würde an dieser Stelle zu weit führen. Es sei daher auf die Datenblätter der Hersteller verwiesen.

Bei der Besprechung der kommenden Schaltungsbeispiele werden uns noch einige Hinweise zu wichtigen Bauteileigenschaften begegnen.

Elektrolytkondensatoren

Für die Verwendung als Ladekondensator werden große Kapazitätswerte benötigt. Diese werden üblicherweise in Form von Elektrolytkondensatoren (ELKOs) realisiert.

Diese Kondensatoren besitzen eine Anode aus einem Metall, während der zweite Pol aus einem Elektrolyt besteht, der wiederum über eine Metallfolie kontaktiert wird. Das verwendete Elektrodenmaterial gibt diesem Kondensatortyp seinen Namen. Man spricht auch von Aluminium-ELKOs oder Tantal-ELKOs.

Das Anodenmaterial wird chemisch aufgeraut, wodurch eine große Oberfläche der Anode erreicht wird. Danach wird mit einem Gleichstrom eine sehr dünne Oxidschicht aufgebracht. Die Dicke dieser Schicht entspricht dem Plattenabstand. Je dünner diese Schicht ist, umso größer ist die erreichbare Kapazität, aber umso geringer ist die Spannungsfestigkeit. Elektrolytkondensatoren sind daher in ihrer Spannungsfestigkeit begrenzt und bis zu bestimmten Spannungen spezifiziert.

Auf diese Anodenfolien kommt ein Material, das den Elektrolyt aufnehmen kann und eine Berührung mit der Folie auf der Kathodenseite vermeidet. Diese Schichtanordnung wird aufgewickelt in einen Aluminiumbecher gegeben und dicht verschlossen.

Welche Eigenschaften ergeben sich aus diesem Aufbau?

Besonders zu beachten ist die Polung des Kondensators, da ein umgekehrt gepolter Strom die Oxidschicht abbaut und relativ schnell zu einem Kurzschluss des Bauteiles führt. Die Menge an Elektrolyt nimmt während der Lebensdauer durch Diffusion, durch die Abdichtung und durch chemische Prozesse im Inneren ab, wodurch sich die Kapazität verringert. Je wärmer der Kondensator im Betrieb wird, umso schneller wird der Elektrolyt verringert. Die Lebensdauer von ELKOs wird in Form von Stunden bei einer bestimmten Temperatur spezifiziert (zum Beispiel 5000 h bei 105 °C).

Jede Erhöhung der Temperatur um 10 °C halbiert die Lebensdauer des Kondensators. Die Erwärmung des Kondensators kann entweder durch die Umgebung oder durch ohmsche Verluste am äquivalenten Serienwiderstand (ESR) erfolgen. Durch diese Verluste ist die Strombelastbarkeit des Kondensators begrenzt. Je kleiner der ESR eines Kondensators ist, umso größer dürfen die Ströme sein, aber umso höher ist auch der Preis des Bauteiles.

Bei kleinen Kurzschlüssen im Kondensator wird durch einen Gleichstrom die Oxidschicht wieder aufgebaut, der Elektrolytkondensator zeigt selbstheilendes Verhalten. Allerdings ist der Reststrom (Gleichstrom) dadurch größer als bei anderen Kondensatortypen. Abschließend sei erwähnt, dass für bestimmte Anwendungen auch ungepolte Elektrolytkondensatoren gebaut werden.

Nach diesen Bemerkungen zu den Kondensatoren kehren wir zu den Gleichrichterschaltungen zurück. Reicht die Restwelligkeit dieser einfachen Schaltungen trotz großer Ladekondensatoren für die ins Auge gefasste Anwendung nicht aus, so kann man mit einem nachgeschalteten linearen Spannungsregler eine weitere Verbesserung in der Größenordnung von 60 dB (Faktor 1000) erreichen ▶ Abbildung 3.18.

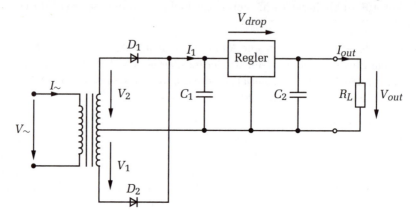

Abbildung 3.18: Vollweggleichrichter mit nachgeschaltetem Spannungsregler

Je nach Topologie wird von einem linearen Spannungsregler ein Spannungsabfall zwischen seinem Eingang und seinem Ausgang erzeugt, der für die Funktion notwendig ist. Dieser Spannungsabfall liegt bei typischen Spannungsreglern in der Größenordnung von 1 bis 2,5 V. Zusammen mit dem Ausgangsstrom ergibt sich dadurch eine Verlustleistung, die den wesentlichen Nachteil dieser Vorgangsweise darstellt.

Wir werden uns mit Spannungsregler-Topologien und ihrer Funktion noch im Detail in Kapitel 6 beschäftigen.

In Abbildung 3.19 ist der Spannungsverlauf und der aufgenommene Strom sowie der Laststrom eines Vollweggleichrichters bei einem Strom von 1 A gezeigt. Bei einem Ladekondensator von 10 000 µF ergibt sich eine Restwelligkeit von 1 V. Diese Restwelligkeit ist für eine technische Anwendung sehr groß, ermöglicht aber die auftretenden Probleme bei diesen einfachen Gleichrichterschaltungen deutlich zu zeigen.

Die Nachladung des Kondensators erfolgt in Form von Ladestromspitzen während einer relativ kurzen Zeit. Die dauernd vom Laststrom entnommene Ladung muss vom Netz während dieser kurzen Zeit nachgeliefert werden.

Je geringer die erlaubte Restwelligkeit, um so kürzer wird die Ladezeit, da jedoch die gelieferte Ladung und damit die Fläche der Ladestromspitze konstant bleibt, muss die Höhe der Spitze ansteigen. Bei technisch sinnvollen Restwelligkeiten ist die Ladestromspitze nicht wie im Diagramm gezeigt sechsmal sondern etwa 30-mal so groß wie der Laststrom.

Alle einfachen Gleichrichterschaltungen mit Ladekondensator nehmen solche spitzenförmigen Ladeströme auf, und sie tun das bei annähernd gleicher Restwelligkeit praktisch synchron. Durch diese Belastung wird die sinusförmige Netzspannung verformt, man findet bei genauerer Betrachtung eine Sinusform mit abgeschnittenen Scheiteln (trapezförmiger Verlauf). Diese Beeinflussung des Netzes durch den Verbraucher wird Netzrückwirkung genannt. Damit sich die Verbraucher nicht gegenseitig stören, gibt es für Netzrückwirkungen strenge Grenzen. Eine genauere Betrachtung der Vorschriften aus der Sicht des Geräte-Entwicklers werden wir in Kapitel 19 durchführen.

Betrachtet man die spitzenförmige Stromaufnahme, so kann eine solche periodische Kurve in Form einer endlichen Reihe von Sinusschwingungen dargestellt werden (Fourier-Reihe).

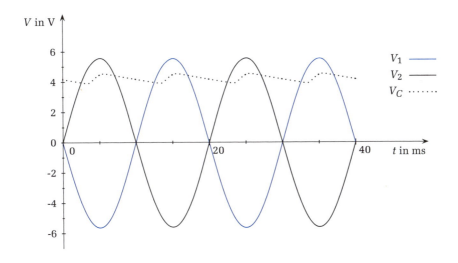

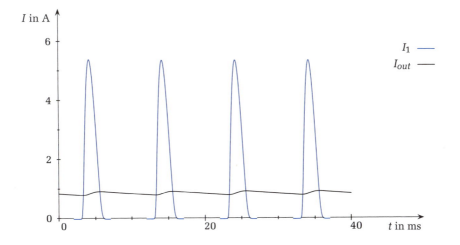

Simulation

Abbildung 3.19: Stromaufnahme bei einem Laststrom von 1A

Dabei treten die Grundwelle des Stromes sowie dessen ungeradzahlige Oberwellen auf. Die Grundwelle transportiert elektrische Wirkleistung vom Erzeuger zum Verbraucher, die Oberwellen wirken sich in Form von zwischen Erzeuger und Verbraucher pendelnder Leistung aus, im Mittel wird durch sie keine Leistung geliefert.

Die Oberwellen führen jedoch zu erheblichen Strömen, welche die Leitungen und die eingebauten Schutzelemente belasten und erhöhte Verluste an den Leitungswiderständen erzeugen. Es wird daher eine sinusförmige Stromaufnahme angestrebt.

Die maximalen Amplituden der Oberwellen des aufgenommen Stromes sind durch Vorschriften im Rahmen der elektromagnetischen Verträglichkeit (EMV) geregelt. Besonders kritisch sind häufig vorkommende Geräte wie zum Beispiel Fernsehgeräte, PCs oder auch Lampenvorschaltgeräte für Leuchtstofflampen. Für diese Dinge existieren sogar eigene Vorschriften, so genannte Produktfamiliennormen.

Moderne Gleichrichterschaltungen – Leistungsfaktorkorrektur

Maßnahmen zur Erreichung des gewünschten sinusförmigen Stromverlaufes werden, da sie die aufgenommene Blindleistung verkleinern, als Leistungsfaktorkorrektur (PFC ... *Power Factor Correction*) bezeichnet. Um an dieser Stelle eine Möglichkeit zur Korrektur des Leistungsfaktors zeigen zu können, nehmen wir den Hochsetzsteller (▶Abbildung 3.20) vorweg, der in Kapitel 6.4 noch genauer erklärt wird.

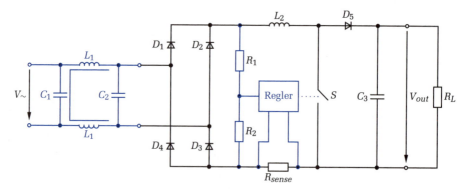

Abbildung 3.20: PFC mit Hochsetzsteller

Eine Möglichkeit, eine sinusförmige Stromaufnahme zu erreichen, ist die Verwendung eines Hochsetzstellers (*Boost Converter*). Die Schaltung besteht aus einem Brückengleichrichter, an dessen Ausgang ein Stromkreis aus einer Spule L_2 einem Schalter S und einem Strommesswiderstand R_{sense} angeschlossen ist. Wählt man die Induktivität der Spule L_2 klein genug, so kann man durch Ein- und Ausschalten des Schalters einen Strom beliebiger Kurvenform durch den Messwiderstand fließen lassen.

Schaltet man parallel zum Ausgang des Gleichrichters einen Spannungsteiler R_1

und R_2, so kann man ein Abbild der gleich gerichteten Eingangsspannung erzeugen. Dieser sinusförmige Spannungsverlauf stellt den Sollwert für einen Regler dar. Die Spannung am Messwiderstand ist ein Abbild des Stromverlaufes und stellt den Istwert bzw. die geregelte Größe dar.

Die Ausgangsgröße des Reglers ist ein Steuersignal für den Schalter S. Der Schalter wird während der Zeit t_{ein} leiten bzw. während der Zeit t_{aus} nicht leiten. Das Verhältnis der Einschaltdauer zur Periodendauer des Schaltsignales wird Tastverhältnis d genannt.

$$d = \frac{t_{ein}}{t_{ein} + t_{aus}}$$

Stellt der Regler das Tastverhältnis so ein, dass der Spannungsverlauf am Messwiderstand dem Spannungsverlauf am Spannungsteiler folgt, so nimmt die Schaltung einen sinusförmigen Strom auf, sie verhält sich wie ein ohmscher Widerstand.

Betrachten wir nun den zweiten Teil der Schaltung, bestehend aus einer Diode D_5 und dem Ladekondensator C_3. Wenn der Schalter eingeschaltet wird, steigt der Strom an, im Magnetfeld der Spule wird Energie gespeichert, es fällt eine Spannung an der Spule ab. Beim Öffnen des Schalters versucht die im Magnetfeld gespeicherte Energie den Strom durch die Spule weiter-zu-treiben, die Spannung an der Spule dreht ihr Vorzeichen um und liegt damit in Serie zur Eingangsspannung. Die Diode wird leitend und der Ladekondensator auf die Summe dieser Spannungen aufgeladen. Dadurch entstehen abhängig vom Tastverhältnis Spannungen in der Größenordnung von 400 V, man spricht vom Hochsetzen der Spannung bzw. von einem Hochsetzsteller. Will man aus dieser so genannten Zwischenkreisspannung eine kleinere Versorgungsspannung erzeugen, muss man einen Tiefsetzsteller nachschalten und erhält so ein modernes Netzgerät, das sowohl mit Eingangsspannungsvariationen als auch mit unterschiedlichen Eingangsfrequenzen umgehen kann und damit weltweit einsetzbar ist. Ein typisches Weitbereichsnetzteil funktioniert mit 50 Hz oder 60 Hz und mit 80 V bis 240 V.

Zur Regelung des Tastverhältnisses gibt es verschiedenste Ansätze. Die einfachste Möglichkeit ist das Einschalten des Stromes, wenn die Spannung am Messwiderstand kleiner als der Sollwert minus eine Hysterese, und das Ausschalten, wenn der Istwert größer als der Sollwert plus die Hysterese ist. Man erhält einen hysteretischen Regler mit variabler Schaltfrequenz.

Häufiger wird ein Einschalten bei fixen Zeitpunkten und ein Ausschalten bei Überschreitung des Sollwertes plus Hysterese verwendet, da das zu einer fixen Schaltfrequenz führt. Durch das Schalten entstehen wieder nicht sinusförmige Kurvenformen und damit Störfrequenzen, die Vielfache der Schaltfrequenz sind, diese können aber durch ein (blau gezeichnetes) Filter am Eingang des Schaltnetzteiles beseitigt werden. Der Bau bzw. die Dimensionierung eines Filters ist für fixe Störfrequenzen einfacher möglich.

3.3.2 Kleinstnetzgeräte für 230 V ~

Benötigt man nur kleine Ausgangsströme bei bekannter Netzspannung und Netzfrequenz, können die klassischen, am Anfang des Kapitels gezeigten, Gleichrichterschaltungen verwendet werden. Werden nur sehr kleine Lastströme benötigt, kann auch auf den Netztransformator verzichtet und stattdessen ein Kondensator oder ein Vorwiderstand vor den Gleichrichter geschaltet werden ▶Abbildung 3.21.

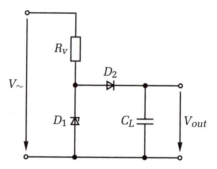

Abbildung 3.21: Kleinstnetzgerät mit Vorwiderstand

Durch den Vorwiderstand wird der aufgenommene Strom auf $\approx 1\,\text{mA}$ begrenzt. An der Z-Diode D_1 tritt während der positiven Halbwelle des Netzes ihre Nennspannung von 5,6 V auf, an der Diode D_2 fallen nochmals $\approx 0{,}6\,\text{V}$ ab, man erhält eine Ausgangsspannung von 5 V. Während der negativen Halbwelle ist die Z-Diode in Durchlassrichtung leitend, es tritt ein Spannungsabfall von $\approx 0{,}6\,\text{V}$ auf, der Vorwiderstand begrenzt wiederum den Strom. Die zweite Diode sperrt und verhindert damit das Entladen des Ladekondensators C_L durch das Netz. Der Spannungsverlauf an der Z-Diode ist in ▶Abbildung 3.22 gezeigt.

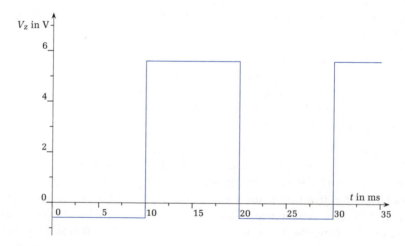

Abbildung 3.22: Spannung an der Z-Diode D_1

Im praktischen Betrieb muss beachtet werden, dass diese Schaltung aufgrund des fehlenden Netztransformators keine Potentialtrennung aufweist.

> **Beispiel: Dimensionierung des Ladekondensators**
>
> Der Ausgangsstrom dieser Schaltung liegt in der Größenordnung von 200 µA. Wie groß ist die Restwelligkeit bei Verwendung eines Ladekondensators mit 47 µF?
>
> $$\Delta V = \frac{I_L \cdot \Delta t}{C_L} = \frac{0{,}2 \cdot 10^{-3}\,\text{A} \cdot 10 \cdot 10^{-3}\,\text{s}}{47 \cdot 10^{-6}\,\text{F}} \approx 40\,\text{mV}$$
>
> Zu beachten ist, dass hier trotz der Einweggleichrichtung mit einem ΔT von 10 ms gerechnet werden kann, da durch die Begrenzung der Z-Diode die Ladung des Kondensators praktisch während der gesamten positiven Halbwelle erfolgt.

Vom Energieversorger wird ein dreiphasiges Drehstromnetz geliefert, dessen Sternpunkt geerdet ist ▶Abbildung 3.23. Dieser Anschluss wird als Neutralleiter N bezeichnet und führt keine Spannung gegen Erde. Die Außenleiter des Netzes werden mit L_1, L_2 und L_3 bezeichnet. Der Effektivwert der Spannung zwischen diesen Leitern liegt bei 400 V, während der Effektivwert der Spannung gegen Erde 230 V beträgt.

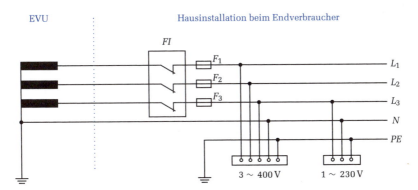

Abbildung 3.23: Schema der Energieversorgung im Haushalt

Schließt man die Schaltung wie geplant mit dem Vorwiderstand an den Außenleiter an, so ist die Ausgangsspannung von 5 V nicht berührungsgefährlich, da sie auf Erdpotential liegt. Wird der Stecker jedoch umgedreht und der Außenleiter liegt damit an der Anode der Z-Diode, so tritt zwischen den Ausgangsklemmen zwar weiterhin eine Spannung von 5 V auf, diese Spannung hat jedoch gegen Erde ein Potential in der Größenordnung von 230 V (▶Abbildung 3.24). Aus diesem Grund müssen Schaltungen ohne Potentialtrennung entweder fix angeschlossen oder aber gegen Berührung gesichert werden.

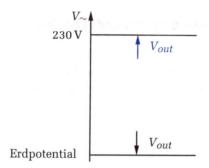

Abbildung 3.24: Lage der Ausgangsspannung bei richtigem und bei falschem Anschluss

Ein weiterer Punkt ist die Ausführung des Widerstandes R_V. Da dieser Widerstand direkt am Netz liegt, ist er Überspannungen ohne weiteren Schutz ausgeliefert. Bei einem üblichen Metallfilmwiderstand würden bei impulsförmiger Überlastung Teile seiner Metallisierung verdampfen, er würde immer hochohmiger, wodurch mittelfristig ein Ausfall der Schaltung zu erwarten wäre. Aus diesem Grund ist ein impulsfester Widerstand an dieser Stelle nötig; solche Widerstände werden zum Beispiel als gewickelte Drahtwiderstände oder Kohlemassewiderstände ausgeführt.

Ein wesentlicher Nachteil der in Abbildung 3.21 gezeigten Schaltung ist die an R_V entstehende Verlustleistung. Ersetzt man den Wirkwiderstand durch einen kapazitiven Blindwiderstand, so entsteht nur mehr Blindleistung, die zu keiner Erwärmung führt. Ein Beispiel für diese Methode ist in ▶Abbildung 3.25 gezeigt.

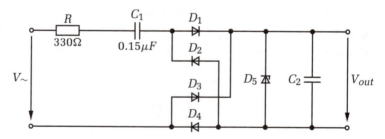

Abbildung 3.25: Kleinstnetzgerät mit Vollweggleichrichter

Beim Einschalten bildet C_2 in Serie mit C_1 einen Kurzschluss, der Widerstand R dient zur Begrenzung des Einschaltstromstoßes, auch dieser Widerstand muss impulsfest ausgeführt sein. Besonderes Augenmerk muss auf den Kondensator C_1 gelegt werden, da er direkt am Netz hängt. Er muss als X-Kondensator spezifiziert sein, das sind spezielle Kondensatoren, die für den Betrieb zwischen Außenleiter und Neutralleiter gebaut werden. X-Kondensatoren sind sicherheitskritische Bauteile, der Hersteller garantiert ein selbstheilendes Verhalten, damit ein Entflammen des Kondensators bei Überspannungen ausgeschlossen werden kann. Zum Unterschied davon gibt es auch so genannte Y-Kondensatoren, diese werden zwischen Außenleiter und Gehäuse eines Gerätes (Erdpotential) eingebaut. Sie verbinden spannungsführende Teile mit berührbaren Teilen und dürfen daher im Fehlerfall keinen Kurzschluss auslösen und außerdem nur kleine Kapazitätswerte aufweisen, um den Benutzer nicht zu gefährden.

Gefährdung durch Spannungsspitzen und Überspannungen:
Spannungsspitzen aus dem Netz gefährden die Gleichrichterdioden sowie die Ladekondensatoren und die Last. Die Form der auftretenden Überspannungen und die Kurvenformen der dazugehörenden Prüfgeneratoren gehören zur elektromagnetischen Verträglichkeit und werden im Kapitel 19.2.1 genauer behandelt. Hier sei nur erwähnt, dass man am Netz (durch indirekten Blitzschlag) mit Überspannungen von mehreren 1000 V rechnen muss.

Ist ein Netztransformator vorhanden, so schützt dieser die nachfolgende Schaltung bis zu einem bestimmten Grad. Bei einem Spannungsanstieg steigt der primäre Strom und damit die magnetische Feldstärke in der Primärwicklung. Der Eisenkern kann jedoch nur einen bestimmten magnetischen Fluss führen, hier spricht man von einer Sättigung des magnetischen Kreises, die übertragbare Leistung ist durch diese Sättigung begrenzt.

Reicht dieser Schutz nicht aus, so muss man mit zusätzlichen Querelementen die Überspannung begrenzen. Die schnellste Variante wurde bereits erklärt, es handelt sich um spezielle Z-Dioden, so genannte Suppressordioden. Ihr Nachteil ist die begrenzte Verlustleistung, ihr Vorteil das genau definierte schnelle Ansprechverhalten.

Will man mehr Leistung absorbieren, so bieten sich Metalloxidvaristoren an. Das sind Volumenhalbleiter aus Sintermaterial, die langsamer sind. Ihre Ansprechspannung ist größeren Toleranzen und einer Alterung durch auftretende Stoßströme unterworfen.

Ist die auftretende Leistung des Störpulses noch größer, so verwendet man Gasableiter. Hierbei handelt es sich um eine Funkenstrecke, bei der durch eine Gasfüllung ein definiertes Ansprechverhalten erreicht wird. Gasableiter können sehr große Energiemengen ableiten, da sie im Fall der Zündung extrem niederohmig werden. Sie haben den Nachteil, dass sie nach einer Zündung erst durch Unterbrechung des Stromflusses wieder nicht leitend werden.

Durch geeignete Kombination dieser drei Klassen von Schutzelementen ist es möglich, Netzteile aber auch Datenleitungen wirksam gegen Überspannungen zu schützen. Der Bau und die Prüfung solcher Schutzschaltungen gehört jedoch zum großen Bereich der Elektromagnetischen Verträglichkeit (EMV) und soll hier nicht weiter behandelt werden.

3.3.3 Spannungsverdoppler

Zum Abschluss der Anwendung von Dioden werden wir uns mit Möglichkeiten zur Vervielfachung von Spannungen beschäftigen. Verwendung finden diese Schaltungen, wenn man hohe Gleichspannungen aus der Netzspannung erzeugen möchte, jedoch nur kleine Ströme benötigt.

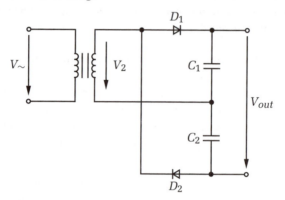

Abbildung 3.26: Delon-Schaltung

Diese Schaltung ist im Wesentlichen schon bekannt, sie ähnelt der Schaltung zur Erzeugung erdsymmetrischer Spannungen ▶Abbildung 3.26. Hier wird jedoch nur die Variante mit Einweggleichrichtung verwendet. Während der positiven Halbwelle wird über D_1 der Kondensator C_1 geladen. Während der negativen Halbwelle wird über D_2 der Kondensator C_2 geladen. Greift man die Summen der beiden Kondensatorspannungen ab, so erhält man den doppelten Scheitelwert der Transformatorsekundärspannung (V_2).

$$V_{out} \approx 2 \cdot \sqrt{2} \cdot V_{2eff}$$

Bei einer Belastung muss man einen Rückgang der Ausgangsspannung auf 80 % bis 90 % diese Wertes berücksichtigen.

Simulation

Eine weitere Möglichkeit, aus einer Netzspannung höhere Gleichspannungen zu erzeugen, ist die Villard-Schaltung ▶Abbildung 3.27. Zum Unterschied von der Delon-Schaltung besitzen hier Eingang und Ausgang dasselbe Bezugspotential, es wird kein Trafo mit Mittelanzapfung benötigt. Wenn man auf die Potentialtrennung verzichtet, kann der Transformator weggelassen werden.

Beginnen wir mit der Überlegung zur Funktion der Schaltung beim negativen Scheitelwert. An Punkt a liegt eine negative Spannung gegenüber b an, die Diode D_1 ist leitend, während die Diode D_2 gesperrt ist. Der Strom fließt vom Punkt b über D_1 und C_1 zum Punkt a zurück, der Kondensator C_1 wird geladen, wobei der positivere Anschluss am gemeinsamen Punkt der beiden Dioden liegt. Wird die Spannung an a positiver, sperrt die Diode D_1, die Ladung bleibt während des Spannungsanstieges

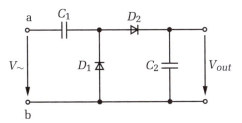

Abbildung 3.27: Villard-Schaltung

in C_1 gespeichert. Sobald die Spannung an der Anode von D_2 um eine Diodenflussspannung größer ist als die Spannung, auf die der Kondensator C_2 geladen ist, wird die Diode D_2 leitend. Die Summe aus der Eingangsspannung und der Ladespannung von C_1 lädt den Kondensator C_2 auf. Im unbelasteten Fall erhält man am Ausgang den doppelten Scheitelwert der Eingangsspannung. Da die Ladung von einem Spannungsniveau auf das nächste weitergegeben wird, spricht man auch von einer Ladungspumpe.

Typische Anwendungsfälle für Ladungspumpen sind zum Beispiel die Erzeugung von Hilfsspannungen bei seriellen Schnittstellen.

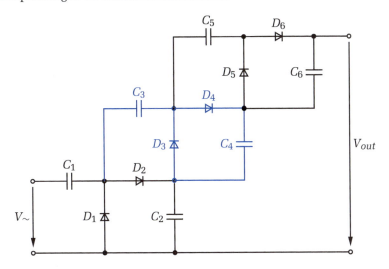

Simulation

Abbildung 3.28: Hochspannungskaskade

Der Vorteil der Villard-Schaltung ist ihre Kaskadierbarkeit. Als Beispiel ist in ▶Abbildung 3.28 eine dreistufige Kaskade gezeichnet. Die zweite Stufe ist zur besseren Trennung zwischen den Stufen blau gezeichnet. Die Ausgangsspannung ergibt sich aus der Stufenanzahl n und dem Scheitelwert der Eingangsspannung $\hat{V}$.

$$V_{out} \approx 2 \cdot n \cdot \hat{V}$$

Diese dreistufige Spannungskaskade liefert eine um den Faktor 6 höhere Ausgangsspannung.

Eine andere Möglichkeit, diese Kaskade zu bauen, ist in ►Abbildung 3.29 gezeigt. Durch den Anschluss der Ausgangskondensatoren am Bezugspotential wird die Schaltung belastbarer, allerdings benötigt man Kondensatoren mit einer von der Stufenanzahl abhängigen höheren Spannungsfestigkeit. Durch die direkte Verbindung der Kondensatoren C_1, C_3 und C_5 mit dem Eingang wird die Zeit zum Aufbau der Hochspannung verkürzt.

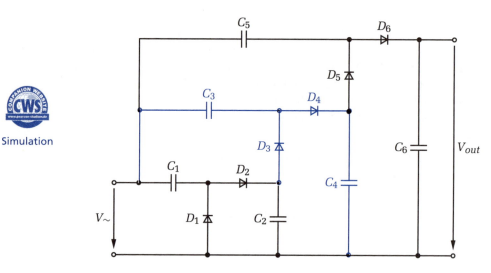

Abbildung 3.29: Variante der Hochspannungskaskade

Als Übungsbeispiel und zur Überprüfung der Fertigkeiten bei der Analyse von Gleichrichterschaltungen möge folgendes Beispiel dienen:

Simulation

Beispiel: Wie funktioniert diese Schaltung?

Wie groß ist die Ausgangsspannung der folgenden Schaltung relativ zur Eingangsspannung bei geschlossenem und bei geöffnetem Schalter? Zwischen welchen Schaltungstypen wird umgeschaltet?

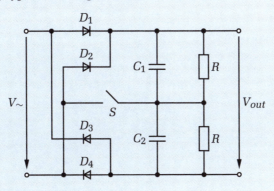

ZUSAMMENFASSUNG

In diesem Kapitel wurden die wichtigsten **Diodenarten** besprochen und typische Anwendungsfälle gezeigt.

Eine Betrachtung der klassischen **Gleichrichterschaltungen** und ihrer Probleme wurde vorgestellt.

Besonderes Augenmerk wurde auf die Wechselwirkung zwischen Versorgungsnetz und Gleichrichterschaltung gelegt, indem Netzrückwirkungen und mögliche Gefährdungen besprochen wurden. Weiterführende Erklärungen sind im Bereich der elektromagnetischen Verträglichkeit zu finden. Den Abschluss bildeten Schaltungen zur **Spannungsverdopplung** und **Hochspannungskaskaden**.

Transistoren

4.1 Einführung 152

4.2 Bipolartransistor 155

4.3 Sperrschicht-Feldeffekttransistor 173

4.4 MOS-Feldeffekttransistoren 180

4.5 Einstufige Transistorverstärker 188

4.6 Stromquellen und Stromsenken 211

4.7 Stromspiegel 219

4.8 Differenzverstärker 224

Zusammenfassung 230

Einleitung

> In den vorhergehenden Kapiteln haben wir uns mit den Leitungsmechanismen im Halbleiter und den Vorgängen an einer Sperrschicht beschäftigt. Die dabei entstehenden Verwendungsmöglichkeiten führten zu Bauelementen, die unter dem Oberbegriff Dioden zusammengefasst werden können. Dioden können ohne besondere Maßnahmen[1] nur als ungesteuerte Schalter verwendet werden. Werden gesteuerte Schalter oder die Verstärkung eines Signals benötigt, kommen mehrere Sperrschichten zum Einsatz. Dadurch wird die Realisierung eines gesteuerten Widerstandes bzw. einer gesteuerten Quelle möglich. Die Bezeichnung Transistor ist ein Kunstwort, das aus den englischen Wörtern Trans*fer* und *resistor* entstanden ist.

LERNZIELE

- Kennenlernen der verschiedenen Transistortypen und ihrer Schaltsymbole
- Beschreibungsmöglichkeiten für das Verhalten von Transistoren
- Funktion des Bipolartransistors (*BJT*)
- Funktion des Sperrschicht-Feldeffekttransistors (*JFET*)
- Funktion von Feldeffekttransistoren mit isoliertem Gate (*MOSFET*)
- Arbeitspunkteinstellung am Beispiel von Bipolartransistoren
- Grundschaltungen mit Bipolartransistoren

4.1 Einführung

Transistoren können in zwei große Gruppen unterteilt werden. Während bei so genannten Bipolartransistoren (BJT … *Bipolar Junction Transistor*) Ladungsträger beider Polaritäten am Ladungstransport beteiligt sind, kommen Feldeffekttransistoren (FET … *Field Effect Transistor*) mit Ladungsträgern einer Polarität aus. Man nennt sie daher auch unipolare Transistoren. Mit allen Transistoren können durch kleine Steuersignale größere Ströme durch eine Last beeinflusst werden. Man unterscheidet zwischen dem Betrieb als Schalter, hier kann der Strom durch die Last nur ein- oder ausgeschaltet werden, und dem Betrieb als Verstärker, hier hängt das Signal am Ausgang, abgesehen von Sonderanwendungen, linear vom Steuersignal ab.

---

1 In Kombination mit einer geschalteten Stromquelle kann aus einer einfachen Diode ein sehr schneller Schalter für Wechselsignale gebaut werden, solange der zu schaltende Signalstrom wesentlich kleiner als der Strom der Stromquelle ist.

4.1 Einführung

Die Trennung des steuernden Teiles vom gesteuerten Teil der Schaltung hängt ebenfalls vom Transistortyp ab. Bei Bipolartransistoren ist ein Basisstrom für den Betrieb nötig, der in den gesteuerten Schaltungsteil weiterfließt. Bei den Feldeffekttransistoren ist diese Trennung günstiger realisiert, im Fall der Sperrschicht-Feldeffekttransistoren ist der steuernde Anschluss (Gate) durch eine Sperrschicht vom gesteuerten Schaltungsteil getrennt. Bei den MOS-Feldeffekttransistoren ist das Gate durch eine isolierende Schicht aus Siliziumdioxid von den gesteuerten Anschlüssen getrennt. Man findet für diesen Transistortyp daher auch die Bezeichnung Isolierschicht-Feldeffekttransistor. Wir werden im Weiteren jedoch die von der Schichtfolge abgeleitete Bezeichnung MOSFET (MOS ... *Metal Oxide Semiconductor*) oder noch stärker abgekürzt MOST verwenden.

In ►Abbildung 4.1 ist eine systematische Aufstellung der wichtigsten Transistortypen und ihrer Schaltsymbole gezeigt. Diese Symbole sind in der diskreten Elektronik beim Zeichnen von Schaltplänen üblich, während man in der Mikroelektronik oft mit vereinfachten Symbolen arbeitet, da dort sehr viele Transistoren verwendet werden und der Transistortyp oft durch die verwendete Technologie festgelegt ist.

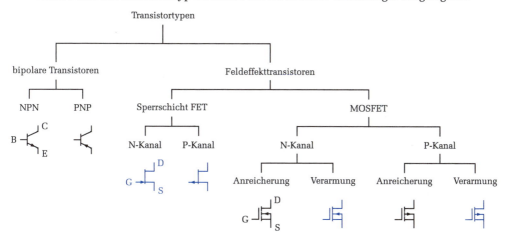

Abbildung 4.1: Transistortypen

Der jeweils erste Transistor einer Gruppe in Abbildung 4.1 weist eine Benennung seiner Anschlüsse auf, diese Bezeichnungen werden normalerweise in Schaltplänen weggelassen. Bei Bipolartransistoren werden die Anschlüsse Basis (B), Emitter (E) und Kollektor (C) genannt, während man bei Feldeffekttransistoren von Gate (G), Drain (D) und Source (S) spricht.

Betrachtet man die Leitfähigkeit der Transistoren bei fehlendem Steuersignal, so kann zwischen **selbstleitenden** und selbstsperrenden Typen unterschieden werden. Bipolartransistoren benötigen einen Basisstrom, um zu leiten, sie sind selbstsperrend. Sperrschicht-FETs leiten ohne Ansteuerung und können durch eine Spannung am Gate gesperrt werden, sie sind selbstleitend. Bei den MOSFETs wird zwischen Anreicherungstyp (*enhancement*) und Verarmungstyp (*depletion*) unterschieden. Verarmungstypen sind wie die JFETs selbstleitend und können durch eine Steuerspannung geeigneter Polarität gesperrt werden, während bei Anreicherungstypen erst durch Anlegen einer Steuerspannung ein leitender Kanal aufgebaut wird (selbstsperrend).

Abschließend einige Bemerkungen, die das Lesen der Schaltsymbole erleichtern sollen: Im Schaltsymbol wird durch den Pfeil eine Diode symbolisiert, wobei die Pfeilspitze dem n-Material entspricht. Zeigt zum Beispiel die Pfeilspitze im Fall eines Bipolartransistors zur Basis, ist die Basis n-dotiert; es handelt sich daher um einen PNP-Transistor.[2] Zeigt die Pfeilspitze bei einem FET zum Kanal, so ist ein n-Kanal-FET gemeint. Ist der Kanal im Falle eines MOSFET unterbrochen gezeichnet, so muss er erst aufgebaut werden, es handelt sich um einen selbstsperrenden Anreicherungstyp.

Historischer Überblick:
Historisch gesehen sind Feldeffekttransistoren die älteste beschriebene Transistorart, sie wurden bereits 1925 von Julius Edgar Lilienfeld[3] erfunden. Obwohl die Herstellung von hoch reinem Halbleitermaterial damals nicht möglich war, wurde von ihm „Eine Methode und Vorrichtung zum Steuern von elektrischem Strom" genau beschrieben und patentiert. 1934 wurde der erste mit heutigen Sperrschicht-FETs vergleichbare Transistor von Oskar Heil[4] konstruiert. Um 1945 wurden von Herbert F. Mataré[5], und Heinrich Welker[6] in Europa und von William Shockley[7] und Walter Brattain[8] in Amerika funktionsfähige Sperrschicht-FETs gebaut.

Bei der Arbeit an der Weiterentwicklung dieser Transistoren bzw. bei Untersuchungen an einer so genannten Spitzendiode (Metall-Halbleiterübergang) in den Bell Laboratories wurde kurz vor Weihnachten, im Dezember 1947, von William Shockley, John Bardeen[9] und Walter Brattain der bipolare Transistoreffekt entdeckt.

Weblink

Eine Messung in der Nähe des Metall-Halbleiterüberganges mit einer weiteren Messspitze zeigte eine Beeinflussung des Diodenstromes, der in weiterer Folge zur Verstärkung verwendet werden konnte. Für diese Entdeckung erhielten die genannten Forscher 1956 den Nobelpreis für Physik.

---

2 Weststeirische Bauernregel: Tut der Pfeil der Basis weh – handelt's sich um PNP.
3 Julius Edgar Lilienfeld, * 18. April 1881 in Lemberg, † 28. August 1963 in Charlotte Amalie, (Virgin Islands), Physiker
4 Oskar Ernst Heil, * 1908 in Langwieden, † 1994, deutscher Physiker, erfand auch einen speziellen Schallwandler (Air-Motion-Transformer)
5 Herbert François Mataré, * 22. September 1912 in Aachen, deutscher Physiker, Erfindung des europäischen Transistors zusammen mit H. J. Welker, Gründer der Intermetall GmbH
6 Heinrich Johann Welker, * 9. September 1912 in Ingolstadt, † 25. Dezember 1981 in Erlangen, deutscher Physiker, entdeckte die Halbleitereigenschaften von III–V Verbindungen
7 William Bradford Shockley, * 13. Februar 1910 in London, † 12. August 1989 in Stanford, amerikanischer Physiker und Nobelpreisträger für Physik 1956
8 Walter Houser Brattain, * 10. Februar 1902 in China, † 13. Oktober 1987 in Seattle/Washington, Nobelpreisträger für Physik 1956
9 John Bardeen, * 23. Mai 1908 in Madison, Wisconsin, † 30. Januar 1991 in Boston, amerikanischer Physiker, zweifacher Nobelpreisträger für Physik, Transistoreffekt 1956 und Theorie der Supraleitung 1972 (zusammen mit N. Cooper und J. R. Schrieffer)

Die auf der Basis des Transistoreffektes gebauten Spitzentransistoren wurden ab 1951 in Serie gefertigt ▶Abbildung 4.2. Da der Metall-Halbleiterübergang recht empfindlich gegenüber Überlastungen ist, wurde bereits 1950 mit der Entwicklung von Flächentransistoren (Planartransistoren) begonnen. Diese verdrängten in den nachfolgenden Jahrzehnten die Elektronenröhren und bildeten damit die Grundlage für die moderne Elektronik und Informationstechnik.

Abbildung 4.2: Nachbau des ersten Spitzentransistors

Feldeffekttransistoren spielten in der Anfangszeit eine untergeordnete Rolle. Sie haben spätestens seit Mitte der Achtziger Jahre des letzten Jahrhunderts die bipolare Technologie vor allem im Bereich der Logik und Rechenschaltungen abgelöst.

Wir wollen jedoch mit den ersten Konkurrenten der Elektronenröhren beginnen und wenden uns zunächst den Bipolartransistoren zu.

4.2 Bipolartransistor

4.2.1 Aufbau und Funktion

Ein moderner Bipolartransistor besteht wie der ursprüngliche Spitzentransistor aus zwei Sperrschichten. Der planare Aufbau weist jedoch nur flächenhafte Übergänge zwischen unterschiedlich dotiertem Halbleitermaterial auf. Während in der Anfangszeit der Transistoren Germanium als Ausgangsmaterial verwendet wurde, kommt heute meist Silizium zum Einsatz.

Entsprechend der Schichtfolge kann zwischen npn-Transistoren und pnp-Transistoren unterschieden werden. Wir werden für die Betrachtung des Transistoreffektes eine npn-Schichtfolge verwenden, die Aussagen gelten jedoch sinngemäß auch für pnp-Transistoren, wenn man die Polaritäten der angelegten Spannungen austauscht und Elektronen durch Löcher ersetzt.

Man sollte allerdings bedenken, dass Löcher Fehlstellen in einer Valenzbindung und damit eigentlich ortsfest sind. Eine Bewegung eines Loches kann nur durch eine Bewegung von Elektronen in die entgegengesetzte Richtung erfolgen. Die Beweglichkeit der Löcher ist aufgrund dieser Abhängigkeit von den Elektronen wesentlich geringer, wodurch sich geringere Leitfähigkeiten des p-Materials ergeben. pnp-Transistoren haben daher etwas schlechtere elektrische Eigenschaften.

Durch die in ▶Abbildung 4.3 gezeigte Schichtfolge entstehen zwei Dioden, die so geschaltet sind, dass unabhängig von der angelegten Polarität immer eine der Dioden sperrt. Sind die Dotierungen aller Schichten gleich, so kann man willkürlich eine der beiden N-Schichten als Emitter und die andere als Kollektor bezeichnen. Die dazwischenliegende Schicht wird als **Basis** bezeichnet. Um den Transistoreffekt grundsätzlich verstehen zu können, fügen wir zu den bekannten Darstellungen eine weitere Betrachtung hinzu.

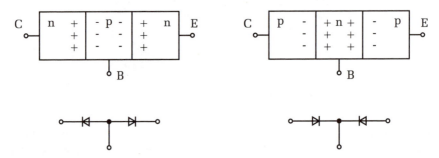

Abbildung 4.3: Schichtfolge npn-Transistor und pnp-Transistor

In ▶Abbildung 4.4 ist die Ladungsträgerdichte in den unterschiedlichen Bereichen des Transistors dargestellt. Es wurde eine logarithmische Darstellung verwendet, um trotz des großen Unterschiedes zwischen Majoritätsträgerdichte (zum Beispiel Elektronendichte im n-Material n_N) und Minoritätsträgerdichte (zum Beispiel Löcherdichte im n-Material p_N) einen gemeinsamen Maßstab verwenden zu können. Die Verhältnisse ohne Anlegen äußerer Spannungen sind in Schwarz gezeichnet, wobei für die Elektronendichte eine gestrichelte Linie und für die Löcherdichte eine punktierte Linie verwendet wird.

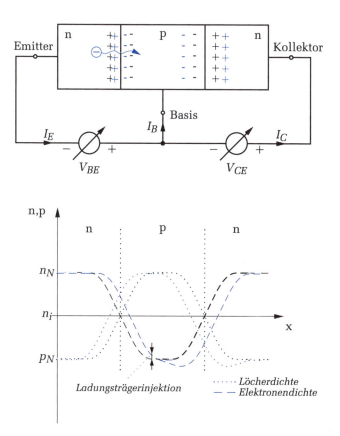

Abbildung 4.4: Prinzip eines npn-Transistors und Ladungsträgerdichtenschema

Folgt man der Elektronendichte vom Emitter beginnend, so werden die Elektronen im n-Material in großer Zahl auftreten (Majoritätsträger), in der Basis sind nur wenige Elektronen vorhanden (Minoritätsträger), während in der Kollektorschicht wieder viele Elektronen auftreten. Ein durch den Transistor wanderndes Elektron wird daher abwechselnd als Majoritäts- und Minoritätsträger bezeichnet.

Legt man Spannungen an den Transistor an, so erhält man die blau gezeichneten Verhältnisse. Betrachten wir zuerst die Basis-Emitter-Diode. Diese Diodenstrecke wird in Durchlassrichtung betrieben. Durch die einströmenden Elektronen wird der Diffusionsvorgang unterstützt, die Breite der Raumladungszone nimmt im Vergleich zum Fall ohne äußere Spannung ab. Im oberen Bereich der Abbildung 4.4 sieht man eine Zunahme der Ladungsträger im Bereich der ursprünglichen Raumladungszone. Wir erinnern uns, in der Raumladungszone gibt es ohne äußere Spannung überwiegend ortsfeste Ladungen und sehr wenige durch Generation entstehende freie Ladungsträger, die vom Feld der Raumladungszone beschleunigt werden und den Sperrstrom bilden.

Die Raumladungszone wird, wie schon bekannt ist, durch die außen angelegte Spannung in Durchlassrichtung verkleinert. Besonderes Augenmerk verdient jedoch die Minoritätsträgerdichte in der Basiszone. Durch die in Durchlassrichtung gepolte äußere Spannung an der Basis-Emitter-Diode werden Elektronen vom Emitter in das Basisgebiet gebracht. Sie erhöhen die Minoritätsträgerdichte im Bereich der Basis-Emitter-Grenzschicht. Man nennt diese Erhöhung der Ladungsträgerdichte Minoritätsträgerinjektion. Durch Rekombination nimmt diese zusätzliche Minoritätsträgerdichte nach einer Exponentialfunktion ab, je weiter man in der Basiszone in Richtung Kollektor geht. Ein Maß für das Hineinreichen der Ladungsträgerinjektion in die Basiszone ist die so genannte Diffusionsweite.

In einem weiteren Schritt betrachten wir die Verhältnisse an der Basis-Kollektor-Diode. Im Regelfall wird an diese Diode eine Spannung in Sperrrichtung gelegt. Dadurch wird die Raumladungszone breiter. Die Ladungsträgerdichten werden im Vergleich zum spannungslosen Fall abgesenkt. Wendet man die Aufmerksamkeit wieder dem Bereich der Minoritätsträgerdichten zu, so erkennt man eine zusätzliche Absenkung an den Rändern der Raumladungszone, die auf die Vergrößerung des Feldes der Raumladung durch die angelegte Spannung zurückgeführt werden kann. Minoritätsträger, die in den Bereich der Raumladungszone der Basis-Kollektor-Diode kommen, werden vom Feld derselben durch die Raumladungszone beschleunigt. Man spricht vom Kollektor-Basis-Sperrstrom.

Bringt man nun durch geeigneten Aufbau (oder so wie die Forscher im Jahre 1947 durch Annäherung der beiden Spitzen) die beiden Übergänge nahe genug aneinander, so beginnen sich die beiden erklärten Effekte zu beeinflussen. Die von der Basis-Emitter-Diode verursachte Ladungsträgerinjektion reicht in diesem Fall soweit in die Basiszone hinein, dass Ladungsträger vom Feld der Kollektor-Basis-Sperrschicht erfasst und zum Kollektor transportiert werden.

Der vom Emitter kommende Elektronenstrom fließt nun nicht mehr zur Gänze zum Basisanschluss. Ein Teil der Elektronen wird durch das Feld der Kollektor-Basis-Sperrchicht zum Kollektor transportiert. Wird die Basiszone wesentlich kleiner als die Diffusionsweite der Minoritätsträger, fließt der überwiegende Teil der Elektronen zum Kollektor weiter, nur wenige Elektronen fließen zur Basis. Durch eine Variation des Stromes in der Basis-Emitter-Strecke kann der Strom durch die Basis-Kollektor-Strecke gesteuert werden. Diese Steuermöglichkeit wird Transistoreffekt genannt.

Alle Ströme in den bisherigen Erklärungen waren Elektronenströme. Ihre Richtung wird physikalische Stromrichtung genannt, da sie sich eher an den physikalischen Gegebenheiten orientiert. In der Technik ist es üblich, von positiven Ladungsträgern auszugehen und sowohl die Feldrichtungen als Kraftwirkung auf positive Ladungen als auch die Ströme als Strom von positiven Ladungen zu sehen. Daraus resultiert die so genannte technische Stromrichtung, die genau entgegengesetzt der physikalischen Stromrichtung ist. Die in ▶Abbildung 4.4 gezeichneten Ströme beziehen (I_E, I_B, I_C) beziehen sich auf fiktive positive Ladungsträger und entsprechen der technischen

Stromrichtung. Wenn in weiterer Folge einfach von Strömen gesprochen wird, so ist immer die technische Stromrichtung gemeint.

Die in der Erklärung verwendete und in Abbildung 4.4 gezeigte Schaltung wird als Basisschaltung bezeichnet, da die Basis als Bezugspunkt dient. Der Emitter wird als Eingang, der Kollektor als Ausgang verwendet. Der Kollektorstrom ist in dieser Schaltungsvariante immer um den Basisstrom kleiner als der Emitterstrom, es tritt daher keine Stromverstärkung auf. Legt man jedoch über einen hochohmigen Widerstand eine große Spannung an den Kollektor, so verursacht eine kleine Änderung der Emitterspannung eine kleine Änderung des Basisstromes und damit eine kleine Änderung des Kollektorstromes. Diese ruft jedoch an einem hochohmigen Widerstand eine große Änderung der Ausgangsspannung hervor. Die Basisschaltung besitzt eine Spannungsverstärkung.

Da jeder Anschluss des Transistors als Bezugspunkt verwendet werden kann, ergeben sich zwei weitere Grundschaltungen. Bei der Emitterschaltung wird die Basis als Eingang und der Kollektor als Ausgang verwendet. Der Eingangsstrom entspricht jetzt dem Basisstrom. Da dieser wesentlich kleiner ist als der Kollektorstrom, weist die Emitterschaltung eine Stromverstärkung auf. Die Spannungsverstärkung der Emitterschaltung ist vergleichbar mit der Basisschaltung. Die dritte Grundschaltung wird Kollektorschaltung genannt. Auch in diesem Fall tritt eine Stromverstärkung auf. Da die Spannung am Emitter, der jetzt als Ausgang dient, sich nur um die Flussspannung von der Spannung an der Basis unterscheidet, besitzt diese Schaltung keine Spannungsverstärkung. Wir werden die Grundschaltungen des Bipolartransistors in Abschnitt 4.5.2 noch genauer kennen lernen.

Abschließend sei betont, dass, obwohl das Ersatzschaltbild des Transistors zwei Dioden zeigt, bei zwei räumlich getrennten Dioden kein Transistoreffekt auftritt. Die Ladungsträgerinjektion beeinflusst in diesem Fall die zweite Sperrschicht nicht! Für das Auftreten des Transistoreffektes muss die Basisweite kleiner als die Diffusionsweite der in die Basis injizierten Ladungsträger sein.

Durch eine hohe Dotierung des Emitters und eine geringe Dotierung der Basis kann eine große Diffusionsweite erreicht werden. Dieser Umstand wurde in der Abbildung 4.4 weggelassen, um die Verhältnisse nicht unübersichtlich zu machen.

Early-Effekt:
Die Breite der Basis-Kollektor-Raumladungszone hängt von der Kollektor-Emitter-Spannung V_{CE} ab. Das bedeutet, dass mit steigender Spannung die Basis-Kollektor-Raumladungszone immer breiter wird und dadurch weniger vom Emitter injizierte Ladungsträger in der Basiszone rekombinieren. Der Kollektorstrom I_C nimmt daher mit steigender V_{CE} zu, während der Basisstrom abnimmt. Dieser Effekt ist nach seinem Entdecker James M. Early[10] benannt und wird als Early-Effekt bezeichnet.

---

10 James M. Early ⋆ 25. Juli 1922 in Syracuse, New York; † 12. Januar 2004 in Palo Alto, Kalifornien, amerikanischer Elektrotechniker

Nach der grundsätzlichen Betrachtung des Transistoreffektes, beschäftigen wir uns im nächsten Schritt mit den möglichen Betriebszuständen des Bipolartransistors. Als Grundschaltung für die weiteren Erklärungen wird die Emitterschaltung (▶Abbildung 4.5) verwendet.

4.2.2 Betriebszustände des bipolaren Transistors

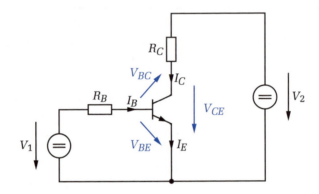

Abbildung 4.5: Spannungen und Ströme an einer Emitterschaltung

- **Normalbetrieb** $V_{BE} > 0$ und $V_{BC} < 0$
  Im Normal- oder Verstärkerbetrieb ist die Basis-Emitter-Diode in Flussrichtung geschaltet, während die Basis-Kollektor-Diode in Sperrrichtung betrieben wird. Die schon beschriebene Ladungsträgerinjektion in die Basiszone ermöglicht eine Steuerung der Leitfähigkeit der Basis-Kollektor-Sperrschicht. Erhöht man die Spannung an der Basis-Emitter-Diode V_{BE}, so steigt der Basisstrom und der dadurch gesteuerte Kollektorstrom. Durch diese Stromänderung steigt der Spannungsabfall V_{RC} am (Arbeits-)Widerstand R_C. Da die Versorgungsspannung V_2 konstant ist, fällt dadurch die Kollektor-Emitter-Spannung V_{CE} des Transistors. Erhöht man die Basis-Emitter-Spannung V_{BE} immer weiter, so wird die Kollektor-Emitter-Spannung immer kleiner. Wenn die Kollektor-Emitter-Spannung kleiner als die Basis-Emitter-Spannung wird, geht man in den so genannten Sättigungsbetrieb über.

- **Sättigungsbetrieb** $V_{BE} > 0$ und $V_{BC} > 0$
  Als Sättigung des Bipolartransistors wird ein Zustand bezeichnet, bei dem an der Basis-Emitter-Strecke ein Basisstrom eingestellt wird, der aufgrund der Stromverstärkung zu einem Kollektorstrom führen würde, der durch die Beschaltung des Transistors nicht geliefert werden kann.
  Betrachten wir die Abbildung 4.5. Der maximale Kollektorstrom, der mithilfe der Spannungsquelle V_2 fließen kann, wird durch den Arbeitswiderstand begrenzt. Wenn der Transistor einen Kurzschluss zwischen Emitter und Kollektor

bilden würde (was er natürlich nicht kann), so würde ein fiktiver Strom $I_{Cmax} = V_2/R_C$ fließen. Der Strom mit Transistor kann nur kleiner sein. Würde man nun einen Basisstrom einstellen, der (mit der Stromverstärkung multipliziert) zu einem größeren Kollektorstrom $I_C > I_{Cmax}$ führen würde, so befände sich der Transistor im Sättigungsbetrieb. Seine Basis-Kollektor-Diode wird auch in Durchlassrichtung betrieben und der Spannungsabfall zwischen Kollektor und Emitter geht auf die so genannte Sättigungsspannung $V_{CE\,SAT}$ zurück. Diese Sättigungsspannung ist die minimale Spannung zwischen Kollektor und Emitter, die mit einem Bipolartransistor erreicht werden kann. Sie liegt bei kleinen Kollektorströmen in der Größenordnung von 0,3 V.

Bipolare Transistoren im Sättigungsbetrieb können als Schalter verwendet werden. Der Nachteil ist die Sättigungsspannung, die zusammen mit dem zu schaltenden Strom eine Verlustleistung am Transistor im eingeschalteten Zustand (bei geschlossenem Schalter) verursacht. Weitere Nachteile sind die schlechte Entkopplung zwischen dem Steuersignal und dem geschalteten Signal und die Verzugszeit beim Sperren des Transistors (Öffnen des Schalters).

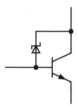

Abbildung 4.6: Schottky-Klemmung

Will man einen gesättigten Transistor wieder sperren, so müssen die Ladungsträger aus der Basis-Kollektor-Zone entfernt werden. Man erhält eine Sperrverzugszeit, wie wir sie schon vom Sperren einer Diode kennen. Dieser Nachteil kann, wie in ▶Abbildung 4.6 gezeigt, durch Klemmung mit einer Schottky-Diode vermieden werden. Diese zusätzliche Diode verhindert einen Betrieb der Basis-Kollektor-Strecke in Durchlassrichtung, da sie bei einer Flussspannung von 0,3 V leitend wird und ein weiteres Ansteigen des Stromes in die Basis verhindert, indem sie einen Teil davon zum Kollektor ableitet.

In der Digitaltechnik mit bipolaren Transistoren (TTL ... *Transistor-Transistor-Logik*) hat dieser Trick eine wesentliche Verbesserung der Geschwindigkeit und eine Reduktion der Leistungsaufnahme gebracht. Man bezeichnete diese verbesserte Logikfamilie mit dem Kürzel *LS (Low Power Schottky Logic)*. Die bipolaren Logikfamilien wurden jedoch durch die auf Feldeffekttransistoren beruhenden Logikschaltungen mehr oder weniger abgelöst.

Feldeffekttransistoren bieten beim Einsatz als Schalter eine bessere Trennung der Stromkreise und zeigen keine Sättigungsspannung. Ihr Spannungsabfall hängt vom Widerstand R_{on} im eingeschalteten Zustand und dem fließenden Strom ab. Durch geeignetes Design kann ein Widerstand von wenigen mΩ erreicht werden.

Daher werden im Allgemeinen keine Bipolartransistoren mehr als Schalter verwendet.

Eine Ausnahme ist das Schalten sehr großer Ströme bei hohen Spannungen und geringen Schaltfrequenzen. Hier besitzt die Bipolartechnologie Vorteile gegenüber den Feldeffekttransistoren. Die Verlustleistung am Feldeffekttransistor ist vom Quadrat des Stromes und von R_{on} abhängig, während bei Bipolartransistoren der Strom nur linear eingeht. Bei sehr großen Strömen ist daher der bipolare Schalter im Vorteil, für diese Anwendungen wird eine Kombination aus einem Feldeffekttransistor zur Steuerung und einem Bipolartransistor zum Schalten der Lastströme gebaut, die man IGBT (*Isolated Gate Bipolar Transistor*) nennt.

- Sperrbetrieb $V_{BE} < 0$ und $V_{BC} < 0$
  Liegt an der Basis-Emitter-Diode eine Spannung in Sperrrichtung, so findet keine Ladungsträgerinjektion statt. Der Transistor ist gesperrt und es kann abgesehen vom Sperrstrom der Kollektor-Basis-Sperrschicht kein Strom fließen. Der Transistor entspricht einem geöffneten Schalter.

- Inversbetrieb $V_{BE} < 0$ und $V_{BC} > 0$
  In diesem Betriebsfall ist die Funktion der beiden Sperrschichten vertauscht. Da die Emitter- und die Kollektor-Zone jedoch unterschiedlich dotiert sind, tritt in diesem Fall nur eine minimale Verstärkung auf.

4.2.3 Modell und Kennlinien

Soll das Verhalten eines Transistors beschrieben werden, so gibt es je nach Anwendungsbereich unterschiedliche Modelle, die zur Anwendung kommen. Will man den Transistor als Schalter betreiben oder soll ein bestimmter Betriebspunkt eingestellt werden, so betrachtet man das so genannte Großsignalverhalten. Die Beschreibung in diesem Fall erfolgt entweder mit mathematischen Modellen oder mit Kennlinien.

Zuerst soll die Beschreibung durch (gemessene) Kennlinien erklärt werden. Dabei werden wir die aus den Kennlinien ablesbaren Parameter für die Beschreibung durch mathematische Modelle kennen lernen. Die Besprechung der Bedeutung dieser Parameter erfolgt danach bei der Erklärung der mathematischen Modelle.

Kennlinien:
Zur Messung der Kennlinien kann eine Schaltung wie in ▶Abbildung 4.7 verwendet werden. Es werden zwei einstellbare Spannungsquellen und je zwei Strom- und Spannungsmesser benötigt.

- Eingangskennlinie $I_B = f(V_{BE})\big|_{\Delta V_{CE}=0}$
  Die Eingangskennlinie ist die Diodenkennlinie der Basis-Emitter-Diode. Sie wird bei konstanter Kollektor-Emitter-Spannung V_{CE} gemessen ▶Abbildung 4.8.
  Man gibt durch die Spannungsquelle V_2 eine fixe Kollektor-Emitter-Spannung V_{CE} vor und erhöht die Basis-Emitter-Spannung V_{BE} von Null beginnend. Zu

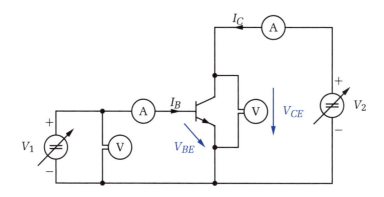

Simulation

Abbildung 4.7: Schaltung zur Messung der Kennlinien eines bipolaren npn-Transistors

jeder eingestellten Spannung V_{BE} wird der zugehörige Strom I_B gemessen und eingezeichnet. Danach wird die nächste Spannung V_{CE} vorgegeben und der Vorgang wiederholt. Die Variation der Eingangskennlinie mit der Kollektor-Emitter-Spannung ist jedoch nicht sehr groß.

Die Steigung der Tangente der Eingangskennlinie an einem bestimmten Betriebspunkt entspricht dem differentiellen Eingangswiderstand r_{BE} in diesem Punkt.

$$r_{BE} = \frac{\partial V_{BE}}{\partial I_B}\bigg|_{\Delta V_{CE}=0}$$

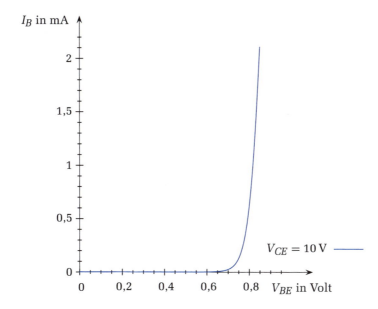

Abbildung 4.8: Eingangskennlinie eines Bipolartransistors

4 TRANSISTOREN

- Strom-Steuerkennlinie $I_C = f(I_B)|_{\Delta V_{CE}=0}$
Bei der Steuerung des Bipolartransistors gibt es zwei mögliche Betrachtungsweisen ▶Abbildung 4.9. Wenn wir an die Erklärung des Transistoreffektes zurückdenken, liegt eine Beschreibung des Transistors als stromgesteuerte Stromquelle nahe. In diesem Fall verwendet man eine Kennlinie, die den Kollektorstrom als Funktion des Basisstromes zeigt. Die Tangente an diese Kennlinie entspricht der Wechselstromverstärkung β, während der Quotient von Kollektorstrom und Basisstrom der Gleichstromverstärkung B entspricht.

$$\beta = \frac{\partial I_C}{\partial I_B}\bigg|_{\Delta V_{CE}=0} \qquad B = \frac{I_C}{I_B}$$

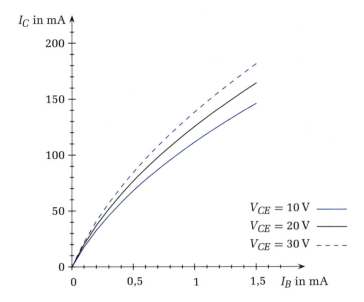

Abbildung 4.9: Steuerkennlinie eines Bipolartransistors bei Betrachtung als stromgesteuerte Quelle

Die Wechselstromverstärkung nimmt wegen der begrenzten Beweglichkeit der Ladungsträger im Transistor mit der Frequenz ab. Näherungsweise kann man von einem Tiefpassverhalten erster Ordnung sprechen. Als Kennwert ist im Datenblatt üblicherweise die Transitfrequenz f_T des Transistors angegeben. Sie ist jene Frequenz, bei der die Wechselstromverstärkung auf den Faktor 1 zurückgegangen ist. Die Grenzfrequenz f_β bei einer bestimmten Wechselstromverstärkung β kann aus der Transitfrequenz wie folgt berechnet werden:

$$f_\beta = \frac{f_T}{\beta}$$

Die Messung der Kennlinie erfolgt bei Vorgabe einer festen Kollektor-Emitter-Spannung und einer Variation des Basisstromes bei gleichzeitiger Messung des Kollektorstromes.

- Spannungs-Steuerkennlinie $I_C = f(V_{BE})|_{\Delta V_{CE}=0}$
  Eine weitere Möglichkeit der Beschreibung ist die Betrachtung des Transistors als spannungsgesteuerte Stromquelle ▶Abbildung 4.10. In diesem Fall wird der Kollektorstrom als Funktion der Basis-Emitter-Spannung bei konstanter Kollektor-Emitter-Spannung gemessen. Die Steigung der Tangente an diese Kennlinie wird als **Steilheit** oder **Vorwärtsleitwert** bezeichnet.

$$S = \frac{\partial I_C}{\partial V_{BE}}\bigg|_{\Delta V_{CE}=0}$$

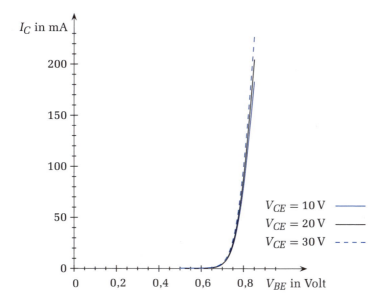

Abbildung 4.10: Steuerkennlinie eines Bipolartransistors, bei Betrachtung als spannungsgesteuerte Quelle

- Ausgangskennlinie $I_C = f(V_{CE})|_{\Delta V_{BE}=0}$
  Die Ausgangskennlinie bzw. das Ausgangskennlinienfeld (▶Abbildung 4.11) gibt die Abhängigkeit des Kollektorstromes von der Kollektor-Emitter-Spannung an. Wird mit der Modellierung als spannungsgesteuerte Stromquelle gearbeitet, so hält man während der Messung die Basis-Emitter-Spannung konstant. Arbeitet man hingegen mit einer Modellierung als stromgesteuerte Stromquelle, so wird der Basisstrom konstant gehalten. Durch Steigerung der Spannung V_{CE} von Null weg, bei gleichzeitiger Messung von I_C und konstanter V_{BE} bzw. konstantem I_B ergibt sich eine Ausgangskennlinie. Wird dieser Messvorgang für verschiedene Werte des Parameters wiederholt, so erhält man ein Kennlinienfeld, wie es in Abbildung 4.11 dargestellt ist. Das Kennlinienfeld bei Verwendung des Basisstromes als Parameter unterscheidet sich nur wenig von jenem, das man bei Verwendung der Basis-Emitter-Spannung als Parameter erhält.

4 TRANSISTOREN

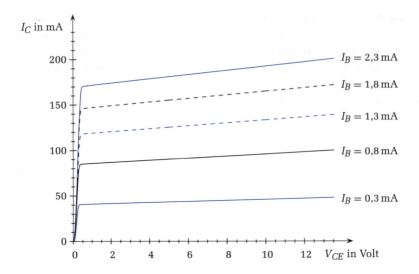

Abbildung 4.11: Ausgangskennlinie eines Bipolartransistors, bei Betrachtung als stromgesteuerte Quelle

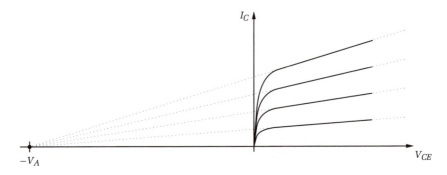

Abbildung 4.12: Konstruktion zur Bestimmung der Early-Spannung

Die Steigung der Tangente der Ausgangskennlinie entspricht dem differentiellen Ausgangswiderstand.

$$r_{CE} = \frac{\partial V_{CE}}{\partial I_C}\bigg|_{V_{BE}=\text{konstant}} \approx \frac{V_A}{I_C}$$

Der Proportionalitätsfakor V_A heißt Early-Spannung (*Early intercept voltage*). Die Variation des Kollektorstromes mit der Kollektor-Emitter-Spannung wird wie schon besprochen Early-Effekt genannt. Interpoliert man die Steigungen der Ausgangskennlinien (▶Abbildung 4.12), so schneiden sich alle Kennlinien in einem Punkt mit der V_{CE}-Achse. Der Betrag der Spannung bei diesem Schnittpunkt wird als Early-Spannung bezeichnet. Typische Werte für npn-Transistoren liegen bei 80 bis 200 V, für pnp-Transistoren hingegen bei 40 bis 150 V.

Es ist nicht üblich, die Early-Spannung explizit im Datenblatt eines Transistors anzugeben. Häufig findet man stattdessen die Angabe eines differentiellen Ausgangswiderstandes bei einem bestimmten Kollektorstrom. Der Quotient von Ausgangswiderstand und Kollektorstrom ist die gesuchte Early-Spannung, mit der in weiterer Folge der Ausgangswiderstand für einen anderen Betriebspunkt bestimmt werden kann.

Mathematische Modelle:
Ein grundlegendes mathematisches Modell zur Beschreibung der physikalischen Zusammenhänge am Bipolartransistor wurde von den Physikern Ebers und Moll beschrieben. Es ist in ▶Abbildung 4.13 dargestellt.

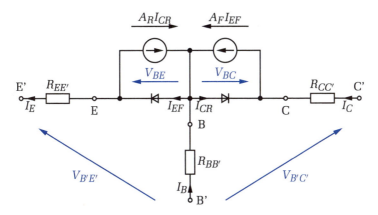

Abbildung 4.13: Ersatzschaltbild nach Ebers und Moll

Die beiden Dioden dienen als Modell für die Basis-Emitter- und die Basis-Kollektor-Übergänge. Die Verkopplung dieser beiden pn-Übergänge wird durch zwei gesteuerte Stromquellen modelliert. Die Punkte E', B' und C' sind die äußeren Anschlüsse des Transistors, die über die Bahnwiderstände $R_{EE'}$, $R_{BB'}$, $R_{CC'}$ mit den Anschlüssen des inneren Transistors verbunden sind. Die Faktoren A_F und A_R sind die inhärenten Stromverstärkungen der Basisschaltung im normalen (*forward*) und im inversen (*reverse*) Betrieb. Es gilt $0 < A_R < A_F < 1$. Die Stromverstärkung der Basisschaltung ist, wie wir von der Erklärung zur Funktion des Transistors bereits wissen, immer kleiner als 1. Ein typischer Wert für A_F ist 0,99. Im inversen Betrieb ist die Verstärkung wesentlich kleiner, typisch ist $A_R = 0,05$.

Vernachlässigt man die Bahnwiderstände, um die Komplexität der Darstellung zu verringern, erhält man das vereinfachte Ebers-Moll-Modell. Für die weiteren Überlegungen werden die Punkte E, B und C als äußere Anschlüsse des Transistors betrachtet.

Die Knotengleichungen für den Knoten am Emitter und am Kollektor können direkt aus dem Ersatzschaltbild abgelesen werden.

$$I_E = I_{EF} - A_R I_{CR}$$
$$I_C = A_F I_{EF} - I_{CR}$$

Für die Ströme durch die beiden Dioden gelten die Diodengleichungen in der schon bekannten Form:

$$I_{EF} = I_{ES}(e^{V_{BE}/V_T} - 1)$$
$$I_{CR} = I_{CS}(e^{V_{BC}/V_T} - 1) \ .$$

Durch Einsetzen der Diodengleichungen in die Knotengleichungen erhält man folgende mathematische Beschreibung des vereinfachten Ebers-Moll-Ersatzschaltbildes.

$$I_E = I_{ES}(e^{V_{BE}/V_T} - 1) - A_R I_{CS}(e^{V_{BC}/V_T} - 1) \tag{4.1}$$
$$I_C = A_F I_{ES}(e^{V_{BE}/V_T} - 1) - I_{CS}(e^{V_{BC}/V_T} - 1) \tag{4.2}$$

Auch dieses schon vereinfachte Modell ist nicht linear und verkoppelt. Eine weitere Vereinfachung ist durch getrennte Betrachtung der einzelnen Betriebszustände möglich. Um den Einstieg zu erleichtern, werden wir uns auf den Verstärkerbetrieb beschränken. Für eine umfassendere Darstellung der Betriebsfälle mit dem Ebers-Moll-Modell sei auf die einschlägige Fachliteratur [27] verwiesen.

Vereinfachtes Ebers-Moll-Modell für den Verstärkerbetrieb:
In weiterer Folge werden wir eine Darstellung für den Transistor im Verstärkerbetrieb als gesteuerte Quelle entwickeln. In ersten Schritt betrachten wir das Ausgangsverhalten, danach wenden wir uns dem Eingangsverhalten zu.

- Ausgangsverhalten:
  Im Betrieb als Verstärker ist die Basis-Emitter-Diode leitend, während die Kollektor-Emitter-Diode sperrt ($V_{BC} < 0$). Ist der Betrag der Spannung V_{BC} wesentlich größer als die Temperaturspannung, so verschwinden in den Gleichungen 4.1 und 4.2 die zu I_{CS} gehörenden Exponentialterme.

$$I_E = I_{ES}(e^{V_{BE}/V_T} - 1) + A_R I_{CS}$$
$$I_C = A_F I_{ES}(e^{V_{BE}/V_T} - 1) + I_{CS}$$

Multipliziert man die erste Gleichung mit A_F und setzt sie danach in die zweite Gleichung ein, so kann auch der verbleibende Exponentialterm eliminiert werden.

$$I_C = A_F I_E + \underbrace{(1 - A_F A_R) \cdot I_{CS}}_{I_{CB0}} \tag{4.3}$$

Man erkennt, dass der Kollektorstrom vom Emitterstrom und vom Sättigungssperrstrom I_{CS} der Basis-Kollektor-Diode abhängt. Der nicht vom Emitterstrom abhängige Anteil wird als Kollektor-Basis-Reststrom I_{CB0} bezeichnet. Setzt man für den Emitterstrom die Summe aus Basisstrom und Kollektorstrom ein, so kann man ihn aus der Gleichung 4.3 eliminieren.

$$I_C = \underbrace{\frac{A_F}{1-A_F}}_{B_F} I_B + \underbrace{\frac{I_{CB0}}{1-A_F}}_{I_{CE0}}$$

Der erste Ausdruck B_F ist die inhärente Stromverstärkung der Emitterschaltung, der zweite der Reststrom zwischen Kollektor und Emitter bei offener Basis (Basisstrom ist Null). Damit kann für die Emitterschaltung folgende Beziehung für den Kollektorstrom angegeben werden:

$$I_C = B_F I_B + I_{CE0} \, .$$

Berechnet man daraus die inhärente Verstärkung der Emitterschaltung B_F, so erhält man:

$$B_F = \frac{I_C - I_{CE0}}{I_B} \, .$$

In der Praxis vernachlässigt man häufig den Reststrom I_{CE0} und spricht dann von der Stromverstärkung der Emitterschaltung B.

$$B = I_C / I_B \tag{4.4}$$

Das Ausgangsverhalten eines Transistors im Verstärkerbetrieb kann somit als stromgesteuerte Stromquelle beschrieben werden.

- Eingangsverhalten:
Zur Beschreibung des Eingangsverhaltens kehren wir zu den Ausgangsgleichungen 4.1 und 4.2 zurück. Setzt man diese Gleichungen in die Gleichung für den Basisstrom ein, so erhält man folgenden Zusammenhang:

$$I_B = I_E - I_C = \underbrace{(1 - A_F) \cdot I_{ES}}_{I_{BS}}(e^{V_{BE}/V_T} - 1) - (1 - A_R) \cdot I_{CS} \, .$$

Vernachlässigt man den zweiten Ausdruck, der einen Sperrstrom darstellt, und betrachtet man den Strom I_{BS} als fiktiven Sättigungssperrstrom einer Diode, so kann das Eingangsverhalten des Transistors im Verstärkerbetrieb durch eine Diode angenähert werden.

$$I_B = I_{BS}(e^{V_{BE}/V_T} - 1) \tag{4.5}$$

$$\text{mit} \quad I_{BS} = (1 - A_F) \cdot I_{ES} = \frac{I_{ES}}{B_F + 1}$$

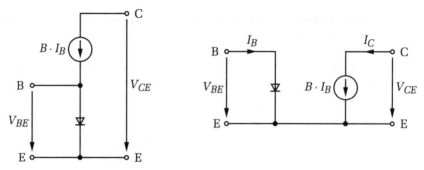

Abbildung 4.14: Vereinfachte Großsignal-Ersatzschaltbilder

Entsprechend den Gleichungen 4.5 und 4.4 kann das linke Ersatzschaltbild in ▶Abbildung 4.14 angegeben werden. Häufig trennt man das Ersatzschaltbild in einen Eingangs- und in einen Ausgangskreis und erhält damit die in Abbildung 4.14 rechts gezeichnete Variante.

Würde man die Kennlinien zu diesen Ersatzschaltbildern zeichnen, so würde der Eingangskreis durch eine Diodenkennlinie dargestellt, während das Ausgangskennlinienfeld parallele waagerechte Linien enthielte.

Für die Arbeit mit dem Ersatzschaltbild ist der nicht lineare Eingangsteil oft unpraktisch. Da für den Betrieb als Verstärker die Basis-Emitter-Diode immer in Flussrichtung betrieben wird, kann man sie auch durch eine Spannungsquelle und einen Widerstand modellieren. Die Spannungsquelle steht für eine typische Flussspannung V_{BE0} einer Diode, während der Widerstand die Steigung der Kennlinie bei der angenommenen Flussspannung und damit den differentiellen Eingangswiderstand r_{BE} darstellt. Damit erhält man das in ▶Abbildung 4.15 gezeigte Ersatzschaltbild. Die Annahme einer bestimmten Flussspannung bei der Linearisierung darf nicht vergessen werden, da der differentielle Eingangswiderstand von dieser Annahme abhängt. In der Praxis rechnet man jedoch oft mit typischen Werten und nimmt den dabei gemachten Fehler in Kauf.

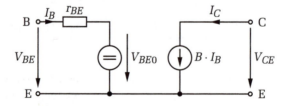

Abbildung 4.15: Linearisiertes Großsignal-Ersatzschaltbild

Bei der Betrachtung der Ausgangskennlinie haben wir den differentiellen Ausgangswiderstand r_{CE} kennen gelernt. Er ist ein Maß dafür, wie stark der Kollektorstrom von der Kollektor-Emitter-Spannung abhängt. Physikalisch betrachtet wird diese Abhängigkeit durch den Early-Effekt bzw. die Early- Spannung beschrieben. Das Ersatzschaltbild in Abbildung 4.15 bzw. die Gleichung 4.4 berücksichtigen den Early-Effekt nicht. Ist der Ausgangswiderstand für die Funktion der Schaltung wesentlich wie zum Beispiel bei Stromquellen, darf dieser Effekt nicht vernachlässigt werden. Man erweitert das Ersatzschaltbild um einen Widerstand, der parallel zur Stromquelle liegt, und erhält damit eine Großsignalbeschreibung, die für $V_{BE} > V_{BE0}$ und $V_{CE} > V_{CEsat}$ gilt.

Die Gleichungen dieser Beschreibung lauten wie folgt:

$$I_B = \frac{V_{BE} - V_{BE0}}{r_{BE}} \tag{4.6}$$

$$I_C = B \cdot I_B + \frac{V_{CE}}{r_{CE}} . \tag{4.7}$$

Das Ersatzschaltbild ist in ▶Abbildung 4.16 gezeigt.

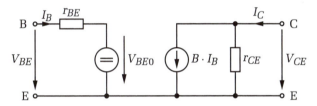

Abbildung 4.16: Großsignal-Ersatzschaltbild mit berücksichtigtem Early-Effekt

Steht das dynamische Verhalten bei der Aussteuerung um einen vorher eingestellten Betriebspunkt im Vordergrund, so kann jede konstante Spannungsquelle im Ersatzschaltbild durch einen Kurzschluss ersetzt werden. Die Berechnung beschäftigt sich nur mehr mit den differentiellen Änderungen der Signale. Man spricht von einer Wechselsignal- bzw. Kleinsignalbetrachtung. Typische Anwendungsfälle sind die Berechnung der Spannungs- oder Stromverstärkung sowie die Berechnung der Eingangs- und Ausgangswiderstände für eine gegebene Transistorschaltung. Während bei einer Großsignalbetrachtung der Transistor als nicht lineares Bauteil in Erscheinung tritt, sind im Fall der Kleinsignalbetrachtung die Aussteuerungen um den gewählten Betriebspunkt so klein, dass man den Transistor als lineares Bauteil betrachten kann. Das Ersatzschaltbild vereinfacht sich dadurch zu der in ▶Abbildung 4.17 gezeigten Form, es entspricht dem in der Vierpoltheorie bekannten Hybrid-Ersatzschaltbild bei Vernachlässigung der Spannungsrückwirkung[11]. Die Gleichungen für dieses Kleinsignal-Ersatzschaltbild lauten:

$$v_{BE} = r_{BE} \cdot i_B \tag{4.8}$$

$$i_C = \beta \cdot i_B + \frac{1}{r_{CE}} \cdot v_{CE} \tag{4.9}$$

---

11 Die Spannungsrückwirkung beschreibt den Einfluss der Kollektor-Emitter-Spannung auf die Basis-Emitter-Spannung und kann für unsere Betrachtungen vernachlässigt werden.

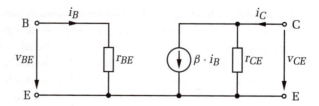

Abbildung 4.17: Kleinsignal-Ersatzschaltbild bei Stromsteuerung

In den Datenblättern werden die Parameter statt mit r_{BE}, β und $1/r_{CE}$ oft mit den Namen aus dem Hybrid-Ersatzschaltbild h_{11}, h_{21} und h_{22} bezeichnet. Die Tatsache, dass als Parameter neben Verstärkungen sowohl Widerstände als auch Leitwerte vorkommen, gab dieser Beschreibungsform den Namen Hybrid-Ersatzschaltbild.

Wenn wir an die Betrachtung des Transistors als spannungsgesteuerte Stromquelle und die Beschreibung durch eine Spannungssteuerkennlinie zurückdenken, wird klar, dass noch eine andere Kleinsignal-Ersatzschaltung existieren muss. Sie ist in ▶Abbildung 4.18 dargestellt.

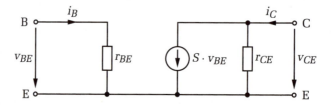

Abbildung 4.18: Kleinsignal-Ersatzschaltbild bei Spannungssteuerung

Die Gleichungen für dieses Kleinsignal-Ersatzschaltbild bei Vernachlässigung der Rückwärtssteilheit[12] lauten:

$$i_B = \frac{1}{r_{BE}} \cdot v_{BE} \qquad (4.10)$$

$$i_C = S \cdot v_{BE} + \frac{1}{r_{CE}} \cdot v_{CE} \, . \qquad (4.11)$$

Die Parameter $1/r_{BE}$, S und $1/r_{CE}$ werden oft auch als y_{11}, y_{21} und y_{22} bezeichnet. Der Name Y-Ersatzschaltung entsteht durch den Umstand, dass in dieser Darstellung nur Leitwerte vorkommen.

---

[12] Die Rückwärtssteilheit beschreibt den Einfluss der Kollektor-Emitter-Spannung auf den Basisstrom und kann für unsere Betrachtungen vernachlässigt werden.

Der wesentliche Vorteil dieser Darstellung ist, dass die Steilheit aus der Temperaturspannung und dem Kollektorstrom berechnet werden kann und damit für schnelle Abschätzungen der Verstärkung kein Datenblatt nötig ist.

$$S = \left.\frac{\partial I_C}{\partial V_{BE}}\right|_{\Delta V_{CE}=0} = B \cdot \left.\frac{\partial I_B}{\partial V_{BE}}\right|_{\Delta V_{CE}=0} = \frac{B \cdot I_{BS} \cdot e^{\frac{V_{BE}}{V_T}}}{V_T} = \frac{I_C}{V_T}$$

Kennt man zusätzlich zum Kollektorstrom eine typische Wechselstromverstärkung des Transistors, so kann der differentielle Eingangswiderstand wie folgt abgeschätzt werden.

$$r_{BE} = \left.\frac{\partial V_{BE}}{\partial I_B}\right|_{\Delta V_{CE}=0} = \frac{\partial V_{BE}}{1/\beta \cdot \partial I_C} = \frac{\beta}{S} = \frac{\beta \cdot V_T}{I_C}$$

4.2.4 Temperaturverhalten

$$V_{BE}(\vartheta) = V_{BE}(\vartheta_0) + d_T \cdot (\vartheta - \vartheta_0) \quad \text{mit} \quad d_T = \frac{dV_{BE}}{d\vartheta} = -2\,\text{mV/K}$$

$$B(\vartheta) = B(\vartheta_0) \cdot e^{b(\vartheta - \vartheta_0)} \quad \text{mit} \quad b = \frac{1}{B}\frac{dB}{d\vartheta} = -3 \cdot 10^{-3}\,\text{1/K}$$

Die Temperaturabhängigkeit der Basis-Emitter-Spannung und der Stromverstärkung muss bei der Einstellung eines Betriebspunktes berücksichtigt werden. Man verwendet Regelschaltungen, die den Arbeitspunkt stabilisieren. Doch bevor wir uns genauer mit der Einstellung und Stabilisierung eines Arbeitspunktes und damit mit den ersten praktischen Transistorschaltungen beschäftigen, sollen die verschiedenen Feldeffekttransistoren ebenfalls vorgestellt werden.

4.3 Sperrschicht-Feldeffekttransistor

Bei Feldeffekttransistoren wird der Widerstand eines so genannten Kanals durch ein Feld, das von einer Steuerspannung abhängt, beeinflusst. Dieser steuernde Anschluss ist im Fall des Sperrschicht-Feldefekttransistors (JFET... *Junction Field Effect Transistor*) durch eine in Sperrrichtung betriebene Diode vom so genannten Kanal getrennt. Der Kanal verbindet die beiden anderen Anschlüsse, diese werden Drain und Source genannt. Die Steuerung erfolgt durch das Anlegen einer Steuerspannung in Sperrrichtung zwischen den Anschlüssen Gate und Source. In ▶Abbildung 4.19 ist eine schematische Darstellung eines n-Kanal-JFETs gezeigt.

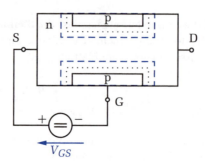

Abbildung 4.19: Sperrschicht-FET: Prinzip der Steuerung über V_{GS}

Die Anschlüsse Drain und Source sind, wie der Name n-Kanal andeutet, durch schwach n-dotiertes Silizium leitend miteinander verbunden. Der Sperrschicht-FET ist selbstleitend. In der schematischen Darstellung ist am Umfang dieses zylindrischen Siliziumstücks eine n-dotierte Insel eingebracht. Am Übergang zwischen p- und n-Material bildet sich eine Raumladungszone, in der keine freien Ladungsträger vorhanden sind. Durch Anlegen einer Sperrspannung zwischen Gate und Source kann die Dicke dieser Raumladungszone vergrößert werden. Je höher die Sperrspannung, umso breiter wird die Raumladungszone und umso weniger unbeeinflusstes n-Material steht für die Stromleitung zur Verfügung. Der Widerstand des JFETs steigt mit zunehmender Sperrspannung zwischen Gate und Source. Die Gate-Source-Spannung, bei der der Kanal vollständig abgeschnürt wird und daher keine Stromleitung mehr möglich ist, wird Abschnürspannung (*Pinch Off Voltage*) V_p oder auch Schwellspannung (*Treshold Voltage*) V_{th} genannt.

Zusätzlich zur Gate-Source-Spannung wird der Kanal des Sperrschicht-FETs durch einen zweiten Effekt abgeschnürt. Dieser Effekt ist in ▶Abbildung 4.20 dargestellt.

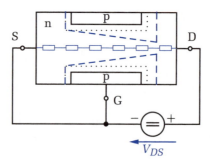

Abbildung 4.20: Sperrschicht-FET: Prinzip der Steuerung über VDS

Verbindet man die Anschlüsse Gate und Source leitend miteinander ($V_{GS} = 0$), so ist nur eine dünne Sperrschicht vorhanden. Wird nun zwischen Drain und Source eine positive Spannung angelegt, so beginnt durch den leitfähigen n-Kanal ein Strom zu fließen. Dieser verursacht am Widerstand des Kanals einen Spannungsabfall. Stellt man sich den gesamten Widerstand zwischen Source und Drain als eine Serienschaltung von vielen Einzelwiderständen vor, so ist leicht einzusehen, dass die Spannung am Kanal bezogen auf den Source-Anschluss um so größer wird, je weiter man in Richtung Drain geht. Die Spannung an Gate und Source ist wegen der leitenden Verbindung zwischen diesen beiden Anschlüssen gleich. Daher nimmt der Spannungsunterschied zwischen dem Kanal und dem Gatematerial zu, je weiter man zum Drain kommt. Die Breite der Sperrschicht nimmt Richtung Drain ebenfalls zu.

Wird die Spannung zwischen Drain und Source erhöht, so steigt der Strom und damit der Spannungsabfall am Kanal. Mit dem Spannungsabfall steigt die Sperrspannung zwischen Gate und Kanal, die Sperrschicht wird breiter. Erreicht die Spannung V_{DS} die Größe der Abschnürspannung V_P, so wird der Kanal abgeschnürt. Ein weiteres Erhöhen der Spannung zwischen Drain und Source führt nur noch zu einem minimalen Anstieg des Stromes, der durch die Änderung der Kanallänge hervorgerufen wird. Der FET befindet sich im Abschnür- oder Sättigungsbereich. Zum Unterschied davon wird der Bereich, in dem der Strom linear mit der Spannung ansteigt, linearer Bereich oder Widerstandsbereich genannt.

Durch Kombination dieser beiden Effekte kann das Verhalten des Sperrschicht-FETs beschrieben werden. Legt man im Fall eines n-Kanal-JFETs eine Spannung $V_{GS} < 0$ an, so wird die Sperrschicht durch diese Spannung verbreitert, das Abschnüren des Kanals tritt schon bei kleineren Drainströmen auf. Der Transistor erreicht schon bei geringeren Spannungen V_{DS} den Sättigungsbereich.

Der Übergang zwischen dem Widerstands- und dem Abschnürbereich ist durch das beginnende Abschnüren des Kanals gekennzeichnet. Es tritt auf, wenn die Spannung zwischen Gate und Kanal die Abschnürspannung V_p erreicht. Wobei ein Beitrag durch die angelegte Gate-Source-Spannung und ein weiterer Beitrag durch den Spannungsabfall am Gate geliefert wird. Es gilt:

$$V_p = V_{GS} - V_{DSP} \to V_{DSP} = V_{GS} - V_p .$$

Die Spannung V_{DSP} zwischen Drain und Source, bei der der Kanal abschnürt, ist die Differenz aus angelegter Gate-Source-Spannung V_{GS} und der Abschnürspannung V_P des Transistors. Ist die Spannung V_{DS} am Transistor kleiner als die berechnete Spannung V_{DSP}, so befindet sich der FET im Widerstandsbereich, anderenfalls im Abschnürbereich.

- **Widerstandsbereich:**
Es gilt die folgende Beziehung für den Drainstrom:

$$I_D = \frac{2 \cdot I_{DSS}}{V_P^2} \left(V_{GS} - V_P - \frac{V_{DS}}{2} \right) V_{DS} \cdot (1 + \lambda V_{DS}) .$$

- Abschnürbereich:
Hier kann der Drainstrom wie folgt angegeben werden:

$$I_D = \frac{I_{DSS}}{V_p^2}(V_{GS} - V_p)^2 \cdot (1 + \lambda V_{DS}) \, .$$

Der Term $(1 + \lambda V_{DS})$ berücksichtigt das Ansteigen des Drainstromes mit zunehmender Abschnürung. Durch eine Vergrößerung der Drain-Source-Spannung im Abschnürbereich wird die Länge des nicht abgeschnürten Kanalteiles verringert. Sehr stark vereinfachend kann man sich vorstellen, dass der Ladungstransport im abgeschnürten Teil durch das Feld der von außen angelegten Drain-Source-Spannung erfolgt. Durch die Zunahme dieses Effektes kommt es zu einer Verringerung des zwischen Drain und Source wirkenden Widerstandes und damit zu einem kleinen weiteren Stromanstieg bei einer Erhöhung von V_{DS}. In der Ausgangskennlinie ist eine geringe Steigung im Sättigungsbereich erkennbar. Der Kanallängenmodulationskoeffizient λ kann ähnlich wie die Early-Spannung V_A des Bipolartransistors durch Interpolation der Ausgangskennlinie ermittelt werden (vergleiche Abbildung 4.12). Der Kanallängenmodulationskoeffizient λ ist der Kehrwert der so ermittelten Spannung. Er liegt bei typischen JFETs im Bereich von $5 - 30 \cdot 10^{-3} \, \text{V}^{-1}$. Für die weiteren Überlegungen werden wir den Einfluss der Kanallängenmodulation jedoch vernachlässigen. Der an einer umfassenderen Darstellung interessierte Leser sei auf die Fachliteratur [16][39][27] verwiesen.

Die Steilheit S des FETs ist ähnlich definiert wie die Steilheit des bipolaren Transistors. Sie entspricht der Steigung der Steuerkennlinie und kann durch Differenzieren der Beziehung für den Drainstrom gewonnen werden.

$$S = \frac{\partial I_D}{\partial V_{GS}} = \frac{I_{DS}}{V_p^2}(V_{GS} - V_p) = \frac{2}{|V_P|}\sqrt{I_{DSS} \cdot I_D}$$

Der Maximalwert der Steilheit wird beim maximal möglichen Strom I_{DSS} des Feldeffekttransistors erreicht. Sie beträgt:

$$S|_{max} = \frac{2 \cdot I_{DSS}}{|V_p|} \, .$$

Die Steilheit von Feldeffekttransistoren ist zur Wurzel aus dem Drainstrom proportional. Sie ist jedoch wesentlich geringer als die Steilheit bei Bipolartransistoren.

Beispiel: Widerstandsbereich oder Sättigungsbereich?

Ein n-Kanal-JFET besitzt eine Abschnürspannung von $V_P = -3\,\text{V}$. Am Gate liegt eine Steuerspannung von $V_{GS} = -1\,\text{V}$. Welche Spannung muss zwischen Drain und Source abfallen, damit sich der FET im Sättigungsbereich befindet?

$$V_{DSP} = V_{GS} - V_P = -1\,\text{V} - (-3\,\text{V}) = 2\,\text{V}$$

Ab einer minimalen Spannung von 2 V befindet sich der FET im Sättigungsbereich. Soll der FET zum Beispiel als hochohmige Stromquelle verwendet werden, so sollte die Spannung V_{DS} deutlich über diesem Wert gewählt werden.

4.3.1 Kennlinien

Das Verhalten des Sperrschicht-FETs kann durch eine Steuerkennlinie und ein Ausgangskennlinienfeld beschrieben werden. Sie können für einen bestimmten Transistor mit der in ▶Abbildung 4.21 gezeigten Schaltung gemessen werden.

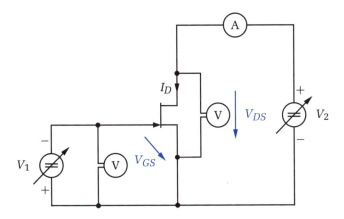

Simulation

Abbildung 4.21: Schaltung zur Messung der Kennlinien eines n-Kanal-Sperrschicht-FETs

- Steuerkennlinie $I_D = f(V_{GS})\big|_{\Delta V_{DS}=0}$:

  Zur Messung der Steuerkennlinie hält man die Spannung V_{DS} zwischen Drain und Source konstant ▶Abbildung 4.22. Der negative Wert der Spannung am Gate wird von 0 beginnend langsam bis zur Abschnürspannung V_P erhöht. Dabei wird der zugehörige Drainstrom I_D gemessen. Bei $V_{GS} = 0$ fließt der maximale Drainstrom, er wird häufig als I_{DSS} bezeichnet.

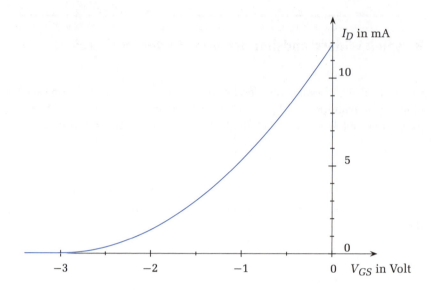

Abbildung 4.22: Steuerkennlinie eines n-Kanal-JFETs

- Ausgangskennlinie $I_D = f(V_{DS})|_{\Delta V_{GS}=0}$:
  Zu Messung einer Ausgangskennline gibt man eine fixe Steuerspannung V_{GS} zum Beispiel $V_{GS} = 0$ vor. Die Spannung V_{DS} wird von 0 beginnend gesteigert und der Drainstrom gemessen. Man erhält die oberste Kennlinie in ▶Abbildung 4.23.

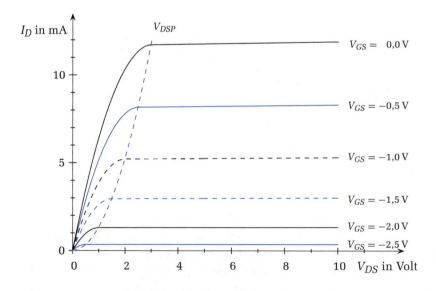

Abbildung 4.23: Ausgangskennlinie eines n-Kanal-JFETs

Vergrößert man nun die negative Spannung zwischen Gate und Source, so erhält man bei einer erneuten Messung eine neue darunterliegende Kennlinie, da zusätzlich zur Abschnürung des Kanals durch den Spannungsabfall am Kanal eine Abschnürung durch die Steuerspannung erfolgt.

4.3.2 Temperaturverhalten

Das Temperaturverhalten eines Sperrschicht-FETs wird durch zwei gegenläufige Effekte geprägt:

- Beweglichkeit der Ladungsträger:
  Mit steigender Temperatur nimmt die Beweglichkeit der Ladungsträger im Kanal ab. Dadurch sinkt der Drainstrom. Dieser Effekt überwiegt bei Strömen, die größer als ein Viertel des maximalen Drainstromes I_{DSS} sind.

- Temperaturabhängigkeit der Sperrschichtbreite:
  Mit steigender Temperatur nimmt die Breite der Sperrschicht ab, dadurch wird der Kanal breiter und der Drainstrom nimmt zu. Dieser Effekt überwiegt bei Strömen, die kleiner als ein Viertel des maximalen Drainstromes I_{DSS} sind.

Der Einfluss auf die Steuerkennlinie ist in ▶Abbildung 4.24 gezeigt. Man erkennt deutlich das unterschiedliche Temperaturverhalten bei kleinen und großen Drainströmen.

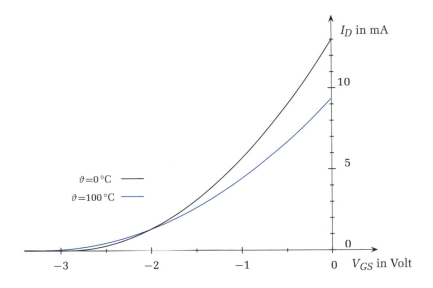

Abbildung 4.24: Temperaturabhängigkeit der Steuerkennlinie eines n-Kanal-JFETs

Sperrschicht-Feldeffekttransistoren werden in der diskret aufgebauten elektronischen Schaltungstechnik sehr häufig als Stromquellen, aber auch als präzise Schalter verwendet. Da die Gate-Source-Strecke in Sperrrichtung betrieben wird, sind für die Steuerung eines JFETs nur extrem kleine Ströme nötig. Im Fall spezieller JFETs können maximale Werte von 100 pA in den Angaben der Hersteller gefunden werden. Typische Werte können unter 1 pA liegen. Dieser Gate-Strom ist bei Sperrschicht-FETs häufig recht genau spezifiziert.

In der Schaltungstechnik muss beachtet werden, dass die Gate-Source-Strecke in allen Betriebsfällen gesperrt bleibt. Bei der Verwendung als Schalter ist daher eine Nachführung der Steuerspannung nötig. Diese kann bei Verwendung von Feldeffekttransistoren mit isoliertem Gate, so genannten MOSFETs entfallen.

4.4 MOS-Feldeffekttransistoren

Die zweite Gruppe von Feldeffekttransistoren besitzt eine durch Siliziumdioxid isolierte Gate-Elektrode. Diese Anordnung kann als Kondensator betrachtet werden. Abgesehen von Strömen zum Umladen fließt ungeachtet der Polung kein Strom zur Steuerung in das Gate. Diese Art von Feldeffekttransistoren kommt dem Ideal der leistungslosen Steuerung daher sehr nahe.

Der Name MOSFET wurde von den Namen der einzelnen zum Aufbau des Transistors benötigten Schichten abgeleitet (MOS ... *Metal Oxide Semiconductor*). In ►Abbildung 4.25 ist der schematische Aufbau eines n-Kanal-Anreicherungstyps gezeigt.

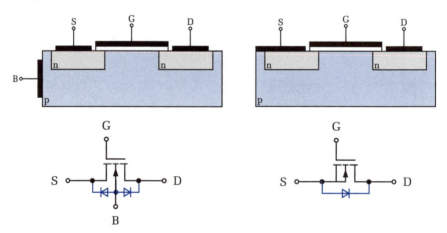

Abbildung 4.25: Aufbau eines n-Kanal-MOSFETs (Anreicherungstyp); Schaltsymbol mit parasitären Substratdioden

In ein p-dotiertes Substrat werden zwei n-dotierte Inseln eingebracht. Beide Inseln werden über eine hoch dotierte Schicht derselben Polarität kontaktiert. Bei einem symmetrischen Aufbau kann man willkürlich einen Anschluss als **Drain** und den anderen als Source bezeichnen. Zwischen den beiden Inseln wird auf das Substrat eine Siliziumdioxid-Schicht aufgebracht. Diese ist ein ausgezeichneter Isolator und trennt die darüberliegende Schicht aus Metall oder polykristallinem Silizium vom Substrat. Der Anschluss, dieser Metall- oder Polysilizium-Schicht wird als Gate bezeichnet. Das Substrat erhält im Allgemeinen auch einen Anschluss der als Bulk bezeichnet wird. Diese Konfiguration ergibt das links in Abbildung 4.25 gezeigte Bauteil mit vier Anschlüssen. Es kann sowohl der Gate- als auch der Bulk-Anschluss zur Steuerung verwendet werden.

Bei Einzeltransistoren ist es üblicher, die Anschlüsse Bulk und Source bei der Herstellung miteinander zu verbinden (rechts in Abbildung 4.25 dargestellt).

Dadurch wird Source zum Bezugspunkt für die Steuerung durch das Gate. Ohne äußere Spannung am Gate existiert eine Sperrschicht zwischen Drain und Bulk und eine Sperrschicht zwischen Source und Bulk. Die letztere Sperrschicht ist jedoch durch die Verbindung zwischen Source und Bulk kurzgeschlossen.

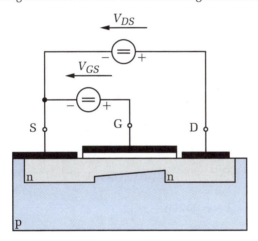

Abbildung 4.26: Funktionsprinzip n-Kanal-MOSFET

Damit ist die Polarität der Drain-Source-Spannung V_{DS} für den Betrieb als Schalter oder Verstärker bereits festgelegt. Die Spannung an Drain muss immer größer als die Spannung an Source sein, da anderenfalls die parasitäre Diode[13] zwischen Drain und Bulk leitend wird und den MOSFET kurzschließt ▶ Abbildung 4.26.

Legt man eine positive Spannung V_{DS} an, so kann wegen der gesperrten Drain-Bulk-Diode kein Strom fließen. Dieser MOSFET wird daher auch als **selbstsperrend** (*normally off*) bezeichnet. Legt man zusätzlich eine positive Spannung V_{GS} zwischen Gate und Source, so werden negative Ladungen aus dem umliegenden Gebiet

---

13 Diese parasitäre Diode ist wegen des Aufbaues immer vorhanden. Im Fall eines Bauelements mit eigenem Bulk-Anschluss existieren sogar zwei parasitäre Dioden, die einen parasitären bipolaren Transistor bilden.

unter das Gate gezogen. Sobald die angelegte Spannung die so genannte Schwellspannung V_{th} (*Threshold Voltage*) überschreitet, entsteht in einer dünnen Schicht unter dem Gate ein Elektronenüberschuss und die Sperrschicht zu den benachbarten n-Gebieten verschwindet. Zwischen Drain und Source wurde ein leitender Kanal aufgebaut. Es kann ein Drainstrom fließen, wenn V_{DS} größer als Null wird.

Ähnlich wie beim Sperrschicht-FET entsteht durch den Drainstrom ein Spannungsabfall am Kanal. Die Spannung am Kanal wird bezogen auf Source umso positiver, je weiter man in Richtung Drain kommt. Dadurch nimmt das elektrische Feld, das den Kanal erzeugt, und damit die Tiefe des Kanals ebenfalls in Richtung Drain ab.

Erhöht man den Strom I_D, so wird der Spannungsabfall am Kanal immer größer, es kommt zu einer Abschnürung des Kanals. Der Transistor wechselt vom linearen Bereich in den Bereich der Sättigung. Dieses Verhalten ist bereits von der Betrachtung des JFETs bekannt. Durch die Änderung der Kanallänge bei einer weiteren Erhöhung der Drain-Source-Spannung gibt es auch im Sättigungsbereich einen leichten Anstieg des Drainstromes.

Abhängig von der Gate-Source- und der Drain-Source-Spannung werden drei Arbeitsbereiche des MOSFETs unterschieden. Sie sind in ▶Abbildung 4.27 dargestellt.

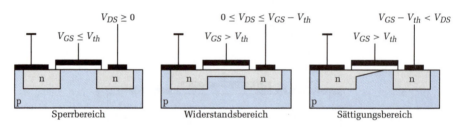

Abbildung 4.27: Arbeitsbereiche eines MOSFETs

Die Gleichungen zur Modellierung des Drainstromes sind denen des JFETs sehr ähnlich.

- Sperrbereich: $0 < V_{DS}$, $V_{GS} \leq V_{th}$
  Im Sperrbereich fehlt der Kanal zwischen Drain und Source, es kann kein Drainstrom fließen.

$$I_D = 0$$

- Widerstandsbereich: $0 < V_{DS} \leq V_{GS} - V_{th}$, $V_{GS} > V_{th}$
  Verursacht durch eine Gate-Source-Spannung, die größer als die Schwellspannung ist, existiert ein durchgehender Kanal zwischen Drain und Source. Am Beginn des Widerstandsbereiches steigt der Strom I_D linear mit der Spannung V_{DS}. Man spricht daher auch vom linearen Bereich. Mit steigendem Drainstrom wird der Kanal abgeschnürt. Man erreicht den Sättigungsbereich.

$$I_D = K \left(V_{GS} - V_{th} - \frac{V_{DS}}{2} \right) V_{DS} \cdot (1 + \lambda V_{DS})$$

4.4 MOS-Feldeffekttransistoren

- Sättigungsbereich: $0 < V_{GS} - V_{th} \leq V_{DS}$, $V_{GS} > V_{th}$
  Im Sättigungsbereich dominiert die Abschnürung des Kanals das Verhalten. Eine Erhöhung der Drain-Source-Spannung führt zu einer Verkürzung des nicht abgeschnürten Bereiches, wodurch es zu einer geringen Erhöhung des Stromes kommt. Dieser Effekt wird durch den Kanallängenmodulationsfaktor λ beschrieben.

$$I_D = \frac{K}{2}(V_{GS} - V_{th})^2 \cdot (1 + \lambda V_{DS})$$

Die Grenze zwischen Widerstandsbereich und Sättigungsbereich, bei Vernachlässigung der Kanallängenänderung ($\lambda = 0$), ergibt sich durch Einsetzen von $V_{DS} = V_{GS} - V_{th}$ in die Gleichung für den Sättigungsbereich. Man erhält:

$$I_D = \frac{K}{2}V_{DS}^2 .$$

Der Faktor K wird als **Steilheitskoeffizient** (*Transconductance Coefficient*) bezeichnet. Die Steilheit des Transistors kann – wie beim JFET gezeigt – durch Ableiten der Gleichung für den Sättigungsbereich, bei Vernachlässigung der Kanallängenmodulation ($\lambda = 0$), berechnet werden.

$$S = \frac{\partial I_D}{\partial V_{GS}} = K(V_{GS} - V_{th}) = \sqrt{2K \cdot I_D}$$

Im Datenblatt eines diskreten MOSFETs ist üblicherweise die Steilheit S_{AP} für einen typischen Drainstrom I_{AP} angegeben. Der Steilheitskoeffizient kann aus dieser Angabe wie folgt berechnet werden:

$$K \approx \frac{S_{AP}^2}{2 \cdot I_{D,AP}} .$$

Der differentielle Ausgangswiderstand r_{DS} eines MOSFETs entspricht der Steigung der Kennlinie im Ausgangskennlinienfeld. Er kann durch Differenzieren der Gleichung für den Sättigungsbereich berechnet werden.

$$r_{DS} = \frac{\partial V_{DS}}{\partial I_D} = \frac{1}{\lambda \cdot I_D}$$

Ähnlich zur Early-Spannung des Bipolartransistors kann auch für den MOSFET ein Punkt auf der V_{DS}-Achse ermittelt werden, in dem sich die interpolierten Ausgangskennlinien schneiden Abbildung 4.12. Diese Spannung bezeichnen wir als V_A. Der Kanallängenmodulationsfaktor ist der Kehrwert dieser Spannung.

Im Datenblatt ist üblicherweise ein differentieller Ausgangswiderstand $r_{DS,AP}$ für einen bestimmten Drainstrom $I_{D,AP}$ gegeben. Daraus kann näherungsweise der Kanallängenmodulationsfaktor λ und die Spannung V_A für einen Einzeltransistor berechnet werden.

$$\lambda = \frac{1}{V_A} \approx \frac{1}{r_{DS,A} \cdot I_{D,AP}}$$

Damit sind alle Parameter für eine einfache Beschreibung des Großsignalverhaltens bekannt. Es werden für MOSFETs auch wesentlich aufwändigere Modelle zur Beschreibung verwendet. Die Modellierung von MOSFETs im Bereich der Mikroelektronik und die Kleinsignalbeschreibung wird in Abschnitt 18.2.3 näher besprochen. Da jedoch gerade beim MOSFET in Kombination mit den immer kleiner werdenden Strukturen weitere Effekte hinzukommen, sei der Leser an dieser Stelle auf die weiterführende Fachliteratur [16][39] hingewiesen.

Im Bereich der diskreten Schaltungstechnik kommt man häufig mit den genannten einfachen Beziehungen oder mit der Beschreibung durch Kennlinien aus.

Kennlinien:

Das Verhalten des MOSFETs kann durch eine Steuerkennlinie und eine Ausgangskennlinie beschrieben werden. In der Folge werden als Beispiel die Kennlinien für den n-Kanal-MOSFET gezeigt. Die Messung kann mit der in ▶Abbildung 4.28 dargestellten Messschaltung durchgeführt werden.

Simulation

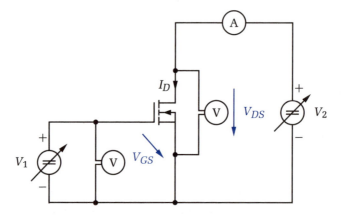

Abbildung 4.28: Schaltung zur Messung der Kennlinien eines n-Kanal-Anreicherungs-MOSFETs

- Steuerkennlinie: $I_D = f(V_{GS})|_{\Delta V_{DS}=0}$
  Zur Messung der Steuerkennlinie (▶Abbildung 4.29) gibt man eine Spannung V_{DS} vor. Die Spannung V_{GS} wird schrittweise von 0 bis zur doppelten Schwellspannung V_{th} erhöht und der zugehörige Drainstrom I_D gemessen. Eine Bestimmung der Steigung der Steuerkennlinie liefert die Steilheit S des MOSFETs.

$$S = \frac{\partial I_D}{\partial V_{GS}}$$

- Ausgangskennlinie: $I_D = f(V_{DS})|_{\Delta V_{GS}=0}$
  Zur Messung der Ausgangskennlinie (▶Abbildung 4.30) wird eine Gate-Source-Spannung V_{GS} über der Schwellspannung vorgegeben. Danach werden die Drain-Source-Spannung V_{DS} von 0 beginnend erhöht und der Drainstrom gemessen.

4.4 MOS-Feldeffekttransistoren

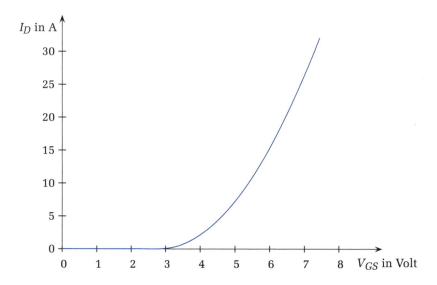

Abbildung 4.29: Steuerkennlinie eines Leistungs-n-Kanal-MOSFETs (Anreicherungstyp)

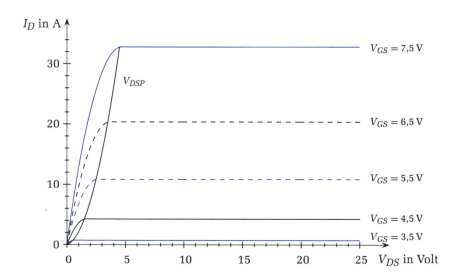

Abbildung 4.30: Ausgangskennlinie eines Leistungs-n-Kanal-MOSFETs

Aus der Steigung der Ausgangskennlinie kann der differentielle Ausgangswiderstand r_{DS} des MOSFETs bestimmt werden.

$$r_{DS} = \frac{\partial V_{DS}}{\partial I_D}$$

Der Anreicherungstyp-MOSFET wird als Einzeltransistor auch mit umgekehrter Dotierung, also als p-Kanaltyp gebaut. Zur Erklärung müssen lediglich die Dotierungen umgekehrt werden. Zusätzlich müssen alle angelegten Spannungen umgepolt werden.

Der soeben besprochene Anreicherungstyp existiert sowohl als diskreter Einzeltransistor als auch als Bauteil in integrierten Schaltungen.

Verarmungstypen:

In der integrierten Schaltungstechnik existiert eine weitere Gruppe von MOSFETs. Sie werden Verarmungstypen (*Depletion*) genannt und sind selbstleitend (*normally on*). Bei der Herstellung wird ein Kanal erzeugt, der durch Anlegen einer Steuerspannung abgeschnürt werden kann [16]. Die Polarität dieser Steuerspannung ist genau umgekehrt zu der bei einem Anreicherungstyp verwendeten. Der Verlauf der Steuerkennlinie ist in ▶Abbildung 4.31 dargestellt. Die Kennlinien entsprechen denen des JFETs, mit dem Unterschied, dass die Steuerspannung beide Polaritäten annehmen kann, ohne dass ein Gate-Strom fließt. Verarmungstypen hatten in der NMOS-Technologie (ein Vorläufer der noch zu besprechenden CMOS-Technologie) eine große Bedeutung als Ersatz für Widerstände. Da die Verarmungstypen derzeit sehr selten eingesetzt werden, werden wir auf eine umfassendere Beschreibung verzichten.

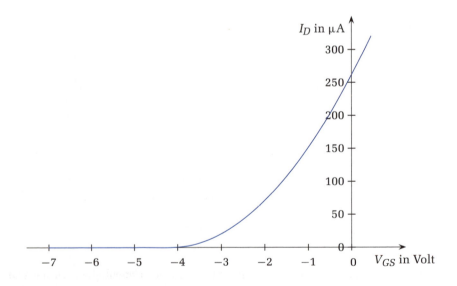

Abbildung 4.31: Steuerkennlinie eines Verarmungs-n-Kanal-MOSFETs

4.4 MOS-Feldeffekttransistoren

Beispiel: p-Kanal-Enhancement-MOSFET

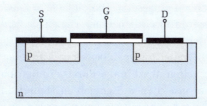

Simulation

Wie würde die Messschaltung zur Messung der Steuerkennlinie beziehungsweise der Ausgangskennlinie aussehen?

Wie sehen die gemessenen Kennlinien aus?

Hinweis: Überprüfen Sie Ihre Überlegungen mit einer Simulation.

Power on

Beim Bau elektronischer Geräte werden verschiedenste Schalter benötigt. Ein typisches Beispiel ist der Einschalter eines batteriebetriebenen Gerätes. Durch Drücken einer Taste wird eine Spannung an das Gate eines MOSFETs gelegt. Dadurch wird der Transistor eingeschaltet und der Mikroprozessor eines elektronischen Thermometers mit Spannung versorgt.

Er beginnt die ersten Befehle seines Programmes abzuarbeiten und legt seinerseits eine Spannung an das Gate des Einschalttransistors. Jetzt kann der Benutzer die Taste auslassen und das Gerät bleibt in Betrieb. Wenn der Mikroprozessor die Spannung an der Taste überwacht, kann er ein erneutes Drücken der Taste erkennen und das Gerät wieder abschalten.

Weblink

Die Kombination von MOSFETs unterschiedlicher Dotierung ist bei der Implementation von Logikschaltungen sehr verbreitet. Schaltungsbeispiele aus dem Bereich der digitalen Elektronik werden wir in Kapitel 7 kennen lernen. Die Betrachtung der Halbleiterbauelemente aus der Sicht der integrierten Schaltungstechnik erfolgt in Kapitel 18. Mit der Besprechung der verschiedenen Transistortypen ist die Behandlung der wichtigsten Bauelemente abgeschlossen und wir werden uns in weiterer Folge mit einigen ausgewählten Anwendungen von Transistoren beschäftigen.

4.5 Einstufige Transistorverstärker

In der elektronischen Schaltungstechnik werden Transistoren häufig als Verstärker für Ströme oder Spannungen eingesetzt. Die einfachste Ausführungsform sind einstufige Verstärker. Hier wird nur ein einzelner Transistor verwendet. Abhängig vom Anwendungsgebiet werden sowohl bipolare Transistoren als auch Feldeffekttransistoren verwendet. Da sich Transistortypen bei einer Aussteuerung mit großen Signalen stark nicht linear verhalten, wird in der Praxis ein Betriebspunkt (Arbeitspunkt) gewählt, um den man nur mit kleinen Signalen aussteuert. In diesem Fall kann mit einer linearen Näherung der Kennlinie gearbeitet werden.

4.5.1 Einstellung und Stabilisierung des Arbeitspunktes

Die folgenden Überlegungen zur Wahl des Arbeitspunktes werden am Beispiel eines Bipolartransistors durchgeführt. Sie sind jedoch weitestgehend auf die anderen Transistortypen übertragbar. In einem ersten Schritt soll der nutzbare Bereich des Ausgangskennlinienfeldes (SOAR ... *Save Operating Area*) ermittelt werden. Die Grenzen diese Bereiches sind in ▶Abbildung 4.32 dargestellt und sollen in der Folge kurz besprochen werden.

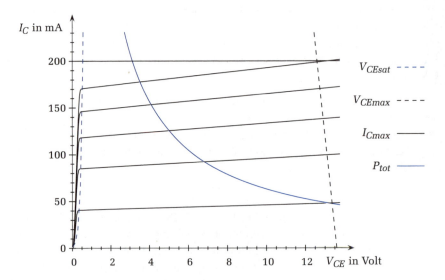

Abbildung 4.32: SOAR eines bipolaren Transistors

Im Abschnitt (*Absolute Maximum Ratings*) des Datenblattes sind die folgenden Grenzwerte des Transistors spezifiziert:

- I_{Cmax}
Dieser Strom ist der maximale Strom, bei dem der Hersteller die Einhaltung der Spezifikationen garantiert.

- V_{CEmax}
Beim Überschreiten der Spannung V_{CEmax}[14] tritt ein Durchbruch der Kollektor-Basis-Diode auf.

- P_{tot}, ϑ_{jmax}
Mit der Bezeichnung P_{tot} wird die maximal zulässige Gesamtverlustleitung an einem Transistor bezeichnet. Die Verlustleistung P_V wird wie folgt berechnet:

$$P_V = (V_{CE} \cdot I_C + V_{BE} \cdot I_B) \approx V_{CE} \cdot I_C \, .$$

In den meisten Fällen kann die thermische Wirkung des Basisstromes vernachlässigt werden.

Thermische Wirkung:
Ob eine bestimmte Verlustleistung für einen Transistor zulässig oder nicht zulässig ist, hängt von seiner Erwärmung ab. Im Datenblatt eines typischen Kleinsignal-npn-Transistors findet man eine maximale Sperrschichttemperatur ϑ_{jmax} von 150 °C und einen thermischen Widerstand R_{thja} von 250 K/W.

Diese Angabe bedeutet, dass bei einer Verlustleistung von 1 W eine Erwärmung um 250 °C gegenüber der Umgebung auftritt. Ein elektronisches Gerät ist, um Verschmutzungen zu vermeiden, im Idealfall in ein dichtes Gehäuse eingebaut. In diesem Fall ist eine Innentemperatur von 50 °C keine Seltenheit. Der Transistor würde sich ausgehend von dieser Temperatur erwärmen und eine Sperrschichttemperatur von 300 °C erreichen. Aus dieser einfachen Abschätzung ist erkennbar, dass diese Verlustleistung nicht zulässig ist.

Zur Berechnung zulässiger Verlustleistungen kann eine zum Ohm'schen Gesetz analoge Beziehung verwendet werden.

$$V = R \cdot I \quad \leadsto \quad \Delta \vartheta = R_{th} \cdot P_V$$

Die Erwärmung $\Delta \vartheta$ ist umso größer, je größer der thermische Widerstand zur Umgebung und die Verlustleistung am Transistor ist.

---

[14] Die Spannung V_{CEmax} liegt bei typischen Transistoren wesentlich höher als in Abbildung 4.32 eingezeichnet.

Beispiel: Wie groß darf der Kollektorstrom sein?

Für einen Silizium-Kleinsignaltransistor sind folgende Werte gegeben:

- Thermischer Widerstand zwischen Sperrschicht und Umgebung
  $R_{thja} = 250\,\text{K/W}$

- Maximale Sperrschichttemperatur
  $\vartheta_{jmax} = 150\,°\text{C}$

Die Umgebungstemperatur ϑ_a beträgt 50 °C. Die Spannung am Transistor ist mit $V_{CE} = 10\,\text{V}$ festgelegt. Wie groß darf der Kollektorstrom maximal sein?

$$P_V = \frac{\vartheta_{Jmax} - \vartheta_a}{R_{thja}} = \frac{150\,°\text{C} - 50\,°\text{C}}{250\,\text{K/W}} = 400\,\text{mW}$$

Diese Verlustleistung führt am thermischen Widerstand dieses Transistors zur maximal zulässigen Temperaturerhöhung von 100 °C. Ausgehend von der Umgebungstemperatur ergibt sich durch diese Temperaturerhöhung die im Datenblatt gegebene maximale zulässige Sperrschichttemperatur.

Vernachlässigt man die Wirkung des Basisstromes, so ist die auftretende Verlustleistung das Produkt aus Kollektorstrom und Kollektor-Emitter-Spannung. Im Ausgangskennlinienfeld liegen alle Punkte mit derselben Verlustleistung auf der so genannten Verlustleistungshyperbel. Für die gegebene Spannung von 10 V kann der Kollektorstrom für die berechnete Verlustleistung angegeben werden:

$$I_C = \frac{P_V}{V_{CE}} = \frac{0{,}4\,\text{W}}{10\,\text{V}} = 40\,\text{mA}\,.$$

In der Praxis sollte der Kollektorstrom wesentlich unter diesem Grenzwert gewählt werden, um eine Sicherheitsreserve bei Erhöhung der Umgebungstemperatur zu haben. Des Weiteren sollte im Hinblick auf die Lebensdauer des Bauteiles ein Betrieb deutlich unter der Grenztemperatur angestrebt werden.

Zusätzlich zu den Grenzwerten aus dem Datenblatt gibt es Grenzen, die sich aus der Funktion des Transistors ergeben. Die Kollektor-Emitter-Spannung wird nach unten durch die Sättigungsspannung (V_{CEsat}) begrenzt. Der Kollektorstrom muss im Fall eines npn-Transistors positiv sein. Im in Abbildung 4.32 gezeigten Bereich zwischen diesen Grenzkurven kann der Arbeitspunkt gewählt werden.

Für die konkrete Wahl des Arbeitspunktes sind, von der Anwendung abhängig, weitere Kriterien zu erfüllen. Im Fall eines Verstärkers könnten zum Beispiel folgende Anforderungen gelten:

4.5 Einstufige Transistorverstärker

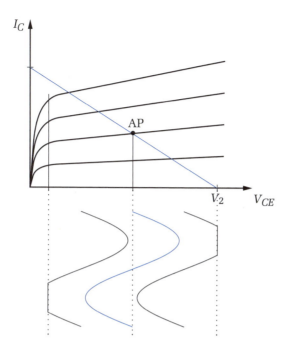

Abbildung 4.33: Arbeitspunkt und Aussteuerung

- Große Aussteuerbarkeit
  Um aus einem kleinen Eingangssignal ein möglichst großes Ausgangssignal erzeugen zu können, wird ein Arbeitspunkt in der Mitte des Ausgangskennlinienfeldes gewählt ▶Abbildung 4.33.

- Geringe Verlustleistung
  Diese Forderung widerspricht sich mit der Wahl eines Arbeitspunktes in der Mitte des Ausgangskennlinienfeldes, da in diesem Fall im Ruhezustand der halbe Maximalstrom fließt. Man bezeichnet diesen Betriebsfall als Klasse A Verstärkerbetrieb. Durch eine modifizierte Verstärkerstruktur, die wir als Ausgangsstufe beim Operationsverstärker kennen lernen werden, kann dieser Nachteil umgangen werden. Man verwendet eine Topologie, die aus zwei komplementären Transistoren besteht und als Gegentaktendstufe bezeichnet wird. Die Betriebsart des Verstärkers wird AB-Betrieb genannt.

Für einen einfachen Transistorverstärker wird der Ruhestrom in erster Näherung so gewählt, dass der Spannungsabfall am Transistor der halben Betriebsspannung entspricht, während die zweite Hälfte am so genannten Arbeitswiderstand abfällt.

Idee einer einfachen Transistorverstärkerschaltung:
Wenn wir von idealen Verhältnissen ausgehen, könnte eine Transistorverstärkerschaltung wie in ▶Abbildung 4.34 aussehen. Die Spannungsquelle V_1 liefert eine

Basis-Emitter-Spannung V_{BE}. Durch diese Spannung wird ein Basisstrom I_B verursacht, der einen um die Stromverstärkung B größeren Kollektorstrom I_C ermöglicht. Die Betriebsspannung V_2 teilt sich zu gleichen Teilen auf einen Spannungsabfall $V_{RC} = I_C \cdot R_C$ am Arbeitswiderstand und einen Spannungsabfall an der Kollektor-Emitter-Strecke V_{CE}. Damit ist der Arbeitspunkt wie gefordert in der Mitte der Kennlinie eingestellt.

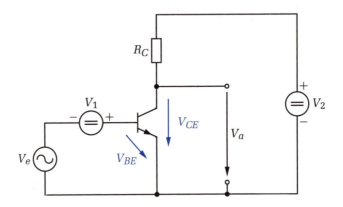

Abbildung 4.34: Versuch einer Arbeitspunkteinstellung durch eine Vorspannung an der Basis

Schaltet man nun eine kleine Wechselspannung V_e in Serie mit der Gleichspannungsquelle, die den Arbeitspunkt einstellt, so kann eine verstärkte Wechselspannung V_a am Ausgang des Verstärkers abgenommen werden. Der Ruhepegel der Ausgangsspannung entspricht der Kollektor-Emitter-Spannung, die durch die Arbeitspunkteinstellung vorgegeben wurde. Um diesen Ruhepegel erfolgt die Aussteuerung mit dem Wechselsignal.

In der praktischen Umsetzung dieser Idee treten folgende Probleme auf:

- Exemplarstreuung der Flussspannung der Basis-Emitter-Diode:
  Im Datenblatt eines typischen Kleinsignal-Transistors findet man für die Flussspannung der Basis-Emitter-Diode eine Spannung $V_{BE} = 580 - 700\,\text{mV}$ bei einem Kollektorstrom von 2 mA und einer Kollektor-Emitter-Spannung von 5 V. Das bedeutet: Selbst Transistoren aus derselben Fertigung besitzen abhängig vom jeweiligen Exemplar unterschiedliche Basis-Emitter-Spannungen für denselben Strom. Diese Streuung wird als Exemplarstreuung bezeichnet.

- Exemplarstreuung der Stromverstärkung B:
  Die Stromverstärkung unseres typischen Transistors kann laut Datenblatt $B = 110 - 400$ betragen.

- Temperaturabhängigkeit der Basis-Emitter-Spannung:
$$\frac{dV_{BE}}{d\vartheta} = -2\,\text{mV/K}\,.$$

- Temperaturabhängigkeit der Stromverstärkung:
  Die Stromverstärkung nimmt bei einer Temperaturerhöhung um $\approx 0{,}5\,\%/K$ zu. Diese Temperaturabhängigkeit kann jedoch relativ zur großen Exemplarstreuung der Stromverstärkung meist vernachlässigt werden.

Kombiniert man die Gleichungen für das Eingangsverhalten (4.5) und das Ausgangsverhalten (4.4) des Transistors, so erhält man folgenden Zusammenhang:

$$I_C = B \cdot I_{BS}(e^{V_{BE}/V_T} - 1) \approx B \cdot I_{BS} \cdot e^{V_{BE}/V_T}. \tag{4.12}$$

Aus dieser Beziehung kann das Verhältnis der Kollektorströme in Abhängigkeit von einer Änderung der Basis-Emitter-Spannung berechnet werden, indem man die Gleichungen für zwei Kollektorströme annimmt und den Quotienten bildet.

$$\frac{I_{C1}}{I_{C2}} = e^{\frac{V_{BE1} - V_{BE2}}{V_T}} \quad \rightarrow \quad \Delta V_{BE} = V_{BE1} - V_{BE2} = V_T \ln\left(\frac{I_{C1}}{I_{C2}}\right)$$

Beispiel: Typische Zusammenhänge

Wie groß ist die Basis-Emitter-Spannungsänderung für eine Änderung des Kollektorstromes um den Faktor 10?
Wie groß ist die Basis-Emitter-Spannungsänderung für eine Änderung des Kollektorstromes um den Faktor 2?

$$\Delta V_{BE} = V_T \ln\left(\frac{I_{C1}}{I_{C2}}\right) = 26\,\text{mV} \cdot \ln(10) = 59{,}9\,\text{mV}$$

$$\Delta V_{BE} = V_T \ln\left(\frac{I_{C1}}{I_{C2}}\right) = 26\,\text{mV} \cdot \ln(2) = 18{,}0\,\text{mV}$$

Diese Ergebnisse haben massive Auswirkungen auf Transistoranwendungen. Der schlimmste Fall (WC ... *Worst Case*) tritt auf, wenn für zwei Transistoren dieselbe Arbeitspunkteinstellung verwendet werden soll. Ein Transistor besitzt aufgrund der Exemplarstreuung eine Basis-Emitter-Spannung von 580 mV, während der andere eine von 700 mV aufweist. Der Unterschied der Basis-Emitter-Spannungen beträgt zweimal 60 mV. Da sich pro 60 mV der Kollektorstrom um den Faktor 10 ändert, unterscheidet sich der Kollektorstrom der Transistoren um den Faktor 100. Würde man für den Transistor mit der größeren Basis-Emitter-Spannung einen Kollektorstrom von 1 mA wählen, so würde ein Austausch der Transistoren, zum Beispiel im Fall einer Reparatur, zu einem Kollektorstrom von 100 mA führen. Im umgekehrten Fall würde nur ein Strom von 10 µA fließen.

Hinzu kommt die Temperaturabhängigkeit der Basis-Emitter-Spannung. Pro Grad nimmt die Spannung, die bei konstantem Basisstrom an der Basis-Emitter-Strecke abfällt, um 2 mV ab. Bei einer Temperaturänderung von 9 °C ändert sich V_{BE} um 18 mV, wodurch sich der Kollektorstrom verdoppelt oder halbiert.

Ohne geeignete Maßnahmen zur Stabilisierung ist daher kein Betrieb einer Verstärkerschaltung möglich. Man verwendet Regelschaltungen, mit denen die Temperaturabhängigkeit oder die Variationen beim Austausch eines Transistors ausgeglichen werden. Wir werden in der Folge zwei Varianten kennen lernen. In beiden Schaltungen wird eine so genannte Gegenkopplung verwendet. Bei einer Gegenkopplung wird ein Teil des Ausgangssignals so zum Eingangssignal addiert, dass die Wirkung des Eingangssignals auf den Ausgang verkleinert wird. Als Schaltungsbeispiel wird die Emitterschaltung verwendet. Die Arbeitspunktstabilisierung kann jedoch, wie wir im nächsten Abschnitt sehen werden, unabhängig von der Grundschaltung durchgeführt werden. Des Weiteren sei angenommen, dass die Schaltung schon dimensioniert ist. Wir werden im ersten Schritt nur die Wirkung der Gegenkopplung besprechen.

- **Spannungsgegenkopplung:**
  Wir betrachten als Beispiel die Reaktion der in ▶ Abbildung 4.35 dargestellten Schaltung bei einer Zunahme der Umgebungstemperatur um 9 °C. Die Flussspannung der Basis-Emitter-Diode nimmt um 18 mV ab. Wenn die an der Basis anliegende Spannung beim Start der Überlegung als konstant betrachtet wird, kommt es zu einem Anstieg des Basisstromes. Dadurch ergibt sich mit der Stromverstärkung eine Vergrößerung des Kollektorstromes. Der Spannungsabfall am Widerstand R_3 wird proportional zur Kollektorstromänderung ansteigen. Da die Betriebsspannung V_2 konstant ist, wird die Kollektor-Emitter-Spannung um den Betrag der Änderung kleiner. Die Basisspannung wird jedoch durch den Spannungsteiler R_2 und R_1 entsprechend der Spannungsteilerregel aus der Kollektor-Emitter-Spannung gewonnen. Da die Kollektor-Emitter-Spannung sinkt, sinkt auch die Spannung zwischen Basis und Emitter und damit der Basisstrom. Die Schaltung regelt die zu Beginn der Überlegung angenommene Störung aus.

- **Stromgegenkopplung:**
  Die Funktion der Stromgegenkopplung in ▶ Abbildung 4.36 soll bei einer Steigerung der Stromverstärkung durch Einbau eines „besseren" Transistors überlegt werden. Durch den Einbau eines anderen Transistors verdoppelt sich beispielsweise die Stromverstärkung und damit der Kollektorstrom. Ein größerer Kollektorstrom erhöht den Spannungsabfall am Emitterwiderstand R_4. Die Spannung am Widerstand R_1 ist über die Spannungsteilerregel fest mit der Betriebsspannung verknüpft. Bei konstanter Betriebsspannung ist daher auch die Spannung an R_1 konstant. Die Masche M_1 liefert den folgenden Zusammenhang:

$$V_{R1} = V_{BE} + V_{R4} .$$

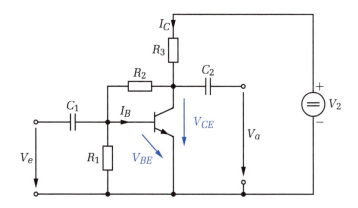

Abbildung 4.35: Spannungsgegenkopplung

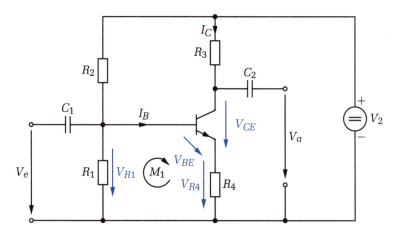

Abbildung 4.36: Stromgegenkopplung

Durch eine Erhöhung der Spannung an R_4 nimmt daher bei konstanter Spannung an R_1 die Basis-Emitter-Spannung am Transistor ab. In der Folge sinkt der Basisstrom und der Kollektorstrom wird reduziert, bis auch mit dem neuen Transistor derselbe Spannungsabfall am Emitterwiderstand auftritt. Damit fließt derselbe Kollektorstrom wie vor dem Tausch des Transistors.

Dimensionierungsbeispiel eines einstufigen Transistorverstärkers mit Stromgegenkopplung

Nach der Betrachtung der beiden für die Schaltungstechnik mit diskreten Bauelementen typischen Möglichkeiten zur Arbeitspunktstabilisierung soll im zweiten Schritt eine Möglichkeit zur Dimensionierung des in ▶Abbildung 5.37 dargestellten einstufigen Transistorverstärkers gezeigt werden.

Gegeben sind:
die Betriebsspannung $V_2 = 12\,\text{V}$ sowie die Basis-Emitter-Spannung $V_{BE} = 0{,}58 - 0{,}7\,\text{V}$ und die Stromverstärkung $B = 200 - 400$ des Transistors.
Gesucht sind:
die Werte für die Widerstände R_1, R_2, R_3, R_4, die Spannungsverstärkung A_V und der differentielle Ausgangswiderstand r_a.

Mit diesen Angaben sind noch nicht alle Freiheitsgrade der Schaltung abgedeckt. In der Praxis müssen zusätzliche Annahmen getroffen werden, die auf Erfahrungstatsachen oder Simulation beruhen können.

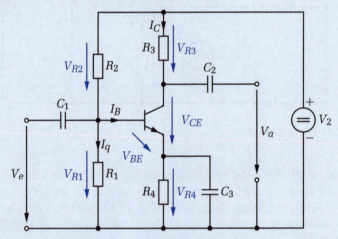

Abbildung 5.37: Dimensionierung eines Transistorverstärkers

Die Wirksamkeit der Stromgegenkopplung hängt von der Größe des Emitterwiderstandes ab. Je größer der Widerstand ist, umso größer wird die Änderung seines Spannungsabfalles bei einer Änderung des Kollektorstromes und damit die Gegenkopplung. Allerdings nimmt die Spannungsverstärkung mit zunehmender Gegenkopplung ab. Als Kompromiss wird in der Praxis der Spannungsabfall am Emitterwiderstand mit 10–20 % der Betriebsspannung gewählt.

gewählt: $V_{R4} = 2\,\text{V}$

Damit bleibt für die Summe aus der Kollektor-Emitter-Spannung und dem Spannungsabfall am Arbeitswiderstand R_3 eine Spannung von 10 V übrig. Um in beide Richtungen gleich weit aussteuern zu können und damit den maximalen Aussteuerbereich zu erreichen, wird für den Spannungsabfall am Arbeitswiderstand R_3 die halbe verbleibende Spannung gewählt. Für den Kollektorstrom wählt man einen Wert, bei dem der Transistor genau spezifiziert ist, sofern keine anderen Randbedingungen vorliegen. Damit können der Kollektorwiderstand, der Emitterwiderstand und der Basisstrom berechnet werden.

gewählt: $I_C = 2\,\text{mA}$

$$R_3 = \frac{1/2 \cdot (V_2 - V_{R4})}{I_C} = \frac{1/2 \cdot (12\,\text{V} - 2\,\text{V})}{2\,\text{mA}} = 2{,}5\,\text{k}\Omega$$

$$R_4 = \frac{V_{R4}}{I_C + I_B} \approx \frac{V_{R4}}{I_C} = \frac{2\,\text{V}}{2\,\text{mA}} = 1\,\text{k}\Omega$$

Da der Basisstrom entsprechend der Angabe für die Gleichstromverstärkung mindestens um den Faktor 200 kleiner ist als der Kollektorstrom, machen wir bei seiner Vernachlässigung einen Fehler von maximal 0,5 %. Da die Widerstände bei den im Labor üblichen Reihen eine Toleranz von 5 % aufweisen, verschwindet der Fehler durch die Vernachlässigung gegenüber dem Fehler durch die Toleranz der „normalen" Widerstände. Für die Dimensionierung des Basisspannungsteilers berechnet man den größtmöglichen Wert (*Worst Case*) des Basisstromes. Er tritt bei einem Transistor mit der minimalen Stromverstärkung auf.

$$I_B = \frac{I_C}{B_{min}} = \frac{2\,\text{mA}}{200} = 10\,\mu\text{A}$$

Damit sich die Spannung des Basisspannungsteilers bei einer Variation des Basisstromes nur wenig ändert, wählt man den Querstrom I_q durch den Spannungsteiler wesentlich größer als den Basisstrom I_B.

gewählt: $I_q = 10 \cdot I_B = 10 \cdot 10\,\mu\text{A} = 100\,\mu\text{A}$

Der Spannungsabfall am unteren Widerstand des Basisspannungsteilers R_1 ist die Summe aus der Spannung am Emitterwiderstand und der Basis-Emitter-Spannung des Transistors. Damit die Schaltung für alle Transistoren, die der Spezifikation entsprechen, eine ausreichende Basis-Emitter-Spannung zur Verfügung stellen kann, wählen wir hier den größten Wert aus dem Datenblatt.

$$R_1 = \frac{V_{R4} + V_{BEmax}}{I_q} = \frac{2\,\text{V} + 0{,}7\,\text{V}}{100\,\mu\text{A}} = 27\,\text{k}\Omega$$

Bei der Berechnung des zweiten Widerstandes muss der Basisstrom berücksichtigt werden, da er bei unserer Dimensionierung den durch den Widerstand R_2 fließenden Strom um 10 % erhöht.

$$R_2 = \frac{V_2 - V_{R1}}{I_q + I_B} = \frac{12\,\text{V} - 2{,}7\,\text{V}}{100\,\mu\text{A} + 10\,\mu\text{A}} = 84{,}55 \cdot 10^3 \approx 85\,\text{k}\Omega$$

Zur Kontrolle soll die Ausgangsspannung des Basisspannungsteilers bei einem entnommenen Strom von 10 µA berechnet werden. Dazu ersetzen wir gedanklich die Spannungsquelle V_2 und den Basisspannungsteiler durch eine Ersatzspannungsquelle mit Innenwiderstand. Wir erinnern uns an die Vorgangsweise zur Bestimmung einer Ersatzquelle, die wir in Abschnitt 1.1.4 kennen gelernt haben: Im ersten Schritt werden alle Spannungsquellen kurzgeschlossen und der Innenwiderstand berechnet. Man erhält:

$$R_i = R_1 || R_2 = 27\,\text{k}\Omega || 84{,}55\,\text{k}\Omega = 20{,}46\,\text{k}\Omega \ .$$

Im zweiten Schritt wird die Leerlaufspannung berechnet. Es gilt:

$$V_0 = V_2 \cdot \frac{R_1}{R_1 + R_2} \ .$$

Die Ausgangsspannung dieser Ersatzspannungsquelle bei einer Belastung mit dem Basisstrom ist die Leerlaufspannung minus der Spannungsabfall am Innenwiderstand.

$$V_{R1} = V_2 \cdot \frac{R_1}{R_1 + R_2} - R_i \cdot I_B = 12\,\text{V} \frac{27\,\text{k}\Omega}{27\,\text{k}\Omega + 84{,}55\,\text{k}\Omega} - 20{,}46\,\text{k}\Omega \cdot 10\,\mu\text{A} = 2{,}7\,\text{V}$$

Der belastete Basisspannungsteiler liefert wie gefordert eine Spannung von 2,7 V.

Damit liegen alle Widerstandswerte vor. Die Einstellung des Arbeitspunktes ist durchgeführt.

Wie groß ist die Spannungsverstärkung A_V des soeben dimensionierten Verstärkers?

Die Verstärkung einer stromgegengekoppelten Emitterschaltung hängt vom Verhältnis des Arbeitswiderstandes zum Emitterwiderstand ab. Das Vorzeichen zeigt eine Phasendrehung von 180° zwischen Ausgang und Eingang.

$$A_V = \frac{\partial V_a}{\partial V_e} = -\frac{R_3}{R_4} = -\frac{2500\,\Omega}{1000\,\Omega} = -2{,}5$$

Diese Verstärkung ist aufgrund unserer recht großzügig gewählten Gegenkopplung nicht sehr groß. Die Linearität des Verstärkers wird jedoch durch eine starke Gegenkopplung verbessert. Da die Einflüsse auf den Arbeitspunkt durch Änderungen der Umgebungstemperatur oder sogar durch den Austausch des Transistors nur langsam im Vergleich zur Signalfrequenz stattfinden, kann man dem Widerspruch aus stabiler Gegenkopplung und großer Verstärkung entgehen, indem man die Gegenkopplung frequenzabhängig macht. Man könnte zum Beispiel den Widerstand R_4 teilen und einen Teilwiderstand durch einen Kondensator überbrücken, dessen kapazitiver Blindwiderstand bei der zu verstärkenden Frequenz einen Kurzschluss bildet. Dadurch wirkt für langsame Änderungen der gesamte Emitterwiderstand, während für die Nutzfrequenz nur der nicht überbrückte Teil eine Gegenkopplung verursacht. Verwendet man zum Beispiel zwei Widerstände mit 500 Ω und schaltet zu einem der Widerstände einen Kondensator parallel, so verdoppelt sich die Verstärkung unseres Verstärkers.

$$A_V = \frac{\partial V_a}{\partial V_e} = -\frac{R_3}{R'_4} = -\frac{2500\,\Omega}{500\,\Omega} = -5$$

Die maximale Verstärkung A_{vmax} erreicht man, wenn der Emitterwiderstand mit einem Kondensator überbrückt wird. Die Wirkung der Gegenkopplung ist für den Frequenzbereich, in dem der Kondensator einen Kurzschluss bildet, aufgehoben. Es gilt:

$$A_{vmax} = -S \cdot R_3 = -\frac{I_C}{V_T} R_3 = -\frac{2\,\text{mA}}{26\,\text{mV}} \cdot 2500\,\Omega = 192\,.$$

Abschließend soll der differentielle Ausgangswiderstand r_a dieser Transistorschaltung berechnet werden. Er ist näherungsweise die Parallelschaltung aus dem Kollektorwiderstand und dem differentiellen Ausgangswiderstand des Transistors r_{CE}.

Zur Berechnung des differentiellen Ausgangswiderstandes r_{CE} des Transistors kann die Steigung der Ausgangskennlinie aus dem Datenblatt ermittelt werden. Eine weitere Möglichkeit ist es, aus einem im Datenblatt für einen anderen Kollektorstrom gegebenen Ausgangswiderstand die Early-Spannung V_A zu berechnen.

$$V_A = r_{CE}\Big|_{1\,\text{mA}} \cdot I_{C,DB} = 110\,\text{k}\Omega \cdot 1\,\text{mA} = 110\,\text{V}$$

Der differentielle Widerstand bei einem Strom im Arbeitspunkt von 2 mA kann danach aus der Early-Spannung berechnet werden:

$$r_{CE}\Big|_{2\,\text{mA}} = \frac{V_A}{I_{C,AP}} = \frac{110\,\text{V}}{2\,\text{mA}} = 55\,\text{k}\Omega\,.$$

Der Ausgangswiderstand der Transistorschaltung ergibt sich damit zu:

$$r_a = R_3 \| r_{CE}\Big|_{2\,\text{mA}} = 2{,}5\,\text{k}\Omega \| 55\,\text{k}\Omega = 2{,}4\,\text{k}\Omega\,.$$

Die zur Ein- und Auskopplung dienenden Kondensatoren C_1 und C_2 und der Kondensator zur Erhöhung der Verstärkung sollten so dimensioniert werden, dass sie im Nutzfrequenzbereich als Kurzschluss betrachtet werden können.

Für eine genaue Berechnung des Frequenzganges beziehungsweise die Dimensionierung dieser drei in Abbildung 5.37 gezeigten Kondensatoren sei auf die weiterführende Fachliteratur [27][39] verwiesen.

4.5.2 Transistorgrundschaltungen im Vergleich

Bipolare, aber auch Feldeffekttransistoren besitzen in der Bauform als Einzelbauelement, man spricht auch von diskreten Transistoren, im Regelfall drei Anschlüsse. Ein eigener Bulk-Anschluss ist eher die Ausnahme. Jeder dieser Anschlüsse kann als gemeinsames Bezugspotential für Ein- und Ausgang verwendet werden. Die Schaltung wird nach diesem gemeinsamen Anschluss benannt. Man spricht bei bipolaren Transistoren von einer Basis-, einer Emitter- oder einer Kollektorschaltung. Die Kollektorschaltung wird auch oft als **Emitterfolger** bezeichnet. Im Fall von Feldeffekttransistoren nennt man die entsprechenden Schaltungen Gate-, Source- oder Drain-Schaltung. Auch hier wird die Drain-Schaltung als **Source-Folger** bezeichnet. Die Eigenschaften der Grundschaltungen sind für beide Transistorarten ähnlich, deshalb werden wir jeweils die Grundschaltung mit einem BJT und mit einem MOSFET gemeinsam betrachten.

Bei der praktischen Verwendung von Verstärkerschaltungen muss der Verstärker immer im Zusammenhang mit der Signalquelle und der Last gesehen werden. Eine Möglichkeit, die Verhältnisse darzustellen, ist in ▶Abbildung 4.38 gezeigt.

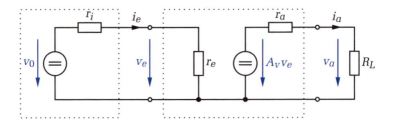

Abbildung 4.38: Signalquelle – Verstärker – Last

Links sehen wir die Signalquelle. Sie wird durch eine Ersatzspannungsquelle mit einer Leerlaufspannung und einem Innenwiderstand dargestellt. Es könnte zum Beispiel eine vorhergehende Verstärkerstufe gemeint sein. In diesem Fall wäre v_0 die Leerlaufspannung am Ausgang des Verstärkers und r_i der differentielle Ausgangswiderstand.[15] Der Verstärker selbst ist als spannungsgesteuerte Spannungsquelle mit einem in Serie geschalteten Innenwiderstand r_a dargestellt. Die Abhängigkeit der Ausgangsspannung v_a von der Eingangsspannung v_e wird als Spannungsverstärkung A_v bezeichnet. Sie ist bei realen Verstärkern immer von der Frequenz abhängig.

$$A_v = \frac{\partial V_a}{\partial V_e} \rightarrow v_a = A_v \cdot v_e$$

---

[15] Wir verwenden für differentielle Widerstände r, während für solche, die als Bauteil in der Schaltung zu sehen sind, R verwendet wird. Um anzudeuten, dass es sich um differentiell kleine Änderungen der Ströme und Spannungen handelt, verwenden wir entweder ein vorangestelltes ∂ oder schreiben das Formelzeichen für Strom oder Spannung als Kleinbuchstaben. Ist eine kleine Änderung einer gemessenen Größe gemeint, wird ein vorangestelltes Δ verwendet.

Alternativ könnte auch eine stromgesteuerte Stromquelle verwendet werden. Im Fall der Stromquelle wird ein parallel geschalteter Innenwiderstand verwendet. Der Zusammenhang zwischen Ausgangsstrom i_a und Eingangsstrom i_e wird als Stromverstärkung A_i bezeichnet.

Um derart modellierte Verstärkerstufen hintereinander schalten zu können, müssen zusätzlich noch der differentielle Ausgangswiderstand r_a und der differentielle Eingangswiderstand r_e des Verstärkers bekannt sein, da – wie in Abbildung 4.38 gezeigt – sowohl am Ausgang als auch am Eingang eine Spannungsteilung durch den Ausgangswiderstand der Vorgängerstufe und den Eingangswiderstand der nachfolgenden Stufe auftritt.

Die Berechnung der Spannungsverstärkung beziehungsweise der Stromverstärkung erfolgt durch die Bestimmung der Ausgangsgröße als Funktion der Eingangsgröße. Die beiden Spannungen beziehungsweise Ströme können auch einfach gemessen und ins Verhältnis gesetzt werden.

Zur Bestimmung des Eingangswiderstandes wird die Eingangsspannung variiert und die Änderung des Eingangsstromes bestimmt. Eine Anordnung zur Messung des Eingangswiderstandes ist in ▶Abbildung 4.39 gezeigt.

$$r_e = \frac{\partial V_e}{\partial I_e}$$

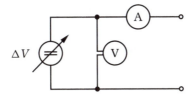

Abbildung 4.39: Bestimmung des differentiellen Eingangswiderstandes

Die Bestimmung des Ausgangswiderstandes erfolgt ebenfalls mit einer Messung von Strom und Spannung. Sie ist in ▶Abbildung 4.40 dargestellt. Der Verstärker wird zuerst mit einem Lastwiderstand R_L belastet und der Ausgangsstrom I' sowie die Ausgangsspannung V' bestimmt. Danach wird durch Schließen des Schalters der Lastwiderstand etwas verkleinert und wiederum Strom I'' und Spannung V'' bestimmt. Aus den gemessenen Spannungen und Strömen und der Änderung des

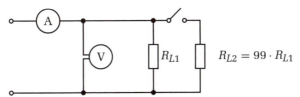

Abbildung 4.40: Bestimmung des differentiellen Ausgangswiderstandes

Lastwiderstandes kann der differentielle Ausgangswiderstand bestimmt werden. Verkleinert man den Lastwiderstand im zweiten Schritt um 1 % seines Anfangswertes, so gilt folgender Zusammenhang:

$$r_a = 100\frac{V''}{I''} - 99\frac{V'}{I'}.$$

Die Berechnung des Kleinsignalverhaltens von Transistorschaltungen wird durch die Verwendung von Ersatzschaltbildern (ESB) sehr stark vereinfacht. Wir haben das Ersatzschaltbild des Bipolartransistors schon in den Abbildungen 4.17 und 4.18 kennen gelernt. Diese beiden Bilder sind gleichwertig. Für bestimmte Rechenschritte ist es einfacher, mit der Stromsteuerung und dementsprechend mit der Stromverstärkung β zu rechnen, während man für andere Überlegungen bei Verwendung einer Spannungssteuerung schneller zum Ziel kommt. Im zweiten Fall rechnet man mit der Steilheit. In ▶Abbildung 4.41 ist ein verallgemeinertes Ersatzschaltbild dargestellt, in das sowohl die steuernde Spannung v_{BE} als auch ein steuernder Strom i_B eingezeichnet ist.

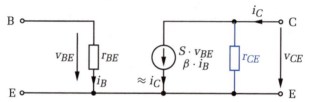

Abbildung 4.41: Kleinsignal-Ersatzschaltbild des Transistors

Abhängig davon, ob gerade mit Strömen oder mit Spannungen gerechnet wird, werden wir daher den Kollektorstrom einmal über die Steilheit und ein anderes Mal über die Stromverstärkung berechnen. Um den Einstieg in die Kleinsignalrechnung nicht unnötig kompliziert zu gestalten, werden wir die Wirkung des differentiellen Transistor-Ausgangs-Widerstandes r_{CE} vernachlässigen. Er ist in Abbildung 4.41 blau eingezeichnet, wird aber in den weiteren Ersatzschaltbildern weggelassen. Diese Maßnahme vereinfacht die Rechnung wesentlich und ist immer dann zulässig, wenn der Kollektorwiderstand wesentlich kleiner als der differentielle Widerstand r_{CE} ist. Für die Berechnung von Transistorschaltungen ohne Vernachlässigung sei der Leser an die einschlägige Fachliteratur verwiesen.

Um vom Schaltbild zum Kleinsignal-Ersatzschaltbild zu gelangen, geht man folgendermaßen vor. Man ersetzt den Transistor durch das Ersatzschaltbild aus Abbildung 4.41. Dabei werden die Richtungen der Ströme und Spannungen beibehalten, um immer mit den gewohnten Vorzeichen rechnen zu können. Des Weiteren wird die Versorgungsspannung kurzgeschlossen.

Wir gehen von einer Versorgung durch eine ideale Spannungsquelle ($R_i = 0$) aus. Die Ausgangsspannung einer idealen Quelle ist konstant und hat daher keinen Einfluss auf die Rechnung mit Spannungs- beziehungsweise Stromänderungen.

Zur Berechnung der Eingangs- und Ausgangswiderstände nehmen wir die Ströme so an, dass sie am zu berechnenden Widerstand in dieselbe Richtung wie die Spannung zeigen.

Nun sollen die Eigenschaften der verschiedenen Grundschaltungen betrachtet werden. In den Abbildungen werden zur Vereinfachung Symbole für die Versorgungsspannung verwendet. Um zur bis jetzt verwendeten Art der Darstellung zurückzukehren, müssen lediglich die gleichen Symbole untereinander verbunden werden. Zwischen dem Symbol für den positiven Pol der Versorgungsspannung V_+ und dem Symbol für das gemeinsame Bezugspotential müsste man wie gewohnt eine Spannungsquelle einzeichnen.

■ Emitterschaltung:

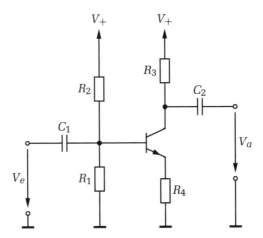

Abbildung 4.42: Emitterschaltung

- *Spannungsverstärkung*:
  Um die Spannungsverstärkung der in ▶Abbildung 4.42 gezeigten Emitterschaltung zu bestimmen, muss die Änderung der Ausgangsspannung v_a bei einer Änderung der Eingangsspannung v_e ermittelt werden. Eine Betrachtung des Ausgangsknotens in ▶Abbildung 4.43 ergibt:

$$i_a = i_C + i_{R3} .$$

Da die Spannungsverstärkung im Leerlauf ermittelt werden soll, gilt $i_a = 0$ beziehungsweise $i_C = -i_{R3}$. Die Änderung der Ausgangsspannung ist das Produkt aus Kollektorstromänderung i_C und Arbeitswiderstand R_3.

$$v_a = v_{R3} = i_{R3} \cdot R_3 = -i_C \cdot R_3$$

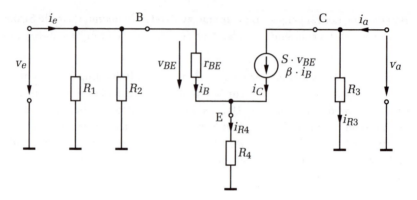

Abbildung 4.43: Kleinsignal-Ersatzschaltbild der Emitterschaltung

Die Änderung der Eingangsspannung setzt sich – wie im Ersatzschaltbild (▶Abbildung 4.43) abgelesen werden kann – aus der Änderung der Basis-Emitter-Spannung und der Änderung am Emitterwiderstand zusammen.

$$v_e = v_{BE} + v_{R4}$$

Vernachlässigt man die Abhängigkeit des Kollektorstromes von der Kollektor-Emitter-Spannung ($r_{CE} \to \infty$), so ist die Änderung des Kollektorstromes nur von der Basis-Emitter-Spannung abhängig. Es gilt:

$$v_e = v_{BE} + v_{R4} = r_{BE} \cdot i_B + (i_B + i_C) \cdot R_4 \ .$$

Setzt man $r_{BE} = \beta/S$ und $i_B = i_C/\beta$ in die Gleichung ein, erhält man:

$$v_e = \frac{\beta}{S}\frac{i_C}{\beta} + \left(i_C + \frac{i_C}{\beta}\right) \cdot R_4 \to v_e = \frac{i_C}{S} + i_C\left(1 + \frac{1}{\beta}\right) \cdot R_4 \ .$$

Ist die Stromverstärkung sehr groß, kann ihr Kehrwert gegenüber 1 vernachlässigt werden.

$$v_e = i_C\left(\frac{1}{S} + R_4\right) \to i_C = \frac{v_e}{1/S + R_4} = \frac{v_e \cdot S}{1 + S \cdot R_4}$$

Setzt man i_C in die Gleichung für die Änderung der Ausgangsspannung ein, so erhält man folgenden Ausdruck:

$$v_a = -i_C \cdot R_3 = -\frac{v_e \cdot S}{1 + S \cdot R_4} \cdot R_3 \ .$$

Die Spannungsverstärkung der Emitterschaltung ist somit:

$$A_V = \frac{v_a}{v_e} = -\frac{S \cdot R_3}{1 + S \cdot R_4} \overset{S \cdot R_4 \gg 1}{\approx} -\frac{R_3}{R_4} \ . \tag{4.13}$$

> Die Spannungsverstärkung der Emitterstufe ist näherungsweise das Verhältnis von Kollektorwiderstand zu Emitterwiderstand ($\beta \gg$, $S \cdot R_4 \gg 1$, $r_{CE} \gg$). Sie besitzt eine Phasendrehung von 180°.

Wenn man alle Näherungen zu Beginn der Überlegung in Betracht zieht, kann man dieses Ergebnis auch sofort ablesen.

Kurzüberlegung zur Spannungsverstärkung:
Eine Änderung der Eingangsspannung führt bei einer starken Gegenkopplung ($S \cdot R_4 \gg 1$) zu einer Änderung der Spannung am Emitterwiderstand R_4, die wesentlich größer als die Änderung der Basis-Emitter-Spannung v_{BE} ist. v_{BE} kann daher vernachlässigt werden.

$$v_e = i_{R4} \cdot R_4$$

Des Weiteren ist die Änderung der Ausgangsspannung v_a gleich der negativen Änderung der Spannung am Kollektorwiderstand.

$$v_a = -v_{R3} = -i_C \cdot R_3$$

Da wir jedoch den Ausgangswiderstand des Transistors r_{CE} und den Basisstrom ($\beta \gg$) vernachlässigen, fließt derselbe Strom durch den Kollektorwiderstand und durch den Emitterwiderstand. Es gilt:

$$i_C = i_{R4} = \frac{v_e}{R_4} \quad \text{und damit} \quad v_a = -\frac{v_e}{R_4} \cdot R_3 \ .$$

Man erhält direkt die vereinfachte Beziehung für die Spannungsverstärkung.

$$A_V \approx -\frac{R_3}{R_4}$$

- *Eingangswiderstand*:
Um den Eingangswiderstand zu ermitteln, wird die Änderung des Stromes i_e bei einer Spannungsänderung v_e berechnet. Die Änderung der Eingangsspannung setzt sich aus dem Spannungsabfall am Widerstand R_4 und dem Spannungsabfall an r_{BE} zusammen.

$$v_e = v_{BE} + v_{R4}$$

Der Spannungsabfall v_{R4} setzt sich aus einem vom Kollektorstrom und vom Basisstrom abhängigen Anteil zusammen. Wenn man den Ausgangswiderstand des Transistors vernachlässigt ($r_{CE} \gg$), kann man für $i_C = \beta \cdot i_B$ einsetzen.

$$v_e = i_B \cdot r_{BE} + i_B \cdot R_4 + i_C \cdot R_4 = i_B(r_{BE} + R_4 + \beta \cdot R_4)$$

Lässt man gedanklich die Widerstände des Basisspannungsteilers R_1 und R_2 weg, so ist die Änderung des Basisstromes i_B gleich der Änderung des Eingangsstromes i_e. Es gilt folgende Beziehung:

$$r_e = \frac{v_e}{i_e} = r_{BE} + R_4(1+\beta) \ .$$

> Der Eingangswiderstand der Emitterschaltung ist die Summe aus dem differentiellen Widerstand r_{BE} und dem um die Stromverstärkung vergrößerten Emitterwiderstand.

Für den Eingangswiderstand der Gesamtschaltung muss zusätzlich der Basisspannungsteiler berücksichtigt werden:

$$r_e = \frac{v_e}{i_e} = (r_{BE} + R_4(1+\beta)) \| R_1 \| R_2 = \left(\frac{\beta}{S} + R_4(1+\beta) \right) \| R_1 \| R_2 \ . \quad (4.14)$$

– *Ausgangswiderstand*:
Der differentielle Ausgangswiderstand r_a wird bei einer konstanten Eingangsspannung V_e ermittelt. Die Änderung der Eingangsspannung v_e ist Null, damit ist auch die Änderung des Kollektorstromes i_C gleich Null. Daher kann bei Vernachlässigung des Transistor-Ausgangs-Widerstandes r_{CE} eine Änderung des Ausgangsstromes i_a nur zu einer Änderung des Stromes i_{R3} über den Kollektorwiderstand führen.

> Der Ausgangswiderstand der Emitterstufe ist daher näherungsweise so groß wie der Kollektorwiderstand R_3.

$$r_a = \frac{v_a}{i_a} \approx R_3$$

- **Basisschaltung:**

Der Kondensator C_3 verbindet die Basis mit dem Bezugspotential ▶Abbildung 4.44. Ist dieser Kondensator ausreichend groß dimensioniert, kann er im verwendeten Frequenzbereich als Kurzschluss betrachtet werden. Der Basisspannungsteiler (R_1, R_2) ist damit für die Kleinsignalrechnung kurzgeschlossen und tritt im Ersatzschaltbild (▶Abbildung 4.45) nicht auf.

– *Spannungsverstärkung*:
Eine Betrachtung der Masche am Eingang liefert:

$$v_{BE} + v_e = 0 \rightarrow v_e = -v_{BE} \ .$$

4.5 Einstufige Transistorverstärker

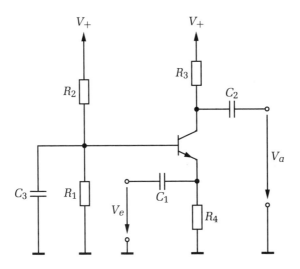

Abbildung 4.44: Basisschaltung

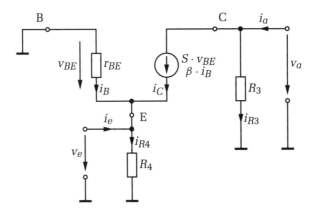

Abbildung 4.45: Kleinsignal-Ersatzschaltbild der Basisschaltung

Eine Vergrößerung der Eingangsspannung v_e verkleinert die Basis-Emitter-Spannung v_{BE}. Damit nimmt der Kollektorstrom ab. Wenn man den Ausgangswiderstand des Transistors vernachlässigt, gilt folgender Zusammenhang:

$$i_C = S \cdot v_{BE} = -S \cdot v_e \,.$$

Die Änderung der Ausgangsspannung v_a hängt bei Vernachlässigung von r_{CE} nur von der Änderung des Kollektorstromes i_C und vom Kollektorwiderstand R_3 ab.

$$v_a = i_{R3} \cdot R_3 = -i_C \cdot R_3$$

> Die Spannungsverstärkung der Basisstufe ist näherungsweise das Produkt aus Steilheit und Kollektorwiderstand. Sie besitzt keine Phasendrehung.

$$v_a = S \cdot R_3 \cdot v_e \rightarrow A_v \approx S \cdot R_3 \tag{4.15}$$

Jeder bipolare Transistor besitzt eine parasitäre Kapazität zwischen Kollektor und Basis. Wird der Transistor in Emitterschaltung betrieben, wirkt diese Kapazität im Sinne einer Gegenkopplung. Bei der Basisschaltung ist diese Kapazität unwirksam, da die Basis als Bezugspunkt verwendet wird und der Emitter als Eingang dient. Aus diesem Grund kann die Basisschaltung bis zu wesentlich höheren Frequenzen eingesetzt werden. Eine typische Anwendung sind Oszillatoren in der Rundfunktechnik.

- *Eingangswiderstand*:
  Zur Berechnung des Eingangswiderstandes ermitteln wir wieder die Änderung des Eingangsstromes i_e bei einer Änderung der Eingangsspannung v_e. Eine Betrachtung des Eingangsknotens liefert:

$$i_e - i_{R4} + i_B + i_C = 0 \ .$$

Vernachlässigt man den Ausgangswiderstand des Transistors r_{CE}, so kann man folgende Gleichung anschreiben:

$$i_e - \frac{v_e}{R_4} + \frac{v_{BE}}{r_{BE}} + S \cdot v_{BE} = 0 \ .$$

Mit $v_{BE} = -v_e$ erhält man:

$$i_e = \frac{v_e}{R_4} + \frac{v_e}{r_{BE}} + S \cdot v_e \rightarrow \frac{1}{r_e} = \frac{i_e}{v_e} = \frac{1}{R_4} + \frac{1}{r_{BE}} + S \ .$$

> Der Eingangswiderstand der Basisschaltung ist näherungsweise die Parallelschaltung des Emitterwiderstandes und des Kehrwertes der Steilheit S.

$$r_e = R_4 || r_{BE} || \frac{1}{S} \approx R_4 || \frac{1}{S} \tag{4.16}$$

Der Basis-Emitter-Widerstand r_{BE} kann für große Stromverstärkungen $\beta \gg 1$ gegenüber dem Kehrwert der Steilheit vernachlässigt werden.

- *Ausgangswiderstand*:
  Das Ersatzschaltbild der Basisschaltung zeigt am Ausgang dieselben Zusammenhänge wie das der Emitterschaltung.

> Der Ausgangswiderstand der Basisschaltung ist näherungsweise der Kollektorwiderstand.

$$r_a = \frac{v_a}{i_a} \approx R_3$$

- Kollektorschaltung, Emitterfolger:

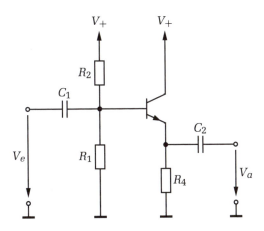

Abbildung 4.46: Kollektorschaltung, Emitterfolger

- *Spannungsverstärkung*:
  Um die Spannungsverstärkung der in ▶Abbildung 4.46 gezeigten Kollektorschaltung zu ermitteln, betrachten wir wiederum die Änderung der Ausgangsspannung v_a bei Leerlauf ($i_a = 0$) in Abhängigkeit von der Änderung der Eingangsspannung v_e. Die Änderung der Eingangsspannung v_e ist die Summe aus der Änderung der Ausgangsspannung v_a und der Basis-Emitter-Spannung v_{BE}. Aus einer Masche am Eingang (▶Abbildung 4.47) kann der folgende Zusammenhang abgelesen werden:

$$v_e = v_{BE} + v_a = r_{BE} \cdot i_B + v_a \,.$$

Im nächsten Schritt soll der Basisstrom als Funktion der Ausgangsspannung ausgedrückt und in die vorhergehende Gleichung eingesetzt werden. Für den Ausgangsknoten kann bei Leerlauf ($i_a = 0$) folgender Zusammenhang angegeben werden:

$$-i_{R4} + i_B + i_C = 0 \,.$$

Vernachlässigt man den Kollektor-Emitter-Widerstand r_{CE}, so erhält man für den Basisstrom:

$$-\frac{v_a}{R_4} + i_B + i_B \cdot \beta = 0 \rightarrow i_B = \frac{1}{\beta + 1} \cdot \frac{v_a}{R_4} \,.$$

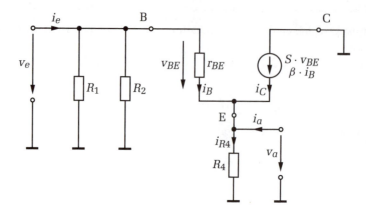

Abbildung 4.47: Kleinsignal-Ersatzschaltbild des Emitterfolgers

Ist die Stromverstärkung des Transistors viel größer als 1, kann man $(\beta + 1)$ durch β ersetzen. Setzt man i_B in die Ausgangsgleichung ein, so erhält man:

$$v_e = \frac{r_{BE}}{\beta \cdot R_4} \cdot v_a + v_a \ .$$

Mit $r_{BE} = \beta/S$ erhält man für die Spannungsverstärkung:

$$\frac{v_a}{v_e} = \frac{1}{1 + \frac{1}{S \cdot R_4}} = \frac{S \cdot R_4}{1 + S \cdot R_4} \ . \tag{4.17}$$

> Die Spannungsverstärkung des Emitterfolgers ist näherungsweise gleich 1. Er besitzt keine Phasendrehung.

Die Eigenschaft, dass die Spannung am Ausgang (Emitter) der Eingangsspannung folgt, gab der Schaltung den Namen Emitterfolger. Sie wird üblicherweise als Treiberstufe verwendet, wenn ein größerer Ausgangsstrom beziehungsweise ein geringer Ausgangswiderstand benötigt werden.

- *Eingangswiderstand*:
  Vergleicht man die Ersatzschaltung der Emitterschaltung (Abbildung 4.43) mit der des Emitterfolgers (Abbildung 4.47), so erkennt man, dass eingangsseitig beide Schaltbilder identisch sind.

> Der Eingangswiderstand des Emitterfolgers entspricht dem der Emitterschaltung.

$$r_e = \frac{v_e}{i_e} = (r_{BE} + R_4(1+\beta))||R_1||R_2 = \left(\frac{\beta}{S} + R_4(1+\beta)\right)||R_1||R_2 \tag{4.18}$$

Der Emitterfolger wird häufig am Ausgang von Verstärkerschaltungen verwendet, um größere Ausgangsströme zu ermöglichen. In diesem Fall wird auf den Basisspannungsteiler und den Kondensator C_1 verzichtet. Man spricht dann auch von einem gleichspannungsgekoppelten Verstärker. Der Emitterfolger besitzt nun, wie aus der Gleichung für den Eingangswiderstand abgelesen werden kann, die Eigenschaft einer Impedanz-Transformation. Eine als Emitterwiderstand geschaltete Last erscheint am Eingang des Emitterfolgers um die Stromverstärkung vergrößert und belastet daher die vorhergehende Stufe weniger.

- *Ausgangswiderstand*:
Aus einem Vergleich des Ersatzschaltbildes mit dem der Basisschaltung erkennt man:

> Der Ausgangswiderstand des Emitterfolgers entspricht dem Eingangswiderstand der Basisschaltung.

$$r_e = R_4 || r_{BE} || \frac{1}{S} \approx R_4 || \frac{1}{S} \qquad (4.19)$$

4.6 Stromquellen und Stromsenken

Die englischsprachige Literatur unterscheidet nach der Richtung des Ausgangsstromes zwischen Schaltungen, die einen Strom liefern können (*Source*) und jenen, die einen Strom aufnehmen (*Sink*). Analog dazu werden oft die Begriffe Stromquelle und Stromsenke verwendet. Wobei im Fall dieser Definition eine Stromquelle einen Strom liefert, während eine Stromsenke einen Strom aufnimmt.

Der Begriff der Quelle wird jedoch auch für Schaltungen verwendet, die aus sich heraus ein Signal liefern. In diesem Sinne sind die in der Folge vorgestellten Schaltungen als Stromsenken zu bezeichnen, da sie eine zusätzliche Spannungsversorgung benötigen.

4.6.1 Stromsenke mit Bipolartransistor

Wird ein Transistor – wie in der ▶Abbildung 4.48 gezeigt – in Emitterschaltung mit Stromgegenkopplung betrieben, so kann er bezüglich einer als Kollektorwiderstand geschalteten Last als Stromsenke betrachtet werden. Der Transistor wird bei einer Variation des Lastwiderstandes den Laststrom nur wenig ändern.

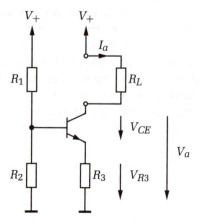

Abbildung 4.48: Einfache Stromsenke

Der Laststrom entspricht dem Kollektorstrom des Transistors. Geht man von einer großen Stromverstärkung aus, so kann der Basisstrom gegenüber dem Kollektorstrom vernachlässigt werden. Der Emitterstrom entspricht damit dem Kollektor – beziehungsweise dem Laststrom. Für ihn gilt folgende Beziehung:

$$I_a = I_C \approx I_E = \frac{V_{R3}}{R_3} = \frac{V_+ \cdot \frac{R_2}{R_1+R_2} - V_{BE}}{R_3}.$$

Um das Verhalten der Stromsenke zu untersuchen, beginnt man gedanklich den Lastwiderstand, ausgehend vom Kurzschluss ($R_L = 0$), zu steigern. Bei Kurzschluss fällt die gesamte Betriebsspannung V_+ am Transistor ab. Er kann den berechneten Strom leicht einstellen und besitzt einen hohen Ausgangswiderstand, da er sich außerhalb des Sättigungsbereiches befindet. Wird der Lastwiderstand R_L vergrößert, so sinkt der Spannungsabfall am Transistor. Der Laststrom ändert sich bis zum Erreichen der Sättigung nur wenig. Gerät man in den Bereich der Sättigung (siehe ►Abbildung 4.49), nimmt der Ausgangswiderstand des Transistors stark ab und es kommt zum Verlust des Stromquellencharakters. Der maximal mögliche Widerstand, bei dem der Transistor noch als Stromsenke wirkt, kann wie folgt berechnet werden:

Die maximale Spannung am Lastwiderstand hängt von der zur Verfügung stehenden Betriebsspannung V_+, der Sättigungsspannung des Transistors und dem Spannungsabfall am Emitterwiderstand V_{R3} ab.

$$V_{RL} = V_+ - V_{CEsat} - I_a \cdot R_3$$

Damit erhält man für den maximal möglichen Lastwiderstand:

$$R_{Lmax} = \frac{V_{RL}}{I_a} = \frac{V_+ - V_{CEsat} - I_a \cdot R_3}{I_a}.$$

Da die Sättigungsspannung des Transistors einer Streuung unterliegt, sollte ein Sicherheitsabstand zur Sättigungsgrenze gewahrt bleiben. In der Praxis wird daher häufig statt der Sättigungsspannung V_{CEsat} die Basis-Emitter-Spannung des Transistors eingesetzt.

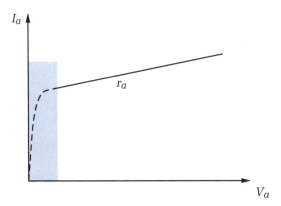

Abbildung 4.49: Kennlinie einer Stromsenke

Berechnung des differentiellen Ausgangswiderstandes:
Zur Berechnung des Ausgangswiderstandes r_a der Stromsenke wird in der von den Verstärkerschaltungen schon bekannten Art ein Ersatzschaltbild gezeichnet. Der differentielle Ausgangswiderstand des Transistors darf hier jedoch nicht vernachlässigt werden. Wir erhalten das in ▶Abbildung 4.50 dargestellte Ersatzschaltbild der Stromsenke. Um die Zusammenhänge deutlicher sichtbar zu machen, ist es hilfreich, das Ersatzschaltbild etwas anders zu zeichnen. Diese Variante ist in ▶Abbildung 4.51 gezeigt.

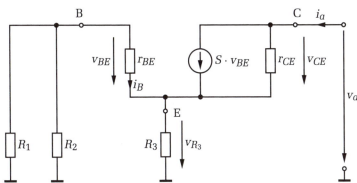

Abbildung 4.50: Kleinsignal-Ersatzschaltbild einer Stromsenke

$$r_a = \frac{v_a}{i_a} = \frac{v_{CE} + v_{R3}}{S \cdot v_{BE} + i_{rCE}}$$

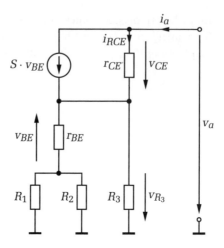

Abbildung 4.51: Kleinsignal-Ersatzschaltbild einer Stromsenke (umgezeichnet)

Drückt man alle unbekannten Spannungen als Funktion von i_a und den gegebenen Widerständen aus, so erhält man nach einigen Umformungen folgenden Ausdruck:

$$r_a = r_{CE} \cdot \left(1 + S \cdot \frac{R_3 \cdot r_{BE}}{R_3 + r_{BE} + (R_1 \| R_2)} + R_3 \cdot \underbrace{\frac{r_{BE} + (R_1 \| R_2)}{R_3 + r_{BE} + (R_1 \| R_2)}}_{*}\right).$$

Der mit $*$ gekennzeichnete Ausdruck ist proportional dem Spannungsabfall am Emitterwiderstand R_3. Wenn die Stromquelle funktionsfähig ist, wird sich der Ausgangsstrom I_a nur wenig ändern. Damit ist die Änderung des Spannungsabfalls am Emitterwiderstand R_3 klein gegenüber der Spannungsänderung am Widerstand r_{CE} und kann vernachlässigt werden. Man erhält:

$$r_a = r_{CE} \cdot \left(1 + S \cdot \frac{R_3 \cdot r_{BE}}{R_3 + r_{BE} + (R_1 \| R_2)}\right).$$

Ist die Parallelschaltung von R_1 und R_2 niederohmig gegenüber dem Widerstand r_{BE}, so kann man diese beiden Widerstände ebenfalls vernachlässigen. Häufig wird statt des Widerstandes R_2 eine Z-Diode verwendet. Der Innenwiderstand einer Z-Diode und damit auch der der Parallelschaltung mit R_1 ist klein gegenüber dem Widerstand r_{BE}. Auch in diesem Fall ist die genannte Vernachlässigung erlaubt.

$$r_a = r_{CE} \cdot \left(1 + S \cdot \frac{R_3 \cdot r_{BE}}{R_3 + r_{BE}}\right) \rightarrow r_a = r_{CE} \cdot \left(1 + S \cdot (R_3 \| r_{BE})\right)$$

Zur Analyse dieses Ergebnisses sollen drei Sonderfälle betrachtet werden:

1. $R_3 \to 0$:
Dieser Fall bedeutet schaltungstechnisch gesprochen einen Wegfall der Gegenkopplung. Der Ausgangswiderstand geht auf den Wert des differentiellen Ausgangswiderstandes r_{CE} des Transistors zurück.

2. $0 < R_3 \ll r_{BE}$:
Um einen Anhaltspunkt für eine typische Größenordnung von r_{BE} zu erhalten, nehmen wir eine Stromverstärkung β von 200 bei einem Strom von 1 mA an. Man erhält für den differentiellen Basis-Emitter-Widerstand:

$$r_{BE} = \frac{\beta}{S} = \frac{\beta \cdot V_T}{I_C} = \frac{200 \cdot 26\,\text{mV}}{1\,\text{mA}} = 5200\,\Omega\,.$$

Ist der Emitterwiderstand wesentlich kleiner als dieser Wert, dominiert er die Parallelschaltung, r_{BE} kann vernachlässigt werden.

$$r_a = r_{CE} \cdot (1 + S \cdot R_3)$$

3. $r_{BE} \ll R_3$:
Im umgekehrten Fall kann R_3 gegenüber r_{BE} vernachlässigt werden. Setzt man für $r_{BE} = \beta/S$, so erhält man den maximalen differentiellen Ausgangswiderstand, der mit bipolaren Transistoren erreicht werden kann:

$$r_a = r_{CE} \cdot (1 + S \cdot r_{BE}) = r_{CE} \cdot (1 + \beta)\,.$$

Größere Ausgangswiderstände können durch Verwendung von Feldeffekttransistoren erreicht werden.

4.6.2 Stromsenke mit MOSFET

Im Vergleich zur soeben betrachteten Stromsenke soll eine Stromsenke (▶Abbildung 4.52) mit einem MOSFET analysiert werden. Dazu sei das Ersatzschaltbild des Feldeffekttransistors für niedrige Frequenzen kurz vorgestellt. Weitere Ersatzschaltbilder werden wir im Abschnitt 18.2.3 kennen lernen. Der FET kann genauso wie der bipolare Transistor als spannungsgesteuerte Stromquelle modelliert werden. Da jedoch der Gate-Anschluss entweder durch eine Sperrschicht oder sogar durch eine Isolierschicht getrennt ist, sind viele Berechnungen einfacher durchzuführen als beim BJT. Das Ersatzschaltbild ist in ▶Abbildung 4.53 gezeigt.

Die Gleichungen für dieses Ersatzschaltbild sind:

$$i_G = 0$$
$$i_D = S \cdot v_{GS} + \frac{1}{r_{DS}} \cdot v_{DS}\,.$$

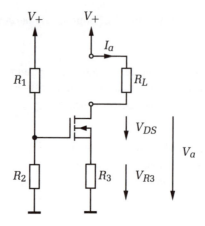

Abbildung 4.52: Stromsenke mit MOSFET

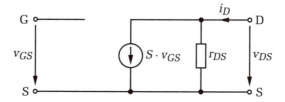

Abbildung 4.53: Kleinsignal-Ersatzschaltbild eines MOS-Feldeffekttransistors

Ersetzt man den Transistor im Schaltbild der Stromsenke durch seine Ersatzschaltung, so erhält man das in ▶Abbildung 4.54 gezeigte Kleinsignal-Ersatzschaltbild. Da der Gate-Strom Null ist, fällt am Gate-Spannungsteiler keine Spannung ab. Das Gate kann daher mit dem Bezugspotential verbunden werden.

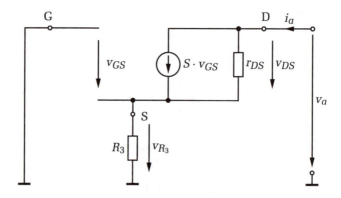

Abbildung 4.54: Kleinsignal-Ersatzschaltbild einer Stromsenke mit MOSFET

Um den Ausgangswiderstand zu berechnen, wird die Änderung der Ausgangsspannung bei einer Änderung des Ausgangsstromes berechnet. Die Änderung der Ausgangsspannung ist die Summe aus der Änderung der Drain-Source-Spannung und dem Spannungsabfall am Source-Widerstand R_3:

$$v_a = v_{DS} + v_{R3} \, .$$

Die Änderung des Ausgangsstromes i_a entspricht der Änderung des Drain-Stromes i_D. Aus dieser Gleichung kann die Spannung v_{DS} berechnet werden:

$$i_a = i_D = S \cdot v_{GS} + \frac{1}{r_{DS}} \cdot v_{DS} \rightarrow v_{DS} = r_{DS} \cdot i_a - S \cdot v_{GS} \cdot r_{DS} \, .$$

Eine Betrachtung der Masche am Eingang liefert: $v_{GS} = -v_{R3}$. Für v_{R3} kann aber auch das Produkt aus Ausgangsstromänderung i_a und R_3 eingesetzt werden. Man erhält:

$$v_a = r_{DS} \cdot i_a - S \cdot v_{GS} \cdot r_{DS} = r_{DS} \cdot i_a + S \cdot v_{R3} \cdot r_{DS} = i_a \cdot r_{DS}(1 + S \cdot R_3)$$

$$r_a = \frac{v_a}{i_a} = \frac{v_{DS} + v_{R3}}{i_a} = \frac{i_a \cdot (r_{DS} + S \cdot R_3) + R_3 \cdot i_a}{i_a} = r_{DS}(1 + S \cdot R_3) + R_3 \, .$$

Auch bei dieser Stromsenke wird bei korrekter Funktion die Änderung des Spannungsabfalles am Source-Widerstand R_3 klein gegenüber der Änderung am Transistor sein. Für den Ausgangswiderstand der MOSFET-Stromsenke gilt daher näherungsweise:

$$r_a \approx r_{DS}(1 + S \cdot R_3) \, . \tag{4.20}$$

Zum Unterschied vom bipolaren Transistor kann bei Feldeffekttransistoren der Ausgangswiderstand der Stromsenke durch Steigerung des Source-Widerstandes theoretisch beliebig hoch werden. In der Praxis treten Grenzen durch den Aufbau, durch das Entstehen von Kriechströmen an den Oberflächen der Bauteile beziehungsweise durch Isolationswiderstände auf. Der Ausgangswiderstand für beide Transistortypen ist in ▶Abbildung 4.55 als Funktion des Source- beziehungsweise Emitterwiderstandes dargestellt.

Abgesehen von den bisher besprochenen Schaltungen, die mit einem Transistor auskommen, gibt es auch Stromsenken mit mehreren Transistoren. Als Beispiel soll eine Konstantstrom-Schaltung für den Betrieb einer Leuchtdiode besprochen werden. Sie ist in ▶Abbildung 4.56 dargestellt. Der Transistor T_1 wird durch den Widerstand R_1 mit einem Basisstrom versorgt. Wenn man den Transistor T_2 weglässt, wird sich folgender Strom einstellen:

$$I_F = \frac{V_+ - V_{BE1} - V_F}{R_1 + R_2} \, .$$

Um I_F zu berechnen, müssen entweder mehrere Iterationen oder eine Simulation durchgeführt werden, da sowohl V_{BE1} als auch V_F nicht linear vom Strom abhängen.

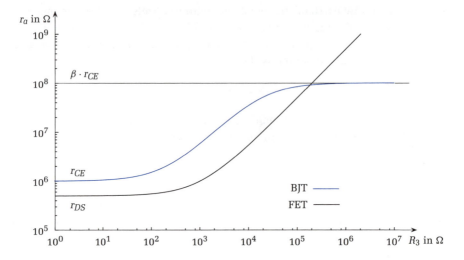

Abbildung 4.55: Ausgangswiderstand einer Stromsenke in Abhängigkeit von der Gegenkopplung

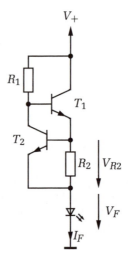

Abbildung 4.56: LED-Stromquelle

Durch die Wirkung des Transistors T_2 werden die Verhältnisse deutlich vereinfacht. Der Strom durch die Diode steigt so lange an, bis der Spannnungsabfall am Widerstand R_2 den Transistor T_2 soweit aufsteuert, dass dieser den Basisstrom von T_1 wieder reduziert. Die Schaltung regelt den Strom so, dass der Spannungsabfall an R_2 der Flussspannung der Basis-Emitter-Diode von T_2 entspricht.

$$I_F = \frac{V_{BE2}}{R_2}$$

4.7 Stromspiegel

Ein Stromspiegel ist eine stromgesteuerte Stromsenke. Abhängig vom Steuerstrom und dem Übersetzungsverhältnis wird ein Ausgangsstrom erzeugt. Der Aufbau kann sowohl mit bipolaren Transistoren als auch mit Feldeffekttransistoren erfolgen. Die Feldeffekttransistoren bieten bei Verwendung einer Stromgegenkopplung den Vorteil eines höheren Ausgangswiderstandes, besitzen jedoch eine geringere Steilheit und weisen eine große Streuung der Schwellspannung auf. Wir werden uns in diesem Abschnitt auf die Betrachtung von bipolaren Strukturen beschränken. Die verwendeten Schaltungstoplogien könnten jedoch genauso mit MOSFETs realisiert werden.

4.7.1 Einfacher Stromspiegel

Für einen idealen Stromspiegel (▶Abbildung 4.57) werden zwei Transistoren mit identischen Eigenschaften verwendet. Der linke Transistor T_1 dient zur Arbeitspunkteinstellung für den rechten Transistor T_2. Betrachtet man in einem ersten Schritt nur den linken Transistor, so erkennt man folgende Verhältnisse: Durch die Verbindung von Kollektor und Basis kann T_1 in erster Näherung als Diode interpretiert werden. Der Strom durch den Widerstand hängt von der Basis-Emitter-Spannung V_{BE} und dem Wert des Widerstandes R ab. Ein kleiner Teil dieses Stromes dient als Basisstrom und steuert den Transistor T_1 auf, wodurch der größere Teil des Stromes als Kollektorstrom I_C durch den Transistor fließt.

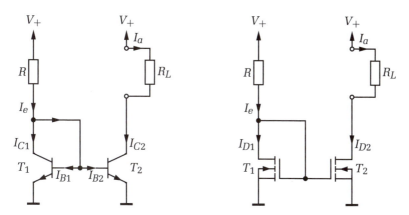

Abbildung 4.57: Stromspiegel mit bipolaren und MOS-Transistoren

Die Basis-Emitter-Strecke des Transistors T_2 ist zu jener von T_1 parallel geschaltet, an ihr liegt ebenfalls die Spannung V_{BE}. Besitzt der Transistor T_2 dieselbe Geometrie und Temperatur wie T_1, so führt er bei derselben Basis-Emitter-Spannung denselben Basisstrom und aufgrund identischer Stromverstärkungen auch denselben Kollektorstrom. Der Strom durch den Lastwiderstand R_L entspricht näherungsweise dem Strom durch den Widerstand R, er wurde von links nach rechts gespiegelt.

Als Qualitätsmerkmal eines Stromspiegels kann die Gleichheit (*Matching*) der Ströme I_e und I_a verwendet werden. Die Berechnung des Übersetzungsverhältnisses I_a/I_e erfolgt durch Ansetzen der Gleichungen zur Beschreibung des Großsignalverhaltens. Aus Gleichung 4.7 erhält man durch Einsetzen von

$$r_{CE} = \frac{V_A}{I_C} \quad \text{und} \quad I_B = I_{BS} \cdot e^{V_{BE}/V_T}$$

folgende Form:

$$I_C = B \cdot I_B + \frac{V_{CE}}{r_{CE}} \rightarrow I_C = B \cdot I_B \cdot \left(1 + \frac{V_{CE}}{V_A}\right) \rightarrow$$

$$I_C = \underbrace{B \cdot I_{BS}}_{I_{CS}} \cdot e^{V_{BE}/V_T} \left(1 + \frac{V_{CE}}{V_A}\right). \tag{4.21}$$

Aus dem Schaltbild des Stromspiegels können für den Eingangsstrom I_e folgende Knotengleichungen abgelesen werden:

$$I_e = I_{C1} + I_{B1} + I_{B2} \rightarrow I_e = I_{C1} \cdot \left(1 + \frac{1}{B_1}\right) + I_{C2} \cdot \frac{1}{B_2}.$$

Der Ausgangsstrom I_a entspricht dem Kollektorstrom des rechten Transistors I_{C2}. Damit kann das Übersetzungsverhältnis angeschrieben werden.

$$\frac{I_a}{I_e} = \frac{I_{C2}}{I_{C1} \cdot \left(1 + \frac{1}{B_1}\right) + I_{C2} \cdot \frac{1}{B_2}}$$

Nun kann man für die Kollektorströme die Gleichung 4.21 einsetzen. Es entsteht eine etwas unübersichtliche Gleichung, die jedoch sofort vereinfacht werden kann.

$$\frac{I_a}{I_e} = \frac{I_{CS2} \cdot e^{V_{BE}/V_{T2}} \left(1 + \frac{V_{CE2}}{V_{A2}}\right)}{I_{CS1} \cdot e^{V_{BE}/V_{T1}} \underbrace{\left(1 + \frac{V_{CE1}}{V_{A1}}\right)}_{\rightarrow 0} \cdot \left(1 + \frac{1}{B_1}\right) + \frac{1}{B_2} \cdot I_{CS2} \cdot e^{V_{BE}/V_{T2}} \left(1 + \frac{V_{CE2}}{V_{A2}}\right)}$$

Wenn die Transistoren auf einem Siliziumstück realisiert werden, besitzen sie dieselbe Temperatur und damit dieselbe Temperaturspannung $V_T = V_{T1} = V_{T2}$. Die Exponentialfunktionen können daher herausgekürzt werden. Des Weiteren ist die Kollektor-Emitter-Spannung des Transistors T_1 schaltungsbedingt gleich der Basis-Emitter-Spannung. Der Quotient aus der Kollektor-Emitter-Spannung und der Early-Spannung ist daher wesentlich kleiner als 1 und kann vernachlässigt werden.

$$\frac{I_a}{I_e} = \frac{1}{\underbrace{\frac{I_{CS1}}{I_{CS2}} \cdot \frac{1}{1 + \frac{V_{CE2}}{V_{A2}}}}_{*} \cdot \left(1 + \frac{1}{B_1}\right) + \frac{1}{B_2}}$$

Werden Transistoren mit denselben Abmessungen verwendet, sind die Sättigungssperrströme und auch die Stromverstärkungen näherungsweise gleich. Es gilt $I_{CS} = I_{CS1} = I_{CS2}$ und $B_1 = B_2$. Ist die Spannung zwischen Kollektor und Emitter von T_2 klein gegenüber der Early-Spannung, so wird der mit $*$ gekennzeichnete Ausdruck 1. Man erhält:

$$\frac{I_a}{I_e} = \frac{1}{1 + 2/B}.\qquad(4.22)$$

Geht man beispielsweise von einer Stromverstärkung von 100 aus, so unterscheiden sich die beiden Ströme um 2 %. Ist dieser Fehler für die geplante Anwendung zu groß, müssen aufwändigere Strukturen wie zum Beispiel der Wilson-Stromspiegel verwendet werden.

Doch bevor wir uns aufwändigeren Stromspiegelschaltungen zuwenden, noch einige Bemerkungen zur praktischen Verwendung und zum Ausgangswiderstand. Die Funktionalität eines Stromspiegels ist nur dann wirklich gegeben, wenn die Temperaturen der Transistoren übereinstimmen. Daher sollten bei der Realisierung im Rahmen diskreter Schaltungen immer Transistorarrays verwendet werden. In einem solchen Baustein sind mehrere Einzeltransistoren auf einem gemeinsamen Siliziumplättchen realisiert. Die Anschlüsse der Einzeltransistoren sind herausgeführt. Die Verwendung diskreter Einzeltransistoren ist aufgrund der Temperaturdrift ungünstig. Auch ein Verkleben der Gehäuse, um eine Angleichung der Temperaturen zu erreichen, ist nur eine Notlösung.

Der Ausgangswiderstand der gezeigten einfachen Stromspiegelschaltung entspricht dem differentiellen Ausgangswiderstand des Transistors T_2. Dieses Ergebnis folgt aus der Berechnung des Ausgangswiderstandes einer Stromsenke (siehe Abschnitt 4.6.1), wenn man den Emitterwiderstand gleich 0 setzt. Umgekehrt kann durch eine Gegenkopplung mithilfe zweier gleicher Emitterwiderstände der Ausgangswiderstand erhöht werden. Die Berechnung des Übersetzungsverhältnisses ist dann jedoch nicht mehr analytisch möglich. Wählt man den Spannungsabfall an den Emitterwiderständen groß gegenüber der Basis-Emitter-Spannung so hängt das Übersetzungsverhältnis näherungsweise nur vom Verhältnis der Widerstände ab.

Durch eine Erhöhung der Emitterwiderstände wird jedoch auch der Spannungsabfall an der Stromsenke erhöht. Für große Ausgangswiderstände verwendet man daher eine so genannte Kaskode.

4.7.2 Stromspiegel mit Kaskode

Die Transistoren T_1 und T_2 in ▶ Abbildung 4.58 bilden den Stromspiegel. Die Änderung der Kollektor-Emitter-Spannung von T_2 führt beim einfachen Stromspiegel zur Änderung des Ausgangsstromes. Eine Kaskode hat die Aufgabe, die Änderung der Kollektorspannung am Stromspiegeltransistor T_2 und damit auch die Stromänderung zu reduzieren.

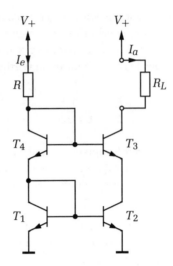

Abbildung 4.58: Stromspiegel mit Kaskode

Der Transistor T_4 wirkt wie eine weitere Diode, die zur Basis-Emitter-Diode des Transistors T_1 in Serie geschaltet ist. Der Spannungsabfall an T_4 stellt den Arbeitspunkt des Ausgangstransistors T_3 ein. Geht man von näherungsweise gleichen Basis-Emitter-Spannungen aus, so ist die Kollektor-Emitter-Spannung von T_2 gleich seiner Basis-Emitter-Spannung. Der Transistor T_2 kann daher nicht in Sättigung geraten. Für eine ordnungsgemäße Funktion der Stromsenke muss daher eine Spannung am Ausgang der Stromsenke liegen, die um eine Basis-Emitter-Spannung größer ist als bei einer einfachen Stromspiegelschaltung.

Zur Bestimmung des Ausgangswiderstandes kann der Transistor T_3 als Stromsenke mit Stromgegenkopplung betrachtet werden. Der Emitterwiderstand entspricht in diesem Fall dem Ausgangswiderstand des einfachen Stromspiegels. Wir haben diesen Fall für die Stromsenke mit bipolaren Transistoren schon betrachtet. Der Emitterwiderstand ist sehr groß gegenüber dem differentiellen Eingangswiderstand r_{BE} von T_3 und kann daher in der Parallelschaltung vernachlässigt werden. Es gilt:

$$r_a = r_{CE3} \cdot (1 + \beta_3) \ .$$

Durch die Verwendung von Feldeffekttransistoren kann der Ausgangswiderstand noch weiter gesteigert werden.

4.7.3 Wilson-Stromspiegel

Nachdem durch die Verwendung einer Kaskode die Steigerung des Ausgangswiderstandes gelungen ist, soll ein weiterer schaltungstechnischer Trick gezeigt werden, der eine wesentliche Verbesserung bei einem Übersetzungsverhältnis von 1 ermöglicht. In der ▶ Abbildung 4.59 ist ein Wilson-Stromspiegel gezeigt. Die eingezeichneten Ströme gelten näherungsweise im Fall von Transistoren mit identischen Abmessungen, die auf einem gemeinsamen Siliziumplättchen realisiert sind.

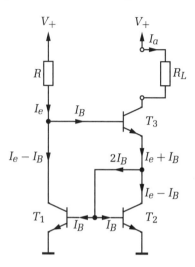

Abbildung 4.59: Wilson-Stromspiegel

Durch die Verbindung der Transistoren in der gezeigten Art wird der durch den Basisstrom entstehende Übersetzungsfehler kompensiert. Der Ausgangsstrom i_a entspricht dem Eingangsstrom I_e. Damit ist bei bipolaren Transistoren ein wesentliche Verbesserung gegenüber dem einfachen Stromspiegel zu erreichen.

Der Ausgangswiderstand des Wilson-Stromspiegels entspricht näherungsweise dem des Kaskodenstromspiegels. Um den Regelmechanismus zu erklären, verkleinern wir den Lastwiderstand um ΔR. Dadurch steigt die Spannung am Kollektor von T_3 und der Strom I_a steigt an. Durch diesen Stromanstieg steigt das Kollektorpotential von T_2 und damit die Basis-Emitter-Spannung von T_1. Damit bekommt der Transistor T_1 einen größeren Basisstrom und führt daher einen größeren Kollektorstrom. Der Spannungsabfall an R steigt an, wodurch das Kollektorpotential von T_1 beziehungsweise die Basis-Emitter-Spannung von T_3 sinkt. Damit wird der Basisstrom reduziert und der Strom I_a sinkt wieder.

Der Ausgangswiderstand des bipolaren Wilson-Stromspiegels ist bei gleichen Transistoren ($\beta = \beta_1 = \beta_2 = \beta_3$) näherungsweise:

$$r_a \approx r_{CE3}(1+\beta) \,.$$

Durch die Verwendung von MOSFETs könnte ein noch größerer Ausgangswiderstand erzielt werden.

4.8 Differenzverstärker

Bei allen bis jetzt besprochenen Verstärkerschaltungen wurde der Eingang durch einen Kondensator mit der Signalquelle verbunden. Diese Vorgehensweise ermöglicht eine Arbeitspunkteinstellung unabhängig vom Gleichspannungspegel der Signalquelle. Es können jedoch nur Wechselsignale verstärkt werden. Die Einstellung des Arbeitspunktes durch Vorgabe einer Basis-Emitter-Spannung durch die Signalquelle ist wegen der Temperaturabhängigkeit und der Exemplarstreuung des Transistors nicht möglich. Die Verstärkung von Gleichspannungen ist daher mit den einstufigen Transistorverstärkern nicht durchführbar.

Eine schaltungstechnische Lösung dieses Problems bietet der Einsatz eines so genannten Differenzverstärkers. Solche Differenzverstärkerstrukturen können sowohl mit bipolaren Transistoren als auch mit MOSFETs realisiert werden. Die MOS-Variante zeichnet sich durch wesentlich geringere Eingangsströme aus. Mit der in ▶Abbildung 4.60 gezeigten Schaltung können sowohl Gleichspannungen als auch Differenzsignale verstärkt werden. Die Schaltung besteht im Idealfall aus zwei Transistoren mit identischen Eigenschaften. Wir kennen diese Forderung schon von den Transistoren zum Aufbau von Stromspiegeln. Da die Temperaturdrift und auch die Exemplarstreuung bei einem monolithischen[16] Aufbau der beiden Transistoren näherungsweise gleich sind, führt sie zu keinem Ausgangssignal. Ein weiterer Vorteil des Differenzverstärkers ist seine größere Aussteuerbarkeit am Eingang. Wegen der Nichtlinearität der Kennlinie darf das Eingangssignal eines einstufigen Transistorverstärkers für einen Klirrfaktor von 1 % maximal 1 mV betragen. Diese Einschränkung kann durch einen aus zwei Transistoren bestehenden Differenzverstärker wesentlich verbessert werden.

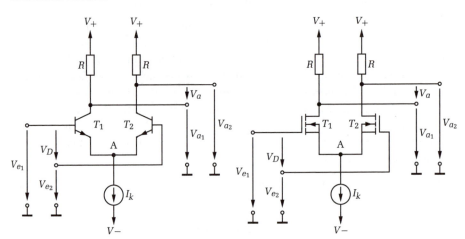

Abbildung 4.60: Differenzverstärker mit bipolaren und MOS-Transistoren

---

16 Als monolithischer Aufbau wird die Realisierung mehrerer Transistoren auf einem Siliziumplättchen bezeichnet.

Um die Funktion des Differenzverstärkers verstehen zu lernen, betrachten wir zuerst die Arbeitspunkteinstellung der beiden Transistoren. Die Versorgung erfolgt im Allgemeinen durch eine so genannte erdsymmetrische Spannung. Darunter versteht man zwei Spannungen, die den gleichen Absolutwert besitzen, von denen eine positiv (V_+), die andere jedoch negativ (V_-) relativ zum Bezugspotential ist. Es handelt sich um zwei identische Spannungsquellen, die in Serie geschaltet sind. Der Verbindungspunkt der beiden Quellen bildet das Bezugspotential. Um den Ruhezustand der Schaltung zu bestimmen, verbinden wir beide Eingänge mit diesem Bezugspotential.

Der Strom I_k der Stromsenke teilt sich zu gleichen Teilen auf die beiden Transistoren auf. Dadurch entsteht an den Basis-Emitter-Dioden ein Spannungsabfall. Das Potential des Punktes A liegt um diesen Spannungsabfall unter dem Bezugspotential. Die Kollektorströme führen zu gleichen Spannungsabfällen an den Kollektorwiderständen. Wird als Ausgangssignal die Differenz der beiden Kollektorpotentiale verwendet, so ist das Ausgangssignal v_a Null.

4.8.1 Gleichtaktaussteuerung

Als Gleichtaktaussteuerung (▶Abbildung 4.61) bezeichnet man den Fall, bei dem sich beide Eingänge um den selben Betrag und in dieselbe Richtung ändern. Das Eingangssignal wird als Gleichtaktsignal bezeichnet. Es gilt:

$$\Delta V_{GL} = \frac{\Delta V_{e1} + \Delta V_{e2}}{2}.$$

Schaltungstechnisch kann eine Gleichtaktaussteuerung erreicht werden, indem man die beiden Eingänge verbindet und an diese Verbindung eine Signalquelle anschließt. Ist die Symmetrie des Differenzverstärkers perfekt und die Stromsenke ideal, so ändert sich durch das Eingangssignal nur das Potential am Emitter der Transistoren. Der Strom I_k einer idealen Stromsenke bleibt jedoch konstant. Durch die Gleichtaktaussteuerung wird kein Unterschied zwischen den Potentialen am Kollektor von T_1 und T_2 und damit keine Ausgangsspannung V_a hervorgerufen. Gleichtaktsignale werden von einem idealen Differenzverstärker nicht verstärkt. Auch eine Änderung der Basis-Emitter-Spannungen durch eine Temperaturänderung wirkt wie ein Gleichtaktsignal und wird unterdrückt.

Reale Differenzverstärker besitzen keine ideale, sondern eine Stromsenke mit einem parallel geschalteten endlichen Innenwiderstand r_k. Eine Gleichtaktaussteuerung verändert die Spannung an diesem Widerstand und damit den Emitterstrom I der beiden Transistoren. Bei idealer Symmetrie ändern sich die Spannungsabfälle an den Emitterwiderständen um denselben Betrag und in dieselbe Richtung. Das Ausgangssignal bleibt weiterhin Null. Ein kleiner Unterschied der beiden Kollektorwiderstände führt jedoch sofort zu einem Ausgangssignal. Der reale Differenzverstärker besitzt daher eine Gleichtaktverstärkung A_{GL} größer als Null.

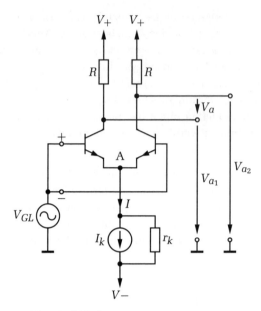

Abbildung 4.61: Differenzverstärker mit Gleichtaktaussteuerung

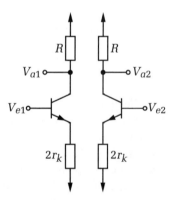

Abbildung 4.62: Gleichtaktverstärkung

Es gibt Anwendungsfälle, bei denen statt der Differenz der beiden Kollektorpotentiale $V_a = V_{a2} - V_{a1}$ nur die Spannung am Kollektor eines Transistors relativ zum Bezugspotential als Ausgangssignal verwendet wird. Der Vorteil dieser Variante ist ein geringerer Aufwand, da nur eine Ausgangsleitung gebraucht wird. Jede Änderung des Kollektorstromes führt jedoch sofort zu einem Ausgangssignal. Die Gleichtaktverstärkung hängt wie bei einer Emitterschaltung vom Verhältnis des Kollektorwiderstandes zum Emitterwiderstand ab. Der Differenzverstärker zerfällt für diese Überlegung in zwei Emitterschaltungen, die sich als Emitterwiderstand den Innenwiderstand r_k der Stromquelle teilen. Aus der Sicht jedes Teilverstärkers wirkt daher der doppelte Emitterwiderstand ($2r_k$). Die Verhältnisse sind in ▶Abbildung 4.62 grafisch dargestellt. Für die Gleichtaktverstärkung bezüglich eines unsymmetrischen Ausganges gilt:

$$A_{GL} = \frac{\Delta V_{a2}}{\Delta V_{GL}} = -\frac{R}{2r_k}.$$

Auch die Größe der zulässigen Gleichtaktspannung ist beim realen Differenzverstärker begrenzt. Die untere Grenze für die gezeigte Struktur mit npn-Transistoren ist erreicht, wenn der Spannungsabfall an der Stromquelle für die Funktion der Stromquelle nicht mehr ausreicht. Die obere Grenze ist durch die Sättigung der beiden Transistoren gegeben.

4.8.2 Gegentaktaussteuerung

Als Gegentaktaussteuerung bezeichnet man einen Fall, bei dem sich beide Eingänge um denselben Betrag, aber in entgegengesetzte Richtungen ändern. Das Signal wird auch als Gegentaktsignal oder Differenzsignal bezeichnet.

$$\Delta V_D = \Delta V_{e1} - \Delta V_{e2}$$

Bei der Gegentaktaussteuerung ändert sich das Potential am Punkt A nicht. Die Eingangsspannung teilt sich symmetrisch auf die beiden Basis-Emitter-Strecken auf. Wird zum Beispiel die Eingangsspannung V_{e1} positiver, so steigt der Basisstrom von T_1 und entsprechend der Stromverstärkung auch der Kollektorstrom I_{C1}. Die Spannung V_{e2} sinkt um den gleichen Betrag. Dadurch sinkt der Basisstrom und auch der Kollektorstrom von T_2. Die Summe der Ströme entspricht dem Strom der Stromsenke I_k und ist daher konstant. Als Ausgangssignal kann wieder die Spannung am Kollektor von T_2 oder von T_1 beziehungsweise die Differenz dieser Spannungen verwendet werden. Es gilt:

$$-\Delta V_{a1} = \Delta V_{a2} \quad \text{beziehungsweise} \quad \Delta V_a = \Delta V_{a2} - \Delta V_{a1} = 2 \cdot \Delta V_{a2}.$$

Da sich das Potential am Emitter der Transistoren nicht ändert, entspricht die Spannungsverstärkung jedes Transistors der einer Emitterschaltung ohne Gegenkopplung. Es gilt:

$$\Delta V_{a1} = -S \cdot R \cdot \Delta V_{BE1} \quad \text{und} \quad \Delta V_{a2} = -S \cdot R \cdot \Delta V_{BE2}.$$

Die Änderung der Eingangsspannung teilt sich zu gleichen Teilen auf zwei Basis-Emitter-Strecken auf. Die Spannungsverstärkung des Differenzverstärkers ist bei Verwendung eines Kollektorpotentials als Ausgangssignal daher nur halb so groß wie die der Emitterschaltung.

$$A_D = \frac{\Delta V_{a1}}{\Delta V_e} = \frac{\Delta V_{a2}}{\Delta V_e} = -\frac{S}{2} \cdot R$$

Verwendet man die Differenzspannung als Ausgangssignal, ist die Änderung ΔV_a bei derselben Eingangsspannungsänderung ΔV_e und damit auch die Differenzverstärkung doppelt so groß.

4.8.3 Gleichtaktunterdrückung

Ein Maß für die Qualität eines Differenzverstärkers ist das Verhältnis von Differenzverstärkung zu Gleichtaktverstärkung. Dieser Quotient wird als Gleichtaktunterdrückung (CMRR ... *Common Mode Rejection Ratio*) bezeichnet. Für den Fall, dass nur eine Kollektorspannung als Ausgangssignal verwendet wird, kann die Gleichtaktunterdrückung mit den schon bekannten Zusammenhängen sofort berechnet werden.

$$CMRR = \frac{|A_D|}{|A_{GL}|} = \frac{\frac{S}{2} \cdot R}{\frac{R}{2r_k}} = S \cdot r_K$$

Die Gleichtaktunterdrückung wird häufig auch in Dezibel angegeben.

$$CMRR_{dB} = 20 \cdot \log_{10} \frac{|A_D|}{|A_{GL}|}$$

4.8.4 Weitere Kennwerte

Das Großsignalverhalten wird durch die Übertragungsfunktion des Differenzverstärkers beschrieben. Sie ist in ▶Abbildung 4.63 gezeigt.

Ist die Differenzspannung Null, fließt in beiden Transistoren der halbe Strom der Stromsenke. Um diesen Punkt kann in einem Bereich von $\pm V_T$ linear ausgesteuert werden. Erreicht die Differenzspannung die vierfache Temperaturspannung $4 \cdot V_T$, so fließen 98 % von I_k durch den einen, während nur 2 % durch den anderen Transistor fließen. Der lineare Aussteuerbereich kann aus der Übertragungsfunktion ermittelt werden. Geht man von einem zulässigen Klirrfaktor von 1 % aus, so darf die Amplitude des Eingangssignals die 0,7-fache Temperaturspannung oder 18 mV betragen. Zum Vergleich dürfte die Eingangsspannung einer Emitterschaltung bei einem ähnlichen Klirrfaktor nur 1 mV groß sein. Wird eine Gegenkopplung durch Widerstände am Emitter der beiden Transistoren durchgeführt, so kann der lineare Aussteuerbereich vergrößert werden [39].

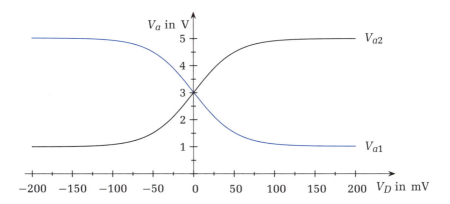

Abbildung 4.63: Übertragungsfunktion des Differenzverstärkers ohne Gegenkopplung

Zum Abschluss unserer Betrachtung des Differenzverstärkers sollen der differentielle Eingangs- und Ausgangswiderstand erwähnt werden. Bei der Bestimmung des Eingangswiderstandes muss zwischen Gegentakt und Gleichtaktansteuerung unterschieden werden.

Gegentakteingangswiderstand:
Da sich im Fall der Gegentaktansteuerung das Potential am Emitter nicht ändert, kann es für die Kleinsignalbetrachtung mit dem Bezugspotential verbunden werden. Damit ergeben sich dieselben Verhältnisse wie bei einer Emitterschaltung. Allerdings ist die Änderung der Eingangsspannung des Einzeltransistors v_{BE} nur halb so groß wie die Änderung der Differenzspannung v_e. Der Gegentakteingangswiderstand ist daher doppelt so groß wie der Eingangswiderstand einer Emitterschaltung.

$$r_{eD} = 2 \cdot r_{BE} = 2 \cdot \frac{\beta}{S}$$

Gleichtakteingangswiderstand:
Bei Gleichtaktaussteuerung ändert sich das Potential am Emitter der beiden Transistoren. Der Innenwiderstand der Stromquelle wirkt wie der Emitterwiderstand bei einer Emitterschaltung. Es gilt:

$$r_{eGL} = r_{BE} + ((1+\beta) \cdot 2 \cdot r_k) \approx 2\beta \cdot r_k \,.$$

ZUSAMMENFASSUNG

Im Kapitel **Transistoren** wurden die wichtigsten Transistortypen anhand vereinfachter Strukturbilder vorgestellt und die grundlegenden Mechanismen zur Steuerung erklärt. Den Beginn bildete eine Betrachtung der bipolaren Transistoren. Danach wurde der Sperrschicht-Feldeffekttransistor und der MOSFET besprochen. Die Beschreibung der einzelnen Transistoren mittels Kennlinien wurde gezeigt und die wesentlichen Parameter, die aus den Kennlinien ablesbar sind, definiert. Überlegungen zum Temperaturverhalten der verschiedenen Transistoren bildeten den Abschluss dieses Abschnittes.

Der nächste Teil des Kapitels beschäftigte sich mit der Wahl und der Einstellung des **Arbeitspunktes**. Hier wurden die auftretenden Fragestellungen und deren Lösung am Beispiel der bipolaren Transistoren gezeigt. Basierend auf der Arbeitspunkteinstellung wurden Überlegungen zum so genannten Kleinsignalverhalten der drei Grundschaltungen durchgeführt. Wir haben uns dabei auf den bipolaren Transistor beschränkt, die analogen Überlegungen können jedoch für die Feldeffekttransistoren angestellt werden. Da im Fall der Feldeffekttransistoren nur ein minimaler (Leck-)Strom am Eingang fließt, der häufig vernachlässigt werden kann, sind die Berechnungen für FETs im Allgemeinen leichter durchzuführen. Der interessierte Leser sei an dieser Stelle auf die Fachliteratur [27], [39] verwiesen, wobei das bereits erworbene Grundwissen den Einstieg in diese weiterführende Literatur wesentlich vereinfachen wird.

Den letzten Teil dieses Kapitels bildeten ausgewählte **Transistorschaltungen**. Der Vergleich einer bipolaren Stromsenke mit einer FET-Stromsenke zeigte den Unterschied in der Berechnung des Kleinsignalverhaltens bei diesen beiden Transistortypen. Durch die Berechnung konnte gezeigt werden, dass eine Stromgegenkopplung im Falle der Verwendung von FETs einen wesentlich größeren Ausgangswiderstand als bei bipolaren Transistoren ermöglicht. Einen weiteren Punkt bildete die Besprechung verschiedener **Stromspiegelschaltungen**, beginnend von einem einfachen bis hin zum Wilson-Stromspiegel. Als letzte, aber sehr wichtige Grundschaltung mit Transistoren wurde der **Differenzverstärker** betrachtet. Die wichtigsten Begriffe wie Gleichtakt- und Gegentaktaussteuerung sowie die Gleichtaktunterdrückung wurden vorgestellt. Des Weiteren wurde die Übertragungskennlinie gezeigt. Die Vorteile des Differenzverstärkers gegenüber dem einstufigen Transistorverstärker wie zum Beispiel der größere Eingangsaussteuerbereich und die Möglichkeit, Gleichspannungen zu verstärken, wurden erklärt.

Operationsverstärker

5.1 Idealer Operationsverstärker 233

5.2 Realer Operationsverstärker 237

5.3 Grundschaltungen mit Operationsverstärkern 248

5.4 Komparatoren 271

Zusammenfassung 272

Einleitung

> In der Anfangszeit digitaler Rechenwerke reichte deren Geschwindigkeit für viele zeitkritische Berechnungen nicht aus. Ein typisches Beispiel ist eine Regelstrecke, bei der die Berechnung einer Regelabweichung und die Bestimmung der neuen Stellgröße innerhalb einer Zeit erfolgen muss, die sehr klein im Vergleich zur Reaktionszeit der zu regelnden Strecke ist.
>
> Zur Lösung dieser Probleme wurden so genannte Analogrechner verwendet. Man erstellte ein elektrisches Modell, das dieselbe mathematische Beschreibung hatte wie das zu lösende Problem. Aus den Strömen und Spannungen innerhalb dieser elektrischen Nachbildung konnte man die gesuchten Lösungen ablesen. Die Rechenoperationen innerhalb dieser analogen Rechenschaltungen wurden durch Operationsverstärker durchgeführt und gaben diesem Verstärkerbaustein seinen Namen.

Operationsverstärker können zum Addieren, Subtrahieren, Multiplizieren, aber auch zum Differenzieren und Integrieren verwendet werden. Auch Funktionsnetzwerke zur Berechnung der Exponentialfunktion, des Logarithmus oder für Sinus- und Cosinusfunktionen wurden verwendet. Abgesehen von Sonderfällen werden diese Berechnungen heute von digitalen Rechenwerken durchgeführt. Die Anwendung der Operationsverstärker wandelte sich vom Lösen des gesamten Problems hin zur Signalvorverarbeitung beziehungsweise Anpassung des Signals an den Eingangsspannungsbereich der Analog/Digital-Umsetzer. Diese erzeugen ein digitales Abbild der analogen Größen, führen die digitale Signalverarbeitung durch und stellen mithilfe von Digital/Analog-Umsetzern wieder ein analoges Ergebnis zur Verfügung. Der häufig mit Operationsverstärkern realisierte Schaltungsteil zwischen Sensor und Analog/Digital-Umsetzer wird meist als Sensor-Interface bezeichnet.

LERNZIELE

- Konzept des idealen Operationsverstärkers
- Rückkopplung – Mitkopplung – Gegenkopplung
- Realer Operationsverstärker und Kenndaten
- Frequenzgangkorrektur und Stabilität von Operationsverstärkerschaltungen
- Ausgewählte Grundschaltungen mit Operationsverstärkern

5.1 Idealer Operationsverstärker

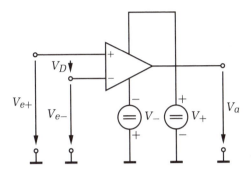

Abbildung 5.1: Idealer Operationsverstärker

In ▶Abbildung 5.1 ist ein idealer Operationsverstärker mit den auftretenden Spannungen und seiner Spannungsversorgung dargestellt. Während klassische Operationsverstärkerschaltungen häufig mit erdsymmetrischen Spannungen von ±15 V oder sogar ±18 V betrieben wurden, geht der Trend bei modernen Operationsverstärkern zur Versorgung mit wesentlich kleineren Spannungen. Derzeit übliche Möglichkeiten sind die symmetrische Versorgung mit ±2,5 V oder die Versorgung mit einer unsymmetrischen Spannung von zum Beispiel 5 V bezogen auf Masse. Die Versorgung kann auch mit unterschiedlich großen positiven und negativen Spannungen erfolgen, wenn diese aus irgendeinem Grund schon verfügbar sind.

Während bei den ersten Operationsverstärkern sowohl am Eingang als auch am Ausgang deutliche Abstände der Signalspannung zu den Versorgungsspannungen notwendig waren, findet man bei modernen Operationsverstärkertypen die Schlagwörter *Input and Output Rail to Rail*. Das bedeutet, dass diese Strukturen sowohl am Eingang als auch am Ausgang mit Spannungen arbeiten können, die sich nur minimal von der Versorgungsspannung unterscheiden. Es gibt auch Varianten, die nur eine Versorgungsspannung am Ausgang erreichen können oder bei denen die Eingangsspannung gleich einer Versorgungsspannung sein darf. Bei diesen Bausteinen findet man im Datenblatt zum Beispiel den Hinweis *Input includes negative rail* oder *Output includes positive rail*.

Der Operationsverstärker besteht – wie wir noch sehen werden – aus einem Differenzverstärker am Eingang, einer Verstärkerstufe (*Gain Stage*) und einem Ausgangstreiber. Seine Eingänge werden nach ihrer Phasenbeziehung zum Ausgang als invertierender (−) und als nicht invertierender Eingang (+) bezeichnet. Bei einem idealen Operationsverstärker fließt in die Eingänge kein Strom. Die Differenzspannung zwischen den beiden Eingängen wird im Idealfall mit einer ∞ großen Verstärkung A_D verstärkt. Es gilt:

$$V_a = (V_+ - V_-) \cdot A_D.$$

Typische Werte der Differenzverstärkung A_D liegen bei realen Operationsverstärkern in der Größenordnung von einer Million oder 120 dB. Diese so genannte Leerlaufverstärkung oder *Open Loop Gain* ist eine Funktion der Frequenz. Sie besitzt das in ▶Abbildung 5.2 dargestellte Tiefpassverhalten erster Ordnung. Die Grenzfrequenz liegt bei wenigen Hertz.

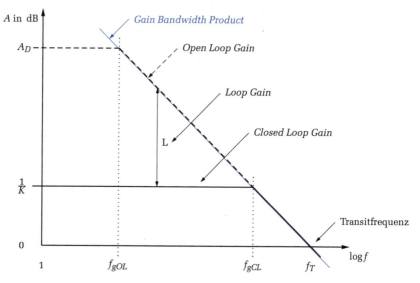

Abbildung 5.2: *Open Loop Gain – Closed Loop Gain – Loop Gain*

Durch eine Gegenkopplung wird die Verstärkung auf praktisch einsetzbare Werte reduziert, die Grenzfrequenz wird jedoch erhöht. Man nennt die verbleibende Verstärkung mit Gegenkopplung auch *Closed Loop Gain*. Wir erinnern uns – unter einer Gegenkopplung versteht man ein Rückführen des Ausgangssignals auf den Eingang, so dass es dem Eingangssignal entgegenwirkt. Die Frequenz, bei der die Verstärkung auf den Faktor 1 beziehungsweise 0 dB zurückgegangen ist, wird als Transitfrequenz f_T bezeichnet. Das Produkt aus Verstärkung und Bandbreite (*Gain Bandwidth Product*) ist konstant und ein Maß dafür, bis zu welcher Frequenz der jeweilige Operationsverstärker eingesetzt werden kann. Es gilt:

$$A_{D1} \cdot f_{gOL} = \frac{1}{K} \cdot f_{gCL} = 1 \cdot f_T .$$

Diese Beziehung entspricht der blauen Linie in Abbildung 5.2. Unter der Bandbreite eines Verstärkers wird jener Frequenzbereich verstanden, in dem eine näherungsweise konstante Verstärkung vorliegt. Er liegt beim Operationsverstärker zwischen der Frequenz Null und der von der Verstärkung abhängigen Grenzfrequenz. Ein weiterer wichtiger Begriff, die Schleifenverstärkung (*Loop Gain*), kann ebenfalls aus Abbildung 5.2 abgelesen werden. Sie ist der Unterschied zwischen der Leerlaufverstärkung und der durch die Gegenkopplung eingestellten Verstärkung und gibt damit an, wieviel Verstärkungsüberschuss der Operationsverstärker zum Ausregeln von Differenzspannungen zwischen seinen Eingängen besitzt. Dieser Überschuss ist entscheidend für die Rechengenauigkeit der analogen Rechenschaltung.

Zur vollständigen Beschreibung des idealen Operationsverstärkers gehören neben der Verstärkung noch die Eingangs- und Ausgangswiderstände. Beim idealen Operationsverstärker ist der Eingangswiderstand unendlich groß. Es fließen keine Eingangsströme. Der Ausgang kann beliebige Ströme liefern beziehungsweise aufnehmen. Der Ausgangswiderstand eines idealen Operationsverstärkers ist Null. Der reale Operationsverstärker wird sich von diesen bisher genannten Eigenschaften natürlich unterscheiden. Trotzdem ist diese vereinfachte Betrachtungsweise zur ersten Analyse von Operationsverstärkerschaltungen recht hilfreich.

5.1.1 Prinzip der Gegenkopplung

Die Rückführung eines Ausgangssignals an den Eingang wird im Allgemeinen als Rückkopplung bezeichnet. Eine Variante ist die Gegenkopplung. Hier wirkt das Ausgangssignal dem Eingangssignal entgegen. Die Eingangsspannung des Verstärkers $\tilde{V}_e$ wird durch die Wirkung der Gegenkopplung verkleinert. Diese Möglichkeit haben wir bei der Arbeitspunkteinstellung von Transistorverstärkern bereits kennen gelernt. Die andere Möglichkeit ist die Vergrößerung des Eingangssignals $\tilde{V}_e$ durch das Ausgangssignal. Hier spricht man von Mitkopplung. Diese Variante wird bei Kippstufen zur Beschleunigung des Schaltens oder bei Oszillatoren zur Signalerzeugung verwendet.

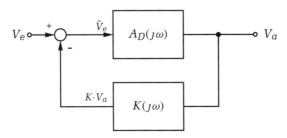

Abbildung 5.3: Rückgekoppelte Struktur

In ▶Abbildung 5.3 ist eine Gegenkopplung in der in der Regelungstechnik üblichen Darstellungsweise gezeigt. Es können folgende Zusammenhänge abgelesen werden:

$$V_a = A_D \cdot \tilde{V}_e \; ; \quad \tilde{V}_e = V_e - K \cdot V_a \, .$$

Aus diesen beiden Gleichungen kann die Übertragungsfunktion des geschlossenen Kreises – oder einfacher gesagt – die Verstärkung bei Gegenkopplung berechnet werden.

$$T = \frac{V_a}{V_e} = \frac{A_D}{1 + \underbrace{K \cdot A_D}_{L}}$$

Das Produkt $L = K \cdot A_D$ wird Schleifenverstärkung genannt und ist für das Verhalten des gesamten Kreises von entscheidender Bedeutung. Sie entspricht dem Quotienten aus dem Ausgangssignal V_a der Schaltung und dem Eingangssignal V_x des Gegenkopplungsnetzwerkes bei geöffneter Gegenkopplungschleife.

$$L = \frac{V_a}{V_x} = K \cdot A_D$$

Wenn die Schleifenverstärkung $L \gg 1$ ist, hängt die Verstärkung der geschlossenen Schleife T nur vom Gegenkopplungsnetzwerk ab.

Ein anderer Sonderfall tritt auf, wenn das Produkt $L = K \cdot A_D = -1$ wird. In diesem Fall verschwindet der Nenner und die Verstärkung geht gegen ∞. Aus der Gegenkopplung wird eine Mitkopplung. Der Ausdruck $K \cdot A_D = -1$ entspricht bei einem invertierenden Summenpunkt einer Formulierung für die Schwingbedingung. In der Regelungstechnik spricht man von einem instabilen Regelkreis. In der Schaltungstechnik wird dieses Verhalten zur Signalerzeugung verwendet.

Nach dieser Vorstellung der Eigenschaften des idealen Operationsverstärkers und der als Brücke zur Regelungstechnik gedachten Überlegung zur Gegen- beziehungsweise Mitkopplung wenden wir uns der Anwendung anhand eines praktischen Beispiels zu.

Beispiel: Berechnung der Verstärkung

Berechnen Sie die Verstärkung des in der folgenden Abbildung gezeigten nicht invertierenden Verstärkers.

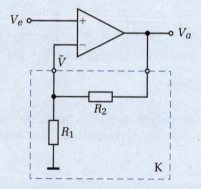

Der invertierende Summenpunkt ist bei der Operationsverstärkerschaltung durch Verwendung des invertierenden Eingangs realisiert. Es liegt die in ▶Abbildung 5.3 gezeigte Struktur vor.

Die Ausgangsspannung des Gegenkopplungsnetzwerkes kann entsprechend der Spannungsteilerregel abgelesen und die Übertragungsfunktion des Gegenkopplungsnetzwerkes K berechnet werden:

$$\tilde{V} = V_a \frac{R_1}{R_1 + R_2} \quad \rightarrow \quad K = \frac{R_1}{R_1 + R_2}.$$

Setzt man dieses Ergebnis in die Übertragungsfunktion des geschlossenen Kreises ein, erhält man:

$$T = \frac{V_a}{V_e} = \frac{A_D}{1 + K \cdot A_D} = \frac{A_D}{1 + \frac{R_1}{R_1+R_2} \cdot A_D} \stackrel{K \cdot A_D \gg 1}{\approx} 1 + \frac{R_2}{R_1}.$$

5.2 Realer Operationsverstärker

Nach dieser Betrachtung der Eigenschaften eines idealen Operationsverstärkers wenden wir uns der schaltungstechnischen Realisierung eines Operationsverstärkers zu.

5.2.1 Aufbau

Um die Erklärung leicht überschaubar zu machen, werden wir eine stark vereinfachte Schaltungsvariante mit bipolaren Transistoren verwenden. Sie ist in ▶Abbildung 5.4 dargestellt und kann in die folgenden drei Schaltungsteile zerlegt werden.

- Eingangsstufe
  Der differentielle Eingang wird durch einen Differenzverstärker realisiert, dessen Arbeitswiderstände durch einen Stromspiegel gebildet werden.

  Legt man beide Eingänge auf Masse, so teilt sich der Strom I_1 symmetrisch auf beide Zweige auf. Der Stromspiegel wird durch $I_1/2$ angesteuert, er fordert daher an seinem Ausgang denselben Strom. Der Ausgangsstrom der Eingangsstufe ist damit gleich Null. Erhöht man die Spannung an der Basis von T_1, sinkt die Basis-Emitter-Spannung und damit auch der Kollektorstrom von T_1. Da der Strom der Stromquelle I_1 konstant ist, steigt der Kollektorstrom von T_2. Der Strom des Stromspiegeltransistors T_4 sinkt, da der Eingangsstrom des Stromspiegels – der Kollektorstrom von T_1 – gesunken ist. Betrachtet man den Ausgangsknoten, so ist der von T_2 kommende Strom größer als der von T_4 aufgenommene. Es ergibt sich ein Ausgangsstrom, der in die Basis von T_5 fließt. Dieser Ausgangsstrom der Differenzverstärkerstufe ist das Doppelte der von der Differenz-Eingangsspannung erzeugten Änderung des Kollektorstromes von T_1 beziehungsweise T_2.

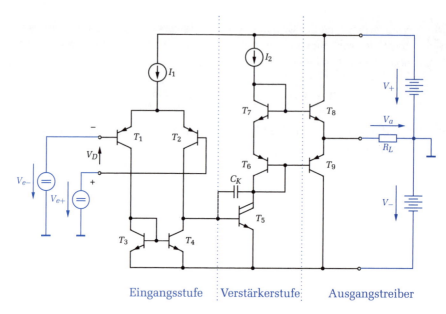

Abbildung 5.4: Vereinfachte Innenschaltung eines Operationsverstärkers

- **Verstärkerstufe**
  Die Verstärkerstufe wird von einem so genannten Darlington-Transistor T_5 in Emitterschaltung gebildet. Bei diesem Transistortyp wird durch eine Hintereinanderschaltung zweier Transistoren eine Vergrößerung der Stromverstärkung $\beta = \beta_1 \cdot \beta_2$ erreicht. Durch die Kombination zweier Transistoren besitzt der Darlington-Transistor allerdings eine größere Basis-Emitter-Spannung. Das Prinzip eines Darlington-Transistors ist in ▶Abbildung 5.5 dargestellt.

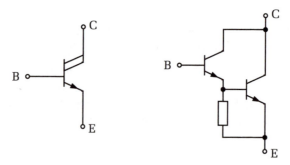

Abbildung 5.5: Darlington-Transistor: Schaltsymbol und Innenschaltung

5.2 Realer Operationsverstärker

Als Arbeitswiderstand der Emitterschaltung wird eine Serienschaltung, bestehend aus zwei als Dioden wirkenden Transistoren (T_6, T_7) und einer Stromquelle, verwendet. Durch den hohen Innenwiderstand der Stromquelle wird eine sehr große Verstärkung ermöglicht. Die beiden in Serie geschalteten Transistoren realisieren die Arbeitspunkteinstellung für die beiden Transistoren der nachgeschalteten Gegentakt-AB-Endstufe.

Eine Erhöhung des Basisstromes von T_5 führt zu einer Erhöhung des Kollektorstromes entsprechend der Stromverstärkung. Dadurch steigt der Spannungsabfall an der Stromquelle. Der Spannungsabfall an den beiden als Diode geschalteten Transistoren T_6 und T_7 und damit auch die Spannung zwischen den Basisanschlüssen von T_8 und T_9 bleibt näherungsweise konstant. Die Spannung der Basen relativ zum Bezugspotential kann jedoch durch eine Änderung des Spannungsabfalles an der Stromquelle verändert werden.

- Gegentaktendstufe
Um die Forderung nach einem geringen Ausgangswiderstand erfüllen zu können, wird eine durch T_8 und T_9 gebildete Gegentaktendstufe verwendet.

Die beiden komplementären Transistoren ergänzen sich bezüglich der Aussteuerung. Die positiven Halbwellen werden vom oberen Transistor geliefert, während der untere Transistor die negativen Halbwellen liefert. Durch diese Vorgehensweise wird ein Betrieb mit einem kleinen Ruhestrom und damit eine geringe Verlustleistung bei kleinen Aussteuerungen erreicht. Im Gegensatz dazu wäre bei einem Verstärker im Klasse-A-Betrieb der Ruhestrom gleich der Hälfte des maximalen Stromes. Die halbe Verlustleistung tritt bei einem solchen Betrieb auch ohne Aussteuerung auf.

Der Vorteil der Gegentakt-Endstufe ist offensichtlich. Der Nachteil sind mögliche Verzerrungen beim Durchgang durch die Ruhelage, da hier das Signal von einem Transistor an den anderen übergeben wird.

Kehren wir zur Funktion zurück. Wird zum Beispiel der Basisstrom von T_5 verkleinert, sinkt der Spannungsabfall an der Stromquelle, das Basispotential von T_8 und T_9 steigt. Damit steigt die Basis-Emitter-Spannung von T_8 und auch der zugehörige Kollektorstrom. Im Gegenzug sinkt die Basis-Emitter-Spannung von T_9, wodurch der Kollektorstrom von T_9 sinkt. Da der von T_8 gelieferte Emitterstrom größer ist als der von T_9 aufgenommene Strom, entsteht ein Ausgangsstrom, der in die Last fließt. Die Ausgangsspannung V_a des Operationsverstärkers steigt. Im umgekehrten Fall, bei Erhöhung des Basisstromes von T_5, steigt der Kollektorstrom. Die beiden Basispotentiale von T_8 und T_9 sinken. Damit erhält der Transistor T_9 eine größere Basis-Emitter-Spannung, während die Basis-Emitter-Spannung von T_8 sinkt. T_9 nimmt somit einen größeren Emitterstrom auf als T_8 liefert. Der zusätzliche Strom wird vom unteren Teil der Versorgungsspannungsquelle geliefert. Er fließt in den Ausgang des Operationsverstärkers, die Ausgangsspannung wird somit negativ. Nach dieser grundlegenden Betrachtung der Funktion wenden wir uns dem Frequenzverhalten des realen Operationsverstärkers zu.

5.2.2 Frequenzgang

Durch den mehrstufigen Aufbau zeigt ein realer Operationsverstärker ein Tiefpassverhalten höherer Ordnung. In der gezeigten einfachen Operationsverstärkerstruktur treten drei Grenzfrequenzen auf. Die geringste Grenzfrequenz f_{g1} besitzt der Differenzverstärker. Sie liegt in der Größenordnung von 10 kHz. Die zweite Grenzfrequenz entsteht durch die Kollektor-Basis-Kapazität des Darlington-Transistors in der Verstärkerstufe. Da in dieser Stufe bereits wesentlich größere Ströme als in der Eingangsstufe verwendet werden, liegt sie in der Größenordnung von 100 kHz. Die dritte Grenzfrequenz ensteht durch die geringere Geschwindigkeit des in der Endstufe verwendeten pnp-Transistors gegenüber den npn-Transistoren. Diese Grenzfrequenz hängt von der Technologie ab, die zur Fertigung der pnp-Transistoren verwendet wird. Bei der Verwendung einfacher Technologien erreicht man Grenzfrequenzen in der Größenordnung von 1 MHz.

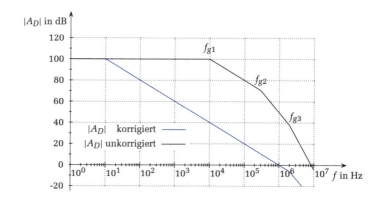

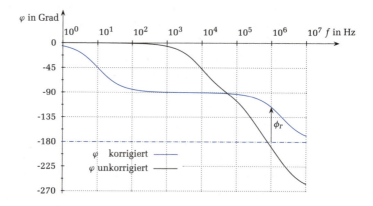

Abbildung 5.6: Frequenzgang eines nicht realen Operationsverstärkers mit und ohne Phasenkompensation

Versucht man mit einem Operationsverstärker, der den in ▶Abbildung 5.6 gezeigten Frequenzgang besitzt, einen Spannungsfolger zu bauen, so erhält man ein instabiles Verhalten. Da die Verstärkung bei einem Spannungsfolger 1 ist, entspricht seine Grenzfrequenz der Transitfrequenz. Bis zu dieser Frequenz ist das Produkt aus der Verstärkung A_D und der Übertragungsfunktion des Gegenkopplungsnetzwerkes gleich 1. Die Phasendrehung zwischen Eingang und Ausgang erreicht jedoch schon vor der Transitfrequenz Werte größer als 180°. Zusammen mit der Phasendrehung, die durch die Verwendung des invertierenden Eingangs entsteht, ergibt sich daher im gesamten Kreis eine Phasendrehung von 360°. Aus der Gegenkopplung wird eine Mitkopplung, die Verstärkerschaltung beginnt zu schwingen.

5.2.3 Frequenzgangkorrektur

Um den realen Operationsverstärker mit beliebigen ohmschen Spannungsteilern gegenkoppeln zu können, muss die Phasendrehung zwischen dem nicht invertierenden Eingang und dem Ausgang bis zur Transitfrequenz f_T wesentlich kleiner als 180° sein. Dieses Verhalten wird durch die Frequenzgangkorrektur erreicht.

Um den Frequenzgang zu korrigieren, wird zwischen Kollektor und Basis des Transistors in der Verstärkerstufe ein Kondensator C_K eingebaut. Ein an dieser Stelle eingebauter Kondensator C_K wirkt entsprechend dem nach J. M. Miller benannten Theorem wie ein gedachter Kondensator C_M zwischen Basis und Emitter, der durch die Spannungsverstärkung A_V vergrößert ist.

$$C_M = (1 + A_V) \cdot C_K$$

Dieser Kondensator C_M bildet mit dem Ausgangswiderstand der Eingangsstufe einen Tiefpass mit einer Grenzfrequenz f_{g1} von wenigen Hertz. Gleichzeitig bewirkt der Kondensator C_K eine Spannungsgegenkopplung der Verstärkerstufe und damit ein Sinken ihres Ausgangswiderstandes und ein Ansteigen der Grenzfrequenz f_{g2}. Dieses Auseinanderschieben der Grenzfrequenzen wird als *Pole Splitting* bezeichnet und führt zu einer Phasendrehung, die bis zur Transitfrequenz wesentlich kleiner als 180° ist. Ein auf diese Weise Frequenzgang-kompensierter Operationsverstärker kann bis zur Transitfrequenz als Tiefpass 1. Ordnung angesehen werden und wird als universell gegenkoppelbar bezeichnet. Er ist *Unity Gain Stable*, das bedeutet er kann auch als Folger eingesetzt werden.

Durch die Frequenzgangkorrektur entsteht jedoch auch ein Nachteil. Die maximale Anstiegsgeschwindigkeit der Ausgangsspannung, die so genannte *Slew Rate*, wird durch den Phasenkompensationskondensator verkleinert. Erinnern wir uns an die in ▶Abbildung 5.4 gezeigte Innenschaltung des Operationsverstärkers. Der Differenzverstärker der Eingangsstufe kann zusammen mit dem Stromspiegel maximal den Strom I_1 der Stromquelle an seinem Ausgang zu Verfügung stellen. Dieser Umstand kann leicht durch folgende Überlegung überprüft werden. Wird die Spannung an der Basis des linken Transistors T_1 des Differenzverstärkers um 100 mV größer als jene an der Basis des rechten Transistors T_2, fließt näherungsweise der gesamte Strom I_1 der Stromquelle durch den rechten Transistor. Da der Stromspiegel keinen Ausgangsstrom erhält, nimmt er auch keinen Strom auf. Der gesamte Strom I_1 der Stromquelle fließt als Ausgangsstrom in den Eingang der Verstärkerstufe. Am Eingang dieser Verstärkerstufe befindet sich der gedachte, durch den Miller-Effekt vergrößerte, Kondensator. Der maximal mögliche Spannungsanstieg pro Zeiteinheit, die *Slew Rate*, hängt vom Strom I_1 der Stromquelle in der Eingangsstufe und dem Phasenkompensations-Kondensator C_K ab.

$$SR = \frac{\Delta V}{\Delta t} = \frac{I_1}{C_K}$$

Es entsteht ein Widerspruch zwischen der Forderung nach universeller Gegenkoppelbarkeit bei geringem Stromverbrauch und hoher Geschwindigkeit.

Für die bis jetzt behandelte Topologie des Operationsverstärkers kann daher folgender Zusammenhang festgestellt werden: Je höher die *Slew Rate* des Operationsverstärkers, umso größer wird auch der Stromverbrauch sein. Steht der Stromverbrauch bei der Auswahl des Operationsverstärkers im Vordergrund, so kann man auch auf Bausteine zurückgreifen, die erst ab einer bestimmten Verstärkung stabil sind. Diese können jedoch nicht als Folger eingesetzt werden.

Beispiel: *Slew Rate*

Wie groß darf die Frequenz eines sinusförmigen Eingangssignals mit einer Amplitude von 1 V beziehungsweise von 0,1 V maximal sein, wenn eine *Slew Rate* von 0,1 V/µs nicht überschritten werden soll?

Die Steigung einer Funktion wird berechnet, indem man die Ableitung bestimmt.

$$V = \hat{V} \cdot \sin(2\pi f t) \quad \rightarrow \quad V' = \hat{V} \cdot 2\pi f \cdot \cos(2\pi f t)$$

Der Betrag der Cosinusfunktion ist kleiner oder gleich 1. Der Maximalwert tritt bei den Nulldurchgängen des Sinussignals auf. Diese maximale Steigung muss für eine verzerrungsfreie Verstärkung kleiner gleich der *Slew Rate* (SR) sein. Es gilt:

$$SR = \hat{V} \cdot 2\pi f \quad \rightarrow \quad f = \frac{SR}{2\pi \hat{V}}.$$

Damit kann die maximale Frequenz berechnet werden, wobei die *Slew Rate* in V/s einzusetzen ist, damit das Ergebnis eine Frequenz in Hertz ist.

$$f = \frac{SR}{2\pi \hat{V}} = \frac{100\,000\,\text{V/s}}{2\pi \cdot 1\,\text{V}} = 15{,}9\,\text{kHz}$$

$$f = \frac{SR}{2\pi \hat{V}} = \frac{100\,000\,\text{V/s}}{2\pi \cdot 0{,}1\,\text{V}} = 159\,\text{kHz}$$

Fazit: Durch eine Verkleinerung der Amplitude erreicht man eine Vergrößerung der zulässigen Frequenz bei konstanter *Slew Rate*.

5.2.4 Spezifikationen

Weblink

Bevor wir uns mit einigen einfachen Schaltungsbeispielen aus dem Bereich der Operationsverstärker beschäftigen, sollen die wichtigsten, im Datenblatt spezifizierten Kennwerte zusammengefasst werden.

- Eingangsoffsetspannung
  Die Eingangsoffsetspannung (*Input Offset Voltage*) ist jene Gleichspannung, die am Eingang des Operationsverstärkers angelegt werden muss, damit die Ausgangsspannung Null wird. Sie entsteht durch Unsymmetrien im Differenzverstärker, zum Beispiel durch unterschiedliche Basis-Emitter-Spannungen im Fall einer bipolaren Eingangsstufe. Der Wert der Offsetspannung hängt vom verwendeten Operationsverstärkertyp, vom Exemplar und der Temperatur ab. Er ändert sich auch mit der Zeit. Für hochwertige Operationsverstärker gibt der Hersteller eine Langzeitdrift an.

  Soll die Wirkung der Eingangsoffsetspannung bei einer Operationsverstärkerschaltung berechnet werden, so wird im Ersatzschaltbild zu einem der beiden Eingänge eine Spannungsquelle mit dem Wert der Offsetspannung in Serie geschaltet. Für diese Berechnung ist es egal, welcher Eingang verwendet wird, man wählt jenen, der eine einfache Berechnung ermöglicht. Da die Polarität der Offsetspannung nicht bekannt ist, muss eine Berechnung mit beiden Varianten durchgeführt werden, um den ungünstigsten Fall für die betrachtete Anwendung zu ermitteln. Die Ersatzschaltung des realen Operationsverstärkers ist in ▶Abbildung 5.7 gezeigt.

  Typische Offsetspannungen liegen im Bereich von wenigen mV. Mit speziellen Tricks (*Chopper*-stabilisierter Operationsverstärker) können Offsetspannungen unter 1 μV erreicht werden. Die Wirkung der Offsetspannung ist in ▶Abbildung 5.9 als Verschiebung der Übertragungskennlinie erkennbar.

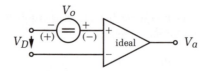

Abbildung 5.7: Berücksichtigung der Offsetspannung eines realen Operationsverstärkers

- **Eingangsruhestrom**
  Der Eingangsruhestrom (*Input Bias Current*) ist jener Strom, den die Eingangstransistoren für ihre Funktion benötigen. Er liegt bei bipolaren Eingangsstufen in der Größenordnung von < 250 nA. Durch die Verwendung von JFETs oder MOSFETs in der Eingangsstufe können wesentlich kleinere Bias-Ströme erreicht werden. Kennt man im bipolaren Fall die Schichtfolge der Transistoren des Differenzverstärkers, so ist die Richtung der Bias-Ströme bekannt. Anderenfalls berechnet man die Wirkung mit beiden Richtungen des Stromes und ermittelt den ungünstigeren Fall. Die Ersatzschaltung zur Berücksichtigung der Bias-Ströme ist in ▶Abbildung 5.8 dargestellt.

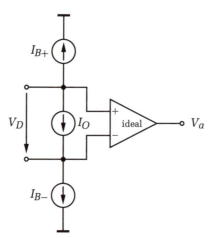

Abbildung 5.8: Berücksichtigung der Bias-Ströme und des Offset-Stromes eines realen Operationsverstärkers

Der im Datenblatt für den Bias-Strom angegebene Wert ist üblicherweise der Mittelwert der beiden Eingangsströme.

$$I_B = \frac{I_{B+} + I_{B-}}{2}$$

- **Eingangsoffsetstrom**
  Die Unsymmetrie der beiden Bias-Ströme wird durch den Eingangsoffsetstrom (*Input Offset Current*) dargestellt.

$$I_O = |I_{B+} - I_{B-}|$$

Die Berücksichtigung des Offsetstromes erfolgt durch eine Stromquelle, die wie in ▶Abbildung 5.8 dargestellt, zwischen den beiden Eingängen des Operationsverstärkers angeschlossen wird.

- *Slew Rate*
  Als *Slew Rate* wird die maximale Änderung der Ausgangsspannung pro Zeiteinheit bezeichnet. Übliche Werte liegen im Bereich von $2\,\text{mV}/\mu\text{s}$ bis zu mehr als $1000\,\text{V}/\mu\text{s}$.

- Betriebsstrom
  Unter dem Schlagwort *Supply Current* wird in den Datenblättern zumeist ein typischer und ein maximaler Strom angegeben, den der Operationsverstärker im Betrieb aufnimmt. Da dieser Strom von den Betriebsbedingungen abhängt, müssen die zur Spezifikation gehörenden Angaben bezüglich des Messaufbaus beachtet werden.

- Ausgangsaussteuerbarkeit
  Als Ausgangsaussteuerbarkeit oder *Output Voltage Swing* wird jener Bereich innerhalb der Versorgungsspannung bezeichnet, in dem sich der Ausgang des Operationsverstärkers bewegen kann. Die Ausgangsaussteuerbarkeit hängt von der Struktur der Ausgangsstufe und dem Lastwiderstand ab. Der Hinweis *Output Rail to Rail* im Datenblatt bedeutet, dass die Ausgangsspannung die Versorgungsspannung fast erreichen kann. Die Grenzen der Ausgangsaussteuerbarkeit sind in ▶Abbildung 5.9 ablesbar.

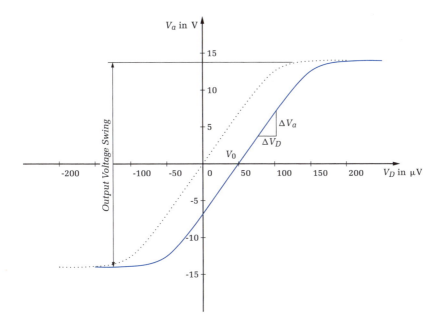

Abbildung 5.9: Übertragungsfunktion eines realen Operationsverstärkers

- **Transitfrequenz**
  Als Transitfrequenz wird jene Frequenz bezeichnet, bei der die Verstärkung des Operationsverstärkers aufgrund seines Tiefpassverhaltens auf den Faktor 1 beziehungsweise 0 dB zurückgegangen ist.

- **Verstärkungsbandbreitenprodukt**
  Statt der Transitfrequenz findet man im Datenblatt häufig die Angabe des Verstärkungsbandbreitenproduktes (*Gain Bandwidth Product*). Aus diesem Wert kann die Grenzfrequenz bei einer bestimmten Verstärkung berechnet werden. Da die Grenzfrequenz bei der Verstärkung 1 der Transitfrequenz entspricht, ist diese Angabe äquivalent zur Angabe der Transitfrequenz.

- **Leerlaufverstärkung**
  Zur Spezifikation der Verstärkung wird die Differenzverstärkung A_D bei der Frequenz Null in dB angegeben. Alternativ findet man unter der Bezeichnung *Large Signal Voltage Gain* auch die Angabe des Quotienten aus Ausgangsspannung und Eingangsspannung bei einer bestimmten Versorgungsspannung und einem bestimmten Lastwiderstand. Zum Beispiel $A_{VOL} = 2500\,\text{V/mV}$ bei einer Versorgung mit $\pm 12\,\text{V}$ und einem Lastwiderstand von $2\,\text{k}\Omega$.

$$A_D = 2500\,\text{V/mV} \cdot 1000 = 2{,}5 \cdot 10^6 \quad \rightarrow \quad A_D\Big|_{dB} = 20 \cdot \log_{10}(A_D) \approx 128\,\text{dB}$$

Bei vielen Überlegungen reicht es aus, mit einer unendlich großen Differenzverstärkung zu arbeiten. Soll der Einfluss der endlichen Verstärkung berücksichtigt werden, so muss man die geplante Ausgangsspannung durch die Verstärkung dividieren und erhält so die für diese Ausgangsspannung notwendige Differenzspannung am Eingang. Sie kann genauso wie die Offsetspannung als eine in Serie geschaltete Spannungsquelle berücksichtigt werden. Die endliche Verstärkung des realen Operationsverstärkers ist als Steigung der in ▶Abbildung 5.9 gezeigten Übertragungsfunktion erkennbar.

- **Gleichtaktunterdrückung**
  Auch die endliche Unterdrückung von Gleichtaktsignalen wird berücksichtigt, indem man das anliegende Gleichtaktsignal V_{GL} berechnet, durch die Gleichtaktunterdrückung G dividiert und in Form einer zum Eingangssignal in Serie geschalteten Spannungsquelle berücksichtigt. Das Ersatzschaltbild ist jenem zur Berücksichtigung der Offsetspannung sehr ähnlich. Es ist in ▶Abbildung 5.10 gezeigt. Die Gleichtaktunterdrückung (*Common Mode Rejection Ratio*) üblicher Operationsverstärker liegt zwischen 80 und 130 dB.

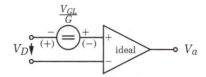

Abbildung 5.10: Berücksichtigung der Gleichtaktunterdrückung

- Unterdrückung von Änderungen der Versorgungsspannung
  Störsignale, die über die Versorgungsleitungen in den Operationsverstärker gelangen, werden entsprechend der so genannten *Power Supply Rejection Ratio* unterdrückt. Ihre Berücksichtigung kann im Ersatzschaltbild ebenfalls in der von der Gleichtaktunterdrückung bekannten Art erfolgen.

- Gegentakteingangswiderstand
  Der Gegentakteingangswiderstand (*Differential Mode Input Resistance*) hängt von der Art der Transistoren ab, die in der Eingangsstufe verwendet werden. Er liegt bei realen Operationsverstärkern im Bereich von 1 MΩ bis 10 TΩ und kann, wie in ▶ Abbildung 5.11 gezeigt ist, durch den Widerstand r_D zwischen dem invertierenden und dem nicht invertierenden Eingang berücksichtigt werden.

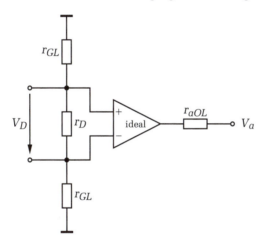

Abbildung 5.11: Berücksichtigung der Eingangswiderstände und des Ausgangswiderstandes

- Gleichtakteingangswiderstand
  Der Gleichtakteingangswiderstand (*Common Mode Input Resistance*) liegt im Bereich von 1 GΩ bis 100 TΩ. Er wird durch je einen Widerstand r_{GL} vom Eingang auf Masse berücksichtigt.

- Ausgangswiderstand
  Der Ausgangswiderstand r_{aOL} des nicht gegengekoppelten Operationsverstärkers liegt im Bereich von 50 Ω bis 1500 Ω. Er wird durch die Wirkung der Gegenkopplung um die Schleifenverstärkung auf den Wert r_{aCL} verkleinert.

$$r_{aCL} = \frac{r_{aOL}}{L}$$

Um die Beurteilung einer realen Operationsverstärkerschaltung vornehmen zu können, wird der Einfluss der einzelnen Kennwerte zu einem Gesamtergebnis überlagert. Dabei sollte eine Ermittlung des ungünstigsten Falles erfolgen, da nicht alle

Einflüsse in derselben Richtung wirken. Bei einigen Einflüssen wie zum Beispiel der Offsetspannung kann die Polarität und damit die Richtung der Beeinflussung nicht vorhergesagt werden. Daher müssen verschiedene Fälle analysiert werden. Ein Beispiel einer solchen Untersuchung wird im Kapitel 20 bei der Dimensionierung des Sensor-Interfaces gezeigt. Für eine umfassendere Betrachtung dieses Themenkreises sei der interessierte Leser auf die Fachliteratur [24], [39] verwiesen.

5.3 Grundschaltungen mit Operationsverstärkern

In diesem Abschnitt werden wir einige ausgewählte Grundschaltungen mit Operationsverstärkern kennen lernen. Zur Analyse der Schaltungen wird von einem idealen Operationsverstärker ausgegangen. Es gelten folgende Vereinfachungen:

1. Es fließt kein Strom in die Eingänge: $I_+ = I_- = 0$ bzw. $r_D = \infty$, $r_{GL} = \infty$.

2. Der Operationsverstärker kann beliebige Ausgangsströme liefern: $r_a = 0$.

3. Durch die unendlich große Verstärkung A_D verschwindet die Differenzspannung zwischen den Eingängen: $V_D = 0$.

5.3.1 Nicht invertierender Verstärker

Der nicht invertierende Verstärker (▶Abbildung 5.12) weist bei Frequenzen unter seiner Grenzfrequenz zwischen seinem Eingang und seinem Ausgang keine Phasendrehung auf.

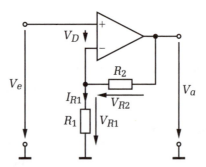

Abbildung 5.12: Nicht invertierender Verstärker

Da die Differenzspannung V_D Null ist, entspricht die Eingangsspannung der Spannung am Widerstand R_1. Der Strom I_{R1} durch diesen Widerstand kann entsprechend dem ohmschen Gesetz berechnet werden. Da bei einem idealen Operationsverstärker kein Strom in den invertierenden Eingang fließt, muss der Strom I_{R1} auch durch den Widerstand R_2 fließen. Damit kann der Spannungsabfall an R_2 und damit die Ausgangsspannung berechnet werden.

$$V_a = V_{R1} + V_{R2} = V_e + V_{R2} = V_e + I_{R1} \cdot R_2 = V_e + \frac{V_e}{R_1} \cdot R_2 = V_e \cdot \left(1 + \frac{R_2}{R_1}\right)$$

Die Verstärkung des nicht invertierenden Verstärkers beträgt daher:

$$A_V = \frac{V_a}{V_e} = 1 + \frac{R_2}{R_1} . \tag{5.1}$$

Eine besondere Form des nicht invertierenden Verstärkers entsteht, wenn man den Widerstand R_1 sehr groß gegenüber dem Widerstand R_2 werden lässt. In diesem Fall verschwindet der zweite Term der Verstärkungsformel. Man erhält einen so genannten Spannungsfolger. Da kein Strom in den invertierenden Eingang fließt, kann man den Widerstand R_2 durch einen Kurzschluss ersetzen. Der Spannungsfolger ist in ▶Abbildung 5.13 dargestellt.

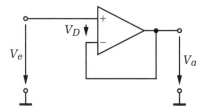

Abbildung 5.13: Spannungsfolger

5.3.2 Invertierender Verstärker

Der in ▶Abbildung 5.14 dargestellte invertierende Verstärker besitzt bei Frequenzen unter seiner Grenzfrequenz eine Phasendrehung von 180°. Eine positive Eingangsspannung führt zu einer negativen Ausgangsspannung. Auch die Funktion dieses Verstärkers kann – mit dem bisher erworbenen Wissen – direkt aus der Schaltung abgelesen werden.

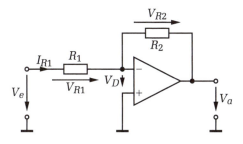

Abbildung 5.14: Invertierender Verstärker

5 OPERATIONSVERSTÄRKER

Da die Differenzeingangsspannung V_D bei einem idealen Operationsverstärker Null ist, kann der invertierende Eingang des Operationsverstärkers als virtueller Nullpunkt bezeichnet werden. Der Operationsverstärker wird seine Ausgangsspannung so einstellen, dass sowohl am invertierenden als auch am nicht invertierenden Eingang das Bezugspotential liegt.

Die Eingangsspannung V_e fällt am Widerstand R_1 ab. Damit fließt entsprechend dem ohmschen Gesetz ein Strom I_{R1} durch diesen Widerstand. Da der Eingangsstrom in den invertierenden Eingang Null ist, fließt I_{R1} auch durch den Widerstand R_2. Die Ausgangsspannung kann daher wie folgt berechnet werden:

$$V_a = -V_{R2} = -I_{R1} \cdot R_2 = -\frac{V_e}{R_1} \cdot R_2 \;.$$

Die Verstärkung des invertierenden Verstärkers beträgt daher:

$$A_V = \frac{V_a}{V_e} = -\frac{R_2}{R_1} \;. \qquad (5.2)$$

Wird bei einem invertierenden Verstärker der Eingangswiderstand weggelassen und das Eingangssignal direkt mit dem invertierenden Eingang verbunden, so entsteht der in ▶Abbildung 5.15 gezeigte Strom-Spannungs-Umsetzer. Der Operationsverstärker liefert eine negative Ausgangsspannung, die genauso groß ist, wie der vom Eingangsstrom I_e erzeugte Spannungsabfall an R.

$$V_a = -I_e \cdot R$$

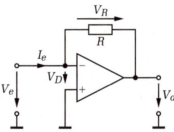

Abbildung 5.15: Strom-Spannungs-Umsetzer

Bevor wir uns mit weiteren Operationsverstärker-Grundschaltungen beschäftigen, sollen die Eigenschaften des invertierenden und des nicht invertierenden Verstärkers einander gegenübergestellt werden.

- **Eingangswiderstand**
  Bei einem nicht invertierenden Verstärker ist der Eingang der Schaltung nur mit dem nicht invertierenden Eingang des Operationsverstärkers verbunden. Der Eingangswiderstand ergibt sich aus einer Parallelschaltung des Gleichtakteingangs-

widerstandes r_{GL} und dem durch die Gegenkopplung wesentlich erhöhten Differenzeingangswiderstand r_D. Man erhält Werte, die zumindest im GΩ-Bereich liegen. Der nicht invertierende Verstärker kann daher zur Impedanztransformation eingesetzt werden.

Bei einem invertierenden Verstärker entspricht der Eingangswiderstand wegen des vom Operationsverstärker erzeugten virtuellen Nullpunkts dem Widerstand R_1. Für den Widerstand R_1 werden üblicherweise Werte im kΩ-Bereich verwendet. Der Eingangswiderstand des invertierenden Verstärkers ist daher wesentlich kleiner als jener des nicht invertierenden Verstärkers.

- Gleichtaktaussteuerung
  Für die Gleichtaktaussteuerung V_{GL} des nicht invertierenden Verstärkers gilt bei Berücksichtigung der Eingangsdifferenzspannung:

$$V_{GL} = \frac{V_+ + V_-}{2} = \frac{V_e + V_e - V_D}{2} \stackrel{V_e \gg V_D}{\approx} V_e \ .$$

Berechnet man die Ausgangsspannung des invertierenden Verstärkers bei Berücksichtigung der endlichen Gleichtaktunterdrückung, so erhält man einen von der Differenzverstärkung und der Eingangsdifferenzspannung abhängigen Anteil V_{aD} und einen von der Gleichtaktspannung und der Gleichtaktunterdrückung G abhängigen Anteil V_{aGL}.

$$V_a = V_{aD} + V_{aGL} = V_e \cdot \frac{A_D}{1 + K \cdot A_D} + V_{GL} \cdot \frac{1}{G} \cdot \frac{A_D}{1 + K \cdot A_D} =$$
$$= V_e \cdot \frac{A_D}{1 + K \cdot A_D} \cdot \left(1 + \frac{1}{G}\right)$$

Die Ausgangsspannung eines invertierenden Verstärkers wird durch den Einfluss der endlichen Gleichtaktunterdrückung vergrößert. Bei hoch auflösenden Anwendungen des nicht invertierenden Verstärkers muss daher darauf geachtet werden, dass die Gleichtaktunterdrückung ausreichend groß ist, damit der durch sie verursachte Fehler der Ausgangsspannung vernachlässigt werden kann.

Berechnet man die Gleichtaktaussteuerung des invertierenden Verstärkers, so gilt:

$$V_{GL} = \frac{V_+ + V_-}{2} = \frac{V_D - 0}{2} \stackrel{V_D \ll}{\approx} 0 \ .$$

Durch die endliche Gleichtaktunterdrückung tritt beim invertierenden Verstärker kein Fehler auf.

- Schleifenverstärkung
  Zur Berechnung der Schleifenverstärkung trennt man die Gegenkopplung auf. Wir werden für unsere Überlegung eine Trennung am Ausgang vornehmen. An diesem Punkt X wird eine Eingangsspannung V_X angelegt und die Ausgangsspannung des Verstärkers V_a bestimmt. Der ursprüngliche Eingang der Schaltung wird für die Bestimmung der Schleifenverstärkung mit dem Bezugspotential verbunden.

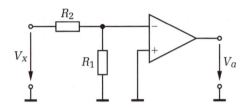

Abbildung 5.16: Bestimmung der Schleifenverstärkung

Es ergibt sich das in ▶Abbildung 5.16 gezeigte Schaltbild, das sowohl für den invertierenden als auch für den nicht invertierenden Verstärker gilt.

Die Schleifenverstärkung L ist das Verhältnis der Ausgangsspannung V_a des Verstärkers zur Eingangsspannung des Gegenkopplungsnetzwerkes V_x.

$$L = \frac{V_a}{V_x} = -A_D \cdot \frac{R_1}{R_1 + R_2}$$

Allgemein kann gesagt werden, dass der Unterschied zwischen der Verstärkung des realen Operationsverstärkers und jener des idealen Operationsverstärkers näherungsweise dem Kehrwert der Schleifenverstärkung entspricht.

$$\frac{A_{ideal} - A_{real}}{A_{ideal}} = \frac{1}{1 + K \cdot A_D} \approx \frac{1}{L}$$

- Frequenzgang

  Der Frequenzgang des Operationsverstärkers zeigt ein Tiefpassverhalten erster Ordnung. Die Differenzverstärkung sinkt ab ihrer Grenzfrequenz f_{gOL} mit 20 dB/Dekade. Durch die Gegenkopplung wird eine Verstärkung (*Closed Loop Gain*) von $1/K$ eingestellt.

  Bei der Grenzfrequenz f_{gCL} dieser Verstärkung ist die Schleifenverstärkung auf den Faktor 1 oder 0 dB zurückgegangen. Dadurch geht die *Closed Loop Gain* auf den Wert $\frac{1}{K \cdot \sqrt{2}}$ zurück. Das entspricht dem vom Tiefpass bekannten Abfall von 3 dB beziehungsweise einem relativen Fehler der Verstärkung von näherungsweise 30 %[1]. Soll der Fehler der Verstärkung und damit der Fehler der Ausgangsspannung durch den Frequenzgang des Operationsverstärkers zu vernachlässigen sein, so muss die Grenzfrequenz f_{gCL} der *Closed Loop Gain* wesentlich über der höchsten Signalfrequenz liegen.

Der Frequenzgang des nicht invertierenden Verstärkers ist in ▶Abbildung 5.17 dargestellt. Der Amplitudengang des invertierenden Verstärkers entspricht jenem des nicht invertierenden. Der Phasengang weist eine konstante zusätzliche Phasendrehung von 180° auf und ist in ▶Abbildung 5.18 gezeigt.

---

[1] Diese Näherung gilt nur, wenn die Phasendrehung bei der Grenzfrequenz 45° beziehungsweise 225° beträgt. Das ist nur der Fall, wenn f_{gCL} nicht in der Nähe einer Grenzfrequenz der Leerlaufverstärkung liegt.

5.3 Grundschaltungen mit Operationsverstärkern

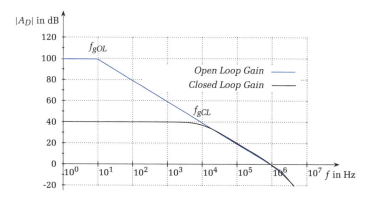

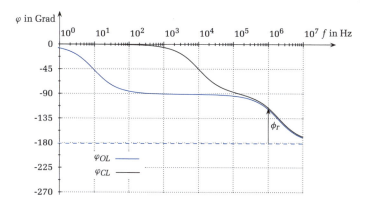

Abbildung 5.17: Frequenzgang des nicht invertierenden Verstärkers

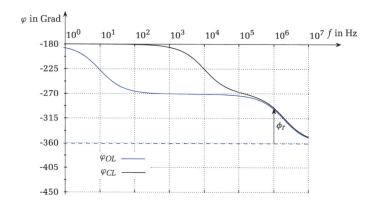

Abbildung 5.18: Phasengang des invertierenden Verstärkers

5.3.3 Subtrahierverstärker

Zur Verstärkung der Differenz zweier Spannungen kann die in ▶Abbildung 5.19 gezeigte Schaltung verwendet werden. Sie wird als Differenzverstärker (*Difference Amplifier*) oder Subtrahierer bezeichnet. Differenzspannungen treten häufig als Ausgangsspannungen von Brückenschaltungen auf. Ein schon bekanntes Beispiel ist die Wien-Robinson-Brücke. Die Messung nicht elektrischer Größen wie zum Beispiel Temperatur, Druck, Kraft oder Längenänderung erfolgt häufig mit Widerstandssensoren. Diese Sensoren werden aus Gründen, die wir im Kapitel 20 genauer besprechen, oft als Teil einer Brückenschaltung verwendet. Ein anderes Anwendungsbeispiel ist die Anpassung eines Eingangssignals an den Eingangsbereich eines Analog/Digital-Umsetzers. Diese Anwendung wird analoge Pegelumsetzung genannt und in Abschnitt 17.1 erklärt.

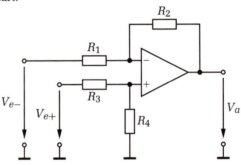

Abbildung 5.19: Subtrahierer

Die Berechnung der Ausgangsspannung in Abhängigkeit von den beiden Eingangsspannungen kann mit dem Überlagerungsprinzip durchgeführt werden. Im ersten Schritt setzt man die Eingangsspannung V_{e+} gleich Null und berechnet die Ausgangsspannung V'_a, wenn nur die Spannung V_{e-} anliegt. Es entsteht die in ▶Abbildung 5.20 gezeigte Schaltung.

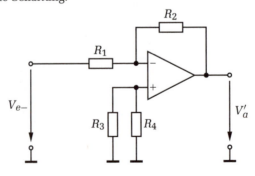

Abbildung 5.20: Einfluss von V_{e-}

Da kein Strom in den invertierenden Eingang fließt, fällt an der Parallelschaltung von R_3 und R_4 keine Spannung ab. Der invertierende Eingang liegt somit auf Masse. Es gilt die vom invertierenden Verstärker bekannte Beziehung:

$$V'_a = -V_{e-} \cdot \frac{R_2}{R_1} \, .$$

Im zweiten Schritt wird die Eingangsspannung V_{e-} Null gesetzt. Die entstehende Schaltung ist in ▶Abbildung 5.21 dargestellt. Man erkennt einen Spannungsteiler mit nachgeschaltetem nicht invertierenden Verstärker. Es gilt:

$$V''_a = V_{e+} \cdot \frac{R_4}{R_3 + R_4} \cdot \left(1 + \frac{R_2}{R_1}\right) \, .$$

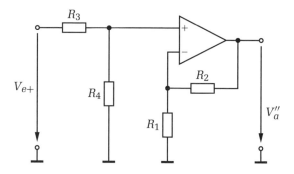

Abbildung 5.21: Einfluss von V_{e+}

Die Ausgangsspannung V_a ist die Summe der beiden berechneten Spannungen. Bei der Verwendung vier unterschiedlicher Widerstände erhält man den folgenden etwas unhandlichen Ausdruck:

$$V_a = V'_A + V''_A = V_{e+} \cdot \frac{R_4}{R_3 + R_4} \cdot \left(1 + \frac{R_2}{R_1}\right) - V_{e-} \cdot \frac{R_2}{R_1} \, .$$

Zur Vereinfachung wählt man $R_1 = R_3$ und $R_2 = R_4$. In diesem Fall erhält man für die Ausgangsspannung folgenden Ausdruck:

$$V_a = (V_{e+} - V_{e-}) \frac{R_2}{R_1} \, .$$

Wählt man für alle vier Widerstände denselben Wert ($R = R_1 = R_2 = R_3 = R_4$), so kann dieser Ausdruck weiter vereinfacht werden:

$$V_a = V_{e+} - V_{e-} \, .$$

Bei der Realisierung ist allerdings zu beachten, dass die Bedingung $R = R_1 = R_2 = R_3 = R_4$ mit realen Widerständen nur näherungsweise erfüllt werden kann. Eine Berechnung des Einflusses der Widerstandstoleranzen auf die Eigenschaften des Subtrahierers kann in der Fachliteratur nachgelesen werden [39].

5.3.4 Instrumentierungsverstärker

Reicht der Eingangswiderstand des Subtrahierers für die geplante Anwendung nicht aus, so wird ein Instrumentierungsverstärker (*Instrumentation Amplifier*) verwendet. Er besteht wie in ▶Abbildung 5.22 dargestellt, aus zwei nicht invertierenden Verstärkern und einem Differenzverstärker.

Zur Berechnung der Ausgangsspannung gehen wir wieder von idealen Verhältnissen aus. Die Eingangsdifferenzspannungen der Operationsverstärker sind Null. Die Differenzspannung V_e zwischen den Eingängen fällt daher am Widerstand R_1 ab. Entsprechend dem ohmschen Gesetz fließt ein Strom I_1 durch diesen Widerstand. Da die Eingangsströme in die invertierenden Eingänge im Falle idealer Operationsverstärker Null sind, fließt der Strom I_1 auch durch die beiden Widerstände R_2. Die Eingangsspannung $\tilde{V}_e$ des nachgeschalteten Differenzverstärkers kann damit folgend angegeben werden:

$$\tilde{V}_e = V_{R1} + 2V_{R2} = V_e + I_1 \cdot 2R_2 = V_e + \frac{V_e}{R_1} \cdot 2R_2 = V_e \cdot \left(1 + \frac{2R_2}{R_1}\right).$$

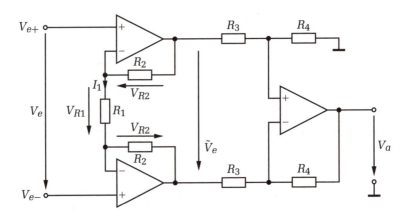

Abbildung 5.22: Instrumentierungsverstärker

Mit dem schon bekannten Ergebnis des Differenzverstärkers erhält man für die Ausgangsspannung des Instrumentierungsverstärkers:

$$V_a = (V_{e+} - V_{e-}) \cdot \left(1 + \frac{2R_2}{R_1}\right) \cdot \frac{R_4}{R_3} \ . \qquad (5.3)$$

Neben dem schon erwähnten hohen Eingangswiderstand kann mit einem Instrumentierungsverstärker auch eine höhere Gleichtaktunterdrückung als mit einem einfachen Differenzverstärker erreicht werden. Das ist möglich, da die Differenzverstärkung entsprechend dem Widerstandsverhältnis R_2/R_1 größer, die Gleichtaktverstärkung aber gleich jener des Differenzverstärkers ist. Instrumentierungsverstärker sind als Bauteil mit integrierten Widerständen und fest eingestellter Verstärkung erhältlich. Es gibt auch die Möglichkeit, dass nur der Widerstand R_1 zur Einstellung der Verstärkung herausgeführt ist.

Weblink

5.3.5 Stabilität von Operationsverstärkerschaltungen

Bei der Verwendung einer ohmschen Rückkopplung in Kombination mit einem universell gegengekoppelten Operationsverstärker entsteht entweder ein stabiler Verstärker oder – bei Vertauschung von invertierendem und nicht invertierendem Eingang – eine Kippstufe.

Verwendet man ein frequenzabhängiges Rückkopplungsnetzwerk, so ensteht im Falle einer Mitkopplung ein Oszillator. Mit diesem Schaltungstyp werden wir uns im Abschnitt 12 eingehender beschäftigen. Allerdings kann es auch bei einer als Gegenkopplung gedachten Rückführung des Signals an den Eingang zu einem Oszillieren der Schaltung kommen. Auch die Belastung des Ausgangs mit kapazitiven Lasten kann Instabilitäten hervorrufen.

Zur Untersuchung der Stabilität werden wir Wissen aus der Regelungstechnik und der Mathematik anwenden. Auf die Herleitung dieser Grundlagen wird verzichtet. Der schaltungstechnische Einstieg in die Stabilitätsbetrachtung ist jedoch als Brücke oder auch als Motivation gedacht, sich eingehender mit diesem Wissen vor allem aus dem Bereich der Regelungstechnik [17] zu beschäftigen.

Für die Analyse regelungstechnischer Probleme ist der Begriff der Übertragungsfunktion sehr wichtig. Sie beschreibt die Abhängigkeit des Ausgangssignals eines linearen zeitinvarianten Systems vom Eingangssignal. Beschränkt man sich auf sinusförmige Signale, wird aus der Übertragungsfunktion der schon bekannte Frequenzgang. Es handelt sich um eine Beschreibung im Frequenz- oder auch Bildbereich. Wir erinnern uns zum Beispiel an den Tiefpass, er wurde im Abschnitt 1.2.1 im Frequenzbereich mithilfe der symbolischen Methode (komplexe Wechselstromrechnung) analysiert. Alternativ wurde auch eine Analyse im Zeitbereich durch das direkte Lösen der Differentialgleichungen gezeigt. Wir haben die Sprungantwort berechnet.

Die komplexe Wechselstromrechnung wurde für sinusförmige Größen eingeführt. Als Variable im Bildbereich wurde $j\omega$ verwendet. Als Übergang vom Zeitbereich in den Frequenzbereich wurde die Fourier-Analyse verwendet, mit der jedes periodische Signal im Zeitbereich in eine Summe von Sinussignalen und damit in eine Beschreibung als Amplituden- und Phasenspektrum im Frequenzbereich überführt werden konnte.

Die symbolische Methode verwendet zur Darstellung eines rotierenden Zeigers folgende mathematische Beschreibung:

$$\underline{V} = \hat{V} \cdot e^{j(\omega t)} \; .$$

Soll mit nicht periodischen Signalen gearbeitet werden, ist eine weitere Verallgemeinerung möglich.

$$\underline{V} = \hat{V} \cdot e^{\sigma t} \cdot e^{j(\omega t)} = \hat{V} \cdot e^{st}$$

Der Koeffizient σ wird als Dämpfungsmaß bezeichnet, ω ist die Kreisfrequenz. Als Abkürzung wird die Variable $s = \sigma + j\omega$ verwendet. Sie wird als komplexe Frequenz bezeichnet. Diese Erweiterung führt zu einer Transformationsvorschrift, die von P. S. Laplace[2] entwickelt wurde.

Mit der Laplace-Transformation können zeitabhängige Signale in den Frequenzbereich transformiert werden. Mit der von der symbolischen Methode bekannten Vorgehensweise erfolgt eine Beschreibung des zu untersuchenden Netzwerkes im Frequenzbereich. Man bestimmt die Übertragungsfunktion. Liegen die Übertragungsfunktion und das Laplace-transformierte Eingangssignal vor, kann das Ausgangssignal des Netzwerkes im Frequenzbereich berechnet werden. Eine abschließende inverse Laplace-Transformation liefert das Ergebnis im Zeitbereich. Auf diese Weise kann ohne das direkte und oft aufwändigere Lösen der Differentialgleichungen das Ausgangssignal eines Netzwerkes im Zeitbereich berechnet werden. Eine umfassendere Besprechung dieses Themas sowie Anwendungsbeispiele können im schon öfter zitierten Grundlagenwerk zur Elektrotechnik [2] nachgelesen werden.

Nach dieser kurzen Bemerkung zum Begriff der Übertragungsfunktion kehren wir zur Betrachtung der Operationsverstärkerschaltungen zurück. Die Struktur einer gegengekoppelten Operationsverstärkerschaltung ist in ▶Abbildung 5.23 dargestellt.

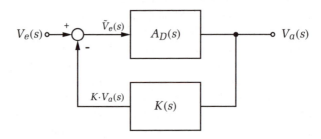

Abbildung 5.23: Struktur der gegengekoppelten Schleife

Die Übertragungsfunktion dieser Struktur haben wir schon bei der Betrachtung des idealen Operationsverstärkers kennen gelernt.

$$T(s) = \frac{V_a(s)}{V_e(s)} = \frac{A_D(s)}{1 + K(s) \cdot A_D(s)}$$

Die Regelungstechnik lehrt, dass dieses System genau dann stabil ist, wenn alle Pole in der linken offenen s-Halbebene liegen (Nyquist-Kriterium). Umgekehrt kann

---

[2] Pierre Simon Laplace, ★ 28. März 1749 in Beaumont-en-Auge, † 5. März 1827 in Paris, französischer Mathematiker und Astronom

gesagt werden, dass in diesem Fall der Nenner der Übertragungsfunktion keine Nullstellen in der rechten abgeschlossenen Halbebene besitzt. Es muss daher die Lage der Nullstellen des Nennerpolynoms $F(s)$ bestimmt werden.

$$F(s) = 1 + K(s) \cdot A_D(s) = 1 + L(s)$$

Das Nyquist-Kriterium ermöglicht eine Beurteilung der Stabilität anhand des Frequenzganges $F(j\omega)$ des offenen Kreises, indem man die stetige Winkeländerung der Ortskurve bestimmt [17]. Für die schaltungstechnische Anwendung kann unter den folgenden Voraussetzungen ein vereinfachtes Kriterium[3] verwendet werden.

- $L(s)$ besitzt Tiefpasscharakter.

- Die Verstärkung von $L(s)$ ist positiv.

- Alle Pole weisen einen negativen Realteil auf, abgesehen von einem eventuell vorliegenden einfachen Pol bei Null.

- Der Betrag des Frequenzganges nimmt nur bei einer Frequenz den Wert 1 an. Diese Frequenz wird Durchtrittsfrequenz genannt.

Die zu untersuchende Schaltung ist unter diesen Voraussetzungen genau dann stabil, wenn die Phasendrehung der geöffneten Schleife bei der Durchtrittsfrequenz kleiner als 180° ist. Der Unterschied zwischen der auftretenden Phasendrehung der geöffneten Schleife und 180° wird als Phasenreserve ϕ_R bezeichnet.

Die praktische Anwendung dieses einfachen Stabilitätskriteriums soll an folgendem Beispiel gezeigt werden.

Beispiel: Spannungsfolger mit kapazitiver Last

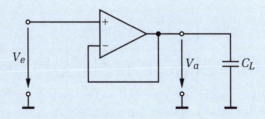

Wie groß darf die Kapazität eines Kondensators am Ausgang eines Spannungsfolgers mit einer Transitfrequenz von 1 MHz, einer *Open Loop Gain* von 100 dB und einem *Open Loop*-Ausgangswiderstand r_{aOL} von 1 kΩ sein, damit das Überschwingen der Ausgangsspannung bei einem Eingangssprung kleiner als 25 % bleibt?

---

[3] Dieses vereinfachte Stabilitätskriterium gilt für sehr viele Anwendungen in der elektronischen Schaltungstechnik.

Um ein mögliches Stabilitätsproblem dieser Schaltung erkennen zu können, muss der Ausgangswiderstand des Operationsverstärkers berücksichtigt werden.

Die geöffnete Schleife besteht aus einer Serienschaltung der Übertragungsfunktion des Operationsverstärkers und der eines Tiefpasses, bestehend aus dem Ausgangswiderstand r_{aOL} des Operationsverstärkers und der kapazitiven Last. Das Ersatzschaltbild ist in ▶Abbildung 5.24 dargestellt.

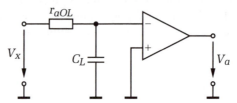

Abbildung 5.24: Ersatzschaltung zur Bestimmung der Schleifenverstärkung

Aus der Transitfrequenz und der Leerlaufverstärkung kann entsprechend dem Verstärkungsbandbreitenprodukt die Grenzfrequenz der Leerlaufverstärkung f_{g1} berechnet werden:

$$f_T = f_{g1} \cdot A_D \quad \rightarrow \quad f_{g1} = \frac{f_T}{A_D} = \frac{1\,\text{MHz}}{100\,000} = 10\,\text{Hz}\,.$$

Geht man von einem realen Operationsverstärker mit universeller Frequenzgangkorrektur aus, so gibt es in der Nähe der Transitfrequenz eine weitere Grenzfrequenz f_{g2}. Sie wird zumeist in den Datenblättern nicht explizit angegeben. Die Diagramme enden üblicherweise mit der Transitfrequenz. Wir nehmen für unser Beispiel diese weitere Grenzfrequenz bei 2 MHz an.[4]

Die Phasendrehung des Operationsverstärkers φ_D bei der Transitfrequenz setzt sich aus den Phasendrehungen der Tiefpässe mit den Grenzfrequenzen f_{g1} und f_{g2} zusammen.

$$\varphi_D = -\arctan\left(\frac{f_T}{f_{g1}}\right) - \arctan\left(\frac{f_T}{f_{g2}}\right) =$$
$$= -\arctan\left(\frac{1\,\text{MHz}}{10\,\text{Hz}}\right) - \arctan\left(\frac{1\,\text{MHz}}{2\,\text{MHz}}\right) = -116{,}6°$$

Durch den RC-Tiefpass ergibt sich eine weitere Phasendrehung von maximal $-90°$. Die Phasenreserve der Schaltung kann daher wie folgt angegeben werden:

$$\phi_R = 180° + \varphi_D + \varphi_{TP}\,.$$

Für den Zusammenhang zwischen dem Überschwingen $\ddot{U}$ in Prozenten und der Phasenreserve ϕ_R gilt folgende Näherung:

$$\phi_R = 70\,\% - \ddot{U} \qquad (5.4)$$

---

[4] Für eine *Worst Case*-Betrachtung könnte man diesen weiteren Knick bei der Transitfrequenz annehmen. Unsere Annahme ermöglicht jedoch eine getrennte und damit übersichtlichere Darstellung der einzelnen Einflüsse im Frequenzgang.

5.3 Grundschaltungen mit Operationsverstärkern

Lässt man ein Überschwingen von 25 % zu, so benötigt man eine Phasenreserve von 45°. Damit kann die zulässige Phasendrehung des Tiefpasses berechnet werden.

$$\varphi_{TP} = \phi_R - 180° - \varphi_D = 45° - 180° + 116{,}6° = -18{,}4°$$

Aus der Phasendrehung des Tiefpasses bei der Durchtrittsfrequenz der Leerlaufverstärkung kann seine Grenzfrequenz berechnet werden.

$$\varphi_{TP} = -\arctan\left(\frac{f_T}{f_{g1}}\right) \quad \rightarrow \quad f_{gTP} = \frac{f_T}{\tan(-\varphi_{TP})} = \frac{1\,\text{MHz}}{\tan(18{,}4°)} = 3\,\text{MHz}$$

$$C_L = \frac{1}{2\pi \cdot r_{aOL} \cdot f_{gTP}} = \frac{1}{2\pi \cdot 1000\,\Omega \cdot 3\,\text{MHz}} \approx 53\,\text{pF}$$

Der Kondensator C_L muss kleiner als 53 pF sein, um eine Phasenreserve von 45° beziehungsweise ein Überschwingen von maximal 25 % zu garantieren.

In der ▶Abbildung 5.25 sind die Verhältnisse für eine Phasenreserve von 45° dargestellt. Nach diesen Überlegungen zur Stabilität von Operationsverstärkerschaltungen sollen einige Operationsverstärker-Grundschaltungen mit zusätzlichen Kondensatoren gezeigt werden.

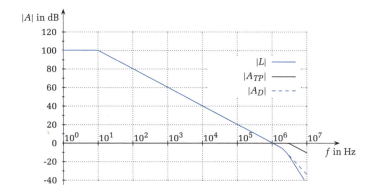

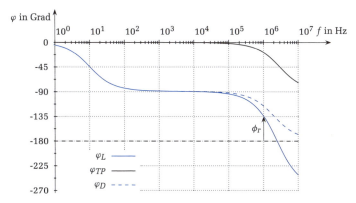

Abbildung 5.25: Frequenzgang der geöffneten Schleife

5.3.6 Differenzierer

Ersetzt man bei einem invertierenden Verstärker den Eingangswiderstand, wie in ▶Abbildung 5.26 gezeigt, durch einen Kondensator, so erhält man die Grundschaltung eines Differenzierers.

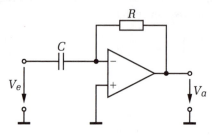

Abbildung 5.26: Prinzip eines Differenzierers

Zur Berechnung der Ausgangsspannung setzt man die Knotenregel für den Eingangsknoten an. Da der Eingangsstrom in den invertierenden Eingang Null ist, gilt:

$$I_R(t) + I_C(t) = 0 \quad \rightarrow \quad \frac{V_a(t)}{R} + C \cdot \frac{dV_e(t)}{dt} = 0 \ .$$

Die Ausgangsspannung des Differenzierers ist damit:

$$V_a(t) = -RC \cdot \frac{dV_e(t)}{dt} \ . \tag{5.5}$$

Untersucht man die Stabilität dieser Schaltung, so erkennt man dieselbe Struktur wie im Fall des Folgers mit kapazitiver Last. Zum *Open Loop*-Ausgangswiderstand des Operationsverstärkers kommt jetzt noch der Widerstand R der Rückkopplung hinzu. Die Schaltung neigt zur Instabilität.

Durch einen zusätzlichen Eingangswiderstand kann – wie in ▶Abbildung 5.27 gezeigt wird – die Stabilität der Schaltung verbessert werden. Man wählt die Grenz-

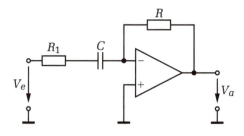

Abbildung 5.27: Differenzierer mit verbesserter Stabilität

frequenz f_{g1} des von R_1 und C gebildeten RC-Gliedes so, dass sie der Durchtrittsfrequenz der Schleifenverstärkung entspricht.

$$f_{g1} = \sqrt{\frac{f_T}{2\pi RC}}$$

Weblink

Mit dieser Dimensionierung kann die Schaltung als Differenzierer für alle Frequenzen, die kleiner als die Grenzfrequenz f_{g1} sind, eingesetzt werden[5]. Die Ausgangsspannung kann entsprechend der Gleichung 5.5 berechnet werden.

5.3.7 Integrator

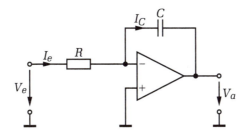

Abbildung 5.28: Integrator

Das Gegenstück zum Differenzierer ist der Integrator. Er hat eine große Bedeutung zur Lösung von Differentialgleichungen in der Analogrechentechnik oder als Integralregler bei regelungstechnischen Anwendungen. Der in ▶Abbildung 5.28 gezeigte Integrator entsteht aus einem invertierenden Verstärker, bei dem man den Widerstand im Gegenkopplungszweig durch einen Kondensator ersetzt. Für den Eingangsknoten gilt, bei Vernachlässigung des in den invertierenden Eingang fließenden Stromes, folgender Zusammenhang:

$$I_e(t) + I_C(t) = 0 \quad \rightarrow \quad \frac{V_e(t)}{R} + C \cdot \frac{dV_a(t)}{dt} = 0 \,.$$

Für die Ausgangsspannung des invertierenden Integrators erhält man daraus die folgende Gleichung:

$$V_a(t) = -\frac{1}{RC} \int_0^t V_e(t)dt + V_a(0) \,. \tag{5.6}$$

Durch die Spannung V_{a0} kann eine Ausgangsspannung bei Start der Integration berücksichtigt werden, wenn der Kondensator zu diesem Zeitpunkt bereits eine Ladung enthält.

---

[5] Allerdings tritt bei f_{g1} bereits eine Phasendrehung von 135° auf. Soll die Phasendrehung ≈ 90° betragen, muss die höchste Signalfrequenz mindestens eine Dekade unter f_{g1} liegen.

Geht man von einem leeren Kondensator aus, so besteht zwischen dem invertierenden Eingang und dem Ausgang kein Spannungsunterschied. Da die Eingangsdifferenzspannung von einem idealen Operationsverstärker auf Null geregelt wird, liegt am invertierenden Eingang ebenfalls das Bezugspotential an. Legt man nun eine positive Eingangsspannung an den Eingang des Integrators, so fließt, entsprechend dem ohmschen Gesetz, ein konstanter Eingangsstrom $I_e = V_e/R$. Der Kondensator wird geladen. Der Operationsverstärker hält die Spannung am invertierenden Eingang auf Bezugspotential und wird daher seine Ausgangsspannung passend zur Aufladung des Kondensators immer weiter absenken.

Der invertierende Integrator erzeugt bei einer konstanten Eingangsspannung eine linear mit der Zeit abfallende Ausgangsspannung. Er kann daher zur Erzeugung von dreiecks- oder sägezahnförmigen Spannungen verwendet werden. Wir werden ihm im Abschnitt 16.4.1 bei den integrierenden Analog/Digital-Umsetzerverfahren wieder begegnen.

Als Abschluss dieses Abschnittes sollen zwei weitere Grundschaltungen vorgestellt werden, die wir im Zusammenhang mit unserem Thermometer benötigen werden.

> ### Elemente der Thermometerschaltung
>
>
>
> Zur Auswertung einer Widerstandsänderung eines temperaturabhängigen Widerstandes gibt es mehrere Möglichkeiten. Im Fall eines näherungsweise linearen Sensors könnte man eine Stromquelle beziehungsweise Stromsenke verwenden und den Spannungsabfall am Sensor messen. Da die Spannung direkt proportional dem Widerstand ist, könnte ein Anzeigeinstrument mit angepasster Skala direkt die Temperatur anzeigen. Wir werden daher eine Präzisions-Stromsenke kennen lernen, die auch leicht zu einem Präzisions-Stromspiegel erweitert werden kann.
>
> In Kapitel 20 wird der Vorteil der Brückenschaltungen gegenüber dieser einfachen Methode erläutert. Zur Messung der Brückenspannung kann der schon bekannte Differenzverstärker verwendet werden. Soll jedoch ein integrierender Analog/Digital-Umsetzer aufgebaut werden, so verwendet man stattdessen den so genannten Differenzintegrator.

5.3.8 Differenzintegrator

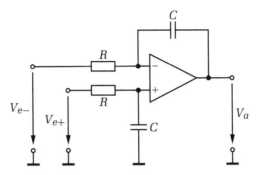

Abbildung 5.29: Differenzintegrator

Zur Analyse des in ▶Abbildung 5.29 gezeigten Differenzintegrators werden wir die Übertragungsfunktion bestimmen und eine Rücktransformation in den Zeitbereich durchführen. Dazu können entsprechend dem Überlagerungsprinzip zwei Fälle unterschieden werden. Diese Vorgehensweise wurde bereits beim Subtrahierer im Detail gezeigt.

- **Fall′**
  Wir betrachten nur die Wirkung von V_{e-}, die Spannung V_{e+} ist Null. Da kein Strom in den invertierenden Eingang fließt, kann man sich die Parallelschaltung von Widerstand und Kondensator wegdenken und statt dessen eine direkte Verbindung mit Masse vorstellen. Es ergibt sich ein invertierender Integrator.

$$V'_a(s) = -V_{e-}(s) \cdot \frac{\frac{1}{sC}}{R} = -V_{e-}(s) \cdot \frac{1}{sRC}$$

- **Fall″**
  Wir betrachten nur die Wirkung von V_{e+}, die Spannung V_{e-} ist Null. Es entsteht eine Serienschaltung eines RC-Tiefpasses mit einem nicht invertierenden Integrator. Die Ausgangsspannung kann direkt angeschrieben werden, indem man das Ergebnis der Spannungsteilerregel mit der Verstärkung des nicht invertierenden Verstärkers multipliziert. In der Verstärkung desselben muss für den Gegenkopplungswiderstand – er wurde bisher mit R_2 bezeichnet – der frequenzabhängige Widerstand des Kondensators eingesetzt werden.

$$V''_a(s) = V_{e+}(s) \cdot \frac{\frac{1}{sC}}{R + \frac{1}{sC}} \cdot \left(1 + \frac{\frac{1}{sC}}{R}\right) = V_{e+}(s) \cdot \frac{1}{sRC}$$

Überlagert man die beiden Fälle, so erhält man die Lösung im Bild- beziehungsweise im Frequenzbereich.

$$V_a(s) = \frac{1}{sRC} \cdot \left(V_{e+}(s) - V_{e-}(s)\right)$$

Die Laplace-Transformation lehrt, dass eine Division durch s im Frequenzbereich einer Integration im Zeitbereich entspricht. Die Rücktransformation ergibt folgenden Zusammenhang für die Ausgangsspannung des Differenzintegrators:

$$V_a(t) = \frac{1}{RC} \int \left(V_{e+}(t) - V_{e-}(t) \right) dt + V_a(0) \,. \tag{5.7}$$

5.3.9 Stromsenke

Im Kapitel Transistoren 4 wurden bereits verschiedene, aus einzelnen Transistoren bestehende Stromsenken vorgestellt. Durch die Verwendung eines Operationsverstärkers in Kombination mit einem nachgeschalteten Transistor kann eine spannungsgesteuerte Stromquelle realisiert werden.

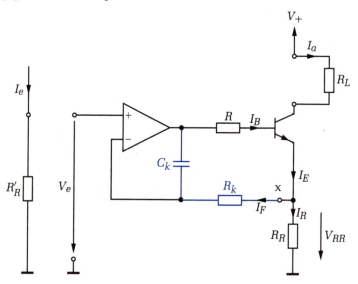

Abbildung 5.30: Stromsenke

Der durch den Lastwiderstand fließende Strom I_a bildet zusammen mit dem Basisstrom des Transistors I_B den Emitterstrom. Wenn der Operationsverstärker und der Kondensator C_K ideal sind, ist der Strom I_F Null. In diesem Fall fließt der Emitterstrom I_E durch den Widerstand R_R. Der Spannungsabfall V_{RR} wird vom Operationsverstärker mit der Eingangsspannung V_e verglichen. Ist V_e größer als V_{RR}, liegt eine positive Differenzspannung zwischen den Eingängen des Operationsverstärkers und er wird seine Ausgangsspannung erhöhen. Damit steigen der Basisstrom und auch der Emitterstrom des Transistors an, der Spannungsabfall V_{RR} wird zunehmen. Der Operationsverstärker regelt den Transistor so, dass die Spannung am Messwiderstand R_R gleich der Eingangsspannung ist.

Verwendet man als Eingangsspannung den Spannungsabfall an einem weiteren Widerstand R'_R, so ist die Eingangsgröße wieder ein Strom (I_e). Besitzen die Widerstände R_R und R'_R denselben Wert, entsteht ein Präzisions-Stromspiegel.

Welche Fehler besitzt die in Abbildung 5.30 gezeigte Schaltung?
Durch den Basisstrom des bipolaren Transistors unterscheidet sich der Ausgangsstrom I_a vom geregelten Strom I_R. Der Ausgangsstrom ist um den Basisstrom zu klein. Dieses Problem kann durch die Verwendung von Feldeffekttransistoren beseitigt werden.

Ein Leckstrom durch den Kondensator und der Bias-Strom eines realen Operationsverstärkers bilden einen Fehlstrom I_F, der den Strom I_R und damit auch den Spannungsabfall an V_{RR} verändert. Dieser Effekt führt zu einer Änderung des Ausgangsstromes I_a.

Der Fehlstrom I_F erzeugt einen Spannungsabfall an R_k, dieser führt genauso wie die Offsetspannung eines realen Operationsverstärkers zu einem Unterschied zwischen der Eingangsspannung V_e und der Spannung am Messwiderstand V_{RR}. Zu guter Letzt erzeugen Abweichungen des Messwiderstandes vom Nennwert einen Fehler des Ausgangsstromes I_a.

Diese Aufzählung der wichtigsten Einflussgrößen soll nur als Anregung dienen, über die beim Operationsverstärker besprochenen Effekte im Zusammenhang mit konkreten Schaltungen nachzudenken. Welche der genannten Effekte für eine bestimmte Schaltung wichtig sind beziehungsweise welche vernachlässigt werden können, hängt zum Beispiel im Fall eines Messgerätes in erster Linie von der projektierten Messunsicherheit ab.

Stabilität der Stromsenke:
Die in ►Abbildung 5.30 gezeigte Stromsenke ist ein mehrstufiger Verstärker. Durch diesen mehrstufigen Aufbau und den Frequenzgang der einzelnen Verstärkerstufen ist die Stabilität nicht automatisch gegeben. Im ersten Schritt soll die Stabilität ohne die beiden blau eingezeichneten Bauteile R_k und C_k untersucht werden. Dazu erhält der Widerstand R_k einen Wert von 0 Ohm, während der Kondensator C_k einfach weggelassen wird.

Um eine Aussage über die Stabilität der gegengekoppelten mehrstufigen Verstärkerschaltung treffen zu können, wird der Frequenzgang der Schleifenverstärkung $L(j\omega)$ ermittelt. Die Ersatzschaltung der geöffneten Schleife ist in ►Abbildung 5.31 dargestellt. (R_k und C_k werden im ersten Schritt nicht beachtet.) Die Ersatzschaltung besteht aus drei hintereinandergeschalteten Tiefpässen. Der erste Tiefpass entsteht durch den Frequenzgang der Leerlaufverstärkung A_D des Operationsverstärkers. Die zweite Übertragungsfunktion gehört zu einem Tiefpass erster Ordnung, der aus dem *Open Loop*-Ausgangswiderstand, dem Widerstand R und der Eingangskapazität C_{in}

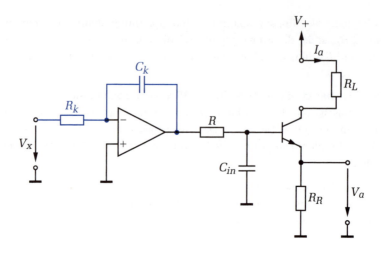

Abbildung 5.31: Stromsenke mit geöffneter Gegenkopplungsschleife

des nachfolgenden Transistorverstärkers aufgebaut ist. Der dritte Tiefpass beschreibt das Verhalten des Transistorverstärkers in Emitterschaltung. Um das Verhalten der Schaltung zeigen zu können, werden in der Folge typische Werte für die einzelnen Bauteile angenommen.

- **Übertragungsfunktion des Operationsverstärkers**
  Gegeben seien eine Transitfrequenz f_T von 3 MHz, eine Leerlaufverstärkung A_D von 106 dB und ein *Open Loop*-Ausgangswiderstand r_{aOL} von 1000 Ω.

  Aus dem Verstärkungsbandbreitenprodukt kann die Grenzfrequenz der Leerlaufverstärkung berechnet werden.

$$f_{gOL} = \frac{f_T}{A_D} = \frac{3 \cdot 10^6 \text{ Hz}}{2 \cdot 10^5} = 15 \text{ Hz}$$

- **Tiefpass**
  Für die Eingangskapazität des Transistorverstärkers C_{in} wird ein Wert von 10 pF angenommen. Zusammen mit der Serienschaltung, bestehend aus dem *Open Loop*-Ausgangswiderstand und dem Widerstand R, ergibt sich folgende Grenzfrequenz:

$$f_{gTP} = \frac{1}{2\pi (r_{aOL} + R) \cdot C_{in}} = \frac{1}{2\pi \cdot (1000\,\Omega + 1200\,\Omega) \cdot 10\,\text{pF}} = 7{,}2 \text{ MHz} \ .$$

- **Transistorverstärker**
  Der nachgeschaltete Transistorverstärker ist aus der Sicht der Schleifenverstärkung ein Emitterfolger. Er besitzt daher eine Spannungsverstärkung von näherungsweise 1. Doch wo liegt die Grenzfrequenz des Emitterfolgers?

Auch für einen Bipolartransistor kann näherungsweise mit einem Modell als Tiefpass erster Ordnung gearbeitet werden. Seine Leerlaufverstärkung ist die Gleichstromverstärkung. Des Weiteren findet man im Datenblatt üblicherweise eine Angabe für die Transitfrequenz. Damit kann näherungsweise – wie beim Operationsverstärker – die Grenzfrequenz der Stromverstärkung f_{gTR} berechnet werden. Die Grenzfrequenz des Emitterfolgers bei Spannungssteuerung liegt zwischen f_{gTR} und der Transitfrequenz des Transistors. Wir werden als Näherung den ungünstigsten Fall annehmen und mit der Grenzfrequenz der Stromverstärkung f_{gTR} rechnen. Für eine genauere Ermittlung der Grenzfrequenz wird ein frequenzabhängiges Ersatzschaltbild benötigt, der Leser sei daher auf die weiterführende Fachliteratur [39] verwiesen.

Verwendet man einen Transistor mit einer Transitfrequenz f_{Tr} von 300 MHz und einer Gleichstromverstärkung B von maximal 300, so erhält man eine minimale Grenzfrequenz f_{gTR} der Stromverstärkung von:

$$f_{gTR} = \frac{f_{Tr}}{B} = \frac{300\,\text{MHz}}{300} = 1\,\text{MHz}\ .$$

In ▶Abbildung 5.32 ist der Frequenzgang der Schleifenverstärkung L und ihrer Einzelteile (Operationsverstärker, Tiefpass, Emitterfolger) dargestellt.[6] Die erreichte Phasenreserve unserer *Worst Case*-Betrachtung ist näherungsweise Null. Die Stabilität der Schaltung wird verbessert, wenn die Grenzfrequenzen der nachgeschalteten Stufen wesentlich über der Transitfrequenz des Operationsverstärkers liegen. Da der Transistorverstärker typischerweise eine höhere Grenzfrequenz als f_{gTR} besitzt, wird die Schaltung eine etwas größere Phasenreserve besitzen.

Um eine geringes Überschwingen garantieren zu können, wird eine wesentlich größere Phasenreserve benötigt. Zur Gewährleistung der Stabilität werden die – blau eingezeichneten – Bauelemente R_k und C_k eingefügt.

Im Schaltbild der geöffneten Schleife erkennt man, dass der Operationsverstärker zusammen mit den Bauelementen C_k und R_k einen invertierenden Integrator bildet. Er besitzt die folgende Übertragungsfunktion:

$$A_I = -\frac{\frac{1}{sC_k}}{R_k} = -\frac{1}{sR_kC_k}\ .$$

Die Verstärkung fällt linear mit 20 dB pro Dekade und besitzt eine Phasendrehung von 90°. Die Frequenz, bei der die Verstärkung auf den Faktor 1 oder 0 dB zurückge-

---

6 Streng genommen kommt zur Phasendrehung des Operationsverstärkers und damit auch zur Phasendrehung der Schleifenverstärkung eine weitere Phasendrehung aufgrund des invertierenden Verhaltens der Schaltung hinzu. Die Phasenreserve müsste dann zwischen 360° und der Phasenlage bei der Durchtrittsfrequenz der Schleifenverstärkung bestimmt werden. Da die Verhältnisse aus der Sicht der Stabilität gleich bleiben, kann man auch die konstante Phasendrehung durch das invertierende Verhalten weglassen. Diese Vorgehensweise wurde für Abbildung 5.32 und Abbildung 5.33 verwendet.

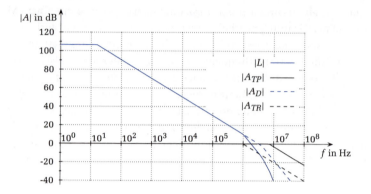

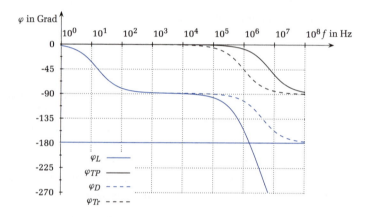

Abbildung 5.32: Frequenzgang der geöffneten Schleife

gangen ist, bezeichnen wir als Durchtrittsfrequenz f_i. Setzt man in die Übertragungsfunktion statt $s\ j\omega = 2\pi f$ ein, so kann man die Durchtrittsfrequenz berechnen.

$$|A_I| = 1 = \frac{1}{2\pi f_I R_k C_k} \quad \rightarrow \quad f_I = \frac{1}{2\pi f_I R_k C_k}$$

Wählt man diese Frequenz wesentlich unter der ersten weiteren Grenzfrequenz – in unserem Beispiel f_{Tr} –, so erhält man eine Phasenreserve von näherungsweise 90°.

Wir wählen für den Kondensator C_k einen Wert von 10 nF und eine Durchtrittsfrequenz von $f_I = 1$ kHz. Für R_k ergibt sich:

$$R_k = \frac{1}{2\pi f_I \cdot C_k} = \frac{1}{2\pi \cdot 1000\,\text{Hz} \cdot 10\,\text{nF}} = 15{,}9\,\text{k}\Omega\ .$$

Der Frequenzgang der Schleifenverstärkung mit verbesserter Stabilität ist in ▶Abbildung 5.33 dargestellt. Man erkennt eine Phasenreserve ϕ_R von 90°.

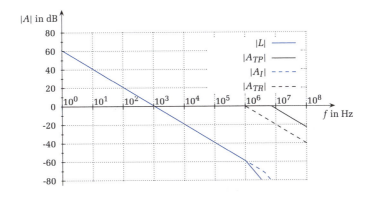
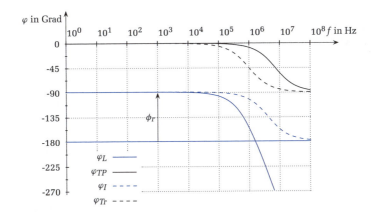

Abbildung 5.33: Frequenzgang der geöffneten Schleife – verbesserte Stabilität

5.4 Komparatoren

Zum Vergleich zweier Spannungen kann ein Operationsverstärker ohne Gegenkopplung verwendet werden. Dabei muss jedoch beachtet werden, dass nicht jeder Operationsverstärker beliebige Eingangsdifferenzspannungen aushält. Da die Leerlaufverstärkung sehr groß ist, führen bereits kleine Eingangsdifferenzspannungen zur maximalen beziehungsweise minimalen Ausgangsspannung. Betreibt man den Verstärker mit einer Spannung, die dem Logik-Pegel einer nachfolgenden Digitalschaltung entspricht, so erhält man einen 1 Bit Analog/Digital-Umsetzer. Beim Nulldurchgang der Spannungsdifferenz springt die Ausgangsspannung nicht plötzlich von einer Aussteuergrenze zur anderen, da die *Slew Rate* begrenzt ist. Um dieses Problem zu vermeiden, verwendet man für diesen Zweck optimierte Schaltungen, so genannte Komparatoren. Sie besitzen keine Phasenkompensation und sind für den Betrieb ohne Gegenkopplung ausgelegt. Des Weiteren führen Spannungen zwischen V_+ und V_- als Eingangsdifferenzspannungen zu keiner Beschädigung des Bauteiles. Mit ihnen können hohe Schaltgeschwindigkeiten erreicht werden. Um die Anpassung an die nachfolgende Digitalschaltung zu erleichtern, werden sie häufig mit einem so genannten *Open Collector*- beziehungweise *Open Drain*-Ausgang ausgestattet. Der Ausgang besteht nur aus einem Transistor, dessen Kollektor beziehungsweise Drain herausgeführt ist und mit einem Widerstand an den Logikpegel angepasst werden kann. Typische Komparatoranwendungen sind der Schmitt-Trigger, den wir in Abschnitt 11.1.2 kennen lernen werden, und der Relaxationsoszillator aus Abschnitt 11.3.

ZUSAMMENFASSUNG

Im Kapitel Operationsverstärker wurden die wesentlichen Eigenschaften von Operationsverstärkern mit Spannungseingang und -ausgang besprochen. Es gibt weitere Operationsverstärker-Topologien wie den **Transkonduktanz-**, den **Transimpedanz-Verstärker** und den *Current Conveyer*, die zwar genannt werden sollen, deren Beschreibung jedoch der weiterführenden Literatur [39] überlassen wird.

Nach der Besprechung der idealen Eigenschaften wurden eine vereinfachte Innenschaltung eines **bipolaren Operationsverstärkers** gezeigt und die Funktion der drei wesentlichen Stufen besprochen. Der nächste Abschnitt widmete sich der universellen **Frequenzgangkorrektur** und deren Auswirkung auf die *Slew Rate*. Den Abschluss der theoretischen Grundlagen bildete eine Besprechung der wichtigsten Kennwerte.

Es folgten einige ausgewählte Schaltungen, die aus Operationsverstärkern und ohmschen Widerständen bestehen wie der invertierende und der nicht invertierende Verstärker. Des Weiteren wurden der **Differenz-** und der **Instrumentierungsverstärker** besprochen. Danach beschäftigten wir uns mit der Stabilität von Operationsverstärkerschaltungen. Es wurden Schaltungen mit Kondensatoren, wie der **Integrator** und der **Differenzierer** vorgestellt. Den Abschluss bildeten Schaltungen, die als Überleitung zum Thermometer dienen. Es wurden der Differenzintegrator und die Präzisions-Stromsenke vorgestellt.

Spannungsversorgung

6.1	Einführung	275
6.2	Referenzspannungsquellen	276
6.3	Lineare Spannungsregler	280
6.4	Schaltregler	285
	Zusammenfassung	291

SPANNUNGSVERSORGUNG

Einleitung

» Im Kapitel 3 wurden als Anwendungsbeispiele für Halbleiterdioden verschiedenste Gleichrichterschaltungen besprochen. Mit diesen Schaltungen ist es möglich, aus einer Wechselspannung eine Gleichspannung mit einer geringen Restwelligkeit ΔV zu gewinnen. Für viele Anwendungen, zum Beispiel in der hoch auflösenden Messtechnik, stört diese Restwelligkeit. Durch die Verwendung typischer linearer Spannungsregler kann sie um den Faktor 1000 reduziert werden. Wir werden uns im folgenden Kapitel mit den wichtigsten Topologien linearer Spannungsregler beschäftigen.

Die schon bekannten einfachen Gleichrichterschaltungen weisen in der Kombination mit großen Ladekondensatoren den Nachteil auf, dass sie nur während sehr kurzer Zeiten einen Strom zum Nachladen des Kondensators aufnehmen. Dieser dem Netz entnommene Strom ist impulsförmig und führt zu einer Abflachung der Netzspannung und zum Entstehen von Blindleistung. Für Netzgeräte über einer bestimmten Grenzleistung und für häufig vorkommende Geräte wird daher vom Energieversorger (EVU ... Energieversorgungsunternehmen) eine sinusförmige Stromaufnahme gefordert.

Maßnahmen, die eine solche Stromaufnahme ermöglichen, werden unter dem Schlagwort Leistungsfaktorkorrektur (PFC ... *Power Factor Correction*) zusammengefasst. In Kapitel 3 wurde in Abbildung 3.20 ein modernes Netzgerätekonzept mit sinusförmiger Stromaufnahme gezeigt. Es werden statt der klassischen Gleichrichtertechnik mit Transformatoren so genannte Schaltregler verwendet. Die drei einfachsten Grundtypen dieser Schaltregler bilden einen weiteren Abschnitt im folgenden Kapitel.

Sowohl die Schaltregler als auch die linearen Spannungsregler benötigen eine Vergleichs- oder Referenzspannung zur Regelung der Ausgangsspannung. Wir werden daher unsere Beschäftigung mit Spannungsversorgungen mit der Erzeugung solcher genauer Gleichspannungen beginnen. «

LERNZIELE

- Kennenlernen der verschiedenen Methoden zur Erzeugung von Referenzspannungen
- Stabilisierung von Versorgungsspannungen durch Linearregler
- Kennenlernen der grundlegenden Schaltreglertopologien

6.1 Einführung

Jede elektronische Schaltung benötigt eine Spannungsversorgung. Je nach Anwendung sind verschiedenste Aspekte für die Wahl der schaltungstechnischen Realisierung entscheidend. In der Folge sollen einige typische Beispiele und die dabei auftretenden Anforderungen gezeigt werden:

- Referenzspannungsquellen:
  Bei der Erzeugung einer Vergleichsspannung steht der Absolutwert der Spannung beziehungsweise deren Anfangstoleranz im Vordergrund. Weitere wichtige Kenndaten sind die Temperaturabhängigkeit und die Langzeitdrift. Der Ausgangsstrom beziehungsweise die Ausgangsleistung spielt im Fall der Referenzspannungsquelle eine untergeordnete Rolle.

- Spannungsversorgung für einen genau definierten Anwendungsfall:
  An Netzgeräte, die Teil eines elektronischen Systems sind, werden eine Vielzahl von Anforderungen gestellt. Denkt man an sehr häufig vorkommende Anwendungen wie PCs, Lampenvorschalt- oder Fernsehgeräte, so ist eine sinusförmige Stromaufnahme und ein geringer Stromverbrauch im Standby-Betrieb wünschenswert. Im Fall des Computernetzteiles ist eine Toleranz gegenüber fehlenden Netzperioden notwendig, damit bei einer so genannten Kurzunterbrechung[1] der Betrieb des Computers nicht gestört wird. Im Fall eines Netzgerätes für einen Laptop oder ein Mobiltelefon muss mit Netzspannungen von 80–240 V bei Frequenzen von 50–60 Hz gearbeitet werden können. Durch diese so genannten Weitbereichsnetzteile ist ein weltweiter Betrieb möglich. Auch das Gewicht des Netzgerätes spielt in diesem Anwendungsfall eine Rolle. Denkt man an Spannungsversorgungen für den automotiven Bereich, so kommt ein extrem großer Temperaturbereich zur Liste der Anforderungen hinzu. Sowohl Netzgeräte für einen Betrieb am Wechselstromnetz, als auch Netzgeräte, die an einem Bordnetz betrieben werden, müssen eine ausreichende Immunität gegenüber Störungen, die für das jeweilige Netz typisch sind, besitzen (EMV... Elektromagnetische Verträglichkeit). Diese für einen genau definierten Anwendungsfall entwickelten Netzgeräte weisen häufig nur eine Begrenzung des Ausgangsstromes mit Schmelzsicherungen auf.

- Spannungsversorgung für Laboranwendung:
  Bei so genannten Labornetzgeräten ändert sich die Last je nach Anwendungsfall. Hier ist eine variable Ausgangsspannung und eine Strombegrenzung oder eine kombinierte Regelung von Ausgangsspannung und Ausgangsstrom nötig.

---

[1] Ein Abschalten bei einem Kurzschluss mit automatischem Wiedereinschalten wird in der Anlagentechnik als Kurzunterbrechung (KU) bezeichnet.

- Batteriebetriebene Geräte:
  Einen Spezialfall bilden batteriebetriebene Geräte. Hier kommt es besonders auf den Wirkungsgrad der Spannungsversorgung an, da dieser eine unmittelbare Auswirkung auf die Betriebsdauer des Gerätes besitzt. Auch die Erkennung des Ladezustandes der Batterie und ein Tiefentladeschutz, der das Gerät beim Erreichen der Entladeschlussspannung abschaltet, ist notwendig. Im Fall eines kombinierten Betriebes mit Batterie und Netzgerät muss eine Umschaltung zwischen den verschiedenen Quellen oder auch eine Lademöglichkeit realisiert werden.

Aus der Fülle der Anforderungen ist erkennbar, dass eine vollständige Behandlung aller für Spannungsversorgungen interessanten Aspekte weit über den Rahmen unseres Buches hinausgeht. Besonders die Versorgung elektronischer Geräte mit Batterien stellt den Geräte-Entwickler vor viele interessante Aufgaben, die nur in Zusammenarbeit mit dem Hersteller der Batterien zufriedenstellend gelöst werden können. Das Laden beziehungsweise Entladen moderner Batterietypen, wie zum Beispiel Lithium-Ion oder Lithium-Polymer, kann im Fehlerfall zu Brand oder Explosion der Batterie führen.

Bei Geräten, die direkt mit dem Energieversorgungsnetz verbunden sind, können große Ströme im Fehlerfall eine Brandgefahr darstellen. Außerdem müssen Maßnahmen zum Schutz gegen direktes und indirektes Berühren gefährlicher elektrischer Spannungen getroffen werden. Alle diese Maßnahmen bilden wesentliche Punkte, die bei der Entwicklung beachtet werden müssen. Sie werden unter dem Oberbegriff Gerätesicherheit zusammengefasst. In Kombination mit der elektromagnetischen Verträglichkeit können sie über Erfolg oder Misserfolg einer Geräte-Entwicklung entscheiden.

Unser einführendes Kapitel in den Bereich der Spannungsversorgung wird daher einige Grundlagen und Grundkonzepte zeigen, die dem interessierten Leser den Einstieg und damit die Verwendung der weiterführenden Fachliteratur [41] vereinfachen sollen.

6.2 Referenzspannungsquellen

Zur Erzeugung von Vergleichsspannungen werden physikalische oder chemische Effekte verwendet, die eine gut reproduzierbare Spannung oder einen ebensolchen Spannungsabfall liefern. Einfache Beispiele aus dem Bereich der elektronischen Bauteile sind die Diffusionsspannung oder die Durchbruchsspannung von Dioden.

6.2.1 Spannungsstabilisierung mit Dioden

Das Ersatzschaltbild einer Diode in Flussrichtung (in einem bestimmten Arbeitspunkt) besteht aus ihrem differentiellen Widerstand und einer Spannungsquelle mit dem Wert der Diffusionsspannung. Es ist in ▶Abbildung 6.1 dargestellt. Ausgehend von diesem Ersatzschaltbild kann man eine Diode in Flussrichtung zur Erzeugung von konstanten Hilfsspannungen einsetzen, wie das folgende Beispiel zeigt.

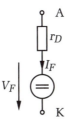

Abbildung 6.1: Ersatzschaltbild einer in Flussrichtung geschalteten Siliziumdiode

Beispiel

Dimensionieren Sie eine Schaltung zur Erzeugung einer Spannung von 0,6 V aus einer Betriebsspannung von 5 V, verwenden Sie einmal einen ohmschen Spannungsteiler und alternativ eine Diode mit Vorwiderstand. Vergleichen Sie den differentiellen Innenwiderstand der beiden Schaltungen.

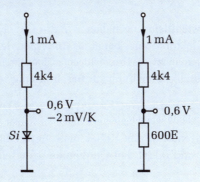

Der differentielle Widerstand beträgt bei $m = 1$, $V_T = 25{,}5\,\text{mV}$ und $I = 1\,\text{mA}$:

$$r_D = \frac{m \cdot V_T}{I} = \frac{25{,}5\,\text{mV}}{1\,\text{mA}} = 25{,}5\,\Omega\,.$$

Der Innenwiderstand der Referenzspannungsquelle mit Diode entspricht diesem differentiellen Widerstand. Bei Verwendung eines ohmschen Spannungsteilers wird ein

Widerstand von 4400 Ω und ein Widerstand mit 600 Ω benötigt. Wird dieser Spannungsteiler von einer idealen Spannungsquelle gespeist, so entspricht der Innenwiderstand der Ersatzspannungsquelle der Parallelschaltung der beiden Widerstände. Man erhält einen Widerstand von 526 Ω. Der Innenwiderstand der Variante mit einer Diode ist um den Faktor 20 kleiner. Die Flussspannung von Siliziumdioden unterliegt jedoch einer großen Exemplarstreuung und besitzt einen Temperaturkoeffizienten von −2 mV/K.

Eine weitere Möglichkeit zur Erzeugung einer Vergleichsspannung ist die Verwendung der Durchbruchsspannung von Z-Dioden. Wir haben diese Variante in Kapitel 3 ebenfalls kennen gelernt. Z-Dioden mit Durchbruchsspannungen unter 5,7 V weisen einen negativen Temperaturkoeffizienten auf. Je geringer die Durchbruchsspannung ist, umso flacher ist auch der Verlauf der Kennlinie. Gut verwendbar sind Z-Dioden mit Durchbruchsspannungen um die 6 V. Diese Dioden besitzen einen geringen Temperaturkoeffizienten und einen kleinen differentiellen Widerstand. Sie werden auch als genauer spezifizierte Referenzdioden angeboten. Reicht die Anfangstoleranz oder die Stabilität dieser Dioden für die zu realisierende Anwendung nicht aus, so verwendet man so genannte Bandabstands- oder Bandgap-Referenzen.

6.2.2 Bandgap-Referenz

Als Basis für die Erzeugung einer Referenzspannung wird die Flussspannung der Basis-Emitter-Strecke eines bipolaren Transistors verwendet. Der Temperaturkoeffizient von −2 mV/K ist für hoch auflösende Anwendungen jedoch zu groß. Daher wird eine zweite Spannung mit dem genau entgegengesetzten Temperaturkoeffizienten erzeugt. Die Summe dieser beiden Spannungen ist die Ausgangsspannung der Bandgap-Referenz.

Bei der Arbeitspunktstabilisierung haben wir die Gleichung 4.12 verwendet, um die Änderung des Kollektorstromes bei einer Änderung der Basis-Emitter-Spannung zu ermitteln. Betreibt man zwei Transistoren mit unterschiedlicher Basis-Emitter-Spannung so kann dieselbe Gleichung zur Beschreibung verwendet werden:

$$I_C = B \cdot I_{BS}(e^{V_{BE}/V_T} - 1) \approx B \cdot I_{BS} \cdot e^{V_{BE}/V_T}.$$

Setzt man für jeden Transistor den Kollektorstrom in Abhängigkeit von der Basis-Emitter-Spannung an und bildet den Quotienten, so erhält man folgenden Zusammenhang:

$$\frac{I_{C1}}{I_{C2}} = e^{\frac{V_{BE1} - V_{BE2}}{V_T}} \quad \rightarrow \quad \Delta V_{BE} = V_{BE1} - V_{BE2} = V_T \ln\left(\frac{I_{C1}}{I_{C2}}\right).$$

Der Unterschied der Basis-Emitter-Spannungen ΔV_{BE} zweier Transistoren hängt von der Temperaturspannung V_T und dem Verhältnis der Kollektorströme ab. Hält man das Verhältnis der Ströme konstant, so hängt ΔV_{BE} nur noch von der absoluten Temperatur ab.

$$V_T = \frac{k \cdot T}{q}$$

ΔV_{BE} kann daher zur Erzeugung der gesuchten Spannung V_{PTAT} mit einem positiven Temperaturkoeffizienten von 2 mV/K verwendet werden.[2]

Bandgap-Referenzen können auf viele verschiedene Arten realisiert werden. Eine leicht zu verstehende Variante besteht aus einem Stromspiegel und einem nachgeschalteten Transistor und ist in ▶Abbildung 6.2 gezeigt. Sie geht auf Robert Widlar[3] zurück.

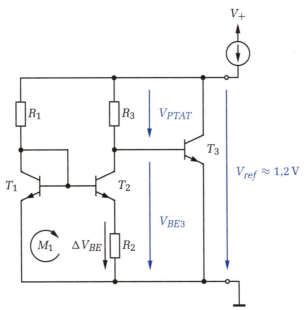

Abbildung 6.2: Bandgap-Referenz nach R. Widlar

Die Transistoren T_1 und T_2 bilden einen Stromspiegel, der wegen des Widerstandes R_2 ein Übersetzungsverhältnis von 10 : 1 zeigt. Die Masche M_1 zeigt, dass die Basis-Emitter-Spannung von T_1 gleich der Summe aus der Basis-Emitter-Spannung von T_2 und dem Spannungsabfall an R_2 ist. In anderen Worten: Der Unterschied der Basis-Emitter-Spannungen ΔV_{BE} entspricht dem Spannungsabfall an R_2 und ist proportional zur absoluten Temperatur.

---

2 PTAT ... *Proportional To Absolute Temperature*
3 Robert J. Widlar ⋆ 30. November 1937 in Ohio, † 27. Februar 1991 in Puerto Vallarta. R. Widlar gilt als Pionier der integrierten analogen Schaltungstechnik.

Der Emitterstrom von T_2 ist daher ebenfalls proportional zur Temperatur. Vernachlässigt man den Basisstrom, so entspricht der Kollektorstrom von T_2 dem Emitterstrom. Durch geeignete Wahl des Kollektorwiderstandes R_3 kann ein Spannungsabfall mit einem Temperaturkoeffizienten von $+2\,\text{mV/K}$ erreicht werden. V_{R3} entspricht daher der gesuchten Hilfsspannung V_{PTAT}.

Der nachgeschaltete Transistor T_3 realisiert die Summe aus V_{PTAT} und V_{BE3}. Diese Summe ist $\approx 1{,}2\,\text{V}$.

$$V_{BE3} + V_{PTAT} \stackrel{!}{\approx} 1{,}2\,\text{V}$$

Weblink

Die Bandgap-Referenz kann genauso wie eine Z-Diode als Konstantspannungszweipol betrachtet werden. Sie wird durch einen hochohmigen Vorwiderstand oder durch eine Stromquelle versorgt. Bandgap-Referenzen werden sehr häufig zur Erzeugung von Referenzspannungen eingesetzt. Es gibt auch Bausteine, bei denen die Spannung V_{PTAT} herausgeführt ist. In diesem Fall ist auch ein Einsatz als Temperatursensor möglich. Mit Bandgap-Referenzen sind Abweichungen von der Nennspannung in der Größenordnung von 10^{-4} erreichbar.

6.2.3 Buried-Zener-Referenz

Reicht die Stabilität einer Bandgap-Referenz nicht aus, so verwendet man vergrabene Z-Dioden (*Buried Zener*). Bei dieser Referenzspannungsquelle wird bei der Herstellung ein so genannter vergrabener pn-Übergang erzeugt, dessen Durchbruch zur Erzeugung der Vergleichsspannung genutzt wird. Durch den vergrabenen Aufbau kann eine Beeinflussung der Referenzspannung durch Verunreinigungen der Oberfläche oder durch Inhomogenitäten am Rand des Siliziumkristalls vermieden werden. Typische Buried-Zener-Referenzen liefern eine Spannung von $\approx 7\,\text{V}$ und besitzen ebenfalls am Chip mitintegrierte Temperatursensoren und Heizwiderstände.

Weblink

Durch eine externe Beschaltung kann eine Regelung der Temperatur der Sperrschicht realisiert werden. Typisch sind Temperaturen zwischen $50-60\,°\text{C}$, wodurch sich Änderungen der Umgebungstemperatur nur noch wenig auswirken. Durch diese Maßnahmen erreicht man Abweichungen der Referenzspannung, die in der Größenordnung von 10^{-6}, bezogen auf die Zener-Spannung, sind.

6.3 Lineare Spannungsregler

In ▶Abbildung 6.3 ist das Prinzip einer linearen Spannungsregelung gezeigt. Die an den Eingang (*IN*) des Spannungsreglers angelegte Eingangsspannung wird über einen so genannten Längstransistor an den Ausgang (*OUT*) weitergegeben. Die Spannung am Ausgang entspricht der Spannung der Z-Diode abzüglich der Basis-Emitter-Spannung des Längstransistors.

6.3 Lineare Spannungsregler

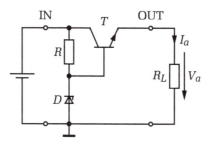

Abbildung 6.3: Funktionsprinzip eines Linearreglers

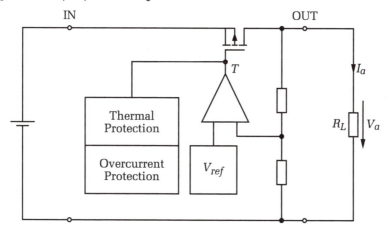

Abbildung 6.4: Blockschaltbild eines integrierten Linearreglers

Integrierte Spannungsreglerbausteine (▶Abbildung 6.4) bestehen aus einem Längstransistor, einer Spannungsreferenz und einer Regelschaltung. Die Regelschaltung misst die Spannung am Ausgang relativ zum Bezugsanschluss (GND) und regelt den Spannungsabfall am Längstransistor so, dass die Ausgangsspannung dem Nennwert entspricht.

Während die Standard-Typen einen Spannungsabfall von $\approx 2\,\text{V}$ zwischen dem Eingang (IN) und dem Ausgang (OUT) des Reglers benötigen, gibt es auch Ausführungen, die mit einer geringeren Spannung funktionieren. Sie werden als LDO-Regler (LDO ... Low Drop Out Regulator) bezeichnet. Die dritte mögliche Ausführungsform sind die einstellbaren linearen Spannungsregler. Als Beispiel eines einstellbaren Reglers werden wir ein Bauteil betrachten, das wie der Festspannungsregler nur drei Anschlüsse besitzt. Da der Masseanschluss (GND) fehlt, spricht man in diesem Fall von einem **Floating Regulator**.

Für alle linearen Spannungsregler gilt, dass sie das Produkt aus Laststrom und Spannungsabfall zwischen Eingang und Ausgang des Reglers als Verlustwärme umsetzen.

$$P_V = (V_e - V_a) \cdot I_a$$

Der Wirkungsgrad einer Schaltung mit Linearregler wird umso geringer, je größer dieser Spannungsabfall ist. Lineare Spannungsregler werden daher nur eingesetzt, wenn ein geringer Spannungsunterschied zwischen der Eingangsspannung und der geregelten Ausgangsspannung besteht.

6.3.1 Festspannungsregler

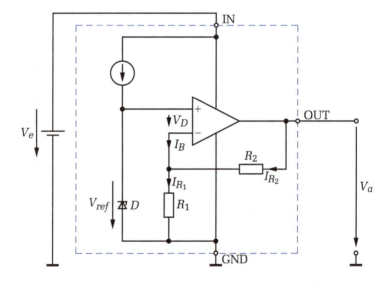

Abbildung 6.5: Prinzip eines positiven Festspannungsreglers

Da die einfache Schaltung in Abbildung 6.3 bei Änderungen des Lastwiderstandes eine Variation der Ausgangsspannung zeigt, werden zur Regelung der Ausgangsspannung bei integrierten Linearreglerbausteinen Schaltungen verwendet, die einem Operationsverstärker ähnlich sind. Das Prinzip einer Spannungsreglerschaltung mit Operationsverstärker ist in ▶Abbildung 6.5 gezeigt. Zur Erklärung der Funktion nehmen wir an, dass der Linearregler von einer Batterie gespeist wird und eine stabilisierte Ausgangsspannung liefern soll.

Die Eingangsspannung führt in Kombination mit der Stromquelle zu einem konstanten Strom durch die Bandgap-Referenz D. Diese liefert eine typische Spannung von 1,25 V. Eine Betrachtung der Masche am Eingang zeigt:

$$V_{ref} = V_D + V_{R1} \; .$$

Geht man von einem idealen Operationsverstärker aus, so ist die Differenzspannung der Eingänge V_D Null. Daher entspricht der Spannungsabfall an R_1 der Referenzspannung. Mit dem Ohm'schen Gesetz kann der Strom durch R_1 berechnet werden. Dieser Strom fließt auch durch den Widerstand R_2, da der Eingangsstrom I_B eines idealen Operationsverstärkers Null ist. Wählt man $R_2 = 3 \cdot R$ und $R_1 = R$, so gilt für die Ausgangsspannung:

$$V_a = I \cdot (R_2 + R_1) = \frac{V_{ref}}{R} \cdot 4R = 4 \cdot V_{ref} \,.$$

Für eine Referenzspannung von 1,25 V erhält man daher eine Ausgangsspannung von 5 V.

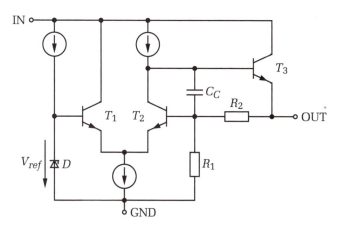

Abbildung 6.6: Innenschaltung eines Festspannungsreglers

Eine Innenschaltung eines einfachen Festspannungsreglers ist in ▶Abbildung 6.6 gezeigt. T_1 und T_2 bilden einen Differenzverstärker. Zusammen mit T_3 ensteht ein einfacher Operationsverstärker, der schon in der Prinzipschaltung des positiven Festspannungsreglers (Abbildung 6.5) gezeigt wurde. Der Kondensator C_C dient zur Phasenkompensation der Regelschleife.

Zur Betrachtung der Funktion nehmen wir eine Entlastung des Reglers (Erhöhung des Lastwiderstandes) an. Ein Anstieg der Ausgangsspannung V_a hat einen Anstieg der Basis-Emitter-Spannung von T_2 zur Folge. Damit steigt auch Kollektorstrom dieses Transistors I_{C2}. Da die Summe aus I_{C2} und dem Basisstrom des Transistors T_3 von der Stromquelle konstant gehalten wird, sinkt der Basisstrom. Dadurch steigt der Basis-Emitter-Spannungsabfall und die Ausgangsspannung wird wieder reduziert.

Die gezeigte Topologie wird als Festspannungsregler für positive Ausgangsspannungen verwendet. Der Unterschied zwischen Eingangs- und Ausgangsspannung setzt sich aus einer Spannung an der Stromquelle und der Basis-Emitter-Spannung des Längstransistors zusammen. Die minimale Spannung, bei der die Stromquelle und damit der Spannungsregler noch funktioniert, wird als **Drop Out Voltage** bezeichnet. Sie liegt bei Standard-Festspannungsreglern in der Größenordnung von 2,5 V.

Weblink

6.3.2 Festspannungsregler mit geringer Drop Out Voltage

Lineare Spannungsregler wurden wegen der an ihnen auftretenden Verluste schon in weiten Bereichen durch Schaltregler abgelöst. Eine derzeit aktuelle Anwendung linearer Regler ergibt sich jedoch durch die neueren Batterietypen. Lithium-Ionen-Zellen besitzen eine Ausgangsspannung von 3,6 V pro Zelle. Um eine Digitalschaltung mit einer Spannung von 3,3 V zu versorgen, werden LDO-Spannungsregler verwendet.

Während klassische LDO-Topologien durch Verwendung eines pnp-Transistors als Längselement minimale Spannungsabfälle am Regler von ≈1 V ermöglichen, kommen moderne Varianten durch die Verwendung von MOSFETs mit Spannungen kleiner als 300 mV aus.

Weblink

Abschließend sei erwähnt, dass bei LDO-Reglern häufig eine bestimmte Größe und Ausführung (ESR[4]) des am Ausgang des Reglers nötigen Ladekondensators im Datenblatt angegeben wird. Werden diese Spezifikationen nicht eingehalten, so können Instabilitäten des Reglers auftreten.

6.3.3 Spannungsregler mit einstellbarer Ausgangsspannung

In manchen Anwendungsfällen benötigt man Spannungswerte, die von den üblichen Ausgangsspannungen der Festspannungsregler abweichen. Um diese Ausgangsspannungen erzeugen zu können, verwendet man eine Topologie, die sogenannte *Floating Regulator*, sie ist in ▶Abbildung 6.7 dargestellt. Der Name weist auf das Fehlen eines Anschlusses für ein Bezugspotential hin. Stattdessen besitzt das Bauteil einen Anschluss (*ADJ*), der die Festlegung der Ausgangsspannung ermöglicht.

Weblink

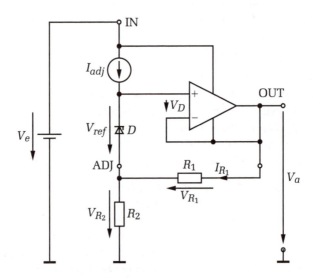

Abbildung 6.7: Prinzipschaltung eines einstellbaren Spannungsreglers

---

4 Equivalent Series Resistor

Die Eingangsspannung führt zusammen mit der Stromsenke zu einem konstanten Strom I_{adj}, der über die Bandgap-Referenz und den Widerstand R_2 fließt. Eine gedachte Masche am Eingang zeigt, dass die Spannung am Widerstand R_1 der Referenzspannung V_{ref} entspricht. (Die Eingangsspannung V_D an einem idealen Operationsverstärker ist 0.) Eine Betrachtung der Masche am Ausgang liefert folgenden Zusammenhang für die Ausgangsspannung:

$$V_a = V_{R_1} + V_{R_2} = V_{ref} + R_2 \cdot \left(I_{R1} + I_{adj}\right) = V_{ref} + R_2 \cdot \left(\frac{V_{ref}}{R_1} + I_{adj}\right).$$

Wählt man den Widerstand R_1 klein genug, so kann der Strom I_{adj} gegenüber I_{R1} vernachlässigt werden. Die Ausgangsspannung des Floating Regulators ist näherungsweise:

$$V_a = V_{ref} \cdot \left(1 + \frac{R_2}{R_1}\right). \tag{6.1}$$

6.4 Schaltregler

Um aus einer großen Eingangsspannung eine wesentlich kleinere Versorgungsspannung zu erzeugen, werden Schaltregler verwendet. Bei linearen Spannungsreglern führt der Unterschied zwischen der Eingangs- und der Ausgangsspannung zur Erzeugung von Verlustwärme, der Längstransistor wirkt wie ein Vorwiderstand. Im Fall der Schaltregler wird die aufgenommene Energie in einer Spule zwischengespeichert, aus der sie laufend an einen Ladekondensator weitergegeben wird. Der Ladekondensator stellt der Last die Versorgungsspannung zur Verfügung. Die Steuerung des Energieflusses erfolgt durch zwei Schalter. Im einfachsten Fall wird einer der Schalter als Transistor ausgeführt und von einem Regler gesteuert, während der zweite Schalter durch eine Diode realisiert wird.

Zur Erklärung der drei grundlegenden Schaltreglertopologien werden wir den Regler weglassen und die beiden Schalter symbolisch durch zwei mechanische Schalter darstellen. Die Ansteuerung erfolgt komplementär. Wenn der Schalter S geschlossen ist, wir bezeichnen diese Zeit als t_{ein}, ist gleichzeitig der Schalter $\bar{S}$ geöffnet. Um den Einstieg zu vereinfachen wird nur der nicht lückende Betrieb betrachtet. In diesem Fall wird der Drosselstrom nicht unterbrochen.

6.4.1 Abwärtswandler

Als Abwärtswandler oder Tiefsetzsteller wird eine Schaltreglertopologie bezeichnet, die eine Ausgangsspannung liefert, die kleiner als die Eingangsspannung ist. Sie wird auch als **Buck Converter** bezeichnet. Es gilt:

$$0 \leq V_a \leq V_e.$$

6 SPANNUNGSVERSORGUNG

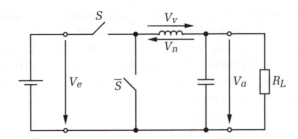

Abbildung 6.8: Abwärtswandler

Zur Erklärung der Funktion betrachten wir die beiden möglichen Schalterstellungen.

- t_{ein}
Der Schalter S ist geschlossen, während der Schalter $\bar{S}$ geöffnet ist. Die Eingangsspannung V_e treibt einen Strom durch die Spule. Dieser Strom teilt sich in einen Ladestrom, der in den Kondensator fließt, und den Laststrom. Je länger der Schalter S geschlossen bleibt, umso größer wird die Ausgangsspannung. (Würde der Schalter dauerhaft geschlossen bleiben, so entspräche die Ausgangsspannung der Eingangsspannung.) Der durch die Spule fließende Strom baut ein Magnetfeld auf. Es wird Energie im Feld der Spule gespeichert. Der Spannungsabfall an der Spule ist in ▶Abbildung 6.8 als V_v eingezeichnet. Der Zusammenhang zwischen der Änderung des Spulenstromes und dem Spannungsabfall an der Spule ist durch das Induktionsgesetz gegeben.

$$V_v = L \cdot \frac{\Delta I_L}{\Delta t}$$

Die Maschengleichung für diesen Fall liefert folgendes Ergebnis:

$$V_e = V_v + V_a \quad \rightarrow \quad V_e = L \cdot \frac{\Delta I_L}{\Delta t} + V_a .$$

- t_{aus}
Während der Zeit t_{aus} ist der Schalter $\bar{S}$ geschlossen und S geöffnet. Die Spule versucht beim Umschalten, ihren Strom I_L beizubehalten. Die Spannung an der Spule ändert ihr Vorzeichen. Sie ist in Abbildung 6.8 als V_n eingezeichnet und entspricht der Ausgangsspannung V_a.

$$V_n = V_a = L \cdot \frac{\Delta I_L}{\Delta t}$$

Da die Eingangsspannung als konstant angenommen wird und eine feste Ausgangsspannung erzeugt werden soll, liegen konstante Verhältnisse vor. Der Anstieg des Stromes ΔI_L während der Zeit t_{ein} ergibt sich aus der Gleichung für diesen Zeitabschnitt, wenn man für $\Delta t = t_{ein}$ einsetzt.

$$\Delta I_L = (V_e - V_a) \cdot \frac{1}{L} \cdot t_{ein}$$

Aus der Gleichung für den Zeitabschnitt t_{aus} kann die Abnahme des Stromes für $\Delta t = t_{aus}$ berechnet werden.

$$\Delta I_L = V_a \cdot \frac{1}{L} \cdot t_{aus}$$

Da im eingeschwungenen Zustand die Stromänderung ΔI_L für beide Fälle gleich ist, kann die Ausgangsspannung in Abhängigkeit der Schaltzeiten bestimmt werden. Der Faktor d wird Tastverhältnis oder **Duty Factor** genannt.

$$V_a = \frac{t_{ein}}{t_{aus} + t_{ein}} \cdot V_e = d \cdot V_e \qquad (6.2)$$

In der praktischen Ausführung wird der Schalter S durch einen MOSFET realisiert. Der Schalter $\bar{S}$ ist bei einfachen Abwärtswandlern eine Diode, während bei höheren Anforderungen an den Wirkungsgrad auch hier ein gesteuerter Schalter (MOSFET) eingesetzt wird.

Der Wirkungsgrad von Schaltwandlern wird durch die ohmschen Verluste, die Ummagnetisierungsverluste und die Schaltverluste begrenzt. Die ohmschen Verluste treten am parasitären Widerstand der Spule, am On-Widerstand des Leistungsschalters und am ESR des Kondensators auf. Unter Schaltverlusten versteht man Verluste, die beim Übergang des Transistors von einem Schaltzustand in den anderen entstehen. Bei diesem Übergang tritt kurzzeitig ein Spannungsabfall und ein Strom auf, da sich der Transistor im Widerstandsbereich befindet. Mit Abwärtswandlern können Wirkungsgrade über 90 % erreicht werden. Ummagnetisierungsverluste sind Wirkverluste, die im Kernmaterial der Spule auftreten. Da die Energiespeicherung bei einer für einen Schaltregler verwendeten Spule im Vordergrund steht, baut man sie mit einem geringen ohmschen Widerstand der Wicklung und verwendet Kernmaterialien, die kleine Ummagnetisierungsverluste ermöglichen. Eine für den Einsatz als Energiespeicher in Schaltreglern optimierte Spule wird auch als **Speicherdrossel** bezeichnet.

Der Eingangsstrom des Abwärtswandlers wird durch den Schalter S ein- und ausgeschaltet. Dadurch entstehen abhängig von der Schaltgeschwindigkeit hochfrequente Störsignale, die besonders auf der Eingangsseite wirksam sind. Der Ausgangsstrom fließt kontinuierlich und erzeugt daher keine Störungen.

Bei einer entsprechenden Ausführung der Regelelektronik ist der Abwärtswandler kurzschlussfest. Er kann durch Öffnen des Schalters S den Strom im Fehlerfall begrenzen. Wird der Schalter $\bar{S}$ durch eine Diode realisiert, ist der Wandler nur dann leerlauffest, wenn der Regler einen Anstieg der Ausgangsspannung erkennt und das Schalten von S unterbricht, um ein weiteres Ansteigen der Ausgangsspannung zu verhindern.

6.4.2 Aufwärtswandler

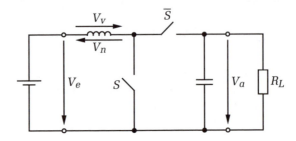

Abbildung 6.9: Aufwärtswandler

Ein Aufwärtswandler ermöglicht die Erzeugung einer Ausgangsspannung, die größer als die Eingangsspannung ist. Ein typischer Anwendungsfall sind batteriebetriebene Geräte.

Der Aufwärtswandler (▶Abbildung 6.9) wird auch als **Hochsetzsteller** oder *Boost Converter* bezeichnet. Für ihn gilt:

$$V_a \geq V_e \, .$$

Die Funktion soll wieder anhand der Betrachtung der beiden Schaltzustände erklärt werden:

- t_{ein}
  Während der Zeit t_{ein} ist der Schalter S geschlossen und $\bar{S}$ geöffnet. Mit dem Schließen des Schalters beginnt der Strom durch die Spule anzusteigen. Der Spannungsabfall V_v an der Spule entspricht der Eingangsspannung. Es gilt:

$$V_v = V_e = L \cdot \frac{\Delta I_L}{\Delta t} \, .$$

- t_{aus}
  Danach wird für die Zeit t_{aus} der Schalter S geöffnet und der Schalter $\bar{S}$ geschlossen. Die im Magnetfeld der Spule gespeicherte Energie versucht den Strom weiterzutreiben. Die Spannung an der Spule ändert ihr Vorzeichen, sie ist in ▶Abbildung 6.9 mit V_n bezeichnet. Eine Anwendung der Maschenregel liefert den folgenden Zusammenhang:

$$V_a = V_e + V_n = V_e + L \cdot \frac{\Delta I_L}{\Delta t} \, .$$

Berechnet man – wie vom Abwärtswandler bereits bekannt – aus diesen Beziehungen die Stromänderungen während t_{ein} beziehungsweise t_{aus}, so erhält man:

$$\Delta I = \frac{1}{L} \cdot V_e \cdot t_{ein}$$

$$\Delta I = \frac{1}{L} \cdot (V_a - V_e) \cdot t_{aus} \, .$$

Für eine konstante Ausgangsspannung kann man diese Stromänderungen wiederum gleichsetzen. Man erhält folgende Beziehung für die Ausgangsspannung eines Hochsetzstellers als Funktion der Schaltzeiten:

$$V_a = V_e \frac{t_{ein} + t_{aus}}{t_{aus}} = V_e \cdot \frac{1}{1-d} \quad \text{mit} \quad d = \frac{t_{ein}}{t_{aus} + t_{ein}}. \quad (6.3)$$

In der praktischen Realisierung mit einem MOSFET als Schalter S und einer Diode als Schalter $\bar{S}$ ist der Aufwärtswandler nicht kurzschlussfest. Der Strompfad vom Eingang zum Ausgang kann nicht unterbrochen werden. Verwendet man für beide Schalter MOSFETs, so kann der Regler im Fall eines zu großen Laststromes den Schalter $\bar{S}$ öffnen. Um eine Leerlauffestigkeit zu erreichen, muss bei einer Realisierung von $\bar{S}$ durch eine Diode die Regelschaltung einen Anstieg der Ausgangsspannung erkennen und das weitere Laden des Ausgangskondensators verhindern. Der mit Aufwärtswandlern erzielbare Wirkungsgrad ist höher als 80 %.

Der Aufwärtswandler weist am Eingang einen kontinuierlichen und am Ausgang einen geschalteten Strom auf. Zur Unterdrückung der erzeugten Störungen ist daher dem Ausgang besondere Aufmerksamkeit zu widmen.

> ### Akku-Packs
>
> Wird bei einem batteriebetriebenen Gerät eine Versorgungsspannung von zum Beispiel ≈17 V benötigt, so können entweder viele in Serie geschaltete Zellen und ein Abwärtswandler beziehungsweise Linearregler oder wenige Zellen und ein Aufwärtswandler verwendet werden. Die Ladetechnik für die Serienschaltung mehrerer Zellen ist schwierig, da sowohl das Ende der Entladung als auch das Ende der Aufladung schwer erkennbar sind.
>
> Moderne Stromversorgungen verwenden daher möglichst wenige Zellen mit hoher Kapazität. Die kleinste von der Batterie gelieferte Spannung (im fast entladenen Fall) sollte so groß sein, dass ein Einschalten der üblichen elektronischen Schalter möglich ist. Wird zum Beispiel eine Taste verwendet, um einen MOSFET einzuschalten, so muss die Spannung des Akku-Packs größer als die Thresholdspannung des MOSFETs sein, um ein Einschalten zu ermöglichen. In Kombination mit einem Hochsetzsteller ist der Betrieb eines elektronischen Gerätes (zum Beispiel eines Thermometers) über viele Stunden möglich. Auch einem Ein- und Ausschalten durch einen Tastendruck steht nichts im Wege.

6.4.3 Invertierender Wandler

Der invertierende Wandler wird auch **Flyback Converter** oder **Buck Boost Converter** genannt. Die letzte Bezeichnung weist bereits auf eine Kombination der Eigenschaften zweier Wandlertopologien hin. Mit dem invertierenden Wandler kann eine Ausgangsspannung erzeugt werden, deren Betrag größer oder kleiner als der Betrag der Eingangsspannung ist.

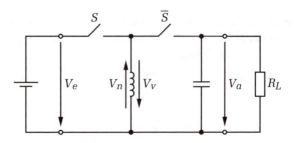

Abbildung 6.10: Invertierender Wandler

Die Funktion soll wieder an Hand der Betrachtung der beiden Schaltzustände erklärt werden:

- t_{ein}

  Während der Zeit t_{ein} ist der Schalter S geschlossen und $\bar{S}$ geöffnet. Mit dem Schließen des Schalters beginnt der Strom durch die Spule anzusteigen. Der Spannungsabfall V_V an der Spule entspricht der Eingangsspannung. Es gilt:

$$V_V = V_e = L \cdot \frac{\Delta I_L}{\Delta t} \;.$$

- t_{aus}

  Danach wird für die Zeit t_{aus} der Schalter S geöffnet und der Schalter $\bar{S}$ geschlossen. Die im Magnetfeld der Spule gespeicherte Energie versucht den Strom weiter zu treiben. Die Spannung an der Spule ändert ihr Vorzeichen, sie ist in ▶Abbildung 6.10 mit V_n bezeichnet. Da diese Spannung die Ausgangsspannung darstellt, liefert der invertierende Wandler eine negative Ausgangsspannung. Es gilt:

$$V_a = -V_n = -L \cdot \frac{\Delta I_L}{\Delta t} \;.$$

Berechnet man die Stromänderungen für die beiden Schaltzeiten und setzt die Ergebnisse gleich, so kann die Ausgangsspannung des invertierenden Wandlers berechnet werden.

$$V_a = -V_e \cdot \frac{t_{ein}}{t_{aus}} = -V_e \cdot \frac{d}{1-d} \quad \text{mit} \quad d = \frac{t_{ein}}{t_{aus} + t_{ein}} \tag{6.4}$$

Beim invertierenden Wandler wird vom Eingang ein Strom in Form eines Rechtecks aufgenommen. Auch der Ladestrom in den Ladekondensator ist nicht kontinuierlich. Sowohl am Eingang als auch am Ausgang müssen daher Maßnahmen zur Unterdrückung von Störungen ergriffen werden. Auch der Wirkungsgrad dieses Wandlers ist etwas geringer als jener der beiden anderen Topologien. Als Gegengewicht zu diesen beiden Nachteilen kann die Kurzschlussfestigkeit des invertierenden Wandlers gesehen werden. Des Weiteren können mit diesem Wandler sowohl Spannungen, die größer, als auch solche, die kleiner als die Eingangsspannung sind, erzeugt werden.

Weblink

ZUSAMMENFASSUNG

Der erste Teil dieses Kapitels beschäftigte sich mit der Erzeugung von **Vergleichsspannungen**. Ausgegangen wurde von der Verwendung der Durchlass- und Durchbruchsspannung einfacher Dioden. Es folgte eine in der integrierten Schaltungstechnik nicht mehr wegzudenkende Schaltung, die so genannte **Bandgap-Referenz**. Diese Referenz wird auch als diskretes Bauelement bei mittleren Anforderungen häufig verwendet. Am Schluss des ersten Abschnittes wurde die *Buried-Zener*-Referenz vorgestellt. Die Unsicherheit ihrer Ausgangsspannung ist die derzeit kleinste mit tragbaren Referenzen erzeugbare.

Der zweite Teil dieses Kapitel beschäftigte sich mit **linearen Spannungsreglern**. Dabei wurden die Prinzipien der klassischen Festspannungsregler, der moderneren LDO-Varianten und der einstellbaren Regler erklärt. Festspannungsregler werden häufig eingesetzt, wenn der Spannungsunterschied zwischen Eingangs- und Ausgangsspannung sehr gering ist oder wenn man Störungen durch Schaltvorgänge vermeiden möchte.

Am Schluss des Kapitels wurden Prinzipien so genannter **sekundär getakteter Schaltwandler** gezeigt. Diese sollen nur einen Ausblick auf das große Gebiet der Schaltnetzteile ermöglichen und das Kapitel abrunden. Für eine umfassende Darstellung weiterer Schaltreglertopologien wie zum Beispiel der primär getakteten Schaltregler aber auch für die Dimensionierung der einfachen gezeigten Strukturen sei der Leser auf die weiterführende Fachliteratur [41], [35] verwiesen. Dort findet man auch die unterschiedlichen Regelkonzepte zur Steuerung der Schaltzeiten t_{ein} und t_{aus}. Die beiden wichtigsten Regelkonzepte werden als *Voltage Mode*- und *Current Mode*-Regelungen bezeichnet.

Auch wenn das vorliegende Kapitel nur ein Einstieg in diesen großen Bereich der Konzepte zur Spannungsversorgung sein kann, gehört es zur Einführung in die Schaltungstechnik aus der Sicht des Geräte-Entwicklers einfach dazu.

Allgemeine Digitaltechnik

7.1 Einführung 295

7.2 Kontinuierliche und diskrete Signale 295

7.3 Elektrische Darstellung
    von zweiwertigen Variablen 297

Zusammenfassung 307

ALLGEMEINE DIGITALTECHNIK

Einleitung

> Das Wort „digital" ist heutzutage ein fester Bestandteil der deutschen Sprache. Obwohl es häufig verwendet wird, ist die genaue Bedeutung oft unbekannt. Ursprünglich stammt es vom lateinischen Wort „digitus" für Finger ab. Nachdem man Finger gerne zum Zählen bzw. zur Zahlendarstellung verwendet oder um sich Zahlen zu merken, wird ein Bezug zu ganzen Zahlen offensichtlich.
>
> Die Digitaltechnik beschäftigt sich somit mit ganzen Zahlen bzw. in der elektronischen Schaltungstechnik mit der Verarbeitung dieser mit elektronischen Bauelementen. Eine einzelne Stelle im Zahlensystem wird als „digit" bezeichnet, wird die Basis des Zahlensystems auf die kleinstmögliche, nämlich 2, reduziert, führt uns das zum Binärsystem. Dort wird dann eine Stelle als „binary digit" oder abgekürzt „bit" bezeichnet.
>
> Unabhängig davon, welches Zahlensystem verwendet wird, haben wir eine diskrete Information zu verarbeiten, doch die reale Welt ist kontinuierlich bzw. so fein diskretisiert (z. B. Elementarladung $q \approx 1{,}6 \cdot 10^{-19}$ C), dass sie (meist) als kontinuierlich betrachtet werden kann. Genauso wenig gibt es (zurzeit) digitale elektronische Bauelemente, denn Widerstände, Kondensatoren, Dioden, Transistoren, ... sind analoge Bauelemente mit einer mehr oder weniger komplexen Funktion abhängig von Spannungen, Strömen, Temperatur, Zeit .... Das würde bedeuten, dass es eigentlich gar keine digitalen Schaltungen geben kann, da diese nur aus analogen Elementen aufgebaut werden können. Tatsächlich bedeutet es aber, dass die so genannten digitalen Schaltungen in der Realität auch analoge Schaltungen sind, nur die Betrachtung ihrer Eigenschaften erfolgt digital bzw. diskret.
>
> In diesem Kapitel werden nun die Grundlagen über die digitale, diskrete Betrachtungsweise, die allgemeine Digitaltechnik, erklärt.

LERNZIELE

- Im Zeit- bzw. Wertebereich diskrete und kontinuierliche Signale

- Elektrische Darstellung zweiwertiger Variablen

- Allgemeines Sender/Empfänger-Modell für zweiwertige Signale in der Spannungsdomäne mit Berücksichtigung möglicher Störungen

- Beschreibung von dynamischen, zweiwertigen Signalen

7.1 Einführung

Im Allgemeinen werden in der analogen Elektronik kontinuierliche Größen verarbeitet. In der Digitaltechnik werden nun die kontinuierlichen Größen diskretisiert, das heißt sie können nur noch bestimmte Werte annehmen bzw. sind auch nur an bestimmten (Zeit-)Punkten definiert. In der digitalen Verarbeitung wird dann mit diesen diskreten Signalen gerechnet. Trotzdem muss darauf hingewiesen werden, dass die Verarbeitung digitaler Signale von elektronischen Schaltungen durchgeführt wird, welche aus analogen Bauelementen bestehen.

> **Digitale Schaltungen**
>
> Digitale Schaltungen sind (sehr) schnelle analoge Schaltungen, welche im übersteuerten Bereich betrieben werden.

Damit die digitale Betrachtungsweise der elektronischen Schaltungen verständlich werden kann, wollen wir uns zu Beginn dieses Kapitels den unterschiedlichen Arten von (Zeit-)Signalen zuwenden und die Abstraktion vom kontinuierlichen Signal zum diskreten, digitalen Signal beschreiben.

7.2 Kontinuierliche und diskrete Signale

> **Signal**
>
> Als Signal wird eine Zuordnung von Information über den Zustand oder das Verhalten einer physikalischen Größe zu einer oder mehreren Veränderlichen bezeichnet. Die Beschreibung eines Signals erfolgt in Form einer mathematischen Funktion.
>
> Unter einem Zeitsignal versteht man die Zuordnung von Information zur Zeit t. Dabei kann die Zeit kontinuierlich bzw. diskret betrachtet werden sowie die Information (der Wert) kontinuierlich bzw. diskret.
>
> $$S = f(t) \qquad (7.1)$$

In ▶Abbildung 7.1 werden die vier möglichen Typen von Zeitsignalen dargestellt. Links oben ist ein kontinuierliches Signal, welches zu jedem Zeitpunkt definiert ist und kontinuierliche Werte annehmen kann, zu sehen. Wird dieses im Wertebereich diskretisiert, erhalten wir das rechts oben dargestellte Signal. Es ist noch immer zu jedem Zeitpunkt definiert, kann aber nur noch diskrete Werte annehmen. In die-

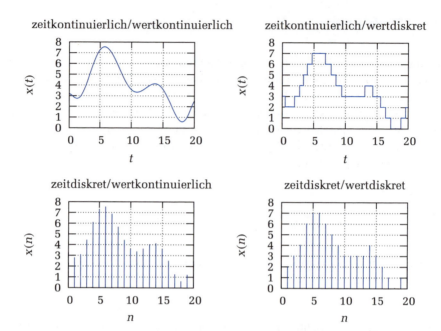

Abbildung 7.1: Kontinuierliche und diskrete Signale

sem Beispiel werden dafür acht mögliche Stufen verwendet. Das wertkontinuierliche, aber zeitdiskrete Signal ist links unten dargestellt. Es kann zwar beliebige Werte annehmen, ist aber nur noch zu bestimmten Zeitpunkten definiert. Der kontinuierliche Parameter der Zeit t wird durch eine ganzzahlige Indexvariable n ersetzt. Das rechts unten gezeigte Signal ist ein digitales Signal. Es ist sowohl im Zeit- als auch im Wertebereich diskretisiert und kann mit ganzen Zahlen exakt beschrieben werden.

- Diskretisierung im **Zeitbereich** bedeutet, dass
  das Signal zu bestimmten, genau definierten Zeitpunkten abgetastet wird. Die Information über den Signalverlauf zwischen den einzelnen Abtastpunkten geht verloren. Wird das Signal jedoch häufig genug abgetastet, tritt bei der Diskretisierung im Zeitbereich kein Informationsverlust auf (Abtasttheorem, Abschnitt 14.4.2).

- Diskretisierung im **Wertebereich** bedeutet, dass
  der Signalwert mit ganzen Zahlen beschrieben werden kann. Unabhängig vom Wertebereich (Anzahl der Diskretisierungsstufen) kann der Wert nach Umwandlung in das Binärsystem mit mehreren zweiwertigen Variablen exakt dargestellt werden. Somit ist es ausreichend, auf zweiwertige Signale einzugehen. Außerdem soll angemerkt werden, dass in der Digitaltechnik, abgesehen von speziellen Anwendungen, ausschließlich zweiwertige Signale verwendet werden.

7.3 Elektrische Darstellung von zweiwertigen Variablen

Im binären Zahlensystem kann eine Stelle zwei unterschiedliche Werte annehmen, nämlich 1 oder 0. Diese beiden Werte werden auch in der informatischen, logischen Betrachtung als WAHR oder FALSCH (*TRUE/FALSE*) bezeichnet.

In der realen, analogen Welt gibt es keine exakte Eins oder Null bzw. WAHR oder FALSCH. Es gibt nur verschiedene physikalische Größen, die als Informationsträger verwendet werden können, zum Beispiel: Spannung, Strom, Licht, Zeit (Periodendauer/Frequenz).

Die physikalische Größe soll nun zwei Zustände annehmen können, dabei wird der physikalisch kleinere Zustand als *LOW* (oder *L*, *LO*) und der physikalisch größere als *HIGH* (oder *H*, *HI*) bezeichnet (Eine Übersetzung ins Deutsche ist ungebräuchlich.). Diesen beiden physikalischen Zuständen werden nun die logischen Zustände zugeordnet. Je nachdem wie die Zuordnung erfolgt, wird zwischen positiver und negativer Logik unterschieden.

Zuordnung: Physikalischer und logischer Zustand

physikalisch	positive Logik	negative Logik
LO	0	1
HI	1	0

In den meisten Anwendungen wird eine positive Logik ($LO = 0$, $HI = 1$) verwendet, weshalb bei einer fehlenden Angabe der Zuordnung von positiver Logik ausgegangen werden kann.

Bei digitalen, elektronischen Schaltungen ist die Darstellung der zweiwertigen Variablen als Spannung üblich. Deshalb wird bei den weiteren Betrachtungen die elektrische Spannung als Informationsträger verwendet. Die ▶Abbildung 7.2 zeigt ein allgemeines, abstrahiertes Modell für einen zweiwertigen Sender und Empfänger.

Der Sender (Ausgang, Digitalausgang) besteht im Wesentlichen aus zwei Spannungsquellen, welche abhängig vom logischen Zustand X auf den Ausgang geschaltet werden. Beide Spannungsquellen werden als reale Spannungsquellen mit Leerlaufausgangsspannung (V_{HI} bzw. V_{LO}) und Ausgangswiderstand (R_{HI} bzw. R_{LO}, möglichst klein) modelliert.

Ein vom logischen Wert X gesteuerter Umschalter wählt je nach Zuordnung den richtigen physikalischen Zustand und somit die passende Ausgangsspannung aus.

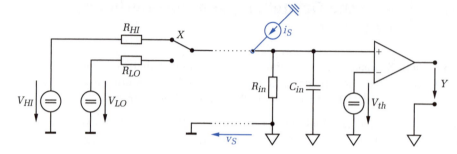

Abbildung 7.2: Allgemeines Sender/Empfänger-Modell mit Spannung als Information

Der Empfänger (Eingang, Digitaleingang) muss nun eine Entscheidung treffen, ob der größere (*HI*) oder der kleinere (*LO*) Zustand an seinem Eingang anliegt. Diese Aufgabe erledigt ein Komparator, der die Eingangsspannung mit einer Schwellspannung (V_{th}, *Threshold Voltage*) vergleicht und am Ausgang das Ergebnis *Y* ausgibt. Die Wahl der Schwellspannung soll so erfolgen, dass eine möglichst sichere Unterscheidung zwischen den beiden Pegeln ermöglicht wird. Zum Beispiel wäre der Punkt in der Mitte zwischen *HI*- und *LO*-Pegel sinnvoll: $V_{th} = \frac{V_{HI}+V_{LO}}{2}$.

Der ideale Komparatoreingang ist noch mit einem Eingangswiderstand R_{in} und einer Eingangskapazität C_{in} zu einem realen Eingang erweitert worden. Diese scheinen auf den ersten Blick parasitäre, unerwünschte Elemente zu sein. Der Eingangswiderstand verursacht einen Eingangsstrom und aufgrund der Kapazität wird ein Umladestrom bei Pegelwechseln benötigt bzw. in Kombination mit dem Ausgangswiderstand der Quelle ein Tiefpassfilter gebildet, welches die Dauer für einen Pegelwechsel verlängert.

In realen Anwendungen erweist sich der Eingangswiderstand R_{in} aber als vorteilhaft, ja sogar als notwendig. Bei offenem Eingang (z. B. Leitungsunterbrechung) sorgt er für einen definierten Eingangspegel, nämlich *LO*, und somit für ein definiertes Ergebnis *Y*. Der Eingangswiderstand ist hier als Pull-Down-Widerstand (zieht die Eingangsspannung auf *LO*) eingezeichnet, es wäre aber genauso möglich, einen Pull-Up-Widerstand zwischen Eingang und positiver Versorgungsspannung zu verwenden. Dann wäre der Eingangspegel bei offenem Eingang *HI*.

In der Abbildung 7.2 sind noch ein in die Signalleitung eingeprägter Störstrom i_S und eine durch unterschiedliche Massepotentiale entstandene Störspannung v_S eingezeichnet. Wodurch diese entstehen, wird in Abschnitt 7.3.2 erläutert, auf den Einfluss auf den korrekten Empfang des zweiwertigen Signals wollen wir nun eingehen.

Ein eingeprägter Störstrom i_S sieht auf der Leitung als Eingangswiderstand die Parallelschaltung von R_{HI} oder R_{LO} (je nach Schalterstellung) mit R_{in}, wird in eine Störspannung $v(i_S)$ umgesetzt und erscheint als zur Ausgangsspannung addierte Spannung am Eingang.

$$v(i_S) = i_S \left((R_{HI} \text{ oder } R_{LO}) \parallel R_{in}\right) \qquad (7.2)$$

Auch die auftretende Störspannung v_S wirkt sich wie eine addierte Spannung am Eingang aus. Die maximal erlaubte Störspannung, die noch nicht zu falschen Ergebnissen am Komparatorausgang führt, wird als Spannungsstörabstand V_{SA} bezeichnet. Mit der Annahme, dass die Schwellspannung genau zwischen HI- und LO-Pegel liegt, entspricht sie gleichzeitig dem Spannungsstörabstand:

$$V_{SA} = V_{th} \qquad (7.3)$$

Als **Stromstörabstand** bezeichnet man den maximal erlaubten, in die Signalleitung eingeprägten Strom, der noch keine unerwünschten Pegelwechsel im Ausgangssignal verursacht. Er kann mit dem Ohm'schen Gesetz aus dem Spannungsstörabstand berechnet werden:

$$I_{SA} = \frac{V_{SA}}{(R_{HI} \text{ oder } R_{LO}) \parallel R_{in}} \qquad (7.4)$$

Aus Gleichung (7.4) wird auch ersichtlich, dass der endliche Eingangswiderstand bei einer Leitungsunterbrechung, $(R_{HI} \text{ oder } R_{LO}) \to \infty$, für einen Stromstörabstand $I_{SA} > 0$ sorgt.

Bei einer langen Leitung kann die Leitungsinduktivität nicht mehr vernachlässigt werden, beim Ausgangswiderstand des Senders muss deren frequenzabhängige Impedanz berücksichtigt werden. Das bedeutet, dass für schnelle, hoch frequente Störsignale ($f \gg$) der Ausgangswiderstand des Senders immer größer wird und in der Parallelschaltung vernachlässigt werden kann. Dafür wirkt sich die Eingangskapazität C_{in} vorteilhaft aus, da diese die Eingangsimpedanz für höhere Frequenzen verringert, wodurch der Stromstörabstand wieder größer wird:

$$I_{SA}\big|_{f \gg} = \frac{V_{SA}}{R_{in} \parallel \frac{1}{j 2\pi f C_{in}}} = \frac{V_{SA}}{R_{in}} \left(1 + j 2\pi f R_{in} C_{in}\right) \qquad (7.5)$$

Die Eingangskapazität begrenzt somit die Geschwindigkeit, mit der ein Empfänger auf Eingangssignale reagieren kann. Dies beschränkt zwar die mögliche Nutzsignalfrequenz, aber erhöht die Toleranz gegen hoch frequente Störsignale, weil der Empfänger zu langsam ist und diese unterdrückt.

7.3.1 Signalpegel, Schwellspannung und Störabstände

Bis jetzt sind die Pegel für HI und LO als exakte Spannungen angenommen worden. In der realen, analogen Welt der elektronischen Schaltungstechnik existieren aber keine exakten Spannungen, deshalb müssen für HI und LO, sowohl für Sender und Empfänger, Bereiche definiert werden.

Die Ausgangsspannung (*Output Voltage*) des Senders muss bei Betrieb innerhalb der Spezifikationen, z. B. bis zum maximal erlaubten Ausgangsstrom, in den spezifizierten Bereichen für V_{HI} und V_{LO} liegen, siehe ▶ Abbildung 7.3: Bereiche Output V_{HI} und Output V_{LO}.

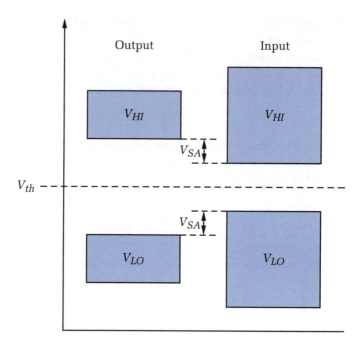

Abbildung 7.3: Signalpegel, Schwellspannung (V_{th}) und Störabstand

Der Empfänger muss eine Eingangsspannung (*Input Voltage*), die im Bereich von V_{LO} liegt, als *LO*, und eine Eingangsspannung im Bereich von V_{HI} als *HI* erkennen: Bereiche Input V_{HI} und Input V_{LO}.

So lange der Input-Bereich für *HI* bzw. *LO* den ganzen erlaubten Output-Bereich für *HI* bzw. *LO* vollständig abdeckt, ist eine korrekte Verbindung zwischen Sender und Empfänger garantiert. Durch Störsignale kann es jedoch zu einer Verschiebung von Input- zu Output-Bereich kommen. Da der Input-Bereich natürlich größer sein muss, kann trotz der Verschiebung noch immer eine korrekte Abdeckung sichergestellt werden. Die maximale erlaubte Verschiebung definiert nun für den allgemeinen Fall den Störabstand und berechnet sich aus der Differenz von minimaler *HI*-Ausgangsspannung zu minimaler *HI*-Eingangsspannung bzw. von maximaler *LO*-Ausgangsspannung zu maximaler *LO*-Eingangsspannung, vergleiche Abbildung 7.3.

Zwischen dem *HI*- und *LO*-Bereich existiert ein nicht definierter Bereich, in dessen Mitte sich die Schwellspannung V_{th} befindet. Diese hat nach der Definition von Input- und Output-Bereichen keine große Bedeutung mehr, da sie keine Anwendung mehr findet. Denn jedes Eingangssignal im undefinierten Bereich ergibt auch ein undefiniertes Ergebnis, also entweder *HI*, *LO* oder vielleicht sogar eine Ausgangsspannung im undefinierten, nicht erlaubten Bereich des Ausgangs.

In ▶Tabelle 7.1 sind die spezifizierten Bereiche für die Pegel von zwei bekannten Logikfamilien angegeben. Standard TTL ist dabei eine veraltete, aber bekannte Logikfamilie in Bipolartechnologie, 74HC (CMOS) wird mit MOSFETs aufgebaut. Bei den Eingangsspannungen sind in Klammer die Lastströme angegeben, bei den Ausgangsspannungen die maximal möglichen Ausgangsströme. Da bei 74HC (CMOS) die Logikpegel von der Versorgungsspannung V_{DD} abhängen, sind sie als relative Werte in der Tabelle eingetragen.

Tabelle 7.1

Pegel von Standard TTL und 74HC (CMOS)

	Standard TTL	74HC (CMOS)
$V_{in,HI} >$	2,0 V (40 µA)	$0{,}7 \cdot V_{DD}$ (0 A)
$V_{in,LO} <$	0,8 V (1,6 mA)	$0{,}3 \cdot V_{DD}$ (0 A)
$V_{out,HI} >$	2,4 V (400 µA)	$V_{DD} - 0{,}1$ (20 µA)
$V_{out,LO} <$	0,4 V (16 mA)	0,1 (20 µA)
Störabstand	0,4 V	$\approx 0{,}3 V_{DD}$
Fan Out	10	$\gg$

In der letzten Zeile der Tabelle 7.1 ist noch das Fan Out (ungebräuchliche Übersetzung: Ausgangslastfaktor) angegeben. Dieses sagt aus, mit wie vielen Eingängen ein Ausgang belastet werden darf. Das Fan Out von 10 bei Standard TTL ist offensichtlich, da ein Eingang z. B. im *HI*-Zustand 40 µA benötigt und der Ausgangsstrom im *HI*-Zustand auf den zehnfachen Wert von 400 µA spezifiziert ist. Bei CMOS ist die Angabe eines Fan Out-Wertes schwierig, da diese Logikfamilie keinen statischen Eingangsstrom benötigt, der Eingang stellt eine kapazitive Last dar. Damit wird dieser Wert sehr groß ($\gg$) bzw. nur im dynamischen Betrieb durch die gebildete Lastkapazität beschränkt.

7.3.2 Störbeeinflussung der Signalpegel

Es gibt verschiedene Möglichkeiten, wie Störströme und Spannungen entstehen können. Die genaueren Betrachtungen zu diesem Thema sind Teil des Kapitels 19.1.4: „Elektromagnetische Verträglichkeit elektronischer Systeme". Trotzdem soll an dieser Stelle ein kurzer Überblick gegeben werden, welche Arten der Beeinflussung in der Schaltungstechnik eine wichtige Rolle spielen und wie die Signalpegel dabei gestört werden können:

- Galvanisch: Masseschleife (*Ground Loop*)
- Induktiv: Zeitlich veränderliche Magnetfelder
- Kapazitiv: Zeitlich veränderliche Potentiale

Das in Abbildung 7.2 gezeigte Sender/Empfänger-Modell berücksichtigt Ausgangs- und Eingangswiderstände und verwendet für Sender und Empfänger zwei unterschiedliche Massesymbole. Damit soll angedeutet werden, dass durch die galvanische Verbindung eine Masseschleife gebildet wird. Da der Signalstrom ja nicht nur zum Empfänger fließt, sondern auch wieder zurück, entsteht ein Strom i_{GND} auf der Masseleitung. Unter Berücksichtigung des Widerstands R_{GND} und der Induktivität L_{GND} der Masseverbindung erhalten wir eine auftretende Verschiebung des Massepotentials und damit eine Störspannung v_S:

$$v_S = R_{GND} \cdot i_{GND} + L_{GND} \frac{di_{GND}}{dt} \qquad (7.6)$$

Damit die Störspannung möglichst gering bleibt, sollen der Widerstand und die Induktivität der Masseverbindung möglichst kleine Werte aufweisen. Deshalb wird auf Leiterplatten sehr oft eine ganze Fläche als gemeinsame Masse verwendet (*Ground Plane*).

Bei der induktiven Beeinflussung induzieren zeitlich veränderliche Magnetfelder, welche durch den Wechselstromanteil i auf Leitungen entstehen, Störspannungen in Leiterschleifen. Die Größe der Spannung ist dabei von der magnetischen Kopplung, der Gegeninduktivität M, abhängig.

$$v_S = M \frac{di}{dt} \qquad (7.7)$$

Zwischen Leitern entstehen immer parasitäre Koppelkapazitäten, wodurch eine kapazitive Verbindung gebildet wird. Deshalb verursacht jedes zeitlich veränderliche Potential (z. B. Pegelwechsel an Spannungsausgängen) eine Spannungsänderung $\frac{dv}{dt}$ über die Koppelkapazität C_K und somit einen Störstrom i_S:

$$i_S = C_K \frac{dv}{dt} \qquad (7.8)$$

Dieser durch kapazitive Beeinflussung entstehende Störstrom verursacht abhängig von der Eingangsimpedanz ($R_{in} \parallel \frac{1}{j\omega C_{in}}$) der gestörten Leitung eine Störspannung, siehe ▶Abbildung 7.4.

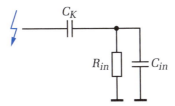

Abbildung 7.4: Kapazitive Beeinflussung

Simulation

Beispiel

Ein zweiwertiges Signal ($V_{LO} = 0\,\text{V}$, $V_{HI} = 5\,\text{V}$) benötigt für einen Pegelwechsel 5 ns und stört eine benachbarte Leitung. Wie groß darf der Eingangswiderstand R_{in} der gestörten Leitung höchstens sein (Koppelkapazität $C_K = 1\,\text{pF}$), damit der Störabstand V_{SA} eines 74HC-Eingangs ($V_{DD} = 5\,\text{V}$, $V_{SA} = 0{,}3 V_{DD} = 1{,}5\,\text{V}$) nicht überschritten wird?

$$i_S = C_K \frac{dv}{dt} \approx C_K \frac{\Delta v}{\Delta t} = 1\,\text{pF}\,\frac{5\,\text{V}}{5\,\text{ns}} = 1\,\text{mA}$$

$$R_{in} < \frac{0{,}3\,V_{DD}}{i_S} = \frac{0{,}3 \cdot 5\,\text{V}}{1\,\text{mA}} = \frac{1{,}5\,\text{V}}{1\,\text{mA}} = 1500\,\Omega$$

7.3.3 Schalter

Im Sender/Empfänger-Modell (Abbildung 7.2) wird die Ausgangsspannung des Senders mit einem Umschalter ausgewählt. In der elektronischen Schaltungstechnik existiert jedoch kein Bauelement, welches einen Umschalter direkt implementiert. Er kann aber aus zwei Ein/Aus-Schaltern zusammengesetzt werden, wobei ein Schalter *HI* auswählt und der andere *LO*. Ist immer ein Schalter geschlossen und einer offen, verhalten sich die beiden Schalter wie ein Umschalter.

Auch wenn ein Betrieb der beiden Schalter als Umschalter gewünscht wird, gibt es zusätzlich zu den beiden Schalterstellungen für *LO* und *HI* noch zwei weitere. ▶Abbildung 7.5 zeigt die vier möglichen Schalterzustände.

Im statischen Betrieb werden von diesen vier Zuständen die beiden Zustände *HI* und *LO* verwendet, es sei denn, man benötigt einen ausschaltbaren Digitalausgang (Zustand *Tristate*). Dieser dritte Zustand wird zum Beispiel bei Bussystemen, wo sich mehrere Ausgänge eine Leitung teilen, verwendet. Im dynamischen Betrieb ist aber ein ideales Umschalten nicht möglich, da sich die realen Schalter nicht unend-

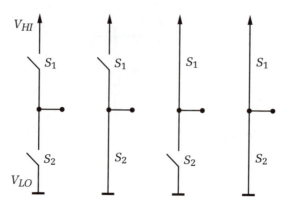

Abbildung 7.5: Mögliche Schalterzustände: Tristate, LO, HI, Kurzschluss

S_1	S_2	Zustand	Beschreibung
aus	aus	Tristate	Beide Schalter sind offen, es wird kein Signal ausgegeben, der Zustand ist undefiniert. Dieser dritte Zustand wird als Tristate bezeichnet.
aus	ein	LO	Am Ausgang wird V_{LO} ausgegeben, der Ausgangswiderstand beträgt R_{LO}.
ein	aus	HI	Am Ausgang wird V_{HI} ausgegeben, der Ausgangswiderstand beträgt R_{HI}.
ein	ein	Kurzschluss	Die beiden Spannungsquellen werden kurzgeschlossen. Die Ausgangsspannung wird durch Ausgangswiderstände (R_{HI}, R_{LO}) bestimmt, soll aber als undefiniert betrachtet werden. Der Kurzschlussstrom wird von R_{HI} und R_{LO} begrenzt.

lich schnell ein- bzw. ausschalten lassen. Folglich gibt es für das Durchführen eines Pegelwechsels zwei Möglichkeiten, wobei sich je nach Anwendung die eine oder die andere als besser erweist.

- Break before make: *HI* → Tristate → *LO* bzw. *LO* → Tristate → *HI*.
  Bei einem Pegelwechsel wird zuerst der geschlossene Schalter geöffnet (break) und erst dann der andere geschlossen (make). Es tritt der Zustand Tristate als transienter Zwischenzustand auf, da kurzzeitig beide Schalter geöffnet sind.

- Make before break: *HI* → Kurzschluss → *LO* bzw. *LO* → Kurzschluss → *HI*.
  Der offene Schalter wird geschlossen (make), bevor der andere geöffnet wird (break), was zum Zwischenzustand Kurzschluss führt.

7.3.4 Dynamisches Verhalten von zweiwertigen Signalen

Ein Pegelwechsel eines zweiwertigen Signals kann nicht unendlich schnell durchgeführt werden, da wir elektronische Schaltungen nur mit realen Bauelementen aufbauen können. Auf die Geschwindigkeit haben dabei viele Faktoren einen Einfluss, z. B. Ausgangswiderstand, Eingangskapazität, Leitungseigenschaften, ...

In ▶Abbildung 7.6 ist ein zweiwertiges Signal mit Pegelwechseln dargestellt. Die Übergänge von einem Zustand zum anderen sind dabei mit konstanter Steigung modelliert worden. Bei der steigenden Flanke (*Rising Edge*) wechselt die Spannung ausgehend von V_{LO} auf V_{HI}, bei der fallenden Flanke (*Falling Edge*) von V_{HI} auf V_{LO}.

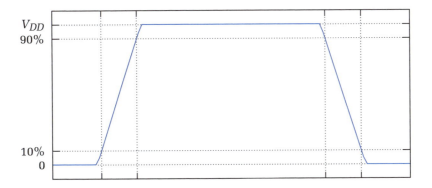

Abbildung 7.6: Anstiegszeit (*Risetime*) und Fallzeit (*Falltime*)

Für eine genaue Angabe der Anstiegszeit (*Risetime*) und der Fallzeit (*Falltime*) müssen noch die Spannungswerte definiert werden, zwischen welchen die Zeit gemessen wird. Da das exakte Erreichen einer Spannung schwierig zu detektieren ist, werden jeweils die Spannungswerte verwendet, die 10 % des gesamten Spannungshubs $V_{HI} - V_{LO}$ von den beiden Endwerten entfernt sind:

$$V_{LO} + 0{,}1 \cdot (V_{HI} - V_{LO}) \quad \text{und} \quad V_{HI} - 0{,}1 \cdot (V_{HI} - V_{LO})\,. \tag{7.9}$$

Als *LO*-Pegel wird meistens das Massepotential verwendet, d. h. $V_{LO} = 0\,\text{V}$. Damit vereinfachen sich die beiden Spannungswerte auf 10 % des *HI*-Pegels und 90 % des *HI*-Pegels.

Anstiegs- und Fallzeit

Die Anstiegszeit t_r ist die Zeit, die ein zweiwertiges Signal benötigt, um von 10 % des *HI*-Pegels auf 90 % des *HI*-Pegels zu wechseln ($0{,}1 \cdot V_{HI} \to 0{,}9 \cdot V_{HI}$).

Die Fallzeit t_f ist die Zeit, die ein zweiwertiges Signal benötigt, um von 90 % des *HI*-Pegels auf 10 % des *HI*-Pegels zu wechseln ($0{,}9 \cdot V_{HI} \to 0{,}1 \cdot V_{HI}$).

7 ALLGEMEINE DIGITALTECHNIK

Jeder Pegelwechsel ist ein kontinuierlicher Vorgang, was zur Folge hat, dass während eines Pegelwechsels für eine gewisse Zeit ein ungültiger, weder als *HI* noch als *LO* definierter Spannungswert anliegt. Um sicherzustellen, dass ein Empfänger auf das anliegende, ungültige Signal nicht reagiert, muss dieser undefinierte Bereich ausreichend schnell durchlaufen werden. Deshalb werden häufig eine maximal erlaubte Anstiegs- und Fallzeit angegeben.

Die Anstiegs- und Fallzeit beschreiben nur das dynamische Verhalten eines Signals. Wenn nun aber an einem Digitaleingang ein Pegelwechsel stattfindet, wird dessen Wirkung etwas verzögert an einem anderen Digitalausgang erscheinen.

In ▶Abbildung 7.7 sind ein Eingangssignal (V_{in}) und ein Ausgangssignal (V_{out}) dargestellt, als Schwellspannung wird die Mitte zwischen *HI* und *LO* angenommen. Die berechnete Funktion wird als Negation bezeichnet.

V_{in}	V_{out}
LO	HI
HI	LO

Es können zwei unterschiedliche Verzögerungszeiten angegeben werden, je nachdem, ob am Ausgang eine negative Flanke (t_{PHL}) oder positive Flanke (t_{PLH}) erscheint.

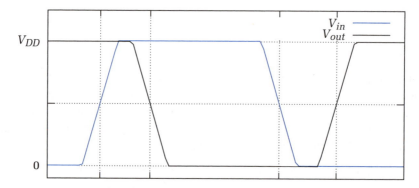

Abbildung 7.7: Verzögerungszeit (*Propagation Delay*)

> **Verzögerungszeit**
>
> Als Verzögerungszeit t_{PHL} wird die Zeit vom Pegelwechsel am Eingang bis zum fallenden Pegelwechsel am Ausgang ($HI \rightarrow LO$) bezeichnet, die Verzögerungszeit t_{PLH} wird bis zum steigenden Pegelwechsel am Ausgang ($LO \rightarrow HI$) gemessen.
>
> Der exakte Zeitpunkt eines Pegelwechsels wird mit dem Über- bzw. Unterschreiten der Schwellspannung festgelegt.
>
> Da die beiden Verzögerungszeiten t_{PHL} und t_{PLH} unterschiedlich groß sein können, wird als Verzögerungszeit (*Propagation Delay*) ohne Angabe der Art des Pegelwechsels der arithmetische Mittelwert der beiden angegeben:
>
> $$t_P = \frac{1}{2}(t_{PHL} + t_{PLH}) \qquad (7.10)$$

ZUSAMMENFASSUNG

Dieses Kapitel beschreibt die Grundlagen der digitalen Betrachtungsweise von **elektronischen Systemen**. Zu Beginn wurden die verschiedenen Typen von Signalen vorgestellt und eine Unterscheidung von zeitkontinuierlichen und zeitdiskreten Signalen sowie von wertkontinuierlichen und wertdiskreten Signalen vorgenommen.

Nachdem sich wertdiskrete Signale immer mit geeigneter Kodierung als **zweiwertige Signale** darstellen lassen, führt dies zur elektrischen Darstellung von zweiwertigen Variablen. Die Eigenschaften eines allgemeinen Sender/Empfänger-Modells in der Spannungsdomäne wurden erläutert und auf mögliche Störgrößen und deren Einfluss auf das zweiwertige Signal eingegangen.

Abschließend wurden die **dynamischen Eigenschaften** untersucht. Der genaue Ablauf bei Schaltvorgängen (break before make und make before break) wurde beschrieben und die dynamischen Eigenschaften von zweiwertigen Signalen mit Anstiegs- und Fallzeit sowie der Verzögerungszeit wurden definiert.

Kombinatorische Logik

8.1　Einführung ....　310

8.2　Logische Grundfunktionen ....　312

8.3　Abgeleitete Funktionen ....　314

8.4　Schaltalgebra und Rechenregeln ....　316

8.5　NAND-NOR-Technik ....　318

Zusammenfassung ....　321

8 KOMBINATORISCHE LOGIK

Einleitung

> Neben der elektrischen Beschreibung von zweiwertigen Signalen spielt die logische, informatische Beschreibung eine wichtige Rolle. Im vorhergehenden Kapitel wurde das Modell eines Senders (Ausgang) und Empfängers (Eingang) vorgestellt, in diesem soll nun auf die Funktion zwischen Eingang und Ausgang eingegangen werden.
>
> An einem Eingang oder mehreren Eingängen $\vec{x}$ (Eingangsvektor) werden zweiwertige Signale als *LO* oder *HI* bzw. je nach Zuordnung als 0 oder 1 erkannt, danach werden diese mit einer Funktion $f(\vec{x})$ verarbeitet und das Ergebnis wird am Ausgang y angelegt:
>
> $$y = f(\vec{x}) \tag{8.1}$$
>
> Die in diesem Kapitel vorgestellten Funktionen beschränken sich auf kombinatorische, logische Funktionen, welche Funktionen ohne Gedächtnis (Speicher) sind. Somit ist das Ergebnis y nur vom momentanen Eingangsvektor $\vec{x}$ abhängig, die zuvor anliegenden Eingangswerte haben keinen Einfluss auf das Ergebnis.

LERNZIELE

- Logische Grundfunktionen und abgeleitete Funktionen
- Zusammenfassung der Schaltalgebra mit den wichtigsten Rechenregeln
- Umwandlung logischer Funktionen in Schaltungen mit NANDs und NORs

8.1 Einführung

Zu Beginn wollen wir alle möglichen logischen Funktionen mit einer Eingangsvariablen betrachten. Die Eingangsvariable A kann entweder den Zustand 0 oder 1 annehmen, jedem dieser beiden Zustände kann als Ergebnis 0 oder 1 zugewiesen werden, damit erhalten wir $2^2 = 4$ Funktionen (▶ Tabelle 8.1).

Von diesen können zwei als trivial bezeichnet werden und zwar die Funktionen Null und Eins, da hier unabhängig vom Eingangswert A der Ausgangswert konstant bleibt. Wenn der Eingangswert einfach wieder gleich ausgegeben wird, spricht man von einem Verstärker bzw. Puffer (*Buffer*), wird jedoch der komplementäre Zustand am Ausgang angelegt, wird eine Negation durchgeführt.

Bei zwei Eingangsvariablen (A, B) kann der Eingangsvektor $\vec{x} = (A, B)$ vier verschiedene Zustände beschreiben (00, 01, 10, 11). Jeder dieser vier Kombinationen kann bei einer logischen Verknüpfung als Ergebnis 0 oder 1 zugeordnet werden. Damit erhalten wir $2^4 = 16$ mögliche logische Verknüpfungen (▶ Tabelle 8.2).

Tabelle 8.1

Mögliche logische Verknüpfungen einer binären Variablen A

A	0 Null	A Verstärker	$\overline{A}$ Negation	1 Eins
0	0	0	1	1
1	0	1	0	1

Tabelle 8.2

Mögliche logische Verknüpfungen von binären Variablen A und B

A	B	Null 0	Konjunktion $A \cdot B$	Inhibition aus A $\overline{A \to B}$	Verstärker A A	Inhibition aus B $\overline{B \to A}$	Verstärker B B	Antivalenz $A \oplus B$	Disjunktion $A+B$	NOR $\overline{A+B}$	Äquivalenz $A \equiv B$	Negation von B $\overline{B}$	Implikation aus B $B \to A$	Negation von A $\overline{A}$	Implikation aus A $A \to B$	NAND $\overline{A \cdot B}$	Eins 1
0	0	0	0	0	0	0	0	0	0	1	1	1	1	1	1	1	1
0	1	0	0	0	0	1	1	1	1	0	0	0	0	1	1	1	1
1	0	0	0	1	1	0	0	1	1	0	0	1	1	0	0	1	1
1	1	0	1	0	1	0	1	0	1	0	1	0	1	0	1	0	1

Von diesen 16 Funktionen können vier als trivial bezeichnet werden (Null, Eins, Verstärker A und Verstärker B). Weitere vier, nämlich die Inhibition aus A bzw. B und die Implikation aus A bzw. B, sind in der Digitaltechnik ungebräuchlich und werden nur in der Aussagenlogik verwendet. Auf die restlichen acht (in Tabelle 8.2 blau geschrieben) bzw. sieben Funktionen (die Negation ist als Negation von A und Negation von B zweimal aufgelistet) soll nun näher eingegangen werden.

8.2 Logische Grundfunktionen

Die drei logischen Funktionen Konjunktion, Disjunktion und Negation werden als Grundfunktionen bezeichnet, da mit ihnen alle möglichen logischen Funktionen zusammengesetzt werden können.

Bei den Definitionen der einzelnen Funktionen werden die in der Algebra verwendeten Verknüpfungssymbole gezeigt und eine Wahrheitstafel gibt die Ausgangswerte für alle Eingangskombinationen an. Als Schaltsymbol werden zwei Varianten vorgestellt: das amerikanische Symbol und das Normsymbol nach IEC 60617-12. Da in der Praxis hauptsächlich die amerikanischen Symbole verwendet werden (z. B. Datenblätter, englischsprachige Fachliteratur, Simulationssoftware, ...), werden die Schaltungen nur mit amerikanischen Schaltsymbolen gezeichnet.

Konjunktion (UND, AND)

Bei der Konjunktion wird das Ergebnis Y zu 1, wenn A und B gleich 1 sind:

$$Y = A \wedge B = A \cdot B = AB \tag{8.2}$$

A	B	Y
0	0	0
0	1	0
1	0	0
1	1	1

Die Konjunktion wird auch als logisches Produkt bezeichnet und in der Schaltalgebra wird als Zeichen für die UND-Verknüpfung der Multiplikationspunkt verwendet bzw. wie in der Mathematik üblich einfach weggelassen.

Es ist auch möglich, mehr als zwei Variablen miteinander konjunktiv zu verknüpfen. Dann wird das Ergebnis 1, wenn ähnlich der algebraischen Multiplikation alle Eingangsvariablen gleich 1 sind.

Disjunktion (ODER, OR)

Bei der Disjunktion wird das Ergebnis Y zu 1, wenn A oder B gleich 1 ist oder beide gleich 1 sind:

$$Y = A \vee B = A + B \tag{8.3}$$

A	B	Y
0	0	0
0	1	1
1	0	1
1	1	1

Die Disjunktion wird auch als logische Summe bezeichnet und in der Schaltalgebra wird als Zeichen für die ODER-Verknüpfung gerne das Pluszeichen verwendet.

Es ist auch möglich, mehr als zwei Variablen miteinander disjunktiv zu verknüpfen. Dann wird das Ergebnis ungleich 0 und somit 1, wenn mindestens eine Eingangsvariable gleich 1 ist.

Negation (NICHT, NOT)

Bei der Negation wird als Ergebnis Y der komplementäre Zustand das Eingangs A ausgegeben:

$$Y = \neg A = \overline{A} \tag{8.4}$$

A	Y
0	1
1	0

Die Negation ist nur für eine Eingangsvariable definiert. Wird der in der Schaltalgebra übliche Balken über der Variablen oder einem logischen Ausdruck verwendet, bedeutet dies, dass die Variable bzw. das Ergebnis des logischen Ausdrucks negiert wird.

Oft wird für die Negation in Schaltplänen kein eigenes Zeichen, sondern nur ein platzsparender, kleiner Kreis verwendet, der auf eine Negation der Eingangs- bzw. Ausgangsvariablen hinweist.

8.3 Abgeleitete Funktionen

Grundsätzlich gesehen, reichen die drei vorgestellten logischen Operationen Konjunktion, Disjunktion und Negation aus, um alle möglichen Logikfunktionen zu beschreiben. Es gibt aber auch abgeleitete Funktionen, die in bestimmten Anwendungen vorteilhaft verwendet werden können.

NAND (Not AND)

Das NAND berechnet die Konjunktion mit anschließender Negation.

$$Y = \overline{A \cdot B} = \overline{AB} \tag{8.5}$$

A	B	Y
0	0	1
0	1	1
1	0	1
1	1	0

In der Schaltalgebra gibt es kein eigenes Zeichen für die NAND-Verknüpfung, da es problemlos als Konjunktion mit einem Balken für die anschließende Negation geschrieben werden kann. Das Schaltsymbol entspricht dem Symbol der Konjunktion, es wird nur um einen kleinen Kreis erweitert, der die Negation anzeigt.

NOR (Not OR)

Das NOR berechnet die Disjunktion mit anschließender Negation.

$$Y = \overline{A + B} \tag{8.6}$$

A	B	Y
0	0	1
0	1	0
1	0	0
1	1	0

Mit der NOR-Verknüpfung verhält es sich ähnlich wie mit der NAND-Verknüpfung. Auch hier gibt es in der Schaltalgebra kein eigenes Symbol bzw. das Schaltsymbol entspricht einem um einen Negations-Kreis erweiterten ODER-Symbol.

8.3 Abgeleitete Funktionen

Ähnlich wie bei der UND- bzw. ODER-Verknüpfung sind NAND und NOR auch für mehr als zwei Eingangsvariablen definiert. Dabei gelten die gleichen Überlegungen wie bei Konjunktion und Disjunktion.

Antivalenz (Exklusives ODER, XOR)

Die Antivalenz liefert als Ergebnis $Y = 1$, wenn entweder A oder B gleich 1 ist:

$$Y = A \oplus B = A\overline{B} + \overline{A}B \qquad (8.7)$$

A	B	Y
0	0	0
0	1	1
1	0	1
1	1	0

Die Funktion des exklusiven ODERs (XOR) kann man auch aus einem anderen Blickwinkel betrachten. Wie in der Wahrheitstafel gezeigt, ist das Berechnen einer XOR-Verknüpfung nichts anderes als eine Abfrage auf Ungleichheit, womit die Bezeichnung Antivalenz erklärt werden kann.

Nachdem sich das XOR nur umständlich mit den Grundfunktionen ausdrücken lässt, gibt es ein eigenes XOR-Symbol in der Schaltalgebra und ein eigenes Schaltsymbol, welches dem ODER-Symbol ähnelt.

Wird das Ergebnis einer XOR-Verknüpfung negiert, führt uns dies zur XNOR-Verknüpfung (exklusives NOR). Das amerikanische Schaltsymbol zeigt das auch deutlich, da es dem XOR-Symbol mit Negation des Ausgangs entspricht. Im Normsymbol wird die andere Sichtweise klar. Hier wird ein Gleichheitszeichen verwendet, da eine negierte Ungleichheit nichts anderes als eine Abfrage auf Gleichheit, also Äquivalenz, darstellt.

Äquivalenz (XNOR)

Die Äquivalenz liefert bei Gleichheit der beiden Eingänge A und B als Ergebnis $Y = 1$:

$$Y = A \equiv B = \overline{A \oplus B} = AB + \overline{A}\,\overline{B} \qquad (8.8)$$

A	B	Y
0	0	1
0	1	0
1	0	0
1	1	1

8.4 Schaltalgebra und Rechenregeln

Nachdem nun die üblichen logischen Verknüpfungen erklärt wurden, sollen nun die wichtigsten Rechenregeln in der Algebra mit zweiwertigen Variablen (Schaltalgebra, Boole'sche[1] Algebra) zusammengefasst werden.

Auf den Entwurf von logischen Funktionen, also das Beschreiben eines Problems in Form einer Wahrheitstafel mit anschließendem Aufstellen (und Vereinfachen) der dazugehörigen logischen Funktion, wird hier nicht eingegangen, da dieses Thema im Fachgebiet der Informatik beheimatet ist[2]. Bei unseren Betrachtungen soll die grundlegende Funktionsweise bzw. das Zusammenspiel verschiedener Funktionen im Vordergrund liegen. Damit wird ein besseres Verständnis der in den folgenden Kapiteln erklärten schaltungstechnischen Implementierung von logischen Funktionen ermöglicht.

In den folgenden angegebenen Rechenregeln sind einige mit einem ∗ gekennzeichnet. Das ∗-Symbol soll darauf hinweisen, dass diese Regeln nur in der Schaltalgebra, aber nicht in der Zahlenalgebra gültig sind.

Rechenregeln mit einer Variablen

$$A \cdot 0 = 0 \qquad A + 0 = A \qquad \overline{\overline{A}} = A$$
$$A \cdot 1 = A \qquad A + 1 = 1 \,*$$
$$A \cdot A = A \,* \qquad A + A = A \,*$$
$$A \cdot \overline{A} = 0 \,* \qquad A + \overline{A} = 1 \,*$$

Kommutatives Gesetz (Vertauschung)

$$A \cdot B = B \cdot A$$
$$A + B = B + A$$

---

[1] George Boole, ∗ 2. November 1815 in Lincoln (England), † 8. Dezember 1864 in Ballintemple (Irland), englischer Mathematiker und Philosoph
[2] Empfohlene Literatur: H.-D. Wuttke, K. Henke: Schaltsysteme, Pearson Studium, 1. Auflage, 2003

Assoziatives Gesetz (Verbindung)

$$A \cdot B \cdot C = A \cdot (B \cdot C) = (A \cdot B) \cdot C$$
$$A + B + C = A + (B + C) = (A + B) + C$$

Distributives Gesetz (Verteilung)

$$A \cdot (B + C) = A \cdot B + A \cdot C$$
$$A + B \cdot C = (A + B) \cdot (A + C) \ast$$

Identität nach DeMorgan (DeMorgan'sches Theorem)

$$\overline{A \cdot B} = \overline{A} + \overline{B} \ast$$
$$\overline{A + B} = \overline{A} \cdot \overline{B} \ast$$

Beispiele

- Beweis des zweiten Distributiven Gesetzes: $A + B \cdot C = (A + B) \cdot (A + C)$

$$(A + B) \cdot (A + C) = AA + AC + BA + BC = A \cdot 1 + AC + AB + BC =$$
$$= A \cdot (1 + B + C) + BC = A + BC$$

- Minimierung von $Y = \overline{A}BC + A\overline{B}C + ABC$:

$Y = \overline{A}BC + A\overline{B}C + ABC =$ $\quad$ C herausheben
$(\overline{A}B + A\overline{B} + AB)C =$ $\quad$ $A\overline{B} + AB = A(\overline{B} + B) = A \cdot 1 = A$
$(\overline{A}B + A)C =$ $\quad$ 2. Distributives Gesetz
$(\overline{A} + A)(B + A)C$ $\quad$ $(\overline{A} + A) = 1$
$Y = (A + B)C$

- Beweis der Identität nach DeMorgan:

A	B	$\overline{A \cdot B}$		$\overline{A} + \overline{B}$		$\overline{A + B}$		$\overline{A} \cdot \overline{B}$
0	0	1	=	1		1	=	1
0	1	1	=	1		0	=	0
1	0	1	=	1		0	=	0
1	1	0	=	0		0	=	0

8.5 NAND-NOR-Technik

Mit den drei logischen Grundfunktionen (AND, OR, NOT) können alle logischen Funktionen beschrieben werden. Jedoch erweist sich bei der schaltungstechnischen Implementierung die Verwendung von drei unterschiedlichen Funktionstypen als unvorteilhaft. Es wäre angenehmer, wenn nur ein einziger Funktionstyp benötigt würde.

8.5.1 Logische Grundfunktionen mit NAND bzw. NOR

Es ist möglich, mit NAND- bzw. NOR-Verknüpfungen die drei Grundfunktionen aufzubauen.

Nachdem für die Konjunktion $A \cdot A = A \cdot 1 = A$ gilt, erhalten wir bei einer NAND-Verknüpfung $\overline{A \cdot A} = \overline{A \cdot 1} = \overline{A}$ und somit die Negation der Variablen A. Die UND-Verknüpfung selbst kann als NAND mit darauffolgender Negation gebildet werden, da die zweite Negation die erste wieder aufhebt $\left(\overline{\overline{A \cdot B}} = A \cdot B\right)$. Die Disjunktion kann mithilfe der Identität nach DeMorgan hergeleitet werden. Wenn wir zwei Variablen nach erfolgter Negation ($\overline{A}$ bzw. $\overline{B}$) mit NAND verknüpfen, erhalten wir $\overline{\overline{A} \cdot \overline{B}}$ und das ist nach Anwendung des DeMorgan'schen Theorems nichts anderes als $\overline{\overline{A}+\overline{B}} = A+B$.

Für die Implementierung der logischen Grundfunktionen mit NOR-Verknüpfungen können ähnliche Überlegungen durchgeführt werden.

Die ▶Tabelle 8.3 fasst diese Ergebnisse zusammen und die ▶Abbildungen 8.1 und ▶8.2 zeigen die Grundfunktionen mit den Schaltsymbolen.

Tabelle 8.3

Logische Grundfunktionen mit NAND- bzw. NOR-Verknüpfungen

	NOT: $\overline{A}$	AND: $A \cdot B$	OR: $A + B$
NAND	$\overline{A \cdot A}, \overline{A \cdot 1}$	$\overline{\overline{A \cdot B}}$	$\overline{\overline{A} \cdot \overline{B}}$
NOR	$\overline{A + A}, \overline{A + 0}$	$\overline{\overline{A} + \overline{B}}$	$\overline{\overline{A + B}}$

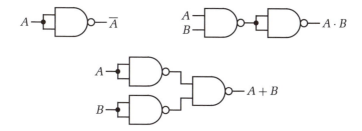

Simulation

Abbildung 8.1: Logische Grundfunktionen mit NAND-Gattern: NOT, AND, OR

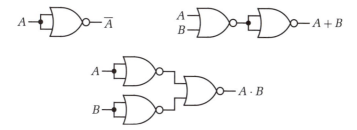

Abbildung 8.2: Logische Grundfunktionen mit NOR-Gattern: NOT, OR, AND

8.5.2 Umwandlung einer logischen Funktion in NAND- bzw. NOR-Verknüpfungen

Alle logischen Funktionen können auf zwei verschiedene Formen vereinfacht werden. Erstens wäre hier die Disjunktive Normalform (DNF), welche Konjunktionsterme disjunktiv verknüpft (UND-verknüpfte Variablen bilden Terme, die später ODER-verknüpft werden), zum Beispiel:

$$Y_{DNF} = AB + CDE + F.$$

Die zweite Möglichkeit ist die Konjunktive Normalform (KNF), welche Disjunktionsterme miteinander konjunktiv verknüpft, zum Beispiel:

$$Y_{KNF} = (A+B)(C+D+E)F.$$

Beide Normalformen verwenden sowohl UND- als auch ODER-Verknüpfungen, das Fehlen von Negationen in den Beispieltermen spielt keine Rolle. Nun lässt sich die DNF nach zweifacher Negation und anschließender, einmaliger Anwendung der Identität von DeMorgan in eine Form bringen, in der ausschließlich NAND-Verknüpfungen enthalten sind:

$$AB + CDE + F = \overline{\overline{AB + CDE + F}} = \overline{\overline{AB} \cdot \overline{CDE} \cdot \overline{F}}. \tag{8.9}$$

Die KNF kann nach demselben Prinzip in eine Funktion umgewandelt werden, die nur aus NOR-Verknüpfungen besteht.

$$(A+B)(C+D+E)F = \overline{\overline{(A+B)(C+D+E)F}} = \overline{\overline{A+B} + \overline{C+D+E} + \overline{F}} \tag{8.10}$$

Nach erfolgter Umwandlung wird ein interessanter Zusammenhang offensichtlich. Betrachten wir die Anzahl der benötigten logischen Verknüpfungen:

	Verwendete Verknüpfungen			Σ
DNF	1 × 2-fach-UND	1 × 3-fach-UND	1 × 3-fach-ODER	3
NAND	1 × 2-fach-NAND	2 × 3-fach-NAND	1 × Negation	3 + Negation
KNF	1 × 2-fach-OR	1 × 3-fach-OR	1 × 3-fach-UND	3
NOR	1 × 2-fach-NOR	2 × 3-fach-NOR	1 × Negation	3 + Negation

Wenn wir die benötigte Negation von Eingangsvariablen vernachlässigen, da diese abhängig von der logischen Funktion zu einer Erhöhung, aber auch zu einer Verringerung der Anzahl der Verknüpfungen führt, bleibt die Anzahl der Verknüpfungen gleich. Das bedeutet, dass für die schaltungstechnische Umsetzung von logischen Funktionen das Interesse bei der Implementierung von NAND- bzw. NOR-Verknüpfungen (und der Negation) liegt.

Eine Umwandlung der DNF in eine NOR-Implementierung erweist sich in den meisten Fällen nicht als optimal. Da bei der DNF die letzte Verknüpfungsebene eine Disjunktion ist, muss bei einer NOR-Implementierung das Ergebnis der NOR-Verknüpfung noch negiert werden, was zu einer zusätzlich notwendigen Verknüpfungsebene führt. Mit der Umwandlung der KNF in eine NAND-Realisierung verhält es sich ähnlich.

ZUSAMMENFASSUNG

In diesem Kapitel wurden die wichtigsten Grundlagen über **kombinatorische Logik** zusammengefasst. Es wurde auf die logischen Grundfunktionen und abgeleitete Funktionen eingegangen und es wurden die wichtigsten Rechenregeln in der Schaltalgebra vorgestellt.

Des Weiteren wurde gezeigt, wie kombinatorische Logikfunktionen in NAND- bzw. NOR-Technik mit einem einzigen Verknüpfungstyp implementiert werden können.

Logische Funktionen mit MOS-Transistoren: CMOS

9.1	Einführung	325
9.2	CMOS	327
9.3	Physikalischer Aufbau von CMOS-Schaltungen	343
9.4	Transmissionsgatter	347
	Zusammenfassung	352

9 LOGISCHE FUNKTIONEN MIT MOS-TRANSISTOREN: CMOS

Einleitung

> Die Implementierung einer logischen Verknüpfung mit einer elektronischen Schaltung wird in der Digitaltechnik als Logikgatter bzw. Gatter (*Gate*) bezeichnet. Dabei bieten sich vielfältige Möglichkeiten an, wie die verschiedenen Gatter aufgebaut werden können. Je nachdem, welche Bauelemente verwendet und wie sie verschaltet werden, unterscheiden wir zwischen den so genannten Logikfamilien.
>
> Die geschichtliche Entwicklung von digitalen Schaltungen beginnt mit Logikfamilien, die mit Widerständen und bipolaren Bauelementen (Dioden und Bipolartransistoren) aufgebaut werden. Ein kurzer Überblick über die Logikfamilien dieser Art, welche aufgrund der historischen Entwicklung auch in der Gegenwart noch immer interessant sind, wird in Kapitel 10 „Logische Funktionen mit bipolaren Elementen" gegeben.
>
> Heutzutage werden Logikgatter (fast) ausschließlich mit MOS-Transistoren (MOSTs) in der so genannten CMOS-Technologie (CMOS … *Complementary Metal Oxide Semiconductor*) aufgebaut. Im Wesentlichen wird es dadurch begründet, dass, wie es schon zu Beginn des Kapitels gezeigt wird, die Gatter ausschließlich mit MOS-Transistoren aufgebaut werden. Diese können mit sehr kleinen Abmessungen auf integrierten Schaltungen hergestellt werden, wodurch hohe Packungsdichten und folglich eine sehr komplexe Funktionalität ermöglicht wird. Zusätzlich weisen CMOS-Gatter gute elektrische Eigenschaften auf, weshalb ein Einsatz von anderen Logikfamilien nur noch in speziellen Anwendungsfällen notwendig wird. Deshalb können wir die folgende Aussage tätigen: „**Logik = CMOS**".

LERNZIELE

- Verhalten von MOS-Transistoren in digitalen Schaltungen
- Logik mit CMOS: Inverter, NAND, NOR und allgemeine Funktionen
- Elektrische Leistungsaufnahme von CMOS-Schaltungen
- Interner Aufbau und die damit verbundenen Eigenschaften
- Das Transmissionsgatter als (analoger) Schalter

9.1 Einführung

In digitalen Schaltungen werden Transistoren als Schalter verwendet. Das heißt die MOSTs werden im Sperrbereich (Schalter offen) und im Widerstandsbereich (Schalter geschlossen) betrieben. Der Sättigungsbereich, in dem ein MOST als spannungsgesteuerte Stromquelle arbeitet, tritt nur temporär bei Schaltvorgängen auf.

Als Logikpegel für HI und LO wollen wir die positive Versorgungsspannung $V_{HI} = V_{DD}$ und die Schaltungsmasse $V_{LO} = GND = 0\,\text{V}$ verwenden. Wird nun der Source-Anschluss eines NMOSTs (N-Kanal MOST) mit Masse verbunden, erhalten wir, abhängig von den beiden möglichen Spannungspegel am Gate, für die Gate-Source-Spannung V_{GS}:

$$\begin{aligned} HI:\quad & V_{GS} = V_{DD} && > V_{th,N} \\ LO:\quad & V_{GS} = 0 && < V_{th,N} \end{aligned} \qquad (9.1)$$

Daraus wird ersichtlich, dass, wenn am Gate HI anliegt, der NMOST leitet und mit seinem ON-Widerstand $r_{DS,on}$ den Drain-Anschluss mit Masse leitend verbindet und wenn LO anliegt, der NMOST sperrt, sein Drain-Source-Widerstand wird (ideal betrachtet) unendlich groß ▶Abbildung 9.1. Somit kann der NMOST als ein auf Masse bzw. LO schaltender Transistor verwendet und in dieser Funktion als **Low Side Switch** bezeichnet werden.

Abbildung 9.1: NMOST Low Side Switch, PMOST High Side Switch

Wird der Source-Anschluss des PMOSTs (P-Kanal MOST) mit der Versorgungsspannung V_{DD} verbunden, ergeben sich abhängig vom Pegel am Gate diese Gate-Source-Spannungen V_{GS}:

$$\begin{aligned} HI:\quad & V_{GS} = 0 && > V_{th,P} \\ LO:\quad & V_{GS} = -V_{DD} && < V_{th,P} \end{aligned} \qquad (9.2)$$

Der Zustand LO am Gate hat eine negativere Gate-Source-Spannung als die negative Schwellspannung zur Folge, der PMOST leitet und Drain wird mit der Versorgungsspannung verbunden ($r_{DS,on}$). Liegt am Gate HI an, sperrt der Transistor. Folglich arbeitet der PMOST als so genannter High Side Switch, der, wenn am Gate LO anliegt, Drain auf V_{DD} bzw. HI schaltet (Abbildung 9.1).

Um die weiteren Betrachtungen zu vereinfachen, wollen wir den Absolutwert der Schwellspannungen der NMOSTs ($V_{th,N}$) und der PMOSTs ($V_{th,P}$) als gleich groß annehmen. Somit wird bei den weiteren Erklärungen nur noch die Schwellspannung V_{th} verwendet, für die gilt:

$$V_{th} = V_{th,N} = -V_{th,P} = |V_{th,P}|. \tag{9.3}$$

Die Größe der ON-Widerstände kann aus der Transistorgleichung für den linearen Bereich abgeleitet werden (siehe Gleichung (18.2)).

$$g_{DS} = \frac{\partial I_D}{\partial V_{DS}} = \frac{\partial}{\partial V_{DS}} \left(\beta \left((V_{GS} - V_{th}) V_{DS} - \frac{V_{DS}^2}{2} \right) \right) =$$
$$= \beta (V_{GS} - V_{th} - V_{DS}) \tag{9.4}$$

$$r_{DS} = \frac{1}{g_{DS}} = \frac{1}{\beta (V_{GS} - V_{th} - V_{DS})} \tag{9.5}$$

Da die MOSTs als Schalter verwendet werden, kann angenommen werden, dass die Drain-Source-Spannung V_{DS}, also die über den Schalter abfallende Spannung, deutlich kleiner als $V_{GS} - V_{th}$ ist. Damit kann dieser Einfluss von V_{DS} vernachlässigt werden und ein linearer Einschaltwiderstand $r_{DS,on}$, in den weiteren Erklärungen nur noch als r_{on} bezeichnet, angegeben werden.

$$r_{on} \approx \frac{1}{\beta (V_{GS} - V_{th})} \tag{9.6}$$

Aus der Gleichung (9.6) wird ersichtlich, dass der Einschaltwiderstand r_{on} mit dem Transistorverstärkungsfaktor β über das Weiten-Längen-Verhältnis $\frac{W}{L}$ beeinflusst werden kann. Die Schwellspannung ist als Parameter im Herstellungsprozess bzw. die Gate-Source-Spannung über die Versorgungsspannung ($|V_{GS}| \leq V_{DD}$) vorgegeben.

Die Gates der MOSFETs stellen kapazitive Lasten für das Steuersignal dar, ihr Eingangswiderstand ist nahezu unendlich groß. Somit weisen die Schalter die angenehme Eigenschaft auf, dass kein statischer Eingangsstrom fließt. Solche hochohmigen Eingänge müssen jedoch immer beschaltet werden, da sie sonst auf mögliche Störeinkopplungen reagieren (vergleiche Abschnitt 7.3 und Abbildung 7.2). Deshalb sollte das Potential am Gate von nicht verwendeten MOSFET-Schaltern bzw. am Eingang der mit MOSTs aufgebauten Digitalschaltungen von einem Pull-Up- bzw. Pull-Down-Widerstand vorgegeben werden.

9.2 CMOS

Wie im vorherigen Abschnitt erklärt wurde, hat man mit NMOSTs und PMOSTs einfach zu steuernde Low Side- und High Side-Schalter zur Verfügung. Folglich kann man mit PMOSTs ein Netzwerk aufbauen, welches bei bestimmten Eingangspegeln auf *HI* ziehen kann, ein Pull-Up-Netzwerk (PUN), und mit NMOSTs ein Pull-Down-Netzwerk (PDN), welches auf *LO* schalten kann.

Da hier sowohl NMOSTs und PMOSTs verwendet werden, und somit beide komplementären Typen, werden die Schaltungen als CMOS-Schaltungen bezeichnet.

Die Betrachtungen in diesem Kapitel beschränken sich im Wesentlichen auf die statische CMOS-Logik. Das bedeutet, dass alle Logikschaltungen im Gegensatz zur dynamischen Logik[1] auch im ruhenden, statischen Zustand korrekt arbeiten.

9.2.1 Inverter

Das einfachste Gatter, der in ▶Abbildung 9.2 gezeigte Inverter, implementiert eine Negation und besteht aus nur zwei MOSTs, einem NMOST als PDN und einem PMOST als PUN.

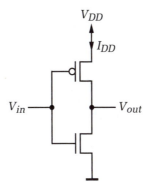

Simulation

Abbildung 9.2: CMOS-Inverter

Wenn wir für die beiden möglichen Pegel von V_{in} dieselben Überlegungen durchführen wie für die MOSTs als High Side- bzw. Low Side-Schalter (siehe Abbildung 9.1), erhalten wir:

V_{in}		NMOST: r_{on}	PMOST: r_{on}	V_{out}		
LO	= 0	∞	$r_{DS,on}$	V_{DD}	=	HI
HI	= V_{DD}	$r_{DS,on}$	∞	0	=	LO

---

[1] Sehr platzsparende Art von Logikschaltungen, funktioniert jedoch nur im getakteten, dynamischen Betrieb

Unabhängig davon, ob der Eingangspegel *LO* oder *HI* beträgt, ist immer ein Schalter geschlossen und einer offen. Damit weisen beide Ausgangszustände einen geringen, vom aktiven MOST abhängigen Ausgangswiderstand auf. Da der komplementäre MOST im Sperrbereich betrieben wird, kann kein Querstrom über den Inverter fließen. Die statische Leistungsaufnahme sollte damit sehr gering bleiben.

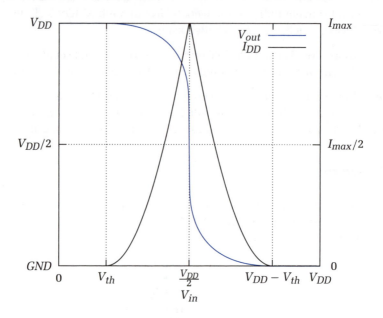

Abbildung 9.3: CMOS-Inverter: DC-Übertragungsfunktion

In ▶Abbildung 9.3 ist das statische Verhalten eines Inverters in Abhängigkeit der analogen Eingangsspannung V_{in} dargestellt. Die beiden Transistoren des Inverters sind mit dem gleichen Transistorverstärkungsfaktor dimensioniert worden. Somit ergibt sich ein symmetrisches Verhalten um Mittenspannung $\frac{V_{DD}}{2}$ $\left(V_{out}\left(\frac{V_{DD}}{2}\right) = \frac{V_{DD}}{2}\right)$. Für den gesamten Eingangsspannungsbereich kann eine Unterteilung in drei Bereiche vorgenommen werden:

1. $0 \leq V_{in} < V_{th}$:
   Die Eingangsspannung ist noch kleiner als die Schwellspannung des NMOSTs V_{th}, welcher folglich sperrt. Der PMOST leitet und wird im linearen Bereich betrieben, am Ausgang wird die Versorgungsspannung V_{DD} ausgegeben, es fließt kein Strom durch den Inverter ($I_{DD} = 0\,\text{A}$).

2. $V_{th} \leq V_{in} < V_{DD} - V_{th}$:
   Ab V_{th} beginnt auch der NMOST zu leiten (Sättigungsbereich). Da hier beide Transistoren leiten, beginnt ein Querstrom I_{DD} zu fließen. Dieser wächst mit zunehmender Eingangsspannung, die Ausgangsspannung beginnt zu sinken. Die Steigung der Kennlinie wird immer größer (bzw. immer negativer), um die

Mittenspannung $V_{in} = \frac{V_{DD}}{2}$ ist die Steigung am negativsten. Hier arbeiten beide MOSTs im Sättigungsbereich, im Betrieb als zwei in Serie geschaltete, spannungsgesteuerte Stromquellen mit dem Ausgangswiderstand der Drain-Source-Widerstände r_{DS}. Es tritt die maximal mögliche differentielle Verstärkung auf. Der Querstrom erreicht sein Maximum.

Wird die Eingangsspannung noch größer, sinkt die Ausgangsspannung weiter, der NMOST wechselt in den linearen Betrieb, die negative Steigung der Kennlinie nimmt ab.

3. $V_{DD} - V_{th} \leq V_{in} \leq V_{DD}$:
Die Eingangsspannung ist nun so groß geworden, dass die Gate-Source-Spannung des PMOSTs ($V_{GS} = V_{in} - V_{DD}$) im Absolutwert kleiner als seine Schwellspannung V_{th} wird. Das Abschalten des PMOSTs erfolgt bei $V_{in} = V_{DD} - V_{th}$. Der NMOST arbeitet im linearen Bereich, die Ausgangsspannung beträgt $0\,V = GND$. Durch den Inverter fließt kein Strom ($I_{DD} = 0\,A$).

Betrieb als analoger Verstärker

Das Verhalten um die Mittenspannung, wenn $V_{in} = V_{out} = \frac{V_{DD}}{2}$ gilt, soll nun noch näher betrachtet werden. An diesem Punkt ist die größte negative Steigung in der Kennlinie zu sehen, weshalb wir den CMOS-Inverter in diesem Arbeitspunkt als Analogverstärker verwenden können.

Die negative Steigung der Kennlinie entspricht der differentiellen Verstärkung und kann über die Ableitung der Ausgangsspannung berechnet und für den Arbeitspunkt angegeben werden (Gleichung (9.7)). Die Umkehrung dieser Gleichung führt zu einer linearen Beschreibung des Analogverstärkers, wobei für beide differentiellen Größen ΔV_{in} und ΔV_{out} der Arbeitspunkt $\frac{V_{DD}}{2}$ gilt (Gleichung (9.8)).

$$A = \left. \frac{dV_{out}}{dV_{in}} \right|_{V_{in} = \frac{V_{DD}}{2}} \quad (9.7)$$

$$\Delta V_{out} = A \cdot \Delta V_{in} \quad \text{bzw.} \quad V_{out} = \frac{V_{DD}}{2} + A\left(V_{in} - \frac{V_{DD}}{2}\right) \quad (9.8)$$

Um das Zeitverhalten näher zu betrachten, soll nun der linearisierte Verstärker, wie bei linearen Systemen üblich, im Frequenzbereich untersucht werden. Als Last für die Ausgangsspannung wird eine Kapazität angenommen. Dies kann dadurch begründet werden, dass einerseits überall parasitäre Kapazitäten auftreten, und andererseits damit, dass, wenn der Ausgang mit den Gates einer darauffolgenden Schaltung verbunden wird, die Gates der MOSTs eine kapazitive Last darstellen (siehe Abschnitt 18.2.3).

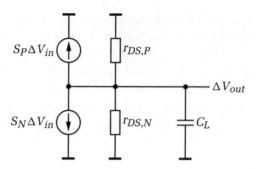

Abbildung 9.4: CMOS-Inverter als Verstärker: Kleinsignal-Ersatzschaltbild

Die ▶Abbildung 9.4 zeigt das Kleinsignal-Ersatzschaltbild des als Verstärker betriebenen Inverters. Mit den beiden Drain-Source-Widerständen, welche in der Kleinsignalrechnung als Parallelschaltung erscheinen, bilden die beiden spannungsgesteuerten Stromquellen einen Verstärker. Für die Berechnungen nehmen wir an, dass der NMOST und der PMOST die gleichen Parameter aufweisen ($S_N = S_P = S$ und $r_{DS,N} = r_{DS,P} = r_{DS}$).

$$\Delta V_{out} = -(S_N \Delta V_{in} + S_P \Delta V_{in}) \cdot \left(r_{DS,N} \| r_{DS,P} \| \frac{1}{j\omega C_L} \right) =$$
$$= -2S \left(\frac{r_{DS}}{2} \| \frac{1}{j\omega C_L} \right) \Delta V_{in} \tag{9.9}$$

Bei der Berechnung der Gleichspannungsverstärkung (DC-Verstärkung) können wir die Lastkapazität durch einen Leerlauf ersetzen ($\frac{1}{j\omega C_L} \to \infty$) und wir erhalten:

$$A_{DC} = \frac{\Delta V_{out}}{\Delta V_{in}} = -2S \cdot \frac{r_{DS}}{2} = S \cdot r_{DS} . \tag{9.10}$$

Aus der Gleichung (9.9) kann die frequenzabhängige Verstärkung $A(j\omega)$ berechnet werden, es ergibt sich:

$$A(j\omega) = -2S \cdot \left(\frac{r_{DS}}{2} \| \frac{1}{j\omega C_L} \right) = -2S \cdot \frac{\frac{r_{DS}}{2} \cdot \frac{1}{j\omega C_L}}{\frac{r_{DS}}{2} + \frac{1}{j\omega C_L}} =$$
$$= -2S \cdot \frac{r_{DS}}{2} \cdot \frac{1}{1 + j\omega \frac{r_{DS}}{2} C_L} = A_{DC} \cdot \frac{1}{1 + j\omega \frac{r_{DS}}{2} C_L} =$$
$$= A_{DC} \cdot \frac{1}{1 + j\frac{\omega}{\omega_c}} \quad \text{mit} \quad \frac{1}{\omega_c} = \tau = \frac{r_{DS}}{2} C_L \tag{9.11}$$

Der Frequenzgang der Verstärkung $A(j\omega)$ ist in ▶Abbildung 9.5 zu sehen, das Verhalten als Tiefpassfilter erster Ordnung, mit der durch die Zeitkonstante τ bestimmten Grenzfrequenz, wird offensichtlich.

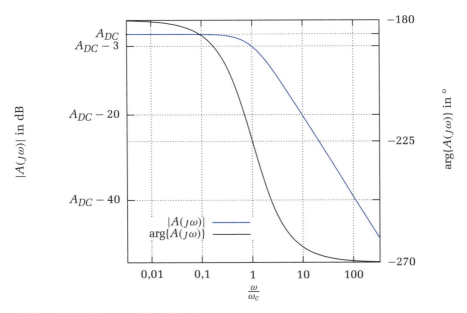

Abbildung 9.5: CMOS-Inverter als Verstärker: Frequenzgang

Schaltvorgänge

Das Verhalten bei Schaltvorgängen soll anhand eines Pegelwechsels am Ausgang von $V_{HI} = V_{DD}$ auf $V_{LO} = GND$ untersucht werden. Die dafür notwendige positive Schaltflanke am Eingang des Inverters wird mit vernachlässigbar kleiner Anstiegszeit angenommen. Folglich wechselt zum Zeitpunkt der Flanke der PMOST in den Sperrbereich ($V_{GS,P} = 0$) und der NMOST schaltet ein ($V_{GS,N} = V_{in} = V_{DD}$). Aufgrund der unweigerlich auftretenden Lastkapazität kann der NMOST nicht unendlich schnell auf GND ziehen, sondern er beginnt die auf V_{DD} aufgeladene Lastkapazität zu entladen. In der ▶Abbildung 9.6 ist der Zusammenhang zwischen dem Entladestrom (entspricht dem Drain-Strom des NMOSTs: $I_{D,N}$) und der momentanen Ausgangsspannung ($V_{out} = V_{DS,N}$) dargestellt.

Dabei arbeitet der NMOST zu Beginn im gesättigten Bereich, da die Spannung zwischen Gate und Drain die Schwellspannung V_{th} nicht überschreitet ($V_{GD} = V_{DD} - V_{out} < V_{th}$). Die Lastkapazität wird mit annähernd konstantem Strom entladen, $I_{D,N} \approx \beta \cdot (V_{GS} - V_{th})^2 = \beta \cdot (V_{DD} - V_{th})^2$.

Sobald die Ausgangsspannung $V_{DD} - V_{th}$ unterschreitet, wechselt der NMOST in den linearen Bereich. Dann wird die Lastkapazität von einem spannungsabhängigen Widerstand entladen (siehe Gleichung (9.5)), welcher mit kleiner werdender Drain-

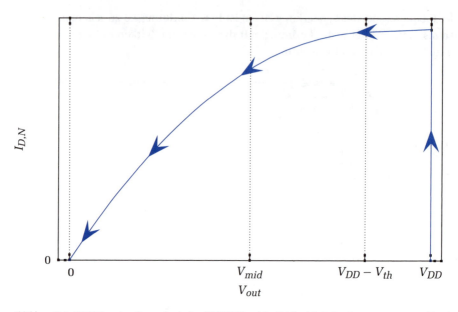

Abbildung 9.6: CMOS-Inverter: Strom durch den NMOST ($I_{D,N}$) in Abhängigkeit der Ausgangsspannung V_{out} bei einem Pegelwechsel am Ausgang von *HI* auf *LO*

Source-Spannung $V_{DS} = V_{out}$ zunehmend „linearer" wird (Gleichung (9.6)). Der Quotient aus Drain-Strom und Ausgangsspannung der Entladefunktion entspricht dabei dem momentanen Ausgangsleitwert des auf *LO* ziehenden NMOSTs:

$$G_{out}(t) = \frac{I_{D,N}}{V_{out}} = \frac{I_{D,N}}{V_{DS}} \tag{9.12}$$

Solche Entladevorgänge (bzw. Aufladevorgänge) und somit die Schaltvorgänge werden mit zunehmender Versorgungsspannung V_{DD} schneller durchgeführt, da aufgrund der höheren Gate-Source-Spannungen ein größerer Stromfluss ermöglicht wird.

Außerdem ist auch auf die Temperaturabhängigkeit hinzuweisen. Mit steigender Temperatur nimmt die Mobilität der Ladungsträger (Elektronen bzw. Löcher) ab, die MOSTs werden weniger stromergiebig. Somit benötigen die Schaltvorgänge auch mehr Zeit.

9.2.2 Logische Funktionen

Der Inverter stellt das einfachste Gatter dar, da das Pull-Up- bzw. Pull-Down-Netzwerk nur aus jeweils einem einzigen Transistor besteht. Nun wollen wir uns den allgemeinen Funktionen zuwenden, wobei die entstehenden Verknüpfungen in positiver Logik interpretiert werden. Bei solchen komplexeren Funktionen müssen das

Pull-Up-Netzwerk (PUN) und das Pull-Down-Netzwerk (PDN) mehrere Eingangssignale verarbeiten und je nach Eingangskombination den Ausgang auf *HI* bzw. *LO* ziehen, siehe ▶Abbildung 9.7.

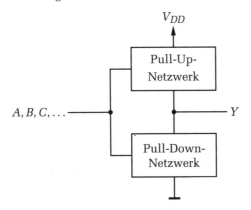

Abbildung 9.7: Allgemeine Logikfunktionen in CMOS: Eingänge $A, B, C, \ldots$, Ausgang Y

Zuerst soll auf das Pull-Down-Netzwerk (PDN) eingegangen werden. Wie in Abschnitt 9.1 schon erklärt, können NMOSTs als Schalter verwendet werden, die den Ausgang auf *LO* ziehen, wenn am Gate *HI* anliegt.

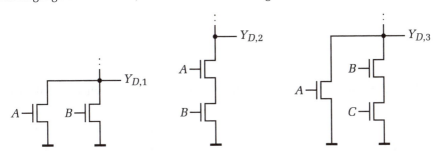

Abbildung 9.8: Pull-Down-Netzwerke (PDN)

In ▶Abbildung 9.8 sind verschiedene PDNs dargestellt. Die Parallelschaltung (links) von zwei NMOSTs schaltet den Ausgang auf *LO*, wenn an einem der beiden oder an beiden Gates der Transistoren *HI* angelegt wird. In positiver Logik bedeutet das nichts anderes als eine NOR-Verknüpfung.

$$\overline{Y_{D,1}} = A+B \quad \Rightarrow \quad Y_{D,1} = \overline{A+B} \quad \Rightarrow \quad \text{PDN NOR} \qquad (9.13)$$

Werden zwei NMOSTs in Serie geschaltet (Mitte), müssen beide Transistoren durchschalten, damit der Ausgang zu *LO* wird. Somit erhalten wir ein passendes PDN für eine NAND-Verknüpfung.

$$\overline{Y_{D,2}} = A \cdot B \quad \Rightarrow \quad Y_{D,1} = \overline{A \cdot B} \quad \Rightarrow \quad \text{PDN NAND} \qquad (9.14)$$

Das rechts abgebildete Pull-Down-Netzwerk zeigt eine zusammengesetzte, komplexere Funktion. Hier wird am Ausgang *LO* ausgegeben, wenn *HI* am Eingang *A* oder an den Eingängen *B* und *C* anliegt. Folglich ist hier mit den NMOSTs gleichzeitig eine Disjunktion und eine Konjunktion aufgebaut worden.

$$\overline{Y_{D,2}} = A + BC \quad \Rightarrow \quad Y_{D,2} = \overline{A} \cdot \left(\overline{B} + \overline{C}\right) \quad (9.15)$$

Bei diesem PDN kann es vielleicht stören, dass hier nur negierte Signale verarbeitet werden ($\overline{A}$, $\overline{B}$, $\overline{C}$). Dieses Problem lässt sich aber mit einem zuvor geschalteten Inverter leicht beheben.

Nun wollen wir uns den Pull-Up-Netzwerken zuwenden. Diese bestehen aus PMOSTs, da diese als High Side-Schalter verwendet werden können. Sie schalten durch bzw. ziehen den Ausgang auf *HI*, wenn am Gate *LO* anliegt.

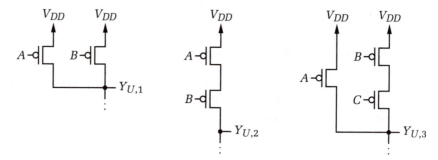

Abbildung 9.9: Pull-Up-Netzwerke (PUN)

In der ▶Abbildung 9.9 werden drei PUNs gezeigt, die Parallelschaltung, die Serienschaltung und eine Kombination dieser beiden.

Die Parallelschaltung (links) von zwei PMOSTs schaltet den Ausgang auf *HI*, wenn an mindestens einem der beiden Gates *LO* anliegt, und eignet sich somit als PUN für ein NAND-Gatter.

$$Y_{U,1} = \overline{A} + \overline{B} \quad \Rightarrow \quad Y_{U,1} = \overline{\overline{Y_{U,1}}} = \overline{A \cdot B} \quad \Rightarrow \quad \text{PUN NAND} \quad (9.16)$$

Die Serienschaltung (Mitte) zieht auf *HI*, wenn an beiden Gates *LO* anliegt, und implementiert das passende PUN für ein NOR-Gatter.

$$Y_{U,2} = \overline{A} \cdot \overline{B} \quad \Rightarrow \quad Y_{U,2} = \overline{\overline{Y_{U,2}}} = \overline{A + B} \quad \Rightarrow \quad \text{PUN NOR} \quad (9.17)$$

Das rechts dargestellte Netzwerk berechnet gleichzeitig eine Konjunktion und eine Disjunktion.

$$Y_{U,3} = \overline{A} + \overline{B} \cdot \overline{C} \quad (9.18)$$

NAND- und NOR-Gatter

Da nun die benötigten PUNs und PDNs zum Aufbau eines NAND- bzw. NOR-Gatters bekannt sind, müssen diese nur noch zusammengeschaltet werden und es entsteht das entsprechende Gatter. In den ▶Abbildungen 9.10 und ▶9.11 sind ein NAND-Gatter und ein NOR-Gatter mit jeweils zwei Eingängen dargestellt.

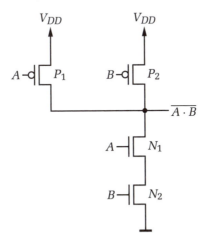

Abbildung 9.10: Zweifach-NAND

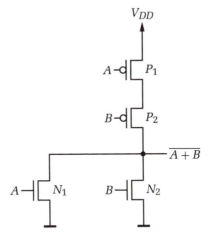

Simulation

Abbildung 9.11: Zweifach-NOR

Aus der kombinatorischen Logik ist bekannt, dass prinzipiell betrachtet beide Gatter-Typen gleichwertig sind. Nun wollen wir aber die elektrischen Eigenschaften von NAND- und NOR-Gattern in CMOS vergleichen. Die wichtigsten Größen sind dabei die Ausgangswiderstände für LO und HI, da davon nicht nur die Treiberstärke, sondern auch die Schaltgeschwindigkeit abhängt.

	Ausgangswiderstand	
	LO	HI
NAND	$2 \cdot r_{on,N}$	$r_{on,P}$
NOR	$r_{on,N}$	$2 \cdot r_{on,P}$

Bei der Serienschaltung verdoppelt sich der Ausgangswiderstand, da zwei Drain-Source-Widerstände das PUN bzw. PDN bilden. Bei der Parallelschaltung der MOSTs wird jedoch der Widerstand nicht halbiert, sondern es wird der einfache r_{on} betrachtet. Dies kann damit begründet werden, dass ein Pegelwechsel am Ausgang durch einen Pegelwechsel an einem (!) Eingang verursacht wird, was bedeutet, dass nur ein MOST der Parallelschaltung auf LO bzw. HI ziehen wird, da der andere noch sperrt.

Für ein NAND-Gatter ergibt sich dadurch der zweifache NMOST-Einschaltwiderstand ($2 \cdot r_{on,N}$) bei LO und der einfache PMOST-Einschaltwiderstand ($r_{on,P}$) bei HI. Wenn wir nun die unterschiedliche Mobilität der Ladungsträger bei NMOSTs und PMOSTs berücksichtigen ($\mu_N \approx (2-3)\mu_P \Rightarrow r_{on,P} \approx (2-3)r_{on,N}$), werden beim NAND-Gatter ähnlich große Ausgangswiderstände für HI und LO entstehen, wenn die NMOSTs und PMOSTs mit dem gleichen Weiten-Längen-Verhältnis $\frac{W}{L}$ dimensioniert werden.

Bei NOR-Gattern wird aufgrund der unterschiedlichen Einschaltwiderstände es notwendig, die PMOSTs mit deutlich größerem $\frac{W}{L}$ zu dimensionieren, um ähnlich große Ausgangswiderstände für HI und LO und damit auch eine ähnliche Anstiegs- bzw. Fallzeit zu erreichen.

Werden NAND- und NOR-Gatter mit mehr Eingängen benötigt, muss die Serien- bzw. Parallelschaltung erweitert werden. Als Beispiel ist ein Dreifach-NAND in ▶Abbildung 9.12 dargestellt.

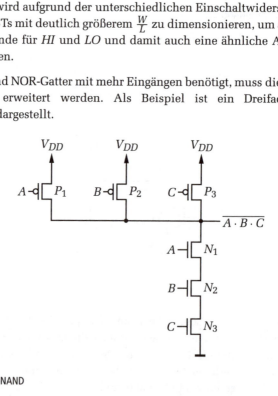

Abbildung 9.12: Dreifach-NAND

NAND/NOR in negativer Logik

Um die Eigenschaften der negativen Logik genauer zu untersuchen, wollen wir zuerst die Wahrheitstafeln für positive und negative Logik betrachten.

NAND pos. L.			NAND neg. L.			NOR pos. L.			NOR neg. L.		
A	B	$\overline{A \cdot B}$	A	B	$\overline{A \cdot B}$	A	B	$\overline{A + B}$	A	B	$\overline{A + B}$
L	L	H	H	H	L	L	L	H	H	H	L
L	H	H	H	L	L	L	H	L	H	L	H
H	L	H	L	H	L	H	L	L	L	H	H
H	H	L	L	L	H	H	H	L	L	L	H

Wenn man die Wahrheitstafeln für das NAND in positiver Logik mit dem NOR in negativer Logik bzw. das NAND in negativer Logik mit dem NOR in positiver Logik vergleicht, fällt auf, dass es sich dabei um die gleichen Wahrheitstafeln handelt. Es gilt:

$$\text{NAND in positiver Logik} \equiv \text{NOR in negativer Logik} \tag{9.19}$$
$$\text{NOR in positiver Logik} \equiv \text{NAND in negativer Logik} \tag{9.20}$$

Allgemeine Logikfunktionen

Auch wenn die NAND- bzw. NOR-Gatter die wichtigsten Gattertypen sind, wollen wir uns nun allgemeinen Logikfunktionen zuwenden. Wie wir zuvor gesehen haben, können bei den PUNs und PDNs auch komplexere Funktionen implementiert werden, welche gleichzeitig die Berechnung von Konjunktion und Disjunktion durchführen können.

Durch geeignete Verschaltung werden mit Serienschaltungen UND-Verknüpfungen und mit Parallelschaltungen ODER-Verknüpfungen aufgebaut. Diese werden nun in den zwei Schaltungen, dem PUN und dem PDN eingesetzt. Beide Netzwerke sollen dabei die gleiche logische Funktion ausführen, jedoch berechnet das PUN das Ergebnis Y und das PDN das negierte Ergebnis $\overline{Y}$. Damit werden die beiden Netzwerke niemals gleichzeitig leitend (außer bei Schaltvorgängen), die elektrischen Eigenschaften entsprechen im Wesentlichen denen des CMOS-Inverters.

Da die beiden Netzwerke über die Berechnung einer Negation verwandt sind, bilden sich interessante Zusammenhänge zwischen PUN und PDN. Wenn man an das DeMorgan'sche Theorem denkt, werden bei einer Negation einer logischen Funktion die einzelnen Variablen negiert, die disjunktive bzw. konjunktive Verknüpfung der Variablen wird zu einer konjunktiven bzw. disjunktiven Vernüpfung. Dies bedeutet, dass eine Serienschaltung im PUN zu einer Parallelschaltung im PDN wird und eine Parallelschaltung im PUN zu einer Serienschaltung im PDN. Dasselbe gilt natürlich auch in die umgekehrte Richtung, also für eine Herleitung des PUNs aus einem PDN. Nun muss nur noch die Negation der Variablen implementiert werden. Dies geschieht ohne zusätzlichen Aufwand, da NMOSTs bei einem Eingangswert *HI* einschalten und PMOSTs bei *LO*. Zusammengefasst heißt das für die Herleitung allgemeiner Logikfunktionen:

Pull-Up- und Pull-Down-Netzwerke

- Das Pull-Down-Netzwerk besteht ausschließlich aus NMOSTs.
- Das Pull-Up-Netzwerk besteht ausschließlich aus PMOSTs.
- Die Gates eines NMOST/PMOST-Paares sind miteinander verbunden.
- Serienschaltungen im PUN werden zu Parallelschaltungen im PDN, Parallelschaltungen im PUN werden zu Serienschaltungen im PDN (und umgekehrt).
- Wenn das PUN bekannt ist, ist auch das PDN bekannt (und umgekehrt).

Es bieten sich somit für den Aufbau einer allgemeinen Logikfunktion verschiedene Ansätze an. Einerseits können PUN und PDN getrennt hergeleitet werden oder man entscheidet sich für eines der beiden und zeichnet das andere durch Umwandeln von Serien- bzw. Parallelschaltungen einfach dazu. Das soll nun anhand eines Beispiels illustriert werden.

Beispiel: $(A + \overline{B})\overline{C}$ in CMOS

Gesucht ist eine CMOS-Implementierung in positiver Logik dieser Funktion: Simulation

$$Y = (A + \overline{B})\overline{C}$$

Damit ist das PUN schon gegeben. Es besteht aus der Parallelschaltung von zwei PMOSTs (gesteuert von $\overline{A}$ und B, da ein PMOST bei einem Gate-Potential von *LO* durchschaltet) in Serie mit einem vom Eingangssignal C gesteuerten PMOST.

Das PDN kann jetzt auch gezeichnet werden, die Parallelschaltung wird zur Serienschaltung von zwei NMOSTs, deren Gates mit $\overline{A}$ und B verbunden sind, die Serienschaltung mit dem von C geschalteten PMOST wird zu einem mit C gesteuerten, parallelen NMOST. Dieses PDN zieht genau dann auf *LO*, wenn $\overline{A} = HI$ und $B = HI$ gilt oder $C = HI$ ist und implementiert somit die Funktion $\overline{Y} = \overline{A}B + C$.

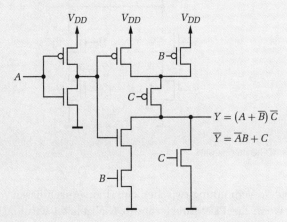

Unter Berücksichtigung des für die Berechnung von $\overline{A}$ notwendigen Inverters werden für die Berechnung dieser Funktion insgesamt acht MOSTs benötigt.

Im Vergleich dazu wollen wir, da diese Funktion in der konjunktiven Normalform gegeben ist, eine NOR-Implementierung durchführen:

$$Y = \overline{\overline{(A + \overline{B})\overline{C}}} = \overline{\overline{A + \overline{B}} + \overline{\overline{C}}} = \overline{\overline{A + \overline{B}} + C}$$

$$\Rightarrow \quad 2 \times \text{NOR}, 1 \times \text{Neg.} = 2 \cdot 4 + 1 \cdot 2 = 10 \text{ MOSTs}$$

Aus dem Vergleich der benötigten Anzahl von MOSTs wird ersichtlich, dass eine direkte Implementierung einer logischen Funktion weniger Transistoren als ein NAND/NOR-Aufbau benötigt.

Wird die XOR-Verknüpfung (Antivalenz) mit den logischen Grundfunktionen in der DNF angegeben, erhalten wir:

$$Y = \overline{A}B + A\overline{B} \quad \text{und} \quad \overline{Y} = AB + \overline{A}\,\overline{B}. \tag{9.21}$$

Damit ergibt sich das in ►Abbildung 9.13 dargestellte XOR-Gatter, welches mit den beiden nicht eingezeichneten Invertern zur Bildung von $\overline{A}$ und $\overline{B}$ insgesamt zwölf MOSTs benötigt.

Simulation

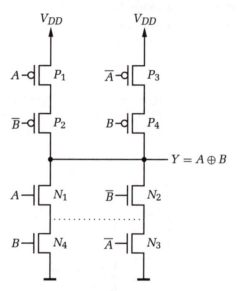

Abbildung 9.13: XOR-Gatter in CMOS

Die angedeutete Verbindung zwischen den Drain-Anschlüssen von N_3 und N_4 würde existieren, wenn das PDN direkt vom PUN abgeleitet würde. Diese Verbindung ist aber nicht notwendig, da die Transistoren N_1 und N_3 (bzw. N_2 und N_4) niemals gleichzeitig durchschalten können, weil A und $\overline{A}$ (bzw. B und $\overline{B}$) nicht gleichzeitig den Zustand *HI* aufweisen können.

9.2.3 Leistungsaufnahme

Wie zuvor schon erwähnt, gibt es bei CMOS-Digitalschaltungen im statischen Betrieb keine Stromaufnahme, da immer ein Netzwerk (Pull-Up bzw. Pull-Down) sperrt und kein Eingangsstrom in die Gates fließt. Trotzdem kommt es beim Betrieb von CMOS-

Schaltungen auch zu einer Leistungsaufnahme, welche im Wesentlichen aus drei Komponenten besteht:

1. Umladen von Lastkapazitäten,
2. Querströme beim Durchführen von Pegelwechseln,
3. (statische) Leckströme.

Jeder Eingang eines CMOS-Gatters stellt eine kapazitive Last mit der Kapazität C_L dar. Diese muss vom Ausgangstreiber mit dem Ausgangswiderstand R aufgeladen (siehe ▶Abbildung 9.14) bzw. entladen werden.

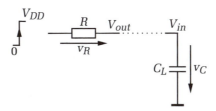

Abbildung 9.14: Aufladen einer Lastkapazität C_L

Während des Aufladevorgangs der Lastkapazität von 0 V auf V_{DD} werden folgende Spannungen an C_L bzw. über den Ausgangswiderstand R auftreten:

$$v_C(t) = V_{DD}\left(1 - e^{-\frac{t}{RC}}\right) \qquad v_R(t) = V_{DD} - v_C(t) = V_{DD}e^{-\frac{t}{RC}}$$

Damit kann die an R entstehende momentane Verlustleistung angegeben bzw. mit dem Integral die gesamte Verlustenergie W_1, die während eines Aufladevorgangs entsteht, berechnet werden.

$$W_1 = \int_0^\infty \frac{v_R^2(t)}{R}\,\mathrm{d}t = \frac{V_{DD}^2}{R}\int_0^\infty e^{-2\frac{t}{RC}}\,\mathrm{d}t = \frac{V_{DD}^2}{R}\frac{RC}{-2}e^{-2\frac{t}{RC}}\bigg|_0^\infty = C_L\frac{V_{DD}^2}{2} \qquad (9.22)$$

Diese Berechnung führt zu dem überaus interessanten Ergebnis, dass beim Aufladen einer Kapazität gleich viel Energie im Widerstand R in Wärme umgesetzt wird, wie nach Beendigung des Vorgangs im Kondensator selbst gespeichert ist.

Beim Entladen wird die im Kondensator gespeicherte Energie im Entladewiderstand umgesetzt, die Entlade-Energie W_2 beträgt:

$$W_2 = C_L\frac{V_{DD}^2}{2}.$$

Somit erhalten wir als Verlustenergie für den gesamten Umladevorgang (Aufladen und anschließendes Entladen) die Summe der beiden Werte:

$$W = W_1 + W_2 = C_L V_{DD}^2. \qquad (9.23)$$

Über die Anzahl der Umladevorgänge pro Sekunde, was der Schaltfrequenz f entspricht, ergibt sich für die aufgenommene elektrische Leistung P:

$$P = Wf = C_L V_{DD}^2 f. \qquad (9.24)$$

Betrachtet man nun die gesamten Berechnungen näher, werden verschiedene Zusammenhänge offensichtlich. Durch die punktuelle Stromaufnahme während des Aufladens von Lastkapazitäten, muss die Spannungsversorgung kurze Strompulse liefern können. Aufgrund parasitärer Widerstände und Induktivitäten in den Leitungen der Spannungsversorgung wird die Versorgungsspannung bei einem Schaltvorgang kurzzeitig einbrechen. Um diese „Störung" der Versorgungsspannung ausreichend gering zu halten, werden möglichst nahe der Stromversorgungsanschlüsse von CMOS-Schaltungen Stützkondensatoren platziert (▶ Abbildung 9.15), aus denen der kurzzeitig benötigte Strom entnommen, und die pulsförmige Stromaufnahme der CMOS-Schaltung für die Spannungsversorgung geglättet wird. Dadurch werden hochfrequente Störungen auf der Versorgungsspannung deutlich verringert.

Simulation

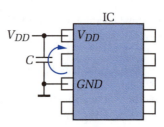

Abbildung 9.15: Möglichst nahe am IC platzierter Stützkondensator mit **blau eingezeichnetem**, pulsförmig entnommenem Strom

Ein lineares Ansteigen der Verlustleistung mit der Lastkapazität, welche nichts anderes als die Komplexität der Schaltung beschreibt, sollte nicht überraschen. Genauso wenig der lineare Zusammenhang mit der Schaltfrequenz, die sich trotz der Abhängigkeit der verarbeiteten Daten (ungefähr) proportional zur Betriebsfrequenz verhält. Die Proportionalität zum Quadrat der Versorgungsspannung führt zu dem Widerspruch, dass einerseits die Versorgungsspannung möglichst gering sein sollte, aber andererseits doch wieder möglichst groß, da die Schaltgeschwindigkeit mit steigender Versorgungsspannung wächst, vergleiche Abschnitt 9.2.1.

Der auftretende Querstrom bei Pegelwechseln (Abbildung 9.3) verursacht eine Strom- und somit auch eine Leistungsaufnahme. Diese wächst mit der Schaltfrequenz, spielt aber, solange schnelle Schaltvorgänge (Querstrom fließt nur eine sehr kurze Zeit) durchgeführt werden, nur eine untergeordnete Rolle.

Die statisch auftretenden Leckströme über die parasitären Substrat-Dioden (*Drain Leakage Current*) tragen auch nur einen geringen Anteil zur gesamten Leistungsaufnahme bei. Da der Sperrstrom von Halbleiterübergängen und somit der Leckstrom exponentiell mit der Temperatur wächst, kann jedoch bei höheren Temperaturen dieser Anteil unter Umständen nicht mehr vernachlässigt werden.

Bei heutigen Deep Submicron Designs mit Strukturgrößen deutlich kleiner als 1 μm (bzw. 1 micron), z. B. 60 nm, gibt es deutliche Veränderungen bei den auftretenden Leckströmen. Solche Herstellungsprozesse werden hauptsächlich bei komplexen, hoch integrierten Schaltungen wie z. B. Mikroprozessoren eingesetzt, wobei die Maximierung der Verarbeitungsgeschwindigkeit im Vordergrund steht.

Einerseits muss hier der zuvor als vernachlässigbar bezeichnete Leckstrom über die Substrat-Dioden berücksichtigt werden. Andererseits treten aufgrund der immer kleiner werdenden Strukturgrößen noch weitere Leckströme auf. Da bei solchen Herstellungsprozessen die Dicke des Gate-Oxids nur noch wenige SiO_2-Moleküle beträgt, verhält sich das Gate-Oxid nicht mehr als guter Isolator und es entsteht ein Leckstrom (*Gate Leakage*). Des Weiteren wird auch die Schwellspannung immer kleiner, so dass sich die MOSTs nicht mehr vollständig ausschalten lassen. Sie bleiben im Bereich der schwachen Inversion und es fließt ein kleiner Strom (*Subthreshold Current*). Im Zusammenhang mit der enormen Komplexität spielen somit die auftretenden Leckströme eine wichtige Rolle. Ihr Anteil in der gesamten Leistungsaufnahme kann dabei bis zu einem Drittel betragen.

9.3 Physikalischer Aufbau von CMOS-Schaltungen

Nachdem nun die digitale CMOS-Schaltungstechnik erklärt wurde, soll auf den physikalischen Aufbau von CMOS-Schaltungen eingegangen werden. Als representatives Beispiel ist in ▶Abbildung 9.16 die Stuktur eines CMOS-Inverters, hergestellt im N-Wannen-Prozess, dargestellt. Der NMOST befindet sich dabei direkt im Substrat, für die PMOSTs werden getrennte Wannen dotiert. Der Substratanschluss des NMOSTs und somit das gemeinsame Substrat wird mit Masse verbunden, das PMOST-Substrat mit der Versorgungsspannung V_{DD}.

Dabei entsteht ein parasitäres, npnp-dotiertes Vierschichtelement: NMOST-Source (n-dotiert), NMOST-Substrat (p-dotiert), PMOST-Substrat (n-dotiert), PMOST-Source (p-dotiert). Das Ersatzschaltbild dieses so genannten Thyristors ist in Abbildung 9.16 eingezeichnet bzw. in ▶Abbildung 9.17 getrennt dargestellt. Die beiden Bipolartransistoren entstehen dabei durch die npn- bzw. pnp-Schichtfolge, die beiden Widerstände modellieren den Substratwiderstand. Die Emitter der Transistoren sind mit der positiven (V_{DD}) bzw. der negativen (V_{SS}) Versorgungsspannung verbunden, genau genommen muss ein Multi-Emitter-Transistor im Modell verwendet werden, da auch der Inverterausgang V_{out} mit dem Substrat eine Basis-Emitter-Strecke bildet.

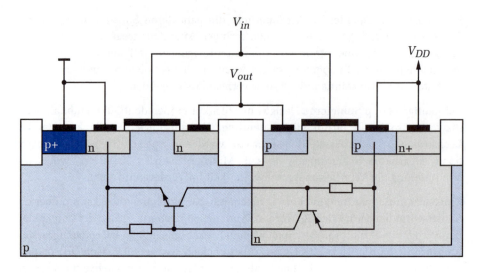

Abbildung 9.16: Struktur eines CMOS-Inverters mit parasitärem Thyristor

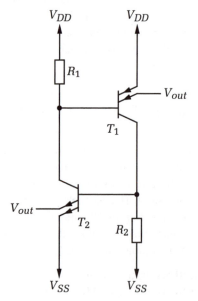

Abbildung 9.17: Ersatzschaltbild eines Thyristors

9.3.1 Latch-Up

Wenn, aus welchen Gründen auch immer, der npn-Transistor T_2 zu leiten beginnt, wird am Widerstand R_1 ein Spannungsabfall entstehen, der eine Basis-Emitter-Spannung am pnp-Transistor T_1 zur Folge hat, wodurch auch dieser eingeschaltet wird. Dann erhöht sich der Kollektorstrom von T_1 und der Transistor T_2 wird noch stärker aufgesteuert. Somit werden beide Transistoren immer mehr Strom fließen lassen, die Versorgungsspannungen werden kurzgeschlossen. Diesen Vorgang nennt man „Zünden" des Thyristors und wird bei CMOS-Schaltungen als „Latch Up" bezeichnet.

Ohne passende Strombegrenzung wird der fließende Strom die Zerstörung des Bauteiles zur Folge haben. Ein Zünden des Thyristors kann durch folgende Ereignisse verursacht werden:

- eine zu große Versorgungsspannung,
- transiente Störungen, die der Versorgungsspannung überlagert sind,
- Ströme in das Substrat (über Schutzdioden bzw. einen als Eingang betriebenen Ausgang),
- ionisierende Strahlung.

Heutzutage ist der Latch-Up-Effekt in der Digitaltechnik aus der Sicht des Anwenders kaum mehr von Bedeutung. Durch geeignete Maßnahmen bei der Herstellung der CMOS-Schaltungen kann das Auftreten unterdrückt werden. Wenn nämlich die Substratwiderstände ausreichend gering sind, kann sich die für das Zünden des Thyristors notwendige Basis-Emitter-Spannung an den parasitären Transistoren nicht aufbauen. Andererseits kann, wenn das Produkt der beiden Stromverstärkungsfaktoren ($\beta_{npn} \cdot \beta_{pnp}$) kleiner als 1 ist, der Strom nicht wachsen und kein Kurzschluss entstehen.

Nur in Spezialfällen bzw. in der Leistungselektronik spielt der Latch-Up-Effekt auch heute noch immer ein Rolle.

9.3.2 Schutzstruktur

Neben dem Latch-Up-Effekt existiert noch eine weitere Gefahr, welche eine CMOS-Schaltung zerstören kann.

Da die Eingänge von CMOS-Schaltungen mit den Gate-Anschlüssen von MOSTs verbunden sind und die Gates nur mit einer dünnen Oxidschicht vom Substrat getrennt bzw. isoliert sind, muss die Spannungsfestigkeit des Gate-Oxids näher betrachtet werden. Diese wird nämlich bei modernen Herstellungsprozessen im Zuge der immer kleiner werdenden Strukturgrößen auch immer kleiner, sogar so klein, dass die Spannungsfestigkeit auch die maximal erlaubte Betriebsspannung vorgibt.

Wird nun ein CMOS-Eingang nicht nur innerhalb eines ICs leitend verbunden, sondern nach außen geführt, muss dieser den beim Hantieren auftretenden Spannungen widerstehen, ohne dabei aufgrund eines Durchschlags des Gate-Oxids zerstört zu werden. Naheliegenderweise wird ein Mensch mit den Bauteilen arbeiten bzw. die Anschlüsse berühren. Dieser kann elektrostatisch aufgeladen sein, wodurch eine

Berührung zu einer elektrostatischen Entladung (ESD ... *Electrostatic Discharge*) führt, welche das Gate-Oxid mit Sicherheit zerstört. Die auftretenden Spannungen betragen dabei einige kV, wobei man bedenken sollte, dass Entladungen erst ab ca. 3 kV spürbar werden. Mit ungünstiger Kleidung (Wollpullover, Schuhe mit Gummisohlen) und bei geringer Luftfeuchtigkeit können noch höhere Ladespannungen (bis ca. 25 kV) entstehen.

In ▶Abbildung 9.18 ist das Human Body Model dargestellt. Dieses beschreibt den elektrostatisch geladenen Menschen für spätere Bauteilprüfungen mit der auf die Spannung V_0 geladenen Körperkapazität C und dem Hautwiderstand R (Bauteilwerte siehe ▶Tabelle 9.1).

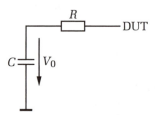

Abbildung 9.18: Modell für elektrostatische Entladungen (DUT ... Device under Test)

Tabelle 9.1

Werte für das Human Body Model nach MIL-STD-883

	MIL-STD-883
R	1500 Ω
C	100 pF
V_0	2 kV, 4 kV, 8 kV

Die CMOS-Eingänge müssen mit einer geeigneten Schutzstruktur erweitert werden, damit eine elektrostatische Entladung das Bauteil nicht zerstört. Eine einfache Schutzschaltung wird in ▶Abbildung 9.19 gezeigt. Hier wird der CMOS-Eingang, als Schaltung wird beispielhaft ein Inverter verwendet, durch zwei Dioden (D_1, D_2) geschützt.

Sobald die Eingangsspannung V_{in} die Versorgungsspannung V_{DD} um eine Diodenspannung überschreitet, wird D_1 leitend und klemmt die Eingangsspannung. Unterschreitet V_{in} das Massepotential, wird die Eingangsspannung von D_2 geklemmt, die an den Gate-Anschlüssen anliegende Spannung wird auf den Bereich der Versorgungsspannung (plus Diodenspannung) begrenzt. Der Strom durch die beiden Schutzdioden (so genannte Klemmdioden) wird dabei vom Widerstand R begrenzt.

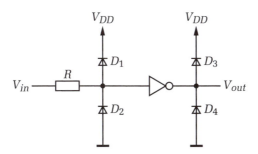

Abbildung 9.19: Einfache CMOS-Schutzstruktur (D_3, D_4 ... parasitäre Substrat-Dioden)

Für eine problemlose Handhabung durch einen Menschen (z. B. bei der Montage) reicht eine ESD-Festigkeit von $\approx 2000\,\text{V}$ aus, da man sich der ESD-Entladungen bewusst sein sollte und die möglichen Ladespannungen versucht, gering zu halten. Dafür wird in Labors bzw. Werkstätten häufig (schwach) leitfähiges Fußbodenmaterial verwendet, welches in Kombination mit leitfähigem Schuhwerk einer elektrostatischen Aufladung entgegenwirkt. Zusätzlich kann auch noch ein Handgelenks-Erdungsband getragen werden. Damit wird die Körperkapazität laufend entladen, es kann keine große Ladespannung entstehen. Der Entladewiderstand, also der Widerstand der Verbindung zur Erde, ist dabei hochohmig ($>1\,\text{M}\Omega$), da sonst ein Berühren von unter Spannung stehender Leiter einen für den Menschen gefährlichen Strom über den Entladewiderstand zur Folge haben kann.

9.4 Transmissionsgatter

Ein einzelner NMOST bzw. PMOST kann nur als guter Low Side- bzw. High Side-Schalter verwendet werden und nicht über den gesamten Spannungsbereich von V_{SS} (negative Versorgungsspannung, meist gleich $0\,\text{V} = GND$) bis V_{DD} (positive Versorgungsspannung) als Schalter arbeiten. Werden aber ein NMOST und ein PMOST parallel geschaltet und komplementär angesteuert, erhalten wir das in ▶Abbildung 9.20 dargestellte Transmissionsgatter, einen (analogen) Schalter, der ein Signal innerhalb des gesamten Versorgungsspannungsbereichs zwischen den beiden Anschlüssen A und B durchschalten bzw. trennen kann. Die Substratanschlüsse sind natürlich mit den Versorgungsspannungen verbunden, damit die Diode zwischen Substrat- und Kanalanschluss niemals leitend werden kann (Substrat NMOST: V_{SS}, Substrat PMOST: V_{DD}).

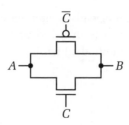

Abbildung 9.20: Transmissionsgatter (*Transmission Gate*)

Der vom Transmissionsgatter implementierte Schalter sperrt, wenn am Steuereingang C die negative Versorgungsspannung $V_{SS} = 0$ anliegt und folglich am invertierten Steuereingang $\overline{C}$ die positive Versorgungsspannung $V_{DD} = HI$. In diesem Zustand werden beide MOSTs, solange die an den Schalteranschlüssen A und B anliegenden Potentiale innerhalb des Versorgungsspannungsbereichs liegen, im Sperrbereich betrieben, da die Schwellspannung V_{th} (im Betrag) nie überschritten werden kann.

Nun soll das Verhalten im eingeschalteten Zustand näher betrachtet werden. Dabei soll angenommen werden, dass kein Strom über den Schalter fließt, somit entsteht auch kein Spannungsabfall über den Schalter, das Drain- bzw. Source-Potential entspricht den beiden Anschlüssen (V_A, V_B) und wird in weiterer Folge als $V_{A,B}$ bezeichnet.

Am Gate des NMOSTs liegt nun $C = HI = V_{DD}$ an, am Gate des PMOSTs das invertierte Steuersignal $\overline{C} = LO = V_{DD}$, für die Gate-Source-Spannungen ergibt sich:

$$V_{GS,N} = V_{DD} - V_{A,B} \qquad V_{GS,P} = V_{SS} - V_{A,B}. \tag{9.25}$$

Solange die Gate-Source-Spannung (betragsmäßig) größer als die Schwellspannung ist, leitet der entsprechende MOST, sein ON-Widerstand verändert sich jedoch mit der geschalteten Spannung, da V_{GS} von $V_{A,B}$ abhängig ist (siehe auch Abschnitt 9.1: Gleichungen (9.5) und (9.6) für den ON-Widerstand eines MOSTs). Die berechneten Werte für den ON-Widerstand (vereinfachte Transistorgleichungen) sind in den Gleichungen (9.26) und (9.27) angegeben.

$$V_{GS,N} > V_{th,N}: \quad V_{A,B} < V_{DD} - V_{th,N} \Rightarrow$$

$$r_{on,N}(V_{A,B}) \approx \frac{1}{\beta_N (V_{DD} - V_{A,B} - V_{th,N})} \tag{9.26}$$

$$|V_{GS,P}| > |V_{th,P}|: \quad V_{A,B} > V_{SS} + |V_{th,P}| \Rightarrow$$

$$r_{on,P}(V_{A,B}) \approx \frac{1}{\beta_P (V_{A,B} - V_{SS} - |V_{th,P}|)} \tag{9.27}$$

Wenn nun diese Gleichungen näher untersucht werden, ergeben sich drei Bereiche. Nahe der negativen Versorgungsspannung (von V_{SS} bis $V_{SS} + |V_{th,P}|$) leitet nur der NMOST, der PMOST sperrt, nahe der positiven Versorgungsspannung (von $V_{DD} - V_{th,N}$ bis V_{DD}) leitet nur der PMOST und der NMOST sperrt. Dazwischen sind beide MOSTs leitend, der ON-Widerstand kann aus der Parallelschaltung der beiden MOSTs berechnet werden. Somit erhalten wir eine leitende Verbindung über den gesamten Spannungsbereich.

Diese Zusammenhänge sind in der ▶ Tabelle 9.2 angegeben und in ▶ Abbildung 9.21 dargestellt.

Tabelle 9.2

ON-Widerstand eines Transmissionsgatters

$V_{A,B}$:	von V_{SS} bis $V_{SS} + |V_{th,P}|$	von $V_{SS} + |V_{th,P}|$ bis $V_{DD} - V_{th,N}$	von $V_{DD} - V_{th,N}$ bis V_{DD}
$r_{on,N}$:	$r_{on,N}(V_{A,B})$	$r_{on,N}(V_{A,B})$	∞
$r_{on,P}$:	∞	$r_{on,P}(V_{A,B})$	$r_{on,P}(V_{A,B})$
r_{on}:	$r_{on,N}(V_{A,B})$	$r_{on,N}(V_{A,B}) \| r_{on,P}(V_{A,B})$	$r_{on,P}(V_{A,B})$

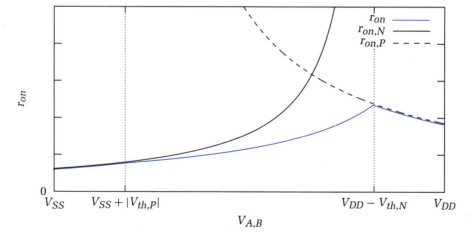

Simulation

Abbildung 9.21: Spannungsabhängiger ON-Widerstand $r_{on}(V_{A,B})$

Bei dem in Abbildung 9.21 gezeigten Verlauf des ON-Widerstands fällt auf, dass der ON-Widerstand des PMOSTs deutlich größer ist als der des NMOSTs, wodurch auch der gesamte ON-Widerstand bei höheren Spannungen $V_{A,B}$ größer wird. Dies begründet sich damit, dass beide MOSTs mit den gleichen Abmessungen $\frac{W}{L}$ dimensioniert worden sind. Diese Dimensionierung ist bei der Verwendung als Analogschalter üblich, da sich dann ähnlich große parasitäre Kapazitäten bilden, deren Störeinfluss beim Schalten durch die komplementären Ansteuerungen verringert wird.

Wenn nun ein Strom über den Schalter fließt, wird dieser einen Spannungsabfall verursachen: $V_A \neq V_B$. Solange dieser klein ist, können wir den Einfluss der somit entstandenen Drain-Source-Spannung V_{DS} vernachlässigen, wird er größer, wird der ON-Widerstand von der Spannung über den Schalter beeinflusst und somit nicht linear. Der Strom kann dabei in beide Richtungen fließen, je nachdem in welche, werden die Kanalanschlüsse der MOSTs zu Drain bzw. Source.

Zusammenfassend gesagt ist es mit dem Transmissionsgatter möglich, über den gesamten Versorgungsspannungsbereich einen Schalter, der sich im eingeschalteten Zustand (fast) wie ein ohmscher Widerstand verhält, mit geringem Bauteilaufwand zu implementieren. Es werden nur zwei Transistoren benötigt bzw. zwei weitere für die Erzeugung des invertierten Steuersignals $\overline{C}$.

Der spannungsabhängige ON-Widerstand ist in der Anwendung in digitalen Schaltungen von geringer Bedeutung, bei der Verwendung in analogen Schaltungen sollte man sich des möglichen Einflusses des nicht konstanten ON-Widerstands bewusst sein.

9.4.1 Logikschaltungen mit Transmissionsgattern

Durch den Einsatz von Transmissionsgattern lassen sich verschiedene logische Verknüpfungen, verglichen mit dem Aufbau mit Pull-Up- und Pull-Down-Netzwerk, mit einer geringeren Anzahl von Transistoren implementieren. Der Entwurfsablauf ist dabei aber nicht mehr ein systematischer, sondern es handelt sich dabei eher um trickreich aufgebaute, oft schwer zu durchschauende Schaltungen. Dies soll am Beispiel eines XOR-Gatters demonstriert werden.

Die ▶Abbildung 9.22 zeigt ein XOR-Gatter in positiver Logik mit nur sechs MOSTs, welches im Vergleich zum in Abbildung 9.13 dargestellten nur halb so viele Bauteile benötigt.

Im Wesentlichen besteht dieses XOR-Gatter aus zwei Invertern und einem Transmissionsgatter. Der erste Inverter (N_1 und P_1) berechnet aus dem Eingangssignal B das Komplement, also $\overline{B}$. Der zweite Inverter (N_2 und P_2) berechnet $\overline{A}$, ist aber von den Signalen B und $\overline{B}$ versorgt. Das hat zur Folge, dass am Ausgang Y nur dann $\overline{A}$ anliegt, wenn der Inverter auch richtig versorgt wird, d. h. es gilt $B = HI$:

$$\text{WENN} \quad B = HI \quad \text{DANN} \quad Y = \overline{A}.$$

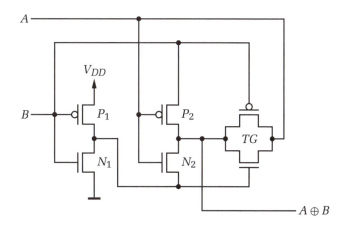

Abbildung 9.22: XOR mit Transmissionsgatter

Wenn der zweite Inverter nicht eingeschaltet ist ($B = LO$), schaltet aber das Transmissionsgatter TG durch und verbindet das Eingangssignal A mit dem Ausgang Y:

$$\text{WENN} \quad B = LO \quad \text{DANN} \quad Y = A.$$

Nun kann mit den Ergebnissen unserer Überlegungen zur Schaltung die Wahrheitstafel angegeben werden:

physikalisch				pos. Logik			
A	B	Y		A	B	Y	
LO	LO	LO	$\Rightarrow$	0	0	0	$\Rightarrow$ XOR
LO	HI	HI		0	1	1	
HI	LO	HI		1	0	1	
HI	HI	LO		1	1	0	

Diese Implementierung eines XOR-Gatters benötigt weniger Transistoren als der klassische Ansatz mit PUN und PDN. Dadurch wird ein noch mehr Platz sparender Aufbau des Gatters ermöglicht. Die Schaltung weist aber auch einen Nachteil auf. Die Eingänge sind jetzt nicht mehr hochohmig, sondern unter Umständen über einen Transistor auf den Ausgang geschaltet, zum Beispiel wird, wenn $B = LO$ gilt, der Eingang A über das Transmissionsgatter ohne weitere Pufferung mit dem Ausgang verbunden.

Anhand des XOR-Gatters sollte nun gezeigt worden sein, dass zusätzlich zur CMOS-Logik mit Pull-Up- und Pull-Down-Netzwerken noch eine weitere Art des Aufbaus von statisch funktionierenden Gattern existiert. Der Entwurf ist jedoch nicht systematisch durchführbar, die Funktion einer Schaltung kann meist nur durch (geistige) Simulation der Schaltung extrahiert werden, weshalb hier auf dieses Thema nicht genauer eingegangen wird.

ZUSAMMENFASSUNG

Dieses Kapitel beschreibt die wichtigsten Eigenschaften des Aufbaus logischer Funktionen in **CMOS-Technik**. Einführend wurde dabei auf das Verhalten von MOS-Transistoren als Schalter für zweiwertige Signale eingegangen, der **NMOST** als Low Side Switch und der **PMOST** als High Side Switch. Mit nur zwei MOSTs stellt der Inverter das einfachste Gatter dar. Dessen digitale Eigenschaften (statisch und dynamisch) wurden näher erläutert sowie auch die Eigenschaften im Betrieb als analoger Verstärker. Nach den Erklärungen der wichtigen logischen Funktionen NAND und NOR wurde die Möglichkeit des Aufbaus allgemeiner Logikfunktionen mit **Pull-Up-** und **Pull-Down-Netzwerken** gezeigt.

Zusätzlich zur Schaltungstechnik sind aber auch die **physikalischen Eigenschaften** von Interesse. Auf die elektrische Leistungsaufnahme aufgrund von Umladevorgängen, Querströmen und Leckströmen wurde eingegangen und gezeigt, dass diese im Wesentlichen von der Komplexität der Schaltung, der Betriebsfrequenz und der Versorgungsspannung abhängt. Aufgrund des internen physikalischen Aufbaus von CMOS-Schaltungen ergeben sich verschiedene Probleme wie der Latch-Up-Effekt und die Empfindlichkeit von Eingängen auf elektrostatische Entladungen.

Abschließend wurde das **Transmissionsgatter** vorgestellt. Dieses implementiert einen analogen Schalter für den gesamten Versorgungsspannungsbereich, kann aber auch für einen effizienten Aufbau von digitalen Schaltungen verwendet werden.

Logische Funktionen mit bipolaren Elementen

10.1 Logik mit Dioden und Bipolartransistoren... 354

10.2 Transistor Transistor Logic (TTL) 357

10.3 Andere Logikfamilien mit bipolaren Elementen 360

Zusammenfassung 360

10 LOGISCHE FUNKTIONEN MIT BIPOLAREN ELEMENTEN

Einleitung

Bipolare Bauelemente, darunter versteht man Bipolartransistoren (BJTs) und Dioden, werden heutzutage nicht mehr zur Implementierung von logischen Funktionen verwendet. Die verschiedenen Gatter werden (fast) ausschließlich in CMOS-Technologie aufgebaut, da mit MOS-Transistoren viel höhere Integrationsdichten auf integrierten Schaltkreisen ermöglicht werden.

Trotzdem werden Bipolartransistoren auch heute noch in digitalen Schaltungen eingesetzt. Ein häufiges Verwendungsgebiet sind Treiberstufen (z. B. Bustreiber, Schnittstellen), weil sie bessere elektrische Eigenschaften als MOSTs aufweisen. Mit zunehmender Weiterentwicklung der CMOS-Technologie verlieren die Bipolartransistoren aber auch in diesem Gebiet an Wichtigkeit.

Der wesentliche Grund, warum auf die verschiedenen, veralteten Schaltungstopologien kurz eingegangen werden soll, ist einerseits ihre historische Bedeutung. Hier ist besonders die Transistor Transistor Logic (TTL) zu nennen, deren Eigenschaften selbst heute noch Auswirkungen zeigen. Andererseits ist es manchmal notwendig, einfache logische Funktionen diskret auf einer Leiterplatte aufzubauen, wobei sich die Verwendung von Logik mit Dioden oft als passend erweist.

LERNZIELE

- Aufbau der logischen Grundfunktionen mit Dioden, Bipolartransistoren und Widerständen
- Transistor Transistor Logic (TTL)

10.1 Logik mit Dioden und Bipolartransistoren

Eine AND-Verknüpfung bzw. eine OR-Verknüpfung mit zwei Eingangssignalen lässt sich mit zwei Dioden und einem Widerstand aufbauen, wie es in ▶Abbildung 10.1 gezeigt ist. Verknüpfungen mit drei oder mehr Eingängen sind natürlich auch möglich, die Schaltungen müssen dafür um eine Diode für jeden weiteren Eingang erweitert werden. Zu Beginn sollen diese beiden Schaltungen nur digital betrachtet werden.

Sobald ein Eingangssignal den Zustand LO ($V_{LO} = GND = 0\,\text{V}$) aufweist, wird beim AND-Gatter der Ausgang Y über eine Diode auf LO gezogen. Liegt an beiden Eingängen HI ($V_{HI} = V_{CC}$) an, zieht der Pull-Up-Widerstand R die Ausgangsspannung auf die positive Versorgungsspannung V_{CC}.

Bei der ODER-Verknüpfung verhält es sich genau umgekehrt. Liegt an einem Eingang *HI* an, erhalten wir am Ausgang auch *HI*, nur wenn an beiden Eingängen der Zustand *LO* anliegt, sorgt der Widerstand *R* für den Ausgangswert *LO*.

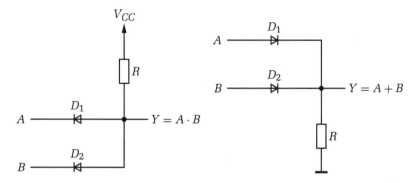

Abbildung 10.1: AND (links) und OR (rechts) mit Dioden

Nachdem die verwendeten Dioden keine idealen Dioden sind, entsteht ein Spannungsabfall, wenn eine Diode in Durchlassrichtung betrieben wird, die Vorwärtsspannung V_F. Diese beträgt bei Siliziumdioden bekanntlich ≈0,6 V. Wenn nun diese Eigenschaft berücksichtigt wird, bedeutet dies, dass eine so aufgebaute AND-Verknüpfung kein „echtes" *LO* ausgeben kann und die OR-Verknüpfung kein „echtes" *HI*, da die Diodenspannung nicht vernachlässigt werden darf. Wir erhalten für den *LO*-Pegel des AND-Gatters $V_{LO} + V_F$ und für den *HI*-Pegel des OR-Gatters $V_{HI} - V_F$.

Somit entfernt sich der Logikpegel am Ausgang dieser Verknüpfungen immer weiter von den idealen Pegeln ($V_{LO} = GND$, $V_{HI} = V_{CC}$), was dazu führt, dass solche Gatter nicht kaskadierbar sind.

Bei diesen einfachen Schaltungen wird auch keine Verstärkung der Signale durchgeführt, die Ausgänge werden von den Eingangssignalen getrieben oder durch einen Widerstand auf V_{CC} bzw. *GND* gezogen.

Trotz all dieser Nachteile, welche diese Schaltungen ohne zusätzliche Pegelrestaurierung und Verstärkung sinnlos erscheinen lassen, werden sie in praktischen Anwendungen eingesetzt.

Wenn wir die AND-Verknüpfung als analoge Schaltung betrachten, erkennt man, dass die Ausgangsspannung der kleinsten der anliegenden Eingangsspannungen plus einer Diodenspannung entspricht. Dies gilt, solange alle Eingangsspannungen kleiner der Versorgungsspannung V_{CC} sind, da sonst alle Dioden in Sperrrichtung betrieben werden, die Ausgangsspannung beträgt dann V_{CC}. Es gilt somit:

$$V_Y = \min\left(V_{CC}, V_A, V_B, \ldots\right) + V_F. \tag{10.1}$$

Die OR-Verknüpfung implementiert für analoge Eingangssignale einen Maximumdetektor. Als Ausgangsspannung erhalten wir die größte Eingangsspannung weniger einer Diodenspannung oder falls alle Eingangsspannungen negativ sind, über den Widerstand 0 V.

$$V_Y = \max(0, V_A, V_B, \ldots) - V_F \tag{10.2}$$

Dabei soll angemerkt werden, dass nicht nur der Spannungswert am Ausgang erscheint, sondern eine Verbindung zwischen dem größten Eingangssignal und dem Ausgang über eine Diode entsteht. Die Dioden zu den restlichen Eingängen sperren, somit sind die anderen Eingänge vollständig entkoppelt.

Spannungsversorgung der Echtzeituhr

Um die Messergebnisse auch mit einer exakten Zeit zu versehen, benötigt man eine im Gerät eingebaute Uhr. Die dafür verwendeten Echtzeituhren[a] (RTC ... *Real Time Clock*) werden bei ausgeschaltetem Gerät mit einer eigenen Batterie-Spannungsquelle V_{Bat} weiterhin versorgt, bei eingeschaltetem Gerät wird die Spannungsversorgung V_{DD} verwendet.

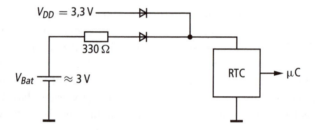

Vorausgesetzt V_{DD} ist größer als die Batteriespannung V_{Bat}, wird die Echtzeituhr bei eingeschaltetem Gerät über V_{DD} versorgt und der Mikrocontroller (µC) kann mit der Echtzeituhr kommunizieren. Sobald das Gerät ausgeschaltet wird, fällt die Quelle V_{DD} weg und die Batterie übernimmt die Spannungsversorgung. Der 330 Ω-Widerstand schützt die Batterie bei eventueller Überlast oder bei einem Kurzschluss.

Somit ist bei passender Auslegung der Batterie eine jahrelange, niemals unterbrochene Spannungsversorgung für die Echtzeituhr sichergestellt.

---

[a] sehr energiesparende Digitaluhren mit Uhrenquarz, welche für Batteriebetrieb ausgelegt sind und von Mikrocontrollern ausgelesen werden können

Die Implementierung der dritten logischen Grundverknüpfung, der Negation, wird in ▶Abbildung 10.2 gezeigt.

Liegt am Eingang A der *LO*-Pegel an ($V_{LO} = GND$), fließt kein Strom in die Basis des Transistors und somit sperrt dieser. Der Ausgang Y wird dann mit dem Pull-Up-Widerstand R auf den *HI*-Pegel ($V_{HI} = V_{CC}$) gezogen. Bei einem Eingangswert von $A = HI$ wird ein Strom in die Basis fließen und der Transistor schaltet durch.

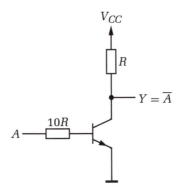

Abbildung 10.2: Inverter mit Bipolartransistor

Der Ausgang wird auf *LO* gezogen, der interne Querstrom durch den Widerstand R beträgt $i_Q = \frac{V_{CC}}{R}$ und ist gleichzeitig auch der Kollektorstrom. Damit der Transistor in jedem Fall durchschaltet, muss der Basisstrom ausreichend groß sein. In der gezeigten Schaltung ist der Basisstrom auf ungefähr ein Zehntel des Kollektorstroms dimensioniert (Widerstandswert $10R$), was ein sicheres Schalten garantiert.

A	Y	i_Q	R_{in}	R_{out}
LO	HI	0	$\gg$	R
HI	LO	$\frac{V_{CC}}{R}$	$\approx 10R$	$\ll$

Aufgrund der unterschiedlichen Ausgangswiderstände ist auch ein unterschiedliches Verhalten bei Pegelwechseln zu erwarten. Beim Wechsel von *HI* auf *LO* wird vom Transistor aktiv auf *LO* geschaltet, die Flanke wird ungleich schneller sein als beim Wechsel von *LO* auf *HI*. Hier wird nämlich nur passiv über den Pull-Up-Widerstand R auf *HI* gezogen, was zu einer entsprechend langsamen Flanke beim Aufladen einer kapazitiven Last führt.

10.2 Transistor Transistor Logic (TTL)

Anfang der 1960-er Jahre wurde die Transistor Transistor Logic (TTL) erfunden und bis in die 80-er weiterentwickelt. In dieser Zeit wurde TTL sehr häufig für den Aufbau logischer Funktionen bzw. komplexerer digitaler Schaltungen verwendet, ist aber dann durch die CMOS-Logik abgelöst worden. Heute ist TTL nur noch aus historischen Gründen interessant.

In der ▶Abbildung 10.3 ist ein Zweifach-NAND-Gatter in der so genannten Standard-TTL-Technologie dargestellt. Die logische Arbeit, in diesem Fall die Berechnung der Zweifach-AND-Verknüpfung, wird dabei vom Transistor T_1, einem Multi-Emitter-Transistor, durchgeführt. Sobald an einem der Emitter *LO* ($V_{LO} = GND = 0\,\text{V}$)

anliegt, wird die Basis-Emitter-Diode in Durchlassrichtung betrieben und ein Strom aus dem Eingang heraus auf Masse fließen (>1 mA, *Current Sink Logic*), als Potential an der Basis des Transistors wird sich die Basis-Emitter-Spannung $V_{BE} \approx 0{,}6\,\text{V}$ einstellen (vergleiche Abbildung 10.1). Über die Basis-Kollektor-Diode kann kein Strom in die Basis des Transistors T_2 fließen.

Simulation

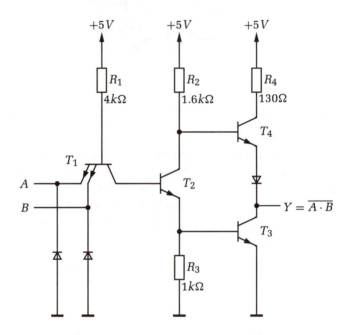

Abbildung 10.3: NAND in Transistor Transistor Logic

Weisen alle Eingänge den Zustand *HI* auf, werden alle Basis-Emitter-Dioden in Sperrrichtung betrieben. Somit fließt dann ein Strom über Widerstand R_1 und die Basis-Kollektor-Diode in die Basis des Transistors T_2. Diese ist gleichzeitig der Eingang für den invertierenden Ausgangstreiber, welcher auch als Totem Pole-Schaltung bezeichnet wird. Da der Transistor T_2 in diesem Fall leitet, wird auch der Transistor T_3 durchschalten und den Ausgang auf Masse ziehen.

$$A = HI \text{ und } B = HI \quad \Rightarrow \quad Y = LO$$

Ist einer der Eingänge *LO*, sperrt der Transistor T_2 sowie der Transistor T_3, nur T_4 wird durchschalten und den Ausgang auf *HI* schalten.

$$A = LO \text{ oder } B = LO \quad \Rightarrow \quad Y = HI$$

Nachdem der Transistor T_4 nicht auf die positive Versorgung von $+5\,V$ schalten kann, da sich bis zum Ausgang zwei Diodenstrecken befinden (Basis-Emitter-

Diode T_4 und die Diode D_1), ergeben sich asymmetrische Logikpegel für HI und LO, welche folgendermaßen spezifiziert sind:

$$\text{Eingang:} \quad V_{LO} < 0{,}8\,\text{V}, \quad V_{HI} > 2{,}0\,\text{V}$$
$$\text{Ausgang:} \quad V_{LO} < 0{,}4\,\text{V}, \quad V_{HI} > 2{,}4\,\text{V} \tag{10.3}$$

Somit wird sich ein Spannungsstörabstand von 0,4 V einstellen. Die Übertragungsfunktion des TTL-Gatters, welches als Inverter verwendet wird (A entspricht V_{in}, $B = HI$), ist in ▶Abbildung 10.4 dargestellt.

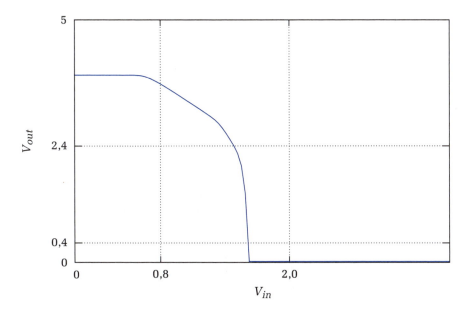

Abbildung 10.4: Übertragungskennlinie eines TTL-Inverters

Ein Problem bei Standard-TTL ist, dass die Transistoren voll durchschalten und somit in Sättigung gehen. Um diesen Zustand wieder zu verlassen und den Transistor abzuschalten, wird zusätzliche Zeit benötigt, wodurch die Gatter langsamer werden. In den Weiterentwicklungen von Standard-TTL wie Schottky-TTL, Low Power Schottky und Advanced Low Power Schottky ist dieses Problem durch den Einsatz von Schottky-Transistoren gelöst worden (Transistor mit einer zusätzlichen Schottky-Diode zwischen Basis und Kollektor, um den Sättigungszustand zu vermeiden).

Wie schon zuvor erwähnt, ist TTL heutzutage von CMOS-Logik komplett verdrängt worden. Dies kann vor allem damit begründet werden, dass CMOS-Logik ausschließlich aus MOS-Transistoren besteht und wegen des geringeren Bauteilaufwandes (keine Widerstände oder Dioden) platzsparender aufgebaut werden kann. Dadurch lassen sich mehr Gatter bzw. logische Funktionen auf einem IC implementieren, wodurch höhere Komplexität bei digitalen Schaltungen ermöglicht wird (z. B.

moderne Mikroprozessoren). Außerdem weist CMOS-Logik auch im Gesamten gesehen die besseren elektrischen Eigenschaften auf wie z. B. die Symmetrie der Logikpegel, die geringe Leistungsaufnahme und hochohmige Eingänge.

Ein oft verwendeter Begriff bei heutigen Digitalschaltungen in CMOS ist „TTL kompatibel". Bei Eingängen bedeutet es, dass diese die TTL-Eingangspegel richtig als *LO* bzw. *HI* interpretieren. Somit sind sie nicht symmetrisch um die Mittenspannung, sondern die Schwellspannung liegt innerhalb des bei TTL undefinierten Bereichs zwischen 0,8 V und 2,4 V. TTL-kompatible Ausgänge sind in der Lage, TTL-Eingänge zu treiben. Dazu müssen sie in der Lage sein, den spezifizierten Strom im *LO*-Zustand aufnehmen zu können, ohne dass die Ausgangsspannung 0,4 V übersteigt.

Unbeschaltete TTL-Eingänge werden von einer TTL-Schaltung als *HI* interpretiert, da der für *LO* notwendige Strom nicht aus dem Eingang heraus fließen kann. Vielleicht ist auch das der Grund, dass bei CMOS-Eingängen zum Festlegen des Eingangswertes bei offenem Eingang Pull-Up-Widerstände verwendet werden.

10.3 Andere Logikfamilien mit bipolaren Elementen

Neben der Transistor Transistor Logic hat es in der Vergangenheit auch andere Logikfamilien gegeben. Die Vorgänger von TTL waren die „Resistor Transistor Logic" (RTL) und die „Diode Transistor Logic" (DTL).

Da TTL nur einen geringen Spannungsstörabstand von 0,4 V aufweist, hat man auch eine „Langsame Störsichere Logik" (LSL) entworfen. Diese ist, wie der Name schon sagt, auf Störsicherheit optimiert und wurde mit höherer Versorgungsspannung betrieben, um einen größeren Störabstand zu erreichen.

Die „Emitter Coupled Logic" (ECL) ist eine der schnellsten Logikfamilien, weist aber eine sehr hohe Stromaufnahme auf. Hier werden die Transistoren nicht als Schalter, sondern als Differenzverstärker verwendet, was sehr kurze Schaltzeiten erlaubt. Seit ähnliche Schaltzeiten auch mit CMOS-Logik erreichbar geworden sind, ist auch die ECL (fast) komplett aus den praktischen Anwendungen verschwunden.

ZUSAMMENFASSUNG

In diesem Kapitel wurde gezeigt, wie mit bipolaren Bauelementen wie Dioden, Bipolartransistoren und zusätzlichen Widerständen logische Funktionen aufgebaut werden können. Es wurde neben den einfachen Schaltungen mit Dioden auch die Transistor Transistor Logic näher betrachtet, da diese früher eine bedeutende Rolle gespielt hat. Sie ist aber, wie auch alle anderen Logikfamilien dieser Art, von der CMOS-Logik abgelöst worden. Deshalb soll an dieser Stelle die Aussage in der Einleitung des Kapitels 9 zitiert werden: **„Logik = CMOS"**.

Kippstufen

11.1 Bistabile Kippstufen 363

11.2 Monostabile Kippstufen 378

11.3 Astabile Kippstufen 382

Zusammenfassung 386

Einleitung

> Bis zu diesem Kapitel haben sich die Betrachtungen der digitalen Bauelemente auf den Aufbau von Gattern beschränkt. Die verschiedenen Gatter implementieren kombinatorische Logikfunktionen und bilden somit ein Ergebnis, welches nur von den momentanen Eingangssignalen abhängt. Die notwendige Beschreibung des Zeitverhaltens beschränkt sich dabei auf die Verzögerungszeit und die Anstiegs- bzw. Fallzeit.

Die Bezeichnung Kippstufen weist an sich nur auf den zweiwertigen Charakter einer Schaltung hin, hat aber hier noch eine weitere Bedeutung, was das Zeitverhalten betrifft. Dabei kann eine Einteilung in drei unterschiedliche Arten von Kippstufen getroffen werden:

1. bistabile Kippstufen,
2. monostabile Kippstufen,
3. astabile Kippstufen.

Zuerst wollen wir uns den bistabilen Kippstufen zuwenden. Wie die Bezeichnung „bistabil" schon andeutet, sind die möglichen zwei Zustände auch gleichzeitig stabile Zustände. Das bedeutet, dass die Kippstufe in ihrem Zustand bleibt, solange kein Steuersignal eine Änderung des Zustands verursacht. Jede binäre Speicherzelle ist eine solche bistabile Kippstufe. Diese 1-Bit-Speicher werden auch als Flip-Flops bezeichnet, einem Kunstwort, welches nur auf die zweiwertigen Eigenschaften hinweisen soll. Eine Sonderform der bistabilen Kippstufen stellt der Schmitt-Trigger, ein Komparator mit Hysterese, dar. Auch er hat zwei stabile Zustände, sein Gedächtnis bezieht sich hier aber auf das Zeitverhalten eines analog betrachteten Eingangssignals.

Monostabile Kippstufen weisen nur einen stabilen Zustand auf und werden üblicherweise als Monoflops bezeichnet. Durch ein externes Signal, das Auslösesignal (Trigger), wird das Monoflop vom stabilen in den astabilen Zustand versetzt. Dieser bleibt für eine möglichst genau definierte Zeit am Ausgang erhalten, danach kippt das Monoflop wieder in seinen stabilen Zustand zurück, wo es bis zur nächsten Auslösung bleibt.

Bei den astabilen Kippstufen existiert kein stabiler Zustand. Sie kippen nach einer gewissen Zeit vom einen Zustand in den anderen, wo sie eine bestimmte Zeit verbleiben. Danach kippen sie wieder. Dieses Spiel setzt sich kontinuierlich fort. Somit sind astabile Kippstufen nichts anderes als Zeitgeber bzw. Oszillatoren mit einem zweiwertigen Ausgangssignal.

11.1 Bistabile Kippstufen

LERNZIELE

Aufbau und Funktionsweise der verschiedenen Kippstufen:

- Bistabile Kippstufen: Flip-Flops und Schmitt-Trigger
- Monostabile Kippstufen
- Astabile Kippstufen: Oszillatoren mit zweiwertigem Ausgangssignal

Für einige der vorgestellten Schaltungen bildet der Einsatz des in den 70-er Jahren eingeführten universellen Zeitgeber-ICs 555 den Ausgangspunkt. Die im Handel erhältlichen ICs werden noch mit zusätzlichen Buchstaben vor dem 555 bezeichnet, die dann auf den Hersteller verweisen. Dieser Baustein entspricht im Wesentlichen einem Schmitt-Trigger (▶Abbildung 11.16) mit dem außer einem zeitbestimmenden RC-Glied ohne zusätzlichen Bauteilaufwand monostabile (▶Abbildung 11.20) und astabile (▶Abbildung 11.22) Kippstufen aufgebaut werden können.

Weblink

11.1 Bistabile Kippstufen

Als Erstes sollen die binären Speicherzellen, die Flip-Flops, betrachtet werden. Grundsätzlich unterscheiden sich die verschiedenen Flip-Flops durch die Art des Beschreibens und in ihrem Zeitverhalten.

11.1.1 Flip-Flops

Das Grundelement eines jeden Flip-Flops ist die binäre Speicherzelle, welche mit dem Aufbau einer logischen Identität mithilfe von zwei Invertern (▶Abbildung 11.1) implementiert werden kann:

$$Q = \overline{\overline{Q}} \tag{11.1}$$

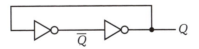

Abbildung 11.1: Logische Identität als binäre Speicherzelle

Diese einfache Speicherzelle nimmt beim Einschalten zufällig einen der beiden möglichen Werte an und behält diesen. Danach kann sie nur ausgelesen und nicht beschrieben werden.

Reset-Set-Flip-Flop (RS-FF)

Bei einem Reset-Set-Flip-Flop wird die zuvor gezeigte einfache Speicherzelle durch einen Lösch- und einen Setz-Eingang (*Reset* und *Set*) erweitert, damit ein Verändern des Werts ermöglicht wird.

Wird die logische Identität nicht mit einer doppelten Negation, sondern mit Zweifach-NOR- bzw. NAND-Verknüpfungen angeschrieben, ergeben sich folgende Gleichungen:

$$Q = \overline{\overline{Q}} = \overline{\overline{Q+0}+0} \tag{11.2}$$

$$Q = \overline{\overline{Q}} = \overline{\overline{Q \cdot 1} \cdot 1}. \tag{11.3}$$

Bei der Gleichung mit NORs wollen wir nun untersuchen, wie sich ein Verändern der fix auf 0 verbundenen Eingänge auf 1 auswirkt:

$$Q = \overline{\overline{Q+1}+0} = \overline{\overline{1}+0} = \overline{0+0} = \overline{0} = 1 \quad \text{bzw.} \tag{11.4}$$

$$Q = \overline{\overline{Q+0}+1} = \overline{\overline{Q}+1} = \overline{1} = 0. \tag{11.5}$$

Damit wird es offensichtlich, dass es sich bei den beiden im Normalfall auf 0 gelegten Eingänge um einen Setz- und einen Lösch-Eingang handelt. Dieses so entstandene RS-Flip-Flop ist in ▶Abbildung 11.2 dargestellt.

Simulation

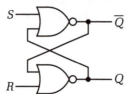 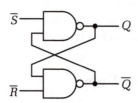

Abbildung 11.2: RS-Flip-Flop mit NOR- (links) bzw. NAND-Gattern (rechts)

Bei den NAND-Gleichungen erhalten wir, wenn ein Eingang 0 wird, die folgenden Ergebnisse:

$$Q = \overline{\overline{Q \cdot 0} \cdot 1} = \overline{\overline{0} \cdot 1} = \overline{1 \cdot 1} = \overline{1} = 0 \quad \text{bzw.} \tag{11.6}$$

$$Q = \overline{\overline{Q \cdot 1} \cdot 0} = \overline{\overline{Q} \cdot 0} = \overline{0} = 1. \tag{11.7}$$

Somit erhalten wir ein RS-Flip-Flop, welches gesetzt bzw. gelöscht wird, wenn der entsprechende Eingang 0 wird (Abbildung 11.2). Das bedeutet, es werden invertierte Steuersignale benötigt, also ein Nicht-Setz- ($\overline{S}$ ... *Not Set*) und ein Nicht-Lösch-Signal ($\overline{R}$ ... *Not Reset*).

Die zum RS-Flip-Flop gehörende Wahrheitstafel ist in ▶Tabelle 11.1 zu finden. Dabei fällt sofort auf, dass es natürlich einen nicht definierten Zustand gibt, nämlich den verbotenen Zustand, in dem sowohl ein Setz- als auch ein Lösch-Signal gleichzeitig

Tabelle 11.1

Wahrheitstafel des Reset-Set-Flip-Flops

R (reset)	S (set)	Q	$\overline{Q}$	
0	0	Q	$\overline{Q}$	
0	1	1	0	
1	0	0	1	
1	1	X	X	verbotener Zustand

anliegen ($R = 1$ und $S = 1$). In diesem Fall würden bei der in Abbildung 11.2 gezeigten RS-Flip-Flops beide Ausgänge (Q und $\overline{Q}$) den gleichen Wert annehmen (NOR-RS-FF: $R = S = 1 \Rightarrow Q = \overline{Q} = 0$, NAND-RS-FF: $\overline{R} = \overline{S} = 0 \Rightarrow Q = \overline{Q} = 1$). Dies kann in weiterer Folge zu einem undefinierten Verhalten beim Weiterverarbeiten des Speicherinhalts führen.

Ist das Verhalten beim gleichzeitigen Setzen und Löschen definiert, spricht man, je nachdem ob der Ausgang gesetzt oder gelöscht wird, von einem set-dominanten ($R = S = 1 \Rightarrow Q = 1$) bzw. reset-dominanten ($R = S = 1 \Rightarrow Q = 0$) RS-Flip-Flop.

In ▶Abbildung 11.3 ist ein reset-dominantes RS-FF auf Transistorebene dargestellt. Verglichen mit den NAND- bzw. NOR-RS-FFs werden hier anstelle der für die beiden Zweifachgatter benötigten acht MOSTs nur sechs benötigt.

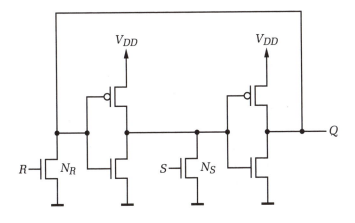

Simulation

Abbildung 11.3: RS-Flip-Flop (reset-dominant)

Hier wird die Speicherzelle mit zwei Invertern aufgebaut, ein Setzen bzw. Löschen wird durch Überschreiben des Ausgangswertes der Inverter mit den starken Low-Side-Schaltern N_S und N_R ermöglicht.

Falls an beiden Eingängen *HI* anliegt und somit gleichzeitig gesetzt und gelöscht werden soll, wird am Ausgang der Zustand *LO* erscheinen, da der NMOST N_R den Ausgang Q auf *LO* zieht. Aufgrund dieser Tatsache wird dieses Flip-Flop auch als **reset-dominant** bezeichnet.

Bis jetzt ist das Zeitverhalten nur auf die beiden Signale für Setzen und Löschen beschränkt. Falls man einen zusätzlichen Steuereingang verwendet, welcher ein Setzen bzw. Löschen nur dann zulässt, wenn der Steuereingang C (bzw. Takteingang) auch aktiv ist, führt dies zu einem durch den Taktzustand gesteuerten RS-Flip-Flop.

Dies kann durch Hinzufügen einer zusätzlichen AND-Ebene erreicht werden:

$$S' = S \cdot C \qquad R' = R \cdot C. \tag{11.8}$$

Das mit NANDs aufgebaute RS-Flip-Flop benötigt aber invertierte Setz- und Lösch-Signale. Damit wird die AND-Ebene zu einer NAND-Ebene und es ergibt sich das in ▶Abbildung 11.4 gezeigte durch den Taktzustand gesteuerte RS-Flip-Flop.

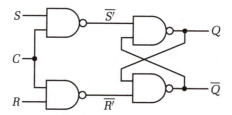

Abbildung 11.4: Durch den Taktzustand gesteuertes RS-Flip-Flop mit NAND-Gattern

D-Latch

Für viele Anwendungen wird die Möglichkeit der getrennten Setz- und Lösch-Eingänge nicht benötigt, zum Beispiel dann, wenn nur ein einfaches Speichern eines Bits erwünscht ist.

Die Wahrheitstafel eines durch den Taktzustand gesteuerten D-Flip-Flops, welches auch als D-Latch bezeichnet wird, wird in ▶Tabelle 11.2 gezeigt.

Das D-Latch übernimmt den am Dateneingang D ($D \ldots Data$) anliegenden Zustand, solange der Steuereingang C aktiv ist ($C = 1 \Rightarrow Q = D$). Sobald der Steuereingang zu 0 wird, wird der Ausgangszustand gespeichert, das Datensignal D hat keinen Einfluss mehr auf den gespeicherten Wert Q ($C = 0 \Rightarrow Q = Q$). Ein solches D-Latch ließe sich sofort aus dem durch den Taktzustand gesteuerten RS-Flip-Flop durch Hinzu-

Tabelle 11.2

Wahrheitstafel des durch den Taktzustand gesteuerten D-Flip-Flops

C	D	Q
0	0	Q
0	1	Q
1	0	0
1	1	1

fügen eines Inverters aufbauen (▶Abbildung 11.5), da zwischen Setzen, Löschen und Daten folgende Zusammenhänge gültig sind:

$$S = D \qquad R = \overline{D} \tag{11.9}$$

Ein so aufgebautes D-Latch besteht aus vier Zweifach-NANDs und einem Inverter, in CMOS-Logik würden $4 \cdot 4 + 2 = 18$ MOSTs benötigt werden.

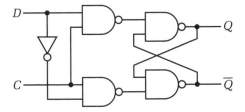

Abbildung 11.5: D-Latch aus Gattern

Das in ▶Abbildung 11.6 dargestellte D-Latch benötigt deutlich weniger Transistoren als die Variante mit NAND-Gattern. Die beiden Inverter werden mit vier MOSTs aufgebaut, genauso viele wie für die beiden als Transmissionsgatter implementierten Schalter notwendig sind. Die Erzeugung des komplementären Steuersignals, welches ohnehin auch zur Ansteuerung der Transmissionsgatter benötigt wird, wird von einem Inverter, also mit zwei MOSTs, durchgeführt. In Summe ergibt sich eine Transistoranzahl von zehn MOSTs.

Solange der Steuereingang C gleich 1 ist, wird der Dateneingang D auf den Invertereingang geschaltet, der Ausgang Q entspricht der doppelten Negation von D, somit folgt der Ausgang dem Eingang, es gilt $Q = D$. In diesem Zustand ($C = 1$) ist das D-Latch transparent. Sobald der Steuereingang C auf 0 geht, öffnet sich der Schalter

Simulation

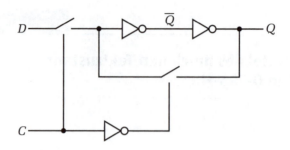

Abbildung 11.6: D-Latch (durch den Taktzustand gesteuertes D-Flip-Flop)

am Eingang, der von $\overline{C}$ gesteuerte Schalter schließt und verbindet den Ausgang Q mit dem Eingang des ersten Inverters. Die beiden Inverter bilden nun eine logische Identität und das D-Latch behält den gespeicherten Wert.

Die bis jetzt vorgestellten, durch den Taktzustand gesteuerten Flip-Flops eignen sich als Speicherzelle. Hier werden sie von einer Auswahllogik gezielt adressiert und dann ausgelesen bzw. neu beschrieben.

Für den Einsatz in zeitsequentiellen Schaltungen sind sie jedoch nicht geeignet. Bei solchen Schaltungen werden Flip-Flops benötigt, welche ihren Zustand zu genau definierten Zeitpunkten ändern und niemals transparent werden können. Üblicherweise wird für den Zeitpunkt der Zustandsänderung die positive oder negative Flanke am Takteingang verwendet (durch die Taktflanken gesteuerte Flip-Flops).

Master-Slave-D-Flip-Flop

Das Prinzip des Master-Slave-Flip-Flops bildet die Grundlage für den Aufbau von durch die Taktflanken gesteuerten Flip-Flops. Dabei wird mithilfe von zwei hintereinandergeschalteten, durch den Taktzustand gesteuerte Flip-Flops, welche mit komplementären Taktsignalen angesteuert werden, nach außen hin ein durch Taktflanken gesteuertes Flip-Flop implementiert. Die ▶Abbildung 11.7 zeigt ein solches Master-Slave-D-Flip-Flop, welches aus zwei D-Latches, dem blau gezeichneten Master und dem Slave besteht.

Um die Funktionsweise zu erläutern, wollen wir die vier Phasen des Taktsignales C näher betrachten.

1. $C = LO$

    Das Master-FF behält seinen Zustand, das Slave-FF bleibt transparent und gibt Q_M am Ausgang Q aus. Ein veränderliches Eingangssignal D hat keine Auswirkung auf den Q.

$$\text{Master: } Q_M = Q_M \qquad \text{Slave: } Q = Q_M$$

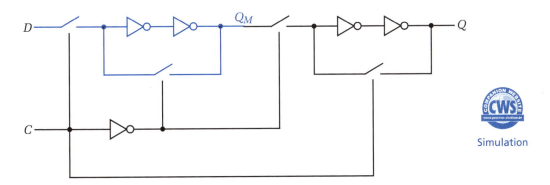

Abbildung 11.7: Master-Slave-D-Flip-Flop (durch Taktflanken gesteuertes D-FF)

2. $C = LO \to HI$

Mit der positiven Flanke am Takteingang C wird nun das Slave-FF vom Master-FF getrennt, das schon vorher konstant anliegende Signal Q_M bleibt nun im Slave-FF gespeichert. Das Master-FF wird nun transparent.

3. $C = HI$

Das Master-FF ist transparent, sein Ausgang folgt dem Dateneingang D. Das Slave-FF behält jedoch noch immer den zuvor gespeicherten Wert, Änderungen im Eingangssignal D verursachen auch Änderungen des Zustands des Master-FFs, der Inhalt des Slave-FFs bleibt jedoch konstant.

$$\text{Master: } \mathbf{Q_M = D} \qquad \text{Slave: } Q = Q$$

4. $C = HI \to LO$

Das Master-FF, welches in der Taktphase $C = HI$ dem Dateneingang gefolgt ist, speichert nun den zu diesem Zeitpunkt anliegenden Eingangswert und das Slave-FF wird transparent.

$$\text{Master: } \mathbf{Q_M = D} \qquad \text{Slave: } Q = Q_M = D$$

Wenn wir nun diese vier Taktphasen im Gesamten betrachten, sehen wir, dass das Master-Slave-Flip-Flop die Zustandsänderung während der negativen Flanke ($C = HI \to LO$) durchführt und, wie schon zuvor erwähnt wurde, sich nach außen wie ein durch die Taktflanken gesteuertes Flip-Flop verhält.

Abschließend soll noch darauf hingewiesen werden, dass auch ein Master-Slave-Flip-Flop unter Umständen transparent werden kann. Dies kann jedoch durch geeignete Dimensionierung der Transmissionsgatter bzw. durch die Generierung von nicht überlappenden Steuersignalen für C und $\overline{C}$ vermieden werden. Dadurch kann sichergestellt werden, dass die von C und $\overline{C}$ gesteuerten Schalter niemals gleichzeitig durchschalten können. Des Weiteren können auch zu langsame Pegelwechsel am Steuereingang Unsicherheiten in den Zeitpunkten bei der Betätigung der Schalter verursachen. Deshalb wird bei Flip-Flops üblicherweise eine maximal erlaubte Anstiegs- bzw. Fallzeit angegeben.

Setup-Time und Hold-Time

Eine weitere wichtige Bedingung für die richtige Verwendung von durch Flanken gesteuerten Flip-Flops ist das Einhalten der Setup-Time T_{su} und der Hold-Time T_h ▶Abbildung 11.8.

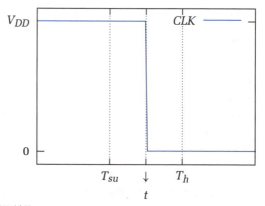

Abbildung 11.8: Setup- und Hold-Time

> ### Setup-Time, Hold-Time
>
> Als Setup-Time T_{su} wird die Zeit bezeichnet, die Eingangssignale schon vor der entsprechenden Taktflanke, als Hold-Time T_h die Zeit, die Eingangssignale noch nach der entsprechenden Taktflanke stabil anliegen müssen, um eine korrekte Zustandsänderung zu garantieren.

Nur wenn diese beiden Zeitbedingungen eingehalten werden, haben z. B. im Fall des Master-Slave-FFs beide Flip-Flops ausreichend Zeit, um die Zustandsänderungen durchzuführen. Werden diese Bedingungen verletzt, ist ein undefiniertes Verhalten des Flip-Flops zu erwarten.

JK-Flip-Flop

Das JK-Flip-Flop kann als das allgemeinste aller Flip-Flops bezeichnet werden. Es entspricht im Wesentlichen einem RS-Flip-Flop mit der zusätzlichen Definition des beim RS-FF vorkommenden verbotenen Zustands.

Die beiden Eingänge J und K[1] dienen dabei als Setz- (J) und Lösch-Signale (K). Im Fall, dass sowohl das Setz- als auch das Lösch-Signal gleich 1 sind, wechselt der Ausgang seinen Wert ($Q_{n+1} = \overline{Q_n}$). In ▶Tabelle 11.3 ist die Wahrheitstafel des JK-Flip-Flops zu sehen. Dabei sollte auffallen, dass der Ausgangszustand mit einem Index versehen ist. Nachdem ein Wechsel des Zustands nur zu definierten Zeitpunkten möglich ist und nicht über einen bestimmten Zeitraum, muss ein JK-Flip-Flop durch Taktflanken gesteuert funktionieren. Der neue Zustand Q_{n+1} berechnet sich aus den Eingangsvariablen J und K sowie dem Momentanzustand Q_n.

Tabelle 11.3

Wahrheitstafel des JK-Flip-Flops

J	K	Q_{n+1}
0	0	Q_n
0	1	0
1	0	1
1	1	$\overline{Q_n}$

Mit dem Master-Slave-D-Flip-Flop (Abbildung 11.7) kann mit geringer Transistoranzahl ein durch Taktflanken gesteuertes Flip-Flop implementiert werden. Deshalb werden JK-Flip-Flops meist mit einem D-Flip-Flop mit zusätzlicher kombinatorischer Logik aufgebaut.

In der ▶Tabelle 11.4 ist die Wahrheitstafel für die kombinatorische Logik, welche aus J, K und Q_n das notwendige D_n bestimmt, um das Verhalten eines JK-Flip-Flops zu erreichen. Die vier Terme (2., 5., 6. und 7. Zeile) für die $D_n = 1$ gilt, ergeben eine logische Funktion, welche auch gleich unter Anwendung verschiedener Rechenregeln der Schaltalgebra minimiert wird. Die ▶Abbildung 11.9 zeigt dann die notwendige Logikschaltung, um ein D-Flip-Flop zu einem JK-Flip-Flop zu erweitern.

$$D_n = \overline{J}\,\overline{K} Q_n + J\overline{K}\,\overline{Q_n} + J\overline{K} Q_n + JK\overline{Q_n} =$$
$$= J\left(\overline{K} + K\right)\overline{Q_n} + \left(\overline{J} + J\right)\overline{K} Q_n = J\overline{Q_n} + \overline{K} Q_n \qquad (11.10)$$

---

[1] Es existieren verschiedene, mehr oder weniger glaubwürdige Theorien, warum dieses Flip-Flop mit den beiden Buchstaben J und K benannt wurde. Die wahrscheinlichste unter ihnen besagt, dass es eine sinnfreie Bezeichnung mit zwei im Alphabet aufeinanderfolgenden Buchstaben ist.

Tabelle 11.4

Wahrheitstafel für die Berechnung von D, um ein JK-FF zu erhalten

J	K	Q_n	D_n
0	0	0	0
0	0	1	1
0	1	0	0
0	1	1	0
1	0	0	1
1	0	1	1
1	1	0	1
1	1	1	0

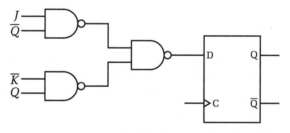

Abbildung 11.9: JK-Flip-Flop ($J\overline{Q_n} + \overline{K}Q_n = \overline{\overline{JQ_n} + \overline{K Q_n}} = \overline{\overline{JQ_n} \cdot \overline{KQ_n}}$)

Toggle-Flip-Flop (T-FF)

Das Toggle-FF wechselt den Ausgangszustand bei $T = 1$ bzw. behält den gespeicherten Wert bei $T = 0$. Die Wahrheitstafel ist in Tabelle 11.5 zu sehen, dabei kann man erkennen, dass ein T-Flip-Flop einem JK-Flip-Flop mit verbundenen Eingängen entspricht ($J = K = T$). Wird dieser Zusammenhang in die Gleichung (11.10) eingesetzt, ergibt sich:

$$D_n = T\overline{Q_n} + \overline{T}Q_n = T \oplus Q_n. \tag{11.11}$$

Wir erhalten ein zu einem T-Flip-Flop erweitertes D-Flip-Flop ▶Abbildung 11.10.

Tabelle 11.5

Wahrheitstafel des T-FFs

T	Q_{n+1}
0	Q_n
1	$\overline{Q_n}$

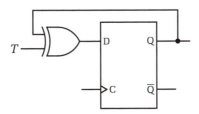

Abbildung 11.10: Toggle-Flip-Flop

Eine häufige Anwendung des T-Flip-Flops ist der Einsatz als Taktteiler ▶Abbildung 11.11. Wird der T-Eingang fest mit logisch 1 verbunden bzw. der D-Eingang eines D-Flip-Flops mit dem $\overline{Q}$-Ausgang, wechselt das Flip-Flop bei jeder entsprechenden Taktflanke seinen Ausgangswert. Somit erscheint am Ausgang die halbierte Frequenz des Taktsignals am Clock-Eingang mit einem vom Tastverhältnis des Taktsignals unabhängigen Tastverhältnis von 0,5.

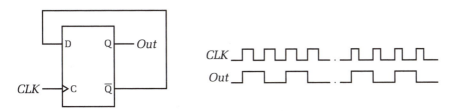

Abbildung 11.11: Halbierung einer Taktfrequenz mit einem als T-Flip-Flop beschalteten D-Flip-Flop (durch positive Flanken gesteuert)

11.1.2 Schmitt-Trigger

Der Schmitt-Trigger ist nichts anderes als ein Komparator mit Hysterese und stellt eine Sonderform der bistabilen Kippstufe dar. Die ▶Abbildung 11.12 zeigt das Verhalten eines nicht invertierenden Schmitt-Triggers. Bei einem wachsenden Eingangs-

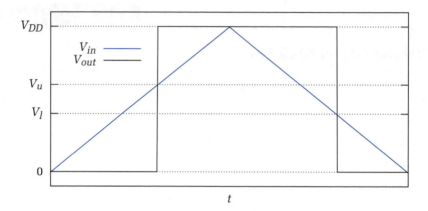

Abbildung 11.12: Komparator mit Hysterese: Schmitt-Trigger, Hysterese $= V_u - V_l$

signal V_{in} wird die obere Komparatorschwelle V_u (*Upper Threshold*) als Schwellspannung verwendet. Sobald diese überschritten worden ist, muss V_{in} kleiner als die untere Schwellspannung V_l (*Lower Threshold*) werden, damit das Ausgangssignal wieder *LO* wird. Somit werden abhängig vom momentanen Ausgangszustand unterschiedliche Eingangsbereiche als *LO* und *HI* interpretiert, als Hysterese wird dann die Differenz zwischen oberer und unterer Schwellspannung bezeichnet:

$$V_{out} = LO: \quad V_{in,LO} = 0 \dots V_u, \quad V_{in,HI} = V_u \dots V_{DD}$$
$$V_{out} = HI: \quad V_{in,LO} = 0 \dots V_l, \quad V_{in,HI} = V_l \dots V_{DD}.$$

Invertierende Schmitt-Trigger liefern das inverse Signal am Ausgang. Das bedeutet, sobald die Eingangsspannung die obere Schwellspannung überschreitet, wird der Ausgang auf *LO* gesetzt und ein Unterschreiten der unteren Schwellspannung setzt den Ausgang auf *HI*.

Schmitt-Trigger mit Komparatoren

Ein normaler Komparator lässt sich mithilfe von zwei Widerständen zu einem Schmitt-Trigger erweitern. Die Schaltungen für einen nicht invertierenden und einen invertierenden Schmitt-Trigger sind in den ▶Abbildungen 11.13 und ▶11.14 dargestellt. Diese Schaltungen entsprechen den bekannten Verstärkerschaltungen mit einem Operationsverstärker, nur dass anstelle eines gegengekoppelten Operationsverstärkers ein mitgekoppelter Komparator verwendet wird. Für die Berechnung der Schaltschwellen wollen wir als Ausgangspegel der Komparatoren die positive ($V_{HI} = V_{DD}$) bzw. negative Versorgungsspannung ($V_{LO} = V_{SS}$) annehmen.

Unter der Annahme einer Ausgangsspannung von V_{LO} muss beim nicht invertierenden Schmitt-Trigger die geteilte Eingangsspannung größer als das Massepotential werden, um einen Pegelwechsel zu verursachen bzw. bei einer Ausgangsspannung

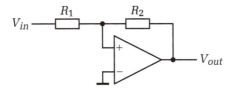

Abbildung 11.13: Nicht invertierender Schmitt-Trigger

von V_{HI} muss die geteilte Eingangsspannung das Massepotential unterschreiten. Die obere bzw. untere Schwellspannung kann somit berechnet und angegeben werden:

$$(V_u - V_{LO})\frac{R_2}{R_1 + R_2} + V_{LO} > 0 \quad \Rightarrow \quad V_u = -\frac{R_1}{R_2} V_{LO} \quad (11.12)$$

$$(V_l - V_{HI})\frac{R_2}{R_1 + R_2} + V_{HI} < 0 \quad \Rightarrow \quad V_l = -\frac{R_1}{R_2} V_{HI}. \quad (11.13)$$

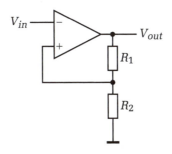

Abbildung 11.14: Invertierender Schmitt-Trigger

Beispiel: Nicht invertierender Schmitt-Trigger

Es soll ein nicht invertierender Schmitt-Trigger aufgebaut werden, der mit 0 V und 5 V Versorgungsspannung arbeitet und dessen Schwellspannungen $V_l = 2$ V und $V_u = 3$ V (Hysterese 1 V) betragen.

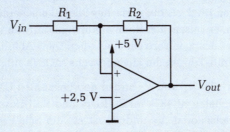

Simulation

Nachdem nun der Mittelwert der Schwellspannung nicht mit dem Massepotential vorgegeben ist, sondern $\frac{1}{2}(V_l + V_u) = 2{,}5\,\text{V}$ beträgt, müssen die Ausgangspegel des Komparators (V_{HI}, V_{LO}) und die gewünschten Schwellspannungen um diesen Wert verschoben werden:

$$V_{HI} = 5 - 2{,}5 = 2{,}5\,\text{V}, \qquad V_{LO} = 0 - 2{,}5 = -2{,}5\,\text{V}$$
$$V_u = 3 - 2{,}5 = 0{,}5\,\text{V}, \qquad V_l = 2 - 2{,}5 = -0{,}5\,\text{V}.$$

Nun können wir die Dimensionierungsformel (11.12) (oder (11.13)) anwenden und es ergibt sich:

$$\frac{R_1}{R_2} = -\frac{V_u}{V_{LO}} = -\frac{0{,}5\,\text{V}}{-2{,}5\,\text{V}} = \frac{1}{5}.$$

Damit können konkrete Widerstandswerte angegeben werden, mit denen auch noch die Probe für die Richtigkeit des Ergebnisses durch Einsetzen in die Gleichungen (11.12) und (11.13) durchgeführt wird:

$$R_1 = 10\,\text{k}\Omega, \qquad R_2 = 50\,\text{k}\Omega$$

$$V_u = -\frac{10\,\text{k}\Omega}{50\,\text{k}\Omega}(-2{,}5\,\text{V}) = 0{,}5\,\text{V}\ \text{entspricht}\ 3\,\text{V}$$

$$V_l = -\frac{10\,\text{k}\Omega}{50\,\text{k}\Omega} \cdot 2{,}5\,\text{V} = -0{,}5\,\text{V}\ \text{entspricht}\ 2\,\text{V}.$$

Beim invertierenden Schmitt-Trigger (siehe Abbildung 11.14) wird die Vergleichsspannung nur aus der Ausgangsspannung V_{out} des Komparators mit einem Spannungsteiler erzeugt, für die Schaltschwellen des Schmitt-Triggers ergeben sich folgende Zusammenhänge:

$$V_{in} > V_u \Rightarrow V_{in} > \frac{R_2}{R_1 + R_2} V_{HI} \qquad (11.14)$$

$$V_{in} < V_l \Rightarrow V_{in} < \frac{R_2}{R_1 + R_2} V_{LO}. \qquad (11.15)$$

Schmitt-Trigger in CMOS

Die beiden vorgestellten Schmitt-Trigger-Schaltungen verwenden Komparatoren, welche auf den ersten Blick als ein einfaches Bauteil erscheinen. Im Einsatz in integrierten Schaltungen erweisen sich Komparatoren als aufwändige Schaltungen, weshalb hier einfachere Lösungen verwendet werden. Die ▶Abbildung 11.15 zeigt einen invertierenden Schmitt-Trigger, der aus nur sechs MOSTs aufgebaut ist.

Die Transistoren N_1, P_1, N_2 und P_2 bilden den bekannten CMOS-Inverter, nur mit zwei in Serie geschalteten MOSTs im Pull-Up- und Pull-Down-Netzwerk. Die Aufgabe der beiden Transistoren N_3 und P_3 ist es, die Schaltschwelle des Inverters abhängig vom Ausgangspegel zu verschieben.

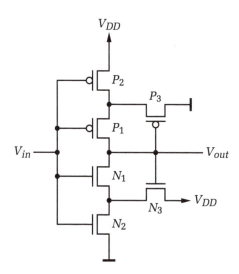

Abbildung 11.15: Einfacher invertierender Schmitt-Trigger

Eine Eingangsspannung V_{in} nahe $V_{LO} = GND$ wird einen Ausgangspegel von V_{HI} zur Folge haben (P_1 und P_2 ziehen auf *HI*). In diesem Fall schaltet der NMOST N_3 ein, da dessen Gate auf $V_{HI} = V_{DD}$ liegt, und wird das Source-Potential von N_1 anheben. Folglich wird auch die Schwellspannung des Inverters etwas größer und ein Pegelwechsel am Ausgang erst von einer Eingangsspannung, welche die verschobene Schwellspannung überschreitet, ausgelöst. Ähnlich verhält es sich, wenn die Eingangsspannung nahe V_{HI} ist und am Ausgang ein *LO*-Pegel anliegt. Dann steuert der Transistor P_3 auf, das Source-Potential von P_1 wird kleiner, wodurch auch die Schaltschwelle des Inverters kleiner wird.

Auf die obere und untere Schaltschwelle und somit auf die Hysterese des Schmitt-Triggers kann über die Dimensionierung der einzelnen Transistoren (Weiten-Längen-Verhältnis $\frac{W}{L}$) Einfluss genommen werden. Diese einfache Schmitt-Trigger-Schaltung eignet sich gut für den Einsatz als Eingangspuffer eines zweiwertigen Signals, um bei langsamen Pegelwechseln ein Signal mit steilen Flanken zu erhalten. Als Komparator für analoge Signale ist diese Schaltung weniger sinnvoll, da die Schaltschwellen aufgrund der Fertigungstoleranzen nicht ausreichend genau eingestellt werden können.

Präzisions-Schmitt-Trigger

Soll ein analoges Signal mit zwei einstellbaren Schwellspannungen V_u und V_l verglichen werden, empfiehlt sich der Einsatz der Schaltung eines Präzisions-Schmitt-Triggers, dargestellt in ▶Abbildung 11.16. Sie besteht aus zwei Komparatoren und einem RS-Flip-Flop, das hier mit zwei NAND-Gattern eingezeichnet ist.

Wenn die Eingangsspannung V_{in} die obere Schwellspannung V_u überschreitet, wird der Komparator als Ergebnis ein *LO*-Signal ausgeben und das $\overline{S}$-Signal zum Setzen

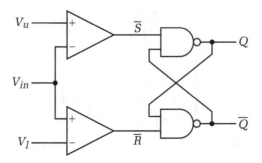

Abbildung 11.16: Präzisions-Schmitt-Trigger

des RS-Flip-Flops liefern. Ein Unterschreiten von V_l führt zu einem $\overline{R}$-Signal und das RS-Flip-Flop wird gelöscht. Befindet sich das Eingangssignal zwischen den beiden Komparatorschwellen, wird das Flip-Flop weder gesetzt noch gelöscht, es behält einfach seinen gespeicherten Wert.

	$\overline{R}$	$\overline{S}$	Q
$V_{in} < V_l$	0	1	0
$V_l < V_{in} < V_u$	1	1	Q
$V_u < V_{in}$	1	0	1

Nachdem das RS-Flip-Flop mit *LO*-Signalen gesetzt bzw. gelöscht wird, reagiert es sozusagen nur auf negative Flanken der Komparatorausgänge. Solange diese ausreichend steil sind, ergeben sich auch entsprechend kleine Zeitfehler. Die Anstiegszeit der positiven Flanke spielt keine Rolle. Wenn man berücksichtigt, dass sehr viele der handelsüblichen Komparatoren mit Open-Collector- bzw. Open-Drain-Ausgängen ausgestattet sind, erweist sich dies als vorteilhaft. Solche Ausgänge bestehen aus einem aktiven Pull-Down-Transistor (npn-BJT oder NMOST), der den Ausgang schnell auf *LO* schalten kann, und benötigen einen externen Pull-Up-Widerstand, der den Ausgang langsam auf den *HI*-Pegel zieht, sobald der Transistor sperrt (vergleiche die Schaltung in ▶Abbildung 10.2). Die größere Anstiegszeit ist hier nicht von Bedeutung, dafür ist mit solchen Open-Collector/Drain-Ausgängen eine Anpassung der *HI*-Ausgangsspannung an einen Digitalteil mit anderer Betriebsspannung einfach möglich.

11.2 Monostabile Kippstufen

Im Gegensatz zu den bistabilen Kippstufen weisen die monostabilen Kippstufen nur einen stabilen Zustand auf. Diese auch als Monoflop bezeichneten Kippstufen verbleiben so lange in ihrem stabilen Zustand, bis ein externes Signal einen Zustandswechsel auslöst (*Trigger*). Der nicht stabile Zustand wird dann für eine bestimmte Zeit, der Eigenzeit des Monoflops, angenommen. Danach kehrt es wieder in seinen stabilen Ruhezustand zurück.

11.2.1 Monoflops mit sehr kurzer Eigenzeit

Die ►Abbildung 11.17 zeigt eine einfache Möglichkeit, um Monoflops mit sehr kurzen Eigenzeiten aufzubauen. Dabei wird eine Inverterkette als zeitbestimmendes Element in der Schaltung verwendet, wodurch sich die Eigenzeit aus der Verzögerungszeit der gesamten Inverterkette ergibt.

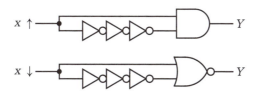

Simulation

Abbildung 11.17: Erzeugung kurzer Pulse über Verzögerung zwischen dem Signal und seinem Komplement

Die mit einer ungeraden Anzahl von Invertern ausgeführte Inverterkette, in der Abbildung 11.17 sind es drei Inverter, berechnet einerseits das Komplement des Eingangssignals und sorgt andererseits für eine Verzögerung von drei Gatterlaufzeiten. Im Ruhezustand gilt für das Ergebnis am Ausgang Y des AND- bzw. NOR-Gatters unter Berücksichtugung des Eingangswertes x:

$$Y_{AND} = x \cdot \overline{\overline{\overline{x}}} = x \cdot \overline{x} = 0$$
$$Y_{NOR} = \overline{x + \overline{\overline{\overline{x}}}} = \overline{x + \overline{x}} = \overline{x} \cdot x = 0.$$

Somit erhalten wir am Gatterausgang, unabhängig vom Eingangswert x, das Ergebnis $Y = 0$. Nun soll das Verhalten bei einer positiven und negativen Flanke des Signals x untersucht werden.

Bei einem Wechsel von $x = 0$ auf $x = 1$, also einer positiven Flanke, liegt das Signal $x = 1$ sofort nach dem Zustandswechsel am Eingang des AND-Gatters an, während das invertierte Signal am anderen Eingang erst nach drei Gatterlaufzeiten von 1 auf 0 wechselt. Das bedeutet, dass für drei Gatterlaufzeiten bzw. der ungeraden Anzahl von Invertern entsprechend viele am AND-Gatter zwei logische Einsen anliegen, weshalb auch am Ausgang Y für genau diese Zeit das Ergebnis 1 ausgegeben wird. Bei der NOR-Verknüpfung bleibt es bei einer positiven Flanke des Signals x beim Ruhezustand, da der für die kurze Zeit anliegende Zwischenzustand $\overline{1 + 0}$ als Ergebnis 0 liefert. Dieses Verhalten ist in der ►Abbildung 11.18 dargestellt, die Verzögerungszeit des AND- bzw. NOR-Gatters ist für eine bessere Verständlichkeit vernachlässigt worden.

Bei einer negativen Flanke des Trigger-Signals x verhält es sich ähnlich. Bei der AND-Verknüpfung tritt der transiente Zwischenzustand $0 \cdot 0$ auf, wodurch hier kein Puls ausgegeben wird. Bei der NOR-Verknüpfung hingegen wird für die Dauer der Verzögerungszeit der Inverterkette $\overline{0 + 0} = 1$ ausgegeben.

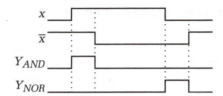

Abbildung 11.18: Signale bei der Verknüpfung eines Signals x mit dessen verzögertem Komplement $\bar{x}$

Zusammenfassend betrachtet, erhalten wir mit einer ungeradzahligen Inverterkette und einem AND-Gatter ein Monoflop, welches bei einer positiven Flanke, und mit einem NOR-Gatter eines, welches bei einer negativen Flanke des Trigger-Signals einen Puls am Ausgang ausgibt.

Natürlich können auch andere Verknüpfungen für den Aufbau solcher Monoflops verwendet werden. Je nachdem, welcher Gattertyp verwendet wird, muss die Inverterkette aus einer gerad- bzw. ungeradzahligen Anzahl von Invertern bestehen. Die Möglichkeiten dafür sind in der ▶Tabelle 11.6 angeführt. Darin wird der jeweilige Ruhezustand angegeben, aber auch ob die positive und/oder negative Flanke des Steuersignals das Monoflop auslöst.

Tabelle 11.6

Erzeugung kurzer Pulse mit den verschiedenen Verknüpfungen bzw. gerader/ungerader Inverterkette

logische Verknüpfung	benötigte Inverterkette	Ruhezustand	Steuersignal-Flanke steigend	fallend
AND	ungerade	0	X	
NAND	ungerade	1	X	
OR	ungerade	1		X
NOR	ungerade	0		X
XOR	gerade	0	X	X
XOR	ungerade	1	X	X
XNOR	gerade	1	X	X
XNOR	ungerade	0	X	X

11.2.2 Monoflops mit langer Eigenzeit

In vielen Anwendungen werden längere Eigenzeiten benötigt, die sich nicht mehr mit einer vernünftigen Anzahl von Invertern umsetzen lassen. Als zeitbestimmendes Element bietet sich ein RC-Glied mit der Zeitkonstante $\tau = R \cdot C$ an. Die ▶Abbildung 11.19 zeigt ein solches Monoflop. Im Ruhezustand wird der Kondensator C über den Widerstand R auf die Versorgungsspannung V_{DD} aufgeladen sein, der invertierende Schmitt-Trigger gibt $Y = 0$ aus.

Sobald am Eingang x ein *HI*-Pegel anliegt, wird der Kondensator C mit dem NMOST entladen und der Komparator gibt $Y=1$ aus. Nachdem der Trigger-Puls endet und x wieder den Zustand *LO* annimmt, wird der Kondensator C über den Widerstand R aufgeladen und am Komparator-Ausgang wird solange $Y = 1$ ausgegeben, bis die Kondensatorspannung V_C die obere Schwellspannung V_u des Schmitt-Triggers überschreitet. Als Eigenzeit erhalten wir dann die Dauer des Trigger-Pulses plus die Zeit T für das Laden des Kondensators, welche nun hergeleitet wird:

$$V_C(t) = V_{DD}\left(1 - e^{-\frac{t}{RC}}\right) \quad \Rightarrow \quad T = -RC\ln\left(1 - \frac{V_u}{V_{DD}}\right). \tag{11.16}$$

Wird nun ein Schmitt-Trigger verwendet, dessen obere Schwellspannung von der Versorgungsspannung abgeleitet wird $V_u = d \cdot V_{DD}$, wird die Ladezeit von der Versorgungsspannung unabhängig, da sich V_{DD} aus der Gleichung (11.16) wegkürzt:

$$T = -RC\ln\left(1 - \frac{d \cdot V_{DD}}{V_{DD}}\right) = -RC\ln(1 - d). \tag{11.17}$$

Wird die Schaltung bei idealen Bedingungen betrachtet, erscheint der Schmitt-Trigger als wenig sinnvoll, da ein Komparator mit derselben Vergleichsspannung auch ausreichen würde. Da aber bei einer realen Schaltung die langsam steigende Ladespannung des Kondensators von Störungen überlagert sein wird, kann so sichergestellt werden, dass diese Störungen keine Schaltvorgänge des Komparators verursachen, solange sie kleiner als die Hysterese des Schmitt-Triggers bleiben.

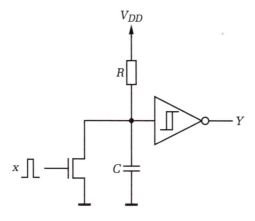

Abbildung 11.19: Monoflop mit einem Schmitt-Trigger

Wird nun der Trigger-Puls dieses Monoflops von einem Monoflop mit kurzer Eigenzeit erzeugt, wie es im vorangehenden Abschnitt vorgestellt wurde, erhalten wir ein durch Flanken gesteuertes, retriggerbares Monoflop. Der Begriff „retriggerbar" beschreibt dabei, dass ein Trigger-Signal, während sich das Monoflop im nicht stabilen Zustand befindet, zu einer erneuten Auslösung des Monoflops führt, wodurch der Ausgangspuls wieder verlängert wird.

Eine häufige Anwendung solcher retriggerbaren Monoflops ist die Überwachung der korrekten Funktion von elektronischen Schaltungen. Diese müssen an das Monoflop andauernd ein Trigger-Signal schicken, damit es in seinem nicht stabilen Zustand bleibt und diesen niemals verlässt. Sobald das Trigger-Signal, z. B. aufgrund einer Fehlfunktion der Schaltung, zu spät bzw. nicht mehr geschickt wird, fällt das Monoflop in seinen stabilen Zustand, erkennt somit den Fehler und kann dann z. B. einen Neustart des Systems durchführen. Solche Überwachungsschaltungen werden auch als „Watchdog" bezeichnet.

Eine Schaltung für ein nicht retriggerbares Monoflop für lange Eigenzeiten ist in ▶Abbildung 11.20 dargestellt.

Eine positive Flanke am Eingang x setzt das RS-Flip-Flop und der Kondensator wird über den Widerstand vom Q-Ausgang auf $V_{HI} = V_{DD}$ aufgeladen. Das RS-Flip-Flop und der Komparator bilden dabei eine Art Schmitt-Trigger, der jedoch nur eine obere Vergleichsspannung V_u verwendet. Sobald die Kondensatorspannung die Vergleichsspannung V_u überschreitet, legt dieser am RS-Flip-Flop ein Löschsignal an und das Monoflop kehrt in den Ruhezustand zurück. Die Dimensionierung der Eigenzeit erfolgt mit den Gleichungen (11.16) und (11.17).

Simulation

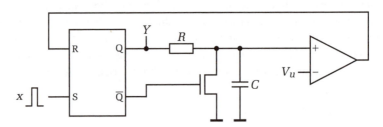

Abbildung 11.20: Monoflop aus einem RS-Flip-Flop und einem Komparator

11.3 Astabile Kippstufen

Den Abschluss des Kapitels bilden die astabilen Kippstufen. Sie besitzen keinen stabilen Zustand, das heißt, sie kippen nach einer gewissen Zeit immer wieder von einem Zustand in den anderen. Folglich erhalten wir als Ausgangssignal einer astabilen Kippstufe ein rechteckförmiges Signal. Das Tastverhältnis kann dabei eventuell auch eingestellt werden. Da es sich dabei um ein periodisches Signal handelt, werden astabile Kippstufen auch als **Oszillatoren** bezeichnet.

11.3.1 Ringoszillator

Als Ringoszillator bezeichnet man eine ungeradzahlige Inverterkette, deren letzter Inverterausgang mit dem Eingang des ersten Inverters zu einem Ring verbunden wird. Die ▶Abbildung 11.21 zeigt einen Ringoszillator, der aus drei Invertern gebildet wird.

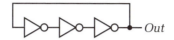

Abbildung 11.21: Ringoszillator

Simulation

Wenn wir als Ausgangspunkt annehmen, dass am Eingang des ersten Inverters ein *LO*-Pegel anliegt, wird es der Inverteranzahl n entsprechend viele Verzögerungszeiten dauern, bis nach der ungeraden Anzahl von Negationen am Ausgang des letzten Inverters ein *HI*-Pegel erscheint. Da diese beiden Anschlüsse miteinander verbunden sind, wechselt auch der Eingangspegel des ersten Inverters von *LO* auf *HI*, und wieder dauert es n Gatterlaufzeiten, bis der Ausgang des letzten Inverters auf *LO* schaltet. Dieses Spiel beginnt von Neuem und wiederholt sich immer wieder. Dieser Vorgang kann jedoch nur funktionieren, wenn erst nach einem fertigen Pegelwechsel am ersten Inverter der nächste vom Ausgang des letzten verursacht wird. Das bedeutet, dass die Verzögerungszeit der Inverterkette größer als die Anstiegs- und Fallzeit der einzelnen Inverter sein muss, da sich sonst ein stabiler Arbeitspunkt in der Mitte des Versorgungsspannungsbereichs einstellen würde.

Für die *LO*- (T_{LO}) bzw. *HI*-Zeit (T_{HI}) am Ausgang erhalten wir die n-fache Verzögerungszeit t_P eines Inverters. Damit kann dann die Oszillatorfrequenz f angegeben werden.

$$T_{LO} = T_{HI} = n \cdot t_P \tag{11.18}$$

$$f = \frac{1}{T_{LO} + T_{HI}} = \frac{1}{2nt_P} \tag{11.19}$$

Die Verzögerungszeit eines Inverters ist alles andere als eine konstante Größe. Sie wird von vielen Faktoren beeinflusst wie zum Beispiel von Versorgungsspannung, Temperatur und den Bauteilstreuungen beim Herstellungsprozess. Somit ist ein solcher Ringoszillator nicht als Zeitbasis für digitale Systeme zu verwenden.

Trotzdem werden Ringoszillatoren sehr häufig eingesetzt. Da sich die Verzögerungszeit der Inverter mit der Versorgungsspannung bzw. einem Begrenzen der maximalen Stromaufnahme (*Current-starved Inverter*) verändert, kann die Frequenz f des Ringoszillators über eine Spannung eingestellt werden. Der so entstandene spannungsgesteuerte Oszillator (VCO ... *Voltage Controlled Oscillator*) erlaubt die Abdeckung eines weiten Frequenzbereichs und wird deshalb oft als Oszillator in PLLs (Abschnitt 12.5) verwendet.

11.3.2 Relaxationsoszillator

Bei einem Relaxationsoszillator wird als Element, das die Periodendauer bestimmt, ein RC-Glied verwendet. Die Zeitkonstante $\tau = RC$ geht dabei linear in die Periodendauer der Schwingung ein. Die an sich einfache Schaltung, bestehend aus einem über ein RC-Tiefpassfilter rückgekoppelten invertierenden Schmitt-Trigger, ist in ▶Abbildung 11.22 dargestellt.

Abbildung 11.22: Relaxationsoszillator

Als Ausgangspunkt betrachten wir den Kondensator C als entladen ($V_C = 0\,\text{V}$) und folglich den Ausgangspegel des invertierenden Schmitt-Triggers als *HI*. Der Kondensator wird dann über den Widerstand R auf V_{HI} aufgeladen, jedoch nur so lange, bis die obere Schwellspannung V_u überschritten wird. Dann kippt der Ausgang des Schmitt-Triggers auf *LO*, der Kondensator wird bis zur unteren Schwellspannung V_l entladen. Danach wechselt der Ausgang wieder auf *HI* und das Ganze beginnt von Neuem.

Die exponentiellen Lade- und Entladevorgänge sind in der ▶Abbildung 11.23 für Schaltschwellen, welche ein Tastverhältnis von $d = \frac{1}{2}$ bzw. $d = \frac{1}{3}$ ergeben, dargestellt.

Nun wollen wir die genaueren mathematischen Zusammenhänge für *LO*- (T_{LO}) und *HI*-Zeit (T_{HI}) untersuchen. Aus dem Ladevorgang ($V_{Out} = V_{HI} = V_{DD}$), beginnend mit einer Kondensatorspannung gleich der unteren Schaltschwelle, können wir als die Zeit zum Erreichen der oberen Schaltschwelle die *HI*-Zeit angeben:

$$V_C(t) = V_{DD} + (V_l - V_{DD})\,e^{-\frac{t}{RC}} = V_u$$

$$T_{HI} = RC \ln \frac{V_{DD} - V_l}{V_{DD} - V_u}. \qquad (11.20)$$

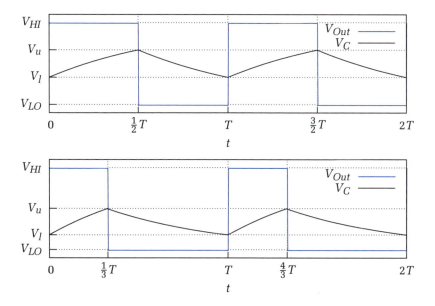

Abbildung 11.23: Lade- und Entladevorgänge eines Relaxationsoszillators

Mit der Entladezeit ($V_{Out} = V_{LO} = 0\,\text{V}$), beginnend bei V_u bis zum Erreichen von V_l, wird die LO-Zeit berechnet:

$$V_C(t) = V_u e^{-\frac{t}{RC}} = V_l.$$

$$T_{LO} = RC \ln \frac{V_u}{V_l} \tag{11.21}$$

Wenn die Schaltschwellen von der Versorgungsspannung abgeleitet werden ($V_u = d_u \cdot V_{DD}$, $V_l = d_l \cdot V_{DD}$), kann V_{DD} aus den Gleichungen herausgekürzt werden, die Periodendauer T und das Tastverhältnis d werden von der Versorgungsspannung unabhängig.

$$T_{HI} = RC \ln \frac{1-d_l}{1-d_u} \qquad T_{LO} = RC \ln \frac{d_u}{d_l} \tag{11.22}$$

$$T = T_{HI} + T_{LO} \qquad d = \frac{T_{HI}}{T_{HI} + T_{LO}} \tag{11.23}$$

Werden die beiden Schwellspannungen symmetrisch zur halben Versorgungsspannung gewählt, gilt $d_u = 1 - d_l$ und es wird sich ein Tastverhältnis von $d = \frac{1}{2}$ einstellen. Für die Periodendauer ergibt sich:

$$T = 2RC \ln \frac{1-d_l}{d_l}. \tag{11.24}$$

Wenn die Komparatorschwellen mit einem Spannungsteiler, bestehend aus drei gleich großen Widerständen, aus der Versorgungsspannung gebildet werden ($d_u = \frac{2}{3}$, $d_l = \frac{1}{3}$, siehe ▶Abbildung 11.23 oben), erhalten wir als Periodendauer:

$$T = 2RC \ln \frac{1 - \frac{1}{3}}{\frac{1}{3}} = T = 2RC \ln 2 \approx 1{,}386 \cdot RC. \qquad (11.25)$$

Da sich die RC-Zeitkonstante linear auf die Periodendauer abbildet, eignet sich diese Schaltung sehr gut, um eine RC-Zeitkonstante zu messen. Bei einer solchen Aufgabe muss der Schmitt-Trigger als Präzisions-Schmitt-Trigger (▶Abbildung 11.16) ausgeführt werden und seine Schaltzeitfehler müssen auch klein genug gegenüber der erwarteten Periodendauer sein. Wenn dann noch als Widerstand R ein Präzisionswiderstand eingesetzt wird, erhält man eine geeignete Schaltung zum Bestimmen des Wertes einer Kapazität bzw. eines kapazitiven Sensors.

$$C = \frac{T}{2R \ln 2} \qquad (11.26)$$

ZUSAMMENFASSUNG

In diesem Kapitel wurde auf die verschiedenen Typen von **Kippstufen** eingegangen. Beginnend bei den **bistabilen Kippstufen**, bei welchen beide Zustände gleichzeitig stabile Zustände sind, wurden verschiedene Speicherzellen, so genannte Flip-Flops, vorgestellt und ihr Verhalten näher erläutert. Zuerst wurde die über eine logische Identität aufgebaute elementare Speicherzelle erklärt, danach die verschiedenen Erweiterungen mit den unterschiedlichen Möglichkeiten zum Beschreiben des Flip-Flops (RS, D, JK, T) sowie das Zeitverhalten bei durch den Taktzustand und die Taktflanken gesteuerten Flip-Flops.

Mit dem **Schmitt-Trigger**, einem Komparator mit Hysterese, wurde eine Sonderform der bistabilen Kippstufe gezeigt.

Im Abschnitt der **monostabilen Kippstufen** (Monoflops), welche bei einem Auslösesignal für eine bestimmte Eigenzeit in ihren nicht stabilen Zustand wechseln, wurden verschiedene Schaltungen für Anwendungen mit sehr kurzer bzw. auch mit langer Eigenzeit vorgestellt.

Die **astabilen Kippstufen**, welche Oszillatoren mit zweiwertigem Ausgangssignal darstellen, bilden den abschließenden Teil des Kapitels. Darin wurde der Ringoszillator als in der Frequenz steuerbarer Oszillator vorgestellt sowie der Relaxationsoszillator, der eine RC-Zeitkonstante in eine Periodendauer abbildet.

Oszillatorschaltungen

12.1	**Einführung**	388
12.2	**RC-Oszillatoren**	390
12.3	**LC-Oszillatoren**	393
12.4	**Quarzoszillatoren**	396
12.5	**Phase Locked Loop (PLL)**	400
Zusammenfassung		404

12 OSZILLATORSCHALTUNGEN

Einleitung

>> Im Rahmen der Kippstufen wurden bereits astabile Schaltungen vorgestellt. Sie erzeugen nach dem Anlegen einer Betriebsspannung ein zweiwertiges Ausgangssignal und können somit als Signalgeneratoren verwendet werden. Neben diesen Generatoren für zweiwertige Signale kennt man in der Schaltungstechnik auch Vorrichtungen zur Erzeugung anderer Signale, typisch sind sinus-, dreieck- oder rechteckförmige Kurvenformen. Allgemein bezeichnet man diese Schaltungen zur Signalerzeugung als Oszillatoren. In der Anwendung kann zwischen zwei wesentlichen Varianten unterschieden werden. Es gibt Einsatzgebiete, bei denen die Kurvenform für die Funktion der Schaltung entscheidend ist, hier spricht man von Funktionsgeneratoren. Für viele Anwendungen ist jedoch in erster Linie die Frequenz des Ausgangssignales von Bedeutung, diese Schaltungen bezeichnet man als Taktgeneratoren. <<

LERNZIELE

- Prinzip der Signalerzeugung durch Mitkopplung
- Amplituden- und Phasenbedingung
- Aufbau und Funktionsweise ausgewählter Oszillatoren
- Takterzeugung für digitale Rechenwerke mit Quarzoszillatoren und PLL

12.1 Einführung

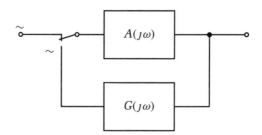

Abbildung 12.1: Prinzip der Schwingungserzeugung

Das Prinzip der Signalerzeugung mit Oszillatoren kann leicht durch die ▶Abbildung 12.1 veranschaulicht werden. Wir verwenden einen Verstärker mit einem Umschalter am Eingang. Wird gedanklich am Eingang des Verstärkers ein Signal mit der gewünschten Frequenz und Kurvenform angelegt, so steht dadurch am Ausgang das zu erzeugende Signal zur Verfügung. Wenn das Rückkopplungsnetzwerk aus diesem Ausgangssignal ein alternatives Eingangssignal mit der gleichen Amplitude und Phasenlage wie das ursprüngliche Eingangssignal erzeugt, so kann der Schalter am Eingang ohne eine Veränderung des Ausgangssignales umgeschaltet werden. Es wird nach dem Anschwingen der Schaltung mit nachfolgendem Umschalten kein Eingangssignal mehr benötigt, die Schaltung erzeugt das gewünschte Signal selbst.

12.1.1 Amplituden- und Phasenbedingung

Die Bedingung, damit umgeschaltet werden kann, wird als Schwingbedingung oder nach H. G. Barkhausen[1] auch als **Barkhausen-Kriterium** bezeichnet. Barkhausen hat sich zu Beginn des 20. Jahrhunderts mit der Erzeugung elektrischer Schwingungen beschäftigt. Er lehrte ab 1911 an der technischen Hochschule Dresden am Institut für Schwachstromtechnik, und gilt als einer der Pioniere auf diesem Gebiet.

Doch zurück zur Schwingbedingung: Ist die Verstärkung des Verstärkers genauso groß wie die Dämpfung des Rückkopplungsnetzwerkes, so stimmt die Amplitude am Ausgang des Rückkopplungsnetzwerkes mit der Amplitude des „gedachten" Eingangssignales überein.

Damit auch die Phasenlage stimmt, muss die Phasendrehung des Verstärkers zusammen mit der Phasendrehung des Rückkopplungsnetzwerkes null Grad oder Vielfache von 360 Grad ergeben.

Mathematisch kann das Barkhausen-Kriterium in folgender Art formuliert werden

$$A(j\omega) \cdot G(j\omega) = 1 \ . \tag{12.1}$$

Häufig findet man auch eine getrennte Darstellung als Amplituden und Phasenbedingung:

$$|A(j\omega)| \cdot |G(j\omega)| = 1 \tag{12.2}$$

$$\varphi_A + \varphi_G = n \cdot 360° \ ; \quad n = 0, 1, \ldots \ . \tag{12.3}$$

Allgemein kann gesagt werden, dass die Amplitudenbedingung die Größe der Schwingung vorgibt. Ist sie größer als 1, entsteht eine aufklingende Schwingung, ist sie kleiner als 1, klingt die Schwingung ab. Die Phasenbedingung gibt die Schwingfrequenz vor.

Ein praktisch realisierter Oszillator muss ohne unser „gedachtes" Eingangssignal zu schwingen beginnen, deshalb ist die Verstärkung bei Oszillatoren ohne Amplitudenregelung größer, als durch die Schwingbedingung gefordert, eingestellt. Der Oszillator arbeitet in diesem Fall mit einer Amplitudenbegrenzung. Eine etwas aufwändigere Variante ist der Einsatz einer Amplitudenregelung. In diesem Fall wird eine

---
[1] Heinrich Georg Barkhausen, ∗ 2. Dezember 1881 in Bremen; † 20. Februar 1956 in Dresden, deutscher Physiker

große Verstärkung gewählt, die das schnelle Anschwingen des Oszillators unterstützt. Diese Verstärkung wird danach abhängig von der Amplitude des Ausgangssignales reduziert, bis die Amplitudenbedingung erfüllt ist.

Zur Phasenbedingung sei angemerkt, dass sehr oft Verstärker mit einer Phasendrehung von 180° verwendet werden. Es werden daher Rückkopplungsnetzwerke mit einer Phasendrehung von weiteren 180° benötigt. Zur Erzeugung der geforderten Phasendrehung im Rückkopplungsnetzwerk gibt es viele Varianten. Beispiele sind der Meissner-Oszillator, hier wird die Phasendrehung mit einem Trafo erzeugt, der Hartley-Oszillator, der eine Spule mit Anzapfung benutzt, und der Colpitts-Oszillator, er verwendet einen kapazitiven Spannungsteiler.

12.2 RC-Oszillatoren

Für die Erzeugung von Signalen im niederfrequenten Bereich werden RC-Oszillatoren bevorzugt, da Induktivitäten für diesen Frequenzbereich recht groß sind. Ein Beispiel, der Relaxationsoszillator, wurde bereits im Rahmen der astabilen Kippstufen vorgestellt. Als Beispiel für die Erzeugung von Sinussignalen soll ein Wien-Robinson-Oszillator mit Verstärkungsregelung gezeigt werden.

12.2.1 Wien-Robinson-Oszillator

Dieser Oszillator nutzt für das frequenzbestimmende Rückkopplungsnetzwerk die Eigenschaften des RC-Bandpasses aus. Sie sind in ▶Abbildung 12.2 gezeigt. Wir haben den RC-Bandpass im Rahmen der passiven Schaltungen in Abschnitt 1.2.3 bereits
genauer betrachtet. Er besitzt bei seiner Mittenfrequenz eine Dämpfung auf das 0,33-Fache und eine Phasendrehung von 0°.

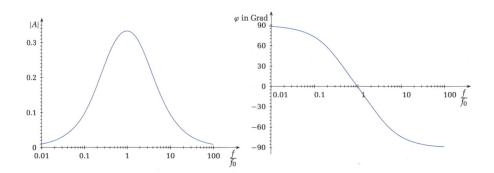

Abbildung 12.2: Amplituden- und Phasengang des RC-Bandpasses

Kombiniert man den Bandpass mit einem nicht invertierenden Verstärker, der eine Verstärkung um den Faktor 3 ermöglicht, kann man die Amplituden und die Phasenbedingung erfüllen und erhält einen Oszillator. Das Prinzip ist in der ▶Abbildung 12.3 gezeigt.

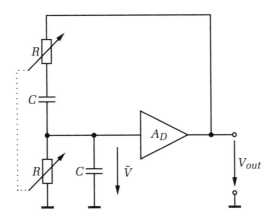

Abbildung 12.3: Prinzip des Wien-Robinson-Oszillators

In diesem Prinzipschaltbild kommt das zu Beginn in unserem Gedankenmodell genannte Eingangssignal zum Starten des Oszillators natürlich nicht mehr vor, das Anschwingen von Ozillatorschaltungen funktioniert in der Praxis wesentlich einfacher.

Jede elektronische Schaltung ist mit einem Rauschen behaftet, das zum Teil von der temperaturabhängigen Bewegung der Elektronen erzeugt wird, aber auch andere Anteile enthält. In diesem Rauschsignal kommen alle Frequenzen mit ähnlichen Amplituden vor.

Betrachten wir nun das Rauschsignal am Eingang unseres Verstärkers. Es wird von diesem am Ausgang verstärkt ausgegeben. Das Rückkopplungsnetzwerk bedämpft alle Frequenzen, abgesehen von der Mittenfrequenz. Sie erscheint wieder am Eingang und wird zum ursprünglichen Signal hinzuaddiert und wiederum verstärkt. Ist die Verstärkung des Verstärkers wesentlich größer als die Dämpfung des Rückkopplungsnetzwerkes, kommt es zu einem raschen Anwachsen einer Schwingung mit der Mittenfrequenz des RC-Bandpasses. Der Oszillator schwingt an.

Die aufklingende Schwingung wird jedoch sehr bald die Größe der Betriebsspannung erreichen, wodurch eine Amplitudenbegrenzung des Signales erfolgt. Da diese Amplitudenbegrenzung zu einem rechteckförmigen Ausgangssignal führen würde, muss die Verstärkung abhängig von der Signalamplitude reduziert werden. Es wird eine Verstärkungsregelung benötigt, die nach dem Anschwingen eine Verstärkung von 3 einstellt und damit die Amplitudenbedingung exakt erfüllt.

Eine einfache Möglichkeit zur Regelung der Amplitude ist der Einsatz eines Kaltleiters (PTC) zur Einstellung der Verstärkung. Im kalten Zustand ist der Widerstand gering, die eingestellte Verstärkung ist groß und die Amplitude wächst rasch an. Mit dem Ansteigen der Amplitude erwärmt sich der temperaturabhängige Widerstand und die Verstärkung sinkt soweit ab, bis eine konstante Amplitude erreicht wird. Lässt man gedanklich die Verstärkung weiter absinken, kühlt der Widerstand aus und die Verstärkung steigt wieder an.

Früher wurden kleine Glühlämpchen als temperaturabhängiger Widerstand in diesem Oszillator eingesetzt. Moderne Schaltungsvarianten, wie in ▶Abbildung 12.4 gezeigt, verwenden stattdessen eine Kombination aus einem Widerstand R_4 und einem Sperrschicht-FET T_1 im Widerstandsbereich. Damit ist es möglich, Sinusoszillatoren mit einem Klirrfaktor von 0,1 % zu realisieren.

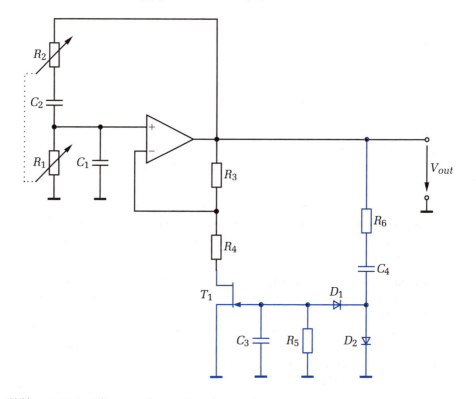

Abbildung 12.4: Wien-Robinson-Oszillator mit Verstärkungsregelung

Die Verstärkungsregelung ist blau eingezeichnet. Sie koppelt über R_6 und C_4 das Ausgangssignal aus. Danach werden die positiven Halbwellen durch die Diode D_2 weggeschnitten. Die negativen Halbwellen werden einem Spitzenwertgleichrichter, bestehend aus D_1 und C_3, zugeführt. Dadurch wird eine der Amplitude des Ausgangssignales proportionale negative Spannung an das Gate des n-Kanal-Sperrschicht-Fets T_1 gelegt. Je größer diese Spannung ist, umso größer wird auch der Widerstand r_{DS} von T_1, wodurch die Verstärkung A_D reduziert wird.

$$A_D = 1 + \frac{R_3}{R_4 + r_{DS}}$$

Damit die Amplitudenbedingung bei einer bestimmtem Ausgangsamplitude erfüllt ist, wählt man R_4 so, dass sich zusammen mit dem Drain-Source-Widerstand von T_1 bei einer negativen Gate-Spannung entsprechend dieser Amplitude eine Verstärkung von 3 ergibt.

$$R_4 = \frac{R_3}{2} - r_{DS}$$

Die Zeitkonstante des Spitzenwertgleichrichters R_5, C_3 wird so eingestellt, dass sie wesentlich größer als die Periodendauer T_{max} des Ausgangssignales ist.

$$R_5 \cdot C_3 > 10 \cdot T_{max}$$

Wählt man für die Kondensatoren C_1 und C_2 denselben Wert und verwendet man für die Widerstände R_1 und R_2 ein Doppel-Potenziometer ($R_1 = R_2 = R$), so erhält man einen einstellbaren Tonfrequenzgenerator, der einen Sinus mit sehr geringem Klirrfaktor liefern kann. Die Frequenz berechnet sich aus folgender Formel:

$$f_{out} = \frac{1}{2\pi RC} \cdot$$

Simulation

12.3 LC-Oszillatoren

Bei höheren Frequenzen können auch Spulen sinnvoll als Teile des Rückkopplungsnetzwerkes eingesetzt werden, die entstehenden Schaltungen werden als LC-Oszillatoren bezeichnet.

12.3.1 CMOS-Inverter als Oszillator

Als nächstes Beispiel eines praktisch realisierbaren Oszillators soll eine Kombination aus einem invertierenden Verstärker mit einem Parallelschwingkreis als Rückkopplungsnetzwerk analysiert werden (▶Abbildung 12.5).

Betrachten wir als Erstes den Arbeitspunkt dieses Verstärkers. Nimmt man am Eingang des Inverters eine Spannung von 0 V an, so leitet der p-Kanal-Transistor T_1 und zieht den Ausgang des Inverters in Richtung der positiven Betriebsspannung. Über den Widerstand R wird dadurch auch der Eingang der Schaltung nach oben gezogen. Dieser Vorgang läuft genau solange, bis der n-Kanal-Transistor T_2 ebenfalls zu leiten beginnt und ein weiteres Ansteigen der Eingangsspannung verhindert, indem er den Ausgang des Inverters näher zum Bezugspotential zieht. Es stellt sich ein Gleichgewicht so ein, dass bei gleichen Transistoren die Eingangsspannung und die Ausgangsspannung in der Mitte des Versorgungsspannungsbereiches liegen.

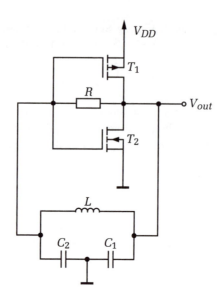

Abbildung 12.5: Oszillator aus diskreten MOS-Transistoren mit LC-Rückkopplungsnetzwerk

Jede kleine Auslenkung am Eingang führt zu einer starken Änderung der Ausgangsspannung. Der CMOS-Inverter bildet zusammen mit dem Widerstand einen invertierenden Verstärker. Der LC-Parallelschwingkreis erzeugt durch die kapazitive Mittelanzapfung bei seiner Resonanzfrequenz eine Phasendrehung von 180°, dadurch ist zusammen mit der Phasendrehung des Inverters die Phasenbedingung erfüllt.

Simulation

Ist die Verstärkung des invertierenden Verstärkers größer als die Dämpfung des Rückkopplungsnetzwerkes bei der Resonanzfrequenz, so entsteht ausgehend vom Eingangsrauschen des Verstärkers eine aufklingende Schwingung mit dieser Frequenz. Da die Schaltung über keine Verstärkungsregelung verfügt, wirkt die Betriebsspannung als Amplitudenbegrenzung, man erhält ein Rechtecksignal am Ausgang.

Wird, wie in Abschnitt 12.4.2 gezeigt, der Schwingkreis durch einen Schwingquarz ersetzt, so erhält man den als Takterzeuger häufig eingesetzten Pierce-Oszillator.

12.3.2 Emittergekoppelter Oszillator

Als Beispiel für einen Oszillator, der zur Erzeugung von Schwingungen im 100 MHz-Bereich in der klassischen Rundfunktechnik eingesetzt wurde, sei der emittergekoppelte Oszillator gezeigt ▶Abbildung 12.6. Seine Struktur erinnert stark an einen Differenzverstärker. Er kann jedoch auch als Kombination zweier Transistorgrundschaltungen interpretiert werden.

Der Transistor T_2 wird in Basisschaltung betrieben, während der Transistor T_1 als Emitterfolger arbeitet. Von den Grundschaltungen bipolarer Transistoren ist bekannt, dass diese beiden Grundschaltungen keine Phasendrehung zeigen. Die Basisschaltung weist eine große Spannungsverstärkung auf, während der Emitterfolger keine

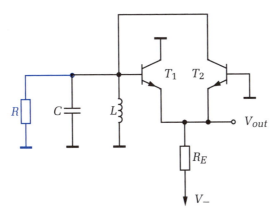

Abbildung 12.6: Emittergekoppelter Oszillator

Spannungsverstärkung hat und am Ausgang etwa das Eingangssignal liefert. Er kann jedoch wegen seines geringen Ausgangswiderstandes wesentlich größere Ströme zur Verfügung stellen.

Da der Ausgang der Basisschaltung direkt mit dem Eingang des Emitterfolgers und dessen Ausgang wiederum mit dem Eingang der Basisstufe verbunden ist, liegt eine geschlossene Schleife mit erfüllter Phasenbedingung vor.

Die Verstärkung der Basisschaltung hängt von der Steilheit des Transistors T_2 und vom Widerstand des Parallelschwingkreises ab. Da der Widerstand des Schwingkreises bei seiner Resonanzfrequenz maximal ist, besitzt bei dieser Frequenz der Verstärker seine maximale Verstärkung.

Die Größe des blau eingezeichneten Widerstandes R entspricht entweder dem eingebauten Bauteilwert oder, falls kein Widerstand eingebaut wird, dem Resonanzwiderstand des Parallelschwingkreises. Dieser Widerstand kann aus der Güte des Schwingkreises ermittelt werden.

Die Steilheit der Transistoren hängt vom fließenden Kollektorstrom ab und kann durch die Wahl des gemeinsamen Emitterwiderstandes R_E festgelegt werden.

Für die korrekte Arbeitspunkteinstellung muss der gemeinsame Emitterwiderstand mit einer gegenüber der Basis von T_2 negativen Spannung versorgt werden. Da der ohmsche Widerstand der Spule üblicherweise sehr klein ist, liegt die Basis des Transistors T_1 ebenfalls am Bezugspotential, beide Transistoren erhalten einen Basisstrom. Die Verwendung einer Basisschaltung als Verstärker ermöglicht die Erzeugung von Signalen mit Frequenzen über 100 MHz. Eine mögliche Verwendung ist der Einsatz als Lokaloszillator in Überlagerungsempfängern.[2]

Simulation

---

[2] Als Überlagerungsempfänger wird ein Empfängerkonzept bezeichnet, bei dem das Eingangssignal durch Multiplikation mit einem Lokaloszillatorsignal auf eine feste Zwischenfrequenz (zum Beispiel 10,7 MHz) umgesetzt wird.

12.4 Quarzoszillatoren

Die verschiedenen *LC*-Oszillatoren und *RC*-Oszillatoren schwingen zwar verlässlich auf ihrer Resonanzfrequenz, doch weisen die frequenzbestimmenden Elemente keine ausreichende Genauigkeit auf. Dies bedeutet, dass einerseits schon aufgrund der Toleranzen der Bauteilwerte die Schwingfrequenz nur ungefähr vorgegeben werden kann. Andererseits sind die Bauelemente einer gewissen Alterung und Temperaturabhängigkeit unterworfen, wodurch sich die Schwingfrequenz noch zusätzlich ändert. Im Gesamten betrachtet ist es mit solchen Bauelementen nicht möglich, eine exakte Zeitbasis zu implementieren.

Für eine gute Zeitbasis soll hier gefordert werden, dass eine maximale relative Abweichung der Schwingfrequenz über die gesamte erlaubte Betriebstemperatur und Lebensdauer von weniger als $10^{-4} = 100\,\text{ppm}$ garantiert sein muss. Dieser Wert klingt vielleicht wie eine etwas zu harte Anforderung, wenn man aber bedenkt, dass eine Woche $7 \cdot 24 \cdot 60 = 10\,080 \approx 10^4$ Minuten hat, heißt das nur, eine mit dieser Genauigkeit aufgebaute Uhr würde pro Woche um bis zu einer Minute vor- oder nachgehen.

Zum Einsatz in Uhren sollte die maximale Abweichung bzw. die Langzeitstabilität noch um eine Zehnerpotenz kleiner sein, dann erreicht man in etwa einen maximalen Zeitfehler von fünf Minuten pro Jahr.

Somit ist diese Aufgabe nicht mit den gängigen Bauteilen wie Widerständen, Kapazitäten und Induktivitäten zu lösen, jedoch erfüllen Schwingquarze diese Bedingungen für die Genauigkeit und Stabilität.

12.4.1 Schwingquarz

Ein Schwingquarz, meist auch als Quarz (*Crystal, Quartz*) bezeichnet, ist ein beidseitig kontaktiertes, aus einem Quarzkristall herausgeschnittenes Plättchen. Beim Anlegen eines elektrischen Wechselfeldes kann er bei seiner Resonanzfrequenz zu mechanischen Schwingungen angeregt werden. Dies ist auch bei den ungeradzahligen Vielfachen der Resonanzfrequenz möglich, man spricht dann von einer Oberschwingung. Zur Beschreibung des elektrisches Verhaltens (ohne Oberschwingungen) kann ein Ersatzschaltbild, ▶Abbildung 12.7, zugeordnet werden.

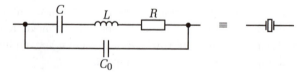

Abbildung 12.7: Ersatzschaltbild eines Quarzes

Die mechanischen Schwingungen des Quarzkristalls werden mit einem Serienschwingkreis, welcher aus R, L und C besteht und sich durch eine sehr hohe Güte auszeichnet, modelliert. Die Größen für R, L und C sind dabei aus der mechanischen Domäne transformierte, scheinbare elektrische Größen. Nur die Kapazität C_0 ist eine tatsächliche elektrische Größe, sie beschreibt die Kapazität zwischen den Kontaktelektroden und wird als Parallelkapazität im Ersatzschaltbild berücksichtigt.

Als Beispiel sind die Bauteilwerte für die im Quarzersatzschaltbild verwendeten Größen für einen typischen Quarz mit einer Resonanzfrequenz von ca. 4 MHz angegeben:

$$\begin{aligned} R &= 100\,\Omega \\ L &= 100\,\text{mH} \\ C &= 15\,\text{fF} \\ C_0 &= 5\,\text{pF} \\ \hline Q &= \tfrac{1}{R}\sqrt{\tfrac{L}{C}} \approx 26000 \end{aligned}$$

Der Quarz besitzt sowohl eine Frequenz für Serienresonanz, wo er minimale Impedanz aufweist, und eine Parallelresonanz, bei der die Impedanz maximal wird. Nun soll die frequenzabhängige Impedanz $Z(s)$ des Quarzes berechnet werden. Dabei wird der Widerstand R vernachlässigt, da die Impedanz $sL = j2\pi fL$ bei der erwarteten Resonanzfrequenz im Betrag deutlich größer als der Widerstandswert R ist:

$$Z(s) = \left(R + sL + \frac{1}{sC}\right) \bigg\| \frac{1}{sC_0} = \frac{s^2 LC + sRC + 1}{s^3 LCC_0 + s^2 RCC_0 + s(C + C_0)} \approx$$
$$\approx \frac{s^2 LC + 1}{s^3 LCC_0 + s(C + C_0)}. \tag{12.4}$$

Aus dieser Gleichung kann nun die Serienresonanz f_S (Zähler gleich 0) und die Parallelresonanz f_P (Nullsetzen des Nenners) berechnet werden.

$$f_S = \frac{1}{2\pi\sqrt{LC}} \tag{12.5}$$

$$f_P = \frac{1}{2\pi}\sqrt{\frac{C + C_0}{LCC_0}} = \frac{1}{2\pi\sqrt{LC}}\sqrt{1 + \frac{C}{C_0}} = f_S\sqrt{1 + \frac{C}{C_0}} \tag{12.6}$$

Da die Parallelkapazität C_0 sehr viel größer als die Kapazität C ist und folglich der Term $\sqrt{1 + \frac{C}{C_0}}$ kaum größer als 1 werden kann, wird die Parallelresonanz nur geringfügig über der Serienresonanz liegen.

In der ▶Tabelle 12.1 wird die Impedanz der Elemente im Ersatzschaltbild ($|Z_L|$, $|Z_C|$, $|Z_{C_0}|$) und des gesamten Quarzes $|Z|$ für verschiedene Frequenzen angegeben. Dabei ist zu sehen, dass sich ein Quarz, außer in der unmittelbaren Nähe der Resonanzfrequenz, im Wesentlichen wie eine Kapazität mit dem Wert C_0 verhält.

Tabelle 12.1

Impedanz der Elemente im Ersatzschaltbild

f in MHz	Impedanz in kΩ			
	$|Z_L|$	$|Z_C|$	$|Z_{C_0}|$	$|Z|$
1	628	10610	31,8	31,7 kΩ ≈ Z_{C_0}
3	1885	3537	10,6	10,5 kΩ ≈ Z_{C_0}
$f_S = 4,109$	2582	2582	7,75	100 Ω
$f_P = 4,116$	2586	2578	7,73	598 kΩ
5	3142	2122	6,37	6,41 kΩ ≈ Z_{C_0}
10	6283	1061	3,18	3,19 kΩ ≈ Z_{C_0}

Für Frequenzen kleiner der Resonanzfrequenz verhält sich der Serienschwingkreis wie eine Kapazität mit dem Wert C, deren Wert im Vergleich zur Parallelkapazität C_0 vernachlässigbar ist. Oberhalb der Resonanzfrequenz erscheint der Serienschwingkreis als Induktivität, deren Impedanz wiederum im Vergleich zu C_0 vernachlässigt werden kann.

Die ▶Abbildung 12.8 zeigt das genaue Verhalten des Quarzes bei seiner Resonanzfrequenz. Bei der Serienresonanz wird die Impedanz minimal (gleich dem Widerstand R) und der Quarz wechselt vom kapazitiven (−90°) zum induktiven (+90°) Verhalten. Danach steigt die Impedanz bis zu ihrem Maximalwert bei der Parallelre-

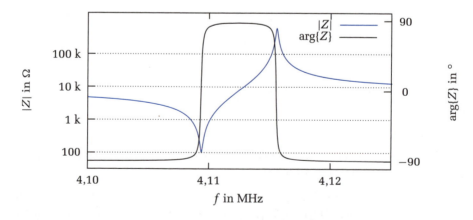

Abbildung 12.8: Frequenzverhalten der Impedanz Z des Quarzes in der Nähe der Resonanzfrequenz

12.4.2 Pierce-Oszillator

Nachdem die Eigenschaften eines Schwingquarzes als frequenzbestimmendes Element erläutert wurden, soll nun eine Schaltung eines Quarzoszillators betrachtet werden. Die ▶Abbildung 12.9 zeigt einen Pierce[3]-Oszillator, der als Verstärker einen CMOS-Inverter verwendet.

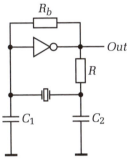

Simulation

Abbildung 12.9: Pierce-Oszillator

Der hochohmige Widerstand R_b bildet die einzige DC-Verbindung zwischen dem Verstärker-Eingang und -Ausgang und legt somit den Arbeitspunkt auf die halbe Versorgungsspannung fest. Dort verhält sich der CMOS-Inverter wie ein analoger, invertierender Verstärker (vergleiche Kapitel 9, Abbildungen 9.3 und 9.5) mit folgender, vereinfacht beschriebener Verstärkung A:

$$A(\jmath 2\pi f) \approx -A_0 = (A_0 \angle -180°) \, .$$

Nun soll auf den Frequenzgang des Netzwerkes, welches mit dem Quarz die Schwingfrequenz bestimmt, eingegangen werden. In der Schaltung mit dem Widerstand R und den beiden Kapazitäten C_1 und C_2 entsteht der in ▶Abbildung 12.10 dargestellte Frequenzgang $G(f)$. Dabei können der Widerstand R auch durch den Ausgangswiderstand des CMOS-Inverters und die Kondensatoren durch parasitäre Kapazitäten gebildet werden. Der Phasenwinkel des Netzwerkes beträgt bei f_1 und f_2 genau $-180°$, zwei Frequenzen nahe der Serienresonanz und der Parallelresonanz des Quarzes.

Die Phasenbedingung für eine stabile Schwingung wäre somit an diesen beiden Frequenzen erfüllt, da die $-180°$ des Netzwerkes die $-180°$ des invertierenden Verstärkers auf $-360°$ ergänzen. Die Amplitudenbedingung, dass die Verstärkung der

---
[3] George Washington Pierce, * 11. Januar 1872 in Webberville, Texas (USA), † 25. August 1956 in Franklin, New Hampshire, Professor für Physik in Harvard, Erfinder des Quarzoszillators mit einer Verstärkerstufe (Vakuumröhre).

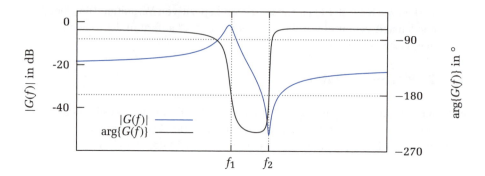

Abbildung 12.10: Frequenzgang des frequenzbestimmenden Gliedes nahe der Resonanzfrequenz des Quarzes

gesamten Schleife größer bzw. gleich 1 ist, kann jedoch nur bei der Frequenz f_1 erfüllt werden. Aufgrund der großen Dämpfung bei der Parallelresonanz reicht die Verstärkung des CMOS-Inverters zum Anschwingen auf der Frequenz f_2 nicht aus.

Die Schaltung wird dann aufgrund von Rauschen bzw. des Einschaltvorganges bei der Frequenz f_1 anschwingen, der Quarz wird in Serienresonanz betrieben und die Amplitude der Schwingung wird wachsen. Nachdem es keine Amplitudenregelung gibt, wird die Amplitude durch den Aussteuerbereich des Verstärkers begrenzt, wodurch das Ausgangssignal kein spektral reiner Sinus ist. Für die Anwendung als Zeitgeber in digitalen Schaltungen spielt das aber keine Rolle, hier wird das Ausgangssignal noch mit einem weiteren Inverter verstärkt. Damit erhalten wir ein zweiwertiges Taktsignal mit ausreichend kurzen Anstiegs- bzw. Fallzeiten.

Bei Mikrocontrollern wird der beim Pierce-Oszillator verwendete Verstärker häufig mit integriert. Es muss nur noch der passende Quarz mit den Anschlüssen verbunden werden, je nach Modell werden die beiden Kapazitäten C_1 und C_2 benötigt oder auch nicht. Dabei sollte darauf geachtet werden, dass der Quarz möglichst nahe den Anschlüssen platziert wird, da sonst störende, parasitäre Kapazitäten auftreten.

Eine andere Möglichkeit ist es, fertige Quarzoszillatoren zu verwenden, bei denen der Quarz und die Verstärkerschaltung in einem gemeinsamen Gehäuse untergebracht sind. Sobald sie mit Spannung versorgt werden, liefern sie ein frequenzstabiles Ausgangssignal.

12.5 Phase Locked Loop (PLL)

Mit Quarzoszillatoren können Signale mit genau definierter Frequenz und guter Stabilität erzeugt werden. Im Zuge der Entwicklung immer schneller arbeitender Schaltungen, welche mit immer höheren Frequenzen betrieben werden können, werden auch höher frequente Oszillatoren benötigt. Schwingquarze können jedoch nicht für beliebige Frequenzen gefertigt werden. Selbst wenn man sie in ihrer Oberwelle (Vielfache ihrer mechanischen Eigenfrequenz) anregen würde, sind nur Frequenzen bis einige 100 MHz zu erreichen.

Dieses Problem lässt sich mit einer Phasenregelschleife (PLL ... *Phase Locked Loop*) lösen. Mit einer PLL ist es möglich, die Frequenz von Taktsignalen ohne Beeinträchtigung der Stabilität zu vervielfachen, wodurch man dann quarzstabile, hoch frequente Signale erzeugen kann.

Der Grundgedanke der PLL besagt, ein in der Frequenz einstellbarer Oszillator wird so geregelt, dass seine um den Faktor n heruntergeteilte Ausgangsfrequenz f_{Out} gleich der eines stabilen Referenzoszillators f_{Ref} wird.

Das Blockschaltbild einer PLL ist in ▶Abbildung 12.11 dargestellt. Das Ausgangssignal eines spannungsgesteuerten Oszillators (VCO) wird in seiner Frequenz um den Faktor n geteilt. Diese Teilung wird von einem Modulo-n-Zähler, der alle n Perioden überläuft, wodurch seine Ausgabe- bzw. Überlauffrequenz seiner Taktfrequenz durch den Faktor n entspricht, implementiert.

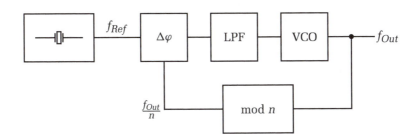

Simulation

Abbildung 12.11: Blockschaltbild einer PLL

Zwischen den Ausgangssignalen des Modulo-n-Zählers $\left(\frac{f_{Out}}{n}\right)$ und des Referenzoszillators (f_{Ref}) wird nun ein Phasenvergleich durchgeführt ($\Delta\varphi$ im Blockschaltbild).

$$\Delta\varphi = 2\pi \int \left(f_{Ref} - \frac{f_{Out}}{n}\right) dt$$

Dessen Ergebnis, die Phasenabweichung, wächst proportional mit der Frequenzabweichung, so dass dann das vom Tiefpassfilter geglättete Ausgangssignal des Phasenvergleichers den VCO so nachregelt, bis sich eine stabile Frequenz einstellt. Dieser Punkt wird dann erreicht, wenn die geteilte Frequenz gleich der Referenzfrequenz ist, es gilt:

$$f_{Ref} - \frac{f_{Out}}{n} = 0 \quad \Rightarrow \quad f_{Out} = n \cdot f_{Ref} .$$

Da der Phasenvergleich im Bezug auf die Frequenz als Integrator wirkt, entsteht mit dem darauffolgenden Tiefpassfilter ein System 2. Ordnung. Bei geeigneter Dimensionierung wird es auf den stabilen Punkt einschwingen. Danach erscheint die Referenzfrequenz mit dem digital einstellbaren Faktor n multipliziert als Ausgangsfrequenz f_{Out}.

Der VCO wird je nach Anwendung unterschiedlich aufgebaut. Wenn die PLL ein zweiwertiges Ausgangssignal liefern soll, ist ein Ringoszillator (Abschnitt 11.3.1) eine sehr effiziente Lösung. Wird jedoch ein hoch frequentes Sinussignal benötigt, werden verstimmbare LC-Oszillatoren verwendet (Abschnitt 12.3.1).

Der Phasenvergleicher, oft auch als **Phasendetektor** bezeichnet, wird meist mit einer relativ komplizierten, sequentiellen Digitalschaltung aufgebaut, wobei hier auf spezielle Fachliteratur verwiesen werden soll. Der einfachste Phasendetektor wäre ein XOR-Gatter. Auch wenn es sich für praktische Anwendungen kaum eignet, kann die grundlegende Funktion eines Phasendetektors gezeigt werden. In ▶Abbildung 12.12 sind die Eigenschaften und die Funktionsweise dargestellt. Dabei wird auch der von der Phasenabweichung abhängige, gemittelte Ausgangswert y_{Avg} gezeigt. Dieser entspricht dem Zeitversatz bzw. der Phasenabweichung der beiden Signale, beträgt 0 bei Phasengleichheit und hat sein Maximum bei einer Phasenverschiebung von $n \cdot \pi$ ($n = \ldots, -2, -1, 0, 1, 2, \ldots$). Es weist nur einen kleinen Fangbereich auf (zwischen $-\pi$ und $+\pi$), da es keine Unterscheidung im Vorzeichen der Phasendifferenz trifft und für größere Phasenabweichungen ein sich mit 2π wiederholendes Ergebnis liefert. Dies führt dazu, dass die Regelschleife nicht einrastet, falls die anfängliche Frequenzabweichung zu groß ist.

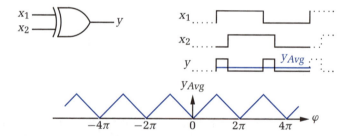

Abbildung 12.12: XOR als Phasendetektor

Eine Eigenschaft der PLL erweist sich jedoch als Nachteil. Auch wenn aufgrund der Regelung die Ausgabefrequenz im Mittel der gewünschten, vervielfachten Frequenz entspricht, kann Rauschen im System zu kurzzeitigen Abweichungen führen. Somit werden aufeinander folgende Perioden unterschiedlich lang sein, man spricht von **Phasenrauschen** (*Phase Noise* oder auch *Jitter*). Dieser Effekt kann abhängig von der Anwendung eine Auswirkung zeigen.

Als Übungsbeispiel und zur Überprüfung der Fertigkeiten bei der Analyse von Oszillatorschaltungen möge folgendes Beispiel dienen:

Beispiel: Wie funktioniert diese Schaltung?

Simulation

Welche Signalform wird von diesem Oszillator erzeugt?
Wie sehen die Signale am Eingang des Operationsverstärkers aus?
Wie groß ist die Frequenz des Ausgangssignals?
Hängt sie von der Betriebsspannung ab?

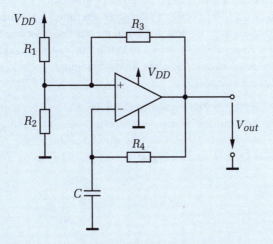

Hinweis: Verwenden Sie Ihr Wissen über Kippstufen und Schmitt-Trigger-Schaltungen.

12 OSZILLATORSCHALTUNGEN

ZUSAMMENFASSUNG

In diesem Kapitel wurden die für die Erzeugung von **elektrischen Schwingungen** notwendigen theoretischen Grundlagen erklärt. Anschließend wurden praktische Überlegungen zur Amplituden- und Phasenbedingung und zum Anschwingen von Oszillatoren anhand von RC- und LC-Oszillatoren gemacht. Dabei haben wir uns auf einige typische Schaltungen aus diesem Bereich beschränkt.

Da die Stabilität der mit RC- und LC-Oszillatoren erreichbaren Signale eingeschränkt ist und die Ausgangsfrequenz einer relativ großen Unsicherheit durch Bauteilstreuungen und Temperaturabhängigkeiten unterliegt, wurde in der Folge der Schwingquarz als eine weitere Möglichkeit zur Realisierung der Rückkopplung gezeigt. Die Eigenschaften und das Verhalten von Quarzen wurde erklärt und auf die einfache, aber häufig als Taktgeber eingesetzte Pierce-Oszillatorschaltung mit Quarz eingegangen.

Den Abschluss bildet die **Phasenregelschleife** (PLL), welche eine Frequenzvervielfachung erlaubt. Damit wird ermöglicht, eine Vielzahl von digital einstellbaren Frequenzen zu synthetisieren. Des Weiteren können auch sehr hohe Frequenzen, für die keine Quarze mehr eingesetzt werden können, quarzstabil erzeugt werden.

Digitale Schnittstellen

13.1	**Einführung**	407
13.2	**Kommunikation zwischen Geräten**	408
13.3	**Kommunikation zwischen Modulen**	418
13.4	**Potentialtrennung**	423
Zusammenfassung		427

13 DIGITALE SCHNITTSTELLEN

Einleitung

» Unabhängig vom Umfang einer elektronischen Schaltung muss diese mit anderen Schaltungen kommunizieren können. Einzelne analoge Schaltungen tauschen die Informationen mit analogen Signalen aus, in digitalen Systemen können verschiedene digitale Schnittstellen (*Interfaces*) definiert und verwendet werden.

Die Aufgabe digitaler Schnittstellen ist es, diskrete Informationen zwischen zwei oder mehreren Modulen verlässlich zu übertragen. Dabei müssen die elektrischen Bedingungen bei Sender und Empfänger (z. B. die Pegel bei Spannungssignalen) und das Übertragungsprotokoll (z. B. Reihenfolge bzw. Interpretation von empfangenen Bits) übereinstimmen. Nur so kann die Kommunikation korrekt funktionieren.

Die Module können sich in verschiedenen Systemebenen befinden. Als unterste Ebene kann die Kommunikation zwischen zwei ICs angesehen werden, z. B. ein Mikrocontroller mit einem externen Analog/Digital-Umsetzer. Die verwendeten elektrischen Signale entsprechen dabei meist den üblichen Spannungssignalen für die Logikpegel: 0 V und Versorgungsspannung V_{DD}. Das Übertragungsprotokoll wird von den ICs vorgegeben und kann manchmal mehr und manchmal weniger den Standardprotokollen entsprechen. Bei einer Kommunikation mit Mikrocontrollern muss dieser dann so konfiguriert werden, dass er das IC-spezifische Protokoll richtig versteht. Bei der Kommunikation zwischen mehreren Leiterplatten läuft die Kommunikation ähnlich ab, außer dass hier sehr oft Mikrocontroller untereinander Daten austauschen. Deshalb werden hier meist Standard-Protokolle eingesetzt.

Für eine Verbindung zwischen zwei oder mehreren Geräten werden zusätzliche Anforderungen an die Eigenschaften der Schnittstelle gestellt. Durch die möglichen großen Leitungslängen können die Leitungseigenschaften (Leitungs-Induktivität und Kapazität) nicht mehr vernachlässigt werden. Eventuell muss man die endliche Ausbreitungsgeschwindigkeit von elektrischen Signalen berücksichtigen und die Leitungen mit einem dem Wellenwiderstand entsprechenden Widerstand abschließen[1]. Aufgrund der Leitungslänge und der Tatsache, dass die Anschlüsse nach außen geführt sind, müssen solche Schnittstellen eine wesentlich höhere Störsicherheit aufweisen. «

---

[1] Als „elektrisch lang" werden Leitungen dann bezeichnet, wenn die Länge l mehr als ein Zehntel der Wellenlänge λ der maximal auftretenden Signalfrequenz f beträgt: $l > \frac{\lambda}{10} = \frac{1}{10} \cdot \frac{v}{f}$. Dabei entspricht v der Ausbreitungsgeschwindigkeit auf der Leitung und ist **immer** kleiner als die Lichtgeschwindigkeit von ca. $3 \cdot 10^8$ m/s.

LERNZIELE

- Grundlegende Eigenschaften digitaler Schnittstellen
- Schnittstellen für Gerätekommunikation
- Schnittstellen zwischen ICs bzw. Leiterplatten
- Potentialgetrennte Schnittstellen

13.1 Einführung

Digitale Schnittstellen können nach verschiedenen Gesichtspunkten eingeteilt werden. Zuerst wollen wir zwischen seriellen und parallelen Schnittstellen unterscheiden. Grundsätzlich betrachtet, läuft jede Datenübertragung zeitlich gesehen seriell ab, da immer eine Information für eine gewisse Zeit dem Empfänger mitgeteilt wird. Besteht die Information aus nur einem Bit, spricht man von einer seriellen Schnittstelle, da immer ein Bit nach dem anderen übertragen wird. Der Ausgang des Senders wird dabei meist mit **TxD** oder **TX** (*Transmit Data*) bezeichnet, der Eingang des Empfängers mit **RxD** oder **RX** (*Receive Data*).

Wenn mehrere Datenbits auf mehreren parallelen Leitungen gleichzeitig übertragen werden, bezeichnet man dies als eine **parallele Schnittstelle**. Da mehrere Leitungen gleichzeitig verwendet werden, erlauben solche Schnittstellen einen höheren Datendurchsatz. Jedoch steht der zusätzliche Aufwand meist nicht dafür, weshalb eine parallele Übertragung meist nur innerhalb von Geräten bzw. auf Leiterplatten verwendet wird und dann nur, wenn ein möglichst hoher Datendurchsatz für das System wichtig ist (z. B. Datenübertragung zwischen Mikroprozessoren und Speicherbausteinen).

Eine weitere Unterscheidung wird nach der Art der zeitlichen Synchronisation zwischen Sender und Empfänger durchgeführt. Da der Sender die Information nur während definierter Zeitintervalle dem Empfänger mitteilt, muss dieser wissen, wann er den eingelesenen Wert übernehmen soll. Bei synchronen Schnittstellen wird zusätzlich zur Information auf einer weiteren Leitung ein Synchronisationssignal, ein Taktsignal, übertragen. Mit diesem wird dem Empfänger mitgeteilt, dass bei der entsprechenden Taktflanke die anliegende Information übernommen werden soll.

Asynchrone Schnittstellen verwenden kein getrenntes Synchronisationssignal. Alle teilnehmenden Module haben eine eigene Zeitbasis und einigen sich auf eine gemeinsame Datenrate. Der Sender schickt zusätzlich zur eigentlichen Information noch eine Synchronisations-Information über die Leitung, auf welche sich ein Empfänger synchronisiert und dann mit seiner eigenen Zeitbasis weiterarbeitet. Dabei dürfen die Zeitgeber nur geringfügig voneinander abweichen, da sonst die gesendete Information zum falschen Zeitpunkt ausgewertet wird.

Die Datenleitungen zwischen Sender und Empfänger können die Information auf zwei verschiedene Arten übertragen. Wird der Zustand der Leitung auf einen gemeinsamen Bezugsleiter (Masse) interpretiert und werden somit massebezogene Signale verwendet, spricht man von einer **unsymmetrischen Schnittstelle** (*single-ended*).

Erfolgt eine differentielle Übertragung (*differential*) mit zwei Leitungen, wobei eine Leitung die Information x und die andere die invertierte $\bar{x}$ ausgibt, wird die Schnittstelle als **symmetrisch** bezeichnet. Da die Information im Differenzsignal der beiden Leitungen steckt und der Massebezug verloren geht, weisen symmetrische Schnittstellen eine höhere Störsicherheit auf und erlauben folglich auch höhere Datenraten.

Falls sich der Datenaustausch auf zwei Teilnehmer beschränkt, spricht man von einer **Punkt-zu-Punkt-Verbindung**. Sind bei einer solchen Verbindung Sender und Empfänger und somit auch die Richtung der Datenübertragung vorgegeben, wird die Kommunikation als **unidirektional** bezeichnet. Bei bidirektionalen Verbindungen können beide Teilnehmer, oft sogar gleichzeitig, sowohl Daten senden als auch empfangen.

Systeme, die es erlauben, dass mehr als zwei Teilnehmer miteinander kommunizieren, werden als **Bus** bezeichnet. Dabei muss sichergestellt werden, dass immer nur ein Teilnehmer Daten sendet und die Busleitungen belegt, die anderen hören sozusagen zu und können die Daten empfangen. Eine solche Zugriffssteuerung (Arbitrierung) kann durch verschiedene mehr oder weniger komplexe bzw. effiziente Verfahren durchgeführt werden. Das einfachste ist das Single Master-Verfahren, bei dem nur ein Teilnehmer (Master) senden darf, andere Teilnehmer hören zu und dürfen nur dann Daten senden, wenn sie zuvor vom Master gefragt worden sind. Andere, weit effizientere Verfahren, z. B. mit mehreren Teilnehmern, die von sich aus den Bus belegen dürfen (Multi Master), sind meist sehr aufwändig und deren Vorstellung und Erklärung bleibt der weiterführenden Fachliteratur überlassen.

13.2 Kommunikation zwischen Geräten

Zu Beginn wollen wir uns den Schnittstellen für die Kommunikation zwischen elektronischen Geräten zuwenden. Die erste vorgestellte Schnittstelle ist die RS-232, eine ziemlich alte Schnittstelle, die aber aufgrund der Einfachheit des Übertragungsprotokolls noch immer von Bedeutung ist und häufig eingesetzt wird.

13.2.1 RS-232 oder EIA/TIA-232

Die RS-232[2] wurde im Jahr 1962 zum ersten Mal definiert. Sie wurde mehreren Revisionen unterzogen, 1969 ... RS-232-B, 1972 ... EIA-232-C[3], 1986 ... EIA-232-D,

---
[2] RS ... Recommended Standard
[3] EIA ... Electronics Industries Alliance

1990 ... EIA/TIA-232-E[4]. Die in der Folge gebrachten Ausführungen beziehen sich auf die Definition nach EIA/TIA-232-E. Trotzdem wird die Schnittstelle weiterhin als RS-232 bezeichnet, da diese Bezeichnung im praktischen Gebrauch erhalten geblieben ist.

Bei der RS-232-Schnittstelle handelt es sich um eine serielle, asynchrone, unsymmetrische Spannungsschnittstelle für Punkt-zu-Punkt-Übertragungen. Dabei sind nicht nur die physikalischen Eigenschaften definiert, sondern auch das Übertragungsprotokoll.

Das elektrische Ersatzschaltbild ist in der ▶Abbildung 13.1 dargestellt. Die massebezogene Ausgangsspannung V_{out} beträgt im *HI*-Zustand zwischen +5 V und +15 V, im *LO*-Zustand zwischen −5 V und −15 V. Dabei wird die negative Logik verwendet, *HI* entspricht 0 und *LO* folglich 1. Der Ausgangswiderstand R_{out} dient zur Begrenzung des Kurzschlussstromes und muss diesen auf 0,5 A limitieren. Im ausgeschalteten Zustand muss die Schnittstellenspannung kleiner 2 V bei einem Ausgangswiderstand von $R_{out} > 300\,\Omega$ bleiben. Der Empfänger muss Spannungen zwischen +3 V und +25 V korrekt als *HI* (= 0) interpretieren und Spannungen zwischen −3 V und −25 V als *LO* (= 1). Vergleicht man die spezifizierten Bereiche für die Eingangs- und Ausgangspegel, ergibt sich ein Störabstand von 2 V.

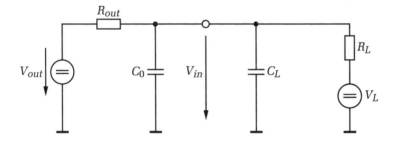

Abbildung 13.1: Ersatzschaltbild der RS-232-Schnittstelle

Die Augangskapazität C_0 wird meist mit der Lastkapazität C_L (Leitungskapazität und Eingangskapazität des Empfängers) gemeinsam betrachtet. Die gesamte Kapazität soll kleiner als 2,5 nF sein, was die erlaubte Kabellänge auf ca. 15 m beschränkt. Der Lastwiderstand R_L muss zwischen 3 kΩ und 7 kΩ liegen. Die eventuell auftretende innere Spannung des Empfängers V_L, welche sich als Störspannung zum Spannungssignal addiert, darf höchstens 2 V betragen.

Nach der Definition der physikalischen Schnittstelle soll nun auf das mit der RS-232 definierte asynchrone Übertragungsprotokoll eingegangen werden.

---

4 TIA ... Telecommunications Industry Association

UART-Protokoll

Das so genannte UART[5]-Protokoll beschreibt das logische Verhalten einer RS-232-Schnittstelle. Es ist relativ einfach in Hardware zu implementieren und deshalb bei Mikrocontrollern sehr verbreitet.

Da es auf die Übertragung einzelner Bytes ausgelegt ist, besteht ein Übertragungsrahmen aus bis zu acht Datenbits. Weitere Bits wie das Start- und das Stopp-Bit werden zur Synchronisation verwendet. Mit einem zusätzlichen Paritätsbit (*Parity Bit*) können auftretende Übertragungsfehler erkannt werden. Der UART-Übertragungsrahmen ist in ▶Abbildung 13.2 dargestellt, einmal in allgemeiner Form und einmal als Beispiel für eine Übertragung eines ASCII[6]-kodierten Buchstabens.

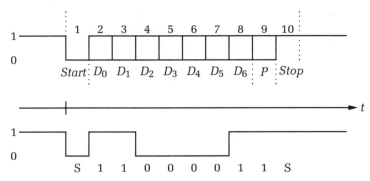

Abbildung 13.2: Oben: logischer Übertragungsrahmen (UART) – Unten: ASCII-Zeichen 'C' (43_h), 7 Datenbits, gerade Parität

Der Ruhezustand der Datenleitung beträgt 1. Durch das Senden des Start-Bits (logisch 0) wird am Beginn der Übertragung ein Wechsel von 1 auf 0 verursacht. Der Zeitpunkt dieser, logisch gesehen, negativen Flanke wird vom Empfänger als Startsignal erkannt und er synchronisiert seine interne Zeitbasis auf diesen Zeitpunkt. Nachdem sowohl Sender als auch Empfänger die gleiche Datenrate verwenden, sind dem Empfänger die Zeitpunkte, zu denen er die Werte einlesen muss, bekannt.

Danach werden die Datenbits gesendet, beginnend mit dem niedrigst wertigen (*Least Significant Bit* ... LSB). Die Anzahl der Datenbits muss natürlich vorher festgelegt werden. Nach dem optionalen Paritätsbit, welches bei gerader Parität die Anzahl der Einsen im Datenwort auf eine gerade Anzahl bzw. bei ungerader Parität auf eine ungerade Anzahl ergänzt, wird das Stopp-Bit gesendet. Dieses hat immer den Wert 1 und setzt den Zustand der Leitung wieder auf die als Ruhezustand definierte 1 zurück.

---

5 UART ... Universal Asynchronous Receiver Transmitter
6 ASCII ... American Standard Code for Information Interchange: Zuordnung von Zahlen, Buchstaben, Sonderzeichen und Steuersignalen zu einer Tabelle mit 128 (entspricht 7 Bits) Codewörtern

Der Sender legt jedes Bit für eine genau definierte Zeit auf die Datenleitung. Diese Zeit berechnet sich aus der Baudrate[7]. Sie gibt an, wie viele Zustandswechsel pro Sekunde durchgeführt werden können, was bei der hier verwendeten binären Übertragung gleichzeitig der Anzahl der möglichen Bits pro Sekunde (bps ... *bits per second*) entspricht.

Mit einem Paritätsbit wird die Distanz des Codes auf 2 erhöht. Die Code-Distanz gibt an, wie viele Bits mindestens verändert werden müssen, um von einem Codewort auf ein anderes, erlaubtes Codewort zu wechseln. Bei vollständigen Codes, bei denen alle Bitkombinationen erlaubte Codewörter darstellen, beträgt die Code-Distanz natürlich 1. Mit dem zusätzlichen Paritätsbits erhöht sich die Code-Distanz. Wenn ein Bit aufgrund eines Übertragungsfehlers kippt, entsteht ein ungültiges Codewort, da sich die Parität ändert. Somit kann ein Übertragungsfehler erkannt, aber nicht korrigiert werden. Genau genommen lassen sich eine ungeradzahlige Anzahl von Übertragungsfehlern detektieren, da dies zu einer falschen Parität während der Überprüfung beim Empfänger führt.

Bei Mikrocontrollern werden UARTs häufig mit integriert, da sie sich mit einer geringen Anzahl von Bauelementen auf wenig Chipfläche aufbauen lassen. Im Wesentlichen werden dazu Flip-Flops benötigt, welche das Datenwort speichern. Zusätzlich werden noch ein Zähler zum Zählen der gesendeten bzw. empfangenen Bits, ein Paritätsgenerator bzw. -Prüfer und eine einfache Steuerlogik benötigt. Solche UARTs arbeiten in positiver Logik, somit ist ihr Ruhezustand $HI = 1$. Zur Pegelanpassung für eine RS-232-Schnittstelle (siehe ▶Abbildung 13.3) wird ein passender Schnittstellentreiber eingesetzt. Er invertiert die Signale, somit wird die positive Logik zu einer negativen Logik, und führt eine Umsetzung von den üblichen Logik-Pegeln ($V_{LO} = 0\,\text{V}$, $V_{HI} = V_{DD}$) zu den RS-232-Pegeln (z. B. $V_{LO} = -10\,\text{V}$, $V_{HI} = +10\,\text{V}$) durch.

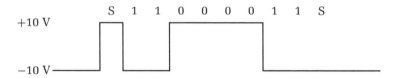

Abbildung 13.3: Physikalischer Übertragungsrahmen (RS-232), ASCII-Zeichen 'C' (43_h), vergleiche Abbildung 13.2

Erlaubte Abweichung der Baudrate

Bei einer asynchronen Übertragung arbeiten der Sender und Empfänger mit einer eigenen Zeitbasis. Auch wenn beide auf den gleichen Wert initialisiert werden, sind immer geringe Abweichungen zu erwarten. Jetzt wollen wir genauer untersuchen, welche Abweichung zwischen den beiden eingestellten Baudraten erlaubt werden

---

[7] Jean-Maurice-Emile Baudot, ⋆ 11. September 1845 in Magneux, Haute-Marne (Frankreich), † 28. März 1903 in Sceaux bei Paris, französischer Ingenieur und Erfinder

kann, ohne dass Übertragungsfehler auftreten. Alle folgenden Betrachtungen gelten auch für jedes andere asynchrone Übertragungsverfahren, beispielhaft werden sie aber für das UART-Protokoll durchgeführt.

Als Zeitbasis des Empfängers wird üblicherweise die 16-fache Frequenz der Baudrate verwendet. Mit dieser Frequenz wird ein interner Zähler getaktet, der beim Detektieren der durch das Start-Bit entstehenden Synchronisationsflanke gestartet wird, siehe ▶Abbildung 13.4.

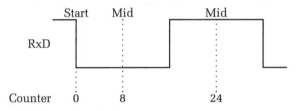

Abbildung 13.4: Synchronisation des Empfängers

Folglich wird der Zählerstand, wenn am Eingang des Empfängers das Start-Bit anliegt, zwischen 0 und 15 betragen. Bei der zeitlichen Mitte des Start-Bits beträgt der Zählerstand 8. Von diesem Zeitpunkt an wird die Mitte jedes weiteren Bits um 16 Takte später am Empfänger anliegen (24, 40, 56, ...). Und genau zu diesen Zeitpunkten soll der Empfänger das Signal abtasten und den Wert übernehmen. Wenn wir nun annehmen, dass der Übertragungsrahmen 8 Datenbits (bzw. 7 Datenbits und 1 Paritätsbit) enthält, wird das Stopp-Bit nach $8 + 9 \cdot 16 = 152$ Zählerschritten eingelesen. Durch das Einlesen des Stopp-Bits kann ein Fehler in der Dauer des Übertragungsrahmens erkannt werden (*Frame Error*).

Eine Abweichung beim Empfänger von der vereinbarten Baudrate wird eine mit jedem weiteren empfangenen Bit wachsende Abweichung verursachen. Somit muss nur das korrekte Empfangen des letzten Bits, das Stopp-Bit, untersucht werden. Denn solange dieses richtig übernommen wird, werden auch alle vorangegangenen Bits zum richtigen Zeitpunkt empfangen.

Wenn wir ideale Pegelwechsel (unendlich steile Flanken) im gesendeten Signal annehmen, heißt das, dass der Zählerstand von 152 dann erreicht werden muss, wenn die exakte Zeitbasis einen Wert zwischen $152 \pm 8 = 144\ldots160$ hätte. Folglich wäre eine relative Abweichung der Baudrate des Empfängers zum Sender von $\pm \frac{8}{152} \approx \pm 5,3\,\%$ erlaubt.

In ▶Abbildung 13.5 sind verschiedene Szenarien für die Qualität des übertragenen Signals dargestellt. In der Mitte wird eine reale Verbindung gezeigt, bei der der volle Signalpegel zu 75 % einer Bitzeit anliegt und die restlichen 25 % für die Anstiegsbzw. Fallzeit benötigt werden. Unten sind noch die Verhältnisse bei einer schlechten Verbindung zu sehen. In diesem Fall wollen wir annehmen, dass der Signalpegel nur für 50 % einer Bitzeit korrekt anliegt. Wenn wir nun diese härteren Bedingungen für die Berechnung der erlaubten Baudratenabweichung einsetzen, erhalten wir für eine normale Verbindung $\pm\frac{0{,}75\cdot 8}{152} = \pm\frac{6}{152} \approx 4\,\%$ und für die schlechte Verbindung $\pm\frac{0{,}5\cdot 8}{152} = \pm\frac{4}{152} \approx 2{,}6\,\%$.

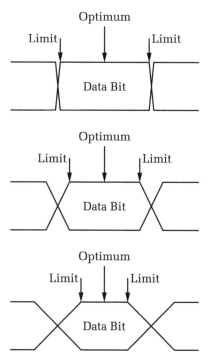

Abbildung 13.5: Zeitpunkt der Übernahme des Eingangswertes (Oben: ideal – Mitte: normale Verbindung – Unten: schlechte Verbindung)

Bis jetzt wurde angenommen, dass zum Zeitpunkt des Start-Bits der interne Zähler des Empfängers exakt bei 0 startet. Das Taktsignal des Zählers wird jedoch von einem frei laufenden Taktgenerator erzeugt, der nicht auf das Start-Bit synchronisiert werden kann. Folglich muss, da die Position der Synchronisationsflanke innerhalb eines Zählertaktes unbekannt ist, die daraus resultierende mögliche Abweichung von einem Zyklus im Fehlerbudget berücksichtigt werden. Somit erhalten wir für die erlaubte Abweichung der Baudrate $\pm\frac{0{,}75\cdot 8 - 1}{152} = \pm\frac{5}{152} \approx 3{,}3\,\%$ bzw. $\pm\frac{0{,}5\cdot 8 - 1}{152} = \pm\frac{3}{152} \approx 2\,\%$.

Die Baudrate ist für den Sender und den Empfänger getrennt einzustellen, wobei die Baudraten zueinander keine Abweichung größer den zuvor hergeleiteten Werten aufweisen dürfen. Wenn nun eine gemeinsame Baudrate vorgegeben wird, darf sich fairerweise die Abweichung von dieser gleichermaßen auf Sender und Empfänger aufteilen. Dadurch halbieren sich die berechneten Ergebnisse und wir erhalten die maximal erlaubte Abweichung von der festgelegten Baudrate, welche sowohl für den Sender als auch den Empfänger zulässig ist. Für normale Verbindungen beträgt sie 1,6 % und bei schlechten Verhältnissen, welche man als Ingenieur niemals unberücksichtigt lassen darf, erhalten wir als Ergebnis 1 %.

Diese Anforderungen an die Zeitbasis eines UARTs sind problemlos zu erfüllen. Dafür ist nicht einmal ein Quarzoszillator notwendig, es reichen auch billigere und dafür weniger genaue Zeitgeber (z. B. ein keramischer Resonator), um die Bedingungen über den gesamten Temperaturbereich einzuhalten.

Thermometer

Eine einfache und problemlose Kommunikation zwischen einem Mikrocontroller und einem PC kann über eine RS-232-Schnittstelle erfolgen. Mit einem Terminal-Programm, welches als Kommunikations-Software für textbasierende Datenübertragung verwendet wird, kann man einfach den vom Mikrocontroller gesendeten Text darstellen. Bei einem Thermometer könnte man z. B. alle fünf Sekunden die gerade gemessene Temperatur in Form von Textdaten schicken. Dies könnte dann im Terminal-Programm so aussehen: „14:27:35, T = 23.71 °C".

13.2.2 Standards bei Schnittstellen (Hardware)

In ▶Tabelle 13.1 sind die elektrischen Eigenschaften für weitere, standardisierte Schnittstellen aufgelistet. Dabei wird über das verwendete Übertragungsprotokoll keine Aussage getätigt, meist wird jedoch das UART-Protokoll verwendet. Zum besseren Vergleich sind die Spezifikationen der RS-232-Schnittstelle auch aufgelistet.

Der unsymmetrische Schnittstellen-Standard RS-423 wird eher selten verwendet, da die RS-423 kaum bessere Eigenschaften als die weit verbreitete RS-232-Schnittstelle aufweist.

Die RS-422 und RS-485 sind für Schnittstellen in industrieller Umgebung (z. B. Prozesssteuerungen) aufgrund der symmetrischen Übertragung häufig in Verwendung. Sie sind weit weniger gegen Gleichtaktstörungen empfindlich und werden auch dann noch korrekt arbeiten, wenn die 2 V Störabstand der RS-232 aufgrund von Masseverschiebungen bei größeren Entfernungen nicht mehr ausreichen.

Bei extremen Umgebungsbedingungen, verursacht durch z. B. sehr lange Leitungen oder starke elektromagnetische Störeinkopplung, kann eine Stromschnittstelle eingesetzt werden. Ist Information in Form eines Stromes gegeben, spielen Potentialverschiebungen und andere Störspannungen keine Rolle mehr. Übliche Pegel sind dabei $I_{LO} = 4$ mA und $I_{HI} = 20$ mA. Damit fließt immer ein Strom, wodurch eine Leitungsunterbrechung bei $I = 0$ erkannt werden kann.

Tabelle 13.1 — Standards für Schnittstellen

Spezifikation	RS-232	RS-423	RS-422	RS-485
	unsym.	unsym.	sym.	sym.
Anzahl Sender	1	1	1	32
Anzahl Empfänger	1	10	10	32
max. Kabellänge	15 m	1200 m	1200 m	1200 m
max. Datenrate[8]	115,2 kb/s	100 kb/s	10 Mb/s	10 Mb/s
Ausgang (mit Last)	±5 V	±3,6 V	±2 V	±1,5 V
Ausgang (ohne Last)	±15 V	±6 V	±5 V	±5 V
Last	3…7 kΩ	> 450 Ω	100 Ω	54 Ω
Bereich der Eingangsspannung	±25 V	±12 V	±7 V	−7…12 V
min. Pegel	±3 V	±200 mV	±200 mV	±200 mV

13.2.3 CAN

CAN (*Controller Area Network*) ist ein asynchrones, serielles Bussystem, welches von der Robert Bosch[9] GmbH zur Vernetzung von Steuergeräten in Automobilen entwickelt wurde.

Das asynchrone Übertragungsprotokoll beginnt mit einem Start-Bit (SOF … *Start of Frame*), worauf ein Identifikationsfeld (*Identifier*, Länge 11 oder 29 bit) folgt. Mit diesem Feld wird nicht nur jeder Nachricht eine Identifikationsnummer zugeordnet, sondern auch die Priorität der Nachricht festgelegt (kleine Werte haben höhere Priorität). Danach werden einige Steuerbits und ein Datenfeld mit variabler Länge (bis zu 8 byte = 64 bit) gesendet. Abgeschlossen wird der Übertragungsrahmen von Prüfbits, welche als CRC (*Cyclic Redundancy Check*) berechnet werden, weiteren

---

[8] Die maximale Datenrate ist von der verwendeten Leitungslänge abhängig. Die hier angegebenen Werte sind die maximal möglichen Datenraten, jedoch nicht die für maximale Kabellänge.

[9] Robert Bosch, ∗ 23. September 1861 in Albeck bei Ulm (Deutschland), † 12. März 1942 in Stuttgart, deutscher Industrieller, gründete 1886 das Unternehmen „Werkstätte für Feinmechanik und Elektrotechnik", 1937 umgewandelt in die „Robert Bosch GmbH".

Steuerbits und einem Bestätigungsfeld (ACK ... *Acknowledge*). Im Zeitfenster des Bestätigungsfeldes quittiert der Empfänger den Erhalt der Nachricht. Fehlt die Bestätigung, schickt der Sender die Nachricht noch einmal aus.

In Summe kann ein solches Datenpaket bis zu 112 bit lang sein. Eine einfache Start-Bit-Synchronisierung ähnlich dem UART-Protokoll würde aufgrund der langen Datenrahmen strengere Anforderungen an die maximal erlaubte Abweichung der Übertragungsrate stellen (ca. Faktor 10 im Vergleich zu UART). Deswegen wird bei den Pegelwechseln eine automatische Nachsynchronisierung vorgenommen. Falls ein Datenpaket aus vielen aufeinander folgenden Nullen bzw. Einsen besteht und somit keine Pegelwechsel am Empfänger zur Synchronisierung anliegen, werden zusätzliche Bits in den Rahmen eingefügt (*Bit Stuffing*). Diese beinhalten zwar keinerlei Information und werden vom Empfänger auch nicht weiterverarbeitet, garantieren aber die fortlaufende Synchronisierung zwischen Sender und Empfänger.

Es existieren mehrere elektrische Spezifikationen für CAN, hier soll kurz auf den meist verwendeten High Speed Standard nach ISO 11898-2 eingegangen werden. Die Schnittstelle arbeitet mit differentieller Übertragung. Dabei ist eine Gleichtaktaussteuerung von -2 V bis $+7$ V erlaubt. Der Wellenwiderstand der verwendeten Leitungen soll 120 Ω betragen, die Leitung wird folglich mit einem 120 Ω-Abschlusswiderstand versehen. Es sind Datenraten von 1 Mbit/s bei einer theoretischen Leitungslänge von bis zu 40 m möglich.

Die Buszugriffssteuerung erfolgt nach dem CSMA/CA-Verfahren (*Carrier Sense Multiple Access/Collision Avoidance*). Dabei werden die beiden Logikpegel unterschiedlich ausgeführt und zwar als ein dominanter und ein rezessiver Zustand. Wenn zwei Sender nun gleichzeitig den Bus belegen wollen, wird der Sender, welcher den dominanten Zustand ausgibt, den rezessiven des anderen überschreiben. Dieser Sender erkennt dann aufgrund des Zurücklesens des Zustands der Busleitungen, dass ein anderer bereits sendet, beendet die Datenausgabe und wird einen weiteren Versuch zu einem späteren Zeitpunkt starten. Da die Datenpakete unterschiedliche Identifikationsnummern aufweisen, ist eine Kollision am Datenbus nur bei diesen Bits möglich. Die Nachricht mit dem kleineren Identifier hat die größere Priorität und legt zuerst den dominanten Zustand auf die Busleitung. Somit wird das Senden der Nachricht mit niedrigerer Priorität abgebrochen und eine Buskollision vermieden.

Die gesamten Abläufe im CAN-Protokoll sind in Hardware als Peripherieteil auf vielen Mikrocontrollern enthalten. Es wird dann nur noch ein externer CAN-Transceiver (Transmitter + Receiver = Transceiver) als Schnittstellenbaustein mit Zusatzbeschaltung (Elektromagnetische Verträglichkeit!) benötigt.

13.2.4 Ethernet

Ethernet ist eine Schnittstelle für kabelgebundene Datenübertragung in lokalen Netzwerken. Mit dem Begriff Ethernet wird meist der Standard IEEE 802.3 gemeint. Diese Schnittstellen erlauben eine schnelle (100 Mbit/s bzw. 1 Gbit/s) Übertragung großer Datenmengen. Einzelne Datenpakete können dabei bis zu 1.500 byte groß sein.

Mit Ethernet werden dabei nur die untersten Ebenen einer Datenübertragung beschrieben. Dabei handelt es sich um die elektrische Schnittstelle und ein einfaches Protokoll, welches ein Verschicken von Datenpaketen erlaubt. Die einzelnen Teilnehmer im Netzwerk werden mit ihrer eindeutigen MAC-Adresse (MAC ... *Media Access Control*) identifiziert. Das Senden und Empfangen wird dabei von fertigen Ethernet-Controllern erledigt.

Damit eine gut funktionierende Kommunikation mit anderen Teilnehmern ermöglicht wird, müssen zusätzliche Protokolle implementiert sein. Dazu gehören ARP (*Address Resolution Protocol*), IP (*Internet Protocol*) und TCP (*Transmission Control Protocol*). Wenn diese von der auf einem Mikroprozessor laufenden Software angeboten werden und der Teilnehmer über einen Ethernet-Controller an ein Netzwerk angebunden ist, können Daten korrekt übertragen werden. Mit diesen Protokollen ist auch eine Verbindung in das Internet möglich.

Da von PCs alle Netzwerkprotokolle auf jedem Betriebssystem unterstützt werden, eignet sich Ethernet hervorragend für die Kommunikation mit PCs. Wird am Mikrocontroller auch noch HTTP (*Hypertext Transfer Protocol*) implementiert, kann dieser auch als Webserver arbeiten. Dann können über jeden Webbrowser Daten vom Mikrocontroller abgefragt werden.

Das Entwickeln bzw. Portieren der notwendigen Protokollsoftware erweist sich als sehr aufwändig. Es besteht jedoch keine Notwendigkeit, dies zu tun, da diese Software auch frei verfügbar ist. Für viele Mikrocontroller existieren kommerzielle und freie TCP/IP-Stacks (TCP, IP und die weiteren benötigten Protokolle), welche in ihrer Funktion und ihrem Speicherbedarf für Mikrocontroller optimiert sind.

Thermometer

Das digitale Thermometer soll nicht nur die Temperatur messen und auf einer Anzeige ausgeben. Es wäre durchaus angenehm, wenn man über ein Netzwerk, vielleicht sogar über das Internet, die aktuelle Temperatur abfragen könnte.

Dazu ist der interne Mikrocontroller über einen Ethernet-Controller an ein Netzwerk mit Internet-Verbindung angeschlossen. Auf dem Mikrocontroller läuft die passende freie Netzwerksoftware, die das Messgerät auch zum Webserver macht. Nun kann über einen Webbrowser aus der ganzen Welt die gemessene Temperatur abgefragt werden.

13.2.5 USB

Die USB-Schnittstelle (*Universal Serial Bus*) ist eine symmetrische, serielle Schnittstelle, die im PC-Bereich für die Kommunikation mit externen Geräten eingesetzt wird. Es existieren verschiedene Spezifikationen dieser Schnittstelle. Die Version 1.1 spezifiziert eine Variante mit einer Übertragungsrate von 1,5 Mbit/s (*Low Speed*) und eine Variante mit 12 Mbit/s (*High Speed*). In der Spezifikation für USB 2.0 gibt es einen wesentlich schnelleren Übertragungsmodus (*Full Speed*) mit einer Datenrate von 480 Mbit/s. Die Datenübertragung erfolgt mit zwei differentiellen Signalen über ein verdrilltes Leiterpaar. Die maximale Leitungslänge ist bei Full Speed mit 5 m spezifiziert.

Ein wesentlicher Grund für die Beliebtheit dieser Schnittstelle ist die Möglichkeit, angeschlossene Geräte über den Bus zu versorgen. Es werden zwei eigene Leitungen und eine Versorgungsspannung von 5 V verwendet, der maximale Strom beträgt bei einem Low Power-Gerät 100 mA. So genannte High Power-Geräte dürfen ebenfalls beim Start nur 100 mA verbrauchen, können jedoch danach einen maximalen Strom von 500 mA anfordern.

Die USB-Schnittstelle hat die früher üblichen Schnittstellen (wie auch RS-232) bei PCs ersetzt. Auch wenn im Namen das Wort „Bus" vorkommt, handelt es sich dabei in der elektrischen Ausführung um eine Punkt-zu-Punkt-Verbindung, da immer ein USB-Controller (Master) mit nur einem der Geräte (Slave) kommuniziert. Dabei entsteht dann ein logisches Bussystem, welches physikalisch betrachtet im Gegensatz zu CAN und Ethernet kein echtes Bussystem mit mehr als zwei Teilnehmern darstellt.

Soll nun ein Mikrocontroller über eine USB-Schnittstelle mit einem PC Daten austauschen, so kann entweder ein Mikrocontroller mit eingebauter USB-Peripherie oder ein USB-Schnittstellenbaustein verwendet werden. Die notwendigen Treiber für das verwendete Betriebssystem am PC sollten vom IC-Hersteller zur Verfügung gestellt werden und idealerweise als dokumentierter Quellcode vorliegen. Anderenfalls können bei einer Weiterentwicklung oder bei einem Wechsel des Betriebssystems große Probleme auftreten. Da zu einem erfolgreichen Geräte-Entwurf mit USB-Schnittstelle untrennbar auch die Beschäftigung mit diesen Treibern und deren Interaktion mit dem Betriebssystem gehört, sei an dieser Stelle auf die weiterführende Fachliteratur verwiesen.

13.3 Kommunikation zwischen Modulen

Neben der Kommunikation zwischen Geräten wollen wir nun auf den Datenaustausch zwischen zwei oder mehreren Modulen eingehen. Als Modul werden an dieser Stelle einzelne ICs bzw. Baugruppen auf einer Leiterplatte oder eine Leiterplatte selbst bezeichnet. Die Verbindung beschränkt sich aber auf das Innere eines elektronischen Geräts, die Schnittstelle wird nicht nach außen geführt.

Da hier keine langen Distanzen überbrückt werden müssen, werden massebezogene, zweiwertige Signale mit den Pegeln $LO = GND = 0\,\text{V}$ und $HI = V_{DD}$ verwendet.

13.3.1 Synchrone Serielle Schnittstelle

Mit synchronen seriellen Schnittstellen werden einzelne Bits hintereinander übertragen, das Zeitverhalten wird dabei von einem zusätzlichen Taktsignal bestimmt. Die Betrachtungen beziehen sich auf das von Motorola[10] entwickelte SPI (*Serial Peripheral Interface*), eine weit verbreitete, leistungsfähige Schnittstelle zur Kommunikation zwischen Mikrocontrollern und anderen Modulen (wie z. B. Analog/Digital- bzw. Digital/Analog-Umsetzer, ...). In der ▶Abbildung 13.6 ist ein Beispiel für einen solchen SPI-Übertragungsrahmen dargestellt.

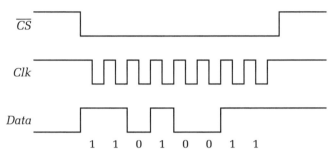

Abbildung 13.6: SPI-Übertragungsrahmen mit 8 Datenbits, Datenausgabe bei positiver Taktflanke, Datenübernahme bei negativer Taktflanke

Im Wesentlichen wird über zwei Leitungen, eine Datenleitung und eine Taktleitung, kommuniziert. Bei einer bidirektionalen Datenübertragung wird noch eine zweite Datenleitung verwendet. Dabei wird das Taktsignal von einem Teilnehmer (Master) generiert, dieser sendet das Datenwort, der andere Teilnehmer (Slave) empfängt, kann aber auch zum Takt synchron Daten an den Master senden. Mit der zusätzlichen Auswahlleitung $\overline{CS}$ (*Not Chip Select*) kann der Master mit einem LO-Signal dem Slave mitteilen, dass dieser auf die empfangenen Signale reagieren soll. Somit ist es auch möglich, von einem Master aus mehrere Slaves anzusprechen (aber nicht gleichzeitig), wenn dabei immer nur einer ausgewählt wird. Folglich wird die Punkt-zu-Punkt-Übertragung (logisch gesehen) zu einem Bussystem erweitert.

Die Datenformate sind bei solchen synchronen seriellen Schnittstellen nicht genormt und können meist in verschiedenen Modi betrieben werden. Dabei unterscheidet man, ob das Taktsignal den Ruhezustand LO oder HI aufweist (*Clock Polarity*) bzw.

---

10 Hersteller elektronischer Bauelemente und Systeme, gegründet 1928 von den Brüdern Paul V. und Joseph Galvin als Galvin Manufacturing Corporation (Chicago, USA), 1947 in Motorola umbenannt, 2004 Ausgliederung des Halbleiterbereichs für komplexe ICs mit dem Schwerpunkt „Eingebettete Systeme" zu Freescale Semiconductor (z. B. Mikroprozessoren und Controller, keine Komponenten wie Einzeltransistoren oder Standardprodukte wie Operationsverstärker)

ob der Empfänger schon bei der ersten (und bei den ungeradzahligen) Taktflanken oder ab der zweiten (und geradzahligen) den Wert des Datensignals einlesen soll (*Clock Phase*). Die Größe eines Datenwortes, also die Anzahl der zu übertragenden Bits, ist einstellbar.

In dem in ▶Abbildung 13.6 gezeigten Beispiel werden mit jedem Rahmen acht Bits übertragen, der Ruhezustand des Taktsignals ist *HI* (Clock Polarity = 1). Die einzelnen Bits werden bei der positiven Flanke ausgegeben und bei der negativen vom Empfänger übernommen. Da die negative Taktflanke gleichzeitig auch die erste Taktflanke ist, beträgt Clock Phase = 0.

Synchrone serielle Schnittstellen eignen sich sehr gut zur Kommunikation zwischen Mikroprozessoren und Analog/Digital- und Digital/Analog-Umsetzern. Aufgrund der wenigen Leitungen, die für eine Verbindung benötigt werden, vereinfacht sich das Layout einer Leiterplatte, die notwendigen Datenraten sind auch einfach zu bewältigen. Bei üblichen Audio-Anwendungen (Stereo, 24 bit Auflösung, Abtastrate 44,1 kHz) müssen pro Sekunde $2 \cdot 24 \cdot 44.100 \approx 2{,}1$ Mbit übertragen werden. Solche Datenraten sind bei geräteinternen Verbindungen auf einer Leiterplatte für SPI-Schnittstellen kein Problem.

13.3.2 Inter Integrated Circuit Bus (I^{2}C-Bus)

Der I^{2}C-Bus (ausgesprochen „I-Quadrat-C" bzw. „*I-square-C*") ist eine serielle, synchrone und busfähige Schnittstelle. Sie wurde von Philips Semiconductors[11] entwickelt, 1992 wurde die Spezifikation der Version 1.0 vorgestellt. Der I^{2}C-Bus erlaubt eine Kommunikation zwischen mehreren ICs mit Datenraten bis zu 400 kbit/s (Fast-mode) bzw. bis 3,4 Mbit/s im High-speed Mode (1998 in der Version 2.0 definiert). Es werden zwei Leitungen verwendet, eine Datenleitung (*SDA ... Serial Data*) und eine Taktleitung (*SCL ... Serial Clock*). Der Ruhepegel beider Leitungen ist *HI*, die elektrische Anbindung jedes Teilnehmers erfolgt über Open-Drain-Ausgänge, wobei ein externer, gemeinsamer Pull-Up-Widerstand für jede Leitung vorgesehen ist ▶Abbildung 13.7. Somit erhält man einen starken *LO*-Pegel (dominant) und einen schwachen *HI*-Pegel (rezessiv).

Das verwendete Protokoll sieht ein Master-Slave-Konzept vor. Der Master sendet die Startbedingung, adressiert darauf den gewünschten Slave-Teilnehmer und sendet bzw. empfängt dann die gewünschten Daten. Die Datenübertragung bzw. Übernahme beim Empfänger erfolgt an den Taktflanken, somit ist die Schnittstelle unabhängig von der Zeit, da nur die Ereignisse bzw. Taktflanken den Ablauf bestimmen. Die Zeit, die zwischen dem Senden einzelner Bits vergeht, spielt dabei keine Rolle. Ein Beispiel für die Übertragung eines Bytes inklusive Start- und Stoppbedingung wird in ▶Abbildung 13.8 gezeigt.

---

11 Halbleiterbereich des Elektronikherstellers Royal Philips Electronics (1891 gegründet von Gerard Philips in Eindhoven (Niederlande)), 2006 ausgegliedert und umbenannt in NXP (*N*ext e*XP*erience)

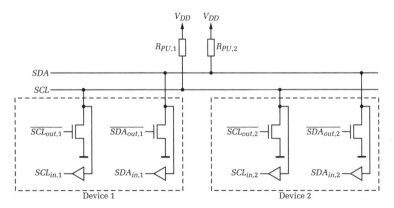

Abbildung 13.7: Anbindung an den I²C-Bus

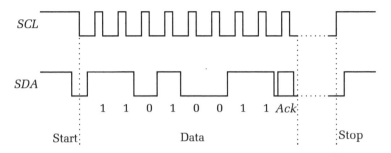

Abbildung 13.8: I²C-Übertragungsrahmen

Während des gesamten Datenverkehrs ist vereinbart, dass Zustandswechsel der Datenleitung SDA nur erlaubt sind, wenn die Taktleitung SCL den Wert LO aufweist. Damit wird die Startbedingung, ein Pegelwechsel von LO auf HI von SDA beim Zustand HI auf der Taktleitung eindeutig erkennbar. Danach wird das Datenwort mit der Länge von acht Bit (ein Byte) gesendet. Der Empfänger quittiert den korrekten Empfang durch ein Bestätigungsbit ($Ack \ldots Acknowledge$). Während dieses Zeitfensters wird vom Sender der hochohmige Zustand HI auf die Datenleitung gelegt, der Empfänger zieht dann zur Bestätigung die Leitung auf LO. Das erste, immer vom Master gesendete Datenbyte enthält dabei die Adresse des gewünschten Teilnehmers (Länge 7 bit) und ein Bit, um zwischen Schreib- und Lesezugriffe zu unterscheiden. Dementsprechend sendet danach der Master oder der Slave mehrere Datenbytes und der jeweilige Empfänger setzt immer das Bestätigungsbit zum richtigen Zeitpunkt. Der Datentransfer wird vom Master durch Senden der Stoppbedingung beendet. Dabei muss die Datenleitung von HI auf LO wechseln, während die Taktleitung den Zustand HI hat.

Der I²C-Bus eignet sich zur Übertragung kleiner Datenmengen (verglichen mit SPI). Die maximale Übertragungsrate wird aufgrund des schwachen HI-Pegels (Pull-Up-Widerstand) eingeschränkt. Dafür hat der I²C-Bus aber den Vorteil, dass zwischen mehreren Modulen eine Kommunikation mit geringem Aufwand (nur zwei Leitungen) möglich ist. Häufige Anwendungen bzw. Bausteine, die häufig über den I²C-Bus kommunizieren, sind z. B. langsame Analog/Digital- und Digital/Analog-Umsetzer (einige bis höchstens ein paar Tausend Umsetzungen pro Sekunde), Echtzeituhren oder Festwertspeicher, in denen Konstanten oder Zustandsvariablen eines Mikrocontroller-Systems gesichert werden.

Falls ein Mikrocontroller keine integrierte I²C-Bus-Schnittstelle hat, kann er trotzdem über I²C mit anderen Modulen kommunizieren. Denn aufgrund der Einfachheit des Protokolls, der Unabhängigkeit von der Zeit und der geringen Geschwindigkeit ist es problemlos möglich, eine Anbindung an einen I²C-Bus mit zwei in Software programmierbaren Anschlüssen zu implementieren.

13.3.3 UART und CAN-Bus

Wenn mehrere Module innerhalb eines Geräts kommunizieren sollen, bieten sich weitere Möglichkeiten an. Eine einfache Punkt-zu-Punkt-Übertragung lässt sich über UART durch die direkte Verbindung der Sende- und Empfangsleitung aufbauen. Die physikalische RS-232-Ebene wird dabei einfach weggelassen, man verwendet die Logikpegel $V_{LO} = 0\,\text{V}$ und $V_{HI} = V_{DD}$ und kann die RS-232-Pegelumsetzung einsparen.

Sollen drei oder mehr Teilnehmer über eine gemeinsame Verbindung Daten austauschen, muss die UART-Schnittstelle zu einer busfähigen erweitert werden. Nachdem der UART-Ruhepegel *HI* entspricht, kann man mit einem AND-Gatter alle Sendeleitungen disjunktiv verknüpfen, um mehrere Sendeleitungen zu einer gemeinsamen Busleitung zu verschmelzen ▶Abbildung 13.9.

$$Bus = TxD_1 \cdot TxD_2 \cdot TxD_3 \ldots$$

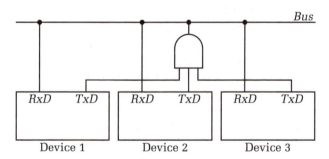

Abbildung 13.9: Schaltung zur Erweiterung von Schnittstellen zu einem Bussystem

Damit kann nun jeder Teilnehmer Daten auf die Busleitung schreiben und jeder Teilnehmer empfängt das Datenpaket. Das UART-Protokoll ist für Punkt-zu-Punkt-Verbindungen ausgelegt, wobei eine Zweckentfremdung beim Einsatz in einem Bussystem nicht vorgesehen ist. Darum muss die Adressierung der Teilnehmer und die Busarbitrierung in Software gelöst werden, um gleichzeitige Zugriffe zu vermeiden.

Der CAN-Bus definiert auch die physikalische Ebene (differentielle Schnittstelle). Sollen mehrere Teilnehmer über CAN kommunizieren (z. B. Mikrocontroller), können bei Verbindungen innerhalb eines Geräts bzw. auf einer Leiterplatte die Transceiver-Bausteine weggelassen werden.

Der Ruhepegel der Sendeleitung eines CAN-Controllers beträgt *HI*. Folglich kann auch hier das Prinzip der AND-Verknüpfung (Abbildung 13.9) eingesetzt werden. Somit erhält man durch die Disjunktion einen dominanten (*LO*) und einen rezessiven (*HI*) Pegel. Da beim CAN-Bus eine Kollisionsdetektion durchgeführt wird und jeder Teilnehmer beim Senden auch das Signal am Bus zurückliest, muss der Datenbus auch bei nur zwei Teilnehmern mit der AND-Verknüpfung aufgebaut werden. Bei einer direkten Verbindung könnte der Sender nicht überprüfen, ob die Daten auch korrekt am Datenbus anliegen.

13.4 Potentialtrennung

Die gezeigten Schnittstellen wie RS-232 oder CAN-Bus verwenden eine leitende Verbindung zwischen den Teilnehmern, es ist keine Potentialtrennung vorgesehen. Manche Anwendungen verlangen aber eine galvanische Trennung.

In ▶Abbildung 13.10 wird gezeigt, wie eine potentialgetrennte Schnittstelle aufgebaut werden kann. Der als Transceiver bezeichnete Schnittstellen-Baustein (z. B. RS-232-Pegelanpassung) muss natürlich mit Energie versorgt werden. Für die potentialgetrennte Energieversorgung kann ein fertiger DC/DC-Konverter verwendet werden. Dies ist ein kleines Modul mit integriertem Transformator, welches die DC-Eingangsspannung ($V_{DD,1}$) intern in eine Wechselspannung umsetzt, magnetisch überträgt und am Ausgang ($V_{DD,2}$) gleichgerichtet ausgibt. Somit ist die Spannungsversorgung des Transceivers gegeben.

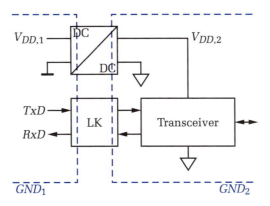

Abbildung 13.10: Potentialtrennung von Schnittstellen mit Logikkoppler und DC/DC-Konverter

Die Information, also das Sendesignal *RxD* und das Empfangssignal *TxD*, wird mit einer passenden Logikkoppler-Schaltung (LK) potentialgetrennt übertragen. Dafür bieten sich im Wesentlichen zwei Möglichkeiten an, eine optische und magnetische Übertragung.

13.4.1 Optokoppler

Eine optische Übertragung ist mit so genannten Optokopplern möglich ▶Abbildung 13.11. Dabei handelt es sich um eine Leuchtdiode (LED ... *Light Emitting Diode*), welche mit einem Fototransistor in einem gemeinsamen Gehäuse untergebracht ist.

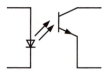

Abbildung 13.11: Optokoppler

Fließt nun durch die LED ein Strom I_D, wird sie Licht abgeben und den Fototransistor beleuchten. Der dann durch den beschalteten Fototransistor fließende Strom I_T steht in Relation zum LED-Strom.

$$I_T \approx k \cdot I_D \tag{13.1}$$

Aufgrund des wertkontinuierlichen Zusammenhangs kann auch eine Übertragung eines Analogsignales durchgeführt werden, jedoch ist der Proportionalitätsfaktor nicht wirklich konstant (abhängig vom LED-Strom, von der Temperatur, ...).

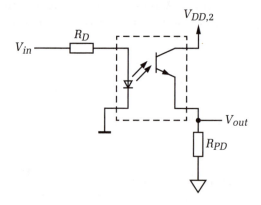

Abbildung 13.12: Potentialfreie Übertragung eines zweiwertigen Signals mit einem Optokoppler

Mit einer passenden Zusatzbeschaltung, bestehend aus einem Strombegrenzungswiderstand für die LED und einem Pull-Down-Widerstand (▶Abbildung 13.12), kann eine einfache Potentialtrennung zwischen Logiksignalen vorgenommen werden. Diese Schaltung sollte aber nur als theoretisches Beispiel dienen. Sie mag zwar einfach und billig sein, jedoch ist sie für die meisten Anwendungen zu langsam.

Liegt am Eingang V_{in} der HI-Pegel (= $V_{DD,1}$) an, fließt ein Strom durch die LED und der Fototransistor wird durchschalten und den Ausgang auf $HI = V_{DD,2}$ ziehen. Beim Eingangszustand LO wird kein LED-Strom fließen, der Fototransistor sperrt und der Ausgang V_{out} wird vom Pull-Down-Widerstand R_{PD} auf LO gehalten.

Simulation

Beispiel: Dimensionierung der Widerstände

Für die in ▶Abbildung 13.12 dargestellte Schaltung mit einem Optokoppler (LED-Vorwärtsspannung $V_F = 1{,}2 \ldots 1{,}4\,\text{V}$, Faktor der Stromübertragung $k = 0{,}5 \ldots 5$) sollen die beiden Widerstände dimensioniert werden. Der maximale Eingangsstrom I_{in} darf höchstens 1 mA betragen. Die Versorgungsspannung bzw. der HI-Pegel beträgt an beiden Seiten $V_{DD,1} = V_{HI,1} = V_{DD,2} = V_{HI,1} = +5\,\text{V}$.

$$I_{in} = \frac{V_{HI,1} - V_F}{R_D} \quad \Rightarrow \quad \max(I_{in}) = \frac{V_{HI,1} - \min(V_F)}{R_D}$$

$$R_D \geq \frac{V_{HI,1} - \min(V_F)}{\max(I_{in})} = \frac{(5 - 1{,}2)\,\text{V}}{1\,\text{mA}} = 3{,}8\,\text{k}\Omega$$

Nun wollen wir den nächstgrößeren Wert der E12-Normreihe nehmen, wir erhalten für den strombegrenzenden Widerstand:

$$R_D = 3{,}9\,\text{k}\Omega\,.$$

Mit dem so dimensionierten Widerstand R_D ergibt sich für den minimalen Fototransistorstrom I_T, während am Eingang V_{in} der HI-Pegel anliegt:

$$\min(I_T) = \min(k) \frac{V_{HI,1} - \max(V_F)}{R_D} = 0{,}5 \frac{(5 - 1{,}4)\,\text{V}}{3{,}9\,\text{k}\Omega} \approx 0{,}46\,\text{mA}\,.$$

Damit bei diesem Transistorstrom der Ausgang noch auf HI gezogen werden kann, darf der Pull-Down-Widerstand nicht zu klein gewählt werden. Wir erhalten für R_{PD}:

$$R_{PD} > \frac{V_{DD,2}}{\min(I_T)} = \frac{5\,\text{V}}{0{,}46\,\text{mA}} \approx 10{,}9\,\text{k}\Omega\,.$$

Auch hier wollen wir den nächsten E12-Normwert wählen, wir erhalten:

$$R_{PD} = 11\,\text{k}\Omega\,.$$

Optokoppler zur Übertragung von zweiwertigen Signalen sind auch mit der schon im Gehäuse integrierten notwendigen Zusatzbeschaltung, eventuell sogar mit zusätzlichen Eingangs- und Ausgangspuffern, erhältlich. Somit ist das diskrete Beschalten des Optokopplers in Anwendungen mit Standard-CMOS-Logikpegeln nicht erforderlich. Trotzdem bleibt noch immer eine unangenehme Eigenschaft bei Optokopplern bestehen. Abhängig vom Eingangszustand leuchtet die LED oder nicht. Dementsprechend verhält sich auch die Stromaufnahme, wobei der notwendige LED-Strom nicht vernachlässigt werden darf.

Außerdem können sehr schnelle Änderungen des Potentialunterschiedes beider Seiten Störungen verursachen. Über die Koppelkapazität zwischen der LED und dem Fototransistor könnte ein Strom in die Basis des Transistors fließen und einen ungewollten Schaltvorgang verursachen (siehe Kapitel 19.1.4).

13.4.2 Magnetkoppler

Eine andere Art, zweiwertige Signale potentialfrei zu übertragen, ist das Verwenden der magnetischen Kopplung. In der Energieübertragung ist der Transformator schon seit jeher ein bekanntes Element, in der Übertragung von Information im Vergleich zum Optokoppler (noch) selten eingesetzt.

Die ▶Abbildung 13.13 zeigt das Prinzipschaltbild von Magnetkopplern. Ein Eingangsverstärker steuert einen Impulsübertrager an, dessen Ausgang differentiell verstärkt wird. Je nachdem, ob eine positive oder negative Flanke übertragen wurde und einen positiven oder negativen Puls an der Sekundärseite verursacht, wird der Ausgangszustand auf *HI* oder *LO* gesetzt.

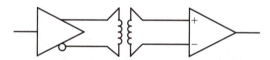

Abbildung 13.13: Prinzipschaltbild eines Magnetkopplers

Solche Magnetkoppler (Eingangsverstärker, Transformator, Ausgangsschaltung) können heutzutage schon innerhalb eines Chipgehäuses aufgebaut werden. Somit erscheint nach außen hin ein einzelner IC, der zweiwertige Signale potentialgetrennt übertragen kann. Die Stromaufnahme ist hier nicht mehr vom Betriebszustand abhängig, sondern von der Frequenz der zweiwertigen Signale, da nur Pegelwechsel übertragen werden. Damit ist diese im statischen Betrieb bzw. bei niedrigen Schaltfrequenzen sehr gering und (fast) vernachlässigbar.

Als weiterer Vorteil erweist sich, dass sowohl steigende als auch fallende Flanken mit der gleichen Verzögerungszeit übertragen werden. Außerdem ist eine bessere Störsicherheit gegen schnelle Änderungen der Potentialdifferenz zwischen beiden Seiten gegeben.

ZUSAMMENFASSUNG

Digitale Schnittstellen erlauben die Kommunikation zwischen verschiedenen Modulen. Zu Beginn des Kapitels wurden die Grundlagen erläutert und die verschiedenen Schnittstellen nach unterschiedlichen Kriterien eingeteilt. Es wurde zwischen seriellen und parallelen, symmetrischen und unsymmetrischen, synchronen und asynchronen, Punkt-zu-Punkt- und busfähigen Schnittstellen unterschieden.

Nach diesen grundlegenden Definitionen wurden verschiedene Schnittstellen für die Kommunikation zwischen elektronischen Geräten vorgestellt. Dabei wurde näher auf die alte, aber einfache und gut funktionierende **RS-232-Schnittstelle** eingegangen. Es waren nicht nur die elektrischen Spezifikationen von Interesse, sondern auch das asynchrone UART-Protokoll, dessen Eigenschaften und Zeitverhalten auch genauer untersucht wurden. Nach einem Überblick über weitere Schnittstellen wie **CAN-Bus**, **Ethernet** und **USB** wurden die Schnittstellen für die Kommunikation zwischen Modulen innerhalb eines Geräts betrachtet.

Neben der synchronen **seriellen Schnittstelle** (SPI) wurde auch auf den I^2C-Bus eingegangen und gezeigt, wie die Übertragung eines Datenwortes funktioniert. Danach wurde noch erklärt, wie man mit welcher Vereinfachung auch **UARTs** bzw. **CAN-Busse** innerhalb eines Geräts effizient verwenden kann.

Abschließend wurde gezeigt, wie mithilfe von **Optokopplern** bzw. **Magnetkopplern** potentialgetrennte Schnittstellen aufgebaut werden können.

Analog/Digital- und Digital/Analog-Umsetzung

14.1	**Einführung**	431
14.2	**Kennlinien**	432
14.3	**Statische Fehler**	434
14.4	**Eigenschaften und Fehler bei dynamischen Signalen**	442
14.5	**Lineares Modell der Quantisierung**	448
Zusammenfassung		451

14 ANALOG/DIGITAL- UND DIGITAL/ANALOG-UMSETZUNG

Einleitung

» Analog/Digital- bzw. Digital/Analog-Umsetzer, kurz A/D- und D/A-Umsetzer, bilden die Schnittstelle zwischen der analogen und der digitalen Welt. Durch diese Funktion spielen sie in modernen, elektronischen Systemen eine wichtige Rolle.

In diesem Kapitel wird zu Beginn auf die theoretischen Grundlagen und das Verhalten von Umsetzern eingegangen. Dabei werden die Umsetzer als Funktionsblock betrachtet, der interne schaltungstechnische Aufbau wird erst in den folgenden Kapiteln genauer erläutert.

Nach den Aufgaben und der abstrahierten Funktionsweise der idealen Umsetzer wenden wir uns den nicht idealen Eigenschaften zu, wie sie bei realen Umsetzern auftreten. Dazu gehören insbesonders die statischen Fehler, welche zu Abweichungen im Ergebnis führen. Bei der Betrachtung dieser Fehler erklären wir die charakterisierenden Kennwerte, mit denen die realen Eigenschaften der Umsetzer beschrieben werden.

Bei der Umsetzung zeitlich veränderlicher Signale muss zusätzlich zur Diskretisierung im Wertebereich (Quantisierung) auch die Diskretisierung im Zeitbereich beachtet werden. Denn sobald wir dynamische Signale verarbeiten, müssen die Zeitpunkte und die Häufigkeit der Umsetzungen in die Betrachtungen miteinbezogen werden.

Abschließend wird noch auf das lineare Modell der Quantisierung eingegangen, welches zu einem mathematisch einfach zu handhabenden Modell von A/D- und D/A-Umsetzern führt und deshalb in der Signalverarbeitung von großer Bedeutung ist. «

LERNZIELE

- Theoretische Grundlagen der A/D- und D/A-Umsetzung
- Eigenschaften idealer A/D- und D/A-Umsetzer
- Statische Fehler bei der Umsetzung
- Verhalten und Fehler bei dynamischen Signalen
- Lineares Modell der Quantisierung

> **Temperaturmessung**
>
> Das Herzstück eines digitalen Thermometers wird von der Temperaturmessung und somit vom Temperatursensor sowie dessen Ansteuerung und Auswertung gebildet. Der beschaltete Sensor liefert ein elektrisches, analoges Ausgangssignal, z. B. eine Spannung, und der A/D-Umsetzer bestimmt den entsprechenden digitalen Wert. Damit wird der A/D-Umsetzer aufgrund seiner Genauigkeit bzw. Fehler zu einem für die Präzision des Messgerätes bestimmenden Element.

14.1 Einführung

Die Aufgabe eines Analog/Digital-Umsetzers (A/D-Umsetzer oder ADC ... *Analog-to-Digital Converter*) ist es, eine kontinuierliche, analoge Eingangsgröße zu einer zeit- und wertdiskreten, digitalen Ausgangsgröße umzusetzen.

Nach erfolgter Abtastung im Zeitbereich muss ein ADC zwei weitere Arbeitsschritte durchführen: Quantisieren und Kodieren.

Der Eingangsbereich des ADCs wird in eine bestimmte Anzahl von Quantisierungsintervallen unterteilt. Beim Quantisieren wird nun das Intervall gesucht, in welches die analoge Eingangsgröße fällt. Jedem dieser Intervalle ist ein Codewort zugewiesen, üblicherweise werden die Intervalle im Binärcode durchnummeriert. Die Zuweisung des Codewortes zum Intervall wird Kodierung genannt.

Als Anzahl der Intervalle wird aufgrund der binären Kodierung eine Zweierpotenz $(2, 4, 8, 16, \ldots, 2^N)$ verwendet. Somit kann diese Anzahl auch durch den Exponenten N beschrieben werden, welcher die Auflösung des ADCs in Bit angibt.

Ein Digital/Analog-Umsetzer (D/A-Umsetzer oder DAC ... *Digital-to-Analog Converter*) soll dem digitalen Eingangswert entsprechend zu bestimmten, diskreten Zeitpunkten die passende analoge Größe ausgeben. Dabei erhalten wir am Ausgang ein zeitkontinuierliches, aber wertdiskretes Signal. Die Feinheit der Stufen des Ausgangssignals hängt von der Auflösung des DACs ab und wird ähnlich dem ADC auch hier in Bit angegeben. Beträgt die Anzahl der Stufen 2^N, spricht man von einem N-Bit DAC.

Die Betrachtungen beschränken sich auf unipolare A/D- und D/A-Umsetzer, deren analoger Eingangs- bzw. Ausgangsbereich zwischen 0 und einem positiven Maximalwert liegt. Bipolare Umsetzer würden auch negative Größen erlauben, sind aber heutzutage selten. Für bipolare Anwendungen verwendet man deshalb in der modernen Schaltungstechnik meist einen unipolaren Umsetzer mit einer Anpassung des Signalbereiches durch die ohnehin notwendige Eingangs- bzw. Ausgangsverstärkerschaltung.

14.2 Kennlinien

Das statische Verhalten von ADCs und DACs kann mit Kennlinien beschrieben werden. Dabei wird gezeigt, wie sich die analoge und die digitale Größe zueinander verhalten.

Alle Kennlinien sind für Umsetzer mit einer Auflösung von drei bit gezeichnet, was einen guten Kompromiss zwischen Komplexität und Übersichtlichkeit darstellt. Die idealen Kennlinien werden dabei immer blau, die fehlerbehafteten in Schwarz.

14.2.1 Der ideale ADC

▶Abbildung 14.1 zeigt die Übertragungskennlinie eines idealen ADCs, also den Zusammenhang zwischen analoger Eingangs- (A_{in}) und digitaler Ausgangsgröße (D_{out}).

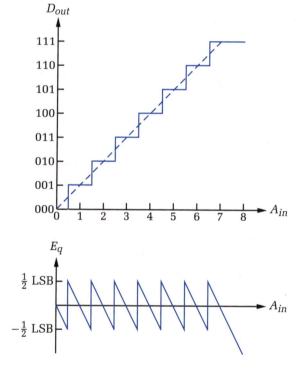

Abbildung 14.1: Ideale Kennlinie eines A/D-Umsetzers mit auftretendem Quantisierungsfehler E_q

Der Eingangswert ist der Einfachheit halber in Quantisierungsintervallen beschriftet, damit ergibt sich für die Auflösung von drei bit ein Bereich von 0 bis 8.

Die digitalen Ausgangswerte werden nun so zugeordnet, dass die Distanz von der digitalen Zahl zur analogen möglichst gering ist. Zum Beispiel entspricht dem digitalen Ausgangswert $D_{out} = 010_b = 2$ eine Eingangsgröße A_{in} zwischen 1,5 und 2,5.

Die Größe der einzelnen Quantisierungsintervalle beträgt q, wobei aufgrund der Normierung in der Beschriftung der analogen Eingangsgröße alle Intervalle die Größe 1 erhalten. Ansonsten wäre bei einem Eingangsbereich von 0 bis A_{max} die von der Auflösung N abhängige Größe des Quantisierungsintervalls:

$$q = \frac{A_{max}}{2^N}. \qquad (14.1)$$

Das Quantisierungsintervall wird auch häufig als **LSB** (*Least Significant Bit*) bezeichnet, da eine Änderung am Eingangssignal um genau diesen Wert auch eine Änderung um 1, also ein LSB, im digitalen Ausgangswert hervorruft.

Durch die Quantisierung tritt ein Informationsverlust auf, der als **Quantisierungsfehler** bezeichnet wird. Bei einem idealen ADC gilt, dass der Absolutwert des Quantisierungsfehlers E_q maximal die Größe eines halben Quantisierungsintervalls erreichen kann (Ausnahme: letztes Intervall).

$$-\frac{q}{2} \leq E_q < +\frac{q}{2} \qquad (14.2)$$

Damit wird offensichtlich, dass durch eine höhere Auflösung kleinere Quantisierungsintervalle q und kleinere Quantisierungsfehler E_q erreicht werden können.

14.2.2 Der ideale DAC

Ein idealer DAC führt die Umsetzung der digitalen Eingangscodes zu diskreten, analogen Ausgangswerten durch. Seine Kennlinie ist in ▶Abbildung 14.2 für drei bit Auflösung dargestellt, die Ausgangsgröße ist auf den Quantisierungsschritt normiert.

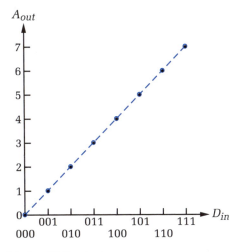

Abbildung 14.2: Ideale Kennlinie eines D/A-Umsetzers

Abhängig vom diskreten, digitalen Eingangswert D_{in} wird eine analoge Größe ausgegeben. Alle möglichen Ausgangswerte befinden sich auf einer Geraden durch den

Ursprung. Eine 0 am Eingang verursacht eine 0 am Ausgang und jede Erhöhung des Eingangswertes führt zu einer Erhöhung um einen Quantisierungsschritt q (oder auch LSB genannt) am Ausgang. Die Höhe eines Quantisierungsschrittes ist von der Auflösung N abhängig.

Für die Analogausgabe wird eine Referenz A_{Ref} benötigt, von welcher dann die Größe des Quantisierungsschrittes abgeleitet wird:

$$q = \frac{A_{Ref}}{2^N} = 1\,\text{LSB}. \tag{14.3}$$

Für die Ausgangsgröße gilt dann:

$$A_{out} = D_{in} \cdot q = D_{in}\frac{A_{Ref}}{2^N}. \tag{14.4}$$

Hier soll nun noch angemerkt werden, dass die Referenz nicht dem maximalen Ausgangswert entspricht, da D_{in} nicht den Wert 2^N, sondern nur den Wert $2^N - 1$ annehmen kann. Damit erhalten wir für den maximalen Ausgangswert $A_{Ref} - 1\,\text{LSB}$.

14.3 Statische Fehler

Aufgrund von Toleranzen bei den verwendeten Bauelementen (Fertigung, Temperatur, Alterung, ...) ist die Herstellung eines idealen Umsetzers nicht möglich. Solche nicht idealen, also realen, Umsetzer weisen verschiedene Fehler auf, welche sich auch im statischen Betrieb auswirken. Die Größe des jeweiligen Fehlers wird dabei meistens als Vielfaches des LSB angegeben.

Die statischen Fehler können in zwei Kategorien aufgeteilt werden. Einerseits gibt es den Offset- und den Verstärkungsfehler. Beide können durch einfaches Abgleichen beseitigt werden. Andererseits gibt es Linearitätsfehler (differentielle und integrale Nichtlinearität), welche die Genauigkeit der Umsetzer einschränken und durch Abgleichen nicht korrigiert werden können.

14.3.1 Offset-Fehler

Bei unipolaren A/D- bzw. D/A-Umsetzern sollte die digitale Null der analogen Null entsprechen. In der Realität wird jedoch meistens eine Abweichung aufgrund einer Verschiebung der Kennlinie auftreten. Diese wird als Offset-Fehler bzw. Nullpunktfehler bezeichnet.

Nullpunkt- und Offset-Fehler

Auch bei bipolaren Umsetzern entspricht die Abweichung zwischen analoger und digitaler Null dem Nullpunktfehler. Als Offset-Fehler wird hier jedoch die Abweichung beim negativen Ende der Umsetzerkennlinie bezeichnet.

ADC

Das Quantisierungsintervall für Null liegt beim idealen, unipolaren ADC zwischen 0 und 0,5 LSB (Abbildung 14.1). Das bedeutet, dass, wenn der analoge Eingangswert 0,5 LSB überschreitet, das Ergebnis D_{out} von 0 auf 1 springen soll. Wird dieser Wechsel von D_{out} bei einem anderen analogen Eingangswert durchgeführt, entsteht eine Verschiebung der Kennlinie ▶Abbildung 14.3. Die Abweichung dieses Wechsels vom idealen bei 0,5 LSB wird als Offset-Fehler bzw. Nullpunktfehler bezeichnet.

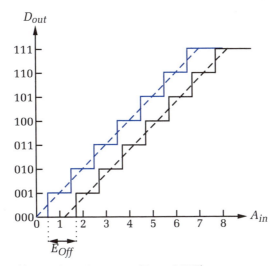

Abbildung 14.3: Offset-Fehler E_{Off} eines A/D-Umsetzers ($E_{Off} \approx 1{,}2$ LSB)

DAC

Der ideale D/A-Umsetzer soll bei der digitalen Eingangsgröße Null auch am analogen Ausgang Null ausgeben. Beim realen DAC wird jedoch ein Ausgangswert ungleich Null erscheinen. Dieser Ausgangswert entspricht dem Offset-Fehler ($D_{in} = 0$ ergibt $A_{out} = E_{Off} \neq 0$) ▶Abbildung 14.4.

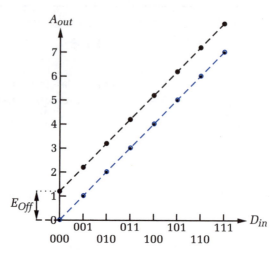

Abbildung 14.4: Offset-Fehler E_{Off} eines D/A-Umsetzers ($E_{Off} \approx 1{,}2$ LSB)

14.3.2 Verstärkungsfehler

Eine Abweichung in der Steigung der Kennlinie, gleichbedeutend mit der Verstärkung, verursacht beim realen Umsetzer eine Abweichung zur idealen Kennlinie. Diese Abweichung wächst mit jedem Quantisierungsschritt und führt beim positiven Ende (FSR ... *Full Scale Range*) zum maximalen Fehler.

Diese Abweichung am positiven Ende wird als **Verstärkungsfehler** (*Gain Error*) bezeichnet und in LSB angegeben.

ADC

Der Eingangswert, welcher genau zum maximalen digitalen Ergebnis passt, befindet sich beim idealen ADC genau ein halbes Quantisierungsintervall über dem Wechsel vom vorletzten zum letzten Quantisierungsintervall. Dieser befindet sich z. B. bei einem 3-Bit ADC bei $A_{in} = 7$ LSB bzw. $D_{out} = 111_b$ (▶Abbildung 14.5, blaue Kennlinie).

Die durch den falschen Verstärkungsfaktor entstandene Abweichung im letzten Quantisierungsintervall bei der realen Kennlinie (Abbildung 14.5, schwarze Kennlinie) entspricht dem Verstärkungsfehler.

DAC

Wenn die Steigung der realen Kennlinie nicht der Steigung der idealen entspricht, entsteht eine mit dem Eingangswert wachsende Abweichung der Ausgangsgröße, welche am Ende der Kennlinie ihr Maximum erreicht ▶Abbildung 14.6.

14.3 Statische Fehler

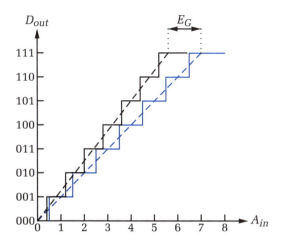

Abbildung 14.5: Verstärkungsfehler E_G eines A/D-Umsetzers ($E_G \approx 1{,}4\,\text{LSB}$)

Diese Abweichung zwischen dem idealen und dem realen maximalen Ausgangswert wird als Verstärkungsfehler bezeichnet.

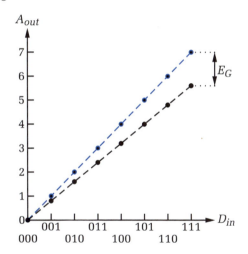

Abbildung 14.6: Verstärkungsfehler E_G eines D/A-Umsetzers ($E_G \approx 1{,}4\,\text{LSB}$)

14.3.3 Differentielle Nichtlinearität

Bei Offset- und Verstärkungsfehler wird von einer Verschiebung bzw. konstanten Veränderung der Stufengröße ausgegangen. Sobald aber die einzelnen Stufen nicht mehr gleich groß sind, wird die Umsetzerkennlinie nicht linear.

Die differentielle Nichtlinearität (DNL ... *Differential Nonlinearity*) beschreibt nun die Abweichung der einzelnen Stufengrößen von der idealen.

ADC

Abgesehen vom ersten und letzten Quantisierungsintervall weisen alle Quantisierungsintervalle eines idealen ADCs die gleiche Größe auf, nämlich q bzw. 1 LSB.

Bei realen ADCs kommt es zu Abweichungen in der Breite der einzelnen Quantisierungsschritte. Dies führt zu einer nicht linearen Kennlinie. Die Kenngröße „differentielle Nichtlinearität" beschreibt nun die maximal auftretende Abweichung von der idealen Intervallbreite von 1 LSB (beim Intervall mit der größten bzw. kleinsten Breite).

In ▶Abbildung 14.7 werden das kleinste und das größte Intervall der realen Kennlinie mit der idealen Breite eines Quantisierungsschrittes ($q = 1$ LSB) verglichen, die Abweichung entspricht der differentiellen Nichtlinearität.

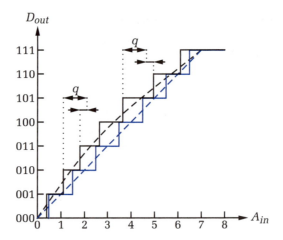

Abbildung 14.7: Differentielle Nichtlinearität eines A/D-Umsetzers

Im Allgemeinen spielt die DNL bei der Beschreibung der Linearität eines ADCs nur eine untergeordnete Rolle, da sie, solange die DNL kleiner als 1 LSB ist, über die Linearität der gesamten Kennlinie wenig Aussagekraft besitzt. Sobald dies nicht mehr erfüllt ist, gilt:

- maximale Stufenbreite ≥ 2 LSB
- minimale Stufenbreite ≤ 0 LSB.

Eine Stufenbreite von 0 würde bedeuten, dass das einem Codewort zugeordnete Quantisierungsintervall nicht existiert und dass es keine analoge Eingangsgröße gibt, die dieses Codewort als Ergebnis hätte. Damit würde es zu nicht auftretenden Codewörtern kommen (*Missing Codes*).

Eine negative Stufenbreite würde bedeuten, dass ein kleinerer analoger Eingangswert einen größeren digitalen Ausgangswert zur Folge hätte, die Kennlinie ist nicht mehr monoton.

Solange die differentielle Nichtlinearität weniger als 1 LSB beträgt, garantiert der ADC eine monotone Kennlinie ohne Missing Codes, ist sie größer, können (aber müssen nicht) Monotoniefehler und Missing Codes auftreten.

DAC

Bestimmt man die Abweichung der realen Höhe einer Quantisierungsstufe von der idealen Höhe, erhält man die differentielle Nichtlinearität jeder einzelnen Stufe. Das Maximum dieser Werte wird als die DNL des D/A-Umsetzers bezeichnet und im Datenblatt als Kenngröße angegeben. In ▶Abbildung 14.8 ist eine nicht lineare Kennlinie dargestellt, wobei die Abweichungen für die Quantisierungsschritte mit geringster und größter Höhe eingezeichnet sind.

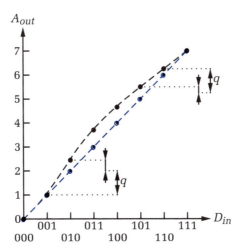

Abbildung 14.8: Differentielle Nichtlinearität eines D/A-Umsetzers

Ähnlich wie bei ADCs besitzt die differentielle Nichtlinearität auch bei DACs wenig Aussagekraft über die Linearität des Umsetzers, solange die DNL kleiner als 1 LSB ist. Sobald die DNL größer als 1 LSB wird, können (aber müssen nicht) negative Stufenhöhen auftreten, was zu einem Fehler in der Monotonie des Umsetzers führen kann.

14.3.4 Integrale Nichtlinearität

Bei der integralen Nichtlinearität (INL ... *Integral Nonlinearity*) wird die Abweichung der realen Kennlinie zur idealen betrachtet. Damit wird der tatsächliche Fehler einer Umsetzung beschrieben. Deshalb ist die integrale Nichtlinearität die wesentliche Kenngröße zur Beschreibung der Linearität von A/D- bzw. D/A-Umsetzern. Wenn von der Linearität eines Umsetzers gesprochen wird, ist (fast) immer die integrale Nichtlinearität gemeint.

ADC

Die integrale Nichtlinearität beschreibt bei A/D-Umsetzern die Abweichung der Mittelpunkte der Quantisierungsintervalle von den idealen. Die maximal auftretende Abweichung bildet dann die Kenngröße der „integralen Nichtlinearität" ▶Abbildung 14.9.

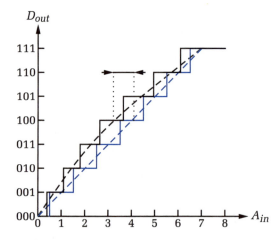

Abbildung 14.9: Integrale Nichtlinearität eines A/D-Umsetzers bei Endpunktabgleich (INL ≈ $\frac{7}{8}$ LSB)

Da hier die tatsächliche Abweichung von der idealen Kennlinie von Interesse ist, muss zuvor jeglicher Offset- und Verstärkungsfehler durch Abgleich beseitigt werden. Falls wir das nicht durchführen, werden diese beiden Fehler in die INL-Berechnung eingehen und das Ergebnis verfälschen.

Für den Abgleich von Offset- und Verstärkungsfehlern bieten sich zwei Möglichkeiten an:

1. Es werden beide Endpunkte abgeglichen. Die Kennlinie stimmt nun am Nullpunkt (d. h. kein Offset-Fehler) und am positiven Ende (d. h. kein Verstärkungsfehler) mit der idealen überein (*End-Point Linearity*).

2. Es wird die Ausgleichsgerade berechnet und ein Vergleich mit dieser durchgeführt (*Best Straight Line*).

Auch wenn die zweite Methode mit dem Aufstellen der Ausgleichsgeraden (mathematisch gesehen) sinnvoller erscheint und auch noch ein beschönigendes, kleineres Ergebnis für die INL liefert, ist die Berechnung der INL nach einem Endpunktabgleich „ehrlicher". Zur Berechnung der Ausgleichsgeraden muss einerseits die gesamte Kennlinie bekannt und ausgemessen sein; andererseits ist umfangreicher Rechenaufwand notwendig. Zum Unterschied ist ein Endpunktabgleich bei ADCs einfach, schnell und damit auch oft automatisiert durchzuführen. Es muss nur eine 0 (für den Offset-Fehler) und die Referenzgröße (für den Verstärkungsfehler) angelegt und umgesetzt werden. Die darauf folgende Auswertung zum Durchführen des Abgleiches beschränkt sich dann auf das Aufstellen einer Geradengleichung.

DAC

Bei D/A-Umsetzern entspricht der Kennwert INL der maximalen Abweichung der realen Ausgangswerte von den idealen nach erfolgtem Abgleich. Auch hier können die gleichen Argumentationen über den Abgleich (Endpunktabgleich oder Ausgleichsgerade) durchgeführt werden, in ▶Abbildung 14.10 ist aber die Kennlinie nach (sinnvollem) Endpunktabgleich dargestellt.

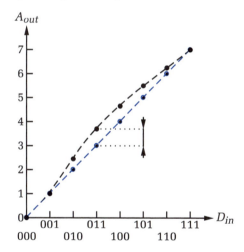

Abbildung 14.10: Integrale Nichtlinearität eines D/A-Umsetzers bei Endpunktabgleich (INL ≈ 0,7 LSB)

INL als Linearität von Umsetzern

Die INL gibt die effektiven Linearitätseigenschaften der Umsetzer an. Betrachten wir zum Beispiel einen ADC mit einer Auflösung von N bit, dessen INL mit 8 LSB bekannt ist. Dieser soll nun für die Temperaturmessung verwendet werden. Auf den ersten Blick sehen wir die Auflösung von N bit, aber die durch Nichtlinearitäten entstehende, unbekannte Abweichung im Ergebnis verringert die effektive Auflösung bei dieser Anwendung. Der maximale Fehler beträgt dabei 8 LSB, was einer Reduktion in der Auflösung um $ld\, 8 = 3$ entspricht. Damit verhält sich der ADC im schlimmsten Fall wie ein perfekt linearer ADC mit einer Auflösung von $N - 3$ bit.

14.4 Eigenschaften und Fehler bei dynamischen Signalen

Die bis jetzt betrachteten statischen Fehler beschreiben, wie es in der Bezeichnung schon ersichtlich ist, ausschließlich das statische Verhalten (Gleichgrößen bzw. sehr langsam veränderliche Größen). Sobald zeitlich veränderliche, dynamische Signale umgesetzt werden sollen, müssen weitere Fehlerquellen berücksichtigt werden.

Bei dynamischen Signalen spielt vor allem das Abtasten bzw. der Abtastzeitpunkt eine entscheidende Rolle. Falls ein Signal nicht zu genau definierten Zeitpunkten abgetastet wird, kann die Unsicherheit im Abtastzeitpunkt auch einen Fehler im Umsetzerergebnis verursachen.

Außerdem kann, wenn ein Signal nicht ausreichend oft abgetastet wird, ein ungewünschter Informationsverlust auftreten bzw. es können falsche Signale als Ergebnis der Umsetzung entstehen.

14.4.1 Aperturfehler

Bei einer periodischen Abtastung eines Signals ist immer ein gewisse zeitliche Unsicherheit im Abtastzeitpunkt (Aperturunsicherheit) gegeben. Dieser unbekannte Zeitfehler wird in den weiteren Betrachtungen als T_A bezeichnet. In ▶Abbildung 14.11 ist ein kleiner Ausschnitt eines dynamischen Signals dargestellt und der Zeitfehler T_A eingezeichnet. Nachdem sich das Signal in der (hoffentlich) kurzen Zeit T_A ändert, wird beim Ergebnis des Umsetzers auch ein Fehler E_A, der Aperturfehler (*Aperture Error*), entstehen. Dieser muss kleiner als der maximal auftretende Quantisierungsfehler ($\frac{1}{2}$ LSB) sein, damit die Auflösung des Umsetzers nicht verringert wird.

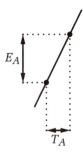

Abbildung 14.11: Aperturfehler

Wie in Abbildung 14.11 ersichtlich ist, wird die Größe des Aperturfehlers E_A von der Änderung des Signals $x(t)$, also der Steigung $\frac{dx}{dt} = \dot{x}(t)$, und vom Zeitfehler T_A bestimmt.

Um den mathematischen Zusammenhang dieser Größen herzuleiten, soll nun ein sinusförmiges Signal mit der Amplitude S und der Frequenz f verwendet werden. Wir erhalten für $x(t)$ und für die Steigung $\dot{x}(t)$:

$$x(t) = S \sin 2\pi f t \qquad (14.5)$$

$$\dot{x}(t) = 2\pi f S \cos 2\pi f t. \qquad (14.6)$$

Die maximale Änderung des Signals tritt bei den Nulldurchgängen ($\cos 2\pi f t = \pm 1$) auf und beträgt als Absolutwert:

$$\max |\dot{x}(t)| = 2\pi f S. \qquad (14.7)$$

Damit kann nun der maximal auftretende Fehler angegeben werden:

$$E_A = 2\pi f S T_A. \qquad (14.8)$$

Das in Gleichung (14.8) angegebene Ergebnis gibt jedoch nur den Einfluss von Signalfrequenz, Amplitude und Zeitfehler auf den Aperturfehler an. Es kann noch keine Aussage über die Auflösung getätigt werden.

Um einen Zusammenhang mit der Auflösung des Umsetzers herzuleiten, können wir die Signalamplitude S und den Fehler E_A durch von der Auflösung abhängige Größen ersetzen.

- Damit eine korrekte Umsetzung ohne Abschneiden des Signals gewährleistet bleibt, darf die Spitze-Spitze-Amplitude des Signals, gemessen zwischen Maximum und Minimum, also $2S$, nicht größer als der analoge Signalbereich des Umsetzers sein. Dieser Signalbereich entspricht (meist) der analogen Referenz A_{Ref} und wir erhalten für die maximal zulässige Signalamplitude:

$$2S = A_{Ref}. \qquad (14.9)$$

- Der maximale Aperturfehler sollte natürlich immer kleiner als ein Quantisierungsfehler E_q (siehe Gleichung (14.2)) des Umsetzers mit N bit Auflösung bleiben:

$$E_A < E_q \qquad E_q = \frac{q}{2} = \frac{A_{Ref}}{2 \cdot 2^N}$$

$$E_A < \frac{A_{Ref}}{2 \cdot 2^N}. \qquad (14.10)$$

Nun können wir in der Ungleichung (14.10) den Aperturfehler mit Gleichung (14.8) und die analoge Referenz mit (14.9) ersetzen und wir erhalten als Ergebnis einen Zusammenhang zwischen Signalfrequenz f, Unsicherheit im Abtastzeitpunkt T_A und der Signalauflösung N:

$$2\pi f S T_A < \frac{2S}{2 \cdot 2^N}$$

$$T_A < \frac{1}{\pi f 2^{N+1}}. \qquad (14.11)$$

> **Beispiel**
>
> Für HiFi-Anwendungen in der Audiotechnik können wir für die Signalauflösung $N = 16$ bit und für die maximal auftretende Signalfrequenz 20 kHz annehmen.
>
> $$T_A < \frac{1}{\pi \cdot 20\,\text{kHz} \cdot 2^{16+1}} \approx 121\,\text{ps}$$
>
> Das bedeutet, alleine, um die Signalqualität nicht durch unsaubere Abtastzeitpunkte einzuschränken, müssen die einzelnen Abtastzeitpunkte auf mindestens 121 ps genau stimmen. Solch geringe zeitliche Unsicherheiten sind nur mit einem von Hardware generierten Taktsignal, abgeleitet von einem stabilen Quarzoszillator, zu erreichen.

Achtung!

In Mikrocontroller-Systemen ist es durchaus üblich, A/D- bzw. D/A-Umsetzungen von der laufenden Software zu starten. Der Zeitpunkt wird dabei von einer Unterbrechung (*Interrupt*) festgelegt, welche zwar von Hardware ausgelöst wird, aber immer eine zeitliche Unsicherheit von einigen Taktzyklen aufweist.

Der Zusammenhang von zeitlicher Unsicherheit (abhängig von der Taktfrequenz des Mikrocontrollers), Signalfrequenz und gewünschter Auflösung sollte dabei immer überprüft werden.

14.4.2 Aliasing

Beim Abtasten eines zeitkontinuierlichen Signals wird dieses im Zeitbereich diskretisiert ($x(t) \rightarrow x(n)$, $n = \ldots -2, 1, 0, 1, 2, \ldots$). Dieser Vorgang geschieht mit der Abtastrate (oder Abtastfrequenz, *Sampling Frequency* f_S). Danach ist das Signal nur noch zu bestimmten, genau definierten Zeitpunkten bekannt, die Information über das Signal zwischen den Abtastzeitpunkten geht unwiederbringlich verloren.

14.4 Eigenschaften und Fehler bei dynamischen Signalen

> ### Abtasttheorem[a]
>
> Wird ein bandbegrenztes Signal mit maximalen Frequenzanteilen bis f_{max} mit mehr als der doppelten Frequenz unendlich lange abgetastet, tritt beim Diskretisieren im Zeitbereich kein Informationsverlust auf und das Signal kann vollständig rekonstruiert werden.
>
> $$f_S > 2 f_{max} \tag{14.12}$$
>
> [a] Häufig als Shannon'sches Abtasttheorem bezeichnet, 1949 publiziert von C.E. Shannon[1], ohne Kenntnis, dass W. A. Kotelnikow[2] schon im Jahr 1933 die gleichen Ergebnisse veröffentlicht hatte

Falls das Abtasttheorem verletzt wird (Unterabtastung, *Undersampling*), kommt es nicht nur zu einem Informationsverlust, sondern auch zum Entstehen falscher, nur scheinbar vorhandener Komponenten im zeitdiskreten Signal. Dieser Effekt wird als Aliasing bezeichnet.

Anstatt einer mathematischen Herleitung dieser Aussagen wollen wir diese Zusammenhänge qualitativ betrachten. Dabei soll ein einfaches Sinussignal mit der Frequenz f_{Sig} betrachtet werden, (siehe ▶Abbildung 14.12. Dieses Signal wird nun abgetastet, die zwei Perioden werden mit der zehnfachen Signalfrequenz erfasst, ▶Abbildung 14.13, das Abtasttheorem ist erfüllt.

In ▶Abbildung 14.14 sind beide Signale übereinandergelegt; man erkennt, dass kein anderes sinusförmiges Signal, welches das Abtasttheorem erfüllt, zu den Abtastwerten passen würde.

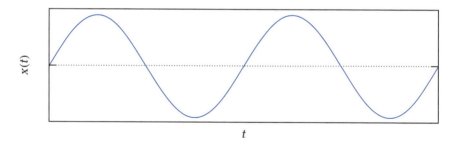

Abbildung 14.12: Kontinuierliches Sinussignal

---

1 Claude Elwood Shannon, ⋆ 30. April 1916 in Petoskey (Michigan, USA), † 24. Februar 2001 in Medford (Massachusetts, USA), amerikanischer Mathematiker, gilt als Begründer der Informationstheorie
2 Wladimir Alexandrowitsch Kotelnikow, ⋆ 6. September 1908 in Kasan (Russland), † 11. Februar 2005 in Moskau (Russland), sowjetischer Wissenschaftler im Fachgebiet Radiotechnik

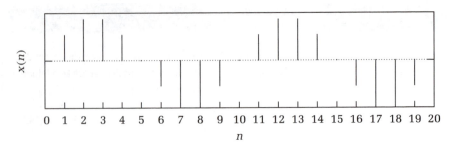

Abbildung 14.13: Abgetastetes Sinussignal, $f_S = 10 f_{Sig}$

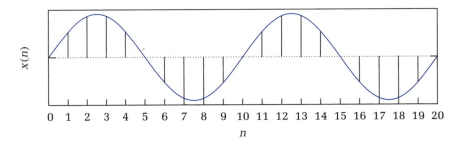

Abbildung 14.14: Kontinuierliches und abgetastetes Sinussignal

Natürlich passen auch weitere sinusförmige Signale zu den Abtastwerten. Die beiden in ▶Abbildung 14.15 dargestellten, höher frequenten Signale mit den Frequenzen $f_S - f_{Sig}$ und $f_S + f_{Sig}$ würden zwar auch dieselben Abtastwerte liefern, erfüllen aber das Abtasttheorem nicht.

Allgemein betrachtet gäbe es sogar unendlich viele dieser so genannten Spiegelfrequenzen und zwar alle Frequenzen f, für die gilt:

$$f = k f_S \pm f_{Sig} \qquad k = \ldots, -3, -2, -1, 1, 2, 3, \ldots \;. \qquad (14.13)$$

Da wir aber wissen, dass das Abtasttheorem erfüllt ist, müssen die Spiegelfrequenzen nicht weiter betrachtet werden.

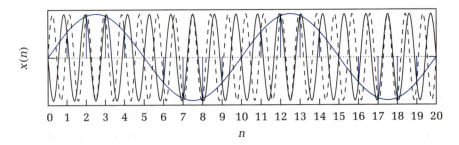

Abbildung 14.15: Weitere höher frequente, sinusförmige Signale

Wenn jedoch eine (unwissentliche) Unterabtastung mit zu geringer Abtastrate durchgeführt wird, siehe ▶Abbildung 14.16, kann das Signal nicht mehr rekonstruiert werden.

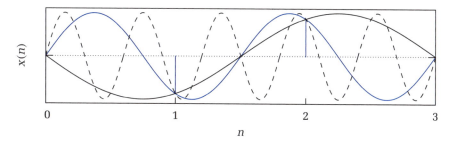

Abbildung 14.16: Abtasten mit zu geringer Abtastrate (Unterabtastung)

Hier wird das Sinussignal nur mit 1,5-facher Frequenz abgetastet, das Abtasttheorem wird nicht erfüllt. Von den durch die Abtastung entstandenen Spiegelfrequenzen weist jedoch eine eine kleinere Frequenz als das ursprüngliche Signal auf ($f = f_S - f_{Sig} = 1{,}5 f_{Sig} - f_{Sig} = 0{,}5 f_{Sig}$). Wenn wir nun davon ausgehen, dass das Abtasttheorem erfüllt wäre, würden wir glauben, das Signal mit der Frequenz $0{,}5 f_{Sig}$ wäre das richtige.

Unterabtastung

Unwissentliche Unterabtastung führt zu unerwünschten Aliasing-Effekten und falschen Signalen. Ist jedoch die Signalfrequenz bzw. der Frequenzbereich bekannt, kann eine Unterabtastung auch ausreichen, obwohl die Spiegelfrequenzen unweigerlich auftreten werden, vorausgesetzt man weiß von vornherein schon, welche Frequenzen „gültig" sind. Es muss nur sichergestellt sein, dass sich die entstehenden Spiegelfrequenzen bzw. Frequenzbereiche nicht überlappen und somit störend beeinflussen.

Damit das Abtasttheorem mit Sicherheit erfüllt wird, muss das abgetastete Signal entweder in seinem Frequenzbereich bekannt sein und keine zu hohen Frequenzkomponenten beinhalten oder durch eine geeignete Tiefpassfilterung im Frequenzbereich auf die halbe Abtastfrequenz beschränkt werden.

14.4.3 Spurious Free Dynamic Range

Um die Linearität von Umsetzern bei dynamischen Signalen zu beschreiben, eignet sich die Kenngröße der „Spurious Free Dynamic Range" (SFDR). Zur Messung der SFDR werden bei einem ADC ein reines Sinussignal mit der Frequenz f (keine harmonischen Frequenzanteile) angelegt und dessen Umsetzungsergebnisse nach einer diskreten Fourier-Transformation im Frequenzbereich dargestellt, bei der Messung an einem DAC soll dieser ein sauberes Sinussignal ausgeben und das Frequenzspektrum des analogen Ausgangssignals wird erfasst.

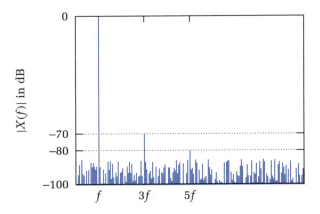

Abbildung 14.17: Spurious Free Dynamic Range

Das Ergebnis ist dann ein Spektrum mit verschiedenen Frequenzanteilen und einem unvermeidlichen Grundrauschen (*Noise Floor*), ▶Abbildung 14.17. Natürlich stellt die Messfrequenz f den größten Anteil, doch aufgrund der nicht perfekten Linearität können harmonische Frequenzanteile ($2f$, $3f$, $4f$, ...) entstehen. Der Abstand zwischen der Amplitude der Messfrequenz und der größten auftretenden Komponente wird als Spurious Free Dynamic Range bezeichnet (Abbildung 14.17: SFDR = 70 dB).

14.5 Lineares Modell der Quantisierung

Das Rechnen mit wertdiskreten Signalen (Quantisierung bei ADCs, Ausgabe von diskreten Werten bei DACs) ist mit einfachen mathematischen Mitteln nicht durchzuführen, da das Diskretisieren einen nicht linearen Vorgang beschreibt. Um dennoch auf einfache Weise den Einfluss von ADCs und DACs in der Verarbeitung von Signalen zu berechnen, kann ein lineares Modell des Quantisierers eingeführt werden.

Unter der Annahme, dass mit genügend hoher Auflösung quantisiert wird, kann der Quantisierungsfehler E_q als zufälliges, gleich verteiltes Rauschen (Quantisierungsrauschen) betrachtet werden. Damit kann der nicht lineare Vorgang der Quantisierung weggelassen werden und durch eine Addition eines Rauschsignals mit genau der gleichen Leistung wie das Quantisierungsrauschen ersetzt werden. Dies ist in der ▶Abbildung 14.18 für die A/D- und die D/A-Umsetzung dargestellt.

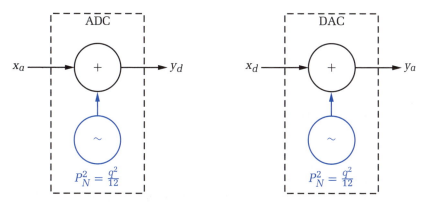

Abbildung 14.18: Lineares Modell der Quantisierung

Die Leistung der hinzugefügten Rauschsignalquelle soll den gleichen Wert wie das Quantisierungsrauschen erhalten. Der Quantisierungsfehler innerhalb eines Quantisierungsintervalls an der Position x mit der Größe $q(x)$ ist in ▶Abbildung 14.19 dargestellt (vergleiche Abbildung 14.1).

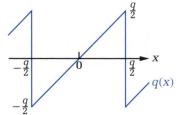

Abbildung 14.19: Quantisierungsfehler innerhalb eines Quantisierungsintervalls: $q(x) = x$ im Intervall von $-\frac{q}{2}$ bis $+\frac{q}{2}$

Nachdem die Verteilung der vorkommenden Quantisierungsfehler gleich verteilt angenommen werden kann, soll nun die Leistung des Quantisierungsrauschens P_N^2 berechnet werden. Dafür wird der Quantisierungsfehler quadriert und über ein Quantisierungsintervall q gemittelt:

$$P_N^2 = \frac{1}{q} \int_{-\frac{q}{2}}^{+\frac{q}{2}} q^2(x)\,dx = \frac{1}{q} \int_{-\frac{q}{2}}^{+\frac{q}{2}} x^2\,dx = \frac{1}{q} \frac{x^3}{3}\bigg|_{-\frac{q}{2}}^{+\frac{q}{2}} = \frac{q^2}{12}. \qquad (14.14)$$

Dies bedeutet, dass ein ADC bzw. DAC in ein lineares Modell durch Addition eines Rauschsignals mit der Leistung $\frac{q^2}{12}$ übergeführt werden kann.

Quantisierungsrauschen

Das Modell des Quantisierungsrauschens basiert auf der Annahme eines zufälligen und gleich verteilten Quantisierungsfehlers. Es stellt je nach Anwendung eine mehr oder weniger gute Beschreibung dar.

14.5.1 Signal-Rausch-Verhältnis

Mit diesem Wissen über das Quantisierungsrauschen kann nun einem Umsetzer ein Signal-Rausch-Verhältnis (SNR ... *Signal to Noise Ratio*) zugeordnet werden. Wenn wir ein sinusförmiges Signal mit maximaler Amplitude (Gleichung (14.9)) und als Quantisierungsintervall die durch die Anzahl der Quantisierungsschritte dividierte Referenzgröße annehmen (Gleichung (14.3)), erhalten wir:

$$P_{Sig} = S_{Eff}^2 = \frac{S^2}{2} = \frac{\left(\frac{A_{Ref}}{2}\right)^2}{2} = \frac{A_{Ref}^2}{8} \tag{14.15}$$

$$P_N^2 = \frac{q^2}{12} = \frac{\left(\frac{A_{Ref}}{2^N}\right)^2}{12} = \frac{A_{Ref}^2}{12 \cdot 2^{2N}} \tag{14.16}$$

$$\text{SNR} = \frac{P_S^2}{P_N^2} = \frac{\frac{A_{Ref}^2}{8}}{\frac{A_{Ref}^2}{12 \cdot 2^{2N}}} = \frac{12 \cdot 2^{2N}}{8} = 3 \cdot 2^{2N-1} \tag{14.17}$$

Üblicherweise wird das Signal-Rausch-Verhältnis in dB angegeben:

$$\text{SNR}_{\text{dB}} = 10 \log \left(3 \cdot 2^{2N-1}\right) = 6{,}02N + 1{,}76 \, \text{dB} \,. \tag{14.18}$$

Damit gibt es einen Zusammenhang zwischen SNR und der Auflösung N eines Umsetzers. Dass eine Erhöhung der Auflösung um ein Bit eine Verbesserung im SNR um $\approx 6\,\text{dB}$ bringt sollte dabei nicht überraschen, da der Faktor 2 bei Amplitudenverhältnissen 6 dB entspricht.

Wenn man die Gleichung (14.18) umkehrt, kann einem Umsetzer nach erfolgter SNR-Messung eine effektive Auflösung (ENOB ... *Effective Number of Bits*) zugeordnet werden.

$$\text{ENOB} = \frac{\text{SNR}_{\text{dB}} - 1{,}76}{6{,}02} \tag{14.19}$$

Findet man im Datenblatt eines hoch auflösenden Umsetzers z. B. einen SNR-Wert von 104 dB, kann man die effektive Auflösung mit ENOB = 17 bit angeben.

ZUSAMMENFASSUNG

In diesem Kapitel wurden die Funktion und die Eigenschaften von **ADCs** und **DACs** erläutert. Ausgehend vom Verhalten idealer Umsetzer mit ihren Kennlinien wurden dann verschiedene mögliche Umsetzungsfehler vorgestellt. Bei den statischen Fehlern handelt es sich dabei um die abgleichbaren Offset- und Verstärkungsfehler sowie die nicht abgleichbaren Linearitätsfehler der differentiellen und integralen Nichtlinearität. Sobald man schnell veränderliche Signale verarbeitet, müssen ein möglicher **Aperturfehler**, entstehend durch eine Unsicherheit im Abtastzeitpunkt, sowie das Abtasttheorem berücksichtigt werden. Dieses beschreibt den Zusammenhang zwischen Signal- und Abtastfrequenz, damit keine Aliasing-Effekte aufgrund von Unterabtastung auftreten.

Nachdem die von Umsetzern durchgeführte Diskretisierung im Wertebereich einen mathematisch umständlich zu beschreibenden Vorgang darstellt, wurde das **lineare Modell der Quantisierung** vorgestellt. Dieses ersetzt die Quantisierung durch Hinzufügen eines äquivalenten Quantisierungsrauschens und führt in weiterer Folge zu einer Beschreibung von Umsetzern mithilfe von dynamischen Signalen mit den Kenngrößen Signal-Rausch-Verhältnis und Effective Number of Bits.

Digital/Analog-Umsetzer

15.1	**Einführung**	455
15.2	**Addition gleicher Größen**	456
15.3	**Addition dual gewichteter Größen**	461
15.4	**R-2R-Leiternetzwerk**	462
15.5	**Tastverhältnisumsetzung**	466
15.6	**Multiplizierender DAC**	470
15.7	**Auswahl von DACs**	470
	Zusammenfassung	471

15 DIGITAL/ANALOG-UMSETZER

Einleitung

» Die Aufgabe eines Digital/Analog-Umsetzers (DAC) ist es, die meist als binäres Codewort gegebene digitale Eingangsgröße in eine analoge Ausgangsgröße umzusetzen. Das Ausgangssignal kann zwar nur diskrete Werte annehmen, da das Codewort auch nur eine diskrete Information besitzt, ist aber zeitkontinuierlich und somit ein analoges Signal.

Für die schaltungstechnische Implementierung von DACs bieten sich verschiedene Ansätze bzw. Architekturen an. Im Wesentlichen handelt es sich dabei immer um eine Summierung von Größen, die von einer analogen Referenz abgeleitet werden. Je nachdem, mit welcher physikalischen Größe die Summierung durchgeführt wird, in der Elektronik üblicherweise Spannung oder Strom, und ob gleiche oder gewichtete Größen verwendet werden, kann eine Einteilung der DACs erfolgen.

Zu Beginn dieses Kapitels wird die Addition gleicher Größen in der Strom- und Spannungsdomäne betrachtet. Dabei wird gezeigt, wie solche DACs mit gleichen Widerständen bzw. Stromquellen aufgebaut werden. Danach werden wir uns den schaltungstechnischen Möglichkeiten zur Implementierung einer gewichteten Summierung zuwenden. Diese kann entweder mit mehreren gewichteten Widerständen bzw. Stromquellen durchgeführt werden oder auch mit einem trickreichen Widerstandsnetzwerk mit Widerstandswerten von R und $2R$. Abschließend wird die Tastverhältnisumsetzung vorgestellt, welche durch die Addition im Zeitbereich nicht nur ein einfache, sondern auch eine präzise Methode zur Digital/Analog-Umsetzung darstellt. «

LERNZIELE

- Verschiedene DAC-Architekturen in der Strom- bzw. Spannungsdomäne
- Anwendung der Summierung gleicher Gewichte und dual gewichteter Größen
- Erzeugung dual gewichteter Größen mit gleichen Bauteilwerten: R-2R-Leiternetzwerk
- Summierung gleicher Größen im Zeitbereich durch Tastverhältnisumsetzung

Thermometer

Auf den ersten Blick werden in einem digitalen Thermometer keine D/A-Umsetzer benötigt. Sobald man das Gerät näher betrachtet, wird auffallen, dass bei der LCD-Anzeige ein Einstellen der Stärke der Hintergrundbeleuchtung und des Kontrastes gewünscht ist. Für diese einfache Anwendung (Ausgeben einer verstellbaren Gleichspannung) werden meistens die im Mikrocontroller integrierten Einheiten zur Ausgabe eines pulsweitenmodulierten Signals mit externem Glättungsfilter verwendet (siehe Abschnitt 15.5.1).

15.1 Einführung

Die Aufgabe eines Digital/Analog-Umsetzers ist es, einem digitalen Eingangswert D einen diskreten Spannungs- oder Stromwert zuzuweisen. Bei DACs in der Spannungsdomäne wird üblicherweise als Referenzgröße eine Referenzspannung V_{Ref} entsprechend der Auflösung N geteilt und dann mit dem Eingangswert multipliziert. Arbeitet eine DAC in der Stromdomäne, wird der Referenzstrom mit einem Widerstand R von einer Referenzspannungsquelle abgeleitet: $I_{Ref} = \frac{V_{Ref}}{R}$.

Der einfachste D/A-Umsetzer ist der mit der geringsten möglichen Auflösung, der 1-Bit DAC ▶Abbildung 15.1. Dieser entspricht einem Umschalter (*Single-Pole, Double-Throw Switch*, SPDT Switch), der entweder Masse oder die Referenzspannung V_{Ref} am Ausgang anlegt. Somit handelt es sich dabei um nichts anderes als einen einfachen Digitalausgang mit den Pegeln $LO = 0\,\text{V}$ und $HI = V_{Ref}$.

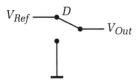

Abbildung 15.1: DAC mit der Auflösung 1 bit

Um die gewünschten höheren Auflösungen zu erreichen, muss nun eine gewichtete Addition der (geteilten) Referenzgröße durchgeführt werden. Einerseits können dem üblicherweise binär kodierten Eingangswert entsprechend viele gleiche Gewichte aufsummiert und andererseits auch unterschiedliche Gewichte verwendet werden. Nachdem im binären Eingangswert die einzelnen Stellen dual gewichtet sind, liegt eine Addition von dual gewichteten Größen nahe.

Für diese Summation können verschiedene physikalische Größen verwendet werden, naheliegenderweise die Spannung und der Strom. Eine weitere, sehr genaue physikalische Größe ist die Zeit, welche aber nur eine Addition gleicher Gewichte erlaubt.

Die Betrachtungen der verschiedenen DAC-Schaltungen sind auf eine Auflösung von drei bit beschränkt. Dies begründet sich damit, dass mit dieser Auflösung die Schaltungen noch übersichtlich bleiben bzw. nicht zu komplex werden und die Funktionsweise und die Eigenschaften bei höheren Auflösungen auch ersichtlich werden.

> Bei manchen Schaltungen sind die aktiven Schalter bzw. Elemente blau eingezeichnet. Der daraus folgende Ausgangswert wird in der Abbildungsbeschreibung angegeben.

15.2 Addition gleicher Größen

Die zeitunabhängige Addition gleicher Größen kann in der Strom- bzw. Spannungsdomäne durchgeführt werden. In der Stromdomäne werden einem digitalen Eingangswert entsprechend viele gleiche Stromquellen auf einen Summationsknoten geschaltet, in der Spannungsdomäne wird eine Widerstandskette mit vielen gleichen Widerständen als Spannungsteiler verwendet.

15.2.1 Addition gleicher Ströme

Für einen N-Bit DAC werden $2^N - 1$ schaltbare Stromquellen benötigt. Diese können auf einfache Weise mit Widerständen implementiert werden. In ▸Abbildung 15.2 ist ein solcher DAC, der Thermometer-Code-DAC, für drei bit Auflösung dargestellt. Er besteht aus $2^3 - 1 = 7$ Widerständen bzw. Stromquellen $\left(I = \frac{V_{Ref}}{R}\right)$, welche dem Eingangswert D entsprechend auf den Ausgang geschaltet werden.

Aufgrund des niedrigen Ausgangswiderstandes R der „Stromquellen" soll der Ausgang mit dem virtuellen Nullpunkt eines Strom/Spannungs-Umsetzers verbunden werden.

$$I_{Out} = D \cdot I = D \frac{V_{Ref}}{R} \tag{15.1}$$

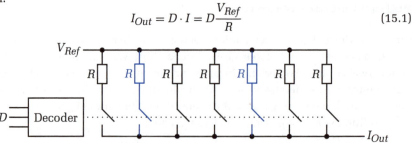

Abbildung 15.2: 3-Bit Thermometer-Code-DAC, es werden sieben Widerstände benötigt $\left(I_{Out} = 2\frac{V_{Ref}}{R}\right)$

Statt der Widerstände können auch Konstantstromquellen verwendet werden. Wenn dann das Ein-/Ausschalten der Stromquellen noch durch ein Umschalten auf zwei Ausgänge ersetzt wird, erhält man den Current Steering DAC ▸Abbildung 15.3.

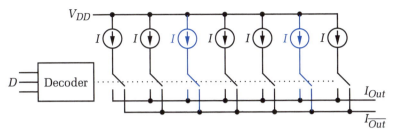

Abbildung 15.3: 3-Bit Current Steering DAC mit 7 Stromquellen ($I_{Out} = 2 \cdot I$, $I_{Out} - I_{\overline{Out}} = (2-5) \cdot I = -3 \cdot I$)

Damit stehen nun zwei Ausgangsströme, I_{Out} und $I_{\overline{Out}}$, zur Verfügung. Dabei entspricht I_{Out} dem gewünschten, durch den Eingangswert gewählten Ausgangsstrom, $I_{\overline{Out}}$ ergänzt diesen dann auf den Gesamtstrom aller Stromquellen. Wenn nur ein Ausgang verwendet wird, soll dieser mit einer ausreichend niederohmigen Last betrieben oder mit dem virtuellen Nullpunkt eines Strom/Spannungs-Umsetzers verbunden werden. Der andere, nicht verwendete Ausgangsstrom kann in die Schaltungsmasse geleitet werden.

Es ist aber sinnvoll, beide Ausgangsströme zu verwenden, da dies eine doppelt so große Signalamplitude sowie bipolare Ausgangssignale ermöglicht. Die Information liegt dann in der Differenz der beiden Ströme ($I_{Out} - I_{\overline{Out}}$). Nach erfolgter Umsetzung der beiden Ausgangsströme durch zwei Widerstände mit dem Wert R in Spannungen ergibt sich als Ausgangsgröße eine bipolare Differenzspannung V_{Out} ($K \ldots$ Anzahl der Stromquellen, $K = 2^N - 1$):

$$I_{Out} = D \cdot I \qquad I_{\overline{Out}} = (K - D) \cdot I \qquad (15.2)$$

$$V_{Out} = R I_{Out} - R I_{\overline{Out}} = (2D - K) R I. \qquad (15.3)$$

Aus dieser Differenzspannung V_{Out} kann dann z. B. mit einem Subtrahierverstärker ein auf Masse bezogenes Signal gewonnen werden ▶Abbildung 15.4, wobei der Einfluss des Eingangswiderstands dieser Schaltung in Gleichung (15.3) vernachlässigt wird.

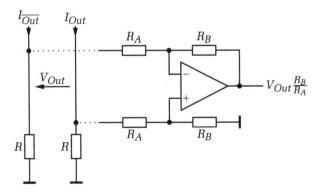

Abbildung 15.4: Umsetzung von $I_{Out} - I_{\overline{Out}}$ zu einem massebezogenen Spannungssignal

Simulation

> **Dimensionierungsbeispiel:**
>
> Ein Current Steering DAC mit einem maximalen Ausgangsstrom von $I_{max} = 20\,\text{mA}$ und einem Ausgangsspannungshub von bis zu $V_{max} = 0{,}5\,\text{V}$ soll so beschaltet werden, dass wir ein massebezogenes Signal mit einer maximalen Amplitude von 1 V erhalten. Es ergibt sich der Widerstandswert R aus der erlaubten Belastung der Stromausgänge:
>
> $$R = \frac{V_{max}}{I_{max}} = \frac{0{,}5\,\text{V}}{20\,\text{mA}} = 25\,\Omega.$$
>
> Somit erhalten wir an den Eingängen des Subtrahiererverstärkers ein Signal mit 0,5 V Amplitude. Dieses muss nun nur noch mit dem Faktor 2 verstärkt werden, wie erhalten für R_A und R_B:
>
> $$2 = \frac{R_B}{R_A} \quad \Rightarrow \quad \text{z.\,B.}\ R_A = 10\,\text{k}\Omega,\ R_B = 20\,\text{k}\Omega.$$
>
> Die Belastung des differentiellen Spannungssignales V_{Out} durch den Eingangswiderstand des Subtrahiererverstärkers ist bei diesen Berechnungen vernachlässigt worden.

Natürlich ergibt sich aufgrund der Abweichungen im Ausgangsstrom der einzelnen Stromquellen ein Linearitätsfehler. Da die Information nur in der Anzahl der geschalteten Stromquellen liegt, spielt es keine Rolle, welche Quellen ausgewählt werden, solange die Anzahl stimmt. Dadurch können die einzelnen Quellen bei jeder neuen Umsetzung zufällig ausgewählt werden, wodurch ein Linearitätsfehler in Rauschen umgeformt werden kann.

Da bei diesem Verfahren die Stromquellen niemals ausgeschaltet, sondern immer nur umgeschaltet werden (make before break), können mit solchen DACs sehr hohe Ausgaberaten erreicht werden (Videofrequenzen). Ihre Auflösung ist jedoch aufgrund der großen Anzahl der benötigten Stromquellen eingeschränkt.

15.2.2 Addition gleicher Spannungen

Analog zur Addition gleicher Ströme werden für die Addition gleicher Spannungen sehr viele gleiche Spannungsquellen benötigt. Diese werden mit einer Kette von Widerständen mit dem gleichen Wert aufgebaut, welche das Kernstück eines String-DACs bildet.

String-DAC (Kelvin[1] Divider)

Mit einem Spannungsteiler, bestehend aus 2^N gleich großen Widerständen, werden alle möglichen Ausgangsspannungen eines N-Bit DACs intern erzeugt ▶ Abbildung 15.5. Ein Decoder wählt dann den gewünschten Spannungsabgriff aus und verbindet diesen über einen Schalter mit dem Ausgang.

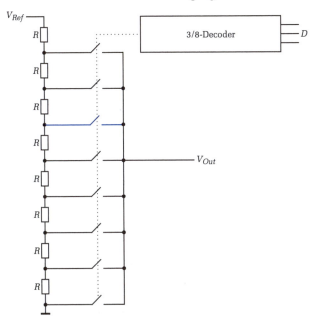

Abbildung 15.5: 3-Bit String-DAC mit 8 Widerständen $\left(V_{Out} = \frac{5}{8} V_{Ref}\right)$

Diese Architektur garantiert eine monotone Kennlinie. Da bei einem Wechsel des Ausgangswertes nur ein Schalter geöffnet und ein anderer geschlossen werden muss, entstehen nur geringe, vom Wert unabhängige Störungen, so genannte **Glitches** (*Low-Glitch Architecture*).

Segmented String-DAC

Der Nachteil des String-DACs, dass 2^N Widerstände benötigt werden, kann durch Kaskadieren von zwei String-DACs umgangen werden.

---

[1] Benannt nach William Thomson, ★ 26. Juni 1824 in Belfast (Nordirland), † 17. Dezember 1907 in Netherhall bei Largs (Schottland), britischer Physiker, ab 1892 Erster Baron Kelvin of Largs, meist als Lord Kelvin bezeichnet, auch Namensgeber für die Einheit der absoluten Temperatur

Der erste String-DAC, in ▶Abbildung 15.6 blau dargestellt, erzeugt die einzelnen, den höherwertigen Bits des Eingangswertes entsprechenden Spannungsintervalle. Diese werden vom zweiten String-DAC noch einmal geteilt, wobei dieser den ersten belasten würde. Deshalb sollten zwei Pufferverstärker verwendet werden, die aber aufgrund ihrer Offset-Spannungen eine nicht monotone Kennlinie verursachen können.

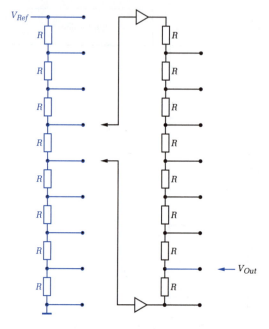

Abbildung 15.6: 6-Bit Segmented String-DAC mit 16 Widerständen $\left(V_{Out} = \frac{33}{64} V_{Ref}\right)$

15.2.3 Digitales Potenziometer

Das digitale Potenziometer (▶Abbildung 15.7) besteht aus einer Widerstandskette mit $2^N - 1$ Widerständen, die, wenn es sich um ein linear einstellbares handelt, alle den gleichen Widerstandswert aufweisen. Damit ergeben sich 2^N Abgriffe, wovon über Halbleiterschalter einer von einem Decoder ausgewählt wird. Der Gesamtwiderstand bleibt dabei konstant, der Widerstand zwischen dem Abgriff C und den beiden Anschlüssen A und B kann verändert werden.

Eine häufige Anwendung für ein digitales Potenziometer ist der Einsatz in einem analogen Verstärker, z. B. wird es bei der Lautstärkenregelung von Audioverstärkern anstatt eines mechanischen Potenziometers gerne verwendet.

15.3 Addition dual gewichteter Größen

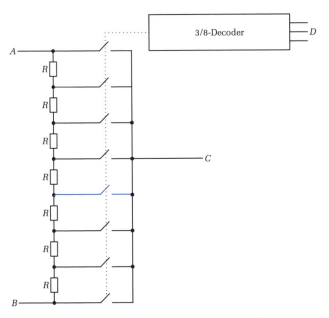

Abbildung 15.7: 3-Bit digitales Potenziometer (Digipot) mit 7 Widerständen $\left(R_{AC} = 4 \cdot R,\ R_{BC} = 3 \cdot R,\right.$ Teilerverhältnis $\left. d = \frac{R_{BC}}{R_{AC}+R_{BC}} = \frac{3}{7}\right)$

15.3 Addition dual gewichteter Größen

Bei höheren Auflösungen wird das Ansteigen der Anzahl der benötigten Bauelemente bei der Addition gleicher Größen problematisch. Werden jedoch dual gewichtete Größen verwendet, benötigen wir für jedes zusätzliche Bit in der Auflösung lediglich eine weitere Spannungs- bzw. Stromgewichtung.

15.3.1 Spannungssummierung

Mit einem resistiven Netzwerk, welches aus gewichteten Widerständen besteht, kann eine gewichtete Summierung durchgeführt werden. ▶Abbildung 15.8 zeigt ein solches binär gewichtetes Netzwerk für einen 3-Bit DAC. Dabei wird an den Eingängen V_{D_n} entweder die Referenzspannung V_{Ref} ($D_n = 1$) oder Masse ($D_n = 0$) angelegt ($V_{D_n} = V_{Ref} \cdot D_n$).

Mit dem Knotenpotentialverfahren können wir die Spannungsverhältnisse innerhalb dieser Schaltung berechnen und die korrekte Funktion der dual gewichteten Addition beweisen:

$$\frac{V_{D_2} - V_{Out}}{R} + \frac{V_{D_1} - V_{Out}}{2R} + \frac{V_{D_0} - V_{Out}}{4R} + \frac{0 - V_{Out}}{4R} = 0 \qquad (15.4)$$

$$\frac{V_{D_2}}{2} + \frac{V_{D_1}}{4} + \frac{V_{D_0}}{8} = V_{Out}\left(\frac{1}{2} + \frac{1}{4} + \frac{1}{8} + \frac{1}{8}\right) = V_{Out}. \qquad (15.5)$$

Simulation

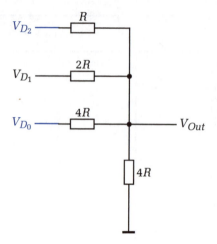

Abbildung 15.8: Gewichtete Spannungssummierung ($V_{Out} = \left(\frac{1}{2} + \frac{1}{8}\right) \cdot V_{Ref} = \frac{5}{8} \cdot V_{Ref}$)

15.3.2 Stromsummierung

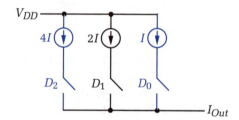

Abbildung 15.9: Gewichtete Stromsummierung ($V_{Out} = (4+1) \cdot I = 5 \cdot I$)

Werden mehrere dual gewichtete Stromquellen auf einen Summationsknoten zusammengeschaltet, erhält man für den Summenstrom bzw. Ausgangsstrom die gewünschte gewichtete Addition, ▶Abbildung 15.9.

Der Ausgangsstrom I_{Out} kann mit einem ausreichend niedrigen Lastwiderstand oder einem Strom/Spannungs-Umsetzer (virtueller Nullpunkt) in ein Spannungssignal umgesetzt werden.

Natürlich können auch hier, gleich wie beim Current Steering DAC mit gleichen Gewichten (Abschnitt 15.2.1), die Schalter durch Umschalter ersetzt werden.

15.4 R-2R-Leiternetzwerk

In praktischen Anwendungen erweist sich die Herstellung von dual gewichteten Widerständen als aufwändig und mit Toleranzen behaftet. Mit einem R-2R-Leiternetzwerk (*R-2R Ladder Network*) lassen sich jedoch auch dual gewichtete Ströme bzw. Spannungen erzeugen, wobei dieses dem Namen entsprechend ausschließlich aus Widerständen mit den Werten R und $2R$ besteht. Diese können, insbesondere in integrierten Schaltungen, mit wesentlich geringerer relativer Abweichung hergestellt werden.

15.4.1 R-2R-Leiternetzwerk als Stromteiler

Beim als Stromteiler betriebenen R-2R-Leiternetzwerk werden mit einem Widerstandsnetzwerk dual gewichtete Stromquellen implementiert, ▶Abbildung 15.10. Die schaltbaren Ströme können dann dem digitalen Eingangswert entsprechend aufsummiert werden.

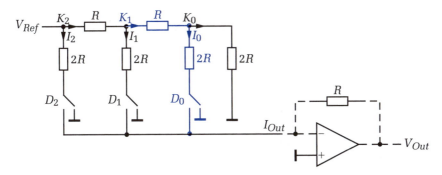

Abbildung 15.10: Leiternetzwerk als Stromteiler mit nachgeschaltetem Strom/Spannungs-Umsetzer

Jede Stufe des R-2R-Leiternetzwerkes besteht aus zwei Widerständen mit den Werten R und $2R$ sowie einem Umschalter. Dieser schaltet den Strom durch den $2R$-Widerstand auf Masse oder auf den virtuellen Nullpunkt des Strom-/Spannungsumsetzers (*make before break*). Damit bleibt das Potential am Schalter konstant (Masse), weshalb die Berechnung des Netzwerkes unabhängig von der Schalterstellung durchgeführt werden kann.

Die in Abbildung 15.10 **blau** dargestellte Stufe eines 3-Bit R-2R-Leiternetzwerkes teilt den Eingangsstrom I_1 im Knoten K_0 um den Faktor 2 ($I_0 = \frac{I_1}{2}$), weil der Abschlusswiderstand auch den Wert $2R$ aufweist. Der Eingangswiderstand der abgeschlossenen Stufe beträgt $R + 2R \parallel 2R = 2R$.

Dies bedeutet, dass der **blau** dargestellte Widerstandsteiler die vorangehende Stufe auch mit $2R$ belastet und somit den passenden Abschluss bildet. Folglich wird der Strom I_2 im Knoten K_1 auch um den Faktor 2 geteilt ($I_1 = \frac{I_2}{2}$). Auch diese Stufe belastet eine vorangehende wieder mit dem Widerstand $2R$. Damit wird ein oftmaliges Kaskadieren solcher Stufen möglich, wobei jede Stufe den Eingangsstrom um den Faktor 2 teilt.

Die erste Stufe besteht dann einfach nur aus einem $2R$-Widerstand, welchem dann das restliche Leiternetzwerk mit dem Eingangswiderstand von $2R$ parallel geschaltet wird. Damit erhalten wir dual gewichtete Ströme mit den Werten

$$I_2 = \frac{V_{Ref}}{2R}, \qquad I_1 = \frac{I_2}{2}, \qquad I_0 = \frac{I_1}{2}. \tag{15.6}$$

Diese dual gewichteten Ströme werden dem digitalen Eingangswert entsprechend auf den Eingang des Strom/Spannungsumsetzers geschaltet:

$$I_{Out} = I_2 D_2 + I_1 D_1 + I_0 D_0 = \frac{V_{Ref}}{2R}\left(D_2 + \frac{D_1}{2} + \frac{D_0}{4}\right) \tag{15.7}$$

$$V_{Out} = -R \cdot I_{Out}. \tag{15.8}$$

Durch Einfügen weiterer Stufen kann die Auflösung erhöht werden. Dabei wird die maximal sinnvolle Anzahl von Stufen von den Widerstandstoleranzen bestimmt. Der Eingangswiderstand bleibt jedoch unabhängig von der Auflösung konstant, was zu einer konstanten Stromaufnahme ($I = \frac{V_{Ref}}{R}$) aus der Referenzspannungsquelle führt.

15.4.2 R-2R-Leiternetzwerk als Spannungsteiler

Das R-2R-Leiternetzwerk kann nicht nur als Stromteiler, sondern auch als Spannungsteiler für die gewichtete Addition von Spannungen verwendet werden. Ziel ist es, die gleiche Funktion wie die gewichtete Spannungssummierung mit dual gewichteten Widerständen (Abbildung 15.8) zu implementieren, nur dieses Mal mit Widerständen mit den Werten R und $2R$.

Beim in Abbildung 15.10 gezeigten Leiternetzwerk als Stromteiler tritt auch eine Halbierung der Spannung an den Knoten K auf $\left(V_{K_2} = V_{Ref},\ V_{K_1} = \frac{V_{Ref}}{2},\ V_{K_0} = \frac{V_{Ref}}{4}\right)$. Will man diese Eigenschaft verwenden, führt dies zum invers betriebenen R-2R-Leiternetzwerk, ▶Abbildung 15.11.

Simulation

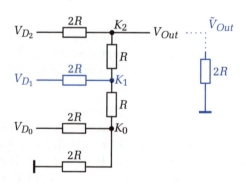

Abbildung 15.11: Leiternetzwerk als Spannungsteiler

Das invers betriebene Leiternetzwerk arbeitet als Spannungsteiler. An den Eingängen V_{D_n} wird entweder die Referenzspannung V_{Ref} ($D_n = 1$) oder die Masse ($D_n = 0$) angelegt ($V_{D_n} = V_{Ref} \cdot D_n$).

Um die Auswirkung einer einzelnen Spannung V_{D_n} auf den Ausgang V_{Out} unter der Annahme, dass alle anderen Eingänge auf Masse liegen, zu berechnen, kann man (gedanklich) den Spannungsausgang V_{Out} mit einem Widerstand mit dem Wert $2R$ belasten. Dieser ist in Abbildung 15.11 **blau** dargestellt, die mit der Belastung veränderte Ausgangsspannung wird als $\tilde{V}_{Out}$ bezeichnet. In diesem Fall ist jeder Knoten K_n einerseits über einen $2R$-Widerstand mit dem Eingang V_{D_n} verbunden und andererseits mit zwei abgeschlossenen R-2R-Leiternetzwerken mit dem Eingangswiderstand $2R$ belastet. Mithilfe der Spannungsteiler-Regel ergibt sich für die Spannung am Knoten K_N:

$$\tilde{V}_{K_n} = V_{D_n} \frac{2R \parallel 2R}{2R \parallel 2R + 2R} = \frac{V_{D_n}}{3}. \tag{15.9}$$

Diese Spannung wird nun vom Leiternetzwerk pro Stufe um den Faktor zwei geteilt. Die Eingangsgröße V_{D_n} wird somit ($N-1-n$)-mal in Richtung des Ausgangs geteilt:

$$\tilde{V}_{Out}(n) = \frac{\tilde{V}_{K_n}}{2^{N-1-n}} = \frac{V_{Ref}}{3 \cdot 2^{N-1-n}}. \tag{15.10}$$

Legt man an der in Abbildung 15.11 **blau** dargestellten Stufe die Referenzspannung an ($n = 1$, $V_{K_1} = V_{Ref}$), erhalten wir ($N = 3$):

$$\tilde{V}_{Out}(1) = \frac{\tilde{V}_{K_1}}{2} = \frac{V_{Ref}}{6}. \tag{15.11}$$

Das Leiternetzwerk hat die Eigenschaft eines konstanten Ausgangswiderstandes von R (der Eingangswiderstand im Betrieb als Stromteiler). Damit können wir die Auswirkung des (gedanklich) hinzugefügten Lastwiderstandes berechnen bzw. beseitigen:

$$\tilde{V}_{Out}(n) = V_{Out}(n) \frac{2R}{R + 2R} = V_{Out}(n) \frac{2}{3} \qquad V_{Out}(n) = \frac{3}{2} \tilde{V}_{Out}(n) = \frac{V_{Ref}}{2^{N-n}} \tag{15.12}$$

$$V_{Out}(1) = \frac{V_{Ref}}{2^{3-1}} = \frac{V_{Ref}}{4}. \tag{15.13}$$

Durch Superposition der einzelnen Ergebnisse erhält man das Ergebnis, die gewünschte dual gewichtete Summation für die Auflösung von N bit bzw. 3 bit:

$$V_{Out} = \sum_{n=0}^{N-1} V_{Out}(n) D_n = V_{Ref} \left(\frac{D_{N-1}}{2} + \frac{D_{N-2}}{4} + \ldots + \frac{D_0}{2^N} \right) \tag{15.14}$$

$$V_{Out} = V_{Ref} \left(\frac{D_2}{2} + \frac{D_1}{4} + \frac{D_0}{8} \right). \tag{15.15}$$

15.5 Tastverhältnisumsetzung

Alle bis jetzt erklärten DAC-Architekturen haben gemeinsam, dass sie auf möglichst genaue Bauelemente angewiesen sind. Ob es sich dabei um Widerstände bzw. Stromquellen mit gleichen oder gewichteten Werten handelt, spielt keine Rolle. Wichtig ist nur, dass diese mit ihrem Sollwert bzw. mit den gewünschten Werteverhältnissen möglichst genau übereinstimmen, um eine gute Linearität der D/A-Umsetzung zu erreichen.

Und gerade die Herstellung dieser benötigten, genauen Bauelemente erweist sich in der Praxis im Vergleich zu rein digitalen CMOS-Schaltungen als aufwändig und somit als teuer.

Der einfachste DAC, der 1-Bit DAC (Abbildung 15.1, $V_{HI} = V_{Ref}$, $V_{LO} = 0$), ist wie zu Beginn des Kapitels schon näher beschrieben, ein ganz normaler Digitalausgang. Unter Verwendung der Zeit als Hilfsgröße für die Addition gleicher Gewichte kann dieser zur Analogausgabe mit höherer Auflösung verwendet werden. Wenn der 1-Bit DAC ein periodisches, rechteckförmiges Signal $x(t)$ mit der Periodendauer T_P, dem Tastverhältnis d ($T_{HI} = d \cdot T_P$, $T_{LO} = (1-d) \cdot T_P$) ausgibt, erhält man folgenden Mittelwert:

$$\overline{x(t)} = \frac{1}{T_P}\int_0^{T_P} x(t)\,dt = \frac{1}{T_P}\int_0^{T_{HI}} V_{Ref}\,dt = \frac{T_{HI}}{T_P}V_{Ref} = d \cdot V_{Ref}. \qquad (15.16)$$

Diese Mittelwertbildung kann mit einem geeigneten Tiefpassfilter erreicht werden. Das bedeutet, dass ein zweiwertiges Signal, dessen Wertinformation in einem Tastverhältnis vorliegt, in eine zeitkontinuierliche, analoge Ausgangsgröße umgesetzt wird.

15.5.1 Digitale Pulsweitenmodulation

Die ▶Abbildung 15.12 zeigt ein Prinzipschaltbild zur Generierung von pulsweitenmodulierten Signalen. Ein mit der Frequenz f getakteter Modulo-N-Zähler erhöht seinen Ausgangswert bis zum Überlauf und beginnt dann wieder bei 0. Dafür benötigt der Zähler N Takte, es stellt sich eine Periodendauer von $T_P = N \cdot T \left(T = \frac{1}{f}\right)$ ein. Der ständig wachsende Ausgangswert des Zählers wird dabei mit der digitalen Eingangsgröße n verglichen ($n \leq N$). Der Vergleich, ob der Zählerstand kleiner n ist, liefert während der ersten n Zählertakte ($0 \ldots n-1$) ein wahres Ergebnis, das heißt am Ausgang wird HI ausgegeben ($T_{HI} = n \cdot T$).

Damit wurden die Periodendauer T_P und die HI-Zeit T_{HI} diskretisiert und nach passender Mittelung des Ausgangssignals ergibt sich folgender Ausgangswert:

$$\overline{V_{Out}} = \frac{n}{N}V_{Ref}. \qquad (15.17)$$

15.5 Tastverhältnisumsetzung

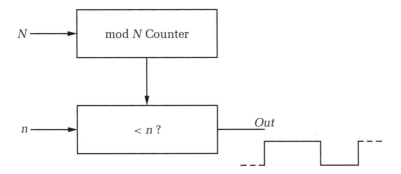

Abbildung 15.12: Einfache PWM-Einheit

Beispiele für das periodische Ausgangssignal sind in ▶Abbildung 15.13 dargestellt. Mit zunehmender Auflösung N wächst die Periodendauer bzw. sinkt die PWM-Frequenz ($f_{PWM} = \frac{1}{NT}$). Damit muss das Mittelwert bildende Tiefpassfilter mit niedrigerer Grenzfrequenz dimensioniert werden. Dies führt dann zu einer längeren Einstellzeit des analogen Ausgangssignals der Filterschaltung.

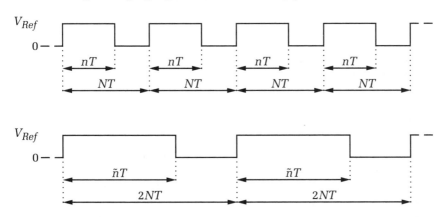

Abbildung 15.13: PWM-Signale

Die digitale PWM erlaubt eine Digital/Analog-Umsetzung ohne genaue analoge Bauelemente. Wird das einzige analoge Element, der 1-Bit DAC, mit Schaltern ausgeführt, deren zeitliche Unsicherheit beim Schalten klein gegenüber der verwendeten zeitlichen Auflösung der PWM ist, kann dieser Fehler vernachlässigt werden. Durch die Verwendung der linear vergehenden Zeit zur Teilung der Referenzgröße erhält der 1-Bit DAC die Eigenschaft der „natürlichen" Linearität. Die eventuell auftretenden Abweichungen von V_{HI} zu V_{Ref} und von V_{LO} zu 0 bewirken nur einen Offset- bzw. Verstärkungsfehler. Deshalb kann mit diesem Konzept auch bei hohen Auflösungen die Linearität garantiert werden.

Aufgrund des zusätzlichen Vorteils, dass eine digitale PWM ausschließlich digitale Elemente benötigt (keine Widerstände, Stromquellen), werden PWM-Einheiten bei

Mikrocontrollern direkt auf den Chip integriert und sind damit in Anwendungen der Steuer- und Regelungstechnik ein wichtiges Verfahren zur D/A-Umsetzung.

15.5.2 Tiefpassfilter

Mit einem Tiefpassfilter soll des PWM-Signal in eine Gleichgröße umgeformt werden. Dazu muss der Wechselanteil des PWM-Signals beseitigt bzw. ausreichend gedämpft werden.

Nachdem der Ausgangswert variabel ist und sich damit das Tastverhältnis je nach digitalem Eingangswert verändert, muss zuerst das Tastverhältnis gefunden werden, welches die größte Welligkeit w nach der Filterung verursachen würde.

$$w = \max V_{Out}(t) - \min V_{Out}(t) \tag{15.18}$$

Bei den beiden Endwerten des digitalen Eingangsbereichs ($n = 0$ bzw. $n = N$) wird am Ausgang nur eine Gleichspannung (0 oder V_{Ref}) ausgegeben, die Welligkeit w wäre 0. Nachdem die Pulsweitenmodulation symmetrische Eigenschaften aufweist, wird sich das Maximum der Welligkeit bei einem Tastverhältnis von $d = 0{,}5$ ($n = \frac{N}{2}$) einstellen. Nun muss nur noch dieses Tastverhältnis betrachtet werden, da alle anderen zu einer geringeren Welligkeit führen.

Von diesem periodischen Signal lassen sich mithilfe einer Fourier-Reihenentwicklung die einzelnen Frequenzkomponenten berechnen.

$$\frac{V_{Out}(t)}{V_{Ref}} = 0{,}5 + \frac{2}{\pi}\sin(2\pi f_{PWM}t) + \frac{2}{3\pi}\sin(2\pi 3 f_{PWM}t) + \frac{2}{5\pi}\sin(2\pi 5 f_{PWM}t) + \ldots \tag{15.19}$$

Die höheren Frequenzanteile ab der dreifachen PWM-Frequenz sind vernachlässigbar, da diese eine geringere Amplitude aufweisen und aufgrund der höheren Frequenz vom Tiefpassfilter stärker gedämpft werden. Wenn man zum Beispiel ein Filter 2. Ordnung verwendet, wird der Frequenzanteil bei $3f_{PWM}$ um den Faktor $3^2 = 9$ stärker als die Grundschwingung gedämpft. Und da die Amplitude auch noch dreimal kleiner ist, wird nach der Filterung die dreifache PWM-Frequenz nur mit $\frac{1}{27}$ der Amplitude der Grundschwingung auftreten.

$$\frac{V_{Out}(t)}{V_{Ref}} \approx 0{,}5 + \frac{2}{\pi}\sin(2\pi f_{PWM}t) \tag{15.20}$$

Nun muss diese Frequenzkomponente mit der Spitze-Spitze-Amplitude von $2 \cdot \frac{2}{\pi} = \frac{4}{\pi}$ von einem Filter mit dem Amplitudengang $|A(f_{PWM})|$ so stark gedämpft werden, dass am Ausgang nur die maximal erlaubte Welligkeit w auftritt.

$$w = \frac{4\,|A(f_{PWM})|}{\pi} \tag{15.21}$$

Dies bedeutet, dass die Verstärkung des Filters bei der PWM-Frequenz ausreichend klein bzw. dass die Dämpfung, definiert als der Kehrwert der Verstärkung, ausreichend groß sein muss. Damit erhalten wir für die benötigte Dämpfung $\frac{1}{|A(f_{PWM})|}$ bei einer gewünschten Restwelligkeit von w:

$$\frac{1}{|A(f_{PWM})|} = \frac{4}{w\pi}. \qquad (15.22)$$

Wenn die PWM-Einheit als DAC mit der Auflösung von N bit arbeiten soll (Periodendauer $2^N T$, $f_{PWM} = \frac{1}{2^N T}$), darf die Welligkeit höchstens der Größe einer Quantisierungsstufe ($V_{Ref} \cdot \frac{1}{2^N}$) entsprechen.

$$\frac{1}{|A(f_{PWM})|} = \frac{4}{\frac{1}{2^N}\pi} = \frac{2^{N+2}}{\pi} \qquad (15.23)$$

Bei Anwendungen, die eine noch geringere Welligkeit verlangen, muss die Dämpfung des Tiefpassfilters jedoch noch größer gewählt werden.

> **Beispiel**
>
> Die PWM-Einheit eines Mikrocontrollers gibt ein Signal ($V_{HI} = 5\,\text{V}$, $V_{LO} = 0\,\text{V}$) mit einer Grundfrequenz von $f_{PWM} = 1\,\text{kHz}$ aus. Wie groß muss die Dämpfung $\frac{1}{|A(f_{PWM})|}$ des Glättungsfilters bei dieser Frequenz sein, damit die maximal auftretende Welligkeit des Ausgangssignals nach erfolgter Filterung 10 mV beträgt?
>
> $$w = \frac{10\,\text{mV}}{5\,\text{V}} = \frac{1}{500}$$
>
> $$\frac{1}{|A(f_{PWM})|} = \frac{4}{w\pi} = \frac{4}{\frac{1}{500}\pi} = \frac{2000}{\pi} \approx 637 = 56\,\text{dB}$$
>
> Angenommen, es werden zwei kaskadierte Tiefpassfilter erster Ordnung zur Glättung verwendet, welche Grenzfrequenz bzw. Zeitkonstante der Filter erhält man?
>
> $$\frac{1}{|A(j\omega)|} = |1 + j\omega\tau|^2 = \sqrt{1+\omega^2\tau^2}^2 = 1 + \omega^2\tau^2, \qquad \omega = 2\pi f$$
>
> $$\frac{1}{|A(f_{PWM})|} = 1 + (2\pi f)^2 \tau^2 \quad \Rightarrow \quad \tau = \frac{\sqrt{\frac{1}{|A(f_{PWM})|} - 1}}{2\pi f_{PWM}}$$
>
> $$\tau = \frac{\sqrt{\frac{2000}{\pi} - 1}}{2\pi \cdot 1000\,\text{Hz}} \approx 4\,\text{ms}$$

Simulation

> **Helligkeit der Display-Hintergrundbeleuchtung**
> Die Helligkeit einer LED-Hintergrundbeleuchtung kann durch den LED-Strom eingestellt werden. Dafür könnte man eine einstellbare analoge Stromquelle verwenden. Das ist aber nicht notwendig. Es reicht aus, wenn der LED-Strom mit einer PWM-Einheit ein- und ausgeschaltet wird, das Tastverhältnis bestimmt dann den Mittelwert des Stromes. Eine Filterung wird nicht benötigt, da das menschliche Auge bei ausreichend hoher PWM-Frequenz das häufige Ein-/Ausschalten der LED nicht wahrnehmen kann. Die Tiefpassfilterung wird sozusagen vom Auge durchgeführt.

15.6 Multiplizierender DAC

Falls ein DAC mit einer zeitlich veränderbaren Referenzspannung betrieben werden kann bzw. betrieben wird, spricht man von einem multiplizierenden DAC (MDAC ... *Multiplying DAC*). Dieser kann eine analoge Eingangsspannung V_{in} mit einem digital vorgegebenen Wert D multiplizieren (Auflösung N in Bit).

$$V_{Out} = V_{in} \frac{D}{2^N} \qquad (15.24)$$

Solche MDACs sind prinzipiell mit den verschiedenen DAC-Schaltungen zu implementieren, z. B. ein als MDAC betriebener String-DAC wäre nichts anderes als ein digitales Potenziometer.

15.7 Auswahl von DACs

Neben den grundlegenden Eigenschaften von DACs wie Auflösung, Linearität und Umsetzungsgeschwindigkeit gibt es weitere für den Entwickler bedeutende Punkte.

Nachdem der DAC mit Daten versorgt werden muss, spielt die Schnittstelle zum DAC eine entscheidende Rolle. Falls die hohe Umsetzungsrate nicht eine parallele Ansteuerung des DACs erzwingt, ist eine serielle Kommunikation mit dem Bauteil vorzuziehen. Eine serielle Datenübertragung über eine synchrone, serielle Schnittstelle mit drei Leitungen vereinfacht einerseits das Layout auf einer Leiterplatte und erlaubt andererseits, da weniger Anschlüsse am DAC-Baustein benötigt werden, ein kleineres, platzsparendes und billigeres Gehäuse für den Chip. Ein weiteres Auswahlkriterium kann eine schon im DAC integrierte Spannungsreferenz sein. Damit erspart man sich eine zusätzlich benötigte, externe Spannungsreferenz. Vor allem bei batteriebetriebenen Geräten ist auch die Stromaufnahme ein wichtiges Auswahlkriterium.

ZUSAMMENFASSUNG

In diesem Kapitel wurden die heutzutage gängigen schaltungstechnischen Implementierungen von **Digital/Analog-Umsetzern** vorgestellt. Beginnend mit der **Addition gleicher Ströme** bei Thermometer-Code und Current Steering DACs wurde dann auf die **Addition gleicher Spannungen** bei String- und Segmented String-DACs eingegangen. Danach wurde gezeigt, wie mit dual gewichteten Spannungen und Strömen mit wenigen Bauelementen die D/A-Umsetzung durchgeführt werden kann. Als beste Möglichkeit zur Erzeugung der dual gewichteten Größen erweist sich dabei das **R-2R-Leiternetzwerk**. Dieses liefert dual gewichtete Ströme bzw. erlaubt im inversen Betrieb eine dual gewichtete Addition von Spannungen.

Die **Tastverhältnisumsetzung**, mit der ein 1-Bit DAC durch Addition gleicher Gewichte im Zeitbereich für hohe Auflösungen verwendet werden kann, wurde vorgestellt. Dabei wurde auch die oft notwendige Dimensionierung eines **Glättungsfilters** erklärt.

Analog/Digital-Umsetzer

16.1 Einführung 475

16.2 Parallelverfahren und Kaskadenumsetzer ... 477

16.3 Wägeverfahren 485

16.4 Integrierende Verfahren
und Zählverfahren 490

16.5 Auswahl von ADCs 504

Zusammenfassung 506

16 ANALOG/DIGITAL-UMSETZER

Einleitung

> Im Kapitel 14 (Analog/Digital- und Digital/Analog-Umsetzung) wurde auf die Eigenschaften von Analog/Digital-Umsetzern (ADC ... *Analog-to-Digital Converter*) eingegangen. Dabei wurde der ADC als fertiger Baustein betrachtet.
>
> Nun wollen wir uns den verschiedenen schaltungstechnischen Möglichkeiten für den internen Aufbau zuwenden. Prinzipiell wird zwischen drei verschiedenen Architekturen unterschieden.
>
> Als erstes Verfahren wird das Parallelverfahren erläutert. Bei diesem wird die Quantisierung der analogen Eingangsgröße in einem Schritt durchgeführt, da sie mit allen Quantisierungsintervallen gleichzeitig verglichen wird. Verständlicherweise steigt der Aufwand mit höher werdender Auflösung enorm an. Denn die Anzahl der Quantisierungsintervalle und somit der benötigten Vergleiche verdoppelt sich mit jeder Erhöhung der Auflösung um ein Bit. Eine Verringerung der benötigten Vergleiche kann mit einem Kaskadenumsetzer erreicht werden. Hier werden zwei nach dem Parallelverfahren arbeitende ADCs zu einem mit höherer Auflösung kombiniert.
>
> Das Wägeverfahren erlaubt eine weitere Vereinfachung im schaltungstechnischen Aufbau von ADCs. Hier wird ein Digital/Analog-Umsetzer so beschaltet, dass mit diesem nach dem analogen Eingangswert gesucht werden kann. Erreicht die analoge Ausgangsgröße des DACs die Eingangsgröße, kann der digitale Wert zugeordnet werden. Der dabei verwendete Suchalgorithmus entspricht der aus der Mathematik bekannten Intervallhalbierung. Bei diesem Verfahren wird mit jedem Schritt ein weiteres Bit des Ergebnisses gebildet. Somit entsteht ein ADC, der seiner Auflösung in Bit entsprechend viele Schritte für eine Umsetzung benötigt.
>
> Sowohl das Parallel- als auch das Wägeverfahren betrachten die Eingangsgröße nur zu einem bestimmten Zeitpunkt, dem Abtastzeitpunkt. Bei integrierenden Verfahren wird jedoch die Eingangsgröße über einen längeren Zeitraum betrachtet und in diesem durch Integration auch gemittelt. Dadurch ergibt sich der Vorteil, dass Störsignale durch die Mittelwertbildung, welche zu einem Tiefpassverhalten führt, unterdrückt werden können. Nachteilig erweist sich, dass durch die längere Beobachtung die Umsetzungsdauer erhöht bzw. die maximale Umsetzungsrate verringert wird.

LERNZIELE

- Parallelverfahren und Kaskadenumsetzer
- Wägeverfahren und dessen schaltungstechnische Implementierung
- Integrierende und zählende Umsetzer
- Eigenschaften und Anwendungsgebiete der unterschiedlichen Verfahren

16.1 Einführung

Ein Analog/Digital-Umsetzer weist einer analogen Eingangsgröße nach dem Quantisieren (Diskretisieren im Wertebereich) das entsprechende Codewort zu, welches das Umsetzungsergebnis beinhaltet. Für die Kodierung wird üblicherweise der Binärcode verwendet, andere Kodierungen werden nicht weiter betrachtet. Somit stellt die nähere Betrachtung der Diskretisierung im Wertebereich das wichtigste Thema dar. Dabei soll das Quantisierungsintervall gefunden werden, in das die Eingangsgröße fällt. Als Eingangssignale werden meist unipolare Spannungen verwendet (V_{in}), welche im Bereich von 0 V bis zur Referenzspannung V_{Ref} liegen.

Der einfachste ADC ist natürlich der mit der geringsten Auflösung und somit der 1-Bit ADC. In diesem Fall existieren zwei Quantisierungsintervalle, die Schwelle zwischen diesen liegt exakt bei der halben Referenzspannung. Folglich kann ein ganz normaler Komparator mit einer Vergleichspannung von $\frac{V_{Ref}}{2}$ auch als 1-Bit ADC bezeichnet werden ▶Abbildung 16.1.

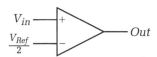

Abbildung 16.1: Komparator als 1-Bit ADC

Auch wenn ein einzelner 1-Bit ADC nicht unbedingt sinnvoll erscheint, bildet er das zentrale Element in allen (!) schaltungstechnischen Implementierungen von höher auflösenden ADCs. Es gibt drei grundlegende Verfahren zum Aufbau von ADCs:

1. Parallelverfahren (*Flash Converter*) und Kaskadenumsetzer (*Subranging ADC*): Bei ADCs, welche nach dem Parallelverfahren arbeiten, wird in einem Arbeitsschritt das passende Quantisierungsintervall gefunden und zugewiesen. Dabei wird die Eingangsgröße mit allen Schwellspannungen zwischen allen Intervallen gleichzeitig verglichen. Das bedeutet, es werden mit zunehmender Auflösung immer mehr Vergleichsspannungen und Komparatoren benötigt und zwar um 1 weniger als vorhandene Quantisierungsintervalle. Für einen ADC mit der Auflösung von N bit bedeutet das:

$$2^N - 1.$$

Dieses exponentielle Wachstum schränkt die möglichen Auflösungen beim Parallelverfahren ein. Dafür kann mit sehr hohen Abtastraten gearbeitet werden.

Echte Parallelumsetzer sind heutzutage kaum gebräuchlich. Mit so genannten Kaskadenumsetzern, welche aus zwei (oder mehreren) Parallelumsetzern mit geringerer Auflösung bestehen, können höhere Auflösungen erreicht werden, wobei der schaltungstechnische Aufwand in einem technisch machbaren

Bereich bleibt. Arbeiten beim Kaskadenumsetzer die einzelnen Umsetzer gleichzeitig an aufeinanderfolgenden Umsetzungen (Pipeline-Prinzip), sind ähnlich hohe Abtastraten wie bei direkten Parallelumsetzern zu erreichen.

2. Wägeverfahren (Sukzessive Approximation, *Successive Approximation*):
Beim Wägeverfahren wird ein Digital/Analog-Umsetzer so gesteuert, dass sich sein Ausgangswert der analogen Eingangsgröße annähert. Dabei wird in der Mitte des Eingangsspannungsbereichs begonnen $\left(\frac{V_{Ref}}{2}\right)$, je nachdem, ob die Ausgangsspannung des DACs größer oder kleiner als die Eingangsspannung ist, wird in der unteren oder oberen Hälfte weitergesucht. Die Annäherung an die Eingangsspannung erfolgt nach dem Algorithmus der Intervallhalbierung bzw. der aus der Informatik bekannten binären Suche.

Da sich mit jedem weiteren Schritt die Größe des Suchbereiches halbiert, wird auch gleichzeitig immer ein weiteres Bit des Ergebnisses gewonnen. Folglich benötigt ein N-Bit ADC nach dem Wägeverfahren genau N Arbeitsschritte, um zum Ergebnis zu gelangen.

Verglichen mit Parallelumsetzern sind natürlich nur geringere Umsetzungsraten möglich, jedoch kann hier mit geringem Aufwand ein guter Kompromiss zwischen Auflösung und maximaler Umsetzungsrate erreicht werden.

3. Integrierende Verfahren und Zählverfahren:
Soll die analoge Eingangsgröße kontinuierlich ausgewertet werden und nicht nur zu bestimmten Abtastzeitpunkten, führt uns dies zu den integrierenden Verfahren.

Bei modernen Verfahren wird die Differenz zwischen der Eingangsspannung und einer geteilten Referenzspannung kontinuierlich integriert. Die Teilung bzw. Gewichtung der Referenz erfolgt dabei auch im Zeitbereich. Damit diese Integration nicht ins Unendliche wächst, müssen die Eingangsspannung und die geteilte Referenzspannung im Mittel gesehen gleich groß sein. Somit entspricht der Teilungsfaktor, welcher durch Auszählen bzw. Aufsummieren gewonnen werden kann, der analogen Eingangsspannung und folglich dem Ergebnis der Umsetzung.

Aufgrund der längeren Beobachtung und Integration der Eingangsspannung wird eine Mittelung durchgeführt, welche eine Tiefpassfilterung bewirkt. Dadurch werden einerseits Störsignale unterdrückt, aber andererseits auch die möglichen Signalfrequenzen eingeschränkt (siehe Abschnitt 16.4.1). Der wichtigste Vorteil liegt aber in der „natürlich" linearen Gewichtung der Referenz im Zeitbereich (vergleiche Abschnitt 15.5.1), welche den Aufbau von ADCs mit hoher Linearität (≈ 20 bit) ermöglicht.

Neben der Diskretisierung im Wertebereich ist auch die Diskretisierung im Zeitbereich eine Aufgabe des Analog/Digital-Umsetzers. Bei integrierenden Verfahren wird die Eingangsgröße innerhalb eines Zeitfensters erfasst und ausgewertet. Jedem einzelnen Zeitfenster wird dabei ein Umsetzungsergebnis zugeordnet.

Wird eine Abtastung zu einem genau definierten Zeitpunkt erwünscht, muss ein Abtast-Halte-Glied (*Sample&Hold*) eingesetzt werden ▶ Abbildung 16.2.

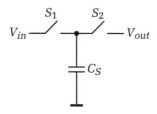

Abbildung 16.2: Abtast-Halte-Glied (Sample&Hold-Schaltung)

Während eines (möglichst) kurzen Zeitfensters wird der Schalter S_1 geschlossen und der Abtastkondensator C_S auf die Eingangsspannung V_{in} aufgeladen. Dabei muss das Eingangssignal von einer ausreichend niederohmigen Quelle geliefert werden, da ansonsten der Abtastkondensator nicht schnell genug umgeladen werden kann (siehe Abschnitt 17.3). Nach erfolgter Speicherung der Eingangsspannung wird der Schalter S_1 geöffnet und S_2 schließt sich. Somit erhält man am Ausgang V_{out} des Abtast-Halte-Gliedes den Wert des Eingangssignals zum Zeitpunkt des Öffnens des Schalters S_1, dem Abtastzeitpunkt. Der Abtastkondensator behält seine Spannung und gibt sie für die gesamte Dauer eines Umsetzungsvorganges an den ADC weiter.

Bei Mikrocontrollern wird ein ADC meist integriert. Da oft mehrere Eingänge abgetastet werden sollen, wird ein analoger Multiplexer vorgeschaltet. Verglichen mit der Sample&Hold-Schaltung in Abbildung 16.2 heißt das, der Schalter S_1 wird durch mehrere ersetzt und beim Abtasten wird das gewünschte Signal über einen dieser Schalter ausgewählt. Danach wird der Schalter geöffnet und mit dem Schalter S_2 wird der gespeicherte Spannungswert an den internen Analog/Digital-Umsetzer weitergegeben. Somit wird es möglich, mehrere Signale, wenn auch nur zeitsequentiell, mit einer Sample&Hold-Schaltung und einem ADC zu erfassen.

16.2 Parallelverfahren und Kaskadenumsetzer

Nach dem allgemeinen Überblick der üblichen Verfahren für die Analog/Digital-Umsetzung soll nun auf das aufwändige, aber extrem schnelle Parallelverfahren eingegangen werden. Eine Möglichkeit zur Reduktion des notwendigen Aufwands zeigt danach der Kaskadenumsetzer, wobei eine Verringerung der maximalen Umsetzungsrate in Kauf genommen werden muss.

16.2.1 Parallelumsetzer

Die ▶Abbildung 16.3 zeigt einen 3-Bit Parallelumsetzer.

> Dabei soll die Funktionsweise des Umsetzers anhand einer Eingangsspannung von $V_{in} = \frac{5}{8} V_{Ref}$ erläutert werden, wobei die aufgrund dieser Eingangsspannung entstehenden Potentiale und Pegel in der Abbildung blau dargestellt werden.

Simulation

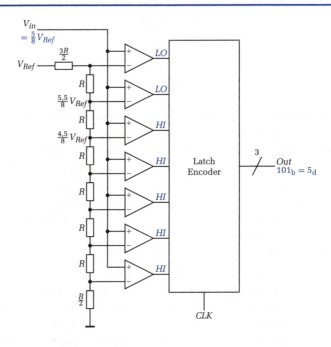

Abbildung 16.3: 3-Bit Parallelumsetzer (*Flash Converter*)

Die Schwellspannungen zwischen den einzelnen Quantisierungsintervallen werden mit einem resistiven Spannungsteiler gebildet (vergleiche Abbildungen 14.1 und 15.5). Jede Spannung wird dann mit einem eigenen Komparator mit der Eingangsspannung V_{in} verglichen. Dabei werden bei einem 3-Bit ADC sieben Komparatoren benötigt, bei einer Auflösung von N bit ergibt sich für die Anzahl der Vergleiche:

$$2^N - 1. \tag{16.1}$$

Abhängig von der Größe der Eingangsspannung V_{in} geben die Komparatoren *HI* bzw. *LO* aus. Die Anzahl der *HI*-Ergebnisse entspricht dabei der Nummer des Quantisierungsintervalls.

> Bei $V_{in} = \frac{5}{8} V_{Ref}$ geben alle Komparatoren mit einer Vergleichsspannung kleiner $\frac{5}{8} V_{Ref}$, und deren sind es fünf, *HI* aus.

Das Zwischenergebnis ($\{HI, HI, HI, HI, HI, LO, LO\} \leftrightarrow \{1,1,1,1,1,0,0\}$) liegt nun im Thermometer-Code vor. Bei der entsprechenden Taktflanke (*CLK*) wird es in einen Speicher (Latch) übernommen und dann von einer kombinatorischen Logik (Encoder) in den Binärcode umgewandelt ($101_b = 5_d$).

Es ist ersichtlich, dass die Eingangsspannung zuerst im Wertebereich diskretisiert (Komparatoren) und erst danach in den Speicher eingetaktet wird (Zeitdiskretisierung). Deshalb wird hier auch häufig, da nicht das analoge Signal mit einer Sample&Hold-Schaltung abgetastet wird, von einem digitalen Abtast-Halte-Glied gesprochen.

Das exponentielle Ansteigen der Komparatoranzahl verursacht die wesentliche Beschränkung in der möglichen Auflösung von Parallelumsetzern. Denn die Stromaufnahme aller Komparatoren und auch die in Wärme umgesetzte Leistung wird exponentiell mit jedem weiteren Bit Auflösung wachsen. Es werden rasch Größenordnungen erreicht, welche mit vernünftigem Aufwand nicht mehr zu handhaben sind. Des Weiteren verursachen die Widerstandstoleranzen und die unterschiedlichen Offset-Spannungen der Komparatoren einen Linearitätsfehler, wodurch ohnehin schon die sinnvolle Auflösung eingeschränkt wird.

16.2.2 Kaskadenumsetzer

Bei einer direkten Parallelumsetzung werden extrem viele Komparatoren für einen gleichzeitigen Vergleich benötigt. Beim in ▶Abbildung 16.4 dargestellten Kaskadenumsetzer wird nun die Quantisierung in zwei aufeinanderfolgenden Stufen durchgeführt.

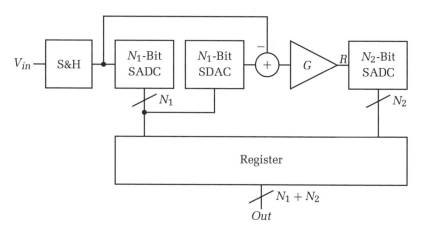

Abbildung 16.4: ($N_1 + N_2$)-Bit Kaskadenumsetzer (*Subranging ADC*)

Da beim Kaskadenumsetzer keine direkte Quantisierung in einem Schritt durchgeführt wird, muss das analoge Eingangssignal mit einer Sample&Hold-Schaltung

(S&H) abgetastet werden. Damit liegt während der gesamten Umsetzungsdauer eine konstante Eingangsspannung V_{in} an.

Ein Parallelumsetzer mit der Auflösung von N_1 bit (N_1-Bit SADC, SADC ... Sub-ADC) dient als Grobquantisierer und bestimmt die höherwertigen N_1 Bits. Dessen Ergebnis wird nun mit einem (als ideal angenommenen) DAC (SDAC ... Sub-DAC) wieder in ein analoges Signal umgesetzt und vom ursprünglichen Eingangssignal subtrahiert. Das daraus resultierende Ergebnis entspricht dem Quantisierungsfehler des Grobquantisierers, also der Information, die bei der Grobquantisierung verloren gegangen ist.

Danach wird mit einem Verstärker ($G = 2^{N_1}$) das Signal des Quantisierungsfehlers an den Eingangsbereich des zweiten Parallelumsetzers (N_2-Bit SADC), den Feinquantisierer, angepasst (Fehlersignal R, *Residue Signal*). Er führt eine weitere Umsetzung mit der Auflösung von N_2 bit durch, wobei sein Ergebnis als niederwertige Bits in der gesamten Umsetzung anzusehen sind.

Nach dem Zusammenfassen der Ergebnisse von Grob- und Feinquantisierung und anschließender Speicherung (Register) erhalten wir das Umsetzungsergebnis mit einer Auflösung von $N_1 + N_2$ bit.

Im Vergleich zur Parallelumsetzung wird der Kaskadenumsetzer mehr Zeit für eine Umsetzung benötigen, da er zwei Umsetzungen hintereinander ausführen muss und die Zeit für das Berechnen des Fehlersignales nicht vernachlässigt werden kann (SDAC, Subtraktion, Verstärkung). Die Anzahl der verwendeten Komparatoren wird aber deutlich verringert. Dies soll an einer einfachen, beispielhaften Überlegung gezeigt werden. Ein 8-Bit Parallelumsetzer würde $2^8 - 1 = 255$ Komparatoren benötigen. Wird der 8-Bit Umsetzer jedoch als Kaskadenumsetzer mit $N_1 = N_2 = 4$ aufgebaut, erhalten wir eine Komparatoranzahl von $(2^{N_1} - 1) + (2^{N_2} - 1) = 2^4 + 2^4 - 2 = 30$. Aufgrund dieser enormen Einsparung werden höhere Auflösungen erst möglich, wenn auch mit längerer Umsetzungszeit.

Das Fehlersignal R, welches gleichzeitig dem Quantisierungsfehler des Grobquantisierers entspricht, ist für einen idealen Grobquantisierer in ▶Abbildung 16.5 dargestellt. Dabei sehen wir, dass der Eingangsbereich des Feinquantisierers perfekt ausgenutzt wird.

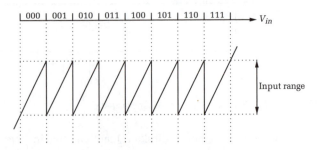

Abbildung 16.5: Fehlersignal R, Grobquantisierer mit voller Linearität

Ein realer Grobquantisierer wird jedoch einen Linearitätsfehler aufgrund von Abweichungen in der Größe der Quantisierungsintervalle aufweisen. Als Folge kann dann das Fehlersignal den Eingangsbereich des Feinquantisierers verlassen (▶Abbildung 16.6), es entstehen Sprünge in der Kennlinie und fehlende Codewörter (*Missing Codes*). Nur wenn der Grobquantisierer die volle Linearität ($\pm\frac{1}{2}LSB$) des gesamten Umsetzers (Auflösung ($N_1 + N_2$) bit) aufweist, wäre ein korrektes Verhalten wie in Abbildung 16.5 zu erwarten.

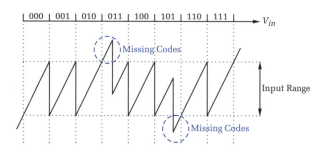

Abbildung 16.6: Fehlersignal *R*, Grobquantisierer ohne volle Linearität

Um dieses Problem zu lösen, bieten sich zwei Möglichkeiten an. Erstens könnte man einfach diese hohe Linearitätsanforderung an den Grobquantisierer stellen. Zweitens, und das ist die bessere Lösung, kann eine Fehlerkorrektur eingeführt werden, welche den schaltungstechnischen Aufwand geringfügig erhöht, jedoch muss dann der Grobquantisierer nur noch seiner eigenen Auflösung entsprechend linear sein.

16.2.3 Kaskadenumsetzer mit Fehlerkorrektur

Die ▶Abbildung 16.7 zeigt den gleichen Verlauf für das Fehlersignal wie zuvor, nur der Eingangsbereich des Feinquantisierers wurde hier um den Faktor 2 vergrößert. Dies kann dadurch erreicht werden, dass der Verstärkungsfaktor für den Quantisierungsfehler halbiert wird ($G = 2^{N_1-1}$). Um nun auch dieselbe Gesamtauflösung zu erreichen, muss jedoch die Auflösung des Feinquantisierers um 1 erhöht werden.

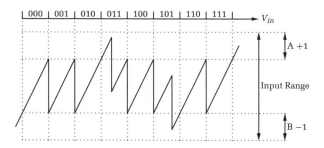

Abbildung 16.7: Prinzip der Fehlerkorrektur beim Kaskadenumsetzer

Durch die Erweiterung des Eingangsbereichs darf nun der Quantisierungsfehler des Grobquantisierers um ein halbes Quantisierungsintervall zu groß bzw. zu klein sein, ohne den Eingangsbereich des Feinquantisierers zu verlassen. Somit muss der Grobquantisierer nur seiner eigenen Auflösung entsprechend linear sein.

Falls das Umsetzungsergebnis des Feinquantisierers im oberen Viertel liegt (Bereich A in Abbildung 16.7), bedeutet dies nichts anderes, als dass das Ergebnis des Grobquantisierers um 1 zu klein ist und deshalb mit einer Addition von 1 berichtigt werden kann. Befindet sich das Fehlersignal im Bereich B, ist das Ergebnis des Grobquantisierers um 1 zu groß und kann durch Dekrementieren korrigiert werden. Somit sind die vom Grobquantisierer verursachten Fehler (Offset-, Verstärkungs- und Linearitätsfehler) beseitigt.

Wenn dann auch noch das Ergebnis des Feinquantisierers je nach Bereich angepasst wird, kann das richtige Ergebnis angegeben werden.

Damit sollte nun das prinzipielle Verfahren der Fehlerkorrektur bei Kaskadenumsetzern verständlich sein. Bei einer praktischen Implementierung erweist sich die Fallunterscheidung mit bedingter Addition und Subtraktion als umständlich.

Wird die Kennlinie um ein halbes Quantisierungsintervall des Grobquantisierers verschoben, kann die bedingte Subtraktion weggelassen werden, es bleibt nur eine bedingte Addition. Diese wird genau dann durchgeführt, wenn das Fehlersignal in der oberen Hälfte des Eingangsbereichs des Feinquantisierers liegt. In diesem Fall wird das höchstwertige Bit seines Ergebnisses gleich 1 sein und kann gleich zur Steuerung der bedingten Addition herangezogen werden.

In ▶Abbildung 16.8 wird diese Fehlerkorrektur dargestellt ($N_1 = 3$, $N_2 = 4$). Der Feinquantisierer liefert die LSBs, der Grobquantisierer die MSBs für das Endergebnis. Das höchstwertige Bit des Umsetzungsergebnisses des Feinquantisierers wird zur Korrektur der MSBs verwendet und anschließend verworfen.

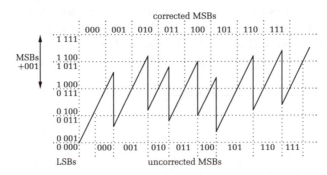

Abbildung 16.8: Fehlerkorrektur beim Kaskadenumsetzer

Die ▶Abbildung 16.9 zeigt einen Kaskadenumsetzer mit der soeben beschriebenen Fehlerkorrektur. Die entscheidenden Veränderungen sind dabei die Erweiterung des Feinquantisierers um ein weiteres Bit in der Auflösung und die Halbierung des Verstärkungsfaktors G. Die Fehlerkorrektur des Grobquantisierers kann dann mit einer vom MSB des Feinquantisierers gesteuerten +1-Addition durchgeführt werden. Das gesamte Umsetzerergebnis mit der Auflösung von $(N_1 + N_2 - 1)$ bit wird in einem Register gespeichert. Eine zusätzliche Logik soll einen möglichen Überlauf der Addition erkennen und so die Ausgabe eines falschen Ergebnisses vermeiden.

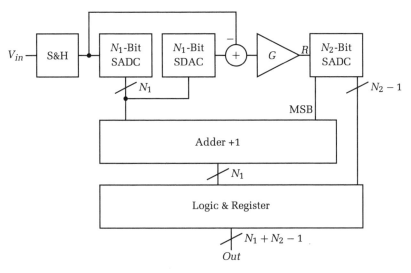

Abbildung 16.9: $(N_1 + N_2 - 1)$-Bit Kaskadenumsetzer mit Fehlerkorrektur

Ein elementarer Arbeitsschritt, der bis jetzt nicht näher betrachtet wurde, ist die Berechnung des Fehlersignales. Dessen möglichst genaue Berechnung ist unabdingbar für die Funktion des gesamten Kaskadenumsetzers. So dürfen der Sub-DAC und der Verstärker höchstens eine gemeinsame Abweichung von $\pm\frac{1}{2}LSB$, bezogen auf die gesamte Auflösung des Umsetzers, aufweisen. Ansonsten würden Sprünge und Missing Codes in der Umsetzerkennlinie auftreten. Diese Anforderungen können, wenn auch nicht einfach, zum Beispiel mit Thermometer-Code-DACs (Abschnitt 15.2.1) erfüllt werden.

Wieder wollen wir die benötigte Anzahl von Komparatoren vergleichen. Bei einer Auflösung von 8 bit werden bei einem Parallelumsetzer 255 und bei einem nicht fehlerkorrigierten Kaskadenumsetzer 30 Komparatoren benötigt. Wenn wir nun für $N_1 = 4$ und $N_2 = 5$ ansetzen, ergibt sich $(2^{N_1} - 1) + (2^{N_2} - 1) = 2^4 + 2^5 - 2 = 16 - 32 - 2 = 46$. Auch hier ist eine signifikante Reduktion gegeben und zusätzlich sind die Anforderungen an die Linearität des Grobquantisierers gelockert.

16.2.4 Pipelined ADC

Mit Kaskadenumsetzern lässt sich zwar die Auflösung des ADCs erhöhen bzw. der Aufwand der Schaltung verringern, jedoch nur auf Kosten der Umsetzungsrate. Um diese zu erhöhen, kann das Pipeline-Prinzip angewendet werden.

Die Umsetzungsrate wird bei Kaskadenumsetzern deshalb eingeschränkt, weil die gesamte Umsetzung (Grobquantisierung, Berechnung des Fehlersignales, Feinquantisierung, Fehlerkorrektur) abgewartet werden muss, bis eine neue Umsetzung gestartet werden kann. Wenn man nun das Fehlersignal, also das Eingangssignal des Feinquantisierers, analog zwischenspeichert, ist der Feinquantisierer nicht mehr auf einen stabilen Zustand des Grobquantisierers angewiesen. Folglich könnte der Grobquantisierer schon mit einer neuen Umsetzung beginnen, während der Feinquantisierer noch an der alten arbeitet. Somit arbeiten beide Stufen gleichzeitig, jedoch am Ergebnis von zeitlich aufeinanderfolgenden Umsetzungen (Pipeline-Prinzip) ▶Tabelle 16.2.4.

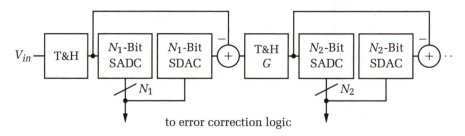

Abbildung 16.10: Die ersten beiden Stufen eines Pipelined ADC

In der ▶Abbildung 16.10 wird ein Pipelined ADC dargestellt. Das Eingangssignal V_{in} wird von einer Track&Hold-Schaltung (T&H) abgetastet. Eine Track&Hold-Schaltung entspricht im Wesentlichen einer Sample&Hold-Schaltung (Abbildung 16.2), nur dass nicht kurzzeitig abgetastet wird (*Sample*), sondern der Speicherkondensator bis zum Wechsel in die Hold-Phase dem Eingangssignal folgt (*Track*).

Tabelle 16.1

Dreistufige Pipeline, alle Stufen arbeiten gleichzeitig, jedoch an anderen Umsetzungen

	Umsetzung						
1. Stufe	1	2	3	4	5	6	...
2. Stufe	?	1	2	3	4	5	...
3. Stufe	?	?	1	2	3	4	...
Ergebnis	?	?	?	1	2	3	...

Nach erfolgter Umsetzung des ersten Sub-ADCs mit dazugehöriger Berechnung des Fehlersignales wird dieses, bevor es an den Eingang des folgenden Sub-ADCs gelegt wird, analog gespeichert und gleichzeitig verstärkt (T&H, Verstärkung G). Danach beginnt der zweite Sub-ADC mit dem Umsetzvorgang, wobei der erste schon mit einem neuen beginnt. Je nach Anzahl von Sub-ADCs, Pipelined ADCs haben meist mehr als zwei Stufen, dauert es dann eine gewisse Anzahl von Zyklen, bis auch die letzte Stufe erreicht wird. Diese besteht dann nur noch aus einem Parallelumsetzer, da keine weitere Stufe folgt und deshalb eine Berechnung des Fehlersignals sinnlos wird. Nach dem Durchlaufen der letzten Stufe kann nach erfolgter Berechnung der Fehlerkorrektur das Ergebnis ausgegeben werden.

Die Verzögerungszeit zwischen einer Abtastung und dem fertigen Ergebnis kann durch das Pipeline-Prinzip nicht verringert werden (*Pipeline Delay*). Die Umsetzungsrate ist aber höher, da bei jedem Zyklus ein neues Ergebnis, wenn auch um die Länge der Pipeline verzögert, ausgegeben wird.

Somit können Pipelined ADCs mit annähernd hohen Umsetzungsraten wie Parallelumsetzer betrieben werden, wobei der schaltungstechnische Aufwand einem Kaskadenumsetzer entspricht. Aufgrund dieser vorteilhaften Kombination wird heutzutage für schnelle bzw. sehr schnelle ADCs (fast) ausschließlich diese Architektur verwendet.

16.3 Wägeverfahren

Nach den auf hohe Umsetzungsraten ausgelegten Parallel- bzw. Kaskadenumsetzern wollen wir uns dem Wägeverfahren zuwenden. Dieses oft auch als **Sukzessive Approximation** (*Successive Approximation*) bezeichnete Verfahren ermöglicht einen guten Kompromiss zwischen benötigter Umsetzungszeit und der erreichbaren Auflösung.

Das Kernstück dieser Architektur bildet ein Digital/Analog-Umsetzer, der mit einem Komparator und einem geeigneten Steuerwerk zu einem Analog/Digital-Umsetzer erweitert wird.

16.3.1 Prinzip des Wägeverfahrens

Die ▶Abbildung 16.11 zeigt die Prinzipschaltung eines N-Bit ADCs nach dem Wägeverfahren. Die Umsetzung beginnt mit der Abtastung der Eingangsspannung V_{in} mit einer Sample&Hold-Schaltung (S&H). Dadurch liegt als Vergleichsspannung am Komparator während der gesamten Umsetzung ein konstanter Wert an.

Das Steuerwerk (SAR ... *Successive Approximation Register*) wertet das Ausgangssignal des Komparators aus. Somit weiß es, ob die DAC-Ausgangsspannung größer

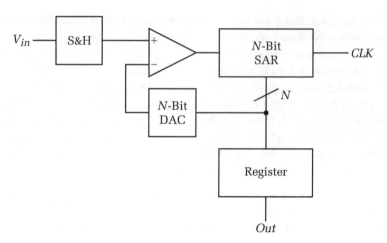

Abbildung 16.11: Prinzipschaltbild eines ADCs nach dem Wägeverfahren

oder kleiner als die Eingangsspannung V_{in} ist. Von diesem Ergebnis abhängig wird der DAC so gesteuert, dass sich die Ausgangsspannung des DACs an V_{in} annähert. Dabei wird das Wägeverfahren angewendet. Bei einem N-Bit ADC wird zuerst die Mittenspannung des Eingangsbereichs, also $\frac{V_{Ref}}{2}$ ausgegeben. Diese entspricht dem digitalen Wert von 2^{N-1} und bedeutet, dass das höchstwertige Bit (MSB) gleich 1 ist und alle anderen 0 sind. Abhängig vom Ergebnis des Komparators weiß man nun, ob V_{in} in der oberen bzw. unteren Hälfte des Eingangsbereichs liegt bzw. ob das MSB im Endergebnis der Umsetzung gleich 1 oder 0 sein wird. Somit wurde das ursprüngliche Intervall, der gesamte Eingangsspannungsbereich, halbiert. Das MSB bleibt gespeichert und das in der Wertigkeit zweithöchste Bit wird versuchsweise auf 1 gesetzt. Wieder wird das Ausgangssignal des Komparators eingelesen und ausgewertet, ob sich die Eingangsspannung in der oberen oder unteren Hälfte des verbleibenden Bereichs befindet.

So wird mit jedem weiteren Iterationsschritt ein neues Bit des Umsetzungsergebnisses berechnet, nach N Zyklen ist das Ergebnis bekannt und wird in das Register geschrieben und ausgegeben.

Der Ablauf des Wägeverfahrens soll nun noch anhand von zwei Beispielen für eine Auflösung von 6 bit verdeutlicht werden. Als Eingangsspannungen wurden $V_{in} = \frac{10,5}{64} V_{Ref}$ und $V_{in} = \frac{45,5}{64} V_{Ref}$ gewählt, das Umsetzungsergebnis sollte somit 10 bzw. 45 betragen.

In den ▶Tabellen 16.2 und ▶16.3 wird das Wägeverfahren für die beiden Eingangsspannungen durchgespielt. In der Spalte DAC wird das in diesem Zyklus am DAC angelegte digitale Eingangswort angegeben. Aus dem Komparatorergebnis kann dann eine Aussage getroffen werden, in welchem Intervall die Eingangsspannung liegt, und mit jedem neuen Zyklus wird ein weiteres Bit des Ergebnisses bestimmt.

Tabelle 16.2

Ablauf des Wägeverfahrens, $V_{in} = \frac{10{,}5}{64} V_{Ref}$

Zyklus	DAC	Komparator	V_{in} im Intervall	Ergebnis
1	100000_b	$\frac{10{,}5}{64} V_{Ref} < \frac{32}{64} V_{Ref}$	$\frac{0}{64} V_{Ref} \ldots \frac{32}{64} V_{Ref}$	$0?????_b$
2	010000_b	$\frac{10{,}5}{64} V_{Ref} < \frac{16}{64} V_{Ref}$	$\frac{0}{64} V_{Ref} \ldots \frac{16}{64} V_{Ref}$	$00????_b$
3	001000_b	$\frac{10{,}5}{64} V_{Ref} > \frac{8}{64} V_{Ref}$	$\frac{8}{64} V_{Ref} \ldots \frac{16}{64} V_{Ref}$	$001???_b$
4	001100_b	$\frac{10{,}5}{64} V_{Ref} < \frac{12}{64} V_{Ref}$	$\frac{8}{64} V_{Ref} \ldots \frac{12}{64} V_{Ref}$	$0010??_b$
5	001010_b	$\frac{10{,}5}{64} V_{Ref} > \frac{10}{64} V_{Ref}$	$\frac{10}{64} V_{Ref} \ldots \frac{12}{64} V_{Ref}$	$00101?_b$
6	001011_b	$\frac{10{,}5}{64} V_{Ref} < \frac{11}{64} V_{Ref}$	$\frac{10}{64} V_{Ref} \ldots \frac{11}{64} V_{Ref}$	$\mathbf{001010_b = 10_d}$

Tabelle 16.3

Ablauf des Wägeverfahrens, $V_{in} = \frac{45{,}5}{64} V_{Ref}$

Zyklus	DAC	Komparator	V_{in} im Intervall	Ergebnis
1	100000_b	$\frac{45{,}5}{64} V_{Ref} > \frac{32}{64} V_{Ref}$	$\frac{32}{64} V_{Ref} \ldots \frac{64}{64} V_{Ref}$	$1?????_b$
2	110000_b	$\frac{45{,}5}{64} V_{Ref} < \frac{48}{64} V_{Ref}$	$\frac{32}{64} V_{Ref} \ldots \frac{48}{64} V_{Ref}$	$10????_b$
3	101000_b	$\frac{45{,}5}{64} V_{Ref} > \frac{40}{64} V_{Ref}$	$\frac{40}{64} V_{Ref} \ldots \frac{48}{64} V_{Ref}$	$101???_b$
4	101100_b	$\frac{45{,}5}{64} V_{Ref} > \frac{44}{64} V_{Ref}$	$\frac{44}{64} V_{Ref} \ldots \frac{48}{64} V_{Ref}$	$1011??_b$
5	101110_b	$\frac{45{,}5}{64} V_{Ref} < \frac{46}{64} V_{Ref}$	$\frac{44}{64} V_{Ref} \ldots \frac{46}{64} V_{Ref}$	$10110?_b$
6	101101_b	$\frac{45{,}5}{64} V_{Ref} > \frac{45}{64} V_{Ref}$	$\frac{45}{64} V_{Ref} \ldots \frac{46}{64} V_{Ref}$	$\mathbf{101101_b = 45_d}$

Ergänzend zur tabellarischen Darstellung des Ablaufs zeigt die ▶Abbildung 16.12 denselben Vorgang in einer anderen Form. Hier wird die zeitliche Abfolge der digitalen Eingangsworte des DACs gezeigt, wobei alle Zahlen im Dezimalsystem angegeben sind und die für die Spannungsdomäne notwendige Multiplikation mit $\frac{V_{Ref}}{64}$ weggelassen wird.

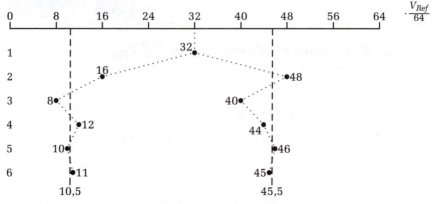

Abbildung 16.12: 6-Bit Wägeverfahren: $V_{in} = \frac{10{,}5}{64} V_{Ref}$ bzw. $V_{in} = \frac{45{,}5}{64} V_{Ref}$

16.3.2 Wägeverfahren mit SC-Prinzip

Nach den theoretischen Grundlagen für das Wägeverfahren wollen wir uns nun einer häufig eingesetzten, praktischen Implementierung solcher ADCs zuwenden.

Mit geschalteten Kapazitäten (SC ... *Switched Capacitor*) ist es möglich, ein Abtast-Halte-Glied und einen DAC in einer Schaltung zu kombinieren. Um dies zu erläutern, wollen wir mit einem aus dual gewichteten Kapazitäten aufgebauten DAC beginnen.

Ähnlich der in Kapitel 15 vorgestellten Schaltung zur dual gewichteten Addition von Spannungen mit einem resistiven Netzwerk (Abbildung 15.8) können auch gewichtete Kapazitäten verwendet werden. Die ▶Abbildung 16.13 zeigt ein solches binär gewichtetes Netzwerk für einen 3-Bit DAC. An den Eingängen V_{D_n} wird entweder die Referenzspannung V_{Ref} ($D_n = 1$) oder die Masse ($D_n = 0$) angelegt ($V_{D_n} = V_{Ref} \cdot D_n$).

Simulation

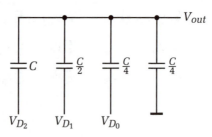

Abbildung 16.13: 3-Bit DAC mit dual gewichteten Kapazitäten

Mit dem Knotenpotentialverfahren soll nun die Ausgangsspannung V_{out} unter der Annahme, dass alle Kapazitäten vollständig entladen waren, berechnet werden.

$$sC(V_{D_2} - V_{out}) + s\frac{C}{2}(V_{D_1} - V_{out}) + s\frac{C}{4}(V_{D_0} - V_{out}) + s\frac{C}{4}(0 - V_{out}) = 0 \quad (16.2)$$

$$V_{out} = \frac{1}{2}V_{D_2} + \frac{1}{4}V_{D_1} + \frac{1}{8}V_{D_0} \tag{16.3}$$

Nachdem dieses kapazitive Netzwerk auch ein lineares ist, kann eine schon in den Kondensatoren gespeicherte Ladung bzw. Spannung einfach berücksichtigt werden. Denn jede Änderung einer Eingangsspannung wird die Ausgangsspannung entsprechend Gleichung (16.3) verändern.

Nun wollen wir alle Kondensatoren gleichzeitig als Abtastkondensator eines Abtast-Halte-Gliedes verwenden und durch eine passende Schalterkonfiguration während der Abtastzeit auf die negative Eingangsspannung aufladen. Folglich erhalten wir dann als Ausgangsspannung V_X die Differenz zwischen dem abgetasteten Eingangssignal und dem Ausgangswert des DACs:

$$V_X = -V_{in} + \frac{1}{2}V_{D_2} + \frac{1}{4}V_{D_1} + \frac{1}{8}V_{D_0}. \tag{16.4}$$

Ein Vergleich von V_X mit 0 bedeutet nun nichts anderes als ein Vergleich zwischen V_{in} und der DAC-Ausgangsspannung. Dies ist aber genau jener Vergleich, der fester Bestandteil jedes Wägeverfahren-ADCs ist.

Die ▶Abbildung 16.14 zeigt die Kombination einer S&H-Stufe und einem DAC mit geschalteten Kapazitäten für einen 3-Bit ADC.

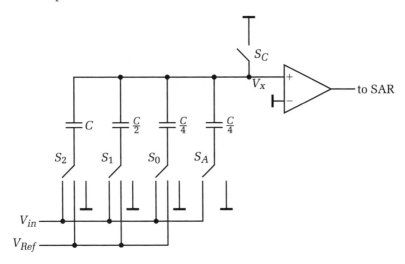

Abbildung 16.14: S&H-Schaltung und DAC in SC-Technik

Der Umsetzvorgang beginnt mit dem Abtasten der Eingangsspannung V_{in}. Dabei verbinden die Schalter S_2, S_1, S_0 und S_A die Kondensatoren mit V_{in}, der Schalter S_C ist geschlossen ($V_X = 0\,\text{V}$). Folglich werden alle Kapazitäten auf V_{in} aufgeladen.

Nach vergangener Abtastzeit öffnet S_C und der Schalter S_A verbindet den $\frac{C}{4}$-Kondensator mit Masse. Diese beiden Schalter bleiben während der gesamten Umsetzung in dieser Stellung.

Nun soll ein gedanklicher Zwischenschritt die Situation zu diesem Zeitpunkt verdeutlichen. Dabei schalten S_2, S_1 und S_0 auf Masse. In diesem Fall wäre dann die Spannung V_x gleich der negativen Eingangsspannung. Somit ist gezeigt, dass die Kapazitäten auf $-V_{in}$ aufgeladen wurden und Gleichung (16.4) gültig wird.

Das SAR steuert nun die Schalter S_2, S_1 und S_0, so dass diese entweder auf die Referenzspannung oder Masse schalten. Zu Beginn des Wägeverfahrens wird S_2 auf V_{Ref} und S_1 und S_0 auf Masse schalten. Die Eingangsspannung am Komparator beträgt dann $V_x = -V_{in} + \frac{1}{2} V_{Ref}$. Das Ergebnis des Vergleichs mit 0 V wird vom SAR ausgewertet, die Schalterstellung von S_2 bleibt entweder auf V_{Ref} oder wechselt auf Masse. Danach wird auch für die folgenden Schalter bzw. Bits das Wägeverfahren durchlaufen.

16.4 Integrierende Verfahren und Zählverfahren

Die bis jetzt vorgestellten ADC-Architekturen führen eine Abtastung durch, wobei das Zeitverhalten des Eingangssignals zwischen den Abtastzeitpunkten unbeachtet bleibt. Anders ist dies bei Umsetzern, die ein integrierendes Verfahren einsetzen. Dabei wird das Eingangssignal integriert, wodurch eine Mittelwertbildung entsteht. Bevor wir uns den verschiedenen Schaltungen von integrierenden ADCs widmen, soll der Einfluss der Mittelwertbildung auf das Ergebnis erörtert werden.

16.4.1 Eigenschaften der Mittelwertbildung bei integrierenden Verfahren

Um die Eigenschaften einer Mittelwertbildung zu untersuchen, wollen wir zu Beginn das Zeitverhalten berechnen. Zunächst soll der gleitende Mittelwert über den Zeitraum T eines periodischen Signals mit der Amplitude 1 und der Frequenz f berechnet werden.

$$\overline{x}(t) = \frac{1}{T} \int_{t-T}^{t} x(t)\,dt = \frac{1}{T} \int_{t-T}^{t} \cos 2\pi f t = \left. \frac{\sin 2\pi f t}{2\pi f T} \right|_{t-T} =$$

$$= \frac{\sin 2\pi f t - \sin 2\pi f (t-T)}{2\pi f T} \quad (16.5)$$

Mit der Substitution von $t = \tau + \frac{T}{2}$ ergibt sich für die Differenz der beiden Sinusfunktionen im Zähler $\sin 2\pi f \left(\tau + \frac{T}{2}\right) - \sin 2\pi f \left(\tau - \frac{T}{2}\right)$, es kann die trigonometrische Vereinfachung $\sin(\alpha + \beta) - \sin(\alpha - \beta) = 2 \cos \alpha \sin \beta$ angewendet werden und wir erhalten das Ergebnis für das gemittelte Zeitsignal $\overline{x}(t)$:

$$\overline{x}(t) = \frac{2 \cos(2\pi f \tau) \sin\left(2\pi f \frac{T}{2}\right)}{2\pi f T} = \frac{\sin \pi f T}{\pi f T} \cdot \cos\left(2\pi f t - 2\pi f \frac{T}{2}\right). \quad (16.6)$$

Wenn wir nun die Veränderung der Amplitude und die Phaseverschiebung betrachten, kann das Frequenzverhalten angegeben werden. Dabei wird auch die Funktion $\operatorname{sinc} x = \dfrac{\sin \pi x}{\pi x}$ eingeführt.

$$|A(f)| = \left|\frac{\sin \pi fT}{\pi fT}\right| = |\operatorname{sinc} fT| < \frac{1}{\pi fT} \qquad \arg\{A(f)\} = -\pi fT \qquad (16.7)$$

Die ▶Abbildung 16.15 zeigt den von der Mittelung verursachten Amplitudengang, sowohl in linearer als auch in doppelt logarithmischer Darstellung. Dabei wird auf der Abszisse die Anzahl der Perioden, die im Mittelungsfenster enthalten sind, aufgetragen (fT). Umso mehr Perioden ins Mittelungsfenster passen, desto stärker wird das Eingangssignal $x(t)$ gedämpft, der Amplitudengang ist indirekt proportional zu fT $\left(A(f) \propto \frac{1}{fT}\right)$.

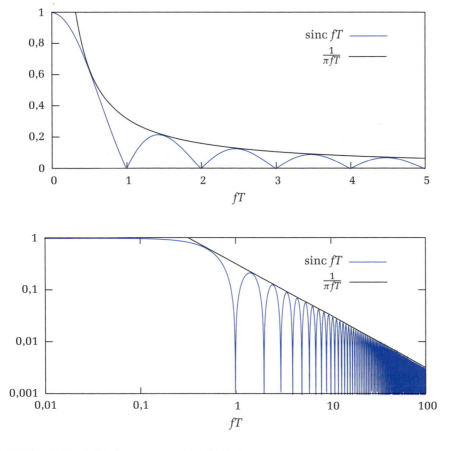

Abbildung 16.15: |sincfT|: oben: linear, unten: logarithmisch

Diesem Zusammenhang sind noch zusätzliche Nullstellen übergelagert. Sie treten immer exakt dann auf, wenn ganzzahlig viele Perioden des Signals $x(t)$ in die Mittelungszeit T passen. Somit werden alle Frequenzen vollständig unterdrückt, für die folgender Zusammenhang gilt:

$$fT = n \qquad n = 1, 2, 3, \ldots \qquad (16.8)$$

In praktischen Anwendungen ist dieser Zusammenhang von Bedeutung. Durch Mittelung können dem zu messenden Signal übergelagerte Störfrequenzen beseitigt werden. Dazu muss die Mittelungszeit richtig gewählt werden. Zu den bekanntesten Störfrequenzen gehören die in Energieversorgungsnetzen eingesetzten. Diese sind zum Beispiel 50 Hz (Europa), 60 Hz (Amerika) oder auch $16\frac{2}{3}$ Hz (Bahnnetz). Zur vollständigen Unterdrückung dieser Frequenzen können zum Beispiel folgende Mittelungszeiten T verwendet werden:

f in Hz	T in ms
50	20
50, 60	100
$16\frac{2}{3}$, 50, 60	300

16.4.2 Zweirampenverfahren

Das Zweirampenverfahren (*Dual Slope*) war das erste wirklich gut geeignete Verfahren für hoch auflösende Analog/Digital-Umsetzung. Das Prinzip ist dabei ein relativ einfaches. Die Eingangsspannung V_{in} (Gleichspannung) wird für eine fest vorgegebene Zeit NT aufintegriert, das sind N Taktzyklen der Zeitbasis mit einer Periodendauer T. Nach dieser so genannten Messphase beträgt dieses Integral:

$$\int_0^{NT} V_{in}\, dt = NTV_{in}. \qquad (16.9)$$

Danach wird die Referenzspannung V_{Ref} gegenintegriert (Referenzphase) und zwar so lange, bis das Integral wieder den Ausgangspunkt von 0 erreicht. Die dafür benötigte Zeit nT wird mithilfe eines Zählers gemessen, der zu diesem Zeitpunkt dann den Zählerstand n aufweist.

$$NTV_{in} - \int_0^{nT} V_{Ref}\, dt = NTV_{in} - nTV_{Ref} = 0 \qquad (16.10)$$

Löst man diese Gleichung auf, kann die Zeitbasis T herausgekürzt werden. Der Zählerstand n verhält sich proportional zur Eingangsspannung und beinhaltet damit das Ergebnis der Umsetzung.

$$n = \frac{V_{in}}{V_{Ref}} N \qquad (16.11)$$

Die ▶Abbildung 16.16 zeigt einen Dual Slope ADC; er besteht im Wesentlichen aus einem Integrator, einem Komparator und Schaltern, die von einem Steuerwerk (Control & Counter) betätigt werden.

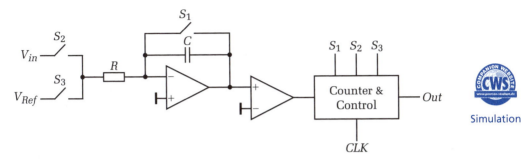

Abbildung 16.16: Zweirampen-ADC

Ein Umsetzungsvorgang läuft dabei in drei Phasen ab. Zuerst muss der Integrator gelöscht werden (Nullphase, *Zero*), vom Steuerwerk wird über den Schalter S_1 der Integrationskondensator C entladen. Danach wird dieser Schalter geöffnet und mit dem Schließen des Schalters S_2 beginnt die Messphase (*Meas*), in der die Eingangsspannung V_{in} für eine fest vorgegebene Zeit NT (negativ) aufintegriert wird.

Nun ist im Integrationskondensator die gesamte Information über die Eingangsspannung gespeichert und die Referenzphase kann beginnen. Dazu wird der Schalter S_2 geöffnet und der Schalter S_3 geschlossen. Die negative (!) Referenzspannung wird nun bis zum Erreichen des Ausgangspunktes gegenintegriert, die Zeit (nT) bis dahin wird von einem Zähler erfasst. Der Zählerstand n entspricht dem Ergebnis der Umsetzung. Um den gesamten Messablauf zu verdeutlichen, zeigt die ▶Abbildung 16.17 die Ausgangsspannung des Integrators während eines gesamten Messzyklus. Da mit demselben Integrator von 0 auf- und bis 0 gegenintegriert wird, spielt eine Skalierung $(-\frac{1}{RC})$ in der Integration keine Rolle.

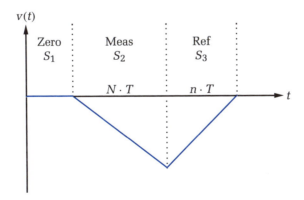

Abbildung 16.17: Ausgangsspannung des Integrators während einer Umsetzung

Nun wollen wir die Eigenschaften des Dual Slope ADCs genauer betrachten. Als Erstes sollte auffallen, dass die Eingangsspannung nicht kontinuierlich beobachtet wird. Sie wird ausschließlich in der Messphase ausgewertet, Änderungen während der Null- und Referenzphase bleiben unerkannt. Der Vorteil der Unterdrückung periodischer Störungen kann trotzdem durch eine geeignete Wahl der Dauer der Messphase genutzt werden.

Die einzelnen Komponenten des Integrators, der Widerstand R, die Kapazität C und der Operationsverstärker haben unterschiedlichen Einfluss auf das Ergebnis. Die Zeitkonstante RC ist an sich bedeutungslos in dieser Schaltung. Sie muss nur ausreichend groß dimensioniert sein, damit der Integrator während der Messphase nicht übersteuert und seine maximale Ausgangsspannung erreicht. Denn am Ende der Messphase ist im Integrationskondensator C die gesamte Information in Form einer der Eingangsspannung proportionalen Ladung gespeichert. Das Löschen bzw. Entladen der Kapazität C wird durch die dielektrische Absorption[1] beeinträchtigt. Deshalb sollte ein Kondensator mit einem geeigneten Dielektrikum, welches eine geringe dielektrische Absorption aufweist, gewählt werden.

Das Zeitverhalten der verwendeten Halbleiterbauteile spielt auch eine unterschiedliche Rolle. Der Operationsverstärker und die Schalter können dabei als unkritisch bezeichnet werden. Dies begründet sich dadurch, dass die Integrationsrichtung nur einmal umgeschaltet und jeder Schalter nur einmal ein-/ausgeschaltet wird. Damit ist der gesamte Zeitfehler im Vergleich zur Dauer einer Umsetzung klein und der Einfluss vernachlässigbar. Der Zeitfehler des Komparators hingegen wirkt sich direkt auf das Ergebnis aus.

Der Einfluss der Offset-Spannungen des Operationsverstärkers $V_{0,OP}$ und des Komparators $V_{0,C}$ soll nun berechnet werden. Werden diese Spannungen in Gleichung (16.10) miteinbezogen, erhalten wir bei Berücksichtigung der Zeitkonstante RC folgende Gleichung:

$$-\frac{T}{RC}\left(N(V_{in} - V_{0,OP}) + n(-V_{Ref} - V_{0,OP})\right) = V_{0,C}$$

$$n = \frac{RCV_{0,C} - TV_{0,OP}}{T(V_{Ref} + V_{0,OP})} + N\frac{V_{in}}{V_{Ref} + V_{0,OP}} \,. \qquad (16.12)$$

Damit sollte gezeigt sein, dass die Offset-Fehler des Operationsverstärkers und des Komparators sowohl einen Offset- als auch einen Verstärkungsfehler in der Umsetzung verursachen. Diese beiden Fehler können aber durch einen automatisierten Abgleich beseitigt werden.

---

[1] Ein realer Kondensator kann durch Kurzschließen nicht perfekt gelöscht werden, da immer etwas „versteckte" Ladung gespeichert bleibt. Diese Eigenschaft wirkt sich je nach verwendetem Dielektrikum unterschiedlich stark aus (siehe Abschnitt 3.3.1).

16.4.3 Spannungs/Frequenz-Umsetzer

Ein Zweirampen-ADC führt keine kontinuierliche Umsetzung der Eingangsspannung aus, da der Beobachtungszeitraum auf die Messphase beschränkt ist. Nun soll eine Schaltungstopologie gezeigt werden, die eine kontinuierliche Beobachtung der Eingangsgröße zulässt. Als Ausgangspunkt für die folgenden Schaltungen wollen wir mit dem Spannungs/Frequenz-Umsetzer (V/F-Umsetzer) beginnen.

> Dieser ist jedoch (obwohl Teil dieses Kapitels) kein Analog/Digital-Umsetzer. Seine Ausgangsgröße ist nämlich ein zweiwertiges, aber zeitkontinuierliches und somit analoges Signal.

In der ▶Abbildung 16.18 wird die Schaltung eines Spannungs/Frequenz-Umsetzers dargestellt. Die prinzipielle Idee dahinter ist es, eine Eingangsgröße kontinuierlich aufzuintegrieren und gleichzeitig mit der passenden Frequenz eine pulsförmige Gegenintegration durchzuführen. Falls das Integral beider Signale gleich groß ist, wird ein stabiler Gleichgewichtszustand erreicht.

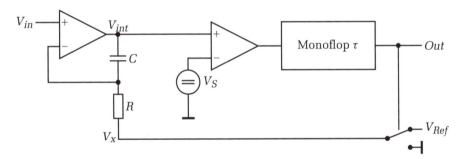

Simulation

Abbildung 16.18: V/F-Umsetzer

Der Operationsverstärker bildet mit der Kapazität C und dem Widerstand R eine Art Differenzintegrator, der die Eingangsspannung V_{in} unverändert ausgibt und die Differenz von V_{in} und V_x integriert.

$$V_{int}(t) = V_{in} + \frac{1}{RC} \int (V_{in} - V_x)\, dt \tag{16.13}$$

Zu Beginn wird das Monoflop in seinem stabilen Zustand ruhen ($V_x = 0\,\text{V}$), die Eingangsspannung V_{in} wird aufintegriert. Sobald die Schwellspannung V_S erreicht wird, löst der Komparator das Monoflop aus. Dieses schaltet für seine Eigenzeit τ durch Betätigen des Schalters die Spannung V_x auf die Referenzspannung V_{Ref}. Aufgrund dieser Gegenintegration der Referenzspannung wird die Integratorspannung wieder unter die Schwellspannung gebracht. Danach beginnt das Spiel von Neuem und die Eingangsspannung wird aufintegriert. Verständlicherweise wird die Integrationsspannung V_{int} mit zunehmender Eingangsspannung schneller wachsen, wodurch auch häufiger Gegenintegrationszyklen ausgelöst werden. Diese werden zusätzlich noch mit einer geringeren Steigung ausgeführt, da die gegenintegrierte Spannung $V_{Ref} - V_{in}$ auch immer kleiner wird.

Die Signalverläufe der Integratorspannung V_{int} und des Ausgangssignals *Out* sind für eine wachsende Eingangsspannung V_{in} in ▶Abbildung 16.19 dargestellt.

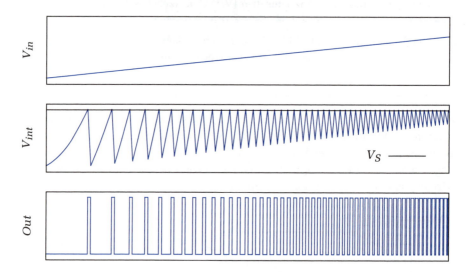

Abbildung 16.19: Integratorspannung V_{int} und Ausgangssignal *Out* bei ansteigendem Eingangssignal V_{in}

Nach der qualitativen Betrachtung dieser Schaltung soll nun noch die Gleichgewichtsbedingung hergeleitet werden. Mit der Frequenz f werden Gegenintegrationszyklen mit der Dauer τ und einer negativ integrierten Referenzspannung V_{Ref} ausgeführt. Somit kann der zeitliche Mittelwert der Spannung V_x angegeben werden:

$$\overline{V_x} = fV_{Ref}\tau \,. \tag{16.14}$$

Damit die Differenzintegration im Gleichgewicht bleibt, muss die Eingangsspannung V_{in} gleich $\overline{V_x}$ sein und wir erhalten eine Gleichung, aus der wir die Frequenz f berechnen können. Als Ergebnis ergibt sich eine zur Eingangsspannung V_{in} proportionale Ausgangsfrequenz f:

$$V_{in} - \overline{V_x} = V_{in} - fV_{Ref}\tau = 0 \quad \Rightarrow \quad f = \frac{V_{in}}{V_{Ref}\tau} \,. \tag{16.15}$$

Das die Genauigkeit einschränkende Element ist das Monoflop. Da die Eigenzeit von einer *RC*-Zeitkonstante abgeleitet wird, ist sie auch den Schwankungen dieser Elemente unterworfen. Um die Genauigkeit der Schaltung zu erhöhen, wollen wir das Monoflop durch eine genauere Zeitbasis wie z. B. ein Taktsignal eines Quarzoszillators ersetzen. Dies führt dann zu einem synchronen Spannungs/Frequenz-Umsetzer , welcher auch als Ladungsausgleichsintegrator bezeichnet wird.

16.4.4 Ladungsausgleichsintegrator

Die ▶Abbildung 16.20 zeigt einen zu einem Takt *CLK* synchronen Spannungs/Frequenz-Umsetzer, den so genannten Ladungsausgleichsintegrator (*Charge Balance ADC*). Im Vergleich zum kontinuierlichen V/F-Umsetzer ist hier nur das Monoflop durch ein getaktetes D-Flip-Flop ersetzt worden. Somit erhalten wir auch ein zeitdiskretes Ergebnis, weshalb diese Schaltung im Gegensatz zum V/F-Umsetzer einen ADC darstellt.

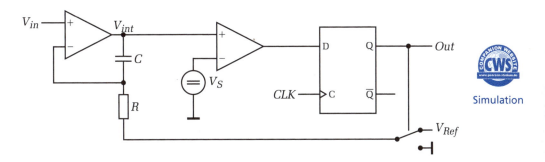

Abbildung 16.20: Ladungsausgleichsintegrator

Auch hier wird die Eingangsspannung kontinuierlich aufintegriert. Sobald die Integrationsspannung V_{int} die Schwellspannung V_S überschreitet, liefert der Komparator ein *HI*-Signal am Eingang des D-Flip-Flops. Bei einem V/F-Umsetzer würde sofort die Gegenintegration ausgelöst. Da hier das D-Flip-Flop mit einem frei laufenden, aber stabilen Taktsignal betrieben wird, kann die Gegenintegration erst bei der nächsten Taktflanke beginnen. Folglich wird die Eingangsspannung weiter aufintegriert, bis die entsprechende Flanke am Flip-Flop (positiv oder negativ) anliegt. Danach startet die Gegenintegration und sobald V_{int} wieder kleiner als V_S geworden ist, wird sie bei der darauf folgenden Taktflanke beendet.

Somit wird die Integrationsspannung V_{int} immer um die Schwellspannung V_S des Komparators wandern. Aufgrund der Synchronisation mit dem Taktsignal *CLK* kann keine exakte Frequenz mehr angegeben werden. Deshalb wollen wir das Ausgangssignal *Out*, welches gleichzeitig die Gegenintegration steuert, über N Taktzyklen betrachten. Während dieser Beobachtungszeit wird die Anzahl der Gegenintegrationszyklen n betragen, die mittlere Gegenintegrationsspannung kann mit $\frac{n}{N}V_{ref}$ angegeben werden. Nach Einsetzen in die Gleichgewichtsbedingung der Differenzintegration kann der Zusammenhang zwischen V_{in} und der ausgezählten Anzahl n von *HI*-Zyklen des Ausgangssignals angegeben werden.

$$V_{in} - \frac{n}{N}V_{Ref} = 0 \quad \Rightarrow \quad n = \frac{V_{in}}{V_{Ref}}N \qquad (16.16)$$

Für die bessere Verständlichkeit der Funktionsweise sind in der ▶Abbildung 16.21 die Signale bei einer Eingangsspannung von $V_{in} = \frac{3}{10} V_{Ref}$ dargestellt. Das D-Flip-Flop ist durch positive Taktflanken gesteuert, folglich wird zwischen Auf- und Gegenintegration nur bei einer positiven Flanke des *CLK*-Signals umgeschaltet. Die Anzahl der *HI*-Zyklen des Ausgangssignals innerhalb eines Beobachtungszeitraums von $N = 10$ Taktzyklen beträgt natürlich $n = 3$.

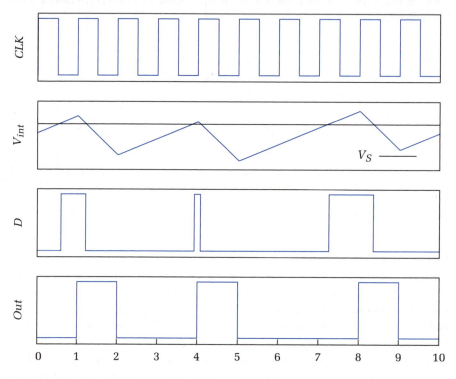

Abbildung 16.21: Signalverläufe beim Ladungsausgleichsintegrator ($V_{in} = \frac{3}{10} V_{Ref}$)

Der Ladungsausgleichsintegrator führt eine kontinuierliche Umsetzung der analogen Eingangsspannung in ein zeitdiskretes, zweiwertiges Ausgangssignal durch. Wird die Anzahl der *HI*-Zyklen ausgezählt, was auch über ein gleitendes Zeitfenster erfolgen kann, erhalten wir das Ergebnis der Umsetzung.

Aufgrund der Gegenintegration einer im (linearen) Zeitbereich gewichteten zweiwertigen Größe (vergleiche „natürliche Linearität" in Abschnitt 15.5) können hohe Auflösungen mit ausgezeichneter Linearität erreicht werden. Jedoch muss dabei der Beobachtungszeitraum immer länger gewählt werden (größeres N), wodurch sich die Umsetzungszeit erhöht.

Abschließend wollen wir nun den Einfluss und die daraus folgenden, benötigten Eigenschaften der einzelnen Komponenten untersuchen. Eine Offset-Spannung des Operationsverstärkers wirkt bekanntlich wie zur Eingangsspannung des aufgebauten

Integrators addiert und wird folglich einen Offset-Fehler in der Umsetzung verursachen. Das Zeitverhalten des Operationsverstärkers ist kritisch, da häufig zwischen Auf- und Gegenintegration umgeschaltet wird. Dabei sollte sich die Richtung seines Ausgangsstromes unendlich schnell umkehren, was in der realen Welt natürlich unmöglich ist. Dafür kann die Zeitkonstante des Integrators und somit auch die Kapazität C deutlich kleiner gewählt werden als bei Zweirampen-ADCs. Denn hier wird nur die integrierte Abweichung zum Gegenintegrationssignal zwischengespeichert, die mittlere, gespeicherte Ladung im Kondensator C ist gleich 0 (Arbeitspunkt nicht berücksichtigt).

Die Eigenschaften des Komparators wie seine Offset-Spannung und sein Zeitverhalten haben keinen Einfluss auf das Ergebnis der Umsetzung. Falls der Komparator zum Beispiel das Überschreiten der Schwellspannung V_S zu spät erkennt, würde noch ein Zyklus länger aufintegriert werden. Ein sofort darauf folgender, zusätzlicher Gegenintegrationszyklus würde aber diesen potentiellen Fehler sofort korrigieren.

Die Schalter, welche die Referenzspannung oder Masse auswählen und somit einen 1-Bit DAC implementieren, haben aufgrund des häufigen Umschaltens bedeutenden Einfluss auf das Ergebnis. Dabei ist aber ein interessanter Zusammenhang zu erwähnen. Die ▶Abbildung 16.22 zeigt das Ausgangssignal Out, welches gleichzeitig als Steuersignal der Schalter dient, für eine wachsende Eingangsspannung V_{in}.

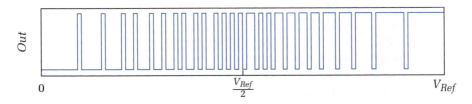

Abbildung 16.22: Ausgangssignal bei ansteigendem Eingangssignal ($V_{in} = 0 \rightarrow V_{Ref}$)

Mit zunehmender Eingangsspannung wächst natürlich die Anzahl der HI-Zyklen. Die Anzahl k der Schaltvorgänge nimmt aber bis zur halben Referenzspannung zu und danach wieder ab.

$$\text{WENN} \quad V_{in} \leq \frac{V_{Ref}}{2} \quad \text{DANN} \quad k \propto V_{in}$$

$$\text{WENN} \quad V_{in} > \frac{V_{Ref}}{2} \quad \text{DANN} \quad k \propto (V_{Ref} - V_{in})$$

Aufgrund der direkten Proportionalität zwischen den Schaltvorgängen k und der Eingangsspannung V_{in} verursacht ein konstanter Schaltfehler „nur" einen abgleichbaren Steigungsfehler. Dies gilt, solange die Eingangsspannung kleiner $\frac{V_{Ref}}{2}$ bleibt. Soll der gesamte Eingangsbereich genutzt werden, wird ein systematischer Linearitätsfehler in Form eines Knicks in der Kennlinie bei $V_{in} = \frac{V_{Ref}}{2}$ entstehen.

Abschließend wollen wir noch einmal die grundlegende Idee der Ladungsausgleichsintegration aufgreifen. Dabei wird ein taktsynchrones und in diesem Fall zweiwertiges Signal, dessen Mittelwert gleich dem Eingangssignal ist, erzeugt und ausgewertet. Wird dieser Gedanke weitergeführt, kommen wir zu den $\Sigma\Delta$-Analog/Digital-Umsetzern.

16.4.5 $\Sigma\Delta$-ADCs (Sigma-Delta-ADCs)

Die $\Sigma\Delta$-ADCs arbeiten nach dem Prinzip des Ladungsausgleichs. Dies bedeutet, dass die Differenz zwischen dem Eingangssignal und dem zeit- und wertdiskreten Ausgangssignal integriert wird. Dabei nimmt das Ausgangssignal Werte an, die im Mittel gleich dem Eingangssignal sind. Folglich wird die Differenzintegration im Mittel zu Null werden. Gleichzeitig entspricht es auch nach geeignetem Auszählen bzw. Summieren dem Umsetzungsergebnis.

$\Sigma\Delta$ oder $\Delta\Sigma$?

In der Literatur herrscht keine Einigkeit darüber, ob diese ADCs nun korrekt als $\Sigma\Delta$- oder als $\Delta\Sigma$-ADCs bezeichnet werden sollen.

Die Bezeichnung soll nichts anderes als die bei diesem Verfahren eingesetzte Differenzintegration beschreiben. Das Σ steht dabei für die Summenbildung bzw. Integration, das Δ für die Differenzbildung. Zerlegt man die Differenzintegration in ihre beiden Funktionen, wird zuerst die Differenzbildung (Δ) und dann die Integration (Σ) durchgeführt. Wenn wir nun diese beiden Funktionen auf zwei Eingangsgrößen x_1 und x_2 anwenden, ergibt sich:

$$\Sigma(\Delta(x_1, x_2)).$$

Somit sollte die Differenzintegration (mathematisch betrachtet) als Summe der Differenz, also Σ von Δ und somit als $\Sigma\Delta$ bezeichnet werden. [a]

Aufgrund dieser Argumentation wird in weiterer Folge die Bezeichnung $\Sigma\Delta$ verwendet, auch wenn an dieser Stelle darauf hingewiesen sein soll, dass einerseits $\Delta\Sigma$ nicht als falsch bezeichnet wird und es andererseits ohnehin egal ist, ob man von $\Sigma\Delta$ oder $\Delta\Sigma$ spricht, solange man weiß, dass beide Male dasselbe gemeint ist.

---

[a] Als weiteres Beispiel kann die Bildung des Effektivwerts eines Signals herangezogen werden. Hier wird die Wurzel (*Root*) aus dem Mittel (*Mean*) des zuvor quadrierten (*Square*) Signals berechnet und folglich als RMS ... *Root Mean Square* bezeichnet.

Ein Ladungsausgleichsintegrator arbeitet mit einem Komparator, der mit dem nachgeschalteten D-Flip-Flop einen abtastenden 1-Bit ADC bildet, und einem Umschalter. Dieser ist bekanntlich nichts anderes als ein 1-Bit DAC mit den Ausgangsspannungen von 0 V und V_{Ref}.

Zeichnet man nun das Blockschaltbild des so entstandenen Umsetzers, erhalten wir den in ▶Abbildung 16.23 dargestellten Umsetzer. Er wird als „Single Bit" $\Sigma\Delta$-Umsetzer 1. Ordnung bezeichnet und entspricht dabei einem Ladungsausgleichsintegrator. Dabei bedeutet „Single Bit", dass ein 1-Bit ADC und DAC verwendet werden, und 1. Ordnung sagt aus, dass genau eine Differenzintegration durchgeführt wird.

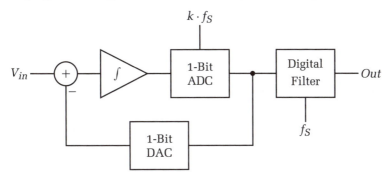

Abbildung 16.23: Single Bit $\Sigma\Delta$-Umsetzer erster Ordnung (Ladungsausgleichsintegrator)

Die ▶Abbildung 16.24 zeigt einen Multibit $\Sigma\Delta$-Umsetzer 1. Ordnung, der sich durch den Einsatz höher auflösender Umsetzer auszeichnet. Der Komparator wird mit einem N-Bit ADC und der Umschalter mit einem N-Bit DAC ersetzt. Somit erhält man pro Taktzyklus (Taktfrequenz $k \cdot f_S$) mehr Information über das Eingangssignal.

Ein digitales Filter (*Digital Filter*) übernimmt das (gleitende) digitale Auszählen bzw. Mitteln und gibt mit der Umsetzungsfrequenz f_S die Ergebnisse aus.

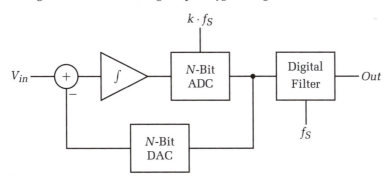

Abbildung 16.24: Multibit $\Sigma\Delta$-Umsetzer erster Ordnung

Sollen ein Single-Bit und ein N-Bit-Multibit-Umsetzer die gleiche Auflösung aufweisen, müssen beim Single-Bit-Umsetzer um den Faktor 2^N mehr Zyklen ausgezählt werden. Das kann dadurch begründet werden, dass ein N-Bit Wort einfach den 2^N-fachen Informationsgehalt eines einzelnen Bits besitzt. Damit werden höhere Umsetzungsraten möglich, jedoch wird dieser Vorteil durch ein Linearitätsproblem erkauft. Während Single-Bit-Umsetzer die Eigenschaft der „natürlichen Linearität" aufweisen (1-Bit-Umsetzer sind per Definition linear), gilt dies für Multibit-Umsetzer nicht mehr. Deren Linearität entspricht nämlich der Linearität des N-Bit DACs. Das heißt, wenn zum Beispiel ein 4-Bit DAC eingesetzt wird, um einen auf 16 bit linearen Umsetzer aufzubauen, muss der 4-Bit DAC auf 16 bit linear sein.

Nachdem bei einem funktionierenden Ladungsausgleich das Differenzintegral konstant bleibt, könnte eine zusätzliche, zweite, nachgeschaltete Differenzintegration durchgeführt werden. Damit erweitern wir das System um eine weitere Integrator-Ordnung, man spricht von einem $\Sigma\Delta$-ADC 2. Ordnung ▶Abbildung 16.25. Jede weitere Integration erhöht die Ordnung um 1, somit beschreibt die Ordnung eines $\Sigma\Delta$-ADCs die Anzahl der verwendeten Integrationen.

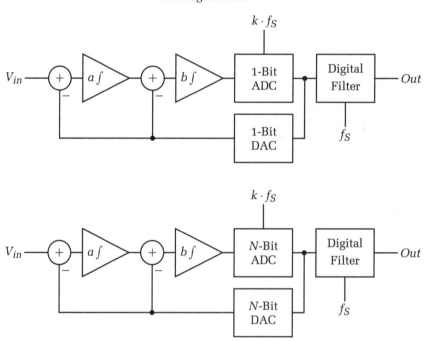

Abbildung 16.25: $\Sigma\Delta$-Umsetzer 2. Ordnung (Single Bit und Multibit)

Ein wesentlicher Vorteil der mehrfachen Integration liegt im verbesserten Übertragungsverhalten der Umsetzer. Um das genauer zu untersuchen, ersetzen wir die nicht linearen Elemente (ADC und DAC) durch das lineare Modell der Quantisierung (Abschnitt 14.5). Damit ergeben sich für die Umsetzer erster und zweiter Ordnung die in ▶Abbildung 16.26 dargestellten Blockschaltbilder.

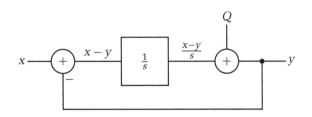

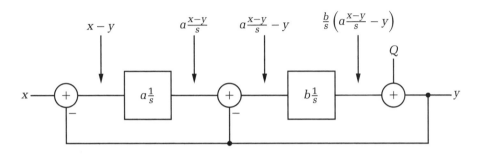

Abbildung 16.26: Modell mit Quantisierungsrauschen Q für $\Sigma\Delta$-Umsetzer

Mit diesen linearisierten Blockschaltbildern kann nun das Frequenzverhalten bzw. die Übertragungsfunktion berechnet werden:

1. Ordnung: $\quad y = \dfrac{x-y}{s} + Q \Rightarrow y = x\dfrac{1}{1+s} + Q\dfrac{s}{1+s}$ (16.17)

2. Ordnung: $\quad y = \dfrac{b}{s}\left(a\dfrac{x-y}{s} - y\right) + Q \Rightarrow y = x\dfrac{ab}{ab+sb+s^2} + Q\dfrac{s^2}{ab+sb+s^2}$ (16.18)

Aus diesen Ergebnissen lassen sich zwei wichtige Eigenschaften ablesen. Das Eingangssignal x wird mit einem Tiefpass und das Quantisierungsrauschen Q wird mit einem Hochpass gefiltert. Die Ordnung der Filterung entspricht dabei der Ordnung des Umsetzers, mit den Koeffizienten (a, b) kann das genaue Frequenzverhalten beeinflusst werden (z. B. präzise Gleichspannungsmessung oder Audio-Frequenzbereich).

Somit wird das Quantisierungsrauschen mit zunehmender Ordnung im niedrigen Frequenzbereich immer besser unterdrückt. Diese spektrale Umformung des Rauschens wird Noise Shaping genannt. Da sich das Quantisierungsrauschen nun im höherfrequenten Bereich befindet, kann es durch eine digitale Filterung (z. B. Mittelwertbildung) beseitigt werden ▶Abbildung 16.27. Folglich erscheint dann das vom Rauschen befreite Nutzsignal x am Ausgang y.

Leider entsprechen diese wirklich schönen Ergebnisse nur bedingt den realen Verhältnissen. Wäre dies anders, könnte man mit $\Sigma\Delta$-Umsetzern höherer Ordnung ADCs mit beliebig hoher Auflösung und unendlich großem Signal-Rausch-Verhältnis bauen. Die Berechnungen mithilfe des Quantisierungsrauschens basieren jedoch auf einem Modell, welches besagt, dass der Quantisierungsfehler ein zufälliges

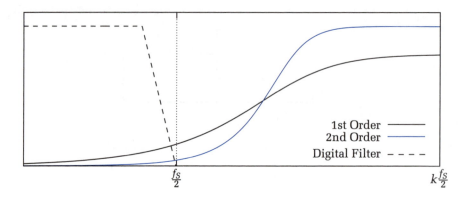

Abbildung 16.27: Quantisierungsrauschen mit Noise Shaping

Rauschsignal wäre. Tatsächlich ist es jedoch ein vom Signal abhängiger Fehler, weshalb ein im Spektrum gleichverteiltes Rauschen nicht gegeben ist. Vor allem bei Single Bit Umsetzern wäre dieses Modell unpassend, bei Multibit Umsetzern ist es eine wesentlich bessere Annäherung.

Damit bringt eine beliebige Erhöhung der Ordnung keine weitere Verbesserung der Eigenschaften. Es ist sogar so, dass bei höheren Ordnungen (≥ 3) $\Sigma\Delta$-Umsetzer bei bestimmten Eingangssignalen instabil werden können. Das kann aber heutzutage erkannt und korrigiert werden.

Abschließend sei noch angemerkt, dass diese Ausführungen nur einen kleinen Überblick des äußerst komplexen Themas der $\Sigma\Delta$-Umsetzer geben. Es wurde die prinzipielle Funktionsweise erläutert und auf die Eigenschaften eingegangen. Die tiefer gehenden Betrachtungen, insbesondere was den Entwurf solcher Umsetzer betrifft, sei weiterführender Literatur überlassen.

16.5 Auswahl von ADCs

Da jetzt die verschiedenen ADC-Architekturen vorgestellt und erklärt wurden, soll abschließend noch auf ihre Einsatzgebiete eingegangen werden. In ▶Tabelle 16.4 sind die wesentlichen Kenngrößen, nämlich Auflösung, Umsetzungsrate und Leistungsaufnahme der drei gängigen Typen zusammengefasst. Diese sind Pipelined, Wägeverfahren und $\Sigma\Delta$-ADCs. Je nach Anwendung wird ein ADC des entsprechenden Typs ausgewählt, wobei die zuvor genannten Kenngrößen die wichtigsten Kriterien darstellen.

Natürlich unterscheiden sich auch ADCs gleicher Architektur untereinander. Dies beginnt schon mit der digitalen Schnittstelle. Während sehr hohe Umsetzungsraten bei Pipelined ADCs eine parallele Schnittstelle notwendig machen, ist bei lang-

Tabelle 16.4

Typische Kennwerte der gängigen ADCs

	Pipelined	Wägeverfahren	$\Sigma\Delta$
Auflösung	niedrig	mittel	hoch
	8 – 14 bit	8 – 18 bit	16 – 24 bit
Umsetzungsrate	sehr hoch	mittel-hoch	niedrig-mittel
	bis zu 500 MHz	bis zu 1 MHz	1 Hz – 100 kHz
Leistungsaufnahme	sehr hoch	mittel	niedrig
	bis zu 3 W	1 – 200 mW	0,2 – 10 mW

sameren ADCs (Wägeverfahren, $\Sigma\Delta$) eine serielle vorzuziehen. Üblicherweise wird eine synchrone, serielle Datenübertragung verwendet. Dadurch benötigt der ADC-Baustein weniger Anschlüsse, weshalb ein kleineres, platzsparendes und (ganz wichtig) billigeres Gehäuse eingesetzt werden kann.

Oft ist bei ADCs auch eine interne Spannungsreferenz vorhanden. Somit kann eventuell die ansonsten notwendige, externe Spannungsreferenz eingespart werden.

„Sparen" führt auch gleichzeitig zum (leider) wahrscheinlich wichtigsten Auswahlkriterium. Denn sobald eine elektronische Schaltung in größeren Stückzahlen gebaut werden soll, entscheidet letztendlich der Preis über die eingesetzten Bausteine.

ZUSAMMENFASSUNG

Die drei grundlegenden Verfahren der Analog/Digital-Umsetzung wurden in diesem Kapitel vorgestellt. Zu Beginn wurde auf das **Parallelverfahren** (*Flash*) sowie die verwandten **Kaskadenumsetzer** und **Pipelined ADCs** eingegangen. Sie führen eine direkte Umsetzung des Eingangssignals durch und ermöglichen folglich sehr hohe Umsetzungsraten. Dabei wird ein verhältnismäßig hoher schaltungstechnischer Aufwand notwendig.

Mit dem **Wägeverfahren** (*Successive Approximation*) können ADCs mit deutlich weniger Aufwand aufgebaut werden. Diese erlauben keine so hohen Umsetzungsraten, da hier das Ergebnis in mehreren Zyklen gebildet wird. Sie stellen jedoch einen guten Kompromiss zwischen Auflösung und Umsetzungsrate dar.

Danach wurden noch **integrierende Verfahren** betrachtet, welche eine hoch auflösende Umsetzung ermöglichen. Dabei wurde zuerst auf die angenehme Eigenschaft der Unterdrückung periodischer Störungen aufgrund der Mittelwertbildung eingegangen. Nach dem Zweirampen-ADC wurden die Funktionsweise und die Eigenschaften des Ladungsausgleichsintegrators sowie der $\Sigma\Delta$-ADCs näher untersucht.

Beschaltung von A/D- und D/A-Umsetzern

17.1	**Analoge Pegelumsetzung**	509
17.2	**Tiefpassfilter**	514
17.3	**Sample&Hold-Eingänge**	529
17.4	**Differentielle ADC-Eingänge**	532
Zusammenfassung		537

17

ÜBERBLICK

17 BESCHALTUNG VON A/D- UND D/A-UMSETZERN

Einleitung

» Aus der Sicht des Entwicklers elektronischer Geräte sind ADCs und DACs fertige Bausteine. Im großen Angebot der verschiedenen Halbleiterhersteller wird nach einem passenden Umsetzer gesucht, der alle Anforderungen erfüllt. Außer bei echten Standardanwendungen (z. B. Audio-DAC mit integriertem Kopfhörerverstärker) wird es in der Praxis kaum möglich sein, den für die Anwendung perfekten Umsetzer-IC zu finden. In den meisten Fällen wird eine zusätzliche Beschaltung des Umsetzers notwendig sein.

In diesem Kapitel werden wir uns mit genau diesem Problem beschäftigen und es werden Lösungen für übliche Aufgaben gezeigt. Dies beginnt schon einmal damit, dass der Signalbereich des Umsetzers nicht dem analogen Signal entspricht. Des Weiteren wird meist eine zusätzliche Pufferung des Analogsignales benötigt.

Das Ausgangssignal von Digital/Analog-Umsetzern kann nur diskrete Werte annehmen. Folglich wird jedes ins Analoge umgesetzte Signal, unabhängig von seiner Form, Stufen aufweisen. Diese werden mit zunehmender Auflösung immer kleiner, sind aber trotzdem noch vorhanden. Deshalb sollte mit einem Filter eine Interpolation im Wertebereich durchgeführt werden. Somit wird aus dem wertdiskreten Signal ein wertkontinuierliches. Aufgrund des Abtastens kann bei der Analog/Digital-Umsetzung der Aliasing-Effekt auftreten. Um diesen zu vermeiden, darf das Eingangssignal nur Frequenzanteile kleiner der halben Abtastfrequenz aufweisen. Deshalb müssen, sofern das Eingangssignal nicht ohnehin ausreichend bandbegrenzt ist, alle zu hohen Frequenzanteile vor der Abtastung beseitigt werden. Diese Aufgabe erledigt ein Anti-Aliasing-Filter, welches wie Interpolations- und Glättungsfilter eine Tiefpassfilterung durchführt. Darum werden wir die verschiedenen Tiefpassfilter-Schaltungen näher betrachten. Andere Filter wie Hochpass (außer das passive RC-Hochpassfilter 1. Ordnung), Bandpass und Bandsperre werden in der elektronischen Schaltungstechnik nicht so häufig benötigt, weshalb an dieser Stelle auf weiterführende Fachliteratur verwiesen wird.

Die Zeitdiskretisierung wird bei Pipelined und Wägeverfahren-ADCs mit einer direkt an den Eingang des Umsetzers geschalteten Sample&Hold-Schaltung durchgeführt. Da meist kein interner Vorverstärker vorhanden ist, muss die Signalquelle den Abtastkondensator in ausreichend kurzer Zeit umladen können. Ansonsten könnte der Abtastvorgang das Ergebnis der Umsetzung beeinflussen.

Viele Analog/Digital-Umsetzer mit höherer Auflösung arbeiten mit differentiellen Eingangssignalen. Dabei wird die Differenz zwischen zwei Signalen ausgewertet, es gibt keinen Massebezug. Dies erweist sich als vorteilhaft, da dadurch Störungen auf der Schaltungsmasse unterdrückt werden können. Außerdem wird der erlaubte Eingangsspannungsbereich verdoppelt, da das differentielle Signal auch negativ werden kann. Deshalb kommen differentielle Eingänge (*Differential Inputs*) meist bei höher auflösenden ADCs zum Einsatz. «

LERNZIELE

- Bereichsanpassung von ADCs und DACs durch analoge Pegelumsetzung
- Aufbau und Dimensionierung von Anti-Aliasing- bzw. Interpolations- und Glättungsfiltern (Tiefpassfilter)
- Beschaltung von ADC-Eingängen mit Sample&Hold-Stufe
- Erzeugung von differentiellen Eingangssignalen für ADCs aus massebezogenen Signalen

17.1 Analoge Pegelumsetzung

Die meisten heute produzierten Umsetzer sind für einen unipolaren Betrieb ausgelegt. Dies hat den Vorteil, dass mit nur einer Versorgungsspannung gearbeitet werden kann. Dafür ist jedoch der nutzbare Bereich für die Eingangs- bzw. Ausgangsspannung eingeschränkt. Üblicherweise kann ein Spannungsbereich von 0 V bis zur Referenzspannung V_{Ref} verwendet werden. Bei DACs mit Stromausgängen verhält es sich ähnlich. Hier werden meist Stromquellen eingesetzt, die jedoch nicht als Senke arbeiten können.

Solange die Bereichsanpassung zwischen Umsetzer und Analogsignal nur aus einer einfachen Skalierung besteht, können Verstärker- bzw. Teilerschaltungen eingesetzt werden. Sobald eine Skalierung und Verschiebung gefragt ist, muss zusätzlich noch eine Addition bzw. Subtraktion ausgeführt werden. Diese beiden Aufgaben sollten wenn möglich von einer einzelnen Schaltung gleichzeitig erledigt werden. Dabei soll nur ein Operationsverstärker enthalten sein, denn einen würde man ohnehin für die Pufferung des Signals benötigen.

Die ▶Abbildung 17.1 zeigt eine Schaltung, welche sich für die gewünschte Anwendung der Pegelumsetzung hervorragend eignet. Dabei handelt es sich um die schon aus dem Kapitel 5 bekannten Subtrahierverstärker. Dieser besteht aus einem Operationsverstärker und vier Widerständen, mit denen die Skalierung der beiden Eingangsspannungen x und y eingestellt werden kann.

Der blau gezeichnete Kondensator C hat keinen direkten Einfluss auf die Funktion der Schaltung und sollte vorerst nicht weiter betrachtet werden.

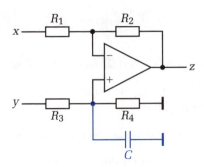

Abbildung 17.1: Analoge Pegelumsetzung mit einem Subtrahierer-Verstärker

Der Zusammenhang zwischen der Ausgangsspannung z und den beiden Eingangsspannungen x und y beschreibt eine gewichtete Subtraktion mit folgender Gleichung:

$$z = -\frac{R_2}{R_1}x + \frac{R_4}{R_3 + R_4}\left(1 + \frac{R_2}{R_1}\right)y. \qquad (17.1)$$

Die Widerstandswerte der Schaltung sollen nun dimensioniert werden. Zuerst müssen wir aber entscheiden, welcher der beiden Eingänge (x oder y) als Signalpfad verwendet werden soll.

Wenn wir x wählen, wird eine mit den beiden Widerständen R_1 und R_2 einfach festzulegende, aber negative Verstärkung durchgeführt. Der Eingang y wäre dann ein reiner Gleichspannungspfad. Da in den nicht invertierenden Eingang des Operationsverstärkers nur ein zu vernachlässigender Eingangsstrom fließt, können die Widerstände R_3 und R_4 hochohmig ausgeführt werden. Damit belasten sie die am Eingang y angelegte Spannung kaum. Deshalb kann dafür oft auch die ungepufferte Referenzspannungsquelle V_{Ref} des Umsetzers verwendet werden. Zusätzlich kann parallel zum Widerstand R_4 eine Kapazität C geschaltet werden, die mit den Widerständen ein Tiefpassfilter für die Referenzspannung bildet. Somit liegt dann am Operationsverstärker eine stabile Spannung an. Falls für mehrere Signale die gleiche Pegelumsetzung durchgeführt werden muss, ist ein weiterer Vorteil zu bemerken. Dann wird der Spannungsteiler aus R_3 und R_4 (auch die Kapazität C) nur einmal benötigt, da dessen Ausgangsspannung an mehrere Operationsverstärker gleichzeitig angelegt werden kann.

Wenn man den Eingang y als Signaleingang verwendet, hätte man zwar ein nicht invertiert verstärktes Signal am Ausgang, müsste aber auf die zuvor genannten Vorteile verzichten. Den Nachteil der inversen Verstärkung des analogen Pegelumsetzers ist problemlos in der digitalen Welt durch die Negation des Codewortes zu kompensieren. Folglich ist im Gesamten und nicht nur aus schaltungstechnischer Sicht der Eingang x, also der invertierende Pfad, die bessere und richtige Wahl.

17.1.1 Ausgänge von DACs

Die ▶Abbildung 17.2 zeigt die Aufgabe bei der Pegelumsetzung von DAC-Ausgangssignalen. Dabei wird ein sinusförmiges Signal um seine Mittenspannung $\frac{V_{Ref}}{2}$ gezeigt, welches den Spannungshub $(0 \ldots V_{Ref})$ des DACs vollständig ausnutzt. Dieses soll nun zu einem massebezogenen Signal mit anderer Amplitude verstärkt werden.

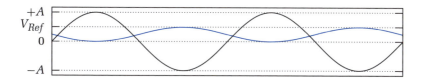

Abbildung 17.2: **DAC-Ausgangssignal** $(0 \ldots V_{Ref})$ und das gewünschtes Analogsignal $(-A \ldots A)$

Als Erstes wollen wir die Verstärkung betrachten. Der Spannungshub von $0 \ldots V_{Ref}$ soll auf $A - (-A) = 2A$ skaliert werden. Somit erhalten wir für die Verstärkung G, welche aus den zuvor genannten Gründen negativ ist, folgendes Ergebnis:

$$G = -\frac{2A}{V_{Ref}}. \tag{17.2}$$

Falls nur die negative Verstärkung durchgeführt wird, werden wir ein Signal im Spannungsbereich von $0\,\text{V}$ bis $-2A$ erhalten. Folglich muss jetzt noch eine Spannung mit der Größe A addiert werden, damit das Ausgangssignal im gewünschten Bereich von $\pm A$ liegt.

$$z = Gx + A \quad \Rightarrow \quad -A \leq z \leq +A \quad \text{WENN} \quad 0 \leq x \leq V_{Ref} \tag{17.3}$$

Mit einem Koeffizientenvergleich der Gleichungen (17.1) und (17.3) können nun die Gleichungen für die Berechnung der Widerstandswerte angegeben werden, als Eingangsspannung y wird die Referenzspannung V_{Ref} angenommen:

$$-\frac{R_2}{R_1} = G = -\frac{2A}{V_{Ref}} \tag{17.4}$$

$$\frac{R_4}{R_3 + R_4} = \frac{A}{V_{Ref} + 2A}. \tag{17.5}$$

Simulation

Beispiel: Anpassung eines DAC-Ausgangssignals

Für das Ausgangssignal eines DACs (0...4 V) soll eine geeignete Pegelumsetzung zu einem bipolaren ±10 V-Signal durchgeführt werden. Die 4 V-Referenzspannung des DACs darf mit bis zu 100 μA belastet werden.

Somit muss eine Verstärkung um den Faktor $G = -5$ und eine Verschiebung des Ausgangssignals um $A = 10\,\text{V}$ implementiert werden.

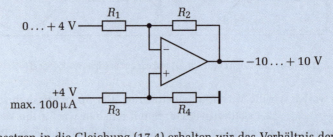

Durch Einsetzen in die Gleichung (17.4) erhalten wir das Verhältnis der Widerstände R_1 und R_2, wobei gleich sinnvolle Widerstandswerte angegeben werden:

$$\frac{R_2}{R_1} = \frac{2A}{V_{Ref}} = \frac{2 \cdot 10\,\text{V}}{4\,\text{V}} = 5 \quad \Rightarrow \quad R_1 = 10\,\text{k}\Omega \quad R_2 = 50\,\text{k}\Omega.$$

Aus Gleichung (17.5) können wir die Werte für R_3 und R_4 berechnen, wobei die Summe der beiden Werte 40 kΩ nicht unterschreiten darf, da sonst die Referenzspannungsquelle mit mehr als 100 μA belastet würde $\left(\frac{4\,\text{V}}{100\,\mu\text{A}} = 40\,\text{k}\Omega\right)$.

$$\frac{R_4}{R_3 + R_4} = \frac{A}{V_{Ref} + 2A} = \frac{10\,\text{V}}{4\,\text{V} + 2 \cdot 10\,\text{V}} = \frac{10}{24} = \frac{100\,\text{k}\Omega}{140\,\text{k}\Omega + 100\,\text{k}\Omega}$$

$$R_3 = 140\,\text{k}\Omega \quad R_4 = 100\,\text{k}\Omega$$

17.1.2 Eingänge von ADCs

Der Eingangsspannungsbereich unipolarer ADCs beträgt üblicherweise 0 V bis V_{Ref}. Soll ein bipolares Signal an diesen Spannungsbereich angepasst werden, wird eine Verstärkung bzw. Dämpfung und eine Verschiebung notwendig. Dies ist in ▶Abbildung 17.3 dargestellt.

Das Eingangssignal mit einem Spannungshub von $2A$ muss zuerst auf den Eingangsspannungsbereich des ADCs verstärkt bzw. gedämpft werden.

$$-\frac{R_2}{R_1} = G = -\frac{V_{Ref}}{2A} \tag{17.6}$$

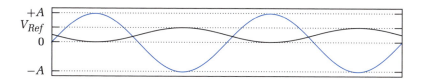

Abbildung 17.3: **Analogsignal** $(-A \ldots A)$ und das gewünschte ADC-Eingangssignal $(0 \ldots V_{Ref})$

Danach wird die halbe Referenzspannung addiert, damit das ursprünglich massebezogene Signal in die Mitte des Eingangsbereichs des ADCs verschoben wird. Als Eingangsgröße y wollen wir die Referenzspannung V_{Ref} verwenden.

$$\frac{V_{Ref}}{2} = \frac{R_4}{R_3 + R_4}\left(1 + \frac{R_2}{R_1}\right) V_{Ref} \quad \Rightarrow \quad \frac{R_4}{R_3 + R_4} = \frac{1}{2}\frac{R_1}{R_1 + R_2} \qquad (17.7)$$

Der Operationsverstärker erfährt bei diesem Schaltungskonzept keine Gleichtaktaussteuerung, das Potential der Eingänge wird vom Spannungsteiler aus R_3 und R_4 festgelegt und dieses liegt mit Sicherheit innerhalb des ADC-Eingangsbereichs. Nun soll ein Operationsverstärker verwendet werden, dessen Aussteuerbereich bis an die Versorgungsspannung reicht (*Rail-to-rail Output*). Dieser wird mit der gleichen Versorgungsspannung wie der ADC betrieben und kann folglich keine für die ADC-Eingänge zu großen Spannungen liefern. Somit dient diese Schaltung auch gleichzeitig als Schutzstruktur für die empfindlichen ADC-Eingänge.

Beispiel: Anpassung eines ADC-Eingangssignals

Simulation

Ein bipolares Eingangssignal mit einer maximalen Amplitude von $\pm 10\,\text{V}$ soll mit einer Pegelumsetzung an den Eingangsbereich eines ADCs angepasst werden. Die Referenzspannung V_{Ref} beträgt $5\,\text{V}$, der ADC erlaubt Eingangsspannungen zwischen 0 und V_{Ref}. Der differentielle Eingangswiderstand der Schaltung und somit der Widerstand R_1 soll $100\,\text{k}\Omega$ betragen.

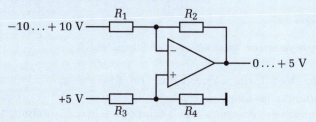

Mit Gleichung (17.6) kann nach Umformen und Einsetzen der Widerstandswert R_2 berechnet werden:

$$R_1 = 100\,\text{k}\Omega \quad \Rightarrow \quad R_2 = \frac{V_{Ref}}{2A}R_1 = \frac{5\,\text{V}}{2 \cdot 10\,\text{V}}100\,\text{k}\Omega = 25\,\text{k}\Omega.$$

Nun wollen wir die Widerstandswerte R_1 und R_2 in die Gleichung (17.7) einsetzen und daraus R_3 und R_4 berechnen.

$$\frac{R_4}{R_3+R_4} = \frac{1}{2}\frac{R_1}{R_1+R_2} = \frac{1}{2}\frac{100\,\text{k}\Omega}{100\,\text{k}\Omega + 25\,\text{k}\Omega} = \frac{50}{125} = \frac{100\,\text{k}\Omega}{150\,\text{k}\Omega + 100\,\text{k}\Omega}$$

$$R_3 = 150\,\text{k}\Omega \qquad R_4 = 100\,\text{k}\Omega$$

17.2 Tiefpassfilter

Im Frequenzbereich haben Tiefpassfilter (LPF ... *Low Pass Filter*) die Eigenschaft, dass alle Frequenzanteile eines Eingangssignals größer der so genannten Grenzfrequenz f_c (*Cut-Off Frequency* oder *Corner Frequency*) möglichst stark gedämpft werden (Sperrbereich). Frequenzanteile kleiner der Grenzfrequenz, sozusagen die tiefen Frequenzen, sollen möglichst unverändert durchgelassen werden (Durchlassbereich).

Somit eignen sich Tiefpassfilter zur Beseitigung zu hoher Frequenzanteile, welche bei der Analog/Digital-Umsetzung durch die Abtastung den Aliasing-Effekt verursachen können. In ▶Abbildung 17.4 ist das Spektrum eines Signals $X(f)$ dargestellt, welches Frequenzanteile größer der halben Abtastfrequenz f_S aufweist. Durch die Tiefpassfilterung $A(f)$ werden diese Anteile beseitigt, das resultierende Signal $A(f) \cdot X(f)$ verursacht keine Verletzung des Abtasttheorems.

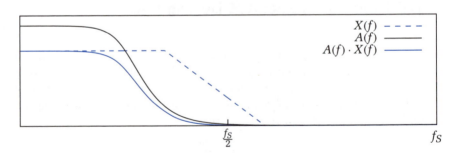

Abbildung 17.4: Bandbegrenzung des Signals $X(f)$ mit einem Tiefpassfilter $A(f)$

Betrachtet man das Übertragungsverhalten im Zeitbereich, wird deutlich, dass schnelle Änderungen des Eingangssignals (steile Flanken) zu einem vergleichsweise langsamen Angleich des Ausgangssignals führen (vergleiche Abschnitt 1.2.1). Folglich werden die Sprünge eines wertdiskreten, stufenförmigen DAC-Ausgangssignals zu einem kontinuierlichen Signalverlauf interpoliert bzw. geglättet. Die ▶Abbildung 17.5 zeigt diese Eigenschaft anhand eines von einem DAC ausgegebenen Sinussignals $x_{DAC}(t)$ und dem durch Tiefpassfilterung interpolierten Signal $x_{LPF}(t)$.

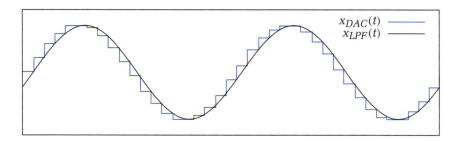

Abbildung 17.5: Interpolationsfilterung anhand eines sinusförmigen DAC-Ausgangssignals

17.2.1 Übertragungsfunktion eines Tiefpassfilters

Bevor wir nun die Schaltungen von Tiefpassfiltern betrachten, soll auf das allgemeine Übertragungsverhalten eingegangen werden. Der schon aus den Grundlagen (Abschnitt 1.2.1) bekannte Frequenzgang $A(j\omega)$ eines passiven RC-Tiefpassfilters 1. Ordnung lautet:

$$A(j\omega) = \frac{1}{1 + j\omega RC}.$$

Nun soll eine Frequenznormierung auf die Grenzfrequenz bzw. Grenzkreisfrequenz $\omega_C = \frac{1}{RC}$ durchgeführt werden. Somit erhalten wir die normierte Kreisfrequenz Ω, die Grenzfrequenz wird sozusagen zu 1. Nach Einführen des komplexen Parameters s und dessen Normierung S kann die allgemeine Übertragungsfunktion $G(S)$ eines Filters 1. Ordnung angegeben werden:

$$\frac{j\omega}{\omega_C} = j\Omega = S = \frac{s}{\omega_C} \tag{17.8}$$

$$G(S) = \frac{1}{S+1}. \tag{17.9}$$

Wenn wir nun die Ordnung des Polynoms im Nenner um 1 erhöhen, erhalten wir die Übertragungsfunktion eines Filters 2. Ordnung:

$$G(S) = \frac{1}{bS^2 + aS + 1}. \tag{17.10}$$

Jedes Polynom höherer Ordnung lässt sich in lineare (reelle Nullstelle) und quadratische (konjugiert komplexe Nullstelle) Faktoren zerlegen. Folglich kann die Übertragungsfunktion für Tiefpassfilter höherer Ordnung als Produkt von Polynomen 2. Ordnung angeschrieben werden.

$$G(S) = \prod_{i=1}^{n} \frac{1}{b_i S^2 + a_i S + 1} = \frac{1}{b_1 S^2 + a_1 S + 1} \cdot \frac{1}{b_2 S^2 + a_2 S + 1} \cdots \tag{17.11}$$

Somit ist es ausreichend, Schaltungen für Tiefpassfilter 2. Ordnung zu betrachten, da jede höhere Ordnung durch Kaskadieren von Schaltungen 2. Ordnung implementiert werden kann.

Das exakte Übertragungsverhalten des Tiefpassfilters kann mit den Konstanten a_i und b_i beeinflusst werden. Dabei wird zuerst die gewünschte Filtercharakteristik ausgewählt (Abschnitt 17.2.5) und dann die dazugehörigen Koeffizienten (a_i, b_i) aus Tabellen entnommen (Abschnitt 17.2.6).

17.2.2 Passive RC-Filter

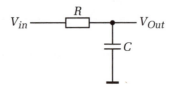

Abbildung 17.6: Passives RC-Filter 1. Ordnung

Als Erstes wollen wir das einfachste Filter, das Filter 1. Ordnung, näher untersuchen. Die ▶Abbildung 17.6 zeigt die bekannte Schaltung. Soll ein Filter höherer Ordnung aufgebaut werden, kann dies durch einfaches Hintereinanderschalten erreicht werden. Für die N-te Ordnung lautet dann die Übertragungsfunktion:

$$G(S) = \frac{1}{(1+S)^N} \cdot \qquad (17.12)$$

Der Nenner der Übertragungsfunktion besteht aus lauter gleichen Polynomen 1. Ordnung, somit ist eine Filterdimensionierung wie bei quadratischen Faktoren nicht möglich. Die Filtercharakteristik, welche mit linearen Faktoren entsteht, wird kritische Dämpfung genannt (Abschnitt 17.2.5).

Werden nun mehrere RC-Filter kaskadiert, muss auf eine Entkopplung zwischen den einzelnen Stufen geachtet werden. Die ▶Abbildung 17.7 zeigt ein Tiefpassfilter 3. Ordnung, wobei Pufferverstärker zwischengeschaltet werden. Diese werden mit einem als Folger beschalteten Operationsverstärker aufgebaut (siehe Abschnitt 5.3.2). Damit wird keine der Filterstufen von der folgenden belastet, jedoch verursacht die Offset-Spannung der Verstärker einen Spannungsfehler.

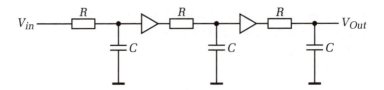

Abbildung 17.7: Passives RC-Filter 3. Ordnung mit Verstärkern

Die zur Entkopplung notwendigen Pufferverstärker können durch eine bessere Dimensionierung beseitigt werden. Die RC-Zeitkonstanten der einzelnen Stufen müssen zwar gleich groß sein, jedoch die einzelnen Widerstandswerte nicht. Folglich kann der Widerstand, der gleichzeitig den Eingangs- und Ausgangswiderstand jeder Stufe beeinflusst, mit jeder Stufe vergrößert werden. Erhöht man den Widerstandswert pro Stufe um den Faktor 10 (Kapazität um denselben Faktor verkleinern), kann man nach ingenieursmäßiger Betrachtung die Belastung vernachlässigen ▶Abbildung 17.8. Bei diesem Konzept können zwar die Pufferverstärker eingespart werden, jedoch wird der Ausgangswiderstand der Schaltung schnell sehr große Werte erreichen.

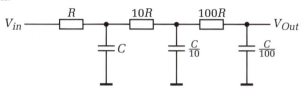

Simulation

Abbildung 17.8: Passives RC-Filter 3. Ordnung ohne Verstärker

Betrachtet man eine einzelne Stufe, so liegt ihre Grenzkreisfrequenz bei $\omega_c = \frac{1}{RC}$. Bei dieser Frequenz beträgt der Amplitudengang $\frac{1}{\sqrt{2}}$. Hier werden aber N Stufen kaskadiert, somit wird sich ein Amplitudengang von $|A(j\omega_c)| = \frac{1}{\sqrt{2}^N}$ einstellen.

Als Grenzfrequenz ist jedoch jene Frequenz definiert, bei der der Amplitudengang genau $\frac{1}{\sqrt{2}}$ beträgt. Somit wird bei RC-Filtern mit der Ordnung N die tatsächliche Grenzfrequenz schon vorher erreicht sein. Diese Verschiebung soll nun hergeleitet werden.

$$\frac{1}{\sqrt{2}} = \frac{1}{|1+j\Omega_c|^N} \quad \Rightarrow \quad \Omega_c = \sqrt{\sqrt[N]{2}-1}, \quad \omega_c = \frac{1}{RC}\sqrt{\sqrt[N]{2}-1} \quad (17.13)$$

Mit passiven RC-Filterschaltungen ist die Möglichkeit, verschiedene Filtercharakteristika zu nutzen, nicht gegeben. Mit aktiven Filterschaltungen können Übertragungsfunktionen implementiert werden, die im Nenner ein quadratisches Polynom mit konjugiert komplexer Nullstelle aufweisen. Diese ermöglichen andere, optimierte Filtercharakteristika einzusetzen. Die dabei verwendeten Schaltungen sind die oft als Sallen-Key-Filter bezeichneten Filter mit Einfachmitkopplung und die Filterschaltung mit Mehrfachgegenkopplung.

17.2.3 Filter mit Einfachmitkopplung (Sallen-Key)

Die ▶Abbildung 17.9 zeigt die Filterschaltung mit Einfachmitkopplung, welche oft auch als Sallen-Key-Filter bezeichnet wird. Das aktive Element ist ein Verstärker, der die Gleichspannungsverstärkung festlegt und im einfachsten Fall ein Folger mit der Verstärkung 1 ist. Das Frequenzverhalten wird mit den Bauteilen R_1, R_2, C_1 und C_2 festgelegt.

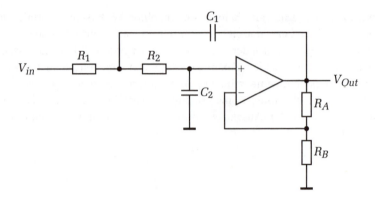

Simulation

Abbildung 17.9: Filter 2. Ordnung mit Einfachmitkopplung (Sallen-Key)

Mit den beiden Widerständen R_A und R_B des nicht invertierenden Verstärkers kann die Gleichspannungsverstärkung G_0 eingestellt werden. Falls keine Verstärkung erforderlich ist, werden die beiden Widerstände weggelassen, der Ausgang wird direkt mit dem invertierenden Eingang des Operationsverstärkers verbunden und es entsteht ein Folger.

$$G_0 = 1 + \frac{R_A}{R_B} \qquad (17.14)$$

$$G(s) = \frac{V_{Out}}{V_{in}} = \frac{G_0}{1 + [C_2(R_1 + R_2) + (1 - G_0)R_1 C_1]s + R_1 R_2 C_1 C_1 s^2} \qquad (17.15)$$

Aus der Übertragungsfunktion der Schaltung können mit einem Koeffizientenvergleich mit der allgemeinen Übertragungsfunktion (Gleichung (17.10)) die Dimensionierungsformeln hergeleitet werden ($s = \omega_c S$).

$$a = \omega_c(C_2(R_1 + R_2) + (1 - G_0)R_1 C_1) \qquad (17.16)$$

$$b = \omega_c^2 R_1 R_2 C_1 C_2 \qquad (17.17)$$

Da hier vier Unbekannte (R_1, R_2, C_1, C_2), aber nur zwei Gleichungen vorhanden sind, kann dieses Gleichungssystem nicht sofort gelöst werden. Der übliche Vorgang ist es, die beiden Kapazitätswerte vorzugeben, damit wird die Anzahl der Unbekannten auf zwei reduziert und danach können die entsprechenden Widerstandswerte berechnet werden. Dabei soll aber angemerkt werden, dass nicht alle beliebigen Kapazitätswerte C_1 und C_2 eine (reelle) Lösung für die Widerstandswerte zulassen.

Durch Hinzufügen eines passiven RC-Tiefpassfilters vor den Eingang kann das Filter zur 3. Ordnung erweitert werden ▶Abbildung 17.10. Die Übertragungsfunktion wird dabei auch ein bisschen komplexer und kann mit den Gleichungen (17.18) bis (17.22) beschrieben werden.

17.2 Tiefpassfilter

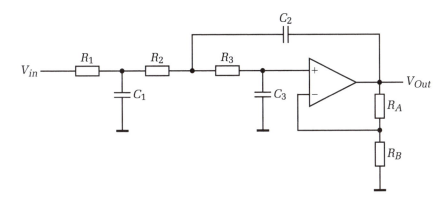

Simulation

Abbildung 17.10: Erweiterung zum Filter 3. Ordnung

$$G(s) = \frac{V_{Out}}{V_{in}} = \frac{G_0}{1 + k_1 s + k_2 s^2 + k_3 s^3} \tag{17.18}$$

$$G_0 = 1 + \frac{R_A}{R_B} \tag{17.19}$$

$$k_1 = (R_1 + R_2 + R_3)C_3 + R_1 C_1 + (R_1 + R_2)C_2(1 - G_0) \tag{17.20}$$

$$k_2 = R_1 R_2 C_1 C_2 (1 - G_0) + [R_1 C_1 (R_2 + R_3) + R_3 C_2 (R_1 + R_2)]C_3 \tag{17.21}$$

$$k_3 = R_1 R_2 R_3 C_1 C_2 C_3 \tag{17.22}$$

Ein Koeffizientenvergleich ist bei dieser Übertragungsfunktion händisch nicht mehr sinnvoll durchzuführen, da wir hier ein nicht lineares Gleichungssystem 3. Ordnung lösen müssten. Deshalb sollte die Berechnung einer solchen Filterschaltung spezieller Filterdimensionierungs- bzw. Mathematik-Software vorbehalten sein.

Berechnungsbeispiel

Nun wollen wir die Eigenschaften der Sallen-Key-Schaltung näher betrachten. Alle gewünschten Übertragungsfunktionen für die verschiedenen Filtercharakteristika können durch geeignete Dimensionierung der Widerstände und Kapazitäten implementiert werden. Filter höherer Ordnungen können durch Hintereinanderschalten mehrerer Stufen 2. Ordnung aufgebaut werden. Eine ungerade Ordnung wird dann durch ein zusätzliches RC-Tiefpassfilter erreicht.

Die Schaltung kann das Eingangssignal auch verstärken, wobei nur Gleichspannungsverstärkungen größer oder gleich 1 möglich sind. Gleichzeitig wird das Ausgangssignal gepuffert (niederohmige Spannungsquelle), wobei aber ein vom Verstärker verursachter Offset-Fehler in Kauf genommen werden muss.

Aktive Filterschaltungen sind natürlich auf die korrekte Funktion des Verstärkers angewiesen. Nun soll aber das Verhalten der Schaltung untersucht werden, wenn der Operationsverstärker nicht mehr als Verstärker arbeitet. Dies ist der Fall, sobald die Open-Loop-Verstärkung kleiner 1 wird, also ab Frequenzen oberhalb der Transitfrequenz des Operationsverstärkers.

Dann verhält sich der Ausgang des Operationsverstärkers wie eine Verbindung zu Masse über den Open-Loop-Ausgangswiderstand r_{OL}. Die Signale am Eingang spielen keine Rolle mehr. Für die Sallen-Key-Schaltung ist dieser Fall in ▶Abbildung 17.11 dargestellt.

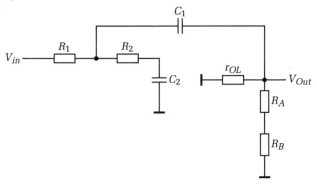

Abbildung 17.11: Sallen-Key-Schaltung bei Frequenzen über der Transitfrequenz f_T

Nun wollen wir daraus das Übertragungsverhalten berechnen. Die Kapazitäten C_1 und C_2 können bei hohen Frequenzen als Kurzschlüsse betrachtet werden. Somit erhalten wir einen ohmschen Spannungsteiler, wobei die Widerstandswerte R_2 und $(R_A + R_B)$ im Vergleich zum Open-Loop-Ausgangswiderstand vernachlässigt werden können.

$$\frac{V_{Out}}{V_{in}} = \frac{r_{OL} \parallel R_2 \parallel (R_A + R_B)}{R1 + r_{OL} \parallel R_2 \parallel (R_A + R_B)} \approx \frac{r_{OL}}{R_1 + r_{OL}} \qquad (17.23)$$

Dieses Ergebnis sagt aus, dass bei hoch frequenten Eingangssignalen die Dämpfung des Filters nicht wie in der Theorie, da 2. Ordnung, mit 40 dB/Dekade wächst. Tatsächlich arbeitet das Tiefpassfilter entsprechend Gleichung (17.23) nur noch als Spannungsteiler. Aus diesem Grund sollten Sallen-Key-Filter 2. Ordnung nicht zur Glättung von PWM-Signalen verwendet werden. Die schnellen Pegelwechsel des zweiwertigen Eingangssignals beinhalten hoch frequente Anteile, für welche die gewünschte Filterwirkung nicht mehr gegeben ist. Folglich können die steilen Flanken am Eingang kurze Pulse am Ausgang verursachen.

Simulation

Die Filterschaltung 3. Ordnung hat dieses Problem nicht, da das davorgeschaltete, passive RC-Filter immer als Tiefpassfilter arbeiten wird.

Zum Abschluss des Abschnitts über Sallen-Key-Filter sollen Dimensionierungsbeispiele angegeben werden. Dabei wird die Grenzfrequenz mit $f_c = 1$ kHz festgelegt.

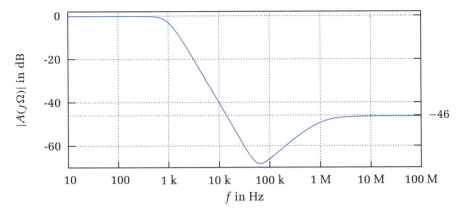

Abbildung 17.12: Frequenzgang eines Sallen-Key-Tiefpassfilters 2. Ordnung: $f_c = 1\,\text{kHz}$, $G_0 = 1$, $R_1 = 19{,}8\,\text{k}\Omega$, $R_2 = 2{,}72\,\text{k}\Omega$, $C_1 = 47\,\text{nF}$, $C_2 = 10\,\text{nF}$; Operationsverstärker: $f_T = 1\,\text{MHz}$, $r_{OL} = 100\,\Omega$; $\frac{r_{OL}}{R_1 + r_{OL}} = \frac{100}{19{,}8\,\text{k} + 100} \approx 0{,}005 \approx -46\,\text{dB}$

Für ein Sallen-Key-Filter 2. bzw. 3. Ordnung ergeben sich dabei die in den ▶Tabellen 17.1 und ▶17.2 aufgelisteten Widerstands- und Kapazitätswerte. Soll das Filter eine andere Grenzfrequenz aufweisen, müssen nur diese Werte dementsprechend skaliert werden $\left(f_c \cdot K \Rightarrow \text{entweder } \frac{R_1}{K}, \frac{R_2}{K}, \frac{R_3}{K} \text{ oder } \frac{C_1}{K}, \frac{C_2}{K}, \frac{C_3}{K}\right)$.

Tabelle 17.1

Sallen-Key, 2. Ordnung, Butterworth, $f_c = 1\,\text{kHz}$

G_0	R_1	R_2	C_1	C_2
1	19,8 kΩ	2,72 kΩ	47 nF	10 nF
2	11,3 kΩ	22,5 kΩ	10 nF	10 nF
3	25,7 kΩ	21,0 kΩ	4,7 nF	10 nF
4	18,0 kΩ	29,9 kΩ	4,7 nF	10 nF
5	15,0 kΩ	35,8 kΩ	4,7 nF	10 nF

> Tabelle 17.2
>
> **Sallen-Key, 3. Ordnung, Butterworth, $f_c = 1\,\text{kHz}$**

G_0	R_1	R_2	R_3	C_1	C_2	C_3
1	2,06 kΩ	3,33 kΩ	5,89 kΩ	100 nF	100 nF	10 nF
2	4,36 kΩ	1,79 kΩ	11,0 kΩ	100 nF	47 nF	10 nF
3	2,12 kΩ	8,82 kΩ	21,6 kΩ	100 nF	10 nF	10 nF
4	4,40 kΩ	19,7 kΩ	21,1 kΩ	47 nF	4,7 nF	10 nF
5	5,36 kΩ	14,3 kΩ	23,9 kΩ	47 nF	4,7 nF	10 nF

17.2.4 Filter mit Mehrfachgegenkopplung

Eine weitere Möglichkeit, eine aktive Filterstufe 2. Ordnung aufzubauen, ist die in ▶Abbildung 17.13 dargestellte Filterschaltung mit Mehrfachgegenkopplung. Sie erlaubt die Dimensionierung aller Filtercharakteristika, höhere Ordnungen können durch Kaskadieren aufgebaut werden. Der Ausgang ist gepuffert, wodurch aber auch hier ein Offset-Fehler durch die Offset-Spannung des Operationsverstärkers verursacht wird.

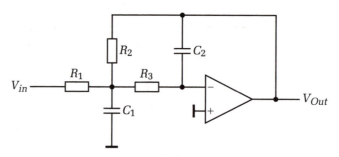

Abbildung 17.13: Filter 2. Ordnung mit Mehrfachgegenkopplung

Die Schaltung mit Mehrfachgegenkopplung implementiert ein Filter 2. Ordnung, wobei das Eingangssignal V_{in} invertiert verstärkt wird. Die Verstärkung kann dabei auch Werte kleiner 1 annehmen. Als Übertragungsfunktion erhalten wir:

$$G_0 = -\frac{R_2}{R_1} \tag{17.24}$$

$$G(s) = \frac{V_{Out}}{V_{in}} = \frac{G_0}{1 + C_2\left[R_2 + R_3(1 - G_0)\right]s + R_2 R_3 C_1 C_2 s^2}. \tag{17.25}$$

Die Bauteilwerte können durch einen Koeffizientenvergleich mit der Übertragungsfunktion ermittelt werden. Es ergeben sich die folgenden Dimensionierungsformeln:

$$a = \omega_C C_2 \left[R_2 + R_3(1 - G_0) \right] \qquad (17.26)$$

$$b = \omega_C^2 R_2 R_3 C_1 C_2 \,. \qquad (17.27)$$

Aus den Gleichungen für die Konstanten a und b und die Gleichspannungsverstärkung G_0 können nach erfolgter Vorgabe von G_0 und der Kapazitätswerte C_0 und C_1 die Widerstandswerte R_1 und R_2 berechnet werden.

Das Filter mit Mehrfachgegenkopplung hat im Gegensatz zur Sallen-Key-Schaltung 2. Ordnung keine Probleme mit hoch frequenten Eingangssignalen. Selbst wenn der Operationsverstärker nicht mehr als Verstärker funktioniert, bilden R_1 und C_1 noch immer ein passives Tiefpassfilter für das Eingangssignal. Auch wenn dann die Schaltung nicht exakt nach der dimensionierten Filtercharakteristik arbeitet, wird selbst für hohe Frequenzanteile der Wert der Dämpfung ausreichend groß bleiben.

Simulation

Ähnlich der Sallen-Key-Schaltung kann auch bei Filtern mit Mehrfachgegenkopplung ein passives RC-Tiefpassfilter vor den Eingang geschaltet werden. Damit wird die Ordnung um 1 erhöht, es entsteht ein Filter 3. Ordnung. Die Übertragungsfunktion wird durch die Gleichungen (17.28) bis (17.32) beschrieben, die Werte des passiven RC-Gliedes werden dabei mit R_0 und C_0 bezeichnet.

$$G(s) = \frac{V_{Out}}{V_{in}} = \frac{G_0}{1 + k_1 s + k_2 s^2 + k_3 s^3} \qquad (17.28)$$

$$G_0 = -\frac{R_2}{R_0 + R_1} \qquad (17.29)$$

$$k_1 = -G_0 \left(\frac{R_0}{R_2}(R_1 C_0 + R_3 C_2) + C_2(R_0 + R_1 + R_3) + \frac{R_1}{R_2} R_3 C_2 \right) \qquad (17.30)$$

$$k_2 = -G_0 \left[R_0 C_0 C_2 (R_1 + \frac{R_1 R_3}{R_2} + R_3) + (R_0 + R_1) R_3 C_1 C_2 \right] \qquad (17.31)$$

$$k_3 = -G_0 R_0 R_1 R_3 C_0 C_1 C_2 \qquad (17.32)$$

Ein händisches Durchführen des Koeffizientenvergleiches erweist sich als sehr aufwändig. Aus diesem Grund sei diese Aufgabe geeigneter Filterdimensionierungs- bzw. Mathematik-Software überlassen.

Berechnungsbeispiel

Aufgrund der negativen Verstärkung der Schaltung kann sie nicht so einfach eingesetzt werden wie die Sallen-Key-Schaltung. Soll zum Beispiel ein unipolares Signal gefiltert werden, würde am Ausgang ein Signal mit falscher Polarität erscheinen. Damit dies nicht geschieht, muss eine zusätzliche Verschiebung durchgeführt werden. Dabei wird der nicht invertierende Eingang des Operationsverstärkers nicht mehr auf Masse, sondern auf eine bestimmte Gleichspannung V_{OP-} gelegt siehe Abbildung 17.13). Dann kann das Gleichspannungsverhalten mit folgender Gleichung beschrieben werden (beim Filter 2. Ordnung gilt $R_0 = 0\,\Omega$):

$$V_{Out,DC} = -\frac{R_2}{R_0+R_1} V_{in,DC} + V_{OP-}\left(1 + \frac{R_2}{R_0+R_1}\right). \quad (17.33)$$

Somit ist zusätzlich zur Verstärkung des Eingangssignals auch eine Verschiebung des Ausgangsbereiches möglich. Damit kann diese Schaltung gleichzeitig nicht nur zur Tiefpassfilterung, sondern auch als Pegelumsetzer verwendet werden (Abschnitt 17.1).

Simulation

Beispiel: Glättung eines PWM-Signals

Ein zweiwertiges PWM-Signal ($V_{HI} = 5\,\text{V}$, $V_{LO} = 0\,\text{V}$) wird mit einem Tiefpassfilter mit Mehrfachgegenkopplung geglättet. Das Ausgangssignal soll zwischen 0 V und 5 V liegen.

Da sowohl Eingangs- als auch Ausgangsbereich den gleichen Spannungshub aufweisen, kann die Gleichspannungsverstärkung sofort angegeben werden:

$$G_0 = -\frac{R_2}{R_0+R_1} = -1.$$

Damit das Ausgangssignal den gleichen Spannungsbereich erhält, muss durch Anlegen der Spannung V_{OP-} eine Verschiebung um 5 V erfolgen. Wird die Verstärkung nun in Gleichung (17.33) eingesetzt, können wir aus der Verschiebung die Spannung V_{OP-} berechnen.

$$V_{Out,DC} = -V_{in,DC} + 5\,\text{V} = -V_{in,DC} + 2V_{OP-} \quad \Rightarrow$$

$$5\,\text{V} = 2V_{OP-} \quad \Rightarrow \quad V_{OP-} = 2{,}5\,\text{V}$$

In den ▶Tabellen 17.3 und ▶17.4 sind verschiedene Dimensionierungen für die Widerstände und Kapazitäten angegeben. Die Grenzfrequenz beträgt $f_c = 1\,\text{kHz}$, kann aber durch Skalieren der Werte verschoben werden.

17.2.5 Filtercharakteristika

Bei den verschiedenen Filterschaltungen ist immer wieder auf die Filtercharakteristik hingewiesen worden. Diese bestimmt das genaue Verhalten des Filters. Das Frequenzverhalten der in der elektronischen Schaltungstechnik wichtigsten Typen wird in ▶Abbildung 17.14 dargestellt.

Tabelle 17.3

Mehrfachgegenkopplung, 2. Ordnung, Butterworth, $f_c = 1\,\text{kHz}$

G_0	R_1	R_2	R_3	C_1	C_2
$-\frac{1}{3}$	11,6 kΩ	3,85 kΩ	14,0 kΩ	47 nF	10 nF
$-\frac{1}{2}$	8,97 kΩ	4,49 kΩ	12,0 kΩ	47 nF	10 nF
-1	15,6 kΩ	15,6 kΩ	3,46 kΩ	47 nF	10 nF
-2	19,5 kΩ	39,1 kΩ	2,93 kΩ	47 nF	4,7 nF
-3	11,5 kΩ	34,7 kΩ	3,31 kΩ	47 nF	4,7 nF

Tabelle 17.4

Mehrfachgegenkopplung, 3. Ordnung, Butterworth, $f_c = 1\,\text{kHz}$

G_0	R_0	R_1	R_2	R_3	C_0	C_1	C_2
$-\frac{1}{3}$	5,59 kΩ	11,2 kΩ	5,58 kΩ	18,7 kΩ	47 nF	47 nF	4,7 nF
$-\frac{1}{2}$	13,9 kΩ	6,60 kΩ	10,3 kΩ	8,44 kΩ	47 nF	47 nF	4,7 nF
-1	7,06 kΩ	8,92 kΩ	16,0 kΩ	6,16 kΩ	47 nF	47 nF	4,7 nF
-2	9,52 kΩ	3,45 kΩ	25,9 kΩ	13,1 kΩ	100 nF	47 nF	1 nF
-3	7,20 kΩ	3,65 kΩ	32,6 kΩ	10,9 kΩ	100 nF	47 nF	1 nF

Unabhängig von der Dimensionierung des Tiefpassfilters wird bei einem Filter N-ter Ordnung ab der Grenzfrequenz die Amplitude mit $-N \cdot 20\,\text{dB}/\text{Dekade}$ sinken. Bei Filtern 3. Ordnung (Abbildung 17.14) wären das $-60\,\text{dB}/\text{Dekade}$. Bei der Grenzfrequenz ($\Omega = 1$) beträgt der Amplitudengang per Definition $\frac{1}{\sqrt{2}}$, also ziemlich genau $-3\,\text{dB}$. Die wesentliche Unterscheidung wird im Bereich um die Grenzfrequenz deutlich und zwar erfolgt der Wechsel in den Sperrbereich ($\Omega > 1$) mit unterschiedlicher Steigung.

Das Filter mit kritischer Dämpfung hat den langsamsten Übergang, folglich werden bei höheren Frequenzen ($\Omega > 1$) geringere Dämpfungen erzielt als bei den anderen Typen. Dafür kann es mit einfachen, passiven RC-Gliedern aufgebaut werden.

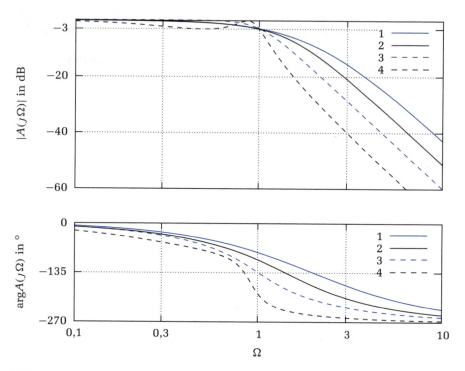

Abbildung 17.14: Filter 3. Ordnung: 1 ... kritische Dämpfung, 2 ... Bessel, 3 ... Butterworth (Potenzfilter), 4 ... Chebyshev 3 dB Welligkeit

Eine Bessel[1]-Dimensionierung basiert auf der Annäherung eines möglichst linearen Phasengangs im Durchlassbereich. Die dadurch entstehende konstante Signallaufzeit führt zu einem sehr guten Zeitverhalten, da alle Frequenzanteile des Signals mit ähnlicher Laufzeit übertragen werden.

Die wohl wichtigsten Filtertypen sind für schaltungstechnische Anwendungen die Butterworth-Filter, welche auch Potenzfilter genannt werden. Ihre Dimensionierungsvorschrift leitet sich aus einer Vorgabe des Amplitudengangs ab. Diese lautet für Filter N-ter Ordnung:

$$|A(j\Omega)| = \frac{1}{\sqrt{1+\Omega^{2N}}} \tag{17.34}$$

$$\Omega \leq 1 \Rightarrow |A(j\Omega)| \approx 1 \qquad \Omega > 1 \Rightarrow |A(j\Omega)| \approx \frac{1}{\Omega^N}. \tag{17.35}$$

Die besondere Eigenschaft von Butterworth-Filtern ist, dass der Amplitudengang im Durchlassbereich ($\Omega < 1$) maximal flach wird. Folglich werden alle Frequenzen im Durchlassbereich in der Amplitude gleich übertragen. Zusätzlich können aufgrund des einfachen Zusammenhangs zwischen Frequenz und Amplitudengang die benötigte Ordnung und die Grenzfrequenz relativ rasch berechnet werden.

---

1 Benannt nach Friedrich Wilhelm Bessel, ∗ 22. Juli 1784 in Minden, Westfalen, † 17. März 1846 in Königsberg, Ostpreußen, deutscher Wissenschaftler

Beispiel: Ordnung und Grenzfrequenz eines Butterworth-Tiefpassfilters

Ein Butterworth-Tiefpassfilter mit möglichst geringer Ordnung soll so dimensioniert werden, dass Frequenzen größer 10 kHz mit mindestens 60 dB und Signale kleiner 900 Hz mit maximal 3 dB gedämpft werden.

$$|A(900\,\text{Hz})| > -3\,\text{dB} \qquad |A(10\,\text{kHz})| < -60\,\text{dB}$$

Der Amplitudengang eines Butterworth-Filters N-ter Ordnung mit der Grenzfrequenz f_c beträgt im Sperrbereich bei der Frequenz f ($f > f_c$):

$$|A(f)| = \frac{1}{\sqrt{1 + \left(\frac{2\pi f}{2\pi f_c}\right)^{2N}}} \approx \left(\frac{f_c}{f}\right)^N.$$

Somit kann die Grenzfrequenz f_c für verschiedene Ordnungen so berechnet werden, dass die Dämpfung des so entstandenen Filters bei 10 kHz exakt 60 dB = 1000 beträgt.

$$f_c(n) = f\sqrt[N]{\frac{1}{1000}} = \frac{10\,\text{kHz}}{\sqrt[N]{1000}}$$

Nun wollen wir beginnend bei 1 die Ordnung solange erhöhen, bis die resultierende Grenzfrequenz größer 900 Hz wird.

$$f_c(1) = 10\,\text{Hz},\, f_c(2) = 316\,\text{Hz},\, f_c(3) = 1000\,\text{Hz}$$

Das Ergebnis unserer Berechnungen sagt nun aus, dass ein Butterworth-Filter 3. Ordnung mit einer Grenzfrequenz zwischen 900 und 1000 Hz die gestellten Anforderungen erfüllt.

Abschließend sollen noch die Tschebyscheff[2]-Filter (*Chebyshev*) erwähnt werden. Hier baut die Berechnung der Filterkoeffizienten auf die Tschebyscheff-Polynome auf. Dabei wird eine vorher festgelegte Welligkeit des Amplitudengangs im Durchlassbereich (z. B. 3 dB) zugelassen. Dafür erfolgt aber der Übergang in den Sperrbereich noch steiler als bei Butterworth-Filtern.

---

[2] Benannt nach Pafnuti Lwowitsch Tschebyschow, * 16. Mai 1821 in Borowsk, † 8. Dezember 1894 in St. Petersburg, Russland, Mathematiker, im Englischen Chebyshev geschrieben

17.2.6 Filterkoeffizienten

Die Koeffizienten für die vorgestellten Filtercharakteristika könnten nun formal hergeleitet werden. Dies ist aus mathematischer Sicht nicht als zu schwierig zu bezeichnen, jedoch wäre es zu umfangreich, um hier abgehandelt zu werden. Deshalb wollen wir uns auf die Auflistung der Ergebnisse beschränken, für die genauen Zusammenhänge sei auf die entsprechende Fachliteratur verwiesen. In den ▶Tabellen 17.5 und ▶17.6 sind die Filterkoeffizienten (a und b) für die einzelnen Stufen 2. Ordnung eines Filters n-ter Ordnung zu finden (kritische Dämpfung, Bessel, Butterworth und Tschebyscheff).

Tabelle 17.5

Filterkoeffizienten, kritische Dämpfung und Butterworth

	Kritische Dämpfung				Butterworth		
n	i	a_i	b_i	n	i	a_i	b_i
1	1	1,0000	0,0000	1	1	1,0000	0,0000
2	1	1,2872	0,4142	2	1	1,4142	1,0000
3	1	0,5098	0,0000	3	1	1,0000	0,0000
	2	1,0197	0,2599		2	1,0000	1,0000
4	1	0,8700	0,1892	4	1	1,8478	1,0000
	2	0,8700	0,1892		2	0,7654	1,0000
5	1	0,3856	0,0000	5	1	1,0000	0,0000
	2	0,7712	0,1487		2	1,6180	1,0000
	3	0,7712	0,1487		3	0,6180	1,0000
6	1	0,6999	0,1225	6	1	1,9319	1,0000
	2	0,6999	0,1225		2	1,4142	1,0000
	3	0,6999	0,1225		3	0,5176	1,0000

Tabelle 17.6

Filterkoeffizienten, Bessel und Tschebyscheff (3 dB Welligkeit)

	Bessel				Tschebyscheff (mit 3 dB Welligkeit)		
n	i	a_i	b_i	n	i	a_i	b_i
1	1	1,0000	0,0000	1	1	1,0000	0,0000
2	1	1,3617	0,6180	2	1	1,0650	1,9305
3	1	0,7560	0,0000	3	1	3,3496	0,0000
	2	0,9996	0,4772		2	0,3559	1,1923
4	1	1,3397	0,4889	4	1	2,1853	5,5339
	2	0,7743	0,3890		2	0,1964	1,2009
5	1	0,6656	0,0000	5	1	5,6334	0,0000
	2	1,1402	0,4128		2	0,7620	2,6530
	3	0,6216	0,3245		3	0,1172	1,0686
6	1	1,2217	0,3887	6	1	3,2721	11,6773
	2	0,9686	0,3505		2	0,4077	1,9873
	3	0,5131	0,2756		3	0,0815	1,0861

17.3 Sample&Hold-Eingänge

Pipelined und Wägeverfahren-ADCs benötigen während des Ablaufs einer Umsetzung den abgetasteten Wert des Eingangssignals. Dafür wird meist eine Zeitdiskretisierung des kontinuierlichen Analogsignales mithilfe einer Sample&Hold-Schaltung durchgeführt ▶Abbildung 17.15.

Es wird mit dem Schalter S_1 für ein kurzes Zeitfenster mit definierter Dauer T der Abtastkondensator C_S mit der Signalquelle verbunden, der Kondensator wird auf die Eingangsspannung V_{in} aufgeladen. Da die Signalquelle eine reale Spannungsquelle mit einem Ausgangswiderstand R_{Out} ist, kann die Ladung nicht unendlich schnell in den Kondensator fließen. Nachdem wir den Ausgangswiderstand als ohmschen

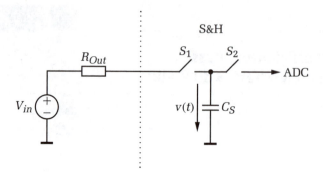

Abbildung 17.15: S&H-Eingang eines ADCs

Widerstand annehmen, wird der bekannte exponentielle Umladevorgang stattfinden. Wird eine im Kondensator gespeicherte Ladung bzw. Spannung V_0 berücksichtigt, erhalten wir für die Spannung $v(t)$ am Kondensator:

$$v(t) = V_{in} - (V_{in} - V_0)e^{-\frac{t}{R_{Out}C_S}}. \tag{17.36}$$

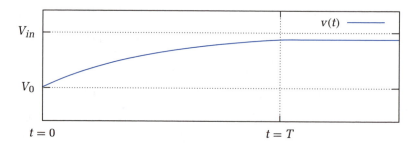

Abbildung 17.16: Exponentieller Umladevorgang

Nach der Zeit T wird der Schalter S_1 geöffnet. Nun sollte der Abtastkondensator ausreichend genau auf die Eingangsspannung V_{in} umgeladen sein ▶Abbildung 17.16. Das bedeutet, dass die Abweichung zur Eingangsspannung kleiner als der maximale Quantisierungsfehler des ADCs ist. Dieser beträgt $\frac{1}{2}LSB = \frac{1}{2}\frac{V_{Ref}}{2^N} = \frac{V_{Ref}}{2^{N+1}}$.

Der maximale Fehler wird dann auftreten, wenn ein entladener Abtastkondensator auf den Maximalwert aufgeladen bzw. ein komplett aufgeladener entladen werden soll. Somit können wir den Umladevorgang für $V_0 = V_{Ref}$ und $V_{in} = 0$ zur Berechnung heranziehen.

$$v(T) = V_{Ref}e^{-\frac{T}{R_{Out}C_S}} < \frac{V_{Ref}}{2^{N+1}} \tag{17.37}$$

17.3 Sample&Hold-Eingänge

Die Abtastkapazität sowie die Abtastzeit können als vorgegeben betrachtet werden. Folglich darf, um eine ausreichend kleine Zeitkonstante zu erreichen, der Ausgangswiderstand der Signalquelle R_{Out} nicht zu groß sein. Durch Umformen der Gleichung (17.37) erhalten wir den erlaubten Widerstandswert für R_{Out}:

$$R_{Out} < \frac{T}{C_S(N+1)\ln 2} \,. \qquad (17.38)$$

Bei Mikrocontrollern ist es üblich, dass der interne ADC einen Abtastkondensator für mehrere analoge Eingänge verwendet. Zwischen den sequentiell ablaufenden Umsetzungen wird der Kondensator meist nicht gelöscht. Wenn nun nicht ausreichend schnell umgeladen werden kann, entsteht ein Übersprechen zwischen zwei hintereinander abgetasteten Eingangssignalen. Zur Berechnung dieses Effekts wollen wir annehmen, dass die Kapazität auf die Spannung $V_{in,1}$ aufgeladen ist und nun auf die Spannung $V_{in,2}$ eines anderen Eingangs umgeladen werden soll.

$$v(T) = V_{in,2} - (V_{in,2} - V_{in,1})k = (1-k)V_{in,2} + kV_{in,1} \qquad k = e^{-\frac{T}{R_{Out}C_S}} \qquad (17.39)$$

Damit wäre gezeigt, dass die Spannung $v(T)$ nach erfolgter Abtastung nicht nur von der Eingangsspannung $V_{in,2}$ abhängt, sondern auch vom zuvor abgetasteten Signal $V_{in,1}$.

Dieses Übersprechen lässt sich aber durch Löschen des Abtastkondensators beseitigen. Das könnte zum Beispiel mit einer zusätzlichen, dazwischen liegenden Abtastung erfolgen, die einfach nur einen mit Masse verbundenen Eingang abtastet. Wird dies gemacht, muss jedoch ein zusätzlich auftretender Verstärkungsfehler in Kauf genommen werden, da das Ergebnis immer etwas zu klein sein wird. Dieser kann durch Einsetzen in Gleichung (17.36) mit $V_0 = 0\,\text{V}$ berechnet werden:

$$v(T) = V_{in} - (V_{in} - 0)e^{-\frac{T}{R_{Out}C_S}} = V_{in}\left(1 - e^{-\frac{T}{R_{Out}C_S}}\right) = V_{in} \cdot k$$

$$k = 1 - e^{-\frac{T}{R_{Out}C_S}} < 1\,. \qquad (17.40)$$

Einfluss des Abtastens auf ein Signal

Wenn man ein Signal direkt am Eingang eines ADCs mit einem Oszilloskop näher untersucht, können diesem im Abstand der Abtastperiode Störimpulse überlagert sein. Dabei handelt es sich um kurzzeitige Spannungseinbrüche, welche durch das Umladen des Abtastkondensators verursacht werden. Die Funktion des Systems bzw. die Umsetzungsergebnisse werden natürlich durch diese vermeintlichen „Störungen" nicht beeinträchtigt.

17.4 Differentielle ADC-Eingänge

Höher auflösende ADCs für dynamische Signale arbeiten häufig mit differentiellen Eingangssignalen, wobei die Information in der Differenz beider Signale steckt.

$$v = v_+ - v_- \qquad (17.41)$$

Aufgrund der differentiellen Architektur wird der schaltungstechnische Aufwand größer, da zwei Eingangssignale verarbeitet werden müssen. Dafür können jedoch Gleichtaktstörungen unterdrückt und der Eingangsspannungsbereich verdoppelt werden. Denn wenn wir sinnvollerweise annehmen, dass es sich um Spannungssignale im Eingangsspannungsbereich des ADCs handelt $(0 \dots V_{Ref})$, erhöht sich der maximale Signalhub auf $2V_{Ref}$ $(-V_{Ref} < v < V_{Ref})$. Ist nun das Eingangssignal in Form eines massebezogenen Signals gegeben, muss dieses an den differentiellen Eingang angepasst werden.

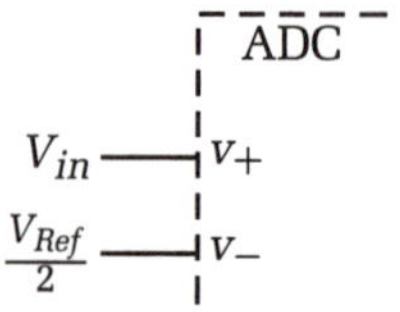

Abbildung 17.17: Verwendung differentieller Eingänge für massebezogene Signale

Die wohl einfachste Beschaltung wird in ▶Abbildung 17.17 gezeigt. Der differentielle Eingang wird nicht als solcher genutzt, die Eingangsspannung wird direkt mit dem ADC-Eingang verbunden. Der Eingang v_- wird fix auf die Mittenspannung $\frac{V_{Ref}}{2}$ gelegt.

$$v = V_{in} - \frac{V_{Ref}}{2} \qquad (17.42)$$

Mit dieser einfachen Lösung wird nicht mehr der komplette Eingangsbereich ausgenutzt und der ADC-Eingang erfährt eine vom Signal V_{in} abhängige Gleichtaktaussteuerung v_{CM}:

$$v_{CM} = \frac{v_+ + v_-}{2} = \frac{V_{in} + \frac{V_{Ref}}{2}}{2} = \frac{V_{in}}{2} + \frac{V_{Ref}}{4}. \qquad (17.43)$$

Aufgrund der veränderlichen Gleichtaktspannung am ADC und des verringerten Eingangsbereichs wird der ADC mit etwas schlechteren Eigenschaften als bei differentieller Ansteuerung arbeiten. Dafür wird der schaltungstechnische Aufwand minimal gehalten.

Soll die Leistungsfähigkeit des ADCs vollständig ausgenützt werden, wird man um eine differentielle Ansteuerung nicht herumkommen. Dabei bieten sich verschiedene Möglichkeiten an. Eine Lösung wäre es, das invertierte Signal v_- einfach mithilfe eines invertierenden Verstärkers zu erzeugen. In ▶Abbildung 17.18 wird eine andere

Schaltung vorgeschlagen, die nicht nur das massebezogene Eingangssignal x in ein differentielles Ausgangssignal $y_+ - y_-$ umsetzt, sondern gleichzeitig eine Pegelumsetzung durchführen kann. Deshalb wollen wir nun diese Schaltung näher betrachten.

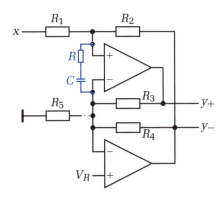

Simulation

Abbildung 17.18: Single-ended-to-differential-Umsetzung

Zuerst wollen wir die Schaltung für eine unipolare Eingangsspannung x dimensionieren. Dabei muss der Widerstand R_5 weggelassen werden, die Widerstände R_3 und R_4 sind gleich groß. Das Invertieren der Eingangsspannung x muss natürlich auf eine Bezugsspannung erfolgen, welche wir mit V_R annehmen. Somit kann die Eingangsspannung x auch als $V_R + \tilde{x}$ geschrieben werden. Es ergeben sich folgende Zusammenhänge für die Ausgangsspannungen:

$$y_- = -\frac{R_2}{R_1}x + \left(1 + \frac{R_2}{R_1}\right)V_R = -\frac{R_2}{R_1}\tilde{x} + V_R \tag{17.44}$$

$$y_+ = V_R - \frac{y_- - V_R}{R_4}R_3 = -y_- + 2V_R = \frac{R_2}{R_1}\tilde{x} + V_R \tag{17.45}$$

$$y = y_+ - y_- = 2\frac{R_2}{R_1}\tilde{x}. \tag{17.46}$$

Die Eingangs- und Ausgangssignale sind in ▶Abbildung 17.19 dargestellt. Dabei wird von einem Spannungsbereich von 0 bis 5 V ausgegangen, das Eingangssignal befindet sich um die Mittenspannung von 2,5 V. Da es nur eine Amplitude von 1 V aufweist, wird noch eine Verstärkung mit dem Faktor 2 (bzw. 4 beim Differenzsignal) ausgeführt. Die Ausgangssignale y_+ und y_- haben dann eine Amplitude von 2 V, die Gleichtaktaussteuerung beträgt konstant $V_R = 2{,}5$ V.

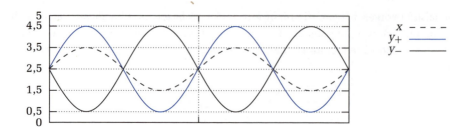

Abbildung 17.19: Single-ended-to-differential-Umsetzung $R_1 = 5\,\text{k}\Omega$, $R_2 = R_3 = R_4 = 10\,\text{k}\Omega$, $V_R = 2{,}5\,\text{V}$

Soll die Schaltung für ein Eingangssignal verwendet werden, dessen Bezugspunkt für die Inversion Masse ist, muss der Widerstand R_5 Teil der Schaltung sein. Nach längeren Berechnungen erhält man zwei Bedingungen für die Widerstandswerte R_3, R_4 und R_5 (Gleichung (17.47)) und das Übertragungsverhalten:

$$R_3 = R_4 \qquad \frac{R_3}{R_5} = 2\frac{R_2}{R_1} \qquad (17.47)$$

$$y_- = -\frac{R_2}{R_1}x + \left(1 + \frac{R_2}{R_1}\right)V_R \qquad (17.48)$$

$$y_+ = \frac{R_2}{R_1}x + \left(1 + \frac{R_2}{R_1}\right)V_R \qquad (17.49)$$

$$y = y_+ - y_- = 2\frac{R_2}{R_1}x. \qquad (17.50)$$

Die ▶Abbildung 17.20 zeigt die Signale am Eingang und an den Ausgängen. Auch hier wird das Eingangssignal mit dem Faktor 2 verstärkt, die Gleichtaktaussteuerung des differentiellen Ausgangssignals ist wieder konstant 2,5 V.

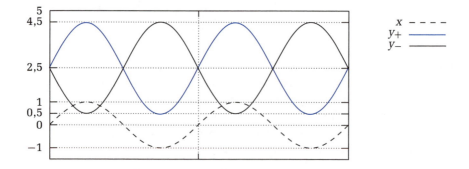

Abbildung 17.20: Single-ended-to-differential-Umsetzung $R_1 = 5\,\text{k}\Omega$, $R_2 = R_3 = R_4 = 10\,\text{k}\Omega$, $R_5 = 2{,}5\,\text{k}\Omega$, $V_R = \frac{2{,}5}{3}\,\text{V}$

Bei dieser Schaltung wird eine Gegenkopplung über zwei Operationsverstärker verwendet. Dies kann, falls die Operationsverstärker nicht ideal im Frequenzgang kompensiert sind (90° Phasenreserve), unter Umständen zu Stabilitätsproblemen führen. Ist das der Fall, kann durch Hinzufügen einer RC-Serienschaltung zwischen nicht invertierendem und invertierendem Eingang des oberen Operationsverstärkers die Schaltung stabil gemacht werden (*Lead-Lag Compensation*), blau dargestellt in Abbildung 17.18. Dadurch wird der differentielle Eingangswiderstand des Operationsverstärkers bei höheren Frequenzen auf den Wert des Widerstands R verringert. Folglich wird auch die Schleifenverstärkung kleiner, wodurch sich die Stabilitätseigenschaften der Schaltung verbessern.

17.4.1 Erweiterung zu einem Tiefpassfilter

Die in Abbildung 17.18 dargestellte Schaltung ähnelt in gewissen Maßen, was die Funktion im invertierenden Pfad betrifft, einem normalen invertierenden Verstärker. Somit liegt der Gedanke nahe, diesen zu einem Filter mit Mehrfachgegenkopplung zu erweitern. Diese Schaltung ist in ▶Abbildung 17.21 dargestellt.

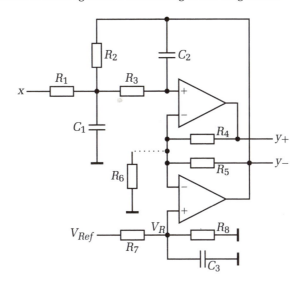

Abbildung 17.21: Pegelumsetzung, Tiefpassfilterung und Single-ended-to-differential-Umsetzung

Die Dimensionierung der einzelnen Bauteilwerte erfolgt zuerst nach den Gleichungen für das Filter mit Mehrfachgegenkopplung ((17.26) und (17.27)). Danach wird die Single-ended-to-differential-Umsetzung angepasst. Dies erfolgt mit den Gleichungen (17.44) und (17.45) bzw. (17.48) und (17.49), wobei die andere Bauteilnummerierung berücksichtigt werden muss.

Simulation

Beispiel

Ein bipolares Signal mit einem maximalen Aussteuerbereich von ±5 V soll in ein differentielles ADC-Eingangssignal umgesetzt werden. Der Eingangsspannungsbereich des ADCs beträgt 0 bis 5 V ($V_{Ref} = 5$ V), die Gleichtaktspannung muss 2,5 V betragen. Gleichzeitig ist eine Tiefpassfilterung (Butterworth, 2. Ordnung) mit der Grenzfrequenz $f_c = 1$ kHz durchzuführen.

Die Gleichspannungsverstärkung des Filters soll somit $G_0 = -\frac{1}{2}$ betragen, die Filterdimensionierung kann aus Tabelle 17.3 entnommen werden. Wir erhalten:

$$R_1 = 8{,}97\,\text{k}\Omega,\ R_2 = 4{,}49\,\text{k}\Omega,\ R_3 = 12{,}0\,\text{k}\Omega,\ C_1 = 47\,\text{nF},\ C_2 = 10\,\text{nF}.$$

Weitere Bedingungen für die Widerstandswerte lassen sich aus der (modifizierten) Gleichung (17.47) berechnen:

$$R_4 = R_5 \quad \frac{R_4}{R_6} = 2\frac{R_2}{R_1} = -2G_0 = 1 \quad \Rightarrow$$

$$R_4 = R_5 = R_6 = 10\,\text{k}\Omega. \tag{17.51}$$

Die Gleichtaktaussteuerung kann aus Gleichung (17.48) (oder (17.49)) entnommen werden und muss 2,5 V betragen.

$$2{,}5\,\text{V} = \left(1 + \frac{R_2}{R_1}\right)V_R = (1 - G_0)V_R = 1{,}5 \cdot V_R \quad \Rightarrow$$

$$V_R = \frac{2{,}5\,\text{V}}{1{,}5} = \frac{5}{3}\,\text{V} \approx 1{,}67\,\text{V}$$

Nun muss nur noch der Spannungsteiler mit den Widerständen R_7 und R_8 berechnet werden. Dieser teilt die 5 V der Referenzspannung auf den benötigten Wert von V_R.

$$V_{Ref}\frac{R_8}{R_7 + R_8} = V_R \quad \Rightarrow \quad \frac{R_8}{R_7 + R_8} = \frac{V_R}{V_{Ref}} = \frac{\frac{5}{3}\,\text{V}}{5\,\text{V}} = \frac{1}{3} \quad \Rightarrow$$

$$R_7 = 200\,\text{k}\Omega,\ R_8 = 100\,\text{k}\Omega$$

ZUSAMMENFASSUNG

Als Entwickler elektronischer Geräte können **ADCs** und **DACs** als fertige **ICs** betrachtet werden, welche aber an die jeweilige Anwendung angepasst werden müssen. In diesem Kapitel wurde auf häufig benötigte, zusätzliche Beschaltung dieser Bauteile eingegangen.

Neben der meist notwendigen Pufferung der Signale müssen oft auch die Signalpegel angepasst werden. Dies bedeutet, dass das Ausgangssignal eines DACs auf die gewünschte Amplitude verstärkt werden soll. Bei ADCs muss das analoge Eingangssignal so verstärkt bzw. gedämpft und verschoben werden, dass es in den Eingangsbereich des ADCs fällt. Deshalb sind die **analoge Pegelumsetzung** sowie die dafür anwendbaren Schaltungen und deren **Dimensionierung** ein wichtiges Thema in diesem Kapitel.

Danach wurde auf **Tiefpassfilter** eingegangen, welche als Anti-Aliasing- und Glättungsfilter eingesetzt werden. Es wurden mehrere Schaltungen vorgestellt, wie zum Beispiel die aktiven Sallen-Key-Filter und die Filterschaltung mit Mehrfachgegenkopplung. Ihre Eigenschaften wurden erklärt sowie die verschiedenen damit implementierbaren Filtercharakteristika betrachtet.

Bei der **Abtastung** (Pipelined und Wägeverfahren-ADCs) kann die Sample&Hold-Schaltung am Eingang des ADCs ein unerwünschtes Verhalten verursachen. Deshalb wurde untersucht, welche Bedingungen an die Signalquelle gestellt werden, damit durch das Abtasten kein zusätzlicher Fehler entsteht.

Abschließend wurde noch eine Schaltung vorgestellt, welche ein massebezogenes Signal für differentielle ADC-Eingänge aufbereitet. Diese kann dabei gleichzeitig noch eine Pegelumsetzung und eine Tiefpassfilterung durchführen.

Anwendungsspezifische mikroelektronische Schaltungen

18.1	**Einführung**	541
18.2	**Grundlagen der Mikroelektronik**	543
18.3	**ASIC-Topologien**	574
18.4	**Entwurfsablauf**	581
18.5	**Entwurfsschritte**	584
18.6	**Entwurfswerkzeuge**	586
18.7	**Thermometerdesign unter Verwendung von ASICs**	606
Zusammenfassung		607

Einleitung

> In elektronischen Geräten mit komplexer Funktionalität kommen meist nicht nur diskrete elektronische Bauelemente (Widerstände, Kondensatoren, Dioden, Transistoren ...) zum Einsatz. Vielfach finden sich darin auch mehr oder weniger komplexe integrierte, mikroelektronische Schaltungen (IC ... *Integrated Circuit*; IS ... Integrierte Schaltung; *Chip; Microchip* ...). Neben der Platzersparnis ergeben sich durch deren Einsatz typischerweise auch Verbesserungen in Hinblick auf die Zuverlässigkeit und die Herstellungskosten. Es gibt dabei eine Fülle von verschiedenen Typen (Analog-ICs, Digital-ICs und auch gemischte Analog-Digital-ICs) und Realisierungen, die exemplarisch in Kapitel 18.1 angeführt werden.
>
> In weiterer Folge wird der Schwerpunkt in diesem Kapitel bei bestimmten Arten von mikroelektronischen Schaltungen liegen – den so genannten ASICs (ASIC ... *Application Specific Integrated Circuit*; anwendungsspezifische integrierte Schaltung). Diese stellen für eine ganz bestimmte Aufgabenstellung „maßgeschneiderte" mikroelektronische Lösungen dar. In Abhängigkeit von den vorhandenen Entwurfsrandbedingungen spannt sich hier die Realisierungsmöglichkeit von den aufwändigen und teuren vollkundenspezifischen ASICs bis hin zu den vergleichsweise günstigen Varianten, die im Digitalbereich in Form von programmierbaren Logikbausteinen (PLD ... *Programmable Logic Device*) eine immer breitere Verwendung finden. Kapitel 18.3 soll die dazu relevanten Aspekte beleuchten.
>
> Um das Verständnis für die bei ASICs hauptsächlich zum Einsatz kommenden siliziumbasierenden Fertigungstechnologien und die damit gegebenen Besonderheiten in Hinblick auf die mikroelektronisch integrierbaren Bauelemente und Sensoren zu vertiefen, ist das Kapitel 18.2 gedacht. Es wird dabei auch auf die für den Schaltungsentwickler interessanten Aspekte der Fertigung eingegangen.
>
> Der Entwurfsablauf bei der ASIC-Entwicklung ist sehr stark durch den Einsatz von Software-Werkzeugen (CAD ... *Computer Aided Design;* EDA ... *Electronic Design Automation*) geprägt. Es gibt hier verschiedene Entwurfsschritte, die sich vor allem zwischen der analogen und der digitalen Welt unterscheiden. Einen Einblick in diese Thematik sollen die Kapitel 18.4 bis 18.6 liefern.

LERNZIELE

- Überblick über mikroelektronische, integrierte Schaltungen
- Kennenlernen von Herstellungstechnologien, Bauelementen und Fertigungsaspekten
- Wissen über die Arten von ASICs und deren charakteristische Eigenschaften
- Wie und mit welchen Werkzeugen werden ASICs entworfen?

18.1 Einführung

Ein elektronisches Gerät besteht aus vielen verschiedenen Komponenten. Zum einen können das Hardware-Teile und zum anderen natürlich auch Software-Teile sein. ▶ Abbildung 18.1 zeigt einen sehr vereinfachten Überblick über Komponenten, die in einem elektronischen Gerät zusammenwirken ebenso wie einen „klassischen" Entwicklungsablauf. Typischerweise steht nach der Systemspezifikation, die als essentieller Teil der Geräte-Entwicklung den Anfang des Entwurfs bildet, eine Entscheidung an, welche Komponenten in Hard- und welche in Software realisiert werden. In einer relativ neuen Entwurfsmethodik, dem so genannten Hardware-Software-Codesign, kann diese Aufteilung auch erst später erfolgen. Es kommt dabei zu einer Parallelentwicklung, die dann später erst zu einer Partitionierung führt, wenn man z. B. genauere Anforderungen an die Ausführungsgeschwindigkeit von bestimmten Operationen kennt (Komponenten, die in Hardware realisiert sind, führen zu schnellerer Bearbeitung – eine Multiplikation in Hardware ist schneller durchführbar als wenn diese in Software erledigt wird).

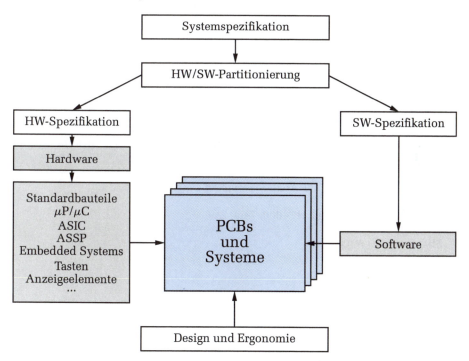

Abbildung 18.1: Komponenten eines elektronischen Gerätes und Einflüsse auf die Realisierung

Die Software ist nicht Gegenstand dieses Buches und daher wird hier ausschließlich auf die Aspekte der Hardware etwas näher eingegangen, wobei auf viele wichtige Punkte (mechanische Komponenten wie Schalter, Stecker, Anzeige-Elemente, Tastaturen, Leiterplatten (PCB ... *Printed Circuit Board*) etc.) im Rahmen dieser Ausführungen bewusst verzichtet wird.

18 ANWENDUNGSSPEZIFISCHE MIKROELEKTRONISCHE SCHALTUNGEN

Weblink

Im Bereich der elektronischen Bauelemente kann eine grobe Unterteilung in diskrete Komponenten wie z. B. Widerstände, Kapazitäten, Induktivitäten aber auch diskrete Halbleiterbauelemente auf der einen Seite und die komplexeren integrierten Schaltungen auf der anderen Seite vorgenommen werden. Einen weiteren wichtigen Punkt in der jüngeren Zeit stellt der Bereich der eingebetteten Systeme (*Embedded Systems*) dar, wo eine in sich durchaus komplexe elektronische Baugruppe quasi wie ein eigenständiges Bauelement betrachtet und eingesetzt wird. In diesem Bereich findet man typischerweise Computerkerne mit diversen Schnittstellen, Hochfrequenz-Funkmodule und dergleichen mehr.

Einen sicherlich signifikanten Anteil an den Hardware-Komponenten eines elektronischen Gerätes stellen die integrierten Schaltungen dar. Die Punkte, die für den Einsatz solcher Schaltungen sprechen, liegen ganz wesentlich in der damit möglichen Kostenreduktion, der Steigerung der Zuverlässigkeit bzw. der Qualitätssteigerung, die mit dem Einsatz einer geringeren Anzahl von Bauelementen einhergeht. Dazu kommt natürlich auch noch die Reduktion des Platzbedarfs und typischerweise auch der Leistungsaufnahme, wenn nur chipinterne Strukturen mit den geringen Eingangskapazitäten angesteuert werden müssen. Der weltweite Umsatz mit den Halbleiterbauelementen belief sich z. B. im Jahr 2005 auf ca. 230 Mrd USD. Die Tendenz ist seit vielen Jahren steigend – so gab es etwa von 2002 bis 2005 eine Steigerung im Umsatz von über 13 %. Der gesamte Halbleitermarkt mit integrierten Schaltungen untergliedert sich natürlich wieder in einige Kategorien, die in der nachfolgenden Aufzählung nach einer subjetiven Wichtigkeit zusammengefasst sind.

- Analog-ICs (Operationsverstärker, Komparatoren, Referenzen, Spannungsregler, Interface-Bausteine ...)

- Mixed-Signal-ICs (ADCs, DACs), *Systems-on-Chip* (SoC)

- Standardlogik (HEF4000, HC4000, 7400 ...)

- Mikroprozessoren (μP)

- Mikrocontroller (μC)

- Digitale Signalprozessoren (DSP)

- Speicher (DRAM, SRAM, E^{2}PROM, Flash ...)

- ASSP (*Application Specific Standard Product*)

- ASIC (*Application Specific Integrated Circuit*)

- ...

Im Bereich der Speicher halten die DRAMs (DRAM ... *Dynamic Random Access Memory*) einen Anteil von etwa 10 % am Halbleiterjahresumsatz.

Der Bereich der ASICs liegt umsatzmäßig ebenso in dieser Größenordnung und stellt daher ein sehr wichtiges Segment dar. Die Zuwachsraten in dieser Kategorie von 2002 auf 2005 lagen dabei mit ca. 22 % über der Gesamtzuwachsrate der Halbleiter im gleichen Zeitraum. Signifikant ist die Steigerung bei den programmierbaren Logikbausteinen als Teil der ASICs. Sie lag im gleichen Zeitraum bei ca. 39 %. ASICs werden für eine genau spezifizierte Anwendung entworfen und stehen dann nur dem Schaltungsentwickler bzw. dem Auftraggeber der Entwicklung zur Verfügung. Es gibt in diesem Bereich wiederum einige Varianten mit entsprechenden Randbedingungen, was den Entwurfsaufwand, die -kosten und z. B. die sinnvollen Stückzahlen angeht. Auf diese Aspekte wird im Kapitel 18.3 noch näher eingegangen.

ASSPs bilden ein in der jüngeren Vergangenheit stark steigendes Segment. Im Gegensatz zu den ASICs sind diese anwendungsspezifischen Schaltungen für einen breiten Kundenkreis verfügbar. Sie werden von Halbleiterherstellern auf eigene Kosten und auf eigenes Risiko für spezifische Anwendungen (z. B. MP3-Player, Single-Chip-Telefon, Energiezähler ...) entwickelt, produziert und verkauft.

> **Beispiel: Anzahl der produzierten MOSTs anno 2007**
>
> Zur Verdeutlichung des Produktionsumfangs in der weltweiten Halbleiterindustrie kommt hier ein – zugegeben – etwas „gewagtes" Beispiel:
>
> Für jede Ameise auf der Erde wurden im Jahr 2007 **100** integrierte MOSTs hergestellt – das sind in Summe 10^{19}!

18.2 Grundlagen der Mikroelektronik

Die überwiegende Anzahl (ca. 98 %) von mikroelektronischen Systemen (integrierte Schaltungen, Mikrosysteme, Sensoren) wird heute in Technologien gefertigt, die Silizium (*Silicon*) als Ausgangsmaterial verwenden. Hochreines, monokristallines Silizium ist ein vierwertiger Halbleiter, dessen Leitfähigkeit durch Zugabe (Dotierung) von drei- oder fünfwertigen Materialien in bestimmter Konzentration in weiten Bereichen eingestellt werden kann. Je nach der Art der Dotierung stehen damit Schichten zur Verfügung, in denen einmal die Elektronen den Hauptanteil zur Leitfähigkeit beitragen (Elektronen als Majoritätsladungsträger, Dotierung mit fünfwertigem Material, n-dotierte Schichten) bzw. in denen die Löcher (Löcher als Majoritätsladungsträger, Dotierung mit dreiwertigem Material, p-dotierte Schichten) überwiegen. Neben diesen halbleitenden Schichten ist es auch noch möglich, niederohmige Verbindungsschichten (Metall, Polysilizium und Silizid als binäre metallische Verbindung von Silizium) und isolierende Schichten (Siliziumdioxid, Siliziumnitrid) herzustellen, so dass auf einem gemeinsamen Trägermaterial (Substrat) zugleich eine Vielzahl von Strukturen und Bauelementen realisiert werden können. Die Festlegung der Struktur erfolgt zum einen durch lithografische (Licht, Elektronenstrahlen) und zum anderen durch chemische (Oxidation, Diffusion, Ionenimplantation, Ätzen, epitaktisches Aufwachsen von Schichten etc.) Prozessschritte. Der dominierende Technologieparameter ist dabei die minimal mögliche Strukturbreite für die Elemente (z. B. 1 µm Prozess → minimale Kanallänge der MOSTs ist gleich 1 µm).

Neben reinem Silizium als Ausgangsmaterial gibt es auch noch Kombinationen (z. B. die so genannten III-V-Halbleiter), die für spezielle Anwendungen (z. B. Gallium-Arsenid, GaAs; Anwendung in Hochfrequenzschaltungen) eingesetzt werden. II-VI-Halbleiterverbindungen werden wegen der großen Energielücke z. B. in der Optoelektronik eingesetzt.

18.2.1 Herstellungstechnologien

Im Rahmen der hier betrachteten siliziumbasierten Fertigungstechnologien stellt CMOS (CMOS ... *Complementary Metal Oxide Semiconductor*) mit einem Anteil von ca. 85 % den dominierenden Anteil am Gesamtfertigungsvolumen dar. Bipolar-Technologien werden nach wie vor für analoge Schaltungen und für TTL- und ECL-Schaltungen eingesetzt und halten insgesamt bei einem Anteil von ca. 10 %. Der restliche Anteil geht an BiCMOS, SiGe (beide Technologien werden weiter unten im Kapitel näher ausgeführt) und SOI (SOI ... *Silicon On Isolator*).

Je nach der Dotierung des Wafer-Grundmaterials (*Wafer* = polierte Halbleiterplatte als Startpunkt für die IC-Produktion) und den verfügbaren Schichten werden unterschiedliche Fertigungsprozesse für CMOS unterschieden. Die Anzahl der Polysilizium- und der Metallschichten sind ein Kennzeichen für den Prozess (z. B. *Double Poly, Double Metal*). Darüber hinaus erfolgt die Bezeichnung nach der Art der Wannen, die in einem der ersten Fertigungsschritte in das Substrat eingebracht werden. Es gibt dabei folgende praxisrelevante Unterscheidungen:

n-Wanne: p-dotiertes Substrat, das die NMOSTs enthält. PMOSTs werden in der n-Wanne (*n-well, n-tub*) realisiert. Prozesse dieses Typs sind zurzeit dominierend. Einen Querschnitt dieses CMOS-Typs zeigt ▶ Abbildung 18.3. Die Legende zur Darstellung der Schichten zeigt ▶ Abbildung 18.2.

p-Wanne: n-dotiertes Substrat, das die PMOSTs enthält. NMOSTs werden in der p-Wanne (*p-well, p-tub*) realisiert. Prozesse dieses Typs werden heutzutage nur mehr selten eingesetzt.

Zwei-Wannen: Auf ein Substrat werden in einer epitaktisch aufgewachsenen Schicht die n- und die p-Wannengebiete gebildet. Der Vorteil solcher Zwei-Wannen-Prozesse (*twin-well, twin-tub*) liegt in der Möglichkeit, die Wanneneigenschaften für beide Transistortypen separat festzulegen und damit individuell zu optimieren.

18.2 Grundlagen der Mikroelektronik

Abbildung 18.2: Legende zu den CMOS-Schichten

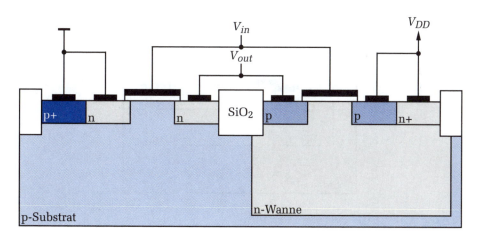

Abbildung 18.3: CMOS-Querschnitt – n-Wannen-Technologie

Für die Herstellung einer CMOS-Schaltung in der einfachsten Form benötigt man zwölf Masken für die diversen Fertigungsschritte. Diese geringe Anzahl von Masken und der relativ geringe Fertigungsaufwand im Vergleich zu alternativen Technologien begründen die weite Verbreitung von CMOS. Dazu kommt auch noch, dass vielfach kompatible Prozesse von verschiedenen Herstellern angeboten werden, was für Sicherheit in der Produzierbarkeit einer einmal entworfenen Schaltung sorgt, weil gegebenenfalls ein alternativer Produzent die Designdaten übernehmen und neu fertigen kann. In vielen Fällen stehen bei CMOS-Prozessen auch mehrere Optionen für zusätzliche Schichten oder für Schichten mit besonderen Eigenschaften zur Verfügung (z. B. hoch resistives Polysilizium). Darüber hinaus können durch Prozess- bzw. Fertigungsvariationen auch Bauelemente mit besonderen Eigenschaften in Hinblick auf die Spannungsfestigkeit erzeugt werden (Hochvolt-Transistoren). Die Durchbruchsfeldstärke von Silizium liegt bei etwa 10 V/µm. Das heißt aber, dass ohne besondere Vorkehrungen die maximale Betriebsspannung (diese liegt ja im Falle von statischen Logikschaltungen zwischen Drain und Source der MOSTs an) in einem 1 µm Prozess 10 V nicht übersteigen darf. Durch geeignete Fertigungsmaßnahmen kann aber die Spannungsfestigkeit deutlich erhöht werden ▶Abbildung 18.4 – LDD ... *Lightly Doped Drain*. Es sind mit DMOS-Strukturen (▶Abbildung 18.5) Spannungsfestigkeiten bis 100 V möglich.

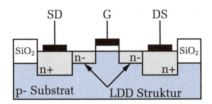

Abbildung 18.4: LDD-Struktur zur Erhöhung der Spannungsfestigkeit

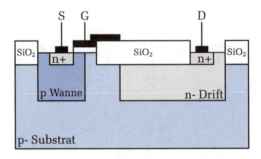

Abbildung 18.5: DMOS-Querschnitt eines n-Kanal-MOSTs

Bei CMOS-Technologien im tiefen Sub-Mikrometerbereich (DSM ... *Deep Sub Micrometer*) werden die Kosten für die Fertigung durch die sehr hohen Maskenherstellungskosten stark erhöht, da die Masken nicht mehr direkt aus den Layoutdaten übernommen werden können, sondern unter Berücksichtigung von Beugungs- und Überlagerungseffekten gerechnet werden müssen. Die Strukturbreiten liegen bei DSM-Prozessen beträchtlich unter der Wellenlänge des für die Belichtung verwendeten Lichts.

Bei den aufwändigsten Herstellungsprozessen werden bis zu 50 Maskenebenen benötigt.

Ergänzend zu den CMOS-Prozessen gibt es auch siliziumbasierte Fertigungsprozesse, die neben den MOSTs auch die Realisierung von Bipolartransistoren (BJT ... *Bipolar Junction Transistor*) erlauben. Bipolartransistoren werden wegen des weiten Steuerbereichs, der exponentiellen Kennlinie, der hohen Steilheit, der hohen internen Verstärkung, der hohen Transitfrequenz und der guten Rauscheigenschaften in Analogschaltungen oft den MOSTs vorgezogen. Die Kombination dieser Eigenschaften mit den Vorteilen der CMOS-Technologie im Bereich der Digitalschaltungen (hoher Störabstand, kleine statische Verlustleistung etc.) wird vor allem im Bereich der gemischt analog-digitalen Schaltungsentwicklung interessant. Prozesse dieses Typs werden BiCMOS (BiCMOS ... *Bipolar CMOS*) genannt. Sie verlieren zunehmend an Bedeutung und Anteil, da zeitgemäße CMOS-Prozesse zumindest im Bereich der Transitfrequenz eine billigere „Konkurenz" darstellen.

In ▶Abbildung 18.6 ist die Querschnittsdarstellung einer BiCMOS-Struktur gezeigt. Es sind dabei zwei mögliche Transistorrealisierungen nebeneinander dargestellt. Aus dieser Darstellung lässt sich der deutlich höhere Fertigungsaufwand erahnen, der hauptsächlich darin begründet ist, dass mehr Masken benötigt werden und es bei diesen Prozessen notwendig ist, nach bestimmten Fertigungsschritten eigene Prozessschritte zur „Planierung" der Waferoberfläche durchzuführen. Die Kosten für die Fertigung liegen z. T. doppelt so hoch wie bei vergleichbaren CMOS-Prozessen.

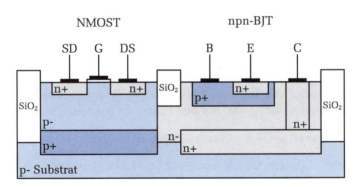

Abbildung 18.6: BiCMOS-Querschnitt für NMOST und npn-BJT

Ein weiterer CMOS-kompatibler Herstellungsprozess, der Schaltungen in höheren Frequenzbereichen erlaubt (bis über 100 GHz), ergibt sich durch die Verwendung einer Silizium-Germanium-Heterostruktur im Basisgebiet der Bipolartransistoren in BiCMOS-Prozessen. Diese so genannten SiGe-Transistoren (SiGe ... Silizium Germanium) haben gegenüber den „normalen" Bipolartransistoren in folgenden Punkten bessere Eigenschaften: höhere Transitfrequenz, kleinere parasitäre Kapazitäten, größere Stromverstärkung, größere Early-Spannung und ein kleinerer Basisbahnwiderstand sind die herausragenden Vorteile von SiGe-Transistoren. Bei gleicher Stromdichte ergibt sich beim SiGe-Transistor eine deutlich höhere Transitfrequenz als beim Bipolartransistor. Umgekehrt kann natürlich eine bestimmte Transitfrequenz beim SiGe-Transistor bei kleineren Stromdichten erreicht werden, was in Hinblick auf den Leistungsverbrauch in einer Schaltung interessant ist. Die Fertigung erfordert einige zusätzliche Prozessschritte. In ▶Abbildung 18.7 ist eine Querschnittsdarstellung durch einen Transistor gezeigt, der in einer derartigen Technologie hergestellt wurde. Die bevorzugten Einsatzbereiche sind Schaltungen im beginnenden GHz-Bereich (Transceiver in Geräten zur Mobilkommunikation, Wireless-LAN, Bluetooth etc.).

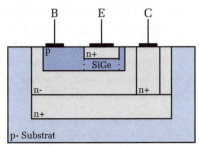

Abbildung 18.7: SiGe-Querschnitt

Herstellungsprozesse

- Silizium ist **das** Ausgangsmaterial für die Herstellung integrierter Schaltungen.
- Die CMOS-Technologie ist vom Fertigungsvolumen her dominant.
- Es gibt verschiedene charakteristische Kenngrößen eines CMOS-Herstellungsprozesses (minimale Strukturbreiten, Verfügbarkeit und Anzahl bestimmter Schichten).
- CMOS-Technologien sind vergleichsweise günstig in der Fertigung.
- Hohe Herstellungskosten für Belichtungsmasken bei Prozessen im tiefen Sub-Mikrometerbereich
- BiCMOS-Prozesse sind teurer, bieten aber dafür „gute" Bipolartransistoren.
- Die SiGe-Technologie bietet Bipolartransistoren mit Transitfrequenzen von mehr als 100 GHz.

In den nun folgenden Unterkapiteln werden zunächst die in integrierten Schaltungen verfügbaren passiven Bauelemente mit ihren charakteristischen Eigenschaften und den möglichen Größenordnungen gezeigt. In weiterer Folge wird auf die dominanten aktiven Elemente eingegangen, wobei der Fokus auf den Entwurfsparametern liegt, die von einem Schaltungsentwickler beeinflusst werden können. Ein kurzer Exkurs zu MEMS (MEMS ... *Micro Electro Mechanical Systems*), zu einigen Aspekten der Fertigung und zu Chip-Gehäusen sollen diesen gestrafften Teil zu den Grundlagen der Mikroelektronik abrunden.

18.2.2 Integrierte passive Bauelemente

Aufgrund der kleinen Abmessungen gibt es bei den passiven Bauelementen gewisse Einschränkungen in den Größenordnungen der Bauteilwerte. Die folgenden Darstellungen sollen ein Bild über diese Parameter vermitteln, damit klarer wird, welche Bauelemente mit welchen Eigenschaften überhaupt sinnvoll integriert werden können.

Widerstand (R):
Bei den Widerständen in integrierten Schaltungen werden Schicht- und Übergangswiderstände (Kontaktlöcher bzw. Vias zwischen zwei übereinanderliegenden Schichten) unterschieden.

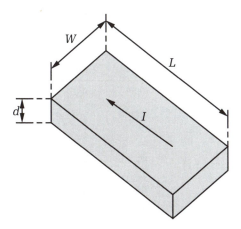

Abbildung 18.8: Schichtwiderstand mit Stromflussrichtung und den relevanten Abmessungen

Der Widerstandswert eines bestimmten Schichtelementes wird von der Stromflussrichtung und den geometrischen Abmessungen d, L und W bestimmt (illustriert in ▶Abbildung 18.8). Der Schichtwiderstand (*sheet resistance*) R_S ist in der Einheit $\Omega/\square$ (sprich: Ohm pro square) definiert. Das heißt, es wird der Widerstand für ein Element definiert, das gleiche Länge und Weite aufweist und damit keine Abhängigkeit von der Stromflussrichtung enthält. Daher wird dieser Wert charakteristisch für die jeweilige Schicht auf dem Chip. Der Gesamtwiderstand R_{ges} ergibt sich aus der Geometrie und der Stromflussrichtung zu

$$R_{ges} = R_S \cdot \frac{L}{W} \,. \tag{18.1}$$

▶Abbildung 18.9 illustriert den Zusammenhang für zwei quadratische Schichtelemente.

Typische Größen für die Schichtwiderstände einer integrierten Schaltung (1 μm CMOS-Prozess) sind in ▶Tabelle 18.1 zusammengefasst.

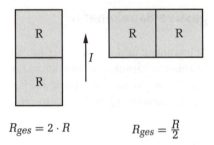

$R_{ges} = 2 \cdot R \qquad R_{ges} = \frac{R}{2}$

Abbildung 18.9: Serien- und Parallelschaltung von Einheitsschichtwiderständen

Tabelle 18.1

Schichtwiderstände für verschiedene Materialien

Material	R_S [Ω/□]		
	Min.	Typ.	Max.
Metall	0,05	0,07	0,1
Polysilizium	15	20	30
Silizid	2	3	6
Diffusion (n+, p+)	10	25	100
n-Wanne	1k	2k	5k

Auffällig sind bei den Werten in Tabelle 18.1 die großen Toleranzen der Absolutwerte. Das Verhältnis der Widerstandswerte für gleiche Bauelemente auf einem Chip (*Matching*) liegt bei einem deutlich geringeren Wert (ca. ±2 %), wobei dieser Wert von der Fläche $W \cdot L$ abhängig ist (proportional zu $1/\sqrt{W \cdot L}$). Der Temperaturkoeffizient eines Polysiliziumwiderstandes liegt bei ca. 1000 ppm/°C. Polysiliziumwiderstände weisen eine gute Linearität auf. Diffusions- und Wannenwiderstände zeigen ein nicht lineares Verhalten (Spannungsabhängigkeit des Widerstandswertes).

Beachtenswert ist, dass auch die Verbindungsleitungen (Aluminium, Kupfer) wegen der geringen Schichtdicke bei kleinem W einen durchaus relevanten Widerstand annehmen können. Die maximale Strombelastbarkeit in der metallischen Verbindungsschicht liegt bei etwa 1 mA pro µm Leitungsbreite.

Beispiel: Abmessung eines 100 kΩ Polysiliziumwiderstandes

Mit der in Tabelle 18.1 angegebenen Größe des typischen Schichtwiderstandes ergibt sich für einen 100 kΩ großen Polysiliziumwiderstand bei 1 μm Leitungsbreite eine notwendige Länge von 5000 μm.

Die Verbindung zwischen den Schichten einer integrierten Schaltung wird über Kontakte (Übergang zwischen der untersten Metallisierungsebene und den Diffusionsgebieten und Poly1) und Vias (Übergang zwischen den Metallisierungsebenen) hergestellt. Auch hier gilt, dass wegen der kleinen Abmessungen durchaus signifikante Werte auftreten können. Kontaktwiderstände liegen zwischen 2 und 100 Ω pro Kontakt. Vias liegen zwischen 1 und 3 Ω pro Kontakt. Die Strombelastbarkeit ist auch hier mit etwa 1 mA pro Kontakt limitiert. Niedrige Übergangswiderstände und hohe Strombelastbarkeit können einfach durch Parallelschaltung von mehreren Kontakten erreicht werden.

Kapazität (C):

Gute Kapazitäten als passive Bauelemente erfordern einen Herstellungsprozess mit zwei Polysiliziumschichten (Poly1, Poly2), die durch eine dünne Oxidschicht ähnlich dem Gate-Oxid gegeneinander isoliert sind. Die Größe der Kapazität wird durch die Fläche und den prozesstypischen Kapazitätsbelag angegeben. ▶Abbildung 18.10 zeigt ein Layout für eine solche Kapazität. Der *Top-Layer* (Poly2) ist dabei kleiner als der *Bottom-Layer* (Poly1) ausgeführt. Durch diese Formgebung ist gewährleistet, dass die Größe der Kapazität nur vom *Top-Layer* abhängt. Bei der dargestellten Form ändert auch ein eventueller Maskenversatz zwischen Poly1 und Poly2 nichts am Kapazitätswert. Wird eine Kapazität nach Abbildung 18.10 als Einheitskapazität verwendet, dann lassen sich damit recht gute Kapazitätsverhältnisse herstellen.

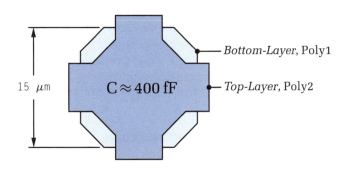

Abbildung 18.10: Poly1-Poly2-Kapazität

Tabelle 18.2

Kapazitätsbelag für Poly1-Poly2-Kapazitäten

Material	$C_{P1,P2}$ [fF/µm²]		
	Min.	Typ.	Max.
Poly1-Poly2	1,65	1,77	1,92

Auffällig sind bei den Werten in ►Tabelle 18.2 (1 µm CMOS-Prozess) die großen Toleranzen der Absolutwerte. Auf einem Chip liegt das Matching für gleiche Kapazitäten zueinander bei einem deutlich geringeren Wert (ca. ±0,1 %). Praktikable Maximalwerte für derartige Kapazitäten liegen bei etwa 20 pF.

Beispiel: Relative Toleranzen und deren Auswirkung

Werden Kapazitäten mit der angeführten relativen Toleranz von ±0,1 % in einem integrierten ADC nach dem Wägeverfahren mit dual gewichteten Kapazitäten (SC-ADC; vgl. Kapitel 16.3.1) verwendet, so kann die Auflösung maximal 10 Bit betragen! Bei 10 Bit Auflösung ergibt sich das LSB zu 1/1024 der Referenzspannung. Das relative Kapazitätsverhältnis ist für die Auflösung maßgeblich und liegt ebenfalls in dieser Größenordnung.

Das gegenständliche Thermometer hat eine Auflösung beim ADC von mehr als 17 Bit. Mit einem integrierten SC-ADC, der nur auf die relative Genauigkeit der dual gewichteten Kapazitäten aufbaut, könnte also diese Auflösung nicht erreicht werden. Tatsächlich gibt es aber SC-ADCs, die eine Auflösung von mehr als 10 Bit bieten. Dies wird durch interne Kalibrierschaltungen am Chip ermöglicht, bei denen die dual gewichteten Kapazitäten in ihrem genauen Wert einstellbar gemacht werden.

Wenn man im Herstellungsprozess keine zweite Polysiliziumebene zur Verfügung hat, kann auf alternative Kapazitäten zurückgegriffen werden, die in der Standard-CMOS-Struktur vorhanden sind und die gleichzeitig auch parasitäre Kapazitäten darstellen.

Gate-Kapazität (C_G): Die Gate-Kapazität ist die dominierende Kapazität in der CMOS-Struktur, da die Schichtdicke des Gate-Oxids nur einige nm beträgt. Die Kapazität wirkt zwischen dem Gate und dem Kanal bzw. zwischen den Anschlüssen Source und Drain des MOSTs. Größenordnungsmäßig liegt der Kapazitätsbelag am Gate bei einem 1 μm CMOS-Prozess bei ca. 3,5 fF/μm². Bei einem MOST mit z. B. $W = 10\,\mu m$ und $L = 2\,\mu m$ ergibt sich daraus ein $C_G = 70\,\text{fF}$.

Die Gate-Kapazität ist abhängig vom Arbeitspunkt, in dem sich der MOST befindet. Betragsmäßig ist sie am größten im Sperrbereich. Durch einen Kurzschluss zwischen Drain und Source bei einem MOST kann der Einfluss des Arbeitspunktes reduziert werden.

Diffusionskapazität: Bei in Sperrrichtung angesteuerten pn-Übergängen, wie sie an der Grenze zwischen den Diffusionsgebieten und dem Substrat bzw. der Wanne auftreten, bilden die räumlich eng beisammenliegenden Raumladungen die Platten des Kondensators. Die Größe der Sperrspannung bestimmt den Abstand der Raumladungen. Damit ist ersichtlich, dass diese Kapazitäten eine starke Spannungsabhängigkeit aufweisen und daher nur in Fällen eingesetzt werden können, bei denen diese Abhängigkeit keine Rolle spielt und der Absolutwert und die Linearität ebenfalls keine gravierende Rolle spielen (z. B. Stützkapazität).

Intermetallkapazitäten: Bei Prozessen im Sub-Mikrometerbereich, die in erster Linie für hoch integrierte Digitalschaltungen verwendet werden, stehen meist keine Poly1-Poly2-Kapazitäten zur Verfügung. Die Anordnung aus zwei voneinander isolierten Metallschichten kann natürlich auch als Kapazität verwendet werden. Da die Schichtdicke der Isolierung verhältnismäßig groß ist, ist der Kapazitätsbelag klein. Abhilfe kann eine horizontale Anordnung der Kapazitätselektroden in der gleichen Metallschicht bieten, da hier der Abstand evtl. kleiner gemacht werden kann, als es die Schichtdicke der Isolierung ist.

Induktivität (L):
In letzter Zeit werden vor allem im Bereich der integrierten Hochfrequenzschaltungen (GHz-Bereich; mobile Kommunikationssysteme wie z. B. GSM-Telefone) auch Induktivitäten auf dem Chip integriert. Die Größenordnungen bewegen sich dabei im nH-Bereich. Vor allem die deutlich besseren Rauscheigenschaften gegenüber herkömmlichen Widerständen machen den Einsatz von Induktivitäten als Emitterwiderstände in HF-Differenzverstärkerstufen (LNA ... *Low Noise Amplifier;* LNB ... *Low Noise Block Converter*) sinnvoll. Realisiert werden die Induktivitäten durch Bonddrähte zwischen zwei Schaltungsknoten oder durch Schleifen in einer oder mehreren Metallisierungsebenen.

Dioden (D):
Dioden als Einzelbauelemente werden fast ausschließlich als Schutzelemente bei den CMOS-Eingängen verwendet. Im Schaltungsdesign wird meist auf einen entsprechend verschalteten Bipolartransistor zurückgegriffen.

Passive integrierte Bauelemente

- Es wird zwischen Schicht- und Übergangswiderständen unterschieden (je nach Schicht ergibt sich dabei ein unterschiedlicher Widerstandsbelag).

- Integrierte Schaltungen bieten verschiedene Kapazitäten. Flächenmäßig sinnvolle maximale Kapazitätswerte liegen im pF-Bereich.

- Die Gate-Kapazität von MOSTs liegt im Bereich von einigen fF.

- Induktivitäten im Bereich einiger nH werden für HF-Anwendungen eingesetzt.

- Dioden als Einzelbauelemente sind selten und meist nur als Schutzdioden an den Bausteinanschlüssen zu finden.

18.2.3 Integrierte aktive Bauelemente

Bei den aktiven Bauelementen in integrierten Schaltungen dominieren die MOSTs gegenüber den BJTs, obwohl diese in vielen Belangen, die im Bereich der analogen integrierten Schaltungstechnik relevant sind, die besseren Eigenschaften aufweisen.

MOST:
Auf die allgemeine Verhaltensbeschreibung von MOSTs wurde bereits im Kapitel 4.4 eingegangen. Die dominierenden Typen von MOSTs in integrierten Schaltungen sind die beiden Anreicherungstypen (NMOST und PMOST).

Für die mathematische Verhaltensbeschreibung sind neben einigen Kenngrößen, die die physikalischen Eigenschaften der verwendeten Materialien betreffen, in erster Linie die geometrischen Abmessungen L (Kanallänge, Länge, Transistorlänge) und W (Kanalweite, Weite, Transistorweite) ausschlaggebend. Die Definition von Länge und Weite eines MOSTs kann ▶ Abbildung 18.11 entnommen werden.

Die Verhaltensbeschreibung wird für zwei mögliche Betrachtungen durchgeführt. Zum einen wird das Großsignalverhalten des Bauelementes bestimmt und zum anderen das Kleinsignalverhalten um einen bestimmten Arbeitspunkt betrachtet. Die hier vorgestellten Grundgleichungen stellen die einfachste Form der Verhaltensbeschreibung dar. Die Erweiterung der Modellierung kann mit einigem Aufwand natürlich durchgeführt werden. Für Handrechnungen und erste Dimensionierungen sind die Grundgleichungen zur Verhaltensbeschreibung ausreichend.

Für die nachfolgenden Ausführungen gilt als Voraussetzung, dass die Spannung zwischen Substrat ($Bulk$) und Source (V_{BS}) gleich 0 V ist.

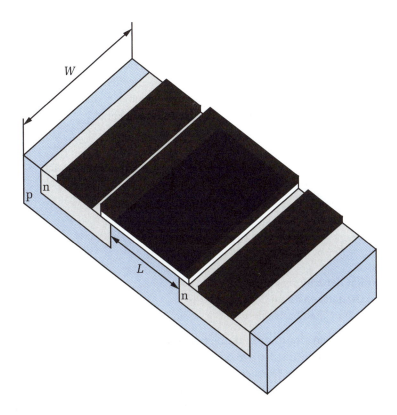

Abbildung 18.11: Weite und Länge eines MOSTs

MOST-Großsignalverhalten:
Die Betrachtungen zum Großsignalverhalten erfolgen anhand eines NMOSTs. Sie gelten aber analog auch für PMOSTs, wenn alle Ströme und Spannungen invertiert werden. Ein NMOST befindet sich je nach der Größe der drei relevanten Spannungen (V_{GS}, V_{th} und V_{DS}) in einem der drei möglichen Arbeitsbereiche:

- Sperrbereich, *cut-off*: $V_{GS} - V_{th} \leq 0$

- Linearer Arbeitsbereich, Widerstandsbereich, *linear region*: $0 < V_{DS} < V_{GS} - V_{th}$

- Sättigungsbereich, *saturation region*: $0 < V_{GS} - V_{th} < V_{DS}$

Die Ansteuerung des NMOSTs erfolgt durch eine Steuerspannung V_{GS} (unter der Annahme, dass Source und Bulk kurzgeschlossen sind!). Da das Gate gegenüber den anderen Transistoranschlüssen isoliert ist, erfolgt die Ansteuerung über das elektrische Feld (und damit im statischen Fall leistungslos!). Der Steuerungseinfluss liegt in einer mehr oder weniger stark ausgeprägten Inversionsschicht im Kanal zwischen dem Drain- und dem Source-Anschluss und so ist der Strom zwischen diesen beiden Anschlüssen auch die interessanteste Größe. Dieser Strom kann im einfachsten Fall mithilfe der nachstehenden Gleichungen bestimmt werden. Dabei fällt auf, dass – mit Ausnahme des Sperrbereichs – jeweils ein Faktor β (Transistorverstärkungsfaktor) in den Gleichungen multiplikativ vorkommt. Dieser Faktor enthält einen Term κ (Prozessverstärkungsfaktor), der die prozesstypischen Eigenschaften enthält, und den Geometriefaktor W/L, der zugleich der einzige Parameter ist, über den der Schaltungsentwickler das Verhalten des MOSTs beeinflussen kann.

$$I_{DS} = 0 \; ; \quad \text{Sperrbereich}$$

$$I_{DS} = \beta \left[(V_{GS} - V_{th}) V_{DS} - \frac{V_{DS}^2}{2} \right] ; \quad \text{Widerstandsbereich} \qquad (18.2)$$

$$I_{DS} = \frac{\beta}{2} (V_{GS} - V_{th})^2 \; ; \quad \text{Sättigungsbereich}$$

$$\beta = \kappa \cdot \frac{W}{L} = \frac{\mu \cdot \varepsilon}{t_{ox}} \cdot \frac{W}{L}$$

μ ... Mobilität der Ladungsträger
ε ... Dielektrizitätskonstante des Gate-Oxids
t_{ox} ... Dicke der Gate-Oxidschicht

Der Strom zwischen Drain und Source bei einem NMOST ist demnach sowohl im Widerstands- als auch im Sättigungsbereich proportional zur Transistorweite und verkehrt proportional zur Transistorlänge. Die minimal mögliche Transistorlänge ist der bestimmende Faktor für die Prozesscharakterisierung. Typische Transistorlängen bewegen sich zurzeit zwischen 0,065 µm und 0,35 µm. Typische Schwellspannungen bei NMOSTs liegen bei 0,5 V bis 0,8 V. Die Temperaturabhängigkeit der Schwellspannung liegt bei etwa $-2\,\text{mV}/°C$.

Da V_{DS} im linearen Betriebsbereich üblicherweise klein ist, fällt der quadratische Term in der Gleichung nicht sehr stark ins Gewicht.

Im Sättigungsbereich ist in diesem idealisierten Fall keinerlei Abhängigkeit des Stromes von der Drain-Source-Spannung gegeben.

$$\begin{aligned} \mu_N &\approx (2-3)\mu_P \\ \beta_N &\approx (2-3)\beta_P \end{aligned} \qquad (18.3)$$

Die Mobilität der Ladungsträger μ ist von der Konzentration der Ladungsträger abhängig. Die Mobilität der Elektronen liegt im Normalfall um den Faktor 2 bis 3 über der der Löcher (Gleichung 18.3). Gleicher Strom in einem PMOST bei betragsmäßig gleichen Spannungen kann durch Vergrößerung des Weiten- zu Längenverhältnisses um diesen Faktor 2 bis 3 gegenüber den Abmessungen beim NMOST erreicht werden. Wegen der Reduktion der mittleren freien Weglänge der Ladungsträger mit steigender Temperatur nimmt die Mobilität in diesem Fall ab (d.h. der Strom wird mit steigender Temperatur kleiner).

Ein Richtwert für κ_N in einem 1 µm CMOS-Prozess liegt bei etwa $100\,\mu\text{A}/V^2$. Bei Prozessen mit kleineren Kanallängen steigt dieser Wert etwas an. Sowohl κ als auch V_{th}

weisen einen breiten Toleranzbereich im Absolutwert auf. Die Übereinstimmungen zueinander auf einem Chip sind aber wieder relativ gut.

Die einfachste Ersatzschaltung für die Beschreibung des Großsignalverhaltens eines NMOSTs ist in ▶Abbildung 18.12 dargestellt. Der Strom in der Stromquelle wird dabei gemäß den Gleichungen 18.2 für den jeweiligen Arbeitspunkt berechnet.

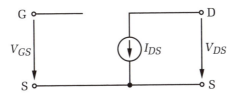

Abbildung 18.12: Großsignalersatzschaltbild MOST

> **Beispiel: Geometrie eines NMOSTs für $I_{DSsat} = 800\,\mu A$**
>
> Für einen voll ausgesteuerten ($\kappa_N = 100\,\mu A/V^2$; $V_{GS} = 5\,V$; $V_{th} = 1\,V$) NMOST in Sättigung muss bei einer Transistorlänge von 1 µm auch die Transistorweite 1 µm gemacht werden, damit der Strom $I_{DSsat} = 800\,\mu A$ wird.

Die Erweiterung um parasitäre Elemente (Bahnwiderstände R_D und R_S, Kapazitäten, Dioden) führt zum nachstehend gezeigten detaillierteren Großsignalersatzschaltbild ▶Abbildung 18.13. Der Strom I_{DS} wird wiederum gemäß den Gleichungen 18.2 berechnet. Die Kapazitäten spielen im Gegensatz zu den Bahnwiderständen und den beiden Dioden für das Großsignalverhalten praktisch keine Rolle. Die Dioden sind in Hinblick auf den Leckstrom in integrierten CMOS-Schaltungen wichtig. Dieser Leckstrom hängt von der Temperatur und der Fläche des Drain- und Source-Anschlusses des Transistors ab.

Eine anschauliche Darstellung des Transistorverhaltens ermöglichen die Übertragungs- und die Ausgangskennlinie. ▶Abbildung 18.14 zeigt eine Übertragungskennlinie für einen NMOST. Für unterschiedliche Drain-Source-Spannungen ergeben sich Kurvenscharen. Mit kleiner werdender Spannung V_{DS} wird der Strom ebenfalls kleiner. Der Ursprung der Kurven auf der X-Achse bleibt immer bei der Schwellspannung.

In ▶Abbildung 18.15 ist das Ausgangskennlinienfeld für einen NMOST dargestellt. Eingezeichnet ist auch ungefähr die Lage der Bereiche (Widerstand = *linear*, links der gestrichelten Linie; Sättigung = *saturation*, rechts der gestrichelten Linie). Der Sperrbereich deckt sich naturgemäß mit der X-Achse.

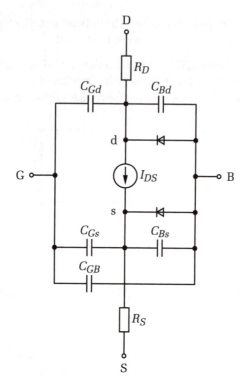

Abbildung 18.13: Erweitertes Großsignalersatzschaltbild MOST

MOST – Großsignalverhalten

- Das Verhältnis von Transistorweite zur Transistorlänge ist der entscheidende Designparameter.
- Der Strom im Transistor steigt proportional zur Weite und verkehrt proportional zur Länge.
- Sperrbereich, Widerstandsbereich und Sättigungsbereich sind die drei möglichen Arbeitsbereiche.
- Die Steuerung erfolgt über ein elektrisches Feld und somit im statischen Fall leistungslos.

Die bisher behandelten Kenngrößen und Formeln stellen eine einfache Näherung dar. Es gibt darüber hinaus noch einige Effekte, die einen Einfluss auf das Verhalten haben. Die wichtigsten werden nachfolgend behandelt.

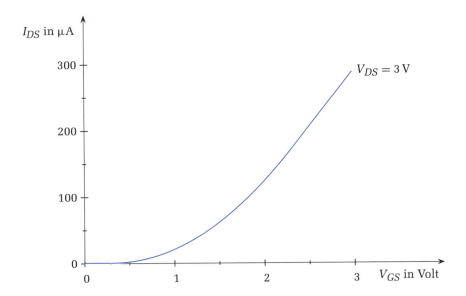

Abbildung 18.14: Übertragungskennlinie eines NMOSTs

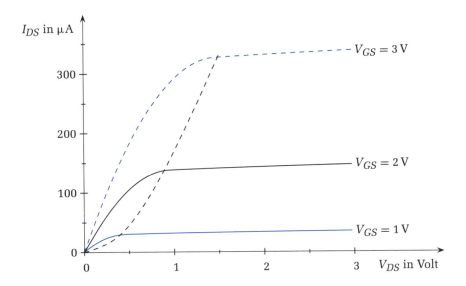

Abbildung 18.15: Arbeitsbereiche und Ausgangskennlinie für einen NMOST

Substratsteuereffekt: Der Substratsteuereffekt (*body effect* oder auch *back-gate effect*) tritt dann auf, wenn zwischen Source- und Substratanschluss eine Spannung anliegt, die ungleich Null ist. Die mathematische Modellierung erfolgt über eine Modifikation der Schwellspannung. Es kommt durch den Substratsteuereffekt zu einer betragsmäßigen Erhöhung der Schwellspannung, wenn $V_B < V_S$ ist.

Kanallängenmodulation: Die Modellierung des Stromverlaufs im Sättigungszustand in Gleichung 18.2 entspricht nicht genau der Realität. Tatsächlich ist die Steigung der Kennlinien in diesem Fall nicht Null. Die Modellierung dieses Verhaltens erfolgt mittels eines Kanallängenmodulationsfaktors λ durch einen multiplikativen Term $(1 + \lambda \cdot V_{DS})$.

Eine bemerkenswerte Eigenheit des Kanallängenmodulationsfaktors ist die Tatsache, dass er mit größer werdender Kanallänge abnimmt. Dieses Faktum wird in der analogen Schaltungstechnik ausgenutzt, um den MOST als möglichst ideale Stromquelle bzw. Stromsenke einsetzen zu können. Ein kleines λ bedeutet auch eine kleine Abhängigkeit der Steigung von V_{DS} oder anders ausgedrückt einen annähernd konstanten Strom in diesem Bereich.

Simulation

Ein typischer Wert für λ in einem 1 μm CMOS-Prozess liegt größenordnungsmäßig bei 0,01 bis 0,02 V^{-1}.

> ## Substratsteuereffekt und Kanallängenmodulation
>
> - Eine Spannung zwischen dem Substrat- und dem Source-Anschluss eines MOSTs führt zu einer betragsmäßigen Erhöhung der Schwellspannung (Substratsteuereffekt).
>
> - Die Steigung der Ausgangskennlinie eines MOSTs in Sättigung ist verkehrt proportional zur Transistorlänge (Kanallängenmodulation).

Kleinsignalverhalten:

Neben der Beschreibung des Großsignalverhaltens eines MOSTs werden zur Charakterisierung des Transistorverhaltens in einem fixen Arbeitspunkt folgende Kleinsignalkenngrößen herangezogen:

Steilheit (Transkonduktanz, *transconductance*): $g_m = \left.\dfrac{\partial I_{DS}}{\partial V_{GS}}\right|\, V_{DS} = \text{const}$.

Die Steilheit gibt die Änderung des Drain-Source-Stromes in Abhängigkeit von der Änderung der Gate-Source-Spannung an. Zu beachten ist, dass dies für konstante Drain-Source-Spannung gilt. Sie ist die signifikante Kenngröße für die mögliche Verstärkung, die mit dem Transistor in diesem Arbeitspunkt erreicht werden kann.

Ausgangsleitwert: $g_{DS} = g_0 = \left.\dfrac{\partial I_{DS}}{\partial V_{DS}}\right|\, V_{GS} = \text{const}$.

Der Ausgangsleitwert gibt die Änderung des Drain-Source-Stromes in Abhängigkeit von der Änderung der Drain-Source-Spannung an. Zu beachten ist, dass dies für konstante Gate-Source-Spannung gilt. Häufig wird auch der Kehrwert von g_0 verwendet und als dynamischer Ausgangswiderstand r_0 (im Sättigungsbereich) bzw. als On-Widerstand R_{on} (im Widerstandsbereich) bezeichnet.

Nachstehend sind die formelmäßigen Zusammenhänge für die beiden Kleinsignalkenngrößen in Abhängigkeit vom jeweiligen Arbeitsbereich des Transistors angegeben.

Linearer Arbeitsbereich:

$$I_{DS} = \beta \left[(V_{GS} - V_{th}) V_{DS} - \frac{V_{DS}^2}{2} \right]$$

$$g_m \approx \beta \cdot V_{DS}$$

$$g_{DS} = g_0 = \frac{1}{R_{on}} \approx \beta \cdot (V_{GS} - V_{th} - V_{DS})$$

(18.4)

Beispiel: On-Widerstand eines NMOSTs bei $V_{DS} = 0$ V

Für einen voll ausgesteuerten NMOST mit einer Transistorlänge von 1 µm und einer Transistorweite von 1 µm ergibt sich laut obenstehender Gleichung ein $R_{on} = \frac{1}{g_0}$ von 2500 Ω ($\kappa_N = 100\,\mu\text{A/V}^2$; $V_{GS} = 5$ V; $V_{th} = 1$ V).

Sättigungsbereich:

$$I_{DS} = \frac{\beta}{2} (V_{GS} - V_{th})^2 \cdot (1 + \lambda \cdot V_{DS})$$

$$g_m \approx \sqrt{2 \cdot \beta \cdot I_{DS}}$$

$$g_{DS} = g_0 = \frac{1}{r_0} \approx I_{DS} \cdot \lambda$$

(18.5)

Beispiel: Ausgangswiderstand eines NMOSTs für $I_{DSsat} = 800\,\mu\text{A}$

Für einen voll ausgesteuerten NMOST, der im Sättigungsbereich betrieben wird, ($\kappa_N = 100\,\mu\text{A/V}^2$; $V_{GS} = 5$ V; $V_{th} = 1$ V; $\lambda = 0{,}01\,\text{V}^{-1}$) ergibt sich bei einer Transistorlänge von 1 µm und einer Transistorweite von 1 µm ein dynamischer Ausgangswiderstand $r_0 = \frac{1}{g_0}$ von 125 kΩ.

In ▶Abbildung 18.16 ist das einfachste Kleinsignalersatzschaltbild für einen MOST angegeben. Die darin eingetragenen Spannungen sind ebenfalls kleinsignalmäßig zu interpretieren.

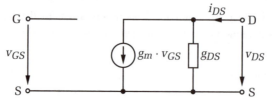

Abbildung 18.16: Einfaches Kleinsignalersatzschaltbild MOST

Für eine etwas tiefer gehende Betrachtung des Kleinsignalverhaltens sollten natürlich zusätzliche Elemente in das Modell eingebracht werden. Vor allem die Kapazitäten, die die Transistoranschlüsse miteinander verkoppeln, werden hier von Bedeutung sein, da über sie erst die Frequenzabhängigkeit im MOST-Verhalten beschreibbar wird. Ein komplexeres Ersatzschaltbild ist demnach in ▶Abbildung 18.17 zu sehen. Drain- bzw. Source-Anschluss des internen Transistors werden mit d bzw. s bezeichnet. R_D und R_S stellen die Bahnwiderstände des Drain- und des Source-Gebietes dar. Des Weiteren ist der Vollständigkeit halber auch noch der Einfluss des Substratpotentials (*Back-Gate*) über die Kenngrößen g_{mb}, v_{Bs}, g_{Bd} und g_{Bs} in die Ersatzschaltung aufgenommen.

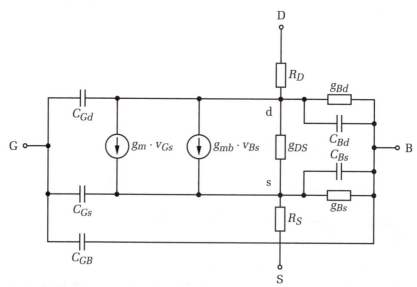

Abbildung 18.17: Erweitertes Kleinsignalersatzschaltbild MOST

Wichtig ist zu beachten, dass die im Ersatzschaltbild (▶Abbildung 18.17) eingezeichneten Kapazitäten vom Arbeitspunkt abhängig sind, in dem sich der Transistor befindet.

MOST – Kleinsignalverhalten

- Die Kleinsignalparameter gelten für einen DC-Arbeitspunkt des MOSTs.

- Die Steilheit ist der essentielle Parameter für die Verstärkung, die mit einem Transistor erreicht werden kann.

- Der Ausgangswiderstand ist im linearen Arbeitsbereich des MOSTs gleich dem R_{on} (Transistor als Schalter). Im Sättigungsbereich ist der Ausgangswiderstand relevant als Innenwiderstand von Stromsenken oder -quellen, die mit MOSTs realisiert werden, und als aktiver Lastwiderstand.

- Die Kapazitäten im MOST sind vom Arbeitspunkt abhängig. Sie bestimmen das Frequenzverhalten des Transistors wesentlich.

Bipolartransistor:
Wenn es die Fertigungstechnologie ermöglicht (Bipolar-Prozess, BiCMOS-Prozess), dann hat man sowohl bei npn- als auch bei pnp-BJTs jeweils zwei Typen von Bipolartransistoren in integrierten Schaltungen zur Verfügung: laterale (der Strom zwischen Kollektor und Emitter fließt parallel zur Substratoberfläche) und vertikale (der Strom zwischen Kollektor und Emitter fließt hier normal zur Substratoberfläche).

npn-BJT:
Laterale npn-BJTs mit relativ schlechten Eigenschaften sind auch in einem p-Wannen-CMOS-Prozess möglich und werden an dieser Stelle nicht weiter behandelt.

Vertikale npn-BJTs sind in BiCMOS- oder reinen Bipolar-Prozessen möglich. Sie weisen unter anderem ausgezeichnete Eigenschaften in Hinblick auf die Transitfrequenz, die Stromverstärkung und das Rauschen bei niedrigen Frequenzen auf. Der Flächenbedarf ist aber im Vergleich zu MOSTs um einiges höher, so dass sie nur dort eingesetzt werden, wo die besseren Eigenschaften tatsächlich gebraucht werden.

Der Aufbau eines vertikalen npn-BJTs ist in ▶Abbildung 18.18 dargestellt. Der Aufbau ist komplizierter als bei MOSTs. Das Substrat muss immer am negativsten Potential der Schaltung liegen, da sonst die Diode zwischen Kollektor und Substrat leitend werden kann.

Verhalten und Modellierung:
Die Verhaltensbeschreibung für den npn-BJT erfolgt wiederum für zwei Betrachtungsweisen. Zum einen wird das Großsignalverhalten beschrieben und zum anderen das Kleinsignalverhalten des Transistors in einem bestimmten Arbeitspunkt. Die gängigste Darstellung des Großsignalverhaltens erfolgt – wie in ▶Abbildung 18.19

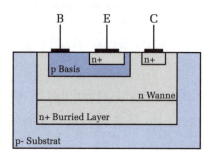

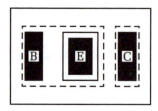

Abbildung 18.18: Layout und Querschnitt eines vertikalen npn-BJTs

zu sehen – in Form der Ausgangskennlinie. Dabei ist die Bezeichnung der Arbeitsbereiche linear und gesättigt unterschiedlich zu der bei den MOSTs. Der gesättigte Bereich liegt bei niedrigen Kollektor-Emitter-Spannungen (V_{CE}).

Die mathematische Beschreibung des Transistorverhaltens erfolgt nach Gleichung 18.6 (Ebers-Moll-Modell). Dabei wird davon ausgegangen, dass sich der Transistor im aktiven Vorwärtsbetrieb (*forward active*) befindet. Das heißt, dass die Spannung V_{BE} bei ca. +0,6 V liegt.

$$I_C = I_S \left(e^{V_{BE}/V_T} - 1 \right) \approx I_S e^{V_{BE}/V_T}$$
$$I_C = J_S\, A_E\, e^{V_{BE}/V_T} \left(1 + \frac{V_{CE}}{V_A} \right) \tag{18.6}$$
$$I_B = \frac{I_S}{B} \left(e^{V_{BE}/V_T} - 1 \right)$$

I_C ... Kollektorstrom
I_B ... Basisstrom
I_S ... Sättigungsstrom
J_S ... Sättigungsstromdichte
A_E .. Emitterfläche
B ... statische Stromverstärkung
V_A .. Early-Spannung
V_T .. Temperaturspannung (26 mV bei 25 °C)

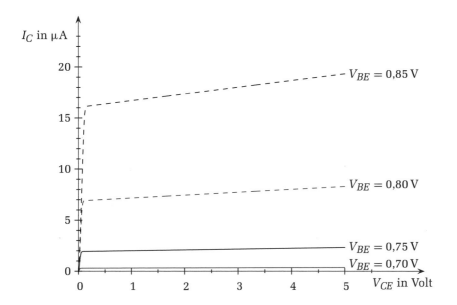

Abbildung 18.19: Ausgangskennlinie eines npn-BJTs

Die Emitterfläche A_E ist der entscheidende Designparameter. Die Sättigungsstromdichte J_S ist eine prozesstypische Kenngröße. In den meisten Fällen werden in einer Art „Baukasten" typische BJTs angeboten (also BJTs mit unterschiedlicher Emitterfläche) und der Schaltungsentwickler greift einfach auf ein passendes Modell zurück. Alternativ dazu findet man sehr häufig, dass unterschiedliche Flächen durch Parallelschaltung der Einheitstransistoren realisiert sind.

Die Kleinsignalkenngrößen für den BJT sind ähnlich definiert wie beim MOST. Eine Erweiterung gibt es in Bezug auf den Eingangswiderstand an der Basis des Transistors, da der BJT im Gegensatz zum MOST im statischen Betrieb einen Eingangsstrom an der Basis braucht. Die formelmäßigen Zusammenhänge sind nachstehend beschrieben.

$$g_m = S = \frac{\partial I_C}{\partial V_{BE}} = \frac{I_C}{V_T}$$

$$g_{BE} = \frac{1}{r_{BE}} = \frac{\partial I_B}{\partial V_{BE}} = \frac{I_B}{V_T} = \frac{g_m}{\beta} \tag{18.7}$$

$$g_{CE} = \frac{1}{r_{CE}} = \frac{\partial I_C}{\partial V_{CE}} = \frac{I_C}{V_A}$$

g_m, S .. Steilheit, Transkonduktanz
g_{BE} .. Basis-Emitter-Leitwert
g_{CE} .. Kollektor-Emitter-Leitwert, Ausgangsleitwert
β .. Kleinsignal-Stromverstärkungsfaktor

Ein Kleinsignalersatzschaltbild für den npn-BJT ist in ▶Abbildung 18.20 zu sehen. Das eigentliche Transistormodell (*intrinsic transistor*) wird über die jeweiligen Bahnwiderstände $r_{bb'}$ (10 bis 100 Ω), $r_{cc'}$ (0,1 bis 1 Ω) und $r_{ee'}$ (0,1 Ω) mit den äußeren Anschlüssen des Transistors B', C' und E' verbunden.

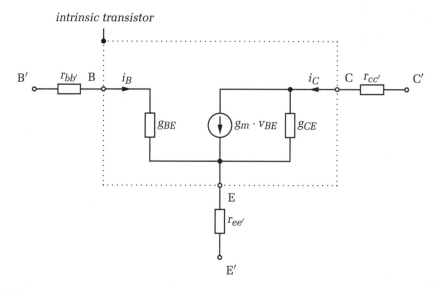

Abbildung 18.20: Kleinsignalersatzschaltbild BJT

pnp-BJT:
Wie schon ausgeführt, gibt es je nach Fertigung auch wieder zwei Typen (vertikal und lateral) von pnp-BJTs. Die vertikalen pnp-BJTs haben die besseren Eigenschaften gegenüber dem lateralen Typ. Der vertikale Transistortyp kann darüber hinaus auch in einem n-Wannen-CMOS-Prozess implementiert werden (▶Abbildung 18.21), wobei zu beachten ist, dass alle Kollektoren in diesem Fall gleich dem Substrat sind und daher auf dem niedrigsten Potential der Schaltung (GND) liegen müssen. Bevorzugt werden solche Transistoren für Bandgap-Spannungsreferenzen (siehe Kapitel 6.2.2) in CMOS-Technologie eingesetzt.

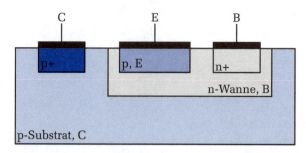

Abbildung 18.21: Vertikaler pnp-BJT in einem n-Wannen-CMOS-Prozess

Bipolartransistoren

- Bei npn- und pnp-BJTs gibt es jeweils entsprechend der Stromrichtung zwischen Kollektor und Emitter zwei Unterarten: laterale und vertikale.

- Die Emitterfläche ist der entscheidende Designparameter.

- In einem n-Wannen-CMOS-Prozess ist ein vertikaler pnp-BJT möglich (Wichtige Anwendung: Bandgap-Spannungsreferenzen).

18.2.4 Matching von Bauelementen

Als Matching wird bezeichnet, wie gut an sich gleiche Bauelemente tatsächlich in ihrem Verhalten auf dem gleichen Chip übereinstimmen. Die absoluten Toleranzen der Bauteilparameter in integrierten Schaltungen sind sehr groß. Relativ zueinander allerdings sind die Toleranzen für gleiche Bauelemente auf einem gemeinsamen Chip viel geringer – vorausgesetzt, dass einige wichtige Regeln für das Anordnen der matchenden Bauelemente im Layout beachtet werden.

Gleiche Orientierung der matchenden Elemente bewirkt, dass sich ein eventuell vorhandener Maskenversatz gleich auswirkt. Die räumliche Nähe macht es wahrscheinlicher, dass die Bauelemente auf der gleichen Temperatur liegen und die gleichen Fertigungsbedingungen (Dotierungsdichten, Schichtdicken etc.) aufweisen. Um die Einflüsse aus der Lithografie und dem Ätzen überall gleich zu haben, müssen auch die Umgebungsstrukturen gleich sein. Zu diesem Zweck kommen oftmals so genannte Dummystrukturen zum Einsatz, die elektrisch gesehen keine Funktion haben und nur gewährleisten sollen, dass die Umgebungsbedingungen an jeder Seite gleich sind. ▶Abbildung 18.22 verdeutlicht dies am Beispiel von zwei matchenden Widerständen.

Generell sollten die Strukturen, die ein gutes Matching brauchen, großflächig ausgeführt werden (Matching-Parameter sind verkehrt proportional zur Wurzel aus der Fläche!). Wenn Bauelemente in einem bestimmten Verhältnis zueinander genau werden müssen, dann muss dieses Verhältnis durch Anordnen von Einheitselementen und deren Vielfachen erfolgen. In diesem Fall empfiehlt sich die Anordnung um ein gemeinsames Zentrum (*Common Centeroid Layout*), damit sich Temperatur- und Prozessgradienten ausgleichen können. Ein Beispiel dafür ist in den ▶Abbildungen 18.23 und ▶18.24 mit den Differenzeingangstransistoren eines OTAs zu sehen. Die MOSTs M1 und M2 werden in jeweils zwei parallel geschaltete, gleiche Einzeltransistoren aufgeteilt.

18 SPEZIFISCHE MIKROELEKTRONISCHE SCHALTUNGEN

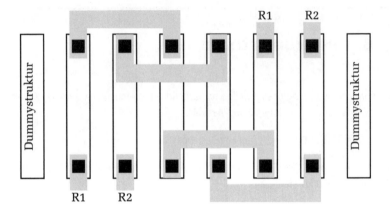

Abbildung 18.22: Widerstandsmatching mit Dummystrukturen

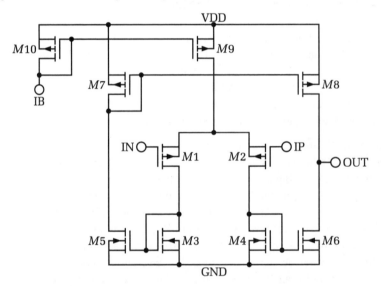

Abbildung 18.23: OTA-Schaltplan

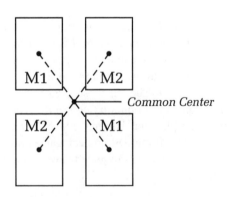

Abbildung 18.24: OTA-Layout – Anordnung der Eingangstransistoren

Layoutregeln für gutes Matching von integrierten Bauelementen

- Gleiche Orientierung der zu matchenden Bauelemente
- Räumliche Nähe
- Gleiche Umgebungsstrukturen
- Verhältnisse mit Einheitsstrukturen und deren Vervielfachung realisieren
- Große Strukturen verwenden
- Anordnung der matchenden Elemente um ein gemeinsames Zentrum (*Common Centeroid Layout*)

18.2.5 MEMS (Micro Electro Mechanical Systems)

Zunehmend werden neben den elektronischen integrierten Schaltungen auf Silizium auch Sensoren und mikromechanische Komponenten integriert. Die elektrische Abbildungsgröße ist dabei in vielen Fällen die Kapazitätsänderung. Mechanisch werden vorwiegend Masse-Feder-Systeme realisiert. Die mikromechanischen Anwendungen sind im Bereich von Beschleunigungs- (Querschnitt ▶Abbildung 18.25) bzw. Drehratensensoren und dergleichen angesiedelt. Temperatur-, Druck- und Magnetfeldmessungen auf Siliziumbasis sind schon seit einiger Zeit im Einsatz.

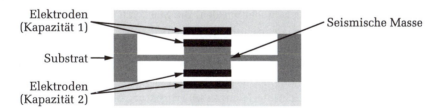

Weblink

Abbildung 18.25: Querschnitt durch einen integrierten Beschleunigungssensor

Die Fertigungsprozesse unterscheiden sich dabei aufgrund der „gröberen" Strukturen z. T. von den Standardprozessen. Es kommen in diesem Bereich z. B. auch Prozessschritte zum Einsatz, die eine Strukturierung der Rückseite des Chips vornehmen (*backside processing*). Eine besondere Bedeutung kommt bei MEMS dem Gehäuse zu, da hier unter Umständen Messgrößen direkt bis zum Chip gebracht werden müssen (z. B. Druckmessung mit integrierten Membranen) und andererseits aber in vielen Fällen über einen langen Zeitraum gewährleistet sein muss, dass das Gehäuse gasdicht ist, damit sich die Dämpfung eines schwingfähigen Gebildes nicht durch wechselnde Umgebungsbedingungen ändert.

> **MEMS – eine interessante Sache**
>
> ■ MEMS sind ein rasant wachsender Zweig in der Mikroelektronik.
>
> ■ Integrierte Sensoren sparen Platz und erlauben die Signalverarbeitung auf dem gleichen Chip.
>
> ■ Viele Größen können erfasst werden (Temperatur, Druck, Magnetfeld, Beschleunigung …).
>
> ■ Masse-Feder-Systeme mit der Kapazität als Abbildungsgröße sind häufig im Einsatz.
>
> ■ Das Gehäuse ist ein wesentlicher Bestandteil von MEMS.

18.2.6 Chipfertigung und Chipgehäuse

Auf eine detaillierte Beschreibung der Chipfertigung wird im Rahmen dieser Ausführungen verzichtet. Es wird lediglich auf Teilaspekte eingegangen, die aus der Sicht eines ASIC-Entwicklers bedeutend sind.

Transfer der Fertigungsdaten, Maskenerstellung:
Nach der Fertigstellung des IC-Entwurfs muss dieser in die Fertigung transferiert werden. Dieser spannende Moment wird als *„Tape out"* bezeichnet, da in früherer Zeit die Layoutdaten tatsächlich auf einem Magnetband als Datenträger (Maskensteuerband) zur Chipfertigung gebracht wurden. Die Masken (Quarzglas mit strukturierter Metalloberfläche) für die Fertigung werden aus den Layoutdaten meist in einem Maßstab von 5:1 generiert und umfangreichen optischen Kontrollen unterzogen. Im Sub-Mikrometerbereich sind die Kosten für die Maskenherstellung enorm hoch und dominieren gegenüber den reinen Fertigungskosten, da in diesem Fall die Maskeninformation wegen der Lichtinterferenzen (die Strukturgrößen liegen z. T. unter der Wellenlänge des für die Belichtung verwendeten Lichts!) rechnerisch ermittelt werden muss (OPC … *Optical Proximity Correction*). Als Format für das Steuerband wird nach wie vor meistens GDSII (GDSII … *Graphical Design Station II*) verwendet. Die gängigen CAD-Werkzeuge unterstützen die Ausgabe von Layoutdaten in diesem Format, wobei die Namenskonvention und die Layerzuordnung vom Hersteller bekannt sein müssen. Das Format ist binär und verwendet zellbasierte, hierarchische Strukturen, so dass die Steuerbanddatenmenge durchaus in vertretbarem Rahmen bleibt.

Ein neueres Format ist OASIS (OASIS ... *Open Artwork System Interchange Standard*), das als „Nachfolger" von GDSII konzipiert ist. Es ist ein von Hard- und Software unabhängiges Format zum Datenaustausch zwischen CAD-Layoutprogrammen und fertigungsnahen EDA-Werkzeugen.

Die Steuerbanddatenformate bilden darüber hinaus auch eine gute Möglichkeit, reine Layoutdaten zwischen verschiedenen CAD-Werkzeugen zu transferieren, da dort in der Regel auch die Möglichkeit geboten wird, solche Daten zu importieren.

Single Run, Multi-Project-Wafer Run:
Wenn ein Wafer lauter gleiche Bausteine enthält, spricht man von einem *Single Run* bei der Fertigung. Man erhält die maximale Anzahl von Bausteinen, was die Chipkosten bei hohen Stückzahlen reduziert. Die Fertigungskosten pro Chip sind daher umso kleiner, je größer der Wafer und je kleiner der Chip ist. Die Chipfläche ist eine direktes Maß für die Bausteinkosten. Die Kosten für die Belichtungsmasken und die Fertigung sind für Prototypen bei einem *Single Run* aber recht hoch.

Beim *MPW Run* (MPW ... *Multi-Project-Wafer*) werden mehrere Einzellayouts zu einem Bausteincluster zusammengesetzt, der dann mehrfach auf dem Wafer vorhanden ist. Auf diese Art können die Herstellungskosten für Musterbausteine oder Kleinserien für die einzelnen Teilnehmer am *MPW Run* reduziert werden.

Nicht alle Halbleiterhersteller unterstützen diese kostengünstige Art für die Prototypen- und Kleinserienherstellung.

Weblink

Eine für Standard-CMOS-Prozesse typische Durchlaufzeit durch die Chipfertigung beträgt zwischen vier und acht Wochen.

Backup-Wafer:
Von den Wafern eines Musterloses (z. B. 10 Stück) werden nach den wichtigen Fertigungsschritten jeweils ein oder mehrere Wafer zurückbehalten. Im Endeffekt werden nur einige Wafer bis zum Schluss gefertigt. Der Sinn dieser Maßnahme ist es, für den Fall von Korrekturen am Baustein, die sich z. B. nur durch eine Verdrahtungsänderung in der obersten Verbindungsebene durchführen lassen, den materiellen (z. B. ist nur eine neue Maske notwendig) und den zeitlichen (Fertigung kann auf die vorgefertigten Wafer aufsetzen) Aufwand für neue Bausteinmuster zu minimieren.

Chipgehäuse, Packaging:
Die fertige, integrierte Schaltung wird in ein Gehäuse eingebaut (*Packaging*). Das Gehäusematerial kann Keramik oder Plastik sein. In beiden Fällen gibt es viele Varianten in Hinblick auf die Pin-Anzahl und die Pin-Anordnung. Die Prototypenbausteine werden üblicherweise in Keramikausführung mit unverlötetem Deckel geliefert, damit eine optische Inspektion möglich ist und evtl. eine Korrektur- oder Messmöglichkeit am Chip besteht. Bei den Keramikgehäusen wird der Chip (*Die*) stressfrei in der so genannten *Die-Attach-Area* eingeklebt und mit den Bonddrähten zu den Gehäuseanschlüssen verbunden ▶Abbildung 18.26. Der Chip ist von Luft umgeben

und daher keinen mechanischen Belastungen ausgesetzt, wie dies z. B. beim Verguss mit Plastik der Fall ist. Die Gehäuseart kann neben den mechanischen auch elektrische Einflüsse auf das Verhalten des ICs haben.

Bonddrähte: Die Zuleitung der Signale und der Spannungsversorgung von den Baustein-Pins zu den Anschlüssen am Chip erfolgt über Bonddrähte und die Zuleitung im Gehäuse (*Leadframe*). Neben dem ohmschen Widerstand stellen diese Zuleitungen eine Serieninduktivität dar, die für hochfrequente Signale bzw. hohe Stromspitzen eine beachtliche Impedanz bildet. Es ist daher zu bedenken, dass sich die Signalformen am Baustein-Pin und am Chip voneinander unterscheiden können. Solche Stromspitzen treten sehr stark bei den Versorgungsspannungsanschlüssen (VDD, GND) von schnellen Digitalschaltungen auf. Sind auf dem gleichen Chip auch noch analoge Schaltungskomponenten vorhanden, so empfiehlt sich, die Versorgung des Analogteils über separate Anschlüsse (VDDA, GNDA) vorzunehmen. Damit gibt es eine geringere Beeinflussung der Analogschaltung über die Versorgung. Neben der Zuleitungsinduktivität gibt es wegen der geringen Abstände und der parallelen Führung der Bonddrähte eine kapazitive Verkopplung. Die Größenordnungen liegen für die Serieninduktivität bei ca. 3 bis 10 nH. Der Wert der Kopplungskapazität bewegt sich in der Größenordnung von einigen hundert fF. Die maximale Strombelastbarkeit für einen Bonddraht liegt bei ca. 100 mA. Aus diesem Grund ist es unter Umständen notwendig, mehrere Zuleitungen zu verwenden (hoch integrierte Mikroprozessoren mit hoher Leistungsaufnahme haben daher sehr viele VDD- und GND-Anschlüsse).

Im Bereich der HF-Schaltungstechnik hat das Chipgehäuse einen sehr starken Einfluss auf das Gesamtverhalten des ICs und wird daher mit seinen parasitären Elementen im Schaltungsentwurf mitsimuliert.

Die Chipgehäuse bieten unterschiedliche Anschlussmöglichkeiten zur Leiterplatte hin. Jede dieser Möglichkeiten bedingt in Hinblick auf die Fertigung und das Handling der Bausteine mehr oder weniger Aufwand (ein BGA-Gehäuse (BGA ... *Ball Grid Array*) z. B. kann nur noch mit aufwändigen Lötapparaten bearbeitet werden). Ein weiteres Entscheidungskriterium für die Gehäuseauswahl stellt das thermische Verhalten dar. Keramikgehäuse haben einen geringeren thermischen Widerstand als die günstigeren Plastikgehäuse. D. h. die Verlustleistung des Chips kann leichter abgeführt werden.

Seit einiger Zeit gibt es auch den Ansatz von *System-in-Package* (SiP). Dabei werden auf einem Trägermaterial einzelne Chips aufgebracht und z. T. direkt untereinander durch Bonddrähte verbunden. Nur die außen benötigten Anschlüsse werden tatsächlich über das Gehäuse herausgeführt. Vor allem bei Mixed-Signal-Schaltungen gibt es sehr unterschiedliche Anforderungen an den Analog- und den Digitalschaltungsteil (DSM-Prozesse mit kleinen Versorgungsspannungen für höchste Integration im Digitalteil; Prozesse mit höherer Betriebsspannung und evtl. „besseren" Bauelementen – wie z. B. SiGe-Transistoren – im Analogteil; hochvoltfähige Schaltungen als Interface-Strukturen ...). Oft werden daher diese Teile in der jeweils für sie passenden Technologie hergestellt und in einem Gehäuse platzsparend zusammengefügt.

18.2 Grundlagen der Mikroelektronik

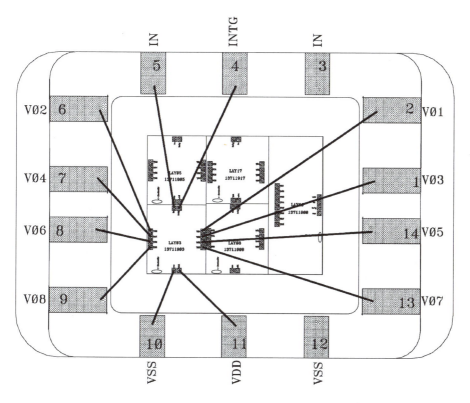

Abbildung 18.26: Bonddiagramm mit *Die-Attach-Area*

Chipfertigung und Chipgehäuse

- *Multi-Project-Wafer Run* und *Single Run* verursachen unterschiedliche Kosten für Musterbausteine.

- Die Chipkosten hängen von der Chipfläche ab.

- Das Gehäuse beinhaltet parasitäre Komponenten (L, C).

- Verschiedene Gehäusevarianten (Keramik, Plastik, Größe, Pin-Anzahl, Pin-Form ...) sind in Verwendung.

- *System-in-Package* ist u. U. eine platzsparende Variante, wenn mehrere Chips zum Einsatz kommen.

18.3 ASIC-Topologien

Es gibt bei ASICs eine breite Palette möglicher Realisierungen. Der Bogen spannt sich dabei von den programmierbaren Logikbausteinen bis hin zu voll kundenspezifischen integrierten Schaltungen. In den nachfolgenden Unterpunkten wird auf die jeweils charakteristischen Eigenschaften und die sinnvoll möglichen Einsatzgebiete eingegangen. Den Schwerpunkt in den Ausführungen bildet in weiterer Folge der Entwurfsablauf (*Design Flow*) bei der Erstellung von analogen und digitalen ASICs. Der analoge und der digitale Ablauf unterscheiden sich wesentlich. Im Bereich der digitalen Schaltungsentwicklung stehen mehrere Realisierungsmöglichkeiten zur Verfügung. Zum einen kann eine neue integrierte Schaltung gemacht werden und zum anderen kann auf die Gruppe der programmierbaren Logikbausteine zurückgegriffen werden. Diese sind meist kostengünstig verfügbar. Darüber hinaus stehen gute und günstige CAD-Entwicklungsumgebungen bereit und es kann in kurzer Zeit eine Evaluierung des Entwurfs erfolgen und gegebenenfalls eine schnelle Designänderung (Stichwort: *Rapid Prototyping*) vorgenommen werden.

Generell muss man sich beim ASIC-Entwurf von der Schaltungseingabe bis zur Fertigstellung ausschließlich der CAD-Werkzeuge bedienen, da aus Kostengründen erst ein fertiger Entwurf tatsächlich realisiert werden kann und somit keine „Zwischenevaluierungen" in Hardware erfolgen. Die Realisierung ist zeit- und kostenintensiv, was umso mehr einen sorgfältigen Entwurf erfordert.

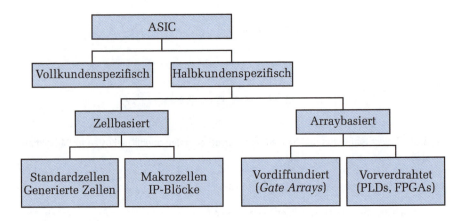

Abbildung 18.27: ASIC-Kategorisierung

▶Abbildung 18.27 bietet einen anschaulichen Überblick über die möglichen ASIC-Topologien. Mit der ersten Unterteilungsebene geht praktisch auch die Unterteilung in analoge und digitale Schaltungen einher (eine Ausnahme bilden evtl. die Schaltungen und das Layout der digitalen Zellbibliotheken, die ebenso als vollkundenspezifisch betrachtet werden können; als Anwender greift man aber hier fast immer auf eine vorbereitete Bibliothek zurück; im halbkundenspezifischen Zweig stehen u. U. auch analoge Standardzellen zur Verfügung). Der halbkundenspezifische Zweig

18.3 ASIC-Topologien

kann unterteilt werden in ASIC-Topologien, die auf vorgefertigte Strukturen aufbauen (vordiffundiert, vorverdrahtet), und solche, die von Grund auf mit einem vollen Maskensatz neu erstellt werden. Hier sieht man verschiedene Abstraktionsgrade, je nachdem, auf welcher Ebene man in das Design einsteigt (Gatterebene oder auf der Ebene komplexerer IP-Blöcke (IP ... *Intellectual Property*)).

Die Beschreibung der Eigenschaften und die Vor- bzw. Nachteile der jeweiligen ASIC-Topologien sind nachfolgend angeführt.

Vollkundenspezifische ASICs, *Full-Custom* ASIC:
Vom Schaltungsentwurf bis zum Layout wird hier alles selbst gemacht.

Vorteile: Es resultieren dabei sehr kompakte Layouts. Die Chipfläche und damit die Kosten pro Chip werden dadurch klein. Damit ergibt sich auch eine vergleichsweise hohe Ausbeute. Der Designer hat die Kontrolle über jeden Schaltungsteil. Analogschaltungen sind mit dieser Entwurfsmethode natürlich möglich.

Nachteile: Alle Masken für die Fertigung werden benötigt, wodurch die Herstellung teuer wird. Durch die hohen Kosten für die Entwicklung (Zeit und teure CAD-Werkzeuge) wird ein *Full-Custom-Design* erst bei sehr hohen Stückzahlen interessant.

Häufig wird ein *Full-Custom* ASIC-Entwurf auch nur für Teilschaltungen durchgeführt, die dann als Layoutblock in einer höheren Hierarchie-Ebene weiterverwendet werden. Als typisches Beispiel wäre hier das Layout der Bibliothekselemente einer digitalen Standardzellenbibliothek zu nennen.

Standardzellen ASICs; *Standard Cell* ASIC:
Diese ASIC-Topologie ist die mit Abstand am weitesten verbreitete. Vom ASIC-Hersteller erhält man in diesem Fall eine Bibliothek mit Zellen (analog und digital, Schaltungssymbole, Layouts, Simulationsmodelle in einer Hochsprachenbeschreibung etc.). Die digitalen Zellen sind so entworfen, dass sie eine Versorgungsschiene für VDD und GND haben, die so realisiert ist, dass die Zellen anreihbar sind und damit der Versorgungsanschluss am Anfang bzw. am Ende der Zellreihe erfolgen kann. Die resultierende Zellenanordnung erfolgt in Reihen (*cell rows*). Dazwischen liegen die Verdrahtungskanäle (*routing channels*). Das Layout eines Standardzellenentwurfs zeigt ▶Abbildung 18.33.

Die wesentlichen Charakteristika für Standardzellen-Entwürfe sind nachfolgend aufgelistet. Der Entwurf ist mit den entsprechenden CAD-Werkzeugen bis zum Layout beim Anwender möglich.

Vorteile: Schaltungen mit großer Komplexität sind hier realisierbar. Ebenso sind analoge Schaltungsteile möglich. Der Entwurf basiert in den meisten Fällen auf einer Hochsprachenbeschreibung, wodurch eine Schaltungssynthese und eine rasche Simulation mit Modellen möglich werden.

Nachteile: Alle Masken für die Fertigung werden benötigt. Komplexe CAD-Werkzeuge sind notwendig.

Gate-Array ASICs:
Bei diesem ASIC-Typ handelt es sich um eine fixe Anordnung von Transistoren und Eingangs- bzw. Ausgangspadzellen. Der so genannte *Master* wird in unterschiedlichen Komplexitäten (Anzahl der Transistoren, Pin-Anzahl etc.) vom Halbleiterhersteller vorgefertigt bereitgestellt. Über eine „anwendungsspezifische" Verdrahtung (Metallisierungsebenen) zwischen diesen Elementen wird die Schaltungsfunktion realisiert. Dadurch werden nur wenige Masken entsprechend der Anwendung benötigt. Es existieren bei *Gate-Arrays* zwei verschiedene Chiparchitekturen: Zellreihen und dazwischenliegende fixe Verdrahtungskanäle und eine *Sea-of-Gates*-Architektur, bei der es keine fixen Verdrahtungskanäle gibt. Die Verbindungsleitungen liegen je nach Bedarf über den vorgefertigten Transistoren, womit diese dann für eine Schaltungsfunktion nicht mehr zur Verfügung stehen.

Vorteile: Die Herstellung ist relativ kostengünstig und mit kurzer Durchlaufzeit möglich. Ein Einsatz ist auch bei kleineren Stückzahlen schon wirtschaftlich. Die Komplexitäten der Master sind sehr hoch und man erhält diese auch mit z. T. fertigen Zusatzzellen (Oszillatoren, PLL, RAM etc.).

Nachteile: Analoge Schaltungsteile sind nur bedingt möglich. Bei hohem Verdrahtungsaufwand oder großer benötigter Pin-Anzahl ergibt sich eventuell eine schlechte Platzausnutzung am *Master*.

Vollkundenspezifische ASICs, Standardzellen ASICs, Gate-Arrays

- Kompakte ASICs mit kleiner Fläche und optimaler Schaltungsfunktion erhält man durch einen vollkundenspezifischen Entwurfsansatz. Die Entwurfs- und Fertigungskosten sind hoch. Der sinnvolle Einsatz liegt bei analogen Schaltungen und bei Schaltungen mit hohen Stückzahlen (z. B. digitale Bibliothekszellen).

- Standardzellen-ASICs bieten eine hohe Integrationsdichte, basierend auf mehr oder weniger komplexen Bibliothekselementen (Gatter, IP-Blöcke ...). Die Fertigungskosten und der Zeitbedarf für die Herstellung sind relativ hoch, weil ein kompletter Maskensatz benötigt wird.

- *Gate-Arrays* kennzeichnen hohe Komplexität, relativ kurze Durchlaufzeiten und vergleichsweise geringe Fertigungskosten. Die vorgefertigte Struktur bringt evtl. Einschränkungen bei der Pin- und Gatteranzahl.

- Die CAD-Entwurfswerkzeuge sind teuer und man braucht als Entwickler die Unterstützung durch den Halbleiterhersteller in Form von Prozess- und Bibliotheksdaten.

18.3 ASIC-Topologien

FPSC, FPGA, LCA:
Bei den programmierbaren Logikbausteinen der Typen FPSC (*Field Programmable System Chip*), FPGA (*Field Programmable Gate Array*) und LCA (*Logic Cell Array*) gibt es mittlerweile eine breite Palette von Produkten, die sich vor allem in Hinblick auf die Architektur, die Komplexität und die Schaltgeschwindigkeit unterscheiden. Ein wesentliches weiteres Kriterium stellt die Art der Programmierung der Logikfunktion dar. Die Typenbezeichnung für die verschiedenen Bausteine ist leider nicht einheitlich, auch wenn eine ähnliche interne Architektur verwendet wird.

Vielfach werden FPGAs auch dazu eingesetzt, um in einem relativ schnellen Entwicklungsdurchlauf ein *Rapid Prototyping* für neue Schaltungsarchitekturen durchzuführen. Nach erfolgter Verifikation der Architektur in einer Hardware-Umgebung kann dann in einem weiteren Schritt z. B. die Implementierung in Form eines Standardzellenbausteins erfolgen. Der Ausgangspunkt für die Entwicklung ist dabei ident (meist eine synthetisierbare Hardware-Beschreibung) und es wird die Schaltung „einfach" auf die eine oder andere Zielarchitektur abgebildet (Schaltungssynthese).

Die wesentlichen Charakteristika dieser Bausteintypen sind nachstehend angeführt ▶Abbildung 18.28:

Architektur: Der Baustein besteht aus einer Matrix von komplexen konfigurierbaren Logikblöcken (CLB ... *Configurable Logic Block;* LAB ... *Logic Array Block*) mit dazwischenliegenden fixen Verdrahtungskanälen, die meist nochmals unterteilt sind in so genannte *local* (zwischen benachbarten CLBs) und *global* (chipweite Verbindungsleitungen) *Interconnects*. Die Matrixverbindungen sind anwendungsspezifisch konfigurierbar. Die Verbindung zu den externen Bausteinanschlüssen erfolgt über ebenfalls konfigurierbare IOBs (IOB ... *Input/Output Buffer*).

Vorteile: FPGAs sind vom Anwender direkt programmierbar. Dadurch ergeben sich kurze Entwicklungszeiten. Bausteine mit hoher Komplexität und vielen zusätzlichen Strukturen (RAM, Prozessorkerne, Schnittstellen, PLLs etc.) sind erhältlich.

Nachteile: Es ergibt sich u. U. eine relativ schlechte Ausnutzung des Chips. Die realisierbaren Schaltungen sind rein digital und meist haben diese Typen einen hohen Stromverbrauch.

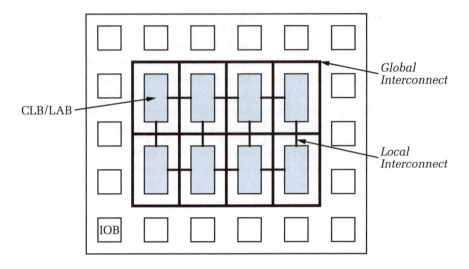

Abbildung 18.28: FPGA-Interconnect-Schema

Beispiel: Kenndaten eines High-End FPGAs

- 11280 CLBs/LABs
- 8 Mbit RAM
- 400 Hardwaremultiplizierer
- 1164 Input/Output-Buffer
- 33,5 Mbit Konfigurationsspeicher
- 2 PowerPC^{TM} Prozessorkerne
- $f_{CLKmax} = 400\,\text{MHz}$
- 130 nm/90 nm CMOS-Prozess mit neunlagiger Kupferverdrahtung

Viele FPGA-Hersteller bieten Evaluierungsboards für die hoch komplexen Bausteine an. Diese sind vom Design her flexibel gehalten und verfügen über viele der benötigten externen Peripherie-Elemente, so dass mit wenig Aufwand das eigene Design in einer Hardware-Umgebung eingebaut und getestet werden kann. Solche Evaluierungsboards sind auch deswegen ein guter Entwicklungsansatz, weil die hoch integrierten FPGAs mit den vielen Baustein-Pins für eine eigene Bestückung und eine eigene Prototypen-Platine nicht mehr vernünftig einsetzbar sind.

CPLD, GAL, PAL, PLA:

Die einfachen Bausteintypen CPLD (*Complex Programmable Logic Device*), GAL (*Generic Array Logic*), PAL (*Programmable Array Logic*) und PLA (*Programmable Logic Array*) unterscheiden sich darin, welche kombinatorische Schaltfunktion programmierbar ausgeführt wird. Meist gibt es in diesem Fall eine feste kombinatorische Schaltfunktion zur Ansteuerung wiederum programmierbarer Ausgangstreiberstufen. Die Grundstrukturen aus Logikfunktion und Ausgangstreiber werden oft auch als Makrozellen (MC ... *Macro Cell*) bezeichnet.

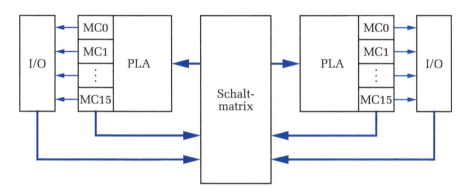

Abbildung 18.29: CPLD-Architektur

Architektur: Es gibt bei diesen PLDs eine programmierbare Gattermatrix (UND bzw. ODER) und konfigurierbare Ausgangstreiber ▶Abbildungen 18.29 und ▶18.30.

Vorteile: Eine schnelle Entwicklungszeit und eine große Typenvielfalt können hier genannt werden. Die Bausteinkosten sind vergleichsweise gering.

Nachteile: Die geringe Komplexität ist hier wahrscheinlich die größte Einschränkung.

Entwurfsumgebung und Programmierung:

Viele Hersteller von PLDs stellen für ihre Bausteinfamilien eigene Entwurfswerkzeuge kostengünstig zur Verfügung. Höhere Kosten können dann anfallen, wenn man auf vorhandene IP-Blöcke dieser Hersteller zurückgreift. Der typische Entwurfsablauf entspricht dem eines digitalen Designs (vgl. Kapitel 18.6). Die Programmierung der PLDs stellt den Endpunkt der Entwicklungsarbeit dar und erfolgt entweder über handelsübliche Programmiergeräte oder auch über die in den Bausteinen typischerweise implementierten Schnittstellen (ISP ... *In System Programmable;* ISC ... *In System Configurable* (Standardisiert nach IEEE 1532); JTAG ... *Joint Test Action Group* (Standardisiert nach IEEE 1149.1)).

Bei der Programmierung werden die Konfigurationsdaten (Logikfunktion in den CLBs, Matrixverbindungspunkte für die *Interconnects*) in Speicherelemente im Baustein eingebracht. Die Art des Speichers kann von flüchtigen RAM-Zellen (die Kon-

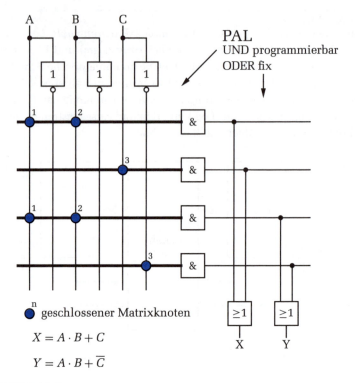

Abbildung 18.30: PAL-Architektur

figurationsdaten müssen beim Anlegen der Versorgungsspannung jedesmal neu geladen werden) bis zu einmal veränderbaren Sicherungselementen (*Fuses*) reichen. Am weitesten verbreitet sind Speicherelemente, die elektrisch programmiert und wieder gelöscht werden können. Typische Zyklenzahlen dafür liegen in der Gegend von einigen Tausend. Wenn die Möglichkeit der In-System-Programmierung genutzt werden soll, dann gilt es zu bedenken, dass am Baustein einige Pins für diese Schnittstelle „verloren" gehen und man einen Steckerzugang zur Leiterplatte vorsehen muss (erhöht den Platzbedarf und die Kosten!).

Weblink

Für eine Fehleranalyse stehen vielfach auch Bibliothekselemente für die Entwurfswerkzeuge zur Verfügung, die in weiterer Folge über die gleiche Schnittstelle wie bei der Konfiguration das Auslesen von internen Zuständen des Bausteins mithilfe einer Analyse-Hardware (Logikanalysator o. Ä.) ermöglichen.

Programmierbare Logikbausteine

- Programmierbare Logikbausteine sind in vielen Komplexitätsklassen erhältlich.
- Verschiedene Typen je nach Art der Programmierbarkeit
- *Rapid Prototyping* ist eine wichtige Anwendung der komplexen PLDs.
- Die CAD-Entwurfswerkzeuge sind in einer Standardkonfiguration kostengünstig verfügbar.

18.4 Entwurfsablauf

Der Entwurfsablauf von ASICs ist durch eine laufende Steigerung der Komplexität der realisierten Schaltungen geprägt. ▶Abbildung 18.31 illustriert diesen Sachverhalt, der auch als *Moore's Law* (formuliert von Gordon Moore[1] im Jahr 1965!) bekannt ist. Über die letzten vierzig Jahre zeigt sich eine exponentielle Zunahme der Schaltungskomplexität (Verdoppelung alle 18 Monate). Ebenfalls in Abbildung 18.31 ist die Produktivität der Schaltungsentwickler eingezeichnet. Auch hier gibt es eine exponentielle Steigerung, allerdings ist die Rate deutlich geringer (ca. 21 %/Jahr). Es folgt aus diesen zwei unterschiedlichen Steigerungsraten, dass diese zwei Kenngrößen auseinanderlaufen (*Design-Gap*). Dieses Auseinanderlaufen kann einerseits durch eine Erhöhung der Schaltungsentwickler und andererseits durch neue Designmethoden geändert werden. Und tatsächlich gab es in der Geschichte der IC-Entwicklung immer wieder solche signifikanten „Sprünge" in der Produktivität, die im Wesentlichen immer durch Maßnahmen zur Wiederverwendung bereits entworfener Elemente (*Reuse Methods*) erreicht wurden.

Im Zeitraum ab den 1980-er Jahren war dies die Einführung der Zellbibliotheken und der Hardware-Beschreibungssprachen (HDL ... *Hardware Description Language*). Mit dem Einsatz der HDLs ging auch die Möglichkeit der leichten Portierbarkeit und der Logik- bzw. Schaltungssynthese einher. Die nächste signifikante Steigerung der Produktivität stellt das Aufkommen der so genannten IP-Blöcke dar. Darunter versteht man die Tatsache, dass komplexe Schaltungen (Prozessorkerne, Schnittstellen etc.), die einmal entworfen wurden, wiederverwendet werden. IP steht für *Intellectual Property*. Es handelt sich dabei also um das geistige Eigentum einer Firma oder einer Person(engruppe), das z. B. in Form einer synthetisierbaren HDL-Beschreibung vorliegt. Die Verwendung von IP-Blöcken ist im Allgemeinen kostenpflichtig, dafür hat man aber rasch die gewünschte Hardware-Funktionalität verfügbar.

---

[1] Gordon Earl Moore, ∗ 3. Januar 1929 in San Francisco (USA), amerikanischer Chemiker und Physiker

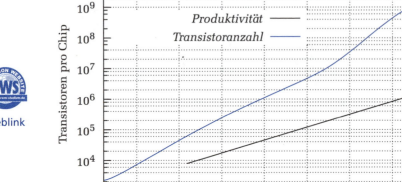

Abbildung 18.31: *Moore's Law* und *Design-Gap*

Weblink

Komplexität und Produktivität beim IC-Entwurf

- Die Anzahl der auf einem Chip realisierbaren Transistoren verdoppelt sich in 18 Monaten (*Moore's Law*) → Steigerungsrate ≈ 60 %/Jahr.

- Die Produktivität hat eine geringere Steigerungsrate von ≈ 21 %/Jahr.

- Dieser *Design-Gap* wird von Zeit zu Zeit durch neue Entwurfsmethoden geschlossen (Zellbibliotheken, HDLs, Synthese, IP-Blöcke ...).

Überlegungen im Vorfeld einer ASIC-Entwicklung:

Die Realisierung eines ASICs erfordert einige Überlegungen am Beginn der Arbeiten, die nachfolgend kurz umrissen werden. Die genaue Spezifikation, was als ASIC realisiert werden soll, ist der Grundstein für alle diese Überlegungen.

Infrastruktur: Vorrangig gilt es zu überlegen, welche Infrastruktur für den Entwurf vorhanden ist, welche benötigt wird und wie es mit den Kosten dafür aussieht. Die kostengünstige Verfügbarkeit von CAD-Werkzeugen und Rechnerplattformen sowie die Mitarbeitererfahrung im Benützen dieser Werkzeuge sind bis zum Entwurf programmierbarer Logikbausteine meist kein Problem. Darüber hinausgehend steigen die Kosten für die Werkzeuge stark an. Des Weiteren ist es zeitaufwändig, Mitarbeitererfahrung aufzubauen und bereitzuhalten, und als weiteres Kriterium kommt noch hinzu, dass für die Fertigung auf – relativ wenige – externe Fertigungsstätten (*Silicon Foundry*) zurückgegriffen werden muss.

Technologie: Die Anforderungen an den gewünschten ASIC in Hinblick auf Funktionalität (analog, digital, gemischt analog-digital), Platzbedarf, Kosten, Systemgeschwindigkeit, Versorgungsspannungsbereich, Leistungsverbrauch etc. bedingen eine Auswahl der Zieltechnologie. Eine Kenntnis der typischen Charakteristika der einzelnen Technologien ist unumgänglich (siehe Kapitel 18.2).

Entwurfsstrategie: Für den Entwurf integrierter Schaltungen spielt die Methodik aufgrund der Komplexität der Schaltungen eine wichtige Rolle. Nur wenn beim Entwurf eine Hierarchie aufgebaut und eingehalten wird, sind auch komplexe Schaltungen mit mehreren 100000 Transistoren zu überblicken und zu verifizieren. Dazu gibt es zwei wesentliche Konzepte:

- Top Down Design
- Bottom Up Design

Die Idee des *Top Down Design* ist, ausgehend von einer groben Beschreibung eines Systems, diese Beschreibung in immer kleinere Einheiten zu unterteilen und diese feiner zu beschreiben, bis man schließlich bei sehr einfachen Strukturen ankommt.

Umgelegt auf das ASIC-Design bedeutet das, dass man mit einer funktionalen Beschreibung des Problems beginnt. Dann werden die einzelnen Funktionsblöcke dieser Beschreibung aus kleineren Blöcken aufgebaut und so weiter. Auf der untersten Ebene bestehen alle Blöcke nur noch aus logischen Gattern oder Transistoren. Setzt man die Bausteine der untersten Ebene zusammen, erhält man das gesamte System.

Ein Problem bei dieser Vorgangsweise ist, dass man am Beginn nicht sicher weiß, welche Aufteilung sich als günstig erweisen wird. Es ist daher einige Erfahrung nötig, um das *Top Down Design* in der Praxis einzusetzen. Von Vorteil ist jedoch, dass gleich am Beginn eines Entwurfs eine Simulation des Gesamtsystems (auf Blockebene) durchgeführt werden kann und dass durch die Hierarchie des Entwurfs der Aufwand zum Testen viel geringer bleibt, da jeder Block nur einmal getestet werden muss und nicht so oft, wie er verwendet wird.

Den umgekehrten Weg des *Top Down Design* geht man beim *Bottom Up Design*. Hier geht man von einfachen Grundstrukturen aus und setzt aus ihnen größere Blöcke zusammen, bis man das fertige System erhält. Der Praxis kommt dieser Ansatz jedoch weniger entgegen, da man sich zunächst von seinem Problem lösen muss, um Funktionseinheiten zu entwickeln, von denen man nicht sicher weiß, ob man sie auch wirklich braucht.

Oft wird eine Mischform aus beiden Überlegungen verwendet, bei der man sowohl das Gesamtsystem als auch die elementaren Blöcke (z. B. Standardzellen-Bibliothek,

IP-Blöcke) im Auge behält, um so zu einer hierarchischen Darstellung des Problems zu kommen.

Stückzahlen, Kosten, Zeit: Wesentliche Randbedingungen für den ASIC-Ent0wurf stellen die voraussichtlich erforderlichen Stückzahlen, die Entwicklungskosten und die Entwicklungszeit dar. Zusätzlich muss noch überlegt werden, ob Analogschaltungen benötigt werden oder nicht, da nicht jeder ASIC-Typ dafür verwendet werden kann. Eine qualitativ gehaltene Übersicht über diese Aspekte ist in ▶Tabelle 18.3 zu finden. Die darin enthaltenen ASIC-Typen umfassen programmierbare Logikschaltungen (PLD), *Gate-Arrays* (GA), Standardzellen-Schaltungen (SC ... *Standard Cell*) und vollkundenspezifische Schaltungen (FC ... *Full-Custom*).

Tabelle 18.3

Eigenschaften von ASICs und Entwurfsrandbedingungen

ASIC	Analog	Kosten	Zeit	Stückzahlen
FC	ja	hoch	lange	>10.000
SC	bedingt	mittel	mittel	>5.000
GA	bedingt	mittel	mittel	>1.000
PLD	nein	gering	gering	<1.000

18.5 Entwurfsschritte

Für die Erstellung eines ASICs wird eine Reihe von Entwurfsschritten benötigt. Die wesentlichen dabei sind nachstehend chronologisch zusammengestellt:

- Systemspezifikation und Verhaltensbeschreibung
- Funktions- und Architekturbeschreibung
- Schaltungsentwurf bzw. Logiksynthese
- Platzierung und Verdrahtung
- Fertigung
- Test und eventuelle Fehleranalyse
- Überleitung in die Serienproduktion

18.5 Entwurfsschritte

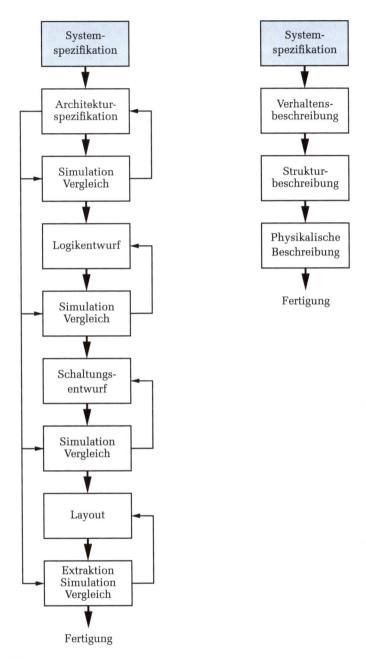

Abbildung 18.32: ASIC-Entwurfsschritte

In ►Abbildung 18.32 sind die Entwurfsschritte bis zur Fertigung (also das, was ein ASIC-Entwickler machen kann) etwas detaillierter mit den zeitlichen Abhängigkeiten und Rückwirkungen dargestellt. In der linken Darstellung symbolisieren die Rückwirkungspfeile den Vorgang der Verifikation, wo im Falle eines nicht korrekten

Simulationsergebnisses eine Adaptierung des vorherigen Entwurfsschrittes notwendig wird. Die Pfeile auf der linken Seite symbolisieren, welche Simulationsmuster und -ergebnisse in nachfolgenden Entwurfsschritten für Vergleichszwecke wieder verwendet werden.

Im rechten Teil der Abbildung ist der „Idealfall" dargestellt, bei dem der Übergang zwischen den einzelnen Beschreibungsebenen automatisiert durchgeführt wird. Ansatzweise gibt es diese Übergänge schon. Für digitale Systeme existieren diese z. B. zwischen Verhaltensbeschreibung und Strukturbeschreibung über den Weg der Logiksynthese und zwischen Strukturbeschreibung und physikalischer Beschreibung mithilfe der automatischen Platzierung und Verdrahtung bei Standardzellen-Entwürfen. Bei analogen, integrierten Schaltungen ist der Weg der Automatisierung noch nicht sehr stark vorhanden. Er erstreckt sich bisher auf Versuche und Teilaspekte. Es gibt z. B. „Generatoren" für Operationsverstärker, die – ausgehend von der Spezifikation einiger charakteristischer Kenngrößen – ein Layout erstellen.

18.6 Entwurfswerkzeuge

Der Entwurf von ASICs ist durch den fast ausschließlichen Gebrauch von CAD-Werkzeugen geprägt. Es gibt dabei in einigen Fällen *Design-Frameworks*, die eine breite Palette der anstehenden Aufgaben abdecken. Häufig findet man aber für die einzelnen groben Entwurfsschritte auch Werkzeuge verschiedener Anbieter. Eine passende Schnittstelle zwischen diesen Werkzeugen zu finden ist allerdings nicht immer leicht.

Die wesentlichen Entwurfswerkzeuge werden in den nächsten Unterkapiteln angesprochen und prinzipiell beschrieben.

Den Werkzeugen gemeinsam ist die Tatsache, dass die Designdaten in Datenbanken abgelegt sind und je nach Entwurfsschritt unterschiedliche Sichtweisen auf diese Datenbank benützt werden.

18.6.1 Schaltplaneingabe

Der Schaltplan ist beim Entwurf analoger Schaltungen nach wie vor das zentrale Eingabedokument. Nachfolgend werden die wichtigsten Elemente eines Schaltplanes behandelt, die vor allem in Zusammenhang mit der Weiterbearbeitung durch CAD-Werkzeuge interessant sind.

Bauteilsymbole: Die Symbole für die Bauteile entsprechen den üblichen Konventionen. Für den Verweis auf Elemente einer Hierarchie stehen darüber hinaus Symbole zur Verfügung, die nach eigenem Ermessen erstellt werden können. Die Verbindung zwischen den Bauteilen erfolgt über einzelne Leitungen (*wire*) oder Busse (*bus*). Zu Bedenken ist in diesem Zusammenhang aber, dass die Charakteristik dieser Leitung

(Widerstand etc.) erst in einem späteren Entwurfsschritt (Platzierung und Verdrahtung) tatsächlich festgelegt wird.

Terminals: Die Zuleitung der Eingangs- und Ausgangssignale und die Definition der Versorgungsspannungen erfolgt über *Terminals*. Diese dienen vor allem der Charakterisierung der Signalrichtung (Eingang, Ausgang, Eingang/Ausgang, Versorgung) für den Simulator und die elektrische Entwurfsprüfung.

Properties: Der Schaltplan stellt ja das zentrale Entwurfsdokument dar. Daher ist es sinnvoll, Randbedingungen für den tatsächlichen Entwurf im Schaltplan zu vermerken. Dies erfolgt über so genannte *Properties*, die zu den Elementen des Schaltplans definiert sind und vom Entwickler entsprechend seinen Wünschen vergeben werden. So wird z. B. für einen Widerstand durch eine *Property* festgelegt, in welcher Schicht er realisiert werden soll. Desgleichen werden z. B. die Abmessungen für die MOSTs als *Property* dem Bauteilsymbol angefügt.

Signalnamen: Um einen übersichtlichen Entwurfsablauf sicherzustellen, sollten alle Signale, die im Schaltplan vorkommen, benannt werden. Selbstverständlich ist das für die Ein- und Ausgänge, aber auch für signifikante interne Signale sollte ein eigener Name vergeben werden, da bei nachfolgenden Simulationen über diese Namen eine leichtere Zuordnung vom Simulationsergebnis zum Schaltplan möglich wird.

18.6.2 Hardware-Beschreibungssprachen

Im Bereich der Digitalschaltungen wird fast ausschließlich als Eingabewerkzeug die Beschreibung der Schaltung mittels einer Hardware-Beschreibungssprache verwendet. Es gibt mehrere verschiedene derartige Sprachen. VHDL (*Very High Speed Integrated Circuits Hardware Description Language*) wurde historisch gesehen als erste standardisiert (IEEE 1076-87/93/2002; VHDL-2002) und ist mittlerweile sehr weit verbreitet. Die neben VHDL am weitesten verbreitete HDL ist VERILOG, die seit dem Jahr 1995 ebenfalls als IEEE Standard (IEEE 1364-95/2001; VERILOG-2001) definiert ist. Beide sind vorwiegend für Digitalschaltungen einsetzbar. Es gibt aber darüber hinaus auch Erweiterungen zu diesen beiden Sprachen, die zur Beschreibung gemischt analog-digitaler Systeme dienen (VERILOG-AMS, VHDL-AMS; AMS ... *Analog-Mixed-Signal*). Diese Erweiterungen ermöglichen die Beschreibung zeitkontinuierlicher Systeme über Differentialgleichungen, S-Parameter oder SPICE-Netzlisten. Die neueren CAD-Werkzeuge unterstützen meist nicht nur eine dieser HDLs, sondern können mit mehreren Varianten – auch gemischt – umgehen.

HDLs bieten verschiedene Abstraktionsebenen des Entwurfes. Die Simulation ist auf jeder dieser Ebenen möglich. Darüber hinaus steht der Weg der Logiksynthese im Bereich der Digitalschaltungen zur Verfügung, was eine erhebliche Einsparung in der Entwicklungszeit mit sich bringt. An dieser Stelle muss aber angemerkt werden, dass nicht alle HDL-Konstrukte, die simulierbar sind, auch automatisch synthetisierbar sein müssen. Zurzeit werden ca. 90–95 % der Digitalschaltungen über diesen Weg erstellt. Die wesentlichen Vorteile beim Einsatz von HDLs sind die leichte Portierbarkeit des Entwurfs und der Umstand, dass diese Sprachen standardisiert sind und es viele Software-Anbieter gibt, die auf diesen Standard aufbauend CAD-Werkzeuge bereitstellen.

In VHDL stehen folgende Beschreibungsstile zur Verfügung:

- Verhaltensbeschreibung (*Behavioral Description*):
  funktionale Beschreibung, keine Strukturinformation

- Beschreibung des Datenflusses (*Dataflow Description*):
  logische und arithmetische Operatoren (RTL ... *Register Transfer Level*)

- Strukturbeschreibung (*Structural Description*):
  Block- bzw. Gatterdarstellung

Nachfolgend ist als Beispiel eine mögliche VHDL-Beschreibung für den digitalen Steuerteil eines ADCs dargestellt, der nach dem Wägeverfahren arbeitet.

Beispiel: VHDL-Fragment für einen SA-ADC-Steuerteil

–Institut fuer Elektronik - Herwig Wappis - April 2006

```vhdl
library ieee;
use ieee.std_logic_1164.all;
use ieee.std_logic_unsigned.all;

entity sar_control is
    port ( clk, reset, comp_sa: in std_logic;
        clk_sh: out std_logic;
        adc_out, adc_int: out std_logic_vector (3 DOWNTO 0));
end sar_control;

architecture behave of sar_control is
    signal state: integer range 0 to 10;
    signal clk_sh_int: std_logic;
    signal z3, z2, z1, z0: std_logic;
begin
    statemachine: process (clk, reset)
        begin
            if reset = '1' then
                state <= 10;
            elsif clk = '1' and clk'event then
                if state > 8 then state <= 0;
                else state <= state + 1;
                end if;
            end if;
    end process statemachine;

    state_proc: process (clk, reset)
    begin
        if reset = '1' then
            z0 <= '0'; z1 <= '0'; z2 <= '0'; z3 <= '0';
            clk_sh_int <= '0';
        elsif clk = '0' and clk'event then
            case state is
                when 0 => clk_sh_int <= '1';
                    z3 <= z3; z2 <= z2; z1 <= z1; z0 <= z0;
                ... hier kommen die weiteren neun States mit den Zuordnungen ...
                when others => z0 <= '0'; z1 <= '0'; z2 <= '0'; z3 <= '0';
                    clk_sh_int <= '0';
            end case;
        end if;
    end process state_proc;

    output_reg: process(reset, clk_sh_int)
    begin
        if reset = '1' then adc_out <= "0000";
        elsif clk_sh_int = '1' and clk_sh_int'event then
            adc_out(0) <= z0; adc_out(1) <= z1;
            adc_out(2) <= z2; adc_out(3) <= z3;
        end if;
    end process output_reg;
    clk_sh <= clk_sh_int;
    adc_int(0) <= z0; adc_int(1) <= z1; adc_int(2) <= z2; adc_int(3) <= z3;
end behave;
```

18.6.3 Simulation

Die Simulation der integrierten Schaltung stellt eine der Kernaktivitäten beim Schaltungsentwurf dar. Sie bietet die einzige Möglichkeit, das Schaltungsverhalten vor der Fertigung in Hinblick auf verschiedene Betrachtungen (Zeitverhalten, Gleichspannungsanalyse, Verhalten im Frequenzbereich) mittels Computer zu berechnen und auf diese Weise eine Evaluierung der gewünschten korrekten Funktion vorzunehmen.

Grundlagen:
Grundsätzlich werden verschiedene Simulatoren eingesetzt, die je nach gewünschter Genauigkeit in verschiedenen Modi arbeiten. Die genauesten Ergebnisse werden mit einem Analogsimulator (z. B. SPICE, SABER, ELDO etc.) erzielt. Dieser simuliert die Schaltung zeit- und wertkontinuierlich. Dabei werden aber recht hohe Anforderungen an die Rechenleistung des Computers gestellt. Reine Digitalsimulatoren verwenden für die Schaltungsbeschreibung einfachere Modelle, mit deren Hilfe die Schaltung mit weniger Rechenaufwand simuliert werden kann. Digital- oder Logiksimulatoren sind ereignisgesteuert und arbeiten zeit- und wertdiskret. Dabei unterscheidet man einige Abstraktionsgrade:

Funktionale Simulation: Es werden keine Verzögerungszeiten und parasitäre Erscheinungen betrachtet und nur das korrekte logische Verhalten kann damit überprüft werden.

Logiksimulation: Hier werden die Digitalschaltungen auf Gatterebene mit lastabhängigen Verzögerungszeiten simuliert. Dabei kommen unterschiedliche Modelle zur Beschreibung zum Einsatz (Modelle in einer Hochsprachenbeschreibung, RC-Timing-Modell mit der Beschreibung eines Transistors als Schalter mit Serienwiderstand, etc.). *Spikes* und Timing-Verletzungen (*timing violation*) können simuliert werden. Diese Simulation bietet auch die Möglichkeit, den Einfluss der Parameterstreuungen auf die Verzögerungszeit zu ermitteln.

Bei einer so genannten Mixed-Mode-Simulation werden verschiedene Schaltungsteile je nach der gewünschten Genauigkeit durch unterschiedliche Simulatoren berechnet (Analogsimulator, Logiksimulator).

Parameterstreuungsabschätzung:
Sowohl die Schwankung der Prozessparameter bei der Herstellung einer integrierten Schaltung als auch die äußeren Einflüsse wie der erlaubte Versorgungsspannungs- (z. B. 5 V ± 10 %) und Temperaturbereich (z. B. 0–70°C) haben eine Auswirkung auf wichtige Schaltungskenngrößen wie Verzögerungszeit, Schaltgeschwindigkeit und Stromaufnahme. Diese Auswirkungen müssen in der Entwurfsphase durch mehrfache Simulation mit unterschiedlichen Randbedingungen (*Corner Analysis* = Analyse des Schaltungsverhaltens an den relevanten Eckpunkten der Prozessparameter und der Betriebsbedingungen) bestimmt werden, damit die gefertigte Schaltung mit hoher Wahrscheinlichkeit auch trotz der Parameterstreuung und der variablen äußeren Bedingungen korrekt funktioniert.

Die Simulationen für den Versorgungsspannungsbereich und den Temperaturbereich können recht einfach durchgeführt werden. Sie erfolgen bei Analogsimulatoren durch die Spezifikation dieser Kenngrößen in der Simulationsnetzliste und bei Digitalsimulatoren über Verzögerungsfaktoren.

Die Modellierung der Prozessparameterstreuung erfolgt durch unterschiedliche Parametersätze, die jeweils charakteristische Eckpunkte abdecken. Die dabei relevanten Begriffe für die MOSTs sind nachstehend angeführt. Für passive Bauelemente und BJTs gilt eine ähnliche Nomenklatur.

typical mean, nominal:
Bei den Prozessparametern werden in diesem Fall alle Werte mit ihrer typischen Größe verwendet. Die Simulation mit diesem Parametersatz bildet üblicherweise den Ausgangspunkt der Funktionsüberprüfung mittels Simulation.

worst case speed, slow:
Die Prozessparameter werden innerhalb ihrer Einzeltoleranzen so variiert, dass in Summe die Schaltung nach außen hin gesehen am langsamsten wird (z. B. die höchsten Schwellspannungen, die kleinsten Prozessverstärkungsfaktoren etc.).

best case speed, worst case power, fast:
Die Prozessparameter werden innerhalb ihrer Einzeltoleranzen so variiert, dass in Summe die Schaltung nach außen hin gesehen am schnellsten wird (z. B. die niedrigsten Schwellspannungen, die größten Prozessverstärkungsfaktoren etc.). Da in diesem Fall auch die Stromaufnahme maximal wird, kann dieser Zustand auch als *worst case power* bezeichnet werden.

Analogsimulation:
Aus der Fülle von Analogsimulatoren wird exemplarisch der „Urvater" = SPICE (*Simulation Program with Integrated Circuit Emphasis*) herausgegriffen. Für Details sei an dieser Stelle auf die umfangreiche Literatur bzw. auf Handbücher mit der jeweils gültigen Syntax verwiesen.

Weblink

SPICE ist ein netzlistenbasierender (ASCII-Text-) Simulator. Auch die Ergebnisse werden in Textform ausgegeben. Natürlich werden in der heutigen Zeit grafische Eingabewerkzeuge zur Netzlistenerstellung verwendet (so auch bei den für dieses Buch empfohlenen freien SPICE-Derivaten). Weil aber die Netzliste letztendlich die effektive Eingabe für den Simulatorkern darstellt, sollte man zumindest über die grundlegenden Syntaxelemente Bescheid wissen, um sie gegebenenfalls kontrollieren und richtig interpretieren zu können. Die Visualisierung der Simulationsergebnisse wird heutzutage ebenfalls durch grafische Werkzeuge wesentlich erleichtert.

Netzliste: In der Netzliste werden die Schaltung, die Steuergrößen (Strom, Spannung) und die gewünschten Analysen in Textform nach einer genau festgelegten Syntax beschrieben. Die Schaltung wird dabei über Quellen und diverse aktive und passive elektronische Bauelemente ausgeführt. Das Verhalten der Bauelemente wird üblicherweise über im Simulator eingebaute Modellbeschreibungen definiert. Davon sind viele fix vorgegeben. Es besteht aber auch die Möglichkeit, dass Halbleiterhersteller ihre eigenen Modellbeschreibungen implementieren, damit diese genauer zu den Prozesscharakteristika passen.

Den Bauelemente-Anschlüssen werden Knotennummern oder -namen zugewiesen. Schaltungsknoten mit der gleichen Knotennummer werden als miteinander elektrisch verbunden betrachtet. Der Bezugspunkt der Schaltung (Masse, GND, V_{SS}) wird dem Knoten mit der Nummer Null (0) zugewiesen. Ströme in einen Anschluss hinein werden (meistens) positiv gezählt.

Für die Interpretation der Netzliste ist das jeweils erste Zeichen einer neuen Zeile ausschlaggebend. Es gibt an, ob es sich nachfolgend um einen Befehl für den Simulator oder die Definition eines Elementes handelt.

Syntax: Es gibt einen Grundstock in der Befehlssyntax, den alle SPICE-basierenden Analogsimulatoren verstehen, und darüber hinaus auch noch einen Befehlssatz, der spezifisch für das jeweils verwendete SPICE-Derivat ist. Aus diesem Grund sei für die genaue Syntax zu den einzelnen Befehlen auf die jeweiligen Handbücher zu den Programmen verwiesen.

Analysen: Die drei wichtigsten Analysen, mit denen eine Schaltung mit dem Analogsimulator betrachtet werden kann, sind die:

- DC-Analyse (Gleichspannungsanalyse):
  Es wird der Gleichspannungsarbeitspunkt der Schaltung ermittelt; Darstellung des Großsignalverhaltens

- AC-Analyse (Analyse im Frequenzbereich):
  Es wird das Kleinsignalverhalten der Schaltung um einen Gleichspannungsarbeitspunkt ermittelt.

- Transienten-Analyse (Analyse im Zeitbereich):
  Es wird der zeitliche Verlauf der Spannungen und der Ströme in der Schaltung simuliert.

Daneben gibt es noch die Möglichkeit, die Auswirkungen von Parameterschwankungen eines Bauelementes auf eine Ausgangsgröße (Sensitivitätsanalyse) zu simulieren. Ebenso ist die Analyse des Rauschverhaltens (*Noise Analysis*) der Schaltung möglich. Zum Simulieren der Parameterschwankungen stehen die Worst-Case-Analyse und die statistische Analyse (Monte-Carlo-Analyse) zur Verfügung.

Das Ergebnis der Simulation ist der Verlauf der Spannungen an den Schaltungsknoten. Ebenfalls stehen als Ergebnisse die Ströme in den vorhandenen Spannungsquellen und die Spannungen über Stromquellen zur Verfügung. Darüber hinausgehende Größen können durch Kommandos für den Simulator generiert werden, wobei dabei vor allem bei den Transienten-Analysen schnell sehr große Datenmengen entstehen können.

MOST-Berechnungsmodelle: Für MOSTs hat der Analogsimulator SPICE mehrere Modelle zur Verhaltensbeschreibung implementiert, die über einen Parameter (LEVEL) bei der MOST-Modelldefinition ausgewählt werden. Es erfordert eine sorgfältige Auswahl dieses Parameters, da nicht alle Modelle für alle Transistortypen und alle Anwendungen gleich gut geeignet sind. Grundsätzlich steigt die Komplexität und damit die Berechnungsgenauigkeit, aber auch der Rechenaufwand mit steigendem LEVEL.

Nur bei den niedrigeren LEVEL-Nummern (1, 2, 3 etc.) herrscht eine Kompatibilität zwischen den einzelnen Simulatorderivaten. Bei höheren ist diese meist nicht mehr gegeben. Auch wenn die Simulatoren auf ein vermeintlich gleiches Modell (z. B. BSIM 3v3) verweisen, ist nicht sichergestellt, dass tatsächlich die gleiche Modellbeschreibung verwendet wird. Damit ergibt sich aber auch der Nachteil, dass nicht alle SPICE-Parametersätze für MOSTs kompatibel sind. In der Regel bietet der Halbleiterhersteller aus diesem Grund auch eigene Parametersätze für die jeweiligen Simulatoren an.

Weblink

Das nachstehende Beispiel zeigt die Netzliste von zwei hintereinandergeschalteten CMOS-Invertern. Als Analysen sind die DC- und die Transienten-Analyse definiert. In der Ausgabedatei finden sich genaue Informationen zum Arbeitspunkt der Schaltung (.OP). Zusätzliche Ströme der Transistoren werden mitprotokolliert (.probe).

Beispiel: SPICE-Netzliste

Simulation

```
Pufferstufe

.OPTIONS post ACCT OPTS
.include is2.lib

MN1 3 2 0 0 MODN W=10u L=1u
MP1 3 2 1 1 MODP W=30u L=1u
MN2 4 3 0 0 MODN W=10u L=1u
MP2 4 3 1 1 MODP W=30u L=1u

C1 3 0 100fF C2 4 0 200fF

VDD 1 0 DC 5V
VIN 2 0 PWL (0n 0 1n 0 2n 5 4n 5 5n 0 7n 0 8n 5 10n 5 11n 0 13n 0)

.DC VIN 0V 5V .1V
.TRAN 0.01ns 13ns
.OP

.probe i1(MP1),i1(MN1),i1(MP2),i1(MN2)
.probe i3(MP1),i3(MN1),i3(MP2),i3(MN2)

.END
```

Analogsimulation

- Die Analogsimulation bietet die genaueste Berechnung des Schaltungsverhaltens.

- Analogsimulatoren arbeiten zeit- und wertkontinuierlich.

- Verschiedene Analysen erlauben unterschiedliche Sichtweisen auf das Schaltungsverhalten (DC-, Kleinsignal-, Zeitverhalten).

- Eine Netzliste ist die eigentliche Simulatoreingabe.

- SPICE ist ein weit verbreiteter Simulator in der elektronischen Schaltungstechnik und speziell beim IC-Design.

Digitalsimulation:
Da bei Digitalsimulatoren nur zwei Spannungspegel vorkommen, kann die Simulation vereinfacht werden. Meist reduziert sich die relevante Information neben dem Spannungspegel *High* oder *Low* auf die Ermittlung der für Digitalschaltungen typischen Zeiten (Verzögerungs-, Anstiegs- und Abfallzeit). Gegenüber Analogsimulatoren brauchen die Digitalsimulatoren auch noch einige zusätzliche Informationen an den Eingangs- und Ausgangsanschlüssen. Die wichtigsten sind nachstehend angeführt.

Signalpegel, Signalstärke: Neben den logischen Pegeln *High* und *Low* kennt ein Digitalsimulator auch noch die Signalzustände *Unknown* und *Tri-State*. Der Zustand *Unknown* tritt dann auf, wenn der Signalpegel nicht eindeutig zugeordnet werden kann (z. B. wenn zwei Ausgänge miteinander kurzgeschlossen sind oder wenn bei einem speichernden Schaltungsteil noch kein *Set* bzw. *Reset* durchgeführt worden ist). Üblicherweise werden alle Schaltungsknoten, die von einem nicht definierten Knoten abgeleitet werden, ebenfalls auf *Unknown* gesetzt, was es oft erschwert, eine sinnvolle Simulation zu beginnen. Es ist aus Gründen der einfacheren Simulierbarkeit ratsam, eine Reset-Möglichkeit in die Schaltung zu implementieren, auch wenn es von der reinen Funktion her nicht notwendig wäre (z. B. bei *State-Machines*).

Logische Pegel: L, l, 0 . . . *LO, Low*
                      H, h, 1 . . *HI, High*
                      X, x . . . . . *Unknown*
                      Z, z . . . . . *Tri-State*

Nicht alle Signale einer Digitalschaltung haben die gleiche Treiberstärke. Dies macht die Angabe von Aussagen dafür notwendig. Eine Auswahl aus gängigen Abkürzungen für diese Signalstärkenangabe ist nachstehend angeführt.

Signalstärke: I ... *Initial*
C .. *Charged*
D .. *Driven*
S .. *Supply*

Zusätzlich kann noch ein Zahlenwert für die Stärke im jeweiligen Bereich vorhanden sein, z. B. DL12 (schwacher Signalpegel *Low* wird durch einen Transistor „getrieben"; SH31 (*High*-Pegel, der durch eine Spannungsquelle vorgegeben ist). *Initial* beschreibt einen undefinierten Anfangszustand und *Charged* zeigt an, dass der Schaltungsknoten auf einem Pegel liegt, der in einer Kapazität gespeichert ist, aber nicht durch einen Transistor getrieben wird.

Signalrichtung: Bei Digitalschaltungen wird den Signalen auch eine Signalrichtung zugeordnet. *IN* markiert einen Schaltungseingang, der durch eine Quelle oder einen Ausgang (*OUT*) getrieben werden muss. Bidirektionale Anschlüsse werden als *INOUT* gekennzeichnet. Die Versorgungsspannungsanschlüsse werden durch *PWR* und *GND* markiert und stellen niederohmige Verbindungen zu Spannungsquellen dar. Durch die Angabe einer Signalrichtung wird es möglich, Schaltungsfehler zu finden, weil der Simulator z. B. beim Zusammenschalten zweier Ausgänge den Schaltungsknoten in den *Unknown*-Zustand setzt, der sich durch die Schaltung bis zu einem Ausgang fortpflanzt.

> **Digitalsimulation**
>
> ■ Der Digitalsimulator benützt vereinfachte Bauelementemodelle oder kompilierte Modellbeschreibungen von Grundstrukturen zur rascheren Simulation der Logikschaltungen.
>
> ■ Die Funktionsweise ist zeit- und wertdiskret (ereignisgesteuert).
>
> ■ Das logische und das zeitliche Verhalten der Signale sind die interessanten Parameter.

Systemsimulation und Post-Layout-Simulationen:
Immer umfangreichere integrierte Schaltungen bzw. Systeme (SoC ... *System-on-Chip*) erfordern auch entsprechende Simulationswerkzeuge auf Systemebene. Hier sind neben den schon beschriebenen HDLs in letzter Zeit noch eigene Beschreibungssprachen entwickelt worden (System-C, System-VHDL, System-VERILOG). Häufig werden auf dieser Abstraktionsebene im Bereich der analogen Schaltungsentwicklung Simulationen in einer mathematischen Entwicklungsumgebung durchgeführt.

Weblink

Im Post-Layout-Bereich, also zu einem Zeitpunkt, wo die Schaltung schon als Chip-Layout vorliegt, werden auch noch manchmal Simulationen durchgeführt, anhand derer bestimmte kritische Parameter ermittelt werden können. Das sind dann z. B. Simulationen zur Berechnung der Taktstreuung (*Clock-Skew*), zum Spannungsabfall auf den Versorgungsleitungen im Chip (*IR-Drop*; der Strom I durch die Leitung und der extrahierte Bahnwiderstand R führen zu einem Spannungsabfall), zur Substratverkopplung von Schaltungsteilen (besonders wichtig bei gemischt analog-digitalen Systemen) oder auch zur Ermittlung der Temperaturverteilung am Chip.

18.6.4 Schaltungssynthese

Der Entwurfsschritt von einer Hochsprachenbeschreibung zu einer Schaltung auf Gatter- oder Transistorebene wird als Schaltungssynthese bezeichnet. Die Synthese ist ein automatisierter Vorgang. Damit er erfolgreich ist, müssen bei der Beschreibung Randbedingungen eingehalten werden. Nicht alle Konstrukte einer Hochsprachenbeschreibung sind automatisch synthetisierbar, auch wenn die Schaltung simulierbar ist. Das Ergebnis der Synthese wird anschließend meist noch einer Optimierung entweder in Hinblick auf die Schaltungsgeschwindigkeit (*Timing*) oder auf den Flächenbedarf bzw. die Schaltungskomplexität (*Area*) unterworfen.

Die Ergebnisse der Synthese werden in Report-Dateien dokumentiert (siehe in den nachstehenden zwei Beispielen, die sich auf die VHDL-Beschreibung im Kapitel 18.6.2 beziehen) und in Form von Netzlisten oder HDL-Beschreibungen auf Strukturebene für eine weitere Verwendung im Entwurfsablauf ausgegeben.

Beispiel: Flächenreport zur Synthese des SA-ADC-Steuerteils

```
+-------------------------------------------+\\
| Report    | report_area                   |\\
|-----------+-------------------------------|\\
| Options   | -hier -cell > report/area.rpt |\\
+-----------+-------------------------------+\\
| Date      | 20080122.101512               |\\
| Tool      | pks_shell64                   |\\
| Release   | v5.13-s051                    |\\
| Version   | Jun 15 2004 04:55:59          |\\
+-----------+-------------------------------+\\
| Module    | sar_control                   |\\
+-----------+-------------------------------+\\
\\
        +----------------------------------------------------------+\\
        |   Block report for module          | Current | Cumulative |\\
        |       'sar_control'                | Module  |            |\\
        |------------------------------------+---------+------------|\\
        | Number of combinational instances  |     29  |        29  |\\
        | Number of noncombinational instances|    13  |        13  |\\
        | Number of hierarchical instances   |      0  |         0  |\\
        | Number of blackbox instances       |      0  |         0  |\\
        | Total number of instances          |     42  |        42  |\\
        | Area of combinational cells        | 1638.00 |    1638.00 |\\
        | Area of non-combinational cells    | 4295.20 |    4295.20 |\\
        | Total cell area                    | 5933.20 |    5933.20 |\\
        | Number of nets                     |     47  |        47  |\\
        | Area of nets                       |    0.00 |       0.00 |\\
        | Total area                         | 5933.20 |    5933.20 |
        +----------------------------------------------------------+
```

Beispiel: Timing-Report zur Synthese des SA-ADC-Steuerteils

```
+---------------------------------------------+\\
| Report              | report_timing         |\\
|---------------------+-----------------------|\\
| Options             | report/timing.rpt     |\\
+---------------------+-----------------------+\\
| Date                | 20080122.101512       |\\
| Tool                | pks_shell64           |\\
| Release             | v5.13-s051            |\\
| Version             | Jun 15 2004 04:55:59  |\\
+---------------------+-----------------------+\\
| Module              | sar_control           |\\
| Timing              | LATE                  |\\
| Slew Propagation    | WORST                 |\\
| PVT Mode            | max                   |\\
| Tree Type           | worst_case            |\\
| Process             | 1.00                  |\\
| Voltage             | 3.30                  |\\
| Temperature         | 25.00                 |\\
| time unit           | 1.00 ns               |\\
| capacitance unit    | 1.00 pF               |\\
| resistance unit     | 1.00 kOhm             |\\
+---------------------------------------------+\\
Path 1: MET Setup Check with Pin z1_reg/C\\
Endpoint:   z1_reg/D (v) checked with trailing edge of ideal_clock\\
Beginpoint: state_reg_3/Q (^) triggered by leading edge of ideal_clock\\
Other End Arrival Time    4.00\\
- Setup                   0.17\\
+ Phase Shift             0.00\\
= Required Time           3.83\\
- Arrival Time            3.13\\
= Slack Time              0.71
     Clock Rise Edge             0.00
     = Beginpoint Arrival Time   0.00
     +-----------------------------------------------------------------------+
     | Instance    | Arc         | Cell   | Delay | Arrival | Required |
     |             |             |        |       | Time    | Time     |
     |-------------+-------------+--------+-------+---------+----------|
     |             | clk ^       |        |       |  0.00   |  0.71    |
     | state_reg_3 | C ^ -> Q ^  | DFP1   | 1.12  |  1.12   |  1.83    |
     | i_22        | A ^ -> Q v  | NOR20  | 0.45  |  1.57   |  2.28    |
     | i_151       | A v -> Q ^  | CLKINO | 0.51  |  2.08   |  2.79    |
     | i_10        | C ^ -> Q v  | AOI210 | 0.39  |  2.48   |  3.18    |
     | i_14        | B v -> Q ^  | NAND20 | 0.41  |  2.88   |  3.59    |
     | i_154       | A ^ -> Q v  | CLKINO | 0.24  |  3.13   |  3.83    |
     | z1_reg      | D v         | DFEC1  | 0.00  |  3.13   |  3.83    |
     +-----------------------------------------------------------------------+
```

18.6.5 Layout-Erstellung

Die Layout-Erstellung ist der Transfer der Schaltung in die Maskenstruktur, die für die Fertigung verwendet wird. Im Digitalbereich wird meist auf eine Bibliothek verwiesen, in der für die Logikgatter die entsprechenden Layouts vorhanden sind. Programme zum automatischen Platzieren und Verdrahten generieren aus diesen Bibliothekselementen ein Gesamtlayout. Bei Analogschaltungen ist auch in der heutigen Zeit noch immer die interaktive Platzierung und Verdrahtung von Hand vorherrschend. Die Unterstützung, die dabei vorhanden ist, sind Layout-Generatoren, die aus den Vorgaben das Layout der Einzelbauelemente erstellen.

Schematic Driven Layout:
Die Schaltplaneingabe (*Schematic Entry*) ist im Bereich der Analogschaltungsentwicklung nach wie vor dominant, da sie dafür die übersichtlichste Darstellungsform ist. Zu einem Bauelement des Schaltplans gibt es sehr viele Realisierungen (Form, Type, Größe etc.). Um sicherzustellen, dass das endgültige Layout tatsächlich dem Schaltplan entspricht, wird häufig als Entwurfsmethode die des *Schematic Driven Layouts* (SDL) angewendet, bei der die für das Layout relevanten Größen und Parameter im Schaltplan als *Properties* vorgegeben werden. Layout-Generatoren erstellen aus den Bauelementen und den *Properties* die fertigungsgerechte Anordnung der Layer. Der zeitaufwändige und fehleranfällige Schritt der Layout-Erstellung wird damit erleichtert. Die Layout-Generatoren sollten den Schaltungsentwickler so gut als möglich unterstützen. Es sollte über einfache Parameter eine gute Unterstützung zur Umsetzung der eigenen Erfahrungen gegeben sein. Als Beispiel kann das Layout eines Transistors mit großem Weiten- zu Längenverhältnis dienen, bei dem über einen Parameter wahlweise die Kanalweite durch schlangenförmige Anordnung oder durch eine verzahnte Struktur erreicht werden kann. Im Idealfall sind die Layout-Generatoren prozessunabhängig geschrieben und können auf diese Weise leicht auf verschiedene Herstellungsprozesse adaptiert werden.

Automatische Platzierung und Verdrahtung:
Die automatische Layout-Erstellung (automatische Platzierung und Verdrahtung; APAR ... *Automatic Placement and Routing*) wird vorrangig im Bereich der digitalen integrierten Schaltungen eingesetzt. Dort sind mittlerweile recht gute Programme dafür vorhanden. Der Aufwand ist auch deswegen nicht so hoch, weil die Zellen in einer Bibliothek vorhanden sind und in ihrem Layout nicht mehr verändert werden.

Vorsicht ist geboten, wenn es bei der Konfiguration des Programms darum geht, in welchen Schichten die Verdrahtung erfolgen soll. Grundsätzlich sollten nur die niederohmigen Metallisierungsebenen dafür verwendet werden.

▶Abbildung 18.33 zeigt das Layout des SA-ADC-Steuerteils, von dem bereits die VHDL-Beschreibung und das Synthese-Ergebnis gezeigt wurden. Es wurde eine 0,35 µm CMOS-Standardzellen-Bibliothek verwendet. Die resultierende Größe ist 13.750 µm^2 (125 µm breit, 110 µm hoch).

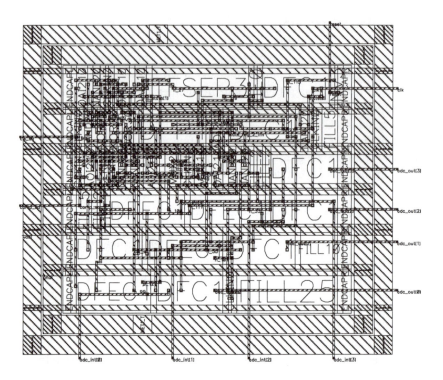

Abbildung 18.33: Automatisch erstelltes Layout des SA-ADC-Steuerteils

Mixed-Mode Layout-Regeln:
Bei der gemischt analog-digitalen (*Mixed-Mode*) Schaltungstechnik erfordert die Layout-Erstellung einige Erfahrung, damit sich parasitäre Effekte nicht auf das Verhalten der analogen Schaltungskomponenten auswirken.

Die Schaltungsteile sind auf einem gemeinsamen Substrat untergebracht, über das es zu Verkopplungen zwischen den analogen und den digitalen Schaltungskomponenten kommen kann. Eine wirkungsvolle Abhilfe bieten so genannte *Guard-Ringe*, die eine niederohmige Substratverbindung mit GND bzw. VDD rund um sensible Analogschaltungen darstellen. Störströme werden über diese niederohmige Verbindung abgeleitet, ohne in das innen liegende Substratgebiet zu gelangen.

Ein gute räumliche Trennung und getrennte Anschlüsse für VDD, VDDA, GND und GNDA sind für eine gute Entkopplung der beiden Domänen unumgänglich.

18.6.6 *Backannotation*, Fertigungsüberleitung

Das fertige Layout wird einigen Prüfungen unterzogen, die einerseits sicherstellen sollen, dass die Regeln für die Fertigung (*Design Rules*) auch tatsächlich eingehalten werden. Andererseits wird überprüft, ob es eine Übereinstimmung zwischen Layout und Schaltung gibt. Der Prüfablauf ist in ▶Abbildung 18.34 schematisch dargestellt.

18.6 Entwurfswerkzeuge

Bei der Extraktion werden aus den Schichtenkombinationen des Layouts die Transistoren, Gatter, Verbindungen bzw. auch die parasitären Kapazitäten und Widerstände herausgerechnet, damit einerseits die nachfolgenden Prüfungen durchgeführt werden können und andererseits eine nachträgliche Simulation mit den parasitären Bauelementen möglich wird (*Backannotation*).

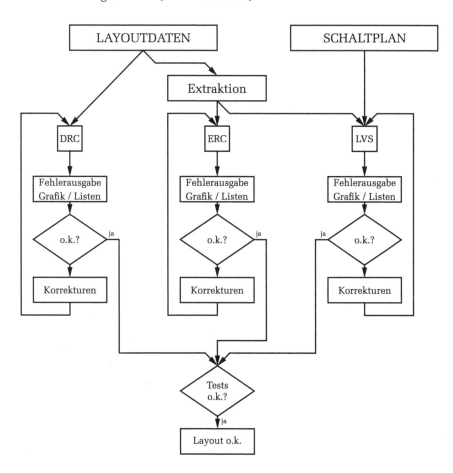

Abbildung 18.34: Entwurfsprüfung

ERC:
Beim *Electrical Rules Check* (ERC) wird geprüft, ob in der aus dem Layout extrahierten Schaltung Kurzschlüsse von mehreren Ausgängen untereinander oder zu einer der beiden Versorgungsspannungen vorliegen. Des Weiteren werden andere Trivialfehler wie z. B. offene Eingänge und kurzgeschlossene Transistoren ermittelt.

LVS:
Beim *Layout versus Schematic Check* (LVS) wird der Schaltplan mit der Schaltung verglichen, die aus dem Layout extrahiert wurde, um so die Konsistenz des Designs zu verifizieren.

DRC:
Beim *Design Rules Check* (DRC) werden die Vorschriften des Halbleiterherstellers bezüglich Mindestabmessungen (Breiten, Überdeckungen) und Mindestabständen überprüft. Diese Werte sind vom Hersteller so gewählt, dass die Fertigung mit hoher Wahrscheinlichkeit erfolgreich ist. Die *Design Rules* sind nicht immer gleich. Sie unterliegen während der „Lebenszeit" eines Prozesses oftmals einer Änderung, wenn durch Prozesscharakterisierungen ein Parameter als kritisch befunden wird.

18.6.7 Test und *Design for Test*

Der Test der fertigen integrierten Schaltung stellt einen der wichtigsten und aufwändigsten Schritte im gesamten Fertigungsablauf für einen IC dar. Bei der Herstellung einer integrierten Schaltung gibt es zwei grundsätzliche Fehlerarten: die punktuellen statistischen und die systematischen Fehler. Beide zusammen führen dazu, dass mit einer bestimmten Wahrscheinlichkeit Chips nach der Fertigung nicht korrekt funktionieren. Durch den Test sollen diese gefunden und aussortiert werden. Je früher ein Fehler gefunden wird, umso geringer sind die dadurch verursachten Kosten. Außerdem erhält der Abnehmer des ICs durch den Test auch die Garantie, dass die Funktion in Ordnung ist und die Spezifikationen eingehalten werden.

Für den Hersteller selbst ergibt sich eine Kontrolle der Produktionsqualität, unter Umständen bei sorgfältiger Analyse der Testergebnisse auch eine Steigerung der Ausbeute und es können damit auch evtl. sich ankündigende Maschinenausfälle bzw. einschleichende Fehler in der Fertigung analysiert werden.

Hohe Anforderungen an den Test ergeben sich durch den quadratischen bis exponentiellen Anstieg des Testaufwandes mit zunehmender Chipgröße. Die Schaltungen werden immer schneller und da der Test möglichst in „Echtzeit" durchgeführt werden sollte, bedingt das u. U. eine sehr aufwändige und damit teure Test-Hardware. 70 bis 80 % der Gesamtkosten einer Chip-Produktion entfallen auf den Test.

Design for Test:
Wenn die integrierten Schaltungen recht komplex werden, ist die Auswahl einer entsprechenden Teststrategie schon beim Entwurf notwendig, um hinterher eine gute Testbarkeit zu erhalten. Es gibt verschiedene Ansätze dazu, die allesamt dazu führen, dass zusätzliche Schaltungsteile integriert werden müssen. Dieser zusätzliche Aufwand kann durchaus um die 10 % der ursprünglichen Komplexität liegen.

Der **Selbsttest** (BIST ... *Built In Self Test*) beruht darauf, dass im Baustein die Testroutinen in Form von zusätzlicher Hardware implementiert sind. Die interne Strategie kann vielfältig sein und sich über weite Strecken mit den Strategien decken, die beim externen Test angewendet werden.

Der **externe Test** ist der „Standardfall", bei dem über Tester durch Prüfmuster die korrekte Funktion und die Einhaltung der Spezifikationen geprüft werden. Die Prüfmuster können bewusst überlegt und ausgewählt (deterministischer Test) oder zufällig generiert (Zufallstest) werden. Beim pseudo erschöpfenden Test wird ein zufälliges Testmuster verwendet, für das vorher durch eine Fehlersimulation eine bestimmte Fehlerabdeckung nachgewiesen wurde.

Beim **Test mit Zufallsmustern** werden zufällige, technisch günstige Testmuster verwendet. Der Zufallsmustergenerator (z. B. linear rückgekoppeltes Schieberegister) liefert immer das gleiche Muster. Damit kann die korrekte Schaltungsantwort ermittelt werden. Die Testantwort wird über eine Signaturanalyse komprimiert und steht als zweiwertiges Ergebnis (funktioniert/funktioniert nicht) zur Verfügung.

Eine sehr beliebte Methode zur Erhöhung der Testbarkeit bei Digitalschaltungen stellt die Prüfpfadtechnik (*Scan Path Design*) dar. Dabei werden die speichernden Elemente in der Schaltung von außen zugänglich gemacht und es bleiben nur Schaltwerke für die Simulation und den Test übrig. Für Schaltwerke kann rechnerunterstützt ein vollständiges Testmuster ermittelt werden (ATPG ... *Automatic Test Pattern Generation*).

Das Prinzip des *Scan Path Designs* beruht auf der Tatsache, dass die Eingänge des Schaltwerkes direkt steuerbar und die Ausgänge direkt beobachtbar gemacht werden. Die Möglichkeit der seriellen Ladbarkeit und Auslesbarkeit der speichernden Elemente ist damit gegeben.

Die ▶Abbildung 18.35 zeigt den prinzipiellen Aufbau einer Schaltung, die nach dem Prüfpfadprinzip arbeitet. Die speichernden Elemente (Y) können über Multiplexer vom Normalbetrieb in einen Schieberegisterbetrieb umgeschaltet werden. Das Testmuster für das Schaltwerk (SN) wird seriell geladen. Dann wird auf den Normalbetrieb umgeschaltet und die Ausgangszustände des Schaltwerkes werden wieder in

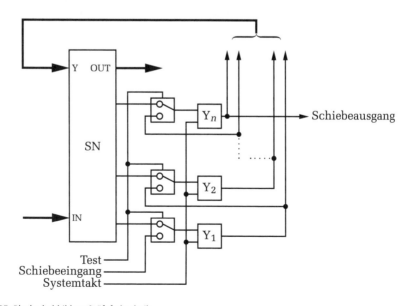

Abbildung 18.35: Blockschaltbild zur Prüfpfadtechnik

die Register übernommen. Nach dem erneuten Umschalten auf den Schieberegisterbetrieb wird dieses Ergebnis seriell ausgelesen und interpretiert, ob die Antwort des Schaltwerkes korrekt war.

Vorteile: Die Prüfpfadtechnik stellt eine effektive Teststrategie dar. Die Testmustererzeugung (auch automatisiert möglich!) und die Testauswertung sind einfach. Wesentlich ist, dass eine Fehlerdiagnose auch nachträglich (im eingebauten Zustand unter Verwendung des JTAG-Teststandards oder ähnlicher Strukturen) möglich ist. Die Gesamtprüfdauer kann bei hoher sequentieller Tiefe reduziert werden.

> ### Beispiel: Prüfaufwand
>
> Beim Testen ist besonders die sequentielle Tiefe (= Anzahl der Speicherelemente in einem Signalpfad) ein Problem. Für ein Schaltwerk mit n Eingängen und m Zuständen sind 2^{n+m} Muster zur vollständigen Prüfung erforderlich.
>
> Ein **Zahlenbeispiel**: Für eine Schaltung mit 25 Eingängen und 50 Zuständen sind demnach 2^{75} Muster notwendig. Bei einem Test mit 10 MHz Taktrate würde das etwa 10^8 Jahre dauern!
>
> Durch geeignete zusätzliche Designmaßnahmen zur Erhöhung der Testbarkeit (= *Design for Test*) kann diese Zeit drastisch reduziert werden.

Nachteile: Man benötigt zusätzliche Schaltungsteile am Chip und durch die Verlagerung des Tests hin zu einem seriellen Verfahren kommt es zu einer steigenden Testzeit. Außerdem ist mit diesem Verfahren kein Test des Schaltwerkes in Echtzeit möglich.

Fertigungstest:
Der Fertigungstest dient dem Nachweis der korrekten Funktion der Schaltung und dem Nachweis der Einhaltung der Spezifikationen (Leistungsaufnahme, Leckströme, Treiberstärken, Verzögerungszeiten etc.). Außerdem kann er auch zur Charakterisierung der Qualität und der Stabilität des Fertigungsprozesses verwendet werden.

Ablauf: Es werden sowohl auf Wafer-Ebene als auch auf Baustein-Ebene (nach dem Einbau in ein Gehäuse) folgende Tests durchgeführt:

- Kurzschlussprüfung an den Eingängen
- *Basic Function Test* (Entscheidung, ob weitergetestet wird)
- Messung der statischen Parameter (Stromaufnahme, Belastbarkeit, Leckströme)
- Messung der dynamischen Parameter (charakteristische Zeiten)
- Test der Funktion anhand des Testmusters

Burn-In: Zur Eliminierung von Frühausfällen wird bei manchen sensiblen Bausteinen ein so genannter *Burn-In-Test* als Erweiterung zum Fertigungstest durchgeführt. Dabei werden die Bausteine unter Betriebsspannung mit einem Testmuster angesteuert und eine bestimmte Zeit lang (meist einige Tage) in einer Umgebung mit hoher Temperatur betrieben. Im Anschluss daran werden die ICs nochmals komplett getestet.

ASIC – Entwurfsablauf und Entwurfswerkzeuge

- Der erfolgreiche Entwurf von ASICs bedingt eine sorgfältige Systemdefinition und das Einhalten eines strikten Entwurfsablaufs.
- Die Schaltungseingabe erfolgt im analogen Bereich in Form eines Schaltplanes.
- Bei Digitalschaltungen dominiert die Hardware-Beschreibung als Startpunkt der Entwicklung.
- Verschiedene Simulatoren ermöglichen die Überprüfung der Korrektheit des Entwurfs auf verschiedenen Abstraktionsebenen.
- Der Transfer der Schaltung in ein fertigungsgerechtes Layout erfolgt im Analogen nach wie vor durch viel „Handarbeit" und Erfahrung.
- Der Weg zum Layout einer Digitalschaltung ist weitgehend automatisiert.
- Programmierbare Logikschaltungen bieten einen günstigen und raschen Zugang zu digitalen ASICs.
- Die Entwurfsprüfung ist ein essentieller Schritt, weil damit in letzter Instanz vor der teuren Fertigung mögliche Fehler gefunden werden können.

18.7 Thermometerdesign unter Verwendung von ASICs

In diesem letzten Unterkapitel zum Thema „Anwendungsspezifische mikroelektronische Schaltungen" folgen noch einige Überlegungen zum Thermometer, das als elektronisches Gerät dieses Buch begleitet. Es sollen ein paar Punkte über den möglichen Einsatz von ASICs bei diesem Gerät beleuchtet werden.

Mit einigem Aufwand könnte der überwiegende Teil der Schaltung tatsächlich als ein einziger IC realisiert werden. Der große Aufwand dabei bezieht sich auf die Tatsache, dass es sich um eine Mixed-Signal-Schaltung handelt, bei der vom Design her viele Aspekte der gegenseitigen Beeinflussung von Analog- und Digitalschaltungsteil beachtenswert sind.

Der Digitalteil des Thermometers wäre mit relativ geringem Aufwand realisierbar (sowohl als fixe Schaltung als auch als Prozessorkern, der dann durch einen Programmspeicher konfiguriert werden kann).

Bei den analogen Schaltungskomponenten liegen die großen Herausforderungen im Bereich des Differenzintegrators. Dort muss ein Operationsverstärker mit geringer Offset-Spannung verwendet werden. Im integrierten Fall wäre das sinnvoll mit einer chopperstabilisierten Variante möglich. Ebenso sind die RC-Glieder des Differenzintegrators ein Punkt, der besondere Beachtung beim Design finden müsste. Die Komparatoren wären ohne größere Probleme zu realisieren. Die Transistoren, die als Schalter und als Kompensationsstromquelle eingesetzt werden, sollten ebenso integriert werden können. Die Referenzspannung für die Temperaturmessbrücke würde wahrscheinlich durch eine integrierte Bandgap-Schaltung einfach erzeugt werden. Spannungswandler für die Bereitstellung der Versorgungsspannung aus einer externen Batterie sind als IP-Blöcke verfügbar. Quarzoszillatoren gehören ebenfalls zu den Standardbibliotheks-Elementen.

Der gesamte Digitalteil des Thermometers könnte auch durchaus in einem PLD entsprechender Größe untergebracht werden.

Nicht in der geforderten Qualität (Genauigkeit und Temperaturgang) realisiert werden kann sicherlich der Referenzwiderstand.

Die Aspekte, die für eine „Gesamtvariante" als *System-on-Chip* sprechen könnten, wären eine entsprechend hohe Stückzahl und evtl. die geringe Leistungsaufnahme. Nicht so gewichtig erscheint die Platzreduktion, da beim Thermometer der Stecker für den Temperatursensor, die Bedienelemente, die Batterie bzw. Stromversorgung und die Anzeige sicherlich die größeren Bauelemente darstellen.

ZUSAMMENFASSUNG

In diesem Kapitel wurden behandelt:

- Kennenlernen der wichtigsten Topologien bei ASICs,

- Grundlagen der Mikroelektronik mit einem Überblick über die dominante CMOS-Technologie mit den darin verfügbaren integrierten aktiven und passiven Bauelementen,

- Kennenlernen des prinzipiellen Entwurfsablaufs bei der ASIC-Entwicklung und der dabei verwendeten CAD-Werkzeuge.

Elektromagnetische Verträglichkeit elektronischer Systeme

19.1	Einführung	610
19.2	Prüf- und Messtechnik	639
19.3	EMV-gerechtes Gerätedesign	663
19.4	CE-Kennzeichnung und relevante Normen	692
	Zusammenfassung	699

ELEKTROMAGNETISCHE VERTRÄGLICHKEIT ELEKTRONISCHER SYSTEME

Einleitung

> In diesem Kapitel werden die Grundlagen zur Entwicklung störungsfreier elektronischer Geräte behandelt. Zur Ergreifung wirksamer Maßnahmen ist das Verständnis über Entstehung, Ausbreitung und Wirkung der elektromagnetischen Störgrößen erforderlich. Mit diesem Wissen kann schon beim grundlegenden Design des Gerätes mit seinem Gehäuse und den verwendeten elektronischen Schaltungen die Störaussendung des Gerätes selbst und die Wirkung der von außen eindringenden Störungen auf das erforderliche Maß begrenzt werden.
>
> Die Mess- und Prüftechnik hilft, wenn sie entwicklungsbegleitend eingesetzt wird, frühzeitig Schwachstellen zu erkennen und zu beseitigen.
>
> Am Ende dieses Kapitels werden auch die gesetzlichen Vorschriften behandelt, die ein in der Europäischen Union in Verkehr gebrachtes Gerät einzuhalten hat. Diese Vorschriften helfen dem Konstrukteur, ein zuverlässiges Gerät zu entwickeln.

LERNZIELE

- Kennenlernen typischer Störquellen – Ursachen für die Entstehung und Ausbreitung der Störungen
- Prüftechnik – Prüfung der Störfestigkeit, Messung der Störaussendung
- EMV-gerechtes Gerätedesign – Filterung, Schaltungstechnik und Layout
- CE-Kennzeichnung – Richtlinien und Normen in der EU

19.1 Einführung

Elektronische Geräte sind in unserer Gesellschaft ein unverzichtbarer Bestandteil des Lebens. Dies gilt sowohl für den Beruf als auch für die Aktivitäten in der Freizeit. Vom Mobiltelefon bis zur Maschinensteuerung ist die Verarbeitung von analogen und digitalen Signalen eine Selbstverständlichkeit geworden. Elektromagnetische Störungen können in diesen Geräten je nach Anwendung nur „störend" wirken (z. B. kurze Tonstörung), aber auch lebensbedrohend werden (z. B. Störung der Steuerung eines Kranes oder Roboters).

In der Unterhaltungselektronik ist jedem die Auswirkung eines auf dem Fernsehgerät liegenden Mobiltelefons bekannt. Aufgrund des Funkverkehrs zwischen Telefon und Basisstation wird der Audioteil des Fernsehgerätes gestört und man „hört" einen eingehenden Anruf schon vor dem Läuten des Telefons als Störung des Fernsehtons.

Elektronische Mess-, Steuer- und Regeleinrichtungen haben die Aufgabe, Messgrößen zu erfassen, sie als Messsignal weiterzuleiten und auszuwerten. Das Ergebnis der Auswertung wird dokumentiert und wirkt meist in Form von Steuerbefehlen direkt auf eine industrielle Anlage ein. Diese Informationsverarbeitung erfolgt mithilfe analoger und digitaler elektronischer Schaltungen. Sensoren wandeln die physikalischen Größen in elektrische Messsignale um. Werden die Messsignale durch Störungen verfälscht (auch bei der Verarbeitung), entsteht ein falsches Ergebnis. Zum Beispiel kann bei der Bestimmung und Regelung des Alkoholgehalts einer Flüssigkeit durch Funkstörstrahlung der elektrische Widerstand eines Temperatursensors falsch gemessen werden und in weiterer Folge eine Stellgröße, für deren Berechnung diese Temperatur benötigt wird, falsch sein. In einer industriellen Umgebung sind starke Störquellen in unmittelbarer Nachbarschaft von empfindlichen elektronischen Schaltungen vorhanden.

Die Einwirkung einer Störung erfolgt direkt in Form von elektromagnetischer Strahlung oder indirekt über die Zuleitungen der Geräte in Form von Störspannungen und Störströmen. Für den Benutzer ist es oft nicht nachvollziehbar, warum sein Gerät gerade eine gestörte Funktion aufweist. Über gesetzliche Bestimmungen hinaus stellt daher die elektromagnetische Verträglichkeit eines Gerätes ein wesentliches Qualitätsmerkmal dar. Ein Gerät, das in seiner bestimmungsgemäßen Umgebung störungsfrei funktioniert und dabei auch andere benachbarte Geräte in ihrer Funktion nicht beeinträchtigt, wird im Gegensatz zu einem Gerät mit scheinbar zufälligen Funktionsstörungen als zuverlässiger eingestuft werden.

19.1.1 Begriffsdefinitionen

Zu Beginn der Betrachtungen werden die grundlegenden Begriffe definiert. Der Begriff der elektromagnetischen Verträglichkeit ist in der RICHTLINIE 2004/108/EG DES EUROPÄISCHEN PARLAMENTS UND DES RATES vom 15. Dezember 2004 (EMV-Richtlinie) wie folgt definiert:

> *„... 'elektromagnetische Verträglichkeit' (ist) die Fähigkeit eines Betriebsmittels, in seiner elektromagnetischen Umgebung zufriedenstellend zu arbeiten, ohne dabei selbst elektromagnetische Störungen zu verursachen, die für andere Betriebsmittel in derselben Umgebung unannehmbar wären ..."*

Die folgenden Definitionen sind sinngemäß aus der IEC 60050 (*International Electrotechnical Vocabulary*, IEC ... *International Electrotechnical Comission*) entnommen und durch Zusatzbemerkungen ergänzt. Sie stellen wesentliche Grundbegriffe dar, die in weiterer Folge benötigt werden.

- Einrichtung:
  Im Folgenden wird eine Baugruppe, ein Gerät oder eine Anlage als „Einrichtung" bezeichnet.

- **Störgröße:**
  Die Störgröße ist eine elektromagnetische Größe, die in einer elektrischen Einrichtung eine unerwünschte Beeinflussung hervorrufen kann. Die Störenergie kann direkt auf das Gehäuse, über Leitungen oder in Form von elektromagnetischer Strahlung auf eine Einrichtung einwirken. Leitungsgeführt treten Störspannungen oder Störströme auf. Die Störgröße kann periodisch (z. B. Sendestation) oder nicht periodisch (z. B. Schaltvorgänge) auftreten. Die Störung kann schmalbandig mit nur einer Störfrequenz oder breitbandig sein. Die einmalige schnelle Änderung einer Störspannung wie z. B. bei einem Funkenüberschlag erzeugt abhängig von der Änderungsgeschwindigkeit der Spannung ein Spektrum von Frequenzen, in dem auch solche im Megahertz-Bereich enthalten sind.

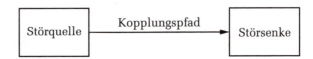

Abbildung 19.1: Störquelle, Störsenke und Kopplungspfad

- **Störquelle:**
  Die Störquelle ist der Ursprung von Störgrößen ▶Abbildung 19.1. Die Störquelle kann extern (außerhalb einer Einrichtung) oder intern (innerhalb einer Einrichtung) vorkommen. Im Fall von internen, „hausgemachten" Störungen spricht man oft nicht von der elektromagnetischen Verträglichkeit, sondern von „Eigenstörung" oder von „Signalintegrität". Die Wirkungsmechanismen und die entsprechenden Gegenmaßnahmen sind jedoch die gleichen. Die Aussendung der Störenergie erfolgt oft unbeabsichtigt. Es kann aber auch beispielsweise das beabsichtigte Aussenden elektromagnetischer Strahlung durch ein Funktelefon unbeabsichtigt von einer Einrichtung (z. B. Voltmeter) empfangen werden.

- **Störsenke:**
  Die Störsenke ist eine Einrichtung, deren Funktionsfähigkeit durch die Störung beeinträchtigt wird.

- **Kopplungspfad:**
  Der Kopplungspfad ist der Weg, über den die ganze Störenergie oder ein Teil davon von der Störquelle in die Störsenke gelangt.

- **Funktionsstörung:**
  Die Funktionsstörung ist die unerwünschte Beeinträchtigung der Funktion einer Einrichtung durch eine elektromagnetische Störgröße.

- **Funktionsminderung:**
  Eine Funktionsminderung ist die unerwünschte Beeinträchtigung der Funktion einer Einrichtung, die zwar nicht vernachlässigbar ist, aber als zulässig akzeptiert wird.

- Fehlfunktion:
Eine Fehlfunktion ist die Beeinträchtigung der Funktion einer Einrichtung, die nicht mehr zulässig ist. Die Fehlfunktion endet mit dem Abklingen der Störgröße.

- Funktionsausfall:
Ein Funktionsausfall ist die Beeinträchtigung der Funktion einer Einrichtung, die nicht mehr zulässig ist und wobei die Funktion nur durch technische Maßnahmen wiederhergestellt werden kann (z. B. der Tausch einer Sicherung).

Im Zusammenhang mit der Überprüfung der elektromagnetischen Verträglichkeit sind weitere Begriffe aus dem Prüfwesen für das Verständnis der folgenden Erklärungen wichtig:

- Prüfstörgröße:
Die Prüfstörgröße ist eine elektromagnetische Störgröße, die in einer elektrischen Einrichtung die Beeinflussung durch real auftretende Störgrößen nachbilden soll. Dabei wird die reale Störgröße nicht vollständig, sondern nur die wichtigsten Parameter (z. B. Anstiegszeit der Spannung) nachgebildet.

- Störfestigkeit:
Die Störfestigkeit ist die Fähigkeit einer elektrischen Einrichtung, Störgrößen bestimmter Höhe ohne Fehlfunktion zu ertragen.

- Störschwelle:
Die Störschwelle ist der Pegel, bei dem eine bestimmte Störgröße in einer Störsenke gerade eine Funktionsstörung hervorruft.

- Störemission:
Leitungsgeführt oder in Form von elektromagnetischer Strahlung ausgesendete Störenergie

- Verträglichkeitspegel:
Der Verträglichkeitspegel ist der festgelegte Wert einer Störgröße, bei dem die elektromagnetische Verträglichkeit für alle Einrichtungen eines gegebenen Systems bestehen soll. Dazu werden die geforderten Störfestigkeiten so bestimmt, dass Sie über den erlaubten Störemissionen liegen. Der Verträglichkeitspegel kann für unterschiedliche Umgebungen (z. B. Wohn- oder Industriebereich) oder anwendungsspezifisch (z. B. Prozesssteuerungen) so festgelegt werden, dass er von den tatsächlich auftretenden Störungen nur mit einer geringen Wahrscheinlichkeit überschritten wird.

Weiterführende Links finden Sie auf der Website des Buches.

Weblink

19.1.2 Störquellen

Im Rahmen der elektromagnetischen Verträglichkeit beschäftigen wir uns mit der Aussendung von Störungen oder der Empfindlichkeit gegenüber Störungen aus der Umgebung. Zur Beschreibung der Verhältnisse ist es zweckmäßig, sich mit dem Entstehen der Störungen genauer auseinanderzusetzen. Im ersten Schritt beschäftigen wir uns daher mit der Klassifizierung von Störquellen.

Störquellen können sowohl extern (außerhalb einer Einrichtung, Fremdstörung) als auch intern (innerhalb einer Einrichtung, Eigenstörung) auftreten. Sie haben entweder eine natürliche oder in der Mehrzahl der Fälle eine künstliche Ursache.

Die Ausbreitung der Störung kann leitungsgeführt oder in Form von Störstrahlung erfolgen.

- Interne Störquellen:
Einige interne Störquellen, die für Eigenstörungen verantwortlich sind:

z. B. die 50 Hz Versorgungswechselspannung, Lastwechsel oder anderweitig bedingte Potentialänderungen auf den Stromversorgungsleitungen, Signalwechsel auf Steuer- und Datenleitungen, hoch- und niederfrequente Taktsignale, Abschaltvorgänge an Induktivitäten (Relais), Magnetfelder (Transformator, Drossel), Funkenentladung beim Öffnen oder Schließen von Kontakten, Resonanzen, Schaltnetzteile oder andere getaktete Leistungssteller.

Die aufgezählten Störquellen können im Inneren einer integrierten Schaltung, auf einer Leiterplatte oder zwischen Baugruppen zu Störungen führen. Dabei spielt nicht nur die Amplitude der Störung eine Rolle, sondern auch, in welchem Abstand sie sich zur Störsenke befindet. Des Weiteren ist die „Güte" der Störkopplung von den auftretenden Frequenzen abhängig (siehe Abschnitt 19.1.4).

- Externe Störquellen:
Natürliche Störquellen: Abgesehen von der Sonnenaktivität, die den Funkverkehr beeinflusst, sowie seltener Sonnenstürme, die ganze Leitungsnetze auf der Nordhalbkugel in Gefahr bringen können, gibt es eine relativ häufig auftretende natürliche Störquelle: die elektrostatische Entladung (ESD ... *Electrostatic Discharge*). Sie kann in Form von direkten Blitzeinschlägen oder indirekten Folgen davon zerstörend wirken. Die elektrostatische Aufladung von Personen kann sowohl störend als auch zerstörend wirken. Der Benutzer eines Gerätes kann auf bis zu 3000 V aufgeladen sein, ohne es zu bemerken. Für einzelne Halbleiterbauteile oder Baugruppen kann dies jedoch bei einer Entladung auf Anschlüsse ohne eingebaute Schutzmaßnahmen zu Problemen führen. Es sind daher Vorkehrungen zur Vermeidung elektrostatischer Aufladung beim Zusammenbau elektronischer Baugruppen und Geräte zu treffen. Ein wirksamer Schutz ist erst beim fertigen Gerät gegeben, das ja den Entladungen des Bedienpersonals standhalten können muss. Elektrostatische Aufladungen können bei vielen Bewegungsvorgängen auftreten, bei denen Ladungstrennung möglich ist (z. B. Material auf einem Förderband, Gehen auf Kunststoffböden ...).

Künstliche Störquellen: Die meisten Störungen, die auf eine Einrichtung einwirken, sind künstlicher Herkunft und haben ihre Ursache in der vom Menschen gemachten technischen Umgebung. Störquellen befinden sich nicht nur in industrieller Umgebung, sondern auch im Kraftfahrzeug, im Büro, im Labor oder in der Wohnung. Die Störung und Zerstörung technischer Systeme durch elektromagnetische Strahlung wird auch für militärische Zwecke eingesetzt (Nuklearexplosion...).

- Quellen leitungsgeführter Störgrößen:
  Quellen leitungsgeführter sinusförmiger Störgrößen sind zum Beispiel Bahnanlagen, Rundsteueranlagen, Sender, Funkgeräte, Geräte und Anlagen mit industrieller Hochfrequenzanwendung.

  Leitungsgeführte impulsförmige Störgrößen entstehen beim Einschalten oder Abschalten großer Lasten, durch Kontaktfunken beim Schalten von kapazitiven oder induktiven Lasten mit mechanischen Schaltern und durch atmosphärische Entladungen.

- Quellen gestrahlter Störgrößen:
  Die Ursache von **sinusförmigen niederfrequenten magnetischen** Störfeldern sind Transformatoren, Leitungen der Energieversorgung, Ablenkeinheiten von Kathodenstrahlröhren (Vertikal-Ablenkfrequenz). **Sinusförmige hochfrequente** Störfelder entstehen durch Rundfunksender, Mobilfunkstationen, Funkgeräte, industrielle Hochfrequenzgeräte, Ablenkeinheiten von Kathodenstrahlröhren (Horizontal-Ablenkfrequenz).

  Impulsförmige hochfrequente Störfelder entstehen zum Beispiel beim Abschalten induktiver Lasten (Kontaktfunken) oder bei atmosphärischen Entladungen.

19.1.3 Betrachtung der Störgrößen im Frequenz- und Zeitbereich

Zum Verständnis der Ausbreitung und Wirkung der elektromagnetischen Störgrößen ist ihre Betrachtung im Frequenzbereich sehr wichtig, da sowohl die Störkopplung als auch die Auswirkung in der Störsenke und die Wirksamkeit von Gegenmaßnahmen frequenzabhängig sind.

Periodische Signale:
Zeitlich periodische Vorgänge ergeben im Frequenzbereich, wie wir aus Abschnitt 1.1.5 bereits wissen, ein diskretes Linienspektrum. Man kann die zu periodischen Vorgängen im Zeitbereich gehörigen Linienspektren unter Verwendung der Fourier-Reihenzerlegung berechnen. Eine typische Kurvenform, wie sie als Signal in digitalen Schaltungen häufig vorkommt, ist in ▶Abbildung 19.2 gezeigt und soll in weiterer Folge genauer betrachtet werden.

ELEKTROMAGNETISCHE VERTRÄGLICHKEIT ELEKTRONISCHER SYSTEME

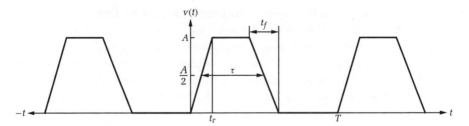

Abbildung 19.2: Periodischer Trapezimpuls

Die Amplituden der Spektrallinien ergeben sich mit $t_r = t_f$ und ohne Berücksichtigung des Gleichanteiles entsprechend der folgenden Gleichung:

$$\hat{v}(nf_1) = 2Af_1\tau \left|\frac{\sin(\pi\tau nf_1)}{\pi\tau nf_1}\right| \left|\frac{\sin(\pi t_r nf_1)}{\pi t_r nf_1}\right| \;,\quad f_1 = \frac{1}{T}, \quad n = 1, 2, 3, 4, 5\ldots . \quad (19.1)$$

Das zugehörige Linienspektrum ist in ▶Abbildung 19.3 gezeigt.

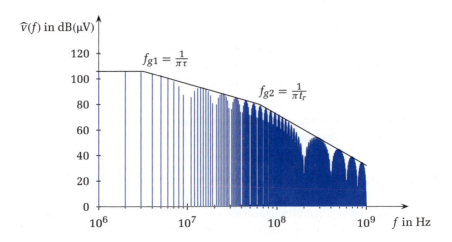

Abbildung 19.3: Linienspektrum eines periodischen Trapezimpulses

Es wurde mit der Amplitude $A = 1\,\text{V}$, der Wiederholfrequenz $f_1 = 1\,\text{MHz}$, einer mittleren Pulslänge $\tau = 0{,}1\,\mu\text{s}$ und der Anstiegs- bzw. Abfallzeit $t_r = t_f = 5\,\text{ns}$ berechnet. Die Eckfrequenzen der Grenzlinien des Amplitudenspektrums sind $f_{g1} = 3{,}2\,\text{MHz}$ und $f_{g2} = 63{,}7\,\text{MHz}$. Das so erhaltene Linienspektrum kann man auch mit einem Spektrum-Analysator messen.

Wenn man in der Gleichung 19.1 nf_1 durch f ersetzt, wird das diskrete Linienspektrum in die kontinuierliche Einhüllende der Spektrallinien umgewandelt. Durch anschließendes Logarithmieren erhält man

$$\widehat{v}(f)_{dB} = 20 \log_{10} \frac{2Af_1\tau}{1\,\mu V} + 20 \log_{10} \left|\frac{\sin(\pi\tau f)}{\pi\tau f}\right| + 20 \log_{10} \left|\frac{\sin(\pi t_r f)}{\pi t_r f}\right| . \quad (19.2)$$

Die Einhüllenden der Spektralamplituden können in drei Abschnitte unterteilt werden, die durch die Eckfrequenzen f_{g1} und f_{g2} getrennt sind:

- Im unteren Frequenzbereich ($<f_{g1}$) werden die Einhüllenden durch eine waagerechte Linie begrenzt:

$$\widehat{v}(f)_{dB} = 20 \log_{10} \frac{2Af_1\tau}{1\,\mu V} . \quad (19.3)$$

Die Höhe dieser Grenzlinie ist das Doppelte des arithmetischen Mittelwerts der Spannung $v(t)$ in ▸Abbildung 19.2. Die Terme $(\sin(\pi\tau f))/\pi\tau f$ und $(\sin(\pi t_r f))/\pi t_r f$ sind in diesem Bereich näherungsweise 1.

- Im Bereich zwischen f_{g1} und f_{g2} ergibt sich eine mit 20 dB pro Dekade fallende Grenzlinie mit dem Verlauf

$$\widehat{v}(f)_{dB} = 20 \log_{10} \left(\frac{2Af_1}{\pi f \cdot 1\,\mu V}\right) . \quad (19.4)$$

In diesem Abschnitt ist nur der Ausdruck $(\sin(\pi t_r f))/\pi t_r f$ näherungsweise 1. Um die Maximalwerte der Einhüllenden zu berechnen, wird $\sin(\pi\tau f) = 1$ gesetzt.

- Im oberen Frequenzbereich ($>f_{g2}$) fällt die Grenzlinie mit 40 dB pro Dekade:

$$\widehat{v}(f)_{dB} = 20 \log_{10} \left(\frac{2Af_1}{\pi f \cdot \pi t_r f \cdot 1\,\mu V}\right) . \quad (19.5)$$

Man sieht, dass die Frequenz, ab der die Amplituden der Einhüllenden mit 40 dB pro Dekade fallen, durch die Anstiegszeit t_r bestimmt wird. Verwendet man zum Beispiel eine sehr schnelle Logikschaltung mit steilen Flanken der Ausgangsspannung, so erfolgt der steilere Abfall im Amplitudenspektrum im Vergleich zu einer langsamen Logikschaltung erst bei höheren Frequenzen. Da die Kopplungspfade Störungen mit hohen Frequenzen meist besser übertragen, hat eine schnelle Schaltung ein höheres Störvermögen als eine langsame. Umgekehrt kann eine schnelle Schaltung auf Störimpulse reagieren, die für eine langsamere Schaltung zu kurz sind. Sie ist daher auch leichter zu stören.

Das Ergebnis dieser Überlegungen wird uns bei der Betrachtung verschiedener Störkopplungsmechanismen in den folgenden Abschnitten als Beispiel eines Störsignales begleiten.

Simulation

Nicht periodische Signale:
In der elektronischen Schaltungstechnik treten auch nicht periodische Einzelstörimpulse auf. Ihr Spektrum kann durch einen Grenzübergang aus dem Spektrum eines periodischen Störimpulses abgeleitet werden. Lässt man die Wiederholfrequenz des periodischen Trapezimpulses gegen Null gehen, erhält man einen nicht periodischen Einzelimpuls. Die Abstände der einzelnen Linien des in ▶Abbildung 19.3 gezeigten Linienspektrums werden mit sinkender Wiederholfrequenz f_1 immer enger und liegen bei $f_1 = 0$ unendlich dicht nebeneinander und haben nun den infinitesimal kleinen Abstand df. Die Summe der Fourier-Reihe geht in das Fourier-Integral über. Bezieht man die einzelnen Amplituden der Spektrallinien auf den Abstand df, erhält man ein Amplitudendichtespektrum (bei Spannungen in Volt/Hertz bzw. Voltsekunden):

$$\widehat{v}(f) = 2A\tau \left| \frac{\sin(\pi \tau f)}{\pi \tau f} \right| \left| \frac{\sin(\pi t_r f)}{\pi t_r f} \right| . \tag{19.6}$$

Das Linienspektrum der periodischen Schmalband-Störquelle geht in das kontinuierliche Spektrum einer Breitband-Störquelle über. Entsprechend den Überlegungen beim periodischen Puls kann man die Gleichung 19.6 logarithmieren und dann die Grenzlinien bestimmen:

$$\widehat{v}(f)_{dB} = 20 \log_{10} \frac{2A\tau}{1\,\mu Vs} + 20 \log_{10} \left| \frac{\sin(\pi \tau f)}{\pi \tau f} \right| + 20 \log_{10} \left| \frac{\sin(\pi t_r f)}{\pi t_r f} \right| . \tag{19.7}$$

Die Verläufe der Grenzlinien zur Gleichung 19.2 und zur Gleichung 19.7 sind ähnlich. Die Höhe der horizontalen Grenzlinie im unteren Abschnitt ($<f_{g1}$) des Amplitudendichtespektrums ist im Fall des nicht periodischen Trapezimpulses durch die doppelte Impulsfläche $2A\tau$ bestimmt.

> ### Beispiel: Transiente Störspannung
>
> Als Näherung für eine transiente Störspannung auf einer Leitung wird ein einzelner Trapezimpuls mit einer Impulsamplitude von $A = 5000$ V, einer mittleren Pulslänge $\tau = 100$ ns und einer Anstiegs- und Abfallzeit von $t_r = t_f = 5$ ns angenommen.
>
> Berechnen Sie die Grenzlinien des Amplitudendichtespektrums.
>
> Höhe der waagerechten Grenzlinie:
>
> $$\widehat{v}(f)_{dB} = 20 \log_{10} \frac{2A\tau}{1\mu Vs} = 20 \log_{10} \frac{2 \cdot 5000 \cdot 100 \cdot 10^{-9}}{1 \cdot 10^{-6}} = 60\,\text{dB}(\mu Vs)$$

19.1 Einführung

1. Eckfrequenz f_{g1}:

$$f_{g1} = \frac{1}{\pi \tau} = \frac{1}{\pi \cdot 100 \cdot 10^{-9}} = 3{,}2\,\text{MHz}$$

2. Eckfrequenz f_{g2}:

$$f_{g2} = \frac{1}{\pi t_r} = \frac{1}{\pi \cdot 5 \cdot 10^{-9}} = 63{,}7\,\text{MHz}$$

Der Verlauf der Grenzlinien ist in ▶Abbildung 19.4 dargestellt.

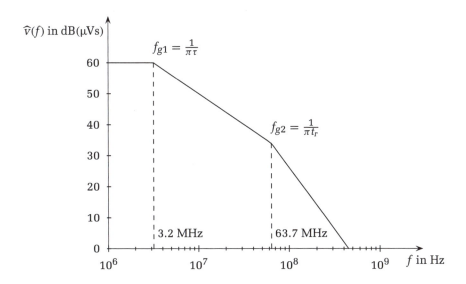

Abbildung 19.4: Grenzlinien des Amplitudendichtespektrums eines einzelnen Trapezimpulses

19.1.4 Störkopplung

In diesem Abschnitt wird ein kurzer Überblick über die verschiedenen Kopplungsarten gegeben. Auf Gegenmaßnahmen, die die Entstehung und Ausbreitung verhindern sollen, sowie über die Auswirkungen in der Störsenke wird in Abschnitt 19.3 näher eingegangen.

Die elektromagnetischen Störgrößen können nach ihren Übertragungswegen eingeteilt und benannt werden. Je nach Frequenz, den Abmessungen der beteiligten Einrichtungen bzw. Teilen davon sowie den Abständen zwischen Quelle und Senke treten unterschiedliche Mechanismen in den Vordergrund:

- gestrahlt
- leitungsgeführt
- gemischt

In vielen Fällen sind an der Übertragung der Störenergie unterschiedliche Kopplungsarten beteiligt.

Zum Beispiel kann auf einer Platine durch Schaltvorgänge eine Störwechselspannung entstehen. Wenn die Abmessungen der Platine im Vergleich zur Wellenlänge der Störfrequenz zu klein sind und die Platine daher eine schlechte Antenne zur Abstrahlung dieser Störenergie darstellt, können diese Störungen zuerst leitungsgeführt auf eine angeschlossene Leitung gelangen (z. B. Datenleitung oder Netzzuleitung).

Diese angeschlossene Leitung kann nun die Störenergie abstrahlen, wenn sie die passende Länge aufweist. Ein anderes Gerät kann die Störstrahlung über seine Zuleitungen empfangen.

Die Störungen gelangen nun wieder leitungsgeführt als Antennenstrom bzw. -spannung in das andere Gerät, die Störsenke. Im beschriebenen Fall spricht man von gestrahlter Störkopplung, da diese Kopplung auf dem vorliegenden Übertragungsweg am wichtigsten ist.

Liegt in einem Kabelkanal neben einer Netzzuleitung, auf der auch Störsignale mit steilen Spannungsflanken übertragen werden, eine Datenleitung, so kann die Störenergie durch kapazitive Kopplung über die Streukapazitäten zwischen den Leitungen in die Datenleitung gelangen.

Steht ein Monitor mit Kathodenstrahlröhre in der Nähe einer Steigleitung, können große Ströme in der Steigleitung die Ablenkung der Elektronen in der Bildröhre stören. In diesem Fall liegt magnetische Kopplung vor.

Magnetische und kapazitive Kopplung stellen einen Sonderfall der Strahlungskopplung im Nahfeld dar.

Eine elektromagnetische Störung, die zum Beispiel auf eine Netzzuleitung gelangt ist, kann sich aber auch entlang dieser Leitung ausbreiten und in ein Gerät gelangen, das am selben Verteiler angeschlossen ist. In diesem Fall spricht man von leitungsgeführter Störkopplung oder galvanischer Kopplung.

Bei einer elektrostatischen Entladung auf einen Geräteanschluss (z. B. Kontakt einer Datenschnittstelle) kann die Störung über mehrere Wege zugleich auf die Störsenke einwirken. Der bei der Entladung fließende Strom gelangt leitungsgeführt in das

Gerät. Dabei entstehende Störspannungen auf der Platine (z. B. Störspannungen auf Masseleitungen) können analoge Messspannungen verfälschen oder Bitfehler verursachen (galvanische Kopplung). Die schnellen Änderungen der Spannungsabfälle können kapazitiv auf benachbarte Leitungen überkoppeln (kapazitive Kopplung). Die schnellen Stromänderungen des Ableitstroms erzeugen ein hochfrequentes magnetisches Nahfeld (magnetische Kopplung). Die hochfrequenten Störungen beim Funkenüberschlag werden von den beteiligten Leitungen abgestrahlt (Strahlungskopplung).

Zur Bestimmung wirksamer Gegenmaßnahmen ist es von zentraler Bedeutung, den Hauptübertragungsweg einer Störung zu erkennen. Nur die genaue Kenntnis über die Entstehung, die Ausbreitung und die Art und Weise, wie die Störenergie in eine gestörte Einrichtung gelangt oder aus einer Einrichtung austritt, erlaubt es, optimale Gegenmaßnahmen zu setzen.

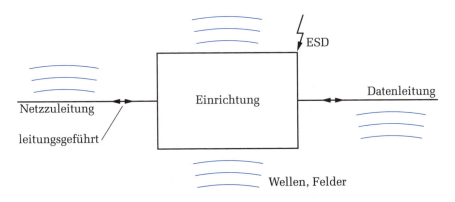

Abbildung 19.5: Beispiel für die Kopplungspfade externer elektromagnetischer Störungen

In ▶Abbildung 19.5 sind Beispiele für die Kopplungspfade externer Störgrößen dargestellt. Eine Einrichtung benötigt oft Interfaceverbindungen, Versorgungs- und Erdungsleitungen. Über diese Leitungen werden die Nutzsignale und die Versorgungsspannung übertragen. Auch bei Verwendung eines metallischen Gehäuses als Schirm muss man Öffnungen für die Ein- und Ausgänge schaffen. Zusätzlich benötigt man noch Durchbrüche für Bedien- und Anzeige-Elemente.

Elektromagnetische Störungen können nun zusammen mit den Nutzsignalen und der Versorgungsspannung als leitungsgebundene oder feldgebundene Größen durch diese Öffnungen eindringen. Sinngemäß findet man ähnliche Verhältnisse zwischen Baugruppen innerhalb eines Gerätes (z. B. Schaltnetzteil – Analogplatine) oder auf Baugruppen (z. B. Mikrocontrollerteil – A/D-Umsetzer) beziehungsweise in integrierten Schaltungen (z. B. Analogteil – Steuerteil) vor.

Galvanische Störkopplung:
Galvanische Störkopplung tritt immer dann auf, wenn sich der störende Stromkreis 1 und der gestörte Stromkreis 2 ein gemeinsames Leitungsstück und damit eine gemeinsame Impedanz teilen. Ein häufiger Fall ist die Verwendung einer gemeinsamen Masseleitung.

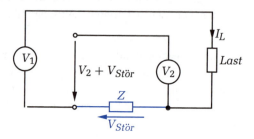

Abbildung 19.6: Ein Beispiel für galvanische Störkopplung

Ein Beispiel ist in ▶Abbildung 19.6 dargestellt. Der im Leistungsstromkreis 1 fließende Laststrom verursacht in der Rückleitung einen Spannungsabfall $V_{Stör}$. Dieselbe Rückleitung dient auch als Signalmasse für den Messstromkreis 2. An den Ausgangsklemmen des Messstromkreises wird die Überlagerung der Signalspannung V_2 und der Störspannung $V_{Stör}$ gemessen.

Die gemeinsame Impedanz Z ist im Allgemeinen frequenzabhängig ($Z = R + j\omega L$). Ihre Wirkung hängt daher vom zeitlichen Verlauf des Laststroms I_L ab. Der ohmsche Anteil R ist bei gleich bleibendem Strom I_L oder bei langsamen Änderungen des Stromes I_L von Bedeutung (bei niedrigen Frequenzen ist der Spannungsabfall am induktiven Anteil L vernachlässigbar klein). Bei höheren Frequenzen oder bei Schaltvorgängen, die ein Frequenzspektrum mit hohen Frequenzen erzeugen, ist der induktive Anteil störender.

Beispiel: Störspannung durch galvanische Störkopplung

Die gemeinsame Impedanz Z zweier Stromkreise ist mit
$$Z = R + j\omega L, \quad R = 50\,\text{m}\Omega, \quad L = 100\,\text{nH}$$
gegeben.

Fall 1: Audioverstärker
Ein sinusförmiger Strom mit einem Effektivwert von $I_{eff} = 1\,\text{A}$ und mit einer Frequenz von 20 kHz erzeugt eine Störspannung von
$$V_{Stör} = \left|1 \cdot 0{,}05 + j \cdot 2 \cdot \pi \cdot 20 \cdot 10^3 \cdot 100 \cdot 10^{-9}\right|$$
$$V_{Stör} = \left|50\,\text{mV} + j \cdot 12{,}6\,\text{mV}\right| = 51{,}6\,\text{mV}.$$

> **Fall 2: Schnelle Digitalschaltung**
> Eine Stromänderung von $\Delta I = 0{,}1\,\text{A}$ mit einer Änderungsgeschwindigkeit von $\Delta t = 10\,\text{ns}$ verursacht am ohmschen Anteil von Z eine Spannungsänderung von
>
> $$\Delta V_{\text{Stör},R} = \Delta I \cdot R = 0{,}1 \cdot 0{,}05 = 5\,\text{mV}$$
>
> und am induktiven Anteil von Z einen Spannungsimpuls während der Stromänderung mit der Amplitude
>
> $$\Delta V_{\text{Stör},L} = L\frac{\Delta I}{\Delta t} = 100 \cdot 10^{-9}\frac{0{,}1}{10 \cdot 10^{-9}} = 1\,\text{V}\,.$$
>
> Man sieht, dass eine schnelle Digitalschaltung mehr Störspannung erzeugen kann als ein leistungsstarker Audioverstärker.

Wenn man den Spannungsabfall in einer Masserückleitung infolge einer Stromänderung bestimmen möchte, ist die Eigeninduktivität des gesamten Stromkreises, der aus Hin- und Rückleiter und der von ihnen aufgespannten Fläche besteht, zu berücksichtigen. Dabei entsteht das Problem, wie die Eigeninduktivität der Schleife auf die einzelnen Leitungsstücke aufzuteilen ist. Um dieses Problem physikalisch korrekt zu lösen, wurde die Modellierung unter Verwendung partieller Induktivitäten entwickelt. Eine weiterführende Behandlung dieser Modellierung kann in [8] nachgelesen werden.

Dabei werden die Eigen- und die Gegeninduktivität, wie sie von den Leiterschleifen her bekannt sind, auf die partielle Eigeninduktivität von Leiterstücken übertragen, die mit allen anderen Leiterstücken der Schleife über partielle Gegeninduktivitäten verkoppelt sind. Dabei spielt natürlich die Lage der Leiterstücke zueinander eine Rolle (senkrecht zueinander stehende Leiterstücke haben keine partielle Gegeninduktivität).

Zur Veranschaulichung wird die Modellierung am Beispiel der in ▶Abbildung 19.7 gezeigten Anordnung einer langen geraden Leiterschleife, die durch eng benachbarte Hin- und Rückleiter gebildet wird ($d \ll l$), behandelt [8] ▶Abbildung 19.8. In diesem Fall können die senkrechten Leiterstücke am Beginn und am Ende der Schleife vernachlässigt werden. Die Dicke der Drähte wird mit $2r_W$ ($r_W \ll d$) angenommen. Die frequenzabhängige innere Induktivität der Leitungsstücke kann ab Frequenzen von wenigen kHz vernachlässigt werden.

Die partielle Eigeninduktivität eines geraden Leiterstückes beträgt:

$$L_p = \frac{\mu_0}{2\pi} l \left[\ln\left(\frac{2l}{r_W}\right) - 1 \right]. \tag{19.8}$$

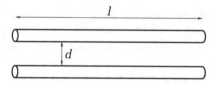

Abbildung 19.7: Leiterschleife, gebildet aus langen, parallelen Drähten

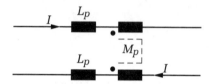

Abbildung 19.8: Modellierung mit partiellen Induktivitäten

Die partielle Gegeninduktivität ist für $d \ll l$ näherungsweise

$$M_p = \frac{\mu_0}{2\pi} l \left[\ln\left(\frac{2l}{d}\right) - 1 \right] . \tag{19.9}$$

Nun kann der Spannungsabfall über dem unteren Leitungsstück, hervorgerufen durch eine Änderung des Stromes I durch die Leiterschleife, mit

$$V_p = L_p \frac{di}{dt} - M_p \frac{di}{dt} = (L_p - M_p) \frac{di}{dt} \tag{19.10}$$

angegeben werden.

Die Induktivität für die gesamte Leiterschleife ist für $d \ll l$ und $r_w \ll d$

$$L = 2(L_p - M_p) = l \frac{\mu_0}{\pi} \ln\left(\frac{d}{r_w}\right) . \tag{19.11}$$

Bei gleicher Leitungslänge wird die Eigeninduktivität einer Leiterschleife umso geringer, je enger Hin- und Rückleiter zusammenrücken. Die partielle Eigeninduktivität der Leiterstücke bleibt konstant, die partielle Gegeninduktivität wird mit sinkendem Abstand größer. Für die Berechnung der Induktivitäten bei verschiedenen Leitungsanordnungen finden sich in der Literatur zahlreiche Näherungsformeln.

Anhand der vorhergehenden Überlegungen wird klar, dass es nicht zulässig sein kann, die Induktivität einer Leiterschleife nur durch ein einziges Element z. B. in der Masseverbindung zweier Logikbausteine nachzubilden. Im einfachsten Fall kann man die halbe Schleifeninduktivität jeweils in die Signal-Hinleitung und in die Signal-Rückleitung (Signalmasse) einfügen.

In ▶Abbildung 19.9 ist die Signalübertragung zwischen zwei logischen Puffern dargestellt. Die Kapazitäten C_1 und C_2 verhindern, dass die Querströme in den Logikschaltungen über die Zuleitungsinduktivitäten fließen müssen. Beim dargestellten Pegelwechsel am Eingang von $V_{LO} = 0$ nach V_{DD} sieht man noch einen zusätzlichen Strom, der vom linken Stützkondensator C_1 geliefert wird. Dieser Strom ist notwendig, um die Kapazitäten auf der Signalleitung umzuladen. An dieser Stelle wurde vereinfachend nur die Eingangskapazität C_e am Eingang des Puffers P_2 dargestellt. In der Realität kommen noch über die Signalleitung verteilte Streukapazitäten hinzu. Dieser Umladestrom muss durch die Signalmasse wieder zum linken Stützkondensator C_1 zurückfließen und verursacht Störspannungsabfälle. Der rechte Stützkondensator C_2 kann in diesem Fall nur den Querstrom des Puffers P_2 übernehmen. Bezüglich des Signalrückstroms hat er keine Wirkung.

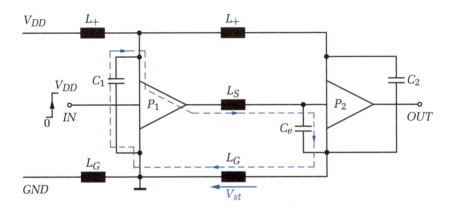

Abbildung 19.9: Einsatz von Stützkondensatoren

Der Störspannungsabfall V_{st} längs der Masseleitung kann durch das Verlangsamen der Schaltgeschwindigkeit des Ausgangs des Puffers P_1 verkleinert werden. Eine andere Möglichkeit ist die Verringerung der Eigeninduktivität der durch die Signal-Hinleitung und die Masse-Rückleitung gebildeten Leiterschleife.

Der Störspannungsabfall V_{st} hat aufgrund seiner Kurvenform hochfrequente Spektralanteile (siehe Abbildung 19.3). Diese Störspannung kann bei entsprechenden Abmessungen der Leiterplatte Störstrahlung verursachen. Auch eine mit dem Ausgang des Puffers P_2 verbundene Leitung kann HF-Energie abstrahlen. Der in der als Rahmenantenne wirkenden Signal-Leiterschleife fließende Strom kann ebenfalls Störstrahlung erzeugen.

Kapazitive Störkopplung:
Kapazitive Kopplung tritt dann auf, wenn sich Potentialdifferenzen zwischen Leitern ändern. Die Streukapazitäten zwischen den Leitern werden dann umgeladen. Die Größe der Umladeströme hängt von der Größe der Kapazitäten und der Änderungsgeschwindigkeit der Spannung zwischen den Leitern ab. In ▶Abbildung 19.10

ist als Beispiel die kapazitive Störkopplung zwischen einer Leitung mit einem Digitalsignal und dem virtuellen Nullpunkt einer Verstärkerschaltung dargestellt. Dies kann auf einer Leiterplatte mit schlechtem Layout vorkommen.

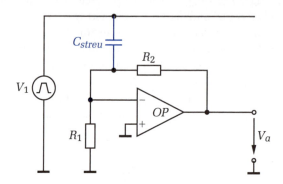

Abbildung 19.10: Ein Beispiel für kapazitive Störkopplung

Nimmt man zum Beispiel als digitales Störsignal den in Abbildung 19.2 dargestellten periodischen Trapezimpuls mit einer Wiederholfrequenz von $f_1 = 1\,\text{MHz}$, aber hier mit einer Amplitude von $A = 3{,}3\,\text{V}$ an, ergibt sich das in Abbildung 19.3 dargestellte Linienspektrum, jedoch mit einer im Vergleich dazu um ca. 10 dB höheren Amplitude. Der Scheitelwert der Grundwelle mit der Frequenz f_1 beträgt 0,66 V. Ist der Wert der Kapazität $C_{streu} = 1\,\text{pF}$, ergibt sich der Betrag des Widerstands X_C bei $f_1 = 1\,\text{MHz}$ mit

$$X_C = \frac{1}{2\pi f_1 C} \approx 159\ \text{k}\Omega\ . \qquad (19.12)$$

Bei der Frequenz der 63. Oberwelle mit $f_{63} = 63\,\text{MHz}$ beträgt die Amplitude der dazu gehörenden Spektrallinie ca. 33 mV. Der Widerstand des Kondensators hat bei dieser Frequenz ca. 2,5 kΩ. Die Amplituden des Linienspektrums nehmen mit steigender Frequenz proportional zur Frequenz zwar ab, der kapazitive Widerstand des Kondensators C_{streu} jedoch auch. Die Störwirkung des Rechteckssignals bleibt somit ab der Frequenz f_{g1} bis zur Grenzfrequenz f_{g2} konstant. Ab dieser Frequenz fallen die Amplituden mit der doppelten Steigung und die Störungen werden geringer.

Die Transitfrequenz vieler Standardoperationsverstärker beträgt einige Megahertz. Gelangen Störfrequenzen mit höherer Frequenz an den Eingang eines solchen Verstärkers mit seiner Beschaltung, ist sein Verhalten nicht definiert. Zum Beispiel kann sich die Offsetspannung des Verstärkers ändern. Ein Teil der Störungen wird am Ausgang erscheinen. Dies ist auch ein Grund, warum man zur Filterung von hochfrequenten Störungen keine aktiven Filter verwenden kann (siehe auch Abschnitt 17.2.3).

Zur Abschätzung der Störwirkung einer benachbarten Leitung kann auch die Anstiegsgeschwindigkeit der Spannung auf der die Störung verursachenden Leitung verwendet werden.

Die Größe des Störstroms durch die Streukapazität hängt von der Änderungsgeschwindigkeit der Spannung v_C an der Streukapazität ab.

$$i_C = C \frac{\Delta v_C}{\Delta t} \qquad (19.13)$$

In unserem Beispiel ergibt sich während der Anstiegszeit bzw. der Abfallzeit ein rechtecksförmiger Stromimpuls in den virtuellen Nullpunkt des Verstärkers mit einer Amplitude von $I = 660\,\mu\text{A}$.

Erfolgt die Störkopplung nicht in den virtuellen Nullpunkt, sondern in den Ausgang der in Abbildung 19.10 gezeigten Operationsverstärkerschaltung, so entsteht dort eine Störspannung, weil der Ausgang von Verstärkerschaltungen bei Einkopplung hochfrequenter Störströme als hochohmig zu betrachten ist, da der Ausgangswiderstand einer Verstärkerschaltung mit sinkender Schleifenverstärkung steigt.

Ein- und Ausgänge von Verstärkerschaltungen müssen daher mit passiven Filtern gegen hochfrequente Störungen geschützt werden. Grundzüge dieser Filterschaltungen haben wir in den einführenden Kapiteln bereits kennen gelernt, eine weitergehende Betrachtung der Filter im Sinne der elektromagnetischen Verträglichkeit erfolgt in Abschnitt 19.3.1.

Induktive Störkopplung:
Induktive Störkopplung liegt vor, wenn die durch den sich ändernden Strom im störenden Stromkreis 1 erzeugte Änderung des Magnetfeldes im Stromkreis 2 eine Spannung induziert. Auch hier müssen die Leiterschleifen mit den von ihnen aufgespannten Flächen betrachtet werden ▶ Abbildung 19.11.

Die Wirkung des Stromes in der Leiterschleife 1 auf die Leiterschleife 2 kann durch die Gegeninduktivität M_{12} modelliert werden. Auch die induktive Störkopplung ist wie die kapazitive Störkopplung frequenzabhängig ▶ Abbildung 19.12.

$$V_{St\ddot{o}r,2}(\omega) = I_1(\omega) j\omega M_{12} \qquad (19.14)$$

Im Zeitbereich kann die Wirkung der Gegeninduktivität folgendermaßen berechnet werden:

$$V_{St\ddot{o}r,2} = \frac{d\phi}{dt} = M_{12} \frac{di_1}{dt} \qquad (19.15)$$

Im Unterschied zur Eigeninduktivität L hängt die Gegeninduktivität M_{12} auch von der Ausrichtung der Leiterschleifen zueinander ab, da sich dann der magnetische Fluss ϕ, der die Fläche der Leiterschleife 2 durchsetzt, ändert [1].

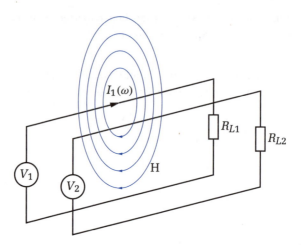

Abbildung 19.11: Ein Beispiel für induktive Störkopplung

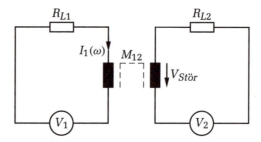

Abbildung 19.12: Modellierung der induktiven Störkopplung

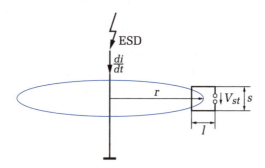

Abbildung 19.13: Induzierte Störspannung bei einer elektrostatischen Entladung

In ▶Abbildung 19.13 ist die induktive Störkopplung in eine kleine Leiterschleife mit der Länge l und der Höhe s, die sich im Abstand r von einer Leitung befindet, dargestellt. In der Leitung ändert sich infolge einer elektrostatischen Entladung der Strom sehr schnell.

Beispiel: Durch eine elektrostatische Entladung induzierte Störspannung

Gegeben ist eine kleine Leiterschleife mit $l = s = 1$ cm. In einem mittleren Abstand von $r = 5$ cm befindet sich eine Leitung mit einer Stromänderung von $\frac{di}{dt} = 10$ A/ns als Folge einer elektrostatischen Entladung. Unter der Annahme eines homogenen magnetischen Feldes innerhalb der Schleifenfläche kann man die induzierte Spannung einfach berechnen:

$$V_{st} = N \cdot \frac{d\phi}{dt} = N \cdot \frac{d(BA)}{dt} = N \cdot A \cdot \frac{dB}{dt} = N \cdot A \cdot \frac{d(\mu_0 H)}{dt} = \mu_0 \cdot N \cdot A \cdot \frac{dH}{dt}$$

$$V_{st} = \mu_0 \cdot N \cdot A \cdot \frac{d\left(\frac{I}{2\pi r}\right)}{dt} = \frac{\mu_0 \cdot N \cdot A}{2\pi r} \cdot \frac{dI}{dt}$$

$$V_{st} = \frac{4\pi \cdot 10^{-7} \cdot 1 \cdot 0{,}01 \cdot 0{,}01}{2 \cdot \pi \cdot 0{,}05} \cdot \frac{10}{1 \cdot 10^{-9}} = 4\,\text{V}\,.$$

Dieser Störpuls überschreitet die Logikschwelle von Digitalschaltungen. Es hängt nun von der Arbeitsgeschwindigkeit der Schaltung ab, ob sie auf diesen Störimpuls reagieren kann. Je nach Arbeitsgeschwindigkeit wird der Abstand r, unter dem eine Störung auftritt, unterschiedlich sein. Das dargestellte Beispiel kann bei einem schlechten Layout oft die Ursache für Abstürze einer Schaltung mit einem Mikrocontroller sein, wenn in deren Nähe eine elektrostatische Entladung (z. B. auf das Gehäuse) stattfindet.

Da die Berechnung magnetischer Kreise eher in den Bereich der Grundlagen als in den Bereich der elektronischen Schaltungstechnik gehört, wurde auf eine Darstellung der Zusammenhänge im magnetischen Kreis verzichtet. An dieser Stelle sei auf das schon öfter zitierte Werk zu den Grundlagen der Elektrotechnik [1] verwiesen.

Strahlungskopplung:
Bis jetzt haben wir uns mit kapazitiver und induktiver Kopplung beschäftigt. Beide Kopplungsarten basieren auf Änderungen des elektrischen beziehungsweise des magnetischen Feldes. Dabei wird jeweils die andere Feldkomponente nicht betrachtet beziehungsweise vernachlässigt. Dies ist unter Nahfeldbedingungen, in denen die Felder als quasistationär betrachtet werden können, zulässig. Wir erinnern uns an die bei den Grundlagen erwähnte Bedingung für quasisstationäre Vorgänge: Von quasistationären Feldern spricht man, wenn die Änderungen der Feldgrößen im betrachteten Raum gleichphasig erfolgen. Diese Bedingung ist immer dann erfüllt, wenn die Abmessungen und Abstände der beteiligten Komponenten kurz sind im Vergleich zu den Wellenlängen der betrachteten Frequenzen.

Liegen hingegen Fernfeldbedingungen vor, so spricht man zur Unterscheidung von den anderen Kopplungsarten von Strahlungskopplung. Von Fernfeldbedingungen wird gesprochen, wenn sowohl eine magnetische (H-Feld) als auch eine elektrische Feldkomponente (E-Feld) vorliegen und diese beiden Feldvektoren normal aufeinanderstehen. Ihre Amplituden sind in diesem Fall durch den so genannten Wellenwiderstand Z_W verknüpft.

An dieser Stelle wird zum besseren Verständnis kurz auf die Felder von Elementarstrahlern eingegangen. Wir beschränken uns auf die Nennung der wichtigsten Zusammenhänge, da eine umfassende Behandlung der Strahlungskopplung den Rahmen sprengen würde. Der interessierte Leser sei an dieser Stelle auf die hervorragende Darstellung in [25] verwiesen.

Der elektrische Elementarstrahler (elektrischer Dipol) ist in ▶Abbildung 19.14 dargestellt. Er wird nach Heinrich Hertz[1] auch Hertzscher Dipol genannt. Seine Länge l ist relativ zur betrachteten Wellenlänge so klein, dass man seinen sich zeitlich ändernden Strombelag zu einem bestimmten Zeitpunkt über die gesamte Länge l als örtlich konstant annehmen kann. Der in ▶Abbildung 19.15 dargestellte magnetische Elementarstrahler (magnetischer Dipol) hat einen Durchmesser $2R$, der sehr klein in Relation zur betrachteten Wellenlänge ist. Auch hier kann man annehmen, dass der Strombelag auf dem gesamten Schleifenumfang örtlich konstant ist und sich zeitlich mit der betrachteten Frequenz ändert.

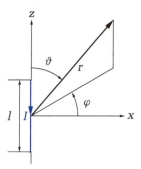

Abbildung 19.14: Elektrischer Dipol

Es gelten folgende Zusammenhänge für die Beträge der Feldvektoren im durch den Vektor $\vec{r}$ bestimmten Aufpunkt:

$Z_0 = \sqrt{\mu_0/\epsilon_0} \approx 120\,\pi\,\Omega \approx 377\,\Omega$ ist der Wellenwiderstand im freien Raum, φ ist der Winkel zwischen der x-Achse und dem auf die xy-Ebene projizierten Vektor $\vec{r}$ und ϑ ist der Winkel zwischen der z-Achse und dem Vektor $\vec{r}$.

---

[1] Heinrich Rudolf Hertz, ∗ 22. Februar 1857 in Hamburg; † 1. Januar 1894 in Bonn, deutscher Physiker, erster experimenteller Nachweis der Existenz elektromagnetischer Wellen

Für den **elektrischen Dipol** gilt mit $l \ll r$:

$$E_\vartheta = \frac{Z_0 Il}{2\lambda r} \sqrt{1 - \left(\frac{\lambda}{2\pi r}\right)^2 + \left(\frac{\lambda}{2\pi r}\right)^4} \sin\vartheta \qquad (19.16)$$

$$E_r = 60 Il \left(\frac{1}{r^2} - \frac{j\lambda}{2\pi r^3}\right) \cos\vartheta \qquad (19.17)$$

$$H_\varphi = \frac{Il}{2\lambda r} \sqrt{1 + \left(\frac{\lambda}{2\pi r}\right)^2} \sin\vartheta \; . \qquad (19.18)$$

In der durch die x- und y-Achse aufgespannten Fläche ($\vartheta = 90°$) sind die Beträge des E- und H-Feldes am größten und $E_r = 0$. Die folgenden Betrachtungen werden für diese Ebene vorgenommen, wobei wir drei Bereiche unterscheiden:

- Nahfeld:
Im Nahfeld ($r < \lambda/2\pi$) kann man die Terme mit den niedrigeren Ordnungen vernachlässigen. Somit wird

$$E = \frac{Z_0 Il\lambda}{8\pi^2 r^3} \qquad (19.19)$$

und

$$H = \frac{Il}{4\pi r^2} \; . \qquad (19.20)$$

Man sieht, dass die Feldstärken sehr stark mit dem Abstand variieren. Das dominante E-Feld ist senkrecht zur x,y-Ebene und nimmt mit $1/r^3$ ab. Das H-Feld ist kreisförmig, frequenzunabhängig und nimmt mit $1/r^2$ ab.

Der Wellenwiderstand ist orts- und frequenzabhängig:

$$Z_W = \frac{E}{H} = Z_0 \frac{\lambda}{2\pi r} \; . \qquad (19.21)$$

- Fernfeld:
Im Fernfeld ($r > \lambda/2\pi$) kann man alle Terme höherer Ordnung vernachlässigen:

$$E = \frac{Z_0 Il}{2\lambda r} \qquad (19.22)$$

$$H = \frac{Il}{2\lambda r} \; . \qquad (19.23)$$

Die Feldstärken sind proportional zur betrachteten Frequenz und nehmen mit $1/r$ ab.

Der Wellenwiderstand ist orts- und frequenzunabhängig:

$$Z_W = Z_0 = 377\,\Omega \; . \qquad (19.24)$$

- **Übergangsbereich:**
Im Übergangsbereich ($r \approx \lambda/2\pi$) sind die Real- und Imaginärteile in den Feldgleichungen gleich groß. Die Feldstärken nehmen mit $1/r^2$ ab. Im Allgemeinen wird dieser Bereich vernachlässigt.

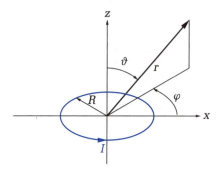

Abbildung 19.15: Magnetischer Dipol

Für den **magnetischen Dipol** mit der Fläche $F = R^2\pi$ gilt mit $R \ll r$:

$$H_\vartheta = \frac{\pi IF}{\lambda^2 r}\sqrt{1 - \left(\frac{\lambda}{2\pi r}\right)^2 + \left(\frac{\lambda}{2\pi r}\right)^4}\sin\vartheta \tag{19.25}$$

$$H_r = \frac{IF}{\lambda}\left(\frac{j}{r^2} + \frac{\lambda}{2\pi r^3}\right)\cos\vartheta \tag{19.26}$$

$$E_\varphi = \frac{Z_0 \pi IF}{\lambda^2 r}\sqrt{1 + \left(\frac{\lambda}{2\pi r}\right)^2}\sin\vartheta \,. \tag{19.27}$$

Auch hier werden im Folgenden die Beträge der Feldstärken in der durch die x- und y-Achse aufgespannten Fläche ($\vartheta = 90°$) betrachtet. In dieser Fläche sind die Beträge des E- und H-Feldes am größten und $H_r = 0$.

- **Nahfeld:**
Im Nahfeld ($r < \lambda/2\pi$) kann man die Terme mit den niedrigeren Ordnungen vernachlässigen. Somit wird

$$H = \frac{IF}{4\pi r^3} \tag{19.28}$$

und

$$E = \frac{Z_0 IF}{2\lambda r^2} \,. \tag{19.29}$$

Auch beim magnetischen Dipol variieren die Feldstärken im Nahfeld sehr stark mit dem Abstand. Das dominante H-Feld ist senkrecht, frequenzunabhängig und nimmt mit $1/r^3$ ab. Das E-Feld ist kreisförmig, frequenzabhängig und nimmt mit $1/r^2$ ab. Der Wellenwiderstand ist orts- und frequenzabhängig:

$$Z_W = Z_0 \frac{2\pi r}{\lambda} \ . \tag{19.30}$$

- Fernfeld:
Im Fernfeld ($r > \lambda/2\pi$) kann man wieder alle Terme höherer Ordnung vernachlässigen:

$$H = \frac{\pi IF}{\lambda^2 r} \tag{19.31}$$

$$E = \frac{Z_0 \pi IF}{\lambda^2 r} \ . \tag{19.32}$$

Im Fernfeld des magnetischen Dipols nehmen die Feldstärken mit dem Quadrat der betrachteten Frequenz zu und mit $1/r$ ab. Der Wellenwiderstand ist orts- und frequenzunabhängig:

$$Z_W = Z_0 = 377\,\Omega \ . \tag{19.33}$$

- Übergangsbereich:
Der Übergangsbereich ($r \approx \lambda/2\pi$) wird auch beim magnetischen Dipol meist vernachlässigt.

Leistungsbetrachtung:
Die Feldstärke, die von einer isotropen Strahlungsquelle[2] im Abstand r erzeugt wird, kann auch sehr einfach mit einer Leistungsbetrachtung bestimmt werden. Die abgestrahlte Leistung P_K wird gleichmäßig auf einer Kugeloberfläche im Abstand r verteilt. Die Leistungsdichte P_d im Abstand r beträgt

$$P_d = \frac{P_K}{4r^2\pi} \ . \tag{19.34}$$

Die Leistungsdichte kann aber auch aus dem Produkt von elektrischer und magnetischer Feldstärke berechnet werden:

$$P_d = \vec{E} \times \vec{H} \ . \tag{19.35}$$

Unter Verwendung des Wellenwiderstandes ergibt sich

$$P_d = \frac{E^2}{120\pi} = 120\pi H^2 \ . \tag{19.36}$$

---

[2] Als isotrope Strahlungsquelle oder Kugelstrahler bezeichnet man eine punktförmige Quelle, die in alle Raumrichtungen gleichmäßig sendet.

Somit kann man den Betrag des E-Feldes im Abstand r angeben:

$$E_{iso} = \sqrt{120\pi \frac{P_K}{4\pi r^2}} = \frac{5{,}5}{r}\sqrt{P_K} \, . \tag{19.37}$$

Bei Antennen, die keine Kugelstrahler darstellen, ist die abgestrahlte Leistung infolge ihrer Richtwirkung ungleich verteilt. Um die gleiche Feldstärke in der Hauptstrahlrichtung einer Richtantenne zu erzeugen, muss ihr am Speisepunkt weniger Leistung zugeführt werden als einem isotropen Strahler. Das Verhältnis zwischen der Leistung am Kugelstrahler P_K bezogen auf die Leistung P am Speisepunkt der Richtantenne wird als Antennengewinn G_K bezeichnet.

$$G_K = 10 \log_{10} \frac{P_K}{P} \tag{19.38}$$

Zum Beispiel ist der Zusammenhang zwischen Sendeleistung und erzeugter Feldstärke im Abstand r für einen Halbwellendipol

$$E = \frac{7{,}01}{r}\sqrt{P} \, . \tag{19.39}$$

Beispiel: Störung durch Mobiltelefon

Wie groß ist die Feldstärke, die von einem Mobiltelefon im Abstand von einem Meter bei einer angenommen Sendeleistung von einem Watt hervorgerufen wird?

$$E = \frac{7{,}01}{r}\sqrt{P} = 7{,}01 \, \text{V/m}$$

Ein Fernsehapparat im Wohnbereich muss einer Störfeldstärke von $E = 3$ V/m ohne erkennbare (hörbare und sichtbare) Auswirkungen standhalten.

Wenn man im Lautsprecher den Verbindungsaufbau des Mobiltelefons mit der Basisstation hören kann, wird folglich vom Mobiltelefon eine Feldstärke größer als $E = 3$ V/m erzeugt.

Moderne Mobiltelefone arbeiten mit Sendeleistungen von mehreren Watt.

Störaussendung von Leiterschleifen:
Beschäftigt man sich mit der Störaussendung von elektronischen Schaltungen, die als Leiterplatten ausgeführt sind, so muss man sich mit der durch Leiterschleifen erzeugten Störfeldstärke näher befassen.

Die Abstrahlung einer im Vergleich zur betrachteten Wellenlänge λ kleinen Leiterschleife ist – wie in [25] gezeigt wird – nur vom fließenden Strom I und der Fläche F

der Leiterschleife, jedoch nicht von ihrer geometrischen Form abhängig. Damit ergibt sich der Betrag der elektrischen Feldstärke E im Abstand r entsprechend der Gleichung 19.32 für den magnetischen Dipol.

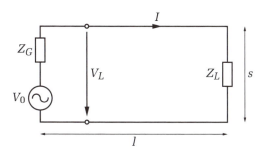

Abbildung 19.16: Vereinfachtes Modell einer kleinen Leiterschleife

Wenn die Bedingungen $l+s < \lambda/4$ und $Z_L < 377\,\Omega$ erfüllt sind, die Abmessungen der Schleife also klein gegenüber der Wellenlänge sind, kann der Betrag der elektrischen Feldstärke in der Hauptstrahlrichtung der Leiterschleife berechnet werden.

Die in ▶Abbildung 19.16 gezeigte Störquelle, bestehend aus einer Spannungsquelle V_0 mit einem Innenwiderstand Z_G, könnte zum Beispiel die gemessene Spannung V_L am Ausgang einer integrierten Schaltung modellieren. Die Impedanz Z_L steht für die Impedanz der Leiterschleife. Sie ist die Summe aus der Leitungs- und der Abschlussimpedanz am Ende der Leitung.

Ersetzt man den Strom I durch

$$I = \frac{V_L}{Z_L} \qquad (19.40)$$

und die Wellenlänge λ durch

$$\lambda = \frac{c}{f}, \quad c\ldots \text{Lichtgeschwindigkeit}, \qquad (19.41)$$

ergibt sich die elektrische Feldstärke im Fernfeld mit

$$E = \frac{Z_0 \pi I F}{\lambda^2 r} = \frac{120\pi \cdot \pi \, V_L F f^2}{(3 \cdot 10^8)^2 \, r \, Z_L} = 13 \cdot 10^{-15} \frac{V_L F f^2}{r Z_L}. \qquad (19.42)$$

> Eine genaue Betrachtung des Ergebnisses zeigt, dass die im Abstand r erzeugte Feldstärke bei gleich bleibendem Strom $I = V_L/Z_L$ mit dem Quadrat der Frequenz zunimmt.

Nimmt man zum Beispiel den in Abbildung 19.2 dargestellten periodischen Trapezimpuls mit einer Amplitude von $A = 5\,\text{V}$, einer Wiederholfrequenz $f_1 = 10\,\text{MHz}$, einer mittleren Pulslänge $\tau = 50\,\text{ns}$ und einer Anstiegs- bzw. Abfallzeit $t_r = t_f = 5\,\text{ns}$

als Modell für die Spannung V_L, ergibt sich bei einer Leiterschleife mit einer Fläche von $1\,\text{cm}^2$ und einer durch die Reihenschaltung von $R_C = 0{,}5\,\Omega$, $L_C = 10\,\text{nH}$ und $C_C = 50\,\text{pF}$ nachgebildeten Last das in ▶Abbildung 19.17 dargestellte theoretische Linienspektrum der elektrischen Feldstärke in $10\,\text{m}$ Abstand.

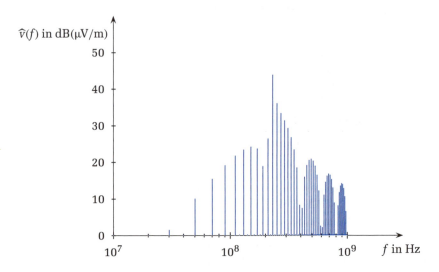

Abbildung 19.17: Linienspektrum der elektrischen Feldstärke, erzeugt durch eine $1\,\text{cm}^2$ große Leiterschleife in $10\,\text{m}$ Abstand

Bei $f_{230} = 230\,\text{MHz}$ ist die zugehörige Amplitude $\widehat{V}_{L,230} = 17\,\text{mV}$ und der Strom durch die Last $\widehat{I}_{230} = 22\,\text{mA}$. Der durch diesen Strom verursachte Scheitelwert der elektrischen Feldstärke in $10\,\text{m}$ Abstand beträgt $44\,\text{dB}(\mu\text{V/m})$. Der Effektivwert von $41\,\text{dB}(\mu\text{V/m})$ überschreitet bei dieser Frequenz den erlaubten Grenzwert für den Wohnbereich in $10\,\text{m}$ Abstand von $37\,\text{dB}(\mu\text{V/m})$. An diesem Beispiel kann man erkennen, wie schwierig es oft sein kann, die geforderten Grenzwerte für Funkstörstrahlung einzuhalten.

Das Layout einer Platine mit einem schweren Layoutfehler ist in ▶Abbildung 19.18 zu sehen. Eine Leitung mit einem $1\,\text{MHz}$ Taktsignal ($\tau = 500\,\text{ns}$, $t_r = t_f = 5\,\text{ns}$) überbrückt einen $10\,\text{cm}$ breiten Spalt in der Massefläche und bildet mit der Masserückleitung eine Fläche von $60\,\text{cm}^2$. Die Schaltung ist aus einer Batterie auf der Leiterplatte versorgt. In diesem Fall hat die störende Leiterschleife eine Fläche von $60\,\text{cm}^2$.

Die Messung der Funkstörstrahlung in $10\,\text{m}$ Abstand ist in ▶Abbildung 19.19 dargestellt. Trotz des großen Unterschieds in der Schleifenfläche und der Last (hier ein IC-Eingang) sieht man im Vergleich zur Simulation einen ähnlichen Verlauf der Amplituden der Störung. Sind Leitungen (Stromversorgung, Datenleitung) an die Platine angeschlossen, werden zusätzliche Störungen abgestrahlt, da diese Leitungen als Sendeantennen für die Funkstörspannung längs der unnötig hohen Induktivität der Masserückleitung wirksam werden.

19.1 Einführung

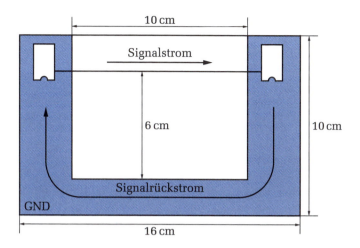

Abbildung 19.18: Layout einer Platine mit schwerem Layoutfehler

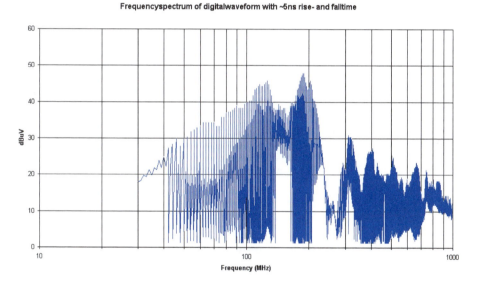

Abbildung 19.19: Messung der von einer Platine mit schwerem Layoutfehler in 10 m Abstand erzeugten Feldstärke

Wird über eine Leitungsanordnung Funkstörstrahlung empfangen und dann leitungsgeführt in die Störsenke eingekoppelt, ist neben dem Betrag der Störspannungen und -ströme auch der am Empfangsort wirksame Innenwiderstand der Störquelle von Bedeutung. Je nach Innenwiderstand sind unterschiedliche Filterschaltungen zur Entstörung optimal, wie wir in Abschnitt 19.3.1 noch erkennen werden. Zur Abschätzung des Innenwiderstandes einer Störquelle bei Strahlungskopplung kann man den Realteil R_r der Eingangsimpedanz Z_A der durch die Leitungen gebildeten Antenne verwenden ▶Abbildung 19.20. Man nennt diesen Widerstand auch den

Strahlungswiderstand der Antenne. Die maximal entnehmbare Leistung ergibt sich dann, wenn die Eingangsimpedanz der Senke konjugiert komplex zur Antenneneingangsimpedanz ist (Bedingung für Leistungsanpassung bei Wechselgrößen).

Abbildung 19.20: Ersatzschaltbild einer Antenne

Die effektive Antennenhöhe h_{eff} multipliziert mit der Feldstärke am Ort der Antenne ergibt die Leerlaufspannung V_L der Antenne.

Für eine kleine Leiterschleife mit der Fläche F und einer beliebigen Form gilt:

$$h_{eff} = \frac{2\pi F}{\lambda} \tag{19.43}$$

$$R_r = \frac{320\pi^4 F^2}{\lambda^4} \tag{19.44}$$

Für einen kurzen Antennendraht der Höhe h senkrecht über leitendem Grund („Monopol") gilt:

$$h_{eff} = \frac{h}{2} \tag{19.45}$$

$$R_r = 40\pi^2 \frac{h^2}{\lambda^2} \tag{19.46}$$

Der Literatur [11] können die Kenngrößen vieler verschiedener Antennenkonfigurationen entnommen werden.

Beispiel: Antennenwirkung einer Zuleitung

Ein Leitungsstück der Länge 30 cm ist einer Störfeldstärke von $E = 10\,\text{V/m}$ mit einer Frequenz von $f = 100\,\text{MHz}$ ausgesetzt. Welche Störspannung V_L ist zu erwarten, wenn diese Leitung mit einer Schaltung verbunden wird und ungewollt als Empfangsantenne wirkt? Wie groß ist die maximale Leistung, die dieser Störquelle entnommen werden kann?

$$h_{eff} = \frac{h}{2} = 15\,\text{cm}$$

$$V_L = h_{eff} \cdot E = 0{,}15 \cdot 10 = 1{,}5\,\text{V}$$

Die maximale Leistung wird von dieser Antenne bei Leistungsanpassung abgegeben. Leistungsanpassung liegt vor, wenn die Antenne mit ihrer konjugiert komplexen Fußpunktimpedanz abgeschlossen wird. In diesem Fall heben sich die Wirkungen der Blindwiderstände auf. Für die entstehende Wirkleistung ist der Realteil der Fußpunktimpedanz Z_A, der so genannte Strahlungswiderstand R_r, entscheidend.

$$R_r = 40\pi^2 \frac{h^2}{\lambda^2} = 40\pi^2 \frac{0{,}3^2}{3^2} = 3{,}9\,\Omega$$

$$P_{max} = \frac{V_L^2}{4R_r} = \frac{1{,}5\,\text{V}}{4 \cdot 3{,}9\,\Omega} = 96{,}2\,\text{mW}$$

19.2 Prüf- und Messtechnik

Bevor wir auf das EMV-gerechte Gerätedesign näher eingehen, werden an dieser Stelle die in der Prüftechnik und Messtechnik verwendeten Störgrößen und Testaufbauten vorgestellt. Der Charakter der hier besprochenen Prüfstörgrößen bildet die Grundlage für das Verständnis der notwendigen Gegenmaßnahmen.

In der Prüftechnik werden die elektromagnetischen Störgrößen, die während des Betriebs einer Einrichtung auftreten, nachgebildet. In der Messtechnik werden die elektromagnetischen Störgrößen, die von einer Einrichtung ausgehen, erfasst. Die folgende Aufzählung ist nicht vollständig. Es werden die aus der Sicht des Verfassers für den Geräte-Entwickler wichtigsten Verfahren zur Überprüfung der zuverlässigen Funktion eines Gerätes dargestellt. Die beschriebenen Prüfungen dienen auch zum Nachweis der Einhaltung der EMV-Richtlinie der europäischen Union (CE-Zeichen, siehe Abschnitt 19.4). Die Kontrolle der elektromagnetischen Verträglichkeit soll nicht erst am Ende der Entwicklungsphase erfolgen, sondern schon beim Entwurf und in weiterer Folge entwicklungsbegleitend vorgenommen werden. Je später im Entwicklungsprozess Änderungen vorgenommen werden, desto teurer fallen sie meist aus, wenn zum Beispiel das „Redesign" einer Platine notwendig wird.

Normen mit vorgeschriebenen Prüfaufbauten und mit festgelegten Prüfschärfegraden zur Simulation elektromagnetischer Störgrößen sowie festgelegter Grenzwerte für gestrahlte oder leitungsgeführte Störaussendungen helfen dem Konstrukteur, einerseits zuverlässige Geräte zu entwickeln, andererseits aber auch den Aufwand nicht zu hoch zu treiben und damit das Gerät nicht unnötig zu verteuern. Die festgelegten Prüfpegel und Störgeneratoren sind das Ergebnis langjähriger Untersuchungen und Beratungen technischer Komitees. Die erlaubten Störaussendungen sind so festgelegt, dass ein ausreichender Störabstand im Sinne der elektromagnetischen Verträglichkeit gewährleistet ist.

Die an dieser Stelle beschriebenen Prüfmethoden bilden nur einen Teil der in der Wirklichkeit vorkommenden elektromagnetischen Störgrößen nach. Auch die festgelegten Pegel können in der Wirklichkeit natürlich überschritten werden. Hier gilt wie überall in der Technik, dass man einen Kompromiss zwischen Zuverlässigkeit und den auftretenden Kosten finden muss. Einen Ausweg stellt die Definition verschiedener Umgebungsbereiche dar. Im Wohnbereich sind die zu erwartenden Störungen niedriger als im Industriebereich. Man kann daher einen Fernsehapparat, der für die Verwendung im Wohnbereich bestimmt ist, weniger störfest auslegen als eine Prozesssteuerung in einer Fabrik. Umgekehrt dürfen Geräte im Wohnbereich nicht so hohe Störungen aussenden, wie sie im Industriebereich zulässig sind. Eine andere Möglichkeit ist die Unterscheidung nach den Auswirkungen einer Störung. Werden Menschenleben gefährdet oder sind die Kosten eines Ausfalls besonders hoch, ist ein erhöhter Aufwand für besonders sicheren Betrieb gerechtfertigt.

19.2.1 Prüfung der Störfestigkeit

Die Störfestigkeitsprüfungen kann man grob in die Prüfung der Störfestigkeit gegenüber impulsförmigen Störgrößen wie zum Beispiel einer elektrostatischen Entladung oder gegenüber sinusförmigen periodischen Störgrößen wie zum Beispiel der Funkstörstrahlung durch einen Sender unterteilen.

Störfestigkeit gegenüber transienten Störgrößen:
Die Störfestigkeitsprüfung gegen transiente (impulsförmige, nicht periodische) Störgrößen erlaubt meist eine kurzzeitige Funktionsstörung oder Funktionsminderung, da sie durch den Benutzer erkannt werden kann. Ist der Anzeigewert eines Gerätes kurz gestört, wird der Benutzer den kurzzeitig falsch angezeigten Wert entsprechend bewerten und verwerfen. Werden die Messwerte automatisch ausgewertet, kann dies je nach Anforderung nicht zulässig sein (automatische Steuerung). Bei der digitalen Datenübertragung kann durch geeignete Wahl des Protokolls ein Fehler erkannt werden. Bei der Übertragung über analoge Spannungs- oder Stromschnittstellen ist jede Veränderung des analogen Werts bereits eine Störung. Sie wird für den Benutzer aber erst erkennbar, wenn zum Beispiel bei der Digitalisierung durch die Störung das Bit mit dem niedrigsten Wert verändert wird. Einmalige pulsförmige Störgrößen sind breitbandige Störquellen (siehe Kapitel 19.1.3) mit einem kontinuierlichen Spektrum im Frequenzbereich.

Elektrostatische Entladungen:
Die Prüfung der Störfestigkeit gegenüber elektrostatischen Entladungen bildet eine geladene Bedienperson oder eine geladene Maschine nach, die eine Einrichtung berührt. Für den Menschen ist eine Entladung erst ab einer Ladespannung von ca. 3000 V fühlbar. Eine integrierte Schaltung oder eine Datenschnittstelle wird aber schon bei wesentlich niedrigeren Spannungen zerstört, wenn keine Vorkehrungen getroffen wurden. An dieser Stelle wird nur das Modell, das eine Entladung des Bedienpersonals auf eine Einrichtung nachstellt (EN61000-4-2), behandelt. Es exis-

tieren noch eine Vielzahl anderer Modelle für unterschiedliche Anwendungen (IC-Produktion, KFZ ...).

Der bei einer elektrostatischen Entladung fließende Strom steigt mit einer sehr hohen Änderungsgeschwindigkeit an. Deshalb sind in dem zum Stromimpuls gehörigen Spektrum sehr hochfrequente Anteile enthalten. Die schnellen Stromänderungen des Ableitstroms verursachen auch hohe Spannungen an den im Entladestromkreis vorhandenen Impedanzen. Daher sind bei der Störwirkung alle Kopplungsarten (galvanisch, kapazitiv, induktiv und Störstrahlung) vertreten.

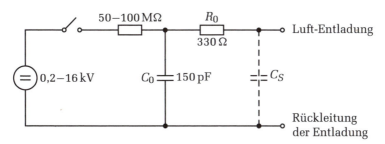

Abbildung 19.21: Prinzipschaltbild ESD-Generator, Luftentladung

Das Ersatzschaltbild eines ESD-Generators ist in ▶Abbildung 19.21 dargestellt. Der dazugehörige Entladestrom an einer 2 Ω-Last ist in ▶Abbildung 19.23 zu sehen. Durch Versuche wurden folgende Werte für die Modellierung eines Menschen ermittelt:

> Hautwiderstand (R_0)   ca. 330 Ω
> Körperkapazität (C_0)   ca. 150 pF
> max. Spannung bis   ca. 15 kV

Die Prüfschaltung ist in ein pistolenförmiges Prüfgerät eingebaut. Zuerst wurde die ESD-Prüfung nur nach der Methode der Luftentladung durchgeführt. Der Ladevorgang der Kapazität C_0 wird durch einen manuell betätigten Schalter durchgeführt. Die vorgeladene Prüfpistole wird nun dem zu prüfenden Gerät angenähert. Unmittelbar vor der Berührung kommt es in Abhängigkeit von der Ladespannung, der Annäherungsgeschwindigkeit, der Luftfeuchte und dem Luftdruck zu einer Entladung über eine Funkenstrecke. Die Reproduzierbarkeit der erzielten Ergebnisse ist jedoch aufgrund der zahlreichen Abhängigkeiten schlecht. Um die Reproduzierbarkeit zu verbessern, wurde daher die Methode der Kontaktentladung eingeführt.

Die Prüfschaltung zur Prüfung mit Kontaktentladung ist in ▶Abbildung 19.22 dargestellt. Zwischen dem Widerstand R_0 und der Prüfspitze liegt nun ein mit Edelgas gefülltes Relais. Beim Test wird zuerst die Prüfpistole auf die zu prüfende Stelle aufgesetzt. Ist diese Stelle z. B. ohne Angabe einer Durchschlagsfestigkeit lackiert, wird die Lackschicht an dieser Stelle entfernt, so dass ein direkter Kontakt mit der metallischen Oberfläche hergestellt wird. Danach wird ein Schalter betätigt, der den Relaiskontakt schließt. Beim Schließen des Kontakts liegen aufgrund der Edelgasfül-

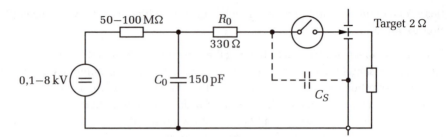

Abbildung 19.22: Pinzipschaltbild ESD-Generator, Kontaktentladung

lung gleich bleibende Verhältnisse vor und der Test wird besser reproduzierbar. Das Target mit 2 Ω in Abbildung 19.22 ist ein genormtes Prüfobjekt zur Überprüfung der Eigenschaften der ESD-Pistole. Die bei der Prüfung von Geräten auftretende Anstiegszeit des Entladestromes wird abhängig von den jeweiligen Verhältnissen eine andere sein.

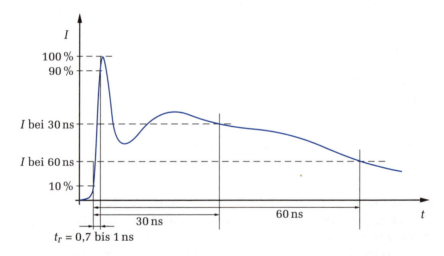

Abbildung 19.23: Zeitlicher Verlauf des Entladestroms bei Entladung in einen niederinduktiven 2 Ω-Messwiderstand

Bei einer Ladespannung von 8 kV beträgt der erste Spitzenwert des Entladestromes 30 A. Die Anstiegszeit des Entladestromes liegt dabei zwischen 0,7 und 1 ns. Der zweite Spitzenwert nach 30 ns beträgt 16 A. Der Kurvenverlauf des Entladestromes (▶Abbildung 19.23) ist allein durch den Widerstand R_0 und den Kondensator C_0 in Abbildung 19.21 nicht erklärbar. Der erste Scheitelwert des Entladestromes ist nicht durch den 330 Ω-Widerstand begrenzt, da die Streukapazität C_S ebenfalls auf die Ladespannung aufgeladen ist. Dieser erste Stromimpuls und seine Anstiegszeit wird auch durch die Streuinduktivitäten im Entladestromkreis beeinflusst. Erst der zweite (langsamere) Puls im zeitlichen Verlauf ist durch das Entladenetzwerk bestimmt. Man kann den zeitlichen Verlauf folgendermaßen interpretieren: Eine geladene Bedienperson hält ein Werkzeug in der Hand und berührt damit ein Gerät. Zuerst fließt ein Entladestromstoß aus dem metallischen Werkzeug und dann folgt der durch den Widerstand des Menschen begrenzte Entladestromstoß aus der Kapazität C_0.

Simulation

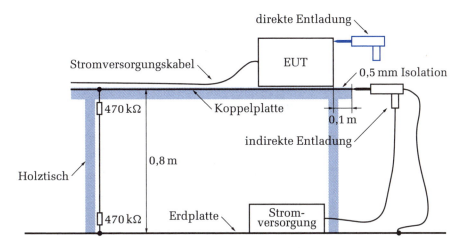

Abbildung 19.24: Prüfaufbau zur Prüfung der Störfestigkeit gegenüber ESD

Das zu prüfende Gerät (EUT ... *Equipment Under Test*) steht durch eine dünne Folie isoliert auf einer Koppelplatte ▶Abbildung 19.24. Diese Koppelplatte befindet sich in 80 cm Abstand zu einer Erdplatte. Der Entladestrom durch den Prüfling fließt im ersten Moment durch die so gebildeten Kapazitäten. Der Prüfling entlädt sich danach über seine Netzleitung. Die Koppelplatte wird über die Serienschaltung von zwei 470 kΩ-Widerständen entladen. Ist der Prüfling potentialgetrennt, muss auch er über zwei 470 kΩ-Widerstände entladen werden. Fände diese Entladung nicht statt, würde sich der Prüfaufbau nach einigen Entladungen auf die Prüfspannung aufladen.

Die indirekte ESD-Prüfung verläuft gleich wie die direkte, jedoch mit dem Unterschied, dass die Prüfpistole auf der Koppelplatte aufgesetzt wird und die Entladung in diese stattfindet (Abbildung 19.24). Die Art der Prüfung wird durch das Gehäusematerial des Testobjektes vorgegeben. Bei Prüflingen mit leitendem Gehäuse kommt die direkte Kontaktentladung auf das Gehäuse zur Anwendung. Auf Testobjekte mit kombinierten Metall- und Kunststoffteilen wird die direkte Kontakt- sowie die direkte Luftentladung angewendet. Die Luftentladung wird dabei nur zur Prüfung von Geräten oder Geräteteilen mit nicht leitender Oberfläche verwendet. Dabei wird getestet, ob eine Entladung durch einen Spalt oder durch eine Beschichtung mit angegebener Durchschlagspannung erreicht wird. Vollständig isolierte Prüflinge werden mit der direkten Luftentladung und mit der indirekten Entladung in die Koppelplatte getestet. Der Prüfschärfegrad (einzustellende Ladespannung) ist der entsprechenden Fachgrund-, Produktfamilien- oder Produktnorm zu entnehmen (siehe Abschnitt 19.4).

Schnelle Transienten (Burst):
Die Prüfung der Störfestigkeit gegenüber schnellen Transienten bildet die Störbeeinflussungen nach, die durch die beim Abschalten induktiver Lasten entstehenden Überspannungen entstehen. Beim Versuch, den Strom durch eine Induktivität (z. B. die Magnetwicklung eines Schützes) abzuschalten, treibt die im Magnetfeld der Wicklung gespeicherte Energie den Strom weiter. Die Induktivität wird vom Verbraucher zum Erzeuger und lädt die Streukapazität über dem Schalter in ▶Abbildung 19.25 schnell auf eine hohe Spannung auf.

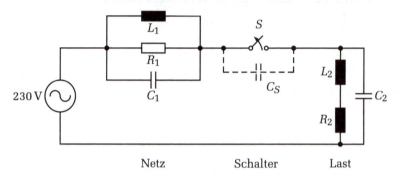

Abbildung 19.25: Entstehung von Burst-Störungen

Da die Schaltkontakte im Moment des Öffnens noch nicht weit voneinander entfernt sind, ist noch keine ausreichende Spannungsfestigkeit gegeben und ein Lichtbogen zündet. Die Spannung über dem Schalter bricht mit einer Änderungsgeschwindigkeit von wenigen ns zusammen ▶Abbildung 19.26. Dabei wird ein Schwingkreis aus den parasitären Elementen der Netzleitung und der Magnetwicklung angestoßen. Im Zuge des Umschwingens wird dabei der Haltestrom des Lichtbogens über dem Schalter unterschritten. Da noch Energie im Schwingkreis gespeichert ist, baut sich wieder eine Überspannung zwischen den Schalterkontakten auf. Solange die Schaltkontakte noch nicht weit genug auseinander sind und die Energie im Schwingkreis noch nicht verbraucht ist, wiederholt sich der Vorgang des Zündens und Löschens des Lichtbogens. Das dabei entstehende Störimpulspaket (*Burst*) zeichnet sich vor allem durch die Höhe (mehrere kV) und die schnelle Änderungsgeschwindigkeit der Spannung beim Zünden des Lichtbogens (ca. 5 ns) aus.

Der Burst-Generator bildet die wesentlichen Eigenschaften (Spannungshöhe, schnelle Änderung der Spannung, Impulspakete) nach. Die ursprünglich über den Schaltkontakten entstandene Störspannung (Differenzspannung) breitet sich leitungsgeführt entlang der Netzleitung aus. Durch den Kapzitäts- und Induktivitätsbelag der Leitungen im Netzkabel und durch die Streukapazitäten des Kabels zur Erde entsteht im Kabel schon in einem kurzem Abstand zum Schalter auf allen Leitungen eine auf Erde bezogene Störspannung (Gleichtaktspannung). Der Burst-Generator erzeugt daher zur Nachbildung der Störung auf Erde bezogene Impulsspannungen.

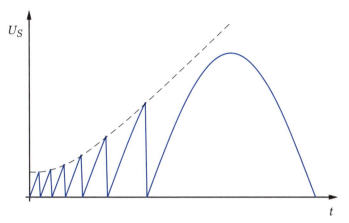

Abbildung 19.26: Zeitlicher Verlauf der Spannung über einem sich öffnenden Schalter beim Abschalten einer induktiven Last

Sein Innenwiderstand beträgt 50 Ω. In der Prüf- und Messtechnik wird der Innenwiderstand der Stromversorgungsleitungen im Megaherzbereich mit 50 Ω nachgebildet. Die Prinzipschaltung des Burst-Generators ist in ▶Abbildung 19.27 zu sehen.

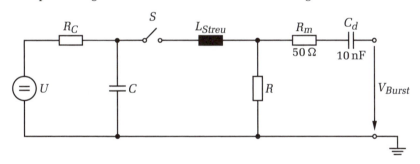

Abbildung 19.27: Prinzipschaltung eines Burst-Generators

In ▶Abbildung 19.28 ist die Kurvenform eines einzelnen Impulses sowie die zeitliche Abfolge der Impulspakete dargestellt. Bei der Nachbildung der Störpakete wird auf die in der Wirklichkeit auftretenden Änderungen der Spannungshöhe im Paket verzichtet. Auch die Wiederholrate der Einzelpulse im Paket ist konstant.

Bei der Prüfung der Störfestigkeit gegenüber Burst-Störungen in der Netzleitung werden die Pulse über 33 nF große Koppelkondensatoren in die Netzleitungen eingekoppelt ▶Abbildung 19.29. Ein Filter in der Koppeleinrichtung verhindert das Ausbreiten der Störpulse in das Versorgungsnetz hinein. Während dieser Prüfung müssen auch alle anderen im normalen Betrieb an das Gerät anzuschließenden Leitungen vorhanden sein, da Störungen nicht nur am Netzeingang auftreten können. Es können die Pulse über Entstörkondensatoren und das Gehäuse auch auf andere Eingänge überkoppelt werden und dort Störungen hervorrufen. Bei der Einkopplung der Pulse

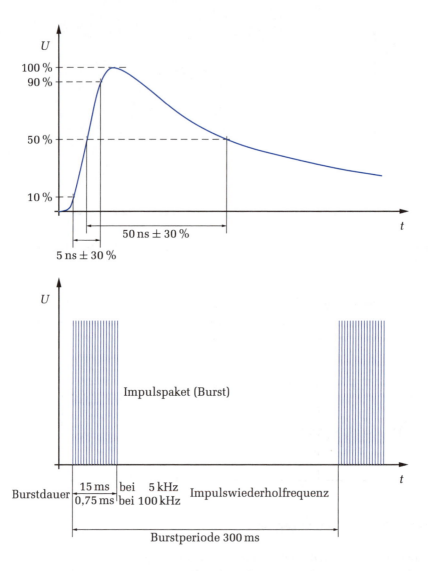

Abbildung 19.28: Kurvenform des Einzelpulses und Pulspakete

in die Netzleitung wird das Potential des gesamten Geräts angehoben. Über angeschlossene Leitungen oder über Streukapazitäten (zum Beispiel durch eine Hand auf einer Tastatur oder in der Nähe einer Anzeige) fließen Ausgleichsströme, die die Funktion stören können.

Liegen Netzleitungen mit Signal- oder Datenleitungen im selben Kabelkanal, können die Burst-Störungen kapazitiv in diese eingekoppelt werden. Zur Prüfung der Störfestigkeit gegenüber diesen Störungen wird der in ▶Abbildung 19.30 dargestellte

19.2 Prüf- und Messtechnik

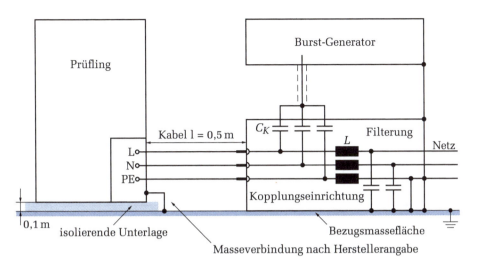

Abbildung 19.29: Prüfaufbau zur Einkopplung in die Netzleitung

Prüfaufbau verwendet. Die 1 m lange Koppelzange koppelt die Störung kapazitiv in die zwischen Metallplatten gelegte Signalleitung ein. Dabei ensteht eine Koppelkapazität von ca. 100 pF in Abhängigkeit von der Kabelisolation.

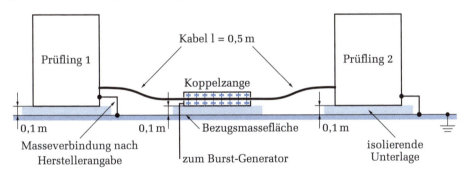

Simulation

Abbildung 19.30: Prüfaufbau zur Einkopplung in Signal- und Datenleitungen

Energiereiche Transienten (Surge):
Die Prüfung der Störfestigkeit gegenüber energiereichen Transienten bildet die Störbeeinflussung durch indirekte Folgen atmosphärischer Entladungen („indirekter Blitzschlag") und von Schalthandlungen im Stromversorgungsnetz nach. Diese Überspannungsimpulse haben eine wesentlich längere Anstiegszeit als die schnellen Transienten (Burst). Durch die längere Dauer und den niedrigeren Innenwiderstand ist der Energiegehalt dieser Impulse jedoch wesentlich größer. Sie können daher zerstörend wirken. In ▶Abbildung 19.31 ist der zeitliche Verlauf der Leerlaufspannung des zur Prüfung verwendeten Hybridgenerators dargestellt.

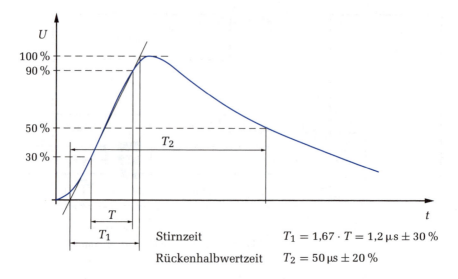

Abbildung 19.31: Leerlaufspannung des Hybridgenerators

Der Verlauf der Leerlaufspannung entspricht dem in der Hochspannungstechnik genormten 1,2/50-Prüfimpuls (Stirnzeit 1,2 µs, Rückenhalbwertzeit 50 µs). Beim Hybridgenerator ist jedoch zusätzlich der zeitliche Verlauf des Kurzschlussstroms definiert ▶Abbildung 19.32. Die Stirnzeit beträgt hier 8 µs, die Rückenhalbwertzeit ist 20 µs.

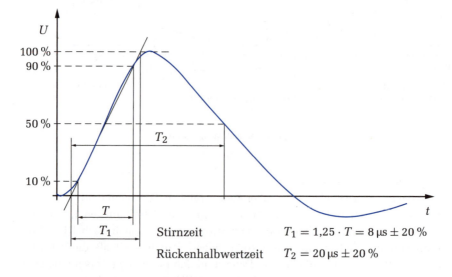

Abbildung 19.32: Kurzschlussstrom des Hybridgenerators

Der Zusammenhang zwischen dem Scheitelwert der Leerlaufspannung E_0 und dem Scheitelwert des Kurzschlussstroms I_0 entspricht einem dynamischen Innenwiderstand von $2\,\Omega$. Damit ist die vom Generator maximal abgebbare Energie definiert. Wie viel von dieser Energie tatsächlich bei der Prüfung in einer Schutzvorrichtung umgesetzt wird, hängt vom Ansprechverhalten einer Einrichtung zum Begrenzen der Überspannung ab (Ansprechspannung, -strom).

Bei Blitzeinschlägen in Überlandleitungen erfolgt die Störkopplung leitungsgeführt über die Netzzuleitung. Bei Blitzeinschlägen in unmittelbarer Nähe fließen Ausgleichsströme über den Schirm oder über die Masseverbindung von Datenleitungen infolge von Erdpotentialverschiebungen. In weiterer Folge tritt induktive Störkopplung in die Leitungssysteme durch die Magnetfelder der Ableit- und Ausgleichsströme auf.

Die Störbeeinflussung durch Blitzeinschläge in Energieversorgungsleitungen weist den geringsten Innenwiderstand auf. Die an den Überspannungsbegrenzern der Energieversorgungsnetze auftretende Überspannung wird von den Transformatoren transformiert und tritt beim Verbraucher als Überspannung zwischen den Phasen beziehungsweise zwischen einer Phase und dem Nullleiter auf. Diese Störwirkung wird mit dem $2\,\Omega$-Innenwiderstand des Prüfgenerators nachgestellt. Damit die während der Prüfung anliegende Netzspannung den Generator nicht zerstören kann, wird zwischen dem Generator und einer Phasenleitung ein Koppelkondensator mit $18\,\mu F$ eingefügt. Der eingestellte Scheitelwert der Leerlaufspannung des Generators beträgt beispielsweise bei Prüfungen für den Industriebereich 1 kV.

Zur Prüfung der Folgen induzierter Spannungen wird mit 2 kV Scheitelwert der Leerlaufspannung des Generators zwischen einer Netzleitung (L1, L2, L3 und N) und Erde (PE) geprüft. Dabei wird ein Kondensator mit $9\,\mu F$ eingefügt und der Innenwiderstand des Generators durch einen zusätzlichen Serienwiderstand mit $10\,\Omega$ auf insgesamt $12\,\Omega$ erhöht. Stellvertretend für die vielen Varianten von Koppelnetzwerken ist diese in ▶Abbildung 19.33 zu sehen. Da bei diesen Prüfungen die Störgröße auf den eingeschalteten und versorgten Prüfling wirkt, sorgen aufwändige Filterschaltungen in der Koppeleinrichtung dafür, das der Prüfimpuls nur auf den Prüfling und nicht auf andere Einrichtungen im Gebäude wirken kann.

Bei Prüfungen auf der Netzleitung wird zusätzlich zur Prüfung mit positiver und negativer Polarität noch die Phasenlage des Prüfimpulses relativ zum zeitlichen Verlauf der Netzspannung so verändert, dass der Test im Nulldurchgang, im positiven und im negativen Scheitel der Netzspannung erfolgt.

Ungeschirmte, unsymmetrisch betriebene Signalleitungen werden mit der in ▶Abbildung 19.34 dargestellten Anordnung geprüft. Es wird der 1 kV-Prüfimpuls mit einem resultierenden Innenwiderstand von $42\,\Omega$ zwischen einer Signalleitung und Erde angelegt. Bei der Prüfung geschirmter Datenleitungen werden die fließen-

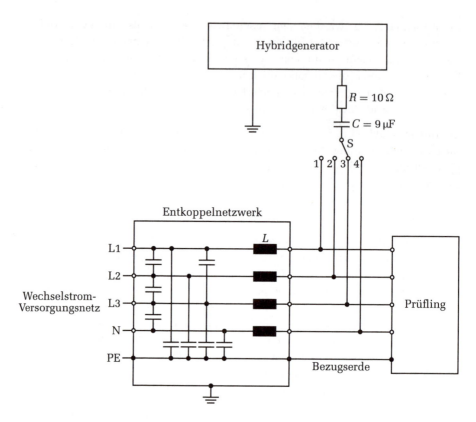

Abbildung 19.33: Einkopplung in Netzleitungen

den Ausgleichsströme über einen beidseitig geerdeten Schirm mit dem Innenwiderstand des Generators von 2 Ω erzeugt. Darüber hinaus gibt es noch eine große Anzahl unterschiedlicher Koppeleinrichtungen je nach Anwendungsfall (z. B. Telekommunikationsleitungen).

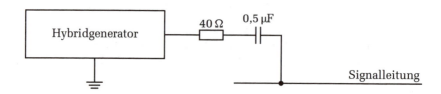

Abbildung 19.34: Einkopplung in ungeschirmte Signalleitungen

Simulation

Der Prüfaufbau ist wegen der niedrigen auftretenden Frequenzen im Vergleich zur Burst- und ESD-Prüfung unkritisch. Die Einkopplung erfolgt durch die verschiedenen Koppelnetzwerke, Streukapazitäten müssen nicht beachtet werden.

Störfestigkeit gegenüber periodischen (sinusförmigen) Störgrößen:
Im Gegensatz zu transienten Störgrößen können periodische Störgrößen über einen längeren Zeitraum gleichförmig auftreten. Die Anforderungen an die Störfestigkeit gegenüber solchen Störungen können daher strenger formuliert sein, da zum Beispiel eine konstante Störstrahlung einen gleich bleibenden Messfehler, der vom Anwender nicht bemerkt wird, verursachen kann. Damit die Prüfung der Störfestigkeit gegenüber hochfrequenten elektromagnetischen Feldern möglichst viele in der Realität auftretende Störungen nachbilden kann, wird der hochfrequente Träger des Störsignals mit 80 %, 1 kHz amplitudenmoduliert. Periodische Störgrößen sind schmalbandige Störquellen (siehe Kapitel 19.1.3) mit einem diskreten Linienspektrum im Frequenzbereich.

Geräte, die gegen magnetische Felder empfindliche Komponenten beinhalten, müssen auf ihre Störfestigkeit gegenüber magnetischen Feldern mit energietechnischen Frequenzen (50, 60 Hz) geprüft werden. Mit zwei parallel angeordneten Spulen (Helmholtzspule) wird ein Bereich mit näherungsweise homogenem Feld erzeugt, in dem ein Gerät getestet werden kann. Die erzeugte magnetische Feldstärke kann aus den geometrischen Abmessungen der Spulen, ihrem Abstand und dem fließenden Spulenstrom berechnet werden.

Im Frequenzbereich zwischen 150 kHz und 80 MHz sind die Abmessungen des Prüflings klein gegenüber der Wellenlänge der Störgröße. Die Störstrahlung wird daher über angeschlossene Zuleitungen empfangen und dann leitungsgeführt in den Prüfling eingekoppelt. Diesem Sachverhalt wird bei der Prüfung der Störfestigkeit gegen leitungsgeführte Störgrößen, induziert durch hochfrequente Felder, Rechnung getragen. Der große Vorteil bei dieser Prüfung liegt in der direkten Einkopplung der Prüfstörgröße in die Zuleitungen des Prüflings über Koppelnetzwerke. Der Leistungsbedarf ist bei dieser Vorgangsweise wesentlich geringer als bei der Erzeugung eines elektromagnetischen Feldes, das dieselbe Störung hervorruft. Eine teure, absorbierend ausgekleidete Messkammer ist nicht erforderlich. Bei Frequenzen über 80 MHz sind üblicherweise die Abmessungen des Prüflings in der Größenordnung der Wellenlänge der Prüfstörgröße. Die Störgröße kann daher auch direkt von den Schaltungsteilen im Gerät empfangen werden. Deshalb muss in diesem Frequenzbereich ein elektromagnetisches Feld erzeugt werden, das auf den Prüfling mit seinen Zuleitungen einwirkt. Zur Erzeugung dieser Störstrahlung wird neben den Generatoren und Leistungsverstärkern eine absorbierend ausgekleidete Schirmkammer benötigt. Bei sehr kleinen Prüflingen kann abhängig von deren Größe die Grenze zwischen beiden Methoden auf maximal 230 MHz verschoben werden.

Störfestigkeit gegen leitungsgeführte Störgrößen, induziert durch hochfrequente Felder:
In ▶Abbildung 19.35 ist der schematische Prüfaufbau für die Störfestigkeitsprüfung dargestellt. Der Generator (HF-Generator und Breitband-Leistungsverstärker) wird über ein Dämpfungsglied (T2) mit dem Eingang eines Koppelnetzwerks (CDN ... *Coupling Decoupling Network*) verbunden. Der Prüfling befindet sich 10 cm über

der Bezugserde (Masseplatte) und ist über die Koppelnetzwerke mit seinen für den Betrieb notwendigen Zusatzeinrichtungen (AE ... *Auxiliary Equipment*) zu verbinden. Die Schaltung eines Koppelnetzwerks für zwei ungeschirmte Leitungen ist in ▶Abbildung 19.36 dargestellt. Das Dämpfungsglied T2 reduziert die Fehlanpassung zwischen Leistungsverstärker und Kopplungseinrichtung.

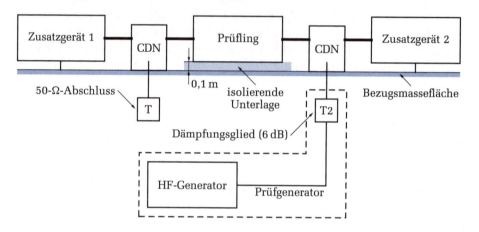

Abbildung 19.35: Direkte Einkopplung von HF-Energie in Leitungen

Die „common-mode"-Impedanz eines Koppelnetzwerks beträgt immer 100 Ω. Damit ist der Innenwiderstand der Störquelle zusammen mit dem 50 Ω-Generatorinnenwiderstand immer 150 Ω. Ein Koppelnetzwerk für z. B. zwei ungeschirmte, unsymmetrisch betriebene Leitungen ist entsprechend Abbildung 19.36 aufgebaut, beinhaltet aber entsprechend den zwei Leitungen zwei 200 Ω-Widerstände. Die zur Peripherie gerichtete Seite des Koppel-Entkoppel-Netzwerks enthält ein Filter (stromkompensierte Drossel und Kondensatoren) damit die eingekoppelten Störgrößen nur auf den Prüfling wirken.

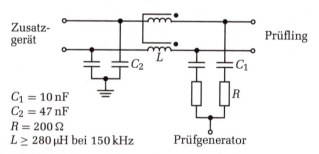

Abbildung 19.36: Koppelnetzwerk für zwei ungeschirmte Leitungen

Die bei dieser Prüfung erzeugten „common-mode"-Spannungen und Ströme (V_{com}, I_{com}) sind in ▶Abbildung 19.37 dargestellt. Die Widerstände mit 100 Ω werden durch die Koppel-Entkoppel-Netzwerke realisiert. Das linke Netzwerk wird mit einem passiven 50 Ω-Widerstand zur Bezugserde (Masseplatte) abgeschlossen. Das rechte Netzwerk wird an den Generator mit 50 Ω Innenwiderstand angeschlossen. Im Prüfling entstehen elektrische und magnetische Felder (E, H) und eine „common-mode"-Stromdichte J_{com}.

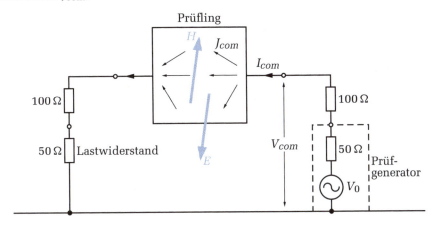

Abbildung 19.37: Schematische Darstellung der bei der Prüfung fließenden Ströme

Da je nach Leitungstyp (geschirmt oder ungeschirmt, symmetrischer oder unsymmetrischer Betrieb, Anzahl der Leiter) eine große Anzahl unterschiedliche Koppelnetzwerke erforderlich ist, kann alternativ auch mit Koppelzangen geprüft werden. Der Vorteil ist, dass ein Kabel ohne weitere Eingriffe in die Koppelzange eingelegt werden kann. Die richtige Anwendung (Kombination mit Entkoppelnetzwerken, Überwachung des eingekoppelten Stromes) ist jedoch komplizierter als bei kapazitiven Koppeleinrichtungen. Ein Beispiel für einen Prüfaufbau mit der EM-Koppelstrecke (EM ... Elektro-Magnetisch) ist in ▶Abbildung 19.38 zu sehen.

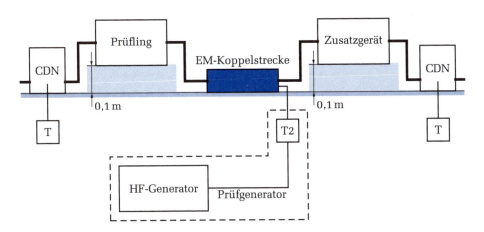

Abbildung 19.38: Prüfaufbau mit der EM-Koppelstrecke

Bei der Prüfung mit der EM-Koppelstrecke erfolgt zugleich eine kapazitive und eine induktive Einkopplung der Prüfstörgröße. Die EM-Koppelstrecke arbeitet wie ein Hochfrequenztransformator mit absichtlicher kapazitiver Kopplung zwischen Primär- und Sekundärseite. Die Primärwicklung besteht aus einem Halbzylinder aus Kupferfolie in einem Ferritrohr, die Sekundärwicklung wird durch die in das Ferritrohr eingelegte Leitung zum Prüfling gebildet ▶Abbildung 19.39.

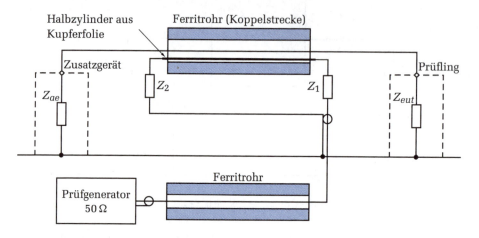

Abbildung 19.39: Ersatzschaltbild der EM-Koppelstrecke

Bei der Simulation einer Feldstärke von 3 V/m (Wohnbereich) beträgt die Spannung V_0 des Testgenerators in Abbildung 19.37 $V_0 = 3$ V. Bei einer Simulation von 10 V/m (Industriebereich) ist $V_0 = 10$ V. Dies gilt für ideale Koppelnetzwerke. Bei der Kalibrierung der Koppelnetzwerke muss die tatsächlich benötigte Generatorspannung V_0 ermittelt werden, da die Einkopplung aufgrund der Eigenschaften der verwendeten Bauteile frequenzabhängig ist. Bei der Kalibrierung werden zusätzlich noch die Frequenzgänge des Frequenzgenerators und des Leistungsverstärkers berücksichtigt.

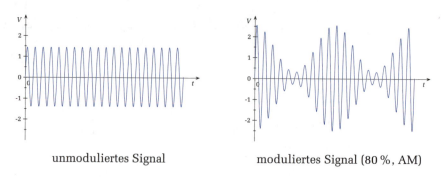

Abbildung 19.40: Kurvenform der Prüfspannung am EUT-Ausgang eines Koppelnetzwerks

Bei der Prüfung wird der Frequenzbereich von 150 kHz bis zu maximal 230 MHz durchfahren. Dabei wird das bei der Kalibrierung ermittelte Prüfsignal eingestellt, jedoch zusätzlich mit 1 kHz, 80 % amplitudenmoduliert ▶Abbildung 19.40. Bei stufenweisem Durchfahren darf der Frequenzsprung nicht größer als 1 % vom vorhergehenden Frequenzwert sein. Die Verweilzeit bei jeder Frequenz darf nicht kleiner sein als die Zeit, die der Prüfling benötigt, um auf die Störgröße zu reagieren (Messzeiten, Abfragezyklen etc.). Für einen umfassenden Test aller Funktionen des Prüflings ist oft ein spezielles Testprogramm erforderlich. In den meisten Fällen wird ein übliches Verhalten des Prüflings während der Prüfung innerhalb seiner festgelegten Grenzen verlangt (Bewertungskriterium A in den Fachgrundnormen, Abschnitt 19.4). Die Reaktion des Prüflings auf die Prüfstörgrößen darf nicht zu einem Überschreiten der vom Hersteller angegebenen Fehlergrenzen führen.

Störfestigkeit gegen hochfrequente elektromagnetische Felder:
Ab der bei der Prüfung der Störfestigkeit gegen leitungsgeführte Störgrößen, induziert durch hochfrequente Felder, verwendeten maximalen Frequenz (80 bis 230 MHz) wird die Störfestigkeit gegen gestrahlte hochfrequente elektromagnetische Felder in reflexionsarmen, absorbierend ausgekleideten, geschirmten Absorberhallen getestet. Dabei ist die Störfestigkeit bei der Prüfung für das CE-Zeichen mit Stand 2007 in drei verschiedenen Frequenzbereichen mit unterschiedlichen Feldstärken zu überprüfen:

80 MHz bis 1 GHz: 10 V/m im Industriebereich (3 V/m im Wohnbereich)
1,4 GHz bis 2 GHz: 3 V/m im Industriebereich und Wohnbereich
2 GHz bis 2,7 GHz: 1 V/m im Industriebereich und Wohnbereich

Die zur Erzeugung eines homogenen Feldes am Ort des Prüflings notwendige Sendeleistung wird bei der Kalibrierung des Testaufbaus mit einem Feldstärkemesser anstelle des Prüflings in Abhängigkeit von der jeweiligen Störfrequenz ermittelt und in einer Tabelle abgelegt. Wie bei der vorher beschriebenen Prüfung der Störfestigkeit gegen leitungsgeführte Störgrößen, induziert durch hochfrequente Felder, wird mit einer konstanten Amplitude kalibriert und mit 1 kHz, 80 % Amplitudenmodulation geprüft. Auch hier darf beim Durchfahren der Frequenzbereiche die Schrittweite nicht größer als 1 % des vorhergehenden Frequenzwertes sein. Die Verweilzeit bei jeder Frequenz muss auch hier der Reaktionszeit des Prüflings angepasst sein.

Der Testaufbau zur Prüfung eines Tischgerätes ist in ▶Abbildung 19.41 dargestellt. Der Prüfling steht in 3 m Entfernung von der Sendeantenne auf einem 0,8 m hohen, nicht leitenden Tisch. Für die verwendeten Frequenzen (ab 80 MHz) sind Fernfeldbedingungen gegeben. Mit dem Prüfling verbundene Kabel sind entsprechend den Prüfvorschriften anzuordnen. Die Prüfung erfolgt mit horizontaler und vertikaler Polarisation (Ausrichtung der Antenne). Jede Seite des Prüflings muss bestrahlt werden (üblicherweise durch ferngesteuertes Drehen des Tisches). Kann der Prüfling horizontal oder vertikal betrieben werden, sind dementsprechend alle Seiten zu prüfen.

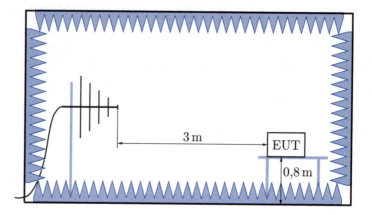

Abbildung 19.41: Absorberhalle

Die Prüfung in der Absorberhalle ist mit sehr hohen Investitionskosten verbunden. Daher wird diese Prüfung meist extern in dafür spezialisierten Testhäusern durchgeführt. Bei geringeren Kosten existieren mehrere unterschiedliche alternative Methoden, mit denen Fernfeldbedingungen simuliert werden. Im Fernfeld stehen die Feldvektoren $\vec{E}$ und $\vec{H}$ senkrecht aufeinander (TEM-Welle ... Transversal Elektro-Magnetische Welle). Im einfachsten Fall kann eine Anordnung von zwei parallel angeordneten Platten (Streifenleitung, offener Wellenleiter) verwendet werden. Ist der Plattenabstand klein gegenüber der Wellenlänge der verwendeten Frequenz, herrschen im Zentrum zwischen den Platten näherungsweise Fernfeldbedingungen. Ein Prüfling kann im mittleren Drittel des Abstands zwischen den Platten geprüft werden. Geschlossene Bauformen sind die TEM-Zelle bzw. die GTEM-Zelle (GTEM ... Gigahertz Transversal Elektro-Magnetisch), die bis zu Frequenzen im mehrstelligen GHz-Bereich betrieben werden kann.

19.2.2 Messung der Störaussendung

An dieser Stelle werden Messmethoden zur Feststellung der Störemission von Geräten beschrieben. Im Wesentlichen kann man zwischen leitungsgeführten Störspannungen und Störströmen sowie gestrahlten Emissionen unterscheiden.

Wichtige Messungen im Bereich der leitungsgeführten Störemissionen sind die Bestimmung der niederfrequenten Netzrückwirkungen (Oberschwingungströme des vom 50 Hz-Energieversorgungsnetz aufgenommenen Stromes) und die Messung der hochfrequenten Störaussendung über Netz- und Datenleitungen.

Oberschwingungsströme:
▶Abbildung 19.42 zeigt die Stromaufnahme einer direkt mit dem 230 V-Energieversorgungsnetz verbundenen Gleichrichterschaltung. Dies kann zum Beispiel der Ein-

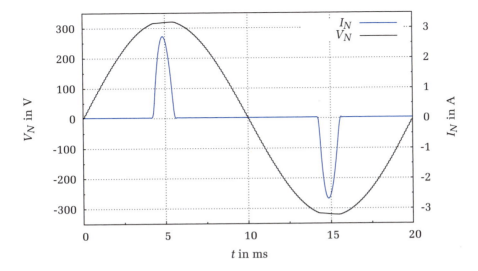

Abbildung 19.42: Stromaufnahme eines Netzgleichrichters

gangsteil eines primärgetakteten Netzgerätes sein. Die Simulation zeigt einen Vollbrückengleichrichter mit einem Ladekondensator mit einer Kapazität von $C_L = 470\,\mu\text{F}$. Die Wirkleistungsaufnahme P_{in} der Schaltung beträgt 75 W. Die Ladestromstöße werden durch einen angenommenen Widerstand von 2,2 Ω begrenzt. Dieser Widerstand stellt die Summe der ohmschen Widerstände der Zuleitung, der Sicherung sowie eines Netzfilters dar.

Die Darstellung der netzfrequenten Ladestromimpulse des Ladekondensators im Frequenzbereich ist in ▶Abbildung 19.43 zu sehen. Im Linienspektrum sind die 50 Hz-Grundschwingung sowie ungeradzahlige Oberschwingungen zu sehen. Der Transport der Wirkleistung in die Last erfolgt ausschließlich durch die mit der Netzspannung in gleicher Phasenlage auftretende 50 Hz-Grundschwingung des Stromes. Alle Oberschwingungen bewirken lediglich mit der Frequenz der jeweiligen Oberschwingung zwischen Verbraucher und Erzeuger pendelnde Blindleistungen.

Bei einer großen Zahl solcher Gleichrichterschaltungen verusachen die Blindleistungsströme zusätzliche Kosten für die Energieversorgungsunternehmen (Verluste in den Zuleitungen, Bereitstellung der Blindleistung). Der Oberwellengehalt für sehr häufig verwendete Geräte ist daher begrenzt. In Abbildung 19.43 ist die Grenzkurve für Geräte der Klasse D für eine Eingangsleistung von $P_{in} = 75\,\text{W}$ nach EN 61000-3-2 eingetragen. Die Grenzwerte sind proportional zur aufgenommenen Wirkleistung definiert. Klasse D gilt nur für PCs, Monitore sowie für Fernseh-Rundfunkempfänger mit einer Wirkleistungsaufnahme zwischen 75 und 600 W (Stand 2007). Strengere Grenzwerte gelten für Beleuchtungseinrichtungen, da diese noch viel häufiger eingesetzt werden.

19 ELEKTROMAGNETISCHE VERTRÄGLICHKEIT ELEKTRONISCHER SYSTEME

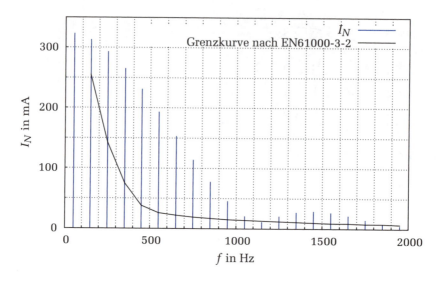

Abbildung 19.43: Effektivwerte der aufgenommenen Oberschwingungsströme eines Schaltnetzteils mit $P_{in} = 75\,\text{W}$

Da jede Verzerrung des zeitlichen Verlaufs der Netzspannung zu einer Veränderung der gemessenen Oberschwingungen des aufgenommenen Stromes führt, muss für die Messung ein Netzspannungssimulator eingesetzt werden, der eine Netzspannung mit ausreichend guter spektraler Reinheit zur Verfügung stellt. Die mittels diskreter Fourier-Transformation (DFT) berechneten Effektivwerte werden für jede Oberschwingungsordnung durch ein Tiefpassfilter geglättet und angezeigt.

Hochfrequente Störaussendung über Netz- und Datenleitungen:
Im Frequenzbereich zwischen 9 kHz und 30 MHz sind die Abmessungen der Geräte klein im Vergleich zur Wellenlänge. Bei einer Frequenz von 30 MHz ist die Wellenlänge $\lambda = 10\,\text{m}$. Störungen in diesem Frequenzbereich werden daher vorwiegend über die angeschlossenen Leitungen ausgesendet. Die Störkopplung erfolgt dabei einerseits leitungsgeführt, z. B. über die Netzzuleitung von einem Gerät in ein benachbartes vom gleichen Verteiler versorgtes Gerät oder gestrahlt mit den angeschlossenen Leitungen als Sendeantennen. Im Fall der 230 V-Netzzuleitungen wird in einem definierten Prüfaufbau (▶Abbildung 19.44) die Störspannung auf den Netzleitungen gemessen. Derzeit sind Grenzwerte für die zulässigen gemessenen Spannungen erst ab 150 kHz festgelegt.

Die Messung der Störspannung auf den einzelnen Leitungen erfolgt mittels einer Netznachbildung, die einerseits eine definierte Impedanz für die fließenden Störströme und andererseits ein Filter gegenüber Störungen aus dem Stromversorgungsnetz darstellt. In ▶Abbildung 19.45 ist die so genannte V-Netznachbildung für eine einphasige Stromversorgung dargestellt. Die Kondensatoren mit 4 und 8 µF dienen dazu, die 230 V Netzspannung von den verwendeten Widerständen fernzuhalten.

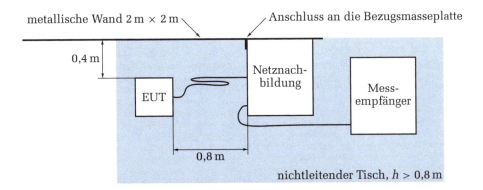

Abbildung 19.44: Messaufbau für die Funkstörspannungsmessung auf der Netzzuleitung

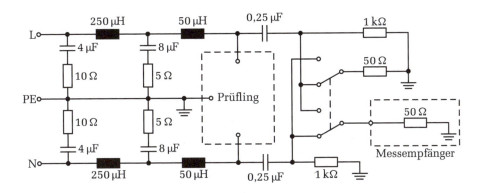

Abbildung 19.45: Prinzipschaltung der V-Netznachbildung $(50\,\mu H + 5\,\Omega)\|50\,\Omega$

Sie können im betrachteten Frequenzbereich der Messungen vernachlässigt werden. Die Koppelkondensatoren in Serie mit den 50 Ω-Widerständen erfüllen den gleichen Zweck. Die für die Messung wesentliche Impedanz wird durch die Serienschaltung der 50 μH-Drossel mit einem 5 Ω-Widerstand und mit einem 50 Ω-Widerstand parallel zu dieser Serienschaltung gebildet. Dies führt zu einem frequenzabhängigen, simulierten Netzinnenwiderstand von ca. 5 Ω bei 9 kHz und nach einem Übergangsbereich zu einem angenommenen Netzinnenwiderstand von 50 Ω ab ca. 1 MHz. Ein 50 Ω-Widerstand wird durch den Eingangswiderstand des Messempfängers gebildet. Der andere 50 Ω-Widerstand ist mit der anderen Leitung, die gerade nicht gemessen wird, verbunden.

Leitungsgebunden können Störspannungen als Gleichtakt- und als Gegentaktstörspannung auftreten. Als Gegentaktsspannung bezeichnet man die Differenz der Spannungen auf zwei Leitungen eines Stromkreises (V_1, V_2) gegenüber einer Bezugsmasse. Als Gleichtaktspannung bezeichnet man den arithmetischen Mittelwert der Spannungen von zwei Leitungen gegenüber einer Bezugsmasse.

$$U_{Gegentakt} = V_1 - V_2 \qquad (19.47)$$

$$U_{Gleichtakt} = \frac{V_1 + V_2}{2} \qquad (19.48)$$

Die Spannungen V_1 bzw. V_2 zwischen einer Leitung und Bezugsmasse werden als unsymmetrische Spannungen bezeichnet. Die Gegentaktspannung wird auch symmetrische Spannung genannt, die Gleichtaktspannung wird auch als asymmetrische Spannung bezeichnet. Bei der Messung der Funkstörspannungen mit der V-Netznachbildung werden die unsymmetrischen Störspannungen der Einzelleiter gegen die Bezugsmasse gemessen. Dabei wird die jeweils höchste gemessene Spannung eines Einzelleiters mit dem zulässigen Grenzwert verglichen.

Sinngemäß kann man Ströme ebenfalls in einen Gleichtaktstrom (in beiden Leitungen gleich gerichtet und gleich groß) und in einen Gegentaktstrom (in beiden Leitungen gleich groß aber entgegengesetzt gerichtet) zerlegen. Diese vom Prüfling in die Leitungen eingeprägten Ströme verursachen am (nachgebildeten) Innenwiderstand des Stromversorgungsnetzes Störspannungen. Durch die Netznachbildung werden die Messungen reproduzierbar und vom Messort unabhängig.

Der zu verwendende Messempfänger ist ein frequenzselektives Voltmeter mit einstellbaren Messbandbreiten. Er wird sowohl für die Messungen von Funkstörspannungen und -strömen auf Leitungen als auch für Störfeldstärkemessungen mit kalibrierten Empfangsantennen verwendet. Seine Arbeitsweise ist ähnlich der eines Spektrum-Analysators. Im Unterschied zum Spektrum-Analysator befindet sich vor dem Mischer ein mit der Empfangsfrequenz mitlaufendes Bandfilter (Preselector), das die nicht zu messenden Frequenzen von der Mischstufe fernhält. Dieser zusätzliche Aufwand verursacht erhebliche Kosten. Ein weiterer Unterschied besteht in einer größeren Anzahl von Detektorschaltungen, die die Messung unterschiedlich bewerten.

Der Spitzenwertdetektor misst den Größtwert der Ausgangsspannung des auf die Mischstufe folgenden Zwischenfrequenzverstärkers. Der Messwert wird als Effektivwert bezogen auf eine sinusförmige Eingangsspannung angezeigt. Die folgenden Detektoren sind ebenfalls so justiert, dass bei einer sinusförmigen Eingangsspannung derselbe Messwert angezeigt wird. Der Quasispitzenwertdetektor arbeitet ähnlich wie ein Spitzenwertdetektor. Es werden jedoch definierte Lade- und Entladezeitkonstanten in Verbindung mit dem Haltekondensator des Detektors angewendet. Dadurch erfolgt eine Bewertung, die dem Eindruck akustischer Knackstörungen auf den Menschen entspricht. Die Länge und Häufigkeit der Störungen beeinflusst hier im Unterschied zum Spitzenwertdetektor den angezeigten Wert. Der Mittelwertdetektor ermittelt den arithmetischen Mittelwert der Einhüllenden der gleich gerichteten ZF-Spannung.

Bei der Messung der Funkstörspannung auf Leitungen werden der Quasispitzenwertdetektor und der Mittelwertdetektor verwendet. Die Störspannung muss mit beiden Detektoren gemessen werden. Für beide Messungen kommen eigene Grenzlinien zum Einsatz. Die Dauer der Messung bei der jeweiligen Empfangsfrequenz muss entsprechend dem Verhalten des Prüflings ausreichend lang sein.

In ▶Abbildung 19.46 ist eine Funktstörspannungsmessung auf der Netzzuleitung eines Sperrwandler-Schaltnetzteils dargestellt. Maßnahmen zur Entstörung eines solchen Netzgerätes werden im Abschnitt 19.3.1 gezeigt.

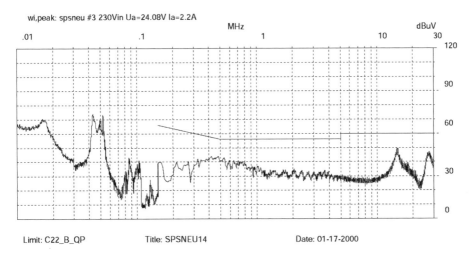

Abbildung 19.46: Funkstörspannungsmessung auf der Netzzuleitung eines Schaltnetzteils. Grenzwert nach EN 61000-6-3 für die Messung mit Quasispitzenwertdetektor

Störaussendung einer Datenleitung:
Bei einem geringen Abstand von zwei Leitungen entsteht eine Fernwirkung durch Abstrahlung nur durch die Gleichtaktkomponenten der fließenden Ströme, da sich die überlagerten Wirkungen der Gegentaktkomponenten aufheben. Daher wird der Gleichtaktstörstrom auf Signal- und Steueranschlüssen, Gleichspannungsnetzeingängen und -ausgängen etc. im Frequenzbereich von 150 kHz bis 30 MHz unter Verwendung einer Stromzange gemessen. Wird eine mehradrige Leitung in eine Stromzange (HF-Stromwandler) eingelegt, wird nur der Gleichtaktstrom gemessen. Die Wirkungen der Gegentaktströme heben sich auf. Die zu messende Leitung wird dabei über ein Netzwerk, wie zum Beispiel in Abbildung 19.36 gezeigt, mit einem Gleichtaktwiderstand von 150 Ω mit der Bezugsmasse abgeschlossen. Dabei ist das entsprechende Netzwerk so zu wählen, dass die Funktion der Schnittstelle während der Messung erhalten bleibt.

Messung der Störstrahlung:
Mit Stand 2007 wird für das CE-Zeichen die von Geräten ausgehende Funkstörstrahlung im Frequenzbereich von 30 MHz bis 1 GHz gemessen. Die normgerechte Messung erfolgt im Freifeld oder in einer Kammer mit teilweiser Absorberauskleidung in 10 m Abstand vom Prüfling. Es darf auch in einem Abstand von 3 m gemessen werden. Die Grenzwerte sind dann dementsprechend um 10 dB anzuheben. Der Aufbau ist in ▶Abbildung 19.47 dargestellt. Der Prüfling steht auf einem drehbaren Holztisch. Die Bodenfläche des Prüffelds ist elektrisch leitfähig. Die Empfangsantenne empfängt zwei vom Prüfling ausgehende Wellen, eine auf direktem Weg und eine am Boden reflektierte. Diese Wellen laufen über unterschiedlich lange Strecken zur Empfangsantenne und treffen abhängig von der Frequenz nicht immer in der gleichen Phasenlage bei der Antenne ein. Daher muss laut Messvorschrift die Antennenhöhe der Empfangsantenne zwischen 1 m und 4 m variiert werden. Als Messergebnis wird der größte angezeigte Wert verwendet. Bei diesem Wert treffen beide Wellen gleichphasig bei der Antenne ein. Die Messung erfolgt mit horizontaler und vertikaler Ausrichtung der Antenne. Zusätzlich muss der Prüfling gedreht werden. Dies macht die Messung sehr zeitaufwändig. Es ist auch sehr schwierig, ein Freifeldgelände zu finden, in dem die Störungen durch die Umgebung die Messungen nicht behindern.

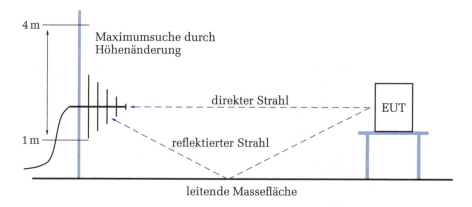

Abbildung 19.47: Messung im Freifeld

Eine (teure) Lösung besteht darin, das Freifeld mit seinem leitfähigen Boden in einer sehr großen Schirmkabine mit absorbierenden Wänden und einer absorbierenden Decke anzuordnen und so Umgebungsstörungen fernzuhalten. Ein zweiter Ansatz ist die Verwendung der in Abbildung 19.41 dargestellten kleineren Absorberhalle, bei der auch der Boden mit absorbierendem Material bedeckt ist. Da hier die reflektierte Welle nicht mehr auftritt, entfällt der Höhenscan. Der Messabstand beträgt jedoch nur 3 m anstelle der geforderten 10 m. Man kalibriert die Messung in der Absorberhalle mittels eines Referenzstrahlers (Kammgenerator), der im Freifeld vermessen wurde. Dieser so gewonnene frequenzabhängige Umrechnungsfaktor wird noch mit einem Sicherheitszuschlag versehen. Nun kann mit dieser Kalibrierung ein Vortest in der Absorberhalle durchgeführt und bei ausreichendem Abstand von den Grenzwerten auf die Messung im Freifeld verzichtet werden. Treten einige kritische Frequenzen auf, bei denen die gemessenen Amplitudenwerte sehr nahe am Limit liegen, werden nur diese Frequenzen im Freifeld nachgemessen. Der Vorteil liegt in einer sehr großen Zeitersparnis und damit verbundener Kostenreduktion. Zur Messung der Amplitudenwerte wird der Quasipeakdetektor des Messempfängers verwendet.

Es gibt eine Reihe alternativer Messmethoden wie zum Beispiel die Verwendung der GTEM-Zelle. Bei Messmethoden mit sehr kleinem nutzbaren Prüflingsvolumen (z. B. ein Würfel mit 50 cm Kantenlänge) ist jedoch große Sorgfalt bei der Interpretation der Messergebnisse anzuwenden.

19.3 EMV-gerechtes Gerätedesign

In diesem Abschnitt wird ein kurzer Überblick über die wichtigsten zu beachtenden Punkte bei der Geräte-Entwicklung im Hinblick auf die elektromagnetische Verträglichkeit gegeben.

Die Auswahl der verwendeten Schaltungskonzepte und der Bauteile, die Platzierung auf der Platine und die Wahl des Gehäuses beeinflussen die Störfestigkeit und Störaussendung des Gerätes schon ab Beginn des Designprozesses. In einigen Dingen wird der Designer frei entscheiden können, andere Merkmale des zu entwickelnden Gerätes ergeben sich jedoch aus seiner Funktion. Zum Beispiel wird man bei der Entwicklung eines Prozessdatensystems die Standardschnittstellen vorsehen müssen, um kompatibel zu hinzugekaufter Peripherie zu sein. Bei der Auswahl eines Mikrocontrollers könnte zwar von der Funktion her eine große Auswahl zur Verfügung stehen, der Designer aber vielleicht durch firmeninterne Vorgaben eingeengt sein. Beim Design analoger Schaltungen können durch die richtige Wahl und die Dimensionierung der Schaltungen zusammen mit eventuell notwendiger Filterung unter Berücksichtigung der EMV von Anfang an teure nachträgliche Maßnahmen vermieden werden. Dabei hilft oft schon die Einplanung von Filterschaltungen, deren Wirksamkeit erst ganz am Ende der Entwicklung mit dem fertigen Gerät getestet werden kann, ein teures und langwieriges Redesign zu vermeiden.

Allein die Entscheidung, eine zwei- oder vierlagige Leiterplatte zu verwenden, hat einen sehr großen Einfluss auf die EMV. Auch die Wahl eines Plastik- oder Metallgehäuses sollte von Beginn an feststehen, da dies ebenso sehr bedeutend ist. Wenn schnelle Datenverbindungen zwischen verschiedenen Leiterplatten herzustellen sind, ist dies ebenfalls kritisch im Hinblick auf die EMV und sollte von Anfang an berücksichtigt werden. Nicht zuletzt ist mit der Stromversorgung des Gerätes die Verbindung zum Stromversorgungsnetz eine wichtiges zu beachtendes Tor, durch das nicht nur Nutzenergie, sondern auch Störenergie in das Gerät eindringen und daraus austreten kann. Der Benutzer als Ursache elektrostatischer Entladungen muss ebenso „eingeplant" sein.

19.3.1 Filter-Maßnahmen

Zur Abschwächung von Störspannungen und Störströmen kommen meist passive Bauteile in Filterschaltungen zur Anwendung. In den meisten Fällen sind die zu unterdrückenden Störungen im Frequenzbereich oberhalb dem der Nutzsignale angesiedelt. Der Grund liegt darin, dass die Störkopplung mit höheren Frequenzen zunimmt. Die Verwendung passiver Filter ist die effektivste und kostengünstigste Möglichkeit. Bei der Verwendung aktiver Filter müsste die obere Grenze der Arbeitsfrequenz der verwendeten Verstärkerschaltungen größer als die Frequenzen sein, die im Störsignal enthalten sind. In den selteneren Fällen, bei denen das Störsignal im Frequenzband der Nutzsignale liegt, muss die Unterdrückung auf eine andere Art erfolgen. Zum Beispiel wählt man bei der Übertragung von Audiosignalen über weitere Strecken (langes Mikrofonkabel) eine Signalübertragung im Gegentakt, während kapazitiv eingekoppelte Störungen als Gleichtaktsignale auftreten. Eine Differenzbildung am Eingang der signalverarbeitenden Schaltung mittels Eingangsübertrager oder mit einer aktiven Subtrahierschaltung kann nun die Störung sogar ohne Filterung unterdrücken. In seltenen Fällen wird die Störung eine niedrigere Frequenz als das Nutzsignal aufweisen (z. B. Trittschall, Rumpeln eines Plattenspielers). Hochpass-Filter und Bandsperren werden daher selten eingesetzt. Aus den genannten Gründen sind die meisten verwendeten Filter Tiefpass-Filter.

Entstörbauteile

Beim Einsatz von Filtern ist auf die Spannungsfestigkeit und das frequenz- und zeitabhängige Verhalten der Bauelemente zu achten. Bevor die Filtergrundschaltungen behandelt werden, folgt an dieser Stelle ein kurzer Überblick über die verwendeten Bauelemente unter Einbeziehung spannungsbegrenzender Bauteile:

Widerstand:
Wird bei einem Tiefpass-Filter ein Widerstand ohne Schutz gegen Überspannung eingesetzt, ist auf die Höhe der möglicherweise auftretenden Eingangsspannungen zu achten. Bei impulsförmigen Überspannungen ist auf die Impulsfestigkeit des verwendeten Widerstands zu achten. Zum Beispiel können Metallfilmwiderstände durch kurzzeitige Überlastungen zuerst unbemerkt hochohmiger werden. Kohlemassewiderstände oder Drahtwiderstände zeigen dieses Verhalten nicht. Dies ist zum Beispiel in einer Funkenlöschschaltung (Serienschaltung aus Widerstand und Kondensator parallel zu mechanischen Schaltkontakten) entsprechend zu berücksichtigen.

Die Serieninduktivität eines Widerstands ist stark von seiner Bauform abhängig (z. B. Drahtspule oder flächenförmige Widerstandsschicht). Beim Einsatz in einem Tiefpass-Filter stört die Serieninduktivität im Allgemeinen nicht, da Schwingungen des RLC-Serien- oder Parallelschwingkreises in Verbindung mit dem Tiefpass-Kondensator durch den ohmschen Widerstand selbst gedämpft werden.

Kondensator:
Die Ersatzschaltung eines realen Kondensators ist in ▶Abbildung 19.48 zu sehen, sie wurde bereits im Abschnitt 3.3.1 vorgestellt. Beim Einsatz als Filterbauelement müssen die parasitären Eigenschaften der Kondensatoren berücksichtigt werden. Kapazitives Verhalten ist nur bis zur Serienresonanzfrequenz des Kondensators gegeben ▶Abbildung 19.49. Bei größeren Frequenzen verhält sich das Bauelement induktiv, da die Impedanz bedingt durch die Serieninduktivität mit der Frequenz wieder ansteigt. Dieses Verhalten schränkt den Frequenzbereich ein, in dem der Kondensator verwendet wird. Im Allgemeinen wird der Kondensator in dem Frequenzbereich, in dem er sich kapazitiv verhält, eingesetzt. Der Serienwiderstand des Kondensators muss zusammen mit seiner Serieninduktivität bei hochfrequenten oder pulsförmigen Strömen durch den Kondensator berücksichtigt werden, da die zusätzlich auftretenden Spannungsabfälle die Wirkung des Kondensators verschlechtern.

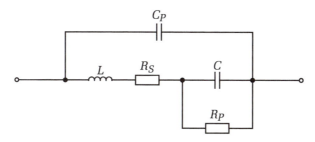

Abbildung 19.48: Ersatzschaltbild eines realen Kondensators

Soll ein größerer Frequenzbereich mit ausreichend niedriger Impedanz Z überstrichen werden, behilft man sich häufig durch eine Parallelschaltung von zwei Kondensatoren. In dem Frequenzbereich, in dem der größere der beiden Kondensatoren sich schon induktiv verhält, soll der parallel geschaltete kleinere Kondensator (kleinerer Wert, kleinere Bauform und damit höhere Resonanzfrequenz) für die niedrigere Gesamtimpedanz bei hohen Frequenzen sorgen. Bei dieser Anwendung besteht jedoch die Gefahr einer Parallelresonanz: Der größere Kondensator verhält sich im Frequenzbereich über seiner Resonanzfrequenz wie eine Induktivität, der kleinere bei derselben Frequenz jedoch noch wie eine Kapazität. Die Parallelresonanzfrequenz ist nun jene Frequenz, bei der die Beträge der Impedanzen der beiden Bauelemente gleich groß sind. Anstelle einer Halbierung der Gesamtimpedanz tritt hier eine Impedanzerhöhung, bedingt durch die Parallelresonanz, auf.

Als Filterkondensatoren für Datenleitungen werden oft keramische Kondensatoren in SMD-Bauform eingesetzt. Bestehen je nach Anwendung besondere Anforderungen bezüglich Impulsfestigkeit, Spannungsfestigkeit oder dieelektrische Absorption, werden meist Folienkondensatoren verwendet. Entstörkondensatoren für den Einsatz in Verbindung mit dem 230 V-Niederspannungsnetz müssen besonders hohen Anforderungen gerecht werden. Kondensatoren zwischen den Netzleitungen (Phase und Nullleiter) müssen häufig auftretenden, energiereichen Überspannungsimpulsen standhalten. Dafür geeignete Kondensatoren werden als X-Kondensatoren bezeichnet. Entstörkondensatoren zwischen einer Netzleitung und Erde (Metallgehäuse eines Gerätes) können bei Versagen (Kurzschluss) für den Benutzer lebensgefährliche Spannungen auf das Gehäuse eines Gerätes legen (z. B. wenn auch der Schutzleiteranschluss defekt ist). Die Anforderungen an diesen Kondensator sind daher noch höher. Für diese Anwendung geeignete Kondensatoren werden Y-Kondensatoren genannt.

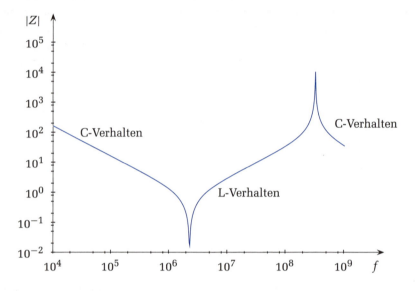

Abbildung 19.49: Frequenzgang der Impedanz eines realen Kondensators

Induktivität – Entstörferrit:
Das Ersatzschaltbild einer Induktivität ist in ▶Abbildung 19.50 dargestellt. Auch hier sind abhängig von der Bauform parasitäre Elemente vorhanden, die den Einsatzbereich einer Drossel einschränken. Die Wicklungskapazität und die Kapazitäten zwischen den Anschlüssen des Bauelementes schließen bei höheren Frequenzen das Bauteil kurz. In dem Frequenzbereich, in dem die Wirkung der Streukapazitäten überwiegt, verhält sich das Bauelement kapazitiv.

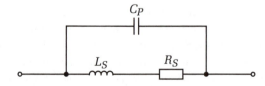

Abbildung 19.50: Ersatzschaltbild einer realen Induktivität

Bei der Parallelresonanzfrequenz (▶Abbildung 19.51) sind die Impedanzen des induktiven und des kapazitiven Anteils gleich groß. Der Serienwiderstand repräsentiert einerseits den Wicklungswiderstand, andererseits aber auch die Ummagnetisierungsverluste des Kernmaterials. Diese Verluste verbrauchen Wirkleistung, die dementsprechend einen frequenzabhängigen ohmschen Anteil in der Ersatzschaltung hervorrufen. Beim Einsatz einer Induktivität als Filterbauelement in einem Entstörfilter ist dieser ohmsche Anteil nicht störend, sondern sogar erwünscht. Im Gegensatz zu Filtern in anderen Einsatzbereichen soll möglichst viel Störenergie „vernichtet" und in Wärme umgewandelt werden. Bei der Bauteilauswahl ist auf diesen Umstand zu achten und ein dementsprechend verlustbehaftetes Kernmaterial zu wählen.

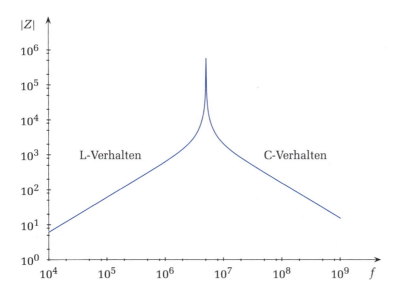

Abbildung 19.51: Frequenzgang der Impedanz einer realen Induktivität

Beim Einsatz von LC-Filtern in Stromversorgungsleitungen ist zu beachten, dass (verlustlose) LC-Filter bei impulsförmigen Spannungen durch ihr Überschwingen am Ausgang eine Spannung erzeugen können, die höher als die Eingangsspannung ist. Die ausreichende Dämpfung durch einen Serien- oder Parallelwiderstand ist hier sehr wichtig. Auch ist bei Netzfiltern zu überprüfen, ob z. B. durch das Signal von Rundsteueranlagen das Filter mit seiner Resonanzfrequenz angeregt werden kann.

Eine stromkompensierte Drossel (▶Abbildung 19.52) besteht aus einem Kern, auf den zwei Wicklungen mit gleicher Windungszahl aufgebracht sind. Je nach Wickelsinn und Anschluss der Drossel erzeugen die in den Wicklungen fließenden Ströme gleich gerichtete oder entgegengesetzt gerichtete magnetische Flüsse. Wird in einem Netzfilter die Drossel so in die Netzleitung eingefügt, dass sich die Wirkung des Versorgungsstroms (Gegentaktstrom) aufhebt, wird die Drossel durch die Stromaufnahme im Ampere-Bereich des angeschlossenen Gerätes nicht vormagnetisiert. Der Kern muss daher nur für die im Gleichtakt auftretenden kleinen Funkstörströme im Milliampere-Bereich ausgelegt werden. Dadurch ist eine kleine, Platz sparende und kostengünstige Ausführung bei gleichzeitig großen Induktivitätswerten möglich.

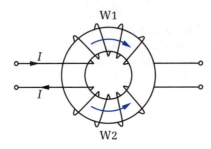

Abbildung 19.52: Stromkompensierte Drossel

Wird die zu entstörende Leitung in ein Ferritrohr eingelegt, ergibt sich eine Induktivität mit kleinen Werten, da die Windungszahl $N = 1$ ist. Im unteren Frequenzbereich wirkt dieses Bauteil als Induktivität, im oberen Frequenzbereich dominieren die Kernverluste durch die Ummagnetisierung ▶Abbildung 19.53. Der Gleichstromwiderstand ist oft vernachlässigbar klein. Diese Ferrite, die auch nachträglich in Form von Klappferriten auf Leitungen angebracht werden können, sind aufgrund ihrer relativ kleinen Induktivität erst im Frequenzbereich über 100 MHz wirksam. Werden mehrere Leitungen in ein Rohr eingelegt, entsteht eine stromkompensierte Induktivität. Solche Ferritrohre findet man sehr oft auf Leitungen, die z. B. zum Anschluss an PCs bestimmt sind. Sie sollen die Abstrahlung von Funkstörungen verhindern, indem sie die Gleichtaktstörströme unterdrücken.

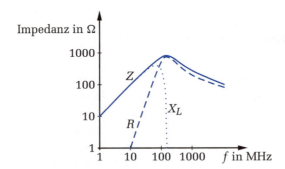

Abbildung 19.53: Impedanzverlauf des Entstörferrits (Ferritperle)

An dieser Stelle wird kurz auf die spannungsbegrenzenden Bauteile eingegangen. Sie gehören nicht zu den Filterbauelementen, werden aber oft zum Schutz der Filter und der auf die Filter folgenden Schaltungsteile eingesetzt.

Überspannungsableiter sind nicht lineare Bauelemente, die idealisiert unterhalb ihrer Ansprechspannung als nicht vorhanden betrachtet werden. Im Fall von Überspannungen werden sie leitend und haben einen geringen dynamischen Innenwiderstand. Bei der Suppressordiode und beim Varistor entsteht dabei im Ansprechfall im Bauteil eine Verlustleistung (die Ansprechspannung multipliziert mit dem Ansprechstrom), die zur Erwärmung führt. Der Gasableiter wird im Ansprechfall nur wenig erwärmt, da die Brennspannung des Lichtbogens der Funkenstrecke wesentlich kleiner als seine Zündspannung ist. Der Hauptteil der Verlustleistung wird hier im Innenwiderstand der Quelle und in den Zuleitungen zum Ableiter umgesetzt.

Suppressordiode:
Suppressordioden sind Zenerdioden (siehe Abschnitt 2.3.3), die kurzzeitig eine hohe Verlustleistung bis in den kW-Bereich ertragen ▶ Abbildung 19.54. Sie haben in ihrer Sperrschicht Ansprechzeiten im ps-Bereich, die jedoch schon aufgrund der Zuleitungsinduktivitäten nicht genutzt werden können. In der Praxis werden daher Ansprechzeiten im ns-Bereich erreicht. Nachteilig wirken relativ hohe Leckströme im Sperrbereich. Sie weisen im Vergleich zu normalen Zenerdioden eine sehr hohe Sperrschichtkapazität bis in den nF-Bereich auf. Im Fall von hochfrequenten Signalübertragungen und beim Schutz von Antenneneingängen können sie daher nicht ohne Weiteres verwendet werden, da sie das Nutzsignal kapazitiv kurzschließen. Eine Gegenmaßnahme bildet die Serienschaltung mit einer kapazitätsarmen Diode, die im Ansprechfall in ihrer Durchlassrichtung beansprucht wird. Sind am Einsatzort Kondensatoren vorgesehen, stört die Kapazität der Suppressordiode nicht. Als bidirektionales Schutzelement, dessen Ansprechspannung für beide Spannungspolaritäten gleich groß ist, werden zwei „antiseriell" in einem Gehäuse verpackte Dioden angeboten.

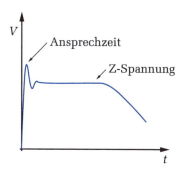

Abbildung 19.54: Zeitliches Ansprechverhalten einer Suppressordiode

Varistor:
Varistoren sind spannungsabhängige, nicht lineare Widerstände mit exponentiellem Kennlinienverlauf. Der Verlauf der Kennlinien ist ähnlich dem von bidirektionalen Suppressordioden symmetrisch um den Nullpunkt. Varistoren bestehen aus Metalloxid-Körnern (ZnO), wobei der Varistoreffekt an den Korngrenzen auftritt. Sie

haben Ansprechzeiten im ns-Bereich. Die Kapazitätswerte liegen je nach Bauform (Ansprechspannung, Strombelastbarkeit) zwischen 100 pF und >100 nF für automotive Anwendungen. Beim Einsatz können sie wie Entstörkondensatoren verwendet werden. Zur Begrenzung von Überspannungen auf Netzleitungen sind Varistoren vom Preis-Leistungs-Verhältnis sowie beim Platzbedarf auf einer Leiterplatte den Suppressordioden überlegen. Unter einer Ansprechspannung von 100 V sind meist Suppressordioden in SMD-Bauform günstiger. Beim Einsatz von Varistoren ist zu beachten, dass die Ansprechspannung des Bauteiles durch die Stoßstrombelastung im Überspannungsfall bleibend sinkt. Bei Netzspannungsanwendungen darf die Ansprechspannung des Varistors daher nicht zu knapp über dem Scheitelwert der Netzspannung gewählt werden. Je höher die Ansprechspannung gewählt wird, desto seltener und energieärmer werden die auftretenden Überspannungsimpulse, die den Varistor schädigen. Andererseits muss dann die auf das Schutzelement folgende Elektronik entsprechend spannungsfester dimensioniert werden.

Gasableiter:
Der Gasableiter ist das einzige Bauelement, das in geeigneter Bauform auch dem Ableitstrom von direkten Blitzeinschlägen standhalten kann. Man findet ihn in Form von Funkenstrecken zum Beispiel auf den Masten von Freileitungen. Beim Geräte-Entwickler, der in der Regel nur mit indirekten Folgen von Blitzeinschlägen konfrontiert wird, kommen Bauformen mit edelgasgefüllten Glas- oder Keramikröhren zum Einsatz. Die Ansprechspannung ergibt sich aus der Bauform und dem Abstand der im Rohr untergebrachten Elektroden. Bedingt durch ihre Bauform haben Gasableiter eine sehr kleine Kapazität im pf-Bereich. Daher sind sie zum Schutz von Daten- und Antennenleitungen sehr gut geeignet. Zum Schutz von Netzspannungseingängen sind sie nur bedingt einsetzbar, da nach dem Ansprechen des Gasableiters der gezündete Lichtbogen von der Energieversorgung aufrechterhalten wird. Dadurch ergibt sich ein hoher Folgestrom aus dem Stromversorgungsnetz, der die vorhandenen Sicherungen auslöst. Das Gerät wurde zwar geschützt, aber in Folge abgeschaltet. Dies ist vor allem im industriellen Einsatz unzulässig.

Eine weitere Schwierigkeit beim Einsatz von Gasableitern ist die große Streuung der Ansprechspannung. Die statische Ansprechspannung wird bei langsamer Erhöhung der Spannung über den Klemmen des Bauelementes ermittelt. Bei impulsförmigen Überspannungen ist die dynamische Ansprechspannung sehr stark von der Anstiegsgeschwindigkeit der Überspannung abhängig ▶Abbildung 19.55.

Filter sollen das Eindringen oder das Austreten von Störenergie verhindern. Beim effizienten Einsatz von Filtern ist auf ihre optimale Wirkung zu achten. Abhängig von den Impedanzen der Störquelle und der Störsenke kann ein Filter unterschiedlich stark wirksam sein. Ebenso ist es von Bedeutung an welcher Stelle ein Filter eingesetzt wird.

Filtergrundschaltungen:
In ▶Abbildung 19.56 sind die vier möglichen Kombinationen der Impedanzen von Quelle und Senke mit den dazugehörigen Filterschaltungen dargestellt. In der linken

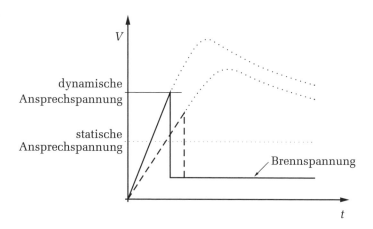

Abbildung 19.55: Zeitliches Ansprechverhalten eines Gasableiters

Spalte ist die entsprechende Grundschaltung mit dem geringsten Bauteilaufwand gezeigt. Reicht die Filterwirkung nicht aus, ist es oft effektiver, anstelle einer Vergrößerung der Bauteilwerte ein zweistufiges Filter einzusetzen (Abbildung 19.56, rechte Spalte). Die optimale Wirkung der Filterbauteile ist dann gegeben, wenn die Impedanzen der Störquelle und der Störsenke gegenüber der Impedanz des damit verbundenen Filterbauelements stark unterschiedlich sind (Fehlanpassung). Eine niederohmige Störquelle kann z. B. einen Entstörkondensator leicht umladen. Die Entstörwirkung ist daher nur gering. Die frequenzabhängige Impedanz des Kondensators muss bei der betrachteten Frequenz wesentlich kleiner als die Quellimpedanz der Störung sein, um eine Filterwirkung zu erzielen. Anstatt nun den Kondensator sehr groß zu machen, ist es effektiver, den Innenwiderstand des Störers zuerst mit einem Längsglied (Drossel, Widerstand oder Entstörferrit) zu erhöhen und erst dann die Störung kurzzuschließen (Abbildung 19.56, dritte Zeile). Ist die Senke niederohmig, geschieht dies bereits durch den niedrigen Eingangswiderstand der Senke (Abbildung 19.56, zweite Zeile).

Beim Einbau vorgefertigter Filterschaltungen ist aus den vorher angeführten Gründen auf die richtige Einbaurichtung zu achten. Die π-Filter und die T-Filter sind aufgrund ihrer symmetrischen Bauform in beiden Richtungen gleich wirksam. Sie können daher sehr gut zur Unterdrückung von Störsignalen in beiden Richtungen zugleich eingesetzt werden. Beim T-Filter ist zu beachten, dass bei Überspannungen am Eingang das erste Längsglied dieser Überspannung standhalten muss. Beim π-Filter sorgt der erste Kondensator z. B. bei elektrostatischen Entladungen für eine Spannungsreduktion. Ein π-Filter ergibt sich auch mit der Kapazität eines anstelle des Eingangskondensators eingesetzten Überspannung begrenzenden Bauelementes. Da diese Kapazität oft nicht ausreicht, wird sehr häufig ein π-Filter mit vorgelagertem Begrenzer (Varistor, Suppressordiode) verwendet. Dieses Filter hat auch den Vorteil, bei unbekanntem Innenwiderstand der Störquelle wirksam zu sein.

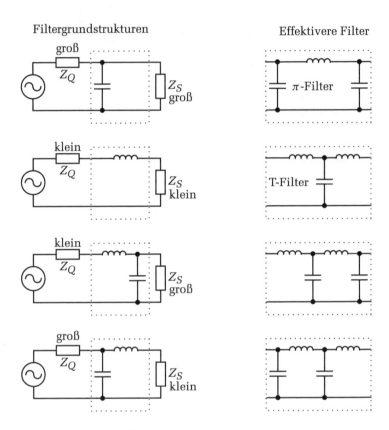

Abbildung 19.56: Optimaler Einsatz von Filtern

Beim Vergleich der Datenblattangaben fertiger Filterschaltungen ist darauf zu achten, dass die angegebenen Einfügungsdämpfungen für eine Impedanz von Quelle und Senke mit 50 Ω angegeben sind und in der tatsächlichen Einbausituation eine andere Filterwirkung gegeben ist.

Einbau von Filtern:
Zusätzlich zur Einbaurichtung, ist auch der Ort, an dem ein Filter verwendet wird, für seine Wirksamkeit von entscheidender Bedeutung. Am kostengünstigsten sind Filter, die direkt auf der Leiterplatte (Printed Circuit Board, PCB) eingesetzt werden. Beim Einbau einer oder mehrerer Platinen in ein Gehäuse ist zu beachten, dass ein Filter immer nur Störspannungen zwischen den Leitungen, zwischen denen sich auch das Filter selbst befindet, begrenzen kann. So kann ein Filter auf einer Platine, das sich auf eine lokale Masse auf dieser Platine bezieht, nur Störspannungen relativ zu dieser Masse begrenzen. Ist die Masse der Platine selbst mit einer Störspannung relativ z. B. zu einer Gehäusemasse behaftet, kann das Filter auf der Platine diese nicht unterdrücken. Dies kann nur durch ein Filter, das sich auf das Gehäuse bezieht, bewerkstelligt werden.

Auf einer Platine wird ein Filter für Ein- und Ausgangsleitungen am besten am Platinenrand angeordnet. Ist die von der Platine ausgehende gefilterte Leitung dazu bestimmt, auch das Gehäuse zu verlassen, wird die Platine am besten am Ort des Filters am Platinenrand möglichst kurz ohne Kabel im Gehäuseinneren an der Gehäusewand befestigt. So wird einerseits vermieden, dass die bereits gefilterte Leitung im Gehäuseinneren wieder Störungen aus der Umgebung im Gehäuse aufnimmt und weiterleitet ▶Abbildung 19.57. Andererseits entfällt damit das Filter an der Gehäusewand, da das Filter auf der Platine auf kürzestem Wege mit der Wand verbunden wurde. Idealerweise wird diese Verbindung durch das Gehäuse des Interfacesteckers selbst bewerkstelligt. Dieses Konzept kann sehr anschaulich am Layout und der Befestigung von PC-Motherboards nachvollzogen werden ▶Abbildung 19.58.

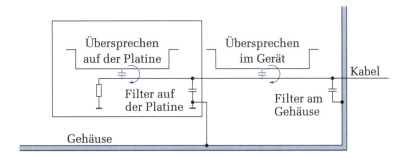

Abbildung 19.57: Einbau von Filtern

Abbildung 19.58: PC-Motherboard, Tastaturanschluss

Wenn Kabelbäume unvermeidlich sind, muss streng darauf geachtet werden, dass ungefilterte, mit externen Leitungen verbundene Kabel nicht mit internen Leitungen zusammengebunden werden. Wird dies nicht beachtet, können Störungen, die von außen in das Gerät eindringen, auf interne Leitungen überkoppeln. Auf demselben Weg können auch Funkstörungen nach außen gelangen.

Am besten werden Netzfilter elektrisch gesehen außerhalb des Gerätes angeordnet. Damit werden die schnellen transienten Störungen auf Netzleitungen bereits außerhalb des Gerätes unterdrückt. Netzfilter mit einem eigenen metallischen Gehäuse, in dem sich das Filter und der Netzschalter mit der Sicherung befinden, erfüllen diese Bedingung bei richtigem Einbau.

Nach Möglichkeit sollte z. B. die Gehäuserückwand als gemeinsamer Bezugspunkt für alle Entstörmaßnahmen dienen. Müssen Interfacestecker auch an anderen Stellen des Gehäuses vorgesehen werden, ist besonders auf eine großflächige niederohmige Verbindung aller Metallteile zu achten, da das Gehäuse selbst zur Störquelle werden kann, weil die fließenden Störströme Spannungsabfälle längs des Gehäuses hervorrufen können. Dies geschieht am besten durch leitfähige Flächen dort, wo sich die Metallteile berühren. Platten werden am besten überlappend angeordnet, um Spalten zu vermeiden. Ist dies nicht möglich, sind leitfähige Dichtungen einzusetzen. Diese Maßnahmen machen das Gerät auch störfest gegen elektrostatische Entladungen auf beliebige Punkte auf der Oberfläche.

Wird kein Metallgehäuse verwendet, sind wirkungsvolle Entstörmaßnahmen oft sehr schwierig. Der Einsatz vierlagiger Leiterplatten mit einer durchgehenden Massefläche ist hier oft der einzige Weg. Zusätzlich kann es erforderlich sein, einzelne Schaltungsteile mit einem kleinen an der Platine angebrachten Schirmgehäuse zu versehen.

Beispiel Schaltnetzteil:
Der richtige Einsatz von Entstörbauteilen wird in diesem Abschnitt am Beispiel eines primär getakteten Sperrwandler-Netzgerätes behandelt. Es wird eine Kombination von Entstörbauteilen auf der Leiterplatte mit einem Netzfilter eingesetzt. Mit diesem Beispiel soll gezeigt werden, wie sich die an unterschiedlichen Stellen eingesetzten Filter ergänzen.

In ▶Abbildung 19.59 ist die Entstehung einer Gleichtakt-Störspannung auf der Netzzuleitung des Netzgerätes dargestellt. Der Schalttransistor S bildet die Störspannungsquelle V_q. Die am Schalttransistor S durch die Schaltvorgänge auftretende Rechtecksspannung (typ. 500 V, $dV/dt = 100$ ns) bewirkt einen Störstrom durch die Streukapazität C_S des Transformators. Dieser Strom fließt in die geerdete Sekundärseite. Über die Erdverbindung, die Messimpedanz Z der Netznachbildung und die beiden Netzleitungen schließt sich der Störstromkreis. Es fließt ein Gleichtakt-Störstrom I_{Gl}.

Gegenmaßnahme: Kurzschluss des Störstroms I_{Gl} am Ort der Entstehung mit dem Kondensator C_Y am Fußpunkt des Schalttransistors S. Der Störstrom kann nun auf dem kürzestem Weg innerhalb der Schaltung zur Störquelle zurückfließen. Dies kann

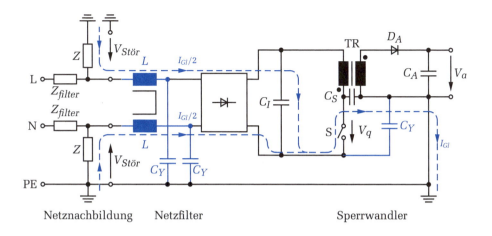

Abbildung 19.59: Entstehung der Gleichtaktstörspannung auf der Netzzuleitung eines Sperrwandler-Schaltnetzteils

auch durch den Einbau von Schirmfolien im Transformator geschehen. Zusätzlich kann man auch Y-Kondensatoren links vom Netzgleichrichter in Abbildung 19.59 anbringen. Diese sind dem Y-Kondensator am Fußpunkt des Schalttransistors S parallel geschaltet.

Die Entstörkondensatoren C_Y dürfen aus Sicherheitsgründen (Ableitstrom) nicht beliebig groß gewählt werden, da sie die berührbare geerdete Ausgangsseite des Netzgerätes mit der Netzspannung verbinden. Der Störstrom durch die Streukapazität C_S des Transformators verursacht deshalb an den Y-Kondensatoren einen Spannungsabfall. Diese Spannung stellt nun ihrerseits eine (niederohmige) Störquelle dar. Zur Unterdrückung dieser Störspannung wird in vielen Fällen eine stromkompensierte Drossel eingesetzt. Die stromkompensierte Drossel L bildet als Längsglied zusammen mit der Impedanz Z der Netznachbildung einen Tiefpass, der die an C_Y verbleibende Störspannung unterdrückt. Die Ersatzschaltung der Entstörung ist in ▶Abbildung 19.60 dargestellt.

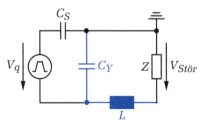

Abbildung 19.60: Ersatzschaltbild für die Unterdrückung der Gleichtakt-Störspannung auf der Netzzuleitung eines Sperrwandler-Schaltnetzteils

In ▶Abbildung 19.61 ist die Entstehung der Gegentakt-Störspannung im Schaltnetzteil dargestellt. Die Störquelle ist hier der Ladekondensator C_I, dessen Spannung, hervorgerufen durch die Energie-Entnahme des Sperrwandlers, Spannungseinbrüche mit der Periode des Schalttransistors S aufweist.

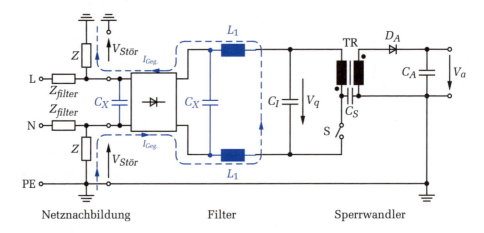

Abbildung 19.61: Entstehung der Gegentakt-Störspannung auf der Netzzuleitung eines Sperrwandler-Schaltnetzteils

Gegenmaßnahme: Unterdrückung der Gegentakt-Störspannung durch den aus den Drosseln L_1 und dem Kondensator C_X gebildeten Tiefpass. Da diese Drosseln auch vom Gegentakt-Netzstrom durchflossen werden, kann hier keine stromkompensierte Drossel verwendet werden. Die Drosseln müssen für den Nenn-Netzstrom des Netzgerätes dimensioniert werden. Um diese Drosseln dennoch klein halten zu können, wird häufig der Ladekondensator C_I aufgeteilt und dazwischen werden relativ kleine Drosseln als Längsglieder angebracht. Die Ersatzschaltung der Entstörung ist in ▶Abbildung 19.62 dargestellt.

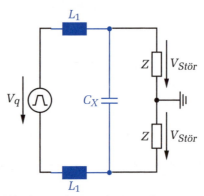

Abbildung 19.62: Ersatzschaltbild für die Unterdrückung der Gegentakt-Störspannung auf der Netzzuleitung eines Sperrwandler-Schaltnetzteils

Zusätzlich kann auch am Eingang des Netzgerätes ein X-Kondensator angebracht werden. Wenn dieser X-Kondensator direkt am Netzeingang des Schaltnetzteils vor der stromkompensierten Drossel L des Filters zur Unterdrückung von Gleichtakt-Störspannungen (Abbildung 19.59) angebracht wird, entsteht ein zweiter Tiefpass, der aus der Streuinduktivität der stromkompensierten Drossel und dem X-Kondensator gebildet wird.

In ▶Abbildung 19.63 ist die Schaltung eines Netzfilters, das zur Entstörung eines Schaltnetzteils geeignet ist, dargestellt. Beim Einbau eines fertigen Filterbausteins ist unbedingt auf den richtigen Anschluss von Ein- und Ausgang zu achten, da bei verkehrtem Einbau die stromkompensierte Drossel in Serie mit der im betrachteten Frequenzbereich hochohmigen (kleinen) Streukapazität C_S geschaltet wird und damit das Filter stark an Wirkung verliert (Abbildung 19.56).

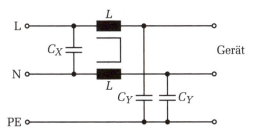

Abbildung 19.63: Schaltung eines Netzfilters für Schaltnetzteile

19.3.2 Schaltungstechnische Maßnahmen

Die schaltungstechnische Realisierung der Aufgaben eines Gerätes hat großen Einfluss auf die elektromagnetische Verträglichkeit. An dieser Stelle werden einige aus unserer Sicht zusätzliche wichtige Gesichtspunkte angeführt, die über die Anwendung von Filtern hinausgehen.

Bei Verwendung von Digitalschaltungen hat zum Beispiel die Wahl der Technologie und der Arbeitsgeschwindigkeit Einfluss auf die Störaussendung und die Störempfindlichkeit. Steilere Schaltflanken haben einen höheren Gehalt an Oberwellen und führen damit zu höheren Emissionen. Ebenso ist die Störempfindlichkeit schneller Logikschaltungen höher, da sie auf kurze Pulse bereits reagieren können, die von langsameren Logikschaltungen noch nicht erfasst werden.

Die tatsächliche Arbeitsgeschwindigkeit einer Schaltung allein ist hier nicht das bestimmende Maß, sondern vor allem die mit der verwendeten Logikfamilie maximal mögliche Schaltfrequenz. Es genügt nicht, nur die Schalthäufigkeit zu reduzieren, sondern es ist eine Technologie zu wählen, die eine entsprechend langsamere an die Erfordernisse angepasste Flankensteilheit aufweist (siehe Abschnitt 19.1.3). Kann z. B. aus Gründen der Verfügbarkeit die Logikfamilie nicht frei gewählt werden, sind entprechende Filter- und Layoutmaßnahmen vorzusehen. Ein Entstörferrit direkt am Ausgang eines Taktgenerators kann zum Beispiel eine solche Maßnahme sein, um die Flankensteilheit des Signals auf der Taktleitung zu reduzieren.

Bei Mikrocontrollern und programmierbaren Logikbausteinen besteht oft die Möglichkeit, die Flankensteilheit der Ausgangstreiber durch Konfigurations-Bits einzustellen. Damit ist es möglich, im Inneren einer integrierten Schaltung eine hohe Arbeitsgeschwindigkeit beizubehalten und nur die wichtigste Störquelle des ICs, den Ausgangstreiber, an die Verhältnisse anzupassen. Durch Platzierung und Leiterbahnführung können die Störempfindlichkeit und die Störemission ebenfalls beeinflusst werden.

Auch analoge Schaltungen können im Hinblick auf die EMV ausgewählt werden. Wird zum Beispiel ein analoges Eingangssignal digitalisiert, ist es auch hier zielführend, das zur Bandbreite des Signals passende A/D-Umsetzerverfahren zu wählen. Handelt es sich um sehr langsam veränderliche Signale (z. B. Temperatur, Messung von Gleichspannung oder -strom), sollte ein integrierendes Umsetzerverfahren ausgewählt werden. Tritt während eines längeren Beobachtungszeitraums eine kurze Störung auf, wird sie relativ zum Mittelwert des Nutzsignals nur eine geringe Bedeutung haben. Wird das Eingangssignal nur einmalig kurz beobachtet und das Nutzsignal in dieser Zeit gestört, wirkt sich die Störung entsprechend stärker aus.

Da die meisten Störsignale aufgrund ihrer Störkopplung Wechselspannungen oder Wechselströme sind, können periodische Störungen nahezu vollständig unterdrückt werden, wenn die Zeitspanne der Beobachtung ein ganzzahliges Vielfaches der Periode der Störfrequenz ist. Beim Vorliegen eines eingestreuten Netzbrumms mit 50 oder 60 Hz, wird dieser bei Verwendung einer Integrationszeit von 100 ms oder einer Vielfachen davon vollständig unterdrückt. Bedingung ist dabei, dass der A/D-Umsetzer durch die Amplitude der Störung nicht übersteuert wird und die Frequenzen der Störung im Arbeitsbereich der verwendeten Schaltungskomponenten (Operationsverstärker) liegen. Nur dann arbeitet das System linear und der zeitliche Mittelwert der Störung bleibt Null. Es ist daher durch passive Tiefpässe am Eingang der Umsetzerschaltung die Bandbreite der eindringenden Nutz- und Störsignale entsprechend zu begrenzen. Dabei wird oft übersehen, dass auch die Bandbreite des Eingangssignals einer Integratorschaltung begrenzt werden muss, da für die richtige Funktion der Ausgang des verwendeten Operationsverstärkers seinen Ausgangsstrom mit der Frequenz des Eingangssignals ändern können muss.

Werden Signale durch eingeprägte Ströme übertragen, wirken sich kleine Potentialverschiebungen zwischen Schaltungsteilen nicht aus. Im Gegensatz dazu wird ein als Spannung übertragenes Signal verändert (gestört). Es ist daher in gestörter Umgebung, bei der Übertragung über weite Strecken, aber auch bei der hoch auflösenden Signalverarbeitung die „Stromdomäne" der „Spannungsdomäne" oft im Hinblick auf die Störsicherheit überlegen. Diese Betrachtung kann zur Auswahl einer Stromschnittstelle (4 bis 20 mA) anstelle einer Spannungsschnittstelle (0 bis 10 V) oder sogar zum Aufbau eines A/D-Umsetzers, dessen Eingangssignal ein Strom anstelle einer Spannung ist, führen.

Ein in die Datenleitungen eingeprägter Störstrom kann z. B. durch die Wahl einer potentialgetrennten Schnittstelle vermieden werden. Auftretende Gleichtaktspannungen müssen in diesem Fall nicht durch eine Filterschaltung am Eingang der Schnittstelle vollständig unterdrückt werden. Es ist nur die Änderungsgeschwindigkeit der Störspannung so weit zu reduzieren, dass die Interfaceschaltung mit ihren Streukapazitäten zur Umgebung ungestört funktionieren kann. Wird auf eine entsprechend niederohmige Schaltungsausführung und ein richtiges Layout geachtet, kann die maximal zulässige Änderungsgesschwindigkeit, mit der sich das Potential der Interfaceschaltung im Gerät relativ zum nicht potentialgetrennten Teil (Motherboard) bewegen darf, nur durch die Gleichtakt-Unterdrückung eines zum Beispiel verwendeten Optokopplers begrenzt sein (siehe Seite 683). Wenn der Entwickler das elektrische Schnittstellenformat frei wählen kann, sollte einer symmetrischen Datenübertragung der Vorzug gegeben werden (z. B. RS485 anstelle RS232).

Thermometer

Die zeitlichen Anforderungen an eine Temperaturmessung sind im Regelfall unkritisch, da sich die Temperatur des Messobjektes nur langsam ändert. Soll das Messergebnis eine geringe Messunsicherheit besitzen, müssen aufgrund der Rückführbarkeit Platinsensoren eingesetzt werden. Diese Sensoren liefern jedoch nur eine kleine Widerstandsänderung von $\approx 0{,}4\,\%$ des Ausgangswertes bei einer Temperaturänderung von einem Grad. Das Nutzsignal liegt in der Größenordnung einiger μVolt, deshalb sind hoch auflösende A/D-Umsetzer unumgänglich.

Im Fall unseres Beispielthermometers ist eine Auflösung von 18 bit notwendig. Durch die Wahl eines integrierenden Messverfahrens mit einer Integrationszeit von einer Sekunde werden Störungen durch die Umgebung ausreichend unterdrückt. Die immer vorhandenen Störungen durch das Wechselspannungsnetz (50 Hz oder 60 Hz) werden vollständig unterdrückt.

Um eine Übersteuerung der Messelektronik durch kurze Störpulse zu verhindern, sind Filter am Messeingang, aber auch in den anderen Zuleitungen, zum Beispiel bei Schnittstellen oder der Spannungsversorgung, nötig.

Für kurze Leitungen zum Temperatursensor reicht die Unterdrückung des gewählten Umsetzerverfahrens aus. Bei der Verwendung von Fühlerleitungen mit einer Länge von mehreren Metern empfiehlt sich zusätzlich die Verwendung einer geschirmten Leitung, deren Schirm mit der Schaltungsmasse zu verbinden ist.

Wird wie im Fall der Beispielschaltung ein Mikrocontroller mit internem Speicher verwendet, so gibt es keine schnell schaltenden Busleitungen und damit keine Probleme mit der Aussendung von Störungen. Es treten weder Eigenstörungen der Messelektronik noch Funkstörstrahlung auf.

Da derzeit keine ausgereiften, für den Schaltungsentwickler leicht einsetzbaren Modelle für das Verhalten von Operationsverstärkern bei hochfrequenten Störsignalen zur Verfügung stehen, muss durch den Einsatz von Filterschaltungen darauf geachtet werden, dass keine Störfrequenzen in Form von Gleichtakt- oder Gegentakt-Signalen an den Eingang von Verstärkerschaltungen oder ähnlichen Schaltungen gelangen. Es existieren in der Halbleiterindustrie Ansätze zur Spezifikation der Störenergie, die ein Bauteil unter Einhaltung seiner Spezifikationen aufnehmen kann. Diese Angaben helfen bei der Abschätzung, wie aufwändig die Filterung gestaltet werden muss.

Hochohmige Zustände sind im Hinblick auf die Störfestigkeit einer Schaltung nach Möglichkeit zu vermeiden. Dies ist besonders bei Leitungen zu beachten, die zum Beispiel ein RESET-Signal im Gerät zu verschiedenen Stellen führen. Wird hier ein Spannungsüberwachungsbaustein eingesetzt, dessen Ausgang im Ruhezustand (kein RESET) lediglich ein gesperrter Transistor ist (Open Drain bzw. Open Collector), muss der notwendige Pegel durch einen Pull-Up-Widerstand erzeugt werden. Wird nun dieser Pegel gestört, ist die Auswirkung nicht zu übersehen, da sie zu einem nicht tolerierbaren Reset und damit zum Neustart des gesamten Gerätes führt. Bei längeren Leitungen ist zu beachten, dass die Leitungsinduktivität dem Ausgang der treibenden Schaltung in Serie geschaltet wird und dadurch das Ende der Leitung leichter störbar wird. Dies ist besonders bei Signalleitungen zwischen Platinen zu beachten.

Das EMV-Verhalten einer Schaltung mit Mikrocontroller kann in vielen Fällen durch das verwendete Programm stark verändert werden. Eine Möglichkeit besteht darin, stark gestörte Messwerte durch eine Überprüfung der Plausibiltät auszublenden. Bei der Datenübertragung kann durch Verwendung von Checksummen und Fehlerkorrekturmaßnahmen bis hin zur neuerlichen Anforderung eines Datentelegramms die Übertragung fehlerhafter Daten verhindert werden.

Empfängt ein Displaycontroller gestörte Daten und zeigt diese zum Beispiel an einer falschen Stelle in der Anzeige an, kann eine bleibende Störung in Form einer fehlerhaften Anzeige entstehen. Wird das Display in regelmäßigen Zeitabständen gelöscht und komplett neu geschrieben, wird der Fehler vergänglich. Ebenso kann die Form der Abfrage des logischen Zustands von Prozessoreingangspins unterschiedlich erfolgen. Wird durch einen Pegelwechsel z. B. eine Interruptroutine aufgerufen, sollte am Beginn dieser Routine überprüft werden, ob der Pegelwechsel vielleicht nur eine kurze Störung war. Prozessoren mit internem Programm- und Datenspeicher sind vorzuziehen, da die Schaltung durch den Wegfall externer schneller Datenleitungen störfester wird. Zusätzlich werden aus demselben Grund die Störemissionen reduziert.

Galvanische Kopplung:
Enthält ein Gerät Stellglieder mit hohen Strömen, ist besonders auf leitungsgeführte Störungen zu achten. Werden Ströme schnell ein- und ausgeschaltet, ist neben den ohmschen Spannungsabfällen auch die Induktivität der Leiterschleifen wirksam. Neben einem sorgfältig durchgeführten Leiterplattendesign hat auch die richtig gewählte Lage des Sternpunktes, auf den sich die gemessenen Signale und die Steuerspannungen beziehen, Einfluss auf die zuverlässige Funktion.

In ▶Abbildung 19.64 ist das Prinzipschaltbild eines Leistungsstellers mit hoher Leistung gezeigt. Der Steuerteil mit der Ansteuerschaltung bezieht sich auf den Fußpunkt des Leistungstransistors. Die Stromregelung mit dem Strommesswiderstand R_{Sense} hat denselben Sternpunkt als Bezugsmasse. Ist dieser Sternpunkt zugleich auch der Bezugspunkt für die Stromversorgung 2, ist sichergestellt, dass keine Störspannungen, die längs der Leitungen zum Netzteil 1 entstehen, die Strommessung verfälschen und die Ansteuerung des Transistors stören können. Dies ist besonders von Bedeutung wenn ein getakteter Leistungssteller eingesetzt wird.

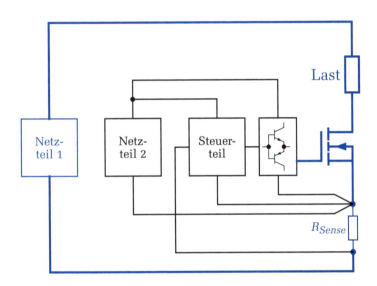

Abbildung 19.64: Richtige Verbindung Signal – Leistungsstromkreis

Das Netzteil 2 kann ein eigenständiges Netzgerät oder eine vom Netzteil 1 abgeleitete sorgfältig gefilterte Spannungversorgung sein. Diese Filter müssen sich ebenfalls auf den Sternpunkt zwischen Transistor und Strommesswiderstand beziehen.

Die Auswirkung des Konzepts eines einzigen Sternpunktes für den Steuerteil mit der Ansteuerung des Transistors ist zur Verdeutlichung in ▶Abbildung 19.65 in einer Prinzipschaltung dargestellt. Der Strom $I_{Stör}$ kann die lokale Masse innerhalb der Schaltung nicht stören.

Sind einem Messsignal Gleichtakt-Störspannungen überlagert, kann zur Messung ein Differenzverstärker eingesetzt werden ▶Abbildung 19.66. Das Nutzsignal V_S kann wiederhergestellt werden, da die in beide Messleitungen gleichartig eingekoppelte Störspannung $V_{Stör}$ durch Differenzbildung eliminiert wird. Dies stimmt jedoch nur dann, wenn die beiden Eingangsimpedanzen Z_{in+} und Z_{in-} im Vergleich zum Widerstand R_i sehr groß sind. Des Weiteren ist zu beachten, dass die Gleichtakt-Unterdrückung von Differenzverstärkern frequenzabhängig ist. Sie nimmt ab einer relativ niedrigen Grenzfrequenz von einigen hundert Hertz mit 20 dB pro Dekade ab.

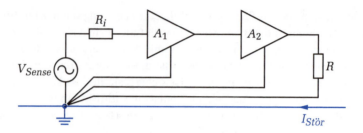

Abbildung 19.65: Konzept eines einzigen Sternpunktes

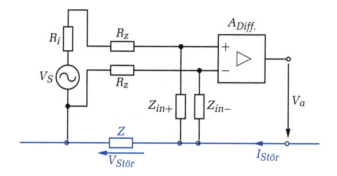

Abbildung 19.66: Einsatz eines Differenzverstärkers zur Unterdrückung von Gleichtaktstörungen

Hochfrequente Gleichtakt-Störspannungen können auch durch den Einsatz einer stromkompensierten Drossel unterdrückt werden ▶ Abbildung 19.67. Für den Signalstromkreis ist die Drossel nicht wirksam, da der Signalstrom ein Gegentaktstrom ist. Dies ist besonders bei Datenübertragungen mit hohen Datenraten von Bedeutung. Hier würden Filter mit Drosseln auf getrennten Magnetkernen auch das Nutzsignal unterdrücken. In Verbindung mit zusätzlichen Filterkondensatoren werden dann auch durch die Signalflanken Schwingvorgänge angeregt. Im Frequenzband, in dem die Impedanz der Drossel L groß im Vergleich zu den Widerständen R_z im Signalstromkreis ist, wird die Wirkung der Störspannung $V_{Stör}$ entsprechend gedämpft. Werden die Signalleitungen gemeinsam durch ein Ferritrohr geführt, entsteht eine stromkompensierte Drossel, die ab einer Frequenz von ca. 100 MHz wirksam ist. Ferritrohre werden in vielen unterschiedlichen Bauformen, die zum Beispiel auch für Flachbandkabel geeignet sind, eingesetzt.

Eine schon lange verwendete Vorgangsweise zur Unterdrückung von Gleichtakt-Störspannungen ist der Einsatz eines Trenntransformators. Bei der Datenübertragung in Netzwerken (Ethernet) werden schnelle Impulstransformatoren verwendet. Der Transformator überträgt nur die Differenzspannung an seiner Primärwicklung. Gleichtakt-Spannungen werden vom idealen Transformator nicht übertragen. Der reale Transformator hat jedoch eine Streukapazität zwischen Primär- und Sekundär-

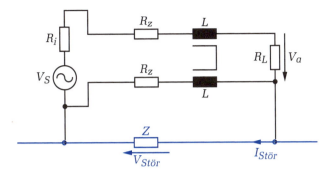

Abbildung 19.67: Einsatz einer stromkompensierten Drossel zur Unterdrückung von Gleichtakt-Störungen

wicklung im pF-Bereich. Dies führt dazu, dass sehr hohe Störfrequenzen kapazitiv überkoppeln können ▶ Abbildung 19.68. Ein Filter auf der Sekundärseite kann diese Störung unterdrücken, wenn sie über dem Frequenzband des Nutzsignals auftritt.

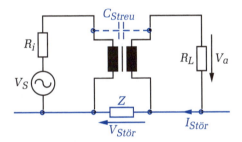

Abbildung 19.68: Einsatz eines Transformators zur Unterdrückung von Gleichtakt-Störungen

Bei schnellen Datenübertragungen (>10 Mbit) werden Logikkoppler mit eingebauten Pulstransformatoren häufig eingesetzt. Bei langsameren Datenraten oder zur Übertragung analoger Werte finden Optokoppler in unterschiedlichsten Ausführungen Verwendung. Ein Optokoppler kann wie ein Transformator zwischen Gleichtakt- und Gegentaktsignal unterscheiden. Ein Gegentaktsignal bewirkt eine Modulation des Stromes durch die LED und wird daher übertragen ▶ Abbildung 19.69. Ein Gleichtaktsignal ändert die Helligkeit der LED nicht. Beim realen Optokoppler fließt bei hohen Frequenzanteilen im Gleichtakt-Störsignal ein Störstrom über die Streukapazität C_K auf die Sekundärseite.

Ändert sich das Potential der LED im Optokoppler relativ zum Potential des Fototransistors oder der PIN-Diode, führt dies zu einem kapazitiven Verschiebestrom, den der Optokoppler nicht vom Fotostrom, verursacht durch das Licht der LED, unterscheiden kann. Ist dieser Verschiebestrom bei entsprechend großer Änderungsgeschwindigkeit der Gleichtakt-Spannung gleich groß wie der Fotostrom, treten Datenfehler auf. Die Fähigkeit des Optokopplers, Änderungen der Gleichtakt-Spannung bis

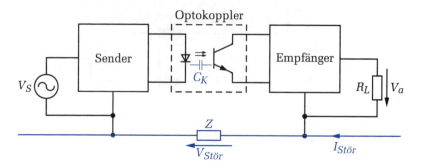

Abbildung 19.69: Einsatz eines Optokopplers zur Unterdrückung von Gleichtakt-Störungen

zu einer bestimmten Änderungsgeschwindigkeit und Höhe zu unterdrücken, wird als *Common Mode Transient Immunity* bezeichnet und ist in Datenblättern angegeben. Sie kann zum Beispiel durch einen leitfähigen, lichtdurchlässigen Schirm zwischen LED und Empfänger erhöht werden. Eine andere Möglichkeit der Verbesserung ist die Erhöhung des Abstands, im Extremfall durch die Verwendung eines Lichtleiters zwischen LED und Empfänger.

Neben den Störungen, die direkt auf die Datenleitungen einwirken, müssen auch mögliche Verschiebungen der Erdpotentiale (Blitzschlag, verschiedene Erdungssysteme) in Betracht gezogen werden. Eine Potentialtrennung (Optokoppler, Lichtleiter) mit einer Spannungsfestigkeit entsprechend dem Scheitelwert der Netzspannung (ca. 400 V) in Kombination mit Überspannungsableitern schützt vor Zerstörung. Bei der Ausführung der Filterschaltungen ist darauf zu achten, dass aus Gleichtakt-Störspannungen nicht durch Unsymmetrien im Filter Gegentakt-Störspannungen entstehen. Es muss daher jede Leitung gleichartig gefiltert werden, damit keine unterschiedlichen Impedanzen vorliegen. Grundsätzlich soll eine galvanische Verbindung zwischen voneinander unabhängigen Geräten oder Systemen vermieden werden, wenn keine Notwendigkeit wie zum Beispiel ein Datenaustausch besteht. In Kabelkanälen sollten Signalleitungen getrennt von Versorgungsleitungen verlegt werden.

Kapazitive Kopplung:
Kapazitive Störkopplung kann sowohl durch externe als auch durch interne Störquellen verursacht werden. Im Folgenden werden stellvertretend für eine Vielzahl möglicher Fälle einige ausgewählte Beispiele gezeigt.

Die Auswirkung auf eine Leitung in einer Digitalschaltung ist in ▶Abbildung 19.70 dargestellt. Der Fall A stellt eine interne Störquelle dar. Sie ist zum Beispiel eine andere Leitung auf derselben Platine, die eine schnelle Spannungsänderung aufweist. Der Fall B beschreibt die Störung durch eine schnelle Transiente auf einer Netzleitung. Es muss bei der Störbeeinflussung noch auf die Verhältnisse auf der Platine Rücksicht genommen werden: Schalterstellung 0 beschreibt den Fall, dass der Logikausgang, der die Spannung auf der Leitung mit seinem Innenwiderstand

19.3 EMV-gerechtes Gerätedesign

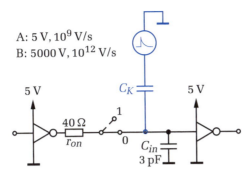

Abbildung 19.70: Kapazitive Kopplung in eine Signalleitung (HCMOS-Logik), interne und externe Störquelle

von z. B. 40 Ω bei HCMOS einstellt, über eine kurze Leitung angeschlossen ist. Der Innenwiderstand der Schaltung ist hier wirksam. Die Schalterstellung 1 beschreibt den Fall, dass der Logikausgang über eine lange Leitung angeschlossen ist. Hier verhindert die Induktivität der Leitung, dass der Innenwiderstand wirksam wird. Er kann im Extremfall als nicht vorhanden betrachtet werden. Dies liegt zum Beispiel bei der kapazitiven Einkopplung einer Störung in ein Flachbandkabel zwischen zwei Platinen vor.

Tabelle 19.1

Koppelkapazität C_K

Fall	Grenze für C_K
A0	sehr groß
A1	1 pF
B0	50 fF
B1	1 fF

In ▶Tabelle 19.1 sieht man die zur Störung des Pegels auf der Leitung zwischen den beiden Gattern ausreichende Koppelkapazität C_K für die vier möglichen Fälle. Man erkennt, dass für die Fälle B0 und B1 bereits Koppelkapazitäten im Femtofaradbereich ausreichend groß für eine Störbeeinflussung sind. Man kann davon ausgehen, dass zwei beliebige Punkte auf einer Leiterplatte mit einer Koppelkapazität von mindestens 1 fF miteinander verbunden sind. Es ist daher das Eindringen von schnellen Transienten, wie sie auf Netzleitungen vorkommen, unbedingt zu verhindern. Zumindest ist das dV/dt der Spannungsflanken der Störung durch Filter zu reduzieren. Netz- und Datenleitungsfilter sowie Maßnahmen zur Potentialtrennung müssen unbedingt am Platinenrand mit kürzestmöglichem Abstand zum Geräteanschluss vorgenommen werden, damit ungefilterte oder nicht potentialgetrennte Leitungen möglichst kurz und möglichst weit von anderen Schaltungsteilen entfernt sind.

Laufen zwei Leitungen mit geringem Abstand parallel, kann die Koppelkapazität dazwischen einige pF groß werden. Dies stört in einem Datenbus nicht, da Quellen und Senken nah beieinander sind (Fall $A0$). Ist eine Signalquelle jedoch zum Beispiel auf einer anderen Platine, kann die dazugehörige Signalleitung durch eine kapazitive Störkopplung, hervorgerufen durch andere Logikschaltungen auf der Empfängerplatine, gestört werden (Fall $A1$). Eine Abhilfe kann zum Beispiel die Erhöhung der Eingangskapazität des Empfängers von ca. 3 pF auf 50 pF durch einen zusätzlichen externen Kondensator sein. Dann muss der Logikeingang jedoch ein „Schmitt-Trigger"-Verhalten aufweisen, da durch die zusätzliche kapazitive Last die für die Logikfamilie geforderte Mindestanstiegsgeschwindigkeit der Signalflanke nicht mehr eingehalten wird. Durch die zusätzliche kapazitive Last am Ende der Leitung können jedoch Schwingungen entstehen. Diese können durch Einsatz eines dämpfenden Längsgliedes (Entstörferrit) reduziert werden.

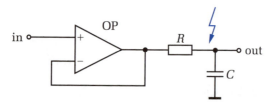

Abbildung 19.71: Ein OP-Ausgang ist für Störströme mit hohen Frequenzen nicht niederohmig

Für langsame Nutzsignalfrequenzen kann der Ausgang einer Schaltung mit Operationsverstärker wie zum Beispiel der Ausgang eines Spannungsfolgers als niederohmig betrachtet werden ▶Abbildung 19.71. Dieser niedrige Ausgangswiderstand entsteht durch die Funktion als Regelschaltung, in der durch die Rückkopplung eine Abweichung der Ausgangsspannung vom Sollwert zu einer Differenzspannung am Eingang des Operationsverstärkers führt, die mit der Leerlaufverstärkung des Operationverstärkers verstärkt wird. Diese Verstärkung nimmt jedoch bei einem Standard-Operationsverstärker ab einer Grenzfrequenz von einigen hundert Hertz mit 20 dB pro Dekade ab. Der Ausgangswiderstand der Schaltung nimmt daher mit der Frequenz zu. Ist die Störfrequenz größer als die Arbeitsgeschwindigkeit des Operationsverstärkers, findet keine Korrektur mehr statt. Der Ausgangswiderstand der Schaltung kann dann mit dem „Open Loop"-Ausgangswiderstand des Verstärkers ohne Gegenkopplung im kΩ-Bereich angenommen werden. Bei kapazitiver Störkopplung muss daher gefiltert werden.

Bei einer Komparatorschaltung mit Hysterese (▶Abbildung 19.72) ensteht durch den Spannungsteiler mit dem zusätzlichen Widerstand R_3 zur Mitkopplung der Aus-

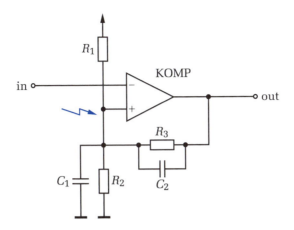

Abbildung 19.72: Komparator – Vermeidung hochohmiger Punkte

gangsspannung ein hochohmiger Punkt am Eingang des Komparators, der empfindlich gegen kapazitive Einkopplung ist. Wenn man zur Erhöhung der Störfestigkeit lediglich den Kondensator C_1 einsetzt, wird die Funktion der Hysterese zerstört, da ein Tiefpass entsteht. Dies kann man vermeiden, wenn man das Prinzip des frequenzunabhängigen Teilers, wie es auch bei Oszilloskop-Tastköpfen Anwendung findet, verwendet. Durch das Einfügen und die richtige Dimensionierung des Kondensators C_2 wird der Tiefpass durch einen zusätzlichen Hochpass kompensiert, der Teiler wird frequenzunabhängig und die schnelle Funktion der Hysterese bleibt erhalten:

$$\frac{C_1}{C_2} = \frac{R_3}{R_1 \| R_2} \tag{19.49}$$

Grundsätzlich ist die einfachste Maßnahme gegen kapazitive Beeinflussung die Verringerung der Koppelkapazität durch Erhöhen des Abstands. Ebenso verringern möglichst kurze Verbindungsleitungen die Streukapazitäten. Eine niederohmige Dimensionierung der gefährdeten Schaltungsteile verkleinert die Spannungsabfälle und damit die Auswirkung kapazitiv eingekoppelter Störströme. Die Eigenstörung durch die verwendeten Logikschaltungen wird vermindert, wenn durch die richtige Auswahl der Logikfamilie die Signalanstiegsgeschwindigkeit nicht höher als unbedingt notwendig ist.

Bei Datenleitungen ist der Einsatz geschirmter Leitungen sehr wirksam. Der Schirm muss großflächig und außerhalb des leitfähigen Gehäuses mit diesem verbunden werden. Am besten geschieht dies durch ein elektrisch leitfähiges Gehäuse für die Steckkontakte. Damit wird der Schirm ohne Unterbrechung mit dem Gehäuse verbunden und umgibt auch die Kontakte von Stecker und Buchse.

19.3.3 Layout-Maßnahmen

Das EMV-gerechte Layout beinhaltet nicht nur die richtige Leiterbahnführung, sondern vor allem auch die richtige Platzierung der Schaltungsteile und der Bauelemente. Dabei sind die in den Abschnitten 19.1.4, 19.3.1 und 19.3.2 angeführten Gesichtspunkte zu beachten. Ein Beispiel für die EMV-gerechte Platzierung von Schaltungsteilen ist in ▶Abbildung 19.73 zu sehen.

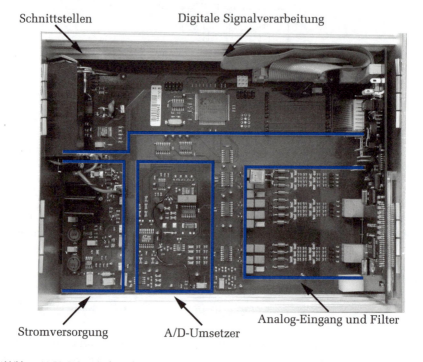

Abbildung 19.73: EMV-gerechtes Platzieren von Schaltungsteilen

Die Ein- und Ausgänge des Gerätes sind auf kürzestem Weg über die direkt auf der Platine angebrachten Buchsen mit der elektrisch leitenden Vorder- und Rückseite des Gerätes verbunden. Potentielle Störquellen wie Flachbandkabel zu Ausgangsbuchsen entfallen daher. Direkt neben den Buchsen sind die dazugehörigen Filterschaltungen platziert. Der Digitalteil und die Stromversorgungseinheit sind in größerem Abstand vom Herzstück der Schaltung, einem empfindlichen 24 bit A/D-Umsetzer (1 LSB = 20 nV), angeordnet.

Die Leiterplatte ist vier-lagig ausgeführt. Sie hat eine durchgehende innen liegende Massefläche, die mit der Vorder- und Rückseite des Gerätes über die Gehäuse der Buchsen leitend verbunden ist. Störströme, die von außen in das Gerät eindringen, werden so von den Filterschaltungen auf kürzestem Weg zum Gehäuse abgeleitet.

Jeder Schaltungsteil hat eine separate, von den anderen Schaltungsteilen getrennte, innen liegende Stromversorgungsfläche. Die Massefläche muss nicht entsprechend den Schaltungsteilen getrennt werden, da die innerhalb der einzelnen Schaltungsteile fließenden Rückströme über die Schaltungsmassefläche stets unter den entsprechenden Signalleitungen fließen. Der Weg mit der geringsten Impedanz für die rückfließenden Signalströme ist bei höheren Frequenzen stets unter der Signalhinleitung, da hier die geringste Fläche aufgespannt wird. Die einzelnen Schaltungsteile stören sich daher bei richtiger Platzierung nicht gegenseitig. Die durchgehende Massefläche bietet außerdem die Möglichkeit der freien Wahl der Lage der Steuerleitungen zwischen Analog- und Digitalteil.

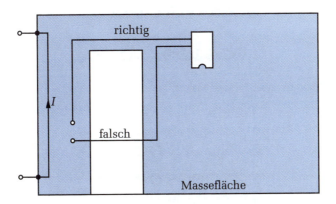

Abbildung 19.74: Layoutfehler: Leitung über einem Spalt in der Massefläche

Ist aus anderen Gründen (z. B. sehr große Ableitströme in Filterschaltungen oder Schaltungsteile mit sehr großen geschalteten Strömen) die Einführung eines Spaltes sinnvoll, so ist unbedingt darauf zu achten, dass keine Leitungen den Spalt überqueren, da durch die entstehenden Rahmenantennen eine erhöhte Abstrahlung von Störungen, aber auch eine stark erhöhte Störempfindlichkeit die Folge ist ▶Abbildung 19.74. Im Rechenbeispiel auf Seite 629 wurde die Auswirkung einer kleinen Rahmenantenne bei elektrostatischer Entladung in der Nähe veranschaulicht.

Bei Verwendung einer zwei-lagigen Platine kann die Entstehung einer Vielzahl kleiner Rahmenantennen nicht verhindert werden. Dies führt vor allem zu einer erhöhten, vom Gerät ausgehenden Funkstörstrahlung, wie es im Abschnitt 19.1.4 für kleine Leiterschleifen hergeleitet wird. Es ist durch einen möglichst kleinen Abstand von Hin- und Rückleiter der Signalleitungen dafür zu sorgen, dass die entstehenden Flächen der Leiterschleifen möglichst gering bleiben. Durch den Einbau in ein leitendes Schirmgehäuse kann bei sorgfältigem Layout ein ausreichend gutes EMV-Verhalten erzielt werden. Steht kein Metallgehäuse zur Verfügung, ist vor allem beim Einsatz schneller getakteter Logikschaltungen die kostengünstige, EMV-gerechte Ausführung eine sehr schwierige Aufgabe.

Spalten in der Massefläche können auch durch die falsche Platzierung von Durchkontaktierungen entstehen. Da in der Massefläche für jede Durchkontaktierung, die nicht an die Masse angeschlossen wird, eine ausreichend große Ausnehmung erzeugt wird, entstehen Spalten, wenn sich die Ausnehmungen mehrerer Durchkontaktierungen berühren ▶Abbildung 19.75. Dies kann auch schon bei normalen „Dual-Inline"-IC-Gehäusen oder bei Steckerleisten durch schlecht eingestellte „Design Rules" des Layoutprogramms geschehen.

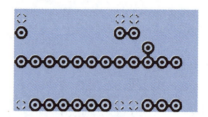

Abbildung 19.75: Schlechtes Layout: Ein langer Spalt entsteht

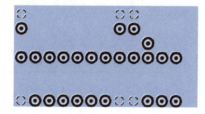

Abbildung 19.76: Verbesserung durch Veränderung der Design-Rules

Damit Filter- oder Stützkondensatoren ihre maximale Wirkung erzielen können, dürfen sie nicht über Stichleitungen angeschlossen werden ▶Abbildung 19.77. Die Induktivität der Zuleitung verschlechtert dann die Wirkung des Kondensators. Werden die zu entstörenden Leitungen direkt über die Anschlüsse des Kondensators geführt, bildet die noch immer vorhandene Streuinduktivität nun zusammen mit

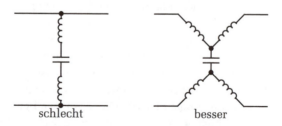

Abbildung 19.77: Richtiger Anschluss eines Stützkondensators

dem Kondensator einen Tiefpass. Ein Beispiel für die richtige Verbindung von Bauelement (Logikschaltung, Störquelle), Stützkondensator und Stromversorgung ist in ▶Abbildung 19.78 gezeigt.

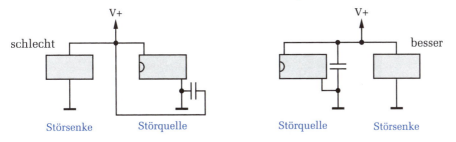

Abbildung 19.78: Richtige Platzierung eines Stützkondensators

Für die Wirksamkeit von Filtern ist auch die richtige Anordnung auf der Leiterplatte von Bedeutung. In ▶Abbildung 19.79 ist ein Layoutfehler gezeigt, der oft aus Raumnot geschieht. Da der Layouter des Gerätes die Filter nicht in einer Reihe anordnet, sondern in der Tiefe „staffelt", entsteht ein kapazitives Übersprechen (C_K) von einer noch ungefilterten Leitung auf eine bereits gefilterte.

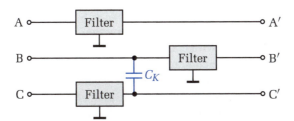

Abbildung 19.79: Layoutfehler: Störung auf der Leitung C' durch Störsignale auf der Leitung B

Die richtige Anordnung von Filterschaltungen für ein kleines Prozessdatensystem ist in ▶Abbildung 19.80 gezeigt. Die am rechten Platinenrand angeordneten Filterschaltungen sind so schmal ausgeführt worden, dass eine Anordnung untereinander möglich ist. Bei mehrlagigen Platinen kann man die meist als Innenlage vorliegende Massefläche als Schirm einsetzen. Dieses Prinzip wurde bei den in Bildmitte angeordneten, zu den Filtern gehörenden potentialgetrennten Interfaceschaltungen angewendet. Ebenfalls in Bildmitte sind die in einer vertikalen Reihe angeordneten Optokoppler und DC-DC-Konverter zur Potentialtrennung vom Prozessorkern zu sehen.

Um mit Störungen behaftete Leitungen von der Umgebung abzuschirmen, können diese auch zwischen Masseleitungen eingebettet werden. In Kabeln geschieht dies durch Mitführen des Bezugsleiters mit jeder Signalleitung. Diese Maßnahme ermöglicht, dass der jeweilige Signalrückstrom direkt neben dem Hinstrom in den Signalleitungen fließen kann. Durch die kleineren Flächen der Leiterschleifen ergibt sich somit eine geringere Störaussendung und eine höhere Störfestigkeit.

Abbildung 19.80: Layout der Filter eines Prozessdatensystems

19.4 CE-Kennzeichnung und relevante Normen

In diesem Abschnitt werden die Gründe für die CE-Kennzeichnungspflicht (CE ... *Communauté Européenne*, „Europäische Gemeinschaft") in der Europäischen Union (EU) dargelegt. Des Weiteren wird ein kurzer Überblick über die Gliederung der Normen gegeben. Die für den Geräte-Entwickler wichtigsten Normen auf dem Gebiet der elektromagnetischen Verträglichkeit werden angeführt. Dabei wird der Stand der Normierung bei der Erstellung des Buches beispielhaft herangezogen. Die Normen unterliegen jedoch einem ständigen Wandel, da sie an den Stand der Technik angepasst werden. Auf die Angabe von Jahreszahlen wurde daher weitgehend verzichtet. Dies ist bei der Lektüre dieses Abschnitts zu berücksichtigen. Es werden ausschließlich die EMV-Richtlinie und die dazugehörigen Normen genauer vorgestellt.

19.4.1 Grundlagen der CE-Kennzeichnung

Um Handelshemmnisse innerhalb der EU abzubauen, sind eine Vielzahl von Richtlinien vom Europäischen Parlament und dem Rat in Kraft gesetzt worden. Die Mitgliedsstaaten der EU sind verpflichtet, diese Richtlinien in ihr nationales Recht zu übernehmen. Dadurch werden die Rechts- und Verwaltungsvorschriften der Mitgliedsstaaten aneinander angeglichen.

Richtlinien gelten nicht nur für elektrotechnische Produkte, sondern zum Beispiel auch für Spielzeug aller Art. Eine Richtlinie erfasst dabei Produkte, die sich durch einheitliche Anforderungen beschreiben lassen (z. B. Sicherheit gegen elektrischen Schlag). In der Richtlinie werden keine technischen Details angegeben, da sich diese ja mit dem Stand der Technik laufend ändern. Es werden daher nur grundlegende

Anforderungen vorgegeben. Rechtlich ist die Erfüllung dieser Anforderungen (und nicht die Erfüllung einer Norm) die Voraussetzung, dass ein Produkt EU-weit verkauft werden darf.

Bei der Einhaltung harmonisierter Normen, die im Amtsblatt der EU zu den einzelnen Richtlinien bekannt gemacht werden und von den Mitgliedsstaaten in ihr nationales Recht zu übernehmen sind, kann davon ausgegangen werden, dass das jeweilige Produkt die Richtlinien einhält. Diese Vorgehensweise ist für den Hersteller eine wesentliche Erleichterung, da er sich in vielen Fällen die Konformität selbst bescheinigen kann und keine teuren Gutachten benötigt.

Für ein Produkt können mehrere Richtlinien zugleich gelten. Für ein elektronisches Gerät mit Netzanschluss gilt wegen der potentiellen Gefährdung durch die Netzspannung beispielsweise die Niederspannungsrichtlinie und die EMV-Richtlinie. Ist das Gerät eine gefährliche Maschine, gilt zusätzlich noch die Maschinenrichtlinie.

Mit der Anbringung eines CE-Zeichens erklärt der Hersteller, dass sein Gerät alle dafür geltenden Richtlinien einhält. Der Verkauf in der EU darf daher bis zum Beweis des Gegenteils nicht untersagt werden. Das CE-Zeichen richtet sich an die Verwaltungsbehörden und nicht an die Endverbraucher. Insbesonders ist das CE-Zeichen kein Qualitätszeichen!

Der Hersteller in der EU beziehungsweise der Erstimporteur eines Gerätes in die EU ist verpflichtet, die dazugehörende Konformitätserklärung bereitzuhalten. Sie muss von einer Person unterschrieben sein, die auch entsprechend haftbar gemacht werden kann.

Die technische Dokumentation, aufgrund deren das Konformitätsbewertungsverfahren vom Hersteller oder vom Importeur durchgeführt wurde, muss ebenfalls im Fall einer Beanstandung in kurzer Zeit greifbar sein. Es gibt Produkte, für die keine Richtlinie erlassen wurde. Ein solches Produkt braucht auch kein CE-Zeichen zu tragen. Wird ein Produkt falsch gekennzeichnet, liegt ein Verstoß gegen die Wettbewerbsvorschriften vor, der entsprechend den jeweiligen nationalen Gesetzen bestraft wird. Zusätzlich entstehen Schadensersatzansprüche und der Verkauf des beanstandeten Produkts wird EU-weit untersagt.

Im Jahre 1989 wurde die „Richtlinie des Rates vom 3. Mai 1989 zur Angleichung der Rechtsvorschriften der Mitgliedsstaaten über die elektromagnetische Verträglichkeit (89/336/EWG)" erlassen. Diese Richtlinie wurde am 20. 7. 2007 durch die neue EMV-Richtlinie (2004/108/EG) des Europäischen Parlaments und des Rates vom 15. 12. 2004 ersetzt. Seit 1996 gilt die CE-Kennzeichnungspflicht.

Das Schutzziel der Richtlinie wurde folgendermaßen angegeben:

> *„Es obliegt den Mitgliedsstaaten, zu gewährleisten, dass die Funkdienste sowie die Vorrichtungen, Geräte und Systeme, deren Betrieb Gefahr läuft, durch die von elektrischen und elektronischen Geräten verursachten elektromagnetischen Störungen behindert zu werden, gegen diese Störungen ausreichend geschützt werden."*

Des Weiteren wurde angegeben:

> „Europäische Normen legen erlaubte Störaussendung und verlangte Störfestigkeit fest."

Geht ein Hersteller nach diesen Normen vor, kann bis zum Beweis des Gegenteils vermutet werden, dass auch das Schutzziel der Richtlinie damit eingehalten wird.

Die Europäische Union hat zur Festlegung der harmonisierten Normen auf dem Gebiet der Elektrotechnik eine eigene Organisation gegründet:

Europäisches Komitee für elektrotechnische Normung (CENELEC ... *Comité Europeen de Normalisation Electrotechnique*)

Dieses arbeitet international mit der Internationalen elektrotechnischen Kommission (IEC ... *International Electrotechnical Comission*) und dem Internationalen Sonderkomitee für Funkstörungen (CISPR ... *Comité International Spécial des Perturbations Radioélectriques*) zusammen. Normen zur Störfestigkeit entstehen in Zusammenarbeit mit der IEC und Normen zur Störaussendung zusammen mit dem CISPR.

Die harmonisierten Normen, deren Bezeichnung mit den Buchstaben „EN" beginnt, sind von den einzelnen Mitgliedsstaaten in ihr nationales Recht zu übernehmen. Dabei sind die jeweiligen nationalen Organisationen eingebunden, die auch dafür sorgen, dass nationale Normen, die eventuell im Widerspruch zu den harmonisierten Normen stehen, außer Kraft gesetzt werden. In Deutschland ist dies der Verband Deutscher Elektrotechniker (VDE) und in Österreich der Österreichische Verband für Elektrotechnik (OVE).

Die Normen sind in folgende Gruppen eingeteilt:

- Grundnormen (*basic standards*):
  Information, Beschreibung von Störgrößen, Test- und Messmethoden

- Fachgrundnormen (*generic standards*):
  EMV-Anforderungen für Produkte, die in bestimmten Umgebungen arbeiten (Haushalt, Industrie)

- Produktfamiliennormen und Produktnormen (*product standards*):
  EMV-Anforderungen für eine spezielle Produktfamilie oder ein spezielles Produkt. Wenn eine Produktfamiliennorm oder eine Produktnorm für ein Gerät existiert, hat diese Vorrang gegenüber den Fachgrundnormen.

Tabelle 19.2

EN 61000-6-3:2007 Fachgrundnorm Störaussendung für Wohnbereich, Geschäfts- und Gewerbebereich sowie Kleinbetriebe (Stand 2007)

Anschluss	Frequenz	Grenzwerte	Grundnorm
Gehäuse	30 bis 230 MHz 230 bis 1000 MHz	30 dB(μV/m) in 10 m 37 dB(μV/m) in 10 m	IEC/CISPR 16-2-3
Netz- wechselstrom	0 bis 2 kHz		IEC 61000-3-2 IEC 61000-3-3
	0,15 bis 0,5 MHz	66 bis 56 dB(μV) QP 56 bis 46 dB(μV) AV	IEC/CISPR 16-2-1, 7.4.1
	0,5 bis 5 MHz	56 dB(μV) QP 46 dB(μV) AV	IEC/CISPR 16-1-2, 4.3
	5 bis 30 MHz	60 dB(μV) QP 50 dB(μV) AV	
	0,15 bis 30 MHz	diskontinuierliche Störgrößen	IEC/CISPR14-1
Signal, Steuer- anschluss, Gleichspan- nungsnetzein- gang, -ausgang und andere	0,15 bis 0,5 MHz	40 bis 30 dB(μA) QP 30 bis 20 dB(μA) AV	IEC/CISPR 16-2-1, 7.4.1 IEC/CISPR 16-1-2, 4.3
	0,5 bis 30 MHz	30 dB(μA) QP 20 dB(μA) AV	

CISPR14-1:   Elektromagnetische Verträglichkeit – Anforderungen an
EN55014-1   Haushaltsgeräte, Elektrowerkzeuge und ähnliche Elektrogeräte
                    – Störaussendung
CISPR 16-1-2: Geräte und Einrichtungen zur Messung der hochfrequenten
EN 55016-1-2   Störaussendung (Funkstörungen) und Störfestigkeit
                    – Zusatz/Hilfseinrichtungen
                    – Leitungsgeführte Störaussendung

ELEKTROMAGNETISCHE VERTRÄGLICHKEIT ELEKTRONISCHER SYSTEME

CISPR 16-2-1:   Verfahren zur Messung der hochfrequenten Störaussendung
EN 55016-2-1   (Funkstörungen) und Störfestigkeit
                  – Messung der leitungsgeführten Störaussendung

CISPR 16-2-3:   Verfahren zur Messung der hochfrequenten
EN 55016-2-3   Störaussendung (Funkstörungen) und Störfestigkeit
                  – Messung der gestrahlten Störaussendung

EN 61000-3-2:   Grenzwerte für Oberschwingungsströme (Geräte-Eingangsstrom ≤ 16 A je Leiter)

EN 61000-3-3:   Begrenzung von Spannungsänderungen, Spannungsschwankungen und Flicker in öffentlichen Niederspannungs-Versorgungsnetzen für Geräte mit einem Bemessungsstrom ≤ 16 A je Leiter, die keiner Sonderanschlussbedingung unterliegen

Die Fachgrundnormen für die elektromagnetische Verträglichkeit sind für den Industriebereich und den Wohnbereich definiert. Für jeden Bereich gibt es einen Teil zur Störfestigkeit und zur Störaussendung. In diesen Normen sind lediglich die Grenzwerte, die Prüfkriterien und die anzuwendenden Fachgrundnormen für den Prüfaufbau in tabellarischer Form angegeben:

EN 61000-6-1:   Störfestigkeit für Wohnbereich, Geschäfts- und Gewerbebereich sowie Kleinbetriebe
EN 61000-6-2:   Störfestigkeit für Industriebereich
EN 61000-6-3:   Störaussendung für Wohnbereich, Geschäfts- und Gewerbebereich sowie Kleinbetriebe
EN 61000-6-4:   Störaussendung für Industriebereich

Zusammenfassend kann man sagen, dass im Wohnbereich die strengeren Grenzwerte bezüglich der Störausssendung und im Industriebereich die strengeren (höheren) Prüfpegel für die Störfestigkeit definiert sind. Hält ein Gerät für beide Bereiche die strengeren Anforderungen ein, kann es in allen Umgebungsbereichen eingesetzt werden. Zum Beispiel wird man die Störemission eines Messgerätes so gering halten, dass es in einem Gewerbebetrieb in einem Wohnhaus verwendet werden kann. Hält es zusätzlich auch den rauen Umgebungsbedingungen in einer Industriehalle stand, kann es auch dort eingesetzt werden. Die Auszüge aus den Anforderungen für beide Umgebungsbereiche (Tabellen ▶19.2, ▶19.3, ▶19.4, ▶19.5) sind nach diesen Überlegungen ausgewählt.

Die Bewertungskriterien A, B und C (rechte Spalte in den Tabellen 19.3, 19.4 und 19.5) für das Betriebsverhalten des Prüflings während und nach der Störfestigkeitsprüfung sind der EN61000-6-1:2007 entnommen:

Kriterium A:

Das Gerät (Betriebsmittel, Einrichtung) muss während und nach der Prüfung weiterhin bestimmungsgemäß arbeiten. Es darf keine Beeinträchtigung der Funktion bzw. des Betriebsverhaltens oder kein Funktionsausfall unterhalb einer vom Hersteller beschriebenen minimalen Betriebsqualität auftreten, wenn das Gerät (Betriebsmittel, Einrichtung) bestimmungsgemäß betrieben wird. In bestimmten Fällen darf die minimale Betriebsqualität durch einen zulässigen Verlust der Betriebsqualität ersetzt werden. Falls die minimale Betriebsqualität oder der zulässige Verlust der Betriebsqualität nicht vom Hersteller angegeben ist, darf jede dieser beiden Angaben aus der Produktbeschreibung und den -unterlagen abgeleitet werden sowie aus dem, was der Benutzer bei bestimmungsgemäßem Gebrauch vernünftigerweise vom Gerät (Betriebsmittel, Einrichtung) erwarten kann.

Kriterium B:
Das Gerät (Betriebsmittel, Einrichtung) muss nach der Prüfung weiterhin bestimmungsgemäß arbeiten. Es darf keine Beeinträchtigung der Funktion bzw. des Betriebsverhaltens oder kein Funktionsverlust unterhalb einer vom Hersteller beschriebenen minimalen Betriebsqualität auftreten, wenn das Gerät (Betriebsmittel, Einrichtung) bestimmungsgemäß betrieben wird. In bestimmten Fällen darf die minimale Betriebsqualität durch einen zulässigen Verlust der Betriebsqualität ersetzt werden. Während der Prüfung ist jedoch eine Beeinträchtigung des Betriebsverhaltens erlaubt. Eine Änderung der eingestellten Betriebsart oder Verlust von gespeicherten Daten ist jedoch nicht erlaubt. Falls die minimale Betriebsqualität oder der zulässige Verlust der Betriebsqualität vom Hersteller nicht angegeben ist, darf jede dieser beiden Angaben aus der Produktbeschreibung und den -unterlagen abgeleitet werden sowie aus dem, was der Benutzer vernünftigerweise bei ordnungsgemäßem Gebrauch vom Gerät (Betriebsmittel, Einrichtung) erwarten kann.

Kriterium C:
Ein zeitweiliger Funktionsausfall ist erlaubt, wenn die Funktion sich selbst wieder herstellt oder durch Betätigung der Einstell-/Bedienelemente wiederherstellbar ist.

Tabelle 19.3

Auszug aus EN 61000-6-2:2005, Störfestigkeit Industriebereich, Gehäuse (Stand 2007)

Phänomen	Frequenz	Prüfstörgröße	Grundnorm	Krit
HF-Feld	80 bis 1000 MHz 1,4 bis 2,0 GHz 2,0 bis 2,7 GHz	10 V/m 3 V/m 1 V/m 80 % AM (1 kHz)	EN 61000-4-3	A
Magnetfeld	50, 60 Hz	30 A/M	EN 61000-4-8	A
ESD		4 kV Kontaktentl. 8 kV Luftentladung	EN 61000-4-2	B

Tabelle 19.4

Auszug aus EN 61000-6-2:2005, Störfestigkeit Industriebereich, Signalanschlüsse (Stand 2007)

Phänomen	Frequenz	Prüfstörgröße	Grundnorm	Krit
HF-Feld	0,15 bis 80 MHz	10 V 80 % AM (1 kHz)	EN 61000-4-6	A
schnelle Transienten		1 kV (Spitze), 5 kHz, 5/50 ns Koppelzange	EN 61000-4-4	B
Stoßspannung Leitung-Erde		1,2/50 (8/20) µs 1 kV	EN 61000-4-5	B

Tabelle 19.5

Auszug aus EN 61000-6-2:2005, Störfestigkeit Industriebereich, Wechselstrom-Netzein- und -ausgänge (Stand 2007)

Phänomen	Frequenz	Prüfstörgröße	Grundnorm	Krit
HF-Feld	0,15 bis 80 MHz	10 V 80 % AM (1 kHz)	EN 61000-4-6	A
schnelle Transienten		2 kV (Spitze), 5 kHz, 5/50 ns direkte Einsp.	EN 61000-4-4	B
Stoßspannung unsymmetrisch symmetrisch		1,2/50 (8/20) µs 2 kV 1 kV	EN 61000-4-5	B
Spannungs-unterbrechung		100 % Reduktion 250 Perioden	EN61000-4-11	C
Spannungs-schwankung		100 % für 1 Per. 30 % für 25 Per. 60 % für 10 Per.	EN61000-4-11	B C C

EN 61000-4-x: Elektromagnetische Verträglichkeit (EMV)
Teil 4: Prüf- und Messverfahren
EN 61000-4-2: Störfestigkeit gegen die Entladung statischer Elektrizität
EN 61000-4-3: Störfestigkeit gegen hochfrequente elektromagnetische Felder
EN 61000-4-4: Prüfung der Störfestigkeit gegen schnelle transiente elektrische Störgrößen/Burst
EN 61000-4-5: Prüfung der Störfestigkeit gegen Stoßspannungen
EN 61000-4-6: Störfestigkeit gegen leitungsgeführte Störgrößen, induziert durch hochfrequente Felder
EN 61000-4-8: Prüfung der Störfestigkeit gegen Magnetfelder mit energietechnischen Frequenzen
EN 61000-4-11: Prüfung der Störfestigkeit gegen Spannungseinbrüche, Kurzzeitunterbrechungen und Spannungsschwankungen

Auf wichtige Produktfamiliennormen wie zum Beispiel die EN 61326 für Elektrische Mess-, Steuer-, Regel- und Laborgeräte, die EN 55014 mit Anforderungen an Haushaltsgeräte, Elektrowerkzeuge und ähnliche Elektrogeräte oder die EN 55022 und EN 55024 für Einrichtungen der Informationstechnik sowie viele weitere Produktfamilien kann aus Platzgründen hier nicht eingegangen werden. Die Fachgrundnormen stellen für alle diese Produktfamilienormen ein Grundgerüst dar, das entsprechend den speziellen Anforderungen abgeändert wird.

ZUSAMMENFASSUNG

Zu Beginn unseres Einstieges in die elektromagnetische Verträglichkeit wurden die verschiedenen Störquellen und die Ursachen für die Entstehung von Störungen besprochen. Es folgte eine Definition eines **Störsignales**, das bei schnellen Schaltvorgängen auftritt. Da die Ausbreitung über den Frequenzbereich besser beschreibbar ist, wurde dieses Signal im Frequenzbereich analysiert. Ein weiterer Schritt war ein Überblick über die verschiedenen **Kopplungsarten**.

Nach diesen ersten Abschnitten liegt ein Grundwissen über die Entstehung und die Ausbreitung von **Störungen** vor. Ausgehend von diesem Grundverständnis wurden die verschiedenen Prüfmethoden zur **Störfestigkeitsprüfung** und die Messmethoden zur Untersuchung der Störaussendung vorgestellt.

Passend zum Blickwinkel des Buches wurden die Grundlagen des **EMV-gerechten** Gerätedesigns vorgestellt. Ein solches Gerätedesign verhindert das Eindringen beziehungsweise die Aussendung von Störungen durch geeignete Filtermaßnahmen. Darüber hinaus wird das Entstehen von Störungen aber auch die Störfestigkeit durch die Wahl geeigneter Schaltungsmaßnahmen und durch ein EMV-gerechtes Layout beeinflusst.

Am Ende des Kapitels soll ein Überblick über die **EMV-Richtlinien** und die Normung der europäischen Union die Orientierung und den Einstieg in die Konformitätsprüfung erleichtern.

Thermometer

20.1 Sensor 703

20.2 Sensorinterface 709

20.3 Analog/Digital-Umsetzung 717

Zusammenfassung 732

20

ÜBERBLICK

20 THERMOMETER

Einleitung

> Bei der Arbeit am Konzept des vorliegenden Buches musste entschieden werden, welche Aspekte der elektronischen Schaltungstechnik aus der Sicht der Autoren wichtig sind und wie man möglichst vom ersten Schritt beginnend die Anwendung des zu vermittelnden Wissens zeigt. Vor dem Hintergrund der jahrelangen Geräte-Entwicklung am Institut für Elektronik haben wir uns entschieden, das Grundwissen im Bereich der Schaltungstechnik aus der Sicht des Geräte-Entwicklers zu zeigen. Dabei entstand die Idee eines typischen elektronischen Gerätes, das uns durch das Buch begleiten sollte.
>
> Da unter der Leitung unseres ehemaligen Professors H. Leopold[1] über viele Jahre hoch auflösende Messgeräte für die Messung der Dichte, der Schallgeschwindigkeit und der Temperatur entwickelt wurden, haben wir uns für ein elektronisches Thermometer entschieden.
>
> Zusätzlich zu diesen Anforderungen soll es mit möglichst wenigen schwer verfügbaren Bauteilen auskommen, damit ein Nachbau durch den interessierten Leser mit den zur Verfügung gestellten Unterlagen möglich ist. In diesem Kapitel werden das Kernstück dieses Thermometers, die Signalverarbeitung vom Sensor bis zur Anzeige des Messwertes am Display vorgestellt, und das verwendete Analog/Digital-Umsetzerprinzip sowie die Dimensionierung beschrieben. Alle weiteren Informationen sowie die aktuelle Version der Unterlagen werden wegen der größeren Flexibilität über die *Companion Website* angeboten.

Weblink

LERNZIELE

- Kennenlernen der wichtigsten Schritte beim Entwurf einer elektronischen Schaltung an einem konkreten Beispiel

- Anwendung des gelernten Wissens aus den vorhergehenden Kapiteln

- Entwicklung eines Gefühles, wie man Entscheidungen innerhalb eines Designprozesses treffen könnte

- Anregung zur eigenen weitergehenden Beschäftigung mit der elektronischen Schaltungstechnik

---

1 Hans Leopold, Graz, *15. November 1937, lehrte von 1984 bis 2004 am Institut für Elektronik der TU-Graz. Er erfand zusammen mit H. Stabinger eine Biegeschwinger-Methode zur Dichtemessung von Flüssigkeiten.

> **Thermometer**
>
> Das zu entwickelnde Thermometer soll eine Temperaturmessung im Bereich von -50 bis $+250\,°C$ mit einer Messunsicherheit kleiner als $0{,}1\,°C$ ermöglichen. Um Änderungen der Temperatur schnell erkennen zu können, soll die Auflösung des Messgerätes $0{,}01\,°C$ betragen. Das Gerät soll in seiner Endversion als Handgerät mit einem Flüssigkristalldisplay und Batteriebetrieb ausgeführt sein und über eine Schnittstelle verfügen. Der Temperatursensor soll austauschbar und über eine Leitung mit dem Messgerät verbunden sein, um beispielsweise Messungen in einem Backrohr oder auch in einem Kühlschrank zu ermöglichen.

20.1 Sensor

20.1.1 Sensorauswahl

Die Messung der Temperatur kann auf viele verschiedene Arten erfolgen. Typische Sensoren sind temperaturabhängige Widerstände, Kombinationen zweier Metalle, die eine Thermospannung liefern oder Halbleiterschaltungen, die eine Spannung V_{PTAT} erzeugen, wie die Bandabstandsreferenz. Entscheidet man sich für einen Widerstandssensor, so stehen sowohl Heißleiter (NTC) als auch Kaltleiter (PTC) zur Verfügung.

- NTCs:
  Für sensorische Anwendungen hergestellte NTCs besitzen eine große Empfindlichkeit, sind jedoch meist nur für einen Temperaturbereich von -80 bis $+150\,°C$ spezifiziert. Die Stabilität ihrer Eigenschaften ist geringer als jene der Platin-Widerstandssensoren. Ein weiterer Nachteil, der jedoch von einer digitalen Auswerte-Elektronik leicht kompensiert werden kann, ist ihre stark nicht lineare Kennlinie. Für einfache Messaufgaben im genannten Temperaturbereich bei einer angestrebten Messunsicherheit von $\pm 1\,°C$ sind diese Sensoren eine interessante Möglichkeit, da das Sensorinterface ein relativ großes Eingangssignal erhält und daher mit wenig Aufwand realisiert werden kann.

- PTCs:
  Für die angestrebte Messunsicherheit und den relativ großen Temperaturbereich bietet sich die Verwendung von Widerstandssensoren aus Platin an. Sie können von -200 bis $+800\,°C$ eingesetzt werden, weisen eine hohe Stabilität auf und ermöglichen daher geringe Messunsicherheiten. Allerdings ist ihre Empfindlichkeit wesentlich geringer als jene der NTCs. Es werden daher höhere Anforderungen an das Sensorinterface gestellt.

Platinsensoren werden mit unterschiedlichen Ausgangswiderständen bei 0 °C angeboten. Als Normalthermometer werden Platinwiderstände mit einem Widerstand von 25 Ω verwendet. Dieser so genannte *PT*25 ermöglicht Messungen der Temperatur mit Messunsicherheiten, die kleiner als 0,001 °C sind. *PT*25-Thermometer werden von Eichämtern und Kalibrierdiensten zur Bestimmung der Messfehler von Temperaturmessgeräten benutzt. Aufgrund des geringeren Widerstandes können vergleichsweise dicke Platindrähte für den Bau des Fühlers verwendet werden. Damit kann ein sehr stabiles Verhalten des *PT*25-Sensors erreicht werden. Ein weiterer Vorteil ist der große Unterschied zwischen dem Widerstand des Sensors und parallel geschalteten parasitären Widerständen, die durch die Schutzhülle des Sensors entstehen.

Für industrielle Anwendungen ist hingegen der *PT*100 sehr weit verbreitet. Dieser Sensor besitzt einen Ausgangswiderstand von 100 Ω bei 0 °C. Wegen seines viermal größeren Widerstandes besitzt er auch die vierfache Widerstandsänderung (bei derselben Temperaturdifferenz) im Vergleich zu einem *PT*25.

Eine typische Möglichkeit, die Temperaturänderung eines *PT*100 auszuwerten, ist die Messung des Spannungsabfalles am Widerstand bei einem konstanten Strom von 1 mA ▶Abbildung 20.1. Die Widerstandsänderung eines *PT*100 beträgt $\approx 0{,}4\,\Omega/°C$ [2]. Beim gewählten Strom erhält man eine Spannungsänderung am Widerstand von 400 µV/°C. Für die angestrebte Auflösung von 0,01 °C beträgt die Spannungsänderung nur noch 4 µV.

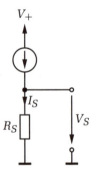

Abbildung 20.1: Idee – Sensor und Stromquelle

Eine Erhöhung der Ausgangsspannung durch eine Erhöhung des Messstromes ist wegen der auftretenden Verlustleistung am Sensor problematisch. Diese Verlustleistung führt, abhängig von der Sensorbauform, zu einer Eigenerwärmung des Sensors, die das Messergebnis verfälscht. Die Verlustleistung bei einem Strom von 1 mA beträgt:

$$P = I^2 \cdot R = 0{,}001^2 \cdot 100 = 100\,\mu W\,.$$

---

[2] Das für Fühlerwiderstände eingesetzte Platin besitzt im Bereich von 0 bis 100 °C einen mittleren Temperaturkoeffizienten von $3{,}85 \cdot 10^{-3}\,°C^{-1}$. Für einen größeren Temperaturbereich muss die Nichtlinearität berücksichtigt werden. Für die Dimensionierung werden wir die Näherung verwenden. Bei der Berechnung der Temperatur aus dem Widerstand im Rahmen der Temperaturmessung muss jedoch exakt gerechnet werden.

Die durch diese Verlustleistung verursachte Eigenerwärmung des Sensors kann für unsere Anwendung vernachlässigt werden.

Eine Möglichkeit, ein größeres Ausgangssignal zu erhalten, ist die Verwendung eines Platinsensors mit einem Nennwiderstand von 1000 Ω. Er wird $PT1000$ genannt und besitzt die zehnfache Widerstandsänderung des $PT100$, allerdings muss für die selbe Eigenerwärmung der Strom durch den Sensor reduziert werden. Soll die Verlustleistung am $PT1000$ ebenfalls 100 µW betragen, so erhält man folgenden Strom:

$$I_{Mess} = \sqrt{\frac{P}{R}} = \sqrt{\frac{100\,\mu W}{1000\,\Omega}} = 316\,\mu A\,.$$

Bei diesem Strom ändert sich bei einer Änderung der Temperatur von 1 °C der Spannungsabfall am $PT1000$ um 1,26 mV. Diese Änderung ist etwa dreimal größer als jene, die wir mit einem $PT100$ bei derselben Eigenerwärmung erzielen könnten. Der um den Faktor 10 höhere Widerstand bietet außerdem den Vorteil, dass sich die durch die Anschlussleitungen entstehenden Zuleitungswiderstände weniger störend auswirken. Für unser Thermometer wird daher ein $PT1000$ verwendet.

20.1.2 Signalgröße und benötigte Auflösung

In weiterer Folge soll das von einem $PT1000$ gelieferte Signal genauer betrachtet werden. Dieser Sensor besitzt – wie bereits erwähnt wurde – einen Nennwert von 1000 Ω bei einer Temperatur von 0 °C. Sein Widerstand nimmt mit steigender Temperatur um 4 Ω/°C beziehungsweise 40 mΩ/0,01 °C zu. Die Widerstandswerte des $PT1000$ bei verschiedenen Temperaturen innerhalb des geforderten Messbereiches sind in ▶Tabelle 20.1 angegeben.

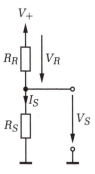

Abbildung 20.2: Idee – temperaturabhängiger Spannungsteiler

Durch eine spezielle Schaltungstopologie kann die Verwendung einer Konstantstromquelle vermieden werden. Wir werden stattdessen den Sensorwiderstand wie in ▶Abbildung 20.2 gezeigt über einen Vergleichswiderstand mit einer konstanten Spannungsquelle verbinden. In weiterer Folge wird klar werden, warum diese Vorgehensweise Vorteile gegenüber der Konstantstromquelle bringt.

Tabelle 20.1

Widerstand des *PT*1000 bei verschiedenen Temperaturen

Temperatur °C	Widerstandswert Ω
−50	803,06
⋮	⋮
−20	921,57
−10	960,86
0	1000,00
10	1039,03
20	1077,94
30	1116,73
40	1155,41
50	1193,97
100	1385,06
⋮	⋮
250	1940,98

Um eine kleinere Verlustleistung als 100 μW und damit eine geringe Eigenerwärmung zu erreichen, muss – wie zuvor berechnet – der durch den Sensor fließende Strom kleiner als 316 μA sein. Bei einem (leicht verfügbaren) Vergleichswiderstand von 1000 Ω erhält man einen Gesamtwiderstand des Spannungsteilers von 2000 Ω. Damit bei 0 °C ein Strom von 250 μA fließt, wird daher eine Ausgangsspannung der Spannungsquelle von $V_+ = 0{,}5$ V benötigt. Zur Kontrolle der Eigenerwärmung berechnen wir die durch den Sensor fließenden Ströme an den Grenzen des Messbereiches. Dazu werden die Widerstandswerte aus Tabelle 20.1 verwendet.

$$I_S\bigg|_{\vartheta=-50\,°\text{C}} = \frac{V_+}{R_{ref}+R_S} = \frac{0{,}5\,\text{V}}{1000\,\Omega + 803{,}6\,\Omega} = 277\,\mu\text{A}$$

$$I_S\bigg|_{\vartheta=0\,°\text{C}} = \frac{V_+}{R_{ref}+R_S} = \frac{0{,}5\,\text{V}}{1000\,\Omega + 1000\,\Omega} = 250\,\mu\text{A}$$

$$I_S\bigg|_{\vartheta=250\,°\text{C}} = \frac{V_+}{R_{ref}+R_S} = \frac{0{,}5\,\text{V}}{1000\,\Omega + 1941\,\Omega} = 170\,\mu\text{A}$$

Für die Spannung am Sensor gilt entsprechend der Spannungsteilerregel folgender Zusammenhang:

$$V_S\bigg|_\vartheta = V_+ \cdot \frac{R_S}{R_{ref}+R_S}\bigg|_\vartheta \tag{20.1}$$

Um die Anforderungen an den Analog/Digital-Umsetzer bestimmen zu können, wird die Sensorspannung und ihre Variation bei einer Temperaturänderung von 0,01 °C an drei wichtigen Punkten des Messbereiches berechnet.

- $R_S\bigg|_{\vartheta=0\,°\text{C}} = 1000\,\Omega$

$$V_S\bigg|_{0\,°\text{C}} = 0{,}5\,\text{V} \cdot \frac{1000}{1000+1000} = 0{,}5\,\text{V} \cdot 0{,}500000 = 0{,}250000\,\text{V}$$

$$V_S\bigg|_{0{,}01\,°\text{C}} = 0{,}5\,\text{V} \cdot \frac{1000+0{,}04}{1000+1000+0{,}04} = 0{,}250005\,\text{V}$$

$$\Delta V_S\bigg|_{\Delta\vartheta=0{,}01\,°\text{C}} = V_S\bigg|_{0{,}01\,°\text{C}} - V_S\bigg|_{0\,°\text{C}} = +5{,}00\,\mu\text{V}$$

- $R_S\bigg|_{\vartheta=-50\,°\text{C}} = 803{,}06\,\Omega$

$$V_S\bigg|_{-50\,°\text{C}} = 0{,}5\,\text{V} \cdot \frac{803{,}06}{1000+803{,}06} = 0{,}222694\,\text{V}$$

$$V_S\bigg|_{-49{,}99\,°\text{C}} = 0{,}5\,\text{V} \cdot \frac{803{,}06+0{,}04}{1000+803{,}06+0{,}04} = 0{,}222700\,\text{V}$$

$$\Delta V_S\bigg|_{\Delta\vartheta=0{,}01\,°\text{C}} = V_S\bigg|_{-49{,}99\,°\text{C}} - V_S\bigg|_{-50\,°\text{C}} = +6{,}15\,\mu\text{V}$$

- $R_S\bigg|_{\vartheta=250\,°\text{C}} = 1940{,}98\,\Omega$

$$V_S\bigg|_{250\,°\text{C}} = 0{,}5\,\text{V} \cdot \frac{1940{,}98}{1000+1940{,}98} = 0{,}329989\,\text{V}$$

$$V_S\bigg|_{250{,}01\,°\text{C}} = 0{,}5\,\text{V} \cdot \frac{1940{,}98+0{,}04}{1000+1940{,}98+0{,}04} = 0{,}329991\,\text{V}$$

$$\Delta V_S\bigg|_{\Delta\vartheta=0{,}01\,°\text{C}} = V_S\bigg|_{250{,}01\,°\text{C}} - V_S\bigg|_{250\,°\text{C}} = +2{,}31\,\mu\text{V}$$

Die auszuwertende Spannung liegt im Bereich von 0,222694 V bis 0,329989 V. Der Spannungshub beträgt daher 0,107295 V. Die kleinste Spannungsänderung tritt am oberen Ende des Messbereiches auf, sie beträgt +2,31 µV/0,01 °C.

Ein gedachter A/D-Umsetzer mit einem maximalen Messbereich A_{max} von 0,107295 V müsste diesen Messbereich in 2,31 µV große Quantisierungsintervalle q unterteilen. Er besitzt daher folgende Stufenanzahl n:

$$n = \frac{A_{max}}{q} = \frac{0{,}107295\,\text{V}}{2{,}31\,\mu\text{V}} = 46\,448\,.$$

Die Auflösung eines solchen Umsetzers in Bit beträgt:

$$N = \log_2\left(\frac{A_{max}}{q}\right) = \log_2\left(\frac{0{,}107295\,\text{V}}{2{,}31\,\mu\text{V}}\right) = 15{,}5 \approx 16\,\text{bit}\,.$$

Allerdings gibt es keine fertigen A/D-Umsetzer für einen Messbereich von genau 0,107295 V. Eine Möglichkeit wäre es, eine Anpassung des zu messenden Signals an den Messbereich des A/D-Umsetzers durchzuführen. Diese Vorgehensweise wurde in Abschnitt 17.1 bereits erklärt. Sie ermöglicht den Einsatz eines Umsetzers mit der minimal möglichen Auflösung. Die analoge Schaltung zur Pegelanpassung ist jedoch kritisch, da sie keine zusätzlichen Fehler erzeugen darf. In unserem konkreten Fall würde das bedeuten, dass der Fehler durch die Pegelanpassung wesentlich kleiner als 2,31 µV sein müsste. Üblicherweise setzt man den zulässigen Fehler mit einem Fünftel bis einem Zehntel des Wertes an, der dem niederwertigsten Bit (LSB) entspricht.

Standard-Operationsverstärker besitzen eine Offsetspannung, die in der mV-Größenordnung ist. Wir werden daher auf die Pegelumsetzung verzichten und einen anderen Weg beschreiten.

Wir wählen einen A/D-Umsetzer, der eine wesentlich größere Auflösung besitzt. Dieser verfügt bei einem größeren Endwert des Messbereiches trotzdem über ein Quantisierungsintervall, das unserer kleinsten zu messenden Spannungsänderung entspricht. Der Auflösungsüberschuss soll so groß sein, dass es möglich ist, die Ausgangsspannung der Spannungsquelle $V_+ = 0{,}5\,\text{V}$ als größten Wert des Messbereiches zu verwenden, woraus sich – wie wir noch erkennen werden – weitere Vorteile ergeben. Da die Spannung am Sensor sich nur zwischen 0,222694 V und 0,329989 V bewegt, wird nur ein Teil der Umsetzerkennlinie verwendet.

Wie groß muss die Auflösung des Umsetzers sein, damit keine Signalvorverarbeitung benötigt wird?

Um 0,01 °C ausgeben zu können, benötigen wir eine Auflösung von:

$$N = \log_2\left(\frac{0{,}5\,\text{V}}{2{,}31\,\mu\text{V}}\right) = 17{,}73 \approx 18\,\text{bit}\,.$$

Bis jetzt haben wir sowohl mit einer Auflösung von 0,01 °C als auch mit einer Messunsicherheit kleiner als 0,01 °C gerechnet. Unsere Aufgabenstellung fordert zwar diese Auflösung, begnügt sich aber mit einer Messunsicherheit, die kleiner als 0,1 °C ist. Um auf 0,1 °C genau zu sein, muss eine Spannungsänderung am Sensor von 23,1 µV richtig erkannt werden.

$$N = \log_2\left(\frac{0,5\,\text{V}}{23,1\,\mu\text{V}}\right) = 14,40 \approx 15\,\text{bit}$$

Es wird daher ein A/D-Umsetzer mit 18 bit Auflösung benötigt, der 15 bit genau ist. Die benötigte effektive Anzahl von Bits (ENOBS ... *Effektive Number of Bits*) beträgt 15. Damit sind die Anforderungen an den zu wählenden A/D-Umsetzer festgelegt. Wir wenden uns nun der Verbindung zwischen Sensor und Gerät zu.

20.2 Sensorinterface

Der Sensor des zu entwickelnden Thermometers soll über eine Leitung mit dem eigentlichen Messgerät verbunden werden. Typische Messleitungen besitzen einen Widerstand von 0,1 Ω/m. Zur Messung eines Widerstandes sind verschiedene Varianten des Anschlusses möglich. Um entscheiden zu können, welcher Aufwand zur Erreichung der projektierten Messunsicherheit notwendig ist, werden wir diese Methoden vergleichen.

20.2.1 Zweileiter-Anschluss

Die einfachste Möglichkeit, um den Sensor mit dem Messwerk zu verbinden, ist der in ▶Abbildung 20.3 dargestellte Zweileiter-Anschluss. Rechnet man mit einer typischen Länge der Messleitung von 2 m und einem Widerstand 0,1 Ω/m, so kommt pro Leitung ein Widerstand von 0,2 Ω zum Sensorwiderstand hinzu. Der ungünstigste Fall für unsere Messung tritt bei einer Temperatur von 250 °C auf. (ΔV_S ist minimal.) Der Strom durch den Sensor beträgt hier 170 µA. Er ändert sich durch den zusätzlichen Widerstand aufgrund der Zuleitung praktisch nicht. Der Spannungsabfall am

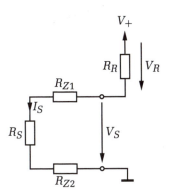

Abbildung 20.3: Zweileiter-Anschluss

Zuleitungswiderstand beträgt daher:

$$V_Z = R_Z \cdot I_S = 0{,}4\,\Omega \cdot 170\,\mu\text{A} = 68\,\mu\text{V}.$$

Da eine Spannungsänderung von 23,1 µV am Eingang des Messwerkes einer Änderung der angezeigten Temperatur von 0,1 °C entspricht, tritt durch diesen Spannungsabfall ein Fehler der Temperaturmessung von ≈0,3 °C auf.

Berücksichtigt man den Temperaturkoeffizienten der Zuleitung, so verschlimmern sich die Verhältnisse zusätzlich. Nehmen wir an, es soll eine Messung in einem Backrohr bei einer Temperatur von 250 °C vorgenommen werden. Wir verwenden eine Sensorleitung mit einer Länge von 2 m, wobei sich der erste Meter dieser Leitung mit dem Sensor im Backrohr befindet. Der Rest der Zuleitung befindet sich zusammen mit dem Messgerät außerhalb des Backrohres bei einer Umgebungstemperatur von 25 °C. Die Zuleitung im Backrohr besitzt wegen ihres Temperaturkoeffizienten einen höheren Widerstand, der mit den Werten aus Tabelle 2.1, Kapitel 2, berechnet werden kann.

$$R_Z(T) = R_Z(T_0) \cdot (1 + \alpha(T - T_0)) = 0{,}2\,\Omega \cdot \left(1 + 3{,}92 \cdot 10^{-3}(250\,°\text{C} - 25\,°\text{C})\right)$$
$$= 0{,}38\,\Omega$$

Zu diesem Widerstand muss noch der Widerstand der Zuleitung außerhalb des Backrohres addiert werden. Man erhält einen Spannungsabfall an der Zuleitung von:

$$V_Z = R_Z \cdot I_S = (0{,}38\,\Omega + 0{,}2\,\Omega) \cdot 170\,\mu\text{A} = 97{,}9\,\mu\text{V}.$$

Die Anzeige weicht um 0,42 °C vom Sollwert ab. Da diese Abweichung wesentlich größer als unsere projektierte Messunsicherheit ist, muss eine aufwändigere Methode zum Anschluss des Sensors verwendet werden.

20.2.2 Vierleiter-Anschluss

Der Anschluss des Sensors nach der Vierleiter-Methode ist in ▶ Abbildung 20.4 dargestellt. Über die beiden äußeren Leiter wird der Strom durch den Sensor geleitet. Die Messung der Spannung erfolgt mit zwei weiteren Leitern, über die bei einem hochohmigen Eingang des Messwerkes nur ein zu vernachlässigender Strom fließt. Der Spannungsabfall an der Stromzuleitung beeinflusst die Spannungsmessung nicht. Mit dieser Methode kann durch eine Kombination einer Strom- und einer Spannungsmessung der Widerstand eines Sensors ohne das Entstehen eines Messfehlers durch die Zuleitung bestimmt werden.

Bei einer Messung von Spannung und Strom wird zumindest eine Referenzspannung, auf die sich der Spannungsmesser bezieht, benötigt. Zusätzlich braucht man eine Referenz für den Strom oder einen genauen Widerstand, mit dem man den Vergleichsstrom von der Referenzspannung ableitet. Die Messunsicherheit der Strommessung hängt daher bereits von den Fehlern der Spannungsreferenz und den Fehlern des genauen Widerstandes ab.

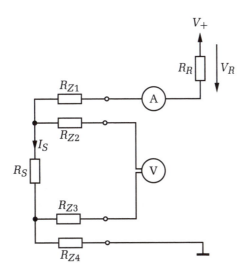

Abbildung 20.4: Vierleiter-Anschluss

Statt der Kombination aus einer Strom- und einer Spannungsmessung kann der Widerstand auch relativ zu einem Vergleichs- oder Referenzwiderstand gemessen werden. Der Vorteil dieser Methode ist, dass nur mehr ein genauer Widerstand als Bezugsgröße benötigt wird. Da man mit dieser einen Referenzgröße auskommt, sind die erreichbaren Messunsicherheiten bei dieser Methode kleiner. Messbrücken verwenden das soeben beschriebene Prinzip. In ▶Abbildung 20.5 ist eine einfache Brückenschaltung gezeigt.

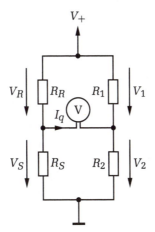

Abbildung 20.5: Brückenschaltung zur Bestimmung des unbekannten Widerstandes

Zur Bestimmung des unbekannten Widerstandes wird ein bekannter Spannungsteiler solange verstellt, bis das Voltmeter keinen Unterschied zwischen den Brückenzweigen anzeigt. Dieser Zustand wird als abgeglichene Brücke bezeichnet. Das Voltmeter wird als so genannter Nulldetektor[3] verwendet.

Es gilt folgende Bedingung für den Brückenabgleich:

$$\frac{R_R}{R_S} = \frac{R_1}{R_2} \rightarrow R_S = R_R \cdot \frac{R_2}{R_1}\,.$$

In dieser Bedingung kommen nur Widerstände vor. Die Messung des unbekannten Widerstandes ist damit auf eine Messung eines Widerstandsverhältnisses zurückgeführt. Dieses Verhältnis muss mit dem Wert des Referenzwiderstandes R_R multipliziert werden, wobei Fehler des Referenzwiderstandes direkt in das Messergebnis eingehen. Für unsere Anwendung wäre die Kombination aus einer Brückenschaltung und der Vierleiter-Methode ideal.

Thomson-Brücke:
William Thomson – besser bekannt als Lord Kelvin – hat eine Messbrücke entwickelt, die einen Vierleiter-Anschluss verwendet. Sie ist auch zur Messung sehr kleiner Widerstände geeignet, da sich die Zuleitungswiderstände nicht störend auswirken. Die Thomson-Brücke ist in ▶Abbildung 20.6 gezeigt.

Eine Brücke ist abgeglichen, wenn keine Differenzspannung zwischen den Brückenzweigen besteht und daher kein Strom I_q durch den Nulldetektor fließt. Diese Bedingung kann nur erfüllt werden, wenn die Spannungsabfälle in beiden Brückenzweigen gleich sind. Die Masche M_1 liefert folgenden Zusammenhang:

$$V_3 = V_R + V_1 \quad \text{beziehungsweise} \quad I_R \cdot R_R + I_1 \cdot R_1 = I_3 \cdot R_3\,.$$

Aus der Masche M_2 können folgende Gleichungen abgelesen werden:

$$V_2 + V_{Z2} + V_S = V_4 + V_{Z4}$$
$$\text{beziehungsweise}$$
$$I_1 \cdot (R_2 + R_{Z2}) + I_R \cdot R_S = I_3 \cdot (R_4 + R_{Z4})\,.$$

Die beiden Widerstände R_2 und R_4 greifen die Spannung am Sensor ab. Damit die Vierleiter-Methode funktioniert, muss dieser Spannungsabgriff hochohmig erfolgen, da nur unter dieser Bedingung der Spannungsabfall an den Zuleitungswiderständen vernachlässigbar klein ist. Die Widerstände R_2 und R_4 werden daher sehr groß im Verhältnis zu den Zuleitungswiderständen gewählt. Dadurch kann die Wirkung der Widerstände R_{Z2} und R_{Z4} in der Serienschaltung mit R_2 beziehungsweise R_4 vernachlässigt werden. Es gilt:

$$R_2 + R_{Z2} \approx R_2 \quad \text{und} \quad R_4 + R_{Z4} \approx R_4\,.$$

---

[3] Das Voltmeter in Abbildung 20.5 beziehungsweise 20.6 wird als Nulldetektor verwendet. Nur die Empfindlichkeit des Messwerkes ist entscheidend. In der klassischen Messtechnik werden für diesen Zweck so genannte Galvanometer eingesetzt.

20.2 Sensorinterface

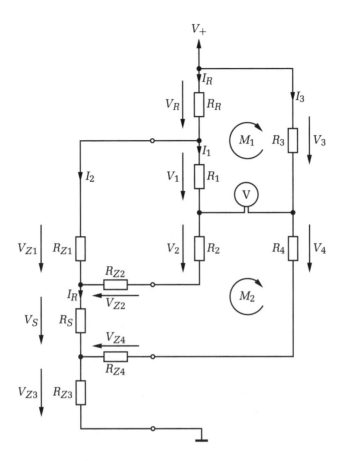

Abbildung 20.6: Thomson-Brücke

Mit dieser Näherung können die Maschengleichungen wie folgt angeschrieben werden:

$$I_R \cdot R_S = I_3 \cdot R_4 - I_1 \cdot R_2 = R_4 \cdot \left(I_3 - I_1 \frac{R_2}{R_4}\right)$$

$$I_R \cdot R_R = I_3 \cdot R_3 - I_1 \cdot R_1 = R_3 \cdot \left(I_3 - I_1 \frac{R_1}{R_3}\right).$$

Damit aus diesen Gleichungen des Verhältnis des unbekannten Widerstandes R_S zum bekannten Vergleichswiderstand bestimmt werden kann, wird eine Zusatzbedingung benötigt. Der Abgleich der Thomsonbrücke wird so vorgenommen, dass das Verhältnis der Widerstände R_1/R_2 immer dem Verhältnis der Widerstände R_3/R_4 entspricht. Diese Bedingung kann durch eine gemeinsame Verstellung von R_2 und R_4 erreicht werden.

$$\frac{R_1}{R_2} = \frac{R_3}{R_4} \rightarrow \frac{R_1}{R_3} = \frac{R_2}{R_4}$$

Setzt man diese Zusatzbedingung in eine der beiden Maschengleichungen ein und dividiert die beiden Gleichungen, so können die Ströme herausgekürzt werden. Man erhält die Abgleichbedingung der Thomsonbrücke:

$$\frac{R_S}{R_R} = \frac{R_4}{R_3} \rightarrow R_S = R_R \cdot \frac{R_4}{R_3}. \tag{20.2}$$

Der unbekannte Widerstand kann aus dem Verhältnis der bekannten Widerstände R_4/R_3 und dem Vergleichswiderstand R_R berechnet werden, wobei die Zuleitungswiderstände keinen Messfehler verursachen, sofern sie klein gegenüber den in Serie geschalteten Widerständen der Brücke sind.

20.2.3 Dreileiter-Anschluss

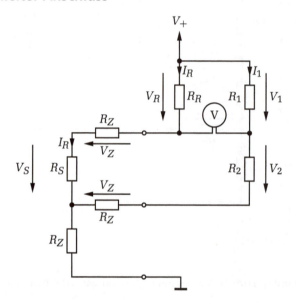

Abbildung 20.7: Prinzip der Dreileiter-Methode

Während bei der Thomson-Brücke die Zuleitungswiderstände nicht gleich sein müssen, um keinen Fehler zu erzeugen, geht man bei der Dreileiter-Methode von identischen Werten der Zuleitungswiderstände aus. Diese Annahme ist bei gleichartig aufgebauten Kabel- und Steckverbindungen berechtigt und ermöglicht eine Vereinfachung des Sensorinterfaces. Das Prinzip der Dreileiter-Methode ist in ▶ Abbildung 20.7 gezeigt. Wählt man für die obere Hälfte der Brücke zwei gleiche Widerstände, so kann die Brücke nur bei gleichen Strömen in den Brückenzweigen abgeglichen werden. Nur in diesem Fall sind die Spannungen im oberen Teil der Brücke gleich. Im Fall der abgeglichenen Brücke sind jedoch auch die Spannungen im unteren Teil der Brücke gleich. Es gilt:

$$V_Z + V_S = V_2 + V_Z \quad \rightarrow \quad V_S = V_2 \quad \rightarrow \quad R_S = R_2.$$

Da sowohl die Zuleitungswiderstände als auch die Ströme gleich sind, entspricht im abgeglichenen Fall der Wert des bekannten Widerstandes R_2 dem Wert des Sensors R_S. Das Ablesen eines bekannten Widerstandes – zum Beispiel an einem Potentiometer mit einer Skala – ist bei manuell durchgeführten Messungen eine brauchbare Methode. Für ein automatisches Messwerk muss das Prinzip modifiziert werden.

20.2.4 Realisierung des Sensorinterfaces

Die Funktion des rechten Brückenzweiges aus Abbildung 20.7 wird durch zwei getrennte Zweige realisiert. Der Spannungsabfall am Referenzwiderstand R_R steuert eine spannungsgesteuerte Stromquelle. Diese Stromquelle liefert einen Strom I'_R, der eine Kopie des durch den Referenzwiderstand fließenden Stromes I_R ist. Dieser Strom I'_R führt zur schon erklärten Kompensation der Spannungsabfälle an den Zuleitungswiderständen. Der rechte Brückenzweig in ▸ Abbildung 20.8 ist so hochohmig ausgeführt, dass sein Strom I_1 gegenüber dem Strom I_R beziehungsweise I'_R vernachlässigt werden kann.

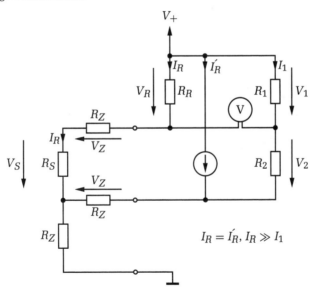

Abbildung 20.8: Kompensation des Zuleitungswiderstandes

Durch diese Modifikation kann in weiterer Folge der aus R_1 und R_2 bestehende Spannungsteiler durch einen Tastverhältnismultiplizierer ersetzt werden. Dadurch wird eine automatische Messung des Widerstandsverhältnisses möglich.

Damit der Einfluss der Zuleitungswiderstände verschwindet, ist es nicht notwendig, dass die beiden Ströme I_R und I'_R konstant sind. Es reicht aus, wenn sie sich nicht voneinander unterscheiden. Die Gleichheit zweier Ströme kann durch einen

Präzisions-Stromspiegel, der aus einem Operationsverstärker und einem MOSFET besteht, realisiert werden. Wir haben die Schaltung der Präzisions-Stromsenke bereits im Kapitel 5.3.9 kennen gelernt. Verwendet man die Spannung V_R als Eingangsspannung für diese Stromsenke, erhält man einen Stromspiegel.

Das Sensorinterface mit Stromspiegel ist in ▶Abbildung 20.9 dargestellt. Der Operationsverstärker misst die Spannung V_R am Referenzwiderstand und vergrößert die Gate-Source-Spannung des nachgeschalteten MOSFETs solange, bis ein Strom I'_R fließt, der am Widerstand R'_R denselben Spannungabfall erzeugt. Sind die Werte von R_R und R'_R gleich, so sind die beiden Ströme im Fall eines idealen Operationsverstärkers ebenfalls gleich.

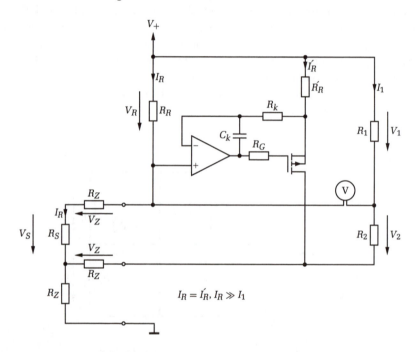

Abbildung 20.9: Dreileiter-Sensorinterface mit Kompensation der Zuleitungswiderstände

Der reale Operationsverstärker besitzt allerdings abweichende Eigenschaften. Wir werden die dadurch entstehenden Fehler bei der Dimensionierung der gesamten Schaltung am Ende dieses Kapitels genauer betrachten.

Im nächsten Schritt wenden wir uns der eigentlichen Messung zu. Die Messung beruht auf einem Vergleich zweier Spannungen. Der Spannungsteiler, bestehend aus dem Referenzwiderstand und dem Sensor – der linke Brückenzweig –, liefert eine Spannung, die zur Temperatur proportional ist. Diese Spannung haben wir in den bisher gezeigten Prinzipschaltbildern mit der Ausgangsspannung eines bekannten Spannungsteilers verglichen.

Statt der Verwendung eines Spannungsteilers wird in der Endversion unserer Messschaltung die Vergleichsspannung durch Multiplikation einer Referenzspannung mit einem Tastverhältnis erzeugt. Dieses Prinzip haben wir in Kapitel 15.5 bereits kennen gelernt. Das Tastverhältnis wird von einem Regler solange verstellt, bis die Ausgangsspannung des Tastverhältnismultiplizierers – die Vergleichsspannung – gleich groß wie die Sensorspannung ist.

Verwendet man als Eingangsspannung für den Tastverhältnismultiplizierer dieselbe Spannung $V_{RS} = V_R + V_S$, die an der Serienschaltung aus Referenzwiderstand und Sensor liegt, so fällt diese Spannung bei der Berechnung des Ergebnisses heraus. Man spricht von einer ratiometrischen Messung. Der genaue Wert von V_{RS} ist unkritisch. Sie muss lediglich für die Dauer einer Messung konstant sein. Durch diesen Schritt wird die Messung eines Spannungsverhältnisses auf die Messung eines Tastverhältnisses und damit im Wesentlichen auf eine Messung der Zeit zurückgeführt.

20.3 Analog/Digital-Umsetzung

Die Anforderungen an den Analog/Digital-Umsetzer wurden in Abschnitt 20.1.2 berechnet. Wir benötigen eine Auflösung von 18 bit, wobei die Messunsicherheit wesentlich kleiner als 1 LSB von 15 bit sein soll. Anders gesagt muss die effektive Anzahl der Bits (*ENOBS*) mindestens 15 sein. Derzeit verfügbare fertige A/D-Umsetzer besitzen 19 ENOBS. Die Forderung nach 15 ENOBS kann mit den in üblichen Mikrocontrollern integrierten A/D-Umsetzern nicht erfüllt werden, daher ist eine Realisierung durch einen externen Umsetzer unumgänglich. Da jedoch ein diskret aufgebauter Umsetzer bei einem sorgfältigen Design auch die Linearität integrierter Umsetzerschaltungen übertrifft, werden wir eine diskrete Schaltung kennen lernen.

Die Grundlagen für diese Schaltung wurden bereits im Abschnitt über die Tastverhältnismultiplikation (15.5) und im Abschnitt (16.4.1) über die integrierenden A/D-Umsetzer besprochen, sie sollen hier nur kurz wiederholt werden.

Die Tastverhältnismultiplikation verwendet die – linear vergehende – Zeit zur Teilung der Referenzgröße. Dadurch besitzt sie eine inhärente oder auch natürliche Linearität, die die Realisierung einer großen effektiven Anzahl von Bits ermöglicht. In der Kombination mit einem integrierenden Verfahren zur A/D-Umsetzung kann zusätzlich eine exzellente Störunterdrückung erreicht werden. Das in unserem Thermometer verwendete Umsetzerverfahren wird als Ladungsausgleichsintegrator oder *Charge Balancer* bezeichnet. Es stellt eine Weiterentwicklung des Spannungs/Frequenz-Umsetzers dar und wurde in Abschnitt 16.4.4 bereits besprochen.

Da bei der Messung der Temperatur kein Absolutwert einer Spannung, sondern ein Widerstands- beziehungsweise Spannungsverhältnis gemessen wird, verwenden wir statt eines – bisher beim *Charge Balancer* gezeigten – einfachen Integrators einen Differenzintegrator. Das Schaltbild des A/D-Umsetzers, bestehend aus dem Sensorinterface und dem nachgeschalteten Ladungsausgleichsintegrator, ist in ▶Abbildung 20.10 dargestellt.

20 THERMOMETER

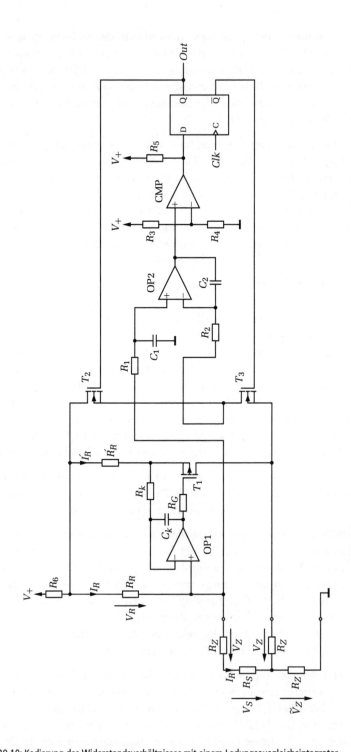

Abbildung 20.10: Kodierung des Widerstandsverhältnisses mit einem Ladungsausgleichsintegrator

Die beiden Transistoren T_2 und T_3 arbeiten als Schalter und bilden einen Tastverhältnismultiplizierer, der als Digital/Analog-Umsetzer betrachtet werden kann. Seine Eingangsspannung entspricht der Spannung $V_{RS} = V_R + V_S$ an der Serienschaltung von Referenzwiderstand R_R und Sensor R_S. Seine Ausgangsspannung hängt vom Tastverhältnis ab. Der Operationsverstärker OP2 bildet zusammen mit den Widerständen R_1, R_2 und den Kondensatoren C_1, C_2 einen Differenzintegrator. Zusammen mit dem Komparator CMP und dem D-Flip-Flop entsteht eine Vorrichtung, die das Tastverhältnis[4] solange verstellt, bis der zeitliche Mittelwert der Spannung zwischen den Eingängen des Differenzintegrators gleich Null ist.

Die Funktion der in Abbildung 20.10 dargestellten Schaltung kann wie folgt erklärt werden:

Nehmen wir an, der Schalter T_3 sei geschlossen, T_2 gleichzeitig geöffnet. Am invertierenden Eingang des Differenzintegrators liegt die Summe der Spannungsabfälle $(V_Z + \tilde{V}_Z)$ an den beiden Zuleitungswiderständen R_Z. Am nicht invertierenden Eingang liegt die Summe aus den Spannungsabfällen am Sensor und den Zuleitungswiderständen. Als Differenzspannung wirkt daher nur der Spannungsabfall am Sensors V_S.

Betrachtet man OP2 als idealen Operationsverstärker, so fällt diese Spannung V_S an R_2 ab und führt entsprechend dem ohmschen Gesetz zu einem Strom, der den Kondensator C_2 auflädt. Die Ausgangsspannung des Integrators steigt linear mit der Zeit an.

Sobald die durch den Spannungsteiler R_3 und R_4 vorgegebene Schaltschwelle des Komparators erreicht wird, schaltet dessen Ausgang auf logisch 1. Das D-Flip-Flop übernimmt diese logische 1 bei der nächsten signifikanten Taktflanke. Damit wird der Ausgang Q logisch 1, während gleichzeitig $\bar{Q}$ logisch 0 wird.

Bei der Verwendung eines Flip-Flops in CMOS-Technologie entspricht logisch 1 näherungsweise der positiven Betriebsspannung, während logisch 0 dem Bezugspotential entspricht. Die Spannung von 3,3 V am Gate von T_2 führt zum Leiten dieses Transistors, während der Transistor T_3 durch das Bezugspotential am Gate gesperrt wird.

Damit wird die Ausgangsspannung des Tastverhältnismultiplizierers gleich der Spannung $V_{RS} + \tilde{V}_Z$. Die Spannung zwischen den Eingängen des Differenzintegrators entspricht der Spannung V_R am Referenzwiderstand, wobei die Spannung am invertierenden größer als die Spannung am nicht invertierenden Eingang ist. Diese Differenzspannung fällt auch am Widerstand R_2 ab und führt zu einem Strom, der den Kondensator wieder entlädt.

Die Spannung am Ausgang des Integrators sinkt linear mit der Zeit. Sobald die Vergleichsschwelle des Komparators erreicht wird, schaltet der Ausgang des Kom-

---

[4] Der Begriff Tastverhältnis ist hier in einem sehr allgemeinen Sinne gebraucht, da die Länge der High-Pulse konstant ist, während die Periode des Signals von der Differenzspannung zwischen den Eingängen abhängt. Der zeitliche Mittelwert des zeit- und wertdiskreten Ausgangssignals (Out) ist streng proportional der Differenzeingangsspannung.

parators auf logisch Null. Dieser Zustand wird vom D-Flip-Flop bei der nächsten signifikanten Taktflanke übernommen, wodurch die beiden Transistoren des Tastverhältnismultiplizierers in ihren ursprünglichen Zustand zurückkehren. Der Vorgang beginnt von vorne.

Der Ausgang (*Out*) des D-Flip-Flops stellt ein zeit- und wertdiskretes Signal zur Verfügung, dessen Tastverhältnis im Mittel dem Verhältnis des Sensorwiderstandes zur Summe aus Sensorwiderstand und Referenzwiderstand entspricht. Da das Flip-Flop seinen Zustand nur synchron mit dem Takt ändert, liefert die Schaltung kein konstantes Tastverhältnis. Um das Tastverhältnis zu bestimmen, muss über eine konstante Anzahl von Taktzyklen die Anzahl der darin vorkommenden Takte, in denen das Ausgangssignal logisch 1 ist, ermittelt werden. Je größer die Anzahl der Takte ist, über die gemittelt wird, umso größer wird die Auflösung, die theoretisch erreicht werden kann. Die Zeit, während der gezählt wird, entspricht der Integrationszeit des Verfahrens. Wählt man diese Zeit so, dass sowohl die Netzperiode bei 50 Hz als auch die Netzperiode bei 60 Hz ganzzahlig enthalten sind, können Störungen, die durch die Einkopplung der Netzfrequenz entstehen, unterdrückt werden.

Wo liegen die Grenzen der vorgestellten Schaltung?
Steigert man den Wert des Sensorwiderstandes von kleinen Werten beginnend, so treten zuerst kurze High-Pulse mit langen Pausen auf. Mit dem Steigen des Sensorwiderstandes nimmt die Anzahl der High-Pulse und damit die Frequenz des Ausgangssignals zu. Erreicht der Wert des Sensorwiderstandes jenen des Referenzwiderstandes, sind die High- und die Low-Zeiten gleich. Das Tastverhältnis ist 0,5. Die Frequenz des Ausgangssignals ist maximal.

Wird der Sensorwiderstand größer als der Referenzwiderstand, so werden die High-Pulse länger als die Low-Pulse und die Frequenz des Ausgangssignals sinkt wieder. Wenn das Flip-Flop in Kombination mit den beiden Transistoren T_2 und T_3 unterschiedliche Zeiten zum Ein- beziehungsweise Ausschalten aufweist, so tritt ein so genannter Schaltzeitfehler auf. Die Wirkung dieses Fehlers ist umso größer, je öfter umgeschaltet beziehungsweise je größer die Frequenz des Ausgangssignals ist. Er erzeugt eine Nichtlinearität, die jedoch umgangen werden kann, wenn man nur die Hälfte des Messbereiches nutzt, indem man den Referenzwiderstand gleich groß wie den größten auftretenden Wert des Sensorwiderstandes wählt. Durch diese Dimensionierung führt der Schaltzeitfehler nur zu einem Verstärkungsfehler (*Gain Error*), der korrigiert werden kann.

Allerdings tritt bedingt durch die Zuleitungswiderstände ein weiterer Fehler auf, der mit der Frequenz des Ausgangssignals zusammenhängt. Das Umschalten der beiden Transistoren soll, um einen minimalen Schaltzeitfehler zu erzeugen, möglichst gleichzeitig stattfinden. Im Umschaltzeitpunkt sind daher für eine kurze Zeit beide Transistoren leitend. Es entsteht ein Querstrom, der einen zusätzlichen Spannungsabfall am Zuleitungswiderstand und damit einen Messfehler erzeugt. Auch dieser Fehler schränkt die Genauigkeit der in ▶Abbildung 20.10 gezeigten Schaltung ein.

Eine weitere Schwäche des einfachen *Charge Balancers* hängt mit dem Zusammenspiel von Integrator und Komparator zusammen. Grundsätzlich sind die Eigenschaften des Komparators für die Genauigkeit der Schaltung unkritisch. Schaltet der Komparator zum Beispiel aufgrund einer durch einen Offset verschobenen Schaltschwelle zu spät, wird bis zum Schalten des Komparators der Integrationskondensator weiter geladen. Der Fehler bleibt im Kondensator C_2 gespeichert und wird bei der nächsten entgegengesetzten Integration berücksichtigt. Wird der Mittelwert über viele Perioden des Taktsignales gebildet, verschwindet dieser Fehler.

Ein schleifender Schnitt von Integratorsignal und Komparatorschwelle muss jedoch vermieden werden, da zusätzliche Schaltspiele – verursacht durch kleine Störspannungen, die zum Beispiel der Komparatorschwelle überlagert sein könnten – durch das häufigere Auftreten des Schaltzeitfehlers einen Fehler des Mittelwertes verursachen.

Nachdem die Komparatorschwelle eine konstante Gleichspannung ist, muss sich die Ausgangsspannung des Integrators ausreichend schnell ändern. Eine Änderung am Ausgang eines als Integrator beschalteten Operationsverstärkers tritt jedoch nur dann auf, wenn seine Eingangsdifferenzspannung größer als Null ist. Die Forderung nach einer definierten minimalen Steigung am Ausgang führt zu einer fixen minimal anliegenden Eingangsdifferenzspannung. Diese Abweichung der Eingangsspannung von 0 wird als dynamischer Offset des Integrators bezeichnet. Sie ist umso größer, je schneller sich das Ausgangssignal ändern soll. Der dynamische Offset bewirkt eine Abweichung des gemessenen erzeugten Tastverhältnisses vom wahren Wert.

Diese prinzipiellen Schwächen schränken das Verfahren in Bezug auf die erreichbare Messunsicherheit ein. Besonders unangenehm ist die Einschränkung des Messbereiches und die Notwendigkeit, einen Abgleich des Verstärkungsfehlers durchzuführen. Wir werden daher eine modifizierte Version des Ladungsausgleichsintegrators kennen lernen, die eine Lösung der Aufgabenstellung ohne Abgleich ermöglicht.

20.3.1 Realisierung des A/D-Umsetzers

Die Schaltung des modifizierten Ladungsausgleichsintegrators ist in ▶Abbildung 20.11 dargestellt. Statt einer festen wird eine dreiecksförmige Spannung als Vergleichsschwelle des Komparators verwendet. Das sichere Schalten des Komparators wird jetzt durch die Steigung des Vergleichssignales garantiert. Der Integrator kann nun so dimensioniert werden, dass der Fehler durch den dynamischen Offset weit unter der projektierten Messunsicherheit liegt. Die Anzahl der Schaltspiele wird durch die Frequenz des Dreieckssignales vorgegeben. Aus dem aus kurzen Einzelimpulsen mit variabler Pulsfolge bestehenden Signal wird durch diese Modifikation ein pulsweitenmoduliertes Signal mit einer festen Frequenz. Die Pulsweite dieses Signals wird durch den Integrator geregelt.

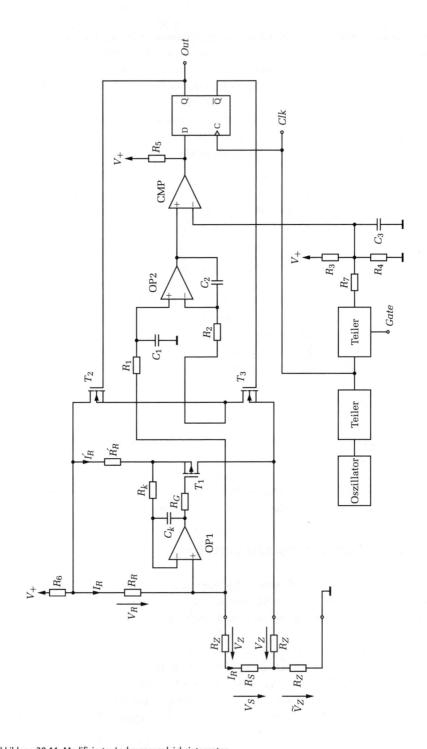

Abbildung 20.11: Modifizierter Ladungsausgleichsintegrator

20.3 Analog/Digital-Umsetzung

Die Kombination bestehend aus einem Komparator mit dreiecksförmigen Vergleichssignal, einem Flip-Flop und den beiden Transistoren T_2 und T_3 bildet einen Tastverhältnismodulator. Wird als Frequenz des Dreieckssignales – wie in unserem Fall – 1/1024 der Taktfrequenz gewählt entsteht ein D/A-Umsetzer mit 10 bit Auflösung dessen Linearität im Wesentlichen von der Linearität des Vergleichssignals abhängt. Dadurch ensteht ein schon in Kapitel 16.4.5 gezeigter Multibit Sigma-Delta-ADC erster Ordnung. Da das Ausgangssignal des Flip-Flops ein PWM-Signal mit 10 bit Auflösung ist, treten um den Faktor 2^{10} weniger Schaltspiele als bei einem einfachen Ladungsausgleichsintegrator auf.

Die Vorteile sind offensichtlich. Durch die feste Schaltfrequenz ist der Schaltzeitfehler konstant. Es kann der gesamte Messbereich genutzt werden. Statt eines Linearitätsfehlers verursacht der Schaltzeitfehler nur einen konstanten Offset. Da die Frequenz des Vergleichssignals wesentlich kleiner als die Taktfrequenz gewählt werden kann, treten weniger Schaltspiele auf und damit kann ein größerer Schaltzeitfehler toleriert werden. Auch der störende Einfluss des Querstromes beim Umschalten wird durch die Reduktion der Schaltfrequenz vernachlässigbar. Er begrenzt jedoch die erreichbare Messunsicherheit dieser A/D-Umsetzerschaltung.

Um die Wirkung des Schaltzeitfehlers abschätzen zu können, wird folgende Dimensionierung angenommen:

Zeitverhalten:
Da die Temperatur als Messgröße recht großen Trägheiten unterworfen ist, kann relativ langsam gemessen werden. Wir wählen einen Messzyklus von 4 s, wobei jede Sekunde das Messergebnis aktualisiert wird. Es tritt nur bei der ersten Messung eine Verzögerung von 4 s auf.

Wir verwenden einen Oszillator mit einer Frequenz von 2,097152 MHz. Diese Frequenz ist eine Zweierpotenz (2^{21}) von 1 Hz. Durch eine asynchrone Teilerkette mit vier Flip-Flops wird eine Frequenz von 131,072 kHz erzeugt, die als Taktfrequenz f_{CLK} verwendet wird. Die Periodendauer dieses Taktsignales ist $t_{CLK} = 7,6294\,\mu s$. Eine weitere Teilerkette, bestehend aus zehn Flip-Flops, erzeugt die Frequenz $f_\Delta = 128\,Hz$ der dreiecksförmigen Vergleichsspannung. Die Periodendauer beträgt $t_\Delta = 7,8125\,ms$.

Die Auswertung erfolgt in vier Intervallen mit einer Länge von jeweils einer Sekunde. Jedes dieser Intervalle enthält 128 Perioden des Dreieckssignales oder $128 \cdot 1024$ Perioden des Taktsignales. Da für jede Messung vier Teilmessungen herangezogen werden, wird im Ganzen über eine Dauer von 524 288 Takten integriert. Da sich das Tastverhältnis bei jedem dieser Taktschläge ändern kann, erhält man eine Auflösung von 19 bit.

Beispiel: Schaltzeitfehler

Wie groß darf bei dieser Auslegung der Schaltzeitfehler des Flip-Flops und der beiden Transistoren sein, damit ein Fehler von einem LSB bei einer Auflösung von 19 bit entsteht?

In jeder Messzeit treten 512 Perioden des Dreieckssignales auf. Pro Periode tritt ein Schaltspiel auf. Es gibt daher in einer Messzeit 512 Schaltspiele. Damit die Summe der Schaltzeitfehler gleich groß wie 1 LSB wird, darf der Schaltzeitfehler bei einem Schaltvorgang nur 1/512 der Zeitdauer eines LSBs betragen.

$$t_{err} = \frac{t_{clk}}{512} = \frac{7{,}6294\,\mu s}{1024} = 14{,}9\,ns$$

Der in der Praxis auftretende Schaltzeitfehler liegt in der Größenordnung von einer Nanosekunde und verursacht daher bei dieser Schaltungsvariante und der projektierten Auflösung keine Schwierigkeiten. Zum Vergleich dazu soll die mögliche fehlerfreie Auflösung bei einem realen Schaltzeitfehler und der Verwendung einer fixen Vergleichsschwelle berechnet werden.

Beispiel: Grenzen der Auflösung bei Verwendung einer fixen Schaltschwelle

Welche fehlerfreie Auflösung kann mit der in Abbildung 20.10 gezeigten Schaltung erreicht werden, wenn man alle Fehler abgesehen vom Schaltzeitfehler vernachlässigen kann und der Schaltzeitfehler eines Schaltspieles bei 1 ns liegt?

Der Ladungsausgleichsintegrator kann bei der Verwendung einer festen Vergleichsschwelle in jeder Taktperiode schalten. Die maximale Anzahl der Schaltspiele bei $R_S = R_R$ entspricht daher der Frequenz $f_{clk}/2$.

$$N = \frac{2 \cdot T_{clk}}{t_{err}} = \frac{2 \cdot 7{,}6294\,\mu s}{1\,ns} \approx 15\,259$$

Nach 15259 Schaltspielen ist der Fehler auf die Größe einer Taktperiode und damit eines LSB angewachsen. Die erreichbare effektive Anzahl von Bits beträgt:

$$n = \log_2 N = \log_2 15\,259 = 13{,}9\,bit\,.$$

Da zu diesem Fehler noch weitere Fehler durch andere Einflüsse wie zum Beispiel den Querstrom hinzukommen, reicht der einfache Ladungsausgleichsintegrator für unsere projektierte Messunsicherheit nicht aus. Es wird daher eine modifizierte Version des Ladungsausgleichsprinzips verwendet.

20.3.2 Überlegungen zur Dimensionierung

Als Abschluss der Erklärungen zur Realisierung des Sensorinterfaces mit nachgeschaltetem Ladungsausgleichsintegrator sollen allgemeine Hinweise zur Dimensionierung gegeben werden. Die vollständige Dimensionierung ist zusammen mit den anderen für einen Probeaufbau nötigen Unterlagen über die *Companion Website* verfügbar.

Weblink

- Wahl der Spannung V_{RS} an der Serienschaltung von Referenzwiderstand und Sensor:
Diese Spannung sollte während der Messung stabil sein, ihr Absolutwert ist jedoch unkritisch, da er wegen der Verwendung einer Brückenschaltung im Ergebnis nicht vorkommt. Der Spannungsabfall am Sensor führt zum Entstehen einer Verlustleistung und damit – abhängig von der thermischen Kopplung mit dem Messobjekt – zu einer Eigenerwärmung. Da diese Eigenerwärmung das Messergebnis beeinflusst, darf die Spannung V_S beziehungsweise der Strom I_R durch den Sensor und den Referenzwiderstand nicht zu groß gewählt werden. In unserem Beispiel wird die Spannung V_{RS} durch einen Vorwiderstand $R_6 = 3300\,\Omega$ aus einer Referenzspannung V_+ von 2,5 V gewonnen. Dabei muss beachtet werden, dass durch den Vorwiderstand sowohl der Strom I_R als auch der Strom I'_R fließt. Es gilt daher:

$$V_+ = 2 \cdot I_R \cdot R_6 + I_R \cdot (R_R + R_S) \quad \rightarrow \quad I_R = \frac{V_+}{2\,R_6 + R_R + R_S}.$$

- Wahl des Referenzwiderstandes R_R:
Der Referenzwiderstand ist kritisch und geht mit all seinen Fehlern direkt in das Messergebnis ein. Sein Absolutwert kann bei der Justierung des Gerätes bestimmt werden. Temperaturabhängigkeit und Langzeitstabilität müssen jedoch beachtet werden. Referenzwiderstände mit geeigneter Stabilität weisen meist eine Toleranz ihres Absolutwertes von 0,1 % auf.

Der Widerstandswert beeinflusst die Änderung der Ausgangsspannung bei einer bestimmten Temperaturänderung. Ein weiteres Kriterium ist die Verfügbarkeit von Präzisionswiderständen. Zu beachten ist, dass der Spannungsabfall am Widerstand R'_R gleich groß wie der am Referenzwiderstand R_R ist. Dieser Spannungsabfall muss so gewählt werden, dass die Transistoren T_1, T_2 und T_3 angesteuert werden können.

Wir wählen einen Referenzwiderstand R_R mit einem Wert von $1000\,\Omega$. Damit erhält man für den Strom I_R:

$$I_R\bigg|_{\vartheta=250\,°C} = \frac{V_+}{2\,R_6 + R_{ref} + R_S} = \frac{2{,}5\,\text{V}}{2 \cdot 3300\,\Omega + 1000\,\Omega + 1941\,\Omega} = 262\,\mu\text{A}.$$

Setzt man für eine Temperatur $\vartheta = -50\,°C$ in dieselbe Gleichung ein, so erhält man einen Strom I_R von $297\,\mu\text{A}$. Beide Werte liegen unter dem durch die Eigenerwärmung bestimmten Grenzwert von 316 µA. Für die Brückenspannung V_{RS} ergibt sich:

$$V_{RS}\Big|_{\vartheta=250\,°C} = V_+ \frac{R_R + R_S}{2\,R_6 + R_{ref} + R_S} =$$
$$= 2{,}5\,\text{V} \frac{1000\,\Omega + 1941\,\Omega}{2 \cdot 3300\,\Omega + 1000\,\Omega + 1941\,\Omega} = 0{,}771\,\text{V}\,.$$

Die Änderung der Ausgangsspannung des aus R_R und R_S gebildeten Teilers bei einer Temperaturänderung von 0,01 °C hängt von der gemessenen Temperatur ab. Sie ist bei 250 °C (*worst case*) am kleinsten und beträgt 3,57 µV. Die Spannung V_R beträgt 0,262 V. Eine Änderung der gemessenen Spannung von 3,57 µV führt daher zu einer Abweichung der gemessenen Temperatur von 0,01 °C. Eine Abweichung von 0,1 °C entspricht daher 35,7 µV.

Das Messgerät soll in einem Umgebungs-Temperaturbereich von ±10 °C um den Kalibrierpunkt (T_{cal}) von 23 °C die projektierte Genauigkeit erreichen. Die Änderung eines Referenzwiderstandes mit einer Temperaturdrift von ±2 ppm/°C und einem Ausgangswert von 1 kΩ beträgt ±0,02 Ω.

$$R_\vartheta = R_0 \cdot \frac{dR}{d\vartheta} = \frac{1000\,\Omega}{2 \cdot 10^6\,\Omega/°C} = \pm 0{,}02\,\Omega$$

Diese Widerstandsänderung entspricht der folgenden Änderung der Ausgangsspannung des Spannungsteilers:

$$\Delta V_S = V_{RS} \left(\frac{R_S}{R_S + R_R} - \frac{R_S}{R_S + R_R + \Delta R_R} \right) =$$
$$= 0{,}771\,\text{V} \left(\frac{1941\,\Omega}{1000\,\Omega + 1941\,\Omega} - \frac{1941\,\Omega}{1000\,\Omega + 1941\,\Omega \pm 0{,}02\,\Omega} \right) = \pm 3{,}5\,\mu\text{V}\,.$$

Das entspricht einer Abweichung des Anzeigewertes vom wahren Temperaturwert von näherungsweise ±0,01 °C. Die Summe der Fehler soll entsprechend unserer projektierten Messunsicherheit kleiner als 0,1 °C sein. Unser verbleibendes Fehlerbudget beträgt daher nach Abzug des Temperaturganges von R_R noch 0,09 °C.

■ Dimensionierung der Stromquelle
Der Operationsverstärker der Stromquelle sollte in Bezug auf Offsetspannung und Biasstrom ausgewählt werden. Beide Effekte wirken sich zusammen mit der Gleichheit der Widerstände R_R und R'_R auf die Gleichheit der Ströme I_R und I'_R aus. Der Fehler durch die Differenz der Ströme führt zu unterschiedlichen Spannungsabfällen an den Zuleitungswiderständen. Der Einfluss der Zuleitungswiderstände wird nicht mehr perfekt kompensiert.

Der Widerstand R_G dient der Stabilität des Transistors T_1, während R_k und C_k die Stabilität der Stromquelle sicherstellen. Ihre Dimensionierung wurde in Abschnitt 5.3.9 bereits erklärt. Der Transistor T_1 wird so gewählt, dass seine *Threshold*-Spannung eine Ansteuerung durch den Operationsverstärker *OP*1 bei der verwendeten Betriebsspannung ermöglicht.

- Welche Toleranz darf der Widerstand R'_R aufweisen?
Eine Abweichung des Widerstandes R'_R vom Sollwert führt zu einem Fehler des Stromes I'_R. Dieser Fehler führt zu einem Unterschied der Spannungsabfälle an den Zuleitungswiderständen R_Z. Dieser Unterschied der Spannungsabfälle ist jedoch wesentlich kleiner als die Spannung V_S am Sensor, da die Zuleitungswiderstände wesentlich kleiner als der Sensorwiderstand R_S sind. Der Fehler des Stromes I'_R und daher auch der Fehler des Widerstandes R'_R sind weniger kritisch. Wählt man einen Widerstand mit einer Toleranz von 1 %, erhält man folgenden Strom I'_R:

$$I'_R = \frac{V_R}{R'_R + \Delta R'_R} = \frac{0{,}262\,\text{V}}{1000\,\Omega \pm 10\,\Omega} = 262\,\mu\text{A} \pm 2{,}6\,\mu\text{A}\,.$$

An den Zuleitungswiderständen von 1 Ω tritt folgende Differenzspannung auf:

$$V_S = R_Z \cdot \Delta I_R = 1\,\Omega \cdot 2{,}6\,\mu\text{A} = 2{,}6\,\mu\text{V}\,.$$

Das entspricht einer Abweichung des Anzeigewertes von 0,007 °C. Eine Widerstandstoleranz von 1 % ist zwar ausreichend, der Temperaturgang dieser Widerstände jedoch typischerweise zu groß. Der Preisunterschied zu Widerständen mit einer Toleranz von 0,1 % ist jedoch gering. Wir wählen für R'_R daher eine Toleranz von 0,1 % mit einem Temperaturgang von 50 ppm/°C. Dieser Temperaturgang führt bei einer Temperaturänderung von ±10 °C zu einer Widerstandsänderung von ±0,5 Ω und daher zu einem Anzeigefehler von ≈ 0,002 °C. Der Fehler durch R'_R mit 0,1 % und 50 ppm ist daher 0,003 °C. Er verändert unser Fehlerbudget nicht merklich.

- Wahl der Transistoren T_2 und T_3:
Diese beiden Transistoren sollten so gewählt werden, dass der Unterschied ihrer On-Widerstände sehr klein gegenüber den Widerständen R_2 am Eingang des Differenzintegrators ist. Die Source-Potentiale von T_2 und T_3 unterscheiden sich im eingeschalteten Zustand um die Spannung V_{RS}. Dieser Spannungsunterschied führt zusammen mit der Exemplarstreuuung der Transistoren zu einem Unterschied der On-Widerstände ΔR_{on}.

Der gewählte MOSFET Si1300BDL weist ein ΔR_{on} auf, das sicher kleiner als 0,4 Ω ist. Für einen maximalen Linearitätsfehler von 1 LSB bei einer Auflösung von 18 bit und einem Integratorwiderstand R_2 von 100 kΩ muss $\Delta R_{on} < 1{,}6\,\Omega$ sein. (Siehe [23].)

- Erzeugung der dreiecksförmigen Vergleichsspannung:
Die Frequenz der dreiecksförmigen Vergleichsspannung gibt die Anzahl der Schaltspiele und damit den resultierenden Fehler durch den Querstrom und die Schaltzeitfehler vor. Bei der gewählten Frequenz von 128 Hz ist der Einfluss dieser beiden Fehlerarten zu vernachlässigen. Es wird eine Amplitude von 1,5 V verwendet.

- Dimensionierung des Integrators:
Die Steigung der Integratorspannung wurde so angepasst, dass der Schnitt mit

der dreiecksförmigen Vergleichsspannung näherungsweise unter einem Winkel von 90° erfolgt. Diese Forderung entspricht einer Änderung der Ausgangsspannung des Integrators während einer Periodendauer des Taktes von ≈2 mV.

Geht man zum Beispiel von der Temperatur 0 °C und einem Referenzwiderstand von 1000 Ω aus, so liegt die halbe Spannung V_{RS} als Differenzspannung am Eingang des Integrators. Als Spannung an der Brücke V_{RS} ergeben sich 0,581 V. Wählt man für die Widerstände R_1 und R_2 des Integrators 100 kΩ, so fließt folgender Strom:

$$I_{R2} = \frac{V_e}{R_2} = \frac{0{,}291\,\text{V}}{100\,\text{k}\Omega} = 2{,}91\,\mu\text{A}.$$

Um die geforderte Steigung der Ausgangsspannung zu erhalten, werden folgende Kondensatoren benötigt:

$$C_1 = C_2 = \frac{I_{R2} \cdot t_{CLK}}{\Delta V_a} = \frac{2{,}91 \cdot 10^{-6}\,\text{A} \cdot 7{,}6294 \cdot 10^{-6}\,\text{s}}{2 \cdot 10^{-3}\,\text{V}} = 11{,}1\,\text{nF}.$$

Wir wählen Kondensatoren von 10 nF. Während der Wert der Kondensatoren unkritisch ist, sollte die Bauweise beachtet werden. Der Integrationskondensator enthält beim Ladungsausgleichsintegrator im Mittel näherungsweise eine konstante Ladung, deshalb ist die dielektrische Absorption[5] wesentlich unkritischer als zum Beispiel beim Zwei-Rampen-Verfahren. Trotzdem sollte der Kondensator als Folienkondensator mit MKP- oder FKP-Folie ausgeführt werden. Diese Kondensatoren zeigen eine wesentlich geringere Neigung, Ladung in ihrem Dielektrikum zu verstecken als andere Kondensatortypen.

- Wahl des Operationsverstärkers 2 (*OP*2):

Die Offsetspannung von *OP*2 beeinflusst direkt die gemessene Spannung zwischen den Brückenzweigen. Sie wirkt wie eine Änderung der Ausgangsspannung des von R_R und R_S gebildeten Spannungsteilers um den gleichen Betrag. Wir erinnern uns – eine Spannungsänderung von 3,57 µV entspricht einer Änderung des Anzeigewertes von 0,01 °C. Auch sehr präzise Chopper-stabilisierte Operationsverstärker wie zum Beispiel der *LT*1052 besitzen eine *worst case* Offsetspannung in der Größenordnung von ±5 µV bei 25 °C. Dieser Wert kann sich bei einer Temperaturänderung von 10 °C um 0,5 µV ändern. Bei einem zulässigen Temperaturbereich des Messgerätes von ±10 °C um den Kalibrierpunkt erhält man eine Offsetspannung von $V_o = \pm 5\,\mu\text{V} \pm 0{,}5\,\mu\text{V}$. Das entspricht einem Anzeigefehler von ±0,015 °C. Der konstante Anteil der Offsetspannung könnte durch eine Kalibrierung des Offsetfehlers bei der Nenntemperatur abgeglichen werden. Unser ver-

---

5 Unter dem Begriff der dielektrischen Absorption versteht man eine Eigenschaft des Dielektrikums die zu folgendem Verhalten führt: Ein Kondensator der über eine lange Zeitdauer geladen wird, zeigt nach dem völligen Entladen in den folgenden Sekunden bis Minuten wieder eine Spannung. Dieses Wiederaufladen entsteht durch einen Polarisationsprozess innerhalb des Dielektrikums und ist von der Kapazität des Kondensators weitgehend unabhängig.

bleibendes Fehlerbudget beträgt ohne einen Abgleich nur mehr:

$$0{,}1\,°C - \underbrace{0{,}01\,°C}_{R_R} - \underbrace{0{,}003\,°C}_{R'_R} - \underbrace{0{,}015\,°C}_{V_{O2}} = 0{,}072\,°C.$$

Berücksichtigt man die Eingangsströme von OP2, kommt es zu einer weiteren wesentlichen Reduktion des Fehlerbudgets. In erster Näherung können in dieselbe Richtung fließende Biasströme vernachlässigt werden. Der Unterschied der Biasströme erzeugt jedoch eine Differenzspannung zwischen den Eingängen des Integrators. Verwendet man einen CMOS-Operationsverstärker, so entstehen die Biasströme näherungsweise durch Leckströme der Schutzstrukturen am Eingang. Diese Ströme verdoppeln sich bei einer Temperatursteigerung von 10 °C. Der *worst case* Biasstrom des LTC1052 ist mit ±30 pA bei 25 °C spezifiziert. Eine Temperaturerhöhung von 10 °C führt daher zu einem Biasstrom von ±60 pA. Die maximale Differenzspannung ΔV am Eingang des OP2 beträgt daher:

$$\Delta V = \pm 2 \cdot R_{int} \cdot I_B = \pm 2 \cdot 100\,k\Omega \cdot 60\,pA = \pm 12\,\mu V.$$

Dies Spannung entspricht einer Änderung des angezeigten Wertes von 0,034 °C. Sie halbiert unser Fehlerbudget. Es beträgt nur mehr 0,038 °C. Auch der Unterschied der Biasströme könnte durch eine Kalibrierung des Offsetfehlers bei der Nenntemperatur berücksichtigt werden. Nur die Änderung der Biasströme mit der Temperatur ist kritisch.

■ Wahl des Operationsverstärkers 1 (OP1):
Der OP1 darf aufgrund des kleinen verbleibenden Fehlerbudgets keine Verschlechterung der Schaltung mehr verursachen. Wir wählen daher einen Operationsverstärker mit geringer Offsetspannung und geringem Biasstrom. Ein typisches Beispiel wäre der LT1012C. Seine Offsetspannung liegt im *worst case* bei 120 µV. Es ergibt sich folgender Unterschied der Ströme I_R und I'_R:

$$\Delta I_R = I_R - I'_R = \frac{V_{O1}}{R'_R} = \frac{120\,\mu V}{1000\,\Omega} = 120\,nA.$$

Dieser Strom erzeugt einen Unterschied der Spannungsabfälle an den Zuleitungswiderständen ΔV_Z:

$$\Delta V_Z = \Delta I_q \cdot R_{ZX} = 120\,nA \cdot 1\,\Omega = 0{,}12\,\mu V.$$

Das entspricht einem Fehler der Temperatur von $3 \cdot 10^{-4}\,°C$ und ist daher zu vernachlässigen. Der Biasstrom ist mit ±200 pA *worst case* spezifiziert. Der Strom I_{B+} führt zu einem Spannungsabfall an dem durch R_6, R_R und R_S gebildeten Spannungsteiler. Ein positiver Strom I_{B+} vergrößert den Spannungsabfall an R_R und auch an R'_R. Der Strom I'_R wird in gleichem Maße vergrößert. Der Spannungsabfall an R_6 ist durch die Summe dieser Stromänderungen doppelt so groß. Der Innenwiderstand einer Ersatzspannungsquelle beträgt daher im *worst case* bei 250 °C:

$$R_i = R_S || (R_R + 2 \cdot R_6) = 1941\,\Omega || (1000\,\Omega + 2 \cdot 3300\,\Omega) = 1546\,\Omega.$$

Der Biasstrom führt an diesem Innenwiderstand R_i zu einer Fehlspannung ΔV.

$$\Delta V = I_{B+} \cdot R_i = \pm 200\,\text{pA} \cdot 1546\,\Omega = \pm 0{,}3\,\mu\text{V}$$

Diese Spannung verursacht einen Anzeigefehler, der kleiner als 0,001 °C ist und kann vernachlässigt werden. Der Biasstrom I_{B-} erzeugt einen Spannungsabfall am Widerstand R_k. Dieser Widerstand dient zusammen mit dem Kondensator C_k der Stabilität der Stromsenke.

$$V_{RK} = I_{B-} \cdot R_k = 200\,\text{pA} \cdot 1000\,\Omega = 360\,\text{nV}$$

Er führt zu einem zu vernachlässigenden Anzeigefehler von 0,001 °C.

- Einfluss der endlichen Gleichtaktunterdrückung:
  Die Gleichtakteingangsspannung des *OP*1 entspricht der Ausgangsspannung des Spannungsteilers. Sie ist bei 250 °C maximal und beträgt $V_{GL} = 0{,}509\,\text{V}$. Sie wird durch die Gleichtaktunterdrückung des Operationsverstärkers von minimal 110 dB reduziert und wirkt wie eine Offsetspannung. Die dadurch verursachte Fehlspannung an R_Z beträgt

$$V_Z = \Delta I_R \cdot R_Z = \frac{V_{GL}}{G \cdot R'_R} \cdot R_Z = \frac{0{,}509\,\text{V}}{316\,228 \cdot 1000\,\Omega} \cdot 1\,\Omega = 1{,}6\,\text{nV}$$

und ist daher zu vernachlässigen.

Die Gleichtaktunterdrückung des *OP*2 beträgt mindestens 120 dB. Die Gleichtaktspannung ist wiederum $V_{GL} = 0{,}509\,\text{V}$. Die Fehlspannung am Eingang entspricht:

$$\frac{V_{GL}}{G} = \frac{0{,}509\,\text{V}}{1\,000\,000} = 0{,}509\,\mu\text{V}.$$

Der entstehende Anzeigefehler von 0,014 °C kann vernachlässigt werden.

20.3.3 Berechnung der Temperatur

Das Ergebnis der A/D-Umsetzung liegt als Tastverhältnis mit einem Wertebereich von 19 bit vor. Es gilt folgender Zusammenhang:

$$d = \frac{V_S}{V_{RS}} = \frac{R_S}{R_S + R_R}.$$

Damit kann der Widerstand R_S des Sensors in Abhängigkeit vom Referenzwiderstand R_R und dem Tastverhältnis d berechnet werden.

$$R_S = R_R \cdot \frac{d}{1-d} \tag{20.3}$$

Zur Umrechnung des Sensorwiderstandes in die Temperatur stehen zwei verschiedene Möglichkeiten zur Verfügung. Für sehr genaue Temperaturmessungen wird die

Internationale Temperaturskala von 1990 (ITS90) verwendet. Für industrielle Zwecke verwendet man zumeist die einfachere IEC 60751. In der letztgenannten Norm sind Berechnungsvorschriften für positive beziehungsweise negative Temperaturen gegeben.

Für positive Temperaturen beziehungsweise Widerstände des Sensors $\geq 1000\,\Omega$ gilt folgender Zusammenhang:

$$R_\vartheta = R_0 \cdot \left(1 + \alpha \cdot \vartheta + \beta \cdot \vartheta^2\right). \tag{20.4}$$

Aus dieser Gleichung kann die Temperatur in geschlossener Form berechnet werden. Es gilt:

$$\vartheta = -\frac{\alpha}{2 \cdot \beta} - \sqrt{\frac{\alpha^2}{4 \cdot \beta^2} + \frac{R_\vartheta - R_0}{\beta \cdot R_0}}. \tag{20.5}$$

Für die Temperaturen kleiner als 0 °C gilt ein etwas komplizierterer Zusammenhang zwischen Widerstand und Temperatur.

$$R_\vartheta = R_0 \cdot \left(1 + \alpha \cdot \vartheta + \beta \cdot \vartheta^2 + \gamma \cdot (\vartheta - 100°) \cdot \vartheta^3\right) \tag{20.6}$$

Die Berechnung der Temperatur aus dem Widerstand wird am einfachsten durch eine Iteration ausgeführt.

Die Koeffizienten der genannten Gleichungen sind für einen Standard $PT1000$ Sensor in der IEC 60751 gegeben. Sie besitzen folgende Werte:

$$\alpha = 3{,}9083 \cdot 10^{-3}\ °C^{-1}$$
$$\beta = -5{,}775 \cdot 10^{-7}\ °C^{-2}$$
$$\gamma = -4{,}183 \cdot 10^{-12}\ °C^{-4}.$$

Käufliche Sensoren weichen abhängig von ihrer Toleranzklasse und damit auch von ihrem Preis mehr oder weniger von diesen Normwerten ab. Für die projektierte Messunsicherheit muss der verwendete Sensor personalisiert werden. Das bedeutet, man ermittelt zum Beispiel bei zwei positiven Temperaturen den Widerstand des Sensors und berechnet daraus die Koeffizienten α und β. Soll auch der negative Temperaturbereich genutzt werden, ist eine dritte Messung zur Ermittlung von γ notwendig.

ZUSAMMENFASSUNG

Im abschließenden Kapitel unserer Einführung in die Schaltungstechnik wurde anhand eines typischen elektronischen Gerätes, des **Thermometers**, die Anwendung der besprochenen Grundlagen gezeigt. Ausgehend von der Aufgabenstellung erfolgte ein Vergleich der möglichen Sensoren. Die Entscheidung für einen Platinsensor mit einem Nennwiderstand von 1000 Ω führte zu erhöhten Anforderungen an das **Sensorinterface**. Die folgende Berechnung der Signalgrößen ermöglichte eine Festlegung der notwendigen Auflösung. Auch die notwendige effektive Anzahl von Bits wurde bestimmt und erklärt.

Der nächste Abschnitt beschäftigte sich mit der **Verbindung** zwischen dem Sensor und dem eigentlichen Messgerät. Die Eigenschaften der Zweileiter- und der Vierleiter-Methode wurden in Kombination mit **Brückenschaltungen** erklärt. Die Annahme von gleichen Zuleitungswiderständen ermöglichte eine Verwendung eines so genannten Dreileiter-Anschlusses. Bei der gewählten Variante wird der Spannungsabfall an den Zuleitungswiderständen durch einen **Präzisionsstromspiegel** kompensiert.

Die Kodierung des **Widerstandsverhältnisses** erfolgt mithilfe einer Kombination aus Tastverhältnismultiplikation und Ladungsausgleichsintegrator. Eine Betrachtung der auftretenden Fehlereinflüsse zeigte die Notwendigkeit zur Modifikation der einfachen Grundschaltung eines *Charge Balancers*. Erst durch die Verwendung einer dreiecksförmigen Vergleichsspannung konnte die projektierte Messunsicherheit erreicht werden.

Den Abschluss des vorliegenden Kapitels bildete die Berechnung der Temperatur aus dem Widerstandsverhältnis entsprechend der in der Industrie häufig verwendeten **EN 60751**. Es darf nicht unerwähnt bleiben, dass die besprochenen Aspekte nur die Konzeptphase einer Geräte-Entwicklung bis zum ersten funktionsfähigen Labormuster betreffen.

Viele im Rahmen einer **Geräte-Entwicklung** wichtige Schritte wurden beim gezeigten Beispiel eines elektronischen Gerätes weggelassen. Die typischen weiteren Schritte sind der Entwurf einer Spannungsversorgung sowie die Festlegung eines Mikroprozessors und der Benutzerschnittstellen. Danach folgt üblicherweise ein Gehäusedesign und damit eine Festlegung der mechanischen Abmessungen. Diese ermöglichen einen Entwurf der ersten Leiterplatten für den Prototypen, wobei sowohl die elektromagnetische Verträglichkeit als auch die Testbarkeit der Baugruppen beachtet werden muss. Ein weiterer großer Teil ist die Entwicklung der im Gerät laufenden Software. Zusätzlich werden häufig PC-Programme zur Bedienung oder Fernsteuerung des Gerätes über die digitalen Schnittstellen benötigt und entwickelt.

Literatur

[1] ALBACH M.: *Grundlagen der Elektrotechnik 1* (Erfahrungssätze, Baulemente, Gleichstromschaltungen). Pearson Studium, 2005.

[2] ALBACH M.: *Grundlagen der Elektrotechnik 2* (Periodische und nichtperiodische Signalformen). Pearson Studium, 2005.

[3] ANALOG DEVICES INC., KESTER W. (Bearb.): *Data Conversion Handbook*. Newnes, 2005.

[4] AXELSON, J.: *USB Complete* (Everything You Need to Develop Custom USB Peripherals). Lakeview research, 2005.

[5] AXELSON J.: Embedded Ethernet and Internet Complete: Designing and Programming Small Devices for Networking. Lakeview research, 2003.

[6] BRONSTEIN I. N.; SEMENDJAJEW K. A.; MUSIOL G.: *Taschenbuch der Mathematik*, 6. Auflage. Harri Deutsch, 2005.

[7] BUTTERWORH S.: On the Theory of Filter Amplifiers. In: *Wireless Engineer Vol. 7*, 1930.

[8] CLAYTON R. P.: *Introduction to Electromagnetic Compatibility*. John Wiley & Sons, 2006.

[9] CAN IN AUTOMATION (CiA) - URL: http://www.can-cia.org (2007).

[10] DURCANSKY G.: *EMV-gerechtes Gerätedesign* (Grundlagen der Gestaltung störungsarmer Elektronik). Franzis, 1999.

[11] GONSCHOREK K.: *EMV für Geräteentwickler und Systemintegratoren*. Springer, 2005.

[12] HABIGER E.: *Elektromagnetische Verträglichkeit, Grundzüge ihrer Sicherstellung in der Geräte- und Anlagentechnik*. Hüthig, 1998.

[13] HARTAL O.: *Electromagnetic Compatibility by Design*. R&B Enterprises, 1993.

[14] HEINEMANN R.: *PSPICE* (Einführung in die Elektroniksimulation). Hanser, 2007.

[15] HOFFMANN K.: *Systemintegration* (Vom Transistor zur großintegrierten Schaltung). Oldenbourg, 2003.

[16] HOFFMANN K.: *VLSI-Entwurf*. Oldenbourg, 1990.

[17] HORN M.; DOURDOUMAS N.: *Regelungstechnik*. Pearson Studium, 2004.

[18] HOROWITZ P.; HILL W.: *The Art of Electronics*, 2. Auflage. Cambridge University Press, 1989.

[19] INSTITUT FÜR ELEKTRONIK: *Elektronik 1, Rechenübung*. TU Graz, 1989 bis 2000.

[20] KRASSER E.: *Elektronische Schaltungstechnik 2* (Vorlesungsunterlagen). Institut für Elektronik, TU Graz, 2007 - URL: http://www.ife.tugraz.at (2007).

[21] LEOPOLD H.: *Elektronische Schaltungstechnik 1* (Vorlesungsunterlagen). Institut für Elektronik, TU Graz, 2005.

[22] LEOPOLD H.: *Elektronische Schaltungstechnik 2* (Vorlesungsunterlagen). Institut für Elektronik, TU Graz, 2004.

[23] LEOPOLD H.; O'LEARY P.; WINKLER G.: A Monolithic CMOS 20-b Analog-to-Digital Converter. In: *IEEE Journal of Solid State Circuits*, Volume 26, Number 7, 1991.

[24] MANCINI R.: *Op Amps for Everyone*. Newnes, 2002.

[25] MARDIGUIAN M.: *Controlling Radiated Emission by Design*. Kluwer, 2001.

[26] MAXIM INTEGRATED PRODUCTS: *Determining Clock Accuracy Requirements for UART Communications* (Application Note). 2003 - URL: http://www.maxim-ic.com (2005).

[27] NAUNDORF, U. *Analoge Elektronik* (Grundlagen, Berechnung, Simulation). Hüthing, 2001.

[28] NEUBIG B.; BRIESE W.: *Das große Quarzkochbuch*. Franzis Verlag GmbH, 1997 - URL: http://www.axtal.com (2005).

[29] NXP SEMICONDUCTORS (PHILIPS ELECTRONICS). *74HC/T High-Speed CMOS User Guide*: 1997 - URL: www.nxp.com (2007).

[30] NXP SEMICONDUCTORS (PHILIPS ELECTRONICS): *The I^2C-bus specification*: 2000 - URL: http://www.nxp.com (2007).

[31] OPPENHEIM A. V.; SCHAFER R. W.: *Zeitdiskrete Signalverarbeitung*, 3. Auflage. Oldenburg, 1999.

[32] RABAEY J. M.; CHANDRAKASAN A.; NIKOLIĆ B.: *Digital Integrated Circuits*, 2. Auflage. Prentice Hall, 2003.

[33] PATERSON S., ANALOG DEVICES INC.: Maximize performance when driving differential ADCs. In: *Electronics Design, Strategy, News (EDN)*. 2003 - URL: http://www.edn.com (2007).

[34] SCHMIDT L. P.; SCHALLER G.; MARTIUS S.: *Grundlagen der Elektrotechnik 3* (Netzwerke). Pearson Studium, 2006.

[35] PRESSMAN A. I.;BILLINGS K.: *Switching Power Supply Design*, 3. Auflage. McGraw Hill, 2008.

[36] SEDRA A. S.; SMITH K. C.: *Microelectronic Circuits*, 5. Auflage. Oxford University Press, 2003.

[37] SIEMERS CH.; SIKORA A.: *Taschenbuch Digitaltechnik*, 2. Auflage. Hanser Fachbuch, 2007.

[38] SCHWAB A. J.; KÜRNER W.: *Elektromagnetische Verträglichkeit*. Springer, 2007.

[39] TIETZE U.; SCHENK CH.: *Halbleiterschaltungstechnik*, 12. Auflage. Springer, 2002.

[40] SALLEN R. P.; KEY E. L.: A Practical Method of Designing RC Active Filters. In: *IRE Transactions on Circuit Theory*, 1955.

[41] SCHLIENZ U.: *Schaltnetzteile und ihre Peripherie*, 3. Auflage. Vieweg, 2007.

[42] TEXAS INSTRUMENTS: *Logic Selection Guide 2006/2007* (Rev. Y) - URL: http://www.ti.com (2006).

[43] TEXAS INSTRUMENTS: *Understanding Data Converters* (Application Report). 1995 - URL: http://www.ti.com (2007).

[44] WIDROW B.: A study of rough amplitude quantization by means of Nyquist sampling theory. In: *IRE Transactions on Circuit Theory*, 1956.

[45] WIKIPEDIA: DIE FREIE ENZYKLOPÄDIE: - URL: http://de.wikipedia.org, http://www.wikipedia.org (2007).

[46] WUTTKE H.-D.; HENKE K.: *Schaltsysteme*, 1. Auflage. Pearson Studium, 2003.

[47] ZÖLZER U.: *Digitale Audiosignalverarbeitung*, 2. Auflage. Teubner Verlag, 2005.

Index

1-Bit ADC   475
1-Bit DAC   455
555 (Zeitgeber-IC)   363
74HC (CMOS)   301

A

Abschnürbereich   176
Absolute Maximum Ratings   189
Absorberhalle   656, 662
Abtast-Halte-Glied   477
  digitales Abtast-Halte-Glied   479
Abtasten   444, 477
  Einfluss auf das Signal   531
Abtasttheorem   445
Abwärtswandler   285
Admittanz   54
Akku-Pack   289
Akzeptoren   106
Aliasing   444
Allgemeine Digitaltechnik   294
Ampere   31
Amplitudendichtespektrum   618
Amplitudengang   64
Amplitudenspektrum   64
Analog/Digital-Umsetzer   474
Analog/Digital-Umsetzung   430
  Kennlinien   432
Analoge Bereichsanpassung   509
Analoge Pegelumsetzung   509, 524
  ADC-Eingänge   512
  DAC-Ausgänge   511
Analogrechner   232
Analogschalter   347
Analogsimulator   590
Analogverstärker (CMOS-Inverter)   329
Anode   117
Anstiegszeit   74, 305
Antennengewinn   634
Anti-Aliasing-Filter   514
Antivalenz   315
Aperturfehler   442
Arbeitsgeschwindigkeit   677

Arbeitspunkt   118
ASCII   410
ASIC   540, 574
  Entwurfsablauf   581
  Entwurfsschritte   585
  Entwurfsstrategie   583
  Entwurfswerkzeuge   586
  Full-Custom   575
  Gate-Array   576
  Standardzellen   575
Assoziatives Gesetz   317
ASSP   543
Asynchrone Schnittstelle   407
Atommodell   98
Aufbau
  BJT   156
  JFET   174
  MOSFET   180
Aufladevorgang   332
Auflösung   431, 705, 708
Aufwärtswandler   288
Ausgangsaussteuerbarkeit   245
Ausgangskennlinie
  BJT   166
  JFET   178
  MOSFET   184
Ausgangsleitwert (CMOS-Inverter)   332
Ausgangsverhalten
  Ebers-Moll-Modell   168
Ausgangswiderstand   247
  Basisschaltung   208
  BJT   166
  differentiell   183, 185
  Emitterfolger   211
  Emitterschaltung   206
  im Vergleich   218
  Kaskode-Stromspiegel   222
  Stromsenke   213
Ausgleichsvorgang
  Abweichung vom Endwert   73
Ausschaltvorgang
  Hochpass   79
  Tiefpass   72
Aussteuerung   191

Automatische Platzierung 599
Automatische Verdrahtung 599

B

Backannotation 601
Bandabstand 101
Bandbreite 91, 678
Bandgap-Referenz 278
Bandpass 80
Bandsperre 83
Basisschaltung 159, 207
Basisspannungsteiler 197
Baudrate 411
Belichtungsmaske 570
Bessel 526
Betriebsstrom 245
Betriebszustände
  BJT 160
Bewertungskriterium 696
BiCMOS 544, 547
Bidirektionale Schnittstelle 408
Binärcode 431
Binäre Speicherzelle 363
Binary Digit 294
Bipolare Umsetzer 431
Bipolartransistor 563
Bit 294
Bit Stuffing 416
BJT 155, 563
  Ausgangskennlinie 565
  Ebers-Moll-Modell 564
  Emitterfläche 565
  Ersatzschaltbild 566
  lateral 563
  vertikal 563, 566
Blindwiderstand
  induktiv 58
  kapazitiv 56
Blitzschlag 647
Bond-Diagramm 573
Bond-Draht 572
  Strombelastbarkeit 572
Boost Converter 140, 288
Break before make 304
Brückengleichrichter 132
Brückenschaltung 83, 711
Buck Boost Converter 289
Buck Converter 285
Buried-Zener-Referenz 280

Burst
  Datenleitung 647
  Entstehung 644
  Kurvenform 646
  Netzleitung 647
  Prüfgenerator 645
Bus 408, 422
Butterworth 526
Bändermodell 99

C

CAD (Computer Aided Design) 540
CDN 651
CE-Kennzeichnung 692
CENELEC 694
Charge Balance ADC 497
  Auflösung 724
  Grenzen 720
Chebyshev 526, 527
Chipfertigung 570
Chipgehäuse 571
CISPR 694
Closed Loop Gain 234
CMOS 327, 544
  Aufbau 343
  Inverter 327
  Leistungsaufnahme 340
  Logische Funktionen 332
  Schaltvorgänge 331
  Schutzstruktur 345
  Spannungsfestigkeit 546
Code-Distanz 411
COG 124
Common Centeroid Layout 567
Common Mode Input Resistance 247
Common Mode Rejection Ratio 228
Corner-Analyse 590
Current Conveyer 272
Current Steering DAC 456

D

D-Latch 366
De Morgan'sches Theorem 317
Delon-Schaltung 146
Design Flow 574
Design for Test 602
Design Rules 600
Design-Gap 581
Dezibel 65

Die-Attach-Area 571
Dielektrikum 135
Dielektrische Absorption 494
Differential Mode Input Resistance 247
Differentielle ADC-Eingänge 532
Differentielle Nichtlinearität 437
Differentieller Ausgangswiderstand
  Messprinzip 201
Differentieller Eingangswiderstand
  Messprinzip 201
Differenzierer 262
Differenzintegrator 265, 495
Differenzverstärker 224, 237, 254, 681
Differenzverstärkung 227
Diffusion 108
Diffusionskapazität 553
Diffusionsspannung 109
Diffusionsweite 158
Digital 294
  Digitalausgang 297
  Digitaleingang 298
  Input-Bereich 300
  nicht definierter Bereich 300
  Output-Bereich 300
Digital/Analog-Umsetzer 454
Digital/Analog-Umsetzung 430
  Kennlinien 432
Digitale Pulsweitenmodulation 466
Digitale Schaltungen 295
Digitale Schnittstellen 406
Digitales Potenziometer 460
Digitalsimulation 594
  Signalrichtung 595
  Signalstärke 594
Diode 553
  Diffusionsspannung 117
  parasitär 181
  Schaltsymbol 117
Diode Transistor Logic 360
Diodengleichung 117
Dipol
  elektrischer 630
  magnetischer 632
Disjunktion 313
Disjunktive Normalform 320
Diskretisierung
  im Wertebereich 296
  im Zeitbereich 296
Distributives Gesetz 317

Dokumentation
  technische 693
Donator 105
Dotierung 104
Dreileiter-Anschluss 714
Drift 109
Drossel
  stromkompensiert 677
DSM (Deep Sub Micrometer) 546
Dummystrukturen 567
Durchbruch 111
Durchlassbereich 514
Durchlassrichtung 111
Duty Factor 287
Dämpfung 65

E

Early-Effekt 159
Early-Spannung
  Konstruktion der 166
Echtzeituhr 356
Eckfrequenz 91
EDA (Electronic Design Automation) 540
Effective Number of Bits 450
Effektivwert 50
Eigenerwärmung 704
Eigenleitung 101
Eigenleitungsdichte 103
Eingangskapazität 298
Eingangskennlinie
  BJT 163
Eingangsoffsetspannung 243
Eingangsoffsetstrom 244
Eingangsruhestrom 244
Eingangsverhalten
  Ebers-Moll-Modell 169
Eingangswiderstand 250, 298
  Basisschaltung 208
  differentiell 163
  Emitterfolger 210
  Emitterschaltung 205
Einrichtung 611
Einschaltvorgang
  Hochpass 78
  Tiefpass 72
Einschaltwiderstand 326
Einweggleichrichter 129
Elektrisch lange Leitung 406

Elektrische Leistung (CMOS) 342
Elektrisches Strömungsfeld 30
Elektrolytkondensator 137
Elektromagnetische Verträglichkeit 611
Elektrostatische Aufladung 347
Elektrostatische Entladung 346, 628
  Kontaktentladung 642
  Luftentladung 641
Elektrostatisches Feld 29
Elementarstrahler
  elektrischer 630
  magnetischer 632
Elementhalbleiter 98
ELKO 137
EM-Koppelstrecke 653
Embedded Systems 542
Emissionskoeffizient 117
Emitter Coupled Logic 360
Emitterfolger 209
Emitterschaltung 203
EMV
  Messtechnik 639
  Prüftechnik 639
EMV-Maßnahmen
  galvanische Kopplung 680
  kapazitive Kopplung 684
  Layout 688
EMV-Richtlinie 692
Energiespeicher 58
Entladevorgang 332
Entstörbauteile 664
Entstörferrit 666, 668
Entwurfsprüfung 601
  DRC 602
  ERC 601
  LVS 601
Erdpotential 143
Ersatzschaltbild
  Diode 118
  Ebers-Moll 167
  Kondensator 135
Ersatzspannungsquelle 45
Ersatzstromquelle 46
Erzeugerzählpfeilsystem 38
ESD 628
  Prüfaufbau 643
ESR 136
Ethernet 417
  MAC-Adresse 417

Evaluierungsboard 578
EVU 274
Exemplarstreuung 192

F

Fachgrundnorm 694
Fallzeit 305
Fehlersignal 480
Fehlfunktion 613
Feinquantisierer 480
Feld
  quasistationäres 629
Feldbegriff 28, 109
Fermi-Niveau 102
Fernfeld 631, 633
Fernfeldbedingungen 630
Ferritperle 668
Ferritrohr 668
Fertigungsprozesse 544
  BiCMOS 547
  CMOS 544
  Durchlaufzeit 571
  Masken 545
  n-Wanne 544
  p-Wanne 544
  Prozessparameterstreuung 590
  SiGe 547
  Zwei-Wannen 544
Fertigungsschritte
  Diffusion 544
  Epitaxie 544
  Ionenimplantation 544
  Lithografie 544
  Oxidation 544
  Ätzen 544
Festspannungsregler 282
Filter 664
  Bandpass 80
  Bandsperre 83
  Einbau 672
  Grundschaltungen 670
  Hochpass 75
  passive 627
  Tiefpass 66
Filter mit Einfachmitkopplung 517
Filter mit Mehrfachgegenkopplung 522
Filtercharakteristika 524
Filterkoeffizienten 528

Index

Flanke
  fallend 305
  steigend 305
Flankensteilheit 677
Flip-Flop 363
  Data 366
  JK 370
  Reset-Set 364
  Toggle 372
  transparent 367
Floating Regulator 284
Flussrichtung 111
Flyback Converter 289
Fototransistor 424
Fourier-Reihe 59
Fourier-Zerlegung 615
Freifeld 662
Frequenz 49
Frequenzbereich 64
Frequenzgang 64, 252
  Bandpass 82
  Bandsperre 87
  Hochpass 77
  Tiefpass 69
  Wien-Robinson-Brücke 85
Funkstörspannung 659
Funkstörstrahlung 662
Funktionsausfall 613
Funktionsminderung 612
Funktionsprinzip
  BJT 157
  JFET 174
  MOSFET 181
Funktionsstörung 612

G

Gain Bandwidth Product 246
Gallium-Arsenid 544
Gasableiter 145, 670
GDSII 570
Gegeninduktivität 623, 627
Gegenkopplung 235
Gegentakt 660
Gegentakt-Störspannung 676
Gegentaktaussteuerung
  Differenzverstärker 227
Gegentakteingangswiderstand 229, 247
Gegentaktendstufe 239
Generation 101

Geschichte
  Wechselstrom 127
Gleichanteil 49, 60
Gleichgrößen 31
Gleichrichtwert 49
Gleichstromverstärkung 164
Gleichtakt 660
Gleichtakt-Störspannung 676
Gleichtaktaussteuerung 251
  Differenzverstärker 225
Gleichtakteingangswiderstand 229, 247
Gleichtaktunterdrückung 228, 246
Gleichtaktverstärkung 227
Glitches 459
Grenzfrequenz 514
  Hochpass 76
  Tiefpass 67
  Verschiebung 517
Grobquantisierer 480
Ground Plane 302
Großsignal-Ersatzschaltbild
  BJT 171
Grundnorm 694
Grundschwingung 61
Guard-Ring 600
Güte 91

H

Halbleiterjahresumsatz 542
Hardware-Beschreibungssprache 581, 587
Hardware-Software-Codesign 541
Harmonische Analyse 59
Hautwiderstand 346
Helmholtz'scher Überlagerungssatz 43
Herstellungsprozesse 548
Herstellungstechnologien 544
  BiCMOS 544
  CMOS 544
  SiGe 544
  SOI 544
High Side Switch 325
HIGH, H, HI 297
Hochpass 75
Hochsetzsteller 140, 288
Hochspannungskaskade 147
Hold-Time 370
Human Body Model 346

Hybrid-Ersatzschaltbild 172
Höhenscan 662

I

I^2C-Bus 420
IC (Integrated Circuit) 540
Identität nach DeMorgan 317
IEC 694
Impedanz 53
  Serienschwingkreis 90
Induktionsgesetz 58
Induktive Beeinflussung 302
Induktivität 56, 553, 623
  der Leiterschleife 624
Industriebereich 640, 696
Innenwiderstand 45
Input Bias Current 244
Input Offset Current 244
Input Offset Voltage 243
Instrumentation Amplifier 256
Instrumentierungsverstärker 256
Integrale Nichtlinearität 439
  Best Straight Line 440
  End-Point Linearity 440
Integrator 263
Integrierende ADCs 476
Inter Integrated Circuit Bus 420
Intermetallkapazität 553
Interpolations-Filter 514
Interrupt 444
Inversbetrieb 162
Invertierender Verstärker 249
Invertierender Wandler 289
IP (Intellectual Property) 575, 581
IR-Drop 596

J

JFET 173
JTAG 579

K

Körperkapazität 346
Kanallängenmodulationsfaktor 183
Kapazitive Beeinflussung 302
Kapazitiver Sensor
  Kapazitätsmessung 386
Kapazität 54, 135, 551
  Einheits- 551

Matching 552
Kapazitätsdiode 124
Kaskadenumsetzer 479
  Fehlerkorrektur 481
Kathode 117
Kennlinien
  BJT 162
  JFET 177
  MOSFET 184
Kennwerte
  Leuchtdiode 125
Kerbfilter 83
Kippstufen 362
Kirchhoff'sche Gesetze 36
Kleinsignal-Ersatzschaltbild
  Basisschaltung 207
  BJT 202
  Emitterfolger 210
  Emitterschaltung 204
  FET 216
  Stromsenke
    BJT 213
    MOSFET 216
Kleinsignal-Ersatzschaltbild
    (CMOS-Inverter) 330
Kleinstnetzgeräte 142
Knotenpotentialverfahren 86, 461, 488
Knotenregel 36
Kodieren 431
Kollektor-Basis-Sperrstrom 158
Kollektorschaltung 209
Kombinatorische Logik 310
Kommutatives Gesetz 316
Komparator 271, 687
Komplexe Rechnung 52
Kondensator 135
  Bauelement 54
  Ersatzschaltbild 665
  Frequenzgang 666
  Klasse X 676
  Klasse Y 675
  realer 665
  Schaltsymbol 54
Konduktanz 54
Konjunktion 312
Konjunktive Normalform 320
Koppeleinrichtung
  Burst 645
Koppelkapazität 302

Index

Koppelnetzwerk 651
  Aufbau 652
  Common Mode Impedanz 652
Kopplungsarten
  Beispiel 620
  Strahlungkopplung 629
Kopplungspfad 612
Kritische Dämpfung 516, 525, 526
Kugelstrahler 633
Kurzschluss 39

L

Ladekondensator 134
Ladestromspitze 138
Ladungsausgleichsintegrator 497, 718
  verbesserter 722
Ladungspumpe 147
Ladungsträgerinjektion 158
Ladungsträgermobilität 556
Langsame Störsichere Logik 360
Langzeitstabilität 396
Laplace-Transformation 258
Large Signal Voltage Gain 246
Lastkapazität 341
Latch-Up 344
  Zünden des Thyristors 345
Lautstärkenregelung 460
Lawineneffekt 111
Layout-Generator 599
Layoutfehler 691
Layoutmaßnahmen 688
LDD (Lightly Doped Drain) 546
Leadframe 572
Least Significant Bit 433
Lebensdauer 137
Leckstrom 341, 343
LED 125
  Konstantstrom-Senke 217
Leerlauf 38
Leerlaufverstärkung 246
Leistungsanpassung 39, 638
Leistungsfaktorkorrektur 140
Leiterschleife 624
Leitfähigkeit
  intrinsische 101
  spezifische 96
Leitungsband 100
Leitungselektronen 101
Lineares Modell der Quantisierung 448

Linearität von Umsetzern 440
Linienspektrum
  diskretes 615
Lithium-Ionen-Zelle 284
Loch 101
Logikkoppler 423, 683
Logiksimulator 590
Logiksynthese 586
Logische Identität 363
Loop Gain 234
Low Side Switch 325
LOW, L, LO 297

M

Magnetische Kopplung 302
Magnetkoppler 426
Majoritätsträger 105
Make before break 304, 458, 463
Makrozellen 579
Maschenregel 37
Maskenherstellung 546
Maskensteuerband 570
Massefläche
  Durchkontaktierung 690
  Spalt 637, 689
Masseschleife 302
Master-Slave-Flip-Flop 368
Matching 567
  Kapazität 552
  Widerstand 550
Maximumdetektor 356
MEMS 569
Messempfänger 660
Messphase 492
Messschaltung
  BJT 163
  JFET 177
  MOSFET 184
Messung
  Diodenkennlinie 119
  spannungsrichtige 120
  stromrichtige 120
Metalloxidvaristor 145
Minoritätsträger 105
Missing Codes 438
Mitkopplung 235
Mittelanzapfung 131
Mittelpunktschaltung 131
Mittelwert 49, 661

Mittelwertbildung 490
  Amplitudengang 491
Mittenfrequenz
  Bandpass 81
  Bandsperre 83
Monoflop 378
  Eigenzeit 378
  retriggerbar 382
  Ruhezustand 378
  Trigger 378
  Trigger-Puls 381
  zeitbestimmendes Element 379, 381
Monopol 638
Monotoniefehler 439
Moore's Law 581
MOSFET 180
MOST 554
  Ausgangsleitwert 560
  Ersatzschaltung 558
  Großsignalverhalten 555
  Kanallänge 554
  Kanallängenmodulation 560
  Kanalweite 554
  Kapazitäten 562
  Kennlinien 557
  Kleinsignalverhalten 560
  Schwellspannung 556
  Sperrbereich 555
  Steilheit 560
  Substratsteuereffekt 559
  Sättigungsbereich 555
  Toleranzen 557
  Transistorverstärkungsfaktor 556
  Widerstandsbereich 555
MPW (Multi-Project-Wafer) 571
Multi-Emitter-Transistor 357
Multiplizierender DAC 470

N

n-Dotierung 105
n-Wannen-Prozess 343
Nahfeld 631, 632
Nahfeldbedingungen 629
NAND-Gatter
  Dreifach-NAND 336
  Zweifach-NAND 335
  Zweifach-NAND in TTL 358
NAND-Verknüpfung 314
Natürliche Linearität 467, 498, 502

Negation 313
Negative Logik 297
  NAND/NOR 337
Netznachbildung 659
Netzrückwirkung 139
Netztransformator 129
Nicht invertierender Verstärker 248
Noise Shaping 503
NOR-Gatter 335
NOR-Verknüpfung 314
Normen
  harmonisierte 693
npnp-dotiertes Vierschichtelement 343
NTC 703
Nulldetektor 712
Nullphase 493
Nullpunktfehler 434

O

OASIS 571
Oberschwingung 61
Oberschwingungsströme 656
ODER-Gatter mit Dioden 355
ODER-Verknüpfung 313
Offset-Fehler 434
Ohm'sches Gesetz 31
On-Widerstand 326, 349
OPC (Optical Proximity Correction) 570
Open Loop Gain 234
Open-Collector/Drain-Ausgang 378
Operationsverstärker
  Aufbau 237
  Frequenzgang 240
  Frequenzgangkorrektur 241
  Grundschaltungen 248
  idealer 233
  Lead-Lag Compensation 535
  Spezifikationen 243
  Stabilitätsprobleme 535
  Stabilität 257
  Topologien 272
  Übertragungsfunktion 245
Optokoppler 424, 679, 683
Output Voltage Swing 245

P

p-Dotierung 105
Packaging 571

Index

Parallele Schnittstelle 407
Parallelresonanz 667
Parallelschaltung 35
  von NMOSTs 333
  von PMOSTs 334
Parallelschwingkreis 88
Parallelumsetzer 478
Parallelverfahren 475
Paritätsbit 410
Passives RC-Filter 516
PCB (Printed Circuit Board) 541
Periodendauer 49
Permetivität 135
PFC 140, 274
Phase 49
Phase Locked Loop siehe PLL 400
Phasengang 64
Phasenlage 49
Phasenregelschleife siehe PLL 400
π-Filter 672
Pipeline-Prinzip 484
Pipelined ADC 483
Platinsensoren 704
PLD 577
  CPLD 579
  FPGA 577
  FPSC 577
  LCA 577
  PAL 579
  PLA 579
  Programmierung 579
PLL 400
  Phasenabweichung 401
  Phasendetektor 402
  Phasenrauschen 402
  Referenzoszillator 401
pn-Übergang 107
Pole Splitting 241
Polysilizium 543, 550
Portierbarkeit 588
Positive Logik 297
Potential 29
Potentialtrennung 144
Potentialunterschied 29
Potenzfilter 526
Power on 187
Power Supply Rejection Ratio 247
Präzisions-Stromspiegel 716
Preselector 660
Primärwicklung 128

Produktfamiliennorm 140, 694
Produktnorm 694
Prozessverstärkungsfaktor 556
Prüfstörgröße 613
PT 1000
  Temperaturabhängigkeit 706
PTC 703
Puffer 310
Pull-Down-Netzwerk 327, 338
Pull-Down-Widerstand 298, 326
Pull-Up-Netzwerk 327, 338
Pull-Up-Widerstand 298, 326
Punkt-zu-Punkt-Verbindung 408
PWM-Signal 467
  Mittelung 466
  PWM-Frequenz 467
  Wechselanteil 468

Q

Quantisieren 431
Quantisierungsfehler 433
Quantisierungsintervall 432
Quantisierungsrauschen 448
Quarz siehe Schwingquarz 396
Quarzoszillator 396, 399
Quasispitzenwert 660
quasistationär 53, 629
Quellenfreiheit 30, 36
Querstrom 328, 341, 342

R

R-2R-Leiternetzwerk 462
  als Spannungsteiler 464
  als Stromteiler 463
Rahmenantenne 689
Rail to Rail 233, 513
Rapid Prototyping 574, 577
Raumladungszone 108
RC-Hochpass 76
RC-Tiefpass 67
Reaktanz 54
Rechenregeln in der Schaltalgebra 316
Referenzdiode 122
Referenzphase 492
Referenzspannung 455
Referenzspannungsquellen 276
Rekombination 101
Relaxationsoszillator 384

Reset-Set-Flip-Flop 364
  reset-dominant 365
  set-dominant 365
  verbotener Zustand 364
Resistanz 54
Resistor Transistor Logic 360
Resonanz 89, 90
Resonanzfrequenz
  Schwingkreis 90
Resonanzkreis 88
Restwelligkeit 130
Reuse Methods 581
Richtantenne 634
Ringoszillator 383
  Current-starved Inverter 383
RL-Hochpass 76
RL-Tiefpass 67
RS-232 408
  Ersatzschaltbild 409
  Pegelanpassung 411
RS-422 415
RS-423 415
RS-485 415
RTL (Register Transfer Level) 588
Rückkopplung 235
Rückwärtssteilheit 172

S

Sallen-Key 517
  Frequenzgang 521
Sample&Hold 477
  Übersprechen 531
  ADC-Eingänge 529
Saugkreis 90
Schaltdioden 121
Schaltregler 285
  Wirkungsgrad 287
Schaltungsextraktion 601
Schaltungssynthese 577, 596
Schaltverluste 287
Schaltvorgänge 331
Schaltzeitfehler 724
Scheitelwert 48
Schichtfolge 156
Schichtwiderstand 549, 550
  Strombelastbarkeit 550
Schleifenverstärkung 251
Schmitt-Trigger 373
  Hysterese 374
  invertierend 375
  invertierend (CMOS) 377
  nicht invertierend 375
  Präzisions-Schmitt-Trigger 378
Schnittstelle 406
  potentialgetrennte 423, 679
  symmetrische 679
Schottky-Klemmung 161
Schottky-Transistor 359
Schottky-TTL 359
Schutzdioden 347
Schutzziel 693
Schwache Inversion 343
Schwellspannung 298
Schwingfrequenz 396
Schwingkreis 88
Schwingquarz 396
  Parallelresonanz 397
  Serienresonanz 397
SDL (Schematic Driven Layout) 599
Sea-of-Gates 576
Sekundärwicklung 129
selbstleitend 186
selbstsperrend 181
Sender/Empfänger-Modell 298
  Schalter 303
Sensor 34
Serial Peripheral Interface (SPI) 419
Serielle Schnittstelle 407
Serienresonanz 665
Serienschaltung 34
  von NMOSTs 333
  von PMOSTs 334
Serienwiderstand
  äquivalenter 136
Setup-Time 370
SI-System 30
SiGe 544, 547
Sigma-Delta-ADC 500
  höhere Ordnung 502
  Multi-Bit 501
  Single Bit 501
Signal-Rausch-Verhältnis 450
Signale 295
  Kontinuierlich und diskret 296
  nicht periodische 618
  periodische 615
Signalgröße 705
Silizid 543, 550
Silizium, Silicon 543

Siliziumdioxid 543
Simulation 590
sinc-Funktion 491
Single-ended-to-differential-Umsetzung 532
Sink 211
SiP (System-in-Package) 572
Slew Rate 241, 242, 245
SOAR 188
SoC (System-on-Chip) 595
Source 211
Spannung 29
  asymmetrische 660
  symmetrische 660
  unsymmetrische 660
Spannungsdomäne 678
Spannungsfestigkeit (CMOS) 345
Spannungsfolger 249
Spannungs/Frequenz-Umsetzer 495
  synchron 496
Spannungsgegenkopplung 195
Spannungsgesteuerter Oszillator 401
  Ringoszillator 383
Spannungsquelle 38
Spannungsregler 138
  einstellbare Ausgangsspannung 284
  feste Ausgangsspannung 282
  geringer Spannungsabfall 283
  linear 280
Spannungsresonanz 92
Spannungsstörabstand 299
Spannungsteiler
  frequenzunabhängiger 687
Spannungsteilerregel 35
Spannungsverdoppler 146
Spannungsversorgung 274
  symmetrische 132
Spannungsverstärkung 159, 198, 200
  Basisschaltung 206
  Emitterfolger 209
  Emitterschaltung 203
Spektrallinien
  Einhüllende der 617
Sperrbereich 514
  MOSFET 182
Sperrbetrieb 162
Sperrkreis 89
Sperrrichtung 110
Sperrschicht-Feldeffekttransistor 173
Sperrschichttemperatur 189

SPICE 590, 591
  Analysen 592
  Berechnungsmodelle 593
  Netzliste 591
Spiegelfrequenzen 446
Spitze-Spitze-Wert 49
Spitzentransistor 155
Spitzenwert 660
Sprungantwort
  Hochpass 78
  Tiefpass 72
Spule
  Bauelement 56
  Ersatzschaltbild 666
  Frequenzgang 667
  Schaltsymbol 56
Spurious Free Dynamic Range 448
Störabstand 299
Störbeeinflussung der Signalpegel 301
Stützkondensator 342
Stabilität
  Spannungsfolger 259
  Stromsenke 267
Stabilitätskriterium
  vereinfachtes 259
Standard TTL 301
Standardzellen 575
Statische CMOS-Logik 327
Statische Fehler 434
Steilheit 165
  BJT 173
  JFET 176
  MOSFET 183
Sternpunkt 680
Steuerkennlinie
  BJT 164, 165
  JFET 178
  MOSFET 185
  Temperaturverhalten 179
  Verarmungstyp 186
Strahlungsquelle
  isotrope 633
Strahlungswiderstand 638
Streukapazität 625
String-DAC 459
  Segmented String-DAC 459
Strom 30
Strom-Spannungs-Umsetzer 250

INDEX

Stromaufnahme
 sinusförmige 140, 274
 spitzenförmige 139
Stromdomäne 678
Stromgegenkopplung 195
Stromkompensierte Drossel 668
Stromquelle 39, 211
 LED 218
Stromresonanz 92
Stromrichtung
 physikalische 107
Stromschnittstelle 414, 678
Stromsenke 211, 266
 BJT 212
 MOSFET 216
Stromspiegel 219
 Kaskode 222
 Übersetzungsverhältnis 221
Stromstörabstand 299
Stromteilerregel 36
Stromverstärkung 159
Stromzange 661
Störaussendung 656, 696
Störemission 613
 Leiterschleife 634, 636
Störfestigkeit 613, 696
Störfestigkeitsprüfung 640
Störgrößen 612
 Burst 644
 ESD 640
 gestrahlt 615
 Hochfrequente Felder 655
 leitungsgeführt 615
 leitungsgeführte 651
 magnetische Felder energietechnischer
   Frequenz 651
 periodische 651
 Surge 647
 transiente 640
Störkopplung 619
 galvanische 622
 induktive 627
 kapazitive 625
Störquelle 612, 614
Störschwelle 613
Störsenke 612
Störspannungsabfall 625
Störstrom 627
Stützkondensator 625, 690

Substrat-Dioden 343, 347
Substratsteuereffekt 559
Substratverkopplung 596
Subtrahierer 254
Sukzessive Approximation 485
Supply Current 245
Suppressordiode 123, 145, 669
Surge
 Kurzschlussstrom 648
 Netzleitung 650
 Prüfspannung 648
 Signalleitung 650
Suszeptanz 54
Switched Capacitor 488
Symbolische Methode 51
 Rechenregeln 52
Symmetrische Schnittstelle 408
Synchrone Schnittstelle 407
Systemsimulation 595
Sättigungsbereich
 MOSFET 183
Sättigungsbetrieb 160

T

T-Filter 672
Taktflanken gesteuert 368
Taktstreuung (Clock-Skew) 596
Taktteiler 373
Taktzustand gesteuert 366
Tape out 570
Tastverhältnisumsetzung 466
Tastverhältnismultiplizierer 715
Tastverhältnis 141, 287
TEM-Welle 656
Temperatur
 Berechnung 730
Temperaturabhängigkeit 192
 Ladungsträgerdichte 107
Temperaturskala 731
Temperaturspannung 110
Temperaturverhalten
 BJT 173
 JFET 179
Test 602
 Burn-In 605
 Fertigungstest 604
 Prüfaufwand 604
 Prüfpfadtechnik 603

Selbsttest 602
Testmustergenerierung 603
Teststrategie 602
Thermometer
  Dimensionierung 725
  Funktionsbeschreibung 719
  Realisierung 721
  Zeitverhalten 723
Thermometer-Code-DAC 456
Thomson-Brücke 713
Thyristor 343
Tiefpass 66, 678
Tiefpassfilter
  Übertragungsfunktion 515
Track&Hold-Schaltung 484
Transceiver
  CAN 416
Transformator 128
Transimpedanz-Verstärker 272
Transistor
  bipolar, BJT 155
  Historischer Überblick 154
  Schaltsymbol 153
Transistor Transistor Logic (TTL) 357
Transistoreffekt 158
Transistorgrundschaltungen 200
Transistorverstärker
  Dimensionierung 196
Transitfrequenz 164, 246, 626
Transkonduktanz-Verstärker 272
Transmissionsgatter 347
  Logikschaltungen 350
Trapezimpuls
  nicht periodischer 618
  periodischer 616
Trenntransformator 682
Tristate 304
Tschebyscheff 527
TTL kompatibel 360
Twin-T-Notch 84

U

UART-Protokoll 410
  Frame Error 412
  Synchronisation des Empfängers 412
Übertragung 27
Übergangswiderstand 549
Überlagerungssatz 43
Überspannungen 145

Übertrager 129
Übertragungsfunktion 65
  Bandpass 82
  Differenzverstärker 229
  Hochpass 76
  Tiefpass 67
  Twin-T-Notch 87
Umladevorgänge 341, 342
UND-Gatter mit Dioden 355
UND-Verknüpfung 312
Unidirektionale Schnittstelle 408
Unipolare Umsetzer 431
Unity Gain Stable 241
Unsymmetrische Schnittstelle 408
Unterabtastung 445
Unterbrechung 444
USB 418

V

Valenzband 100
Varistor 669
Verarmungstypen 186
Verbindungshalbleiter 98
Verbraucherzählpfeilsystem 38
Verdrahtungskanäle 576
VERILOG 587
Verlustleistung 189
Verstärkungsfehler 436
Verstärkungsbandbreitenprodukt 246
Verstimmung 91
Verstärkerbetrieb 160
Verstärkung 65
Verträglichkeitspegel 613
Verzögerungszeit 307
VHDL 587
Via 549, 551
  Strombelastbarkeit 551
Vierleiteranschluss 711
Vierpol 63
Villard-Schaltung 147
Vollweggleichrichter 131
Volt 31
Voltage Controlled Oscillator
  Phase Locked Loop (PLL) 401
  Ringoszillator 383
V_{PTAT} 279

W

Wägeverfahren 476, 485

INDEX

Wafer 544
Wahl des Arbeitspunktes 190
Watchdog 382
Webserver 417
Wechselgrößen
  nicht sinusförmige 59
  sinusförmige 48
Wechselstromverstärkung 164
Wellenwiderstand 406, 630
Welligkeit 468
Widerstand
  Bauelement 32
  differentieller 118
  frequenzabhängiger 54
  impulsfester 664
  Normwerte 32
  Schaltsymbol 33
  spezifischer 96
  Toleranzen 32
Widerstandsbereich 175
  MOSFET 182
Wiederverwendung 581
Wien-Robinson-Brücke 83
Wilson-Stromspiegel 223
Windungszahl 129
Wirbelfreiheit 29, 37
Wohnbereich 640, 696

X

X-Kondensator 144
XNOR-Verknüpfung 315
XOR-Gatter 340
  mit Transmissionsgatter 350
XOR-Verknüpfung 315, 340

Y

Y-Ersatzschaltbild 172
Y-Kondensator 145

Z

Z-Dioden 122
Zeigerdiagramm 50
  Serienschwingkreis 91
  Tiefpass 67
Zeitbasis 396
Zeitbereich 63, 69
Zeitkonstante 72
Zellbibliothek 574
Zellreihen 576
Zener-Effekt 112
Zweileiteranschluss 709
Zweirampenverfahren 492
Zweiwertige Variablen
  elektrische Darstellung 297

informit.de, Partner von Pearson Studium, bietet aktuelles Fachwissen rund um die Uhr.

www.informit.de

In Zusammenarbeit mit den Top-Autoren von Pearson Studium, absoluten Spezialisten ihres Fachgebiets, bieten wir Ihnen ständig hochinteressante, brandaktuelle deutsch- und englischsprachige Bücher, Softwareprodukte, Video-Trainings sowie eBooks.

wenn Sie mehr wissen wollen ...

www.informit.de